ラットの行動解析ハンドブック

編集 ● Ian Q. Whishaw / Bryan Kolb

監訳 ● 高瀬堅吉　柳井修一　山口哲生

The Behavior of the
Laboratory Rat
A Handbook with Tests

西村書店

The Behavior of the Laboratory Rat
A Handbook with Tests

Edited by

Ian Q. Whishaw
Bryan Kolb
Department of Psychology and Neuroscience
Canadian Centre for Behavioural Neuroscience
Canada

Copyright © 2005 by Oxford University Press, Inc.
Japanese edition copyright © 2015 by Nishimura Co., Ltd.

The Behavior of the Laboratory Rat：A Handbook with Tests, First Edition was originally published in English in 2004. This translation is published by arrangement with Oxford University Press.

All rights reserved.
Printed and bound in Japan

本書は2004年に英語で出版された原書名"The Behavior of the Laboratory Rat：A Handbook with Tests"の日本語訳で，Oxford University Pressとの契約により翻訳出版されるものです。

監訳者序文

　2012年に西村書店より『トランスジェニック・ノックアウトマウスの行動解析』を出版した。これは『What's Wrong With My Mouse? Behavioral Phenotyping of Transgenic and Knockout Mice』(Jacqueline N. Crawley, 2007, Jhon Wiley & Sons)の訳書であり，現在ではマウスの行動解析技術を体系的に学ぶためのよいテキストとして紹介されている。私はこれまで，生理学，生化学，形態学の専門家と共同研究を展開し，それを通じてげっ歯類の行動解析技術の需要が高いことを知った。そのような現状の中で，マウスの行動解析技術のテキストを出版し，多くの科学コミュニティに貢献できたことはとても喜ばしい。昨今，心理学や動物行動学など，行動研究を専門とする研究分野以外でも盛んに行動解析が行われるようになった。しかしながら，その現場を見るたびに行動解析技術の普及がいまだ表面的なものにすぎないことをしばしば思い知らされてきた。実際，他分野の研究者が，測定したい機能にそぐわない行動課題を選択していたり，行動解析の結果を誤って解釈していたりする事態に出会うことが数多くあった。『トランスジェニック・ノックアウトマウスの行動解析』を出版する以前は，そのような事態に遭遇するたびに，先述の『What's Wrong With My Mouse?』を紹介した。しかし，心理学を専門とする私が他分野の英語の専門書を読み進めることに骨が折れるように，他分野の専門家が行動解析技術に関する英語の専門書を読み進めることもやはり骨が折れるということを後々に理解するようになった。そこで，日本語訳版を出版することで，日本における行動解析技術普及の障壁を低くすることはできないかと考え，研究，教育活動の傍ら，翻訳業務に従事して『トランスジェニック・ノックアウトマウスの行動解析』を出版しようと決意した。

　マウスの行動解析技術のテキストを日本の科学コミュニティに送り出すことはできたが，マウスの行動解析技術が普及しても行動解析で多く用いられる動物はあくまでもラットであり，次はラットの行動解析技術を体系的に学ぶためのテキストを送り出さなくてはいけないと考えるようになった。その折，本書の原著である『The Behavior of the Laboratory Rat』に出会い，再び翻訳作業に従事することを決意した。序文でも書かれていることだが，実験室のマウスは実験室のラットに最も近い家畜化された近縁種であるが，その類似性から，一方が他方に代わることができると考える研究者がいるようである。マウスは遺伝子改変技術が発展していることから，これからも遺伝学的研究で用いられる種として選択され続け，多くの行動遺伝学研究において主要な実験動物としての位置づけが維持されていくのだろう。しかし，遺伝学で行われるマウスを対象とした行動研究は，ラットの行動研究とは基本的に異なり，両者は別々の被験体として扱われなければならない。実際，同様のパラダイムで行動解析を行っても，ラットとマウスでは得られる結果が非常に異なる。そのため，マウスとラットそれぞれの行動解析技術を体系的に学ぶためのよいテキス

トを日本の科学コミュニティに送り出すことは，極めて重要なことだと認識するようになった。

　本書を構成する各章の翻訳は，原著が網羅する内容の多様性から，さまざまな専門家に行っていただいた。翻訳にあたり，できるだけ平易でわかりやすい日本語に翻訳していただくようにお願いした。原文の難解さから，それには限りがあったが，最大限に応えてくださった訳者の方々に謝意を表したい。また，『トランスジェニック・ノックアウトマウスの行動解析』を出版したときと同様に，私一人の力では手に負えないと考え，同書の監訳者である柳井修一先生に，本書でも引き続き共監訳者として加わって頂いた。さらに，本書が扱う内容の多様性を考慮して，今回は山口哲生先生にも共監訳者として加わって頂いた。両先生の多大なるご尽力のおかげで，ようやく日本語訳版を出版できることとなった。柳井先生は東京都健康長寿医療センター研究所で，マウスを用いて認知機能の老化とその制御について研究されている心理学および老年学の専門家であり，マウスを対象に研究を行う以前は，ラットを対象に行動研究を行っていたげっ歯類の行動研究のエキスパートである。また，山口先生は東邦大学医学部心理学研究室でゼブラフィッシュを対象として選択行動について研究されている行動分析学の専門家であり，ゼブラフィッシュを対象に行動研究を行う以前は，ハトやラットなど，さまざまな動物種を対象に行動分析学的研究を展開されていた，やはり行動研究のエキスパートである。両先生にこの場を通じて深くお礼を申し上げたい。また，翻訳作業に従事していただいた先生方にも，改めてお礼を述べたい。

　最後に，出版社の方々をはじめ，この翻訳書出版にあたり，ご協力くださったすべての方々に心から感謝したい。そして，本書を契機として日本において行動解析技術がますます浸透することを期待してやまない。

高瀬　堅吉

訳者一覧

監訳者

高瀬　堅吉　たかせ・けんきち　自治医科大学 医学部心理学研究室 教授

柳井　修一　やない・しゅういち　東京都健康長寿医療センター研究所 老化脳神経科学研究チーム 研究員

山口　哲生　やまぐち・てつお　東邦大学 医学部心理学研究室 助教

訳　者

小平　英治　こだいら・えいじ
放送大学 非常勤講師　第1, 2章

八賀　洋介　はちが・ようすけ
慶應義塾大学 文学部 非常勤講師　第3, 4章

古田　都　ふるた・みやこ
聖マリアンナ医科大学 医学部生理学教室 准教授
第5章

藤岡　仁美　ふじおか・ひとみ
聖マリアンナ医科大学 医学部生理学教室 講師
第6, 9章

藤原　清悦　ふじわら・せいえつ
聖マリアンナ医科大学 医学部生理学教室 講師
第6, 11章

宮﨑　智之　みやざき・ともゆき
横浜市立大学 大学院医学研究科生理学教室 助教
第7章

實木　亨　じつき・すすむ
横浜市立大学 大学院医学研究科生理学教室 助教
第8章

山本　泰弘　やまもと・やすひろ
姫路獨協大学 薬学部医療薬学科　第10章

都賀　美有紀　とが・みゆき
立命館大学 衣笠総合研究機構　第12章

木戸　彩恵　きど・あやえ
立命館大学 立命館グローバル・イノベーション研究
機構 専門研究員　第13章

冨永　陽介　とみなが・ようすけ
横浜市立大学 医学部麻酔科学教室　第14章

阿部　弘基　あべ・ひろき
横浜市立大学 大学院医学研究科生理学教室 特任助手
第15章

内本　一宏　うちもと・かずひろ
横浜市立大学 医学部麻酔科学教室　第16章

山本　千都　やまもと・ちさと
姫路獨協大学 薬学部医療薬学科　第17章

後藤　和宏　ごとう・かずひろ
相模女子大学 人間社会学部人間心理学科 専任講師
第18, 19章

山口　哲生
第20章

井垣　竹晴　いがき・たけはる
流通経済大学 流通情報学部流通情報学科 准教授
第21, 22章

石井　拓　いしい・たく
和歌山県立医科大学 医学部教養・医学教育大講座
講師　第23, 31章

石川　淳子　いしかわ・じゅんこ
山口大学 大学院医学系研究科システム神経科学 助教
第24章

廣瀬　翔平　ひろせ・しょうへい
立命館大学 大学院文学研究科　第25章

川那部隆司　かわなべ・たかし
立命館大学　教育開発推進機構　准教授　第26章

渋谷　郁子　しぶや・いくこ
大阪成蹊短期大学　幼児教育学科　准教授　第27章

中鹿　直樹　なかしか・なおき
立命館大学　文学部心理学域　准教授　第28章

大山　瑠泉　おおやま・るみ
麻布大学　獣医学部伴侶動物学研究室　研究助手
第29章

亀井　隆幸　かめい・たかゆき
立命館大学　大学院文学研究科　第30章

丹野　貴行　たんの・たかゆき
明星大学　人文学部心理学科　助教　第32, 33章

藤巻　峻　ふじまき・しゅん
慶應義塾大学　大学院社会学研究科　第34, 35章

柳井　修一
第36章

今井　英明　いまい・ひであき
大日本住友製薬株式会社　創薬開発研究所
第37, 38章

上北　朋子　うえきた・ともこ
京都橘大学　健康科学部心理学科　准教授
第39, 40章

松井　淑恵　まつい・としえ
和歌山大学　大学院システム工学研究科　助教
第41, 42章

下倉　良太　しもくら・りょうた
島根大学　大学院総合理工学研究科　助教
第43, 44章

序 文

　神経系の主要な機能は，行動を生み出すことである。したがって，神経科学分野において実験動物を用いた行動実験の多くは，神経系における分子レベルの事象がどのように行動を生み出すのかを理解すること，ひいては分子レベルの変化がどのように行動の変化を生み出すのかを理解することを究極の目標としている。これらの目標は，神経科学における根本的な問いであるヒトの心の本質を理解することにつながると期待できる。しかし，これよりも重要なことは脳と行動の関係性を理解することである。脳と行動の関係性を理解することによって，精神医学や神経学領域に由来する行動異常の治療法を発見する道が開かれるかもしれない。この20年間で分子細胞神経科学は目覚ましい発展を遂げてきたが，それらの発展の多くは，分子細胞レベルの知見がどのように行動に関係するのかを理解することとは無関係であった。だが，これは変わりつつある。分子生物学的研究を志向する神経科学者は，自らが研究してきた現象の究極の機能，すなわち行動にますます注目しつつある。そして，行動研究の主流について言うと，これは実験用ラットの行動を研究することを意味している。

　本書には3つの目的がある。1つ目の目的は，神経科学を学ぶ学生にラットの行動を紹介することである。被験体種としてラットを選択することについて，過去にそうであったように，この種が今もなお実験室で行われる行動実験の主要な被験体であることを想定している。2つ目の目的は，ラットの行動の機構とその複雑さを記述することである。ラットの行動に関する多くの研究で見られる主要なテーマは，行動の機構の法則性を理解することは行動の基礎的枠組みを理解する上で必要不可欠であるということである。3つ目の目的は，ラットの行動に関する過去の知見をできる限り最新のものにすることである。行動神経科学は，競合する実験方法や仮説が存在する多様な分野との連続性を有する。本書の章立ては，その多様性を反映していると我々は信じている。

　すでに述べたように，神経科学領域の発展は，行動研究の多くの近接領域に位置する研究者が有する行動への興味に火をつけた。これらの研究者の多くは，自分の研究と行動は無関係であると以前は考えており，直接的な興味をもたなかった。遺伝学や生化学のような多様な領域において初歩のトレーニングを受ける多くの研究者は，脳と行動の問題にはじめて直面している。そして，すべての領域においてそうであるように，行動研究に関する文献で初学者は戸惑いを覚えている。それゆえ我々は，別の領域で学ぶ学生が自身の研究計画に行動実験をどのように組み込むのかという問題を提起できるようになることを想定してほしいと各章の著者に依頼した。例えば，行動研究に関する特別な訓練を受けていない医学，化学，または遺伝学を学ぶ学生がいるとする。我々が想定したのは，このような学生のうち，現在彼らが興味の対象としている研究上の問題に関係して行動を必須と捉

えている学生である．我々が呈示した要求は，「初学者が問題を理解し，方法を理解し，一連の研究で発見されうる知見を理解するために，著者の専門領域を要約できるか」という点である．また，簡単な要約を作成し，方法論を強調し，文献の批評をできるかぎり最小限にするよう著者に依頼した．我々は，初学者がラットの行動研究の最初の導入として各章を読むことを期待している．この導入により，学生は各章で学んだ情報を実践適用する際，そして，多くの文献で勉強する際，さらなる専門性を獲得することができるだろう．

　我々の考えでは，ここで提起した問題は架空のものではない．ここ数年の間，我々は神経科学領域で多様な背景をもつ専門家から，電話や電子メールで行動に関する多くの質問を受けた．また，我々が行っている研究や，行動に興味をもつとは想像できなかった研究者から，行動に関する学会講演の依頼を受けた．分子生物学者である知人のコメントが，この興味の程度をよく反映している．「私は，この心に関するよくわからないものが重要になるとは想像ができなかった．だが，今ではその重要性を疑う余地はない」．それに対して，「本当に興味をおもちなのですね」または「行動の専門家と共同研究を展開してはどうでしょうか」と答えるだけでは十分ではないことを我々は認識している．行動学的研究手法は多くの研究で採り入れられているため，行動科学者は自らの学問体系を他の研究者にとってより身近なものにすることが課題となっている．実際，我々が自身の行動学的研究に分子生物学的手法を加えようとする際に，これとは逆の問題に直面している．したがって，我々は各章の著者に自らの研究を行動学の初学者にとって身近なものにするよう依頼したのである．

　もちろん，本書はラットの行動に関する書籍である．ラット（*Rattus norvegicus*），すなわちドブネズミは科学研究の目的で家畜化された最初の種であった．ラットが最初に研究室に導入されて以来，この100年で信じられないほど多くの研究が行われてきた．心理学の学説検証において，行動薬理学研究において，また脳の生化学や解剖学，生理学的研究において，ラットは主要な被験体であったのである．ラットが普及した理由の一つに，行動の汎用性が挙げられる．ラットは実質的に地球上のあらゆるところで生息していることが判明しており，またそれらの環境にうまく適応していることが証明されている．行動学上の問題に答えるため，行動に汎用性を備えたラットは，行動の基礎的枠組み，そして脳と行動の機構を調べるための主要な種であり続けるであろうことを我々は断言する．行動に汎用性を備えているという点で，ラットは極めてヒトに近い片利共生生物である．この行動の汎用性を備えた個体の遺伝子，神経構造，そして行動は，類似した特性を備えている．ラットがヒトの行動や健康に関連する幅広い問題を研究するために用いられる主要なモデル動物であることの理由はここにある．

　遺伝子工学の発展に伴い，主要な脊椎動物モデルとしてマウスを使用する複数の研究がある．行動の教科書を編集するにあたり，我々はマウスがより適した種であるか否かという問題に答えるべきであろう．実験室のマウスは実験室のラットに最も近い家畜化された近縁種である．だが我々は，一方が他方に代わることができるほど類似しているとは考えていない．ことに，行動に関してはそうである．両種はおよそ100年間にわたって行動研究に用いられ，それぞれが研究室での地位を見出してきたと考えられる．運動機能，制御機能，そして特に認知機能に関する多くの疑問を解決する際に，実験で用いる種としてラットを選択することは疑いようもない．我々は，今後もそうあり続けると考えている．一方，マウスは神経科学における遺伝学的研究で用いる種として選択され続けるであろう．そして，マウスは多くの行動遺伝学的問題に関する研究における主要な実験動物とし

ての位置づけを維持していくだろう。しかし，遺伝学で行われるマウスを対象とした行動学的研究は，ラットの行動学的研究で解決すべき主要な問題を扱う研究とは基本的に異なる。両者は別々の被験体として扱われなければならないのである。

ラットの行動に関し，今なお読み継がれている2つの素晴らしい書籍がある。Norman L. Munn が1950年に出版した『Handbook of Psychological Research on the Rat：An Introduction to Animal Psychology』と本書が提起している問題の方向性は，おおむね合致している。この書籍では，一般活動性，非学習性行動，感覚処理，学習，社会行動，そして精神神経疾患のラットモデルの記載にとどまらず，行動の研究方法についても強調している。S. A. Barnett が1963年に出版した『The Rat：A Study in Behavior』は本書と重複する部分も多いが，ラットの生態，すなわち野生ラットの行動の記録により多くの焦点を当てている。本書はこれらの先行文献とどのような点が異なるのであろうか。ラットの行動の理解における主要な進展は，ラットの行動がどのように組織化されるのかを理解できるようになってきたことである。例えば，ラットの毛繕い，遊び，攻撃，探索，認知，その他の行動は固定化された，もしくは変更可能な規則で組織化されている。この機構を理解することで，行動を制御する遺伝子，神経系，内分泌系の研究に新しい道が開けるだろう。この行動の機構解明は，他の科学的操作の測定方法として行動を使用する際に有用な自動行動解析システムの発展につながるだろう。

本書はラットの行動の異なる側面を記述する44章からなり，包括的で無駄のない構成とした。本書の編集に際して，我々は，1冊の本の内容として扱いやすくするために，各章の分量を短くするよう著者に依頼することの難しさに直面した。実際，ラットの行動のすべての側面を記述するために，章の数を倍にすることも考えられた。だが，本書で選ばれた章は，行動神経科学におけるラット研究の導入部以上のものを提供していると我々は信じている。

本書の各章を執筆するため，時間を費やしてくれたすべての著者に謝意を表したい。また，本書を企画するとともに我々に編集を任せてくれた Oxford University Press 社の Fiona Stevens 氏にも謝意を表したい。

アルバータ州レスブリッジ（カナダ）にて
I. Q. ウィショー（Ian Q. Whishaw）
B. コルブ（Bryan Kolb）

執筆者一覧

JEFFREY R. ALBERTS
Department of Psychology
Indiana University
Bloomington, Indiana

J. WAYNE ALDRIDGE
Departments of Neurology and Psychology
University of Michigan
Ann Arbor, Michigan

HYMIE ANISMAN
Institute of Neurosciences
Carelton University
Ottawa, Ontario, Canada

MICHAEL C. ANTLE
Department of Psychology
Columbia University
New York, New York

BERNARD W. BALLEINE
Department of Psychology and the Brain Research Institute
University of California, Los Angeles
Los Angeles, California

S. ANTHONY BARNETT*
Aranda, Australia

JILL B. BECKER
Department of Psychology
Reproductive Sciences Program and Neurosciences Program
University of Michigan
Ann Arbor, Michigan

YOAV BENJAMINI
Department of Zoology
Tel Aviv University
Tel Aviv, Israel

D. CAROLINE BLANCHARD
Department of Neurobiology
University of Hawaii
Honolulu, Hawaii

*Deceased.

ROBERT J. BLANCHARD
Department of Neurobiology
University of Hawaii
Honolulu, Hawaii

MARK S. BLUMBERG
Department of Psychology
Indiana University
Bloomington, Indiana

STEVE L. BRITTON
Functional Genomics Laboratory
Medical College of Ohio
Toledo, Ohio

RICHARD BROWN
Department of Psychology
Dalhousie University
Halifax, Nova Scotia, Canada

RUSSELL W. BROWN
Department of Psychology
East Tennessee State University
Johnson City, Tennessee

MICHELE R. BRUMLEY
Department of Psychology
University of Iowa
Iowa City, IA

BAUKE BUWALDA
Department of Animal Physiology
University of Groningen
Haren, The Netherlands

SAMUEL W. CADDEN
The Dental School
University of Dundee
Dundee, Scotland

JOHN K. CHAPIN
Department of Physiology and Pharmacology
SUNY Downstate Medical Center
Brooklyn, New York

PETER G. CLIFTON
Department of Psychology
University of Sussex
Brighton, United Kingdom

SIETSE F. DE BOER
Department of Animal Physiology
University of Groningen
Haren, The Netherlands

ROBERT M. DOUGLAS
Centre for Macular Research
Department of Ophthalmology and Visual Sciences
University of British Columbia
Vancouver, British Columbia, Canada

ANNA DVORKIN
Department of Zoology
George S. Wise Faculty of Life Sciences
Tel Aviv University
Tel Aviv, Israel

RICHARD H. DYCK
Department of Psychology
Department of Cell Biology and Anatomy
University of Calgary
Calgary, Alberta, Canada

DAVID EILAM
Department of Zoology
Tel Aviv University
Tel Aviv, Israel

MICHAEL S. FANSELOW
Department of Psychology
University of California, Los Angeles
Los Angeles, California

ALISON S. FLEMING
Department of Psychology
University of Toronto at Missassauga
Missassauga, Ontario, Canada

BENNETT G. GALEF, JR.
Department of Psychology
McMaster University
Hamilton, Ontario, Canada

ROBBIN L. GIBB
Canadian Centre for Behavioural Neuroscience
Department of Psychology and Neuroscience
University of Lethbridge
Lethbridge, Alberta, Canada

ILAN GOLANI
Department of Zoology
George S. Wise Faculty of Life Sciences
Tel Aviv University
Tel Aviv, Israel

LINDA HERMER-VAZQUEZ
Department of Physiology and Pharmacology
SUNY Downstate Medical Center
Brooklyn, New York

RAYMOND HERMER-VAZQUEZ
Department of Physiology and Pharmacology
SUNY Downstate Medical Center
Brooklyn, New York

ANDREW N. IWANIUK
Department of Psychology
University of Alberta
Edmonton, Alberta, Canada

WILLIAM J. JENKINS
Department of Psychology
Reproductive Sciences Program and Neurosciences Program
University of Michigan
Ann Arbor, Michigan

NERI KAFKAFI
Maryland Psychiatry Research Center
University of Maryland
College Park, Maryland

LAUREN GERARD KOCH
Functional Genomics Laboratory
Medical College of Ohio
Toledo, Ohio

BRYAN KOLB
Canadian Centre for Behavioural Neuroscience
Department of Psychology and Neuroscience
University of Lethbridge
Lethbridge, Alberta, Canada

JAAP M. KOOLHAAS
Department of Animal Physiology
University of Groningen
Haren, The Netherlands

ALEXANDER W. KUSNECOV
Department of Psychology
Biopsychology and Behavioral Neuroscience Program
Rutgers, The State University of New Jersey
Piscataway, New Jersey

DANIEL LE BARS
Institut National de la Santé et de la Recherche Médicale (INSERM)
Paris, France

DINA LIPKIND
Department of Zoology
George S. Wise Faculty of Life Sciences
Tel Aviv University
Tel Aviv, Israel

VEDRAN LOVIC
Department of Psychology
University of Toronto at Missassauga
Missassauga, Ontario, Canada

GERLINDE A. METZ
Canadian Centre for Behavioral Neuroscience
Department of Psychology and Neuroscience
University of Lethbridge
Lethbridge, Alberta, Canada

KLAUS A. MICZEK
Department of Psychology, Psychiatry, Pharmacology, and Neuroscience
Tufts University
Medford, Massachusetts

RALPH E. MISTLBERGER
Department of Psychology
Simon Fraser University
Burnaby, British Columbia, Canada

GUY MITTLEMAN
Psychology Department
University of Memphis
Memphis, Tennessee

GILLIAN MUIR
Biomedical Sciences
Western College of Veterinary Medicine
University of Saskatchewan
Saskatoon, Saskatchewan, Canada

DAVE G. MUMBY
Department of Psychology
Concordia University
Montreal, Quebec, Canada

SERGIO M. PELLIS
Canadian Centre for Behavioral Neuroscience
Department of Psychology and Neuroscience
University of Lethbridge
Lethbridge, Alberta, Canada

VIVIEN C. PELLIS
Canadian Centre for Behavioral Neuroscience
Department of Psychology and Neuroscience
University of Lethbridge
Lethbridge, Alberta, Canada

JOHN J.P. PINEL
Department of Psychology
University of British Columbia
Vancouver, British Columbia, Canada

BRUNO POUCET
Laboratoire de Neurobiology de la Cognition, UMR 6155
CNRS—Universite Aix-Marseille I
Marseille, France

GLEN T. PRUSKY
Canadian Centre for Behavioural Neuroscience
Department of Psychology and Neuroscience
University of Lethbridge
Lethbridge, Alberta, Canada

STEPHANIE L. REES
Department of Psychology
University of Toronto at Missassauga
Missassauga, Ontario, Canada

SCOTT R. ROBINSON
Department of Psychology
University of Iowa
Iowa City, Iowa

NEIL E. ROWLAND
Department of Psychology
University of Florida
Gainesville, Florida

EVELYN SATINOFF
Department of Psychology
University of Delaware
Newark, Delaware

ETIENNE SAVE
Laboratoire de Neurobiology de la Cognition, UMR 6155
CNRS—Universite Aix-Marseille I
Marseille, France

TIM SCHALLERT
Department of Psychology
University of Texas at Austin
Austin, Texas

HEATHER SCHELLINCK
Department of Psychology
Dalhousie University
Halifax, Nova Scotia, Canada

BURTON SLOTNICK
Department of Psychology
University of South Florida
Tampa, Florida

GRETA SOKOLOFF
Department of Psychology
Indiana University
Bloomington, Indiana

ALAN C. SPECTOR
Department of Psychology
University of Florida
Gainesville, Florida

ROBERT J. SUTHERLAND
Canadian Centre for Behavioural Neuroscience
University of Lethbridge
Lethbridge, Alberta, Canada

HENRY SZECHTMAN
Department of Psychiatry and Behavioural Neurosciences
McMaster University
Hamilton, Ontario, Canada

MATTHEW R. TINSLEY
Department of Psychology
University of California, Los Angeles
Los Angeles, California

DALLAS TREIT
Department of Psychology
University of Alberta
Edmonton, Alberta, Canada

DOUGLAS G. WALLACE
Canadian Centre for Behavioural Neuroscience
Department of Psychology and Neuroscience
University of Lethbridge
Lethbridge, Alberta, Canada

IAN Q. WHISHAW
Canadian Centre for Behavioural Neuroscience
Department of Psychology and Neuroscience
University of Lethbridge
Lethbridge, Alberta, Canada

MARTIN T. WOODLEE
Department of Psychology
University of Texas at Austin
Austin, Texas

目 次

監訳者序文　iii
訳者一覧　v
序　文　vii
執筆者一覧　x

第Ⅰ部　自然史

第1章　進　化　3
ドブネズミの起源について 3
ネズミ目(げっ歯目，げっ歯類) 3
ネズミ上科/ネズミ科 6
ネズミ亜科 6
クマネズミ属(*Rattus*) 8
これらのことは結局何を意味するのか？
　　　　　.. 11
　　結　論 12

第2章　生態学　14
環境：片利共生動物としてのラット
　　　　　.. 14
未踏の地への探検，ネオフィリア
　　（新しい物好き），ネオフォビア
　　（新しい物嫌い） 14
食　物 16
社会的相互関係 17
繁殖と群れ 21
多様性 22

第3章　系　統　23
同系交配種の理論的基盤 23
モデルの発達 26
同系交配種の実験的使用 27

第4章　個体差　32
ラットの個体差という概念の起源 32
個体差と関連した心理学的および
　神経生理学的な諸特徴 33
ラットの個体差はヒトの個体差との関
　連についての表面的妥当性をもって
　いるが，近似的な実験要因を根拠と
　して説明することはできない 35
結　論 38

第Ⅱ部　感覚系

第5章　視　覚　41
ラットの視覚機能を測定する方法 41
ラットの眼 42
空間視知覚 42
ラットの視覚機能が研究者へ与える
　影響 43
結　論 48

第6章　体性感覚　49
原理Ⅰ：ラットでは，分析された
　体性感覚のフィードバック情報は
　上行性体性感覚データストリームに
　常に影響している 50
原理Ⅱ：ラットは常に複数の時間的尺
　度で情報を評価し，彼らの世界で起

こることをより正確に予測する 50
原理Ⅲ：ラットにおける複数の空間的
　スケール情報の同時処理 51
原理Ⅳ：ラットの感覚と運動処理は
　他の部位へ定常的に影響する 52
原理Ⅴ：ラットの行動は新規状況に
　適応可能な生存に関連した
　レパートリーで構成されている 53
結　論 54

第7章　痛　み　56

感覚受容と反応 56
慢性疼痛モデル 57
行動学的反応 57
入力と出力：刺激と反応 58
侵害受容の動物モデル作成に際しての
　必要事項 58
逃避行動を行うまでの反応時間測定に
　基づいた課題 59
逃避行動を行うまでの閾値測定に
　基づいた試験 60
行動観察に基づいた試験 61
追加考察と結論 63

第8章　感覚毛　64

構造と成長 64
ヒゲ機能の運動的側面 66
ヒゲ機能の感覚的側面 67
感覚毛システムの可塑性 69
結　論 69

第9章　嗅　覚　70

ラットは高度嗅覚性哺乳類である 70
刺激の制御における特別な問題 71
行動論的方法：発生源からのにおいの
　拡散 71
臭度測定（olfactometry） 74
臭質の知覚 76
嗅覚と無臭覚症，他の化学感覚 77
結　論 78

第10章　味　覚　79

刺激の準備 79
摂取試験 80
口腔運動と身体の味覚反応性 81
短時間味覚試験 82

条件刺激としての味覚刺激 84
結　論 87

第Ⅲ部　運動系

第11章　姿　勢　91

静　止 91
踏ん張り 92
立ち直り 93
立ち直りの試験 93
結　論 96

第12章　定位と置き直し　97

環境エンリッチメントと感覚運動行動
　.. 97
両側性触知刺激試験 98
前肢非対称性（円筒）試験 99
前肢置き直し試験 102
後肢機能試験 103
結　論 105

第13章　毛繕い　106

定型的毛繕い：神経系機能への影響
　.. 108
毛繕いの定型をコードするための
　神経基盤 109
系列だった連鎖的毛繕いにおける
　ドーパミンの役割 111
結　論 111

第14章　歩　行　112

歩行の力学 112
歩行の神経性制御 115
実験室での歩行測定 117

第15章　把握運動　119

巧緻運動に関わる前肢の構造と動き
　.. 119
餌の扱い方 120
感覚情報による運動制御 120
到達運動 121
アルペジオ運動 122
系統による運動の違い 123
神経科学研究および神経疾患研究に
　おける巧緻運動の位置づけ 123

第16章　運動と探索行動	125
行動の軌跡の解析	125
多重点分節運動分析	131
結　論	134

第17章　概日リズム	135
測定と解析	135
概日リズムによる行動と生理行動の　調節	137
環境と行動への影響	140
概日リズムの神経系メカニズム	142

第Ⅳ部　制御系

第18章　摂食行動	147
一生涯の摂取パターン	147
摂取の日内パターン	147
食事のパターン	148
摂食を予期させる行動	149
摂食と摂食に続く行動	150
飼料の選択	151
新奇恐怖と飼料の多様性	152
単純な摂取テストは役立つのか？	152
結　論	152

第19章　飲水行動	153
体液均衡の生理学	153
ラットにおいて飲水を誘発する　　具体的な手続きと刺激	156
実験環境	157
ナトリウムに対する嗜好性と欲求	159

第20章　採　餌	161
摂食時間	161
餌の略奪と回避	162
摂食時間は回避行動の大きさに　　影響を及ぼす	163
回避行動における性差	163
餌の運搬	164
ホームベース	165
摂食時間が餌運搬を知らせる	165
脳機能への示唆	166

第21章　体温調節	168
熱中性とセットポイントの概念	168
温度調節の神経制御	170
体温調節行動の発達	171
行動的方法	171
温度調節の方略	173

第22章　ストレス	175
ストレス	175
コーピング方略の個体差	176
ストレスモデル	177
結　論	180

第23章　免疫系	181
ラットの免疫に関する簡単な入門	181
免疫系と脳の相互作用	183
ストレス，中枢過程，免疫学的変化	184
結　論	186

第Ⅴ部　発　達

第24章　胎仔期の行動	189
胎仔発達の生態学	189
胎生発達期における運動と感覚	190
胎仔の活動パターン	191
固有受容性刺激と運動学習	193
曝露学習	193
連合学習	194
結　論	194

第25章　幼生期	195
いくつかの発達のシークエンス	195
動きと体位の発達のシークエンス	196
ドブネズミの発達初期のエソグラム	197
仔ラットを用いた実験計画と解説	201

第26章　青年期	203
行動の外観	203
認　知	205

脳および脳機能の発達への示唆 208

第27章　母性行動　　210

　　母性行動の定義 210
　　母性行動の観察条件と定量化 212
　　結　論 217

第28章　遊びと闘争　　218

　　serious fighting において
　　　攻撃目標となる身体部位 218
　　攻撃目標となる身体部位の位置が，
　　　攻撃と防御戦術に対して与える
　　　効果 219
　　play fighting において攻撃目標となる
　　　身体部位 220
　　ラットにおける play fighting の起源
　　　 221
　　play fighting で用いられる戦術と
　　　その発達 222
　　ラットにおける擬似的攻撃としての
　　　play fighting 223
　　結　論 223

第29章　性　　224

　　雌ラットの性行動 224
　　雄ラットの性行動 230
　　結　論 232

第30章　環　境　　233

　　住居について 233
　　飼　料 235
　　環境コントロール 236
　　社会的機会 236
　　母親の影響 236
　　離乳年齢 237
　　動物管理 237
　　運　動 237
　　エンリッチメント 238
　　結　論 238

第VI部　防御および社会的行動

第31章　捕食者に対する防御　　243

　　自然な行動 243
　　ラットにおける防御：行動の種類
　　　 243
　　防御を誘発する刺激 244
　　防御の種類を制御する「促進的な」
　　　刺激の役割 245
　　防御の種類を制御するうえでの
　　　脅威の強度の役割 245
　　防御行動の結果 246
　　ラットの防御行動の実験室モデル
　　　 246
　　情動を理解することとの関係 248

第32章　闘争，防御，服従行動　　250

　　挑発的信号 251
　　闘争バウトの開始 251
　　闘争バウト 253
　　闘争バウトの終了 253
　　系列構造 254
　　実験室環境下でのレジデント-
　　　イントルーダー課題 254
　　病的もしくは異常な様式での
　　　レジデント-イントルーダー
　　　攻撃性の開発 255
　　神経生物学的研究への示唆 255

第33章　防御的覆い隠し行動　　257

　　防御的覆い隠し行動の
　　　実験パラダイムの開発 257
　　無条件性防御的覆い隠し行動 258
　　防御的覆い隠し行動の特徴と一般性
　　　 259
　　覆い隠し行動：個体変数 259
　　野生環境における防御反応としての
　　　覆い隠し行動 260
　　条件性防御的覆い隠し行動の実験計画
　　　 260
　　神経科学的研究における防御的覆い

　　　　隠し行動の利用 261
　　　　結　論 263

第 34 章　社会的学習　　264
　　　　ドブネズミ 264
　　　　プレビュー 264
　　　　ドブネズミの野外観察 264
　　　　実験室における研究 265
　　　　ラットの呼気における風味手がかり
　　　　　.. 267
　　　　神経系機能に関する研究への応用
　　　　　.. 268

第 35 章　啼　鳴　　270
　　　　周波数と時間特性 270
　　　　超音波発声と関連する環境的文脈
　　　　　.. 270
　　　　解剖学的考察 271
　　　　超音波発声の機能的意義 272
　　　　心因性疾患を抱えたヒトの
　　　　　モデルとしての啼鳴ラット 274
　　　　実験室における超音波発声の測定
　　　　　.. 275
　　　　結　論 275

第Ⅶ部　認　知

第 36 章　物体認識　　279
　　　　物体認識の手続き 279
　　　　遅延非見本合わせ（DNMS） 280
　　　　新奇物体選好（NOP） 283
　　　　逆行性物体認識 284
　　　　新しい新奇物体選好課題 284
　　　　結　論 285

第 37 章　ナビゲーション　　286
　　　　空間知覚 286
　　　　空間学習に関する理論 286
　　　　空間学習課題の解決方略 287
　　　　行動評価課題 288
　　　　ナビゲーションに関与する脳領域
　　　　　.. 292
　　　　結　論 292

第 38 章　デッドレコニング　　293
　　　　餌もち帰り課題とデッドレコニング
　　　　　.. 293
　　　　探索行動 296
　　　　デッドレコニングの理論的枠組み
　　　　　.. 298
　　　　結　論 299

第 39 章　恐　怖　　300
　　　　防御行動の構造 300
　　　　捕食の危険性が低いときの行動：
　　　　　野外研究 301
　　　　捕食の危険性が低いときの行動：
　　　　　実験室研究 301
　　　　捕食の危険性が高いときの行動：
　　　　　捕食者の手がかりによって
　　　　　誘発される反応 302
　　　　嫌悪刺激を用いた研究の妥当性 303
　　　　捕食の危険性が高いときの行動：
　　　　　嫌悪刺激の予測に対する反応 303
　　　　捕食の危険性が高いときの行動：
　　　　　嫌悪刺激に対する反応 304
　　　　防御行動の神経基盤 304
　　　　防御行動の行動と神経機構の統合
　　　　　.. 306
　　　　結　論 306

第 40 章　認知過程　　307
　　　　認知過程とは何か？ 307
　　　　刺激-反応の考えは行動を十分に
　　　　　説明できていない 307
　　　　それが表象である 308
　　　　表象は相互作用する 309
　　　　注　意 309
　　　　注意の神経システム 311
　　　　記　憶 311
　　　　ラットは過去に戻ることはあるのか？
　　　　　.. 313
　　　　結　論 315

第 41 章　誘因行動　　316
　　　　評価的誘因 316
　　　　パブロフ型誘因 317
　　　　道具的誘因 320
　　　　結　論 321

第Ⅷ部　モデルとテスト

第42章　神経学的モデル　325
- ラットの皮質組織 326
- 神経疾患のモデル 327
- 結　論 332

第43章　精神医学モデル　333
- 精神疾患 333
- 精神医学に関する生物学的視点 333
- 精神医学から行動神経科学へ：
  精神機能に関する神経構造 335
- 方法・テスト・モデル・理論に関して
  336
- 強迫症の動物モデルへの展開 337
- 結　論 340

第44章　神経心理学テスト　342
- 外観と反応性 343
- 感覚および感覚運動行動 344
- 姿勢と不動性 346
- 自発運動 347
- 巧緻運動 349
- 種特異的行動 352
- 学　習 353
- 結　論 357

- 文　献 358
- 索　引 428
  - 和文索引 428
  - 欧文索引 433

凡例：
肩つきのローマ数字 i ～は訳注。
それ以外の＊等は原注。

第Ⅰ部

自然史

第 1 章　進　化 3
第 2 章　生態学 14
第 3 章　系　統 23
第 4 章　個体差 32

第1章

進　化

ドブネズミの起源について

　ドブネズミ(Rattus norvegicus)は，1世紀以上にわたって行動研究，神経科学研究，生理学研究，その他さまざまな研究で用いられてきた。この生物種の進化の歴史は，心理学的および生物医学的研究においては重要でないものとして見過ごされているのが普通である。それらの研究は，進化生物学の理解を目指しているわけではなく，有機体全般の生物学を理解するうえでの1つのモデルシステムとしてラットを使っているからである。ここでは，それらの実験を批判することはしない。それらの実験が動物の行動や解剖学，分子生物学，生理学についての我々の理解を増進させてくれていることは確かだからである。しかし，以下を認識しておくことは重要である。すなわちラットは，生物界から孤立して進化したわけではないこと，また「家畜化」によってもたらされた形態学的，生理学的，行動的変化は，それ自身もまた進化のプロセスの結果であるということである。

　本章ではげっ歯類全般の起源からクマネズミ属(Rattus)にいたるまでの実験室ラットの進化について取り上げる。とはいっても，クマネズミ属とその上位分類についてのすべての分類学および系統発生史を展望することはしない。その分野における議論はいたる所で呈示されているからである(Carleton and Musser, 1984; Luckett and Hartenberger, 1985; Musser and Carleton, 1993; Nowak, 1999)。そのかわりに，ここではドブネズミへといたった進化史上のさまざまな出来事について1つの要約を呈示する。古生物学，分類学，系統学は相互に密接に関連しているので，本章はドブネズミの分類学という観点から構成していく(表1-1)。進化上の諸関係や古生物学的歴史については，同じ分類学的単位(目，科，属)に属する他の集団に言及しながら論じる。例えば，ネズミ目という目は，哺乳綱に属する他の諸目との関係において位置づけられる。我々は，ドブネズミの進化の歴史を要約することによって，この種がどのように進化してきたかについての基本的理解を提供することを目指した。この基本的理解は，行動実験や比較研究の分析結果を解釈するにあたって示唆に富むものと思われる。

ネズミ目(げっ歯目，げっ歯類)

　ドブネズミの進化について理解するためには，げっ歯類全般の歴史およびそれらと他の哺乳類との関係から始めることが必要である。ネズミ目は，哺乳類に属するすべての目の中で最も種の数が豊富で2,000近くに及ぶ。げっ歯類は南極大陸を除くすべての大陸でみることができ，有胎盤哺乳類全体のほぼ半数を占める。また，げっ歯類は，一連の形態学的特徴によって他の哺乳類から容易に見分けることができる(Luckett and Hartenberger, 1993, 1985)。最も目立つ特徴はその独特な歯の構造である。げっ歯類の門歯は大きくて，歯根がなく，継続的に伸び続ける歯であり，上端のみエナメル質で覆われて斜めの切縁を維持している。臼歯の表面の形態も独特である。また顎の構造も物をかみつぶす際の相当量の運動に適応したものであることがみてとれる(Hand, 1984)。

　形態学的には多くの類似点がみられるが，ネズミ目は形態の上でも行動の上でも多様な目である。そこにみられる移動行動は，滑空する，登る，泳ぐ，地面の下を掘る，飛び跳ねる，走る，など多岐にわたっている。またそれらは，このように多岐にわたっているだけでなく，多くの場合，複数の系統で相互に独立して進化したものである。例えば，地下移動は少なくとも3つの系統で独立に進化している(ネズミ上科，ホリネズミ上科，デバネズミ科)。同様に社会システムも多岐にわたっており，単婚または複婚で一方の性が子どもを育てるものから，複雑な複雄複雌社会まであるが，これらもまた複数の系統で独立に進化したものである。

3

表 1-1　クマネズミ属の分類

綱　哺乳綱
　目　ネズミ目
　　上科　ネズミ上科
　　　科　ネズミ科
　　　　属　クマネズミ属

種		種	
adustus		*annandalei*	アナンデールクマネズミ
*argentiventer**	アゼネズミ	*baluensis*	タカネクマネズミ
bontanus	ボンタンクマネズミ	*burrus*	
colletti		*elaphinus*	
enganus	エンガノクマネズミ	*everetti*	エベレットクマネズミ
*exulans**	ナンヨウネズミ	*feliceus*	ミノリクマネズミ
foramineus	フェラミノクマネズミ	*fuscipes*	ヤブクマネズミ
giluwensis	ギルウェクマネズミ	*hainaldi*	
hoffmanni		*hoogerwerfi*	スマトラクマネズミ
jobiensis	ジョビエンクマネズミ	*koopmani*	
korinchi		*leucopus*	マダラオクマネズミ
*losea**	コキバラネズミ	*lugens*	
lutreolus	ヌマクマネズミ	*macleari*†	クリスマスクマネズミ
marmosurus	オポッサムクマネズミ	*mindorensis*	
mollicomulus		*montanus*	スリランカクマネズミ
mordax	カミツキクマネズミ	*morotaiensis*	モロタイクマネズミ
nativitatis†		*nitidus**	ミズベクマネズミ
*norvegicus**	ドブネズミ	*novaeguineae*	
osgoodi	オスグッドクマネズミ	*palmarum*	シュロクマネズミ
pelurus		*praetor*	センドウクマネズミ
ranjiniae	ランジンクマネズミ	*rattus**	クマネズミ
sanila		*sikkimensis*	
simalurensis	メンターウェークマネズミ	*sordidus*	ウスクロクマネズミ
steini	スタインクマネズミ	*stoicus*	アンダマンマチクマネズミ
tanezumi	ニホンクマネズミ	*tawitawiensis*	
timorensis		*tiomanicus**	マレーシアクマネズミ
tunneyi	タンネイクマネズミ	*turkestanicus*	
villosissimus	ケナガクマネズミ	*xanthurus*	キイロクマネズミ

付記：この分類は Guy and Musser(1993)による。
＊片利共生の種。
†近年絶滅した種。

　こうした行動上の多様性は，げっ歯類が単系統群であるという事実に疑いを抱かせる。単系統群であるとは，すべてのげっ歯類は共通の祖先をもっており，それはげっ歯類以外の種とは共有されていないということである。げっ歯類の単系統性は，モルモット(*Cavia porcellus*)の分子生物学的研究によって疑問視されたが(Graur et al., 1991; D'Erchia et al., 1996)，より最近の研究は，げっ歯類が単系統であることを支持している(Adkins et al., 2001; Madsen et al., 2001; Murphy et al., 2001a,b; Huchon et al., 2002)。とはいえ，ネズミ目が他の哺乳類目と比べて系統樹の上でどのような位置づけにあるのかについてはいくつかの論争がある。

　伝統的に，ウサギ目(ノウサギ，ウサギ，ナキウサギ)はネズミ目と最も近い(すなわち姉妹群である)と考えられてきたが，それは形態学的に類似しているからである(Shoshani and McKenna, 1998)(図 1-1A)。ネズミ目とウサギ目は，ともにグリレス大目と呼ばれる分岐群(クレード)をなす。形態学的類似性はまた，ハネジネズミ(ハネジネズミ目)をグリレス大目の姉妹群に位置づける(図 1-1A)。分子生物学的研究は，哺乳類に属する伝統的な目の間での顕著な違いを明らかにしていったが，どの研究もネズミ目とウサギ目が一緒に位置づけられるべきであるということには同意している(Huchon et al., 2001; Madsen et al., 2001; Murphy et al., 2001a,b)(図 1-1B)。より広範な資料に基づいた研究はまた，霊長類を含んだ分岐群とグリレス大目とを姉妹群に位置づけることを支持している(Madsen et al., 2001; Murphy et al., 2001a,b)。

　ネズミ目の起源に関しては，グリレス大目の起源は6400万年から1億400万年前にさかのぼるといわれている(Archibald et al., 2001; Murphy et al., 2001a)。そこからのげっ歯類の分岐は，最も早い説としては

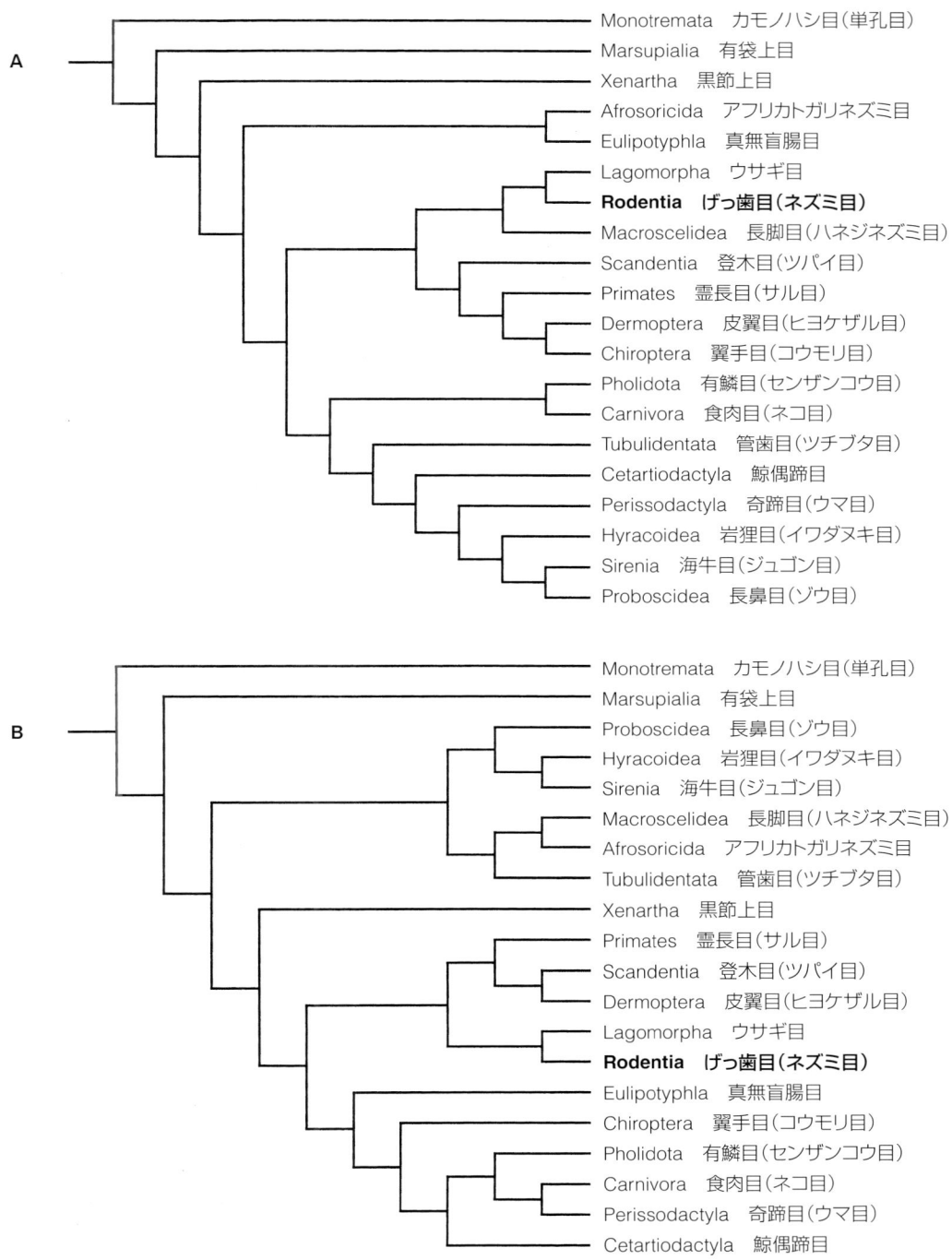

図1-1　哺乳動物におけるすべての目の間の関係についての2つの異なる系統学的仮説。「伝統的な」分類と異なり，食虫目（モグラ目）（Insectivora）はアフリカトガリネズミ目（Afrosoricida）と真無盲腸目（Eulipotyphla）という2つの目に分けられた。また，クジラ目（Cetacea）と偶蹄目（Artiodactyla）は鯨偶蹄目（Cetartiodactyla）という1つの種に統合された。第1の系統樹（A）は形態的特徴に基づいたものであり，げっ歯目（ネズミ目）をウサギ目の姉妹群に位置づけている（Shoshani and Mckenna, 1998）。第2の系統樹（B）は各目の間の関係について多くの点で異なっているが，げっ歯目とウサギ目とが姉妹群の関係にあるという点は保持されている（Murphy et al., 2001a）。カモノハシ目（単孔目）は Muphy et al.（2001a）の分析では取り上げられていないが，ここでは第1の系統樹との連続性をつけるために基本群として加えた。

6500万年前とされている。これは古生物学的(Alroy, 1999; Archibald et al., 2001)および分子生物学的(Bromham et al., 1999; Foote et al., 1999; Eizirik et al., 2001)データに基づくものである。したがって，げっ歯類の祖先は恐竜と一緒に存在していたと思われるが，真のげっ歯類が進化したのは白亜紀～第三紀境界以後のことであるとされている(6500万年前以降)。しかし，これとは異なる説を唱える研究もある(Hedges, et al., 1996; Kumer and Hedges, 1998)。

ネズミ上科/ネズミ科

ネズミ上科は，最も広範なげっ歯類の分類群であり，1,300種以上を数える(Musser and Carleton, 1993)。一般的な意見では，ネズミ上科に属するもののうち現存の種によって示されている科はネズミ科のみである(Musser and Carleton, 1993)。この科には「真の」ラット(*Rattus*)が含まれるとともに，数多くのマウス(トゲネズミやシカネズミなど)，ハタネズミ，レミング(タビネズミ)，アレチネズミ(スナネズミ)，ハムスターなども含まれる。ネズミ科に属する種の間での生活史や形態の多様さは，げっ歯類全体における多様さと同じくらいである。それらは，多彩な移動手段，社会システム，生態などに及んでいる。ネズミ科はその形態によって他のげっ歯類から区別されるのが一般的であるが(Carleton and Musser, 1984)，ほかにも「原始的な」中耳構造(Lavocat and Parent, 1985)やいくつかのユニークな発達的特徴をもっている。

カンガルーネズミ(トビネズミ科)は，ネズミ上科の姉妹群であると一般に考えられている(図1-2B)。これは両者が共有している多くの形態学的特徴(Luckett and Hartenberger, 1985)とともに分子生物学的根拠(Nedbal et al., 1996; Adkins et al., 2001)に基づいた考えである。より最近では，Huchon et al.(2002)がホリネズミ上科とネズミ上科との間にも関係がある可能性を示している。そこでは，分子系統学におけるそれまでの研究の中で最も包括的なげっ歯類のサンプリングが用いられている(図1-2A)。この関係性は彼らの分析において強く支持されているが，それ以外の分類ができる可能性を排除するにはいたっていない。この分類に関して今後もさらに研究が行われれば，ネズミ目における上科レベルでの分類学にいくつかの変革がもたらされるであろう。

ネズミ目における上科や科の多様な分岐が起こったのは暁新世後期～始新世前期(約5500万年前)と考えられている(Hartenberger, 1998)。ネズミ科のベースとなった種族はこの時点で分岐し，始新世中期の「現代」ネズミの出現をもたらした(3650万～4900万年前)。これまでに発見されている最も古いネズミ科の生物は，モンゴルで発見されたハムスターに似たクリセトドンであり，その年代は始新世後期(3420万～3650万年前)と推定されている(Carleton and Musser, 1984によればLi and Tang〈1983〉の発表である)。ラットに近い生物の化石はその後20万年にわたってみつかっていない(後述参照)。

ネズミ亜科

ネズミ科の中でもネズミ亜科は，種が最も豊富である。ネズミ亜科には500以上の種が確認されており，それらは120以上の属に分類されている(Musser and Carleton, 1993; Nowak, 1999)。ネズミ亜科はその生態も形態も多様で幅広い種を網羅しているが，その中には他の亜科や科，目に属する種と似ている特殊な属も含まれている。例えば，ミズネズミ(*Hydromys*)はミズトガリネズミと，セレベストゲネズミ(*Echiothrix*)はハネジネズミと，コモドネズミ(*Komodomys*)はアレチネズミと，フサオクモネズミ(*Crateromys*)はリスと，オニネズミ(*Nesokia*)はジリスとそれぞれ似ている。他の属は，ラット(*Rattus*)やマウス(*Mus musculus*)のように，より「典型的な」ネズミである。ハムスター，アレチネズミ，ハタネズミなど他のネズミ科のげっ歯類はいくつかの他の亜科に分かれている(図1-3)。

ネズミ亜科とネズミ科に属する他の亜科との関係についていえば，アレチネズミ亜科はネズミ亜科の姉妹群であるとの一般的合意がある(図1-3)。それは形態学的(Flynn et al., 1985)，分子生物学的(Dubois et al., 1999; Michaux et al., 2001)根拠，双方に基づいている。他のいくつかの亜科の位置づけについてはいまだ論争が続いている(Chevret et al., 1993; Dubois et al., 1999; Michaux et al., 2001)。

地球上に現れた最初のネズミは何だったかという点についてはいくつかの論争がある(Flynn et al., 1985)。研究者の中には，タイで発見された中新世中期(1500万～1600万年前)のアンテムスがそれであると主張している者がいる(Jacobs, 1977; Hand, 1984; Jaeger et al., 1986)。しかしアンテムスは，形態学的に他の亜科とも類似しており，したがって，これをネズミ亜科に含めることについては疑問視する声もある。そのため別の研究者は，それより遅い1100万～1200万年前に出現したプロゴノミスが最初のネズミであろうと考えている(Flynn et al., 1985)。これまでに得られている物的証拠が不完全であるため，アンテムスとネズミとの類縁関係についてはっきりしたことはわか

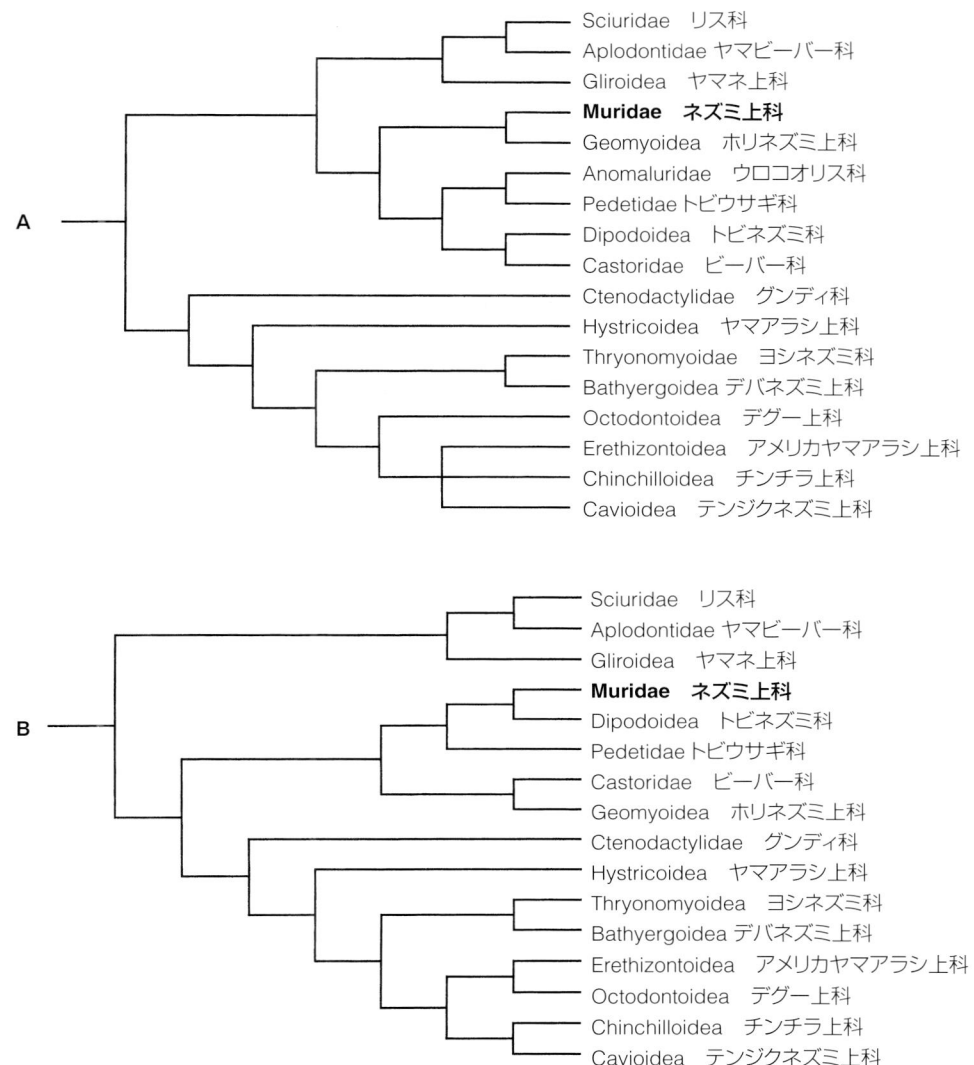

図1-2 ここに示した2つの系統樹は，ネズミ目に属する科の間の関係について想定される2つのトポロジーを描いたものである。(A)3つのヌクレオチド配列の再構成から導かれた最尤系統樹(Huchon et al., 2002)。ここではネズミ上科(太字)はホリネズミ(ホリネズミ上科)を姉妹群とした分岐群を形成している。(B)対照的に，第2の系統樹はAdkins et al. (2001)によって図式化されたいくつかのトポロジーのうちの1つを示している。さまざまな科の間の関係については系統樹ごとに違いがあるものだが，どの系統樹もトビネズミやカンガルーラット(トビネズミ科)をネズミ上科(太字)の姉妹群に位置づけるという点では一致している。ここに示されている他の科や上科は，リス(リス科)，ヤマビーバー(*Aplodontia rufa*)(ヤマビーバー科)，ヤマネ(ヤマネ上科)，ウロコオリス(ウロコオリス科)，トビウサギ(*Pedetes capensis*)(トビウサギ科)，ビーバー(ビーバー科)，グンディ(グンディ科)，ヨシネズミ(ヨシネズミ科)，デバネズミ(デバネズミ上科)，ヤマアラシ(ヤマアラシ上科)，アメリカヤマアラシ(アメリカヤマアラシ上科)，チンチラ(チンチラ上科)，デグー(デグー上科)，モルモット(テンジクネズミ上科)である。

らないが，ネズミの起源が1500万～1600万年前という推測は分子生物学的解析と一致している(後述参照)。

ネズミ亜科が他の亜科から分岐した時点を特定するのは困難である。なぜなら，ネズミ亜科ははじめ中央アジアで進化したらしいが，その地域での哺乳類の古生物学はまだ十分に理解されていないからである。現在手に入る証拠に基づくと，分岐時点は1600万～2380万年前(漸新世後期～中新世初期)のようである(Hartenberger, 1998; Tong and Jaeger, 1993)。これは1790万～2080万年前という分子生物学からの予測によっても支持されている。対照的に，ハムスター(キヌゲネズミ亜科)は3650万～4900万年前にあたる始新世中期の堆積物からみつかっている(Hartenberger, 1998)。したがって，ネズミ亜科はネズミ目ネズミ科

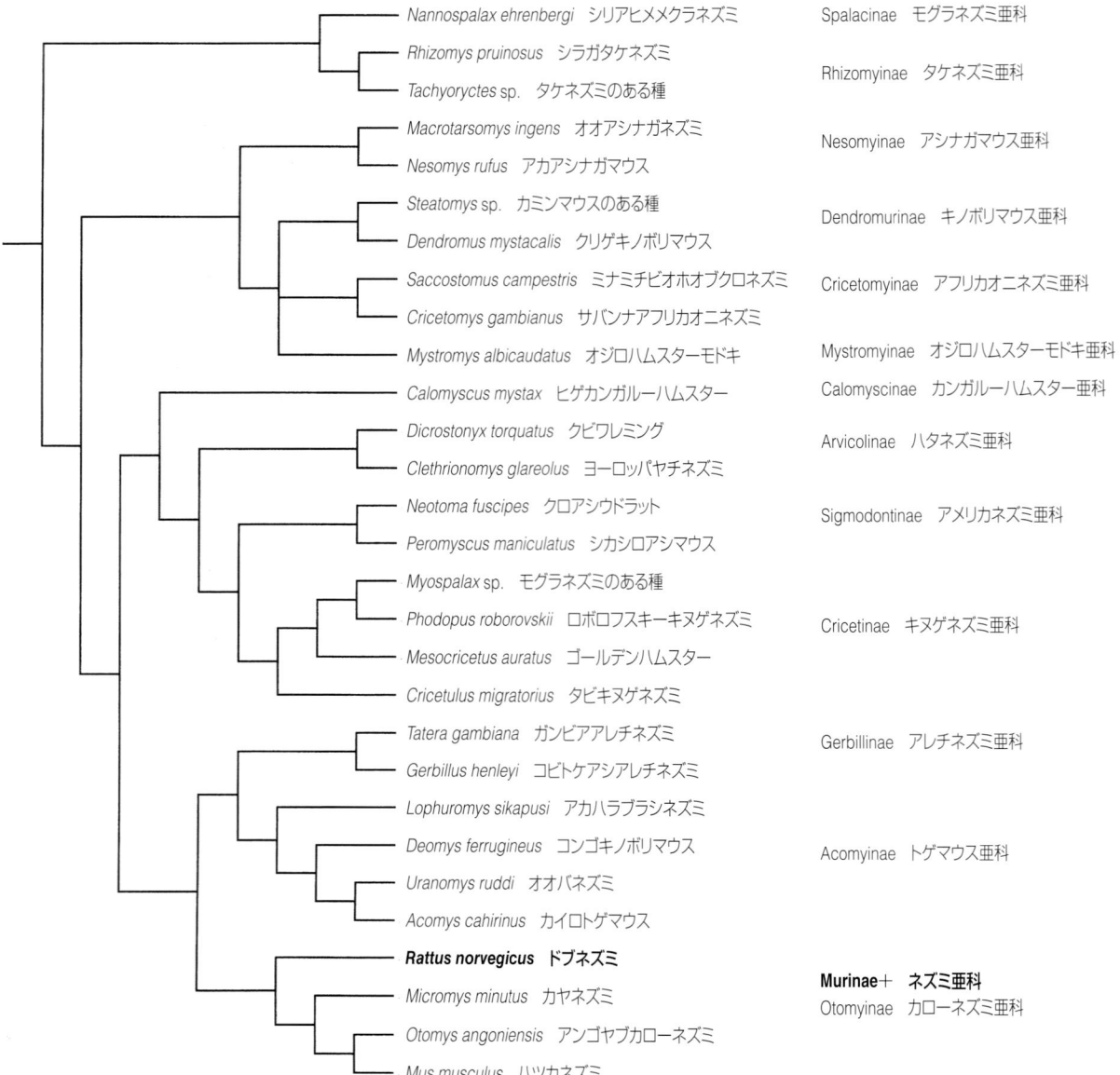

図1-3 この系統樹はネズミ科に属する亜科の間の関係を図式化したものであり，LCATおよびvWF遺伝子の統合分析に基づいている(Michaux et al., 2001)。トゲマウス(Acomyinae〈トゲマウス亜科〉)とアレチネズミ(Gerbillinae〈アレチネズミ亜科〉)が，ネズミ亜科(Murinae)とカローネズミ(Otomyinae〈カローネズミ亜科〉)とからなる分岐群とともに姉妹群の関係を形成している点に注意。他の亜科として示されているのはハムスター(Cricetinae〈キヌゲネズミ亜科〉)，ハタネズミやレミング(Arvicolinae〈ハタネズミ亜科〉)，モグラネズミ(Spalacinae〈モグラネズミ亜科〉)，タケネズミ(Rhizomyinae〈タケネズミ亜科〉)，新世界ネズミ(例えば，シロアシマウス，ウドラット，マスクラット)(Sigmodontinae〈アメリカネズミ亜科〉)，カンガルーハムスター(Calomyscinae〈カンガルーハムスター亜科〉)，アフリカオニネズミ(Cricetomyinae〈アフリカオニネズミ亜科〉)，およびアフリカのいくつかの幅広い分岐群(Nesomyinae〈アシナガマウス亜科〉，Dendromurinae〈キノボリマウス亜科〉，Mystromyinae〈オジロハムスターモドキ亜科〉)である。

の進化の歴史の中でも比較的後期になってから爆発的に増えていったようである。

クマネズミ属(*Rattus*)

クマネズミ属の位置づけは1803年にFischerがこの分類名を使い始めて以来何度も変更されている

(Musser and Carleton, 1993)。かつてクマネズミ属に分類されると考えられたいくつかの属は，その後，他の属へと細分化されていった。それは例えば，フサゲネズミ (*Praomys*)，マストミス (*Mastomys*)，ハチネズミ (*Apomys*) などである (Nowak, 1999)。そもそもこの属自体をどう定義したらいいのかについては，いまだにいくつかの議論がある (Carleton and Musser, 1984; Musser and Holden, 1991; Musser and Carleton, 1993)。こうした問題はあるものの，クマネズミ属はその長い体毛，縞々の溝が切られ，まばらに毛の生えた尾，内耳の鼓胞が比較的大きく下顎の筋突起ががっしりとした頭蓋骨などによって他のネズミ科の属とおおむね区別することができる (Watts and Aplin, 1981)。しかしこれらの特徴は，他の属にもみられるので，決定的なものではない。この属を識別するに足る正確な特徴の記述が現在求められている。

クマネズミ属の境界が不明確であるのと呼応するように，ネズミ科の各属間の関係もまた不明確である。多くの研究がネズミ科内での系統発生学的関係を描写してきたが (Robinson et al., 1997; Martin et al., 2000; Suzuki et al., 2000; Michaux et al., 2001)，中でも Watts and Baverstock (1995) は最も包括的な数の種について述べている。その分析の中で Watts and Baverstock (1995) は，4 つの生物地理学的な分岐群を区別できることを見出した。すなわち東南アジア群，オーストラレーシア群，ニューギニア群，アフリカ群である (図1-4)。また彼らは，最初のネズミ科の出現は 2000 万年前であり，この種族の基本メンバーはそこから生じてきたことを示唆している。これはクマネズミ属とハツカネズミ属が分かれたのは 1200 万年前頃であるとする化石研究からの証拠によって支持されている (Jaeger et al., 1986)。800 万年前頃，アフリカ群，東南アジア群，オーストラレーシア群において急速な種の分化が起こり，それは「薮のように乱雑な」系統樹や，前述したように属間の境界線をはっきりさせることが困難であるような状況へと帰結した。クマネズミ属が東南アジア群の他のメンバーから分岐した時点は不明確であるが，Watts and Baverstock (1995) の系統発生学に基づくならば，それは過去 800 万年の間に起こったようである (図1-4)。この説は，最初のクマネズミ属の化石が中国で後期鮮新世 (300 万年前以前) の堆積物から発見されたという記録 (Jaeger et al., 1986 によると Xue, 1981) と一致する。このように，クマネズミ属の起源が遅いということは，オーストラレーシアにおける彼らの出現が，他のネズミ科が 400 万～600 万年前にその地域に定着してから十分な年代が過ぎたあとであるということを示唆する (Hand, 1984)。

●ドブネズミ●

最も豊富な種におけるこのような状況の中にあって，ドブネズミはとりわけネズミらしい属であるクマネズミ属に分類される 50 種の中の 1 つである (表1-1) (Musser and Carleton, 1993; Nowak, 1999)。すでに議論したようにこの属の位置づけは明確とはいいがたいが，一般的にいってこの属は大体がドブネズミと似た外見をしている。とはいえオーストラリアでは，ドブネズミは現地のクマネズミ属と区別される点がいくつかある。まず，ドブネズミは，現地のクマネズミ属よりも尾が長く，頭蓋骨が大きいことによって区別されるが，尾や肉球の色，とがった鼻先，ごわごわした毛皮などによっても区別される (Watts and Aplin, 1981)。

ドブネズミを他のクマネズミ属から区別するときに参考になるもう 1 つの特徴は，この種が都市部やその他の喧騒地域にも出没するということである。しかしその片利共生 (つまり，ヒトの居住地に密着して生活し，その生活圏を他の生活圏より好んでいること) は，クマネズミ属の他のいくつかの種にもみられるので，これはドブネズミだけの特徴というわけではない。それらの種のうちのいくつかは，さまざまな地域で害獣として認識されている。ナンヨウネズミ (マオリ語では Kiore) (*R. exulans*)，クマネズミ (*R. rattus*)，そしてドブネズミなどである。他の種 (表1-1 参照) は，西洋の研究者の間ではあまり知られていないが，やはり害獣である (Leung et al., 1999 など)。

それ以外のクマネズミ属の種もまた，ヒトの生活圏の近くでみつけられるが，一般にその生息域はより離れている。例えば，ヤブクマネズミ (*R. fuscipes*) は通常郊外でみられるネズミであり (Watts and Aplin, 1981; Menkhorst, 1995; Strahan, 1998)，またケナガクマネズミ (*R. villosissimus*) は，時折街や農場を席巻することがあるとはいえ，それは何かの異常で大発生が起こったときのみである (Watts and Aplin, 1981; Strahan, 1998)。これらの種は片利共生の種とは考えられていない。なぜならこれらの種は，ヒトの手が加わった環境に依存してはいないからである。事実，クマネズミ属の多くの種は，ヒトの少ない平静な環境地域を好む。それらは乾燥した平原，雨林地帯，海岸の原野，亜高山帯などである。

構造的には，ドブネズミと他のクマネズミ属の種との間で行動上の違いはあまりない (Begg and Nelson, 1977; Barnett et al., 1982; Beeman, 2002)。一般的に，ドブネズミは，社会的状況における攻撃性が高い傾向にあるようだが (Barnett et al., 1982)，これは「野生的な」ドブネズミと実験室で飼われてきたおとなしい系統のネズミとの比較においてである (第 2 章，3 章参

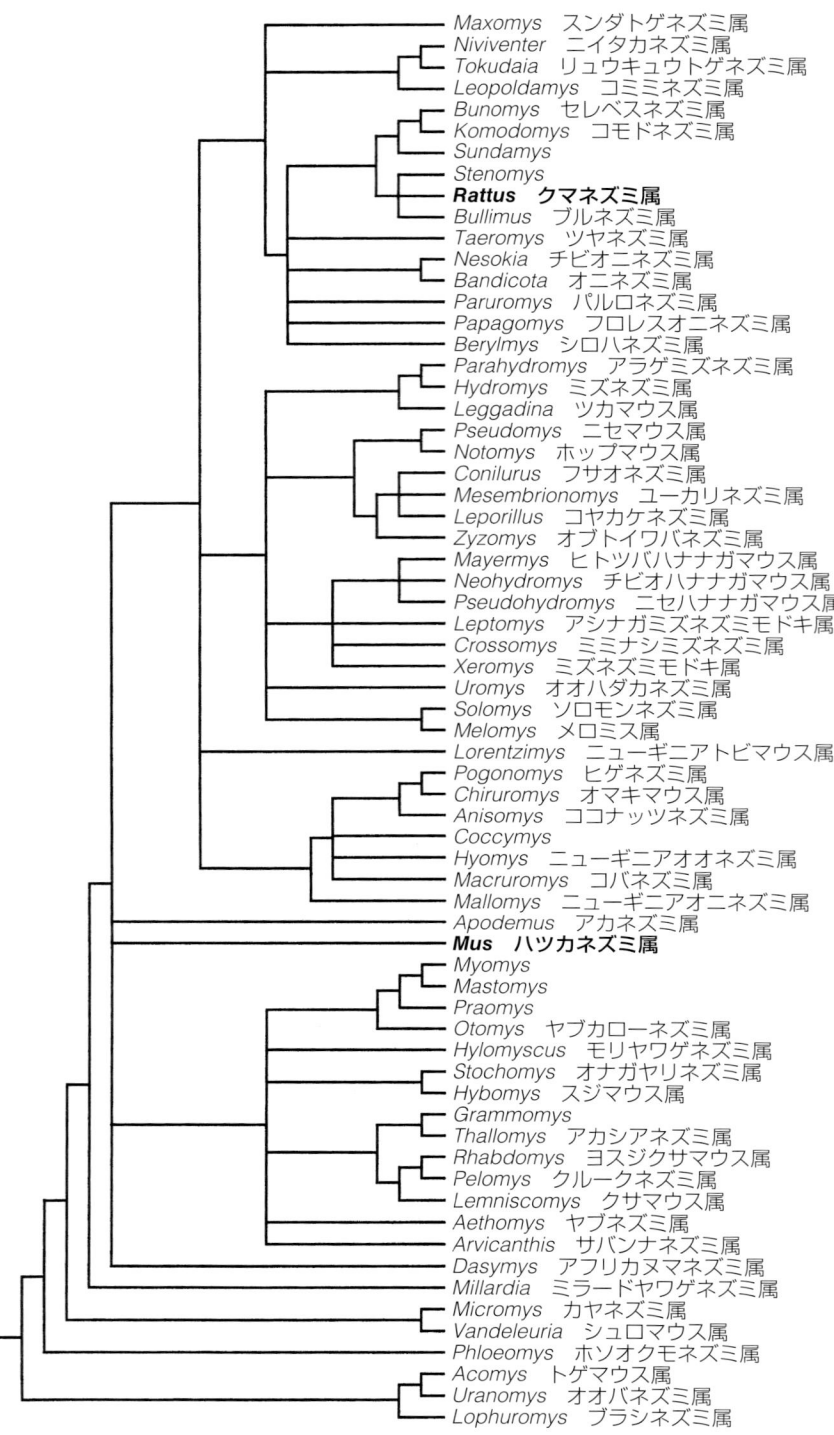

図1-4 この系統樹はネズミ亜科における各属の間の関係を図式化したものであり，アルブミンの微量補体結合反応に基づいたものである(Watts and Baverstock, 1995)。クマネズミ属(*Rattus*)とハツカネズミ属(*Mus*)はいずれも太字で示してある。この2つの属が分かれてからはおよそ1200万年がたっている(Jaeger et al., 1986)。トゲマウス属(*Acomys*)，ブラシネズミ属(*Lophuromys*)，オオバネズミ属(*Uranomys*)は Watts and Baverstock(1995)によるとネズミ亜科の系統に含まれているが，最近の研究ではこれらはネズミ亜科から分離した単系統の分岐群をなすことが示されている(Dubois et al., 1999; Michaux et al., 2001)(図1-3参照)。

照). 行動面では, クマネズミ属のすべての種は, 環境の変化に柔軟に対応できる万能選手として記述するのが最も適切である。遅れてきた種であった彼らを成功に導いたのはおそらくこの柔軟性であろう。しかしこの行動的柔軟性にも限界はあり, いくつかの種は急激な環境変化の犠牲になっているという点は明記しておかなければならない。例えば, クリスマス島に住んでいたクマネズミ属の 2 種(クリスマスクマネズミ〈*R. macleari*〉とブルドッグネズミ〈*R. nativitatis*〉)はヨーロッパ人の移住後に絶滅している(Nowak, 1999)。加えて, 現在でも 2 種(タカネクマネズミ〈*R. baluensis*〉とエンガノクマネズミ〈*R. enganus*〉)が絶滅危惧 I 類に, 13 種が絶滅危惧 II 類にリストアップされている(International Union for Conservation of Nature and Natural Resource〈国際自然保護連合〉, 2002 年)。したがって, 一見したところ限界がないようにみえるクマネズミ属の種の行動的適応性にもやはり限界はあるらしい。

　クマネズミ属内での種間の関係については, 比較的わずかなことしか知られていない。Musser and Carleton (1993) は, クマネズミ属の種を 5 つの群に分けている。①ドブネズミ(1 種), ②さまざまなアジア系の種からなるクマネズミ群(21 種), ③オーストラリア原産群(6 種), ④ニューギニア原産群(8 種), ⑤スラウェシ/フィリピン諸島群(5 種)である。Musser and Carleton (1993) がクマネズミ属とした種のうち残る 10 種はこのいずれにも入れられていないが, それはこの 10 種については系統発生学的類縁関係がまだ不分明であるとされたからである。特に興味深いのは, ドブネズミがその 1 種だけで 1 つの群をなすに値するほど十分独自的であるとされていることである。ドブネズミの独自性はいくつかの分子生物学的研究によってさらに支持されている(Chan, 1977; Chan et al., 1979; Baverstock et al., 1986; Verneau et al., 1997; Suzuki et al., 2000; Dubois et al., 2002; ただし Pasteur et al., 1982 も参照)。(図 1-5)。ドブネズミは, 他のクマネズミ属の種とどのように関係づけられるのか, そしてこれらの種が分岐していった年代はいつ頃なのかといった問題はまだ大部分未解決である。

　ドブネズミそのものの原産地はアジアのどこかであろうと推測されているが, 長年のヒトとの結びつきは, それ以上詳しく地域を特定することを困難にしている。候補にあがっている 2 つの地域は, カスピ海北部のステップ地帯(Matthews, in press)と中国北部(Musser and Carleton, 1993)である。そのあたりの地域を起源としながら, この種は 1700 年代半ばにはヨーロッパ全域に広がっていった。1800 年代後期には, ドブネズミとクマネズミは北アメリカの大部分も生息地を広げ, 同時に世界中の数えきれないほどの港を席巻するにいたった。

これらのことは結局何を意味するのか？

　ドブネズミの進化の歴史についてこれまでに得られた知識は, ドブネズミの生物学や行動を理解するうえでどのように用いられうるだろうか。解剖学, 生態学, 行動における種間分析は, それぞれの種ごとの表現型の背後にある究極のメカニズムについて豊かな洞察を与えるとともに, その可能な機能についても洞察を与えている。例えば, 比較研究は行動の進化(Martins, 1996; Lee, 1999)および神経システムの進化(Butler and Hodos, 1996)を理解するうえで有用なものであり続けている。

　比較研究の観点からみると, 進化の歴史についての情報はドブネズミの行動の進化について検討するときに活用できる。1 つの例は, ネズミ上科の動物における社会的遊び行動について比較した研究から得られる(Pellis and Iwaniuk, 1999)。ドブネズミは, 他のげっ歯類に比べて高度に複雑な社会的遊びの形式をもっている(第 28 章参照)。そのような複雑な遊びがドブネズミにおいて進化した理由としては, 進化史, 社会システム, 生態学その他の観点からさまざまな理由があげられる。Pellis and Iwaniuk (1999) は, ネズミ科の 13 種についての系統発生学的データを用いてネズミ科げっ歯類の社会的遊びにみられるいくつかの特徴を分析し, 系統発生や社会システムがこれらの特徴の進化を理解するうえでどれだけの相対的重要性をもっているかを検討した。系統発生史と密接に関連づけられた他の多くの行動とは対照的に, 社会的遊びの複雑なパターンはいくつかの系統発生データに共通してみられたパターンのどれにもあてはまらなかった。さらなる分析から, 社会性の程度は, 社会的遊びの複雑さと正の相関関係にあることが示された。つまり, そのネズミが社会的であればあるほど, その遊びはより複雑なのである。最後に, 遊びの特徴に基づいてそれ独自の「系統発生」を描出する試みの中で, Pellis and Iwaniuk (1999) は, ドブネズミの遊びが他のネズミ科の動物よりもむしろゴールデンハムスター(*Mesocricetus auratus*)のそれによく似ているということを示した(図 1-3 参照)。このことは遊びがネズミ上科の動物相互間で多様であるというだけではなく, このような遊びの形式の収斂がげっ歯類の系統的に離れた種族間で生じるのであり, また実際に生じたことを意味している。これはネズミや他の哺乳類における遊びの進化に関す

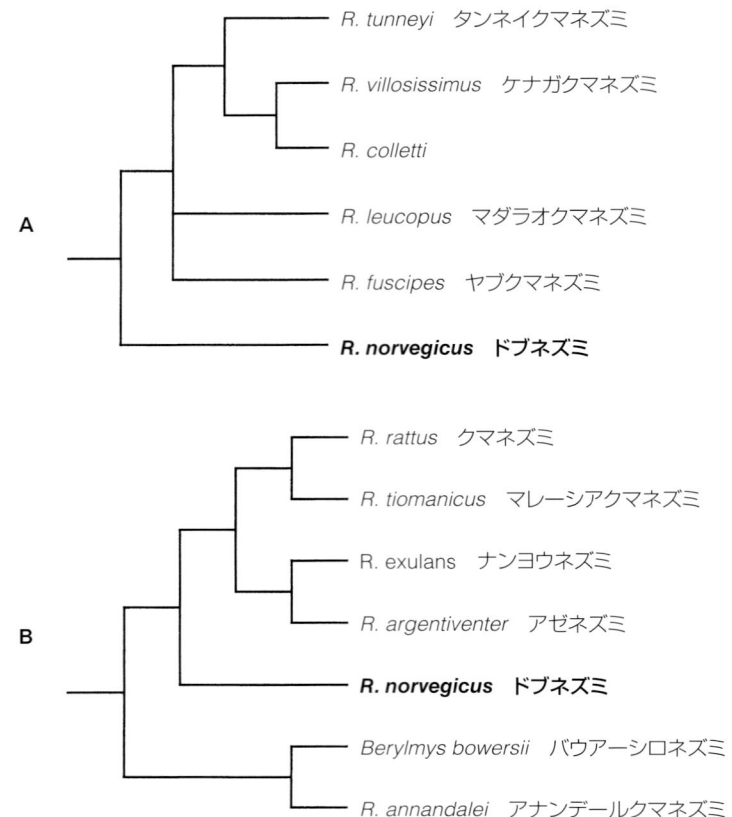

図1-5 この2つの系統樹は，クマネズミ属(*Rattus*)に属するそれぞれの種の間の関係を図式化したものである。(**A**)この系統樹はBaverstock et al.(1986)を参照したものであり，オーストラリアの固有種とドブネズミ(*R. norvegicus*)(太字)が含まれている。(**B**)この2番目の系統樹はChan et al.(1979)を参照したものである。ここにはバウアーシロネズミ(*Berylmys bowersii*)が含まれているが，これはアナンデールクマネズミ(*R. annandalei*)がクマネズミ属の他の種よりもこの種と近い関係にあることが示されたからである。

る理論的含蓄は広範なものであり，現在もなお研究が続けられていることに示されている(Iwaniuk et al., 2002; Pellis and Iwaniuk, 2004など)。

　系統発生学とそれに基づいた統計的手法なしには，Pellis and Iwaniuk(1999)の研究は表層的なものになっていただろう。事実，ネズミ科やネズミ亜科の行動についてさらなる比較研究を進めていけば，ドブネズミの行動の進化について同様の洞察を得ることができよう。しかし，そのための十分なデータは，他の多くのげっ歯類においてはまだ得られていない。このことはドブネズミの行動や生物学について得られた観察がげっ歯類ないし，他の哺乳類を代表するものなのかどうか判断することを難しくしている。例えば，ドブネズミの行動の多くはクマネズミ属のすべての種に典型的なものなのか，それともドブネズミに特有のものなのか。ドブネズミの行動に関する我々の理解は，ネズミ亜科やクマネズミ属に分類される他の種についてさらなる研究が行われることによって大きく啓発され

ることになるだろう。

結論

　実験室ラットの進化は，目，科，亜科，属それぞれのレベルで比較的短い期間の間に爆発的に生じてきた分岐の一末端として特徴づけられる。この適応放散の複雑さのために，多くの分類群間の系統発生的関係は今なお解明されていない。同様に，多くの分類群の最初の出現がいつどのようなものであったかについても論争が尽きない。それは化石資料が散在的であること，げっ歯類の進化の歴史を通して形態の収斂が何度も起こっていることなどによる。近年では，より包括的な種のサンプリングを行ったり，同義遺伝子を研究したりすることによってげっ歯類の進化に関してより明瞭な見取り図が描かれつつあるが，それでも多くの問題が回答を得られないまま残されている。特にクマ

ネズミ属の起源や他の属との関係，またクマネズミ属内での種間の関係などについては多くの不確定要素がある。この種の豊富な属の境界を明確にするためにはこれらの問題の解決が欠かせないだろう。さらに，クマネズミ属の適応放散に関する将来の研究は，適応放散一般の特徴についてだけでなく，片利共生が種の散失や形成にどのように寄与しうるかについても洞察を与えるだろう。ドブネズミの行動を理解するという観点からみれば，このような研究は，ドブネズミのいくつかの行動についてなぜ，どのようにして進化してきたのか，またなぜ他の行動ではなくそれらの行動だったのか，を理解するうえでも重要であろう。

謝　辞

編者であるIan WhishawとBryan Kolbに感謝する。彼らはこの本の作成に私を参加させてくれただけでなく，編集にあたりさまざまに力添えをしてくれた。また本章の初期の原稿を査読してくれたKaren Deanにも感謝する。本稿の執筆は，モナシュ大学大学院出版賞の著者への助成によってなされた。

Andrew N. Iwaniuk

第2章

生態学

　「ノルウェーラット」（ドブネズミ〈*Rattus norvegicus*〉）と誤って呼ばれている動物は，通常，体毛が灰色ないし黒であるにもかかわらず「ブラウンラット」としても知られているが，哺乳類の中でも特に害獣として認識される部類に入っており，その点ではハツカネズミ（*Mus domesticus* vel *musculus*）や「船ラット」，ないしは「ブラックラット」（クマネズミ〈*R. rattus*〉）と並び称されている。ちなみに「ブラックラット」といっても決して黒いドブネズミというわけではない。ドブネズミもまた，独特の特徴を示すことから動物行動学者にとっても実験心理学者にとっても特別な興味の対象となっている。本章では野生のドブネズミの生態について概観する。

環境：片利共生動物としてのラット

　ヒトの生活圏に多数のラットが棲み着くことになった理由としては，我々が大量の食物を保管していること，建物や下水管，野原の辺縁など彼らにとって隠れ場所となるようなところをつくっていること，また小型の哺乳類を捕食している肉食動物を殺していること，などがあげられる。さらに，通常，我々がラットを殺すのは，その数が非常に多くなったときだけである。大量駆除の様は印象的であろうが，たいていは生き残った集団がまた急速に繁殖していくのである。
　彼らは，農耕地や庭園，運河や小川（ドブネズミがやすやすと泳げるような）の土手の広い範囲に巣穴をつくる。巣穴の中は不規則に道が分岐したり合流したりしており，彼らの繁殖場所となっている。
　ドブネズミは，クマネズミほどではないにせよ登るのがうまい。18世紀以前の北ヨーロッパでは，クマネズミと競合する種はいなかったが，ドブネズミが東から侵入してきたとき，大体においてクマネズミに取って代わってしまった。市街地の建物では屋根裏にクマネズミが，より低層階にドブネズミがしばしば棲み着く。またドブネズミは，大きい下水道にも大量に棲み着いたりする。アメリカのある都市では，下水道のドブネズミが野生化したワニの主要な食料になっているとささやかれている。しかし，建物がよくメンテナンスされており，現代的な下水システムがあり，高い水準の環境衛生が維持されているならば，都市環境で多数のラットが棲み着くことはない。
　ドブネズミは，稀にヒトと全く関わりのないところで生活していることがある。海岸地帯などでそうした例がみられる。
　隠れ場所探しは，ラットの行動にみられる特徴の1つである。食物が運搬可能であれば，それは巣の中かあるいは何かに覆い隠された場所で食べられる。それらはまた，あとの消費のために貯蔵されることもあるだろう。
　巣穴の中でもそうでない場所でも，ラットはわらや布きれ，器用にちぎった紙きれなどを使って巣をつくる。巣の素材以外にも，木片，石，せっけんのかけらなども巣にもち込まれる。巣づくりは気温が低下すると促進される。
　雌は巣の中で仔を育て，侵入者から巣を守る。迷い出た仔ネズミを連れ戻す雌の動作は，ラット一般が物を貯蔵するときの動作に似ている。

未踏の地への探検，ネオフィリア（新しい物好き），ネオフォビア（新しい物嫌い）

　安定した環境のコロニーに所属するメンバーは，夜になって巣，餌場，水場，寝場所の間を行き来する際にたいていいつも同じ経路上を移動する。一般に彼らは，ヒゲ（感覚毛）と毛皮を壁などの垂直面に接触させながら走る。毛皮をこすりつけていくことは，皮膚上の腺から分泌される脂をそこにこすりつけていくこと

になる。この脂のにおいは，他のラットを惹きつけると考えられている。

またドブネズミは，探検好きでもあり，通常の経路から大きくはみ出していくこともある。行動圏内の移動は，3つのカテゴリーに分けられる。①食料，水，巣の材料，隠れ場所などを探すための移動。この場合の移動は，目標に到達したときに止まる。②行動圏内全域のパトロール。ドブネズミのような小さな哺乳類に通常よくみられる行動である。最近，訪れていなかったような場所から優先的に巡回していく傾向が高い。③探検的移動，特に新しい場所での探検的移動。食欲などの基本的欲求が満たされている限り継続されるようである。2番目と3番目のタイプの移動は，**ネオフィリア（neophilia，新しい物好き）**の事例，もしくは見慣れないものへ接近する傾向の事例といえる。

移動の3つの側面は，実験上で分離することができる。図2-1は「十字迷路」を示しており，この中で野生のドブネズミは，何日にもわたって生活することができる。この迷路に順応したラットを中央の巣箱に数時間閉じ込めて餌を与えないでおき，その後，各通路を開放したとしよう。ラットはすぐに中央から出て行き，続く数時間のうち多くの時間を食べたり飲んだりすることに費やすだろう。しかし食事は断続的であり，各食事のあとは毎回この環境内のすべての区域をざっとパトロールする。餌やその他の報酬が何もない区域であってもパトロールする。

数種類の餌が装置内に用意されているときは，ラットはまずその中の1つの場所で一定量を食べ，その後，パトロールに出かけて，そのパトロール先でまた別の餌をサンプリングする。餌の**サンプリング**は，ネオフィリアの一側面である。これは雑食動物にとって適切な行為であり，また食物の選択のために重要な行為でもある。この点についてはまたあとで触れる。

この装置ではまた，3つの通路だけを開放した状態でそこにラットを順応させておき，その後にはじめて4つ目の通路を開放するということもできる。4つ目の通路が開放されて新しい場所への道が開かれたとき，ラットはすぐにそこを探検する。このようなネオフィリアに基づく行動は，小型の哺乳類に典型的なものである。

しかし野生のドブネズミは，見慣れない物体に対しては非典型な反応を示す。彼らの通路上にわなや餌をしかけてみたものの，いつも夜にそこを通るはずのドブネズミがまるで危険を察知したかのようにその道を断念したらしいことを後日知るというのは農場経営者や倉庫管理者がよく経験するところであろう。この**ネオフォビア（neophobia，新しい物嫌い〈新奇恐怖〉）**は，既知の状態との相違に対する反応である。**慣れ親しんだ場所においては，**新奇な物体は避けられる。これはラットが賢い動物であるとの一般的評価においてよくなされる説明である。十字迷路でも，すでに探索された通路にもしも見慣れない物体が置かれていたら，その通路へ再び立ち入ることは遅延される。同様の回避はいろいろな集団のラットにおいて組織的に観

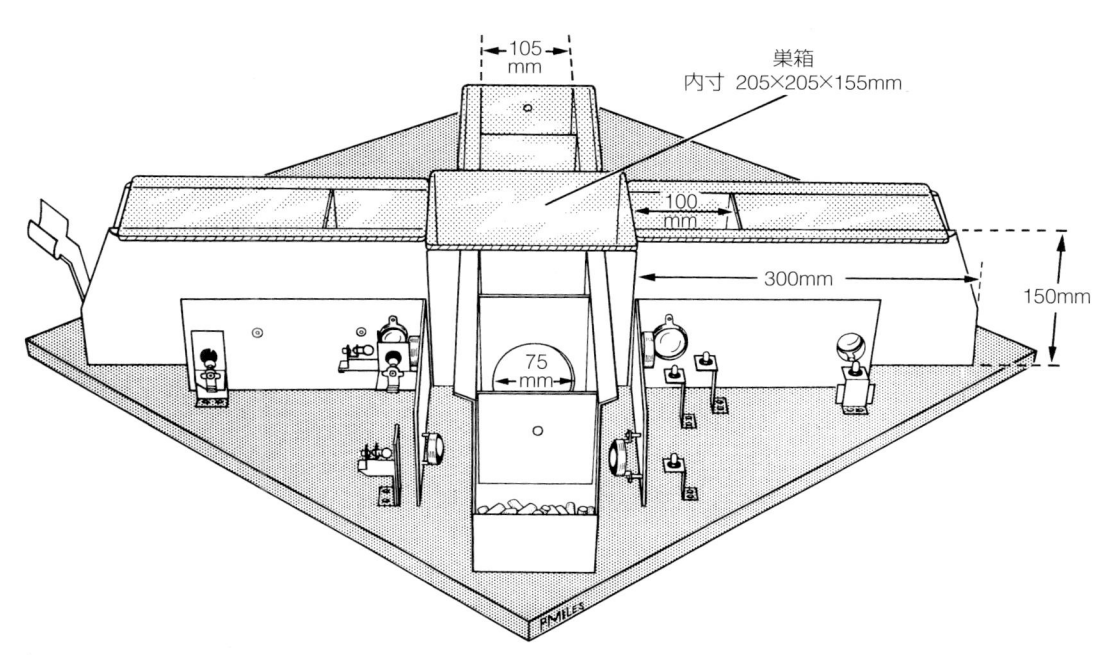

図2-1 何日にもわたる実験を可能にする居住型迷路。1匹の動物が中央の箱で生活する。餌，水，巣の材料，その他の物資は各通路の先で提供される。通路への訪問回数や滞在時間が記録され，コンピュータで分析される。

察されてきた。

食物消費量の減少は，新しい物体からの回避の指標として用いることができる。しかし野生のドブネズミにみられる自動的な後退行動は，慣れ親しんだ場所に現れた新奇な物体であればどのようなものであれ避ける非選択的な回避であり，それが食べられるものであるか否かや，危険なものであるか否かに関係なく，その対象に接近してみるまでもなく生じる。これはなじみのないにおいや味に対する反応ではない。

新しい物体への反応という点では，飼育されているラットは野生のラットと大きく異なる。小さな飼育ケージに入れられ，いつもと違う容器で餌を与えられたとき，飼育されているラットはすぐにその容器に近づき，それまでと同様に餌を食べ続ける。一方，野生のラットが同じ状況に置かれると，ケージの奥からじっと動かずに何日にもわたって何も食べないであろう。

他のネズミ科の動物でヒトの生活圏に依存しているような動物もまた，ネオフォビアを呈する。しかし，クマネズミ属内でヒトの生活圏に依存していない種はこれまで研究されてきた限りではそうでない。したがって，ネオフォビアは，ラットが少なくとも定住農業が始まって以来の我々の祖先とともに生活していく中でラット同士の間に自然淘汰が働いた結果なのかもしれない。

しかしネオフォビアは，取り消し不可能な固定された反応（つまり「生得的」ないし「本能的」反応）というわけではない。ごみの埋め立て地に群れている野生のドブネズミの場合，実質的にすべての物体が日々新奇な物体となりうる。このような環境に棲んでいる彼らは，ネオフォビアとはほど遠い。安定しない環境では，彼らはその絶え間ない変化に順応し，したがって，新奇性に対する新たな反応を発達させるのである。

食物

●食事とエネルギー摂取●

他のげっ歯類と同様，ドブネズミも植物の種や木の実といった堅い食物に対処できる形質を備えている。鉛管をかじって穴を開けることさえもできる。典型的には，小麦の粒のような小さくて堅い物体は両方の前肢で抱えて食べる。しかし，食べ方のパターンには個体差もみられる。あるラットは，小麦粉を食べるときに鼻を突っ込んで食べるだろうし，別のラットは，座って片方の前肢で器用に小麦粉をすくって口に運ぶだろう。さらに別のラットは，両前肢を使うかもしれない。

安定した環境における野生のラットは，暗闇の中で食事し，一度に食べるのは数グラム程度で，規則的な間隔をおく。短期間でみれば，成体ラットは一定の体重を維持するように食事を調整する。とはいえ体重は徐々に増えていき，最適な条件では700gぐらいまで増える。

ラットの食事時間は訓練によって変化させることができる。24時間の周期中，一度しか餌が得られないような状況であれば，ラットは通常そのときに集中して餌を食べる。野生のドブネズミの群れでは，個体ごとの食事時間は力関係によっても影響を受けるだろう。最も成熟したラット，もしくは最も体重の重いラットは，餌場に対する優先権をもつようである。

●食物選好●

いろいろな種類の食物が手に入る環境にいる野生のドブネズミは，ほとんど無差別に何でも食べるようにみえる。彼らは小鳥や小型の哺乳類を捕食することもあるようである。カタツムリを食べるものもいる。小川の土手に棲むものは魚も食べるであろう。いつも小麦の粒を食べている農場や倉庫のドブネズミは，キャベツの葉や生肉などの新しい代替食物が手に入るようならばすぐにそれを受け入れるだろう。

食物の選好は，味，におい，質感によって影響される。ラットは甘い混合物を好み，砂糖を含んでいるものであれ，サッカリンを含んでいるものであれ好む。野生のラットはまた，小麦の粒そのものよりもそれを細かく挽いた小麦ミールや小麦粉のほうを好む。いくつかの食用油，例えば，ラッカセイ油などは穀物にかけると好まれるが，酪酸やアニス油は好まれないようである（飼育されたドブネズミの中には両方とも受け入れるものもいる）。

食餌行動に関して特筆すべき事例は，食物の摂取効果に関するものである。ドブネズミの選好における大きな特徴は，彼らが特定の食物への嫌悪を獲得する能力があるということである。前節ではネオフォビアについて述べた。これは，この種のほとんどの個体に典型的にみられるものである。これとは非常に異なったもう1つの回避は，他の哺乳類とも共有されているものであるが，各個体の経験から生じるものである。

ラットの通路に置かれた見慣れない餌は，最初は避けられる。それは「新しい物体」である（ネオフォビア）。その餌が見慣れない容器に入っていれば遅延はさらに増大する。しかし，最終的にはその餌はサンプリングされる。その後，その餌は再び避けられる。あたかも「恐れ」と「好奇心」（もしくは空腹）とが対立して

いるかのようである。しかし前者は，徐々に後者に道を譲り，ためらいのない摂食へといたる。

しかし，その食物が毒を含んでいるならば，最初に食べた少量が，致死的ではない程度の体調の異変をもたらす。するとしばらくの間そのラットは，食べることをやめる。食事を再開したとき，毒の入った混合物は拒否する。そのラットは，「餌嫌い」になったのである。その混合物の構成物で際立った味のするものであれば，砂糖でさえも拒絶する。ネオフォビアと有毒な食物に対して獲得された嫌悪との組み合わせがもつ生存価は，多くのフィールド実験で観察されてきた。この2つの特徴は，害獣としてのドブネズミ（そしてクマネズミ）の繁殖に対する対策を困難にしている。

実験心理学者にとって，このような嫌悪学習は2つの予期せぬ特徴をもっていた。①伝統的な学習実験では，新しい行動は通常ゆっくりと獲得され多くの試行を要するのだが，この嫌悪学習はただ1回の経験から生じる。②実験室での実験では，刺激の呈示と動物の反応の間隔は短いのが常であるが，毒物の摂取から体の不調が生じるまでの間には数時間もの時間が経過している。これは**長い遅延のあとの学習**の事例である。明らかに，体調の異変が絡んでくる場合には，即時的なインパクトは学習が生じるための必須要素ではない。このことは実験室ラットを用いた多くの実験で確認されてきた。

特定の食物に対する嫌悪を獲得する能力は，好きな食物を選択する能力（食についての自己選択）と表裏の関係にあり，これについても飼育されたドブネズミを使って多くの実験が行われてきた。さまざまな栄養価をもつ数種類の食物が食堂のバイキング方式のように配備されている条件下では，餌のサンプリングの重要性は明らかである（これは自由環境に近づけたものといえる。普段，実験室で使われている餌は栄養的に申し分のない完璧な食料ではあるが，自然界では望むべくもないようなきわめて不自然な食料であるともいえる）。栄養面で不足のあるドブネズミは，見慣れない食物を選ぶ傾向にあり，それによって最適の食物をみつける確率が高くなる。

社会的相互関係

動物の社会生活に関する説明には，いずれもヒトの社会的行為から引き出された表現が用いられている。例えば，**地位システム**（もしくは**順位制**），**支配**と**従属**，**求愛**，**テリトリー**などである。こうした言葉の用法はやむを得ないものではあるが，**擬人主義**，すなわちその動物をまるで人間であるかのように記述する傾向に陥る危険を負っている。以下の記述ではできるだけこの危険を避けるよう努めた。

●食餌行動に対する社会的影響●

19世紀に書かれたものを読むと，ラットが有毒な食物について仲間たちに警告するという話がすっかりなじみのもののように登場してくる。こうした話の多くは非現実的なものである。とはいえ，ラットの食餌行動が他のラットとの接触によって影響されるかを問うことは意味がある。社会行動のこの側面については，飼育されているドブネズミも野生のドブネズミとほぼ同じである。どうやら，飼育されているラットでも，自由な野生のドブネズミと同じように，生存にとって重要な能力は維持されているようである。

野生のドブネズミは，「中心点採食者」（central place forager）である。彼らが食事のあと拠点に戻ってきたとき，その体には食べてきたもののにおいがついている。これらのにおいが他個体に及ぼす効果を検討するためにいくつかの実験が行われた。1つの問いはこうである。ある餌を最初に食べてきたラットに健康上の異変が起こったとき，他のラットはその餌を忌避するようになるだろうか。そのような効果は見出されなかった。食物嫌悪学習は，他の個体に起こった健康異常を観察することでは獲得されないようである。

しかし幼体ラットは，成体ラットに生じた異常をみて有毒な食物を避けることが可能である。親離れして自立した直後も，彼らは他のラットが無事に餌を探し終えたのと同じ場所に向かう傾向がある。このように，他のラットの行動によって特定の場所での採餌が促進されることは，野生のドブネズミが自由な環境下で危険な食物でなく，栄養のある食物を食べるようになることを促すだろう。

嫌悪とは対照的に，選好は社会的に影響されるようである。野生でも飼育下でも，ドブネズミによる餌の選好は，他個体の食後のにおいによって変化しうる。したがって，この意味においては，野生のドブネズミも飼育されたドブネズミも食物に関する情報を隣人たちに伝えることができそうである。

●社会関係●

食餌行動以外の社会的相互作用においては，野生のドブネズミは飼育されているドブネズミと大きく異なる。**飼育された**ドブネズミは，実験用として広く用いられているシロネズミであれ，まだらネズミであれ，あるいはより野生的な茶色や黒のものでさえ，通常の実験室状況においてはとてもおとなしい。彼らは家畜

図2-2 遭遇のとき，一方のラットが他方の懐に潜り込む行動がよくみられる。[Barnett, The rat: A study in behavior より。Gabriel Donald が写真をもとに描いた図]

図2-3 威嚇姿勢。ドブネズミの雄同士が遭遇した際によくみられるものであるが，これまでに研究されてきたクマネズミ属のすべての種にみられる。[Barnett, The rat: A study in behavior より。Gabriel Donald が写真をもとに描いた図]

化の典型的な例である。彼らはケージによって守られ，同朋たちに気をつかうことなく動き回っているからである（ただし特殊な条件下では，互いに神経をピリピリとさせた個体同士がきわめて暴力的に相互作用する場面をつくり出すことができる）。

実験室ラットの間に構造化された社会的相互作用がみられないことから，かつてはラットがほとんど社会生活を営まないと強く信じられていた（野生との大きな違いを映像でみせられるまでは，何人かの研究者はこれが飼育された個体だけの特徴であるとは信じようとしなかった）。

野生の群れの中から捕獲されてきた雄のドブネズミは，傷痕をもっていることがある。明らかに他のラットにかみつかれたような傷である。したがって，彼らは継続的な闘争に明け暮れているのではないかと疑われるが，何匹かの成体ラットを大きなケージないし箱に一緒に入れ，豊富な餌と水と営巣地を用意してやると，彼らは一緒に遊び，体重も増え，毛並みもつやつやになる。彼らがみせる体勢の中には，のちに「葛藤を抱えてはいるが無害」と記述されたようなものも含まれる。こうした状況下では，どの個体もテリトリーを確立する契機をもたない。

しかし，野生の雄のドブネズミが互いに見知らぬ者同士として出会い，またそのうちの1匹がその場所を生活圏としているならば，起こりうることは異なる。最初に起こりやすいのは，一方がもう一方の懐に潜り込むことである（図2-2）。おそらくこの行為は，攻撃を抑止するものである。もう1つの平和的な行為は毛繕い[i]（grooming）（厳密にいえば対他的毛繕い）である。身を寄せ合いながら，一方が他方の毛皮を軽くかじる。これらの相互作用は「社会的ストレス」との対照で「社会的鎮静」に属するものと分類されてよいであろう。

1つの謎めいた行為は，**威嚇姿勢**（threat posture: TP）と呼ばれているものである（図2-3）。「威嚇」という言葉はしかし，相手を罰したり傷つけたりする意図の存在を想定した言葉である。ラットが実際に何を**意図**しているかを知る確実な手段はないのでこの呼び名が適切かどうかはわからない。TPにおいては背中は弓なりになり，肢はぴんと伸び，毛は逆立ち，頭は通常相手のほうに向けられる。この体勢はしばしば攻撃に先立つが，攻撃のあとにとられることもある。2匹が同時にTPの体勢をとることもある。

最も直接的な相互作用は**攻撃**（図2-4）である。一方の雄が高速で両前肢を内転させながら，もう一方に飛びかかる（両前肢の内転はハイスピードカメラ映像でないとわからない）。ときどきそれに伴って短いかみつきが生じることもある。稀に攻撃者が相手を押さえ込みながらかみつくこともある。

攻撃は執拗なものではなく，しばしば中断される。対戦者たちは「ボクシング」の体勢（図2-5）もしくは他の体勢，特にTPの体勢などに移る。この間，対戦者たちの距離が開いたならば，攻撃されていたほうが攻撃していたほうへと向かっていく。

相互作用は視覚と接触のみに依存するわけではない。ラットは通常，他のラットのにおいを嗅ぎ，環境

---

[i] ある個体が自身の体毛をなめたり引っ張ったりすることで毛並みを整えたり，ごみなどを取り除く行動。

図2-4 ドブネズミの雄による攻撃。[Barnett, The rat: A study in behavior より。Gabriel Donald が写真をもとに描いた図]

図2-5 この体勢はけんかの際に生じるものでボクシングと呼ばれているが，暴力的なものではない。[Barnett, The rat: A study in behavior より。Gabriel Donald が写真をもとに描いた図]

内の諸物はたびたび尿によってマーキングされる。野生のどの種のラットもフェロモンを分泌するいくつかの腺をもっており，また攻撃する雄は，排尿排便をしながら侵入者に向かっていく。けんかの際にどのにおいが重要であるかは明らかになっていない。

哺乳類がにおいによってマーキングをする行為は，テリトリーを守るためのものであると当初は考えられていた。社会的行動とは大部分闘争的なものであるという想定がその背景にある。その後，マーキングされたにおいは，むしろ他個体を惹きつける場合が多いことが示されてきた。しかし何人かの研究者は，野生のドブネズミが他の雄を攻撃するのは，それらの雄がなじみのないにおいを身にまとっているときだけであると信じている。

社会的相互作用は音も伴っている。ドブネズミ同士の敵対的遭遇は，パーカッションから始まる。攻撃者が歯をカタカタ鳴らす音である。遭遇の間，上述したようないくつかの体勢をとりつつ，雄のドブネズミは口笛のような音を発したり，キーキーと鋭い鳴き声を発したり，その中間のような音を発したりしている。攻撃やボクシングのときは双方が口笛のような音を発したり鋭く鳴いたりしているが，一方が他方に接近していくときや「威嚇」しているときは，接近されているほうのみが音を発する。

野生のドブネズミ同士のけんかは，1匹の雄の生活圏内に侵入者としての雄を置くことによって定量的に分析することができる。最大の効果を得るには，侵入されるほうの雄に雌の伴侶がいる必要がある。したがって，雄同士が戦うのは雌をめぐってのことであると考えられてきた。しかしこれは正しくない。小さな群れでは，発情期のドブネズミの雌は代わる代わる異なる雄に追随される。発情期でないときは雌は無視され，いかなるつがいも成立しない。

実験では，遭遇の際に雌をそこに置いておく必要はない。実験によっては，雌を隔離して雄が1匹でいるときに侵入者を登場させている。最初に相手に接近していくのは典型的には侵入者のほうであるが，活発な行動を先に起こすのはほとんどの場合，居住者である。侵入者は，攻撃をかわすか逃走する。したがって，こうした遭遇時の相互作用は一方的なものであるため，ただちに闘争とみなすのは難しい。

遭遇時行動は，なわばり行動のカテゴリーに入る。なわばり（テリトリー）とは，1個体ないし1家族，あるいはより大きな集団によって占有される領域であり，同じ種に属する他のメンバーはそこから排斥されるような領域である（一部の動物行動学者はこの語を保留して，**守られた**領域〈defended region〉という語を使用している）。それが成立するためには，各個体が環境や同胞について，また隣接領域の個体について学習できることが必要である。なわばりの住人による侵入者への攻撃は，なわばり防衛行動の一例である。他の例は，すでに述べたように，仔をもつ雌による巣の防衛である。

●社会的地位と不可解な死●

雄雌両方がそろっている野生のドブネズミの集団に雄の成体を入れたとき，集団的行為は何も起こらない。雄には3つの種類が現れる。「アルファ」雄になるのは常に体の大きな雄であり，なわばり内を自由に動き回り侵入者に対してまっさきに攻撃をしかける。小さなラットがより体の大きなラットに打ち勝つことはない。「ベータ」雄は，より下位の役割に甘んじている。彼らはアルファ雄の周囲から常に身を引いているものの十分に餌にありつくことができ，体重も増える。彼らはアルファ雄が侵入者に駆逐されたときのみ侵入者

に攻撃をしかける。そのあとで彼らはアルファとしての地位を得るだろう。このようなアルファとベータという関係はケナガクマネズミ（R. villosissimus）にもみられる。

　最後の種類は「オメガ」雄である。攻撃は断続的で短時間のものだが，攻撃を受けてから1日か2日の間に一部のラットは体重が落ち，動きが鈍重になり，餌を食べるときもうなだれたような体勢でためらいがちに食べ，みすぼらしくみえる。そして最終的には死んでしまう。同様の衰弱はクマネズミとケナガクマネズミが遭遇したときにも起こることがある。人間社会の言葉でいえば，オメガ雄は，意気消沈し深刻なうつ状態に陥っているようにみえる。この状況は呪医の呪いによって人が死ぬという「ヴードゥー・デス（ヴードゥー死）」と空想的に結びつけられたこともある。

　けんかの最中の死はむりからぬことで，これはラットによる殺害とみなされてきた。しかしクマネズミ属の5種の野生ネズミについて遭遇時の様子が何百例も綿密に観察された結果，相手のラットに**殺された**と明白にいえるような事例は1つもなかった。負傷していないオメガラットはほとんどの場合，数時間から数日にわたって徐々に衰弱していったのちに死亡するが，その衰弱と死が急速に起こることもある。予期しない死は無差別個体群においてもみられ，また，餌にありつくためには，その餌場付近に営巣している他の個体からの攻撃をそのつど切り抜けていかなければならない状況の個体にもみられる。

　この不可解な現象は，医師が使っている「不明熱（pyrexia of unknown origin）」もしくはPUOという言葉とのアナロジーで「不明死（death of unknown origin）」もしくはDUOと呼ばれている。

●社会的ストレス●

　DUOの原因を調べる研究の中には，クマネズミ属のいくつかの種を用いた実験や，特にツパイ（Tupaia belangeri）を用いた実験が含まれる。ツパイの群れにおいても前項で示したアルファ，ベータ，オメガの3種類の個体がみられる。

　DUOについての初期の研究からは，攻撃したほうも攻撃されたほうもストレスの高い状況に適応した反応を示すことが示唆された。敵対している間に副腎は肥大するが，副腎反応は動物が激しい運動をする際に引き起こされるものである。攻撃されているほうのドブネズミでは，それとともに血糖値も高くなる。衰弱は低血糖によるものではない。

　しかし，野生のげっ歯類の群れを観察した結果から，感染症，特に腎臓への感染症の関与が疑われるようになってきた。さらに，統制された条件下でも糸球体腎炎が社会的ストレスの高いラットに見出された。したがって，もし細菌性の感染症がDUOに寄与しているならば，DUOの予防が可能となるはずである。実験では，抗生物質ネオテラマイシン（neoterramycin）により社会的ストレスの高いラットの死を妨げた。

　このため研究者の関心は，病原体に対する抵抗力へと向けられた。社会的ストレスの下での感染症の悪化は，免疫機能の抑制を示唆する。ストレス因子に対する反応の一環として副腎皮質から糖質コルチコイドが分泌されるが，これは免疫システムに作用し，危機的状況では免疫反応を弱めるように働くことが知られている。

　したがって，DUOに対しては免疫学的説明が可能であると思われる。1つの仮説はサイトカインに着目するものである。サイトカインは，細菌が感染した際にリンパ球や他の細胞から分泌される水溶性のタンパク質であるが，食欲減退や不活発性をもたらすという特異な「副作用」をもっている。これがオメガラットの衰弱に寄与しているのではないかという仮説である。

　そうだとすれば，これは通常は適応的であるはずの反応が逆に致命的な結果をもたらしてしまうような事例の1つであり，例外的なものである。生物学ではある形質についてしばしば以下のような問いが投げかけられる。その形質は生存にどのように寄与しているのだろうか？ しかし，DUOに関してこれを問うことはばかげたことのように思える。死は生存価をもっているのだろうか？ このような質問はしかし，しばしば呈示されるものの実際には間違っているある仮定を暗に含んでいるのである。それはある個体のすべての特徴はいずれも自然淘汰の直接の結果であり，したがって，生存や繁殖を助ける（あるいは助けてきた）ものであるという仮定である。しかし，多くの形質は，自然淘汰の間接的な結果であるにすぎない。たまたま有益な特徴に付随していただけのことであって，それ自身は生存に寄与しないような形質もあるのである。ダーウィンはこの現象を**関連変動**（correlated variation）と呼んだ。

　したがって，DUOには5つの主要な特異性があることになる。①その死は外傷その他の明らかな原因なしに生じうる。②オメガラットの衰弱に伴って観察される生理学的変化はストレス因子の効果に抵抗する反応であり，したがって，死を妨げるはずのものである。③死につながった遭遇時相互作用における体勢は，無害な相互作用（遊び）においてもみられるような体勢と類似している。④ベータラットも明らかに特別な性質をもっている。それはまだ同定されていないが，彼らを攻撃に対して適応させるものである。⑤DUOは生

存価の観点からは明白な説明ができない。

●動物行動学的な問い●

野生のラットの社会的相互作用はまた，社会的シグナルや攻撃性についての問いを生じさせる。

社会的シグナル

遺伝学や実験心理学と同様，社会動物行動学もまた，シンプルな概念から出発している。研究されたそれぞれの種において，「解発子（リリーサー）」と呼ばれる標準的なシグナルが同定されており，これは「生得的」なものといわれている。それらはいずれもそのシグナルの発信元における何らかの明白な状態を示すものとなっており，他のどの個体からも同じように「固定的動作パターン（fixed action pattern）」もしくは標準的な反応を引き出す。

ラットにおける社会的シグナルは（他の多くの動物のそれと同様に），ある特定の反応が出る，出ないというデジタルな概念とは相容れない。ラットにおける社会的シグナルは多様な刺激の流動的な複合物であり，個体から引き出される反応も一定の範囲内とはいえ多様である。動物行動学者の中にはラット同士のそのような遭遇を「交渉（negotiation）」と呼ぶ人もいる。事実，多くの政治的，ないしは金融取引がそうであるように，それらも正確に解釈することは難しい。

攻撃性と衝動

もう1つの困難は，居住ラットが侵入者に対して示す反応がしばしば攻撃性と呼ばれていることから生じる。

防衛反応を「攻撃的」と呼ぶことは，狩りや鳥の歌のような幅広い活動をすべてたった1つのテーマのもとに集約しようとする，広く蔓延した習慣の一例である。日常的ないい回しでは，「攻撃性」は無分別な暴力や挑発されたわけでもないのに相手を傷つけることを意図して行われる攻撃を指すものとして使われる。しかし，占有している領域を防衛することは挑発されないで行った攻撃ではないし，無分別なものでもない。

さらに，動物は，同種のメンバーを攻撃するように駆り立てる攻撃的衝動をもっていると仮定されることがある。衝動が表出されなくても，内的には徐々に高まっていくといわれることもある。しかし，なわばり防衛行動が生じるのは明確に定義された特定の状況においてのみである。野生の雄の成体ラットが侵入者であるラットとしばらく遭遇しないでいるときに，衝動のはけ口として自身の集団のメンバーを攻撃するなどということはない。

攻撃的という呼び名で一くくりにされている多くの行動は，それぞれに独自の分析を必要とするものである。そうした分析においては，これまでの説明のように衝動性を想定することは役に立たないだろう。「攻撃性」という包括的な用語を安易に用いることは，研究対象となっている行動独自の特徴をぼやけさせてしまうのである。

繁殖と群れ

野生のドブネズミの精巧な社会的相互作用は，規模が大きく，かつ密集した群れで生活することを可能にした。群れの成長を促進する条件については前述したが，それを制限するものは何だろうか。個体数の過剰な増加に抑制をかけうるものとして考えられるのは，餌や水の不足，隠れ場所の欠如，捕食者，病原体，ネガティブな社会的相互作用などである。

群れが隔離され定常的な条件下に置かれたとき，個体数の増加はS字型の「対数」曲線を描くだろう。増加ははじめ遅く，やがて急激になり，その後ゆるやかになって止まる。毒物によって多くのラットが殺されたあと，残された群れはこの理想的な曲線にしたがって増殖していくようにみえる。全体の50％まで減らされた群れは速いペースで繁殖し，たちまちもとの数まで回復する。10％まで減らされた群れは回復が遅い（これらの知見は駆除の際に参考になるだろう）。

曲線の最上部で増加率が減少することは，増加に歯止めをかける何らかの要因が生じていることを示唆する。それは群れの密集度が高くなるにつれてどんどん大きくなっていくようなものだろう。密集度と関連したこの要因が明らかになれば，群れの規模がどのように調整されているかについて多くのことがわかるだろう。とはいえ，個体数に明らかな変化を起こさせるのに餌の供給量や隠れ場所の数といった単一の要素を変化させるだけで十分な場合もあるが，通常はたった1つの要素が決定的な役割を果たしたと結論づけられることはない。また，群れの規模が限界まで大きくなったようにみえたときでも，そのままその規模にとどまり続けないでいることもある。多くの研究者が認識しているように，対数曲線はあくまでも1つのモデルであり，自然界の群れは多くの場合それに忠実には従わない。

混雑度（crowding）は，ある領域ないしは容積に対する個体数として定量化されるものであり，なわばり行動の影響も受ける。しかし餌の供給が豊かであれば，

群れの密集度は他の環境よりもずっと高くなる。このときなわばりの主張はある程度休止されているようにみえる。これは密集度に関連した変数が複数相互作用していることを示す明らかな事例の1つといえる。

群れは研究者が課す条件によって継続的に影響を受ける。覆われたスペースの減少や巣の材料の不足は巣づくりや仔の養育を困難にする。行動にも影響が現れる。ドブネズミの集団における際立った特徴は，接触と混雑と繁殖能力である。したがって，これについての完全な図式は，社会的鎮静と社会的ストレスの均衡という要素も含んだものでなければならない。しかし，混雑がもたらす好ましい効果についてはほとんど知られていない。まずは接触がもたらす好ましい効果だけでも知りたいところだが，これについても多くは知られていない。

群れの均衡を保っているのは何かということを理解するためには，ラットの餌や隠れ場所，病気について知るだけでは不十分で，さらに複数の要因がどのように相互作用するのか，またそれらがラットの社会生活にどのような影響を与えるのかについても知見を積み重ねていかなければならない。

多様性

ドブネズミは，家畜化されたものであっても，しばしば「ラット」と呼ばれる。しかしクマネズミ属（*Rattus*）には約300もの種が記録されている。中でも多様な形態のクマネズミについては多くのことが知られている。この種はヒトへの片利共生において大変成功した種であり，また飼い慣らすことも可能だが，本格的に家畜化されたことは一度もない（実験用ドブネズミのようなアルビノの突然変異体を生み出すことさえあるのだが）。

もう1つのよく知られた種はコメネズミ（rice rat, *Rattus argentiventer*）である。この種は，東南アジアにおける最も重大な害獣であると記述されている。田の水がはけたのち，このネズミは大量の籾米を食べてしまうだけでなく，稲を根元からかじり倒してしまう。しかし，その生態はまだ完全には知られていない。

「ラット」と呼ばれているものがすべてクマネズミ属の仲間であるとは限らない。コオニネズミ（ベンガルオニネズミ〈*Bandicota bengalensis*〉）は東南アジアに広く分布している。コルカタやその他のインドの都市において倉庫に多く棲み着いており，この地域において20世紀はじめにクマネズミに取って代わった種である。この種もまた稲作地域における著名な害獣である。

これらの種がこのような地理的分布をなすにいたった経緯については現在でもまだ説明がつかずにおり，またそれらがどのように相互作用しているかについても完全な説明はない。しかし，これらの種の存在は我々に次のようなことを再認識させてくれる。つまりドブネズミは，とりわけ有名な種であるとはいえ，学問的に未解決の問題を多く呈示している多種多様なネズミの種の中の1つにすぎないということである。

S. Anthony Barnett

第3章

系　統

　同系交配種(inbred strain)の発生を理解することは，生物学的体制(biological organization)のいずれのレベルにおいても，原因と結果を探究する実験デザインの使用と直接関係している。

同系交配種の理論的基盤

● Hardy-Weinberg 法則 ●

　Hardy-Weinberg 法則の基本的な考え方は，同系交配動物の開発と使用を理解するための良い出発点となる。Hardy-Weinberg 法則とは，任意交配集団(randomly mating population)で起こる遺伝子型頻度についての理論的表現である。その法則を使用する理由は，1つの集団の遺伝的内容を記述する多項表現を単純化できることにある(Falconer and Mackay, 1996a)。

　ある集団全体には，ほとんどの遺伝子座(genetic loci)で多くの対立遺伝子(同じ遺伝子を別形式で表現したもの)がある。例えば，遺伝子座 A は，A_1，A_2，A_3，A_4，A_5 という5つの変異体(variant)を集団にもっているかもしれない。しかし，集団内の個々体は，それぞれの遺伝子座にわずか2つの対立遺伝子だけをもち，対立遺伝子は同じもの同士(ホモ接合，例えば，A_1A_1, A_2A_2)か，異なるもの同士(ヘテロ接合，例えば，A_1A_2, A_3A_4)かのいずれかである。

　Hardy-Weinberg 法則を理解するために，ある特定の遺伝子で2つだけの対立遺伝子(A_1とA_2)を含む大集団を考えてみよう。対立遺伝子 A_1 の頻度は，母集団内すべての A 対立遺伝子のうちに占める A_1 型の割合である。この割合は A_1A_1 ホモ接合個体に，A_1A_2 ヘテロ接合個体の対立遺伝子の半分を加えたものを含む。対立遺伝子 A_2 の頻度は，母集団内すべての A 対立遺伝子のうちに占める A_2 型の割合である。p がすべての A_1 対立遺伝子頻度，q がすべての A_2 対立遺伝子頻度であるとすれば，$p+q=1$ という確率による分数表現が可能である。

　それぞれの配偶子(gamete)は A 変異体のうち1つだけを含むので，交配が任意に行われるならば，それぞれの A 遺伝子座は，子孫集団に現れる対立遺伝子頻度が親集団で現れる対立遺伝子頻度に比例する。つまり，対立遺伝子が受精を介して親の遺伝子プールから再結合するときには，対立遺伝子 A_1 を獲得する個体の確率 p と，A_1A_1 の組み合わせを獲得する確率 $p×p=p^2$ がある。同様に，対立遺伝子 A_2 を獲得する確率 $q=1-p$ と，両変異体が A_2 型である確率 q^2 がある(A_2A_2遺伝子型)。この論理を拡張すると，最初の対立遺伝子が A_1 で2番目が A_2 である確率 pq があり，最初の対立遺伝子が A_2 で2番目が A_1 である確率 qp がある。したがって，ヘテロ結合(A_1A_2，または A_2A_1)が遺伝子座 A で観察される結合確率は，$(p×q)+(q×p)=2pq$ である。

　ここまでの考え方が，ある集団の遺伝子頻度と遺伝子型頻度との理論的関係を記述する Hardy-Weinberg 法則の基礎を形成する。この法則では，集団から任意に1個体を抽出することは，集団の遺伝子プール全体から任意に2つの遺伝子を抽出することと同等である。上述したように，A_1A_1 を得る確率は p^2，A_1A_2 の確率は $2pq$，A_2A_2 の確率は q^2 である。すべての確率の和は，以下の Hardy-Weinberg 法則が示すように A_1 と A_2 の変異体全体を説明する。

$$p^2+2pq+q^2=1 \qquad (式1)$$

　一見すると明らかではないが，Hardy-Weinberg 等式は，遺伝子プール頻度が変化しない集団にのみ有効である。Hardy-Weinberg 法則は，次の5条件が満たされるという仮定の下で成り立つのである。

1. 集団は無限の個体数を含む。
2. 遺伝子型は配偶者選択に影響しない。
3. 突然変異や自然淘汰は起こらない。
4. 集団内外への個体の移動は起こらない(閉鎖集団)。

5. 進化的適応度は個体間で等しい。

　これらの条件に従う集団は，**Hardy-Weinberg 平衡**（Hardy-Weinberg equilibrium）にあるといわれる。したがって，この法則は，同系交配のように実際に変化が起こる場合の条件の分析に対して理論的基準を与えてくれる。**同系交配**とは，特定の遺伝子型分布を生み出すために十分な近親関係にある個体間で行う交配である。同系交配の結果，ホモ接合の遺伝子型頻度が増加し（A_1A_1かA_2A_2），したがって，ヘテロ接合（A_1A_2）の遺伝子型頻度は減少する。言い換えるならば，同系交配では，集団に属する対立遺伝子頻度を減らすことなく，ヘテロ接合だけが減少することによってHardy-Weinbergの割合（$p^2+2pq+q^2$）からの逸脱が起こる。

●同系交配種を定義する●

　二倍体（diploid）の有機体では，きょうだい同士の（完全同胞）交配（sister-brother〈full-sib〉mating）が，同系交配に最も近い形態を表している。両親は，せいぜい4つの対立遺伝変異体をもつだけなので，その子孫では4つの異なる遺伝子型が生じる。きょうだいが同じ遺伝子型をもつ確率は1：4である。同系交配の強さは各世代のヘテロ接合の相対減少率によって推定され，これを**近交係数（F）**という。近交係数は0〜1の範囲で変化し，Hardy-Weinbergの割合からの逸脱を反映している（図3-1）。はじめにヘテロ接合遺伝子型の頻度が$2pq$でHardy-Weinberg平衡にあるベースライン集団を考えてみよう。同系交配をt世代実施したあとの近交係数（F）は次の式で推定される。

$$F = (2pq)_i - (2pq)_c / (2pq)_i \quad (式2)$$

ここで，$(2pq)_i$はベースラインにおけるヘテロ接合の初期頻度，$(2pq)_c$は同系交配をt世代実施したあとのヘテロ接合の頻度である。

　$F=0$のときは，遺伝子型頻度はHardy-Weinbergの割合と違いはない。$F=1$のときは，同系交配は完成し，ヘテロ接合遺伝子型はなくなる。集団は，$p(A_1A_1)$の頻度と$q(A_2A_2)$の頻度というホモ接合遺伝子型だけを含むものになる。

　Hをヘテロ接合頻度とすると，Fは$1-H$で表現することもできる。したがって，Hardy-Weinberg平衡にある集団では$H=1$となる。きょうだい同士（完全同胞）で行う同系交配によるヘテロ接合の減少は次の再帰関係式から算出できる（Hedrick, 2000）。

$$H_{t+2} = \left(\frac{1}{2}H_{t+1}\right) + \left(\frac{1}{4}H_t\right) \quad (式3)$$

同系交配の関数としてのヘテロ接合の減少過程

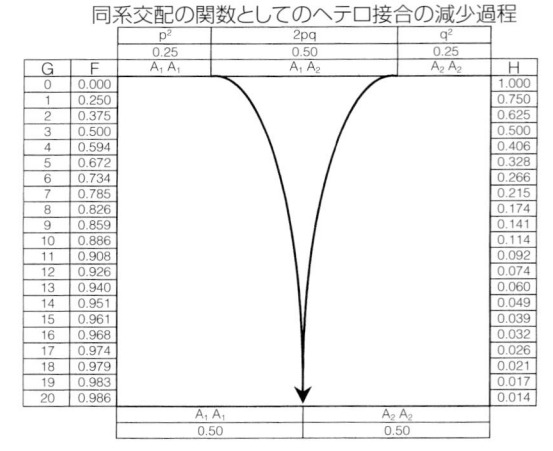

		p^2	$2pq$	q^2	
		0.25	0.50	0.25	
G	F	A_1A_1	A_1A_2	A_2A_2	H
0	0.000				1.000
1	0.250				0.750
2	0.375				0.625
3	0.500				0.500
4	0.594				0.406
5	0.672				0.328
6	0.734				0.266
7	0.785				0.215
8	0.826				0.174
9	0.859				0.141
10	0.886				0.114
11	0.908				0.092
12	0.926				0.074
13	0.940				0.060
14	0.951				0.049
15	0.961				0.039
16	0.968				0.032
17	0.974				0.026
18	0.979				0.021
19	0.983				0.017
20	0.986				0.014
		A_1A_1		A_2A_2	
		0.50		0.50	

図3-1　きょうだい同士の同系交配を20世代にわたって続けた場合のヘテロ接合の減少率を示す理論図。初期条件では，遺伝子座Aで利用できる2種類の対立遺伝子（A_1とA_2）を前提とし，A_1A_1ホモ接合が25％，A_1A_2ヘテロ接合が50％，A_2A_2ホモ接合が25％である。世代が下るに従って，近交係数（F）は増加し，残りのヘテロ接合（H）は減少する。

ここで，H_tはt世代目でのヘテロ接合である。

　平衡状態にある閉鎖集団（$H_0=1$）から同系交配を始めたとしよう。上記再帰関係式から，ヘテロ接合はその後，世代（H_t）ごとに減少し，$H_0=1$，$H_1=0.75$，$H_2=0.625$，$H_3=0.5$，$H_4=0.406$，$H_5=0.328$と低下していく。あるいは，比の形式で表すならば，2：2，3：4，5：8，8：16，13：32，21：64と進み，極限値で0に近似する。一見すると明らかではないが，便利なことに，次世代の比の分母は前世代の値の2倍に，比の分子はH_tの末尾にいたるまでフィボナッチ数列に従う（Atela et al., 2002）。フィボナッチ数列では，各次世代の比の分子は，前世代の2つの数の総和になる（Crow, 1986）。この数列から，残りのH_tはどの世代でも上記数列の解から算出でき，図3-2に示したように，指数関係式：$H_t=0.944e^{-0.2117x}$に従う。

　同じように，きょうだい交配のt世代目での近交係数も再帰関係式で表現できる（Hedrick, 2000）。

$$F_{t+2} = \left(\frac{1}{4}\right) + \left(\frac{1}{2}F_{t+1}\right) + \left(\frac{1}{4}F_t\right) \quad (式4)$$

　同系交配種とは，少なくとも20世代まできょうだい交配した種とする定義を，International Committee on Standardization Nomenclature for Mice（Silver, 1995）が支持している。ここまで示してきたように（図3-1，3-2参照），同系交配の20世代目では，ヘテロ接合が平均1.4％残り，したがって98.6％がホモ接合となる（Hartl and Clark, 1988）。

同系交配の進行とともにヘテロ接合は指数関数的に減少する

$y=0.94e^{-0.21x}$
$r=1$

きょうだい交配の世代

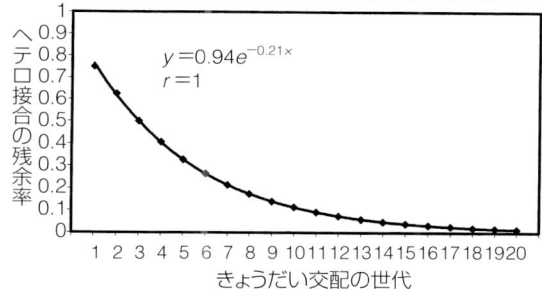

図3-2 平均的には，各世代できょうだい(完全同胞)交配することで生じるヘテロ接合の減少は指数関数的減衰傾向を示す。この減衰曲線の分子は，フィボナッチ数列で表される。育種計画(breeding scheme)に加えて，植物や貝のらせん成長(spiral growth)パターンのように，多くの自然現象もこのパターンに従う。[Atela et al., 2002 より]

●変異(個体の形質の違い)●

形質(trait)は，メンデル形質か量的形質のいずれかに分けることができる。メンデル形質とは，単一の遺伝子座での遺伝的差異が，ある特徴の形質発生(phenotypic expression)の差異を生じるに十分であるものを指す。量的形質は，集団の表現型が離散量として現れるものではなく，形質変異の連続量として分布を形成する。形質変異が連続量の特徴を示すのは，集団内の複数の遺伝子(すなわち，ポリジーン)が環境と相互作用するにつれて変異(variation)を示し，またそれらの変異が表現されたからである。生理学上，形態学上，臨床上，行動科学上，それぞれの関心のほとんどは量的なものであり，量的形質に固有の複雑さが十分に定義された同系交配種の重要性を高めている。

変異の成分に関する次の2つの記述が同系交配種の有用性を要約している。①環境要因が系統内変異を説明し，②遺伝要因が系統間変異を説明する。したがって，共通の出発点は，同系交配種パネルにおいて関心対象である形質の系統内変異と系統間変異を評価することである。

●遺伝率●

量的遺伝学の主な仮定は，ある形質の平均値からの変異は遺伝と環境の相加的影響によって生じるというものであり(Falconer and Mackay, 1996b)，これは次の式で表現される。

$$V_P = V_G + V_E \qquad (式5)$$

この式によれば，表現型の分散(V_P)は，遺伝分散(V_G)と環境分散(V_E)に分けることができる。遺伝要因の貢献度の記述子として最も広く利用されている測度は遺伝率(heritability)であり，2種類の遺伝率を考慮しなければならない。広義の遺伝率(H^2)は集団レベルで表現型に影響を与えるすべての遺伝的要因の総和であり，$H^2 = V_G/V_P$と表現することができる。広義の遺伝率は，**遺伝的決定度**(degree of genetic determination)とも呼ばれている。理論上，2つの成分のうち1つ(GかE)が推定されれば，表現型の分散を推定することができる。実験的には，遺伝分散は等しい遺伝型をもつ高い同系交配種がいれば，かなりの程度で統制できる。このアプローチの大前提は，環境分散は同系交配種間では類似しているということと，遺伝型は環境に対して同じように反応するということである。実際は遺伝子‒環境の相互作用があるため，これらの仮定は問題を含んでいる。実際にいくつかの系統は，ある形質で環境の違いに敏感で変動を示しやすいことが報告されている(Crabbe et al., 1999)。

より有効でよく利用されるものは狭義の遺伝率(h^2)，または単純に遺伝率といわれ，$h^2 = V_A/V_P$と表現される。ここでV_Aは，相加的遺伝分散(additive genetic variance)と定義される。相加的遺伝分散は，子孫をその親に似させる原因となる遺伝分散の一部であり，対立遺伝子を置き換えた場合の平均的効果と関係している。遺伝率の推定値は，0.0～1.0の範囲にわたる。$h^2 = 0$ならば，表現型の分散に対して遺伝的貢献は存在しない。$h^2 = 1$ならば，すべての表現型の分散を遺伝的要因によって説明することができる(h^2という記号は，それ自体が遺伝率を表すことに注意してほしい。算術的意味でその用語が2乗されているわけではない。この記号の使用はSewall Wright〈1921〉が選択した)。

ある形質に対するh^2を推定するためには，2つのアプローチを用いることができる。1つは，近縁の類似度についての情報を使用する。これは概念的にはより簡潔であるが，実験的には困難を伴う。大きなヘテロ接合集団(異系交配)では，近縁同士が遺伝子に同じ対立遺伝子の変異体をもつことはよくあることである。すなわち，ある形質が高い両親から生まれた子もその形質が高いであろうと予測される。それに対して，ある形質が低い両親から生まれた子は，おそらくその形質が低くなるであろう。この考えがh^2を推定するときに，子の平均値の回帰のために両親の平均値(親2個体の平均値)を使用する理由となっている。完全な厳密さでその形質が相加的に受け継がれ，子と両親の値が高く類似しているようならば，回帰直線の傾き(h^2)は1に等しい。それに対して，相加的類似性が両親と子の間に存在しないのであれば，$h^2 = 0$となる。

2つ目のアプローチは，ある形質の測度として，同

系交配種パネルからh^2を推定する。このアプローチは，同系交配の特性に関連した2つの仮定に基づいている。第1に，それぞれの同系交配種内の個体は遺伝的に類似している。したがって，各系統内の形質変異は環境分散に起因し，V_Eの推定値を得ることができる。第2に，系統間の形質変異は遺伝的な差に由来しており，V_Aを推定するために使うことができる。重要な要因となるのは，それぞれの同系交配種はほぼ排他的にホモ接合遺伝子型であるということである。

先に述べたように，狭義の遺伝率(h^2)は，相加的遺伝分散(V_A)と表現型分散(V_P)の比から推定される(Falconer and Mackay, 1996b)。ここで表現型分散はV_Aと環境分散(V_E)の和であるので，

$$h^2 = \frac{V_A}{V_A + V_E} \qquad (式6)$$

V_AとV_Eを推定するためには，分散分析の式を用いて，式6を群間分散成分(ΣB^2)と群内分散成分(ΣW^2)に分ける。

$$\Sigma B^2 = \frac{(MSB - MSW)}{n} \qquad (式7)$$

$$\Sigma W^2 = MSW \qquad (式8)$$

ここで，MSBは系統間の平均平方，MSWは系統内の平均平方，nは各系統内の個体数である。ΣB^2は$2V_A$に等しく，ΣW^2はV_Eに近似する。式6，7，8を組み合わせると，h^2の推定値が算出される(Hegmann and Possidente, 1981)。

$$h^2 = \frac{\frac{1}{2}\left[\frac{MSB-MSW}{n}\right]}{\frac{1}{2}\left[\frac{MSB-MSW}{n}\right] + MSW} \qquad (式9)$$

Crow and Kimura(1970)が提案し，Hegmann and Possidente(1981)が要約した考え方では，系統差とV_Aとの関係は，分散特徴(character variance)への同系交配の効果と関係する。端的には，近交係数(F)が増加するにつれて，同系交配種内のV_A[すなわち，$V_A(i)$]は，任意交配集団のV_A[すなわち，$V_A(r)$]に比例して増加する。これは次の式で表される。

$$V_A(i) = V_A(r)(1+F) \qquad (式10)$$

結果として，Fが1に近似するならば，同系交配種間の分散推定値は，同系交配種の祖先である任意交配母集団の形質V_Aの2倍になるはずである。この説明が式9のV_Aの推定値を2で割っている理由である。

ラットの数がすべての系統で同じでないならば，Sokal and Rohlf(1981)が提案した方法でnの重みづけ平均値を算出できる。

$$n\text{の重みづけ平均値} = \frac{1}{a-1}\left[\sum^a n_i - \left(\frac{\sum^a n_i^2}{\sum^a n_i}\right)\right] \qquad (式11)$$

ここで，aは系統数，n_iは各系統内のラット数である。

モデルの発達

●選抜系統(selected line)に由来する同系交配種●

ここまで述べてきた遺伝的変異と遺伝率についての基本を熟慮しておくと，非常に幅広い考え方が生まれてくる。自然淘汰(natural selection)についてのFisher(1930)の原理に基づけば，形態学や行動科学，複雑な生理学が扱うような進化的適応度(evolutionary fitness)と間接的に結びついた形質は，適応度と直接的に結びついた形質よりも自然淘汰からの淘汰圧が弱まるので，相加的遺伝分散(すなわち，h^2)が高くなる。この一般化は，ラットの血圧(Knudsen et al., 1970; Yamori et al., 1972)や有酸素能力(Koch and Britton, 2001)といった形質への人為選抜(artificial selection)が成功していることと一致する。

現在使用可能な同系交配ラットの多くの系統は，はじめからある形質について選抜を進めてきた育種から発達させてきたわけではなく，単に遺伝的な均一性を高めるように交配されたものである。その結果として，同系交配種パネルの評価は，望ましい形質についてのごくわずかな系統間分散を生じさせるだけだろう。この場合，同系交配種から生み出されるものとは大きく異なった形質の低系統と高系統をつくり出すために，両方向の人為選抜を用いることができる。

●遺伝的ヘテロ接合ラットの利用●

アメリカ国立衛生研究所(National Institutes of Health: NIH)のAnimal Resource Centerが提供する，N:NIHラットという多くのヘテロ接合をもった異系交配種の開発は，人為選抜による系統の主な供給資源となっている。これらのラットは，NIHから利用可能で，選抜のための創始者集団(founder population)として理想的な面を有している。この遺伝的に分離した種のラットを生み出すために，1979年にHansen and Spuhler(1984)は，独立した起源をもつ8つの異なる同系交配種を集中的に交雑育種(crossbreeding)した

(AxC 9935 Irish〈ACI〉, Brown Norway〈BN〉, Buffalo〈BUF〉, Fischer 344〈F344〉, Marshall 520〈M520〉, Maudsley reactive〈MR〉, Wistar–Kyoto〈WKY〉, Inbred Wistar〈WN〉)(Rat Genome Database も参照されたい。http://www.rgd.mcw.edu/strains)。異系交配種を管理することで遺伝子頻度は安定し，閉鎖コロニー内の同系交配は最小化され，遺伝的変動性は十分保たれる。N:NIH が提供するラットは，8 つの創始者の同系交配種の遺伝的な交雑種であり，理論上は，行動形質の遺伝的分析に対して有効な資源となりうる（Mott et al., 2000）。

●選抜に対する一般的アプローチ●

選抜交配（selective breeding）は，多くの遺伝的ヘテロ接合をもち合わせた大規模な創始者集団内で対象となる形質を測定するところから始まる。対照的な形質の育種（低形質と高形質）は，創始者集団で極端な値を示すラットを交配することで始まる。次に，各世代において，「最適な」形質をもつ子孫を表現型で選抜し，次世代をつくり出すために交配させる。このプロセスは選抜による（選抜反応）母平均の推移が安定するまで続けられる。このときの安定状態は，その形質の相加的遺伝分散の減衰を典型的に示すものである（図3-6）。選抜集団におけるヘテロ接合の程度は，各血縁からの貢献度をより等しくすることで任意交配を上回ることが可能である。これは各交配から「最適な」雌雄を選び，それらを次の世代の親として使用することで達成される（血縁淘汰〈within–family selection〉）。血縁淘汰は，系統的循環育種デザイン（systematic rotational breeding design）と相まって，近親間の交配を最小限にとどめ，低淘汰系と高淘汰系の両方を少なくとも 13 家系使うならば，世代当たりの近交率（ΔF）を 1％程度で維持することができる。$\Delta F=1/(4N)$，N は各世代での各系統の親数である。

●遺伝成分に対する選抜●

一般に，形質に関する個体当たりの利用可能な情報が増えれば増えるほど，選抜はより正確になる。例えば，走行能力について対応ありの 5 水準で測定するならば，走行能力についてのこれら 5 つの推定値の平均値を使って選抜を行うことが論理的であろう（Nicholas, 1987）。それにもかかわらず，1998 年に我々が輪回し走行に対する大規模な選抜を開始したときには異なるアプローチを採用した（Koch and Britton, 2001）。各ラットで 5 試行のうち，いちばん良い値が走行能力の遺伝的成分と最も緊密に結びついた測度であると考えた。すべての試行の平均ではなく，いちばん良い試行から遺伝的成分を推定する考え方は 2 つの起源をもつ。①環境はその能力へ無限の負の影響を与えることができる（すなわち，有害な環境はその能力をゼロにすることができる）。日常のケージでの世話やハンドリング[i]（handling）の条件のような細かな違いが，遺伝的により優れたラットがある試行で最大能力以下の遂行を示す原因となる。②しかし，その環境は形質に対して有限の正の影響のみもつことができる。すなわち，好ましい環境においてもラットが遺伝的に決定された能力の上限を上回る値を示すことはできない。つまり，ラットが行った 5 試行中，1 番の試行は，その能力について遺伝的に決定された上限に最も近いと考えた。我々は淘汰のために最も良い日のデータだけを利用したが，5 日間にわたってテストすることは，雌ラットでの平均発情期に対応しており，これを 1 つの剰余変数として除去することに役立っていることをつけ加えたい。

同系交配種の実験的使用

かつて動物の同系交配種は，複雑な表現型の分析を行う際の中核基質であったし，今でも機能ゲノム学の進展にとって基本的な道具のうちの 1 つである。同系交配種の主な価値は，緊密な遺伝的均一性（close genetic uniformity）から生じており，それが表現型分類や遺伝子型分類を促進し，複数の研究者が繰り返し同じ遺伝子型を評価するための機会を与えてくれたことである。

我々の研究グループは，輪回し走行による有酸素持久力や感覚運動能力，体力などを含む身体能力の測定のために同系交配種パネルを精査してきた（Barbato et al., 1998; Biesiadecki et al., 1998; Koch and Britton, 2003）。

図3-3Aは，11 匹の同系交配種ラット間の感覚運動能力の分散の程度を示す（Biesiadecki et al., 1998）。感覚運動能力を 3 つの異なるテストに基づいて推定した。各系統のラットが以下の条件で各課題をどのくらい続けられるかを調べるためにテストを行った[ii]。①回転シリンダーの回転速度が 5 秒ごとに速くなっていく（片側回転テスト），②回転シリンダーの回転方向が 5 秒ごとに逆転し，回転速度が 10 秒ごとに速くなって

---

[i] 動物に手を触れるなどの手段によって，その動物を実験者に慣れさせること。
[ii] ロータロッドテストを指す。ラットを回転するロッドの上に乗せ，落ちるまでの時間を測定するテスト。

路，心機能などを調べる際の遺伝的基質の識別が可能であることを表している。

図3-4は，ロータロッドに乗っていた時間から推定された(N:NIHの)一般化した感覚運動能力をもとに遺伝率の推定値を示したものである。19家系それぞれの仔の平均が各家系の両親の平均値に回帰推定され，回帰直線の傾きは0.44となった。テストを受けた11の同系交配種で，系統間と系統内の分散比較から推定した感覚運動能力に関するh^2は，雌で平均0.39，雄で平均0.48であった(Koch and Britton, 2003)。これらの結果は，表現型に幅広いばらつきがあることと，人為選抜により繰り返し分岐することで対照的な性質をもつラットの遺伝モデルを発達させることに成功し，そのためには感覚運動能力の遺伝成分が十分な役割を果たすことを物語っている。

●共分離分析●

対照的な性質をもつ同系交配種は，器官，体組織，その細胞で特徴をみつけられ，また当該形質の変異の原因でありそうな生理学的，行動科学的，形態学的差異を同定するための微視的な水準における機構でもその特徴をみつけられる。これらは，「有力決定因子表現型(likely determinant phenotype)」と呼ばれている(Jacob and Kwitek, 2002)。特徴の異なるいくつかの同系交配種を用いたときに，ある表現型の原因となる遺伝子をみつけるためには，生物学で広く浸透した2つの原理が基盤となる。すなわち，①遺伝子が形質の原因であり，逆の因果はない，②ある形質の原因となる遺伝子は，その形質と関連を維持しており，他の遺伝子はその形質と関係が任意に分離している，である。

共分離研究における同系交配の使用は，遺伝子分析の一手段となり，その分析は，理論的な価値やヒューリスティックな価値をもっている。個体でみられるように，2つの同系交配種でも，ある形質において幅広い変異を示すであろう。中心となる考えは，遺伝子やその下流遺伝子産物(伝令RNA，タンパク質，生理学的，生物化学的な下部形質)と分離集団の表現型値との結びつきを理解することである。分離集団とは，交配の際に新しい遺伝子型を生み出すために任意に対立遺伝子を結合し直した集団である。このアプローチがうまく働く理由は，ある形質の原因となる遺伝子座や経路がその形質と関連を保ったままであり，他の遺伝子や結びつきのない形質は無作為に分離したままになるからである。最も有益な分離集団は，同系交配種の2世代の交配から生まれる。1回目の交配は，ある形質について有意に異なる2つの別個の同系交配種間(P_1とP_2)で行う。そこでの仮定は，2つの種が表現型

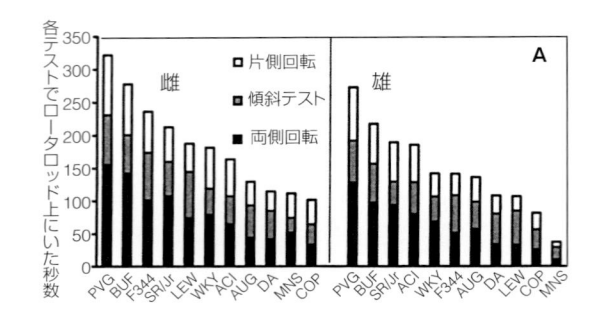

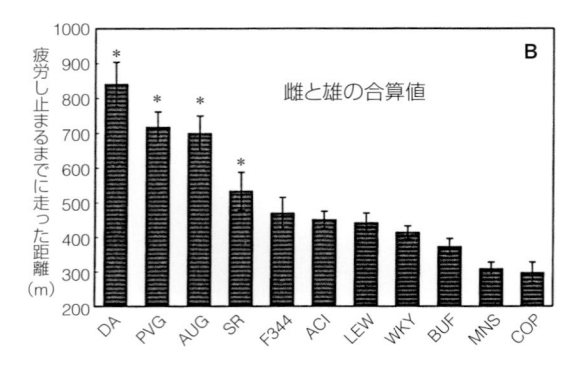

図3-3 (A)運動能力に関する3つのテスト(片側回転，傾斜テスト，両側回転)に基づいた感覚運動能力について11の同系交配種パネルにみられた分散。PVG系は最も高い能力を示し，MNS系とCOP系のラットは，すべてのテストで最も低い反応遂行を示した。(B)持久走能力について(疲労するまでの走行距離〈単位:m〉)，DAとCOPは最も大きな違いを示した。[Biesiadecki et al.(1998)とBarbato et al.(1998)を改変]

いく(両側回転テスト)，③足場が5秒ごとに2度傾斜していき，22度から47度まで変化する(傾斜テスト)。各テストに対する系統間の分布は連続性があり，正規分布した。3つのテストすべてで，Black hooded PVG系が一貫して最も高い順位を得た系統だった(これは雄でも雌でも同様な傾向を示した)。一方Copenhagen(COP)系とMilan Normotensive Strain(MNS)系は，一貫して順位が最も低い系統であった。PVGとMNSやCOPの系統間で感覚運動の遂行に大きな差が現れたことで，これらの系統は感覚運動能力の対比モデルとして使うことができることが示唆される。

11の同系交配種の同じパネルについて，体重の分散を考慮に入れながら，走行持続時間，走行距離，上下運動遂行量から推定される疲労に対する有酸素持久力を輪回し装置を使ってテストした(Barbato et al., 1998)。走行のすべての推定値について，COPラットは最も低いパフォーマンスを示し，DAラットは最も高いパフォーマンスを示した。COP系とDA系ラットのパフォーマンスにおける大きな隔たりは，有酸素持久力やその関連形質である走行の経済性，酸素運搬経

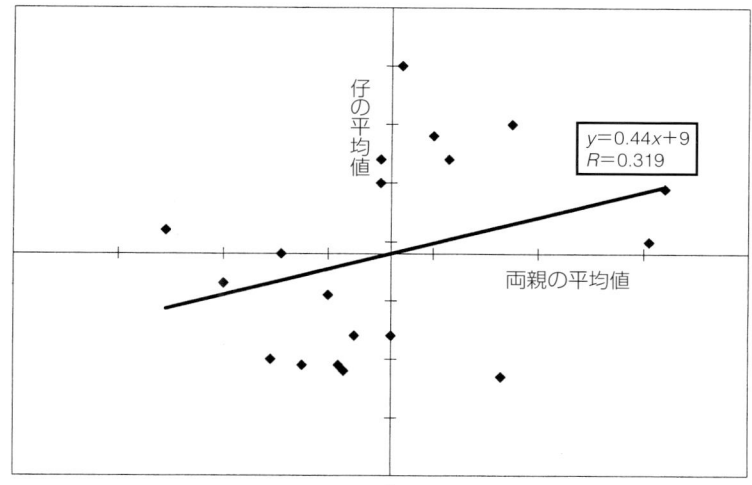

図3-4 感覚運動能力についての片側回転テストでの両親の平均値への仔の平均値の回帰。各点は1組の両親の平均値(x軸)とその仔の平均値(y軸)を表す。すべての両親とすべての仔の平均値で軸は交わり、10秒間隔で目盛りが振られている。直線の傾きは遺伝率(h^2)の推定値で、値は0.44である。[Koch and Britton(2003)のデータによる]

の違いの原因となっている対照的な対立遺伝子をもっているということである。これらのもともと対照的な系統は、形質測定における方向の違いを示すために、しばしば「低系統」と「高系統」と定義される。$P_1 \times P_2$交配は、等しいヘテロ接合に近づくように構成されたF_1(子第1世代)母集団を生み出す。次の$F_1 \times F_1$交配は、望ましく分離したF_2(子第2世代)母集団を生み出す。この集団では、対立遺伝子の変異体が無作為に結合し直し、遺伝子型の変異が生まれることで、表現型形質値の分布の変異を生み出す(図3-5)。

メンデルの離散的方法で分布する単一遺伝子座は、ポリジーン形質(polygenic trait)の分析へと拡張した場合、いかに共分離が役立つかを理解する助けとなる。十分な変異を生む、ホモ接合(A_1A_1とA_2A_2)とヘテロ接合(A_1A_2)が表現型で区別できる2つの対立遺伝子変異体(A_1とA_2)があるとしよう。低系統(P_1)はホモ接合遺伝子型A_1A_1で、高系統(P_2)はホモ接合遺伝子型A_2A_2であるとする。$P_1 \times P_2$交配は、F_1集団でヘテロ接合A_1A_2のみを生む。この交配は、パネット方陣(Punnett square)で表すと次のようになる。

		低系統(P_1)からの配偶子		
		A_1	A_1	
高系統(P_2)から	A_2	A_1A_2	A_1A_2	(F_1集団)
の配偶子	A_2	A_1A_2	A_1A_2	

F_1のヘテロ接合間の交配は、すべての遺伝子型が$1:2:1$の比($1\,A_1A_1$, $2\,A_1A_2$, $1\,A_2A_2$)で生じる分離集団を生み出す。

		F_1雄からの配偶子		
		A_1	A_2	
F_1雌から	A_1	A_1A_1	A_1A_2	(F_2集団)
の配偶子	A_2	A_1A_2	A_2A_2	

したがって、大きな効果をもつ単一遺伝子座では、表現型の分離はF_2集団にならう。つまり、ホモ接合(A_1A_1とA_2A_2)の表現型の表出は低値と高値を表すように分離するが、ヘテロ接合は中間値を示す。2種類の同系交配種を起源とするF_2集団を作製するうえでは、単一の遺伝子型だけが関係するということに注意したい。各遺伝子座では、対立遺伝子のわずか3つの組み合わせだけが起こり得て、図3-5で示されるように遺伝子型と表現型との結びつきを生み出す。遺伝子マーカーは、染色体(遺伝子座)上の物理的位置を同定でき、その染色体の世代間継承はメンデル形質で説明されるものと同じになり、これがゲノムスキャンの基盤を形成している(Jacob and Kwitek, 2002 参照)。

●選抜系統に由来する同系交配種の利点●

2方向の人為選抜からつくられた同系交配種は、4つの特性があるため役に立つ(図3-6)。第1に、前にも言及したが、すでに利用可能な同系交配種間で最小の変異のみをもつ形質のモデルをつくり出すことができ

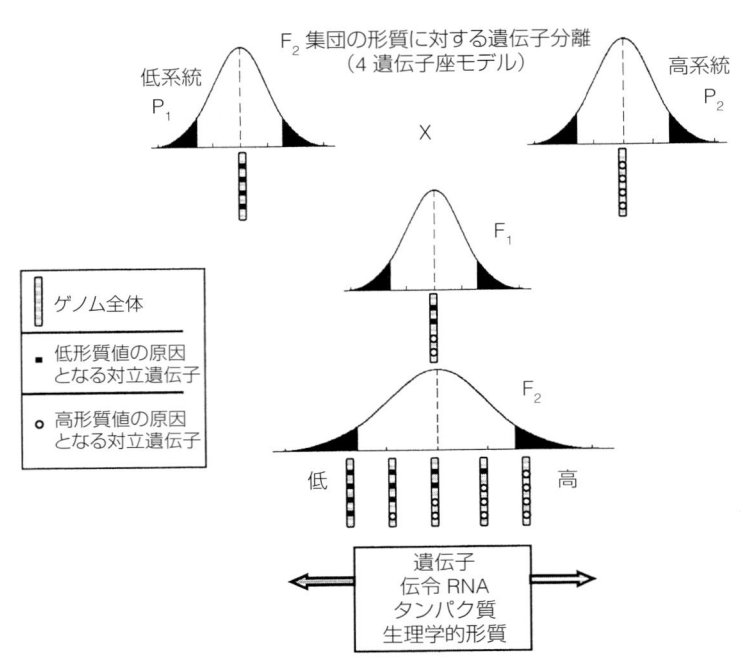

図3-5　2同系交配種（P₁とP₂）間の形質差の生物学的決定因は，共分離分析によって評価することができる．2世代の交配が対立遺伝子が無作為に結合し直したF₂集団を生み出し，どの遺伝子と副次的産物が表現型の分布と共分離するのかを決めるために使用できる．[Britton and Koch（2001）より改変]

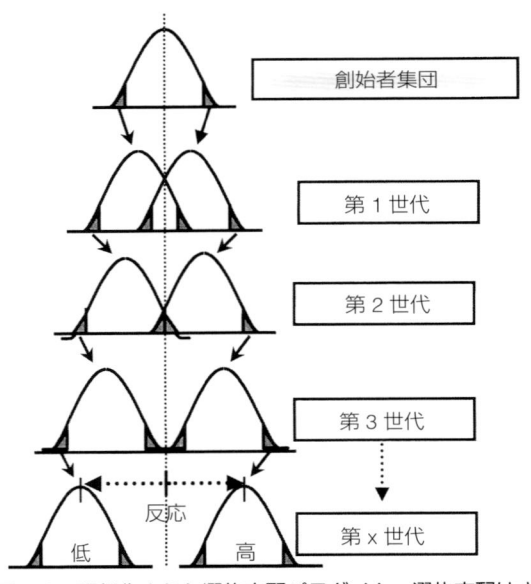

図3-6　理想化された選抜交配パラダイム．選抜交配はさまざまな雑種からなる大集団における形質を測定することから始まる．この集団から育種家（choice breeder）が選抜を進めることで表現型の極端値を示す対立遺伝子が集中する．各世代で仔を表現型に基づいて評価し，「最適な」個体を選抜し，次世代をつくるために交配させる．集団平均値（選抜に対する応答）の変化が漸近値に達するか，望ましい差が選抜系統間で達せられるまでこのプロセスを繰り返す．

る．第2に，選抜プロセスはしばしば，低系統と高系統それぞれの表現型の平均値が創始者集団の分布の両裾野を超えるため（Falconer and Mackay, 1996a），形質の信号測定は系統間の実質的な違いを示すことができる．第3に，選抜間の各世代でヘテロ接合を高い水準で維持することによって，形質差を生む対照的な対立遺伝子の主な補体は，分岐した系統とその後発達する同系交配種の両方に集中するだろう．第4に，多くの世代にわたる選抜は，環境の細かな変化を問題にしないため意図しない選抜だと解釈されることがあるが，実際には，この選抜系統の環境効果による影響の欠如が表現型の複製にとって大いに役立つだろう．ある形質について著しく異なるが選抜系統に由来しない同系交配種では，等しくコントロールされた実験条件に対する反応と表現型においてかなりのばらつきを示す（Crabbe et al., 1999）．

●すべての動物モデルへ残された主要な課題●

ここでは遺伝モデルに焦点を当ててきたが，すべての動物モデルの育種と使用は，気づきにくい問題と関係しており，とりわけ複雑な疾病のモデルと関係して

いる．第1に，大脳動脈の結紮（脳卒中），6-ヒドロキシドーパミンの脳内投与（パーキンソン病），ストレプトゾシンの投与（真性糖尿病）のような疾患条件に適用される物理的，化学的処置は，病気の進行よりも，損傷に対する反応をより正確に示す．第2に，一見，選抜に由来する疾病モデルはかなり有益な選択肢であるようにみえるが，ある疾病についての直接選抜もまた問題がないわけではない．選抜をする際は，現在までに知られている疾病の測定可能な形質に基づくことになり，根底にあるメカニズムのすべての配列に頼ることはできない．つまり論点は，形質はメカニズムではないということであり，そのため，ある疾病を特徴づけると考えられる測度に基づいて選抜を行うならば，得られた成分が代表性をもたないものや，不適切に重みづけられたものになるかもしれない．第3に，病気が離散事象としてではなく，パーキンソン病（Tieu et al., 2003）や代謝X症候群（Lopez–Candales, 2001）に代表される病理的カスケードのように，整合的に調整された遺伝子群からの生物学的な複合事象として発現するならば，疾病形質について選抜する際の問題が増幅する．

この課題に対処するために，現在，我々は，感覚運動機能のような高次で複雑な生理学的形質に対して，両側人為選抜から臨床的に妥当なモデルが生まれると仮定する．基本形質変異分布の両裾野を選抜することで以下の2つの集団が生まれることを予測する．すなわち，①低い生理学的機能と疾患関連形質を示す低系統，②高い生理学的機能を示し，疾患のような形質を示さず，疾患の発達に抵抗を示す高系統，である．

この仮説は，進化史と酸素との結びつきについて我々が展開した，まだかなり推測的な考えから導き出されたものである（Britton, 2003）．基本的な主張は，酸素環境で進化が続いてきた20億年間のために，酸素代謝が生物学の中心的特徴として決定づけられてきたのではないかということである（DesMarias, 2000）．酸素が酸化反応における最後の電子アクセプタである場合には，増幅する自由エネルギー伝達を揺れ幅の大きな酸化還元電位に割くことができるように進化が進んだと思われる（Baldwin and Krebs, 1981）．エネルギー伝達経路での酸素使用の際に必然的に起こることは，酸化反応の副産物である活性酸素種を解毒する酵素の同時進化であった．そのために酸化反応とその解毒反応の両者を取り次ぐ経路が生物学の大部分を占めている（Young and Woodside, 2001; Myers et al., 2002）．我々は，本質的にすべての疾病は，分子レベルでは酸素利用と結びついた問題に帰着するだろうと考えている．例えば，酸化的リン酸化反応で必要とされる遺伝子の増加発現は，ヒトの糖尿病を引き起こすことに関係することや（Mootha et al., 2003），活性酸素種の増加産生はパーキンソン病に存在する細胞機能不全と生化学的変性に関係すること（Tieu et al., 2003）が報告されてきた．よく定義された動物モデルの開発と研究は，細胞損傷や細胞死のメカニズムを決定する際に役立つであろう．

謝　辞

アメリカ国立衛生研究所公衆衛生局（U. S. Public Health Service, National Institutes of Health）からの研究費が本章執筆を支えてくれた（Heart, Lung and Blood Institute grant HL-64270 and the National Center for Research Resources grant RR-17718）．

Lauren Gerard Koch, Steven L. Britton

第4章

個体差

　ヒトの行動を議論する際には次の意見が必ず含まれている。それは、人々は同じ状況に対して行動を起こすにしても、幅広い個体差を示すというものである。個体差に関する知識は、性格心理学や社会心理学を含むさまざまな学問領域に刺激を与え、また、ヒトの行動にみられる個体差は、さまざまな疾病の神経心理的基盤の研究の道具としても長く認識されてきた。本章の目的は、家畜化されたことで遺伝的な先細りを経験したにもかかわらず、ラットもヒトと同じように、さまざまな健常および病理条件を理解するために適した顕著な個体差を示すことを提唱することである。

　乱用薬物の行動への作用やその後の自己投与パターンにおける広範な個体差が、ヒトにおいて観察されてきた。O'Brien et al. (1986) は次のように指摘している。「薬物中毒患者の中には、日常的な常習者になる前に、ヘロインやコカインを週末にだけ使用し、それが数カ月や数年続くケースがある。一方、1回の使用だけで中毒になるほど強い正反応を示す場合もある。動物でもこれと似た初期反応の多様性が観察されている」。多くの臨床家は、依存症に対して個体が示す耐性の弱さの主要因として、依存性薬物 (addictive drug) の強化効果に対する個体差 (de Wit et al., 1986) を検討してきた (O'Brein et al., 1986)。依存性の (神経) 基盤を決定するために多くの研究が行われてきたが (Koob and Bloom, 1988, 総説参照)、個体差の根底にあるメカニズムについては比較的少数の研究しか存在しない。

ラットの個体差という概念の起源

　ラットが一貫した個体差を示すことにはじめて言及したのは Elliot Valenstein である。彼は、外側視床下部への電気刺激 (electrical stimulation of the lateral hypothalamus: ESLH) に対する反応として、ラットがさまざまな異なる行動を行うことを観察した。そこには、摂食、摂水、かじる、餌をため込む、毛繕い[i] (grooming) をする、攻撃性を示す、子ども返りする、雄が交尾を求める、などが含まれていた (Valenstein, 1975, 総説参照)。電気刺激に対する反応として、常に一貫して摂食や摂水を示すラットもいれば、自発運動量の増加だけを示すラットもいた。当初、ESLH の行動への作用差は、外側視床下部内の電極が挿された位置の違いであると推測されたが、実際にはそうではなかった。区別がつかないほど精密に電極の位置をそろえて実験手続きを統制したとしても、それぞれのラットは脳刺激に対して全く別々の反応を示した (Cox and Valenstein, 1969; Valenstein et al., 1970)。そのうえ、視床下部の異なる位置に電極を移しても、ラットは同じ行動を示す強い傾向がみられた (Valenstein et al., 1970)。さらに Wise (1971) は、視床下部へ可動式電極を使い、ラットの摂食、摂水行動がどのように喚起されるかを調べた。視床下部への刺激によって摂食や摂水の完了反応 (consummatory response) が起こり、視床下部の背側から腹側へ 1.5 mm ほど電極を動かしても、なおそれらの行動は持続した。明確な反応を生み出す領域範囲内では、電極を動かしても摂食や摂水を引き起こす閾値にはほとんど影響しなかった。もともと反応を示さなかったラットでは、どの部位を刺激しても摂食や摂水行動が起こらなかった。Wise はこの動物個体間の行動変動は、刺激部位の違いよりも個体の反応傾向を反映したものだと結論づけた。Bachus and Valenstein (1979) は、Long-Evans 系ラットの視床下部で摂水を喚起する電極を挿していたその周囲の神経細胞と神経線維を損傷させた。電極の中心から 3.0 mm という広範囲まで損傷させていき、その場合、遠くの神経素子 (neuronal element) を興奮させるためにはより強い電流レベルが必要とされたが、刺激を受けたときにはすべてのラットがなお摂水をし続けた。したがって、神経解剖学的に正確な電極

---

[i] ある個体が自身の体毛をなめたり引っ張ったりすることで毛並みを整えたり、ごみなどを取り除く行動。

の挿し位置ではなく，動物の安定した特徴こそが，視床下部への電気刺激に対する反応を説明する。またESLHによる完了行動の喚起には，系統（Long–Evans系対Sprague–Dawley系）による差が示されており，これは遺伝的関連性も示唆している（Mittleman and Valenstein, 1981）。これらの証拠は，Valenstein（1969）が提唱した仮説，すなわち「ESLHへの反応を特徴づける優性遺伝的で固有の傾向を多個体がもつ」という主張を支持している。

個体差と関連した心理学的および神経生理学的な諸特徴

ESLHにより誘発された摂食行動と摂水行動は，非調節的摂取行動なので，ESLHによる誘発行動と非ホメオスタシス的な摂取を誘発する別の状況下での行動を比較することは理にかなっているだろう。非調節的な摂取を誘発するよく知られた方法の1つは，スケジュール誘導性多飲症パラダイムである（Falk, 1961）。ラットに対して水ではなく，餌の遮断を行い，間欠スケジュールに従って少量の餌を与える場合，多くの個体が過剰な摂水パターンを発達させる。これをスケジュール誘導性多飲症（schedule–induced polydipsia: SIP）と呼ぶ。このような過剰な摂水行動はさまざまな動物種で，またさまざまな強化スケジュール下で起こることが報告されてきた（Wallace and Singer, 1976; Roper, 1981; Wetherington, 1982，総説参照）。SIPは従属行動と呼ばれる，より大きなカテゴリーの一例として提唱されてきた。従属行動とは，強く動機づけられた欲求充足行動である完了行動の中断を強いられたり，じゃまされたりする状況で起こり，おそらくより自然な状況で起こる置換行動と共通した特徴をもつと考えられている（Tinbergen, 1952; Falk, 1966, 1969, 1971）。

Mittleman and Valenstein（1984）は，42匹の雄の成体Long–Evansラットの視床下部に電極を挿し，ESLH誘発性の摂食，摂水行動により個体を選別した。当初，24匹は，刺激を受けると摂食，摂水行動を起こし（ESLH陽性），18匹はそれらの行動を起こさなかった（ESLH陰性）。SIPでテストを行ったところ，ESLH陽性ラットは，急速に摂水行動を獲得し，1日目に2 mLだった飲水量は，10日目には11 mLまで増加した。一方，ESLH陰性ラットは，1日目にはほとんど摂水行動は起こらず，10日目までにわずか4 mLまでしか増加しなかった。この研究は，ESLHへの反応の個体差からSIPの個体差を予測できることを示している。したがって，ESLHで観察された行動の差は，そのパラダイムに特有のものではなく，より包括的な特徴を反映している。その予測性は，認知能力と「情動性」に対しても有効だった。すなわち，SIP陽性ラットは能動的回避反応（active avoidance response）をより速く学習することができ，レジデント・イントルーダーパラダイム（resident–intruder paradigm）では攻撃的なラットのいる実験箱へ入れられても，怖気づいてじっとする態度をそれほど示さなかった（Dantzer et al., 1988）。

中脳辺縁系ドーパミンシステム（mesolimbic dopamine system）の反応特性から，これらのパラダイムで観察された個体差の生物学的な検討も進められてきた（Antelman and Szechtman, 1975; Robbins and Koob, 1980; Wallace et al., 1983; Fibiger and Phillips, 1986など）。当初，アンフェタミンに対する行動反応の個体差は，ドーパミン作用を間接的に評価する手段として調べられた。SIPをただちに示したLong–Evans系ラットでは，1回のD-アンフェタミン投与により一貫した反応の増幅がみられた（Mittleman and Valenstein, 1985）。さらに，この薬物を繰り返し投与した際の反応は，SIP陽性ラット（図4-1左，実線）はSIP陰性ラット（破線）に比べて，全体的な常同行動についてより急速な行動感作を示した（Mittleman et al., 1986）。ドーパミンの作用は，常同行動の主要な基質であるので（Creese and Iversen, 1975），これらの結果はSIP陽性とSIP陰性のラットの間でドーパミンシステムに違いがあることを示唆している。このような違いについては，ドーパミン代謝回転（dopamine turnover）という間接的指標を用いて神経化学レベルでの証拠が確認されている（図4-1右）。SIP陽性（黒棒）と陰性（白棒）のLong–Evans系ラットのドーパミン利用を増加させるために足への電気ショックを使用したところ，群間に明瞭な差が生じた。陽性ラット（黒棒）は陰性ラット（白棒）に比べて，線条体と側坐核のドーパミン代謝回転が有意に増加することが示された。この違いは，3,4-ジヒドロキシフェニル酢酸とドーパミンの比や，電気化学装置を利用した高性能の液体クロマトグラフィーによって評価することができた（Mittleman et al., 1986）。Segal and Kuczenski（1987）は，Long–Evans系ラットが，1回でも複数回でも，アンフェタミンの投与に対して有意に異なる個体の反応傾向を示すこと，またその際に，ドーパミン代謝の関連領域にも差があることを確認した。

これらの一連の研究と一致して，より最近の研究では，精神運動興奮薬への無条件反応の個体差がドーパミンシステムの反応特性と関連していることがわかってきた。Sabeti et al.（2003）は，異系交配したSprague–Dawley系ラットにおけるコカインに対する運動反応

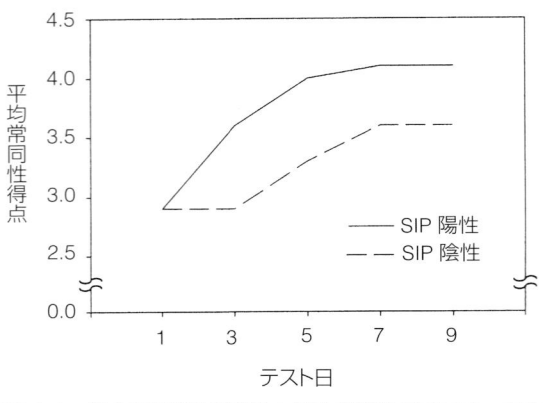

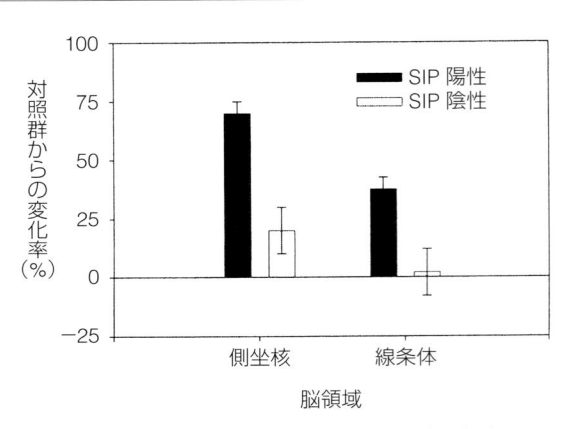

図4-1 （左）SIP陽性（実線）と陰性（破線）のアンフェタミン誘導型常同行動の変化を示す。両群は3日に1度の頻度で27日間（合計9回）3.0 mg/kgのD-アンフェタミン硫酸塩の投与を受けた。全体的な常同行動を8段階の尺度で得点化した。2時間のテストセッションの平均得点を示している。（右）SIP陽性（黒棒）と陰性（白棒）のラットは，足への間欠的な電気ショックを20分間受けた（15秒ごとに0.5秒間，1.3 mA電流が流された）。側坐核と線条体のドーパミンとジヒドロキシフェニル酢酸（DOPAC）の水準を決定し，DOPAC/ドーパミン比がドーパミン利用率の間接指標として使われた。結果は陽性と陰性の両ラットから構成された電気ショックを受けない統制群に対する増加率で表した。[Mittleman et al. (1986)より改変]

の個体差は，対応した側坐核のドーパミン除去率の差と直接関係づけられることを報告した。この個体差の根底にあるメカニズムは，側坐核のドーパミントランスポーターの分別阻害であった。

ESLHやSIPの個体差に加えて，神経興奮薬の行動への作用にみられる個体差は，対応した前脳ドーパミンにおける神経化学的な差異と結びつけられるので，この関係は薬物依存性傾向の個体差へ拡張できるのではないかと予測された。この可能性をPiazzaらは，静脈内への薬物自己投与の動物モデル（Weeks, 1962; Schuster and Thompson, 1969）を用いて確認した。Piazza et al. (1993)は，雄のSprague-Dawley系ラットを用いて，新奇な環境における自発的運動を調べた。彼らの先行研究では，環状走路内で2時間テストし，そのときに示した自発的移動量に基づいてラットを「高」応答個体と「低」応答個体に分けた（Piazza et al, 1989）。ラットに心臓内カテーテルを挿入する手術を施し，少量のD-アンフェタミン硫酸塩（注入1回当たり10 μg/20 μL）を自己投与できるようにした。その結果，自己投与行動の差は，活動水準の差と高く相関していた（Piazzsa et al., 1989）。図4-2左は，新奇な環境に対して，高水準と低水準の運動を示したラットの間で薬物要求回数に有意差があったことを示している（薬物要求反応は，「有効な」壁の窪みに，鼻先を突っ込むことで示された）。加えて，同図にはこれら2群による壁の窪みに自発された「無効な」反応数も示してある。窪みへの無効な反応数は両群でほぼ等しく，このことは，2群の薬物要求量に特異的な違いがあったことを示唆している。これは，薬物要求で観察された差について，アンフェタミンが非特異的な活性効果を果たしたとする可能性を排除するであろう。

ラットは，ベースライン体重の85％まで徐々に食物遮断され，標準的な手続きを使ってSIPをテストした。図4-2右に示されているように，アンフェタミンを自己投与（self-administration: SA）するようにあらかじめ訓練されたラット（SA＋）は，自己投与を訓練しなかったラット（SA－）よりも有意に速くSIPを獲得した。この図には，自己投与パラダイムのテストを5日間追加実施したSA－ラットの部分群も示されている。その群は追加実験の間，ランダムに選択されたSA＋ラットが行った薬物要求のタイミングとアンフェタミンの投与量に合わせて「全く同様の処置が行われた」。これらのSA－**強制投与群**のラットは，以前に受けたアンフェタミン経験量がSIPでの応答性に影響した要因であるのかを決定するために，SIPパラダイムでテストを行った。図4-2右に示されるように，この群はSA－ラットと変わらなかった。このことは，以前の薬物経験は，SIPの個体差の発達に影響を与える重要な要因ではないことを示唆している。

まとめると，これらの結果はいくつかの有力な結論を示唆している。まずはじめに，それらは，SIPやESLHのような行動反応を活性化させる，または覚醒させる条件における個体差と，行動的，精神薬理的，神経化学的方法により示された前脳ドーパミン系における重要な個体差の関係を示唆する。SIPの間に過剰な摂水行動を行うラットは，D-アンフェタミンの1回，また複数回の注入に対して有意に大きな行動反応を示した。行動に対するこの薬物誘導性の差は，中脳辺縁系ドーパミンシステムのストレスにより誘導された神経化学反応と大きく関係していた。次に，SIPで観察

第 4 章 ◆ 個体差

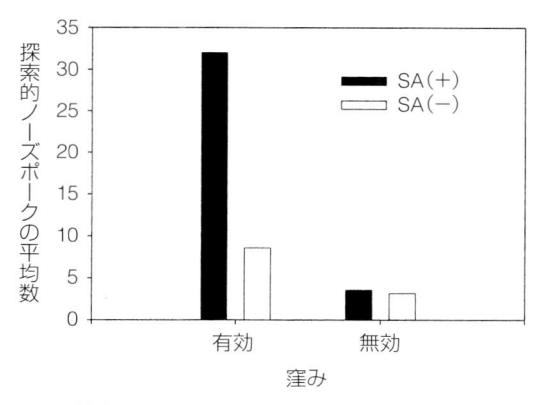

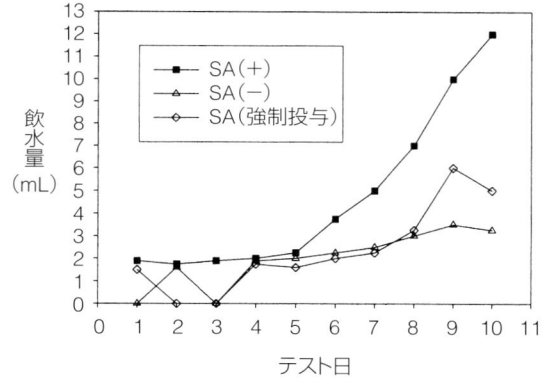

図4-2 (左)直方体型の箱の短壁2辺のそれぞれに窪み(床から2 cmの高さにある)がある実験箱で自己投与テストが行われた。各窪みを赤外線ビームによってモニターし,一方の(「有効」と定義された)窪みへのノーズポークは2秒間インフュージョンポンプを開き,10 μgのD-アンフェタミン硫酸塩をラットの静脈系に注入させ,もう一方の(「無効」と定義された)窪みへのノーズポークは何の効果も生み出さなかった。30分間のセッション中,有効と無効の両窪みへのノーズポークの回数が,アンフェタミン自己投与傾向が強かったラット(SA+)と,傾向が強くなかったラット(SA−)で記録された。(右)水を満たしたメスシリンダーにつながる飲水チューブを備えた標準的なオペラント箱で,ラットに1日30分のSIPテストを10日間実施した。各テストセッション後に,摂水量の合計を記録した。図の■がSA+ラット(つまり自己投与行動を獲得した群),△はD-アンフェタミン陰性ラットを示す。また,◇はSA+ラットと同じタイミングで同量のアンフェタミン投与を受けるためにSA+ラットに対するヨークト手続きを受けたSA(強制投与)ラットの反応遂行を示している。[Piazza et al.(1993)より改変]

された一貫した行動の差は,精神作用薬物であるアンフェタミン化合物を自己投与する傾向の個体差と関係していた。これはアンフェタミンSAとSIPの一致度が高いことによって示された。この結果はとりわけ重要である。なぜなら,応答性にみられる個体差がより巨視的な特徴の一部であるというさらなる証拠を与えるからである。これまでに引用した結果から,この「巨視的」特徴は,認知的,情動的,薬理的,神経化学的な成分を含んでいるように考えられる。

これらの結果で示された行動レベルの一貫した個体差は,行動についての神経生理学的,心理学的な基盤を調べる手段として用いることはできるが,ラットの個体差研究だけでは,ヒトで観察される依存性への耐性の個体差を理解することはできない。そうはいっても,Substance Abuse and Mental Health Services Administration(SAMHSA)による国勢調査(2003, p.55)は,『精神障害の診断と統計の手引き(Diagnostic and Statistical Manual of Mental Disorders, 4th edition〈DSM-Ⅳ〉)』(American Psychiatric Association, 1994)の診断規準に基づいて,2002年時点で米国の人口のおよそ9.4%が薬物乱用者,薬物依存症者であるという実社会の現実があることを示している。

ラットの個体差はヒトの個体差との関連についての表面的妥当性をもっているが,近似的な実験要因を根拠として説明することはできない

ラットの薬物自己投与で観察した個体差がヒトでみられるような幅広い個体差と類似しているかを決定する1つの方法として,我々は実験未経験のラットのアンフェタミン自己投与の獲得を調べた。この実験の目的は,①薬物摂取の獲得についての個体差データを集積すること,②獲得プロセス間の投薬量への選好を決めること,③アンフェタミン自己投与の個体差の発達を説明する実験的要因を調べること,であった。

雄のLong-Evans系ラット(Harlan, $n=207$,年齢幅50~125日齢)に対して,テスト期間中,餌と水への自由摂取を許した。テストでは,Piazza et al.(1993)の方法を用いて新奇な環境での移動行動を調べた。その後,ラットの脳にカテーテルを埋め込んだ。テストの実施は,黄色のLEDライトで照射された5つの2.5 cm径の円窓(中央に1つ,その左右に2つずつ)が配された湾曲した壁のある実験箱で行い,各円窓へのノーズポーク[ii](nose-poke)を赤外線ビームで検知した。実験箱の天井近くに配置されたハウスライトが薬物の利用

[ii] 探索行動の1つで,穴に鼻を入れる行動。

可能性を知らせた。薬物自己投与の随伴性として，探索的なノーズポークを行った円窓に対応して異なる薬物投与量が呈示されるようにプログラムした。1回の薬物注入は30秒のタイムアウト期間中に行われ，この間，ハウスライトと円窓のライトは消灯した。また，この期間中の探索的なノーズポークは記録されたが，プログラム上は何も起こらなかった。薬物濃度と注入速度（2.0 μL/秒）は実験セッションを通して一定に保たれる一方で，1回当たりの投与量は，ポンプ作用の持続時間（すなわち，注入される溶液量）を変えることで制御した。この実験では，ラットは，異なる5つの刺激「窓」に反応することで5つの投与量（注入1回当たり，0.000，0.018，0.032，0.056，0.100 mg/kg）を試すことができた。

ラットは，全10日間，1日23時間，薬物を摂取する機会があった。最初の実験セッションは，見本成分と選択成分から構成され，その後のセッションは，選択成分だけで構成された。見本成分の間は，すべての薬物投与量が利用できるようになるまで，それぞれの投与量を一度は選択しなければならなかった。5つの薬物投与量が実験セッションの終了前までに試されたならば，選択成分が開始された。選択成分の実験随伴性も見本成分のものと等しく，唯一の変更点は，タイムアウト後，5つすべての薬物投与量が引き続き利用できることであった。各円窓に割り振った投与量は，反応バイアスを減らすためにラテン方格を使ってカウンターバランスがとられた。テストの前半5日間は，固定比率1（FR 1）スケジュールが設定され，後半5日間は，ラットが薬物を摂取するためにさらなる努力を要求されてもラットが反応を続けるかを確かめるために，FR 2スケジュールに変更した。

全146個体のラットが実験を完遂した。図4-3 上は，アンフェタミン自己投与量の個体差の範囲を示している。各ラットの1日の平均薬物摂取量は，0.81～28.20 mg/kgの範囲であった。このように，反応が広い範囲にわたっていたため，我々は標準偏差を使って恣意的に3群に分けた。低反応個体群は，平均かそれ以下の自己投与量であったものとした（1日当たり，0.81～2.02 mg/kg，$n=116$，これは全体の8割に当たる）。中反応個体群は，平均から1標準偏差（standard deviation: SD）までの範囲に入る個体とし（1日当たり，2.03～5.90 mg/kg，$n=15$，全体の1割に当たる），高反応個体群は，1 SDの範囲以上の自己投与量を示したものとした（1日当たり 5.91～28.20 mg/kg，$n=15$，全体の1割に当たる）。この分析の結果，各群の間には有意な差が示され，高反応群と中反応群は，FR 2 スケジュールへ切り替えられると反応が有意に減少した。図4-3下に示されるように，これら両群は，薬物を「過

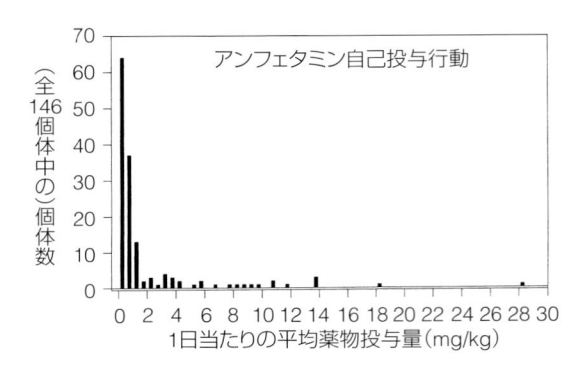

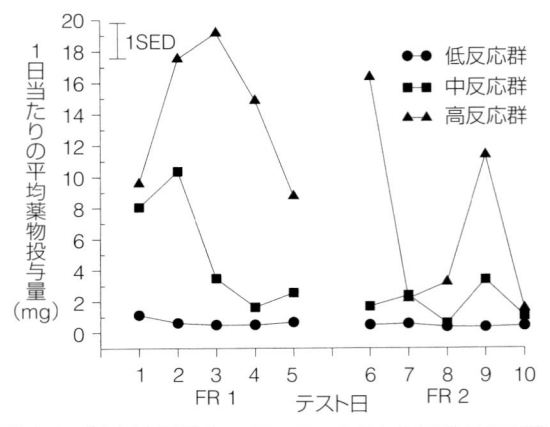

図4-3 （上）10日間のD-アンフェタミン自己投与の実験を受けた146個体標本の度数分布。1日当たりの薬物投与の総量は，0.81～28.20 mg/kgの範囲にわたった。（下）低，中，高の各反応群（定義は本文参照）の自己投与行動。アンフェタミン自己投与が，中または高水準の場合，「過剰摂取し，突如やめる」パターンを示している。FR 2スケジュールへの変更により中反応群と高反応群の反応は減少した。

剰摂取し，突如やめる（binge and crash）」という特徴的な反応パターンを示した。

テスト1日目にみられた薬物量に対する選好の有意差は各群で異なっていた。図4-4に示すように，高反応群のラットは，最もはっきりした選好を示した。この群の個体は，投与量対照条件（0.000 mg/kg）よりも中程度の薬物量（注入1回当たり 0.032 mg/kg）を選好した。低反応群も投与量対照条件よりも中投与量（注入1回当たり 0.032 mg/kg）と高投与量（注入1回当たり 0.100 mg/kg）を有意に選好した。驚くべきことに，中反応群は，投与量に対する選好を発達させなかった。10日間のテスト期間を考慮してみると（図4-5），投与量に対する選好は高反応群でのみ一貫しており，中投与量を選好し続けた。この結果の理由はおそらく，中反応群と低反応群では自己投与反応がより低水準で起こり，それに伴い薬物摂取経験が減少したことであり，そのため，これらの群の個体は10日間のテスト期間で検討したときに，投与量に対する有意な選好を示さなかったのだろう。

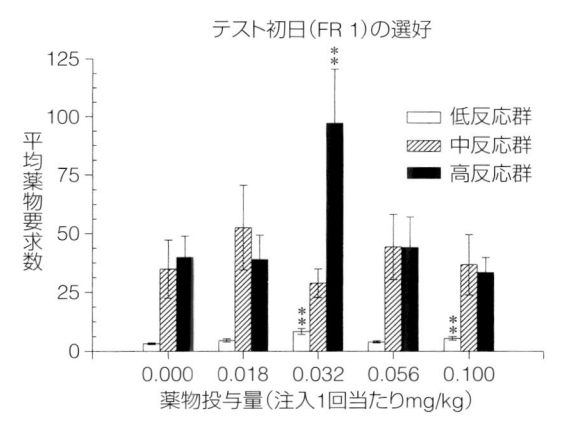

図4-4 テスト1日目のアンフェタミンを自己投与する機会が最初に与えられたときの，低，中，高反応群の薬物投与量の選好。低反応群，高反応群は 0.032（注入1回当たりmg/kg）の薬物量への有意な選好を発達させた。それに対して，中反応群は初期の薬物選好を示さなかった。＊＊は注入1回当たり 0.000 mg/kg からの $p<0.01$ 水準の有意差を示す。

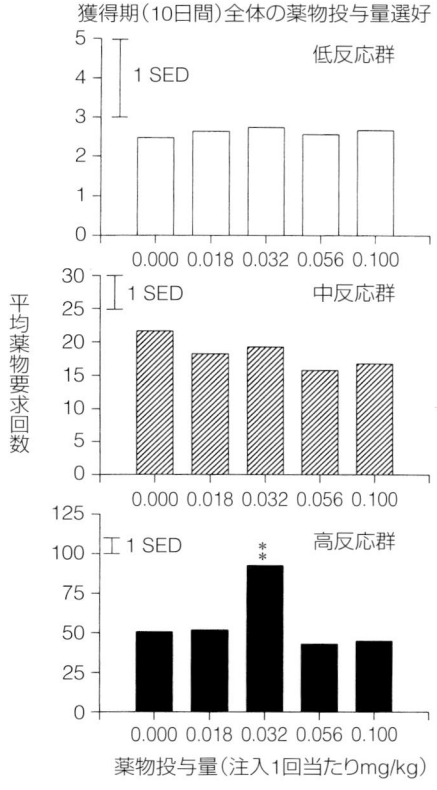

図4-5 テスト10日間の低，中，高反応群の薬物投与量の選好。低反応群は初期選好を示したが，テスト期間を通しては維持されなかった。中反応群は10日間を通して一貫した選好は示さなかった。高反応群だけがテスト期間を通して一貫した薬物投与量への選好を示した。＊＊は注入1回当たり 0.000 mg/kg からの $p<0.01$ 水準の有意差を，SEDは平均値差の標準誤差を示す。

　我々は，さらにアンフェタミンの自己投与にみられる幅広い個体差がどのような要因と関係しているのかを決定しようと試みた。年齢はヒトの薬物乱用で重要な要因であるので（SAMHSA, 2003），ラットの日齢を1つの要因とみなしリストアップした。また，自己投与の差は，活動量の差の単純な副産物であるという見方もありうるように思われた。つまり，より活動的なラットは，薬物のために探索的なノーズポークをする頻度が高いのではないだろうか。このため，新奇の環状走路における活動量と（1日目の）初期注入前の実験箱内での活動量を要因として含めることにした。さらに，個体がはじめに選択した薬物投与量を，その後の薬物乱用に影響を与える可能性のある実験変数の代表として要因に含めた。これは薬物を摂取するか否かについては，実験的，または環境的影響があげられるので（Everitt et al., 2001），自己投与が最初に選択された投与量によって影響を受けると考えた。例えば，最初に選ばれた投与量が効果をもたない場合（注入1回当たり 0.000 mg/kg）や，実験未経験の個体にとっては（薬物量が多すぎて）嫌悪的な場合（注入1回当たり 0.100 mg/kg）には，自己投与が減少することも考えられるだろう。最後に，初期の薬物摂取の特徴が自己投与の個体差を予測できるかを調べるために，最初の薬物要求反応までの潜時と，1日目の薬物の合計注入量を要因に含めた。

　表4-1に，これらの分析の結果を表す。ラットの日齢は，アンフェタミン自己投与の個体差と負の相関を示した。ヒトの場合とほぼ同じように，薬物摂取量の多さは日齢の若さと関連があった。自己投与行動の差は，一般活動量からの副産物ではなかった。環状走路の活動量も実験箱内の活動量も，いずれも自己投与量と無関係であった。最初に選択された投与量は注入された薬物量全体と無関係であったため，自己投与の初期経験もその後の自己投与へ有意な影響は与えていなかった。驚くべきことではないが，自己投与に関連した最初の行動は薬物摂取の個体差を予測した。自己投与開始までの潜時は，薬物摂取と負の相関を示し，自己投与までの潜時が短いラットほど，より多くのアンフェタミンを摂取した。1日目の自己投与も10日間の薬物摂取量を予測した。

　まとめると，これらの結果は，ヒトの薬物乱用に対する耐性の個体差と同じように，およそ10％のラットが重篤な薬物乱用を示したことを明らかにした。これらの結果は，2つの次元に分類することができるだろう。1つは要求された薬物量，もう1つは薬物投与量への選好についてである。アンフェタミン自己投与行動の個体差は，ラットの日齢と初期の自己投与量と関

表4-1 予測子と反応遂行変数との関係の要約

予測子変数	1日当たりの合計薬物投与量の平均*
日齢	−.2106
	.0107
	146
環状走路での活動量	.1132
	.1739
	146
(1日目)最初の薬物要求前の活動量	−.0382
	.6672
	129
(1日目)最初に選ばれた薬物投与量	.0318
	.7034
	146
(1日目)最初の薬物要求までの潜時	−.1634
	.0487
	146
(1日目)全薬物注入量	.5602
	.0000
	146

*右列の値は順に,ピアソンの相関係数,両側検定のp値,観察数を示している.

係があったが,活動量の差や最初の薬物経験とは関係がなかった。これらの結果は,2つの結論を示唆する。第1は,ラットは,ヒトの薬物乱用への耐性を研究する際に良いモデルとなるであろうということである。ラットは,薬物摂取について幅広い個体差を示し,薬物摂取を繰り返しても,ほぼ同じ割合のラットが薬物乱用を示す。第2は,観察された個体差は,日齢とともに変化する生得的な生物学的傾向に起因させることが最も妥当であろうということである。

結論

動物においても,薬物や脳損傷,その他のさまざまな実験操作に対する反応の変動性を頻繁に観察することはできるが,一般に,これらの変動性は,単に同種の個体間で起こる自然なばらつきの範囲にある実験誤差とみなされる。この伝統的な考え方の利点は理解できるが,本章で呈示した研究の結果は,1実験内でみられる大きな変動性は個体差から生じることを示唆する。本章で説明したように,これらの個体差を利用することには潜在的に大きな利点がある。ヒトの個体間で観察される行動レベルや生理レベルの差をモデル化できる点や,そのような差の遺伝的発現を制御する要因を探索する際の手段となる点で役立つであろう。さらに,行動レベルと神経化学レベルの差は前もって存在しているので,脳損傷や薬理作用,環境の極端な変化のような人為的な手段を使用して個体差を引き起こす必要がない。つまり,個体差アプローチを使うことで,それらの差の行動レベルや神経化学レベルでの影響が無傷の個体で研究できる。個体差は多くの異なる課題で観察することができると付言しておくべきである。PubMed でキーワードに"rat","individual differences","behavior"と入力して検索すると,本章執筆時の検索結果で300以上の論文がヒットした。

謝 辞

本章で報告した実験のいくつかで助力いただいた,Carrie L. Van Brunt,Rachel Chase,Mary Houts,Pat Le Duc,Paul Rushing,Peter Pierre,Paul Skjoldagger に謝意を表したい。この自己投与実験の遂行には NIDA による研究費 1R29DA07517 を充当した。

Memphis 大学の神経科学プログラムの長年の支援者であった認知心理学者の William Marks 博士が,本章の執筆途中で予期せぬ死を迎えた。本稿を彼に捧げる。

Guy Mittleman

第 II 部

感覚系

第 5 章	視　覚	41
第 6 章	体性感覚	49
第 7 章	痛　み	56
第 8 章	感覚毛	64
第 9 章	嗅　覚	70
第 10 章	味　覚	79

第5章

視　覚

　ラットは実験動物としては，稀な選択肢となる。その理由の1つに，多くの研究室が日中に稼働し，その間実験を遂行しているにもかかわらず，ラットは夜行性であることがあげられる。2つ目に，ラットは薮の中，湿地，草原，地下の巣穴で進化した。これらの場所は，視覚情報だけでなく，嗅覚，聴覚，触覚情報で溢れている。研究室の環境は野生環境とは異なり，開放的であり，混雑もしておらず清潔である。また，視覚情報は自然環境とは異なり，他の知覚情報もきわめて少ない環境である。視覚を調べる行動実験の結果は明確でなく，その原因は，ラットの視覚に関する実験データが限られていること，さらに，視覚を調べる行動実験そのものの改善がなされていないことによる。視覚研究者たちは，ネコや霊長類のようなラットよりも大型の動物を用いて研究を行っている。このことから，Lashleyらがラットの視覚の研究を早くに手がけたにもかかわらず，その発展は遅い。また，ラットの視覚研究のデータが少ないため，2つの誤解が広まっている。我々は，本章で，ラットの視覚に関する誤解を訂正したいと考えている。1つ目の誤解は，多くの研究者が，ラットは視力が弱く，視覚を用いた実験のモデル動物としては不向きであると信じていることである。実際は，ラットは視覚機能も良く，哺乳類に典型的な視覚システムをもち，霊長類で用いられている課題に匹敵するレベルの視覚課題を遂行することができる。2つ目の誤解は，動物の認知について，ラットがヒトと同じもの見ている，またはすべてのラットが同じものを見ていると仮定している点である。研究者にとって明瞭な刺激の違いが，ラットにも同様に明瞭であるとは限らず，また，すべての系統で等しいとも限らない。そのうえ，実験で利用可能な視覚刺激で，霊長類はそれを利用したとしても，ラットはそれを必要とせずに課題を遂行するかもしれない（Whishaw and Tolmie, 1989）。本章では，ラットの視覚機能を研究する研究者のために，適切な実験条件で明らかにされたラットの視覚機能，視力，それらを調べる方法を紹介したい。

ラットの視覚機能を測定する方法

　Lashley跳躍台は，ラットの視覚機能測定に使用された最初の方法であり，現在でも一部の研究者に使用されている（Lashley, 1930; Seymoure and Juraska, 1997）。Y字迷路課題（Y-maze task）（Seymoure and Juraska, 1997），条件性嫌悪課題（conditioned aversion task）（Dean, 1978），オペラント課題（operant task）（Keller et al., 2000; Jacobs et al., 2001）は，テスト前のトレーニングに時間を要すため，視覚機能を調べる行動課題として使用頻度が低い。先行研究では，ラットに可視逃避台（platform）まで泳ぐことを学習させるモリス水迷路課題（Morris water maze）（Morris et al., 1982）を改訂して，視覚機能を調べているものがある。しかし，この課題では，見える距離の調節が非常に困難であり，定量化はほぼ不可能である。そして，この課題では，視覚の検出力と，視力を区別できていない（後の章で詳説）。一方，遠方の視覚的手がかりを用いて可視逃避台まで泳ぐことはラットにとって自然であるので，この行動をもとに**視覚的水迷路課題**（visual water task）が発展した（Prusky et al., 2000）。図5-1に示すY字水迷路課題では，中央を仕切り，それぞれのアームの両端にコンピュータモニターを設置した台形のプールをつくる。不可視逃避台を，2つのモニターのうち1つに示された「＋」のマークの下に設置する。ラットは，はじめに，スクリーンの映像が不可視逃避台への手がかりであることを学習する。仕切りの端で止まり，どちらかのアームを選択するために両スクリーンを見るようになる。強制しなくとも，誤った経路を選択する前に自然に止まり，両スクリーンを比較するようになる。水はにおいを分散させ，ストレスなくラットの注意をスクリーンに集中させる。地上では，ラットはいくつもの感覚入力を受ける。しかし，

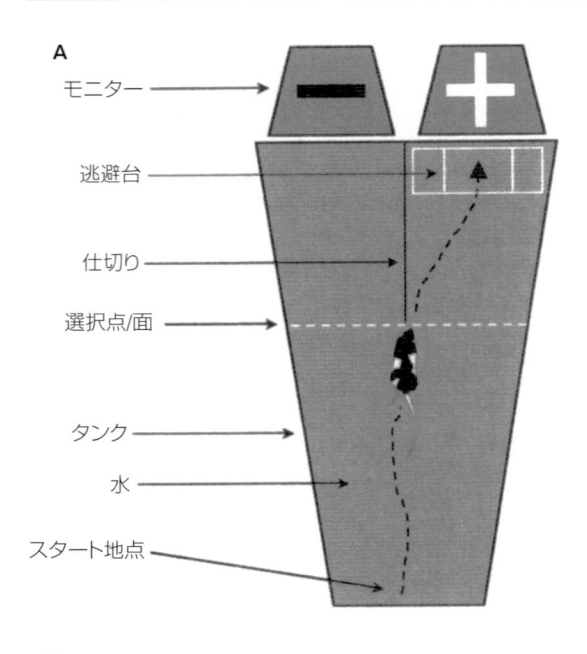

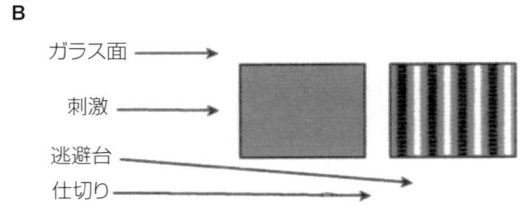

図 5-1 視覚的水迷路課題。(**A**)上図の装置では、Y字型をつくる中央に仕切りをもつタンクに水を入れている。2つのモニターが、迷路の両端に設置され、それぞれ「＋」か「－」のどちらかが呈示される。逃避台は、左右に関係なく＋が表示されたモニターの下、水中に設置する。ラットは、迷路の細くなった先端部に入れられる。その後、ラットは中央の仕切り部分まで泳ぐ。もし、ラットが「＋」モニターのほうを選択したら、すばやく逃避台に到着し、水から逃避することができる。それを正選択として記録する。ラットが「－」を選択したら、逆側の逃避台を探すまで、泳がなければならない。これを誤選択として記録する。図の点線で示した矢印は、正選択した際の経路を示している。(**B**)視力を測定する際に用いられる典型的な視覚刺激は灰色と格子柄であり、これがスクリーンに呈示される。

水中では視覚情報がいちばん有力な感覚情報となり、視覚的手がかりによって距離を認識できるようだ。生態学的妥当性を除けば、コンピュータを利用した課題は、非常に有用である。コンピュータモニターは、カードでは表示できない情報も呈示できる。例えば、動画呈示や広範囲に及ぶ色のコントラスト変化を行うこともできる。そのうえ、普通、一定の時間を要する刺激の種類や動物の割り当て作業が、コンピュータでは自動的に行える。**視覚的水迷路課題**の有効性は、トレーニング後に視覚の閾値を測定し、これを他の方法よりもはるかに短時間で遂行可能な点にある。

ラットの眼

ラットの小さな眼は、光を集める点で有用であるが、視力は相対的に低い。ラットの網膜は均質であり、中心窩が欠如している。網膜には、桿体細胞と錐体細胞とがあり、そのうち錐体細胞は1％程度しかない (LaVail, 1976)。ラットの錐体細胞のシステムは、見落とされることが多い。ラットの行動実験の多くは明期に行われるため、桿体細胞は機能していない状態にある。ラットは、全錐体細胞の約10％が短波長に反応し、哺乳類で典型的にみられる二色型色覚である (Szel and Rohlich, 1992)。しかし、短波長に反応する錐体細胞は359 nmをピークとする紫外線にいちばん感度が良く (図5-2A)、中波長に反応する錐体細胞は510 nmで感受性のピークを示し、650 nm以上になるとほとんど反応しない。紫外線に感受性を示す進化的意義は明らかではないが、Jacobs et al. (2001) のすばらしい研究は、ラットが2つの錐体細胞システムを使い、色を識別することを報告している。

空間視知覚

視力は最も一般的な視覚機能の指標で、解像可能な最小の空間分布のことである。例えば、2つの小さなドットから大きいドットを区別することは、十分な視力をもたなければできない。多くの有色ラットは、垂直面と45度面で測定すると1.0〜1.1 c/dの視力を示す (Dean, 1978; Burch and Jacobs, 1979; Keller et al., 2000; Prusky et al., 2000)。水平面での測定は、1.4 c/dの視力を示す (Bowden et al., 2002)。通常、ヒトは30 c/dの視力 (20：20) を示すので、ラットの視力はかなり低いことがわかる。ヒトは特別高性能な網膜中心窩をもつが、ラットには中心窩がないため、両者の視力に大きな違いが生じるのかもしれない。しかし、至近距離では、ラットは外界を非常に鮮明に見ていることがわかっている (図5-3, 図5-4参照)。

ヒトは、コントラストが非常に強ければ、視力の限界を超えて、単体でより小さい物体を認識することができる。例えば、我々は1分の角度より小さい角度でも星を見ることができ、それは30 c/d程度に相当する。広範囲を見るとき、明るさは平均化され、個々の要素はぼやけてしまい、広くなればなるほどコントラストは低くなる。しかし、ヒトはコントラスト感受性が高く (>100, <1％に相当する明暗間の差)、非常に小さな物体を認識できる。ラットは、コントラスト感受性を示したグラフからわかるように、全脊椎動物で

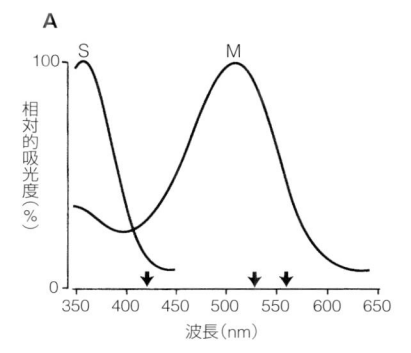

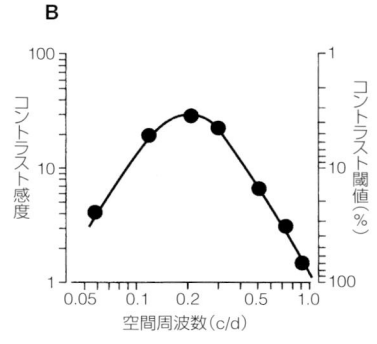

図 5-2 　(A)ラットの錐体細胞にある 2 種の視物質の相対感度。短波長物質(S)は紫外線の範囲にピークをもつ。これは，ヒトの短波長(左端の矢印)と全く異なる。多くを占めている中波長物質(M)は，ヒトの M と長波長物質(L)と類似の感度を示す(Jacobs et al., 2001 より改変)。(B)Long-Evans ラットのコントラスト感度。コントラスト感度は，空間周波数のコントラスト閾値(右側)の逆数である。感度のピークは約 0.2 c/d で，限界値は，1.0 c/d である。

みられるような逆 U 字カーブを示すが，その感受性はヒトよりも低い(Keller et al., 2000)。図 5-2B に示したように，視力 0.1 と 0.2 c/d の間では 4％のコントラスト閾値差が認められ，ラットは，約 25 の値でピークを示している。

　ラット網膜の解像度は低いが，網膜から得られる情報を引き続き脳神経回路において適切に処理しているようである。例えば，ラットは 3 度よりも小さい角度で，格子模様の違いを判別することができる(Bowden et al., 2002)。我々は，副尺視力課題(Vernier acuity task)でラットの視力が高いことを支持するデータを得た。副尺弁別や定位における視力の高さは視覚皮質における特定の回路の働きを反映していると考えられる。我々はまた，ラットがドットの動きの同期性を検出できることを支持するデータを得た。この機能は，霊長類では主に線条体外での処理過程を反映していると考えられている(Neve et al., 2002)。この同期性検出に関する課題において，その閾値はラットに比べてヒトのほうが高く，関連脳領域における処理機能がヒトで高いことを示唆している。しかし，ラットは，25％ほどの少ないドットでも，一方向に動く際に同期性を検出し，課題を遂行することができる。この「総体的」な運動知覚システムに加えて，ラットは個々のドットの動きを検出する「局所的」なシステムも備えている。ラットにとってドットが 2 度移動することは，ヒトにとってドットが 1 度移動した感覚と似ている(Braddick, 1980)。

　まとめると，ラットの視覚システムは，弱光，低解像度という特徴がある。しかし，ラットは哺乳類で典型的に認められるコントラスト感受性，二色型色覚，視覚野の機能をもち，正確な時空間的解析が可能である。そのうえ，ラットの視覚機能におけるさまざまな閾値は，視覚情報を用いた水迷路課題によって，霊長類における閾値測定と同様またはそれ以上に効率よく測定することができる。

ラットの視覚機能が研究者へ与える影響

　視覚研究者の多くは，実験動物としてのラットを視覚が弱い動物と考えている。その結果，ラットは，哺乳類の視覚システムの構造や機能に関わる研究にほとんど使用されていない。それには，いくつか理由がある。実験ラットの視力やコントラストの閾値は，ネコやフェレットのような他のモデル動物と比べて低い。そしてラットは，ヒトを含む霊長類でみられる三色型色覚，網膜中心窩，膝状体，線条体，線条体外をすべてもっていない。ラットが哺乳類の視覚の性質を研究するうえで多くのメリットをもつにもかかわらず，研究に用いられていない理由は，上述の解剖学的な要因だけではない。ラットの視覚機能を測定する心理物理学的評価法がないことが原因なのかもしれない。しかし，ラットの空間視知覚，動作知覚，定位機能を測定する視覚的水迷路課題の近年の発展により，哺乳類の視覚研究分野では，ラットの利用が増加しつつある。

　視覚の基礎研究においてラットの利用は多くないが，哺乳類の認知機能の神経基盤解明を目指す研究分野においては，視覚情報を用いた行動実験にラットが広く用いられてきた。他の哺乳類と比較して，視覚機能に問題があるラットを対象に視覚情報を用いた認知課題を遂行すると，正確な実験結果が得られないことは，多くの研究者が理解していたに違いない。しかし，この問題点に注意が向けられることはほとんどなかった。繰り返しになるが，その理由は対照実験となる視覚測定のための単純な行動実験がないためである。

44　第Ⅱ部 感覚系

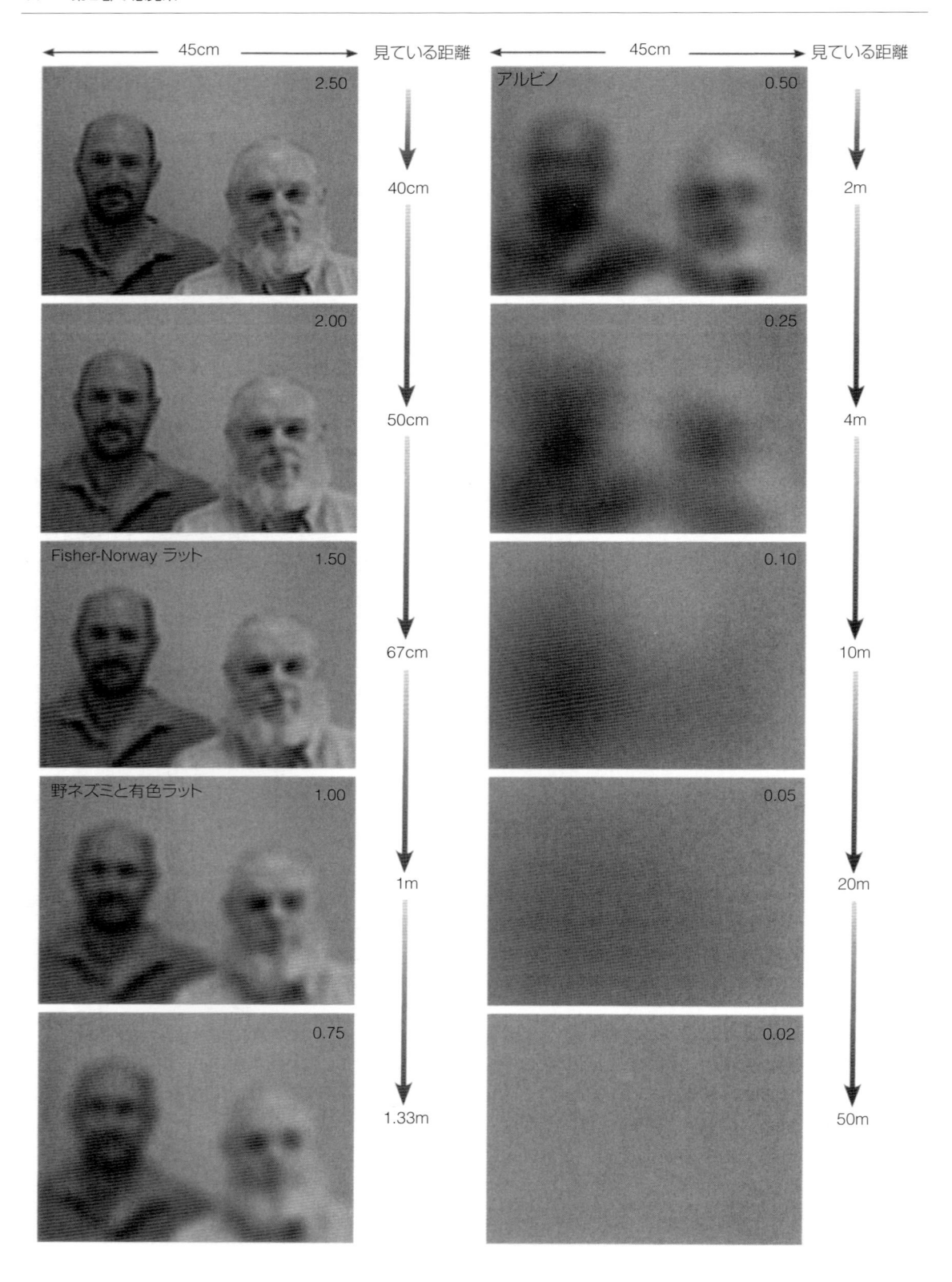

図 5-3　手がかりを見るとき，手がかりのサイズ，手がかりまでの距離，ラットの視力によって見え方は異なるので，行動課題において視覚的手がかりをラットが見ているかどうかどうかを判別することは難しい。この著者らの 10 枚の写真（左 G. P.，右 R. D.，45 cm 幅）は，2 つの方法で用いる。1 つ目は，異なった視力をもつ動物が 1.0 m の距離でどのように見ているかというイメージモデルとしての使用法である。視力（c/d）は，それぞれの写真の右上に記されている。写真は，表示した周波数からすべての空間周波数を除いて，異なる視力を反映するようフィルターをかけた。視力限界付近の周波数になると，視力が減弱しているように記されている。2 つ目は，野ネズミや有色ラットが異なる距離でどのように見ているのかを計測する目的で使用される（見ている距離は，それぞれの写真の右側に記されている）。異なる視力をもつ動物を対象に，写真は単純に視力に応じて距離を何段階も変え，同じ手法を用いて行った。例えば，0.5 c/d の視力のアルビノラットは，野ネズミが 1.0 m で見える像を，50 cm で見る。逆に，視力 1.5 c/d をもつ Fisher-Norway ラットは，野ネズミが 1.0 m で見える像を 1.5 m で見る。

ラットは，選択交配や遺伝子改変により，脳研究に必要な多くの系統が作製されてきた。これらの中で，視覚系特異的に変異を呈する系統は，視覚機能の病気の貴重なモデルとなり，さらに視覚系の構造および機能を研究するための有用なツールとなる。珍しい遺伝子の組み合わせによって，正常な視覚システムをもつラットが増えているかもしれないが，アルビノ種のような遺伝子変異では，視覚システムに悪影響が認められる。

実験で用いるラットの視覚システムの特徴は，哺乳類の視覚メカニズムの研究や通常の脳研究など，モデル動物としてラットを利用した研究において，重要な意味をもっている。ここでは，上述の事柄を踏まえて，我々の研究から 3 つの実験を紹介する。

●ラットの家畜化および同系交配による視覚への影響●

ラットの家畜化や同系交配による視覚への影響を評価するため，我々は 6 種類の異なる系統のラット（同

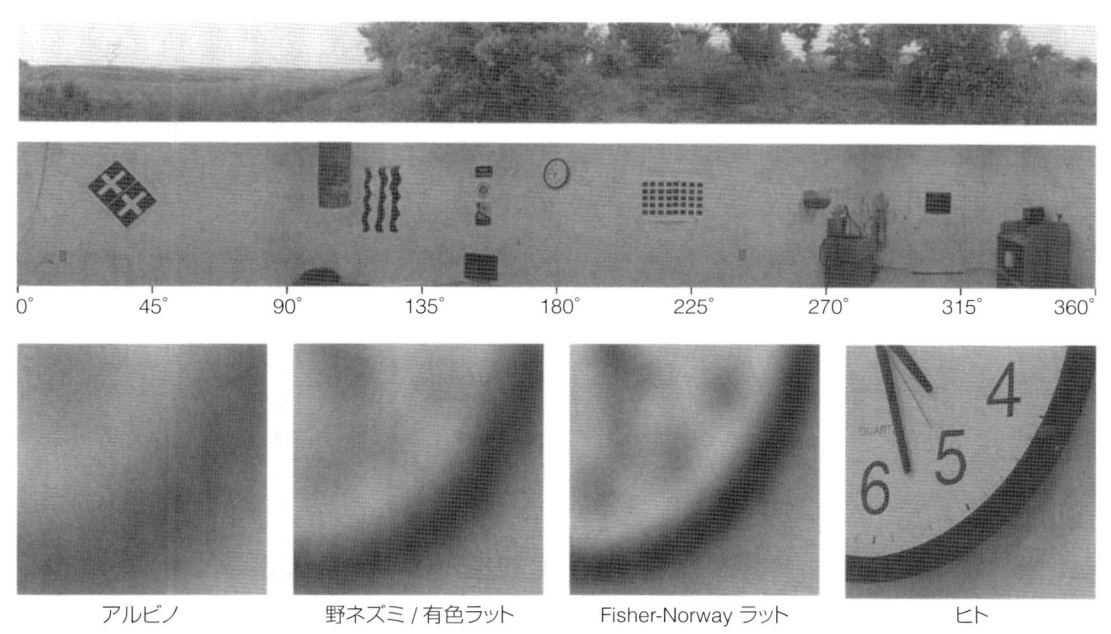

図 5-4　研究室内でのラットを囲む視覚環境は，自然界で経験する環境と異なる。上の写真は，ラットが生活する野外を 360 度パノラマで示している。これは，野ネズミが見ることのできる空間周波数を，図 5-3 と同様にフィルターをかけた写真である。ラットが広い視界でものを見るとき，視力が低くても個体にとって必要な視覚情報が多く存在する。中段の写真は，Canadian Centre for Behavioral Neuroscience のモリス水迷路課題を行う実験室をプールの中央から 360 度パノラマで撮影し，上の写真同様にフィルターをかけたものである。壁には，大きく，はっきりとしたコントラストをもつ手がかりがあり，ラットの手がかりとして設定されているが，細かいものではない。例えば，中央部の壁にかけられている楕円形の時計の詳細は不鮮明である。鮮明の度合いを，異なるラットの系統（アルビノラット，野ネズミ/有色ラット，Fisher-Norway ラット）とヒト（30 c/d，スネレンテストでは 20/20）で示したものが，下の写真である。実験者が見ることができる像に比べ，ラットが見る像は，はるかに不鮮明である。しかし，ラットの系統間でも，見え方にばらつきがある。アルビノラットは，太く黒い線で縁取ったものでさえ不鮮明に見える。つまり，時計のような大きな物体でさえも，これら動物にとっては，方向を教える手がかりとはならないのである。

系交配，非近交系，アルビノ）で視力を測定し，野ネズミと比較した。同系交配と非近交系では，視力に顕著な差は認められなかった。しかし，アルビノは野ネズミの約半分のレベルの視力であった。

アルビノは，視覚システムで多くの構造異常をもっている。網膜色素上皮の異常（Jeffery, 1998），視交叉神経節細胞軸索の異常（Lund et al., 1974），視覚野の両半球間の連絡異常（Abel and Olavarria, 1996）などが報告されている。網膜内での過剰な光の散乱が不明瞭な画像を生み（Abadi et al., 1990），その結果，網膜変性が起こるので（Birch, 1977），アルビノラットは空間認知の成績が悪いともいわれている。そしてまた，中枢における視覚情報の処理の異常が，視力の悪化を引き起こしているのかもしれない。アルビノラットでは，メラニンやメラニン関連物質の欠損が（Rice et al., 1999），視交叉の軸索形成異常に関与し（Jeffrey, 1977），その結果，視覚野の両半球間に連絡異常を起こしている可能性がある（Abel and Olavarria, 1996）。さまざまな視覚異常をもつアルビノラットを，視覚情報を用いた行動実験に用いるのは避けたほうが良いのかもしれない。

Fisher-Norwayラットは，野ネズミより視力が良いことが報告されている。他の有色ラットと比較しても約50％良く，アルビノと比較すると約150％良い。この発見は，遺伝的背景の差が視力に反映されることを示唆している。Fisher-Norwayラットは，Fisher 344の雌とBrown-Norwayラットの雄とを交配させて生まれた第1世代である。本研究で我々は，Brown-Norwayラットの視力を測定しなかったが，Fisher 344ラットは0.5 c/dであった。Brown-Norwayラットは，他の有色ラットよりも視力が良く，Fisher-Norwayラットは，その視力の良さを引き継いだ。Fisher-Norwayラットの高い視力は，我々が実験結果として得た野ネズミの1.0 c/dの視力が，ドブネズミより低いまたは，野ネズミ間に大きな個体差がある可能性を示唆する結果である。

Fisher 344ラットとBrown-Norwayラットを掛け合わせると，解像度に悪影響を及ぼす対立遺伝子がつくられることがある。しかしこの交配は，ヘテロ接合体での特殊な組み合わせにより，視力にとって有益な対立遺伝子をもたらすこととなる。大きな眼球，小さな受容器をもつ視覚野，その他，構造の変化によって高解像度の視覚機能を有する動物を生み出しうるのである。Fisher-Norwayラットは，げっ歯類の中で，視覚のメカニズムの研究をするのに適したモデルとなるかもしれない。

図5-3に，有色ラットの視覚が距離に応じてどのように変化するかを示した。この図は，異なる視力をもつラット同士の比較に使用できる。

最近の研究で，モリス水迷路課題の成績に，ラットの視力が関与するという報告がある（Harker and Whishaw, 2002）。我々の研究結果と合わせると，そのモリス水迷路課題の成績は予想外であった。例えば，Long-Evansラットと比較して視力の良いFisher-Norwayラットや，Long-Evansラットと同等の視力をもつDark-Agoutiラットは，モリス水迷路課題での成績が悪いことがわかっている。我々の研究において視力には差がなかったアルビノラットの系統間で，Harker and Whishaw（2002）は，モリス水迷路課題の成績で顕著な差が認められたと報告している。しかし，HarkerとWhishaw（2002）の報告では，視力の低いSprague-Dawley，Wistar，Fisher 344など，すべてのアルビノラットは，Long-Evansラットより成績が悪かった。これは，視覚情報を利用した行動実験の成績に，ラットの視力が影響する可能性を示唆している。つまり，ラットは系統に応じて視覚機能を含むさまざまな脳神経回路にバリエーションが生じて，そのバリエーションが，複雑な行動実験での成績に反映されるのであろう。

●空間学習●

場所についての学習，記憶機能を解析する目的で，モリス水迷路課題（Morris et al., 1982）を使用した初期の実験は，視覚，運動，動機づけの異常によって，データの解釈に支障が出た可能性がある。視覚機能の異常を検出する目的で**可視逃避台課題**（visual-platform task）がある。この課題の合理性は，動物がプールの視覚的に目立つ可視逃避台に泳ぎつくことができなければ，その動物は，認知機能ではなく視覚に異常をもち合わせていることが予想され，研究に使用できない。逆に，可視逃避台に泳ぎつくことができた動物は，視覚に問題がなく，水迷路の成績は場所についての学習，記憶機能を反映している。

最近，我々は，場所記憶に影響する視覚異常の程度を検出する目的で，可視逃避台課題を行った（Pruskey et al., 2000c）。視覚機能の可塑的変化に関わる臨界期に視覚剥奪を経験したラットは，視力が成体の30％程度に低下する。これらの動物は，可視逃避台課題の成績は悪くなかったが，場所についての記憶機能を測定するモリス水迷路課題で非常に悪い成績を示した。これらのデータは，モリス水迷路課題が，視力が通常100％の状態から通常の30％の状態までの動物の学習，記憶機能を一見反映しうる課題であることを示唆している（盲目の動物は課題を遂行することはできない）。しかし，可視逃避台課題は，30％の視力の動物

を通常の動物と区別することは不可能である。

　視力の悪い動物を検出するための可視逃避台課題の限界は，正確な場所学習に必要な視力の測定を正しく行えないことである。例えば，あらゆる像は異なる空間周波数の正弦波セットとして解析されうるし，網膜や皮質の細胞の受容野は異なる空間周波数要素の位置や程度を測定しているようである。視空間において特定の位置や手がかりを同定する能力は，空間周波数の最高値によって決まる。典型的な可視逃避台課題では，1つのプラットフォームが白いプールの壁に対して暗く視界に映る。その1つの物体は，いくつもの空間周波数に分解され，可視逃避台探しの情報となる。紛らわしくなく，かつ，複数の情報でないものは認識されやすく，また，単体で大きく，コントラストがはっきりしている場合は，空間周波数が低くても検出可能となる。通常，手がかりは非常に大きいので見える距離の調節を行わない。そのため，可視逃避台課題の成績は，視力を正確に測定したものではない。1.5 mプールの最も遠い位置から，視覚約5度で10cmの手がかりを見るとき，縞視力は0.1 c/dに相当し，通常のラットが見ることができる1.0 c/dよりもその値は低い。

　ラットは健常な状態でも弱視である（≈1.0 c/d）。そのため，実験室での視覚的手がかりが不十分である場合，モリス水迷路課題での成績の悪さの原因となる可能性もある。手がかりのサイズ，コントラスト，明るさ，安定性については，プールで泳いでいる動物と同じ程度に注意を払われなければならない。プールからみえる位置を考慮したうえで，常に存在する手がかり刺激は，1度よりも大きい角度で布置すべきである。視覚的手がかりを選択する際の指針として，正常なラットが既知の物体，ヒトの頭をさまざまな距離で見た場合の様子を図5-3に示した。図5-4は，モリス水迷路課題の典型的な実験環境をラットが見た様子を示している。

　ラットの視覚機能の問題を解決したうえで行われたモリス水迷路課題，または，他の視覚情報を利用した行動実験のデータは，妥当性を備えている。例えば，Lindner et al.（1997）の研究では，視覚機能を欠くラットの場所記憶課題の成績が，アトロピンを投与したラットよりも良かったことを報告している。しかし，可視逃避台課題では，有意な差は認められなかった。他の研究では，光受容体を欠く老齢のSprague-Dawleyラットで，モリス水迷路課題の成績が悪いことを報告している（Osteen et al., 1995など）。視覚機能の異常が場所記憶の成績に影響を与える可能性がある。しかし，アトロピン投与動物，または，網膜変性動物の視覚機能を個別に測定しているか否かで，その問題は解決される。

●視覚の可塑性●

　早期の視覚の可塑性の臨界期に関して，視覚経験自体が視覚システムの構造的，機能的発達を方向づけるとはじめに提唱したのは，Wiesel and Hubel（1970）であった。この実験では，はじめにネコが，そしてのちにサルが，発達過程のヒトの視覚的体験異常がいかに弱視を引き起こすかのモデルとして用いられた。しかし，ネコやサルの視覚を測定する単純な心理物理学方法の欠如により，これらの視覚可塑性の研究では，皮質の眼球優位性を測定する電気生理学的測定法が用いられた。これは驚くべきことである。なぜなら，ヒトの弱視を測定する臨床的方法は視覚機能を行動レベルで測定することであり，眼球優位性と視覚との間には，相関関係は確かに存在するが因果関係は確認されていないからだ（Murphy and Mitchell, 1987）。ネコやサルはまた，ラットにはない，実験動物としての多くの欠点をもつ。例えば，ラットでは視覚野全体に容易にアクセスでき，皮質は平らで，脳定位固定装置を用いて一次視覚野の単眼および複眼領域を特定することができる。また，多くの生化学的，分子生物学的方法を用いて細胞機能を調べられる。そのうえ，ラットは基本的に他の哺乳類と同じ発達期にみられる視覚の可塑的変化を示す（Fifkova, 1968; Fagiolini et al., 1994）。我々は，ラットの臨界期に視覚情報を遮断して作製した弱視モデル（Prusky et al., 2000b）を用いて，視覚情報を用いた水迷路課題を行った。ネコやサルを対象とした実験は，視覚的経験が発達期の視覚の可塑性に関係することを報告している。両眼除去ラットを対象とした場合，水迷路課題の成績はかなり悪い。この結果は，単に視覚的経験と発達期の視覚の可塑性との関係だけでなく，他のプロセスも関係していることを示唆している。ラットは，視覚情報を用いた行動実験を行ううえで，いちばん適した動物種かもしれない。その理由は，実験動物として身近であり，多くの遺伝子改変動物の存在，近交系の利用，飼育とハンドリング[i]（handling）の簡便さ，視覚野を正確にアプローチできる点にある（Girman et al., 1999）。そして我々は，視覚機能をすばやく測定可能な手技を使用している。実際，発達期の視覚経験が，のちの視覚機能へつながる視覚の可塑性に与える影響についても，方法論の多様性を勘案すると，ラットがいちばん適したモデル動物であろう。

---

[i] 動物に手を触れるなどの手段によって，その動物を実験者に慣れさせること。

結論

　視覚情報を用いた水迷路課題の開発によって，研究者らがラットの視覚を短時間で，正確に測定することが可能となった。ラットは，哺乳類に典型的な視覚システムをもち，その他の視覚的能力は驚くほどに良い。つまり，ラットの視覚システムは，哺乳類の視覚メカニズムを研究する際にとても適している。そして，視覚情報を使用する行動実験を行う際は，ラットの視覚の特性や系統差を考慮することが重要である。

Glen T. Prusky, Robert M. Douglas

第6章

体性感覚

　ラットの体性感覚は，感覚末端も中枢神経系全般も，霊長類を含む他の哺乳類でみつかっているものとさまざまな面で相同性がある。保存されているものを以下に示す。

・多数のタイプの皮膚受容器・固有受容器・侵害受容器・温度受容器
・脊髄からの体性感覚求心性神経：脊髄後索路(dorsal column pathways)・脊髄視床路(spinothalamic tract)・脊髄網様体路(spinoreticular tract)・脊髄頸核路(spinocervical tract)
・中継核・感覚野：後索核(dorsal column nuclei)・後外側腹側核(ventral posterior lateral nucleus: VPL, 非感覚毛の体表面)と後内側腹側核(ventral posterior medial nucleus: VPM, 感覚毛の情報)を含む視床核群(multiple thalamic nuclei)・少なくとも2つの新皮質体性感覚野(S1とS2。Krubitzer, 1995; Paxinos, 1995)

　同様に，感覚運動連合系・大脳基底核や小脳の学習系も，主運動出力路(皮質脊髄路〈corticospinal tract〉・赤核脊髄路〈rubrospinal tract〉・前庭脊髄路〈vestibulo-spinal tract〉・網様体脊髄路〈reticulospinal tract〉)も，ラットと他の哺乳類ともに保存されている。加えて，細胞構造や細胞化学，種々の神経伝達物質や神経修飾物質の役割に関しても，ラットと他の哺乳類ともに広く保存されている。このような事実から，一般的にラットは，さまざまな面で哺乳類全体の良いモデルとなる。

　そうはいうものの，ラットが暗闇に適応し，水辺の密林地域や地下の巣穴を走り回っているのは，多くの霊長類，特にヒトとは全く異なる感覚の世界を構築しているからである。ラットには，鋭敏な嗅覚系と同様に，ヒゲ・口周囲領域・前足に独自の体性感覚系が備わっている。新規環境を移動するとき，ラットは目の前の物体をヒゲで触り，直接嗅ぎ，鼻先にある体性感覚受容器を使って，多くの場合，これらの過程のあとに前足をどこに置くかを決める(L. Hermer-Vazquez and R. Hermer-Vazquez, 未発表データ)。そして，物体表面のちょうど鼻があった場所に，きわめて慎重に前足を置く。このようにして，体性感覚と嗅覚情報を駆使しながら新しい物体の「地図」をつくっていく。ラットは，鼻と前足の感覚受容器からの統合された情報を頼りにしているのである。

　そのため，ヒゲや口・前足の皮膚・手根の底部にある長いヒゲ様の毛(以下「洞毛」と記す)の再現に当てられる体性感覚皮質領域は，体の他の部分の体性感覚の皮質再現部に比べ非常に広い。そして，これら領域の受容野はより明確に規定されている(図6-1A，B)(Chapin and Lin, 1984)。さらに，ラットは前足に対する2つの一次皮質再現部がある。現在「M1尾側(caudal M1)」と呼ばれるこの再現部の1つでは，第4層への体性感覚入力と第5層からの下行性出力の重複がある。同様に，前述したラット特有の体性感覚末梢組織には，対応した独立の皮質再現部がある。顔面に生える太いヒゲ(mystacial vibrissae)には，S1尾外側皮質にある独立した粒状の集合体「バレル野〈barrel fields〉」が対応している。この領域の細胞はヒゲへの操作には敏感に反応するが，ヒゲのまわりの皮膚や毛皮への操作にはあまり反応しない。対照的に，より吻側にある口周囲表面の皮質再現部が，ヒゲのまわりの領域へ及ぶ広い受容野に対応しており，皮膚や毛皮への刺激に敏感に反応する。さらに，ラットには独特の体性感覚受容器—手根底部にある洞毛—がある。この長く太い毛には，ヒゲのバレル野に類似した皮質にある粒状集合体がそれぞれ対応している。ヒゲと同様に，手根の洞毛周囲の皮膚と毛皮は，より広い尾側と吻側の前足前肢受容野により再現される(Chapin and Lin, 1984)。

　本章では，神経科学の最新の知見に基づいて，ラットがどのように感覚運動行動を学習・実行するのかについての5つの原理を説明する。主に非感覚毛体性感覚処理について扱うが，要点をよく説明できる場合は，ヒゲの触覚系や他の感覚様式からの例をあげて考

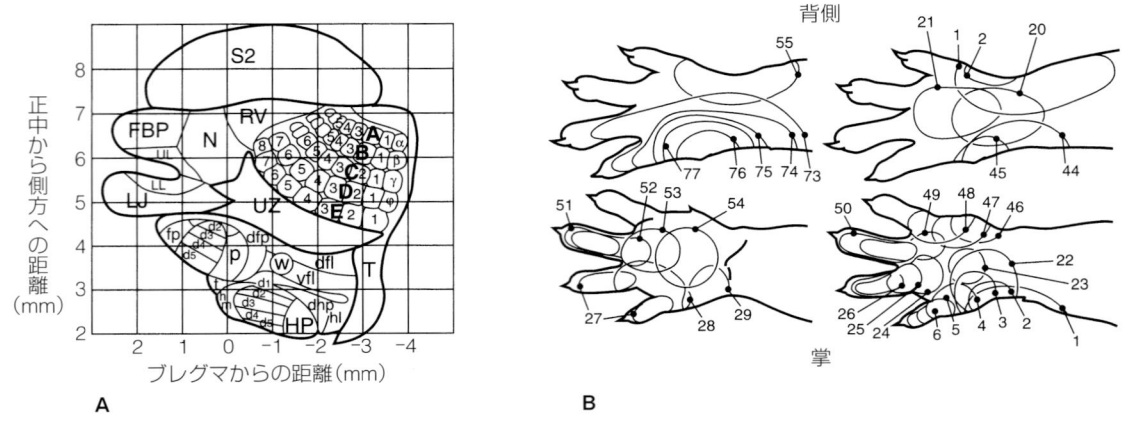

図6-1 (A)S1皮質での皮膚の再現地図。前足(fp)と第2〜5指(d2〜d5)，第1指(t)，手根洞毛(W)，顔面に生える太いヒゲ(A〜E，1〜8)の皮膚地図に特別な皮質領域が割り当てられていることに注目。これらはラットの特別な体性感覚を含有する。T：胴体，hl：後肢，HP：後足，dhp：後足背側部，d1〜d5：後足の第1〜5指，hm：後肢筋，vfl：前肢腹側部，dfl：前肢背側部，W：手根洞毛，dfp：前足背側部，d2〜d5：前足の第2〜5指，t：前足第1指，UZ：地図作成時に無反応だった領域，A〜E，1〜8：顔ヒゲの行（背側から腹側）と列（尾側から吻側），RV：rostral small vibrissae，N：鼻，FBP：frontobuccal pads，UL：上唇，LL：下唇，LJ：下顎。(B)S1で単一ユニットとして単離される手の掌側と背側の受容野。S1で掌の皮膚がより細かくに再現されていることに着目。

察する。生物学的制約を考慮しても，ラットの体性感覚行動研究は行動神経科学の先駆となっている。また，ラットが熱心に型どおりの動作を繰り返す実験では，各試行でのばらつきが最小化されるので，非常に使い勝手が良い。

原理Ⅰ：ラットでは，分析された体性感覚のフィードバック情報は上行性体性感覚データストリームに常に影響している

刺激の特徴に基づいた「ボトムアップ」の情報と，相対的に加工されている「トップダウン」の情報は，視床（の体性感覚をつかさどる部分）のような体性感覚系中間レベルの細胞の反応に，相互に作用する。これは，視床と皮質ニューロンの体性感覚受容野の研究で繰り返し明らかにされてきた。末梢からの上行性体性感覚情報と下行性の皮質遠心性投射の双方により，体性感覚受容野の構造は決まる。例えば，運動皮質を刺激すると，前足の機械的刺激に対する視床VPLのニューロンの反応時間は減少する(Shin and Chapin, 1990)。一連の推論を拡張するため，Krupa et al. (1999)は視床VPMニューロンで，短潜時と長潜時の受容野を決定した。続いて，①ムシモール[i] (muscimol)によるS1皮質の不活性化，または②ムシモールによるS1の不活性化とリドカインによる上行性体性感覚入力の阻害，

の2つの条件下で再び同様の実験を行った。どちらの条件下でも，すぐに受容野の再編成が起こった。さらに，これらの発見は，GABA作動性の皮質遠心性フィードバックが主に上行性の影響により多くの視床ニューロンで起こる短潜時応答を抑制し，逆に，皮質遠心性のグルタミン酸作動性興奮の影響が多くの視床ニューロンが長潜時応答を示すのに必須であることを示唆した。受容野は，上行性と下行性の複合的な影響からつくり出され，これらの入力の変化に応じてすぐに再編成できるような動的緊張状態にある。この一般概念は，ラットを用いた他の感覚行動プロトコルの結果も支持している。したがって，トップダウンの認知情報もボトムアップのデータストリーム（これは，重要なことにいつもトップダウン処理によって予測されるとは限らない）もどちらも，ラットの体性感覚の世界を分析するうえで考慮に入れるべきである。

原理Ⅱ：ラットは常に複数の時間的尺度で情報を評価し，彼らの世界で起こることをより正確に予測する

下行性がもつ上行性感覚入力への影響に関する先ほどのデータと一致して，ラットが常に過去をさまざまな時間的尺度で再評価し，その情報と現在の知覚を組み合わせて，さまざまな時間的尺度で未来を予測するということが，広く認められている(Llinas, 2001)。彼らは捕食者を回避するため，小さな体や夜行性といっ

---

[i] GABA$_A$受容体アゴニスト。

た特徴と同様に，彼らの知性も利用しているのである。さまざまな時間的尺度でこのような評価処理が行われることで，ラットの行動の解釈は，さらに複雑なものになる。

　ラットの情報処理に関する古いモデルの多くは，単純化した仮定に基づいている。ラットの行動課題の多くは，単純に訓練試行回数に応じて，その内容が学習・保持され，ある漸近的成績水準にまで達し，訓練の欠如または新しい記憶による干渉に応じて単純に低下する，といったものである(Baddeley, 1992)。この見方は，課題の獲得・遂行を通して，時間は前方に直線的に規則正しく流れることを示唆している。つまりラットは，ある最大水準に達するまで，直近の経験に基づいて次のパフォーマンスを工夫するということである。例えば，我々は最近の実験(Hermer-Vazquez et al., in press)において，ラットに前肢伸展餌取得課題(skilled reach-to-grasp-food task)を毎日訓練した(Whishaw and Pellis, 1990)。訓練1日目，ラットが標的を正しく握ったのは試行の27%であった。成功確率が約68%に漸近し始める6日目まで，成績は日々直線的に改善した。この課題学習と平行して，前足の感覚再現部位を含む尾側の指-手根運動皮質では(Chapin and Lin, 1984)，この課題学習中に新たなシナプスが拡大・増加していた。(より厳密な運動皮質である)吻側M1ではこのような変化は観察されなかった(Kleim et al., 2002)。さらに，ラットM1シナプスの長期増強電位(long-term potentiation: LTP)の程度とスキル獲得の到達度は相関していた(Rioult-Pedotti et al., 2000)。

　それにもかかわらず，他のデータは，ラットが未来をさらに正確に予測するために過去をより理解しようとするにつれて，課題の学習・遂行の情報処理過程が，より複雑な様式になることを示唆している。このような処理はさまざまな時間的尺度で，さまざまな神経系のレベルを通じて起こる。例えば，末梢の体性感覚では，無毛表皮の遅順応性皮膚受容体と速順応性皮膚受容体の対比によって(Paxinos, 1995)，触覚の異なる特徴を同時に知覚することができる(Johnson, 2001)。それに加えて，非常に低いレベル(より末梢に近いレベル)の体性感覚-運動接合部(somatosensory-motor interface)でさえも，複数のフィードバック処理が起こっている。例えば，脊髄伸張反射は，固有受容性のフィードバックが筋肉の緊張に恒常的に与える影響を示している。「評価的な」フィードバックによる神経情報処理の修正は，より長い時間的尺度にもみられる。例えば，原理Iで説明したように(Krupa et al., 1999など)，皮質視床フィードバック投射により皮質下での知覚処理は修正される。さらに，数時間といったよ

り長い時間的尺度でもなお，多数のデータから，次のようなことが示唆されている。それは，ラットは新規環境で，物体をヒゲで認識したり(whisking)，におい嗅ぎ[ii](sniffing)をしたり，手で触ったりして1日すごしたあと，徐波睡眠中に先日の課題に対する感覚運動的行動(sensorimotor performance)を再評価し，課題に対する内的モデルをより進化させるということである。これは，完全な睡眠周期のあと，追加の練習なしに課題の成績が改善するという事実によって示されている(Lee and Wilson, 2000; Poe et al., 2000)。このような，特有の時間的尺度で行われる処理はすべて，ラットが過去から正確に未来を予測することに役立っている。

原理III：ラットにおける複数の空間的スケール情報の同時処理

　今から30〜40年前，哺乳類の感覚系は，その感覚表面の組織分布を高分解能で表現するという見方を多くの研究者が提唱した。高次神経系に特に大きな受容野をもつ細胞の働きによって，表面感覚で得られた自己を中心とした座標の情報は，物体を中心とした座標の表現に徐々に変換される。広く認識されているように，情報は，精緻で広大な空間尺度で同時に処理される。例えば，体性感覚において，タイプI皮膚受容器は高分解能で機械的な体性感覚情報を処理し，タイプII受容器は広くてあまり定義されていない(あいまいな)受容野をもつ(Vallbo and Johansson, 1984)。複数の空間尺度における感覚同時処理の原理は，高次神経系でも同様に保持されている。

　例えば，中枢神経系の局所神経回路は，細胞の種類，化学的性質，そして細胞同士の結合性によって規定され，多くの場合，個々に異なる空間尺度の情報処理を行う。感覚の組織的な分布やその領域に関係なく，感覚中継核を含むすべての視床核では，カルビンジン免疫反応性細胞からの軸索が皮質へ拡散性にまんべんなく投射している(Jones, 2001)。対照的に，組織分布的に精緻な投射をもつ細胞は，古典的にパルブアルブミン陽性で視床中継核求心路を構成する。例えば，体性感覚の求心路に対する視床の中継核(VPL)はパルブアルブミン陽性で，皮質S1領域の第4層へ求心性の精緻な投射をもち，それに対応した小さな受容野が存在する。また，カルビンジン陽性細胞の軸索は皮質表面層の多種の感覚モダリティをターゲットとして広範囲に多数の投射をもつ。これらの拡散的な投射細胞

[ii] 鼻部を用いて対象物(個体)のにおいを嗅ぐ行動。

は，脳領域を横断する活動の調整に重大な役割を果たす．特に，皮質4層の皮質視床フィードバックニューロンの大多数は，皮質横断的な投射をもつ視床の細胞を標的としている (Jones, 2002)．

同様に，皮質の一次体性感覚レベルにおいては，前足と口周囲領域が，広い受容野をもつ小さな細胞で表現されている (Chapin and Lin, 1984)．例えば，皮質のバレル領域で精細にマッピングされた中隔部の細胞は，非常に広い受容野をもつ (Brecht and Sakmann, 2002)．ラットの体性感覚野に関する皮質と視床の情報処理では，空間に関連した特徴を共有する．大脳基底核のような他の皮質下の領域では，組織分布的にさらに整理された領域を含み，これは，拡散性に組織された領域 (マトリックス細胞) と共同して高い空間分解能の情報を処理する (Brown et al., 2002)．そして小脳では，体表面で離れている領域同士が隣接して小脳性「モザイク」として配置されている (Bower and Woolston, 1983)．したがって，高分解能での組織分布に関する情報処理を基本的な仮説とした場合，ラットの行動課題はきわめて精細な統制を必要とする (例えば，感覚受容の局在化と小さく分割された体部位の動作に関する制御)，または多重な空間スケールでの情報処理が起こることを考慮する必要がある．

原理Ⅳ：ラットの感覚と運動処理は他の部位へ定常的に影響する

これまでの神経解剖学と神経生理学上のデータは，脊髄を含むすべてのレベルの中枢神経軸は「上行性」の感覚情報と「下行性」の運動情報を含んでおり，互いに影響を及ぼしていることを示している．例えば，何年も前から知られているように，ラットやその他の哺乳類では脊髄反射レベルで，筋肉の伸張状態についての固有受容器の感覚情報が，筋張力の調節機能へフィードバックされる (Kandel et al., 2000)．最新のデータは，感覚と運動の相互作用が，高レベルの神経系で起こることを示している．例えば，ラットの大脳基底核からの出力は，大脳皮質の体性感覚野とその他の一次野へ投射しており (McFarland and Haber, 2002)，おそらく，第1層まで伸びた樹状突起とともにすべての皮質細胞の情報処理へ影響を及ぼしていると考えられる．これらのデータは，感覚野と運動野は，多くの並行したループ構造を経由して連続的に相互作用を行っていることを示す．同様に，すべての「感覚」視床「中継」核 (VPL→体性感覚情報，内側膝状体〈medial geniculate nucleus〉：MGN→聴覚情報，外側膝状体〈lateral geniculate nucleus〉：LGN→視覚情報) は，M1

および運動前野の第5層から遠心性に出力する軸索分枝からの入力を受けている (Guillery and Sherman, 2002)．視床中継核への入力について，実際には，これらの運動性の軸索分枝からの入力が上行性の感覚入力と比較して多数を占めることは広く理解されてはいない．下行性の運動指令が視床の感覚情報処理を調節，駆動することは可能なのである．解剖学的，生理学的に多数の部分で構成されたこれらの事実において，感覚と運動の情報処理は，定常的に互いに調節し合っていることを示唆している．

感覚，運動に関するデータの流れに定常的に認められる相互作用は，体性感覚と同様にラットの嗅覚でよく解明されている．例えば，はじめて嗅ぐにおいだったとしても，においの濃度によってそれを嗅ぐ強度が調節される (Johnson et al., 2003)．さらに，においを嗅ぐ強度の調節は，相当速く引き起こされることから，この情報処理には大脳皮質が関与できないと考えられる．これらの調節は脳幹や脊髄で起こっていると考えられる (Johnson et al., 2003)．においで条件づけし，前肢伸展餌取得課題をラットに行わせたところ (Whishaw and Pellis, 1990)，餌に関連したにおいの存在の有無は，ラットが前足を上げて高い空間精度のリーチング動作をするか否かを決定することが判明した (Hermer-Vazquez et al., 未発表データ)．実際，ラットはリーチング直前のはじめの空間座標を得るため，前足を上げる直前にターゲットのにおいを嗅ぐようにみえる．そして，課題遂行時に明らかに前足が動作している間，いくつかの「更新されたにおい」を得ているようにもみえる．これらの行動観察は神経生理学的に矛盾しない．例えば，この課題を遂行しているラットの，M1尾側の指から前足首へかけての領域と，赤核巨大細胞部からの単一神経活動記録では，前足の動作をコードする2領域の多くのニューロンが嗅覚情報によって強力に調節され，それが，前足を上げる直前，最終的な食物報酬に対するにおい嗅ぎ行動中に起こることを我々は発見した (Hermer-Vazquez et al., in press) (図6-2)．

体性感覚の情報処理もまた，ラットのリーチング行動を定常的に誘導しているようである．我々は，リーチング課題期間中にラットのM1より記録した多数の神経活動が，①床面から前足が離れる，②食物報酬への経路上にある棚を前足が掠める，③食物ペレット本体へ接触する，のような体性感覚情報が評価されている期間で特に活性化することを発見した (Hermer-Vazquez et al., in press) (図6-3)．ラットの前足が棚に当たったときに発火頻度が上昇するこの神経細胞は，前足首底部の洞毛の動きに対して反応していると思われる．大脳皮質に存在するこれらの「棚で活動する」細

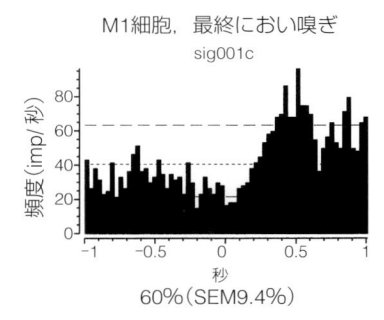

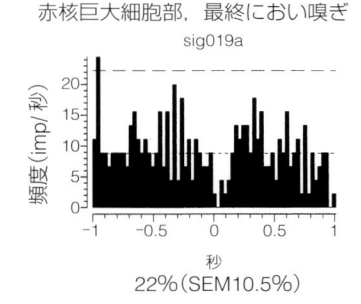

図 6-2 ラット尾側大脳皮質の一次運動野（M1）と赤核巨大細胞の代表的な単一細胞のペリイベントヒストグラム。リーチング開始のために前足を上げる動作の前，最終的な報酬へのにおい嗅ぎ行動を基準にして作成した。それぞれのグラフでは，中央の水平ラインは細胞の発火頻度を示す。それより上下のラインは，平均±2 SD の値を示す（発火頻度の変化に対する統計的な有意差）。最終的なにおい嗅ぎの瞬間では，それぞれの細胞の発火頻度が有意に減少した。このヒストグラムのビン幅は 25 ミリ秒である。これらのグラフ下のパーセンテージは，それぞれの領域で記録された細胞の中で，最終的なにおい嗅ぎの瞬間にこのような変化を示したものの比率を示している。

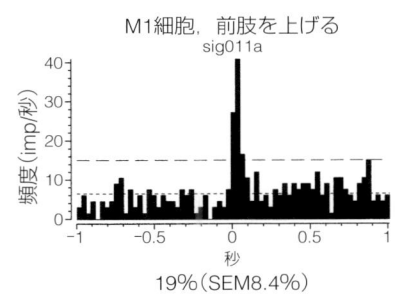

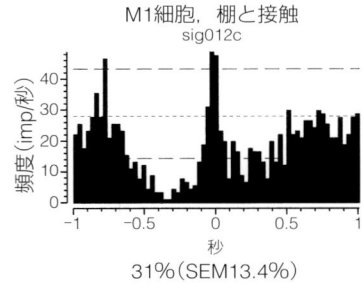

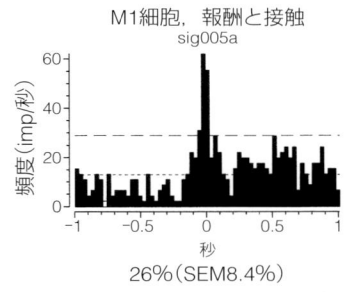

図 6-3 リーチング課題における 3 つのイベントを基準とした，M1 尾側から記録した単一細胞のペリイベントヒストグラム。前肢の皮膚への感覚入力はおそらく，M1 細胞によって評価される。**左**：床面から前肢を上げる，**中央**：前肢が棚と接触する，**右**：前肢が報酬ペレットと接触する。ビン幅など，グラフの他の要素は図 6-2 と同様である。

胞の大部分は，課題遂行中における上記期間がターゲットへの最終的なアプローチに対する主な校正ポイントであることを示唆している。

課題がよく学習されていた場合，運動性神経活動における体性感覚の情報処理の役割は特に明白となる。初回の前肢伸展餌取得課題学習時の S1 と M1 において，スパイク生成頻度が上昇し始める時点までの潜時は，「データが入力され，認知変容が行われ，データが出力される」課題モデルと比較的一致し，その中で，S1 の単一神経活動のピークは M1 のピークよりも数十ミリ秒程度先行していた。ある研究では，そのモデルの不十分な点が著しく例示された。動物が課題に対してさらに熟練した場合，記録した S1 単一神経活動のおよそ 1/3 ではるかに長い潜時が観察され，それは「運動」の情報処理における潜時と一致していた。さらに，記録した M1 神経細胞のおよそ 1/3 で早い「体性感覚性」の潜時が観察された（J. Chapin，未発表データ）。この事実と一致して，ラットの M1 尾側と赤核巨大細胞部（magnocellular red nucleus: mRN）の多くのニューロンが，それら自身の運動領域に対応する身体部位からの感覚入力が存在する場合に，入力がない場合と比較して強く反応することを我々も発見した。例えば，図 6-4 はラットの鼻を機械的に叩いた場合の，M1 と赤核巨大細胞部における上半身の運動領域からの代表的な反応を示している。鼻を叩く瞬間における発火頻度の鋭い上昇がペリイベントヒストグラム[iii]によって示された。このデータは，以前示された他のデータとともに，ラットの赤核のような古典的には「運動性」と考えられていた脳部位でさえも，動的かつ継続的に，課題に関連した感覚，運動情報が相互作用するという見方を支持する。

原理Ⅴ：ラットの行動は新規状況に適応可能な生存に関連したレパートリーで構成されている

皮質，皮質下，そして脊髄の運動性神経回路は筋肉

[iii] イベント周辺のヒストグラム。

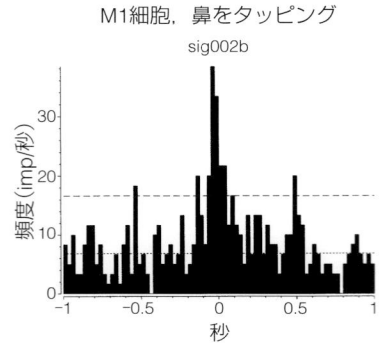

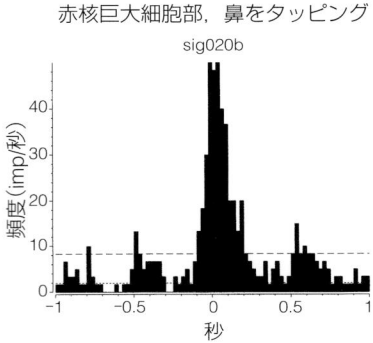

図6-4 ラットのM1尾側と赤核巨大細胞部より記録した単一細胞のペリイベントヒストグラム。口周囲領域からの皮膚感覚の入力に対して強力に反応した。ビン幅など、グラフの他の要素は図6-2, 6-3と同様である。

群の協調的な活動に従って組織されている。もしくは体性感覚や筋肉よりも、それらが生み出す全体的で複雑な動作に従って組織されており、これら2つの事実を示唆する証拠が増加している(Graziano et al., 2002)。個々の細胞は、筋肉や関節の個々の動作よりも、筋肉の協調的な活動をコードできることが明らかとなっている(d'Avella et al., 2003)。例えば、我々は熟練したリーチングの間、赤核細胞は四肢を組み合わせた動作と姿勢の推移をコードしていることを発見した(Hermer-Vazquez et al., in press)。さらに、ラットと同様に、霊長類でも新たな発見がなされている。例えば、手を口に向かわせる、顎を開く、顔に物体が当たりそうなときの防御、体前面の「作業空間」で物体を操作、などの生存に関連した動作は脊髄レベル(Strick, 2002)から高次運動皮質領域(Graziano et al., 2002)までの運動に関連した神経回路によってコードされていることが示されている。

ラットの行動に関する研究は、「脳でどのようにして運動制御が統制されているのか」という視点にそって結果を生み出してきた。例えば、はじめに記載した、食物を掴むための前肢伸展餌取得課題を用いたMetz and Whishaw (1996)の実験では、ラットは、直径が変化する報酬ペレットを掴む際でも報酬を把握する手掌のサイズを調節しないことが判明した。これらの発見をもとに、ラットにおけるマニュアル動作をステレオタイプな動作で構成する観点で彼らは論じた。ラットの標準的な前肢伸展餌取得課題学習における我々の観察は、上記観点と矛盾しない。例えば、訓練のはじめの数試行では、ラットがしばしば食物ペレットにリーチングしたのち報酬を掴むことに成功したとしても、ラットが口に向かってペレットをもってくることはなく、口を開け、そしてペレットを内部に置いたままにする。むしろ、ラットがやっと前足を引くことを開始したとしても、ラットはペレットを落とし、一時的に

前足をぐったりとさせる。その後、さらに数回の試行後、ラットは徐々に口の近くへペレットをもってくるようになる。同様に、多くの初回試行では、ラットはターゲットに接触し、掴むことに失敗し、そして、ペレットを掴むのに必要な距離まで前足を前進させないにもかかわらず、口を開けて、ペレットを掴んでいない前足を口まで動かす(L. Hermer-Vazquez and R. Hermer-Vazquez、未発表データ)。したがって、全体の戦略を実行するために学習すべききわめて重要な部分は、前足を外側に伸ばして物体を掴み、その後、その物体を引いて口に入れる、2つのステレオタイプな動作を結合する点であると思われる。ラットのM1では熟練したリーチングと歩行における「リーチング様」の期間(前足が地面を離れ、前方へ突き出し、そして着地する)が似ているという証拠がある。これらのケースで、M1の神経細胞は、前足をもち上げるときと下ろす期間を優先してエンコードしている(Hermer-Vazquez et al., in press)。これらの発見は、動作の1つの類型で要求される関節間のタイミングは、関連してはいるが異なる動作を生み出すために、学習段階に応じて徐々に変化可能であることを示唆している。

ラットが、事前に確立されたレパートリーを変形することによって洗練された運動行動を学習するという視点は、自身の課題を分析するうえで劇的な意味をもつ。ラットが新規かつ困難な運動課題を学習している場合、例えば、新たな関節のトルクと角度の組み合わせを完全に学習するかわりに、すでに神経系へ生理的に組み込まれた動作を利用し、それらを結合して絶妙に現在の環境に適合させるのだ。

結論

最近の神経科学上の発見をもとに、我々はラットに

おいて，新しい体性感覚-運動課題の学習と実行を引き起こす心理的な情報処理に関する新たな視点を描くことを始めた。この新たな視点では，ラットの心は複合的な時空間スケールの課題で持続的な処理を行う側面をもつ。そして，この感覚と運動の情報処理は高度に融合し，ラットの脳と心でステレオタイプな動作が全体的に表現されると考えられる。これらの原理に基づいてラットの知覚，認知，行動を扱う領域の研究者が課題のデザインと解析を行えば，ラットの行動におけるより正確な心理学的理解の発展を促進するだろう。例えば，ラットが従来から知られている運動行動の部分の組み合わせを適応させて，新しい課題を学習するという仮説を採用すれば，運動連鎖の発達が運動学的にどのようにコードされるかを理解することは，非常に簡単になるだろう。しかし，研究者はまだなお，動物が課題を遂行する方法について仮説を立てて検証し，課題の解析方法を確認すべきである。なぜなら，ラットは特徴的な体性感覚をもち，その順応の発達の程度が，常に実験者にとって明らかであるとは限らないからである。

Linda Hermer-Vazquez,
Raymond Hermer-Vazquez, John K. Chapin

第7章

痛み

Sherrington (1906) は,「侵害受容 (nociception, 害するという意味のラテン語 nocere に由来)」という概念を導入した。この概念では,「侵害」刺激とは身体の統合を脅かす, ないし**侵害受容器**として知られる個別の感覚器官や神経の集団を直接活性化するもの, と定義される。これらの刺激はいくつかの限定された体性, 自律反射や痛みに関連した行動反応を引き起こす。Sherrington はまた, 痛みとは「防御反射の精神的副産物」と表現しており, 痛みはさまざまな反応と, 痛みを減弱させるためにすでに体得しているある種の回避行動を引き起こすことを強調している。結果として, 痛みは続けて引き起こされるさらなる傷害の可能性を減らし, それこそがラットにおける「疼痛反応」と表現される多くの行動にみられる。

痛みという概念は複雑であるが, IASP (International Association for the Study of Pain) による痛みの定義では「実際に, もしくは起こりうる組織傷害に付随した不快な感覚や情動的体験」であると強調されている。疼痛体験は刺激の強度, 場所, 持続時間という点において通常の感覚体験を上回り, 刺激を受けた個体に何らかの行動を起こさせようとする有害な感情(動機)を伴う点が特徴である。こうした感情というのは痛み経験に伴う原始的, かつどうすることもできないものであり, 単純な感覚入力に対する応答ではない。それゆえ, 痛みは我々の意識をそこに集中させ, 活動を妨害し, さらには防御反応をとらせようとする。Zimmermann (1986) は, IASP の痛みの定義を動物にも応用すべく再考し,「継続的な運動, 自律反射を引き起こす, 今現在, もしくはこれから起こりうる傷害によって生じる有害な感覚体験であり, その結果, ある種の回避行動や特定の動物種においては社会行動を含む特殊行動を引き起こす」と定義した。

ラットにおけるモデルづくりの目的は, ヒトの痛みを模することである。したがって, それらのモデルにはヒトの痛みのさまざまな側面を模することが求められ, 例えば物理的疼痛(侵害受容痛), 炎症性疼痛, 神経因性疼痛(神経系疾患に付随したもの)などがある。はじめの2つは一般的には傷害によって生じ, 互いに影響し合う。炎症が起こっていると痛みの閾値が下がり, ①無害な物理的接触が痛いと感じられるようになったり(アロディニア〈allodynia〉), ②侵害刺激が通常より強く感じられたり(痛覚過敏〈hyperalgesia〉)する。それらの痛みは入力する刺激の時間を長くするが, 関連した傷害が治癒すると通常消失してしまう。

対照的に, 神経因性疼痛は異常かつ不適切な感覚機能を誘導する傷害, もしくは病理的変化によって引き起こされる。炎症性疼痛の一般的な症状に加えて, 継続した, 発作的に発生する「自発」痛(例えば, 電撃が走るような感覚), 感覚が鈍い領域から生じる痛み(例えば, 逆説的「有痛性感覚脱失」), 異常感覚(刺される, つままれる, だるい感覚), 知覚不全(痛くはないが, 非常に不快な感覚), そして時に交感神経障害などを引き起こす。また, 求心性神経遮断(例えば, 腕神経叢の引き抜き損傷や手足の切断など)のように, 侵害刺激や侵害受容器がないにもかかわらず生じる**幻肢痛**と呼ばれる非常に逆説的な状況も存在する。まとめると, これらの症状は患者にとっては「奇異」であったり, 時には痛くはないが「痛みより苦痛」であるといわれる。これらすべてがラットにおいて何らかの存在理由をもつのかどうかは不明である。

感覚受容と反応

ラットの疼痛モデルにおいて, 精神的な痛みを計測するのは困難であるというのが共通認識としてある。ラットでは言語によるコミュニケーションができないことが, 痛みの評価を困難にしていることは疑いようがない。それにもかかわらず, ヒトにおける疼痛反応は行動学的に客観的に評価でき, そして同様の侵害刺激に対してラットにおいてもきわめて類似した反応行動が観察できる。時にはラットが侵害刺激に対して声

で反応しているときなど，ラットが本当に痛みを感じているのか少し疑わしい状況もある。一方で，ラットが典型的な肉体的徴候や，あからさまな行動を呈していないとき，本当に痛みを感じていないと断定できるかは，さらに難しい。時に不動やふるえが，痛みに伴う唯一の反応であることがよく知られている。ラットを用いた疼痛の解明はヒトに置き換えて行うことでのみ成立するが，特定の脳部位の構造については，ラットとヒトでは異なる点があるであろう(Bateson, 1991)。

ヒトにおける感覚受容として記述される痛みの多面的性質とは対照的に，ラットでの性質は彼らの反応を調べることでのみ推察できる。この状況は言語的自己表出ができない患者を診察するときの小児科医，老人医学専門医や精神科医が直面する困難と本質的には似ている。これらの場合でも，明確に症状を記載することは難しい。神経システムの成熟や衰退の程度によって意義は異なるが，それらの事情を考慮し，適切に記載をするよう心がけるべきである。

反応行動を研究することで，痛みをつくり出す刺激からくる不快な感覚の指標を得ることができる。しかし，これらの反応がしばしば特異的でないことを忘れてはならない。例えば，逃避行動は痛みを伴うか伴わないかにかかわらず，不快な感覚によって誘導されうる。さらには，反応を呈している場合に，必ずしも感覚受容を伴うわけではないことも覚えておくべきである(Hardy et al., 1952)。

ラットにおいて観察される反応は原始的なものからきわめて高次なもの(逃避や回避など)までを含んでいる。これらのほとんどの状況で，測定されるのは運動行動である。それに比べると，植物反応はほとんど考慮されない。

慢性疼痛モデル

ラットでは2つの慢性疼痛モデルが存在する——関節炎を誘導するモデル，もしくは中枢ないし末梢神経を傷害するモデルである。

ラットに完全フロイントアジュバントを投与すると，強直性脊椎炎に伴う深刻な全身不快感を引き起こすことができる(Butler, 1989)。その他のモデルでは，関節炎は単一関節に限局される。

ラットにおける神経症モデルは，完全ないし一部の求心性線維の遮断によって引き起こされる。近傍の後根をまとめて切断することにより，2～3週間以内に自己切断の一種である「自切(autotomy)」という状況が引き起こされる(Dong, 1989; Kauppila, 1998)。ヒトにおける有痛性感覚脱失は，求心路遮断によって引き起こされる痛みが原因だと考えられている。しかしこの解釈については，自切のモデルラットに対し，同じケージに雌ラットを入れるだけで自切行為が減少することから，議論の分かれるところではある。

部分的な求心性線維の遮断により引き起こされる神経因性疼痛のモデルラットには3つの種類が存在する(Seltzer, 1995; Bennett, 2001)。慢性絞扼性障害モデルはラットの坐骨神経周囲をゆるく結紮することで引き起こされ，結果としてC線維はほとんどの領域で生存するが，有髄線維は消失するという状況を引き起こす(Bennett and Xie, 1988)。また，ラットの坐骨神経を部分的に切断することでもモデルは作製できる(Seltzer et al., 1990)。脊髄神経切断モデルでは，L5～6の脊髄後根神経を切断するが，この場合，足底にはL4の神経根から部分的に伸びる線維が残存する(Kim and Chung, 1992)。さらには，ヒトにおける既知の臨床解剖学的症例を模したモデルもいくつか存在する(例えば，ストレプトゾシンによって引き起こされる糖尿病性神経症や，タキソール，ビンクリスチン，シスプラチンなどの抗がん剤によって引き起こされる神経症など)。これらすべてのモデルでは，傷害領域に対して刺激をすることでアロディニアや痛覚過敏が起きることから，その妥当性が証明されている。自切を観察する場合は例外であるが，基本的にラットで自発痛を行動学的に評価できることは稀である。刺激によって引き起こされる痛みを評価するために，全く同じ試験が健常ラットと慢性痛ラットに対して行われる。その場合，異なる身体的ないし神経系の傷害をもつということのみが主な違いであるが，刺激などによって引き起こされる行動やその他の観察項目は全く同様のものを用いる。

行動学的反応

侵害刺激に対しては，大きく分けて2つの反応が存在する。1つは，中枢神経系の中でも比較的「低次な」中枢でつくり出される反応であり，もう1つは，比較的高次な中枢でつくり出される反応である。

前者は除脳動物でもみられる反応であり，Sherrington(1906)によって「偽情動的反応」と名づけられた。これには，①基本的な運動反応(引っ込める，ジャンプする，攣縮するなど)，②神経植物的反応——一般的にはSelyeの警告反応のことで，交感神経系の緊張増加を伴う(頻脈，血圧上昇，過呼吸，瞳孔散大など)，③啼鳴，が含まれる。高次な中枢でつくり出される反応には，ある一定期間の学習(時にはすぐに体得する

こともあるが)によって体得される運動反応が含まれる。行動学的反応(逃避, 疼痛を誘発する物体に対する疑い, 回避, 怒りなど)や基本的行動を変化させたもの(社会性, 摂食, 性行動, 睡眠など)がしばしば観察される。しかし, 活発な運動行動が頻繁に観察されたときでも, 痛みを軽減するような姿勢をとるために, 不動のような消極的反応がみられることもあることを忘れてはならない。さらには, どれほど痛くても, 病気のときには一般的に無緊張になる。

入力と出力：刺激と反応

ラットを用いた行動課題では, 妥当性を考慮すべきである。刺激は定量可能であり, かつ再現性があり, 非侵襲的でなくてはならない(Beecher, 1957; Lineberry, 1981)。すべての侵害刺激は, 複数の異なった指標を用いて定義される。①刺激の肉体への影響, ②刺激部位, そして③その個体において刺激部位がどのような場所であるか, である。

●刺激の肉体への影響●

刺激が電気的, 温度的, 機械的もしくは化学的であるかによらず, 3つの指標, すなわち強度, 持続時間, そして与える部位が調節されることが必要である。これら3つの指標によって, 末梢神経から中枢神経に対して与える「侵害受容情報の総和」が決定される。

●刺激部位●

臨床的な痛みは, 体性, 内臓, 関節もしくは筋腱組織から生じる。侵害試験では, 刺激は通常, 皮下, または少ないが内臓に直接与えられる。皮膚の特定の領域は, 特異的かつ特徴的機能を有することが知られている。例えば, 多くの侵害試験で用いられるラットの尾は, 温度調節や身体バランスをとるのに必要な器官である(第12, 21章参照)。

●その個体において, 刺激部位がどのような場所であるか●

急性痛の試験は, 健常な部位, 時として急性炎症(発症から数日たったもの)を起こしている組織に対して行う。慢性痛の試験では, より長い期間(数週～数カ月)続いているリウマチや神経因性症状を利用して行う。

刺激を与えるにあたっては, 組織傷害を起こしてはならないので, どれくらい動物が刺激に曝露されるかの限界(cut-off時間)を規定しておかなくてはならない。この限界値は, 刺激を増強させていく試験においては不可欠である。さらには, 頻回に刺激を与えることによって, 末梢受容体, 時には中枢機構の感作を引き起こしうる。

侵害受容の動物モデル作成に際しての必要事項

理想的には, 侵害受容の動物モデル作成にあたって, 以下の事項を順守したい(Lineberry, 1981; Vierck and Cooper, 1984; Ramabadran and Bansinath, 1986; Hammond, 1989; Watkins, 1989; Tjølsen and Hole, 1997; Le Bars et al., 2001; Berge, 2002)。

●特異性●

刺激は侵害刺激として受容されなくてはならない(入力特異性)。共通認識のようではあるが, 常にこれが達成されているかを確認することは容易ではない。例えば, 屈筋反射は必ずしも刺激が侵害受容された, つまりそれが侵害受容的な屈筋反射であることを意味しない。確かに, 屈筋反射は侵害刺激によってのみ誘発されるわけではない(Schomburg, 1997)。行動課題においてみられる反応が侵害受容による反応か, そうでないかを区別することは可能であるに違いない。言い換えると, 定量的反応は, 侵害刺激によってのみ, ないし侵害刺激の場合に多く誘導されなければならない(出力特異性)。この観点から見ると, いくつかの先天的, 後天的行動は, 非侵害ないし痛みを伴わない有害な刺激によっても誘導されることがある。

●感受性●

ある妥当な刺激範囲(疼痛寛容から疼痛閾値までの間)であれば, 刺激に対する反応は定量可能であり, その反応は刺激強度に相関するはずである。言い換えれば, 定量化された反応は, 与えられた刺激が適切だったことを意味し, そのまま刺激強度と相関を示すはずである。動物モデルでは, ある特定の方法で侵害受容に対する行動を軽減させるような操作(特に薬理学的操作)に対して敏感であるべきである。

●妥当性●

動物モデルにおいて, 侵害刺激そのものによって惹

起される変化の中から，非特異的な行動変化（例えば，運動性や注意など）を区別しなくてはならない。言い換えれば，観察している反応は，同時に起こっている別の機能に関連した反応と混同してはならず，特に薬剤によって誘導されている場合には注意が必要である。課題の妥当性（例えば，ある課題が本当に測定しようとしている内容を，どれほど適切に測定できているか）は疑うべくもなく，最も難しい判断事項の1つである(Berge, 2002; Hansson, 2003)。

●信頼性●

課題の点数については，同一の課題ないしそれに近似した課題を再度受けた際には，ほぼ同様の点数を獲得すべきである。これに関連して，同一の刺激を繰り返すことによって被験ラットに傷害を与えるようなことがあってはならない。

●再現性●

ある課題によって得られた結果は，同一の研究室だけではなく，異なった研究室間でも再現されるべきである。

これらの要求に応じようと努める課題について論じる前に，課題は2種類に分類されることを強調しておくべきである。つまり，閾値を測定する課題と，閾値上の反応を測定するテストである。しかし，いずれも刺激–反応曲線のただ1点を調べたものにすぎず，閾値であるか，反応曲線上を上ったある恣意的な1点であるかにすぎない。結果として，ある反応過程における成果を大雑把に評価することしかできない(Tjølsen and Hole, 1997)。

逃避行動を行うまでの反応時間測定に基づいた課題

逃避行動課題は，主に皮膚へ温度刺激を与えることによって行われている。熱は侵害受容器を比較的選択的に刺激し，さらに放射熱は体幹刺激作用がないという利点もある。それにもかかわらず，与える熱を徐々に上げていくと，侵害受容器が活性化される前に，温度受容体が先に活性化される。温度受容体が活性化され，続いて侵害受容器が活性化されるという順番なので，まず温かさを感じたのちに，痛みが出現する。結果的に，同じ1つの刺激が無条件刺激であり，条件刺激ともなっているという可能性を除外できない。さらには，刺激強度が徐々に増強される場合，反応時間を測定する意味そのものを検討しなくてはならない(Le Bars et al., 2001)。

●テイルフリック課題●

テイルフリック課題(tail flick test)には2つのパターンが存在する。1つは放射熱を尾の表面に小さく与える方法で，もう1つは温浴槽に尾を完全に漬けてしまう方法である。いずれの方法でも，ラットは尾を引っ込めようと躍起になる(d'Amour and Smith, 1941)。ここでは尾を引っ込めるまでの時間を測定する。「テイルフリック(tail flick)」[i]は，より上位の脊髄を切断したり，冷却ブロックを行っても認められるため，脊髄反射であるといえる。

●足底引き上げ課題●

足底引き上げ課題(paw withdrawal test)はテイルフリック課題に類似するが，①尾という温度調節に優れた器官を介さない，②自由に動き回っている動物にも与えられる，という点でより優れている(Hargreaves et al., 1988)。しかし，自由に動き回っているため，ラットの体勢によって刺激を与えられたときのそもそもの屈筋の状態が大きく異なり，それが測定値のばらつきになるという欠点も存在する。

●ホットプレート課題●

ホットプレート課題(hot plate test)では，金属製のホットプレートの上に，上方が空いた円筒ケージを置き，そこにラットを入れて行う(Woolfe and McDonald, 1944)。ここでは，足底をなめる(paw licking)，またジャンプする(jumping)という2つの反応時間を測定する。両反応ともに，脊髄より上のレベルで統合された反応と考えられている。しかし，前足をなめる行動は，そもそも熱を冷ます行動である(Roberts and Mooney, 1974)。この反応はマウスでもみられるが，ラットでは，においを嗅ぐ，前足をなめる，後足をなめる，足を伸ばす，直立する，毛をなめ(washing)始めたり，やめたりなどと，その行動様式が多岐にわたり複雑である(Espejo and Mir, 1993)。さらに，この課題は学習の影響を受けやすいため，解釈が難しいこともある(図7-1)。

---

[i] 尻尾を振ること。ひと振りすること。

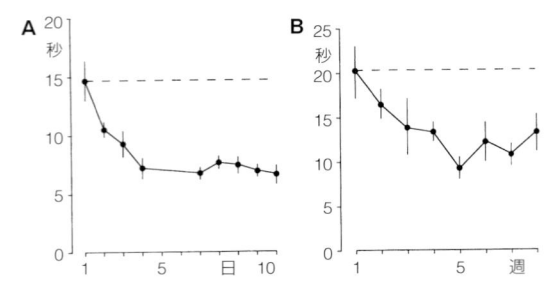

図7-1　ホットプレート課題の学習成績。ここでは，ラットがホットプレートに乗せられて，その後，足をなめ出すまでの時間差を測定している。(**A**)Sandkühler et al. (1996)は，SDラットを用いて，毎日テストを繰り返している。(**B**)Lai et al.(1982)は，Wistarラットを用いて，毎週一度テストを繰り返している。双方の結果から考えると，4〜5回テストを繰り返せば，反応時間を決定するにはほぼ十分であることがわかる。[Sandkühler et al.(1996) and Lai et al.(1982)を改変]

逃避行動を行うまでの閾値測定に基づいた試験

閾値を測定する試験では，皮膚か内臓に対して機械的ないし電気的刺激を与えて測定を行う。

●増強させた圧を与える●

圧を徐々に増強させながら，足底の小さな領域に与え，閾値に到達した時点で中断する(Green et al., 1951)。この方法で，足を反射的に引き戻す反応，細かくは，捕まった足を引き離そうとし，もがいて，最後に声を上げるという，より複雑な動きを連続して観察することができる。引き離そうとする行為は，疑いようもなく脊髄反射であるが，もがく，声を上げる行為は，明らかに脊髄より上位の機能によるものである。この試験の感度を上げる目的で，Randall and Selitto(1957)は，健側の足と炎症側の足を観察して，両足間でその閾値を比較することを提案した。

●較正された圧を与える●

皮膚圧試験では，皮膚に対し決められた半径のファイバーを押し当てるものである(Handwerker and Brune, 1987)。ファイバーが曲がるまで圧をかける。どの半径のファイバーを使用するか(Semmes-Weinsteinファイバーやフォンフレイのフィラメントなどと呼ばれるもの)によって，動物が何らかの反応(例えば，屈曲反射など)を起こすまでの閾値が決まる。このテストは神経因性疼痛モデルで使用するのに最適な方法である(Kim and Chung, 1992など)。技術的に難しい点は，湿度に対しこれらのファイバーが影響を受けるということである。

●中空臓器の膨満●

膨満試験では，バルーンを膨らませることで結腸直腸を膨満させ，回避行動，腹筋群の反射や定量可能な植物反応(血圧上昇や頻脈)を誘発する(Ness and Gebhart, 1988)。このモデルでは，はじめに腸管に化学物質を投与して炎症を惹起する方法もある。雌ラットにおいては，膣や子宮を膨満させる方法もある(Berkley et al., 1995)。

●電気刺激を与える●

電気刺激を用いることは，定量性，再現性の面で優れており，非侵襲的であり，かつ同時に求心性線維の刺激だけを行える利点がある。しかし，強力に電気刺激を与えすぎると，AδやC線維だけではなく，侵害受容に直接関わらない径の大きな末梢神経線維までを区別なく興奮させ，侵害受容の情報だけではなく，温度受容の情報も同時に仲介してしまう。

ラットの尾の皮下に電極を留置し，徐々に刺激強度を増大させながら電気刺激を行うことができる(Carroll and Lim, 1960; Levine et al., 1984)。連続した刺激を徐々に増大させて与えることで，尾の反射行動や刺激のたびに声を上げる行動が観察され，最終的には刺激が終了しても啼鳴は継続している(刺激後発声)。これらの反応は階層構造に基づいて統合されている。つまり，これらの反応は中枢神経系の異なる段階において侵害受容が統合されていることを示している。それは，脊髄，脳幹，そして視床/嗅脳である。視床と嗅脳は疼痛行動の情動的，動機的側面を反映している(Borszcz, 1995a)。

電気刺激は，単発，短時間のかたちで与えられることもある。これを連続して与えることによって，攣縮，逃避行動，啼鳴や電極をかむといった行動を誘発する。この反応もまた階層構造に基づいて統合されており，嗅脳で統合されている。そして，これらの反応も中枢神経系の異なる段階における侵害受容の統合を示唆している(Charpentier, 1968)。

前述のように，強力な電気刺激が侵害受容に関わる神経線維だけでなく，侵害受容に関わらない線維までも興奮させてしまうといった不利益を克服すべく，すべての求心性線維が侵害受容に関与すると考えられる組織を刺激する研究も行われた。最も一般的には，歯髄がこの目的のために使用された。しかし，一般的に

考えられていたのとは逆に，歯髄におけるすべての求心性線維が侵害受容に関与しているかは明らかではないが，他の組織に比べるとその比率はかなり高いようである(Le Bars et al., 2001)。加えて，ラットにおける歯の組織の解剖学的構造は，周囲の侵害受容に関与しない線維を刺激せずに，歯髄線維に対してのみ電気刺激を与えることが難しいようである(Hayashi, 1980; Jiffry, 1981 など)。研究者によっては，適切な処置がなされれば歯髄線維のみを特異的に刺激することは可能であるとしているが(Rajaona et al., 1986; Myslinski and Matthews, 1987 など)，必ずしも，いつもそうできるわけではなさそうである。このモデルにおいては，2種類の反応が観察される。1つは，求心性線維と直接シナプスを形成して起こる開口反射であり(Vassel et al., 1986 など)，この反射は体の他の部位でみられるような脊髄反射と同様に(Sumino, 1971 など)，脳幹の三叉神経領域内で起こっている。もう1つは，引っ掻く，頭を動かす，啼鳴などのようなより複雑な反応であり，これらはより上位の中枢で統合されている。

行動観察に基づいた試験

ここに示す試験では，主に皮内や腹腔内に，不快で痛みを誘発する化学物質を，侵害受容器を刺激する目的で投与する。ここでは，電気刺激によって引き起こされる複雑な発声パターンについても述べることとする。

●不快物質の皮内投与●

皮内投与で最もよく用いられるのはホルマリンである(ホルマリン試験)。ホルマリンをラットの前足の背側表面に投与すると，ホルマリンは「疼痛」行動を引き起こし，それは注入足の体位に基づいた4段階のスケールによって分類，評価される(図7-2)。0は通常の体位。1は，足は地面についているが，体を支えられていない体位。2は，足が明らかに上がっている体位。3は，足をなめたり，振ったりしている体位である(Dubuisson and Dennis, 1977)。初期変化は投与後3分程度で観察される。そしてしばらく落ち着いたのち，次の段階が20〜30分後に起こる。最初の段階は侵害受容器の直接的な刺激によるものであり，続く段階は，炎症状態が起こることによって感作されている状態である。

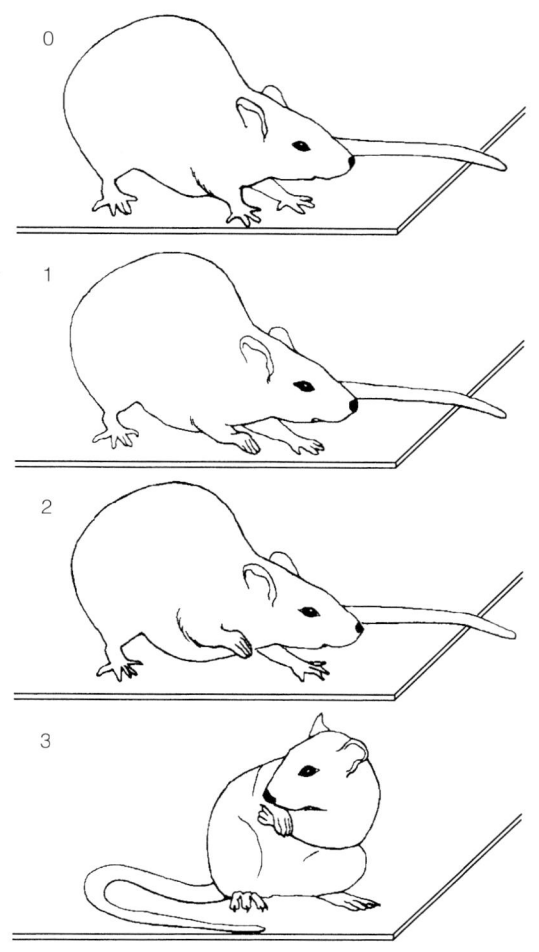

図7-2 右前足にホルマリンを皮内注射した際に引き起こされる行動(本文参照)。[Dubuisson and Dennis(1977)を改変]

●不快物質の腹腔内投与●

粘膜を刺激する物質を腹腔内投与することで，腹部の収縮，全身を動かす(特に後ろ足)，背側腹筋をよじる，運動量の減少，そして非協調性行動(身悶え)などに代表される，非常に典型的な「行動」が誘発される(Hammond, 1989)。

●中空臓器の刺激●

中空臓器に直接痛みを誘発する物質を注入するこの方法は，内臓痛モデルとして用いられている。ラットの結腸にホルマリンを投与することで，複雑な2相性の「疼痛」行動を誘発する。最初は体を伸展させる，脇腹か全身をこわばらせるという行動を示し，次に腹部をなめたり，掻きむしったりする(Miampamba et al., 1994)。同様に，臓器に不快物質を投与後，反射やよ

り複雑な行動を引き起こさせるために，膀胱や子宮の痛みを起こさせるモデルがいくつも開発された（McMahon and Abel, 1987; Pandita et al., 1997; Wesselmann et al., 1998 など）。

Giamberardino et al.(1995)は，歯科用セメントを尿管に外科的に挿入し，尿管結石を模した動物を用いて行動実験を行った。これにより4日間にわたり身悶えのような行動がみられる。これに付随して起こる腹筋群における疼痛過敏状態は，内臓筋の収縮によって引き起こされている。我々が知る限り，これが動物における唯一の「関連」痛モデルである。

●電気ショックによる発声●

短時間の電気刺激により複雑な発声パターンが引き起こされる(Jourdan et al., 1995)。3種類の発声が今までに同定されている(図7-3)。

1. 具体的な構成をもたず，幅広い聴覚周波数にわたって認められる，2種類の「peep(ピーピー弱い鳴き声)」が生じる。1つ目はAδ線維を比較的すばやく刺激したときに起こり，2つ目はC線維を比較的ゆっくりと刺激したときにみられる。
2. 「chatter(キーキー強い鳴き声)」は基本的に決まった周波数成分を有し，和声をなす。非常に精巧で，ヒトの言語に似た特徴を有する。
3. ヒトには聞えず，20〜35 kHz帯の基本的に決まった周波数を有するが，和声をなさない超音波発声であり，いくつかのパターンを有する。

最初2つのラットの"peep"は，短く，鋭い侵害刺激を受けた際にヒトでみられる"double pain"現象を想起させる。その他の要素についての意義はよくわかっていない。パブロフ型条件づけにそうと，"chatter"は光刺激によって惹起される(Borszcz, 1995b)。超音波発声は感情的な状態や不安の程度を反映しているのかもしれない。というのも，超音波発声は恐怖やストレスを引き起こすその他の実験的状況下においても観察されるからである(Sales and Pye, 1974; Haney and Miczek, 1994)。加えて，超音波発声は抗不安薬の影響を受けやすい(Tonoue et al., 1987; Cuomo et al., 1992)。

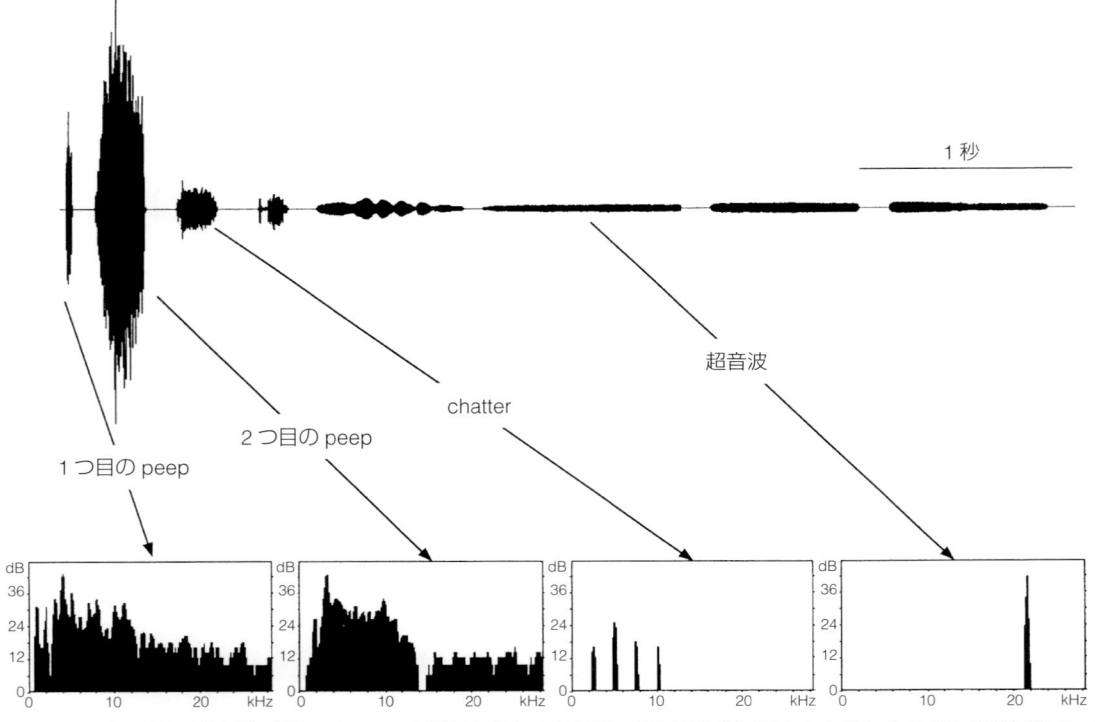

図7-3　ラットの尾の付け根に対し，20 mAの電気刺激を2ミリ秒，矩形的に単発投与した際にみられた啼鳴反応の一例（上）。刺激後，6秒間記録を行った。この反応は，無声の時間を挟んで，8つの成分に分けられる。すなわち，2つのpeep，2つのchatter，そして4つの超音波発声(それぞれの対応した周波数分布の図は，下の枠内に記載)。これらの結果より，はじめの2つのpeepは幅広い周波数にわたり，非常に強い啼鳴であることがわかる。それに対して，2つの連続したchatterは，基本的に同一の周波数と和声を有し，ほぼ同じ周波数成分しかもたない。最後の4つの成分は，21.7 kHzにのみみられる，純粋な超音波である。[Jourdan et al.(1995)を改変]

追加考察と結論

侵害受容を調べる課題や試験は，まだまだ不十分である(Le Bars et al., 2001)。第1の弱点は，侵害受容反射を惹起するために用いられる刺激を適切に調節することが難しい点である。さらに重要なのは，外部刺激が十分にコントロールされて与えられたとしても，必ずしも均一にコントロールされている刺激とはならないことである。確かに，末梢の侵害受容器を活性化する刺激もまた，刺激する組織の物理的状態の影響を受けるのである。この物理的状況は植物機能，主に温度調節，全身血圧や局所の血管運動の程度によって決められる。例えば，局所体温のばらつきは，熱を刺激として使用する実験だけではなく，多くの実験プロトコルでの精度を狂わせる(Tjølsen and Hole, 1997)。第2の大きな弱点は，測定対象となるものの性質であり，通常それが反応閾値を規定していることである。刺激に対する反応の関係は，感覚生理の重要な要素であるにもかかわらず，ほとんどのモデルでは，それを適切に抽出できていない。さらには，強度を上げていく刺激に対して，しばしば測定されているのが閾値ではなく，むしろ反応時間であることがある。皮膚が体外からの持続した放射熱を受けている場合，体温は時間の平方根に比して上昇していくため，放射熱を刺激として使用する方法にはかなり疑問がある。

これらのことに鑑みると，ラットで用いられる侵害受容を調べる課題や試験から得られる結果の解釈については，より慎重であるべきである。ほぼ同様のものであれば，慢性痛モデルに対しても，急性痛モデルでいわれたような注意を払わなくてはならない。単純化し，無駄を省いた実験が実際には可能となってきたので，痛みに対する妥当な行動学的アプローチが動物，ことラットに対して行われることが推奨されるべきであろう。

Daniel Le Bars, Samuel W. Cadden

第8章

感覚毛

　すべての動物において脳は，特定の種類の感覚刺激を検出，そして解釈し，さらにはそれをもとに行動するための手段をもたらす。ラットを含むさまざまな動物は，環境に適応できるように洗練された特有の感覚受容器を備えている。ラットは，嗅覚，味覚，聴覚，視覚，および触覚情報が豊富に存在する複雑かつ多様な環境の下で進化してきた。しかし，ラットは夜行性のため特に非視覚刺激に依存する必要があった。ラットの行動の観察を通じて容易にわかる顕著な感覚受容器の1つとして，触覚毛，洞毛，ヒゲあるいは感覚毛と呼ばれる顔および鼻にある特定機能をもった長い毛があげられる。

　ラットは，（ヒトおよび数種の霊長類を除く）すべての哺乳類と同じように，生存に必須であるこの感覚毛を保有している。通常の毛皮または体毛と同様に，感覚毛は表皮の毛包内に深く埋め込まれた死んだ表皮細胞が剛化したものである。そして，感覚毛が体毛と異なる点として，その独特な構造，長さ，感覚神経支配，運動制御，さらには最も重要なものとして機能そのものをあげることができる。体毛は皮膚全体に広く分布しているが，感覚毛はとりわけ眉，頬，唇，顎にかたまってみられ，時には腹部，あるいは手首の屈筋面のような他の部位にみられることもある（Pocock, 1914; Sokolov and Kulikov, 1987）。これらの感覚毛はラットの行動のさまざまな側面を導くのに重要であり，本章は最も広く研究されている上顎にあるいわゆる「ヒゲ」について述べる。

　ヒゲによって得られる触覚情報は，その生態学的および解剖学的な重要性が明らかである。それにもかかわらず，ラットの行動を導くヒゲの役割を評価する研究は驚くほど少ないのが現状である（Gustafson and Felbain-Keramidas, 1977，総説参照）。このことは，げっ歯類の感覚毛の体性感覚系の解剖学および生理学を扱った発表論文の量と比較しても明白である。本章では，ラットのヒゲの感覚器官としての解剖学的特徴，ならびにその成長およびダイナミックな機能特性について概説する。ヒゲという感覚器官の有用性，またはその動作条件について知ることは，実験室および自然環境における行動発生上の役割理解において大変重要である。

> 精巧な感覚神経の非常に大きくそして特殊な分布，これはいくつかの感覚機能をなすことが目的であると仮定するのが合理的である。
> 　　　　　　　　　　　　　　　　Broughton, 1823

構造と成長

　ラットは，哺乳類の体性感覚系の発生，構造および機能の基礎となるメカニズムを理解するうえで非常に有用なモデルである。感覚毛システムでは，末梢の精巧なトポグラフィカルな構造は脳幹のバレレット（barrelette），視床のバレロイド（barreroid），体性感覚野第4層のバレル（barrel）において1対1の機能的対応関係がなされている（Jones and Diamond, 1995）。この系の有用性は，簡単な染色法（図8-3）により機能的区分を明確化できるということである。また，ヒゲは生え変わり続け，トリミングや引き抜かれたりしても自然に再生するので，このモデルは末梢のレベルで感覚入力を簡便にコントロールすることができ，同じ個体を用いて後続分析を実施することができる。さらに，このシステムは，実験および対照の操作が同一の動物内で行われる動物内デザインに適している。よって本節では，ラットの感覚毛システムを用いた行動研究における実験方法をデザインする際，大変有用となりうるパラメータの基本的な知識を簡潔に提供することを目的とする。

●感覚毛の毛包●

　感覚毛は毛包のまわりに結合組織嚢が存在し，これ

によってその他の毛髪とは区別される。各感覚毛の嚢の下半分はスポンジ状の海綿組織で，上はオープンリング状の洞で構成されており，それらは血液で満たされている(Vincent, 1913)。血洞の膨大部は神経細胞と毛包組織へエネルギーを供給するとともに，毛包内の感覚神経終末を活性化し，感覚毛からの振動情報を増幅するために必須であると考えられている。

● 感覚毛の構成 ●

感覚毛は，ラットの頬と上唇において，ステレオタイプな左右対称の状態で配置されている(図8-1)。約35の感覚毛からなる尾側の配列は，背側から腹側にかけてA〜E列と称する5つの明確に定義された尾側吻側方向の列をなし，触覚パッド上に分布している(図8-2)。また感覚毛は，尾側から吻側に向けて1〜7と番号づけされた，背脇方向に向かう円弧状に配置されている。尾側の最も長い4つの感覚毛は列状に位置していないため，ストラドラーと呼ばれる($\alpha \sim \delta$，図8-2参照)。また，このグループは相対的に長いため，まとめて「マクロ感覚毛(macrovibrissae)」と呼ばれている(図8-1参照)。同一の円弧内の感覚毛はほとんど同じ長さであるが，尾側吻側方向に向かって徐々に長さが短くなる。ストラドラーは長さ45〜60 mmで，円弧上の感覚毛は1〜4にかけて，それぞれ40〜44, 33〜35, 23〜25，および11〜16 mmである(Ibrahim and Wright, 1975)。

さらに吻側の毛皮のような頬パッドは，40〜70の感覚毛からなり，ラットの上唇にある5つの列上に配置されている。それらの毛は比較的短いことから(<7 mm)，この感覚毛のグループは「ミクロ感覚毛(microvibrissae)」と呼ばれている(Brecht et al., 1997)(図8-

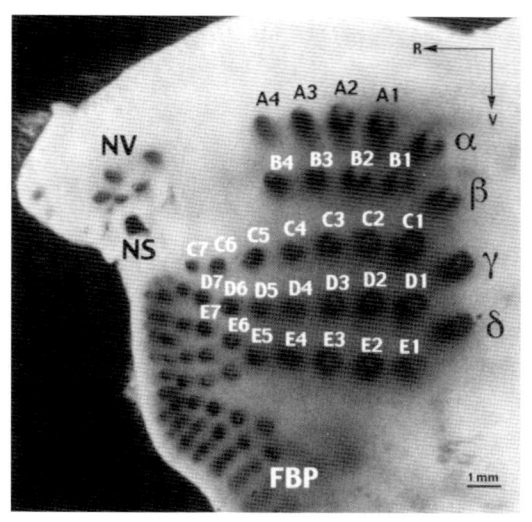

図8-2 ラットの上顎の皮膚上にある感覚毛(ヒゲ)の配置。A〜Eは，触覚パッド上にあるより大きな感覚毛の5つの列に対応する。感覚毛は，弧状に7つ(1〜7)，背面/腹面内に配置されている。最も長く，最も尾側の感覚毛は列間に位置し，「ストラドラー」($\alpha \sim \delta$)と呼ばれている。毛皮のような頬面パッド(FBP)には，通常の体毛だけでなく感覚毛も密に生えているが，感覚毛包にのみ血洞が含まれており，この図内においてキシレン染色で可視化されている。NV：鼻感覚毛，NS：鼻孔，R：吻側，V：腹側。[写真はS. Haidarliu and E. Ahissarによる]

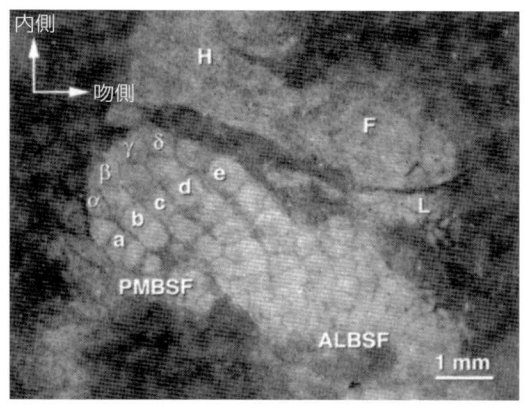

図8-3 体性感覚皮質の第4層における機能的区画(バレル)は反対側の顔面上の個々のヒゲと1対1の対応を示す。これらの区画は単純な組織学的方法を用いて容易に識別可能であり，今回の例ではシナプスの亜鉛を染色しており(方法についてはLand and Akhtar, 1999参照)，脳の構造と脳の機能との関係を評価するうえでのヒゲ感覚システムの有用性を例示している。PMBSF(後内側バレル亜領域〈posteromedial barrel subfield〉)は，マクロ感覚毛の皮質再現に対応する。一方，ALBSF(前外側バレル亜領域〈anterolateral barrel subfield〉)はミクロ感覚毛の皮質再現に対応する。H：後肢，F：前肢，L：下唇。

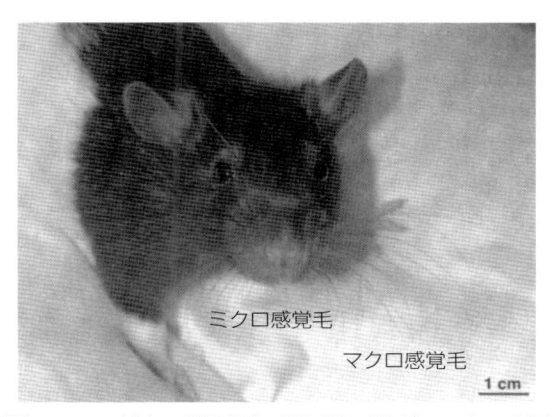

図8-1 70以上の特異的な感覚毛(ヒゲ)がラットの上顎の各側から出ている。最も尾側の列は約35のマクロ感覚毛で構成され，ラットの上唇に配置される最も吻側の列は40〜70のミクロ感覚毛からなる。

1参照)。

●知覚神経の支配●

感覚毛としてのヒゲは三叉神経(第V神経)の感覚部位のうち,上顎部の眼窩下枝によって支配されている。神経は線維束に分かれていて,それぞれ感覚毛の列を神経支配しており(Dörfl, 1985),このことによりヒゲは,機能的に,列間というよりもむしろ列内でより密接に連携していることがわかる(Simons, 1983, 1985)。各感覚毛は,三叉神経節内の細胞体から発生する200以上もの有髄感覚神経終末によって特異的に支配されている(Vincent, 1913; Zucker and Welker, 1969)。このことからこれらの鋭敏な触覚構造は,神経支配がまばらな通常の体毛とは区別される。

●成長と生え変わり●

行動学および神経科学において,特定の構造やシステムを除去または不活性化したことによって生じる結果を評価することにより,それらの役割を明らかにすることが広く行われている。ヒゲ感覚システムの明らかな利点は,ヒゲが動物の生涯を通じて連続的に生え変わり,トリミングまたは摘毛後も自ら効果的に再生する点にある(Oliver, 1966)。それゆえ,実験研究者が実験パラメータをかなりの程度制御することが可能となる。

感覚毛としてのヒゲはラットが生まれたときには存在し,出生後2カ月で成体の長さに達する(Ibrahim and Wright, 1975)。吻側の短いヒゲはおよそ0.5 mm/日,最も長いヒゲは1.5～2 mm/日の速度で成長する。顔面上の位置に関係なくすべてのヒゲは最大の長さに達するまで約4週間を要し,新しいヒゲは同じ毛包から約1週間後に現れる。新しいヒゲが最終的な長さの1/2～3/4の長さに達すると古いヒゲが抜け,その機能は新しいヒゲに引き継がれる(Ibrahim and Wright, 1975)。古いヒゲを皮膚のレベルあるいはその上でトリミングしても,その成長速度あるいは新しいヒゲの成長速度に影響を与えることはない。しかし,ヒゲが毛包から摘毛された場合,新しいヒゲはその直後に成長し始める(Oliver, 1966)。

個々のヒゲのライフサイクルは通算約2カ月である。

ヒゲ機能の運動的側面

すべての哺乳類において,触覚の感受性は,受容器周辺を移動する物体の相対運動によって高められる。出生後第2週(Welker, 1964)までにラットのヒゲは探索行動および弁別行動の間に活発になり,個々のヒゲが受容器配列の要素として機能し,物体の表面を入念に探索するようになる。

ヒゲに関連する行動(ウィスキング〈whisking〉)として,3つの異なる段階が示されてきた。1つ目は,動物が立ったまま,あるいは座ったままの状態における,ヒゲを動かさない**静的行動**である(Fanselow and Nicolelis, 1999)。2つ目は,**ヒゲ攣縮行動**と呼ばれるものである。これも動かないときに起こるが,7～12 Hz(Semba and Komisaruk, 1984)の小刻みな振幅のリズミカルな動きを伴う。そして最後に,活発な探索行動中はヒゲが5～9 Hz(Carvell and Simons, 1990; Berg and Kleinfeld, 2003)の頻度でリズミカルに前方(**前突**)および後方(**後退**)に揺れるものであり(Welker, 1964),これらの動きは,におい嗅ぎ[i](sniffing)および不連続な頭の動きと見事に同調している(Welker, 1964)。ウィスキング(ヒゲを動かす動作)のサイクルは約120ミリ秒持続し,そのうち2/3はヒゲの前突を含む行動である。個々のヒゲがそれぞれ独立して動くという可能性はあるものの(Sachdev et al., 2002),ほとんどの場合,すべてのヒゲは単一のユニットとして,左右対称に動くことが観察されている(Vincent, 1912)。前突は,各ヒゲの毛包基のまわりにスリングを形成する筋肉の収縮によって起こる。また,後退は受動的なプロセスであり,主に顔面組織の粘弾的特性によりなされるが(Dörfl, 1982; Carvell et al., 1991),触覚パッドを動かす筋肉が動的な助力となっている(Berg and Kleinfeld, 2003)。

ウィスキングは,ラットの目の前の近接環境を積極的に感知するための手段となる。ほとんどの感覚受容器は,静的な環境下でさえ,感知された信号の変化に優先的に反応するため,感覚器官の活発な動きはこれらの変化を増幅する。ウィスキングによりこの感覚系は超高感度となる。つまり末梢受容器のサイズ,あるいは配置されている場所によって可能となるものよりもさらに高いレベルの有効解像度を達成できるようになる。

個々のヒゲおよび触覚パッドの動きを制御する筋肉は,顔面運動神経(第Ⅶ神経)の頬側の側枝によって支配されている(Dörfl, 1985)。この神経は,ヒゲの感覚神経支配に影響を与えることなく,容易に切開することができる(Semba and Egger, 1986)。このパラダイムは,ヒゲの触覚機能(Krupa et al., 2001),およびヒゲ感覚システムの発達(Nicolelis et al., 1996)におけるウィスキングの役割の評価に有用であることが証明さ

---

i 鼻部を用いて対象物(個体)のにおいを嗅ぐ行動。

れている。これらの研究結果から，ヒゲのみを使用することにより，高解像度で物体を識別するラットの能力が実はウィスキング行動に依存していることが明らかになった。さらに，これらの研究では正常な触覚の発達が，発達の初期段階のウィスキングに依存することも示された。このように，ウィスキングはヒゲの毛幹およびそれが接触している物体間で動きをつくり出す非常に重要な機能を果たしている。つまりラットは，物体，障害物，あるいは食物の存在などの身近な環境を探る際にウィスキングを行っている。それゆえ，この精密に制御された動作は，生態学的に重要な触覚情報の収集および処理に密接に関わっているといえる。

●ウィスキングの運動学的分析を行う際に使用される方法●

　ウィスキング行動による探索中，ヒゲの動的な活動を観察および測定するための最適な手段は，高速記録技術を使用することである。このような研究が行われた初期においては，ヒゲ運動の低解像度の分析はラットが探索行動をしている間の様子を映画フィルムに記録することにより行われた（Welker, 1964）。写真技術の進歩につれて，ビデオグラフィック分析に代替されたが，それでもビデオ撮影における空間的および時間的解像度は低く，これらのデータの定量分析には非常に時間がかかった（Carvell and Simons, 1990）。しかし，非常に高精度の空間（26 μm）と時間（1ミリ秒）の解像度をもつ光電的・圧電的手法を使用し，個々のヒゲの運動をオンラインでトラッキングする手法はヒゲの運動解析において大きな進歩をもたらした（Bermejo et al., 1998; Bermejo and Zeigler, 2000; Bermejo et al., 2002）。しかし，行動解析は，ヒゲの動きのみを分離するため，ラットの頭部を固定しなければならないという制限がある。現在は，高速デジタルビデオカメラの発達に伴って，200マイクロ秒のシャッタースピードにより毎秒1,000フレームという高速度で（側面および頭部から），二次元で自由に動き回る動物でもそのヒゲのずれの観察が可能になっている（Hartmann et al., 2003）。このレベルの解像度のおかげで，動物の行動を解析する際の典型的なウィスキングの範囲を大きく超える周波数（テクスチャー識別に必要であると考えられている共振周波数などを含む）でもヒゲの動きを分析することが可能となる（Hartmann et al., 2003; Neimark et al., 2003）。

ヒゲ機能の感覚的側面

　Vincent（1912）は，ラットの行動を導くヒゲ感覚の重要な役割についてはじめて体系的に研究した人物であり，彼女はさまざまな感覚操作ののち，迷路を学習することでうまく通り抜けるラットの能力を評価した。彼女および彼女の後継者の適用したストラテジーは，ヒゲの除去に伴って起こる行動の変化を評価することでヒゲの正常な機能を明らかにすることであった。また，ラットはヒゲ感覚だけを使用していないことは明白であった。したがって，ヒゲの特定の役割を評価するため，行動を先導するうえでのその他の感覚の潜在的な関与を除外することが必要なのである。さまざまな組み合わせでヒゲ，眼，および嗅球を体系的に除外することによって，Vincentは，ヒゲが「繊細な触覚器官であり，別々の使い方で歩行運動と物体表面の弁別において機能する，……」と結論づけることができた（1913, p.69）。彼女の結論の大部分は確証が得られており，彼女を支持する研究者らにより長年にわたって再確認されている。多くの研究手法がこれまでの技術の進歩により洗練または強化され，さらにヒゲの役割に関する新たな知見が発表されてきたが，結論は本質的には変わることはなかった。つまり，「ラットはその環境で遭遇した物体の位置，大きさ，質感，および形状を調べる際にヒゲを使う」というものである。本章の残りの部分では，感覚毛システムによる感覚情報の処理の役割を明らかにすることを目的とした最も関連のある研究について詳しく述べる。

●物体の位置●

　ヒゲの振れ方の組み合わせにより，上下左右といった物体の空間的位置を符号化する。細い木の棒によるヒゲの積極的触刺激に反応してみられる頭部配向運動は，感覚毛システムの反応性を評価するための簡単かつ効果的な方法である。別の簡単な試験である前肢置き直し課題（forelimb placing task）は，手足が自由な状態でラットの体をつり下げたときにヒゲが地表面に触れる際，ラットがとる本能的応答を利用している。正常で機能的なヒゲ感覚システムをもつ動物は，刺激されたヒゲに対して同側の前肢でその物体の表面に到達し，その上に前肢を置く。ヒゲ-感覚皮質経路に病変を有する動物は，十分な反応をみせなかったり，全く反応がみられないことがある。

●距離の検出●

ラットは，ヒゲによってもたらされる情報単独で物体からの距離を決定することができる。この能力は，餌を報酬としてサイズの変わる隔たりによって分離された高架式の2つのプラットフォームの間を横断させる課題により実証される(Hutson and Masterton, 1986)。gap-crossing課題は，動物を失明させるもしくは目隠しする，または暗闇の中で実験を行うことが必要となる。これはヒゲの感覚のみに手がかりを制限するためである。ラットはそれ以上横切れない状態になるまで1 cm間隔で広げていった隙間(gap)を横切るように訓練される。この時点で動物は報酬がしかけられた側のプラットフォームと接触し，跳び越えるのに必要な正確な情報を収集するため，隙間に体を乗り出してヒゲを伸ばす必要が出てくる。「跳ぶ前に感じる」行為は，走路の隙間を60 cmまで広げることにより，トレーニングの最初の数日間で強化される必要がある。ラットはこの距離を跳び越えることはできず，万が一跳ぼうとした場合，32 cm以上も下にあるベンチトップに落下することになってしまう。ただし，正常の感覚毛システムをもつ訓練されたラットは，確実に16 cmの隙間にまたがることができる。ヒゲのすべてが除去された場合(Hutson and Masterton, 1986)，あるいはヒゲの末梢から皮質にかけての解剖学的経路を損傷した場合(Hutson and Masterton, 1986; Jenkinson and Glickstein, 2000)，その距離は鼻で延ばすことができる距離(≈13 cm)にまで短縮される。またヒゲの一部を除去した場合，隙間への伸長距離は残りのヒゲによって検知される距離にまで低減する。

●物体サイズの決定●

Krupa et al.(2001)は，ヒゲのみを用いて隙間のサイズを弁別するラットの能力を判定するための新奇かつ独創的な行動課題を記述した。この装置は小さな弁別チャンバーと大きな給餌エリアを小さな通路でつないだものにより構成される。動物はその大きなヒゲのみを使用することにより弁別チャンバーの隙間の大きさを識別し，報酬をしかけた給餌室内の空間的に異なった2つのセンサーのうち1つを鼻で突くことで「広いあるいは狭い」の選択をするように訓練される。その後動物は給水制限状態に置かれ，正しい応答をすることによって給水することができるようになる。隙間の広狭の差は，精密に距離を検出するラットの能力を高感度に評価するためだんだんと狭められていく。ラットは，30のトレーニングセッション後，隙間幅のわずかな差(3 mm)を区別できることが見出された。大きなヒゲをトリミングするあるいはバレル皮質を不活性化することによって，距離を弁別する能力が末梢から大脳皮質にわたる感覚経路に依存していると著者らは立証できた。しかし，顔面神経の切断による積極的なウィスキングの排除による有害な影響がみられなかったことから，隙間のサイズを弁別するうえで適切なヒゲへの十分な機械的刺激が身体の動きによりもたらされることが示唆された。

●質感の区別●

我々人間は，指を物体の上で動かすことでその質感を探る。一方ラットは，ヒゲを動かすことによって，環境およびその環境内の物体を細かく調べる。物体，またはその表面の隆起，溝，ならびに凹凸の存在は洞毛幹が振れることにより毛包内の感覚受容器からの信号に変換される。

ラットでのヒゲに基づいた質感弁別はいくつかの手法によって研究されているが，最も単純で最も簡単な課題は約100年前に開発されており(Richardson, 1909)，いくつかのバリエーションをもって今日でもなお効果的に使用されている(Hutson and Masterton, 1986; Guic-Robles et al., 1989; Carvell and Simons, 1990; Prigg et al., 2002)。その基本的なものである質感弁別試験は，粗さの程度のみが異なる2つの刺激間をラットに選択させるものである。この装置はスタートプラットフォームおよび調節可能な隙間によって分離された2つの選択プラットフォームで構成されてい

図8-4　ラットは近接環境の物体を検知し，それらの位置，大きさ，質感，および形状を探索するためにヒゲを使用する。このようにラットは強制選択課題において適切に弁別するため，質感刺激を得ようとヒゲを動かしてから，報酬の餌を食べるために正しいプラットフォームにジャンプする。

る．各試験中，ラットは選択プラットフォームの前に備えられた刺激の表面を触れるため，スタートプラットフォームから身を乗り出すことが必要となる（図8-4参照）．隙間の幅は刺激がヒゲによってのみ触れる程度に調節され，動物は正しいプラットフォームにジャンプして選択することを余儀なくされる．ヒゲのみの感覚情報に制限するため，ラットに目隠しをつけたり（Carvell and Simons, 1990），両眼を閉塞させたり（Guic-Robles et al., 1989），暗闇（赤外光）の中において試験が行われたりする．ラットが正しい選択をした場合，給餌制限された動物は，正しいプラットフォームのドアの後ろに隠された餌にたどり着くことができる．この課題のトレーニングを受けたラットは指先を用いる霊長類に匹敵するレベルで90μmの間隔で配置された30μmの小さな表面の質感の差を確実に検出できることがすでに示されている（Carvell and Simons, 1990）．ヒゲがトリミングされた場合，精度は偶然のレベルまで落ち，大まかにしか区別ができなくなる（Guic-Robles et al., 1989）．

●物体の認識●

Lashley（1950）は，ヒゲ感覚がラットに形状を認識する能力をもたらす可能性を示唆した最初の人物である．この仮説は何度も議論され続けているが，この主張を直接実験的に確認した例は，ここ最近まで存在していなかった．Brecht et al. (1997)は，晴眼あるいは盲目のラットにヒゲを使用してさまざまな大きさと幾何学的形状のクッキーの配列を区別させるという物体弁別試験について記述している．動機づけされた状況下での弁別訓練を行うため，加糖のクッキーあるいはカフェインで苦味を加えた無臭のクッキーを用意した．晴眼の動物のテストは，赤外線照明下あるいは完全な暗闇の中で実施した．ターゲットのクッキー（小さな，甘い三角形）は4×4の配列内に15の誤った選択肢とともに混ぜ，ランダムな位置に呈示した．ヒゲの動きおよびヒゲの選択的除去後の行動変化を観察することによって，著者らは2つの異なる感覚毛システムを単離することができた．著者らは，より長い横向きのマクロ感覚毛は距離検出などの空間認識課題に決定的に関与したが，物体認識課題（object recognition task）においては必須でないと判断した．一方，ミクロ感覚毛は物体認識に必要不可欠であるが，空間的認識課題においては必須でないということを発見した．

感覚毛システムの可塑性

本章で説明した行動課題は，ラットのヒゲ感覚システムの能力を決定する方法を提供してくれる．感覚毛システムに適用される行動研究は，解剖学および生理学的な詳細を記述する研究よりも数のうえで大幅に上回っている．これらの領域の融合，または知覚学習と記憶（Harris et al., 1999; Harris and Diamond, 2000）などの複雑な行動プロセスへの応用，あるいは，発達時および成熟時における，中枢神経回路の活動もしくは経験依存的な修飾におけるヒゲ感覚の役割（Fox, 2002, 総説参照）は，現在大きく発展している分野であり，今後数十年にわたって行動学者を引きつけてやまない存在になる可能性を秘めている．

結　論

ラットは，さまざまな触覚弁別や行動を実行するうえでヒゲを使うことができる．行動課題において，ヒゲの配列は高感度の質感弁別をする肌のような受容器としての機能が示されてきた．加えて，ヒゲの大きなものであるマクロ感覚毛は物体の配置や距離を大まかに検出する網膜のようなセンサーに，また小さなものであるミクロ感覚毛は正確な物体弁別といったような高解像度が要求される網膜の中心窩のようなものになぞらえられる．ヒゲと大脳皮質のバレルの1対1の対応関係により（図8-3），ラットの感覚毛システムは末梢の感覚機能と中枢神経系再現との関係を理解するうえで優れた実験系を提供する．

Richard H. Dyck

第9章

嗅　覚

ラットは高度嗅覚性哺乳類である

　高度嗅覚性(macrosmatic)哺乳類とは，嗅覚系がよく発達し，においに敏感で，まわりの嗅覚情報に頼るところの大きい哺乳類のことで(Moulton, 1967; Rouquier et al., 2000)，霊長類を除くほとんどすべての哺乳類がこのグループに属する。コウモリやチンチラのように獲物探知や被食回避のために特化した感覚系をもつものもいるが，大部分の高度嗅覚性哺乳類では，においが唯一で最も重要な外受容感覚である。ラットやその他のげっ歯類では，嗅上皮の構造は複雑で嗅覚神経が密集しており，嗅球は残りの前脳に比して大きい。嗅球からの投射は基本的に嗅脳溝下部の皮質全域にわたり，この皮質領域はおそらくげっ歯類の感覚野最大の領域を占めている。さらに，嗅球からは扁桃体や視床下部へも投射している。げっ歯類に比べて非常に発達した視覚系を有する霊長類の脳では，上記のような解剖学的特徴は衰退著しい。フロイトの言葉を借りると，この点では「構造は宿命」であり，げっ歯類はその生活のあらゆる面で嗅覚を手がかりとし，それに非常に依存していることが多い。

　学習の研究において主に嗅覚刺激以外の刺激を用いている研究者は，においがラットの生活を支配する程度を，完全には理解していないかもしれない。嗅覚は最初に機能をもつ感覚系で，出産前や周産期のにおい物質への曝露でさえ，出生後のラットの行動に影響を与えうる(Pederson and Blass, 1982; Smotherman, 1982; Hepper, 1990; Hudson, 1993; Abate et al., 2002など)。乳仔期のげっ歯類は，においに接近または逃避するよう簡単に条件づけされ(Sullivan and Wilson, 1991)，なじみのある母親や巣材のにおいを好み，新奇のにおいを避けることをすぐに学習する。また，生後早期に食物と関連づけられたにおいは食物選好に長期にわたり影響を与えうる。成体ラットは，主ににおいでコミュニケーションをしている。彼らは年齢や性別・なわばり・社会的地位を特定するにおいの目印や痕跡を残す(Rainey, 1956; Brown, 1985; Galef and Buckley, 1996)。これらのにおいシグナルは特化した臭腺から分泌され，尿中や糞便中，呼気の中にさえ含まれる。呼気中のにおいが食物選好の社会的伝達に影響することが，実に多くの文献中で証明されている(第34章参照)。おそらくより多くの研究者になじみがあるのは，「Bruce 効果[i]」や「Whitten 効果[ii]」，「Vandenberg 効果[iii]」であろう。これらはマウスで最初に明らかにされた現象で，同種属のにおい刺激に曝露されることで行動と生殖状態に劇的な変化が起こることを示したものである。そのほか，社会的地位や生殖状態の伝達・営巣行動・血縁認識・新生仔における乳頭への愛着と吸乳など，多くの行動が嗅覚手がかりに，主にまたは完全に依存している。これらは研究者の名前を冠してはいないが，げっ歯類における嗅覚の支配的役割を示すさらなる証拠としてあげられる。

　Brown(1979)は，これらさまざまなシグナルを2つのカテゴリーに分類した。個体の情動の状態や水準または情動の喚起を反映したものと，個体を識別するものである。情動を表すにおいは，性的に興奮している，母性行動を行っている，または恐怖状態にあるといった特別な状況でのみ産生放出される。個体識別のにおいは，長期にわたり安定している身体の通常代謝の過程で産生される。後者は食餌条件に左右されるかもしれない(Schellinck et al., 1997)が，主に遺伝的因子により決まっているようである。現代の嗅覚研究は，これら嗅覚手がかりの遺伝的素因と化学物質の究明に主な努力が向けられている。行動学的・遺伝学的・生化学的分析により，主要組織適合遺伝子複合体(major

---

[i] 交尾相手と異なる雄マウスのにおいに曝露されると着床が阻害される。
[ii] 雄マウスの尿中のフェロモンにより，雌のみの集団飼育で非発情状態にある成熟雌に発情が誘起される。
[iii] 雄マウスの尿中のフェロモンにより，幼若雌マウスの性成熟が早まる。

histocompatibility complex: MHC) (Boyse et al., 1991; Schellinck et al., 1995; Schellinck and Brown, 1999; Schaefer et al., 2002; Beauchamp and Yamazaki, 2003) と主要尿中タンパク質 (Brennan, et al., 1999; Hurst et al., 2001; Nevison et al., 2003) ともに，げっ歯類が獲得・記憶しうる個体固有の化学的サインが明らかになってきた。

近年，全く異なる一連の嗅覚研究が，2つの発見から始まった。第1の発見は，におい手がかりを与えた場合，ラットは簡単な弁別課題や複雑な弁別課題学習に卓越した能力を発揮することが示されたことである (Dusek and Eichenbaum, 1997; Slotnick, 2001)。第2の発見は，一連の分子生物学的研究と解剖学的研究により，嗅覚受容器遺伝子と，嗅覚受容器神経の嗅球への投射を制御する組織的な原理が同定されたことである (Buck, 1996; Mombaerts et al., 1996)。後者の発見は，今日広く受け入れられている，脳によってにおいが符号化される方法の視点の基礎となった。さらに，嗅覚系の特定の特徴を変化させた，さまざまな遺伝子ターゲッティングマウス作製の基盤ももたらした。行動学的研究は，これらの発見を利用し，遺伝子改変マウスの嗅覚の潜在的変化を評価でき (Zufall and Munger, 2001など)，そして嗅覚系の分子生物学の進歩から生まれた仮説を検証できるよう設計されている。このような研究では，におい刺激を生成・制御する洗練された方法と，嗅覚機能を精神物理学的に分析する行動課題の両方が必要である。

刺激の制御における特別な問題

生成・制御・測定に関してにおいには，他の感覚刺激を扱ううえでは遭遇しない特別な問題がある (Dravnieks, 1972, 1975)。哺乳類にとって，におい基質 (odorant substance) から気化により発生したガスがにおい刺激となる。天然のにおいの多くは複合物でできた発生源に由来し，その構成を同定するのはたいていの場合困難である。その発生源から，におい物質は各々異なる速度で気化し，その結果，におい刺激の構成成分は時とともに変化する。この混合ガス中の各構成要素の影響は，各物質の質量と蒸気圧・混合ガスの中での分圧・残余基質・相対湿度，そしてもちろん，温度変化に伴う各要素の変化の程度に依存する。制御しない限り，蒸気はにおい発生源から大気中に拡散し，気流によって運ばれる "odor plumes" を形成するか，におい発生源からの距離が長くなるに連れて単純に濃度が低くなる。

におい濃度の測定や蒸気組成の同定が可能であり，精神物理学的試験に使用し，「純粋な」におい刺激の生成，さらにいえば，においのない刺激の生成が可能である簡単な装置は残念ながら存在しない。蒸気の流れを制御するように設計されたタービンシステムでさえ，最適流量の決定や材料成分の汚染の可能性，チューブ壁へのにおい物質分子の吸着などさまざまな問題をはらんでいる。さらに厄介なことに，これはしばしば研究活動の主要なトピックでもあるが，嗅覚受容器神経刺激への蒸気の有効性には生物学的な制限があり，感覚神経は蒸気混合体の主な構成成分には比較的反応性が低く，きわめて微量な成分に非常に敏感である可能性がある。

行動論的方法：発生源からのにおいの拡散

嗅覚研究には多種多様な方法が用いられており，多くの分類方法が考えられる。我々は，におい刺激の制御に関する特有の問題から，次のように分けて考えている。それは，刺激の制御をほとんどまたは全く行わず，発生源からにおいが受動的に拡散している研究方法と，決まった量の刺激を生成・制御・供給するために嗅覚検査装置を用いた研究方法である。

ラットでの初期嗅覚研究で用いられた行動論的方法は比較的単純で，その多くでにおいの効果はきわめて強く，刺激の精密な制御や被験体が試し嗅ぎするための刺激の統制は必要なかった。このような方法は，ラットの学習や記憶を調べる研究でも引き続き使用されている。しかし，これらの研究では特有の方法，限局された刺激の制御法が用いられているため，他の研究室での実験結果の再現性，研究室間での結果比較が事実上不可能となっている。

●馴化課題●

馴化課題 (habituation test) は，同じにおいに曝露され続けると探索行動 (investigatory behavior) の減少，つまり馴化[iv] (habituation) が起こるという知見に基づいている。続いて，同じ被験動物に異なるにおいを呈示すると，再び探索行動が増加する「脱馴化[v] (dishabituation)」が起こる。この馴化課題は，はじめに呈示されたにおいと2つ目のにおいが異なるものとして知覚されるのかを調べるのに用いられてきた。この課題

[iv] 動物が曝露された刺激に慣れ，反応しなくなること。
[v] 新しい刺激の呈示などにより，動物が刺激に対する反応を再び増加させること。

には馴化-弁別課題(habituation-discrimination test)と馴化-脱馴化課題(habituation-dishabituation test)の2種類がある。

馴化-弁別課題では，はじめに小さなにおい壺やフィルターペーパーに染み込ませたにおいをラットに何度も呈示し，このにおいに対する反応を測定する(第1フェーズ)。続いて，先ほど呈示したにおいと新奇のにおいを同時に呈示する(第2フェーズ)。既知のにおいに比べ，新奇のにおいに対してより探索行動を示す場合，被験ラットは2つのにおいを弁別できると結論づけられる。この課題は嗅覚記憶の簡単な評価に使われる。第1フェーズと第2フェーズとの間隔は研究対象の性質によって変わってくる。この課題は同種間でのにおい記憶の評価によく用いられ，におい呈示のかわりに動物そのものを呈示する場合もある。このような試験は社会的再認課題(social recognition task)とも呼ばれる(Bhutta et al., 2001)。

馴化-脱馴化課題は馴化-弁別課題と同様の手順で行うが，どのフェーズにおいても1つのにおいのみを呈示する点が異なる。馴化フェーズではあるにおいを繰り返し呈示し，脱馴化フェーズでは異なるにおいを呈示する。場合によっては，被験動物をチャンバーに入れ，溶媒を繰り返し呈示する無臭馴化期間(no-odor-adaptaion period)から始めることもある(Brown, 1988; Schellinck et al., 1995)。Sundberg et al.(1982)は，初期探索時と馴化時のにおいに対する反応を評価する標準的アプローチを考案した。この方法を用いて，MHCのみが異なるコンジェニック系ラットが，互いに弁別可能な異なる尿のにおいをつくることが示された。

この2つの課題は，デザインが単純で，設備をあまり必要とせず，すばやく容易に行える利点がある。馴化-弁別課題は，におい試料の混合物をつくるうえでの問題を除くことができる強みもある。とはいえ，どちらの課題も少々時間がかかるうえに，被験動物の連続観察と，いつも明確とは限らない「探索行動」を測定する必要がある。脱馴化が起こった場合は，2つのにおいは弁別できることは明らかである。しかし，脱馴化が起こらなかった場合にもさまざまな解釈が可能である。2つのにおいを弁別できなかったからかもしれないし，被験動物がにおいに無関心だったせいかもしれないし，弁別はできるが明確な脱馴化効果を引き起こすほど十分ににおいが異なってはいなかったことを反映しているのかもしれない。

●無条件選好課題●

無条件選好課題(unconditioned preference task)は味覚研究で用いられる二瓶選択課題(two bottle choice test)に類似している。簡単にいうと，この課題では2つもしくはそれ以上のにおいをアリーナ内に置き，各においへの被験動物の接近と探索行動の頻度や持続時間を記録する。たいていは，においに曝露する前の動物を入れるニュートラルエリアを備えたテストチャンバーを用いる。新奇忌避反応(neophobic response)や一般的な探索行動によって，におい刺激への反応が制限される可能性を減らすため，被験個体をテストチャンバーにあらかじめ慣らしておくことが望ましい(Schellinck et al., 1995)。通常，観察者が被験個体の各においに対する探索時間を記録するが，この観察者には実験条件がわからないようにすべきである。もし可能であれば，評価の信頼性を査定できるように，実験をビデオに記録するかコンピュータ化された追跡装置を用いるべきである。被験動物のホームケージで課題を行う例が増えているが，げっ歯類は呈示された新しい物体ならなんでも無差別ににおい嗅ぎ[vi](sniffing)を行う傾向があるので，この方法は推奨しない。

選好課題は新生仔ラットや幼若ラットにも用いることができる。仔ラットは運動能に制限があるので，単純な二者択一装置を用いる。仔ラットをメッシュ状の床の上に置き，下に置かれたコンテナからメッシュを通してにおいを拡散させる方法がよく用いられる。偶然の動作による偽陽性を避けるため，中央にニュートラルゾーンを設けることもある。選好の指標となる行動をどう定義するか(例えば，におい刺激へ頭を向けることにするのか，選好ゾーンに被験個体の体の半分が入ることにするのか)が異なると，実験間での結果の比較は難しい。

強力な選好効果がある場合(Kavaliers and Ossenkopp, 2001 など)を除いて，試験結果の解釈はあいまいなことが多い。あるにおいに対し探索行動をより多く示す場合，そのにおいに対する絶対的または相対的な選好を反映しているのかもしれないし，各においの中でそのにおいが相対的に目新しいのかもしれない。または，においに対する検出能の違いを反映しているのかもしれないし，他のにおいサンプルを忌避している可能性もある(Brown and Wilner, 1983; Amiri et al., 1998)。選好を示さなかった場合，どちらのにおいも等しく好んでいるのかもしれないし，等しく嫌っているのかもしれない。被験個体の概日周期や周囲の温度など行動量に影響を与えるさまざまな因子が試験結果に影響する可能性もある。また，選好試験には，においの拡散制御に関する多くの重大な欠点がある。2つまたはそれ以上のにおいを同時に呈示した場合，蒸気

---

vi 鼻部を用いて対象物(個体)のにおいを嗅ぐ行動。

が混ざり合い，弁別がいっそう難しくなる可能性がある．さらに，探索の有無にかかわらず，においは時間とともに被験個体に届いてしまうため，被験個体は好むにおいに直接接近する必要がないのかもしれない．また，測定可能な反応を示す前に被験個体が，においに対し馴化を起こす可能性もある．

●単純連合学習課題
(simple associative learning test)●

　におい刺激の静的な呈示は，若齢ラットや成体ラットを用いた連合学習パラダイムにも用いられてきた．これらの課題では，あるにおいを強化子とともに呈示し，続いて第2のにおいを関連報酬なしに呈示する．多くの場合，決められた期間，擬似ランダム化された順序でセッションを毎日繰り返す．作業課題の達成を評価するために，におい条件づけに続いて選好課題を行うこともある．被験動物が強化子なしににおいの近くでより長い時間探索・滞在する場合，条件づけ手続きが有効であったとみなす．Johanson and Teicher (1980)は暖かい環境下で，あるにおいとミルクの経口注入を組み合わせて，新生仔ラットに条件づけによるにおい選好性を引き起こした．SullivanとLeonら (Sullivan et al., 1991, 1994; Johnson and Leon, 1996)は嗅覚学習の神経生物学的検討を行うため，似たような条件づけパラダイムを使用した．彼らは，母親の接触に似せた触覚刺激（クロテンのブラシでなでるなど）とにおいを組み合わせて新生仔ラットに呈示し，Y字迷路選好課題(Y-maze preference task)を用いて条件づけ成立の有無を判定した．Schellinckらは成体マウスやラットで嗅覚学習を評価するための簡単な弁別課題を確立した(Brennan et al., 1998; Fairless and Schellinck, 2001; Forestell et al., 2001; Schellinck et al., 2001b)．この課題では細断された木片が中に入っており，下からにおいがするポットを被験動物に呈示する．においの1つは強化子（木片の中に埋められた砂糖）と組み合わせて呈示し(CS＋刺激)，第2のにおいはそれのみで呈示する(CS－刺激)．続いて行う選好課題では，被験動物にどちらのにおいも砂糖なしで呈示する．この課題では，選好課題の前に被験動物を制限給餌することのみが必要で，におい嗅ぎより採掘(digging)のほうが客観的に簡単に選好性を測定できる．そして，被験動物はほぼ例外なくCS＋におい刺激を含む木片を掘る行動を示す．マウスはすぐにこの作業課題を学習し，少なくとも90日はこの弁別を記憶している(Schellinck et al., 2001aと未発表データ)．ラットで，この課題を用いて長期記憶を評価した研究はいまだ完了していない．前述した食欲に関する学習パラダイムは簡単にセットアップでき，学習と記憶の神経生物学的基盤の評価に有用である(Wilson and Sullivan, 1994; Forestell et al., 1999, 2002)．しかし，学習効果が並外れて頑健であるため，この課題はより高次の認知機能の評価には取り立てて有用というわけではない．

　迷路は，げっ歯類が正しいまたは強化された刺激と，間違ったまたは強化されていない刺激の弁別を，学習できたのかを確定するのに用いられた最初の課題の1つだった(Bowers and Alexander, 1967)．そしてその人気は続いている．例えば，放射状迷路やより単純な迷路は，嗅覚記憶や学習の研究に用いられている(Staubli et al., 1986; Reid and Morris, 1992; Steigerwald and Miller, 1997)．マウスでは，MHCの揮発性シグナルに関する一連の研究で，におい手がかり迷路(odor-cued maze)学習が広く用いられている(Singer et al., 1997; Yamazaki et al., 1979; Beauchamp and Yamazaki, 2003)．においの検出に関する研究に迷路を用いる場合，複数の注意点がみつかっている(Stevens, 1975)．ラットはT字迷路において，45 mgのペレット状の餌のにおいと清浄な空気を嗅ぎ分けることが示されており(Southall and Long, 1969)，強化子それ自体が手がかりとならないよう考慮しなければならない．実験者が無意識に被験動物に何らかの手がかりを与えてしまわないよう，閉鎖されたスタートボックスを用いるべきである．そして，実験者には正しい刺激の場所がわからないようにすべきである．ラットは自分自身や他のラットのにおいを追跡する習性があるので(Wallace et al., 2002)，各試行セッション間や各実験セッション間での迷路アームの清掃は必須である．これらの問題点に対する予防策が講じられない場合，におい学習の研究に迷路は適さない．そのうえ，迷路実験の結果とさらに正確な方法を用いた実験の結果を比較するのは困難かもしれない．オルファクトメーターを用いた実験(Slotnick and Katz, 1974; Nigrosh et al., 1975)で示されていた嗅覚刺激による統制を，Reid and Morris(1992)が再現できなかった原因の一部はおそらく，複雑な嗅覚学習の研究に迷路を用いたからであろう．

　ラットは餌報酬の採掘が上手なので，さまざまな採掘課題(digging task)が嗅覚を評価するのに用いられている(Berger-Sweeney et al., 1998; Zagreda et al., 1999; Mihalick et al., 2000; Schellinck et al., 2001b)．このパラダイムでは，制限給餌された被験動物は砂や砂利，または床敷を掘って餌のかけら（強化子）をみつけなければならない．実験手順によって嗅覚が妨害または除去されるかどうかの簡単な基準として，埋められた餌を発見できるかどうかという基準が広く用いら

れてきた（Alberts and Galef, 1971; Hendricks et al., 1994; Genter et al., 1996）。人気と簡便さにもかかわらず，これらの課題には，発生源から無制御に拡散するにおいを用いる場合に共通したさまざまな欠点がある。加えて，これらの課題は嗅覚障害の予測材料としては弱い（Xu and Slotnick, 1999; Slotnick et al., 2000a）。

採掘行動をにおいの検出と弁別の測定に使用した，より優れた興味深い例は Eichenbaum らが用いた課題である。においつきの砂が入ったコンテナから餌報酬を採掘するようにラットを訓練し，その後，どのコンテナに目的のにおいが入っているのか検出できるかを試験した。これらの課題の変法を用いて，ラットでの複雑なにおいをもとにした学習（これらの学習では正しい反応は刺激そのものに依存し，個々の刺激と強化子間の関連には単純に依存しない）が証明されてきた（Dusek and Eichenbaum, 1997; Fortin et al., 2002; Van Elzakker et al., 2003 など）。

条件性におい嫌悪（conditioned odor aversion: COA）と，におい手がかり味覚嫌悪（odor-cued taste avoidance）は，においの検出と弁別を評価する2つの異なる連合学習方法である。条件性におい嫌悪を引き起こす手順は，有名な条件性味覚嫌悪パラダイムの手順に似ている。においが嫌悪学習において効果的な条件づけ刺激となりうることはあまり知られていないかもしれないが，口腔内刺激を呈示した場合と同様に，単一試行学習（single-trial learning）と長い痕跡条件づけ（long-delay learning）を成立させることができる（Slotnick et al., 1997）。条件性におい嫌悪は出生前，出生後の早い時期を含むすべての世代のラットで成立する（Rudy and Cheatle, 1976, 1983; Smotherman, 1982; Smith et al., 1993）。

におい手がかり味覚嫌悪学習では，給水口からの飲水訓練をしたラットに，においのついた苦い溶液を訓練試行時に曝露する。学習は1回または2回の試行で成立する。その後の試験では，ラットは給水口のにおいは嗅ぐが，においを検出した場合試飲はしない（Darling and Slotnick, 1994）。これらの課題は十分には活用されていない餌発見課題より優れている。どちらの課題も容易に実施でき，におい刺激を適切に制御可能で，単一試行学習と長期記憶（long-term memory）が成立する。

臭度測定（olfactometry）

●刺激の制御●

オルファクトメーター（olfactometer）とは，におい生成装置のことで，においの濃度や流量・時間を細かく指定・制御・変更することが可能である。オペラント条件づけ（operant conditioning）と組み合わせると，ラットを訓練するための強力なツールとなる。例えば，ある刺激特有の特徴に対して注意を払い，個別に反応するように訓練することができる。オルファクトメーターという用語はしばしば，気流管理用送風機を備えた迷路など，においの流れを制御できる装置一般に用いられる。しかし，上記の基準をみたす装置は Tucker（1963），Moulton and Marshall（1976）によって最初に記された設計原則に主に基づいている。これらの装置は，におい物質飽和蒸気の空気希釈系列，または，無臭液体に溶解したにおい物質のヘッドスペースからにおいを生成することができる。また，後者の方法は，備えつけがはるかに簡単で，マルチチャネルを組み込み，各々に独自のにおい物質溶液を割り当てることができる強みがある。

ラットに用いるオルファクトメーターは，比較的大雑把な装置（Williams and Slotnick, 1970）または複数の装置の複合体（Bennett, 1968; Sakellaris, 1972）から，掃除とメンテナンスが簡単な，よりシンプルでコンピュータ制御された設計に進化してきた。げっ歯類を用いた研究用に設計されたオルファクトメーターと訓練方法については Slotnick and Schellinck（2002）が詳しい。マルチチャネル液体希釈システム（Bodyak and Slotnick, 2000）は比較的簡単に組み立てられる。このシステムは，におい抽出行動（odor sampling behavior）や簡単なにおい弁別（odor discrimination）・におい混合物間の弁別・におい単分子の絶対検出閾値（absolute detection threshold）と強度差検出閾値（intensity difference detection threshold）・においマスキング（odor masking）・におい記憶（odor memory）・臭質の同定（odor quality identifictation），そして，かなり正確な刺激の呈示が要求されるにおい感覚作業課題（odor sensory task）などの研究に必要な，においの制御が可能である。さらに，マルチチャネル希釈溶液を簡単に除去でき，ピンチ弁と使い捨てのチューブ・飽和容器を併用すれば，オルファクトメーターの設計で最も悩ましい問題であるにおいの汚染を最小限にとどめることができる（Slotnick and Schellinck, 2002）。

●においによる行動の制御●

我々は，一連の発表・未発表研究の中で，さまざまなオペラント訓練手順や刺激の呈示方法を評価した。はじめに，ラットを風洞の中で訓練し，試行ごとにラットを刺激に曝露した（Slotnick and Nigrosh, 1974）。ラットが簡単ににおい刺激を試し嗅ぎ（sampling）するよう訓練されたことが明らかになったとき，我々は，ガラス管に垂直方向にぴったり合うプレキシグラスチャンバーを用いて，においを呈示した。従来のオペラント形成手順を用いて，チューブの開口部に鼻を入れてにおいを試し嗅ぎするように，ラットを訓練した。ラットが鼻を挿入（光線で検出）したら，清浄空気の定流ににおいを負荷した空気を1～2秒間加え，試行を開始した。各試行ごとにgo/no-go手順（続行または中止を判断する手順）を用い，S＋刺激を試し嗅ぎしたのち指定された反応を示したら報酬として水を与えた。S−刺激を嗅いだあとに示した反応には強化子も罰も与えなかった。反応「マニピュランダム[vii]」は，においサンプリングチューブの外にあるステンレス製の給水チューブだった。ラットは応答まで，刺激をしばらく（一般に 0.15 秒）試し嗅ぎすること（例えば，鼻をにおいサンプリングチューブの中に入れた状態を保持する）が要求された。嗅いでいる時間が短い場合はその試行はただちに中断し，次の試行に移った。指定された反応を示すと，決められた回数（一般に10 回以上）給水チューブをなめることができた。

後述するように，この訓練手順は刺激によって行動を制御するうえで非常に効果があった。他の訓練方法，例えばgo/no-go手順とともに対称な強化子を使う方法や2つの給水チューブを使う方法（これらには各々異なるにおいに関連づけられている）は，より困難で効果も低かった。また，我々は伝統的なフリーオペラント弁別手順も使わなかった。なぜなら，長時間刺激にさらすことになるので，馴化形成の反応速度を測定する必要があったからである。馴化を最小限にとどめるため，最初，我々は試行間に60秒または90秒のインターバルをおいた。しかし，すぐにラットはもっと短いインターバルを好むことが判明した。効率のよい最小のインターバルは，においサンプリングチューブに清浄空気を流し清掃するのに必要な時間（≈5秒）であった。やる気に満ちたラットはこれらの制限下で，1回の試行を平均12～15秒で完了し，閾上刺激を用いて100回以上の試行を基本的にミスなしに行うことができた。1回のセッションで可能な試行回数は飽和効果（報酬に対する飽き）によってのみ制限される。強化子の量が 0.04 mL の場合，毎日のセッションで400～600 回の試行が可能である。このような複数回のセッションは特に精神物理学的研究で有用である。

S−試行への反応（false alarm）に罰を与えないにもかかわらず，すぐにラットはにおい検出と弁別を獲得した。反応後の強化子の不在が嫌悪となり反応を抑制したのは明らかであった。S＋試行の失敗はほとんどなく，一般に誤りの95%以上はfalse alarmであった。つまり，獲得機構の大部分は，false alarm を抑制することを学習する機構であった。

単純なにおい弁別課題の獲得は際立って速く成立した（Nigrosh et al., 1975）。例えば，S＋のみの試行を長時間訓練したあとでは，ラットはS−刺激に反応しないか，反応するとしても不意に導入したときに1, 2回だけであった。S＋刺激に対する最初の訓練を行わない場合でさえも，ラットは単純な二におい弁別課題（two-odor discrimination task）を，20～60回の訓練試行の間にほぼ完璧に達成できるようになった。におい刺激が聴覚や視覚刺激を簡単に目立たない存在に変えるのに対し，長期にわたる視覚刺激訓練によってもにおいによる弁別を阻害できないことは，においによる強力な刺激統制を示している。さらに，ラットに聴覚による弁別と嗅覚による弁別を同等に訓練した場合，刺激競合課題（stimulus competition test, 例：S−聴覚刺激と S＋嗅覚刺激の組み合わせ）ではほとんどすべてでにおい刺激に基づく決定をした（Nigrosh et al., 1975）。

いくつかのにおい弁別課題を訓練したラットは，非常に洗練された観察者となった。これらのラットは新しい刺激に対し，試行ごとに注意深くにおいを嗅ぎ，報酬と関連のない刺激に対して，すぐに反応しなくなった。我々はこの発見を生かし，ラットに連続してにおい弁別課題を呈示した場合，霊長類のようにwin-stay/lose-shift 反応方略を獲得できるのかを判定するための一連の学習セット研究を設計した。20回の試行を1単位とし，その正答率90%を成功基準とした場合，連続した弁別反転課題（sequential discrimination reversal task）も，連続した新奇二におい弁別課題（novel two-odor discrimination task）も，成功基準に達しない試行単位数は急速に減少した。訓練が終わるまでに，多くのラットが最初の20回の試行で基準をクリアするようになり，何匹かは基準を下回ることが全くなかった（Slotnick and Katz, 1974; Nigrosh et al., 1975; Slotnick, 1984）。このレベルの成績は10～20課題の訓練だけで到達するだけにいっそう注目に値する。したがって，学習セット課題において，におい訓

---

vii 反応を検出するための操作体。例えば，スキナー箱のレバーなど。

練を受けたラットは少なくとも視覚刺激の訓練を受けた霊長類と同等の成績を示し，反応戦略を獲得する——Harlow(1949)のいうところの学ぶことを学習する——ことを示した．Reid and Morris(1992)によるこの仕事への批判に答えて，Slotnick et al.(2000b)は，異なるオルファクトメーター装置とさまざまな試験手順を用いて，これら学習セットの結果を完全に再現した．

関連した研究で，ラットはにおいを用いた場合，matching-to-sample 課題も non-matching-to-sample 課題もどちらも速やかに獲得することが示された(Otto and Eichenbaum, 1992; Lu et al., 1993)．さらに，見本に照らし合わせる方法を習得することを学習している証拠さえも示した(Lu et al., 1993)．訓練セッション内でランダムに呈示される8つのにおいを弁別する課題を用いて，多種多数なにおいの弁別を獲得する能力とにおいを思い出す能力について試験した(Slotnick et al., 1991)．ラットはすぐに強化子と関連づけられたにおいとそうでないにおいを選り分けるようになった．さらに，新しい8つのにおいのセットを用いたセッションを繰り返すうちに成績は急速に向上し，7～8番目のセットまでに，ほとんどのラットは各々のにおいに3～5回曝露されるだけで基準の成績に達するようになった．シリーズの中ほどで用いたにおいの組み合わせで反転課題を試験すると，ラットは多くの誤選択をしたことから，この中ほどで用いた組み合わせを覚えていることが示された．

●嗅覚精神物理学●

絶対検出閾値(absolute detection threshold)やその他のにおい感受性の測定には，オルファクトメーターによる刺激の精密な制御が必要である．ラットを用いた精神物理学的な研究では，精神物理学的測定法である段階法の変法(Youngentob et al., 1997)や，下降系列極限法の変法(これは，初期閾上刺激濃度のいくつかを検出できるように，ラットに広範囲の訓練を施す)が用いられる．**濃度**はにおい物質が空気や液体で希釈された割合と定義される．濃度を3.16(half-log)または1.78(quarter-log)ずつ希釈していき，各濃度で，決められた試行回数内で一定の基準に達するまでラットを訓練する(一般に20または40試行中の正答率が75または80％)．当然のことだが，におい濃度の希釈幅を小さくし，各濃度について多く訓練することで，低い閾値が得られる．刺激に用いた分子濃度の正確な特定は，技術的・方法論的にさまざまな問題を伴い(Dravineks, 1975)，しばしば飽和蒸気レベルと確認困難な他の因子についての仮定が要求される．しかし幸いなことに，物理刺激の正確な測定が要求されるのは最も厳しい感覚研究のみで，たいていの行動実験では，実験的操作により現れた相対的な感受性の変化の評価で十分である．例えば，Apfelbach et al.(1991)が，におい感受性が年齢や嗅覚受容ニューロンの密度によってどれくらい異なるのかを示し，Slotnick and Schoonover(1993)が，外側嗅索の切断が酢酸アミルに対するにおい感受性をおよそ2.2桁減少させることを測定したことが好例である．

オルファクトメーターは，強度差弁別閾値(Slotnick and Ptak, 1977; Slotnick and Schoonover, 1993)やにおいマスキング(Laing et al., 1989)のにおい感受性の測定にも有用である．後者のケースでは，ラットは2つのにおい(AおよびAとBの複合体)の弁別が要求される．次のセッションでは，混合物中のBの割合が弁別不可能になるまで徐々に減らされる．一般的に，その時点でBのみの濃度が検知閾値より十分高くても，A刺激の存在によってBはマスクされる．この弁別課題にはいくつかの変法があり(Laing et al., 1989; Lu and Slotnick, 1998; Dhong et al., 1999; Slotnick and Bisulco, 2003 など)，複雑なにおい複合体の弁別課題にも簡単に応用することができた．

臭質の知覚

おそらく，嗅覚の実験的研究で最も挑戦的な課題の1つは，臭質(odor quality)知覚の評価——2つのにおいの知覚類似性の測定と，操作によってあるにおいに対する臭質知覚の変化が引き起こされるかの測定——である．分子生物学的研究と解剖学的研究により，においコーディングに関する複数の理論の実験的基盤がもたらされている現在，このような課題は実際的な重要性をもつ(Xu et al., 2000)．これらの理論を行動レベルで試験する方法の開発は課題の1つである．刺激般化勾配(stimulus generalization gradient)の測定は，おそらく現在も動物で官能的質(sensory quality)の知覚を測定する代表的な，伝統的手法である．しかし，この方法が嗅覚に適応可能かは明らかではない．なぜなら，においはさまざまな面で互いに異なり，まだ特定されていないこれらの面の組み合わせが臭質を決めているかもしれないからである．臭質知覚を評価する別の方法もいくつか報告されているが，完全に満足できるものはない．Youngentob et al.(1990, 1991)の手法では，中央ポートにあるにおいを嗅ぎ，水報酬を得るためにそのにおいに関連づけられた走路を横断するようにラットを訓練する．5つのにおいを用い，それぞれのにおいは5本の走路のどれを選ぶべきかを示し

ている．想定では，誤選択が，あるにおいと他のにおいを混同した程度を反映し，したがって，におい間の知覚的類似性が測定できるとされた．しかし実際には，ラットはなかなかこの課題を学習しなかったが，一度学習を獲得すると，構造が類似したにおい間でさえもほとんど誤選択を起こさなかった．Slotnick and Bodyak(2002)は全く異なる方法を用いた．彼らは，構造的に同族のにおいや関連性のないにおいを弁別するようにラットを訓練し，続いて，それらのにおいに対する正負の割り当て記憶を試験した．この記憶課題では，においが知覚的に似ているとより多くの誤選択が起こると想定された．この記憶課題は消去の過程で行い，ラットに反応の正誤をフィードバックしなかった．この研究では統制群ラットは，構造的に同族のにおいも関連性のないにおいもどちらについても，ほぼ完璧な記憶成績を示した．嗅球を破壊したラットもほぼ同様で，つまり嗅球破壊は臭質知覚に対して目立った効果を何も示さなかった．この特殊な課題は脳破壊による知覚の潜在的変化の評価に有用ではあるが，Slotnick and Bodyak(2002)の研究やYoungentob et al.(1990, 1991)の研究で統制群ラットが洗練された成績を示したことは，ラットの臭質知覚の指数化にはより感度の高い異なった方法が必要かもしれないことを示唆している．

嗅覚と無臭覚症，他の化学感覚

嗅覚神経は蒸気刺激に反応する唯一の感覚神経ではない．高度嗅覚性哺乳類は非常に発達した副嗅覚系(accessory olfactory system)を有し，鋤鼻器(vomeronasal organ)にある感覚神経はにおいに対し非常に低い閾値をもつ可能性がある(Leinders-Zufall et al., 2000)．実際，あるにおいに対する反応が主嗅覚系と副嗅覚系のどちらを(または両方を)介したものであるのかを同定することは重要で，フェロモン刺激の研究では相当な関心が寄せられる事柄である．この2つの系を分離するさまざまな実験的方法がある．例えば，主嗅上皮を傷つけることなく鋤鼻器を取り除くことが可能である(Wysocki et al., 1991)．また，密集して嗅球内側面に沿って走る副嗅覚神経を切断することも可能である(Fleming et al., 1992)．一方，副嗅覚系を損なうことなく主嗅覚系を取り除くのははるかに困難である．(主)嗅上皮は広範囲に広がり，呼吸器系に不可欠な部分であり，重篤な合併症なしにこれを完全に除去するのは難しい．嗅覚神経は拡散して篩板を通り抜けており，切断は難しい．Costanzoら(Costanzo, 1985; Yee and Costanzo, 1995)は特殊な構造のナイフを用いて嗅覚神経を切断したと報告しているが，この切断は副嗅覚神経も遮断している可能性がある．あるタイプの腐食剤や毒素は副嗅覚系の傷害なしに嗅覚神経を破壊できるかもしれない(Setzer and slotnick, 1998; Slotnick et al., 2000a)が，結果の立証には丁寧な組織学的分析が必要であり，その効果は用量に非常に大きく依存する可能性がある．

硫酸亜鉛は上皮組織を破壊する腐食性金属塩である．硫酸亜鉛の鼻蓋(nasal vault)への注入は，無臭覚症(anosmia)ラット作製を試みる多くの研究で用いられてきた．広く用いられてはいるが，この手法は嗅上皮の一部しか破壊できず，健常な嗅上皮領域の残存と嗅覚機能のかなりの残存が解剖学的研究や高感度の嗅覚検査によって示されている(Slotnick and Gutman, 1977; Slotnick et al., 2000a)．げっ歯類で明らかな無臭覚症(完全なにおいの喪失)を引き起こす信頼に足る方法は，嗅球の外科的除去のみである．嗅球組織は小さな切れ端ですら嗅覚機能を仲介している可能性がある(Lu and Slotnick, 1998)ので，嗅球は完全に除去する必要がある．この手術は多少の困難が伴う．嗅球後面は前頭極皮質(frontal pole cortex)の下に位置し，まわりの構造への損傷がないように嗅球を完全に切除するためにいくばくかの注意が必要であるからだ．この嗅球切除では，必然的に前嗅核(anterior olfactory nucleus, その前極が嗅球外側面へ広がっている)を侵害する．嗅球を完全に除去されたラットはオペラントオルファクトメーター課題(operant olfactometer task)の実行に障害はないが，関連する高濃度のにおいを用いた場合でさえ，単純なにおい検出課題の何百回もの試行中にまぐれで反応することがあるだけである(Slotnick and Schoonover, 1992)．これらは成体ラットでの嗅球除去上のことであることを強調しておく．なぜなら嗅球除去した新生仔ラットでは，再生が起こり前脳への機能的投射がみられることが報告されているからである(Hendricks et al., 1994)．

鼻蓋または角膜にある三叉神経受容器(trigeminal receptor)や，ある種の蒸気に反応できる気管の感覚受容器によって仲介されているかもしれない手がかりが，多くの嗅覚研究で混同されている可能性がある．これらの中でも，角膜受容器と気管にある受容器のにおい検出への影響は，もし嗅球除去が無臭覚症をもたらすのなら除外できる．しかし，眼神経鼻毛様体神経枝(nasociliary branch of the ophthalmic nerve)は鼻腔粘膜の一部からの感覚入力を担っており，この神経はラットでは嗅球のすぐ側を走っているため嗅球除去では必ず切断される．したがって，嗅球除去ラットは三叉神経受容器からの入力も減少する．三叉神経受容器は刺激物に反応する．加えて，嗅覚感覚受容器より概

して閾値はかなり高いが，一般に使われる多くのにおい物質にも高濃度であれば反応できる（Laska et al., 1997）。嗅覚研究において，これら非嗅覚受容器の影響の可能性を最小化または除外する最も単純な方法はおそらく，ヒトで刺激性がないと判断されたにおい濃度を用いるか，よりよいのは，その受容器の閾値より十分低い濃度を用いることである。一般的に使われるにおい物質の多くに対する三叉神経や気管の閾値は立証されている（Nielsen et al., 1984; Silver et al., 1986; Silver, 1992; Schaper, 1993; Cometto-Muniz et al., 2002）。

結論

ラットや他のげっ歯類は嗅覚の世界で生活しており，げっ歯類の生物学を理解するには，社会的行動や摂食・学習・環境中での方向づけへの嗅覚の重要性を考慮しなければならない。げっ歯類の行動におけるにおいの役割については，動物行動学的指向の研究では主要なトピックで，これらの研究で使われた比較的単純な課題によりにおいの影響と重要性が立証されてきた。しかし，においによる学習制御に関する研究と嗅覚の分子生物学における進歩により，より洗練された課題手法とにおい刺激に対するよりいっそうの制御と理解が必要となっている。嗅覚研究の多種多様な面を扱える万能の課題はない。すべての嗅覚課題では，蒸気状態の刺激の扱いと，被験個体の試し嗅ぎ行動や用心深い行動を制御するうえでの特有の性質と問題点を考慮しなければならない。

Burton Slotnick, Heather Schellinck,
Richard Brown

第10章

味　覚

　ドブネズミ（*Rattus norvegicus*）の味覚はヒトのそれと非常に似通っている。ラットとヒトは同じような方法を用いて，定性的に味物質の類似点と相違点を見分ける。ラットの味物質に対する旺盛な興味ならびに逃避反応は，化学刺激に対する生来の嗅覚反射と同様にヒトの快楽反応と似ている。このことは，ラットが都市住居の住民として糧を得ることに成功した理由の1つだろう。確かに，人工甘味料のアスパルテームはラットには「甘さ」が感じられないなど，一部の興味深い例外が存在するが，味覚認知の点において，ラットとヒトではこのような相違点を補って余りあるほぼ完全な一致がある。このように，味覚系の最終出力の観点から，ラットはヒトの味覚研究におけるモデル動物として優れており，なおかつその使用という点で経済的でもある。

　ラットとヒトにおける味覚系出力は似通っているようだが，いくつかの解剖学的な相違点も存在する。ヒト以外の霊長類において（あるいはおそらくヒトも），孤束核の二次味覚神経は直接，視床の味覚帯に投射しているが，ラットにおいて味覚関連の孤束核からの出力は，視床にいたるまでに傍小脳脚核のシナプスを中継する。ラットにおいて，傍小脳脚核の味覚帯は視床皮質経路だけでなく，扁桃体，無名質，視床下部を含む動機づけられた行動に関係する脳部位である腹側前脳へ神経線維を送っている（Norgren, 1995）。ヒト以外の霊長類において，これらの腹側前脳部位は島皮質，弁蓋，眼窩前頭皮質のような皮質における味覚領域から直接的に味覚情報を受け取る（Pritchard, 1991）。このような解剖学的な相違点の機能的な意義はよくわかっていないが，ラットの解剖学的研究は，選択的に味覚情報を上行性に操作することによって，味覚系の機能性組織を明らかにし，動機づけや情動，学習，記憶などを含む過程に関する見識をもたらす。

　味覚機能は3つの特徴をもつことが明らかとなっている（Spector, 2000）。1つ目の特徴は，味覚刺激が動物に味を認識させる質的なサインをもっていることである。2つ目の特徴は，味覚刺激が摂食を促進あるいは減退させる（影響を与えない場合もある）動機づけ的性質をもっていることである。動機づけに関わる領域はさらに刺激獲得（欲求行動）と，刺激と味覚受容器が接触することによって引き起こされる口の反射的運動（完了行動）に関わる領域とに分けられる。3つ目の特徴は，いくつかの味覚刺激は，口から摂取した食物の消化や同化を助ける唾液分泌などの生理学的反射を引き起こすことである。実験的な手法に応じて，味覚刺激によって誘発された反応は上記の1つあるいはそれ以上の領域に分類されるが，実験手法は異なる複数の機能について焦点を当てる可能性があることを認識しなければならない。この考えに基づいて，本章では，味覚機能を評価するために用いられる一般的な行動学的解析に関わる方法論と，その概念上の問題点について概説する。ドブネズミに焦点を当てるが，他種にも一般化可能な多くの原理を紹介する。

刺激の準備

　化学物質による味覚刺激は可能な限り厳密に調製される必要がある。異物の混入を最小限にするためには，試薬は純度の高いものを純粋な水で溶かしたものを使用することが望ましい。不幸にも，購入した純度の高い試薬の汚染が実験者の管理外で発生することがある。蒸留水，逆浸透膜脱イオン水，ろ過カートリッジなどによってつくられた純粋な水は入手可能である。可能なら，溶液は常に新鮮なものを用時調製することが望ましい。しかし，溶液を事前に調製したほうが良い場合もある。例えば，ある種の有機化合物が時間の経過によって変旋光が起こり，アノマー化が平衡に達する場合などである。化合物のアノマー化が平衡に達する前に実験に使用すると，別のアノマーがもつ異なった生理学的特性によって反応に変化が生じる可能性がある。前もって溶液を調製して冷凍保存してい

た場合は，使用する前に室温に戻すべきである。化合物が光によって分解されやすい性質であれば，溶液は遮光するためにアルミホイルで包んだガラス容器に保存すべきである。

文献では，溶液の濃度を決めるための慣習が2つ存在する。それは重量容量パーセント濃度（%w/v）とモル濃度（M）である。餌の研究者は前者のほうを好む傾向にある。なぜなら，代謝性炭水化物溶液は重量容量パーセント濃度と容積濃度が等しいカロリーを示すからである。しかし，味覚に興味がある研究者にとっては，モル濃度のほうが好ましい表現である。なぜなら，等しいモル濃度溶液同士においては，含まれる単位溶液当たりの分子数は等しいからである（Pfaffmann et al., 1954 参照）。例えば，10%果糖溶液のほうが10%ショ糖溶液よりも甘いというのは，味覚的観点からいえば意味のない表現である。なぜなら，前者は単位容積当たり約2倍の分子数を含んでいるからである。

ほとんどの味覚研究は液体中に存在する味覚刺激物によって行われる。なぜなら，固体の化合物を均等に餌の中に混合することが難しいため，味覚受容体を刺激する濃度を決定することが困難だからである。いくつかの状況では，粉体の餌をこぼしてしまうことが問題となりうる。これらの実験的な問題に対処するため，研究者は味覚刺激化合物をゼラチン溶液に溶かしてから固めるといった方法を用いる（Rowland et al., 2003 など）。本章の後半部分では，液体による味覚刺激に関する手順について述べるが，それ以外に利用される刺激方法についても述べる。

実験者は，混合物に含まれる個別の化合物の構成成分の相対的な品質について注意を払う必要がある。大雑把にいうと，味覚という感覚は**合成的**というよりも**分析的**であるといえる。言い換えれば，化合物が異なった味覚性をもつ場合，観察者は，混合物に含まれる固有の物質は少なくとも2ないし3つは存在するであろうと推定することができる（Smith and Theodore, 1984; Laing et al., 2002; Frank et al., 2003 参照）。このことは，音楽のコードにおける音符の認識や，観察者が検出不可能な複数の光源の構成波長など合成された自然色のコントラストを認識するのと似ている（例えば，主要色の等混合によって発生する白色光など）。味覚興奮は分析的特徴を有しているが，混合物の味覚的性質についての理解は注意をもってなされるべきである（Laing et al., 2002; Schifferstein, 2003）。いくつかの化合物は混合物中で相互作用を起こし，末梢の味覚受容体に予想外な影響を及ぼす。この場合，全体というものは部分の集合体とはいえない。例えば，ハムスターでは，低濃度の塩酸キニーネ（ヒトにおいては「苦く」感じる物質である）を含む2つの化合物の混合物を舌の前側に置いた場合，スクロースに対しては神経興奮を有意に抑制するにもかかわらず，キニーネ自体は鼓索神経を興奮させることはない（Formaker et al., 1997）。いくつかの場合，混合による抑制現象は中枢神経系を介している可能性がある（Lawless, 1979; Travers and Smith, 1984; Vogt and Smith, 1993）。また相乗作用も起こりうる。げっ歯類の鼓索神経における細胞内カルシウム濃度の変化を味覚受容体タンパク質のヘテロ発現システムで解析した結果，アミノ酸塩と5'-プリンヌクレオチドイノシン一リン酸が混合された状況では，グルタミン酸ナトリウムに対する反応は増強されていた（Yamamoto et al., 1991; Li et al., 2002 など）。多くの種類の混合物が電気生理学的あるいは心理物理的に相互作用を及ぼしているといえる。

摂取試験

味覚刺激に対する反応性を評価する最も一般的な方法が摂取試験である。この試験法の具体的な手順に関しては文献に記載されているが，それらはすべて化学溶液が入った1本あるいは複数の瓶を使い切ってしまうような測定法に関するものが多い。試験の所要時間は数分のものから数日かかるものまである。2本の瓶を使用する方法は，1本の瓶に味覚刺激物質を入れ，もう一方の瓶には水あるいは異なる味覚刺激物質を入れる。これらの方法はシンプルであり，特別な器具を必要とせず，また実験動物や実験者に対して過度なトレーニングを要求しない。

●実験における注意点●

複数の検体を試験する際，味覚刺激のサンプリングや位置選好は問題となる場合がある。短い時間の試験の場合，動物は選択肢の1つしか味見しないかもしれない。サンプルは1つをまずはじめに呈示し，一区切りつけたあと，他のサンプルを呈示すべきである。味覚刺激のすべてをひととおり試したあとであれば，同時に呈示することができる（Nachman, 1962）。これらは動物が液体の摂取を制限された環境で訓練され，いざサンプルが呈示された際に溶液を飲むように「教え込まれている」ことを前提とする。短期あるいは長期の試験では，動物は最初に置かれた瓶とは異なる位置に置かれた瓶を好む傾向にある。研究者は実験中に瓶の位置を変えて，これをうまくコントロールしなければならない。これは明暗相の変化があると難しくなってしまうが，48時間の試験であれば，この問題を回避

することができる．3つ以上の瓶がある場合，この方法は複雑になり，呈示された瓶の数だけ実際の好みは変わることになる(Tordoff and Bachmanov, 2003)．おそらくこれが，研究者が2つ以上の瓶をめったに使わない理由である．さまざまな濃度の味覚刺激を呈示する順番は好き嫌いによって影響を受けるかもしれない(Flynn and Grill, 1988; Fregly and Rowland, 1992 など)．

●概念および解釈における注意点●

摂取試験の利点は，他のより複雑な手順のもの(後述)と比較して，方法が簡便なことである．この方法の欠点は，摂取した味に関連した味覚刺激の影響を分離することが困難なことである．例えば，げっ歯類は砂糖水を含むいくつかのタイプの化合物について，逆U字型の摂取濃度曲線を示すことが知られている．この曲線の下降部分は摂取後受容体系の刺激によって引き起こされると考えられている(Davis and Levine, 1977)．実際，摂取したものが，胃の開口部または食道カニューレ(すなわち，偽の飲行動)を通って体外に排出された場合，摂取量は単調に濃度とともに増加する(Mook, 1963; Geary and Smith, 1985)．別の例で，Rabe and Corbit(1973)は，さまざまな濃度の塩化ナトリウムを直接胃の中に注入する．または，低濃度の塩化ナトリウムだけを経口的にラットに呈示する「一時間一瓶法」によって，塩化ナトリウムの逆U字型濃度摂取関数を説明している．これは，塩化ナトリウムの味も逆U字型の濃度摂取関数であることを示すものではない．ラットの偽の塩化ナトリウム飲行動は通常のラットの飲行動に類似した曲線を示す．つまり，Rabe and Corbit(1973)の研究は，味覚が必要でないことを示している．

摂取した化学刺激の量が味覚刺激を誘発することができる場合，摂取試験の結果は，それが行動を駆り立てるような快楽的特徴をもつかどうかに依存する．したがって，これらの試験は，必ずしも味覚刺激の知覚的同一性(ナトリウム欲求などの特定の概念的例外を除く．Nachman, 1962 参照)についてはそれほど明らかにはしない．言い換えると，識別可能な刺激は，摂取量試験では好き嫌いと同じ程度になる．さらに，好き嫌いの欠如が，刺激が検知されないことを必ずしも意味するわけではない．それは，単に味覚物質が快楽的に中性であることを意味する．例えば，C57BL/6J (B6)マウスを用いた実験では，48時間の二瓶選択課題(two bottle choice test)において，約0.1 M までの塩化ナトリウムは，むしろフラットな濃度選択関数を示した(塩化ナトリウム vs 水，濃度上昇系)．そして，濃度がより上昇すると，回避行動は飛躍的に増加した(Eylam and Spector, 2002)．しかし，オペラント反応に基づく作業(後述)において，動物の行動によって示されるように，条件つきの信号認識作業に関して，動物は明白に低濃度の塩化ナトリウムに気づくことができた．興味深いことに，上皮性ナトリウムチャネル・ブロッカーのアミロライド(ナトリウムの味覚変換経路の1つを阻害する)は，塩化ナトリウムの好き嫌い機能に影響を及ぼさずに，オペラント課題で測定される感度曲線を約1桁の強度で増強させた(Eylam and Spector, 2002)．

口腔運動と身体の味覚反応性

化学刺激は味覚受容体に接触することによって，紋切り型の口腔および身体の反応を濃度依存性にさまざまな動物から誘導することができる(Grill and Norgren, 1978a; Grill and Berridge, 1985; Grill et al., 1987)．これらの反応は味覚反応性と呼ばれ，2つのクラス(摂取反応と嫌悪反応)のいずれかに分類される．摂取反応は，ショ糖のような通常好ましい刺激によって誘発され，舌を上下左右へ動かすなどの口腔運動を伴う．嫌悪反応は，キニーネのような通常避けられる刺激によって誘発され，大口を開ける，あごをこする，肢を振り回す，頭を振るなどの行動を伴う．摂取反応は通常は刺激の消費が続くが，嫌悪反応は通常は口腔から液体が流失する(図10-1)．

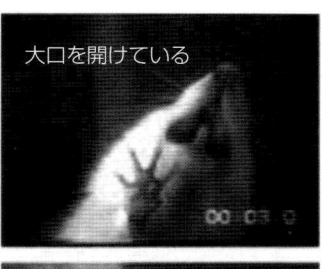

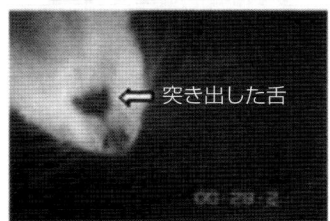

図10-1 2つの特徴的な味覚誘発口腔運動の腹側からの画像．(上)味覚嫌悪反応の特徴である大口を開ける行動は，通常，切歯をむき出しにし，口角を収縮させて大きく口を開けることである．(下)摂取味覚反応の特徴である舌を突き出す行動は，切歯の上にまで舌が伸びている(画像中の矢印が突き出した舌)．

●実験における注意点●

実験者が直接的に味覚刺激を口腔に注入することで，味覚反応性行動は最も良い定量性が得られる。げっ歯類に用いられる口腔内カニューレは，麻酔された動物に恒常的に埋め込むことができ，その使用手順にはさまざまな外科的方法がある(Grill and Norgren, 1978a; Hall, 1979; Grill et al., 1987; Spector et al., 1988)。

口腔内手術からの回復ののち(2週間)，動物はテスト環境(通常，小さなプレキシガラス[i]の囲いで，その壁には床から1cmの高さの台がある)に慣らされる。透明な床の下に鏡が斜めに置かれている。PE-100管の小片を一端につけて，熱によって広げたPE-160管は，熱で広げられた末端がカニューレに接続されており，その反対側はチャンバーの天井の電気整流器と接続されている。次に，もう1つのPE-160管を電気整流器と注射針に接続する。そして，それを注射器ポンプに固定された注射器に取りつける。ラットとつなげる前に，隙間の空気を埋める目的で，液体を管に通す。注入が始まる予定時刻になるとポンプが作動する。液体が口腔に達し，反射的な連続口腔運動が起こるとタイマーがスタートする。

研究者によってはその場で味覚反応性を定量化しようとするが，あとの詳細分析のために，実験をビデオ録画することが望ましい。ビデオカメラは鏡の反射を利用して，口の腹側の視点に焦点を合わせる。オペレーターはチャンバー内で動く動物を単純に追うだけである。移動の範囲を制限するため，チャンバーは比較的小さめにする(例えば，直径≈24cmの囲い)。異なる種類の味覚反応性行動を録画したテープを分析する。いくつかの反応は，個別の短いイベントとしてカウントすることができる(例えば，舌を突き出す)。その他のより時間の長い反応は，それが続いた時間を計ることができる(例えば，受動的な垂涎)。記録された異なるタイプの味覚反応性行動の説明は，他の文献に詳しい(Grill and Berridge, 1985; Grill et al., 1987; Spector et al., 1988)。

残念なことに，ある程度の主観が，どんな評価法においても存在する。例えば，ときどきみられる大口を開ける行動は，大きな口腔運動と区別するのが難しい。また，反応を増幅器で検出する際には，舌を突き出す行動は，小さな口腔運動と区別するのが難しくなる。したがって，実験記録は，動物への実験的処置について「盲験的」である観察者によって行われる。ビデオテープへの記録以外に，研究者によっては，筋電図記録の電極を舌とあご筋肉組織に挿入し，口腔運動反応に由来する波形を測定する(Kaplan and Grill, 1989; Chen and Travers, 2003 など)。

●概念および解釈における注意点●

味覚を誘発する口腔運動と身体行動の理論的な意味についてはよく調べられている(Grill and Berridge, 1985; Breslin et al., 1992; Parker, 1995; Berridge, 1996)。味覚反応実験は面倒であり，分析は退屈である。よって研究者は，この方法論の採用にあたり，それを強く正当化して実験に臨む必要がある。いわば，この手順の使用には非常に強い理論的根拠があるといえる。それは，おそらく，完了行動を純粋に定量化する最も良い方法である。上丘除脳ラットのような自発的に飲食しなくなる神経処置は，味覚反応性を行動的に評価する唯一の方法である(Grill and Norgren, 1978b)。健常な動物においても，味覚反応実験は，動物がドリンクスポット(飲み物を置いてある場所)に近づかない場合に起こる，摂取およびリッキング[ii](licking)に関する統計上問題となる床効果を回避する方法を提供してくれる。さらに，動物を非渇望状態で試験に供することができる上，液体による刺激は極めて少量ですみ，迅速な反応を測定することができ，なおかつ摂取後要因による影響を最小限に抑えることができる。味覚反応性は，ラットへの塩化リチウム投与後(内臓倦怠感を引き起こす)，5分おきに加えられる30秒間のショ糖摂取反応が次第に嫌悪行動に変わっていくなどの学習によっても制御することができる(Breslin et al., 1992)(図10-2)。

短時間味覚試験

短時間味覚試験は，非常に短い試験時間で味覚刺激に対する無条件のリッキング反応を評価するようにデザインされたものである(Young and Trafton, 1964; Davis, 1973; Smith et al., 1992; Markison et al., 2000; Glendinning et al., 2002; Spector, 2003)。味覚反応性を調べる手続きが少量の味覚刺激物に対する即時の反応を測定するように，P. T. Youngらによって創出された短時間味覚試験は(Young and Trafton, 1964など)，同じ方法論的な特質がいくつかある。しかし，食欲と摂取行動を反映してしまう側面がある。この手順では，自動化した刺激発生装置とリッキングモニタリングシステム(一般に**味覚計**と呼ばれる)を使用する

---

i アクリル樹脂製の有機ガラス。

ii なめること。

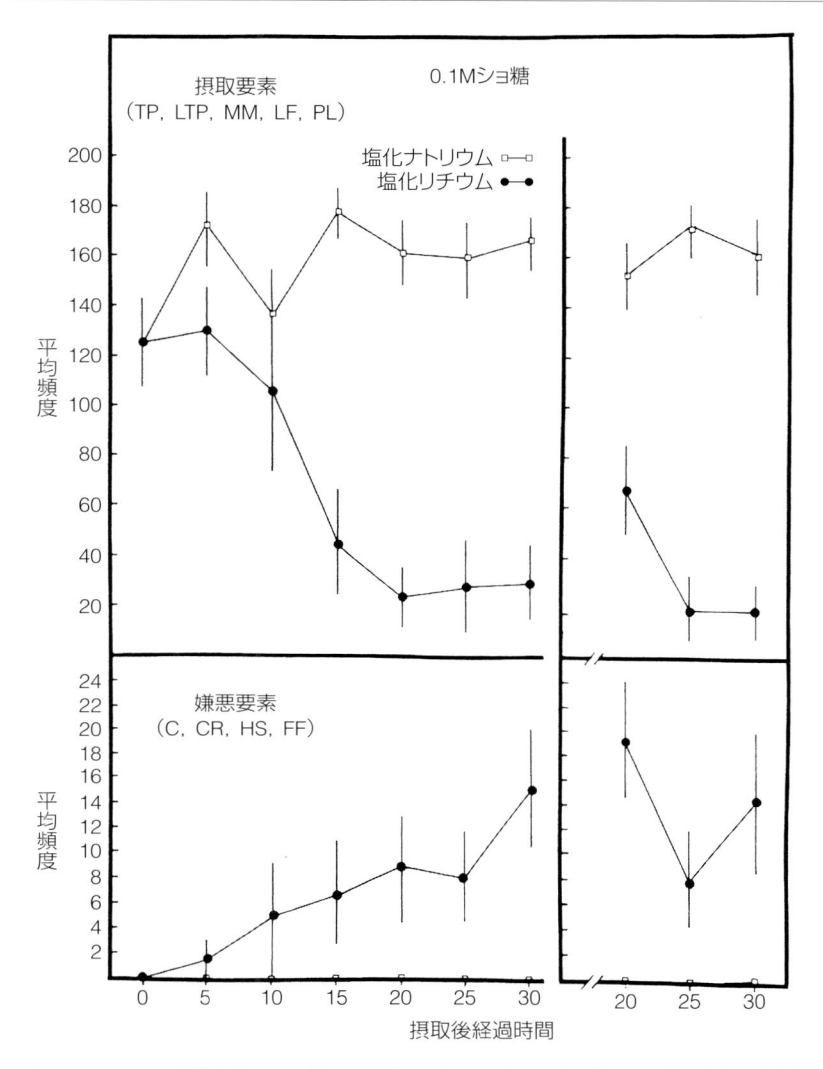

図10-2 (**左**)ラットに0.1 Mショ糖を経口投与(0.5 mL/30秒)したのち,5分ごとに塩化リチウム($n=6$)と塩化ナトリウム($n=8$)を腹腔投与した場合の,平均(±標準誤差)摂取反応頻度(**上**)と嫌悪反応頻度(**下**)のグラフ。塩化リチウムを投与したラットは,その味覚反応が摂取から嫌悪に変化し,塩化リチウムによる影響が現れた。20分遅れでショ糖を摂取し始めた通常のラットは,嫌悪反応を示さない(データは示していない)。これは左側の曲線が速い条件づけを意味していることを示唆している。(**右**)4日後の同じラットに0.1 Mショ糖を用いて行った試験の,平均(±標準誤差)摂取反応頻度(**上**)と嫌悪反応頻度(**下**)のグラフ。両方とも塩化リチウム投与後,20, 25, 30分後にショ糖を与えた。4日早くリチウムを投与されたラットは嫌悪反応を示したが,塩化リチウムを20分前に投与されたラット,塩化ナトリウムを投与されたラットは摂取反応を示したままであった。[Spector et al.(1988)より。©1988,米国心理学会]

(Slotnick, 1982; Spector et al., 1990; Thaw and Smith, 1992; Reilly et al., 1994など)。これらの装置の一部は市販されているが,手製のものもある。これらすべては実験の間に複数の味覚溶液を配置することができ,ドリンクスポットへの刺激-接近反応に伴うリッキングの記録が可能である。

● **実験における注意点** ●

一般に,サンプル群からの各々の溶液は,秒単位の非常に短い時間だけ呈示される($\approx 5〜30$秒)。通常,試験のタイマーは,最初のリッキングでスタートする。溶液の呈示は,試験ブロック中においては置き換えずにランダム化される。したがって,セッションの進行に伴う刺激への飽き,疲労は一様に影響する。多くの試験において試験期間は短く,動物に飽きが起こるより前に始められる。一方,試験期間があまりに短ければ,リッキング率において予想される潜在的変化の範囲は狭まる。好ましい刺激の場合,動物が非渇望状態で試験することができるが,通常,最初は水を与

えていない状態で，動物は味覚刺激に触れる訓練を受ける。しかし，忌避刺激の場合，動物は水分摂取制限下で試験されなければならない。そして，嫌悪溶液を摂取することで水分を補給する。しばしば，単一の化合物を含む溶液の濃度は変化する。結果として生じる濃度反応曲線は，味覚刺激が好ましいものか，避けられるものかを問わず，非常に整然としたS字状を示す。この技術は自動化されており，動物の訓練もごくわずかですむため，1日にかなりの数の動物の試験を行うことができる。例えば，5台の味覚計で行う30分の実験で，70匹以上の動物を試験することができる。それゆえに，この手法は，遺伝子改変されたげっ歯類でのハイスループットな味覚機能検査に用いられる (Glendinning et al., 2002)。

●概念および解釈における注意点●

短時間味覚試験は総リッキング率（単に相互にみられる典型的かつ基本的なリッキング間隔〈interlick interval: ILI〉である局所リッキング率と区別される）が味覚刺激の心理的効果を反映することを基本的な前提としている。実験を行っていると，リッキングに影響を及ぼす味覚以外の要因が存在することがわかる。例えば，水を与えていないラットで実験を行うと，ショ糖の濃度反応機能は実質的にフラットであろう。実際，ある動物が他の動物よりも「のどが渇いている」ならば，通常の忌避刺激でさえリッキングの頻度に影響するかもしれない。この後者の可能性は，味覚刺激によるリッキングと飲水によるリッキングの比を調べるだけで，簡単に探ることができる。こうして，動機づけられた状態や運動能力による要因は除外される。非渇望状態の動物に通常の好ましい味覚刺激を与えた試験では，飲水行動によるリッキングの微小な変化が比率に不つり合いな影響を及ぼすことがある。そのため，この場合での先述の統計的操作には意味がなく，実際の使用に適さない。研究者が非渇望状態の動物で行う試験の際に，全般的なリッキング率によくみられる相違を調整する方法の1つは，摂水制限状態で行う試験のILIを測定することと，試験中に決定した相互の値としての最大リッキングを用いることである。このように，各々の味覚刺激におけるリッキング率は，個々の課題における最大可能リッキング率によって調整される (Glendinning et al., 2002)。短時間味覚試験は，反応を駆り立てる味覚刺激の動機づけ特性に依存するが，閾値上で認識された強さを評価することができる希少な方法の1つで，二瓶選択課題にかわってポピュラーなものになっている。

条件刺激としての味覚刺激

ここまで議論してきた手順のすべては，感情の領域においての味覚機能を評価するものである。2つの味覚溶液がこれらの測定において等しい値を示すのは，質的に識別可能であるにもかかわらず，2つの味覚刺激がこれらの測定条件で感覚的に等しいからである。研究者は，条件刺激としての味覚刺激を用いることによって，化学溶液の質的な特性について推察することができる。2つあるいはそれ以上の味覚刺激を区別するようにラットを訓練する手順は，化学物質を検知する質的な相違（あるいは欠落）に関する情報を提供する。その他の場合では，ラットは1つの味覚刺激に対して特定の様式で反応するように訓練される。そして，動物が他の化学溶液に対するその反応を一般化する程度は，検知される刺激の質的な類似性に関する情報を提供する。

●実験における注意点●

古典的条件づけ手順では，味覚化合物は，条件刺激 (conditioned stimulus: CS) として用いられる。このアプローチの一般的な例は，条件性味覚嫌悪パラダイム (conditioned taste aversion paradigm) の適用である。塩化リチウムなどの吐剤（ラットは吐くことができない動物である）のような，動物が本能的に嫌悪するものに続いて与えられる新しい味覚刺激を摂取すると，動物はその後，味覚刺激の摂取を避けることはよく知られている (Riley and Tuck, 1985)。この手順は，化学溶液によって認知される味覚の質と強さについて推察するために開発された (Nachman, 1963; Tapper and Halpern, 1968; Nowlis et al., 1980; Spector and Grill, 1988)。例えば，塩化リチウム注射のあとの 0.3 M の塩化ナトリウム (CS) の摂取と，その後にみられる，さまざまな刺激への回避行動の程度は，無処置の対照動物との比較観察によって評価される。CS（例えば，0.3 M の塩化ナトリウム）と比較した試験溶液の**条件性**回避行動の比率は，2つの刺激の類似性の指標としてとらえられる。このような手法は，回避行動の主要な測定法である一または二瓶摂取試験，あるいは味覚計を用いて行われる (Spector et al., 1990 など)。そしてそれは，試験の1セッション（短時間味覚試験など）内における制御された様式でのさまざまな刺激に対するリッキング率で測定することができる。

オペラント条件づけ (operant conditioning procedure) では，味覚刺激が弁別刺激として使われる。そして，それは特定の反応を促進するシグナルとなる。こ

れらの手順は味覚計の使用を必要とする。我々は動物に所定の刺激（例えば，塩化ナトリウム）を与えた際に1つの反応（例えば，右のレバーを押す）を示し，また別の刺激（例えば，水）を与えた際に別の反応（例えば，左のレバーを押す）を示すように，2つの反応を刺激に応じて区別して示すように訓練することができる。正しい反応は，少ない水の量でみられる。動物には水を与えない状態で試験する。それによって，味覚刺激物の摂取を促進し，水の強化有効性が増強される（St. John et al., 1997）。我々は，検出閾値（図10-3）と，味覚物質の識別（図10-4）を測定するために，この手順を使用した（Spector et al., 1996; St. John et al., 1997; St. John and Spector, 1998; Geran and Spector, 2000; Kopka and Spector, 2001; Geran et al., 2002; Spector and Kopka, 2002）。他のオペラント条件づけも，味覚感度や識別能の測定，一般化のために，異なる種類の味覚計とともにうまく使われている（Spector, 2003, 総説参照）。

●概念および解釈における注意点●

弁別により味覚機能を評価する条件刺激として味覚刺激を使用する際は，古典的な動物の精神物理学を扱った以下の標準的な解説書に記載がある（Blough and Blough, 1977; Berkley and Stebbins, 1990; Spector, 2003）。まず，行動について刺激性制御を獲得し，それを維持することが重要である。検出閾値の決定，または味覚嫌悪条件づけ後の回避行動に対する複数の試験で，反応の消失がみられる場合がある。前者の場合，あまりに高い濃度の薬物を呈示した結果として起

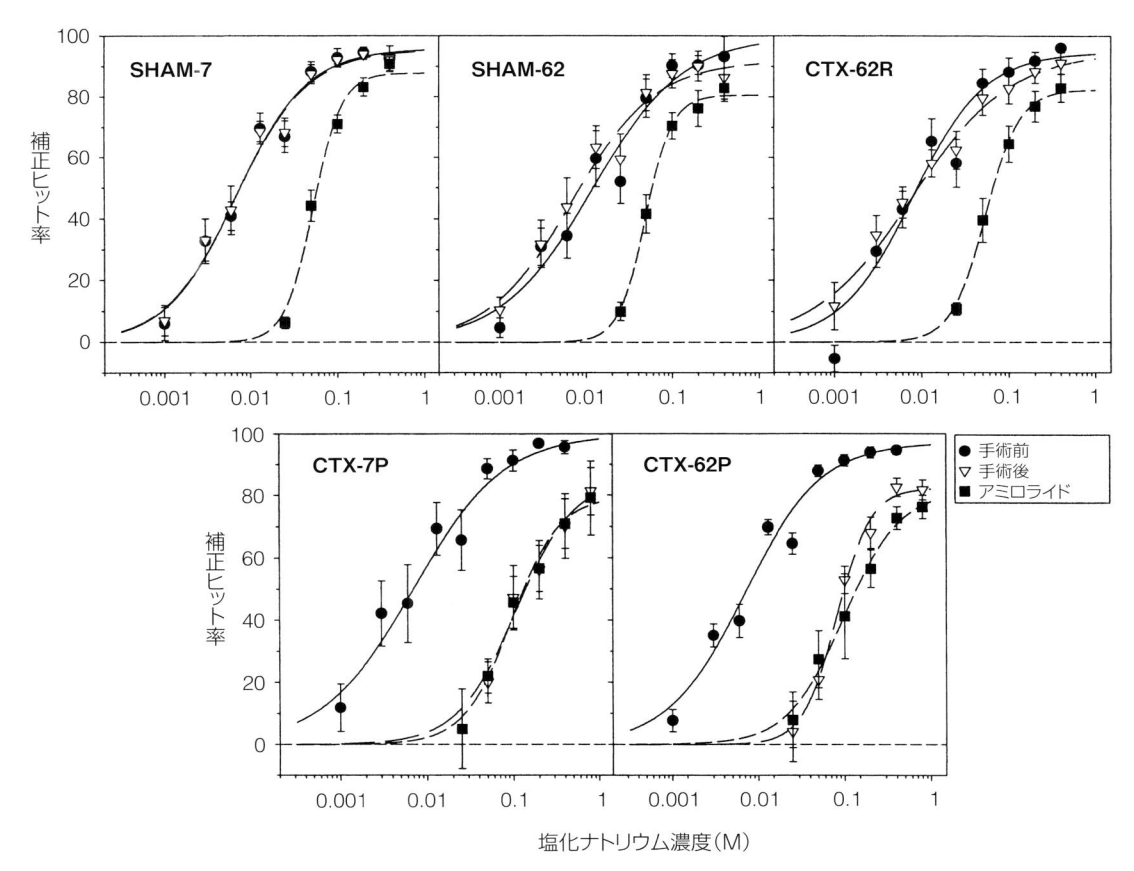

図10-3 水を与えた際には1つのレバー，塩化ナトリウムを与えた際には異なるレバーを押すように訓練した5つのグループのラットにおける，二反応オペラント条件法での誤報率によって補正した味覚刺激呈示時における平均（±標準誤差）補正反応のパーセンテージ。注目すべきは，鼓索神経（CT）は切断され，再生を抑制された個体（CTX-7P, CTX-62P）の塩化ナトリウム感受性は偽手術のラット（SHAM-7, SHAM-62）に比べて大きく損なわれていることである。対照的に，CTが再生したもの（CTX-62R）は，塩化ナトリウム感受性が完全に回復し，味覚刺激溶液に上皮ナトリウムチャネル阻害剤のアミロライドを混ぜた場合の行動阻害効果は正常に戻った。これらの結果は，CTでのシグナルの重要性，すなわち，味蕾はわずか約13%刺激されるだけであり，味覚細胞の塩化ナトリウム感受性を維持する上皮ナトリウムチャネルが重要であることを強調するものである。注目すべきは，歴史的にみて，二瓶選択課題は塩化ナトリウムの感受性におけるCT切断の主要な影響を明らかにするものではないということである。［Kopka and Spector (2001) より。©2001, 米国心理学会］

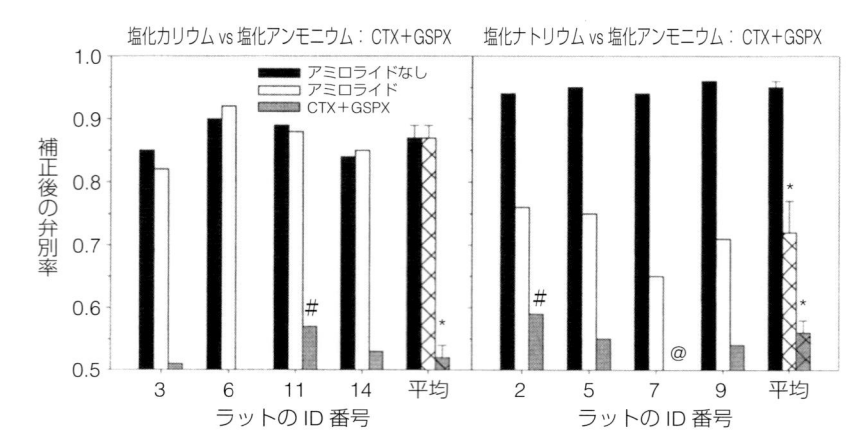

図10-4 塩化カリウムと塩化アンモニウム（左）または塩化ナトリウムと塩化アンモニウム（右）について，両側の鼓索神経と大錐体神経の結合を切断する前（黒色の棒）と後（灰色の棒）で，両者を弁別するようにオペラント条件づけしたラットにおける補正後の弁別率は，味覚刺激，濃度およびセッションを通して低下した（CTX＋GSPX）。ラットは手術前に，味覚刺激に上皮ナトリウムチャネル阻害剤である塩酸アミロライドを100 μM 混合したセッション（アミロライド）も行い，試験された。注目すべきは，アミロライド処置が，塩化ナトリウム対塩化アンモニウム弁別の成績にのみ影響を与えたことである。それはおそらく，ナトリウム味覚に対する効果によるものであろう。また，第Ⅶ脳神経の味覚への分枝を切断することで，実際は味蕾の約70％近くが残っているにもかかわらず弁別能を失うことにも注目すべき点である。興味深いことに，舌咽神経の切断は，味蕾の約60％近くが除神経されているが，味覚分別の機能には影響がない。このことは，ラットの味覚神経が機能的に特殊化されていることを示唆している（St. John and Spector, 1998 参照）。［Geran（2002）より］

こるが，それは誤報率（水を飲ませたにもかかわらず，刺激が存在すると反応した動物の割合）として，明らかに検出可能な濃度に対する結果を調べることで容易に判断ができる。後者の場合，摂取試験によって行われる味覚嫌悪条件づけにおいて，味覚刺激が数日にわたって続いた場合に反応の消失は起こる。この場合，嫌悪反応が強いままであることを確認するためのCS調査試験を含めることが重要である。

味覚計を用いると，与えた刺激に関連した外部からの手がかりは，それらを最小にするための努力にもかかわらず，動物の行動を導くことがある。実験終了後，我々は通常，水で味覚計のリザーバーのすべてを満たして，それを「右のレバー」または「左のレバー」刺激として任意に割り当てて，動物が化学刺激によるきっかけの存在なしで分別作業を果たすことができるかどうか調べる。

また，化学刺激が嗅覚や三叉神経と潜在的に相互作用することを確認することが重要である。例えば，ショ糖の濃度が上昇し，その粘性も増加した場合，ラットはショ糖の濃度が0.03 M以上になるとにおいによって感知するという報告がある（Rhinehart-Doty et al., 1994）。このように，味覚刺激に応じた条件反射を行わない場合，原因は味覚以外の影響によるものかもしれない。いくつかの実験において，嗅覚や三叉神経の影響は結果（図10-4 参照）の分析から除外される。しかし，その他の場合，その可能性の解釈に注意が必要である。

化合物間での味覚の性質の違い，あるいは類似点を評価するとき，認知された刺激の強さを考慮すべきである。動物は，刺激の強度の差によって刺激を区別することができる。同様に，般化は訓練された刺激と比較して，試験化合物の強度あるいは性質に基づいて起こりうる。このように，訓練された刺激に対する試験刺激の一般化の不成功は，2つの化合物には異なる味覚性質があることを必ずしも意味するわけではなく，単に試験化合物が比較的弱いことを反映しているだけかもしれない。ゆえに，この可能性を否定するために，試験刺激の濃度を変えることが望ましい。あるいは，各々の試験刺激を，異なる実験群の訓練刺激として用いることもできる。2つの刺激における般化が非対称に起こる（すなわち，1つの刺激が訓練され，他の刺激が訓練されなかった）ならば，これは味覚溶液の相対的な強さが結果に影響していたという懸念を引き起こすだろう。

最後に，条件刺激として味覚刺激の使用を必要としている大部分の処置では，動物は，サンプルへ近づいて反応を起こす動機づけのために，食物または水を制限した環境に置かれる。これは行動を引き起こす効果的な手段であり，そのような制限された環境には味覚システムに影響を及ぼす生理的な変化がある。味覚に反応する神経に影響を及ぼし，味覚受容細胞のシグナル伝達に関連するイオンチャネルのアップレギュレー

ションにつながるようなホルモン操作の例が存在する(Giza and Scott, 1987; Giza et al., 1990; Herness, 1992; Gilbertson et al., 1993; Nakamura and Norgren, 1995; Tamura and Norgren, 1997; Lin et al., 1999)。このように，実験によって得られた結果は，行動試験中の動物の生理的状態に左右されるかもしれない。

結 論

本章は，実験動物であるラットの味覚研究に適用される一般的な行動解析の手法に関連した，主要な方法論と問題点の解説を行った。紙面の都合により，他の有用な手法（例えば，味覚対比試験，進行比率，強化子としての味覚刺激における他の強化スケジュール）については割愛したが，本章で述べた内容のいくつかは，これらの他の技術に関連性がある。最後に，動物に後天的に加えた操作(例えば，遺伝子的，解剖学的，薬理学的な操作)が，そのような操作を加えていないものに比べて，味覚機能に潜在的に影響を及ぼすことがあると認識することは重要である。したがって，多くの研究は，動物における味覚機能について実験的な処置による影響の評価を包括的に行うべきである。

謝 辞

本章についての建設的なコメントを提供していただいた Shachar Eylarn と Laura C. Geran に感謝する。本稿の研究の一部は，国立聴覚・伝達障害研究所からの補助金により行われた(R01-DC01628)。

Alan C. Spector

第III部

運動系

第11章　姿　勢 91
第12章　定位と置き直し 97
第13章　毛繕い 106
第14章　歩　行 112
第15章　把握運動 119
第16章　運動と探索行動 125
第17章　概日リズム 135

第11章

姿　勢

　我々は，一般的に，行動について考えるとき，食べる，歩行する，交尾するなどの動作を想像する。しかし，効果的に動作するためには，動物は自身の体を支え，体の安定性を保つために繊細な姿勢調節を行う必要がある(Martin, 1967)。動作を生み出すための姿勢の支持に関する重要性を考慮すれば，運動の欠如，あるいは，いくつかの静止形態も行動として考え，研究すべきである。このことは，動物の行動を学ぶための1つの重要な教訓となる。

　姿勢支持に関して，その安定性を維持，回復するために，多種の防御機構が存在する(Monnier, 1970)。姿勢支持反応に対する厳密な検査によって，これらが複雑な現象で，前庭感覚，触覚，固有受容感覚，視覚を含む，すべての適切な感覚系によって誘導されることが判明した(Magnus, 1924)。さらに，姿勢反応は，独立した運動出力モジュール（もしくはプログラム）で構成されており，それらは発達段階や，病気によって分離される(Pellis, 1996)。

　ラットに関する研究は，姿勢支持機構の理解を中心に行われてきた。ラットに関するこれらの研究から得られた事例は，注意深い静止状態の観察，姿勢反応における感覚による誘導の確立，これらの反応の独立したモジュールの分類の重要性を説明するのに有用である。最後に，姿勢支持反応の1タイプである「立ち直り」は，これらの独立したモジュールを評価するために詳細に調査されており，これによって，高度で特異的な試験を行動解析に使用する必要性を説明することができる

静　止

　睡眠時のような無意識下では，ラットの体全体が弛緩しているようにみえる。これは，動物がその周囲に対して無反応なだけではなく，その身体が偶発的な環境変化に対処する準備ができていない状態と考えられる。薬物によって誘導された静止状態は，このイメージでの不活性と著しく異なる。オピオイド系の作動薬であるモルヒネ，およびドーパミン拮抗薬であるハロペリドールの多量投与は，静止状態をつくり出す。これらの2つのケースにおいて，処置を受けたラットはどちらも不活化したにもかかわらず，実際には2つの異なる動作の準備のための身体姿勢をとっている(De Ryck et al., 1980; De Ryck and Teitelbaum, 1983)。

　ハロペリドールは，ラットが自発的動作をせずに，静的な安定を積極的に維持する状態を誘導する。この安定したポジションを守る行動の準備状態は，ラットがテーブル上に単独で放置されている場合でも観察できる(図11-1A)。四肢は外に広がり，体幹は床面からもち上がる。体の片側を押した場合，力の方向に対して体重を移動させる配置をとることによって抵抗する（後述）。

　対照的に，モルヒネはステップサイクルの途中で四肢が固まったような静止状態を誘導する(図11-1B)。不意に押した場合，ラットは前方に向かって数歩分だけ走り，再び静止状態に戻るが，静かに押した場合は，押された側に向かって横転する。モルヒネで誘導された静止では，姿勢支持機構は抑制されるが，歩行機構は抑制されない。対照的に，ハロペリドールで誘導された静止状態では，歩行機構が抑制されるが，姿勢支持機構は抑制されない。ハロペリドールとモルヒネを合わせた処置は，姿勢と歩行機構のどちらも抑制する(Pellis et al., 1986)。

　静止状態は，不活化とまったく同一ではないが，姿勢支持がある，もしくはない状態を含有している。異なる実験処置の適切な評価のため，必要に応じて形成されたいくつかの静止状態は，被験体から得られる行動能力を識別して，慎重に評価すべきである。ハロペリドールから誘導された静止状態（もしくは強硬症）によって生じる，意図しない利点は，このようなドーパミンを阻害されたラットは，歩行，探索行動，他の動作機構から独立して，姿勢支持反応を研究する機会を

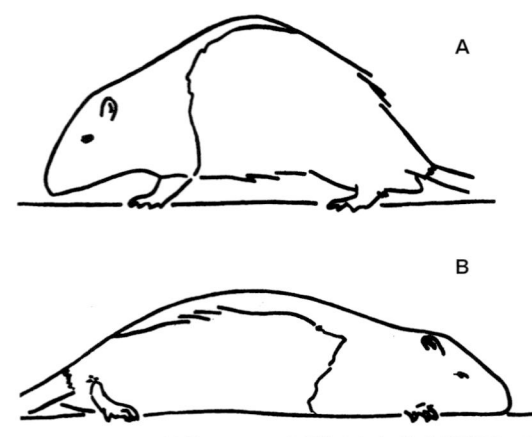

図11-1 異なる薬物によって誘導された静止状態は，動物が利用可能な姿勢機構に関して非常に異なった状態をつくり出す。ハロペリドールによって誘導された静止状態では，ラットの姿勢支持機構はすべて正常であり，テーブル上にラットを放置した場合，頭部は支持面より離れ，体幹は彎曲し，四肢は柱状になる(A)。対照的に，モルヒネによって誘導された静止状態では，頭部と体幹は，支持面より離れて支持されることはなく，ラットの四肢は，ステップサイクルの途中で止まったような状態となる。これは，後肢で特によく観察される(B)。[Pellis et al.(1986)より改変]

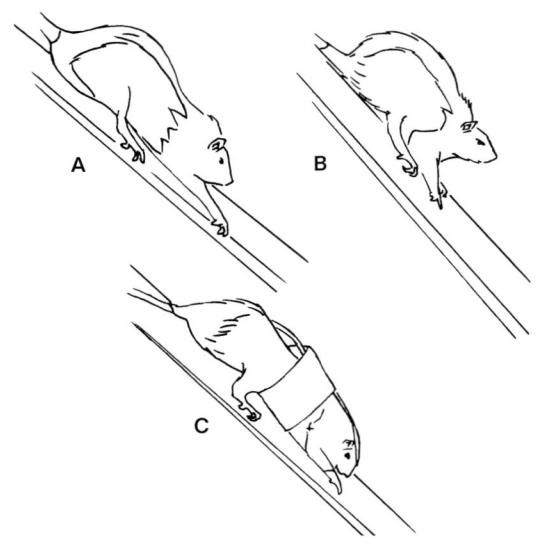

図11-2 強硬症のラットの踏ん張りは，グリップ可能な適度に粗い面をもった平らな板にラットを乗せることで検査できる。板の端をもって徐々に傾けた場合，ラットは四肢で前方を押すことによって踏ん張りを開始し，自身の体重を後方へ移動させる(A)。ラットが下方へ向かう重量に対して抵抗できなくなった場合，ラットは前方へ向かって滑っていく。ラットが前方へ向かって滑っているとき，頸部の背屈によって頭部がもち上がる(B)。ハーネスを使用してラットの背中に大型スプーンを取り付けて，頭部をスプーンの凹面で覆うことにより，頸部の背屈を防止した場合，ラットは前方へジャンプしない(C)。[Morrissey et al.(1989)および，Teitelbaum and Pellis(1992)より改変]

与えてくれることである(Teitelbaum et al., 1982)。以下に，主な2つの姿勢反応，踏ん張り(braing)と立ち直りについて，詳細に説明する。

踏ん張り

　水平に働く強制力に対して防御的に抵抗する動作をとることは，直立し，安定した姿勢を維持するための典型的な手段である。強制力方向への体重移動は，曲率が小さい円をすばやく走るときのような，動的な状況でみられる(Gambaryan, 1974)。強制力に対して体幹を支持するような，自然に起こる体重移動は，熟練した動作や歩行についての各種試験で評価することができる(Whishaw et al., 1994; Miklyaeva et al., 1995)。

　純粋なかたちの踏ん張り反応は，ドーパミンを阻害もしくは枯渇させたラットにおいて最も容易に解析できる。例えば，強制力がそうした状態のラットの側方に加えられた場合，ラットは強制力に対抗して傾く。同様に，このような状態のラットが，「手押し車」の形態で前方へ押された場合(例えば，ラットの尻をもち上げたとき)，ラットは強制された方向へ向かって歩き出すのではなく，前足を使って後方へ押し返す。非薬物投与のラットは，これらの試験で，力から遠ざかるように歩行するか，前方に向かって歩行する(Schallert et al., 1979; Pellis et al., 1985)。

　踏ん張りを試験する単純な方法は，グリップ可能な適度に粗い面をもつ，平らなプラットホーム上にラットを置き，その後，ラットの尾側のプラットホームをもち上げて，重力によってラットを前方へ押すことである。健常ラットは，傾きが増加すると，正の走地性応答を示して反対向きになるか，ゆっくりと下方に歩行する。対照的に，強硬症のラット(ハロペリドール投与)は自身の体幹を後方に向かって押し戻し(図11-2A)，強制力に対抗して踏ん張る(Crozier and Pincus, 1926; Morrissey et al., 1989; Field et al., 2000)。

　さらに板が傾けられた場合，下方に向かう重力にラットは抵抗できなくなり，前方に滑っていく。姿勢の安定性を失う瞬間では，ラットは急速に前方へジャンプする。着地時には，ラットは再び静止状態となる。この試験における，前方へのジャンプは，ラットの姿勢安定性に問題が生じた際の厳密な防御反応であり，自発的な前方への運動ではない。この強硬症のラットにおけるジャンプ反応は，他の行動システムから切り離された姿勢反応を反映し，これはその行動を引き起こすのに重要な2つのトリガーによって例示される。

　ジャンプへの最初のトリガーは，ラットが自身の足

によって安定性の欠如を感じることである。もし，小さな棒が板に配置され，ラットが足でその棒を掴むことができたら，典型的な角度である50〜60度と比較して70度以上の傾きでさえも安定性を維持できるだろう。このような安定性は，より大きな支持を提供するホワイトメッシュなどを使用することにより，さらに増強することができる(Morrissey et al., 1989)。

ラットが自身の足が滑ったと感じた場合，頭部の背屈によって頭部が上がり，2番目のトリガーが開放される(図11-2B参照)。この背屈は，ラットが後肢を前方に向けて突っ張るためのトリガーとして必要であると考えられる。ハーネスを使用してラットの背中に大型スプーンを取り付けて，頭部をスプーンの凹面で覆って背屈を防止した場合(図11-2C参照)，強硬症のラットは前方に向かってジャンプすることはないだろう。確かに，ラットが下方に向けて滑っていくときに，上方へ向かう頭部のわずかな動作が観察できるだろう。しかし，スプーンの存在が，ラット自身の後肢を押すトリガーとして十分な強度をもつ頭部の背屈を阻害する(Teitelbaum and Pellis, 1992)。

傾斜が急な場合，ラットはときどき前方へ向かってジャンプする。着地用のテーブルを用意し，ラットが乗ったプラットフォームの先端をそのテーブルの端から離しておくと，ジャンプしてテーブルへ着地する，もしくは，テーブルへの着地が失敗する状況となる。この状況で，非薬物投与のラットは，板のどちらか一方へ方向づけられ，テーブル表面にジャンプする。対照的に，薬物投与したラットは，テーブルを外れて前方へ向かってジャンプする(着地用のパッドとしてソフトクッションを置いている)(Morrissey et al., 1989)。これは，薬物投与のラットが，自身のジャンプを修正するために視覚情報を利用するのに失敗したことを示唆している。この防御的姿勢反応に視覚情報を組み入れられない現象は，強硬症のラットを用いた種々の行動試験で一般的に認められる(Pellis et al., 1987)。さらに，使用した試験に依存して姿勢防御を整理すると，強硬症のラットは非薬物投与のラットと異なり，前庭感覚情報よりも，触覚や固有感覚情報を優先することがわかる(Pellis et al., 1985; Cordover et al., 1993)。

この踏ん張りに関する記述から想像できるように，姿勢機構は，その発現を制御する感覚系の様式によって研究され，同定される。他のタイプの姿勢反射である立ち直りは，これらの機構における運動の多様性を示すのに利用できる。

立ち直り

他の動物と同様に，睡眠中のラットは，直立姿勢を「自発的に」放棄した状態となっている。仔ラットが直立，起立した母ラットの乳を飲むとき，乳首へアクセスするために仔ラットは仰向けになる(Eilam and Smotherman, 1998)。同様に，闘争時には，敵からの攻撃に対抗して自身を守るために，ラットは仰向けになる(Pellis and Pellis, 1987)。これらの行動とは対照的に，立ち直りでは，横臥位から起立姿勢を回復する。

Magnus(1926)によって示されたように，立ち直りは，複数の感覚入力によって誘発することができ，それぞれが独立して立ち直りを引き起こす能力をもつ。さらに，彼は，感覚入力のタイプと，立ち直り動作を開始する体部位によって，立ち直りの類型それぞれについて分類を行った。これらの異なるタイプの立ち直りは，独立して成熟し，発達に伴ってみかけ上消失し，何らかの脳の損傷や，感覚喪失とともに出現する。さらに，特定の状況で，ある特定の立ち直りフォームに優位性を与える，構成に関する特定の規則がある(Pellis, 1996)。

立ち直りは，ラットを背臥位で床面上に置いたときのような，静的な状態から引き起こすことができる。また，ラットが背臥位で空中を落下しているときのような，動的な状態からも引き起こすことができる。これらのケースでは，異なる立ち直り反応が触覚や固有感覚，前庭感覚，視覚入力によって引き起こされることが示されている。ネコのような他の動物とは異なり，ラットでは，視覚が動的な立ち直りのタイミングを調節できるが，視覚で立ち直りを引き起こすことはできない(Pellis, 1996)。それぞれの立ち直りのフォームは，それ自身特有の感覚入力と運動出力をもつので，他の立ち直りの活性化を除外するために，特定の試験パラダイム(方法論)が必要となる。

立ち直りの試験

1つ以上の感覚系が同じ体部位の立ち直りを開始することができるとしたら(Magnus, 1926)，競合する感覚系を制限するような試験パラダイムを使用すべきである。もしくは，何らかの生理学的操作によってその感覚系を直接ブロックすることが必要である。以下に示す試験は，感覚入力を除去することなく，感覚入力のタイプを分類することに重点をおいている。このアプローチは，多くの立ち直りフォームに関して，感覚系の慢性的な除去なしに，被験体の評価を容易に行え

る。例えば，迷路切除後には，一般的な運動の機能障害が引き起こされる可能性が高い(Chen et al., 1986)。立ち直りを速いシャッタースピードでビデオ撮影すると，撮影フレームごとに動作に関する検査を行うことができる。

●触覚と固有受容感覚●

脇腹や背中の皮膚表面への接触は，ラットの横臥位時において，立ち直り反射を開始するための情報となる。この感覚入力をもとに，約1/3の立ち直りフォームは，静的な横臥位によって引き起こされる。ラットが床面と接触しているが，安定した状態を失いかけているとき，触覚と固有受容感覚の融合情報が，この動的な状況下での立ち直りを引き起こす。

三叉神経性の立ち直り

ラットの頭部の背側や側方が床面と接触している場合，三叉神経を経由した触覚情報が，頸部回転による頭部の立ち直りを引き起こす。ラットが無拘束の場合，立ち直りは頭尾方向へ向かって進行するだろう。このことは，モルモットを用いて，Troiani et al. (1981)によって初めて明らかにされた。

ラットでは，三叉神経性の刺激は頭部の回転を誘発し，その後，頭部と体幹とのがっちりとした結合を維持する。頭部回転を引き起こす可能性がある立ち直りフォームには，ほかに前庭感覚が引き起こすものがある。ラットにおいて，前庭感覚によって引き起こされる頭部回転は，発達初期段階のみに存在する遷移的な特徴であり，発達後では，前庭感覚入力が肩による回転を引き起こすようになる(Pellis et al., 1991)。

ラットを床面に置いて立ち直りを検査する場合，背臥位か横臥位かにかかわらず，実験者は，ラットの露出した体部位へしっかりと圧力を加えるべきである。また，床面としっかり接触させるために押したあとに，ラットの頭を解放すべきである。これにより，三叉神経性の立ち直りプログラムが機能しているかどうかを確認できる。

触覚性立ち直り

背中と脇腹の床表面への接触は，ラットの立ち直り反応を引き起こす。しかし，この方法によって誘発される立ち直りプログラムは2種類存在する。1つは，肩から始まる回転を含む(体幹-対-頭部)。もう1つは，殿部より開始される回転を含む(体幹-対-体幹)(Magnus, 1926)。これらの立ち直りフォームを試験す

るため，実験者の手でラットの脇腹を押さえて，ラットに横臥位を強制的にとらせることができる。三叉神経性の立ち直りの誘発を避けるため，ラットの頭部を実験者の手と接触させるべきではない。そして，頭部は，テーブル表面の端から張り出すようにすべきである。

通常状態では，体幹-対-頭部の立ち直りは，体幹-対-体幹の立ち直りに対して優位である。したがって，体幹-対-体幹の立ち直りの存在を試験するために，体幹-対-頭部の立ち直りを不活化する必要がある。これを行うために，実験者はラットの肩を手で押さえ，さらに他方の手で骨盤上を押さえて，その後，骨盤上の手をどけると良い。体幹-対-体幹のプログラムが存在するのであれば，ラットの殿部が回転し，腹臥位となる。体幹-対-頭部の立ち直りの存在を評価することは，肩の回転が前庭感覚性に引き起こされることがあるため，さらに困難である。このケースでは，前庭感覚情報の影響を打ち消すために，迷路切除が必要となる(Chen et al., 1986)。そうであっても，従来の前庭性立ち直りの試験(後述)で，そのような立ち直りが存在しないことを示していた場合，被験動物に対して体幹-対-頭部の立ち直りを試験するための迷路切除をする必要はない。

発達の初期段階では，触覚性の立ち直りフォームは，体軸の回転よりも，ラットが自身の四肢を床面に押しつけることによって実現される(Pellis et al., 1991)。立ち直りのために成体期の動物が四肢を床面に押しつける動作に戻ったとしたら，それは脳の損傷を示している(Martens et al., 1996)。したがって，横臥位のラットを試験する場合は，体幹-対-頭部と体幹-対-体幹の立ち直りフォームについて，ラットが「成獣に典型的な体軸回転パターン」，もしくは，「四肢の動作を含む，より原始的な立ち直りフォームへの退行」のどちらを示すかによって，評価することができる。この2種類のフォームは，立ち直りのビデオ撮影から容易に区別できる。体軸の回転による立ち直りの場合，ラットは，自身の体幹に近くて，床面に最も近い脚を引っ込める。これにより，腹臥位への体の回転を脚が妨害することを防止している(図11-3A)。対照的に，四肢の動作による立ち直りでは，ラットは体の下にある足を床面に近づける。この足は，床面を押すことによって，ラットの体幹をもち上げて腹臥位をとるための位置に存在する(図11-3B)。

触覚，固有受容感覚による動的な立ち直り

動的な立ち直りのフォームは，ラットが床面と接触しつつ，転倒するときに引き起こされる。この立ち直

A 脚の屈曲

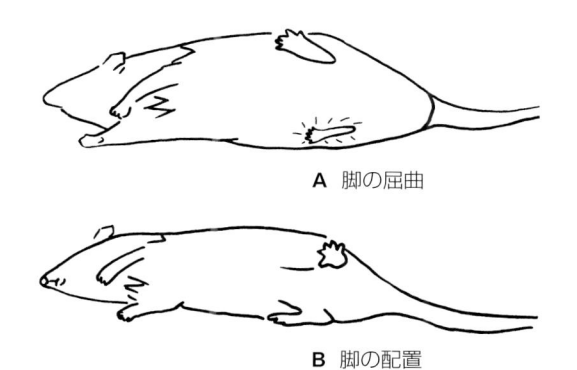

B 脚の配置

図11-3 体軸の回転による立ち直りの場合，ラットは，自身の体幹に近くて，床面に最も近い脚を引っ込める(**A**)。これにより，腹臥位への体の回転を脚が妨害することを防止している。四肢の動作による立ち直りでは，ラットは体の下にある脚を床面に近づける(**B**)。この脚は，床面を押すことによって，ラットの体幹をもち上げて腹臥位をとるための位置に存在する。[Pellis et al.(1989b)より改変]

りのフォームは，触覚による静的な立ち直りのフォームと比較して，発達後期に成熟する(Pellis and Pellis, 1994)。そして，この立ち直りは，ラットに後肢を使った2足起立を強制することによって試験ができる。ラットは，実験者によって背中を把握され，その後，床面から背方へ引かれて起立させられる。立ち直りが正常ならば，ラットの転倒が開始されるときに，転倒する方向に対向して体を回転させ，ラットが着地するときに，腹臥位となっているはずである。この回転は，通常は，ラットの肩より始まり，尾側方向へ向かって進行する。体幹-対-頭部の立ち直りでは，この立ち直りフォームも前庭感覚性に引き起こされる。そして，前庭機能が完全に正常なのか評価するために，前庭機能のプレテスト(後述)，もしくは，迷路切除が必要となる。

●前庭機能●

前庭感覚入力の立ち直りへの影響を調査するためには，3つの特徴的な方法がある。そのうちの2つは，耳石器の機能に基づいて，静的な位置から始まる頭部の立ち直りであり，他の1つは，半規管の機能に基づいて，ラットの転倒時に起こる立ち直りである(Monnier, 1970)。

静的な非対称性

頭部に接触せず，体幹両側の脇腹を実験者に保持されて空中にもち上げられた場合，ラットの頭部は床面に向かって回転する。これは，重力に関連して頭部が腹臥位となる現象で，非対称な前庭感覚情報が入力さ

れた状況でとられるフォームである。頭部が通常の腹臥位の方向へ回転すると，頭部両側からの前庭感覚入力が等しくなる。この側方への方向づけでは，床面方向に面する側の頭部に存在する耳石器によって，立ち直りのための刺激が供給される。

この立ち直りフォームの発達に伴う推移は，より原始的な機能への退行を検出するためにも使用できる。この立ち直りフォームがはじめて観察される発達段階の初期では，ラット頭部は鼻先が空中へ向かうように上方へ向かって上がり，その後，床面へ向かって回転する。しかし成熟後期では，ラット頭部は直接，腹臥位へ向かう(Pellis et al., 1991)。

静的な対称性

ラットの尾の根もとを保持し，頭部が下向きになるように空中へもち上げた場合，ラットは，床面と平行となるように頭部を背屈させる。ラットは，頭部の背屈後，非常に迅速に自身の脇腹を左右に振り始める。この様子を解析するためには，ビデオ撮影を利用すると便利である。このような区別が困難な反応は，ハロペリドールのようなドーパミン拮抗薬の前処置で阻害される(p.91「静止」参照)。前庭機能が欠落した状態では，ラットの頭部は急速に腹屈する(Pellis et al., 1991b)。

動的特性

この反応を検査する古典的な方法は，床面に柔軟なクッションを置いて，ラットを高所から落下させることである。ラットは，実験者の手で肩以下の前肢部分をもたれて床面からもち上げられ，さらにもう片方の手で腰部を保持される[i]。この状態で，ラットは所定の高さまで上げられる。ラットがもうもがかない程度にリラックスしていると実験者が感じたら，実験者は，ラットを落下させるために，急速に手を離してラットを空中に解放する。30〜60ミリ秒以内に，正常なラットは，前述したような方法で立ち直りを開始し，着地時には完全に腹臥位となっている(Pellis et al., 1991a)。前庭感覚からの入力が欠如している場合，立ち直りは引き起こされない。前庭機能が部分的に欠如しているケースでは，立ち直りは，開始が遅れるか，もしくは不完全となるだろう(Chen et al., 1986; Wallace et al., 2002)。

動物の保持と落下の手順を標準化するために，動物を保持する器具を使用した研究が報告されているが

---

[i] ラットは仰向けの状態になる。

(Warkentin and Carmichael, 1939; Schonfelder, 1984)．ラットが完全にリラックスしているときに落下開始するための触覚からの手がかりは，ラットを手で保持するほかに代わる手段がないことを我々は明らかにした(Crimieux et al., 1984 参照)．解放前にラットが暴れるか，極度に緊張した状態の場合，立ち直りは開始時点で抑制されるか，ラット自身が暴れているために，スムースな動作の伝播や体幹軸の回転に関する動作が妨害される．

● 視 覚 ●

前述したように，視覚はラットの立ち直りを引き起こさないが，開始時間を調節できる．この調節は，落下中の空中立ち直り実験で評価するのが最適である．2つの異なった高さの交代試行では(例えば，30 cm と 60 cm)，この高さの違いが，ラットの立ち直りに影響を与えるか否かを検出することができる．これらの試行中にビデオ撮影し，落下開始から，肩の回転がはじめて観察される場面までのフレーム数を計数することによって，立ち直り開始時間までの潜時を測定できる．2つの高さの差異は，ミリ秒単位の違いで表現される．典型的には，この2つの高さの間には，30 ミリ秒の差が存在する．低い高さで解放された場合，ラットは，より早く立ち直りを開始する(Pellis et al., 1989a; Pellis et al., 1991c)．視覚が阻害されていた場合は，ラットは，解放された高さにかかわらず，同じ潜時で立ち直りを開始する(Pellis et al., 1989a, 1996)．

結 論

姿勢の支持は，それを扱う運動学や生理学のためだけに残された領域ではない．それは，運動の生成，そして，行動の組織された連鎖の統合である(Martin, 1967)．発達段階初期における姿勢の問題は，その後の行動へより明らかな影響を及ぼす(Pellis and Pellis, 1997)．成熟後においても，姿勢の支持を修正する能力の限界は，使用される運動戦略のタイプと，身体構成に関する種差で説明できるだろう(Berridge, 1990; Pellis, 1997)．姿勢支持機構の解析では，動作の解析を組み込むことはいまだに稀である(Whishaw et al., 1994; Miklyaeva et al., 1995, これらは稀にみる例外である)．

この限定的かつ短い総説で示されたように，ラットの姿勢支持システムは，複雑で，小さなサブコンポーネントをも含み(例えば，立ち直り)，すべてを解析するためには複数の技術が必要である．したがって，ラットの行動のすべてを理解するためには，ラットの姿勢支持機構の理解が必要であり，ここで理解された事柄をラットの動作の研究に組み込むべきである．

Sergio M. Pellis, Vivien C. Pellis

第12章

定位と置き直し

　健常なラット，あるいは，大脳基底核や感覚運動皮質など中枢神経系に関連するシステムのあらゆる場所について脳の片側にだけ損傷があるラットでは，とりわけその損傷が大きいときの，知覚のあり方あるいは運動機能の非対称性を実証することは難しくない。片側が部分的に損傷しているときの，非対称性の程度および時間に伴う変化を定量化するには，もう一方の半球と直接比較する特有の検査方法が必要である。

　例えば，すべての音色について片耳がわずかに聞こえづらい人がいたとして，どちらの耳のほうがよく聞こえているのか，どの程度聞こえているかということを，あなたはどのようにして判断するだろうか。単純な検査は，その人にヘッドホンを装着してもらい，同じレベルの音をそれぞれの耳に同時に流し，どちら側から聞こえたと感じるかを判定してもらうことだろう。音源定位は相対強度によって影響を受けるため，この方法は感覚の非対称性の確認に使用できる。音が左から聞こえたように感じたならば，右耳が（あるいは左半球が）左耳に比べて損傷を受けていると結論づけることができる。非対称性の程度を測定するためには，音が聞こえてくるのが右側からでも左側からでもないと感じるまで，相対的に損傷しているほうの耳に呈示された音の強度を上げるか，より聞こえているほうの耳に呈示された音の強度を下げるか，あるいはその両方を行えばよい。損傷した耳に呈示された音の強度とよく聞こえるほうの耳に呈示された音の強度の比によって，非対称性の程度が定量化される。この二カ所方式(two-part method)は，基本的に，脳に部分的な片側性の損傷を受けたラットの感覚運動の非対称性の測定および治療における診断に取り入れることが可能な手法である。

　パーキンソン病や脳卒中における行動障害は，感覚の問題と動作を開始する問題の両方あるいは単純な感覚事象が適切な運動反応を起こす能力に障害が生じて起こることが多い。動物においては，感覚運動皮質や線条体，黒質線条体路での片側性の損傷が，一方の半球から入力された体性感覚と自己受容感覚を鈍くし，場合によっては他方の半球からの感覚入力を増大させる。感覚の非対称的な欠損や両側性感覚入力に応じた運動反応性，そして主な運動機能障害は，二カ所方式による試験で検討できる。二カ所方式の試験では，非対称性を確認したあとにその程度が数量化される。

　動物モデルにおいては，脳損傷と治療効果に敏感な感覚運動試験を選択することが重要である。本章では神経疾患に有益であろう介入の潜在的臨床的効果を調べる有用な行動試験について述べる。介入が，脳の修復メカニズムを促すかどうか，細胞を守るかどうか，運動学習と再訓練を促進するかどうか，あるいは脳組織の二次変性の程度を低減させるかどうかについて判別できることは重要である。紹介する感覚運動試験は，信頼でき，精度が高く，定量的でラットの神経学的モデルに簡単に使用できるものを選択した。これらの試験は，さらに，限局性虚血障害，黒質線条体末端損失および頸部脊椎損傷のそれぞれに特有な細胞変性も対象にしている。

環境エンリッチメントと感覚運動行動

　たいていの野生のラットは，障害物を通り抜け，捕食動物を避け，食物やつがいとなる対象に接近するために，物を巧みに扱い，状況に応じてうまく立ち回ることを必要とする非常に複雑な環境の中を多様な運動スキルを用いて生きている。対照的に，標準的な実験室の飼育環境ではこうした刺激が非常に不足し，実験室用の「豊かにされた(enriched)」環境は自然の生息地と比べていっそう複雑性が乏しい(Greenough et al., 1976; Jones et al., 2003; Schallert et al., 2003)。定住がほとんどのヒトでさえも，隔絶されたホームケージで飼われるラットと同様の貧しい環境は経験しない。それゆえに，ラットの感覚運動行動を研究するために，

97

自然のラットと類似した行動が促進されるようにラットを飼育する何かしらの努力をすることは賢明だろう。

両側性触知刺激試験

ラットは神経質なほど自身の毛繕い[i]（grooming）をし、体に付着した異物には激しく反応する。こうした行動の適応的な利点としては、体温調節と体についた虫の除去があるだろう。体性感覚の非対称性は、ラットの前肢に貼付した小さな刺激への反応と除去を伴う試験を使用して効果的に測定されてきた。研究者の中には運動と感覚の両方の測度を活用している者もいるが、運動を構成する要素から独立した感覚機能の測度は、これまでも必要とされてきた。そのニーズを満たすのが二部試験である。この試験によって測定される運動機能には練習効果と運動学習効果が認められるが、感覚機能にはそれらの効果はない。そのため、運動機能と感覚機能を別々に調べることができる。

●感覚の非対称性●

粘着性の小さな紙の刺激（Avery 社の 113 mm^2 の裏面粘着式ラベル）が、ラットの比較的毛の少ない両前肢の末端橈側につけられる（Schallert et al., 1982, 1983, 2000; Schallert and Whishaw, 1984; Lindner et al., 2003; Fleming et al., 2003）（図 12-1）。ラットは、新しい環境に気を散らさないためにホームケージに戻されると、歯を使ってすばやくそのシールを1つずつ剥がしていく。どちらの前肢のシールを先に剥がすかについて、個体によっては術前に小さなバイアスがある。その場合は、バイアスが生じるのと反対側の半球を損傷を与える側として選ぶとよい。また、術後の結果はそれぞれのラットのベースラインと比較する。感覚運動機能を担う脳領域の片側、特に前肢にあたる領域を損傷したラットには、損傷していない側の前肢に付着した同じ大きさの刺激を最初に剥がす即時バイアスが現れる。損傷した脳半球と同じ側の刺激に触れるのが先か反対側が先かの順序はバイアスの有無を反映するが、感覚的な非対称性の大きさについて知るためにはさらなる測度が必要となる（後述）。刺激が剥がされるまでの潜時は、刺激に触れる順序と異なり、運動の能力の測度として使用できるうえに練習効果も出やすい（Schallert and Whishaw, 1984）。

ラットが両方の肢の刺激を剥がしたとき、あるいは

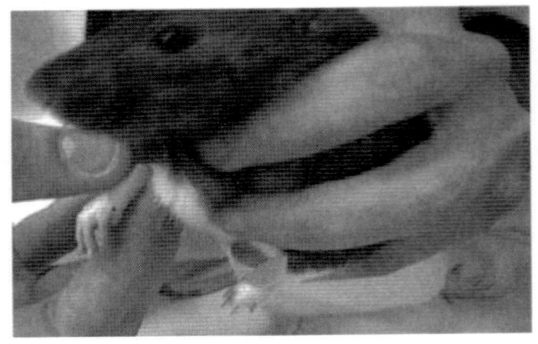

図 12-1 両側性触知刺激試験の準備で粘着性刺激（小さな円形のシール）をラットの前肢へ貼付する。

2 分経過したときに試行は終了とする。刺激への馴化[ii]（habituation）を避けるために、個々の試行の間隔は 5 分以内がよいだろう。さらに、よく訓練されており、術前のデータが収集される以前に試験を兼ねた練習試行を数回受けているラットを使用したほうがよい。その試験経験はラットを落ち着かせて、刺激の付着を容易にするが本実験の遂行に影響することはないように見受けられる。

この試験は前述のように、感覚と運動の構成要素に関連した測度をある程度は別々に調べることが可能であるが、一般的には感覚と運動の統合について調べるために用いられる（Schallert et al., 2002）。例えば、貼りつけられた刺激への最初の接触と続く除去の間の潜時の変化（すなわち、刺激を剥がすのにどれだけの時間がかかったか）は、感覚運動機能の指標にできる。しかし、ここで紹介する試験の多くがそうであるように、潜時に広範囲に影響する運動と感覚以外の要因（例えば、動機づけ状態や警戒状態）を統制した半側損傷モデルにおいて、そのような潜時の変化が脳損傷側の前肢と非損傷側の前肢の非対称性として表されることが肝要である。この試験での損傷側の運動の構成要素は、損傷した側の刺激にラットが触った時点を測定することと、その後刺激を剥がすまでどれだけの時間がかかったかを記録することによってうまく見積もられる。この脳損傷のあるラットの潜時は損傷のない統制されたラットの記録（すなわち、統制されたラットが貼られた刺激に触れてから剥がすまでの時間、さらに、経験の及ぶ範囲を同等とみなすことによって練習効果の統制とする記録）とよく比較される。

●感覚の非対称性の大きさ●

この試験の第 2 の重要な点は、この試験が感覚の非

---

[i] ある個体が自身の体毛をなめたり引っ張ったりすることで毛並みを整えたり、ごみなどを取り除く行動。

[ii] 動物が曝露された刺激に慣れ、反応しなくなること。

対称性の程度を測定する手段として使用されてきたことである。この試験では，脳損傷側の前肢につける刺激の面積が（2つのシールの重なりを調整することによって）徐々に大きくなると同時に，非損傷側の前肢につける刺激の面積は（1つのシールを切っていくことによって）小さくなっていく。この刺激は 14 mm^2 ずつ大きくあるいは小さくなり，それゆえに，図12-2 に示したように，脳損傷側と非損傷側のそれぞれの前肢につける刺激の面積比は 1.3：1〜15：1 となる。この両肢のシールの大きさの比が一定以上になると，損傷していない側の前肢のシールに先に触れるという反応のバイアスが打ち消され，さらに（シールの大きさの比がより大きいときには）損傷している側に先に触れるという逆転した反応すらも生じる。この非損傷側の前肢への反応のバイアスがなくなったときの比率が，感覚の非対称性の程度の測度として使用される。この測度は脳損傷の程度と相関がある（Schallert et al., 1983; Schallert and Whishaw, 1984; Barth et al., 1990）。実際に，頭蓋骨に単なる穿頭孔があるラットにもわずかな非対称性が示される。試験は 2.2：1 の比（レベル3）から始める。ラットが非損傷側の前肢の刺激を先に剝がしたならば，その個体が受ける試験のレベルを2つ上げる。逆に，損傷側の前肢の刺激を先に剝がしたならばレベルを1つ下げる。この手続きは前後2つのレベルで異なる傾向のバイアスが生じたときに終わり，このレベルの中間値がそのラットの得点とされる（例えば，ラットのバイアスがレベル2と3とで逆転したならば，2.5が得点となる）。

皮質傷害や皮質虚血，パーキンソン症候群，脊椎損傷のモデルでは，この試験において急性および慢性的な非対称性が示される（Schallert et al., 2000）。回復が進むにつれて，非対称性の大きさを表す比は練習量とは無関係に小さくなっていく。線条体あるいは黒質線条体の損傷の程度によっては，半球皮質を切除したラットであっても完全に回復する可能性がある（Schallert and Whishaw, 1984）。しかし，大脳基底核の線条体に負担をかけるためなのか，試験環境の小さな変化（例えば，試験中にケージが開いているなど）によって回復が部分的に取り消され，そのために比がより大きくなることがありうる。このことは，試験環境が測度に大きな影響を与える可能性を示唆している。

前肢非対称性（円筒）試験

前肢非対称性（円筒）試験（limb-use asymmetry〈cylinder〉test）は透明なプレキシガラスの円筒の中に入れられたラットの前肢の使用を測定する。この試験は，中大脳動脈閉塞や脊椎損傷，外傷性脳損傷，パーキンソン病モデル，皮質切除，限局性皮質虚血を含む多種多様な運動システムの損傷モデルで使用されてきた（Schallert et al., 2000; Schallert and Tillerson, 2000; Tillerson et al., 2001, 2002; Lindner et al., 2003）。注目すべき特徴としては，多くの試験が見出せずにいる感覚運動障害への感度が高いことはもちろん，損傷後の補償的な行動によって隠された目立たない慢性的な障害にも感度が高いことがあげられる。さらに，この試験は，使用方法と得点化が容易で，評定者間の信頼性が高く，損傷範囲や著しいドーパミン枯渇（50%以下）と高い相関があり（Tillerson et al., 2001），練習効果による影響や運動システムを損傷したあとのラットにたびたびみられる補償的な方略の影響を比較的受けない

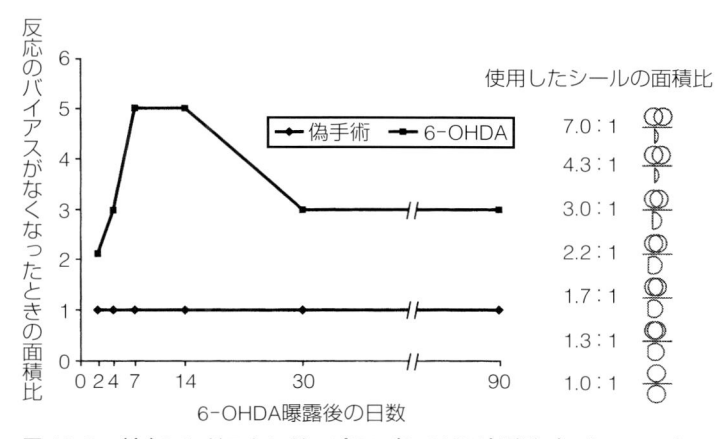

図12-2　（左）6-ヒドロキシドーパミン（6-OHDA）誘発パーキンソン病の動物モデルからのデータ。両側触覚刺激試験によって測定された感覚非対称性が時間とともに改善されるが，偽手術された統制レベルには戻っていない。（右）試験で用いた「円形のシール」の面積比の違いの図。

ようである (Schallert et al., 2002)。

　ラットは自然環境でも実験室のケージでも疲れ知らずの探検家である。ラットは後肢で立ち上がり垂直面を探索し，前肢やヒゲで表面を探索する (Gharbawie et al., 2003)。円筒試験はこの傾向と，動き始めや安定的静止状態における身体均衡の制御，とりわけ重心の制御によく起こる機能障害を利用している (Schallert et al., 1979, 1992)。直径が 20 cm で高さが 30 cm の両端が開いているプレキシガラスの円筒をテーブル上に直立するようにすえ，その中にラットを入れる。ラットが後肢のみで立っている間，円筒の内壁の上方に「左右両方の前肢」を（すなわち，同時にあるいはほぼ同時に）置き直した回数だけでなく，右か左か一方の肢だけを置き直した回数も観察する。そうした前肢の置き直しはラットが重心移動したときか，円筒の壁を触ったときか，側面に沿って横移動中の体のバランスを取り直すために足踏み（壁面足踏み）しているときに生じる。

　制限時間を超えた場合か，ラットが一定の回数の置き直しを行った場合にデータを記録するとよい（ラットは個体によって，特に系統が異なると，円筒内での活動レベルが大きく異なるので後者が好ましいだろう）。のちの得点化で用いるラットの行動を撮影するために，①円筒の上方にカメラをすえるか（図12-3A），②実験者が前肢の動きをすべて見逃さず全方位からラットを観察するために設置した鏡とともにカメラを円筒の横に設置するか，③ラットの下方から前肢の置き直しが撮れるように，透明の台の上に円筒を置き，その真下に45度の角度で配置した鏡にカメラを向ける（図12-3B）という方法がある。ラットが動きを止めないために，円筒に慣れないように注意する必要がある。これは，暗期のときに試験を行い，長時間の試験を数分ごとに分割して行うことで避けられる。試験と試験の間はラットをケージに戻しておく。

　観察された置き直しの全回数のうち，両方の前肢を同時に使った置き直しと右と左の肢を個々に使ったそれぞれの置き直しの割合が得点として用いられる。ほかにも，脳の非損傷側の前肢だけで置き直しをした得点から損傷側の得点を減算することによって，前肢の単純な非対称性得点が算出できる。この得点がより高いほど，非損傷側の前肢を用いたことによるバイアスが大きいとわかる。前者の割合で求める得点は，両方の前肢使用に対する個々の前肢使用について多くの情報が得られる点で有益である。一方で，後者の減算で求める単純な非対称性得点は，両方の前肢を使用した回数が多くなると（損傷側の前肢の置き直しの回数が非損傷側と同じだけ多くなったときほどではないが）得点が小さくなる点に注意が必要である。この単純な非対称性得点の代用として，我々は近年，ばらつきがより小さいこととバイアスがない状態が50%になるという理由から，置き直し回数から算出する次の式を取り入れている。

$$\{(脳損傷側の回数 + \frac{両前肢同時の回数}{2}) \div (脳損傷側の回数 + 非損傷側の回数 + 両前肢同時の回数)\} \times 100$$

　この前肢非対称性（円筒）試験からはさらなるデータが得られる。横方向の体重移動を（他の肢に関係なく）生じさせる片方の前肢のみの使用は，損傷した側では少なくかつ非損傷側では多くなる。また，そうした片方の前肢の使用には非常に高い機能的一貫性が反映される。すなわち，ラットが後肢で立って円筒の壁に片方の前肢を着けて，そして，後肢で立ち続けて円筒の壁伝いに横方向に動くとき，これは（おそらく反対側の前肢の使用が多少は回復する）単純な置き直しではなく，一連の体重移動による横方向の動きであると考察される。脳損傷側の前肢の使用による一連の体重移動による横方向の動きの回数は非損傷側の回数と比較できる。感覚運動皮質や線条体，その他の運動領域の片側性の損傷後において，そのような動きは損傷側の前肢では稀にしかみられないが，非損傷側の前肢では頻繁にみられる（これが統制条件のラットのどちらかの肢よりも頻繁に観察される場合，損傷を受けていない脳半球が再編成されていることが示唆される）。

　術前のベースラインは外科処置あるいはその他の実験的操作を受ける前に測定した値でなくてはならない。円筒内で優先して使用される前肢について母集団内で一貫したバイアスがないにもかかわらず，ラットの何匹かには一方の前肢を優先する偏好が示される。実験的な損傷は，既存の前肢使用バイアスの効果と混同することがないように，この優先される前肢とは反対側を選ぶ。術前にバイアスがないラットの場合は，どちらの半球を損傷させるかを無作為に選択する。

　誘因は系統によって異なる。例えば，まだら模様（hooded：頭巾斑変異体）のLong-Evansラットはより活動的なので，他の点が同じならば動物モデルとしてより好ましいかもしれない。いくつかの系統のラット，特に我々の実験でも用いているSD（Sprague-Dawley）ラットは，初めのうちは十分な回数の円筒内での壁探索行動をとらない。しかし，概して，前肢非対称得点に影響しない次のようないくつもの「コツ」の使用によって，どのラットの探索行動も促すことができる。

・一瞬だけ実験室のライトを消し，試験中は赤いライトをつける。
・円筒に風を送り込むか，上部を叩く。

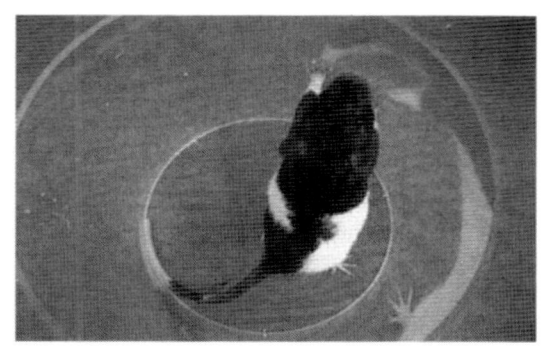

配置1:
カメラを直接円筒の下に置く。

配置2:
円筒の下に45度の角度の鏡を置き，鏡に対して45度の角度で写真を撮る。

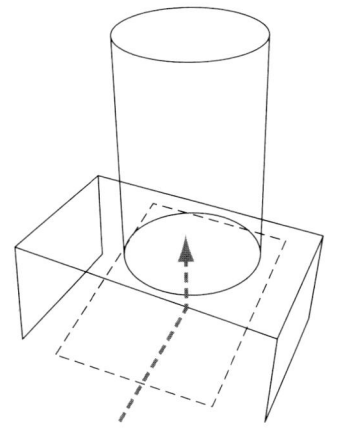

図12-3 （A）円筒の中で置き直しをしているラットを上方からとらえた写真。円筒の上方からカメラで撮影した。（B）円筒の下からラットを撮影するための配置。

- 円筒の上を（特にラット自身を）覆う黒っぽいケージカバーをかぶせる。
- ラットのホームケージにある床敷きを円筒に敷く。
- ラットを中に入れたままの円筒をテーブル上でそっと数 cm 移動させる。
- 消しゴムか綿棒でラットの鼻を軽く触る。
- 一瞬だけ円筒の中に他のラットをぶら下げる。
- 円筒の上部に新しいにおいがする物か餌をもってくる。
- ラットをもち上げて円筒の中に戻す。
- ラットを新しい円筒に入れる。
- ラットをもち上げて円筒をひっくり返し，そこにラットを戻す。

前肢置き直し試験

　研究者はさまざまな前肢置き直し試験を開発してきた。肢の置き直しは，通常は，視覚や平衡感覚に関連する手がかり刺激によってか，あるいは試験される前肢に平面が触れることで引き起こされてきた（Wolgin and Kehoe, 1983; Marshall, 1982）。ラットは体の両側に隣接する環境の情報を得るためにヒゲを使う。そして，この情報は脳半球間で統合される。四肢が体を支えられるような安定した平面に着いていないとき，ラットはヒゲが触れた最初の物体に反応するように動機づけられる。自然環境における探索では，ラットは不安定な地面や崖などの移動に不向きな地面に頻繁に遭遇する。四肢はどちら側のヒゲからの情報にも反応できなくてはならない。

　次にあげるヒゲ誘発性前肢置き直し試験では，置き直し反応を引き出すヒゲへの刺激を用いる（Barth et al., 1990; Schallert et al., 2000; Lindner et al., 2003）。ラットの感覚機能においてヒゲが担う非常に重要な役割（実際に，ヒゲは彼らの世界を探索するための主な手段と考えられている）を考えると，これはすばらしい特色といえる。さらに，この試験は，正中線をまたいで生じる感覚運動システムの神経事象を調べるために適しており（次に記載），ヒゲ刺激以外の置き直し誘因を使用しての実施がより難しいという特徴がある。

　この試験では，ラットの胴は実験者が支えており，四肢はすべて空中に自由にぶら下がっている。その後，実験者はヒゲ反応による置き直しが引き起こされるであろう突発的な動きを避けることに気を配りながら，ラットをテーブル上の端か他の平らな地面の上に置く。そのような避けるべき反応が生じたことに気づいたならば，広く空いた場所で（すなわち，テーブル上から離れて）数回試験動作をさせることによって，その反応を消去すべきだろう。伝統的な同側版試験では，ラットの前肢の置き直しがされている側のヒゲがテーブルの端に触れたかどうかが測定される。ラットが首尾よくテーブル上で置き直しできた試行の割合がそれぞれの前肢について記録される。さらに，ラットが正面からテーブルの端に向かって動き，あごのヒゲや両側のヒゲに刺激が与えられることによって，あるいは，ラットの胴をもって測定する前肢と反対のヒゲを刺激することによって，誘因刺激が与えられる（それらのヒゲ刺激の違いは図12-4に示した）。それらすべての試験では，実験者はラットの測定しない肢をやさしく押さえておく必要がある。当然のこととして，試験前までに扱いやすく飼い慣らされ，理想的にはラットを実験に導入する前に試験と実験者に慣らす機会を設けたラットが必要である。ラットがリラックスしてじたばたしていないときの試行のみを数に含めるべきであり，これを成し遂げるためには実験者に多くの練習が求められる。脳損傷がないラットは，この試験のすべての変形版においても100％の確率で置き直しに成功するだろう。

　この同側版の試験は中枢神経系損傷モデルの測定に使用されてきた（Schallert et al., 2000）。我々の実験室

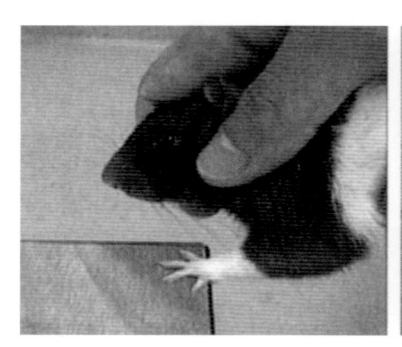

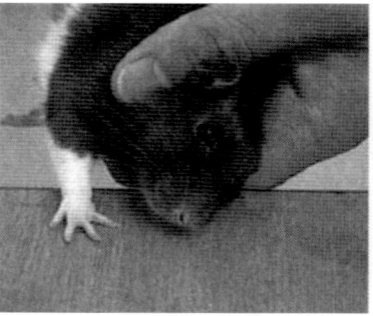

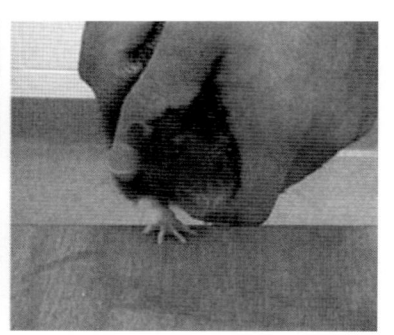

同側　　　　　　　　正中線交差　　　　　　　　正面から

図12-4　ヒゲ誘発性の前肢置き直しの姿勢。この試験でのラットの適切な掴み方と定位の実演。

では，皮質に損傷を受けたラット（中脳動脈閉塞や前肢の感覚運動領域の限局性虚血によるもの）あるいは黒質線条体に損傷を受けたラット（6-ヒドロキシドーパミンを黒質線条体神経線維束に注入したもの）を用いた正中線横断型の置き直し反応の回復の研究を始めた。大きな特徴は，体の「良い」側（すなわち損傷側）のヒゲ刺激は，非損傷側のヒゲの刺激が置き直し反応を引き起こすよりもずっと早くに損傷側の前肢の置き直し反応を引き起こせることである。対照的に，黒質線条体システムの損傷は，この試験において非損傷側の前肢の置き直しを完全にできなくする。これは，パーキンソン病患者の無動という症状と一致している。置き直しの障害は，皮質損傷モデルでは数週間で回復する（回復率は感覚運動皮質における前肢の領域の損傷範囲，特に線状体の損傷範囲に依存している）が，パーキンソン病モデルでは慢性的に存続する（Felt et al., 2002; Woodlee et al., 2003）。

例えば，線条体に損傷を与える中大脳動脈閉塞のあとでは，非損傷側の前肢はヒゲからの情報に反応することはないが，損傷側の前肢は非損傷側のヒゲからの情報に適切に反応できる（この障害が純粋に非損傷側のヒゲに関連した感覚の障害によらないことが示唆される）。さらに，非損傷側の前肢が無動の状態になるような黒質線条体のドーパミン作動性神経終末への重篤な損傷を除いて，損傷側のヒゲ刺激に反応する非損傷側の前肢の置き直しは回復する。すなわち，損傷されていない半球に送られる感覚的な情報が，損傷した半球と関係する運動機能をやがて制御できるということである。これは健常なラットに特有のことである。

後肢機能試験

ラットは複雑な移動を開始する際，またはその移動自体には通常，後肢を使用しない。これについては，ラットは「前輪駆動」であると考えたい。図 12-5 に示した事象のように，前肢のみで立つラットは移動し始めるが，後肢のみで立つラットは動かない（Schallert and Woodlee, 2003）。この理由の 1 つには，ヒゲが地面に着いていないために，どうしても「停止」信号が出されることがあげられる。このために後肢の機能を調べることはやや難しくなるが，後肢機能を測定する信頼できる試験がいくつか開発されてきた。このことは脊椎損傷を研究している者にとっては朗報である。なぜなら，脊椎損傷の動物モデルは，前肢の機能を維持でき，そのためラットが手術後にも毛繕いなどの自身の世話を続けられるように，胸髄の尾側を損傷させることが多いためである。よく発達した後肢機能の試験は，幅広く使用される末梢神経損傷モデルである坐骨神経損傷の研究にも有益である。

我々が開発した比較的新しい後肢試験は，先細りに伸びた段つきの台（ledged tapered beam）を歩かせる試

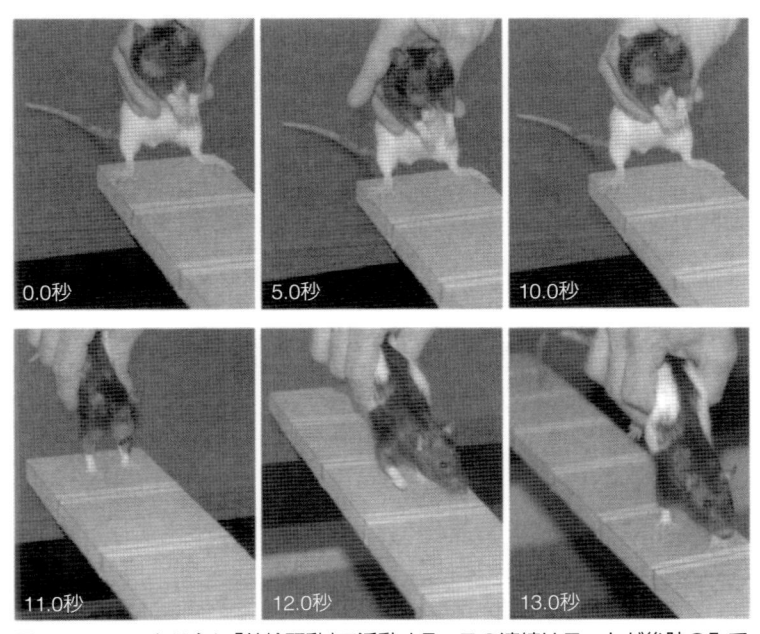

図12-5　ラットは主に「前輪駆動」で活動する。この連続はラットが後肢のみで立っているときは10秒間静止したままであるが（ラットはより時間が与えられたとしても後肢で歩かない），前肢に体重をかけて逆立ちにしたときは台に沿って活発に動き続ける。

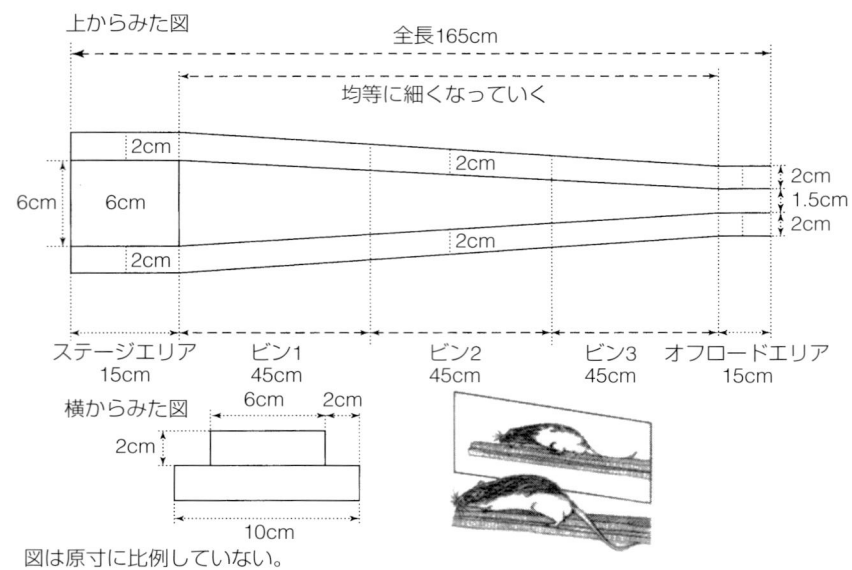

図12-6 先細りに伸びた段つきの台とその寸法。(右下)ラットが台を走り、左の後肢が段を完全に踏み外した(滑った)ときの状態。

験である(Schallert et al., 2002)。この試験では、ラットは先細りになった台の上を縦走するように訓練される。上段のすぐ下にそれを受ける段があり(下段の幅はそれぞれ2cmで上面とは2cmの段差になっている)、ラットは後肢が滑った場合には、上段にしがみつくことができる(寸法と配置は図12-6参照)。後肢の踏み外しは、後肢機能の指標として測定することができる。踏み外しは、肢が段の上面を滑っても台から落ちることなく歩き通せたならば半分失敗とし、肢が完全に台から落ちたならば全失敗として評価することができる。台が細くなるに従いラットの縦走が難しくなるので、より踏み外しが多くなる。このため、台は面積による難易度で3つの「ビン」に分けられ、別々に得点化するか、それぞれを相対的に重みづけすれば単一の得点を算出することができる。我々はたいてい、ラットを1日につき5試行分走らせる。そのとき、馴化を避けるために試行間は数分空ける(例えば、同じケージの他のラットが試験している間)。

この試験の重要な特徴は、通常は補償的な調整のために隠されてしまうラットの失敗が、段の存在によって顕示されることである。ラットには損傷誘発による機能性の障害を克服するための補償があることが知られており、これが良い行動試験の開発を難しくさせてきた。補償的な運動調整は損傷に即時に反応しているようなので自動的と思われるが、他の調整は新しく学習する必要がある。該当のシステムにおける医学的介入の直接的な効果を調べることを望むのならば、ターゲットを直接損傷し、補償行動による影響が最小限の試験を行うことが重要である。その試験が補償による影響を受けるのならば、補償行動の上達を含めて運動学習機能が向上しているのか、むしろ、その医療行為が実際に、その障害自体を改善させているのかすらはっきりしないだろう。段を使用しない台歩行試験はこの問題に悩まされてきた。ラットは自身が台から落ちないようにする補償的な姿勢調整を非常に早く学習するためである。肢に機能障害が残っていても、体重移動による姿勢調整によってそれを隠すことができる。段つきの台の場合は落ちることがより少なく、それゆえに補償の問題が少ない。実際には、段が取り外せる台を補償的技能の学習能力の測定に使用できる。例えば、中大脳動脈閉塞による脳損傷があるラット(たいていは脳卒中モデル)は、損傷後数週間たっても段つき台課題において失敗ばかり示し続ける(Schallert et al., 2002)。しかし、段が取り外されたとき、ラットは踏み外すことなく台を完走するまでのごくわずかな試行中に補償を学習する。もっとも、これは必ずしも肢の機能が回復していることを示すわけではない。ラットはその後に段が戻されたならば再び肢を踏み外し始めるからである。ラットが段のある台上で失敗を示すことと段がないことによって補償を学習することとの間を移行する速さは、損傷の程度と(損傷による影響があったかはわからない)運動学習回路の容量を反映しているのかもしれない。

台の使用を成功させるためのいくつかの助言がある。手術前に、ラットが台から落ちることなく走れるように、それもなるべくなら走っているラットが台や周囲の探索のために止まることのないように訓練したほうがよい。この成果を得るのに必要な試行数は定

まってはいない。つまり，それぞれのラットが基準を満たすまで単純に訓練する。訓練がよくなされるとラットが台を縦走するように促すための中断があまり必要ないのでテストフェーズが楽になる。この台を設置するときに強化子としてラットのホームケージを端に置いてもよい。ケージはより誘惑的にするために黒っぽい布で覆ってもよい。始動の訓練では，実験者は，ラットの正面から台の端を叩いたり，ラットが台の後方から離れるよう促すためにラットの尾をつまんだり，ラットの後四半部を実験者の手で「押し込む」ことによってラットが走るのを促すとよい。はじめのほうの試行では，ラットは台のにおいを嗅ぐために，あるいは実験室を見渡すために頻繁に止まるが，これは一般的には事前の訓練間になくなる。物品はラットの気が散るので台の横にも下にも置くべきではない。台の設置についての装置の概観，使用方法と得点化方法は Schallert et al.(2002) を参照されたい。

後肢機能を調べるための好機はほかにもある。ラットはたいていの動きを主として前肢に依存してはいるが，跳躍することや泳ぐこと（前肢は通常動かさずに後肢で水を搔く）(Whishaw et al., 1981; Kolb and Tomie, 1988; Stoltz et al., 1999)，トンネルやラットが方向転換できないような狭い場所をあとずさりして出ることには後肢を使用する。後肢で立つ際も，体のバランスをとるためにも使用される。つまり，円筒試験の間の後肢の足踏み（前述参照）もまた，円筒の下から撮影できるようにカメラを設置すれば，後肢機能の指標として定量化できる(Fleming et al., 2002)。片側性パーキンソン病様の状態を模倣した半側黒質線条体システムに損傷があるラットは，円筒の中では損傷側の後肢を1カ所に置いたまま，この後肢を軸に非損傷側の肢で回転する傾向がある。

結　論

前述したいくつかの運動感覚試験だけが有用な試験というわけではもちろんない。しかし，我々の実験でこれらの試験は，半側限局性虚血損傷，黒質線条体の変性，外傷性頭部損傷，内因性皮質神経細胞の損傷，および頸部脊椎半側切断のあとの機能的帰結を評価するのに最良のものであるといえる。それらの試験は，損傷の位置や程度および時間に伴う改善の度合いを究明するのに，他の試験とともに利用できる。練習するにつれて，実験者は確実かつ迅速に治療の影響を評価できるようになる。新規の研究者が感覚と運動機能に関連する試験を取り入れるのに役立つビデオと情報が，我々のウェブサイト（http://www.homepage.psy.utexas.edu/HomePage/Group/SchallertLAB/）からダウンロードできる。

Tim Schallert, Martin T. Woodlee

第13章

毛繕い

　げっ歯類の自然な毛繕い[i]（grooming）は，動作順序の統合とその神経メカニズムの研究に役立つ好ましい行動モデルである。毛繕いは体毛と皮膚を清潔に保つための複雑な一連の動きにより構成される。これらの動きには，払いのける，なめる，引っ掻くという行動が含まれている。毛繕いは自然にどこでも行われる。また，毛繕いは高い頻度で観察できる。ラットは起きている時間の半分を毛繕いに費やす（Bolles, 1960）。ほとんどの毛繕いは，前脚をなめ，洗顔をするように頭のまわりの毛を繕う動きから始まり，首・身体へいたる頭部から後脚に向かう段階的なパターンを示す（Richmond and Sachs, 1978）。胴体を引っ掻く，直接触れるという一つひとつの毛繕い行動が，独立に出現する事例もある。だが，頭部から脚部にかけた体表の一連の毛繕いは，最も頻繁に行われる。

　Kent Berridge と John Fentress らは，毛繕い順序の機能的構造に関する我々の理解のために重要な発見をした（Berridge et al., 1987; Berridge and Fentress, 1987a, 1987b; Berridge and Whishaw, 1992; Aldridge et al., 1993; Cromwell and Berridge, 1996）。彼らは，毛繕いパターンの個々の構成要素間に規則的なパターンがあること，そして，大脳基底核が動作順序を実行するため重要な役割をはたすことを実証した（Berridge et al., 1987）。連続するビデオ記録により，独立した動作のタイミングと順序を細やかに記述し，動作順序の構成要素の出現に関する統計的予測可能性と，動作順序パターンの確率を評定することにより，彼らは毛繕い行動の時間的構造に予測可能な組織化された特徴があることを示した。毛繕いは無作為に生じるのではない。むしろ，毛繕いは顕著に連続的な流れに従うことを特徴とする（Berridge et al., 1987; Berridge, 1990）。

　時折ラットは固定化されたパターンを呈することもあるが，ほとんどの毛繕いは，可塑的に動作順序が入れ替わり，その動作は，ストロークする，なめる，引っ掻くなどにより構成される。このような時折起こる固定化された動作順序は可塑的な毛繕いパターンと同じ動きで構成されるが，順序と時間が比較的決まっている。また，それは「非連鎖」の毛繕いとは異なり，動作に一貫性，再現性がある。

　常同性の毛繕いは約25の連続した動きからなり，約5秒間持続する。この動作順序には4つのフェーズからなる安定的な順序がある（Berridge et al., 1987; Berridge, 1990）（図13-1，上）。フェーズ1は約1秒持続する鼻からヒゲを通る5〜9回のすばやい楕円状ストロークにより構成される。フェーズ2は短く（0.25秒），非対称的な小さい動作（一方向的ストローク）から始まり，それは振幅が大きくなる。フェーズ3は大きな対称ストロークで構成され，動物がそれを終えるまでには2〜3秒間かかる。連鎖はフェーズ4で完結する。フェーズ4は1〜3秒間身体の脇腹をなめたあとに起こる姿勢の反転に続いて生じる。最後のフェーズは，他のフェーズと比べ，長さに違いがある。多くの場合一連の流れのあとに続く，非連鎖の毛繕いと混ざり合い収束する。実際には，フェーズ1のすばやい楕円状のストロークは常同性の定型連鎖に信頼性の高い指標を提供する。可塑性をもつ非連鎖の毛繕いでは，楕円状ストロークは通常単体で生じる。

　つまり，げっ歯類の毛繕いには，2つの注目すべき動作順序のパターンがある。①固定化された連鎖的な動作順序と，②より変数が多く可塑性の高いパターンをもつ非連鎖的な動作順序である（図13-1，下）。いずれの毛繕いパターンも同じ行動で構成されているが，パターンの構造に確たる違いがある（図13-1）。常同性の連鎖的毛繕いは，さほど頻度が高くない。この毛繕いは毎時2〜15回の連鎖で起こり，合計約10〜75秒間で持続する。対照的に，非連鎖的毛繕いは連鎖的毛繕いよりも全体として頻度が高い。

　類似した論文では，Karl Lashley（1951）が基礎的な

---

[i] ある個体が自身の体毛をなめたり引っ張ったりすることで毛並みを整えたり，ごみなどを取り除く行動。

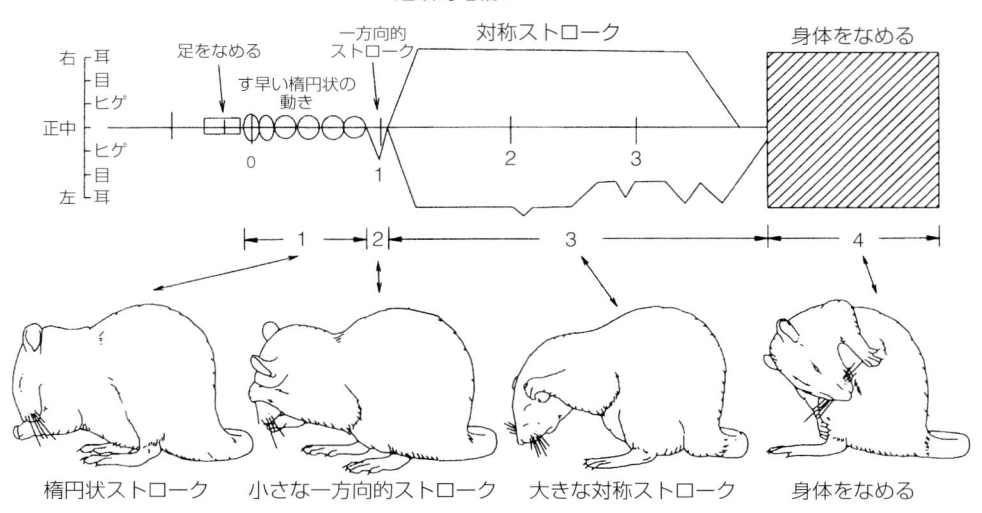

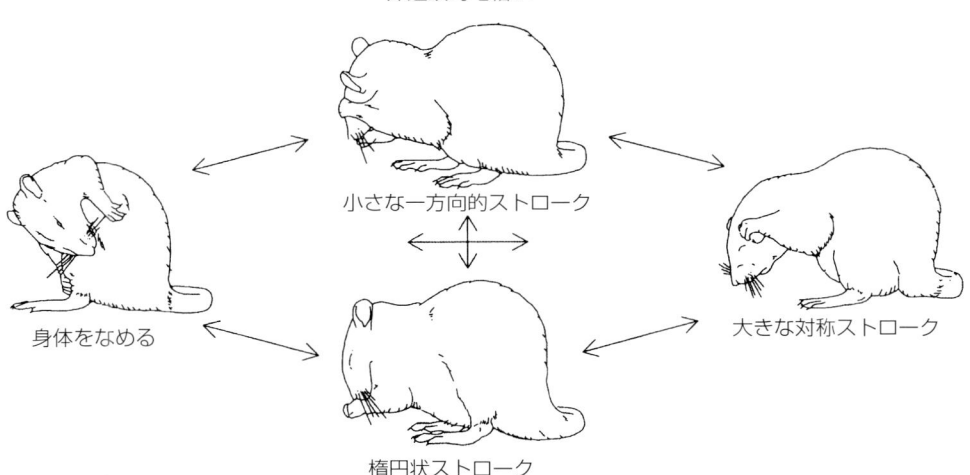

図 13-1　連鎖的毛繕いおよび非連鎖的毛繕い。(上)4 つの定型フェーズ——楕円状ストローク，一方向的ストローク，対称ストローク，身体をなめる。行動の時系列表には，典型的な定型連鎖に関する時間(x 軸，チック＝1 秒)の関数として前肢の動きに関する正中線からの距離を示している(左肢は軸の下に，右肢は軸の上に記述)。(下)非連鎖的毛繕いは，同じ動作から構成される。連鎖的毛繕いと違い，毛繕い行動の順序は可塑的で，多様な組み合わせの動作が起こる。

神経メカニズムを実証するため，行動順序の重要性とその影響に注目した。すべての動作は順序立っているが，その順序に**定型**が認められるものもある。定型的順序の要素間の時間経過には法則性がある。そして，これらの法則は順序性に規則正しい予測可能性をもたらす。例えば，言語には構文があり，任意の言葉について，人はある程度の確率で一連の言葉の次に続く言葉を推測できることと同じである。言語以外の行動は，それが正しい順序に依拠する場合には定型的な行動として説明できる。Berridge et al.(1987)も指摘しているように，連鎖的毛繕いの動作順序には定型性がある。連鎖の順序は，構成要素とその構造について予測可能性のある法則に従う。常同性の毛繕い連鎖がいったん始まると，残りのフェーズを90％以上の精度で予測することができる。定型的な連鎖のパターンは，偶然に生じると予測されるもの(この定型連鎖を除く毛繕いから得られた 25 の行動要素の相対的な確率に基づく)より 13,000 倍以上の頻度で発生する。ラット，マウス，ハムスター，スナネズミ，モルモット，そしてリスの毛繕いパターンの比較系統解析から(Berridge, 1990)，毛繕いの定型に近縁種を越えて引き継がれる基本的な生物学的特性があることが実証されている。

定型的毛繕いの連鎖は継続的な録画記録により，多

くの時間を要して入念に時間を追いつつ行動を記述する試みを通して発見された。行動をカタログ化するための他の方法は，**サンプリング**の仕方によって特性が決まる。サンプリングにおいて，動物の行動は各測定間隔で区切られ，典型的には15秒かそれより長い測定間隔で，行動イベントの分布が記録される。サンプリングには多くの点で明確な利点がある。1人の観察者が複数のケージを精査できるため，セッションごとにより多くの動物を研究できる。これに対し，連続集計は一つひとつの基礎的なすべての動きをうんざりするほど検査する手法である。サンプリング法は，毛繕い行動の基本要素(Bolles, 1960; Spruijt et al., 1992)と，毛繕い行動の薬物操作による影響(Spruijt et al., 1986; Molloy and Waddington, 1987)を同定するために特に有効である。

しかし，サンプリング法は，詳細な動作順序の編成パターンを再構築するには不向きである。サンプルの時間間隔が極端に短くない限り，毛繕いの詳細な時間的構造が見逃されるかもしれない。例えば，フェーズ1やフェーズ2の定型的な毛繕い連鎖における多様なストロークをとらえるには，サンプリング間隔は1秒未満である必要がある。定型的な毛繕い連鎖は，通常最大で25ストロークの4つのフェーズで5秒間持続する。連鎖順序に「あたり」をつけるためにも，サンプリングは5秒未満の間隔で行われなければならない。連鎖，非連鎖的毛繕いにみられるストロークは類似しているため，連鎖の特殊な順序はサンプリング法では見落とされるかもしれない。先行行動と後続行動の情報なしに，毛繕いの動作が連鎖的順序の中で起こったのか，可塑的な非連鎖パターンの中で起こったのかを明らかにはできないだろう。ある状況下では，毛繕いへの薬物あるいはその他の操作の影響は2つのパターン間で不注意にも混同されてしまうかもしれない。可塑的な非連鎖的毛繕いは，平常状態の動物では通常2時間のセッションにつき約10回の頻度で不規則に分散して起こる(J. W. Aldridge，未発表データ)。したがって，1～2時間の観察と記録は，定型連鎖とその特性を顕在化するために，最小の持続時間となる。それでも，いくつかの行動調査のためにサンプリング法は有用である。定型連鎖を完全に見逃すあるいはカウントしそびれることがあるかもしれないが，それらはおおよその連続的記録のためには十分な速さである。

行動の順序およびその基盤となる神経機構の機能的統合を評価するモデル系としての特別な利点は，げっ歯類の毛繕いが定型連鎖以外に，毛繕いが予測できない順序と可塑的な組み合わせで生じるということである。つまり，同じ動作を2つの異なる動作順序の文脈から研究できる。それは，①定型的な毛繕い連鎖と②非連鎖的な毛繕いの可塑的な組み合わせである。単発の毛繕い行動と個体間あるいは種間の動作順序の類似(Berridge, 1990)を検討することにより，定型的動作順序と可塑的な非連鎖の動作順序における運動学的に類似する動作の比較が容易になる。さらに，毛繕いの順序は学習や記憶により決定されるわけではない。学習された感覚運動の順序は，一般に行動神経科学において使用され，それらは複雑な認知機能テストの有効なツールとなる。しかし，いくつかの事例では，記憶機能から順序性を分離することは難しいとされる。これに対して，毛繕いなどの生得的運動順序は明示的な訓練により成立するものではない。それゆえ，記憶や顕在的訓練とは独立に，行動の組織化や神経メカニズムの視座を提供することができる。

定型的毛繕い：神経系機能への影響

Berridgeらは，定型的な毛繕いの連鎖に大脳基底核と後脳が関わることを明らかにした(Berridge and Fentress, 1987b; Berridge and Whishaw, 1992; Aldridge et al., 1993; Cromwell and Berridge, 1996)。線条体傷害が定型的な毛繕いに強力な影響を及ぼすという事実からも明らかなように，大脳基底核は毛繕いの定型的順序に重要な役割を果たす。連鎖「開始」数が減少しない場合でも，毛繕い連鎖の「遂行」回数は50％以上減少する(Berridge and Fentress, 1987a)。ラットはそのように「試みる」にもかかわらず，定型の規則を実行することができないのである。線条体の重要な領域が，小さな2点間の傷害(≦1 mm)により「マッピング」されたのである(Cromwell and Berridge, 1996)。CromwellとBettidgeは新線条体の背外側部の小さな傷害が，大きな線条体傷害と同様に動作順序の欠落につながることを発見した。この背外側部はNautaらにより定義された背部「運動」回路の一部である(Nauta and Domesick, 1984; Alheid and Heimer, 1988)。毛繕い連鎖が，それらを効率的に実行できないにもかかわらず，線条体が傷害を受けたあとにも試みられることは注目に値する。この知見は，線条体が連続する動作を開始する役割よりも，それを実行または促進する役割を果たしていることを示唆する。

橋-後脳もまた，動作パターンの生成に寄与する。除脳されたラットはなお時折，定型的な連鎖の基本パターンを呈する(Berridge, 1989a)。完全に定型的な連鎖は，橋および小脳を欠き，唯一，髄質をもつ**動物**に認められなかった。その動物では，まだ構造化された毛繕い行動を呈するが，著しく退化した順序編成を示

しており，毛繕いの**定型**は失われる。損傷を受けていない**後脳のみをもつ個体**と**中脳と後脳をもつ個体**では，順序構造のエラーを伴う定型連鎖が認められる。除脳すると連鎖の開始は半分以下になり，それは大脳基底核が定型連鎖的な毛繕いの実行と完了を制御することを示唆する。これに対して，脳幹は個々の動作の細部を発展させ，動作順序の調整に寄与する。定型的毛繕い連鎖の通常の遂行には，損傷のない新線条体が必要である。

定型的な毛繕いにおける大脳基底核の重要性は，新線条体と運動皮質の傷害，小脳除去，完全剝皮を比較することにより確認された（Berridge and Whishaw, 1992）。新線条体の傷害のみが定型的毛繕い連鎖の一連の統合に永続的な障害をもたらした。他のすべての傷害（二次運動野，複合一次および二次運動皮質，完全剝皮，小脳除去）は，動作順序の編成にわずかに一時的な混乱を生じさせた。それは，**順序立っていない**運動障害に関連する，前肢の軌跡，動きのタイミング，姿勢の微妙な障害などである。新線条体が保存されていた場合には，動作順序の基本構造はそのまま残る。定型的毛繕いの欠落を誘発する一次・二次運動皮質の傷害には，大脳皮質-線条体-視床-皮質間の「並列ループ」があることは興味深い。毛繕い行動に対する運動皮質領域の寄与についてはまだわかっていない。

この研究から，線条体と大脳基底核が順序立った運動の実現に不可欠であるという示唆が得られる。実際，除脳された動物は不十分な構造ではあるが，時折定型連鎖を起こし，それは新線条体が定型的な毛繕い連鎖の「中央パターン発生器」でないことを示唆する。そうではなくて，パターン発生回路は脳幹内に相当程度含まれているはずである。新線条体は正常な流れの行動パターンを実行するために無傷でなければならない。この順序立った行動を実行する特別な役割は，学習性の順序立った行動も担うように進化してきた（Rapoport, 1989; Aldridge et al., 1993）。それによりパーキンソン病で起こるような，ヒト大脳基底核傷害における動作順序の統合異常という特性を説明できる。動物やモデルシステムに関するその他の最近の研究は，定型パターンの順番における行動と認知の流れが，大脳基底核によって媒介される1つの重要な行動機能であることを明らかにした（Kermadi and Joseph, 1995; Mushiake and Strick, 1995; Beiser and Houk, 1998; Berns and Sejnowski, 1998; Matsumoto et al., 1999; Lieberman, 2000）。

毛繕いの定型をコードするための神経基盤

毛繕い中の新線条体と黒質緻密部（substantia nigra pars reticulata: SNpr）における神経活動は，さらに定型的毛繕いをコードし，実行する大脳基底核の働きを支えている（Aldridge and Berridge, 1998; Meyer-Luehmann et al., 2002）。神経活動が毛繕いと相関したか否かは，その動きが起こる文脈により決定される。すなわち，定型連鎖的な毛繕いか，非連鎖性の可塑的な毛繕いかによって決まる。さらにいえば，定型的毛繕いに重要な背外側線条体部位は，腹内側領域に比べより強く活性化される（Aldridge and Berridge, 1998）。

これらの知見は，新線条体（背または腹内側）あるいはSNprに電極を移植したラットの神経活動記録に基づく。移植された電極は，コミューターに可撓ケーブルで接続されているため，動物は拘束されることなく動き回り，自由に毛繕いをすることができる（Aldridge and Berridge, 1998; Meyer-Luehmann et al., 2002）。通常の毛繕いや1時間かそれ以上にわたる自発的な行動は，ガラスの床の下から撮影したビデオテープとコンピュータによるニューロンの同時記録を時間同期させたビデオテープに記録している。定型連鎖的毛繕いと可塑的な非連鎖的毛繕いの境界を定め，定型的な毛繕いのフェーズとフェーズ内の個別の毛繕い動作の開始時間と終了時間を決定するために，ビデオテープに録画された毛繕いシークエンスのフレームごとの分析はオフラインで行われた（Aldridge and Berridge, 1998; Meyer-Luehmann et al., 2002）。毛繕い行動との関係で起こる神経活動の変化は，5～10回以上繰り返されるそれぞれの動きにおけるニューロンのスパイク活動の平均的な時間をヒストグラム化することにより評価される。記録部位は，記録が完了したあとに組織学的に確認される。

41%の線条体細胞は，定型的な連鎖の動作順序パターンに優先的に関わる。つまり，ニューロンは定型的毛繕い連鎖の文脈で活性化され，可塑的な非連鎖的な毛繕いで活性化されたわけではない（Aldridge and Berridge, 1998）（図13-2A）。わずかに14%のニューロンのみが活動パターンをもち，それらは毛繕い動作の単純な運動特性をコードすることができると示唆されている。つまり，シークエンシャルな連鎖の中と外いずれの文脈においても活性化されていた。

ニューロンの活性化パターンの局所差は明白であった（Aldridge and Berridge, 1998）。定型連鎖中に腹内側領域では30%のニューロンが活性化するのに対し，定型的毛繕いのために重要な背側線条体のニューロン

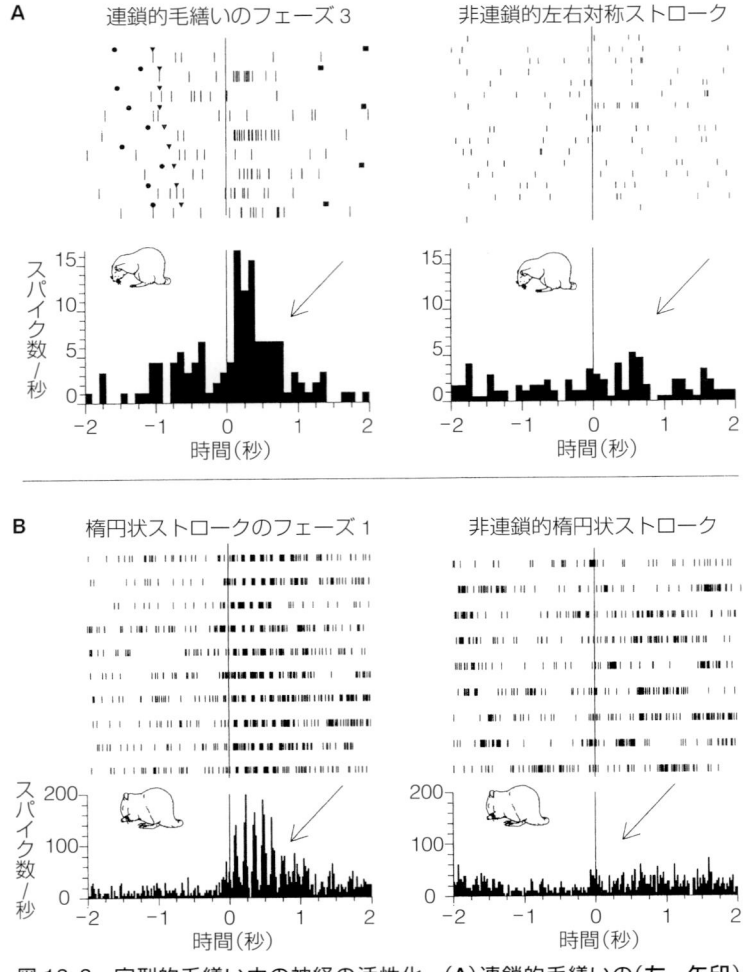

図13-2 定型的毛繕い中の神経の活性化。(A)連鎖的毛繕いの(左，矢印)フェーズ3の発現(左右対称ストローク)に関連する背外側線条体ニューロンの活動を示す。非連鎖的左右対称ストロークでは(右，矢印)，同じニューロンが活性化されない。(B)黒質神経細胞は，連鎖的毛繕いのフェーズ1の楕円状ストローク中に活性化されるが(左，矢印)，非連鎖的毛繕いの楕円ストローク中には活性化されない(右，矢印)。

は，116％が活性化した。背外側ニューロンはまた，定型的毛繕いにおける特定のフェーズに反応するようだ。重要な背外側領域では，より多くのニューロンが腹内側よりも，順序立った動作の多様なフェーズにおいて反応した(背外側ニューロンは18％，腹内側ニューロンは5％)。

毛繕い中の神経活動が厳密に運動と相関があるといえるか否かを測定するために，定型連鎖中の神経活動パターンと，可塑的な非連鎖的(非定型的)毛繕いで生じる類似の動作の神経活動パターンを調べた。ほとんどのニューロンは動作順序依存的に活動するパターンを示した(図13-2A参照)。いくつかのニューロン(16％)は単純に動きに関連するものとしてカテゴリー化できた。それは，生起した動作順序にかかわらずニューロンが活動することを意味する。神経の発火確率は，動作順序の文脈に重要な役割を果たすことを確認した。定型連鎖的な毛繕いの間の発火率は安静時(44％，$p<0.001$)や非連鎖的毛繕い(17％，paired t test，$p<0.001$)よりも有意に高かった

SNprは大脳基底核の重要な出力構造の1つである。SNprは背外側線条体から投射を受けている(Deniau et al., 1996)。そのため，SNprの神経活動プロファイルが，線条体のように動作順序依存性を示すことは驚くべきことではない(Meyer-Luehmann et al., 2002)。SNprニューロンの55％($n=26$)は，毛繕い動作中に活性化されていた。また，定型配列の最初の2つの段階で最も活性化されていた(73％，26中19のニューロンが反応)。定型的な毛繕いの始まりは，フェーズ1に強

い活性化がみられるのが主な特徴である(96%，26中25のニューロンが反応)。動作順序の文脈の重要性は，やはり明らかであった。フェーズ1に応答していた多くのニューロン(36%)は，類似の非連鎖的な毛繕い動作中は，全く反応しなかった(図13-2B参照)。非連鎖的な毛繕いにおける楕円状のストローク中にそのニューロンが活性化されたとしても，定型的毛繕いの文脈で起こるストロークでの発火確率は有意に高かった(50対28スパイク/秒)。

フェーズ1に加えて，SNprニューロンは線条体のように後続の毛繕いフェーズで動作順序に依存して活性化していた。しかし，線条体とは対照的に，SNprは運動学的に類似する定型的毛繕いよりも，いくつかの非連鎖的な毛繕い中により強く活性化していた。例えば，活性化されたニューロンの割合は非連鎖的な毛繕いの左右対称のストローク中により高く(ニューロンの65%)，発火確率は定型連鎖的な毛繕いに運動学的に類似したストロークよりもフェーズ2から3にかけてより高くなっていた。したがって，SNprニューロンは定型連鎖的な毛繕いの開始(フェーズ1)を選択的にコードしたのちに，フェーズ2と3に関連する運動パラメータを減じる，あるいは抑制するようである。神経細胞活性化の方向性は線条体と比較して黒質では異なるものの，これらの結果は，大脳基底核の出力ニューロンは線条体入力領域と同じように，本能的な毛繕い動作の実行における動作順序の文脈により調整されることを示している。定型連鎖パターンと連鎖の後期フェーズに結果が比較的減少する行動傾向にあるSNprの特徴は，動作順序依存の視床下核の興奮と線条体抑制のバランスが反映されるのだろう。

系列だった連鎖的毛繕いにおけるドーパミンの役割

毛繕いの定型連鎖におけるドーパミン作動性神経メカニズムの役割を示唆する証拠として，以下のような研究がある。神経毒6-ヒドロキシドーパミン(6-OHDA)(Berridge, 1989b)による線条体ドーパミン作動性神経の求心性障害は，結果として線条体自体の深刻な破壊をもたらす。ラットの正常な個体発生において，毛繕いの運動コンポーネントは，同じ動作をするとしても，定型連鎖動作順序よりも早い段階で出現する。定型的毛繕いは成熟線条体中のドーパミン作動性の遺伝子マーカーの発達と並行して発達する(Colonnese et al., 1996)。最後に，ドーパミンD1受容体作動薬は毛繕いを増加させる(Starr and Starr, 1986)。これはドーパミンD1作動薬が全身性あるいは脳室内投与のいずれかで，定型的毛繕いを増加させ，毛繕いの総量を増加させるという報告から支持されている(Berridge and Aldridge, 2000a; Berridge and Aldridge, 2000b)。

ドーパミン作動薬は定型的毛繕いに強く影響する。一般的に，定型的な毛繕いにおいて，D1作動薬は定型的毛繕いを増加させ，D2作動薬は減少させる(Berridge and Aldridge, 2000a)。副腎皮質刺激ホルモン(adrenocorticotrophic hormon: ACTH)は，過剰な毛繕いを誘発することが知られており(Dunn, 1988; Dunn and Berridge, 1990)，毛繕いの回数とパターンを制御する。最も興味深いのは，D1の活性化が定型的な毛繕いを増加させることである(**スーパー常同性**)。定型連鎖発露の相対的頻度と定型連鎖終了の割合の両方が，非連鎖の毛繕いの変化に比例して増加した。異なるD1作動薬の有効性は，投与方法および完全なあるいは部分的な作動薬であるかにより異なるが，主効果があることは明らかであった。D1の活性化は，上述の定型的な毛繕いを強化した結果として，可塑的な毛繕いも増加させる。これは，任意の投与法や投与量でD2の活性化を引き起こしたり，他のペプチドを投与して毛繕いを減少させることとは対照的である(Berridge and Aldridge, 2000a)。

結論

動作順序の統合とその神経メカニズムを研究するために，げっ歯類の毛繕い行動は特に有用なモデルシステムだといえる。それは，げっ歯類の毛繕い行動に定型的なモードおよび非定型的なモードがあり，それぞれに本質的に同じ構成要素による行動が含まれているからであり，また，順序の制御の特性から筋肉運動を分けるための理想的なシステムといえるからである。それは，同じニューロンにおいて，常同化された動きや順序立った動きを，柔軟性のある構造化されていない動きにおける活動と比較することを可能にする。健常または病理的な動作順序の制御に関わるこれらの脳領域の臨床的重要性を誇張することはできない。しかし，パーキンソン病，ハンチントン病，およびトゥレット症候群にはいずれも動作順序に関わる基底核障害がある。動作順序制御に関連する神経メカニズムの理解の深化は，神経学的治療のための新しい治療戦術につながるだろう。

J. Wayne Aldridge

第14章

歩　行

　歩行は，すべてのラットが示す最も共通の行為の1つであり，歩行能力の評価は，多くの行動解析で考慮すべき重要な要素となる。脊髄損傷や脳卒中のような疾患げっ歯類モデルにおいて，歩行の回復が実験の究極目標となるのは，まさにこのためである。加えて，実験室で評価される多くのより複雑な行動課題は，ラットが地上を動き回り，四肢が利用可能であることが必要となる。行動課題において彼らの動作に影響する障害があるなら，そのような解析から得られる結果はあてにならない。しかしラットの歩行の測定は，ラットが小さかったり，すばやく移動して動いたりするため困難である。地上を動き回るための骨格筋や神経系，この両者の必要性について完全に理解するためには，動物の歩行の適切な評価系が必要である。本章ではラットの歩行における力学や神経制御に関する現在の知識を概観し，この種での歩行能力の計測に利用できる方法を概説する。

歩行の力学

　地上を動き回るため，陸上におけるすべての動物と同様に，ラットは重力に逆らって体重を支えたり，姿勢や平衡を保ったり，進行方向への推進力を備えている必要がある(Grillner, 1975)。加えて，ラットはスピードを変化させ，平らでない地形を通り抜ける必要がある(Grillner, 1975, 1981)。本項では，ラットが違った速度で地上を動き回ることを可能にする各肢間の動きを含む，地上行動の力学的側面について取り上げる。

●歩行サイクル●

　ラットを含む，脚のある陸上のすべての動物は歩行中，各脚が，**立位相**と**回転相**からなる歩行サイクルを，繰り返して移動する。立位相の間，脚は地上表面に接触しており，体重の支持と地面に対する身体の推進力に寄与している(右前脚，図 14-1A)。立位相の脚の動きは，体重に屈服するかのような，肢関節の最初の屈曲からなる(Philipson の E_2 フェーズ)(Grillner, 1975)。それから肢関節は伸び，ラットを前へ押し出す(E_3)。回転相では，脚は曲げられ身体の動きと相関しながら前へ動く(Phillipson の F フェーズ)。そして回転相の最終面では，次の立位相(E_1)に備えるため，脚関節は伸ばされる(左前脚，図 14-1B)。それぞれの脚が歩行サイクルを通して動く**ストライド**は，単一脚の地面への接触の始点と次に起こる同一脚の地面への接触を終点とする完全なる脚運動のパターンとして定義される。

　ストライドは，歩行を測定するうえでほとんどの場合に採用される指標であり，前へ動く速度によって大きく変化する。**速度**は，ストライドの長さとストライドの持続時間で定義される。ラットは，他の動物と同様に，ストライドを長くし，持続時間を短くすることによって速度を上げる。立位相と回転相の持続時間から1歩の幅が決められるので，これらの要素も行動の速度とともに変化する。重要なことは，それらは同時には変化しない——速度が上昇するにつれ，立位相は劇的に短くなる一方で，回転相の持続時間はほとんど変化しないということである(図 14-2)。立位相の短縮は，この相の間に，特に，地面への支持やラットを前進させるのに使われなければならない力が生じる局面において，重要な結果をもたらす。これらの地面に対する力は，歩行の速度が上がるにつれ，ますます短くなるように出力されなければならない(図 14-3)。

　歩行サイクルのいたる所で，肢筋の活動は脚と脚分節の実際の動きを生み出し，歩行サイクルは脚分節が互いに循環できるような特有のパターンで活性化される。脚分節の特徴的な動きのパターンは，ラットにおいて異なる歩行スピードで正確に測定されてきた(Fischer et al., 2002)。一般に，ラットにおける歩行の際の脚の動きは，直立したより大きな動物に比べて高

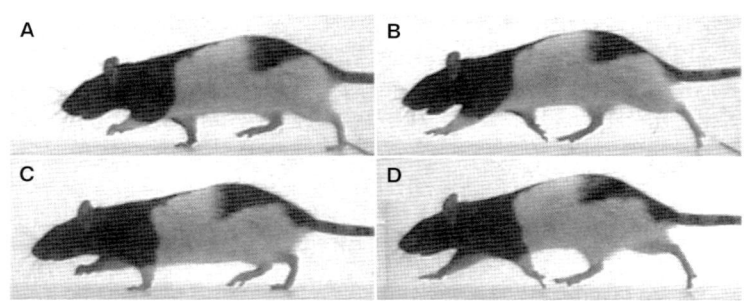

図14-1 自由行動状態で食物報酬に対して速歩するラット。それぞれのストライドの間，対角にある脚は，連続的に地面と接地し（A：右前脚と左後脚，C：左前脚と右後脚），そして2つの短い空中相で分けられる（BとD）。それぞれの脚で，ストライドは立位相（例：Aの右前脚）と回転相（例：B，Dを通じての右前脚）から構成される。［写真はLaura Taykor より］

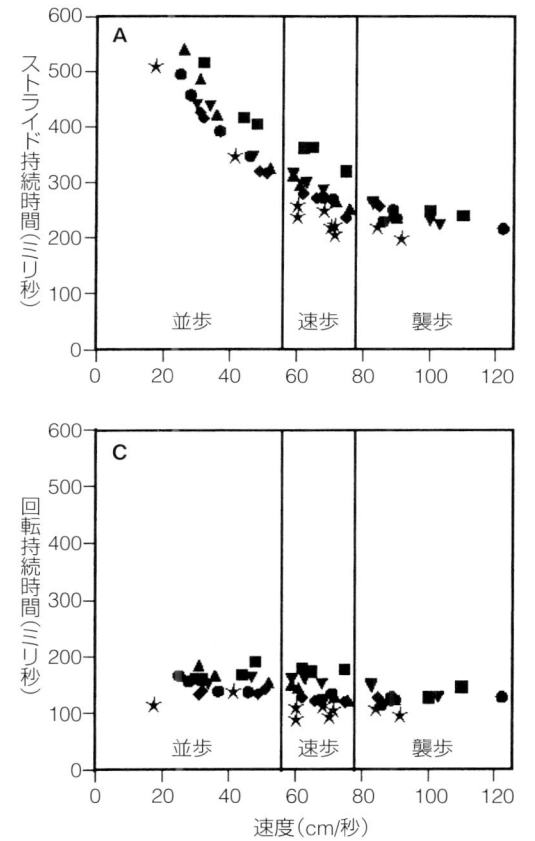

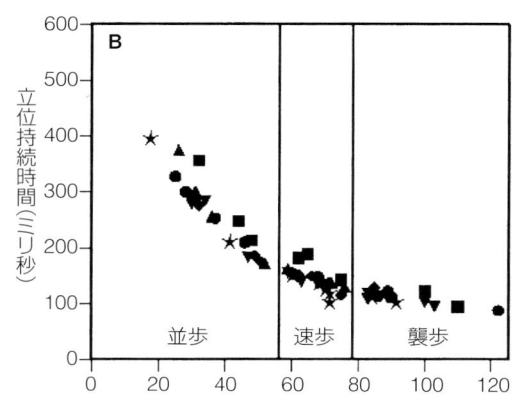

図14-2 ラット行動中の，ストライド持続時間，立位持続時間，回転持続時間に与える速度の影響。歩行速度が増加するとともにストライド持続時間が減少し（A），これは，大部分が立位持続時間の減少による（B）。回転持続時間は，いずれの速度においても比較的一定に保たれる（C）。異なる個体のデータを異なる記号で示す。[Gillis and Biewener, 2001 による]

い機動性や安定性を維持し，すべてのスピードでしゃがんだ四肢の姿勢を保つ他の小動物のそれとよく似ている（Biewener, 1983, 1989, 1990; Fischer et al, 2002）。

個々の四肢のパラメータが速度に対して従属的であることに加え，四肢間の協調（例えば，**歩行**）も速度とともに変化する。四足歩行の動物が使う歩行のパターンは多く存在し，馬のような種で多くの記述がある（Adams, 1987）。それにもかかわらず，並歩，速歩，または襲歩という歩行は，ラットを含む多くの四足動物で使用される基本的な歩行である。以下，それらの歩行の運動エネルギーと脚の動きを述べる。

●並　歩●

並歩中，脚は堅い支えとして使用される。立位相の前半では，体が各脚を越えて乗り上げ，立位相後半で

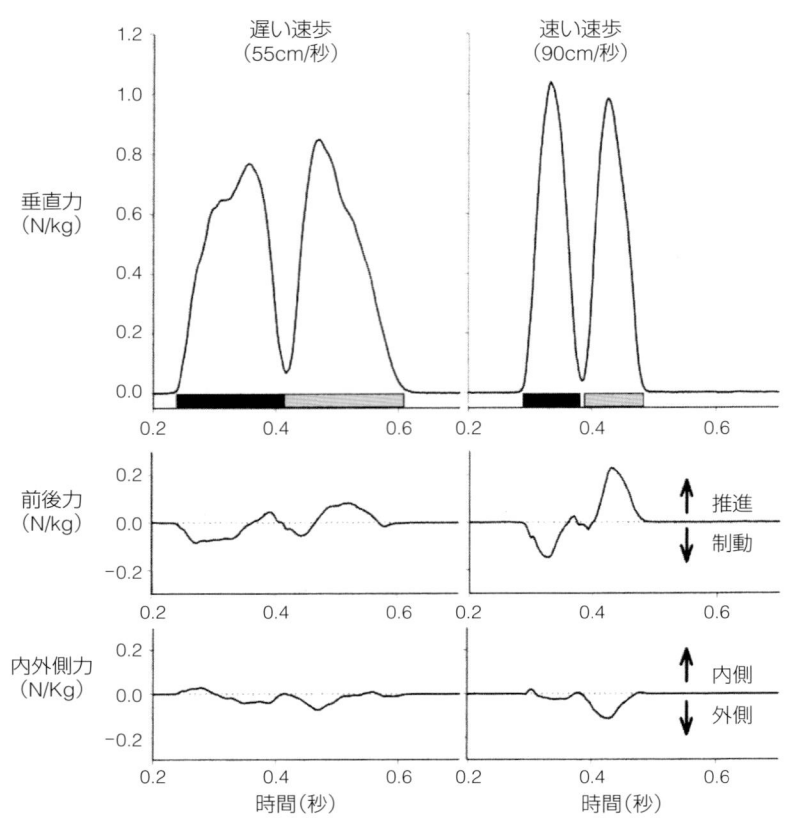

図14-3 ラットの55 cm/秒と90 cm/秒の速歩で，歩行速度が地上反応力に与える影響．地上接地の際，速度が上昇するのに伴い地上反応力はだんだんとより短い時間内に出される．それにより地上反応力のピークも上昇する．3つの直交方向（垂直，前後，内外側）にかかる力が，体重のkg当たりNewtonで示されている．それぞれの力の記録は，前脚（■で示されている立位相）のものと，あとに続く同側後脚（▒）によるものが示されている．垂直力は，前脚と後脚が比較的同等に体重を支えていることを示している．前後力は，前脚の大部分が制動力を，後脚の大部分が推進力を出力していることを示している．内外側力は主に外側に出力されている．力の記録は，単一個体からのものである．

降りる．同時に，立位相の前半では，脚は体にブレーキをかける．そして脚の前方へ体が動くように，体を加速する推進力を生み出す．このようにラットは1歩ごとに，上下し，減速し，加速する．この振り子様パターンには，歩行に費やすエネルギーを減らす意義がある．前方への運動エネルギーは，ラットが速度を落としたり，体を上げたりすることで，立位相前半で潜在的なエネルギーに変換される．立位相の後半で，ラットが体を降ろしたり，速度を上げたりすることで，潜在的運動エネルギーが前方への運動エネルギーに変換される (Cavagna et al., 1977)．並歩中，この交互の転換は，地上移動でのエネルギー損失を75%まで削減させることができる (Heglund et al., 1982)．

四足動物の並歩中，常に2または3脚は地面に着いている．ラットの多くにみられるこの歩き方は，**lateral walk** (Gillis and Biewener, 2001) と呼ばれる．この1歩の間（左後脚から始まるとしたとき），1回の1ストライドにおいて地面に接触する順番は，左後脚，左前脚，右後脚，右前脚である．トレッドミル[i]で，ラットは0〜55 cm/秒で歩く (Gillis and Biewener, 2001)．これは地上でも同様であるが，一定に記録するのは難しい．なぜなら遅い速度で動くラットは，同時に探索し，しばしば止まって方向を変えたりするからである．

●速　歩●

歩行中の最長到達ストライド，つまり最大到達速度は，脚長によって制限があるので，ラットを含む動物は，空中でさらに速度を上げるために協調的に動かな

---

i ベルト式強制走行装置．

ければならない．このためには四足速歩，つまり二足走行に変化する必要がある．この際，脚は反るというよりは，跳ねるように動く．立位相の前半では，脚が体にブレーキをかけるように，まさに歩くかのように速度低下する（図14-3，前後力参照）．しかし並歩とは異なり，立位相前半で身体はまた落ち込み，体の前方運動エネルギーは，潜在的エネルギーではなく，脚に充填するように，腱や靱帯の弾性エネルギーに変換される．この弾性エネルギーは，立位相後半で，ラットが脚を跳ね出すときに，再度前方運動エネルギーとして放出される．

　速歩中，常に2脚だけは地面に着いている――ラットは対角脚（例：右前脚と左後脚）から次の対角脚（左前脚と右後脚）へ動く．さらに速い速歩では，ラットは実際1つの対角脚から別の対角脚へ跳んでいるかもしれない．というのは，ラットが地面に着いてない状態が，速歩中のストライドにおいて，2相は存在するからである（図14-1参照）．図14-1でみられるように，速歩におけるストライドでは，脚の接地順序は，右前脚と左後脚，左前脚と右後脚となる．前脚と後脚の対角対が，同時に地面に接地するかもしれないが，多くは前脚または後脚は，その対角脚よりもわずかに早く（20ミリ秒程度）地面に接地する．どの脚が最初に接地するかは，ある程度，個々のラットで違い，歩行の速度に依存する．トレッドミルにおいて，ラットは55〜80cm/秒の間で動くように速歩する（Gillis and Biewener, 2001）．食べ物の報酬に向かって地面を動くように訓練されたラットは，速歩で50〜90cm/秒の速度で動く（Muir and Whishaw, 1999b, 2000; Webb and Muir, 2002, 2003a, 2003b）．

●襲　歩●

　襲歩，すなわち跳ねる歩行は，ラットを含む四足動物において最速の歩行パターンである．この歩行中，ストライドの長さは，胴体の一体的な動き，すなわちストライドの間かわるがわる伸ばされ曲げられる動きによって，さらに伸びる．後脚と前脚は，襲歩中，遅い歩行と比べてより協調的に動く．襲歩のストライドの最初に，後脚が前方へ動いて着地し，体幹は曲がる．それから，ラットは前方へ伸びるように胴体を伸ばし，さらに後脚を地面に残して，体の下にくるようにする．空中に向かってラットは動き出し，後脚が次のストライドで接地して前にくるような一体的な歩行となる．襲歩では，それぞれのストライドの空中相で，胴体が伸ばされ，ラットは後脚から前脚の上へジャンプする．襲歩のエネルギーは歩行と速歩，両者の方略が合体し，そこでは前方運動エネルギーが，ストライドの異なる相で重力潜在的エネルギーと弾力的緊張エネルギーへ転換され，またそこから戻される（Cavagna et al., 1977）．

　襲歩の間，脚の精密な協調は，速度に応じて異なる．襲歩では，1脚か2脚が着地しているか，または1脚も着地してない．遅い襲歩では，後脚と前脚は完全には同調していない．すなわち，一方の後脚が反対の後脚よりも先に着地する．接地時間の不均衡は，一般的に後脚よりも前脚で大きい．それぞれの脚対で，片方よりわずかに早く着地する脚を後続脚（trailing limb）と呼び，もう片方の脚を先行脚（leading limb）と呼ぶ．遅い襲歩での脚接地の順序は，後続後脚，先行後脚，後続前脚，先行前脚となるだろう．場合によっては，先行脚と後続脚が同時に接地することもある（ウマでは**駆足**と呼ばれる歩行パターン）．速い襲歩では，前脚は後脚と同じように同期して増加的に動き，ラットが前脚から後脚という順序で跳び始め，再度前脚から地面につくようになる．トレッドミルや地面上では多くのラットが，80cm/秒よりも速いスピードで襲歩する（Muir and Whishaw, 2000; Gillis and Biewener, 2001）．トレッドミルと地面上の行動の両方で，速度変化の幅は広く，およそ70〜100cm/秒で，速歩したり襲歩したりする．

歩行の神経性制御

●脊髄回路からの出力は，基本的歩行パターンを生み出す●

　歩行中，脚の筋肉はある特有なパターンで活性化される必要があり，その活動によって，①周期的方法で脚を動かす（例：歩行サイクルを通して），②右脚と左脚を交互に動かす，③前脚と後脚を協調させる，ことができる．脊椎動物では，最初の2つの仕事，すなわち歩行サイクル中の脚の動きと左右脚の交互運動は，神経束の律動的な神経出力により生み出されることが広く知られている（Grillner and Wallen, 1985）．脊髄を完全に切断したネコは，健常な動物と同一な歩行の動きをとることが可能である（Grillner and Zangger, 1979; Belanger et al., 1988）．たとえ，脚からのフィードバック感覚がすべて取り除かれても，歩行サイクルを通して動くことは可能であり，これは，歩行に適切なパターンで筋肉を動かす振動出力を脊髄自体が生み出すことを示している．

　似たような実験は，大人のラットでは報告はないが，新生仔期のラットで脊髄でのパターン生成に関する報告が多くある（Cazalets et al., 1995; Cowley and

Schmidt, 1997; Kiehn and Kjaerulff, 1998; Ballion et al., 2001)。ラットの後脚の脊髄運動回路は，腰髄膨大部と胸髄低位のいたる所に分布し，それらは異なる筋肉や関節をコントロールする多くのリズム生成器から構成されるようである。最も興奮的なリズム活動は，特に腰髄膨大部の最も前方で起こる(Kiehn and Kjaerulff, 1998)。前脚のリズム活動を生成する神経回路は，頸髄低位と胸髄分節最上位にある(Ballion et al., 2001)。

もちろん，機能的な歩行を生み出すためには，通常，脊髄運動回路が2つの重要な部位から入力を受けることが必要である。第1は，脚からの分節性求心性フィードバックである。これは，常に統制的に働き，歩行サイクルの立位相と回転相の移行をコントロールするための情報を供給するとともに，筋肉活動を補強する。第2は，脳幹や脳の高次領域からの上位脊髄入力である。これらの影響は，以下で詳しく取り上げる。この分野の多くの研究は，ネコをモデルとして得られてきたが，ラットに関する特定の情報についても入手可能なものは紹介する。

●正常歩行には，脚からの末梢性求心入力が必要である●

分節求心性フィードバックは，筋紡錘，ゴルジ腱紡錘など脚に存在するいくつもの受容体や，皮膚や関節包に分布する受容体からの情報を起点とする。筋紡錘は筋長や長変化の速度について情報をもたらすのに対し，ゴルジ腱紡錘は腱力に関する情報をもたらす。両者からの入力は，この入力の損失が伸筋活動の強さを大きく減少させることからわかるように，立位相での伸筋活動に影響する(Pearson and Collins, 1993; Guertin et al., 1995; Hiebert and Pearson, 1999)。また，皮膚の受容体からの入力，特に足からの入力は，立位相で伸筋活動を増加する(Duysens and Pearson, 1976)。重要なことは，脚にある筋肉と皮膚の受容体の影響が一定ではなく，歩行サイクルのあらゆる所で変調されていることである(Forssberg, 1979; Drew and Rossignol, 1985, 1987)。回転相では，例えば，足の皮膚受容体の刺激は肢伸展より肢屈曲をもたらす(Drew and Rossignol, 1985, 1987)。

求心性入力のほかの主要な役割として，立位相と回転相の移行の制御がある(Pearson et al., 1998，総説参照)。立位相後半は，脚が尾側へ動き，軽度の負荷となり，伸筋内のゴルジ腱紡錘活動の減少と同時に，股関節屈筋内の筋紡錘での活動上昇がみられる。これら両者の入力は，伸筋活動の減少と肢屈曲の活性に寄与し，それによって肢屈曲が終わり，回転相が始まる(Pearson et al., 1998)。

●脊髄への下降性入力は，歩行の開始と継続に必要である●

脊髄へのほかの主要な入力源は，脳である。脊髄回路は，脳皮質，赤核，前庭核，橋や延髄にある数多くの核から直接入力を受ける。加えて，脳には，歩行に関わる領域が多くあるが，脊髄に直接投射せず，これらには小脳，大脳基底核，そして**歩行関連領域**として知られたいくつかの領域が含まれる。ラットを含む除脳動物は，電流で刺激されると歩行を開始することができる脳の領域がある(Atsuta et al., 1990, 1991)。それは中脳(中脳の歩行領域)，視床下部や深部小脳核にある。さまざまな歩行形態におけるこれらの歩行関連領域の役割についての詳しい解説は，Jordan(1998)を参照されたい。

ラットでは，さまざまな脊髄索を傷害して，脊髄への直接入力における脳領域の影響が調べられてきた。橋や延髄の神経核に由来する軸索は，脊髄の腹側半分を走行する。ラットでの大きな腹側侵襲は，地上での歩行に重大な障害をもたらすので，これらの入力は，歩行において重要なようだ(Loy et al., 2002; Schucht et al., 2002)。腹側走行には機能的重複性があるようにみえる。すなわち，腹側索のみを含む小さな侵襲では，地上での歩行には与える影響が軽度だからである(Loy et al., 2002)。もちろん，腹側侵襲によって影響を受ける軸索は，脳幹に存在する多くの異なる核に由来し，歩行能力を測るより感度のよい技術を用いて，各神経核の役割に関する情報を手に入れることができる。

脊髄の背側に位置する下行入力は，大脳皮質と赤核に由来する。これらの入力は，特殊な技能を要する歩行に必要と考えられている。例えば，でこぼした地面に合わせたり，障害物を避けるために，歩行を調節するようなときである。ラットでは，腹側への大きな侵襲は，地上での大まかな行動にさほどの影響はないが，特殊な技能の歩行に大きな障害をもたらす。例えば，梯子歩行のような場合である(Schucht et al., 2002)。

背側経路にさらに特殊な侵襲があると，皮質脊髄路と赤核脊髄路の役割が区別される。脊髄視床路は，地上の行動には貢献しないが，特殊な行動に必要な部位である(Metz et al., 1998; Muir and Whishaw, 1999a; Metz and Whishaw, 2002; Whishaw and Metz, 2002)。赤核脊髄路もまた，特殊な技能歩行に役割を果たすが，赤核またはそれ自体の走路での片側侵襲は，永続的な歩行の非対称性を引き起こすことから，ラットでは地上の歩行でも役割を果たすようである(Muir and

Whishaw, 2000; Webb and Muir, 2003b)。

実験室での歩行測定

　ラットの歩行の定量化に関して我々が知る情報の多くは，脊髄損傷や脳卒中のような中枢神経系に焦点を当てた研究に由来する。ラットの脊髄損傷後の歩行回復を測定するための適切な方法が述べられたいくつかの総説が存在する(Goldberger et al., 1990; Kunkel et al., 1993; Metz et al., 2000; Muir and Webb, 2000)。これらの方法は，正常なラットや多くの異なる病態モデルでの歩行解析に適用できる。次項にラットの歩行測定に有効な方法を記載した。特別な技術のさらなる詳細については，関連文献を参照されたい。

●歩行評点スケール●

　BBBスケールやTarlovスケールのような歩行評点スケールは，胸部脊髄損傷後の後脚の歩行運動を評価するために発案された序列評点スケールである(Basso et al., 1995; Fehlings and Tator, 1995)。動物は開かれた場所で観察され，後脚，尾の位置，または前脚と後脚の協調性などの条件に基づいた点数が与えられる。そのような分析は，すばやく行われ，最小の装置ですみ，幅広い能力の動物を評価するのに十分な汎用性を備えている。しかし，歩行評点スケールは異なる傷害型の異なる治療後回復過程が正確には測定されないかもしれない。しかしながら，その計画された傷害の型に比較的特異的であることが重要である。例えば，BBBスケールは胸部挫傷や胸背部切除後の歩行分析には有用だが，他の脊髄損傷動物の状態を記述することには成功していない(Metz et al., 2000; Loy et al., 2002; Schucht et al., 2002; Webb and Muir, 2002)。結局，自由に動くラットの観察に頼る歩行分析の限界は，個々の動物の動機づけに依存するところである。例えば，探索行動中の引きずり爪先のような，いくつかの機能的な「欠失」が示されても，同じラットが食べ物のために走路を速歩するよう動機づけられた行為をするときには，その欠失は完全に消失する(Webb and Muir, 2002)。次項では，歩行課題を完璧に訓練された動物に適用する最良の測定法を説明する。

●運動学測定法●

　運動学測定法は，体や脚，脚の分節の距離，角度，速度や加速を含む，幅広い計測が含まれる。歩幅のようなストライドの特徴やその持続時間の測定は，脚角度と同様に運動学測定法として考えられている。運動学測定法は，本質的には動物運動の定量的で詳細な記述である。他の歩行パラメータは通常，動物の速度や歩行によって変化するので，多くの運動学測定では，関心のある領域の計測とともに，動きの速度を記録することが重要である。

　歩行とストライドの特徴に関するデータは，さまざまな方法で取得できる。動物の地上やトレッドミルでの動きを記録する。地上での歩行中，カメラの位置は側面(図14-1)もしくは尾側，または床面を透過させ鏡を45度の角度で床下において，足部の位置が明瞭にみられるような腹側からの視点にする(Cheng et al., 1997; Webb and Muir, 2003a)。動物には，特に距離測定のような場合には，測定の正確性を向上するために，真っすぐな小道を走る訓練をすべきである。ビデオのフレームごとに，回転相と立位相の間隔と同様に，ストライドの長さと間隔を解析する。さらに簡潔に，一時的に測定がなされなくても，1歩の長さと脚の位置の測定はインクと紙で行う(Kunkel and Bregman, 1990)。

　肩，肘や膝の角度のような肢関節の解析は，ビデオやデジタルカメラを利用したフレームごとの解析が必要である。専用のコンピュータは，ビデオやデジタルフレーム撮影の補助が可能であり，歩行運動中の一連の脚位置を示すことができる。歩行中の普通の脚の動きであれば，単純な二次元での解析でもよいが，少なくとも2つのカメラを同時に用いた三次元解析も可能である。

　歩行中の関節角度の測定に重要な問題は，脚分節位置を正確に同定することができないことから生じる。通常の歩行中，脚上の皮膚が移動するように，皮膚につけたマーカーも移動する。この動きは肢関節位置の同定に誤りをもたらし，特にラットのようなしゃがんだ脚姿勢をとる小哺乳類の近位の関節ではその誤差が顕著である。唯一の解決策はシネラジオグラフィであり，これは動きの間中，脚骨のきれいな像を描出する。一般的な運動学では，この技術を用いてラットの記録を行ってきた(Fischer et al., 2002)。シネラジオグラフィは，多くの研究においてその使用が非実用的であるが，他の種でなされてきたように，皮膚の動きを修正する情報を得ることができる(van den Bogert et al., 1990)。

●動力測定法●

　筋肉は，四肢分節に力を及ぼすことによって，脚を動かす。脚はそのとき地面に対して力を働かせることで，動物を動かす。**動力学**とはこれらの力の測定法で

ある。脚の中の筋腱や骨表面に埋め込まれている，または外側表面に位置している，力や張力の変換器は，動物の動き方の精密な測量に用いることができる(Gillis and Biewener, 2002; Biewener and Blickhan, 1988; Biewener et al., 1988; Biewener and Taylor, 1986; Muir and Whishaw, 1999a, 1999b, 2000)。

歩行中の地面反応力とは，脚を通じて地面に働く力である(図 14-3 参照)。それらは平面の力として測定され，歩行測定は感度が高く定量的な，そして非侵襲的な方法でなされる。たとえラットがすばやい動きが可能であるとしても，地面反応力を通した非常に微妙な変化は明らかであるので，この方法は特にラットの歩行の解析に有用である。これらの力の記録は，他の方法では手に入らない，特定の定量化できる情報をもたらす。地面反応力の測定は，異なる中枢神経系侵襲の代償のためにラットが使う，緻密な，特徴ある方略を明らかにしてきた(Muir and Whishaw, 1999a, 1999b, 2000; Webb and Muir, 2002, 2003b)。しかしこれらの力の測定に用いる機器は，ラットの研究のために適切なサイズと感度になるように，カスタマイズまたは注文作製しなければならない。

●筋電記録●

歩行中の筋電活動の記録は，筋肉が歩行サイクルを通していかに使われるかという貴重な情報をもたらす。ラットにおける多くの研究では1つか2つの筋肉に限られているが，歩行中における多くの筋肉からの同時記録は技術的に可能である(Cohen and Gans, 1975; Loeb and Gans, 1986; Roy et al., 1991; de Leon et al., 1994; Gorassini et al., 1999, 2000; Gramsbergen et al., 2000; Gillis and Biewener, 2001; Kaegi et al., 2002; Schumann et al., 2002)。侵襲や治療後の正常パターンからの逸脱は，正常と異なる新しい行動パターンの方法を決定するのに役立てることができる(Gramsbergen et al., 2000; Kaegi et al., 2002)。

しかし重要なことは，正常な筋活動パターンは広い幅をもつことである。いくつかの異なった筋肉の組み合わせを通して同じ動きが生み出されるように，これは部分的に，それぞれの関節を補う多くの筋肉の働き

による。加えて，筋電記録は，それぞれの筋線維と力の生産との間の複雑な関係から，筋収縮の強度について直接的な情報を与えない(Basmajian and De Luca, 1985)。電極の侵襲的な性質やつけられている記録装置もまた動物の正常な歩行を変化させるものであり，筋電計データの記録には何らかの損失が必然的に伴う。筋肉への電極の植え込みは，術後の念入りな管理と同様に，手術や実験中の適所な電極維持をも必要とする。

●歩行課題●

前の項では，地上歩行に適用する測定技術について述べたが，もちろん多くのラットはさまざまな状態での歩行訓練が可能で，それぞれ同じ方法を用いた測定法がそのまま使用できる。ラットはトレッドミルで歩行訓練をすることができる。なぜなら，動物は本質的にじっとしているものであり，トレッドミルでの運動学的測定と筋電測定は，地上歩行に比べて多少やりやすい。上り坂または下り坂など，傾斜のレベルを管理することで，トレッドミルの速度を正確に制御することができる(Gillis and Biewener, 2002)。

ラットはまた，さらに難しい歩行課題，梯子や横木歩きも可能である。前に取り上げた運動学測定，動力測定，筋電測定に加え，これらの課題でも歩行能力を記録することができる。それには，梯子走や横木での足滑らしエラーの回数や脚位置の得点化が含まれる(Muir and Webb, 2000; Metz and Whishaw, 2002)。技術を要する歩行課題で，その難易度を変化させるためには，梯子走間の隙間を変えたりまたは無作為化したり，横木の幅を変えたりする(Metz et al., 2000; Metz and Whishaw, 2002)。ラットはまた，傾斜やロープを上ったりすることもできる。それらの行動には，前に取り上げた測定技術が役に立つ(Thallmair et al., 1998; Ramon-Cueto et al., 2000)。彼らの自然な行動能力は，異なった測量法を組み合わせることで，歩行技能の包括的な解析に利用可能である。

Gillian Muir

第15章

把握運動

　Peterson (1932) は，ラットの把握運動をさまざまな場所（小溝，筒，回転テーブル，ベルトコンベアー，台上，棒の間）に置かれた餌をとる課題を用いて記載した。また，Whishaw and Micklyaeva (1996) は複雑な掛け金を外す課題や変換機を操作させる課題，バーを下げる課題を用いた。さらに Ballermann et al. (2000, 2001) および Rempel et al. (2001) はラットの把握の範囲や強さを調べるためにパスタを掴んで食べる動作を観察した。また，Whishaw and Coles (1966) は，手指の動きをさまざまな種類の餌（パスタ，ナッツ，果物）をつまみ上げて操る動きから調べた。Ivanco et al. (1996) は，前肢の動きをコオロギを捕まえ，手で扱い，食べる動きを通して調べた。

　巧緻運動 (skilled movement) とは，ラットが指や手，前肢を使って対象を捕まえ，もち直し，把握する運動を指す。巧緻運動は当初，霊長類が手指を使って木の枝を掴む動作が進化の過程で変化してきた運動と考えられていた。しかし，ラットの器用な手指の動きはこの考え方を覆し，今では地球上の多くの哺乳類が手指の巧緻運動の能力をもつと考えられている。確かに巧緻運動の能力を失ってしまった哺乳類も存在するが，多くの哺乳類は進化の過程で試行錯誤しながら手指の器用さを保ってきた (Iwaniuk and Whishaw, 2000)。哺乳類のおよそ半数を占める2,000種のげっ歯類は，この後者に属しており，手指の巧緻性を進化の過程で発展させてきた。実験室で用いられるラットはこうしたげっ歯類の代表である。

　巧緻運動は神経制御の点からは特別な動きといえる。前肢を対象に伸ばし，手指で対象を操るためには，重力に抗して体を支えるという前肢本来の機能をいったんやめなければならない。前肢を伸ばすという動きの神経回路と前肢で体を支え歩く神経回路は異なるので (Metz et al., 1998; Muir and Whishaw, 1999)，前脳には前肢で体を支えて歩く動きを抑制する回路と前肢を伸ばす動きの回路が両方含まれているはずである。系統発生の過程で生まれた巧緻運動という動きは多くの哺乳類がもつ能力であり，実験動物であるラットの巧緻運動は前肢の運動機能が障害されたヒトの神経疾患をモデル化するうえでも興味深い。

巧緻運動に関わる前肢の構造と動き

　ラット前肢の筋骨格系は Green (1963) によって記載された。手は5本の指があり，第1指（親指）には小さい爪がある。一方，第2指～第5指には鉤爪がある。第1指の爪は巧緻運動に使われる。ラットは対象を正確に掴むときに第1指を手掌の中心に向かって動かす。そうすることによって対象を親指と他の指の肉趾の間で保つことができる (Whishaw and Coles, 1996)。例えば，ラットはこの挟むという動作に似たもち方でパスタをもつ（図15-1）。ラットの手掌や指の端の肉趾は非常に発達していて，対象を掴んで操るときにはこの肉趾を使う。対象が大きくなると，第1指と手掌の間でもつこともある。ラットの前肢の先にある手掌に向かって伸びる血洞毛は，掴もうとしている対象を感知する。血洞毛は，特に生きている獲物を掴むときに役立つ。

　ラットの前肢の可動範囲は霊長類と比較しても引けをとらないが，多少の違いがある。ヒトの肩には臼上関節 (ball-and-socket joint) と呼ばれる関節があり，上腕を広い範囲で動かすことを可能にする。一方，ラットは肩甲骨にいくつかの筋肉がつながっていて，ヒトと同程度の範囲で前肢を動かすことができるようになっている。また，ヒトは橈骨と尺骨がそれぞれのまわりを回ることで手の回内・回外運動が行われるが，ラットは橈骨と尺骨が1つになっているため手首が回るようになっている。ヒトの場合，手首を回転させることはできない。このように多少の違いはあるが，ラットはヒトと同じように前肢を動かすことができる (Whishaw and Micklyaeva, 1966)。

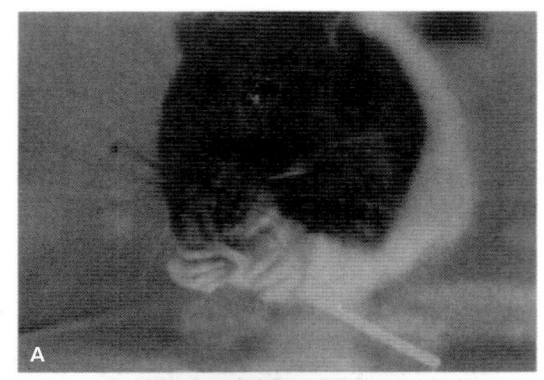

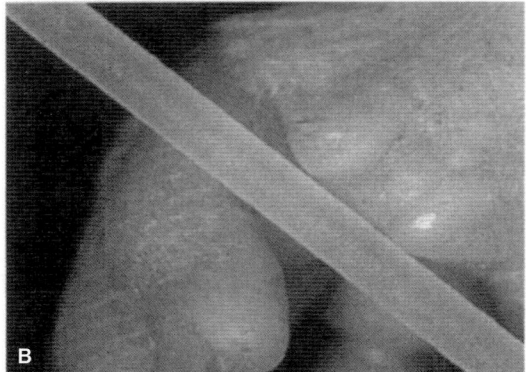

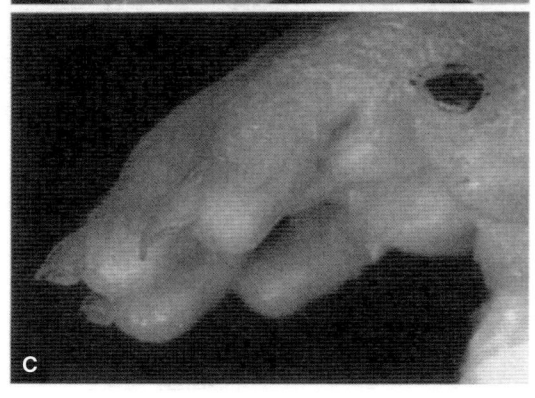

図15-1　ラットがパスタを掴む様子。(**A**)右手でパスタを口に運び，左手でパスタを押し込む様子。(**B**)パスタを右前肢の第1指(親指)と第2指の間で保持している。(**C**)第1指には爪があり，第2指から第5指には鉤爪がある。第1指の爪は対象を掴むのに有用と考えられている。[Whishaw and Coles, 1996. より]

前肢の筋肉の構成もラットとヒトは似ている。ラットの手掌にも筋肉はあるが，手を伸展・屈曲，および開閉する運動は前腕の筋肉で調整されている。他の動物と同様に，これらの筋肉は脊髄の運動ニューロンで調整されている。遠位筋ほど尾側の運動ニューロンの支配を受けている(McKenna et al., 2000)。大脳皮質における運動ニューロンの解剖学的な構成も霊長類と似ている(Wise and Donoghue, 1986)。

餌の扱い方

ラットの食餌の嗜好は幅広く，草，木の実，木の葉，木の根，および人間が捨てたほとんどのものを食べる。ラットは特徴的な5つの動きを組み合わせて餌をとる(Whishaw et al., 1992)。①最初に餌をみつけるとにおいを嗅ぎ，ヒゲ(感覚毛)や口周囲の受容器を使って認識する。②次に，口で餌をつまみ上げて殿部の方向へ体を動かしながら餌を手へ移動させる。③このとき，肘は体の中心線に向かうように姿勢を変えて，餌が正面にくるように手掌を回転させる。④餌に手が近づくと対象にぴったりの大きさになるように指を広げる。⑤指の先端で餌を掴み，指で巧みに扱って食べる。餌の大きさによって指はどんな形にもなる(右左で違う動きもする)。この自然な食餌行動にみられる5つの動きはさまざまなげっ歯類でみられ，「げっ歯類の普遍的な動き」といえる。

もちろん，捕食時にこの動きが変わることもある(Ivanko et al., 1996)。ラットはコオロギを捕まえると，まず前肢の手指で押さえつける。次に後方へ座り直し，コオロギを前肢でもって食べる準備をして，指で羽，手足，頭をむしりとる。最後に，胸腹部を口の方向へ回転させて食べ始める。

感覚情報による運動制御

ラットは嗅覚と触覚を使って餌をみつける(Whishaw and Tomie, 1989)。具体的には，においを嗅いでから餌を口でつまみ上げ，ヒゲで位置を確認してから前肢の手指で獲物を掴む。触覚情報は掴みやすいように指の形を変えるために使われる(Whishaw et al., 1992)。餌を口から手指へ移すときに，あらかじめ指の形が食べ物の大きさに合わせて変わるが，この動きは口周囲の受容器からの感覚情報によってコントロールされている(図15-2)。霊長類は視覚情報を使って対象をみつけ，指の形を把持しやすいように調整している。この点は興味深く，ラットのような食虫類は原猿類よりも皮質に対して大きな嗅球をもつ一方で，原猿類は大きな皮質をもつが嗅球は小さい。原猿類やその子孫で，感覚情報によって調整されていた巧緻運動が視覚情報によって調整されるようになるには前脳から視覚野への神経回路の大規模な再編が必要であったはずある。この進化の過程で霊長類の大脳皮質が大きくなったと考えられている(Whishaw, 2003)。

嗅覚は，前肢を伸ばす前にも餌の位置を探すために使われている(Whishaw and Tomie, 1989)。目隠しを

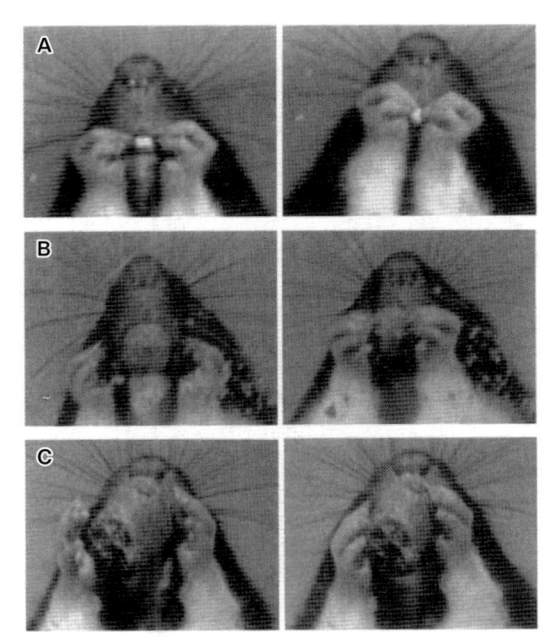

図15-2 食べ物のサイズによってあらかじめ手指のサイズが決められる。(**A**)米，(**B**)500 mg の餌塊，(**C**)実験飼料。[Whishaw, Dringenberg, and Pellis, 1992. より]

されても，ラットはみえていたときと同じくらいの速さと精度で食べ物をみつけることができる。しかし，嗅覚を遮断されるとまるでみえていないかのように動き，餌が置かれていると考えられる場所ごとに手を伸ばしながらケージの端から端まで移動するようになる。

餌に前肢を伸ばす動作は嗅覚によるコントロールを受けない。前肢を食べ物のほうに伸ばすためには対象から鼻が離れるような姿勢にならなければならない。したがって，前肢を伸ばす動作は嗅覚よりも中枢性の制御を受けるはずである。これは興味深い点で，ヒトは腕を伸ばす対象を認識はしていても，上肢の動きは無意識に行うことができる。前肢（あるいは上肢）を伸ばすという動きに関して，げっ歯類と霊長類では他にも異なる点がある。霊長類の運動ニューロンは前腕の運動の方向をコードするものだけではなく，緊張力や関節トルクに関わるものも存在する。前腕の運動の方向をコードする運動ニューロンが視覚情報による運動制御に関係しているならば，視覚情報ではなく嗅覚情報で対象の位置を同定するラットには，このようなニューロンはおそらく存在しないだろう。

到達運動

ほとんどの動物の利き腕は個体ごとに異なるが，種によっては右左どちらかに偏る場合がある。ヒトは後者で，人口の90％が右利きである。ラットは個体ごとに異なり(Peterson, 1932; Whishaw, 1992)，およそ13％が両利きで，残りは右利き，左利きが同程度存在するといわれている。両利きということ自体は，利き手がないということよりも運動能力が低いということを示している。利き腕は到達運動を始めればすぐにわかり，もともと中枢神経系にコードされているというよりは運動を学習していく過程でたまたまどちらかに決まるものである。利き腕には雌雄の差はない。

学習によって獲得された到達運動はいくつかの動きが組み合わさったものなので客観的に判定することができる(Metz and Whishaw, 2000)。Eshkol-Wachmanの運動表記(Eshkol-Wachman movement notation: EWMN)は体の部位と動きの関係性を記述するのに適しており(Whishaw and Pellis, 1990)，Labanの運動分析法(Laban movement analysis)は運動要素を定性的に記述するのに適している(Whishaw et al., 2003)。これらの分析方法は，到達運動をいくつかの運動要素に分解できるということを意味している。

ステップ運動はラットが対象に近づき前肢を伸ばすときにみられる運動であるが，対象に手を伸ばすという動作にあたっては主要な動きである。ラットは前肢を対象に向かって伸ばそうとすると，伸ばしている前肢と反対側の後肢が一緒に前に出る。こうした対角線上の動きによって，前肢を前に出すと同時に反対側の後肢を体の下に置くことが可能になる。この動きによって対象を掴んだときに殿部のほうへ座るようなかたちをとることができる。

到達運動における前肢の動きは10の運動要素からなる（図15-3）。

1. **手指の正中への移動**：主に上腕を使って行われる。伸ばそうとする前肢が地面からもち上がると，手指の先端が体正面の正中線上に並ぶ。
2. **手指の屈曲**：前肢がもち上がると手指は屈曲し，手掌は回外して手首が部分的に屈曲する。
3. **肘の内転**：上腕を使って行われる。肘は体正中線上に向かって内転するが，手指の先端は体正中線上に残る。
4. **伸展**：前肢は直接小溝の間を通って対象に向かって伸びていく。
5. **手指の伸展**：前肢が伸展する過程で手指の先端が対象に向かって伸びるように手指が伸展する。
6. **アルペジオ**：対象の上にくると手掌は第5指（外側の指）から第2指に向かって回内して同時に手指が開く。
7. **把握**：対象の上で手指は閉じて屈曲する。手掌の位置は変えないまま，わずかに肘が伸展して餌をも

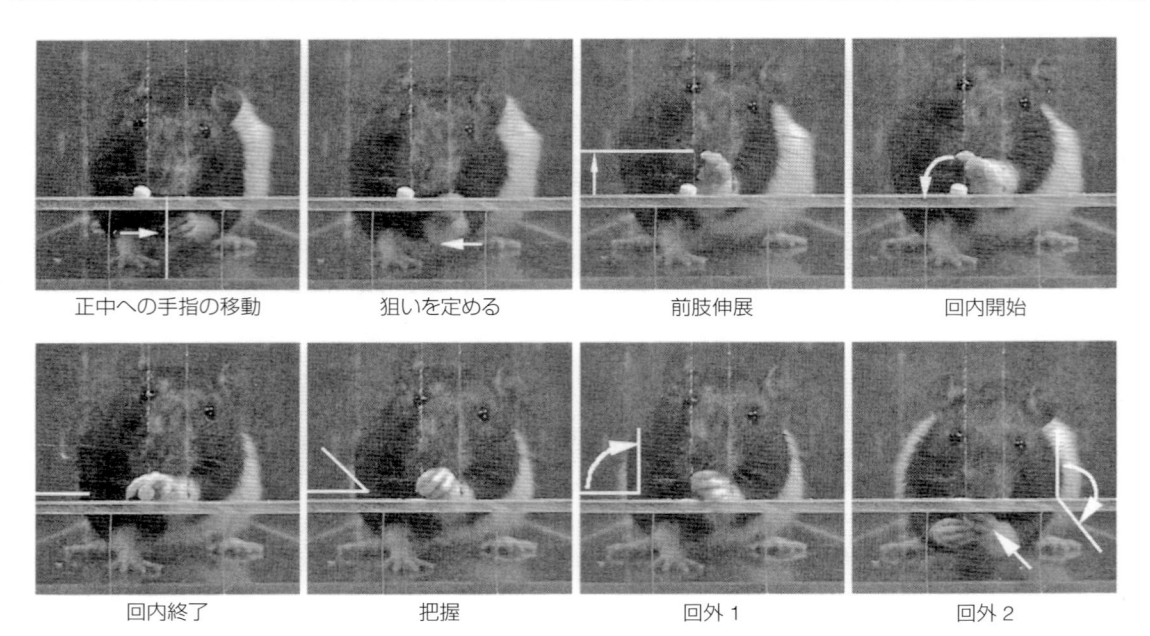

図15-3 到達運動の運動要素。前肢挙上は手掌の挙上も含んだ動きで，手掌が内側を向き体正中線上に手指の先端が並ぶ。対象へ前肢を**向ける**過程では，手指先端を体正中線上に保ちながら肘を正中に寄せる。前肢を対象まで完全に伸展させる過程では，肩が動き手指は開く。**回内**は肘の内転と手首の回転で行われる。**把握**は，手掌を引き込む過程と餌を口へ運ぶ過程でみられる。[Whishaw, 2000. より]

ち上げる。
8. **回外1**：体のほうに引かれるときに手掌は90度回外する。
9. **回外2**：手掌が小溝から口のほうまで引き寄せられると，さらに45度回外して口に対象を移す。
10. **開放**：口が手掌と接触すると手掌が開いて食べ物を離す。

到達運動の評価をするときは，上記の各要素が，存在する/存在しない，あるいは，存在するが障害されている，と記載する(Whishaw et al., 1993; Whishaw, 2000)。

到達運動には前肢の固定が必要である。このことが到達運動の多くの段階を難しくしている。つまり，前肢の一部を体や空間の一部に固定しながら他の前肢の部位を動かさなければならない。例えば，手指の先端が体正中線上に並ぶと，この位置をずらさないように肘を正中方向へ動かして前肢の位置を保とうとする(そうしないと，肘の動きで指の位置が変わってしまう)。頭を上げて前肢を前に伸ばそうとすると，対象に伸ばし続けられるように，また頭や体幹の動きでずれないように代償的な調整が行われる。食べ物を手にとったあとも口に無事運べるように手掌は正中線上になければならない。そうでなければ，口が近づいてくると前肢があらぬ方向へ動いてしまいかねない。前肢からの筋電図での分析によると，到達運動中には驚くほど多くの筋肉が活動していることがわかる(Hyland and Reynolds, 1993)。多くの筋肉が同時に活動するということが固定に関わるのかもしれない。中枢神経損傷後には固定の動きに障害がみられることがある。

アルペジオ運動

高速撮影(60フレーム/秒の通常再生および120フィールド/秒再生)を用いると，ラットは食べ物を掴むときにアルペジオ運動を行っていることがわかる(Whishaw and Gorny, 1994)。台に置かれた餌をとろうとするときには，まず第5指を台の上に乗せる。次に，第4指から第3指，第2指を連続してアルペジオ奏法のように動かす(図15-4)。すべての手指が台の上に乗ると，指が収縮した状態から開かれて手掌が広い範囲を覆うようになる。すると開かれた手掌で台を押すようなかたちになり，餌を手掌で触れるような動きをする。餌がなければ手掌を閉じながら前肢を引っ込めるが，手指は曲げないままで到達運動を繰り返す。餌があれば餌の大きさに応じた把握を行う。大きな餌は第3指で触れて第3指と第4指を使って把握する。小さな餌は第4指で触れて第4指と第5指の間で把握する。

把握運動の過程では，手指の独立した動きがみられる。大きな餌を把握するときは第3指と第4指の屈曲が他の手指の屈曲よりも先にみられ，小さな餌を把握

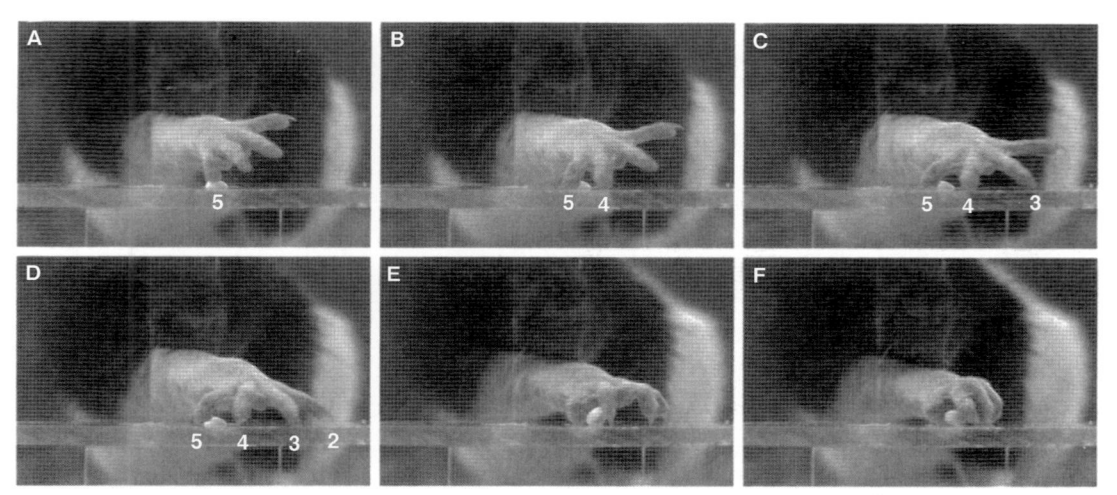

図15-4　20 mgの餌を把握するときには手指の独立した運動がみられる。餌の上で手掌が回内すると(A)，アルペジオ運動によって第4指が餌に触れ(E)，第4指と第5指の間にもつ。このとき第5指は霊長類の第1指のように手掌内側に向かって動く。手掌が回内すると他の手指が閉じる。[Whishaw and Gorny, 1994.より]

するときは第4指と第5指が先に屈曲する。最も際立って独立した動きをするのが第5指で，把握するときは手掌の中に向かって屈曲する。その動きはヒトの親指の動きと似ている。他にも多くの状況で手指の独立した動きがみられる。垂直に登るときや獲物や餌を手で操るとき，毛繕い[i]（grooming）で体毛を触るときなどはおそらく独立した指の動きがみられるはずだが，これらの系統的な研究はない。

系統による運動の違い

研究室で使用するラットにはいくつかの系統があるが，巧緻運動の系統差についての研究は2つだけである。Nikkhah et al.(1998)は階段箱課題(staircase task)で巧緻運動の系統差を調べた。非近交系のアルビノSprague-Dawleyラットは，調査された系統の中で巧緻運動が最もよくできたものの1つであった。単一餌とり課題(single pellet-reaching task)では，Long-Evansラットと比べてアルビノと近交系Fisher 344ラットで成績の低下がみられた（VandenBerg et al., 2002)。他の研究では，単一餌とり課題はSprague-DawleyラットとLong-Evansラットでは同程度であったが，系統によって前肢の運動方法に差があった(Whishaw et al., 2003)。また我々の検討では，アルビノWistarラットとSprague-Dawleyラットで似たような前肢の運動方法が観察された。これらの結果は，運動に関わる神経回路構造の違いを示している。視覚野でみられるように，アルビノラットでは神経線維の走行が通常と異なるのだろう。

神経科学研究および神経疾患研究における巧緻運動の位置づけ

中枢神経系と巧緻運動の関係についての研究は数多く行われている。損傷実験を行うと，実に多くの領域が巧緻運動に関わることがわかる。今までに，大脳皮質(Whishaw et al., 2000)，錐体路(Whishaw et al., 1993)，後外側尾状核(Piza and Cry, 1990)，赤核(Whishaw and Gorny, 1992; Whishaw et al., 1998)，脊髄後柱(McKenna et al., 1999)が巧緻運動に関わることがわかっている。したがって，巧緻運動はさまざまな病態モデルの評価に有用で，脳梗塞モデル(Whishaw, 2000)，脊髄損傷モデル(McKenna and Whishaw, 1998; Ballermann et al., 2001)，パーキンソン病モデル(Metz et al., 2001)で用いられてきた。上に示したような脳領域を完全に損傷しても巧緻運動が全くできなくなるわけではないが，運動の質は変化する。こうした損傷後の前肢の動きの変化から運動系の何を明らかにすることができるだろうか？

行動実験において餌をとれたかとれないかを評価項目とすると，容易に結果は得られるが，損傷を受けたラットは練習を重ねると，もとの水準にまで戻ってしまうことがわかる。損傷後に餌がうまくとれるのは実際にもとどおり回復したからではなく，代償的な動きを獲得したからである(Whishaw et al., 1991, 1993,

---

[i] ある個体が自身の体毛をなめたり引っ張ったりすることで毛並みを整えたり，ごみなどを取り除く行動．

正常ラット　　　　　運動野損傷ラット

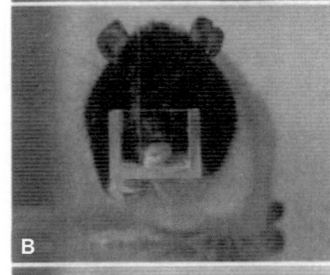

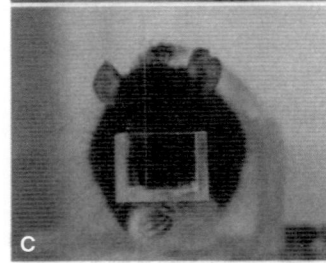

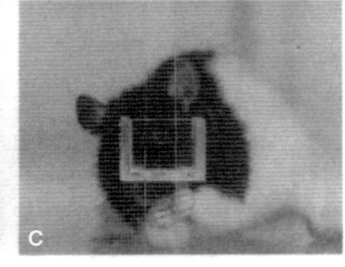

図15-5　正常ラットの到達運動と運動野損傷ラットにおける代償的な到達運動。正常ラットでは体幹の回転がみられない（前肢を伸ばすときには伸ばす側と同じ側に回転し，餌を口へ運ぶときは逆方向へ回転している）。また運動野損傷ラットは四肢を大きく開いて体を支えている。[Whishaw et al., 1991. より]

2000)。例えば，本来備わっている手掌の回内・回外運動は体幹をねじることでも可能で，回内運動は体幹を回内する方向とは逆方向へ，回外運動は体幹を回外する方向へねじれば代償的に達成される（図15-5）。同様に，腹側・背側方向への動きも本来は四肢の動きで行われるが，体幹を動かすことでも可能である。障害されている片方の手掌で餌を口もとに保つことができなければ，障害されていない手掌で支えることもできる。こうした代償的な動きは定性的な評価が適している。運動系は左右の半球間の連絡があるため，障害モデルではどちらの半球が寄与するかを見極めることができる。例えば，錐体路への傷害は必ずしも傷害側が支配する四肢の麻痺をきたさないが（Whishaw and Metz, 2002)，ドーパミン神経細胞の投射線維の傷害では必ず障害側の四肢に異常をきたす（Vergara et al., 2003)。

巧緻運動は後天的に獲得される運動なので，運動学習の評価にも適している。運動野の機能局在は運動能力と相関する，というのは多数の個体から得られた原則である。つまり，巧緻運動を獲得すると機能局在の変化が前肢遠位の領域よりも近位の領域でよりみられる。同様に，巧緻運動の獲得によって組織学的な変化も起こっていて，樹状突起，シナプス数，シナプスの機能も変化する（Kleim et al., 2000; Kolb et al., 2003)。

謝　辞

本研究はカナダ脳卒中ネットワークとカナダ自然科学技術協議会の助成によって行われた。

Ian Q. Whishaw

第16章

運動と探索行動

　ラットの探索行動は，運動，移動，動機および認知という側面を含む。つまり，不確定な要素と，法則性のある要素の組み合わせからなる。実験技法の進歩に伴って，ラットの探索行動は，より容易にデータ収集と分析を行えるようになった。コンピュータを用いた統計解析手法の発展により，動物行動学的な知見（以前には経験豊富な実験者によってのみ得ることができた観察データ）が，オートメーション化した分析に最適な形式に定められたアルゴリズムを用いて，幅広く得られるようになった。

　ラットの探索行動を観察する際の精度（分解能）は，2段階に分けられる。すなわち，①全身の動きによって捕捉される行動の軌跡のレベルと，②相互に協調し合う身体の各部分の動作のレベル，である。

　観察環境中の行動軌跡に関する研究，および四肢の動作間の協調に関する研究を概説する。以下の各項では，オートメーション化されたデータ収集の段階から，個々の動作パターン，および全体的な行動の規則の抽出までを解説する

行動の軌跡の解析

●セットアップ●

　行動の固有の様相を強調するために，大きい空の円形空間（アリーナ）を用意する。しかし，行動パターンの緩徐かつ段階的な形成を観察するために，何もない空の大きな部分とは別に隠れ場所を観察空間に設置することもある。長めの観察期間を繰り返すことで，行動パターンの形成過程がさらに拡張される。

●データの収集●

　速度と加速度の計測を可能にして，せいぜい0.2秒程度のごく短時間の静止を捕捉するために，少なくとも25～30フレーム/秒程度のフレームレートが必要である。

●データの準備と解析●

平滑化（スムージング）

　ごく短時間の静止期間は行動的には意味があるものの，それを除去して，ある時点間の速度を解析するための滑らかな移動の軌線を得るためには，2種類の異なる統計学的な平滑化手法を用いる。静止時の処理のための手法と，進行時の処理のための手法である（Hen et al., 2004）。まず，running medians robust smoothing 法（Tukey, 1977）を用いて，静止期間をとらえる。次に，静止期間を速度0にならして抽出したあとに，位置-時系列の残りの部分を平滑化するために，Robust Lowess 法（Cleveland, 1977）を用いる。このようにして，速度計算が可能になるように平滑化された時系列情報が得られ，計算された速度情報は，各データポイントに蓄えられる。視覚化された平滑化プロセスは，http://www.tau.ac.il/~ilan99/see/help を参照されたい。

滞留している場面と，進行している場面への分割

　動物の速度と加速度は，同時に作用するすべての「力」を総合した結果である。これに対して，壁，崖，端，またはラットを惹きつける場所が個体に及ぼす（心理的な）引力または斥力は，速度と加速度の瞬間値によって明らかになる。ラットの瞬間速度は，何かから逃避中なのか，もしくは，安全であるとみなす慣れた場所に向かっているところなのかを示してくれる。探索行動を行う間，静止している（速度がほぼ0になっている）ときの位置と力学的な情報は，行動の知覚的な，そしてさらには認知機能的な側面を表出しうる。

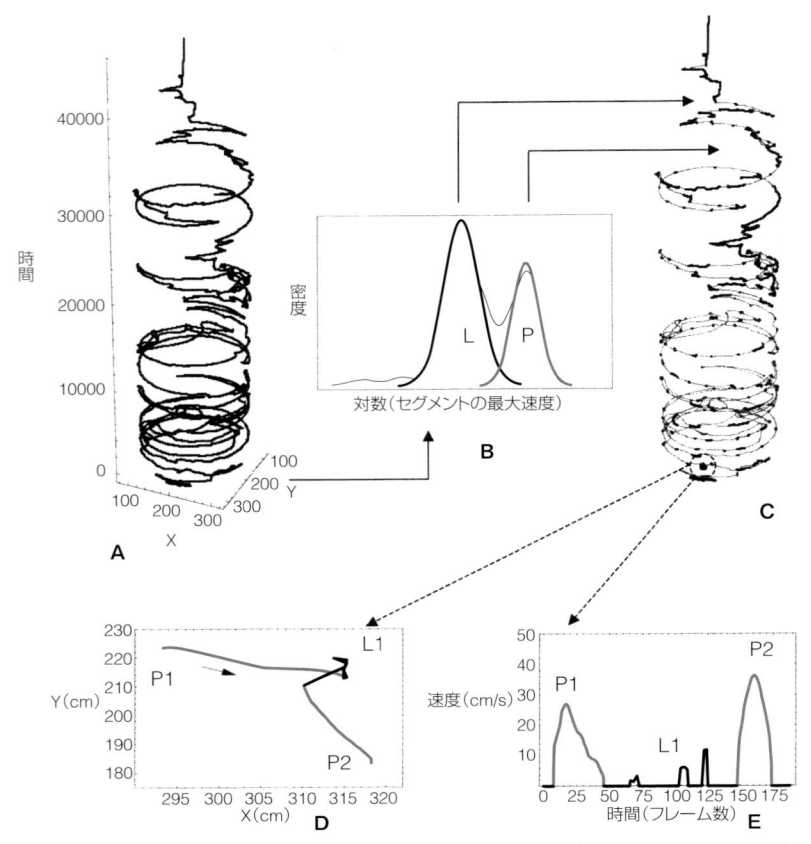

図16-1 SEE 解析の原理。アリーナにおける時系列に沿ったラットの位置情報は，25〜30 Hzでサンプリングされて平滑化される。(A)その移動経路は，XY(水平)軸および時間(鉛直)軸による座標空間に表示される。(B)最大速度の分布(細線)は，データを2つのセグメントに区別するために用いられる。すなわち，ゆっくりとした局所にとどまる動き(滞留)のセグメント(L：黒色)および進行セグメント(P：灰色)である。(C)データは，これらの不連続な行動学的ユニットの連続として扱われる。(D，E)滞留エピソード(L1)に区切られた2つの進行セグメント(P1，P2)の経路表示と速度成分表示の例示。これらのセグメントの特徴的な性質は，行動を定量化するのに用いられる。例えば，セグメントの加速度(図16-2下部)は，その持続時間でセグメントの最大速度を除することで計算される。[Benjamini and Kafkafi et al., submittedより改変]

　ラットの運動径路(図16-1A)は，滞留エピソードによって強調される。ラットが達する最大速度によって，静止(立ち止まり)と静止の間の時間間隔を分類することで，これらの速度成分を密度で表した図が得られる。典型的な場合，この図からは，小さい最大速度からなる正規(ガウス)曲線(図16-1B 左)と，大きい最大速度からなる正規(ガウス)曲線(図16-1B 右)が得られる。正規(ガウス)曲線混合モデルとこの場合に適切な予想-最大化(expectation-maximization: EM)アルゴリズム(Everitt, 1981)によって，2本の正規(ガウス)曲線のカットオフ値を決めることができる。カットオフ値より左の部分は滞留(立ち止まり)エピソード(停止し，その場所にとどまる)として，カットオフ値より右の部分は進行(移動)セグメントとして分けることができる。ラットの移動経路を，座標の連続系列(図16-1C)というよりは，むしろある一定の経路が連続する離散集合とみなすことで，類型別のより直接的な分析が可能になる(Drai and Golani, 2001; Kafkafi et al., 2001, 2003a, 2003b)。詳しく滞留エピソードを分離することで，比較的平滑な進行セグメントは，速度，加速度，進行方向，カーブやその他の成分(図16-1D，E)として解析することが可能になる。

　動物，種，系統に特有の行動様式は，滞留エピソードと進行セグメントを識別するカットオフ値によって特徴づけられる。どちらかに分割されたあと(Drai et al., 2000)の2種類の場面は，長さ，期間，最大速度，加速度とその他の測定手段による単純な定量的測定(行動遺伝学のエンドポイントと称される)によって特徴づけられる(図16-2)。

壁面(または外縁)と，中央部分における行動の分離

　現在では，連続する進行セグメントと滞留エピソー

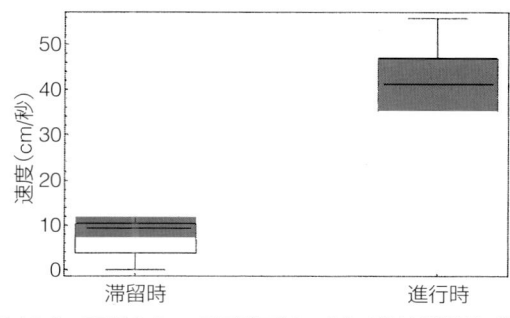

図 16-2　直径 2.5 m の円形アリーナにおける滞留セグメントと進行セグメントの最大速度の箱ひげ図。

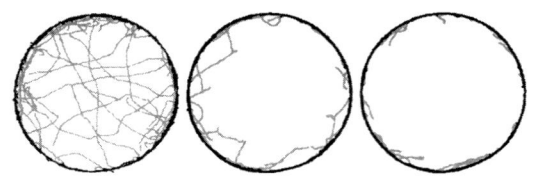

図 16-3　3 匹の Long-Evans hooded ラットを用いた 30 分間のセッションに対して，壁面/中央分離手法を適用した結果。それぞれのラットの進行セグメントのすべてのデータを描示。黒：壁面に沿った動き。灰色：中央部分での動き。

ドを運動力学的に定義することで，行動パターンと環境との関係性を調べることができる。行動している環境中で特定の位置を定める第 1 の客観的な基準は，円形空間の壁面または辺縁である。壁面と中央部分での行動を区別するために，壁面から 15〜25 cm といった任意の基準を使用するかわりに，分類基準に円形空間の半径に沿った方向に向かう速度と，壁面からの距離を用いることで，特定の動物種，系統，そして個別の個体さえも識別できるようにカットオフポイントを設定することができる。壁面に沿って走っている動物の半径方向の速度はおよそ 0 cm/秒付近であるため，上記の分割手法を半径方向の速度と壁面からの距離に適用することで，中央部分での動きから壁面に沿う動きを分離することができる (Lipkind et al., in press)。

3 匹の Long-Evans hooded ラットを用いた 30 分のセッションについて，分割手法を適用した結果を図に示す (図 16-3)。この手法によって，壁面に沿って進行している場面，中央部分で移動している場面，壁面の近傍で滞留している場面，中心部分で滞留している場面，中央部分に向かって進行している場面など，いくつかの行動パターンに分類される。これらのパターンは，長さ，期間，最大速度，加速度やその他の特性によって特徴づけられる (表 16-1，エンドポイント 22〜26 参照)。

滞留エピソードの活動性領域への統合

追跡システムによってもたらされる座標は，動物行動学的に有意味である必要は必ずしもないが，地形上の所在位置を特定してくれる。我々は**区画** (place) という用語を，統合された有意味な活動性を示す x, y 座標近傍の領域を示すために用いる。明らかに動物が常に特定の x, y 座標に位置する場合でも，それが必ずしも意味のある訪問というわけではない。

滞留エピソードは運動力学的に定義されるので，それらのエピソードが生じた位置を調べることができる。ラットにおいて，物体が全くない空の円形空間においてさえ，滞留エピソードの x, y 座標はしばしば比較的限局されたある領域近傍に集まる傾向がある。そのような滞留エピソードの偏在箇所は，**主要** (または**好適**) **区画**と定義される (Tchernichovski et al., 1996)。

ホームベース

累積的な滞在時間と訪問 (滞留エピソード) の回数について，その他のすべての領域と比べて，1〜2 の区画が際立って多くなる。以前は撮影ビデオを用いて手作業で解析されていた (Eilam and Golani, 1989) これらの区画は，現在ではアリーナのそれぞれの区画での累積的な滞在時間と訪問回数 (滞留エピソード) を算出するアルゴリズムを用いて抽出される (図 16-4)。避難場所となるどのような物体や場所もないアリーナでは，各ラットはセッションの早い段階で異なる区画にホームベースを確立する (Eilam and Golani, 1989)。このことは，ホームベースの位置が空間記憶を用いて決められていることを示唆している。とはいえ，より明らかに認識できるような目立つ物体が存在する場合には，ほとんどのラットはその物体の近くにホームベースを確立する。この特性は，ホームベース位置を標準化するのに用いられる (Tchernichovski and Golani, 1995; Tchernichovski et al., 1998)。

その相対的な安定性のため，ホームベースはラットの移動経路を測定するための基準軸の起点の候補となる。ホームベースへの訪問は，移動経路をホームベースに終始する滞留-進行の一連の過程を区切るために用いられる。複数のベースを確立しているラットは，同じホームベースに戻ってくる周回行動と，あるホームベースから別のホームベースに移動する巡回行動をとる。ホームベースが 1 つのラットのセッションでは，巡回行動に 2 つの基本的な特徴がある。①出て行くときは，ゆっくりで間欠的な動きをとり，帰って来るときはすばやく動く (Eilam and Golani, 1989; Tch-

表16-1 運動と探索行動

	一般的なエンドポイント	平均±SE
1	移動距離(cm)	8312.28±967.832
2	滞留時の平均速度(cm/秒)	1.31668±0.169496
3	壁面から15cm以上離れていた時間の割合	0.0189796±0.00586172
4	壁面から離れて滞留していた時間の割合	0.0084797±0.0024573
5	進行セグメントの回数(セグメント数)	93.9167±11.9065
6	滞留エピソード中の移動範囲の中央値(cm)	6.22084±0.580274
7	進行セグメントの移動距離の中央値(cm)	45.892±4.78906
8	滞留エピソードの持続時間の中央値(秒)	3.08667±0.293726
9	前進セグメントの持続時間の95%分位値(秒)	5.41±0.466115
10	前進セグメントの最大速度の95%分位値(cm/秒)	68.3786±3.68062
11	最大速度に達する加速度の中央値(cm/秒^2)	24.6988±1.33266
12	急激な突進(Kafkafi et al., 2003b 参照)	1.30355±0.0664854
13	最大速度の1/2に到達するまでの時間(秒)	33.2467±10.2184
14	中央部分で活動している割合	0.0872066±0.0280449
15	中央部分で休息している割合	0.0263737±0.00646564
16	滞留エピソードの持続時間の割合	0.884496±0.0153624
17	滞留エピソード中に活動している割合	0.269275±0.028709
18	進行セグメントにおける最大移動範囲(cm)	230.391±5.36781
19	移動距離あたりの停止回数(セグメント/cm)	0.0115714±0.000602242
20	滞留エピソードと進行セグメントの境界スピード(cm/秒)	24.3093±1.40721
21	探索行動中に停止した回数の90%分位値(停止/探索)	12.1667±1.42931
	壁面-中央部分に関するエンドポイント	
22	壁面から中央に向かって進んだ最大距離(cm)	13.4907±1.14988
23	壁面から中央に向かって進んだ距離の中央値(cm)	31.5759±4.86886
24	中央部分に向かう移動速度/壁面に戻ってくる移動速度(比率)	0.765158±0.0475105
25	中央部分での移動速度/壁面での移動速度(比率)	1.11172±0.0652121
26	壁面の厚さ(cm)	8.27086±0.366949

直径2.5mの空の円形空間におけるLong-Evans hoodedラットの運動と探索行動は，26項目の行動学的な測定値(エンドポイント)によって解析される。これらのエンドポイントは，SEEソフトウェアによって計測された。(例示：Kafkafi et al., 2003b; Lipkind et al., in press; Benjamini and Kafkafi et al., submitted; http://www.tau.ac.il/~ilan99/see/help)

ernichovski and Golani, 1995)。②巡回行動中の滞留エピソードの回数が制約される(Golani et al., 1993)。

巡回行動当たりの立ち止まり回数

我々は，ラットがホームベースを離れたあと，再びホームベースに戻る前に約12回以上は決して立ち止まらないことに気がついた。しかし，この明らかな上限は非常に異なるいくつかの行動法則の，いずれかの結果である可能性がある。行動法則の1つの候補としては，各々の巡回行動中には平均約8回の滞留エピソードがみられるだろう。その場合，巡回行動当たりの滞留エピソードの回数の度数分布は8回をピークとするベル形状を描き，そして12回を超えることはめったにないと考えられる。巡回行動の非常に大きなサンプル群では時により大きな立ち止まり回数が観察されるであろうから，この上限が絶対的というわけではない。

別の行動法則の候補は，ラットが立ち止まるたびに新たな選択肢，つまりホームベースに戻るのか，次に立ち止まるまで進行するのかを選択するというものである。ホームベースに戻る選択をする確率を約1/2として，巡回行動の50%は1回の滞留エピソードを含み，25%(残り半分のさらに半分)は2回の滞留エピソードを含むだろう。さらに12.5%は3回の滞留エピソードを含むだろう。度数分布は上限回数についての間違った印象を与えてしまうような急勾配を示すだろう。

さらに別の行動法則の候補は，ホームベースに戻る確率が各滞留エピソードのあとに増加するというものである。この行動法則だけは，巡回行動に含まれる滞留エピソードの回数が近似して，均等な分布が得られる。我々は，ラットが第3の行動法則を用いることを見出している。ラットの試験回数をいかに増やしても，アリーナが4 m^{2}から64 m^{2}に広がったとしても，巡回行動中の滞留エピソードの上限は変化しない(Golani et al., 1993)。より大きなアリーナに対応して，滞留エピソード間の移動距離が増加することは，ハタネズミでも再現されている(Eilam, 2003; Eilam et al., 2003)。

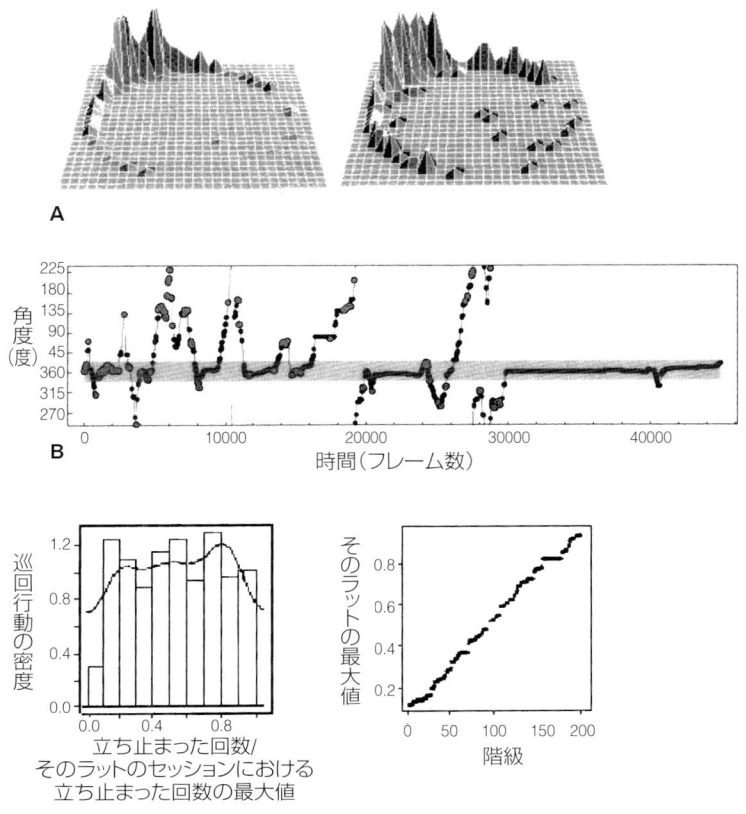

図 16-4 （**A**）直径 2.5 m の円形アリーナの特定領域のグラフの高さは，30 分間のセッション中の滞在エピソードにおける Lewis ラットの累積的な滞在時間（**左図**）と，その領域部分における滞在エピソード，つまり立ち止まった回数（**右図**）を示している。図示されているように，これらの 2 種類の計測において，11 時方向の領域が隆起している。この領域がホームベースである。（**B**）同じアリーナを用いた 30 分間のセッション。極座標系における Long Evans hooded ラットの位置の角度成分の時系列。灰色の帯はホームベースの区画を図示。黒い点は，滞在エピソードのうち壁面に近いものを図示。灰色の点は，壁面から離れたものを図示。ホームベースから離れた巡回行動は線で表示。太い線は，壁面に近い行動を図示。細い線は，壁面から離れた行動を図示。巡回行動の長さが徐々に長くなっていることに留意。（**C**）（**左図**）野生ラットを用いた 30 分間のセッション。ホームベースを 1 つもつラットがそれぞれの巡回行動の間に立ち止まった回数を，そのラットのセッションにおける立ち止まった回数の最大値で除したもののヒストグラムと密度関数曲線（$n=15$）。（**右図**）ホームベースを 1 つもつラットがそれぞれの巡回行動の間に立ち止まった回数の同一データの分位点プロット。真っすぐな線は，均一な分布を示している。[Golani et al., 1993 より]

その他の滞在エピソードに関連する知見

海馬釆-脳弓障害ラットで生じる「活動性亢進」は，より短時間の立ち止まりの増加（と，運動成分の増加）を示す（Whishaw et al., 1994）。滞在エピソードの分布とホームベースの数は，D-アンフェタミン（Eilam and Golani, 1994; Cools et al., 1997; Gingras and Cools, 1997）やキンピロール（Eilam and Szechtman, 1997）で修飾されうる。巡回行動の移動長と立ち止まり回数の両方が，D-アンフェタミンの投与下で短縮されて，図示的には定型的なかたまりに固定される（Eilam and Golani, 1990）。

アリーナ占拠率の増加

ラットを大きな（直径 6.5 m）空の屋外のアリーナで毎日 1 時間のセッションを過ごさせると，アリーナ占拠率の緩徐な増加を示す。巡回行動の移動長は，ラットが壁に沿った一度の巡回行動で到達する最大の角度として定義される（**図 16-5A**）。図は，すべてのラットの巡回行動の移動長（角度）を経時的な試行順序に応じて各セッションでまとめたものである。図示のとおり，巡回行動の移動長は，セッション内で，そしてセッション間で増加する。最も顕著な移動長の増加はセッションの前半で生じるが，その後に移動長は安定するか，もしくは減少さえする。

高い変動性（**図 16-5A** の中の高い標準偏差値に反映

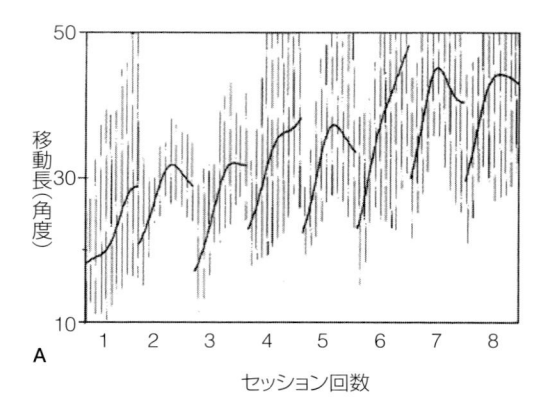

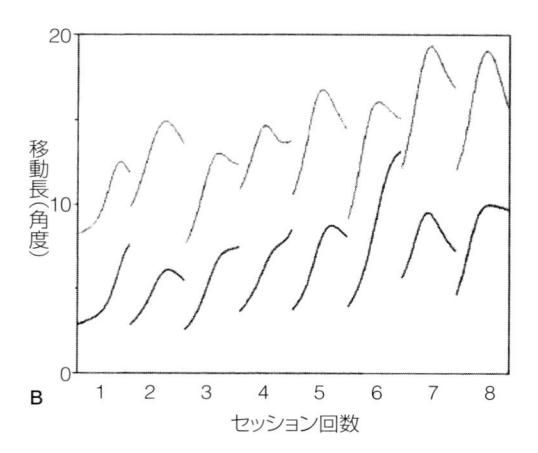

図16-5 (A)最初の8回のセッションにおける巡回行動の移動長の平均値。データは平滑化され,各セッションを10等分に分割して各部分で計算された標準偏差が一緒に表示されている。x軸は巡回行動の時間的な順序を示し,y軸はホームベースからの距離(極座標による角度)を示している。x軸の下の数字は何番目のセッションであるかを示している。(B)最初の8回のセッションにおける引力の働く距離の平滑化された平均値(AD,グラフ上方の一連の曲線)と,斥力の働く距離の平滑化された平均値(RD,グラフ下方の一連の曲線)。各セッションは10等分に分割されて,各部分で計算された。Aと同様に,x軸は巡回行動の時間的な順序を示し,y軸はホームベースからの距離(極座標による角度)を示し,x軸の下の数字は何番目のセッションであるかを示している。

される)を伴う試験は,最初のセッションの1回目の巡回行動の間に,各ラットがそれぞれ固有の移動長を示すことを明らかにしたが,すべてのラットはセッション内およびセッション間でほぼ同等の移動長の増加率を示した。探索過程は1つのセッションから次へと相加的であり,その増加率は一定で,ラットのそれ以前の経験に影響されない。追加効果の1つは,セッション内での進行セグメントの増加である。巡回行動の移動長の力学は,ラットが巡回行動あたりに扱うことができる新奇経験量に関する内因性の制約を反映しているかもしれない。それはまた,多くの動物種固有の行動で観察される強化現象の1つであるかもしれない(Lorenz, 1937)。

強化プロセスの前後での速度

大きな屋外のアリーナで,ラットはほとんど壁に沿って前後に進行した。これによって我々は,各区画における各々の巡回行動について,その区画に入って来る速度と出て行く速度とを比較することができた。代数和が負の値であればその区画に入って来る速度が出て行く速度より大きく,正の値であればその区画から出て行く速度のほうが大きいことを示した。このように,巡回行動は負の値をもつ部分と正の値をもつ部分に分けられた。出て行く速度が小さく,入って来る速度が大きいとき(負の合計値),それはあたかも,出て行く際にホームベースによってラットに及ぼされる引力に逆らって上流に向かって移動しているかのようであり,また,入って来る際にはその引力に従って下流に移動しているかのようである。反対に,出て行く速度が大きくて,入って来る速度が小さいとき(正の合計値),それはあたかも,出て行く際にホームベースによってラットに及ぼされる斥力と協同して下流に向かって移動しているかのようであり,また,入って来る際にその斥力に逆らって移動しているかのようである。

各区画における滞留時間を計算することによって,我々はアリーナ辺縁のあまり探索されていない(あまりなじみのない)領域部分ではホームベースが及ぼす引力が強いことを発見し,また,よく探索された(慣れ親しんだ)領域部分ではホームベースが及ぼす引力が弱いか,もしくは斥力が働くことを発見した。アリーナ辺縁のホームベースが引力を及ぼす領域部分と,それが斥力に変わる領域部分を計算することによって,我々は,ラットの速度パターンが,その区画への精通度合いと相関して,移動長と同時に増加することを発見した。初期の速度パターンは,出て行く際の遅い速度と入って来る際の速い速度からなっていた。探索を経て,速度の非対称性は逆転した。その速度の非対称性の逆転は,ホームベースから外へ出て行く連続した巡回行動の間に広がった。移動長と引力-斥力の力学は,ラットが巡回行動内そしてその間に扱うことのできる新奇経験量への同じ内因性の制約を反映しているのかもしれない(図16-5B)。移動長の漸進性増加と速度の力学を説明する分析モデルは,Tchernichovski (Tchernichovski and Benjamini, 1998)により発展した。

巡回行動と巡回行動の間にみられるラットの活動の漸進性かつ非単調性の拡大は,動物種固有の行動パターンの一般的特徴の1つである(Lorenz, 1937)。この成長パターンは,砂漠アリ(*Cataglyphis* spp.)の探索

行動といくつかの類似点があり（Wehner, 2003），他の無脊椎動物とも類似点がある（Hoffmann, 1978, 1983）。Tchernichovskiらは，移動長の拡大と速度の力学を試験空間への精通過程に起因するものであると考える一方で，それが体内感覚からの手がかりに基づいて発達する側面もあるだろうと指摘している（Tchernichovski et al., 1998; Tchernichovski and Benjamini, 1998）。

1つの探索の早期段階における，体内感覚による基準の存在がいくつかの研究で示唆されている（McNaughton et al., 1996など）。巡回中にある区画に入って行く際の速度の増加には体内感覚による基準があることが示唆されている（Whishaw et al., 2001）。対照ラットと海馬采‐脳弓障害ラットはホームベースから始まるセグメントで同様の外向きの速度を示したが，ホームベースに戻ってくるセグメントでは，海馬采‐脳弓障害ラットのほうが，より緩徐で，より遠回りで，よりばらつきを示した。さらに，これは明暗条件から独立していた。外部環境手がかりへ依存する能力の欠如を扱った研究は，ラットが巡回行動の後半の帰途部分を開始するために推測航法ナビゲーション用の方略を使用することを示唆している（第38章参照）。

自動測定用のパラメータ（エンドポイント）の選択

動物行動をこの総説に記述される動物行動学的に明瞭なパターンに切り分け，アルゴリズム的にこれらのパターンを定義することで，持続時間，空間特性，速度，頻度などを容易に計算することができる（エンドポイントの選択リストは表16-1参照。もしくはhttp://www.tau.ac.il/~ilan99/see/helpからダウンロード）。

多重点分節運動分析

より精密な試験と解析を行い，複数の計測値を少数の運動力学的なキーパラメータに統合することで，自由に移動するラットの身体の各部分の相互関係とその変化を捕捉することができる。これらのパラメータによって得られる値は，その後に，運動と探索行動に関連したさまざまな状況や準備状態によって特徴づけることができる。高解像度のビデオ撮影に基づく動物身体の多重点測定と，EW運動表記法分析を結合したアルゴリズム解析（Eshkol and Wachmann, 1958; Eshkol, 1990）と，機能的システムアプローチ（Kafkafi et al., 1996; Kafkafi and Golani, 1998）を統合することで，

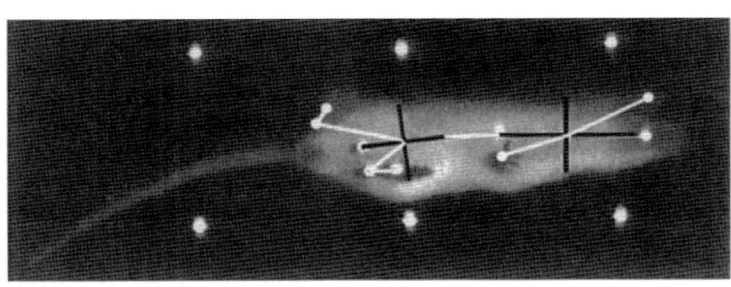

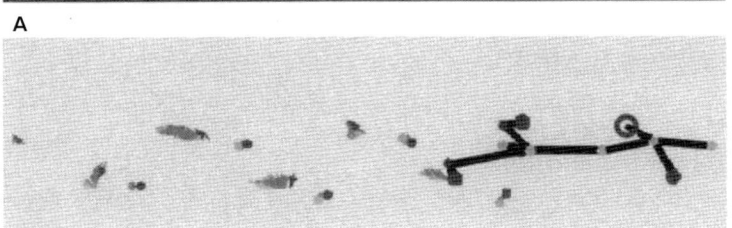

図16-6 （A）胴体に5カ所と肢に6カ所のマーカーをつけられて動きを自動的に捕捉されているラットを腹側面から見上げた図。座標軸の原点を模式的に骨盤（後肢に相当）と肩関節（前肢に相当）の間に設定したフレームを参照することで，歩行サイクルを通しての前肢と後肢の位置が各々測定される。フレームの縦軸は，各々の胴体部分の矢状中心軸の進行方向に一致する。（B）胴体，肢，前進時の足跡の各部分の間の関係性とその変化から再構成された動画のスナップショット。灰色の丸円は捕捉されたマーカー。肢の部分の塗りつぶされた丸円は体重を支えている状態を表し，中空の丸円は肢が振り上げられている状態を表す。それぞれの肢を引きずったあとは灰色の軌跡で表されている。明るい灰色の軌跡は肢が底面に接触しつつある状態を表し，暗い灰色の軌跡は，肢が底面から離れつつある状態を表している。矢印は，後脚の踵から指先に向かう方向を示している。[http://www.tau.ac.il/~ilan99/see/multilimb]

ラットの運動と探索行動の複合的かつ分節的な記述が得られる。

● データ収集 ●

ガラス製のプラットフォームを自由に歩行させることで，ラットの腹側面の視野画像から，移動中のラットの躯幹とすべての肢の動きがわかる。50〜60 Hz でのサンプリングによって，適当な時間分解能が得られる（図 16-6A）。

● データ解析 ●

自由行動状態のラットの全身の運動と探索行動の複数の測定項目をより少ないキーパラメータへ統合圧縮する過程は，いくつかの研究で記述されている（Kafkafi et al., 1996; Kafkafi and Golani, 1998; Golani et al., 1999）。ここで我々は，3 つのキーパラメータに焦点を当てていく。それらの相互作用により，行動の強化パターンの生成，運動強度の漸進的増大に関係するホームベースからの巡回行動エピソード，そして動物の行動レパートリーの漸進的増加をが引き起こされる。

ウォームアップ

幼若ラットは新奇環境に置かれると不動化し，それから徐々に動き出す。これはウォームアップと呼ばれる。不動状態から始まって，水平運動，前後運動，と最後に垂直運動が行動に順次組み込まれていく。これらの運動パラメータの各々の中で，躯幹と肢の部分は頭尾方向の順序（頭が先で，後肢が最後）にあてはめられる。水平方向（側方）への移動を始めない限り，頭頸部は決して前方に動かない。そして前方移動を始めない限り，起き上がることは決してない。同じ法則は，胸部や骨盤にもあてはまる（図 16-7, 16-8）。動物のレパートリーの増加と（それゆえの）予測不能性の増加

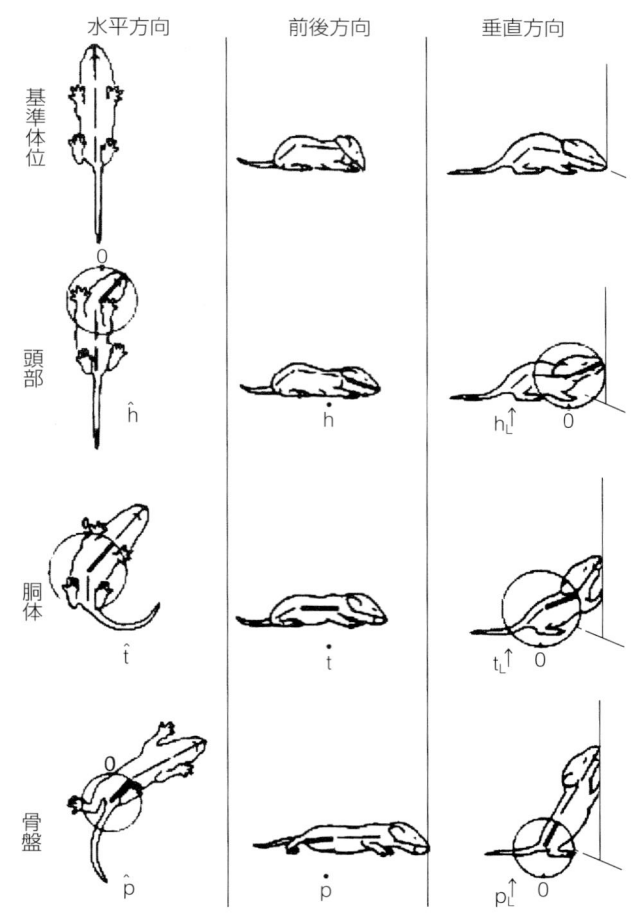

図 16-7 幼若ラットの胴体は，体軸がつながって連続したものとして表されている。各列（縦）は，3 つの運動能勾配のキーパラメータを示している。各行（横）は，体幹が最も尾部に近い部分に向けて動くことを示している。その最も尾部に近い部分の体軸は，太い線で表示されている。

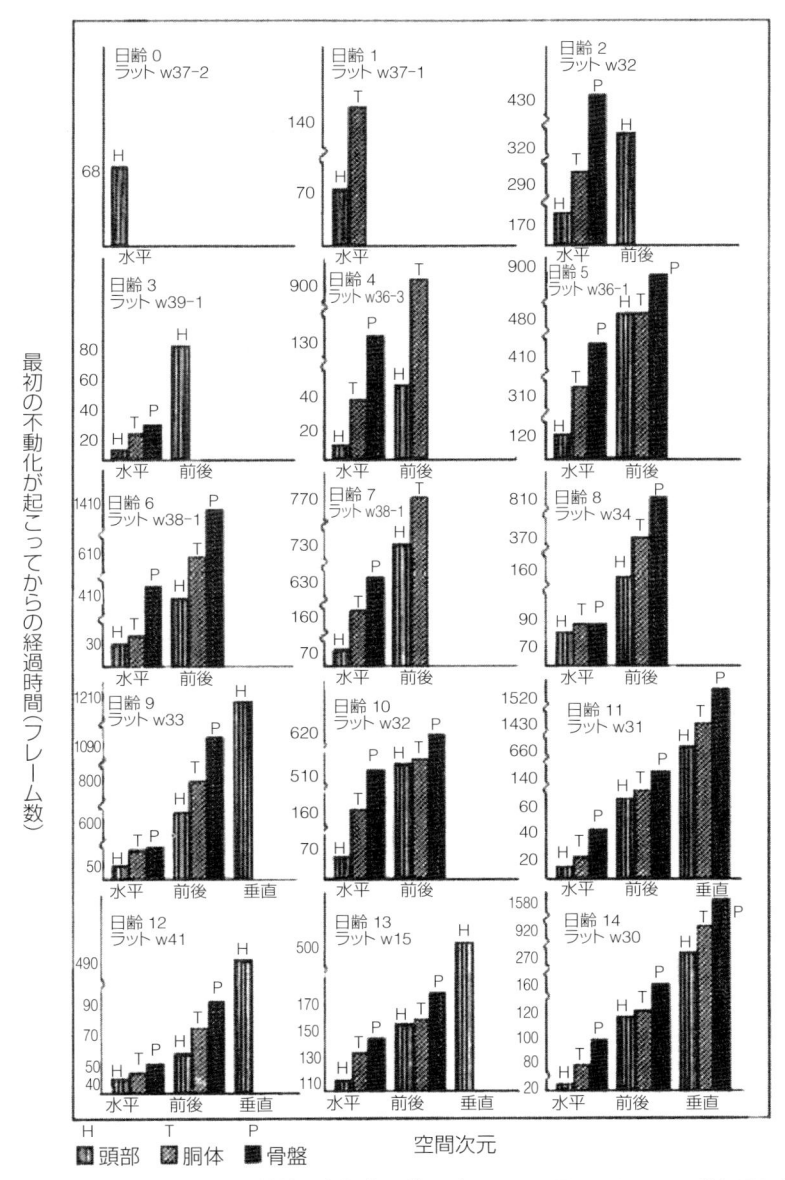

図 16-8 3つの空間的なパラメータごとに，体幹の各部分の動きがはじめて現れるタイミングを示した。それぞれの日齢ごとに，無作為に1匹のサンプルが選ばれた。それぞれのウォームアップの経過において，3つの空間的なパラメータ（水平方向，前後方向，垂直方向）ごとに，身体の各部分は頭から尾に向かって順番に動き始めている。[Eilam and Golani, 1988より]

と同時に，かつ，それより以前に行われた運動の反復と同時に，運動の強度が増加する。つまり環境中の探索ずみの領域部分が緩徐に拡大していくことになる（Golani et al., 1981; Eilam and Golani., 1988）。

ウォームアッププロセスは，不動状態から行動の複雑さと予測不能性が次第に増加していくことに特徴がある，より一般には「運動能勾配」とされるものが現れたものである（Golani, 1992）。特に，空間的複雑さの減少と一定性の増加を伴う「遮断」と名づけられた反対方向への進行は，非選択的ドーパミン作動薬のアポモルヒネ，アンフェタミン，そして部分的選択的ドーパミン作動薬キンピロールの影響を受けて生じる（Szechtman et al., 1985; Eilam et al., 1989; Adani et al., 1991; Golani, 1992）。運動能勾配に従う行動は，大脳基底核−視床皮質回路と，その下行性出力によって調節されるようにみえる（Golani, 1992）。

明らかな不動化（静止）のあと，躯幹の一部の最初の前方への動きはその部分の側方運動のあとでなければならないという観察結果は，ある種類の行動が実行されることで次の種類の行動が可能となり強化されるこ

とを示唆し，さらに，ただちにその次の種類の行動を（必ずしも引き起こすわけではないが）可能にする（Golani, 1992）。Chevalierらは線条体がそれらの機能をつかさどるとした（Chevalier and Deniau, 1990）。ラットでは，水平面での走査と前方への移動の相反的な関係が観察されている。前方への移動が停止するとすぐに（立ち止まっている間に），側方へ頭を向けた走査がみられる（Drai et al., 2000）。最近では，中枢神経レベルで歩行と走査の間に相反する関係があると示された。この関係性には，視床下部が介在している（Sinnamon et al., 1999）。

結論

増加する複雑性と予測不能性を内包する「運動能勾配」というものは，経路（位置），軌道（速度）と肢間協調のレベルで，ラットの運動と探索行動というかたちで展開される。コンピュータ化されたデータ収集，分析のための適切な前処理，連続する行動を内因的に定義されたパターンと指標へと分割することで，研究のためにこの全体的な成長パターンをより利用しやすくすることができる。

謝　辞

本研究が，イスラエル科学アカデミー・イスラエル科学財団からの研究助成金と，米国国立衛生研究所（NIH）からの研究助成金（5-R01-NS040234-03）によって支援を受けたことを謝する。

Ilan Golani, Yoav Benjamini, Anna Dvorkin,
Dina Lipkind, Neri Kafkafi

第17章

概日リズム

　地球の自転によって引き起こされる昼夜の周期は，生存に関わる多くの問題をもたらしている。驚くことではないが，多くの生物は自らの生息地における経時的な環境変化に適応するように特殊化してきた。例えば，昼行性の（日中に活動する）動物は，感度を犠牲にして適切な解像度の視覚系をもつ傾向にあるが，ラットなどの夜行性（夜に活動する）動物がもつ視覚系は，一般的に感度を上げるために解像度を犠牲にしている。これらの視覚系やその他の機能を環境に適応させて特殊化するために，動物は行動や生理機能を昼夜の周期に適切に合わせる機構をもつ必要がある。そのために進化した機構が，脳やその他の臓器に存在する概日（circadian, ラテン語でcircaは「約」を意味し，diesは「1日」を意味する）オシレーターである。このオシレーターが日々のリズムを生み出し，さらにこの日々のリズムを環境のリズムに同期させている。概日リズムはラットの行動や生理機能に偏在していて，Richter (1922) による先駆的な研究以来，ラットは概日調節機能の特性と神経機構を明らかにするための重要なモデル動物となっている。

測定と解析

　ラットやその他のげっ歯類における概日行動リズムを計測するための最適な手段は，ホイールランニング[i]である。ラットは熱心なランナーであり，ホイールは設置が簡単で比較的安価である。ホイールランニングは，古くはエスターラインアンガス製のペンと紙式の記録計（Slonaker, 1908; Richter, 1922）が用いられてきた。今日では，活動の概日リズムやその他の機能を測定するためのコンピュータと，測定に特化したセンサーが使用されている。最も一般的に使用される機器は，機械じかけのマイクロスイッチ（ホイールランニングと傾斜床に用いられる），フォトビーム（活動や摂食行動の測定に用いられる），電気接点回路（摂食量または飲水量の測定に用いられる），そして埋め込み型の無線遠隔測定用トランスミッター（一般的な活動，体温，血圧，心拍の測定に用いられる）である。睡眠や覚醒の状態は，頭蓋骨内に埋め込まれたケーブルまたは高周波トランスミッターにつながれた電極によって電気生理学的に測定することができる。

　ホイールランニングの記録は，便利な「アクトグラム」形式で表示される（図17-1）。この形式では，活動のあった連日のデータが垂直方向に並列しているので，日々のリズムにおける位相（1周期内での位置）とその期間（周期の平均持続期間，頻度の逆数）といった2つの基本的なパラメータが簡単に目視判定できる。図17-1で示したように，ラットのホイールランニング運動は非常にはっきりしたリズムを日々示す。一般的な明暗（light-dark: LD）サイクル（12時間明るい状態が続き，12時間暗い状態が続く）でのランニングは夜に集中しており，その開始時刻は唐突であり，消灯の頃に集中している。このように，ランニングの開始時刻は簡単に活動リズムを観察できる位相である。リズムの周期は，その後，連続した開始時刻間の平均を測定することにより定量化することができる。定量化には，線形回帰法を用いる（一連の開始時刻に適合する線の傾きは，24時間の平均偏差である）。LDサイクルでは，平均周期は24時間であり位相は安定している（ランニングの開始は消灯付近である）。このように，LDサイクルは位相と周期をコントロールしており，この現象は**エントレインメント**[ii]として知られている。エントレインメントの位相は個体や月齢によって異なる。つまり，ランニングが消灯の直前に始まるラットもいれば（LDに強く関連した位相），消灯からやや遅れて始まるラットもいる（遅延位相，例：図17-1B）。位相は加齢や生殖状態（発情期など，図17-1C），そ

---

[i] 回転かご式強制走行装置。
[ii] 同調，または同調すること。

135

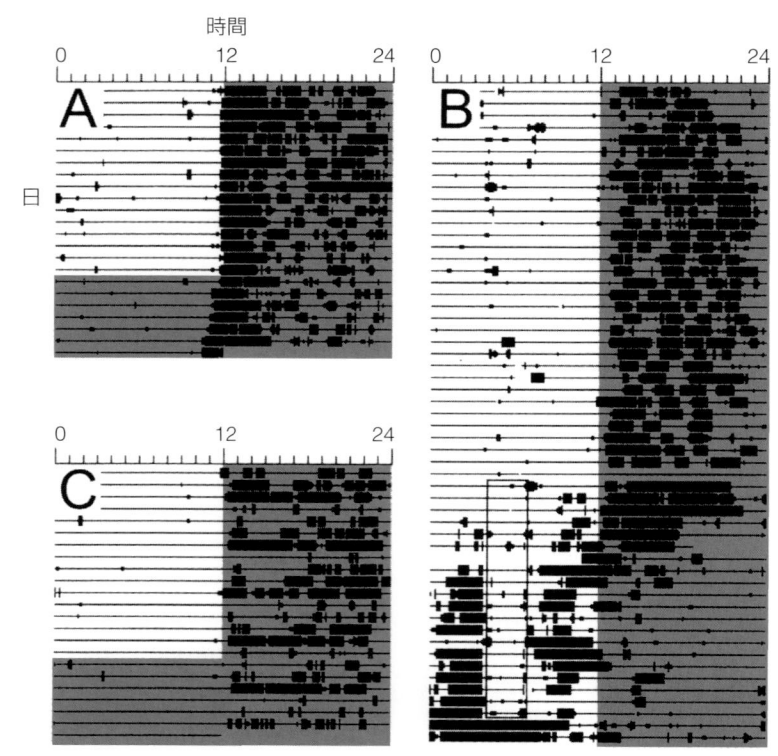

図 17-1 33 cm のホイールランニングにフリーアクセスできる 24 時間周期の LD サイクル(暗期は遮光によるもの)条件下で単体飼育された雄(A と B)と雌(C)のホイールランニング活動。各横線は 1 日を示し,時間は左から右へ 10 分間隔でプロットされている。連続したデータを垂直方向に並べている。ランニングの回転運動があった場合,時間軸にわずかな垂直方向への偏向がみられる(太線の場合,ランニングが継続したことを示している)。(A と C)夜間にホイールランニングが集中していることが示されている。また,この約 24 時間周期のリズムは,恒暗条件でも 1 週間持続している。雌のラット(C)では 4〜5 日おきにランニングの顕著な増加がみられるが,これは性行動を行う夜の目安となる。(B)では,摂食時間を日中に制限した場合に劇的な変化がみられる。このラットは自由に摂食できている間はもっぱら夜にランニングを行っていたが,日中の 3 時間のみ(四角形で囲んだ範囲)に摂食時間を制限すると,食餌時間を見越したランニングを行うようになる。この場合,概日リズムが全体的に反転してしまい,さらに食餌を与えなかった最後の 2 日間にもこのリズムは維持されていた。通常,ラットは日中の摂食時間の予測行動としてランニングを継続するが,夜間の活動はより低いものとなった。視床下部の視交叉上核(SCN)の除去により,LD サイクルにエントレインメントするための,または恒暗条件で発現する概日リズムを失ってしまうが,摂食が 24 時間間隔で提供される限り日々のリズム(摂食時間の予測行動としてのランニング)は失われない。

の他の因子によっても変化することがある。

　LD サイクルまたは重要かつ定期的な環境刺激が欠如している場合(恒常的条件下),日中のホイールランニングがみられる。これにより,ホイールランニングのリズムは体内の計時デバイス(自律的オシレーター)によってつくり出されていることがわかる。オシレーターは LD サイクルのリズムにエントレインメントすることができるが,定期的な環境刺激が存在しない場合は「フリーラン」となり,本来備わっている周期が現れる。ラット(またはヒト)では,恒常的条件下での活動開始時刻は「日」が増すごとに(すなわち,実際の開始時刻に比較して)やや遅れていく傾向があることより,体内オシレーターにより本来備わっている 1 日の周期は 24 時間よりもやや長いことがわかる(このことより「概日」と名づけられた)。この 1 日の周期は不変

ではなく,個体差があり,さらに年齢やホルモン状態によっても変化し,光量の影響を受ける。つまり,より明るい一定量の光のもとでは,概日オシレーターはよりゆっくりと働く。フリーランニングの周期もまた,概日リズムへのエントレインメントを促すこれらの刺激によって早まったり遅れたりする(後述)。このようなフェーズシフト[iii]は,刺激前後の活動開始時間に対する回帰線を比較することで定量化することができる。

　他の変数として,通常経時的に変化する体幹温度やいくつかのホルモン濃度などが波形としてより簡単に視覚化することができ,期間と振幅の単純な波形を示すことが可能である。振幅は最大値(または最低値)と

---

iii 位相変位。位相が時間軸を前後すること。

平均値の相違量である(範囲は最大値と最低値の相違量)。期間と振幅はカーブフィッティングを用いて測定することができる。フィッティングされた正弦波の最大値(頂点位相)は定義できる位相であり、回帰分析に用いることができる。一方、最も一般的な概日リズムを測定するための線形回帰は、高速フーリエ変換およびカイ二乗のピリオドグラムである(Refinetti, 1993)。

概日リズムによる行動と生理行動の調節

●睡眠と起床●

ラットは主に日中に眠るが(日中12時間のうち約80%)、夜にも眠る(夜12時間のうち約30%、図17-2)。すべての哺乳類において、急速眼球運動を伴う睡眠(rapid eye movement: REM、レム睡眠)と急速眼球運動を伴わない睡眠(non-REM: NREM、ノンレム睡眠)の主に2段階の睡眠が確認されている。ラットの睡眠の研究では通常は眼球運動の測定を行わないため、多くの場合、REMは「逆説」睡眠(paradoxical sleep: PS)と呼ばれる。これは、睡眠時に高い覚醒水準を伴う起床時のような脳波(electroencephalogram: EEG)と抗重力筋[iv]の活発な抑制がみられるという矛盾した特徴によるものである。NREMは多くの場合、徐波睡眠(slow-wave sleep: SWS)[v]と呼ばれるが、これは誤った認識である。NREM中の皮質脳波はほんのわずかな徐波(すなわち、1〜4 Hzの範囲のもの)しか存在しない。SWSとは、徐波が高集中しているNERMの一部分のみを指すのが正しい。SWSは、一般的に睡眠周期の初期に最大であり、指数的に減少する。さらに、直前の睡眠不足により大いに増強される。また、睡眠の質や睡眠時における重要な回復プロセスに相関があると考えられる。一方REMは、その継続時間と頻度は、睡眠周期が進むにつれて次第に増加していく。ラットではNREMとREMは約20分で交代する傾向にあるが(ヒトでは約90分)、ラットではこの「ウルトラディアン」[vi]睡眠周期は弱く、多様化している。

睡眠の概日モジュレーションの強さは対立実験を行うことによってより明確となる。まず、ラットを睡眠不足にさせたのち、普段は覚醒している時間帯に睡眠を回復させる(Mistlberger et al., 1983, 図17-2)。睡眠量(特にSWSとREM)は、この時間帯における通常の睡眠量に比べて顕著に増加するが(睡眠の恒常的な調節を行っていると考えられる)、夜を通しての合計睡眠時間が2時間となるよう睡眠阻害を行うと、睡眠

---

iv 重力に逆らって姿勢を保つための筋肉。
v 通常、脳波に大きくゆるやかな波が現れる睡眠状態を指す。
vi 数十分から数時間の周期性をもつ生物の行動・生理現象。

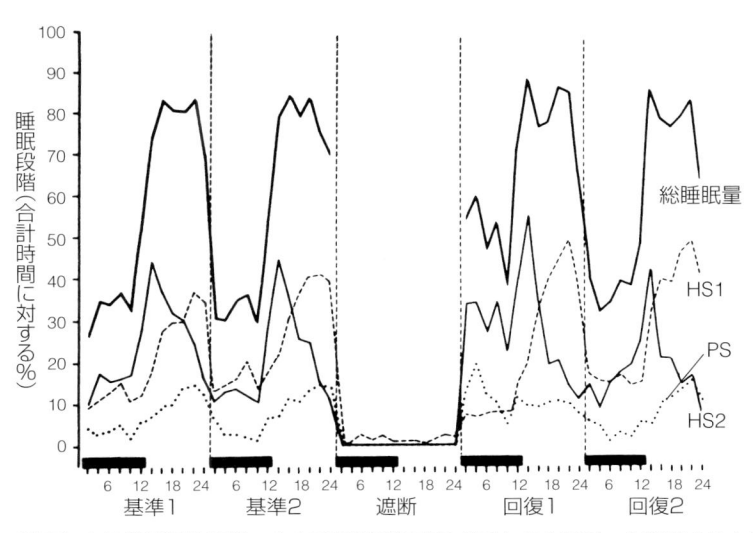

図17-2 ポリグラフ測定による集団平均波形。水上で低速回転するドラムの中にラットを置くことによって24時間完全に睡眠を阻害する前後2日間、ラットの睡眠–覚醒状態は12時間の明暗サイクルを維持していることがわかる。睡眠は1日を通していつでもみられるが(太線)、総量は日中が最も多い。総睡眠量は先の睡眠阻害によって増加するが、概日リズムの制御を受けたままである。急速眼球運動を伴わない睡眠(ノンレム睡眠)時の脳波の振幅は、高(HS2)と低(HS1)といった2つのサブステージに分けられる。これらは睡眠阻害後も反比例した動きをみせる。HS2は機能的に濃密な睡眠と考えられている。逆説睡眠(PS, 急速眼球運動を伴う睡眠〈レム睡眠〉)は、通常睡眠期間の最後のほうに最大となるが、総睡眠量の減少に伴い急速かつ顕著に増加する。[Mistlberger et al.(1983) Sleep 6: 217-233.より]

量は通常の明るい状態での睡眠量に比べてとても少ない状態のままとなる。回復を明るい時間帯に開始した場合，合計睡眠時間はほとんど増加しないことから，概日時計は通常の睡眠期間における生理的な限界値を維持していることがわかる。

●活　動●

ラットでは，自発的なホイールランニングは日中ではなく夜間により活動的となる。ラットは日中の起きているわずかな時間に少々の活動を行うが，ホイールランニングは最小限しか行わない。夜間のランニングには，個体や系統によって異なる傾向がある。いくつかの系統では夜の早い時間にランニングを行う傾向があり，他の系統では夜の遅い時間に行う傾向がある。また，12時間または6時間のインターバルで2つまたは3つのピーク値をもつ，二峰性または三峰性のパターンを示す系統もある(Wollnik, 1991)。これらのパターンは睡眠・覚醒状態や一般的な活動性においては明らかであるが，これはホイールランニングによる生体エネルギー変化に起因するものではない。

ある特定の状況における活動の量，反応時間，空間的分布は，不安や抑うつといった精神状態を推測するための測定基準として用いられる。例えばオープンフィールド課題(open field test)や高架式十字迷路課題(elevated plus maze)などにおけるラットの反応は時刻によって変化し，概日リズムが及ぼす影響は測定基準によって異なることが確認されている(Jones and King, 2001; Andrade et al., 2003 など)。このような行動試験を行うときには，時刻が大きな独立変数となることを認識しておく必要がある。

●摂食と飲水●

自由に摂食することができるラットは，随意に摂食を行う。夜間の摂食は日中に比べより長くより頻繁であり，その摂取量は1日のうちの75%にもなる(Rosenwasser et al., 1981)。たいてい消灯の頃と明け方の二峰性に集中して摂食をする傾向にあるが，これはラットの系統によって異なる(Glendinning and Smith, 1994)。餌を欠乏させた場合の代償的反応から，概日リズムによって摂食が調節されていることは明らかである。ラットでは42時間の絶食後，最初の「摂食」が夜間よりも日中に行われるほど摂取量が顕著に少なくなる(Bellinger and Mendel, 1975)。しかしラットの摂食は臨機応変であるため，摂食時間が日中に限定された場合は，摂食リズムはそれに合うよう調節される。餌が日中の数時間にのみ与えられた場合，約1週間かけて少しずつ摂食量が増加していき，最終的に減少した体重はもとに戻る。また，ラットは摂食時間を予測したような行動をみせる(Mistlberger, 1994，例：図17-1B)。このような予測行動は，概日時計によって支配されている。一度リズムが確立されると，餌が与えられなかった場合でもいつも同じ時刻に予測行動を行う。概日リズムによってプログラムされた餌を探す行動および摂餌行動といった適応的な可塑性は，間違いなくラットが世界に広く分布し成功した種となった要因の1つであろう。

飲水もまた概日時計によってコントロールされており，主に夜間に飲水する傾向にある。夜間に1日の摂取量の85%の飲水が行われる。例えば，セリン高張液注入といった浸透試験の代償行動はほぼ夜に行われる(Johnson and Johnson, 1991)。また，ラットは日々の飲水の機会に対しても概日リズムによる予測行動を行うが，摂食に対する予測活動に比べさほど顕著ではない(Mistlberger, 1994)。

●体温調節●

LDサイクルでは，ラットの体温(Tb)は日中の平均値約37.3℃から夜間の平均値約38.1℃と経時的に変化する。Tbは行動状態の影響を受けるが，温度変化のリズムは日中の行動の影響を受けない。まず，Tbは活動開始時間の約2時間前から上昇を始め，起床から60分後まで30分ごとに段階的に上昇していく(Refinetti and Menaker, 1992)。次に，恒常的に明期(LL)の条件下ではラットの概日リズムは数週間から数カ月かけて弱まっていくが，Tbのリズムは活動のリズムに比べて長く維持される(Eastman and Rechtschaffen, 1983)。

ラットの体温調節は，自律調節と行動によって決まる。特に，ラットは自己選択した周辺温度に合わせた概日リズムを示す。つまり，通常休息をとるとき(Tbが低い状態)は約28℃の環境を好み，活動期間(Tbが高い状態)では22〜24℃の環境を好む。このように，周辺温度選別の概日リズムは，Tbの概日リズムの逆相となる。発熱時がわかりやすい例となるが，Tbの概日リズムは「セットポイント」による調節ではないことがわかる(Refinetti and Menaker, 1992)。

●生殖行動●

生殖行動には多くの概日リズムを示す徴候がみられる。性的受け入れ状態の雌ラット存在下では，雄ラットは日中よりも夜間に，より頻繁にかつすばやく交尾をする(Beach and Levinson, 1949)。夜間のいろいろな時間に確認したところ，後半に最も挿入の回数が多

く(Harlan et al., 1980)，さらにマウンティング，挿入，射精の間隔が最も短いことが確認された(Dewsbury, 1968)。精嚢液栓の産生を伴う自然射精における概日リズムも報告されている(Kihlstrom, 1966; Stefanick, 1983)。

雌ラットは生殖行動や生理機能においても概日リズムを有している。雌ラットは性的受け入れ状態になると，排卵日(LDサイクルの場合，ラットでは4〜5日おきに起こる。Ball, 1937)の夜に最も高いレベルの生殖行動(発情行動)を示す。恒常的な状態の場合，排卵周期は概日リズムにエントレインメントしたままだが，発情行動は4〜5日おきの概日周期を繰り返す。

ラットは光周性[vii]の種ではないが(例えば，繁殖行動は日中の長さに依存しない)，排卵周期の長さは光周期の影響を受ける。12時間明期のLDサイクルでは，約70％のラットが4日間の排卵周期をもち，5日間の排卵周期をもつラットはわずか10％にすぎない。明期が16時間のサイクルの場合，21％のラットが4日間の排卵周期となり，5日間の排卵周期をもつラットは46％となる(Hoffmann, 1968)。

出産のタイミングもまた概日時計によって調節されている。LDサイクルであろうと常に暗期(DD)であろうと妊娠から22日または23日頃の日中に出産する(Lincoln and Porter, 1976)。母親の視交叉上核(suprachiasmatric nucleus: SCN)[viii]の概日時計を除去するか，妊娠後期に胎児の脳を取り除くことによって，このような出産のリズムは消失する(Reppert et al., 1987)。

特に出産直後のラットに接する必要がある畜産学に従事する研究者にとって，日々のリズムは時として問題になるかもしれない。繁殖効率のピーク時間は出産時間の逆相になるからだ。ラットは逆LDサイクルに置かれた場合，繁殖行動は一般的な午前9時から午後5時の勤務時間に行われるが，出産はラットにとっての「日中」，すなわち研究者たちにとっての夜となる。通常のLDサイクルを用いた場合，出産は研究者にとって都合のよい時間に起こるが，繁殖効率が最も高くなるのは夜となる。Mayer and Rosenblatt (1997)はこのような状況を打破する畜産学のプロトコルを発表した。まずラットを逆LDサイクルで繁殖させる。その1週間後，妊娠した母ラットを夜中に通常のLDサイクルの部屋へ戻す。すべての胎児が妊娠22日目の日中に生まれるわけではないが，75％は日中に生まれる。ただし，このプロトコルはあくまで研究者のスケジュールに合わせて単純化したものであって，母ラットのLDサイクルを反転させた場合，胎児の生理機能にいくつかの影響があり，通常のプロトコルで生まれた胎児とは異なるであろうことは注意すべきである。

●学習と記憶●

ラットの概日リズムは，少なくとも3とおりの方法で学習と記憶に影響を与えている。まず，いくつかの課題に対する学習および記憶には概日バリエーションがある。2つ目は，概日リズムのフェーズシフトは学習と記憶を阻害する。3つ目は，概日オシレーターによる時刻の認識によってラットは時間空間学習が可能となっていることである。つまり，概日オシレーターは環境的に時刻の認識ができない状態においても，時刻を認識するための体内時計として働く。

学習，記憶および反射の減衰に対する時刻の影響は多様であり，課題によっても異なる。受動的回避学習課題(passive avoidance task)では明期のときによりよい成績を残すが，課題試験とトレーニングを同時に行うと記憶と学習を区別することができなくなってしまう(Davies et al., 1973)。ある条件下では，能動的回避学習課題(active avoidance task)で夜間によりよい成績を残す。違う条件下では夜間のほうがより早く反射の減衰が起こる(Novakova et al., 1983)。別の研究では，自発的回避学習課題(free-operant avoidance task)における学習ではリズムはみられなかったが，夜間によりよい反応を示すことがわかっている(Ghiselli and Patton, 1976)。最近の研究では，老齢ラットは夜の早い時間よりも夜更けの試験において，抑制性回避学習課題(inhibitory avoidance task)および遅延交替反応課題(delayed alternation task)における成績が低下することが示されている(Winocur and Hasher, 1999)。これは，若齢ラットではみられない。

概日リズムを阻害するとラットの学習能力にさまざまな影響が見られる。LDのフェーズシフトまたはLLにさらした場合，明るさの状態が変化する前に比べて受動的回避学習課題における学習能力が低下する(Tapp and Holloway, 1981; Fekete et al., 1985)。またLDのフェーズシフトは，モリス水迷路課題(Morris water maze task)における記憶機能を阻害するが，学習は阻害しない(Devan et al., 2001)。これに対してLDのフェーズシフトは，能動的回避学習課題における反射の減衰を容易に起こすが(Fekete et al., 1985)，社会的記憶[ix]には影響はない(Reijmers et al., 2001)。

ラットのエントレインメントしている概日周期に合わせて試験を行うと，受動的または能動的回避学習課

[vii] 明期と暗期の長さに対する反応を示す性質。
[viii] 視床下部の中で視神経が交叉する場所(視交叉)に存在する神経核。

[ix] 集団内で形成される社会において必要とされる記憶。

題において最も優れた成績を示す(Holloway and Wansley, 1973a, 1973b; Wansley and Holloway, 1975)。このことより，これらの課題において時刻(概日周期)は記憶されていることがわかる。概日周期の記憶もまた，ラットが時刻を識別できる証拠となる。ラットは餌を手に入れるためにある時刻に1回，また別の時刻に1回レバーを押すことを学ぶことができる(Boulos and Logothetis, 1990; Mistlberger et al., 1996)。モリス水迷路課題や放射状迷路課題(radial maze task)といった空間選択課題における時間と空間の学習の概日周期との関連性は証明が難しくなる(Thorpe et al., 2003)。

● 薬理学 ●

薬物の吸収/排出の比率およびターゲット組織における感受性にリズムがあることから，薬物への反応性においても概日リズムの関連性があると想定できる。経口投与の場合，薬物の吸収効率は胃の内容物の量によって影響を受ける。つまり，摂食行動を支配する概日リズムによる影響を受ける。薬物の吸収効率は，概日リズムに支配されている腸内の酵素活性や胃活動，循環器へのグルコースの取り込み割合による影響も受ける。排出は，排泄や代謝/不活化によって起こるもので，これらも概日リズムをもつ(Moore-Ede et al., 1982, 総説参照)。肝臓の酵素活性にもリズムが存在する。尿のpH変動もまたリズムをもっていて，血中から尿へ移行する薬の影響を受ける。

薬の作用効率における概日リズムを偶然発見したという報告が多数ある(Moore-Ede et al., 1982)。これらの報告では，投与時間を考慮することによって，試験中にみられるさまざまな反応を説明することができるようになった。このように新しい医薬品を試験する際，投与時間を考慮することは必須である。薬物の中には，ある時間帯に効果が最大となり，また別の時間帯に毒性が最大となるものがある。よって，適切なタイミングでの投与によって臨床効果を最大とし，有害な効果を最小にする必要がある。

特にラットの薬理学において興味深い薬は，麻酔薬と鎮痛薬の2つである。両方ともその効果には概日リズムが存在している。ラットの麻酔の維持に必要なハロセン[x]の濃度は，夜の早い時間よりも日中のほうが低い(Munson et al., 1970)。しかし，ハロセンの致死的濃度は夜の早い時間のほうが低い(Matthews et al., 1964)。麻酔薬であるペントバルビタール[xi]の効果/毒性の位相応答曲線は，その逆となる(Moore-Ede et al., 1982)。これら2つの例は，薬による治療指数には概日リズムを考慮する必要があることを示している。ペントバルビタールのような薬の場合，治療指数が最も広くなるときには使用を制限したほうが賢明である(午後のみ使用するなど)。

外科のプロトコルは，しばしば麻酔薬に鎮痛薬を追加するよう義務づけている。しかし残念なことに，モルヒネ[xii]の服用による無痛覚状態には概日リズムによる無効期間があり，その期間はペントバルビタールの治療指数が最も広い期間と一致する。つまり，ペントバルビタールを安全に使用できる時間帯とモルヒネによる鎮痛作用が最も低くなる時間帯は同じなのである。

環境と行動への影響

概日リズムは，行動神経科学者にとって関わりの深い多くの生理的システムに影響を及ぼしている。したがって，時間帯は常に考慮すべき重要な点である。概日リズムが周辺環境の時間帯にエントレインメントしている場合は，環境要因が概日リズムに影響を与えている可能性があることに注意すべきである。

● 光 ●

光は，2とおりの方法でラットの行動リズムに影響を与える。1つ目は，ラットを突然光にさらすと行動が阻害され睡眠が促される。持続的に光にさらすと，行動を抑制するが睡眠時間は延長されないままとなる(睡眠に関しては自己制限を行う)。突然の光照射による影響は，ラット自身の概日リズムによる休憩——活動のサイクルをわかりにくくしてしまうため，しばしば**マスキング**と呼ばれる。2つ目は，光自体が概日時計の優位なエントレイン刺激(**ツァイトゲーバー**，ドイツ語で同調因子を指す)の役割をもつ。光はフェーズシフトを引き起こすことによって概日時計をエントレインメントさせ，LDサイクルにおける24時間周期と概日リズム間のずれを補完している。夕方から夜の早い時間にかけて光の照射を行うと通常は概日時計が遅れるが，朝または深夜に光の照射を行うことによって概日時計を早めることができる。1日中光を照射すると，その影響は最小限となる。このように，概日時計は光に感受性のある概日リズムをもっている。つまり，どのような概日の振幅をもつLDサイクルも，フリーラン状態の概日時計を「とらえる」ことができ，自

---

x 吸入麻酔薬の1つ。
xi 静脈内投与や腹腔内投与で用いられる注射用麻酔薬の1つ。
xii 医療用麻薬の1つ。鎮痛薬として用いられる。

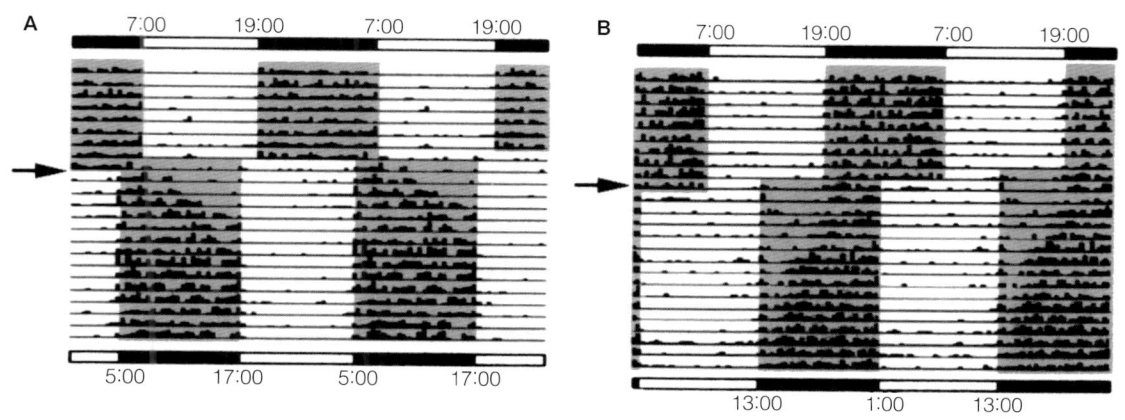

図17-3 (A)は西への移動を想定した8時間遅れの明暗サイクル，(B)は東への移動を想定した8時間超過した明暗サイクルでの，ラットのホイールランニング活性．遅れのシフトに対してより早くリエントレインメントしている．シフトの方向性に加え，そのほかにも多くの因子がリエントレインメントの割合に影響を与えている(本文参照)．[Nagano et al. (2003) Journal of Neuroscience 23: 6141-6151.より Society for Neuroscience の許可を得て改変]

然に反する流れを位相調節によって修正することができる．エントレインメントの正式なメカニズムについてのさらなる詳細は，Mistlberger and Rusak (2000) を参照されたい．ラットの場合，通常は夜に明かりをつけると概日リズムのタイミングが変化するとだけいっておこう．さらに，光の明るさや持続性は関係ない．毎日わずか数秒の照射であっても，DD 状態で維持されている夜行性の動物のフリーランのリズムをエントレインメントすることができる．

LL 状態では，最初は光の強度に比例したフリーラン状態になっている．数週間から数ヵ月間明るい LL 状態下に置くと概日リズムは弱まったり，あるいは消失したりする．しかし，概日リズムはわずか1回の LD サイクルによって再構築することができる (Eastman and Rechtschaffen, 1983)．

よく，繁殖施設から研究施設へ輸送されるときなどに必要となる，シフトした LD サイクルにリエントレインメント[xiii]するために必要な時間は，シフトの方向性 (LD サイクルが遅れている場合は進んでいる場合よりも短い時間ですむ．図17-3参照)やシフトの規模，周辺の状況（明るい場合や，ホームケージでホイールランニングができる場合は短い時間ですむ）など複数の因子による影響を受ける．大雑把にいうと，LD サイクルへのシフトは1時間当たり1日あれば可能であるが，完全にリエントレインメントするには3〜4週間かかる．

摂 食

餌を食べるタイミングは明暗リズムで変化するが，これはラットにとって最も重要な概日的タイミングによる決定事項である．先に述べたように，ラットは摂食可能な時間帯を予測する活動を増加したり，摂食量を徐々に増加することから，日々の摂食のスケジュールに適応可能であることがわかる．摂食時間は，消化や代謝の日々のリズムをコントロールする優位なツァイトゲーバーである．摂食のスケジュール管理はラットの行動観察に広く用いられている．例えば，ラットに食欲を利用する学習課題を課すために，自由摂食量を数％低く維持する．ラットは毎日ほぼ同じ時間帯に体重を測って餌を与えるが，これは行動や生理学における概日タイミングに特に影響を及ぼす (Mistlberger, 1990, 1994 参照)．

自発的運動

DD や LL 状態で自由にホイールランニングができる状態にあるとき，ラットにおけるフリーランのリズムは短くなる (Yamada et al., 1986)．自発的運動もまた生理学システムの，概日時計の周期の割合を変えることができる．DD 状態のラットもまた，トレッドミル[xiv]上で強制的にひとしきり運動させることによってエントレインメントすることができる (Mistlberger, 1991)．しかし，睡眠期間の途中で自発的運動を取り入れた場合，ラットではフェーズシフトはみられないが，ハムスターではみられる．

[xiii] いったん消失した明暗サイクルに呼応した概日リズムに再度エントレインメントすること．

[xiv] ベルト式強制走行装置．

●社会的影響●

自然的環境に近い状態で同居をしているラットは、社会的地位[xv]に応じた自発的運動と摂食行動を行うよう組織されていることがわかっている。例えば、下位のラットはより明るい時間帯に摂食するよう強いられる。このことが下位のラットの概日時計に影響を与えるかどうかはまだわかっていない（Mistlberger and Skene, 2004, 総説参照）。

●ストレスと覚醒●

社会的敗北[xvi]は、ラットにとって非常に強いストレス刺激となる。1回の社会的敗北によって、自発的運動や体温、摂食、飲水、さらには心拍数の低下した状態が何週間も続く（Meerlo et al., 2002）。手術によるストレス、慢性疾患による軽いストレス、水泳の強要、拘束、電撃といった他のストレスによっても同様の影響がみられる。しかし、これらの刺激は概日時計のフェーズシフトを引き起こさない。さらに、明白な概日リズムの減衰は概日時計の下流プロセスに起因するものであり、概日時計自体が減衰したことに起因するわけではない（Meerlo et al., 2002）。

概日リズムの神経系メカニズム

●概日リズムの最も主要なペースメーカーは視床下部に存在する●

概日リズム研究者のパイオニアである Curt Richter は、ラットにおける概日リズムを生じさせる臓器を何十年もの間探していた。彼は、脳に損傷を与えたり、内分泌腺（例えば、副腎や性腺、下垂体、甲状腺、松果体、膵臓など）を取り除いたりと、広く多様な操作を行った。唯一、視床下部腹側部損傷のみが活動や飲水、摂食におけるフリーランニングリズムを消去できた（Richter, 1967）。のちに、ラットにおける概日リズムの最も主要なペースメーカーは前視床下部腹側部の視交叉上核（SCN）に存在していることが判明した（Moore and Eichler, 1972; Stephan and Zucker, 1972）。ラットの多様な研究により、SCN が概日リズムを生み出す部位であるという結論にいたった。SCN は代謝やシングルユニットの神経活動[xvi]において概日リズムを発現しており、分離したラットの SCN の培養細胞は数週間もの間、概日リズムを維持することができる（Welsh et al., 1995）。胎仔の SCN を成長したラットに移植すると、行動学的リズムを再構築することができる（Lehman et al., 1987 など）。SCN は直接または間接的に網膜からの刺激を受け、多くの SCN 上の神経が光による網膜刺激に呼応する。したがって、SCN は光によって生じる概日リズムを支配する最も主要な概日時計が存在する部位であると考えられる。また SCN は、特に正中縫線核[xviii]や視床の膝状体間小葉[xix]などからの多様な刺激を受けることによっても、行動学的活動へのフィードバック効果をもたらす（Mistlberger et al., 2000, 総説参照）。しかし、摂食のスケジュールが SCN が生み出す概日リズムを必ずしもエントレインメントすることはない。SCN を切除し

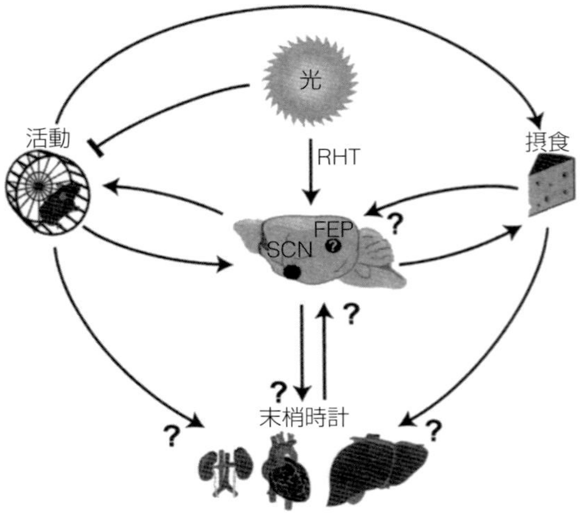

図17-4 哺乳類の概日システムを簡略化した概念図。中心となる SCN は概日リズムを生み出し、また光感受性神経節細胞に由来する網膜視床下部路（retinohypothalamic tract: RHT）を介して環境的明暗サイクルにエントレインメントさせる概日時計細胞の不均一な集団で構成されている。SCN は日々の活動リズムを制御しているが、活動からのフィードバックも受けやすい。つまり、明暗サイクルの欠乏により概日周期を変化させたり調節したりすることができる。摂食同調性概日ペースメーカー（food-entrainable circadian pacemaker: FEP）は SCN 外側の未知の領域に存在する。他の概日オシレーターは末梢の臓器や組織に存在する。これらは、摂食や未知の経路、おそらく SCN を介してもエントレインメントすることができる。ラットでは、光が直接行動を阻害し睡眠を促す。[Schibler and Sassone-Corsi (2002) Cell 111: 919-922.より Elsevier の許可を得て改変]

---

xv 集団の中で確立された上下関係における立ち位置。
xvi 他個体に対して、自らの社会的地位が下位であることを認めること。
xvii 単一のニューロンから観測される神経の活動電位。
xviii 脳幹にあり、左右の脳が正中で縫い合わされたところにある神経核。
xix 視床の膝状体間に存在する小葉構造を形成する領域。

たラットでは，リズムなく自由に摂食するが，1日に1回または2回の食餌が与えられる場合は明らかな予測行動を行う(Mistlberger, 1994)。

●概日時計をコードする遺伝子は多くの組織で発現している●

単一のSCN神経における概日リズムは，いわゆる概日時計遺伝子やそれらにコードされるタンパク質などの転写-翻訳のフィードバックループ[xx]を自己調節することによって制御されている(Reppert and Weaver, 2001)。これらの遺伝子は，脳や骨格筋，心臓，肺，肝臓などのさまざまな組織で発現している(Yamazaki et al., 2000)。*in vitro*の実験では，これらの組織における概日オシレーターは約4日間で弱体化するが，培養液を交換することで再開することができる。*in vivo*では，末梢のオシレーターは摂食時間によって調節されている(SCNを除く)。このように，ラット(および哺乳類)の概日システムは多重オシレーターをもち，解剖学的に分散型であり，光依存性または光非依存性のエントレインメント刺激に対する感受性をもつ(図17-4)。

Michael C. Antle, Ralph E. Mistlberger

[xx] フィードバックを繰り返すことにより，その効果が増幅されていくこと。

第 IV 部

制御系

第 18 章　摂食行動 147
第 19 章　飲水行動 153
第 20 章　採　餌 161
第 21 章　体温調節 168
第 22 章　ストレス 175
第 23 章　免疫系 181

第18章

摂食行動

　実験室においてラットを研究している多くの，おそらくほとんどの人にとって，摂食行動は目的を達成するための手段にすぎない。空腹のラットは，餌報酬のために2つの音を速やかに弁別し，8方向放射状迷路内で空間情報を獲得し，走路を駆ける。ラットが餌を摂取する行動は，オペラント箱に餌ペレットを呈示するかたちでのみ「観察」される。しかし，摂食行動は，ラットに興味をもち，摂食行動とはきわめて異なる行動に焦点を当てて研究している人にとっても豊富かつ複雑で，それ自体研究する価値がある。さらに，ラットは，ヒトの肥満についての理解を深めるための摂食に関する応用研究にも広く用いられている。本章の目的は，実験室における研究に関連したラットの摂食行動の要点について概説することである。

一生涯の摂取パターン

　すべての哺乳類がそうであるように，若いラットは，母乳というかたちで母親から初期の栄養を受け取る。実験室においては，ラットは生後16日齢で固形飼料を摂取し始め (Thiels et al., 1990)，21日齢までに母親から離乳するのが一般的である。離乳が強制されなければ，子どもは吸乳を続けるが，34日までにその頻度は徐々に減少していく (Thiels et al., 1990)。食物の摂取は，生後間もなくは体重との相対比で考えると高いが，性成熟ののち，体重の増加率が減少するに従って，徐々に低下していく。安定体重と食物消費には明らかな性差があり，雄は雌の体重の1.2～1.5倍になる。さらに，安定体重は一般的に使用される系統間でかなり異なる。比較的よく行動研究で用いられる有色動物では，成体の体重は褐色のアグーチ系統の300gからLister hooded系統の550gまでさまざまである。1日の摂食量は環境変数，特に環境温度の低下に対して敏感である (Leung and Horwitz, 1976)。

　性成熟した雌のラットにおける摂食は性周期で大きく変動する。発情した暗期にはエストラジオールのレベルが高くなり，雌は摂食を減らし，より活動的になる。マウスでも通常の固形飼料の摂取パターンは同じだが，発情時に，より嗜好性の高い食物がある場合は，それを摂取する (Petersen, 1976)。ラットではあまりはっきりとした結果が得られていない。例えば，エストラジオールは固形飼料と同様に嗜好性の高いスクロース溶液の摂取量を減少させるが (Geary et al., 1995)，味覚反応性に関する研究 (後述参照) によれば，若干異なる結果が示されている。食物摂取は妊娠に付随する生理的欲求と授乳に応じて顕著に増加する。両者ともに特に生理学的側面についてよく研究されている (Hansen and Ferreira, 1986; Linden, 1989)。

　実験室においてはラットの自由摂食は非常に一般的だが，長期的な実験には望ましくないかもしれない。ほどよい摂食制限は肥満を減らし，寿命を延ばし，腫瘍の発生を減らすので (Koolhaas, 1999)，広範の研究において福祉の立場を考慮すると，それは良いことだろう。標準的なげっ歯類の主食には適量割合以上の脂肪とタンパク質が含まれており，同じ会社の製品であっても配合にばらつきがある。

摂取の日内パターン

　ラットの摂食パターンは柔軟性が高いものの，薄明るい時間によく摂食する。したがって，食物や水が自由摂取で明期が12時間スケジュールで妨害要因がほとんどない場合，食物摂取は明期終了後2～3時間頃が活発であり，その後，明期になる前に再び活発になる。規則的な餌やりのスケジュールや特定の時間に嗜好性の高い餌を与えると，日中の摂取パターンは急速に順応する。例えば，標準的な粉餌と水を混ぜてつくった嗜好性の高い餌を与えられたラットは，1日のうちで摂取が最も少ない時間帯の40分間に10g (乾物重量) くらい食べる。これは1日の全摂取量のおよそ

50％であり，この反応が生じるために食餌制限は必要ない。また，1日の総摂取量は嗜好性の高い餌を与えることによって高められる。同様に，生活環境下で餌を自由摂取させ，1日の特定の時間にケージから離れた極寒地（−15℃）にある嗜好性の高い餌を食べに行くようにすることもできる。このような場合ラットは，嗜好性の高い餌から1日のカロリー総量の大部分を摂取するようになる（Cabanac and Johnson, 1983）。食物摂取の日内パターンにおける大きな変化は，視床下部−下垂体−副腎皮質系のホルモンリズムにおける生理学的な適応と関連している。例えば，コルチコステロンのレベルは通常，明期が始まる薄暗い段階で最大になるが，毎日決まったスケジュールで給餌される場合，その最大値は予測される給餌時間へと移行する（Gallo and Weinberg, 1981）。それゆえ，そのような生理学的変化が安定するためには，実験の馴致段階に十分な時間をかけることが重要である。

日内サイクルを通して，水と食物の摂取はよく相関する。これは，行動および生理学的メカニズムによって助長されている可能性が高い。特に詳細に摂食行動を研究するために単独飼育している場合，ラットはほとんどの時間を比較的じっとして動かないようにしていることがある。そして，時間がたつにつれて，すべての活動的な行動パターンは相関するようになると考えられる。また，ラットは乾燥餌を食べている間，胃の中の乾燥餌がもたらす不快な結果を避けるために，飲水することを学習するようである（Lucas et al., 1989）。さらに，胃の中の餌が飲水を刺激する特定の生理的メカニズムがある（Kraly, 1983）。

食事のパターン

比較的短時間のうちに集中的に摂食する傾向は，霊長類，反芻動物，肉食動物，げっ歯類にいたるまでさまざまなグループの哺乳類における特徴である。集中的な摂食行動が生じる期間は通常，「食事（ミール）」と呼ばれている。食事は環境内において食物がまばらにしかないことの結果として生じる単なる付随現象であると仮定されるかもしれない。しかし，餌と水が常に摂取可能な実験室においても，ラットは摂食を一続きの食事へと構造化する。

食事パターンを研究するには，まず，餌の摂取と，可能であれば水分の摂取を，何らかの方法で観察しなければならないが，それにはさまざまな方法がある。1つは，自動のペレット給餌器を用いて1粒45 mgのペレットを餌皿に呈示する方法で，ラットが食べるまで餌を監視する（Kissileff, 1970）。他の方法では，安価だが正確な計測ができるひずみゲージを使い，常時，給餌器の重さを計測する。ペレット給餌器は時間計測が非常に正確であり，性質が均一な餌を呈示できるという利点があるが，餌の成分を変えるのは難しい。これに対して，直接計量する方法では，ラットを給餌器から移動させる必要があり，時間解像度は落ちるが餌の成分を変更することは容易にできる。どちらの方法を選ぶかは，実験者がどのような問題に関心があるかによるだろう。

餌を摂取する行動が観察できたならば，その記録における食事をどう定義するかの前に，決めておくべきことがいくつかある。例えば，最後に餌を消費してからの経過時間が長くなると，摂食が再起する確率は比較的明確に低下するのだろうか。対数生存比（log-survivor）法は，この問題を簡単に図式化する方法であり，信じられないほど単純な帰無モデルを示してくれる（Clifton, 1987）。最大屈曲点に近いところを食事内と食事間の時間を切り分ける基準の目安の1つとすることができる（Lester and Slater, 1986）。しかし，これらの分布モデルが実験者の主な関心ならば，この方法に変えて，ベルヌーイ分布やlog-normal，その他多数の分布にフィッティングする方法を探るほうがよいだろう（Sibly et al., 1990; Yeates et al., 2001）。単純に食事構造を取り出したいのであれば，1つ基準を選び，その基準近くのさらなる基準を用いた解析を繰り返すだけで十分だろう（Castonguay et al., 1986）。最近の研究で選ばれた基準は，2分から10分の間でばらついている。初期の研究では，30分という長い基準を用いたものもあるが，それはおそらく個別の食事をつなげてしまっているだろう（Le Magnen and Tallon, 1966）。

最小時間間隔が決まると，データセットは食事系列と食事間間隔に分けられる。もう1つ決めておくべき重要なことがある。このように定義された食事には「間食（非常に短時間の食事）」と本当の食事という質的に異なる2つ摂食行動があるのだろうか。研究者の中には，ある基準値（例えば，0.1g）以下の食事を除外する人もおり，この点は生データが実際の摂食行動と餌箱によじ登るなどの探索行動の両方に反応する計重量システムから得られた場合，特に重要である。

食事構造に関する特定の特徴を記述するためにいくつかのパラメータが使われている。食事内摂食率は，食事中に少しずつ低下するが（Clifton, 2000），これは有効な満腹指標の1つだろう。しかし，食餌制限されたラットがオペラント条件づけによる実験セッション内で餌のために課題に取り組んでいるときや，嗜好性の高い溶液を摂取しているときの摂食率と比べると，自由摂食時に始まった食事中の摂食率の変化は小さい（後述参照）。薬物操作を伴う研究では，摂食率は運動

障害に関する感度の高い指標となりうる。食事間間隔が食事と食事の間の空腹感を反映したものなのに対して，食事の大きさは食事内満腹感の指標としてよく用いられる。食事間間隔に対する食事の大きさの比率は，**満腹感比率**といわれ，餌のもつ満腹感を示すより感度の高い指標となるだろう（Clifton, 2000）。

　自由摂取のラットでは安定した食事パターンがみられるが，これらのパターンは餌がどれくらいあるかによって大きな影響を受ける。George Collierによる徹底した一連の研究は，この効果に関する最も顕著な例である（Collier et al., 1972; Collier, 1987）。ラットは摂食の機会を得るために，典型的なオペラント箱内のレバー操作をするのだが，単に毎日数時間，実験箱に入る機会を与えられるのではなく，絶えずその環境で生活した。結果は，ラットがそれぞれの餌ごとに反応しなければならないか，単に食事を始めなければならないかによって異なった。後者の場合，1つの餌が与えられると，続く餌は自由に与えられ，摂食が10分以上止まらなかった。これは食事パターンを劇的に変化させ，極端な比率（例えば，固定比率〈fixed-ratio: FR〉5120）の場合，ラットは毎日1回の食事をとった。これらのデータに対してCollierは，ラットは生存のために必要な労力を最小にするように餌の有無に反応していると考えたが，これは説得力のある解釈だった。しかし，そのような強化スケジュールは，動物を長時間のオペラント反応，食物があるときの大量摂取，長く続く無反応期からなる食物制限という繰り返し周期に固着させる。1つずつの餌に対して課題を課すことの効果は，食事を開始するための効果と比べて，それほど目立ったものではないが，はっきりとした効果がある。食事の大きさは，食事内での個々の餌を得るための反応要求が増えるにつれて減少する（Clifton et al., 1984; Timberlake et al., 1988）。この効果は，おそらく食事開始時の摂食を強化するのに役立つポジティブ・フィードバック過程との干渉から生じるのだろう。

摂食を予期させる行動

　動物行動学者はずっと，動機づけられた行動の最初の柔軟な欲求段階（appetitive phase）とそれよりあとの形式化された完了段階（consummatory phase）を区別してきた（Craig, 1918）。餌をもらえることを期待しているラットをさりげなく観察していると，餌の場所や餌がもらえる正確な時間を同定する手がかりへの反応と結びついた行動全般の活性化が生じることが考えられる。そのような行動はさまざまなテスト場面で測定することができる。例えば，Blackburn et al.（1987）は，単純なパブロフ型条件づけパラダイムを用いると，光と音の複合刺激の呈示後150秒間に，流動食の報酬を予期するようになると記している。複合刺激が呈示されている間，ラットは刺激呈示終了時に餌が呈示される餌箱の中に予期的ノーズポーク[i]（nose-poke）をするようになる。ドーパミンD2受容体の拮抗薬であるピモジド（pimozide）を低用量（0.4 mg/kg）投与すると，この予期性の探索的ノーズポーク反応は非常に弱められるが，20分のテストセッション中に自由摂取で与えられた流動食の摂取には効果がなかった（Blackburn et al., 1987）。同じように，Gallagher et al.（1990）は，単純な食物条件づけパラダイムを用いて，餌ペレットの到来を予測させる光手がかりに対するラットの定位反応を測定した。さらに，彼らは餌が実際に呈示される場所に対するラットの探索反応を測定した。条件づけ試行の回数が増えるに従って，どちらの反応も生起するようになったが，これら2つの反応に寄与する神経メカニズムは異なることが明らかになった。損傷研究によると，扁桃体の中心核は光手がかりへの反応が形成されるのには寄与しているが，ペレットを受ける餌皿への探索行動に対しては寄与していない。

　走路は食物に対する欲求反応を測定するもう1つの方法である。スタート地点からゴールボックスまで走る速度は簡単に計測でき，単一テストセッション中に試行が繰り返されると減少する。少なくともある環境下で食物摂取を高めるいくつかの薬物は，セッション初期の試行における走行速度も速める。それらの薬物には，臨床利用で肥満の発症と関連づけられている非定型抗精神病薬であるオランザピン（olanzapine）がある（Thornton-Jones et al., 2002）。走行速度はまた，その試行で報酬がもらえることを予期する手がかりによって速められる。ドーパミン拮抗薬は食物に対するオペラント反応を減少させるが，適切な刺激の呈示により速められた走行速度は，ドーパミン拮抗薬であるハロペリドール（haloperidol）の前投与による影響を受けない（McFarland and Ettenberg, 1998）。

　条件性場所選好（conditioned place preference）は，摂食行動の食欲の側面を研究するためによく用いられるもう1つの方法である。一般的にこのパラダイムは，薬物の報酬効果を評価するために用いられているが，餌（Perks and Clifton, 1997）や性行動経験（Everitt, 1990）といった生得的強化子を評価するのにも適している。典型的な課題では，特定の文脈手がかりと餌の有無を対呈示する。テストセッションでは，ラットは2つの環境を選択することができ，それぞれの環境での滞在時間や，滞在時間の比率が食物と関連づけられ

---

[i] 探索行動の1つで，穴に鼻を入れる行動。

た手がかりへの選好の便利な指標となる。この課題は，T字迷路課題（T-maze task）の研究と違い，試行間での自発交替反応が問題にならないため，餌の選好を評価するにはより優れた課題である。この方法で測定された選好は，内臓不快感による餌強化子の価値低減や動機づけ状態に影響されやすい（Perks and Clifton, 1997）。このパラダイムは，餌に関係する文脈手がかりを用いた課題での脳内経路の異なる役割を区別するために用いられてきた。例えば，扁桃体基底外側部と腹側線条体を切断すると，餌強化による場所選好が失われる（Everitt et al., 1991）。

より標準的なオペラント研究でも，欲求段階と完了段階での食物に対する反応の基礎となる神経化学システムを区別してきた。選択的なドーパミンD2受容体拮抗薬であるラクロプリド（raclopride）は，おおよそ同じ用量（約 0.5 mg/kg）で，餌に対するレバー押しを大きく減らすが（Nakajima and Baker, 1989），自由摂食時には摂食を刺激する（Clifton et al., 1991）。同様の薬物操作を用いたより最近の研究では，Salamoneら（Cousins et al., 1994）が，ラットを用いて，45 mg のペレットを得るために課題を遂行するか，またはオペラント実験箱の床にばらまかれた，より大きな通常の餌を食べるかの同時選択を検討した。薬物を投与されなかったラットの多くは，ペレットを得るために課題を遂行したが，薬物を投与されたラットは，ケージの床にばらまかれた，より好ましくない通常の餌を食べるように行動を切り替えた。

摂食と摂食に続く行動

餌のハンドリングと飲水行動の詳細は，本書の別の箇所で扱っている（第15, 19章）。しかし，味に対する反応性の研究と流動食の摂取のミクロ構造は，摂食行動の研究に大きな影響を与えてきた。

最近，Berridge（2000）により解説がなされた第1群の味覚反応性の研究は，異なる味覚や栄養的特徴をもつ溶液を摂取するときにラットが示す表情に関する詳細な分析の重要性を強調している。本章の別の箇所でも説明した多くのパラダイムでもラットはそのような行動パターンを示すが，多くの場合，それらを正確に観察し，評価することは難しい。典型的な味覚反応性の研究では，テスト溶液は事前に埋め込まれた口腔カテーテルを通して口腔中に注入され，行動は透明のケージ床を通して下方から記録される。嗜好性の高い溶液の摂取は，規則的な舌の突き出し，前足のなめ回し，そして横方向への舌の動きという一連の行動パターンと関連づけられる。好ましくない溶液の摂取は，大口を開ける，頭を振る，顔をぬぐう，顎をこするという非常に異なる行動パターンを引き起こす。このパラダイムは，摂食の快楽と誘因に関する変数を区別するために特に有用である。例えば，ピモジドのようなドーパミン拮抗薬をラットに前投与しても，スクロース溶液によって引き起こされる摂取反応と嫌悪反応の割合には影響しない（Pecina et al., 1997）。興味深いことに，味覚反応性の指標は，エストロゲンレベルが高い発情期の雌のラットにおいて，好ましい味覚手がかりと好ましくないものの両方に感度が高くなることを示している（Clarke and Ossenkopp, 1998）。

第2群の研究は，Jack Davis（1998）によって始められた。ラットは30分間のテストセッション中，栄養価のある溶液と嗜好性の高い溶液を与えられたときでは，同じ容量を摂取するにしても，その摂取方法は大きく異なる。例えば，消化に時間がかかる嗜好性の高い溶液は，セッション開始時に急速に摂取されるが，摂取量は急速に減少する。消化が速い嗜好性の低い溶液は，セッション全体を通じて一様に摂取される。Davisは，これらの効果を示すため負の指数関数をあてはめる方法について論じている。この方法は，摂取量の増加，減少を研究するときに広く用いられている。例えば，選択的セロトニン再取り込み阻害薬であるフルオキセチン（fluoxetine）は，嗜好性を減弱させるのではなく，胃がゆっくりと空になったあとに観察されるような摂取の減少を引き起こすが，これはこの薬物が満腹感を高めるという仮説と一致する（Lee and Clifton, 1992）。Davis and Smith（1992）は，このタイプの飲水記録を分析する第2の方法を記しており，それは，ラットが嗜好性溶液を摂取する間に短時間で群発する水なめに基づくものである。例えば，スクロース溶液濃度の上昇は，それぞれの水なめ群発の長さを伸ばすが，対照群（sham）の摂食は群発の長さではなく，その頻度が増加する。事実，Davis and Smith は，彼らが**群発**（burst）と**集合**（cluster）と呼んでいる2つのレベルの構造を区別している。以降の著者は，多くの場合，1つのレベルで記述している（Spector et al., 1998）。

摂食行動の時間と強度は，外因性のものだけでなく内受容性の手がかりによっても強い影響を受けているだろう。例えば，以前，食物の摂取と関連づけられた手がかりが呈示されると，明らかに満腹のラットでも摂食を増すだろう（Weingarten, 1984）。この手続きは，摂食を促進する条件刺激の処理に関わる扁桃核の役割を調べるのにも用いられている（Petrovich et al., 2002）。空腹のラットは，光が餌の呈示を予告する条件刺激であり，第2の異なる条件刺激は餌の呈示とは関係しないことを学習したあと，同じラットが満腹状

態で餌の消費テストを受けた。事前に餌消費と関連づけられた条件刺激は，この場面での摂食を非常に高めた。しかし，この効果は，扁桃体基底外側部と視床下部外側野を切断したラットでは観察されなかった。

飼料の特定の特徴に関連づけられた手がかりも，食事やテストセッション中に消費される餌の量に影響を与える。条件性満腹感という現象は，そのわかりやすい例である（Booth, 1972）。その研究では，ラットは毎日繰り返される訓練セッションで，特定の味と関連づけられた低カロリーの餌と，異なる味と関連づけられた高カロリーの餌を交互に与えられた。あとのテストセッションにおいて，ある条件では，ラットは訓練で用いられた餌に比べて中程度のカロリーの餌でテストされた。餌には訓練期間中の低カロリー，もしくは高カロリーと関連づけられた味がついていた。ラットはカロリー価が等しいにもかかわらず，低カロリーの味の餌を多く消費した。この結果は，餌消費が条件性味覚手がかりによる刺激性制御を受けていることを示している。

餌を与えたばかりのラットをさりげなく観察していると，摂食中断後に比較的固定的な行動連鎖が生じることがわかる。ラットは，最初，ケージ内をきわめて活動的に動きまわるようにみえる。その後，落ち着き，ヒゲや顔のあたりから，体まで長時間の毛繕い[ii]（grooming）をする（第13章参照）。ラットは，数分間のうちに，おとなしくなり，ケージの隅で動かなくなる。これらの行動の規則性は，初期の研究に記されており（Bolles, 1960），この行動系列は，ラットの満腹感の特徴であると考えられ，満腹感を高める実験操作と他の原因のために摂食を減少させる実験操作を区別するために用いうるかもしれない（Antin et al., 1975）。それ以降，いわゆる行動的満腹連鎖は，薬理的，神経的操作のあとに，摂食行動の変化を特徴づけるために広く用いられている。例えば，主にセロトニン（5-ヒドロキシトリプタミン〈5-hydroxytryptamine: 5-HT〉）$_{2C}$受容体を刺激する薬物は，ラットの満腹連鎖を早めるが，連鎖全体には影響しない。この主張を支持する結果として，5-HT遊離薬であるフェンフルラミン（Halford et al., 1998）や選択的セロトニン再取り込み阻害薬であるフルオキセチン（Clifton et al., 1989）は，メタクロロフェニルピペラジン（meta-chlorophenylpiperazine〈mCPP〉）のようなより選択的な5-HT$_{2C}$受容体作用薬と同様にセロトニン系に非特異的な影響を与える（Halford et al., 1998）。これに対して，5-HT$_{2A}$受容体にも非常に強く作用するDOIという薬物は，5-HT$_{2C}$受容体における効果に加え，自発運動量を増加させ，正常な満腹感連鎖を混乱させる（Simansky and Vaidya, 1990）。

この分野の研究と方法論に関しては，わかりやすい総説がいくつかある（Clifton, 1994; Halford et al., 1998）。Halfordらは，ラットの個体ごとの行動の完全な映像記録から得られる利点を重視している。しかし，研究の特定の目的に応じて，実験者はビデオ記録をやめ，同時に複数の動物を計測する時間見本法（time-sampling procedure）を用いることを考えたほうがよいかもしれない（Clifton et al., 1998）。多くの場合，そのようなサンプリングによって，観察時間を減らすことができ，より多くの個体，薬物用量，非薬物を用いた統制条件を追加することで，統計的な検定力を上げることができる。

飼料の選択

カフェテリア実験においてラットは，栄養学的に適切な飼料を自分で選択すると考えられているが，実験的な証拠は説得力があるとはいえず（Galef, 1991），ここでは取り上げない。ラットがタンパク質，脂肪，炭水化物を選択する方法に興味をもつ人は多い。そのような飼料選択を研究するために，多様なパラダイムが用いられている。1つのパラダイムでは，ラットにほとんど混じり気のない3つの多量栄養素から選択させる。それぞれの栄養素には，ミネラルとビタミンを適量混ぜて供給しているので，飼料選択の範囲で健康全般を損なうことはない。これらの研究のうち広く引用されているものの中で，Liebowitzらは，セロトニン神経伝達を高めるフェンフルラミンのような薬理処置は，全体の摂食量を減らすが，炭水化物に比べてタンパク質の消費を抑えるとしている（Shor-Posner et al., 1986; Weiss et al., 1990）。しかし，そのような研究を遂行するには，厄介な方法論的問題がある。ラードや植物性脂肪として脂肪を，カゼイン粉としてタンパク質を，デキストリンやデンプンとして炭水化物を与えるとすると，多量栄養素は味，におい，舌触りや含水率を含む他の多くの要因が交絡する。結果として，選好は異なる飼料の間で大きくばらつくことになる。さらにラットが消費するそれぞれの飼料の割合は，個体ごとに特有の安定した違いを示す。一見するとそれらの研究と同じに思える他の研究では，かなり異なる傾向の結果が得られている。例えば，フェンフルラミンは選択的に脂肪消費を抑制し，炭水化物消費を抑えることが報告されている（Smith et al., 1998）。同様の結果は，選択的セロトニン再取り込み阻害薬であるフル

[ii] ある個体が自身の体毛をなめたり引っ張ったりすることで毛並みを整えたり，ごみなどを取り除く行動。

オキセチンを使うことによって得られる (Heisler et al., 1999)。これらの，そして似たような研究結果の不一致は，多量栄養素含有物に関する複数の要因がばらつくという飼料選択パラダイムの複雑な特性のために生じるようである。

これらの交絡要因を明らかにする試みとして，他のいくつかの飼料選択法が用いられている。例えば，ラットに標準的な固形飼料に加えて，炭水化物補給剤であるポリコース (polycose) を与える (Lawton and Blundell, 1992)。これらの条件下では，フェンフルラミンの効果は 2 種類の飼料成分の含水率によって大きく変化する。フェンフルラミンは練り餌として与えられる飼料と比べると，乾燥したポリコースの消費を抑制するが，乾燥した固形飼料と比べるとスクロースやポリコース溶液の消費を抑える。これらのデータは，この分野の研究に関する最近の総説で指摘されている重要な以下の見解を支持している (Thibault and Booth, 1999)。1 種類の飼料選択パラダイムの結果だけでは，多量栄養素選択の全般的な効果についての結論を導くことはできない。それよりも，それらは研究のために選ばれた特定の検査飼料における効果として解釈されなければならない。

新奇恐怖と飼料の多様性

ラットは雑食動物なので，潜在的にはさまざまな新奇食物を試食すると思われる。これはありうることだが，ラットはまた新奇な飼料に対して，それがすでに慣れている飼料と類似したものであっても強い忌避感を示す (Barnett, 1963)。したがって，通常の実験用飼料を水で溶いてつくった「嗜好性の」飼料を最初に与えると，ラットはそれを試食するが，拒絶の兆候 (ケージの後ろに押しやったり，床敷で覆い隠したりする) も示す。数日後，特に個体間の社会的促進が許される場面では，摂食は急速に増加する (Galef et al., 1997)。一度，飼料に慣れてしまえば，ラットは多量栄養素の成分や味覚特性の異なる飼料の摂食を高め，慢性的に摂取することで体重を増加させる。そのような効果は，ラットに単一の感覚特性が変化する食事内で一連の「コース料理」を与えること (Treit et al., 1983)，もしくは 2 種類の異なる味つけのコースを単純に交互に与えることで生じる (Clifton et al., 1987)。

単純な摂取テストは役立つのか？

短時間の簡単な摂食テストは，ラットにおける摂食行動を調べる研究で示されるデータとして，相変わらず最も一般的なものである。それらは，注意して用いられると，貴重な予備データとなる。しかし，そのような実験を計画するときには，常に床効果と天井効果の可能性について考えることが重要である。摂食制限のないラットに対する通常の固形飼料を用いたテストでは，摂食抑制を明らかにすることはできない。適度な摂食制限をするか，もしくはより嗜好性の高い餌を与えることで，実験はより成功しやすくなる。同時に，嗜好性の餌もしくは新しく供給された通常の固形飼料がテスト食として使われる場合には，摂食制限されていない動物での摂食量の増加を示すのは難しい。どちらの手続きも食物摂取量を頭打ちになるところまで上げてしまうだろう。摂食時間をあらかじめ決めておく被験体内比較法は，薬物投与の反復による耐性の発達を助長し，適切な対照条件が用いられたとしても統計的な検定力は低下する。より一般的には，最初に単純な摂食指標を用いた研究を行ったあとで，検討中の実験仮説について考えてみよう。摂食行動の欲求段階と完了段階で異なる効果が予測されるのだろうか。基本的な摂食は同じであっても，摂食にいたるまでの行動軌跡はかなり異なるものなのだろうか。これらの質問や類似した質問への答えが「イエス」ということであれば，今後の研究のために，ここで記述したパラダイムを採用するとよいだろう。

結 論

ラットの摂食行動は，観察や計測に用いられる実験デザインにおいて反映させるべき複雑さをもっている。動物行動学の詳細な観察技術と実験心理学に由来する伝統的な行動分析学のアプローチを組み合わせることが，よい出発点となるだろう。ラットの生理学的側面，神経機能的側面を計測したり操作したりする技術に関連して，適切なテスト条件を選択することで，この動物種の脳，生理，行動の関係性を解明することが可能になる。

謝 辞

本章の原稿に対する Liz Somerville 博士の洞察に満ちたコメントに感謝の意を表す。

Peter G. Clifton

第19章

飲水行動

食物と水分の摂取は，ホメオスタシスの基盤になる行動の例として考えられることが多い。本章では，**水電解質ホメオスタシス**(hydromineral homeostasis)の構成概念周辺を整理し，水とミネラルの消費についてのみ議論する。ラットの研究でよく用いられる他の液体には，流動食，糖液，アルコール飲料がある。これらについては体系的には取り上げないが，同じ原理や手続きが適用される。水は自然界に存在する唯一の液体資源であり，微量電解質が溶けていることもある。塩分嗜好も生得的欲求として実験室ではよく研究されている。ナトリウムは，体内の水分と切り離せない関係にあり，「水電解質」における主要なミネラルである。本章で解説するように，実験室での研究の多くはナトリウム塩溶液を用いるが，天然資源としてのナトリウムは液体のかたちでは存在しない。

哺乳類は液体を貯蔵するメカニズムをもっていないので，生理的水分欲求状態は，動物を液体に向かわせる強力な行動メカニズム(例えば，動機づけや渇き)と連動していなくてはならない。多くの実験室での研究は，意図的にこの動機づけの要因を最小限にし，かわりに安全な環境内で簡単に摂取できる水分を与える。この場合の飲水行動は，動機づけよりも反射的なものである。より自然で労力を要する環境での水分摂取に関する研究は比較的少ない(Marwine and Collier, 1979; Quartermain et al., 1967)。労力を要しない条件下では，欲求に関連した飲水は，**一次的な**(primary)，または**恒常性維持の**(homeostatic)ものと呼ばれ，欲求とは関係なく生じる**二次的な**(secondary)，または**恒常性維持にはあたらない**(nonhomeostatic)ものと対比される(Fitzsimons, 1979)。後者は，原則として予測性恒常性維持に分類されるものであるが(Rowland, 1990)，ラットが将来の水分摂取の欲求を予測できることを直接示した行動実験はない(Stricker et al., 2003)。

体液均衡の生理学

本項では，主な体液組成，およびそれらの組成によって水分がどのように取り込まれ，また失われるか，関連する神経とホルモンの信号について概説する。水分摂取に関する実験を計画するためには，恒常性維持の原理に関する実用的な知識が欠かせない。渇きは複数の要因によって引き起こされるので，実験内で用いる刺激の選択は理論的にもきわめて重要である。

●細胞外と細胞内の体液組成●

体液はラットの全体重のおよそ69％を占めている。これらの体液のおよそ2/3は**細胞内**(intracellular)に，1/3は**細胞外**(extracellular)に含まれている。細胞外液は，血管(血漿)と間質性(組織)における小分画におよそ1：3の割合で分布している(図19-1)。これらの体液に溶けた溶質は浸透圧を上げる。細胞壁を通過する水の純流動は，関連する浸透圧の違いによって引き起こされる。完全にバランスがとれた状態(**体水分正常状態**〈euhydration〉)では，細胞内外の組成は同じ浸透圧であり(およそ290 mosm/Lで等浸透圧となる)，組成間の純流動は生じない。しかし，浸透圧負荷を生じさせる溶質(浸透圧調整物質〈osmolyte〉)は，**表19-1**に示すように細胞内外の区画で大きく異なっている。ここで解説する主な細胞外溶質は，塩化ナトリウム(NaCl)である。NaClの等張液はおよそ0.15 mol(M)である。

●細胞内脱水性渇き●

細胞内脱水は，細胞外溶質が等浸透圧よりも上昇(高浸透圧条件)すると生じ，そのとき水は細胞壁の両側で浸透圧が再び等しくなるまで細胞内から吸い上げられる(図19-1)。これは，細胞が物理的に収縮する

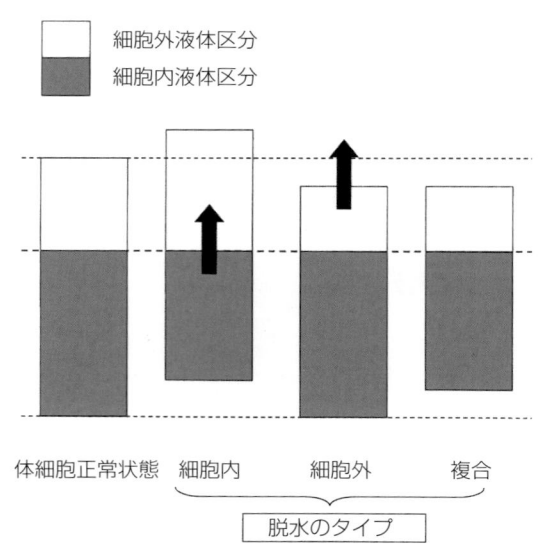

図 19-1　水電解質均衡（体水分正常）状態と 3 タイプの脱水状態の細胞内外の体液区分の相対的な大きさの模式図。簡潔さのために，血液と間質液（約 1：3 の比率）を区別していない。矢印は最初の液体の動きもしくは損失を示している。水分を制限する手続きにより，細胞内液の損失と細胞水が細胞外へと移動する複合的な脱水を生じる。

表 19-1　体水分の区分と組成

特性	細胞内	細胞外
容量(%体重)	46	23*
Na^+ (mEq/L)	12	145
K^+ (mEq/L)	150	4
Ca^{2+} (mEq/L)	0.001	5
Cl^- (mEq/L)	5	105
HCO_3^- (mEq/L)	12	25
リン酸エステル(P_i, mEq/L)	100	2

*細胞外溶液は約 75％が間質液で約 25％が血漿である。

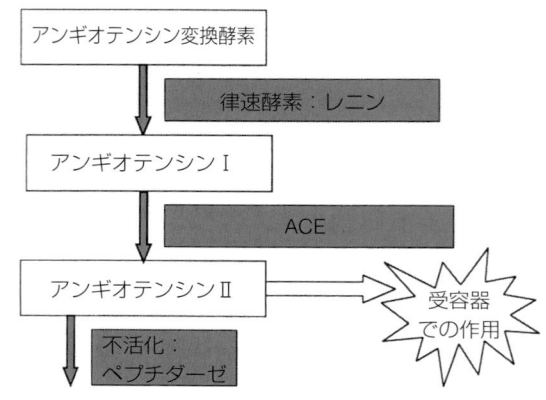

図 19-2　レニン-アンギオテンシン系の主要な構成要素。循環血液中に腎臓から分泌されるレニンは，デカペプチドのアンギオテンシン I を合成する律速段階であり，主な生物活性形態のアンギオテンシン II（オクタペプチド）に迅速に分裂する。アンギオテンシン I 変換酵素（ACE）阻害剤（例えば，カプトプリル）はこの分裂を遅らせる。アンギオテンシン II は，脳弓下器官のような脳領域を含む多くの部位で特定の受容器を活性化させる。

原因となる。**浸透圧受容体**（osmoreceptor）と呼ばれる細胞は，伸張を生物学的な信号に変換する伸張受容体をもつ。末梢（例えば，消化管や肝臓）と中枢（例えば，前脳）の浸透圧受容体は，ラットにおいて水電解質均衡の役割をもっている。細胞内脱水を生じさせる主な手段は，高張液の NaCl を投与することである。これにより，余剰ナトリウムイオンの多くが細胞外にとどまる。NaCl のような不浸透性の高張液の投与は，細胞収縮の割合に応じて水分摂取を引き起こすが，同等の浸透性溶質（例えば，グルコース，尿素）の高張液は，飲水を引き起こさない。細胞収縮からの信号は脳で統合され，水分希求行動を動機づける渇き状態を引き起こす。**浸透性渇き**（osmotic thirst）という用語が一般的に用いられているが，**細胞内脱水性渇き**（intracellular dehydration thirst）のほうが正確である。

●細胞外脱水性渇き●

細胞外脱水は，浸透圧が変化しないで，等張性の細胞外液が失われたときに生じる（**循環血液量減少**〈hypovolemia〉）。細胞膜を通過する液体の動きの総量に変化はない。血管および間質（細胞）性の細胞外区画は，急速に交換均衡状態になる。循環血液量減少は，こうして血液量を減少させる。血液量の深刻な不足は，適量の血液を細胞に輸送することで緩和されるが，急速に生命を脅かすことになる。循環器系の低圧

（静脈）系の血管は，血液量が増減したときに血管の直径を変化させる弾性壁をもっている。これらの細胞壁の伸張受容器や機械受容器は，血液量の状態を神経信号へと変換し，局所的（反射的）で中枢性の反応（例えば，渇き）を発生させる。減少した血液量は，腎臓から循環器へとレニンを放出させる（図 19-2）。レニンは，循環濃度が血液量減少と関連するペプチドであるアンギオテンシン II 合成を引き起こす（Fitzsimons, 1998）。ラットは，細胞外脱水性渇きと飲水を示すが（Stricker, 1968），これは**容量性渇き**（volumetric thirst）としても知られている。

●複合脱水症●

生理的な脱水症の原因となる，自然発生的な状況の多くは，細胞内のみ，または細胞外のみの脱水症状ではなく，それらが組み合わさったものである（図 19-1 参照）。過酷なものでも，毎日のスケジュールで課すも

のでも，摂水制限はそのような複合刺激である。摂水制限中に渇きを誘発する主な刺激は，その期間に消費される餌の量と種類である。餌と水をともに制限されたラットは最低限必要な水分欲求をもっている。一般的な実験飼料は，市販のラット用固形飼料であり，NaClが比較的高い割合（およそ0.5％）で含まれている。餌が消費されるとき，まず一時的に消化管に体液が分泌され，続いて溶質が吸収され，細胞内脱水が引き起こされる。これらの反応に遅れて，餌からのNaClや他の老廃物が尿中に排泄され，循環血液量の減少が生じる。加えて，摂水制限期間が長くなるにつれて，生理的な食欲不振が生じ（Watts, 2000），さらなる溶質の摂取を遅らせる。多くの条件下では，細胞内外の信号は組み合わされて，統合された渇き信号となる（図19-3参照）。これらの観察結果から，渇きの二重消耗モデルの基本が考えられた。

●ホルモン信号●

細胞内外の脱水は，下垂体後葉の神経終末からのバソプレシン（vasopressin）の放出を刺激する。この神経終末は，視床下部の視交叉上核と室傍核の大細胞性神経内分泌ニューロンに由来する。これらの細胞は，浸透圧受容器としての性質があり，末梢に存在する浸透圧受容器をもち，圧受容器を通じて中枢性の制御を行う。バソプレシンの受容体は，腎臓にあるV1受容体であり，その活動が水分保持を引き起こす。これが循環血液量不足のラットがほとんど尿を排出しない（無

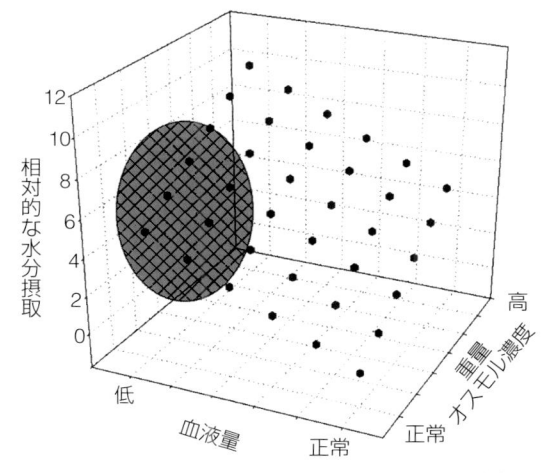

浸透圧性および容量性刺激の加法

図19-3 水分摂取が血漿オスモル濃度と関係して増加し，血液量に関連して減少することの模式図。予想される摂取量は，各構成要素によってのみ生じる摂取の代数和である。影がつけてある領域は，ナトリウム欲求が観察される領域を示す。

尿症）主な理由である。しかし，浸透性のナトリウム負荷の場合，これは（心房から分泌される）心房性ナトリウム利尿ペプチドによって中和され，過剰分のNaClを尿中に排出する原因となる（ナトリウム排泄増加）。ラットの腎臓の蓄積容量には上限があるため，同時にいくらかの水分が失われることになる。こうして，NaClの投与後，重量オスモル濃度はまず上昇し，その後水分摂取が許されなくても，ナトリウム排泄増加が生じるために，水分量は低下する。この水分の喪失により，循環血液量の減少状態が続くので，NaClの投与から水分摂取が許可されるまでに遅れが生じると，脱水症が複合的なものとなる。実際，飲水量は，排尿が妨げられる場合（例えば，腎摘出によって）を除いて，塩分を希釈して等浸透圧にするための理論的な必要量よりも少なくなる。

ペプチドホルモンであるアンギオテンシンIIは，循環血液量減少により放出されるレニンからつくられる（図19-2）。アンギオテンシンIIは，血管の受容器に直接作用することで血圧を上昇させるなど多くの効果を示す一方，循環しているアンギオテンシンIIに影響を受けやすい脳室器官である脳弓下器官のアンギオテンシンIIタイプ1（AT1）受容体を経由して信号を伝える。アンギオテンシンII単独では渇きを刺激するが，副腎皮質からナトリウム貯留ホルモンであるアルドステロンを放出させる原因ともなり，これはアンギオテンシンIIとともに，ナトリウム欲求を生じさせる。

●生理学的な効果に関する記録●

単純な血液分析は，多くの場合，処置の効果を記録するために望ましい。少量の血液は尾の毛細血管を切ることで採取できる（局所麻酔薬が必要かもしれない）。これらのサンプルは，ヘマトクリット比（サンプル血液を遠心分離したあとの赤血球容積）を測定するために遠心分離機にかけられ，血漿はタンパク質濃度（手もち屈折計が使いやすい），ナトリウム濃度（炎光光度計もしくはイオン電極），そして重量オスモル濃度（凝固点降下）を測定するために除去される。これらの測定の1つずつに関して，少量の血漿が必要となる。血漿ナトリウム濃度と重量オスモル濃度は浸透圧不均衡の指標である。タンパク質とヘマトクリット値のわずかな上昇は循環血液量減少の目安である。アルドステロンやバソプレシンのような血漿ホルモンは，レニン分泌同様に，標識免疫測定によって評価できる。それは，レニン分泌はレニンがアンギオテンシンII合成において律速段階であるので，アンギオテンシンII濃度と相関するからである。尿量と尿中のナトリウム，カリウム濃度は有用な指標である。尿を糞やこ

ぼした餌から分離するために，代謝ケージや代謝スタンドが必要である。

ラットにおいて飲水を誘発する具体的な手続きと刺激

●細胞内脱水●

高浸透圧のNaCl投与は，たいていの場合，数分以内に安定した飲水を生じさせる。塩分負荷を等浸透圧に希釈するために摂取しなければならない水分量は，溶質の量（mosm単位）を初期状態の血漿オスモル濃度（mosm/L）で割ったものに等しい。したがって，1 mol/Lに1 mLのNaClを投与すると，希釈して等浸透圧にするために5～6 mLの水分を摂取しなければならない。ところが，前述のように，同時にナトリウムが排出されるので，観察される飲水はこの50%以下である。摂取量はNaClの容量と関連しており，飲水によって生じる血漿オスモル濃度中の閾値上昇はおよそ2%である。閾値を調べるためにNaClの高張液を投与する最善の方法は，頸静脈のような体循環系に留置カテーテルを通すものである（Fitzsimons, 1963）。この方法は手術を必要とするが，自由に動き回るラットに遠隔から無痛で注入できる。カテーテルは，肝門脈（腸管で吸収された栄養を肝臓へ灌流する，摂取された溶質の入り口となる自然経路でもある）にも留置でき，この方法は肝臓の浸透圧受容器の渇きへの寄与を研究するためにも使われている。精緻な二重カテーテル法では，NaClを肝門脈に注入すると同時に水を体循環系に注入することで，肝臓への刺激を事実上なくすことができる（Morita et al., 1997）。通常，注入手続きは，短時間のセッション（例えば，1～2時間）において行われる。

より利便性が高いのは，高浸透圧のNaClを急性腹腔内投与もしくは皮下投与する方法であり，ラットにおいて安定した飲水を引き起こす。しかし，これらの投与は，一時的に苦痛を与えるようである。苦痛は飲水行動の表出と干渉しうるが，2つの方法によってそれを最小限にすることができる。第1に，ラットをよくハンドリング[i]（handling）し，注射の手続きに慣らすのがよいだろう。第2に，実験の目的と干渉しない限り，少量の局所麻酔（例えば，ブピバカインやリドカイン）も一緒に注射に加えるのがよいだろう。理想的な条件下では，ラットは注射の10～20分後に水を飲み始め，60～90分以内に飲み終える。

継続的な浸透圧負荷を生じさせる慢性的な方法は，単にNaClを餌に加えるだけで実現できる。例えば，3%のNaClを粉末餌に加えると，食欲不振なしに1日の水分摂取はおよそ50%増加する。高濃度のNaClには耐性があるが，摂食の減少とも関連するかもしれない。この形式での刺激投与は，内臓の浸透圧受容器を選択的に刺激する（Stricker et al., 2003；p.157の「食事と関連した飲水」も参照）。

●細胞外脱水による飲水●

血液量を減少させる最も直接的な方法は出血である。実際，けがをして大量出血した人は，たいてい強烈な渇きを体験する。実験室では，血管にカテーテルを留置することによって引き起こすことができる。しかし，これは致命的に血液成分を失わせ，動物が弱ってしまうために，飲水研究ではあまり用いられない。

細胞外脱水を引き起こす別の方法は，膠質ポリエチレングリコール（polyethylene glycol: PEG）の注入である。これは，注入部位で等浸透圧の血漿のろ過水を分離し，数時間にわたって水腫として観察することができる。PEGの皮下注入は，水か等浸透圧の生理食塩水に溶かして肩甲骨の弛緩性皮膚にするのが最もよい。高分子量のPEG（20,000以上）を使用することが望ましく，通常，20%か30%の溶液（体重/容量）の中に体重の1～2%の用量を用いる（Stricker, 1968）。溶液は溶かして注射するために体温まで温めるのがよい。これらの溶液は，粘度が高いので，注射するためには径の大きな針が必要である。高浸透圧の生理食塩水と違い，PEGの注入は，苦痛を伴わないが，最適の水腫を得るためには，丸いかたまりをやさしく触診して注入部位から広げていくのがよい。これをするために，短時間の吸入麻酔を用いるのもよいが，よくハンドリングされたラットには必要ない。

水腫とその結果生じる循環血液量減少が完全に現れるには1～2時間かかり，渇きの始まりは，それに伴い遅れる。循環血液量減少は，無尿症に付随して起こるので，摂取されたすべての水分が細胞外液を希釈することに使われ，飲水を抑制する信号となる（低ナトリウム血症〈hyponatremia〉）（Stricker, 1969）。それゆえ，このモデルでは希釈性低ナトリウム血症のために水分摂取が自己抑制される。一般的に，水分摂取は，注射の2～3時間後に始まり，塩分摂取は遅延される。この手続きの最もよい統制条件は，（体積膨張という性質をもつ）生理食塩水の注射ではなく，sham注射である。

循環血液量減少はまた，フロセミドのようなナトリ

---

[i] 動物に手を触れるなどの手段によって，その動物を実験者に慣れさせること。

ウム排泄増加剤によっても生じる。機能的には，これらは腎臓から浸透圧に近い尿を比較的大量に失わせ，それに伴う塩分喪失が循環血液量減少を引き起こす。細胞外溶液量の回復のためには，水分とNaClの両方を摂取しなければならず，水分と塩分摂取の関係性が理論的には重要である。利尿は渇きを引き起こしうるが，塩分欲求を刺激するためによく用いられる（p.159の「欲求」参照）。

前述したように，アンギオテンシンⅡは口渇誘発剤である（Fitzsimons, 1998）。アンギオテンシンⅡは生物学的半減期が短いので，最善の投与経路は静脈内注入である。通常，実験室条件下で飲水が生じる最小有効量はおよそ100 ng/kg体重/分であり，飲水潜時はおよそ10分である。最小有効量を検討するにはあまり有効でないが，より簡便な手続きとして，50 μg/kg以上の用量で皮下水腫投与によって強い飲水反応を引き起こすことができる。他に口渇誘発性があると考えられる物質はこの手続きによって調べることができる。

アンギオテンシンⅡはまた，脳への急性投与や慢性投与がなされたときに口渇誘発性がある。そのような投与のためには，カニューレを外科的に脳室内もしくは特定の脳部位に埋め込まなければならない。その場合，飲水は注入からたいてい数秒以内に生じる。

●摂水制限●

前述のように，摂水制限中の生理学的脱水の主な原因は同時に摂取される食物である。したがって，摂水制限を伴う研究は，（例えば，実験群の）飲水の違いが摂食の変化に伴う二次的なものかもしれないので，同時に摂取される食物を記録するのが望ましい。摂水や摂食と排尿に関して，より精密な指標を必要とする研究では代謝ケージを用いる。通常，24時間を超える摂水制限は，所属機関の動物実験委員会によって承認されない。

●食事と関連した飲水●

餌と水を常時摂取できる条件下では，ラットは（通常，日におよそ10回の）散発的な食事をとる。食事は飲水によって中断される，あるいは食事の直後に続いて飲水が生じる。実際，およそ80%の自発的な飲水行動は，この食事習慣に従って生じる。食事中の飲水を直接計測するためには，装置への接近を検出するセンサー（例えば，リッキングメーターやフォトビーム）を用いて質的に，もしくは重量計を用いて量的に摂食と摂水を連続的に記録しなければならない。別の方法として，食事に関連した飲水は，事前の摂食制限によ

り1回の食事が生じるように強制することで，その食事とともに生じる摂水量を求めることで簡単に計測できる。この場合，水と餌の比率（例えば，mL/gで示される）は実用的な指標となる。

実験環境

口渇誘発性の刺激や投与方法の選択は確かに重要だが，実験環境もまた重要である。ラットは当然，新奇な環境や装置に気がつくが，飲水を行うケージや呈示される液体に慣れるはずである。

●環 境●

通常，ホームケージとテスト・アリーナのどちらかを選ぶことになる。後者を用いる場合，ラットはその環境で少なくとも1回は（可能であればもっと）事前に飲水経験をさせておくべきである。反射的なリッキング[ii]（licking）よりも複雑な行動（例えば，レバー押しのオペラント行動）を要する場合，もっと多くの訓練が必要である。第2の重要な変数は，日内時間である。ラットは自然には暗期にほとんどの飲水を行うが，暗期では，ある種の機器の計測能力は低下してしまうかもしれない。しかも，摂食（これもほとんど夜間に生じる）は，飲水に対する望ましくない，統制されていない効果を生じさせる。このため，短時間の飲水研究の多くは，摂食がめったに生じない明期，もしくは飲水テストの1～2時間前に餌を取り除いて行われる。第3の変数は，液体と環境の温度である。動物の多くは，ヒトが快適と感じる室温で飼育・実験されるが，実験のためにラットを別室に移すのであれば，同じ室温にしておくべきだし，飲む水も飼育室と同じくらいの温度にしておくべきである。第4の変数は，社会的な要因である。多くの研究は個体ごとの飲水量を検討する。同種他個体との直接，もしくは間接的な接触は飲水に影響を与えうるので，普通の条件下ではそのようなことは避けるべきである。ヒトとの接触は，注射したり，テストケージに移したりなどの直接的なハンドリングから実験室内でヒトが行う実験以外の活動などの間接的な影響まで含め，飲水に関する研究の多くで避けられない。ラットはあらゆる条件にとても順応しやすく，飲水行動はたいてい安定しているが，作業手順が一貫していることは重要である。

ラットの飼育に関する承認基準は，過去10年間にステンレスの金網ケージから軟らかい床敷があるプラ

[ii] ひとなめすること。

スチック・ケージへと変わってきた。後者の環境は，多くの場合，夜行性の動物が好む日陰などはないが，自然の穴掘り行動がよく生起する。これらのケージでの飲水研究は，通常，ケージの金属製グリッド蓋から突き出る飲水用の飲み口が必要である（これは飲み口が床敷と接触したり，液体が漏れたりするのを防ぐ）。金網ケージでは，ケージ壁面から飲み口を突き出すようになっている。また，液体を摂取する研究は，排尿の測定とも関連しており，金網床の代謝ケージで実施されなければならない。前述したように，どちらのケージを選択してもラットは適応するはずである。もしそれが「標準的でない」と考えられる場合には，動物実験委員会から例外事項として承認される必要がある。

●溶液とその呈示●

摂水に関する研究では，純水と水道水のどちらを使うかを決めなければならない。どちらにするかは実験の主題やその実験室の水道水の質にもよる。一般的に，水道水には，多くの不定なミネラルが含まれていることがわかっており，また，ヒトでもわかるにおいがあるのならば，水道水は使用しないほうがよい。ラットは実験前の数日のうちに選んだ水に対して適応するはずである。溶質（例えば，NaCl）を加えるのならば，用いた溶媒と同じものを選択する。もし迷うならば，純水，蒸留水，もしくはそれらが容易に入手できない場合には市販のペットボトルの水を使うのがよい。加える溶質は，純度の高いものを選ぶべきである。

ラットを業者から購入するのであれば，ほとんどのラットは自動給水器の飲み口から飲むことに慣れており，あなたの飼育器でも同じものを用いているかもしれない。しかし，そのようなシステムは飲水行動を測定するのに不向きであり，実験室における実験の多くは，金属製の飲み口をつけた給水瓶を用いるので，ラットはそれに慣れていなければならない。これらは市販のものを購入できる。飲み口は，ものによって特徴が異なり，見過ごされがちだが，その形状は実験内のばらつきの主因の1つである。ラットは連続して水なめをし，それは休止によって区切られる。1回の飲水行動当たり水なめ反応率は，1秒間当たり7なめ程度である。単位時間内に消費される液体量は，1なめ当たりの量と休止時間によって決まる。前者は，飲み口の開口部の直径とボールベアリングがあるかどうかによって決まる。したがって，あなたの実験室で使用する飲み口は1種類だけにするのがよい。そうすれば，すべての動物が同じ飲み口から飲むので，日ごとにばらつく可能性がなくなる。それに，複数の液体を呈示する場合にも，どの飲み口も同じものになる。た

いていの場合，ゴムのストッパーやワッシャーのついた飲み口の場合，エアロックができるのを防ぐために，シャフトがストッパーまで押せることを確認する。

自然環境では，ラットは水たまりなどの開けた表面からも水をなめる。リヒター・チューブは水平面から飲水できる飲水シリンダーである。ガラス製のものは市販で購入できるが，飲み口のついたチューブよりも高価で清掃しにくく，あまり用いられることはない。オペラント条件づけの手続きにおいて，液体の受け皿を用いて，小さなカップ（例えば，0.1 mL）に標準的な液体強化子を呈示することは例外である。ラットは容易にこれらから飲水するように適応する。

●実験期間●

標準的な餌を食べている成体のラットは30〜50 mL/日の水を飲む。24時間の摂水量の計測は±1 mL単位の精度で十分である。筆者自身は50〜100 mLのプラスチック製目盛りつきシリンダー（糸のこで上蓋部分を切り落としたもの）にゴム製の一穴ストッパーと金属製の飲み口を取り付けて使っている。実験開始時と終了時の目盛りを直接読めばよい。目盛りつきのチューブを用いない方法として，実験前後のチューブやボトルの重さを計ってもよい。この方法は，多くの電子秤では，計測した重量を直接コンピュータの表計算ソフトに送信することができるという利点もある。

急性の渇きに刺激されて生じた10 mLかそれ以下の飲水は，より高精度（±0.1 mL）の方法で記録する必要がある。（前述の）重量測定による記録でもできなくはないが，ケージから給水瓶を取り外したときに液体を数滴落としてしまう可能性が高い。このため，チューブをケージに取り付けたまま直接容量を測定することを勧める。そのような測定のために，筆者は25 mLの目盛りつきのプラスチック製もしくはガラス製ピペットを切断し，一方の端に飲み口をしっかりと取り付け，他方の端に小さなゴム製ストッパーを取り付けて使っている。

水分の消費量は多くの飲水研究での主要な従属変数であるが，飲水パターンも応用分野では重要である。コンピュータにつないだ水なめセンサーはこの目的のために市販されている。ある装置では，赤外線ビームが飲み口の先端を横切るようになっており，飲み口自体はわずかに奥まっているので，突き出た舌がビームを遮断する。別の装置では，接触センサーを用いて，ラットが飲み口から水をなめたときに，電子回路をつなぐ。必要とする電流は微弱なため，ラットには感知できない。これらのセンサーは味物質の行動における効果を検討するなどの急性の飲水研究で用いられる

が，摂食センサーと組み合わせて，長期間にわたる摂食と飲水の時間的関係を研究するのにも用いることができる。

ナトリウムに対する嗜好性と欲求

●嗜好性●

　嗜好性(preference)を欲求の概念と区別することは重要である。ナトリウム溶液に対する嗜好性は，ナトリウム均衡（欲求なし）条件下で示され，ナトリウム塩の摂取と対照溶液（例えば，水）の摂取を比べることで同定される。摂取する溶液以外はすべての条件が同一の別々のセッションで検討される一瓶課題(one bottle test)と呼ばれる方法と，2つの溶液が同時に同一セッション内で与えられる二瓶課題(two bottle test)と呼ばれる方法がある。長時間（例えば，24時間）の嗜好性テストはラットが特定の味とそれを摂取した結果について学習することの影響を受けるかもしれない。短時間の嗜好性テストはこの問題点を克服できるが，たいていの場合，飲水を引き起こすために摂水制限を必要とするので，実験計画の中で欲求状態と嗜好性の交互作用について考慮しなければならない。より複雑な計画では，2つ以上の給水瓶もしくは溶液の選択を用いるが，選択肢の数は選択行動に影響する。多くのラットの系統は，水よりもNaClに対して自発的な嗜好性を示す。そのときのナトリウム濃度はおよそ0.05～0.2 mol/Lの範囲である。

●欲　求●

　欲求(appetite)は，正常の，もしくは基準となる条件を超過する摂取と定義され，動機づけの特徴をもつ。ラットにおいてナトリウム欲求を研究する最も一般的な方法は，自発的な嗜好性が示される範囲を超えた高浸透圧のNaCl溶液(0.3～0.5 mol/L)を与えることである。味覚選択性に関する研究は，これから議論する方法によって引き起こされるナトリウム欲求がナトリウム陽イオンに特異的であり，結合する陰イオンの変化には感受性がないことを示している。ミネラルが不足した哺乳類は，自然生息地で塩水に遭遇することなどあり得ない。どちらかというと，動物は餌やミネラルが豊富に堆積した土壌からミネラルを摂取する。興味深いことに，ラットにおいて塩がきいた餌に対するナトリウム欲求をうまく示した研究はほとんどない。しかし，筆者の研究室の最近の研究では，ゼリー状の塩を用いると非常にうまくいくことがわかった。これらは濃縮した塩溶液（筆者らが使ったのは0.5～1.5 mol/Lの濃度）とゼラチン粉(5% w/v)を混ぜてつくり，呈示するためにガラス製の壺の中で凝固させる。ラットは欲求条件下にないときは，最低量の1 mol/L程度を摂取するが，ナトリウムが不足している間は，しっかりとした摂取を示す。

●ナトリウム不足状態の作成●

　フロセミド（フルセミドともいわれる）のような即効性のループ利尿剤の急性投与は，用量に依存して尿からナトリウムと水分を失わせ，循環血液量減少が生じる。一度に2 mg/kgかそれ以上の皮下注射は，1～2時間以内にラットの生体から上限値近いおよそ2 mEqのナトリウムを失わせる。この循環血液量減少は，ナトリウム欲求と関連しているが（図19-2 参照），その後12～24時間かけて比較的ゆっくりと症状が発現する。したがって，最もよく用いられるプロトコルは，フロセミドを投与後，24時間のナトリウム制限を行うものである。簡便にこの状態をつくるためには，蒸留水および低ナトリウムもしくはナトリウムなしの餌と一緒に新しいケージと床敷を用意する。この時間経過後，ラットは高浸透圧のNaClを何mLか摂取するが，2 mEqの不足分を超過して摂取することが多い。

　このプロトコルを慢性的にしたものもよく用いられる。フロセミドを毎日投与するか，希釈したヒドロクロロチアジドを低ナトリウム餌に加えることで，しっかりと安定したナトリウム欲求を引き起こす(Rowland and Colbert, 2003)。

●ナトリウム欲求に関するほかの刺激●

　ほかにもナトリウム欲求が生じる手続きはいくつかあり，その多くは，アンギオテンシンIIとアルドステロンを使用する(Fregly and Rowland, 1985)。自然条件下では，これらのホルモンは，ナトリウム欲求を生じさせるために相乗的に作用するだろう。しかし，どちらかのホルモン系のみの活動では十分でない。副腎摘出によりアルドステロンの内因源を除去すると，高濃度のアンギオテンシンIIによるナトリウム欲求が生じる。逆に，ミネラルコルチコイドホルモンの1つであるデオキシコルチコステロンを高用量投与すると，アンギオテンシンIIの形成を抑制するのと同時に，ナトリウム欲求が生じる。このように，渇きの研究で別々の構成系の刺激の選択が必要なように，ナトリウム欲求にも同じような状況があてはまる。

●動機づけとナトリウム欲求の構造●

　ナトリウム欲求は生得的な側面と動機づけによる側面があると主張する研究者がいる。後者に関して，前述の刺激を与えられたラットは，ナトリウム溶液を得るために離散セッションのオペラント課題（operant task）を遂行することが示されている（Quartermain et al., 1967）。自由摂取条件下では，濃縮した NaCl 溶液に対して欲求を示すラットは，自発的な食事と水分摂取に時間的に接近した別々の 1 回の飲水行動で濃縮 NaCl 溶液を消費する（Stricker et al., 1992）。近年，オペラント課題と自由摂取プロトコルを標準的なラット用オペラント箱と組み合わせて，筆者らはラットが相対的なコストと欲求に従って時間的にナトリウムの食事を構造化することを発見した。このように，ラットは水分と塩分を一緒に摂取するが，これは生理学的には必要不可欠なものではない。

Neil E. Rowland

第20章

採　餌

　ラットはさまざまな種類の食糧を得るために採餌を行う。餌はそれがみつけられたところで摂食されるかもしれないし，安全な場所まで運ばれそこで摂食されるか，または，あとで摂食するために保存されるかもしれない(Lore and Flannelly, 1978; Takahashi and Lore, 1980; Whishaw and Whishaw, 1996)。授乳中の雌を除いて，ラットは貯食をしない。餌の運搬は，餌を盗まれることや自らが捕食されることを回避し，また，仲間に餌を分け与えることを可能にする。採餌を行うラットが同種の個体に餌を盗まれることに敏感なのは，野生や野生に近い集団で報告されている(Barnett and Spencer, 1951)。Chitty(1954)は，大きなラットが小さなラットを捕まえて転倒させ，口から餌を奪う様子を観察している。また，Whishaw and Whishaw (1996)は，大きく「優位」なラットは小さなラットに比べて，餌を運搬したり，他のラットから攻撃されたりすることが少ないことを観察している。

　最適採餌理論(optimal foraging theory)は，採餌行動が餌を獲得する方略と，攻撃されたり，捕食されたりすることを避ける方略の間のトレードオフからなることを表している。餌を食べる(摂食)，餌を盗む(餌盗)，または餌を盗まれないように守る(回避)，および餌を運ぶ(運搬)行動を左右するルールは，ラットの行動が最適理論によって形づくられてきたことを画期的な方法で説明している。以降の項では，摂食行動，餌を守る・盗む，餌の運搬，およびそれらの神経系制御について説明する。

摂食時間

　ラットは，餌をすばやく食べることで餌の獲得を最適化できる。ラットは，餌の豊富さ，摂食する時間帯，剝奪水準，およびこれまでの剝奪履歴により，餌を食べる速度を変える。また，摂食速度には個体差がみられる(Whishaw et al., 1992)。摂食速度を速めると食物をかむ回数や唾液分泌が減少するため，消化に負担がかかる(Morse, 1985)。

　摂食行動に最も大きな影響を及ぼす要因は，餌を摂食するために要する時間である。明らかに，ラットは大きな餌に比べて小さな餌をより速く食べることができるが，他の多くの要因もまた，摂食速度に影響を及ぼす。あるサイズの餌片を摂食する速度は，それを摂食する場所により影響される。隠れた場所に比べて，机の上や覆いのないケージの中など，オープンな場所では摂食速度が速い。また，オープンな場所では，ラットは餌をかみながら多くの首振り探索(head scan)を行う。一方，隠れ家では，首振り探索はごく稀である。摂食速度は，新しい場所のほうが慣れた場所よりも速く，また，摂食した餌量により変化する。餌ペレットの摂食量が増加すると，それに伴い1ペレット当たりの平均摂食時間も増加する。このように，摂食速度と首振り探索行動は，摂食中のラットが警戒を怠らず，捕食や攻撃，栄養素要求に敏感であることを示している。

　1日のうちの時間帯と個体の履歴は摂食速度に影響する(図20-1)。24時間の昼夜サイクル中，ラットは夜期で摂食速度が速い。また，食物が剝奪されているときも摂食速度が速くなる。昼夜サイクル中の照明もラットの摂食速度に影響を及ぼす。特に昼期サイクル中の消灯時には摂食速度が遅くなる。最後に，剝奪水準や過去経験とは独立に，あるラットは摂食速度が速く，別のラットは摂食速度が遅い。このような個体差には，幼児期や胎児期における哺育の成功や遺伝的影響が関係していると思われる。

　ラットは，彼らの採餌時間について回顧的知識を保持している(Whishaw and Gorny, 1991)。餌ペレットを摂食したあと，ラットは地面を嗅ぎ回ったり，ヒゲを動かして周囲を探索する。探索範囲は直前に摂食した餌の量に比例する。多くの餌ペレットを摂食したあとは広い範囲を探索する。餌の硬さが餌のサイズとは独立に変化するならば，餌を摂食するのに要した時間

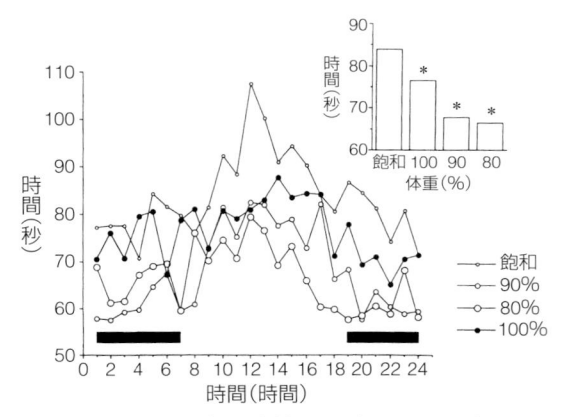

図 20-1　時刻および餌の剥奪スケジュールの関数としての 1 g の餌ペレットを食べるための平均時間。挿入図：剥奪スケジュールの関数としての平均摂食時間。黒棒は消灯。[Whishaw et al., 1992 より]

から探索範囲を予測することが最も望ましい。しかし，ラットが呈示された餌片をみつけるためにいくら探索を続けても，網目状のグリッド上で実験をしている場合は，餌片は下に落ちてしまう。

餌の略奪と回避

　前肢に餌をもって静止した摂食姿勢で座っているラットは，他のラットからの攻撃に無防備である。この無防備さは，他のラットが摂食中のラットにより興奮する，摂食中のラットを探索する，落ちている餌片を拾い上げる，鼻を嗅ぎ回る，唇についた餌片をなめるなどすると増幅されると考えられる（Barnett and Spencer, 1951; Galef, 1983; Galef and Wigmore, 1983; Posadas-Andrews and Roper, 1983）。

　ラットは，盗餌と盗餌回避の名人である（Whishaw, 1988; Whishaw and Tomie, 1987）。ラットは，摂食中のラットの後ろから近づき，並んで歩いて鼻の下に潜り込み，前肢から餌をもぎとろうとする（図 20-2）。略奪者（餌を奪うラット）は，犠牲者（餌を奪われるラット）の前肢を掴むことで餌をあらわにしたり，叩き落としたりすることがある。犠牲者は，身をかわす（回避行動）ことで略奪者から逃れる（Whishaw and Tomie, 1987; Whishaw, 1988）。回避行動は，頭の回転に続く，後肢の踏み出しから構成されており，これによりラットは略奪者から離れることができる。犠牲者はこうした回避行動により餌を食べ続けることができる。

　この平均的な回避行動の説明は，運動の変動性を否定するものではない。ラットは前方に走ったり，他個体の接近に対して後方へ回避したり，または，単に頭

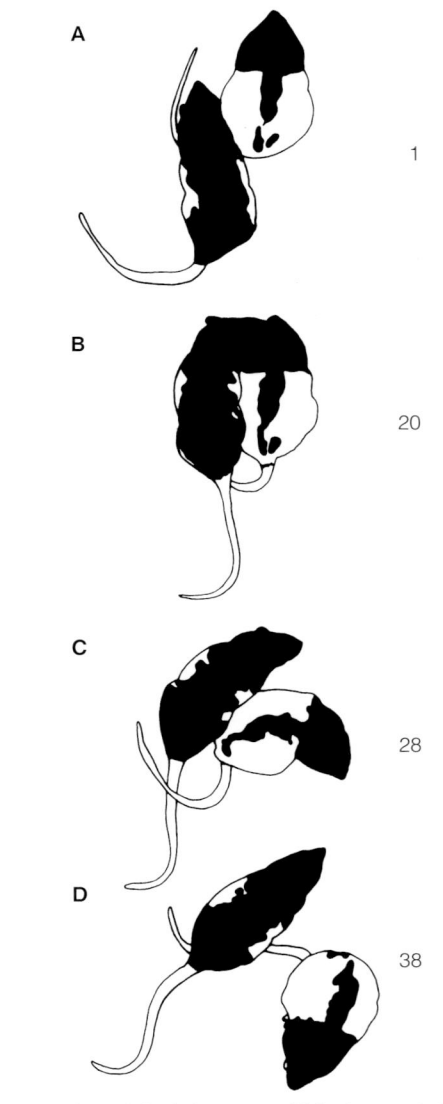

図 20-2　餌の略奪が試みられる(左)が，それをうまく回避する(右)。[Whishaw and Tomie, 1987 より]

をよじって回転することもあるだろう。ある回避行動では，餌を両前肢でもつことでたやすく摂食を続けられるだろう。しかし，餌を片方の前肢でもち，もう一方の前肢を使って回転したり，または，餌を口へ移動させると，さらなる回避行動をとるために両前肢を使うこともできる。回避行動が完了すると，摂食をするために餌を前肢へ戻す。回避行動は，飛び跳ねることで促進，終了することもあれば，短い走行と結びついていることもある。

　通常，略奪者と犠牲者の間で明白な攻撃行動はみられない。1 組のラットの一方が餌をもっている限り，横取りと回避の相互作用は繰り返し起こりうる。略奪者が犠牲者から餌を奪い取れば，今度は回避を行い，

犠牲者だった個体は略奪者となる。略奪者-犠牲者の相互作用経験は，犠牲者の回避の有効性と略奪者のスキルと攻撃性に影響するだろう。

摂食時間は回避行動の大きさに影響を及ぼす

餌を盗まれる犠牲者は略奪者を避ける動きが控えめである(Whishaw and Gorny, 1994)。ラットが小さな餌ペレット(20～94 mg)をもっているならば，ラットはそれを口で拾い上げ，すばやくかんで飲み込むので餌をとられることはない。餌ペレットが190 mgよりも大きければ，両前肢でもち座った姿勢で食べるので略奪者に餌を奪う機会を与えることになる。餌のサイズが大きくなると，略奪の試みに対する回避距離と回避角度は増加する。小さな餌をもっているラットは頭をそむけ，大きな餌をもっているラットは部分的に回転する。非常に大きな餌をもっているラットは完全に回転(180度)し，また，ときどき短い距離を走るだろう。また，犠牲者は，摂食中の餌サイズを手がかりとして，これから食べる餌量に対する回避行動を調整する。大きな餌片(例えば，1gのペレット)を食べ始めたときは，犠牲者は最大限の回避行動を示し，餌のサイズが小さくなるにつれて，回避行動の程度も小さくなる。最終的には，餌が小さくなると，小さな回避行動は頭の回転，または，全く動かなくなることに取って代わる。

単純に回避行動が摂食した餌のサイズに応じて変化するならば，小さくて摂食しにくい餌片に比べて，大きくて摂食しやすい餌片をどう守るかを見積もることは難しいかもしれない。ラットはこの問題を解決するために，予想される摂食時間から餌のサイズを見積もる(Whishaw and Gorny, 1994)。異なる硬さで焼かれた餌ペレットをラットに呈示すると，犠牲者は，硬い餌のときには大きな回避行動をとる。さらに，回避行動の大きさを決定する餌サイズと摂食時間の役割を明らかにするために，我々は，餌の比較系列と餌のテスト系列をラットに呈示した。比較系列は，10の異なるサイズ，形，重さ(20～1,000 mg)から構成した。餌のテスト系列には，大麦，小麦，緑豆，小豆が含まれていた。サイズについては，テスト系列は比較系列の下限に相当し，また，摂食に要する時間については，テスト系列は比較系列の上位半分に含まれた。回避確率と回避行動の大きさが，犠牲者が摂食中の餌の種類の関数として測定されるならば，これらの測度は餌のサイズではなく，摂食に要する時間と密接に関係していることになる。

ラットが消費するであろう多くの異なる餌を呈示したとき，おそらく摂食時間は，フードロス(食べられずに捨てられる餌)への感受性を測定する最も簡単な方法だろう。もちろん，ラットは，異なる種類の餌を摂食するのにどれぐらい時間がかかるかを学習する必要がある。我々が米1粒(20 mgの餌ペレットとほぼ同じサイズ)を呈示したとき，略奪者の最初の接近に対して，ラットは回避行動を示さなかった。よって，ラットは一度の摂食経験で，小さくて硬い餌片が同じサイズの軟らかい餌片よりも摂食時間がずっと長くなることを十分に学習することがわかる。

回避行動における性差

雄ラットと雌ラットでは回避運動が異なる(Field et al., 1996, 1997a)。雌ラットは雄ラットに比べて，鼻を大きく湾曲させて動かし，それは骨盤に比例してかなりの速度に達する。雌のステッピング運動もまた単純である。雌ラットは，まず略奪者と反対の方向を向き，後肢，そして向同側の後肢という順序で離れる。一方，雄は，まず略奪者に対して向同側の後肢を踏み出し，自身の背中を略奪者の背中のほうへ向ける。そして，犠牲者は向反側の肢で略奪者から離れる。よって，雄は肩を回転させる前に略奪者に対して殿部をみせることになる。どちらの性でも，ステッピング運動にはいくつかのバリエーションがあるが，一般に，雄に比べて雌は体の後方をくるりと回転させる(図20-3)。

回避行動における性差は，雌の回避行動は略奪者から離れるが，雄の回避行動はまず略奪者のほうへ向かう。これは雌雄の行動に関するより一般的な違いを反映しているのかもしれない。雄ラットの非効果的なアプローチを修正するために，雌は交配中に回避行動を示す(Whishaw and Kolb, 1985)。雌ラットが「雄ラットに殿部を向ける」行動は，雄ラットの威嚇誇示に似ている(Pellis and Pellis, 1987)。よって，「回避行動」

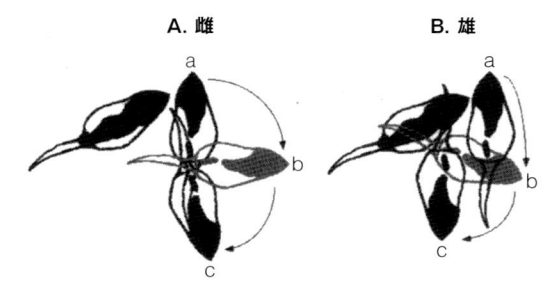

図20-3 雄ラットと雌ラットによる回避行動の違い。雌は骨盤くるりと回転させる。雄は身体の中央をくるりと回転させる。[Field and Pellis, 1998 より]

は，役者がアクセントを保ちながら異なる行動の文脈で使用する行動語彙に類似している。

回避行動が性別に関係しているということは，それがホルモンの影響により決定されることを意味している。ホルモンの影響は発達の早い段階で起こる。なぜなら，若いラットを去勢しても，雄に典型的な運動パターンには影響を及ぼさないからである。新生児の去勢は雄の運動パターンを雌化する。一方，雌に対して早い時期に精巣ホルモンを投与すると，雌の運動は雄化する（Field et al., 1997a, 1997b）。よって，出産前後のホルモンの影響はラットの生殖役割だけでなく，回避の非生殖行動における運動パターンにも影響を及ぼすだろう。

餌の運搬

餌の運搬は回避において最も労力を要する（図20-4）。小さな開口部から空腹のラットがいる走路へ異なるサイズの餌が呈示されると，ラットは餌のサイズに応じた運動を示す（Whishaw et al., 1990; Whishaw and Tomie, 1989）。小さな餌ペレットは口でくわえ飲み込む（**食べる**）。中程度のサイズの餌ペレットは，口から前肢へ移動され，座った姿勢で食べられる（**座る**）。さらに餌のサイズが大きくなると，ラットは大きな餌とともに開口部から遠くへ回避する（**回避**）。彼らは餌を摂食する前に走路の隅まで走る（**運搬**）。

異なるサイズの餌をラットに呈示すると，ラットは自らが選んだ餌のサイズに応じた選択的行動を示す。さまざまなサイズの餌ペレットが大量に呈示されたならば，ラットはまずそれらのペレットを探索し，そして最も大きい餌ペレットを運搬するだろう。さらに，ラットは運搬可能なサイズの餌ペレットを1つ以上運ぼうとするだろう。我々は，ラットが1gの餌ペレットを3つ口へ詰め込み，さらにもう1つの餌ペレットを前肢で運び，3本の肢で走る様子を観察している。驚いたことに，小さな餌ペレットだけが呈示された場合は，ラットは摂食のみを行い，餌を運搬しようとは

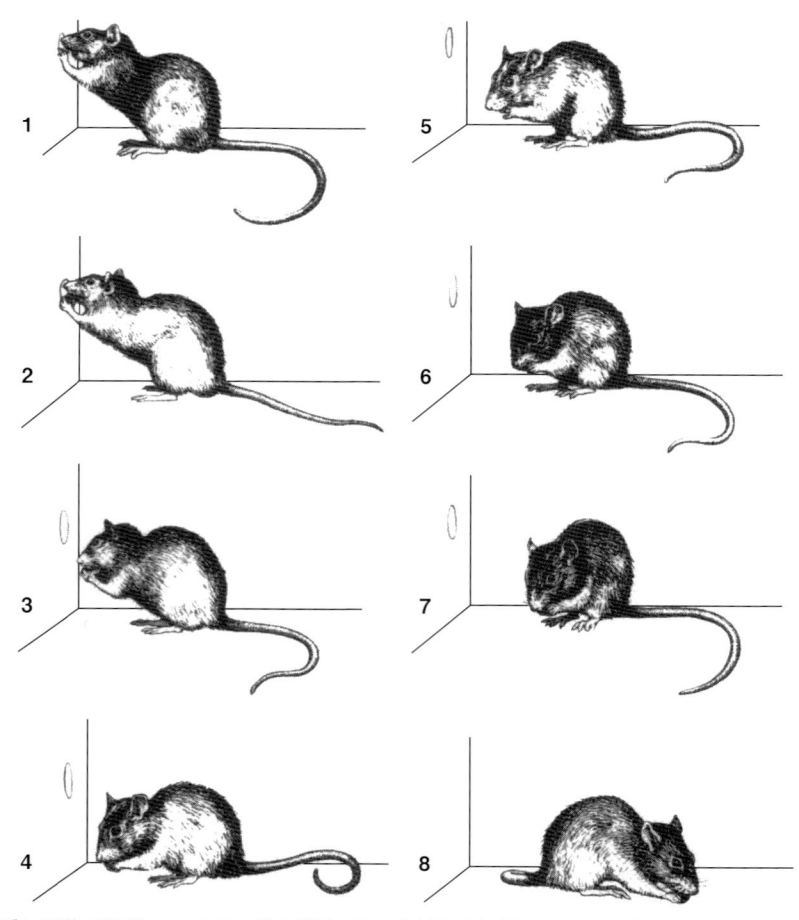

図20-4 餌サイズと運動の関係。1～8の一連の絵は，ラットが大きな餌ペレットを連続的に獲得する様子である。そうした場面では，最終的に餌の呈示場所から遠ざかる大きな運動を行う。[Whishaw and Tomie, 1989 より]

しない。

ホームベース

　隠れ家または隠れた場所があれば，そこはラットの採餌行動にとってホームベースとなるが，それでもなお，ラットの行動は餌サイズにより調整される（図20-5）。ラットは，周囲を探索（停止-におい嗅ぎ[i]〈sniffing〉-みる）したあとにのみ隠れ家を離れる。ラットは，姿勢を低くし，用心深く歩きながら隠れ家を離れる。ラットが小さな餌ペレットをみつけた場合，摂食，座る，および回避行動は外でも起こる。大きな餌片をみつけた場合は，大急ぎで隠れ家へ戻るだろう。運搬反応を開始するまでの潜時と移動速度は，餌ペレットのサイズが大きくなるにつれて増加する。さらに，摂食後，隠れ家へ戻るまでの潜時は，直前に摂食した餌ペレットのサイズに応じて増加する。

　隠れ家は時として問題の原因になることがある（Whishaw, 1991）。他のラットがホームベースを隠れ家として使う場合，盗餌の可能性を減らすために，餌を運搬するラットはホームベースを避けるかもしれない。ラットに3つの異なる隠れ家（入り口がある覆われた箱）を呈示すると，すぐに好ましい隠れ家を選ぶ。空腹のラットを好ましい隠れ家へ置いても，選好に多少の変化しかみられない。覆い（プレキシガラスでできた箱に黒い紙を貼ったもの）をとることで好ましい隠れ家を改造すると，ラットはすぐに新しい隠れ家を受け入れる。よって，隠れ家は捕食者から身を守るためのものであって，同種の競争相手から身を守るためのものではないように思われる。この結果は，野生ラットを観察した結果とも一致しているようにみえる（Whishaw and Whishaw, 1996）。大量のピーナッツを呈示すると，何匹かのラットは他のラットにピーナッツをとられるためだけに自身のなわばりへ運搬を繰り返す。これは，餌を運搬するラットが盗餌の予測と回避に失敗することを裏づけている。

　ラットが巣の近くにいる場合は，ホームベースへ餌を運搬することを避けるだろう。多くの隠れ家が利用できるようになると，ラットは餌を食べるために異なる隠れ家へ餌を運搬する一方で，すぐに1つの隠れ家を寝るための「ホーム」とするだろう。

---

[i] 鼻部を用いて対象物（個体）のにおいを嗅ぐ行動。

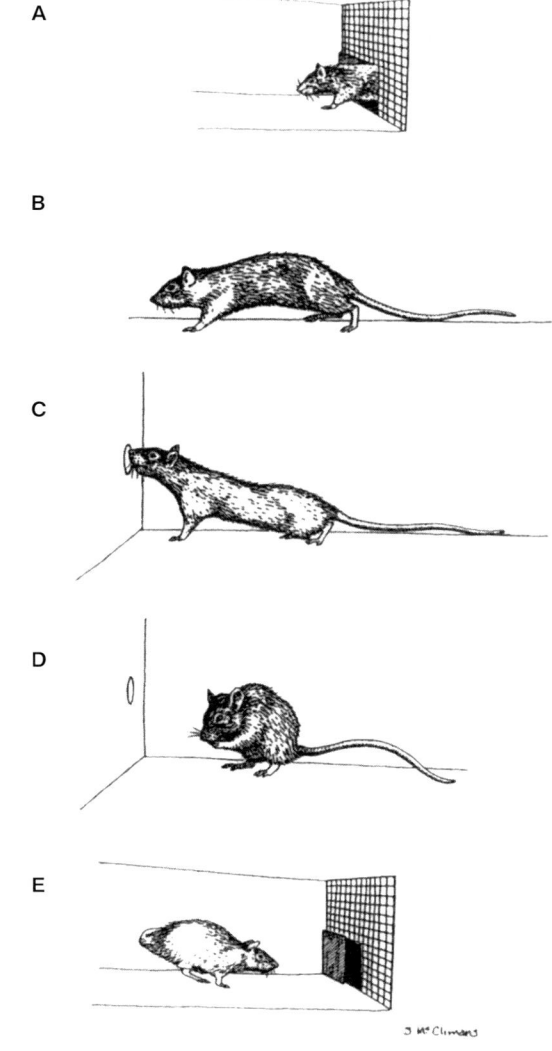

図20-5　餌の運搬課題にみられるラットの行動。(**A**)隠れ家を離れる前に，停止-におい嗅ぎ-みるということを行う。(**B**)餌の呈示場所へ注意深く接近する。(**C**)小さな餌ペレットを飲み込む摂食反応。(**D**)中程度のサイズの餌片を前肢にもって殿部を床につける座反応。(**E**)大きな餌片と一緒に隠れ家へ戻る運搬反応。[Whishaw and Oddie, 1989 より]

摂食時間が餌運搬を知らせる

　最適採餌理論の主要な予測は，採餌を行う動物が捕食や攻撃に身をさらすことを最少にし，獲得餌量を最大にすることを試みることである。最適な判断を効果的に行う方法は，危険に身をさらすことと，食物獲得の尺度として時間を用いることである。そうするとラットは次のルールに従う。摂食時間が復路時間を超

えるようであれば餌を運ぶ(Whishaw, 1990)。我々は一方の端に餌を，他方の端に隠れ家を設けた走路を用いて，10種類の異なるサイズの餌ペレットといくつかの天然飼料(小麦，ハト麦，緑豆，小豆)をラットへ呈示し，3つの実験を行った。最初の実験では，10種類の異なるサイズの餌ペレットは，軟らかい，もしくは硬かった(焼き時間を調節して作製)。次の実験では，ラットは，軟らかい餌ペレットと天然飼料を獲得した。これらの実験では，餌の運搬行動は，餌のサイズや硬さではなく，摂食時間により予測された(図20-6)。

3つ目の実験では，ラットはヒトを対象とした心理学的実験をモデルにした適応経験を行った。ある群のラットは，小さい餌ペレット(サイズ1〜7)のみを経験し，他の群のラットは，大きい餌ペレット(サイズ4〜10)のみを獲得した。訓練のあとのテストでは，すべてのラットに対して全サイズの餌ペレットが与えられた。ラットが文脈により影響を受けるならば，小さい餌ペレットの比較系列を呈示された群は，中間サイズの餌ペレットを最もよく運搬し，大きい餌ペレットの比較系列を呈示された群はそうしないだろう。ラットが内的な手がかり，例えば，時間に対して反応しているならば，文脈訓練は餌の運搬行動に影響しないだろう。実験の結果は，ラットが文脈に影響を受けないこと，また，摂食時間を利用していることを示した。よって，これらの実験はラットが「摂食時間が復路時間を超えるようであれば餌を運ぶ」というルールに従うことを示している。

最適採餌理論は，隠れ家までの距離が餌の運搬行動に影響することを予測する(Whishaw, 1993)。距離が短ければ，小さな餌でも隠れ家へもち帰る価値はある。一方，距離が長い場合は，大きな餌片のみがもち帰られるべきだろう。ラットが数cmから600cmを超える距離の採餌が可能なとき，距離の変化は，移動時間に関係した餌の運搬確率に著しい変化を生じさせる。餌の運搬確率は，移動距離の増加に伴い線形的に減少する。

他の移動時間の操作もまた餌の運搬確率に影響を及ぼす。ラットが移動時間と落下のリスクを増加させる細長い梁を渡ることを要求されたならば，普段は運搬するようなサイズの餌でも運搬をやめる傾向を示すだろう。あからさまなリスク，例えば，猫のにおいなどが呈示されたならば，動物はすべての採餌行動をやめるだろう。

脳機能への示唆

時間，空間，および異なる運動行為の利用における最適化行動について，餌処理は，その神経系機能を明らかにするための豊富な行動を提供してくれる。Wolfe(1939)の実験室におけるラットの貯食行動の説明をはじめとして，餌運搬行動の神経系制御には注目が寄せられている(Mark, 1950; Munn, 1955; Ross et al., 1955)。また，餌運搬行動は，神経損傷(Whishaw and Tomie, 1988; Whishaw and Oddie, 1989; McNamara and Whishaw, 1990)や応用問題(例えば，不安障害のモデル化など)の分野における評価分析とも関係している(Dringenberg et al., 1998; 2000)。

内側前頭葉皮質，海馬，および側坐核を含む大脳辺縁構造の損傷は，貯食行動を減少させる。これらの構造による行動の発現制御に対する関心は，2つの報告事例により大きなものとなった。まず，第1に，文脈が重要である(Whishaw, 1993)。餌の運搬を中止した海馬損傷がある動物は，行動的に活性化(例えば，摂食中に驚かす)されれば，再び運搬行動を開始するだろう。また彼らは，隠れ家を動かされたら，運搬行動を中止するだろう(しかし，訓練により運搬行動は復活する)。餌と隠れ家の距離が増加したならば，海馬を損傷したラットは，統制群のラットが運搬を中止するよりも短い距離で運搬行動を中止するだろう。

初期の餌運搬に関する研究は，餌の運搬行動における餌剥奪の効果に焦点を当てていた。Bindra(1978)は，餌を剥奪されたラットも，そうでないラットも，どちらも貯食行動を示すことを明らかにしているが，これは，ラットが食物のためだけに貯食行動を行うのではなく，餌の誘因価のために貯食することを表している。Whishaw and Kornelesen(1993)は，餌の運搬行動と貯食行動を側坐核の損傷により分離することでこの発見を裏づけた。餌を剥奪された統制群ラットと側坐核の細胞を神経毒素により破壊されたラットは，ど

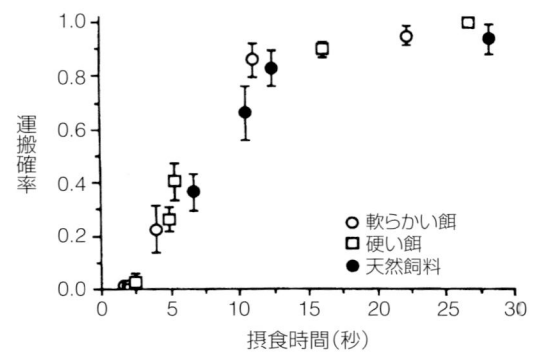

図20-6 異なる種類の餌の運搬確率(平均値と標準誤差)に対する摂食時間。餌サイズや硬さではなく，摂食時間から餌の運搬確率を予測する。[Whishaw, 1990 より]

ちらもオープンエリアから隠れ家まで餌を運搬した。ラットが餌を消費し飽和すると，側坐核群は餌の運搬をやめたが，統制群のラットは餌の運搬を続けた。よって，統制群のラットは，食物と餌の誘因価，両方に反応を示したが，側坐核群のラットは栄養値のみに反応を示した。

　まとめると，ラットの餌処理に関する行動の豊富な装いは，行動の神経制御をテーマとする研究者の興味を駆り立てるだろう。さらに，摂食行動は，依存症，摂食障害，個人差，および空間的，時間的行動などを含むさまざまな研究において有用な測度となりうるだろう。

Ian Q. Whishaw

第21章

体温調節

あまりにも暑くなったり，寒くなることを避けるために，ラットは，巣や巣穴をつくり，一緒に群れ集まり，日光浴をし，日陰に横たわり，泳ぎ，手足を伸ばして寝そべり，体の各所を毛繕い[i] (grooming) し，ある場所から他の場所へ移動し，眠り，また活動的になる。これらの活動のすべては，**行動的体温調節**という項目に分類される。もちろんラットは，より反射的なさまざまな行動も動員する。例えば，ふるえ，立毛，末梢血管収縮，褐色脂肪組織の活性化により熱の生成と保存を行い，熱を逃がすために末梢血管拡張を起こす。動員される行動の範囲は，利用可能な反射を大きく上回ることは明白である。このことが，行動科学において体温調節の研究を最も挑戦的で興味深い領域の1つにしている。

体温調節行動は，多様な他の研究領域とも関連し，それは正常な調節機能と関連するものと，病理的条件に関連するものとの両方がある。例えば，①身体のすべての代謝機能は体温に影響され，体脂肪と新陳代謝を制御する調節機構は体温に影響する (Collins et al., 2001)。②科学者たちはさまざまな機会に，学習と記憶に関連すると思われる神経事象を探求する過程において，自分たちが中枢の相互関係を発見したと考えていたが，のちにそれは体温の正常な変化が原因であるということに気づいた (Anderson and Moser, 1995)。③科学者たちは，脳の外傷が引き起こす損傷の程度を最小にするかもしれない化合物を探求する一方で，自分たちが治療効果があると信じた化合物はその効果が体温変化による二次的な結果であるということに気づいた (Corbett and Thornhill, 2000)。実際のところ，行動の神経薬理学を探求する目的で使用される大部分の薬物もまた投与量に応じて体温に影響する。行動レベルで認められる効果は，体温に対する薬物作用の二次的結果であるかもしれない (Satinoff, 1979)。④体温調節行動の姿勢は，いくつかの病理的状態と関係するかもしれない (Schallert et al., 1978)。⑤幼若ラットにおける脊柱前弯などの挙動は体温に依存し，それは体温が非常に高いとき，もしくは低いときには示されない可能性がある (Leonard, 1987; Satinoff, 1991)。

幼若ラットは**変温動物**であり，体の内部で熱を生み出さず，ホメオスタシスを巣の環境温度に大部分依存している。成体ラットは**恒温動物**であり，周囲のさまざまな状況に対して体温を内的に調節する。この移行は，幼若ラットが運動性や体毛，体重を獲得する生後2カ月にわたって生じる。それにもかかわらず，その小さな表面積/質量比のため，ラットは常に極端な温度変化に脅かされるので，正常な体温維持を妨げるものを避けるように強く動機づけられている。

すべての月齢にわたって，ラットは体温の幅広い変動を生き抜くことができる。それは，身体機能がほぼ停止し麻酔なしで外科手術ができる (Arokina et al., 2002) 18℃の低さから，熱射病や関連する身体的損傷が生じる体温には辛うじて達していない (Lin, 1999) 41℃の高さまでの範囲にわたる。本章の目的は，成体ラットと未成熟ラットにおける行動的で反射的な体温調節行動の概略を説明し，体温調節行動を研究するいくつかの方法を記述し，体温調節に影響するいくつかの神経機構について概説することである。

熱中性とセットポイントの概念

すべての動物がそうであるように，ラットにおいても，自身の熱発生の基本比率が環境に対する熱損失の比率と等しくなり，また，一定の体温を維持するために最小限の体温調節労力ですむ周辺温度が存在する。**周辺熱中性** (ambient thermoneutrality) の最も正確な定義は，熱損失と熱発生反応の両方に基づいている。このように，「体温調節労力を最も必要としないゾーン」は，体温を上昇させる活動による下端と体温を低下さ

---

[i] ある個体が自身の体毛をなめたり引っ張ったりすることで毛並みを整えたり，ごみなどを取り除く行動。

せる活動による上端で境を接している（Satinoff and Hendersen, 1977）。

成体ラットの熱中性の範囲に関しては議論がある。それは18〜28℃もの幅があったり（Poole and Stephenson, 1977），29.5〜30.5℃ほどの範囲である（Szymusiak and Satinoff, 1981; Romanovsky et al., 2002）と記述されてきた（もちろん，科学におけるすべてのことがそうであるように，すべては結果を導き出すために使用される測定法に依存する）。すなわち，この温度の範囲内では，ラットは進行中の行動を続け，体温を調節するために特別な活動を始めたりはしない。この許容誤差のある部分は，ラットがちょうどそのときに何をしているかに関係している。ホームケージで休憩している間は，体温は35℃まで落ちるが，その一方で，迷路で問題を解いたり，回転かごで自発的に走るといった激しい身体活動に従事している場合は，体温は41℃まで上昇する。ラットが積極的に自らの体温を維持せずにこの範囲内の温度を許容するということは，この範囲がラットにとって快適なゾーンであることを意味している。しかし，ある選択肢が与えられると，ラットはより狭い範囲——**温熱中間帯**（thermoneutral zone），もしくは熱快適帯と呼ばれる範囲の体温を好むかもしれない。

ラットや他の動物は体温を比較的一定の値に調節しているため，このシステムは制御理論によって有効に記述されてきた。この制御された体温は，「セットポイント」と呼ばれる。工学用語において，**セットポイント**とは，アウトプットがゼロとなるインプットの値である（図21-1）。行動的に定義すると，セットポイントは，動物が維持するであろう体温の値——参照体温，期待体温，最適体温——であり，それは推測されるにすぎない。それは時には，視床下部における体温調節中枢の神経構造内に符号化されると誤って考えられている。しかし，体温調節を含む脳構造のどのような議論も解剖学のモデルであり，セットポイントは解剖学的関連性をもたない。つまりそれは，厳密にはある有益な記述をするための道具なのである。

セットポイントが変化する多くの条件，すなわち動物が異なった体温を保持するであろう条件がある。

1. **概日リズム**：ラットは，昼夜サイクルの夜期は活動的であり，昼期は主に寝ている。ラットは，体温を保持する前に，体温を高い水準に到達させておくことができる。つまり，夜は食べ，飲み，活動することに主に関心がある。ラットは，明暗サイクルの明期で主に眠る。彼らの体温は明るいときに下がり，これが生じるままにしておく（つまり，彼らは体温の低下を阻止しない）。これはラットが餌を探索し消費するときに，より簡単に代謝率を上昇させることを可能にし，また彼らが休息しているときに代謝率を低下させることを可能にするという点で適応的であるかもしれない。

2. **年齢**：熱に応じて段階づけられた通路において自分たちの熱環境を選択することができる場合，老齢

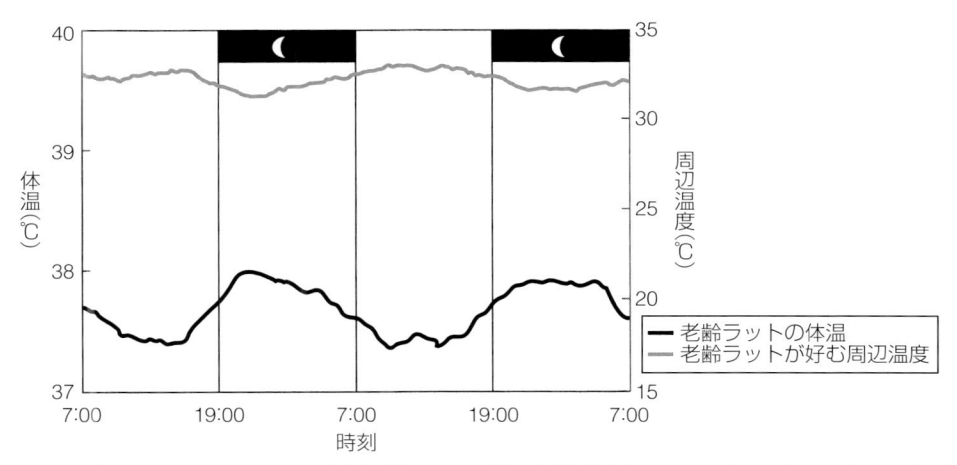

図21-1 ラットが体温を上昇させるときの行動的体温調節を概略する制御図。熱ランプをつけるためにレバーを押すことや，より暖かい環境へ移行するといった学習された反応が生じるのは，理想体温（セットポイント）と実際の体温の間に乖離（エラー信号）がある場合である。エラーは攪乱から生じる（これは冷えた環境，脳を冷やすこと，熱を生じさせる免疫化合物における変化などがある）。実際の体温がモニターされ，フィードバック・ループは，現存する乖離に適切な水準でその反応を維持する。より低次のフィードバック経路は，実際の体温についての情報を伝達し，実際の体温は，比較器もしくは信号ミキサーにおける設定温度と比較される。上位の経路は，反応コストや反応の効果性の観点から反応メカニズムの諸変数を調節し，そのシステムの効果性を最適化する。低い効果性もしくは高い反応コストは，エラーと反応を関連づける関数の傾きを低めることが予測される。

ラットは若齢ラットより暖かい周辺温度を好む(Florez-Duquet et al., 2001)。しばしば体温の日周変動は，若齢ラットより老齢ラットで小さい(図21-2)。

3．**低酸素**：ラットの静止酸素摂取量は，体温が1度変化すると約11％変化する。それゆえ，低酸素状態のように酸素が足りない場合，高い体温は有害なものになりうる。低酸素状態においてラットは，より低い体温を保とうとする。低体温は代謝率と酸素への要求を低めるため，これは適応的であるように思われる(Wood and Gonzalez, 1996)。

4．**ホルモン状態**：調節された温度は，繁殖条件とともに変動する。発情周期の黄体期にある雌ラットは，セットポイントが上方に移行し，卵胞期には下方に移行するようである。この移行は，プロゲステロンもしくはエストロゲンとおそらくは他の非生殖腺ホルモンレベルの変化と関連するかもしれない。雌ラットは，黄体期の間は極度に活動的であるため，この変化は高い水準の代謝を容易にするかもしれない(Kittrell and Satinoff, 1988)。雌ラットは4～5日の周期をなすので，体温調節の変化は体温調節行動が主要な関心事ではない実験に影響を及ぼす。

5．**発熱**：発熱は，すべての行動的で反射的な体温調節反応が，体温を新しく，より高いセット水準に上げるために並行して働く条件である(図21-1参照)。通常，それは，バクテリアやウイルス，菌類のような病原体の成分によって引き起こされ，一連の出来事を開始し，最終的には脳内のプロスタグランジンの放出という結果に至る(Ranels and Griffin, 2003)。相関研究は，発熱反応が病的微生物の破壊を援助するという点で生存価をもつことを示唆している(Dantzer, 2001)。

6．**その他**：セットポイントは，他の多くの作用因子や条件とともに変化することが明らかである。これらは，サリチル酸塩といった多くの薬物(Satinoff, 1972)や，ストレス(Peloso et al., 2002)，脳損傷(Satinoff and Prosser, 1988)の影響を含んでいる。

温度調節の神経制御

1800年代後半，研究者たちは，体温調節が脳損傷のあとに乱れることを発見し，1930年代までに，Ranson (1935)は定位手術を使用して，「熱損失センター」として視索前野・前視床下部，「熱発生センター」として視床下部後部を特定した。その後の研究により，体温調節行動が，視索前野が熱せられるか冷やされるか，もしくは神経伝達物質と関連した化合物が局所的に注入された場合に開始することが示された。加えて，視床下部の感熱性細胞は，ラット自身の体温変化か，または身体の他の部分の体温変化により発火することがわかった。このように，初期研究は，視索前野・前視床下部を脳の「サーモスタット」として指摘していた。しかし，脳の中枢やサーモスタットという概念はあまりにも単純すぎる。視床下部は，皮質から脊髄にいたる脳の多くの部分を含む熱制御システムと重要な関わりがある。さらに，この部位における大規模な損傷は体温調節を損なうが，動物が体温調節行動を示すならば，損傷によって動物が正常水準近くに体温を維持することは妨げられない。温度調節は，動物の生命に非常に重要であり，単純なサーモスタットによって制御されるものではない(Satinoff, 1978, 1983)。

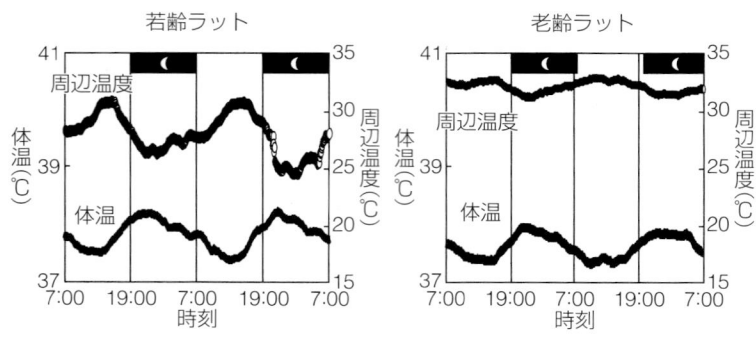

図21-2 体温の日周変動と48時間にわたる温度勾配でラットが選択した温度。若齢ラットの平均体温(テレメトリーによって測定)は約37.7～38.3℃間で変動している。若齢ラットは同時に約24℃と31℃の間の周辺温度を選択している。ここで留意すべきは，夜間，ラットが活動的でより多くの内部熱を発生している場合，ラットは，ほとんど寝ている昼間よりも低い周辺温度を好むということである。老齢ラット(平均24カ月齢)の体温は，若齢ラットのそれよりも少しだけ低く，また老齢ラットはかなり高い温度を好む。

体温調節行動の発達

新生仔ラットは，目が見えず，無毛で，出生時は動くこともできない。彼らが直面する重要な課題は，体毛や皮下脂肪の貯蔵，好ましくない表面積/質量比の観点から考えれば，断熱ができないことである。彼らは出生時においては34～35℃の狭い範囲の温熱中間帯をもっているが，その帯は次の4～6週にわたって成体の範囲にまで徐々に増加していく。これらの周辺温度は，21～24℃という通常の実験室の温度よりもずっと高い。このように幼若ラットにとっての温熱中間帯は，成体ラットでは熱ストレスを生み出すであろう温度から構成されている。褐色脂肪は，出生後すぐに活性化し (Kortner et al., 1993)，幼若ラットは代謝率を10日齢か，それ以前から増加させるが (Nuesslein-Hildesheim and Schmidt, 1993)，彼らは熱を保持することができないため，この能力は実際には役に立たない。幼若ラットは寒い中では低体温になったほうが良いと考えられるかもしれないが，高体温のラットは正常体温のラットよりもずっとゆっくりではあるが発育がみられる (Stone et al., 1976)。それゆえ，幼若ラットは比較的高い体温を維持することが望ましい。行動実験に対する含意は，幼若ラットの行動を研究することに向けられたどのような作業も，成体ラットの研究で要求される以上の周辺温度を必要とするということである。

先に述べたように，幼若ラットは，低温ストレスに反応して代謝率を増加させるが，それは褐色脂肪組織において熱を発生させることによって大部分，もしくはすべて行われる。しかし彼らの体重が軽いため，温熱中間帯以下の周辺温度ではすぐに低体温となり，代謝反応は弱まっていく。測定上の困難さが主な原因ではあるが，幼若ラットが末梢血管の収縮や拡張によって温度を制御する程度は不明である。生後3週にわたって温度制御が改善していく主要な原因は，断熱の発達による可能性があげられる (Conklin and Heggeness, 1971)。このように，仔ラットは変温性であり（外的温度に制御される），体毛が生えそろったあとではじめて恒温性となる（彼ら自身で体温の制御が可能になる）。興味深いことに，仔ラットに冷たい環境を経験させることは，暖かい環境を経験させることに比べて毛の発達を妨げる (Gerrish et al., 1998)。

仔ラットは，寒さによって無能力にさせられない限り，行動的に体温を調節することが可能である。仔ラットは出生後わずか1日で熱を探し始める。熱の程度に応じて段階づけられた通路において，仔ラットは冷気によって動けなくされていなければ，熱勾配に沿って冷たいところから暖かいところを目指して動く (Kleitman and Satinoff, 1982)（図21-3）。この結果は驚くべきことではない。なぜなら仔ラットは，何匹も一緒に生まれ，同腹仔たちは活発に集団で群れることで体温を調節しているからである。群れにおける仔ラットは，表面積の多くが剥き出しにされて体が冷やされた場合，群れの山の上部から下部の内部へ降りていく。また彼らがあまりにも暖かくなった場合は，群れの端のほうへ移動する (Alberts, 1978)。事実，仔ラットにおける群れ行動は，生後1週間の間はもっぱら熱に応じて方向づけられた結果なのである。群れることは単独でいるよりも酸素消費が低くなるが，これは主に群れることで冷たい周囲の環境に体表があまり剥き出しにならず，それゆえあまり熱を失わないからである。

このように新生仔ラットは，熱を行動的に生み出し保持することのみ可能である。それは，群れの中で自分たちの位置を変化させたり，巣の側面に散らばった場合は他の同腹仔のほうを向いて進んだりすることによって可能となる。群れたり，社会的に集まることで，快適な熱環境が成熟しても引き続き与えられるので，集団で飼育されるラットは，彼らの休息時間の多くを群れで費やす。

仔ラットが暖かい周辺温度でテストされた場合，体温調節とみかけ上は関係がない，以前に出現したような行動をみることができる。例えば，安息香酸エストラジオールで薬物刺激された雌ラットと雄ラットでは，雌の性的な行動，特に脊柱前弯と耳の小刻みな動きが，2～3週齢以降に生じることが報告されてきた。しかしWilliams (1987) が，仔ラットを33～35℃でテストしたところ，その両反応が4～6日齢の雄雌どちらのラットでもみられた。仔ラットは，食物遮断やテールピンチにより餌を食べ，アンギオテンシンの注入により飲み，におい条件づけに反応するが，それらはラットが温熱中間帯内でテストされた場合にのみあてはまる (Satinoff, 1991)。最後に神経構造についても，わずかに冷たいところにいるラットより，温熱中間帯内で飼育された幼若ラットのほうがより早く機能することが明らかにされている (Horwitz et al., 1982)。

行動的方法

温度は身体内部で広く変化するため，体温の測定は簡単ではない。どの温度を測定するかは，どのような質問がなされるかに依存する。何が「調節温度」なのかを知っている人は，実際にはいない。ラットにおいてそれは，核心温，もしくは皮膚温やいくつかの核-皮膚

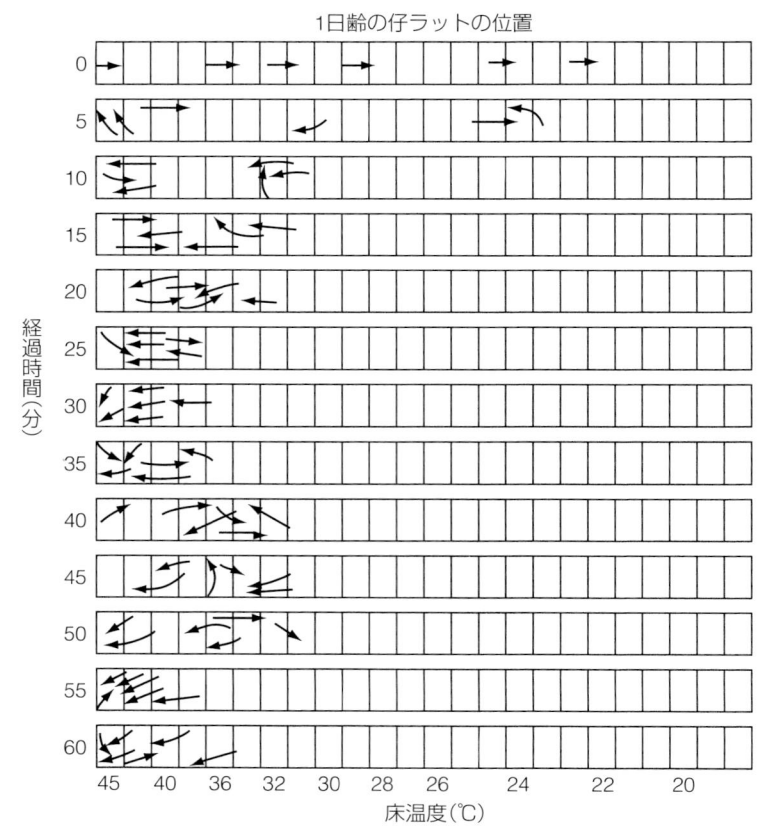

図21-3 温度勾配における1日齢の仔ラットの位置。60分間を5分間隔で示してある。

勾配に相当する。

温度は身体の末梢部分で測定できる。例えば、尾は血管が高度に発達しており、体熱を放散したり保持したりするのに適している(Owens et al., 2002)。温度は体腔内で測定でき、この温度は**核心温**と呼ばれる。核心温は比較的安定した数値であり、環境的な温度の変動や局所的な代謝活動によって影響を受けることが非常に少ない。温度は脳内でも測定できる。脳内における温度は、身体の核心温と温度測定装置が挿入された神経構造の活動によって生み出される温度の両方を反映する(DeBow and Colbourne, 2003)。

温度はさまざまな装置で測定できる。よく利用される方法の1つは、直腸に温度測定プローブ(探針)を少なくとも6 cm挿入するもので、これで核心温が測定できる。ラットを手で拘束している間や長い時間ラットが拘束箱に置かれている場合は、プローブをかむことができないので、その間に行うことができる。手動による温度プローブの挿入は単純であるという利点を

もつが、ラットをハンドリング[ii](handling)して拘束するプロセスは、すぐにそして確実にストレスに関連して体温を上昇させてしまう(Eikelboom and Stewart, 1982)。

温度を感知する方法はいくつかあるが、最もよく知られているのは、サーミスターを含んだ装置を使用する方法である。サーミスターは、温度の変化によって抵抗値が変化する素材からできた半導体デバイスである。記録計は抵抗値の変化の関数として電流変化を感知する。

温度プローブは多くの利点をもつ。プローブの大きさは、mmからμまで異なり、皮膚温、核心温、脳温を測定するのに役立つ。それらは急性的に使用することもできるし、長期的に埋め込むこともできる。それらはすぐに、そして無痛で直腸に挿入でき、温度を読み取るために皮膚の上に置くことができるし、定位置に長く固定することもできる。さらにそれらは比較的安価である。温度プローブの欠点はいくつかある。すなわち、①記録リード線をラットに取り付けなくてはならず、それがラットの行動の自由を制限するかもしれない。②ラットはリードに接触できるのでそれをか

[ii] 動物に手を触れるなどの手段によって、その動物を実験者に慣れさせること。

み切るかもしれない。③軽度ではあるが，プローブ自体がストレッサーであり，そのことが正常な体温を変化させるかもしれない。

長期間の記録においては，ラットの体腔にトランスミッターを埋め込むことができ，トランスミッターからのAMラジオ信号がコンピュータを通して記録される。信号は，トランスミッターのバッテリーが機能する限り，数週間もしくは数カ月の間，記録できる。これらのトランスミッターはさまざまな大きさのものが売られており，いくつかは少なくとも10日齢のラットの腹膜腔に挿入できる。

血管収縮と血管拡張を示す皮膚温変化の測定は，尾などの皮膚に設置された熱電温度計で行うことができ，それは絶縁テープで気温の変動から保護されている (Romanovsky et al., 2002)。尾の皮膚温もまた，無線により非侵襲的に測定できる (Gordon et al., 2002)。通常はラットの尾に感熱性の液晶塗装を施すことでも温度を測定できる。しかしこの方法は，ビデオ記録と色の変化の調整を必要とする (Romanovsky et al., 2002)。

ふるえは視覚的に観察でき，また動作感知器 (Harrod et al., 2002) や筋活動を電気的に記録しても測定できる (Whishaw and Vanderwolf, 1971)。最後に，熱発生に関連した代謝過程は，蒸発水の消失や熱量計に入れられた動物の酸素使用を測定することによって推定できる (Buchanan et al., 2003)。

ラットの温度調節を研究するために，いくつかの行動的測度が開発されてきた。オペラント法では，ラットに押すことのできるレバーを提示し，ラットはそれによって周辺温度が制御できる。レバーは暖かいもしくは冷たい空気流や液体の噴出，放射熱などを引き起こすかもしれない。研究者は，オペラント法によって温度を制御するために動機づけられたラットがどのように活動するかを知ることができる。ラットが好む周辺温度が知りたいことのすべてであるならば，ラットを熱に応じて段階づけられた通路に置くことが，研究者にとってもラットにとっても，より簡単である。そこでラットは，熱的に快適な場所へ移動することを選択できる。床敷材が利用可能なら，ラットは寒い環境では巣づくりをするだろうし，周辺温度の変化に応じて餌運搬や餌消費を調節するだろう。

注意すべきこととして，研究者の中には，ラットを冷たい環境に置くことで核心温を低下させようと試みた者がいた。しかし，成体ラットでは熱発生機構が働くため，実際には急激な低温ストレスに反応して体温を上昇させてしまう。核心温は，ラットの体毛に冷水を軽く噴霧したり，ラットを冷水槽に置くことによってより効果的に低下させることができる。ラットのそ

の望ましいとはいえない表面積/質量比ゆえに，彼らの熱発生機構は冷水ストレスに耐えることができないのである。

温度調節の方略

●熱ストレス●

環境温度が約26℃から41℃に上昇した場合，ラットは4つの異なる行動を用いて放射熱や暖かい空気流といった熱に対処する。これらの反応は，末梢の温度受容器における活動と，血流を通じた視床下部の体温調節領域の集中冷却によって介在される。

1. ラットは血管拡張を含めた，特に無毛の尾で多数の反射的反応を行い，身体冷却を行う。
2. ラットの初期の行動反応は，歩き回り，後肢で立つことによってより活動的になることである。
3. 逃避が不可能ならば，ラットは激しい毛繕いを行い，唾液を身体に塗り広げ，蒸発に伴う冷却の助けとする。唾液塗布が激しいと，長期にわたる毛繕いによって脱水状態となりうる。
4. 熱ストレスが続くと，ラットはすべての活動と姿勢による支えをあきらめ，うつぶせになり，代謝活動や筋活動による熱発生を減少させる。伸展姿勢は，うつぶせ位置での身体の弛緩や伸長からなり，通常は曲がっている脊椎を水平方向にまっすぐ伸ばす。前肢は首の下に置き，後肢は後方の外に向けて組み合わせる。最初，頭は直立しているが，のちに床の上に乗るようになり，目は部分的に閉じて引っ込む (Roberts et al., 1974)。

●低温ストレス●

ラットは，少なくとも5つの異なった対処方略を用いて，冷たい空気流や身体が濡れるといった低温ストレスに対処する。

1. ラットは，特に尾で末梢血管収縮や立毛を含む反射反応を示し，断熱値を増加させる。
2. ラットの初期の行動反応は，歩き回り，そして後肢で立つことによってより活動的になることである。
3. 逃避が不可能ならば，ラットは非ふるえ熱産生を利用して熱発生を増加させる。これは，交感神経系からの刺激に反応して褐色脂肪組織 (褐色脂肪) を代謝することによって得られるエネルギー消費と熱発生からなる。この反応は非常に効果的であり，アド

レナリンベータ受容体作動薬投与の数分以内に全身のエネルギー消費を倍増させる。

4. 低温ストレスが続くと，核心温は低下し，ふるえ熱産生が始まる。これは姿勢による支えを伴う猫背の姿勢を採用し，主動筋や拮抗筋がともに収縮し，移動がない状態でも熱発生が可能となる。ふるえは穏やかであるかもしれないし，非常に激しくてバランスを失ってしまうかもしれない。褐色脂肪やふるえによるエネルギー消費は，酸素消費として間接的に測定されるため，空気流が制御された密閉環境で検討されることが必要である。

5. 体毛の状態は体温調節に寄与し，またラットは，眼に隣接したハーダー腺と呼ばれる腺をもっており，そこからハーダー液を分泌する(Buzzell, 1996)。それは，毛繕い時に眼窩のまわりを肢で圧力を加えたときに放出される。ラットの温度制御におけるハーダー液の役割はまだ研究されていないが，それはスナネズミ(*Meriones unguiculatus*)について記述されているものと類似しているかもしれない。スナネズミにとってハーダー液の放出は，高体温時(唾液分泌が増加するとき)に減少し，低体温時に増加する。この関係から，ハーダー液は毛の断熱を向上させることが示唆されている(Thiessen, 1989)。

謝　辞

アメリカ国立精神衛生研究所(National Institute of Mental Health の支援を受けた(MH41138))。

Evelyn Satinoff

第22章

ストレス

　ストレスとストレスに関係した疾患の病態生理に関する我々の現在の知識の大部分は，ラットにおける実験的研究に基づいている。これらの研究についての科学的根拠は，ストレスと適応の基礎となるメカニズムは動物とヒトにおいて共通の生物学的な基盤をもつということである。ラットのストレス研究に関するデータと出版物の多さや，幅広い種類のストレスパラダイムにもかかわらず，これらの研究のいくつかについては，その妥当性が批判されるかもしれない。特にその表面的妥当性に関して失敗している研究がしばしばあるように思われる。それはつまり，そのモデルがヒトのストレスに関係した疾患の病因と症状の両方を十分に模倣できていないことを意味している。例えば，多くの動物研究は，その種の生態，すなわち動物がその自然生息地での日常生活において出会う状況とほとんど，あるいはまったく関連のないストレッサーを用いている。我々がストレスに関係した疾患のメカニズムについての理解を向上させ，洗練することを望むならば，動物とヒトに共通した生物学的基盤を実験的に活用する行動的に類似したモデルが必要である。

　本章では，ラットの生態とその自然の防衛機構を，ラットのストレスモデルの評価と記述における出発点として使用する。言い換えれば，生態学的に関連する問題に対処するラットの能力を探求するテストに焦点を当てる。自然環境における日々の問題に対処する個体の能力は，進化と種分化の原動力の1つであると考えられる。個体は動的で複雑な自然環境に適応できるようになってきた。その自然環境において個体は食料をみつけ，同種個体と過ごし，もしくは天候の変化に反応する。環境に起因する問題に対処する能力は，自然生息地での個体生存の大部分を決定する。進化の過程で，動物はそのような環境上の問題に対処する多種多様な防御機構を発達させてきた。ラットの生態において中心となるのは，その社会的性質である。放し飼いにしたラットの社会集団に関するいくつかの研究は，社会環境の安定性が健康と病気の重要な要因であることを示している。不安定な社会集団や社会適応力の障害によって，ストレスの病理が深刻なかたちとなって現れてくるかもしれない。このことは，その社会階層における地位とある種のストレス病理の発生率の関係に反映されている。

　社会的地位とストレス病理との関係についての最初の研究は，主に心臓血管疾患に集中している。例えば，マウス(Ely, 1981; Lockwood and Turney, 1981; Henry and Stephens-Larson, 1985)，ラット(Henry et al., 1993; Fokkema et al., 1995)，サル(Manuck et al., 1983)において，高血圧症と心臓血管の異常が社会的に不安定な集団でより頻繁に生じ，主にそれは，社会集団の優位と劣位の雄において生じることが示されてきた。胃潰瘍はコロニーを社会的に追放された個体において主に発見される(Calhoun, 1962; Barnett, 1987)。社会的地位と病理の関係に関する類似した観察結果は，免疫系を介した病気についても報告されている(Spencer et al., 1996; Stefanski et al., 2001)。

　ラットにおいて使用されるさまざまなストレスパラダイムについて述べる前に，我々はすべてのストレスモデルの基本となるいくつかの論点を議論しておこう。

ストレス

　現代のストレス研究の中心にあるのは，**制御可能性**と**予測可能性**という用語である。これらの用語は，1960年代後半のWeissによる一連の実験にさかのぼる(Weiss, 1972)。彼は，ストレス病理を引き起こすのは嫌悪刺激の物理的性質ではなく，むしろその刺激を予測し制御できるかどうかであることを示した。ラットが電気ショックなどのストレッサーを予測も制御もできない場合，胃壁への深刻な損傷が起こり，免疫抑制の徴候を示し(Keller et al., 1981; Weiss et al., 1989)，血漿コルチコステロンの急激な上昇がみられた。こうしたエビデンスから，ストレスについて次のような定

義を定式化することが可能となる。

急性ストレスとは，関連する環境要因の予測可能性や制御可能性が急激に減少したあとの個体の状態を指す。

慢性ストレスとは，関連する環境の諸相の予測可能性が低く，長期間にわたって制御できない，もしくはうまく制御できない個体の状態を指す。

制御可能性と予測可能性の概念は，ストレス病理についての現在の知識や発展への識見に大きく貢献してきたが，これらの概念が実験環境において一般に使用されている方法について述べておきたい。

多くの実験において，制御可能性は2極要因として操作的に定義されている。すなわち，完全に制御できるもしくは完全に制御ができないかである。しかし日常生活における制御可能性とは，一般に，絶対的な制御からさまざまな程度における制御への脅威を経て，制御の喪失まで段階づけられる。ほとんどの研究は，ストレス病理の発達における制御の異なる程度の重要性を考慮していない。そのような区別の重要性は，高血圧症の発達を理解することを目的とした実験において示されている。これらの実験では，**制御の喪失**よりも**制御への脅威**が決定的な要因であることが示されている（Koolhaas and Bohus, 1989）。制御可能性と予測可能性の段階的な性質はさておき，ストレッサーの**頻度**と**持続時間**もまた重要な問題である。通常，急性ストレスと慢性ストレスの間で区別がなされる。ストレッサーの慢性的な性質は，実際のところ，ストレス病理のさまざまな症状をもたらすことが十分に認められている。しかし，慢性ストレスはあまりよく定義された概念ではない。慢性ストレスに的を絞った多くの動物モデルは，あるストレッサーを持続して使用するのではなく，日ごとに変化するかもしれない一連の急性ストレッサーを断続的に使用している。さらに，慢性ストレス研究では，ストレス手続きの開始後の時間を要因として制御することはめったにない。ヒトに関するストレスの文献では，急性ストレッサーやライフイベントが長期的に重大な結果をもたらし，最終的には高い罹患率へといたることを示している。近年の研究では，ラットにおいてある1つの制御できない出来事の経験が，数時間から数日，数週間，もしくは数カ月にわたる行動とストレスの生理学的変数の変化を引き起こすのに十分であることを示している（Koolhaas et al., 1997b）。

コーピング方略の個体差

ヒトと動物を対象とした幅広い医学的，心理学的，生物学的研究は，それぞれの個体がストレス関連の疾患に対する脆弱性においてかなり異なっている可能性を示している。個体間で環境的要求に対処する能力に違いがあることは明らかである。個体のコーピング能力に影響することが示されてきた要因には，遺伝子型，個体発生，成体経験，年齢，社会的支援などがある。行動や生理機能の個体差は，多くの動物種でよく知られた現象である。個体差を性格特性や気質，コーピングスタイルに分類するいくつかの試みがなされており，それらは環境ストレッサーへの反応を予測できるようにするかもしれない。野生の動物種に関する数少ない文献は，自然の中では事前的または事後的コーピング方略の次元が区別できることを示唆している（Koolhaas et al., 1999）。研究者は，表現型を特徴づける異なった用語——例えば，臆病と大胆，事前的と事後的，能動的と受動的——を使用するかもしれないが，それらすべては同じ基本的特徴を共有しているように思える。事前的コーピングは，環境に対する能動的な制御によって特徴づけられる（つまり，能動的回避，攻撃的姿勢，営巣など）。その一方で，事後的コーピングは，環境をあるがまま容易に受け入れることによって特徴づけられる。ラットやマウスのコーピング方略についての詳細な分析は，最も基本的な違いが行動の柔軟性の程度であることを示している。事後的コーピングをする雄は柔軟であり，一方，事前的コーピングは，強硬さと手順の形成によって特徴づけられる。野生の個体群における近年の研究は，この異なった柔軟性は，自然界における生存価の違いに起源をもつ可能性を示している。将来への課題は，コーピング方略の研究における動物行動学的，生理学的，生態学的なアプローチを統合することによって，自然界における個体差の機能的重要性を理解することである。

生体医学的観点から，コーピング方略の概念は，さまざまな動物がストレス関連の疾患に対して異なった脆弱性をもつことを意味している。動物がストレッサーに対処できなかったり，非常に厳しい対処努力を必要とした場合，健康上の問題が生じるかもしれない。異なった神経内分泌の反応性や事前的・事後的に対処する動物の神経生物学的構成を考えれば，さまざまなタイプのストレス病理が，ある特定のコーピング方略が失敗した条件下で発現することを予測できる。事実，心臓血管病理，潰瘍形成，常同性，うつ病への罹患性において，コーピング方略が異なることを示す複数の事例がある（Koolhaas et al., 1999）。

ストレスモデル

ここで，成体ラットで使用されるいくつかのストレスモデルについて述べる。それらは防御機構に負荷を与えるもので，それゆえ動物の自然の適応能力が要求される。これらのモデルの多くは，社会的，物理的環境に関するストレッサーを含んでいる。食物の利用可能性をストレッサーとして使用した研究は少ない。食物の制御可能性と予測可能性は自然界での生存においてきわめて重要であり，その適応能力が大きく求められるかもしれないという事実から考えれば，これは驚くべきことである。実際のところ，食物制限とカロリー摂取量の増加の両方がストレスの生理機能に影響することが報告されている(Rupp, 1999; Seres et al., 2002)。

●急性ストレスモデル●

急性社会ストレス

急性社会ストレスは，レジデント・イントルーダーパラダイムにおいて研究されている。このモデルは，雄ラットがなじみのない雄イントルーダーに対して，自身のテリトリーを守るという事実に基づいている。なわばり行動は，成体雄ラット(3カ月齢以上)が，雌ラットと一緒に約 $0.5\,m^2$ の大きなケージに入れられてから1週間以内でよくみられるようになる。この期間ののち，同じ血統と体重をもつ同種のなじみのない雄がホームケージに入れられると，雄レジデントはイントルーダーを攻撃し，戦いが起こる。通常，レジデントは，この社会的交流の勝利者である。このパラダイムによって，戦いの勝者と敗者の両方の分析が可能となる。

敗　北

イントルーダーが実験動物として使用される場合，社会的敗北もしくは社会的制御の喪失の結果をストレッサーとして研究できる。同種の雄による社会的敗北は，心拍数，血圧，体温の急激な増加や，血漿カテコールアミン，コルチコステロン，黄体刺激ホルモン，テストステロンに対する強い神経内分泌反応，さらに中枢神経系のセロトニン作動性神経伝達における変化を引き起こす(Koolhaas et al., 1997b; Berton et al., 1999; Sgoifo et al., 1999a)。行動的応答(逃走や無動)を含んだこれらの反応は，急性ストレッサーに対する古典的な反応の一部分であると考えられる。しかし，さまざまなストレッサーを比較すると，社会的敗北はコルチコステロンとカテコールアミン反応の強度の観点から測定された場合，最も厳しいストレッサーの1つである可能性が明らかにされている(Koolhaas et al., 1997a)。しかしより重要なことは，これらのストレス反応の経時変化である。

より長期の記録を利用した近年の研究は，さまざまなストレス変数が異なった経時変化をもつことを示している。1時間の社会的敗北に対する心臓血管系とカテコールアミン系の応答は，敗北後の1時間もしくは2時間以内に消失するが，コルチコステロンの応答は4時間以上も継続する。最初の立ち上がり以後，血漿テストステロンはベースライン水準以下に下がり，少なくとも2日間は極度に低い水準にとどまる。1回の社会的敗北は，体温の日内変動や発育，性的関心，オープンフィールド探索の減少を引き起こすようであり，それは社会的ストレス後の2〜10日にわたって継続する(Koolhaas et al., 1997b)。Miczek et al.(1990)は，敗北後の少なくとも1カ月にわたって継続するアヘン鎮痛における変化を見出している。これらの変化の多くは，ヒトのうつにおける総体症状の一部分であると考えられるが，社会的敗北は，さまざまな生理的，行動的変数の変化を引き起こすことは強調できる。それらの変数は，各々異なった時間的ダイナミクスをもっているのである。それゆえ，急性ストレッサーは慢性的な結果をもたらすかもしれない。これらの持続する変化は適応的であると考えることもできるが，ストレス病理の初期の徴候として考えるほうがよさそうである。要するに，社会的敗北モデルによって，ストレスと適応に含まれることが知られている要因の時間的変化をさらに分析することが可能となるのである。頻度，強度，以前の社会的経験の種類を操作することによって，これらの変化の(非)適応的性質への識見を得ることができる。

勝　利

レジデント・イントルーダーパラダイムにおける雄レジデントを実験動物として利用することによって，制御に対する脅威の結果を調べることができる。レジデントは，最終的にはその社会環境を制御できるが，その前にある程度の予測不可能性と制御への脅威が存在する。このことは，ストレス反応が——血漿コルチコステロンとカテコールアミン，心拍，血圧の点で——打ち負かされたイントルーダーと最初はほぼ同程度に高いという事実によって明確に示される。しかし，これらのストレス変数は，優位関係が明確になるとすぐさま，急激にベースライン水準に戻る。社会的交流の勝者において典型的にみられることは，社会的交流の直後に心電図で観察される心臓血管の異常であ

る。これらの異常は，自律神経系の平衡が交感神経優位の方向へ大きく移行することを示すものである（Sgoifo et al., 1999b）。

防御的覆い隠し

防御的覆い隠し（defensive burying）とは，床敷材を動かすというラットの生得的な行動を指し，典型的には前肢を交互に前に押す動きを行ったり（這うようにして進んだり，前肢を突き出すように進むこと），見慣れない嫌悪的な刺激や脅威の局所源に向けて床敷材をスコップですくうように頭を動かしたりする行動を伴う。埋められる有害で有毒な物体は，電気ショック棒（Treit et al., 1981），キニーネで覆われたラットの食餌ペレット，タバスコといった不快な味のする液体やラットが味覚嫌悪を発達させた液体を含んだ瓶の飲み口，近くで放電するフラッシュキューブ，ラットの顔に直接空気を吹きつけたり不快なにおいを送るチューブ，死んだ同種個体や捕食者である（De Boer and Koolhaas, 2003）。形態や機能，強度において異なるが，ラットは，みかけ上は無害な，例えば電気の流れない棒，発光しないフラッシュキューブやガラス玉といった物体もまた埋める（Treit, 1985）。見慣れない有害な物体を埋めることによって，個体は嫌悪的で潜在的に命を脅かす危険を居住環境から避けたり取り除いたりすることに成功する。闘争やフリージング[i]（freezing），ある種の敵対行動とともに，防御的覆い隠しはラットにおける無条件性の（生得的な）種に特有の防御行動レパートリーを構成している。

電気ショック棒の防御的覆い隠しテストの手続きは，非常に単純で，基本的には Pinel and Treit（1978）によるオリジナルの記述から変わっていない。テスト箱（ホームケージもしくは数回の馴化[ii]（habituation）試行後の慣れ親しんだテストケージ）において，適した床敷材が十分ある状態で，被験体は針金が巻きつけられた棒/プローブ（直径1 cmで6〜7 cmの長さ）と向かい合う。棒/プローブは，テスト箱の壁面，床敷材の上2 cmに位置する小さな穴に挿入されている。電気ショック棒の絶縁されていない針金がショック源と連結されており，被験体が前肢か鼻で棒に触れると電気ショックを受ける（手動で操作されるか，もしくは自動的に呈示される）。電気ショック棒は全テスト期間を通じて常に通電したままか，もしくは最初の接触以降はスイッチが切られている。電気ショック棒への最初の接触ののち，10〜15分のテストセッションの間，ラットの行動はビデオで観察され，記録される。この観察期間，さまざまな行動が定量化される。ラットやマウスにおける行動的応答のレパートリーが詳しく記述され，行動目録に載せられ（Tsuda et al., 1988; De Boer et al., 1991），その信頼度が高い測定法は，行動-生理学的実験室や薬理学的実験室において標準的な技術となってきている。覆い隠しに費やされる時間には大きな個体差があることに言及するのは重要である。覆い隠し行動は，一般に無動行動とは負の相関関係にあるので，この時間の違いは，不安についての異なった行動の発現に基づいていると考えられる（De Boer and Koolhaas, 2003）。

捕食者

ラットは，ネコなどの捕食者に出会った場合，敏速にさまざまな防御行動を示す。ネコを今までにみたことがないラットでさえも防御反応を示すことから，防御反応は習慣的なものではなく，進化的に古くからある生得的な反応であると考えられる。生きているネコはより強力な反応を生み出すが，通常，実験室環境ではネコのにおいが使用される。ネコのにおいは，まず一定時間，ネコに生綿をこすりつけ，次にその綿をラットのケージの上部に置くことによって呈示される。Dielenberg and McGregor（2001）は，ネコのにおいをラットに呈示する他の方法を開発した。彼らは，3週間にわたりネコが身に着けていた織物の首輪を使用し，これを特殊な「ネコのにおい回避」装置で呈示した。このテストケージによってさまざまな回避行動やリスク評価行動の測定が可能となる。ネコのにおいへの反応は，キツネのにおいへの反応とは異なることを現在いくつかの研究が示していることに言及するのは重要であろう。キツネのにおいは，合成化合されたトリメチルチアゾリン（trimethylthiazoline: TMT）として得られるが，それは一般的な嫌悪的刺激としてより強力に作用するようである（McGregor et al., 2002; Blanchard et al., 2003）。

新奇性

新奇性は，しばしば軽度なストレッサーとして使用される。それは通常，最大限のストレス反応を引き起こすわけではないので，ストレスの反応性を決定するのに適している。ラットが新しい環境，もしくは新しい物体を探求する傾向にはかなりの個体差があり，それは一般に，コーピングスタイルや視床下部-下垂体-副腎系軸の反応性とより関連している（Steimer and

---

[i] すくみ（行動）。身体の動作が全身性に停止した状態，またはその行動。
[ii] 動物が曝露された刺激に馴れ，反応しなくなること。

Driscoll, 2003）。この個体差は，ヒトの刺激欲求特性に対する動物モデルとして考えられる（Dellu et al., 1996）。新奇性への反応を測定するさまざまな方法がある。例えば，実験動物のホームケージに新奇な物体を入れ，行動反応や神経内分泌反応を測定することができる。しかし，床敷材を清掃することへの反応もまた標準的な新奇ストレスとして使用することができる。いずれにせよ，ケージを定期的に掃除しなくてはならないという事実をこのような方法でうまく利用できる。

強制水泳

野生のラットはマウスとは異なり，しばしば水のすぐ近くに住み，泳ぐのを好む。ラットはしばしば自発的に泳ぐ。神経内分泌ストレス反応の活性化は，主に水泳中の身体活動の増加と関連している。Porsolt et al.（1977）は，うつの徴候を引き起こすストレッサーとして，逃避が不可能な強制水泳を使用した最初の人物である。強制水泳テスト（forced swim test）は，実際のところ神経内分泌ストレス反応を強力に活性化させ，ラットが24時間後にテスト装置に戻されると，ラットはすぐに逃避の試みをあきらめる。逃避をする機会のない場合，生理学的なストレス反応は，身体活動とは関連がないように思われる（Abel, 1994a, 1994c）。強制水泳テストはその後やや修正され，今では抗うつ薬の潜在的な効果を測定するテストとして広く使用されている。手短に述べると，テストは直径約25 cm，高さ約50 cmの円筒形のタンクを使用し，25℃の水が30 cmの高さまで注がれている（Abel, 1994b）。ラットが水に入れられた場合，3つの主な行動が観察される。それは泳ぐこと，壁を登ろうとすること，浮かぶことである。この浮遊行動は，テスト時間が経過するにつれて増加し，動物が逃避の試みをあきらめてしまった場合の絶望の一形態であると一般には考えられている。しかしある者は，動物はその状況に対処する2つの代替法をもっていると反論するかもしれない。それは，積極的に逃避しようとするか，もしくは静かに水面で浮遊し，無意味な逃避行動によるエネルギーの消費を抑えるかである。事前的および事後的コーピングマウスを利用した近年の研究では，そのテストが，絶望やうつの徴候というよりは，逃避できないストレッサーに対処するさまざまな方法を測定しているという考えを支持する（Veenema et al., 2003）。実際のところ，抗うつ薬を処置されると，多くの薬理学の文献によって予測されるように，雄の事後的コーピングを行うラットにおいて浮遊行動が減少した。しかし同じ処置は，雄の事前的コーピングを行うラットにおいて登

る行動や泳ぐ行動もまた減少させた（未発表の観察）。

●慢性ストレスモデル●

社会的ストレス

その永続的性質のため，社会環境は自然な慢性ストレスを引き起こす方法としてしばしば使用されている。慢性社会的ストレスを研究するために使用されるさまざまなモデルは，複雑さと実験制御の程度において異なるかもしれない。

社会集団

社会的ストレスは，ラットの集団やコロニーを利用した最も複雑な形態で研究される。これによって，社会的階層における個体の地位とストレス変数間の関係を分析できる。コロニーにおいて利用されるケージのデザインは，屋外の大きな囲いから，巣箱のついた数m^{2}のケージ，もしくは追加の設備のないより小さなケージといったものまである。可視巣穴システム（visible burrow system: VBS）とは，中心となる大きな正方形の箱といくつかの巣箱からなり，巣箱はプレキシグラスの通路で中央の正方形の箱と連結されている。一般にコロニーは，4匹の成体雄ラットと2匹の成体雌ラットから構成され，なわばり意識や攻撃の発生が促進される。Blanchard et al.（1995）は，劣位の雄において特に慢性ストレスの明確な徴候を観察した。一方，優位な雄でストレスの徴候がみられたのは，その集団が比較的多くの非常に攻撃的な雄で構成されている場合であった。そのようなシステムの利点は，モデルによって動物が自然な行動と防御機構を示すことが可能になるということである。欠点は，実験制御の程度が制限されることと，生理学的変数を連続的に観察する可能性が制限されることである。

社会的不安定

ラットの集団における社会的ストレスの程度は，主に社会構造の安定性に依存する。安定した社会集団においては，ストレス病理のどのような徴候も観察されない。それゆえ研究者は，社会的安定性を減少させることによってストレスを増加させようとする。これは，攻撃的な雄のみからなる集団をつくることで実現できる。これによって本格的な支配闘争を定期的に起こすことができる。しかしこの方法では，ラットを選択する手続きが用いられるため，実験結果にかなりのバイアスがかかる可能性がある。社会的安定性を操作する他の方法は，定期的に集団を混ぜることである。Lemaire and Mormede（1995）は，この方法をラットに

適用することに成功した。彼らは，なじみのない集団を定期的に混ぜることが高血圧症の発現へといたること，そしてそれは，より社会的に活動的な系統のラットにおいて生じることを示した。

慢性従属

一般に，優位な雄のいる中で劣位な雄として生活することは慢性ストレッサーであると考えられる。通常，従属関係は，先に述べた可視巣穴システムなどの大きな雄の集団において研究される。時には，3匹もしくはわずか2匹の集団が使用され，長期間にわたって一緒に暮らす。従属関係は，集団の成員間の社会的交流を直接観察することによって決定される。

マウスやツパイのような種においては，**感覚接触モデル**がしばしば使用される。このモデルでは，劣位な雄は優位な雄と一緒に飼育される。2個体は金網のスクリーンによって区分けされているので，視聴覚と嗅覚の接触が可能である。優位関係は，毎日もしくは毎週，短時間金網のスクリーンを取り除くことで確立され，再確認される(Fuchs et al., 1993; Veenema et al., 2003)。この方法はこれらの種において有益であるが，ラットにおいて適用可能かは不明である。

結 論

ここで述べたいくつかのストレスモデルは，ともかくも自然の防御機構に負荷を与えるもので，それゆえ動物の適応能力が必要となるものであるという共通点をもっている。我々は**自然**という用語を強調したい。なぜならそれは，その種に特別な進化生物学を基礎として，その動物がある問題に対して適切な答えをもつことが期待できることを意味しているからである。このことは，選択されたストレスモデルと，肢へのショックや遠心器，尾懸垂，大きな音などを使用したモデルとを区別する。後者のモデルは，ストレスの生理系を確実に活性化させるが，これらの反応の適応的な性質に疑問が投げかけられるかもしれない。これらのモデルにおいて，与えられた課題もしくはストレッサーと，行動的，神経内分泌的，神経生物学的な適応機構の利用可能なレパートリーとの間には明らかに不一致が存在している。そのような不一致はストレス生理の発達にとって基本的であるかもしれず，これが理由でこれらのモデルがストレス研究において一般的であるのかもしれない。しかし我々は，ストレス研究の領域が，ストレス生理の発達を基礎づける要因や過程のより繊細な理解に向けて動いていかなければならないと信じている。

動物をストレス生理の限界へ向かわせるのではなく，個体の適応能力を決定し調節する自然要因を探求することのほうがよりいっそう得るところが多いかもしれない。これらの要因は，出産前後期や成体の(社会的)経験だけでなく，ストレッサーからの回復のスピードに影響を与える要因も含んでいる。後者の要因の1つは社会的支援である。社会的敗北の長期的な結果は，敗北後の社会的な居住状況によって強力に影響されるようである。すなわち，社会的孤立と結びついた敗北は，それら2つがそれぞれ単独の場合よりも，ラットにおいてはより大きな影響力をもつ(Ruis et al., 1999)。取り組む必要のある，より自然なストレスモデルを要求する第2の重要な問題は，ストレス反応の適応的な性質に関係する。多くのストレス実験の解釈において暗に示されるものは，観察された変化が病理の発現にいくぶんは寄与しているということである。我々は，あるストレス反応の(非)適応的な結果に対する実験的証拠を得るために，より自然な環境が必要であると主張する。おそらく個体のストレス反応は，病理と進化的適合度への変化の観点からは，短期的便益と長期的な費用とのトレードオフなのであろう。不幸にも，そのような問題はラットではめったに取り扱われることはなかったのである。

最後に，我々は，より倫理的な問題を扱いたい。多くの科学実験と同様に，ストレス研究は，特定の仮説によって予測されるようなある種の効果を目指している。しかし，ストレスの予測される効果が見出されないとき，仮説ではなくストレッサーにその原因が帰せられる傾向が強い。これが生物学的な範囲をはるかに超えた過度のストレッサーの使用へといたり，それゆえ表面的妥当性が満たされないという結果となる。これらは長期(数日)にわたる拘束や，高強度のショック，長期にわたる極度の密集などを含む。ここで重ねて述べておくと，その種の生態や生態環境が現代のストレス研究に対するガイドラインであるべきである。

Jaap M. Koolhaas, Sietse F. De Boer,
Bauke Buwalda

第23章

免疫系

　免疫系の主な機能は，個体の内的環境を監視して，組織損傷や微生物（例えば，バクテリアやウイルス）の侵入の徴候を察知することである。免疫機能を制御する要因を考慮すると，特定の免疫の構成要素に特徴的な違いはあるものの，免疫過程は動物種の間で（あるいは，同一種における系統間で）おおむね似ているようである。本章では，免疫系の機能について概要を示し，それに引き続いて免疫の変化がどのようにラットの中枢神経系（central nervous system: CNS）と行動に影響しうるかを記述する。また，特にストレッサーのような心理的過程に影響する要因がどのようにして免疫機能に影響するようになるかについても記述する。そうする中で，観察される影響の性質を決める条件や制約に関して数多くの補足事項を紹介するので，免疫活動に対するさまざまな操作の影響を解明するのは複雑であることが明らかになるだろう。

　免疫機能に影響するストレッサーの実験的操作に加えて，実験室の条件や実験パラダイムもストレッサーとして免疫適格性に影響しうる（または，サイトカインのようにCNS活動に影響する免疫系の産生物を活性化しうる）。一般的にいうと，ストレッサーは情報処理的な性質をもつもの（つまり，状況評価や高次の感覚皮質処理に関係するもので，そのような出来事には，新奇な環境への曝露，社会的条件の変化，捕食者への曝露，拘束，冷水中の水泳，肢または尾へのショック，条件性の恐怖手がかりなどがある）に細分化でき，それらは心因性か神経性か（それぞれ，純粋に心理学的な性質のものか，物理的な苦痛刺激が関係するものか）のどちらかである。それに加えて，ストレッサーは，バクテリアやウイルスへの感染のような全身性の（例えば，代謝性の）傷害でもありうる（Herman and Cullinan, 1997）。それらは，ラットにおいて情報処理的ストレッサーが引き起こすような中枢性の神経化学的変化の多くを（すべてとはいわないまでも）誘発し，それゆえ，嫌悪刺激がしばしば誘発するような行動的変化を引き起こすことも予想できる（Anisman et al., 2002）。免疫とサイトカインに起こる変化は，ストレッサーと生体がもついくつかの特徴に依存する。この点に関して特に注意しておくべきは，軽度のストレッサーであってもラットの免疫機能に影響するかもしれないということであり，そのようなストレッサーにはハンドリング[i]（handling）と注射の手続きや，ブリーダーからの輸送のように標準的な実験手技も含まれる。もちろん，特に脳を直接操作する外科的処置（例えば，損傷，刺激，カニューレ挿入）のような強い傷害は中枢性のサイトカイン機能に対して非常に強く作用して（Fassbender et al., 2001），そのことが神経活動や行動表出に影響するかもしれない。

ラットの免疫に関する簡単な入門

　図23-1に描かれているように，免疫細胞への刺激は絶妙に統合された免疫応答を引き起こし，抗原特異性，学習，および自己分泌と傍分泌の高度な調節がみられる。免疫系における免疫記憶とは，免疫系が以前に遭遇した抗原（つまり，外来の分子）に対してすばやく頑健に応答することであり，TおよびBリンパ球（以下，TおよびB細胞とする）がそれを行う。これらの細胞は免疫系の適応的特性，つまり後天的特性を担う主なものである[*1]。

　免疫系の他の細胞は補助的な機能をもち，抗原をリンパ球に呈示したり，リンパ球の活動を調節したり，**食作用**（phagocytosis）と呼ばれる過程を通して外来細胞（例えば，バクテリア）や壊死した組織を酵素で消化したりする。補助的細胞には，抗原提示細胞（antigen-presenting cell: APC）として特化した樹状細胞と，多形核食細胞（単球およびマクロファージ）がある。注意

---

[i] 動物に手を触れるなどの手段によって，その動物を実験者に慣れさせること。

[*1] 免疫系に関するより詳細な情報は，Abbas et al. (2000) とJaneway and Travers (2001) を参照されたい。

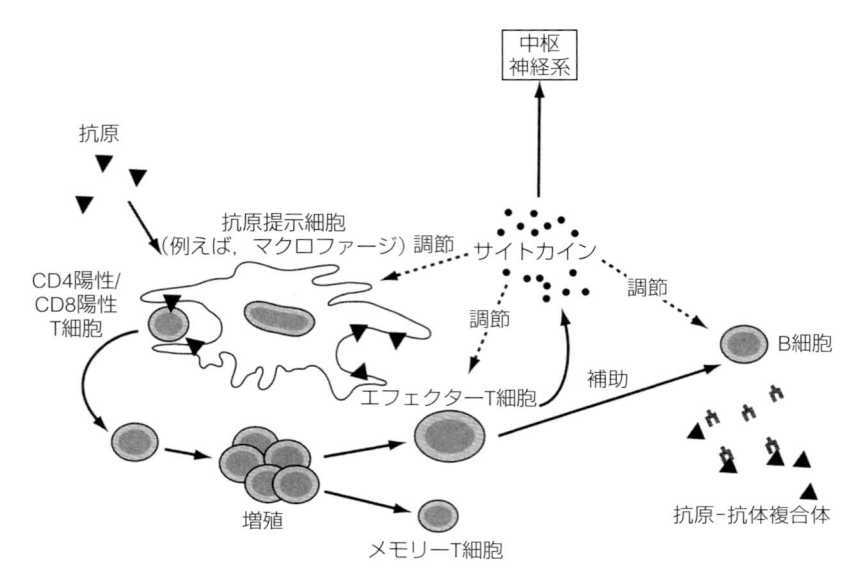

図23-1　免疫系における細胞の相互作用の模式図。抗原提示細胞（antigen presenting cell: APC）がTおよびB細胞に対して抗原（antigen: Ag）を提示することで免疫応答が始まる。Ag刺激によりリンパ球が増殖期に入り，そこからB細胞の場合は抗体（antibody: Ab）を産生可能なエフェクター細胞が発生し，T細胞の場合は後者を補助する細胞が発生する。リンパ球の増殖およびエフェクター機能はサイトカインが調節する。サイトカインは免疫系のほとんどの細胞によって産生されて中枢神経系の機能にも影響しうる。

すべきは，マクロファージとは，実は単球が成長して食作用をもったまま分化した状態だということである。例えば，CNSにおいては，小膠細胞が在住マクロファージの役割を担っている。

どのような免疫応答にも3つの特定可能な過程がある。それは，誘導，活性化，エフェクター機能である。最初の2つの過程は，抗原が提示されてリンパ球を刺激し，リンパ球の活性化にいたる段階を表している。いったん活性化すると，リンパ球は抗体およびサイトカイン産生と細胞傷害性というエフェクター機能をもつ芽球細胞に分化する。抗体産生はB細胞の主な機能で，この細胞はAPCとして作用することもできる。その一方で，T細胞は調節機能と細胞傷害性機能を果たす[*2]。特に，T細胞には2つのサブタイプがあり，それらはヘルパーT細胞（別名，CD4陽性細胞）と細胞傷害性T細胞（別名，CD8陽性細胞）である。ヘルパーCD4陽性T細胞（helper CD4$^+$ T cell: Th細胞）は，もともとB細胞が抗原刺激に対して抗体を産生するのを助ける能力をもつことから定義されていたが，今では「助ける」ということがもっと広い意味の定義をもつことが知られている。それはTh細胞によって免疫応答が抑制されたり，下方制御されたりすることもありうるという意味である。これは免疫系がもつ重要な自己調節機能で，過度の炎症を防ぐとともに自己免疫のリスクを低減することができる。この抑制性，つまり抗炎症性の機能は，Th細胞のうちTh2細胞サブセットがもたらすもので，一方Th1細胞サブセットは，主に炎症性の免疫応答をもつことで識別できる。

B細胞の活性化は，水溶性の免疫グロブリン（immunoglobulin: Ig）分子の産生につながり，それは体液（例えば，血漿/血清）の中から計測できる。Ig分子には5つのクラス（IgA，IgD，IgE，IgM，IgG）があって，それぞれは抗原によって誘導される**抗体**（antibody）を表している。抗体のクラスのほとんどが一次免疫応答の最中に産生されるが，中でもIgMが優勢である。抗原がB細胞を再活性化すると抗原に対してより高い親和性をもつ二次液性応答が起こり，それは主にIgGからなる。

すべてのT細胞はT細胞受容体（T-cell receptor: TCR）を発現し，それが特定の抗原ペプチドを認識して細胞内シグナルを発すると，増殖と分化が起こる。補足的な表面分子であるCD4とCD8もまたヘルパーT細胞と細胞傷害性T細胞を機能させる。つまり，CD4陽性Th細胞は調節的な働きを示し，その一方でCD8陽性の細胞傷害性T細胞は直接的に感染細胞や腫瘍性細胞を溶解する。また，溶解機能は，ナチュラルキラー（natural killer: NK）細胞と呼ばれる大顆粒リンパ

[*2] リンパ球を含むすべての免疫細胞は骨髄で生じるが，T細胞は胸腺で成長する必要がある。B細胞は主に骨髄と胎児肝臓で成長する。

球によっても発揮される。

　T細胞応答の誘導には，抗原がTCRに対して特異的に結合するという認識の段階が必要である。抗原とTCRの間の認識段階にはT細胞とAPCの物理的相互作用が関係する。例えば，マクロファージは，食作用により大きな異物を消化したあとで，消化されてできたペプチド断片を細胞内の主要組織適合遺伝子複合体（major histocompatibility complex: MHC）クラスII分子に積載し，それがそのペプチド配列に対して特異的な相補性をもつTCRを発現しているT細胞に対して抗原ペプチドを提示できる。これがT細胞の活性化と分化につながるのである。

　免疫応答がもつ多くのエフェクター機能には，抗原の除去を促進する水溶性物質（例えば，抗体分子）の産生が関係している。この点において基本的な役割を果たすサイトカインは，細胞がその合成と分泌を行うタンパク質分子で，自己分泌/傍分泌シグナル伝達と増殖分化因子としての働きをもつ。線維芽細胞と内皮細胞はサイトカインを分泌するが，免疫系の細胞もそうであり（そして今ではCNSも同様であることが知られている），そのような細胞にはT細胞と単球とマクロファージがある。サイトカインの主な特性は，①構成的に発現していることは稀であり，②細胞への効果が受容体によって媒介され，③一般に多形質的であることである（Thompson, 1998）。最後の特性は特に神経科学に密接な関係があるが，なぜならそれはサイトカインがCNSに影響するとともにCNS内でも産生されるからである。実際，神経科学研究において最も急速に発展している領域は，正常行動だけでなくCNSの病理においてサイトカインが果たす役割に関するものである。

　免疫系のさまざまな異常は異なる病態と関連している。T細胞とB細胞の活動低下は後天性免疫不全症候群に関連しており，その一方で，NK細胞の活動低下はウイルス性疾患と腫瘍性疾患に関係している可能性がある。さらに，免疫細胞の認識能力が阻害されるか，またはサプレッサー細胞（もしくは，抑制性サイトカイン）が適切に働かなくなる可能性もあり，それは免疫系が自分自身を攻撃することにつながって，エリテマトーデスや関節リウマチなどの自己免疫疾患の進行を促す（Abbas et al., 2000）。しかも，どの系の機能障害も異なる過程を通して生じる可能性がある。循環中のリンパ球が変化するかもしれないし，これらのリンパ球の増殖が阻害されるかもしれないし，リンパ球の殺傷能力が損なわれるかもしれない。そのような変化は免疫系自体の機能障害が原因で進行するかもしれないし，免疫活動を通常は調節する過程（例えば，神経内分泌）の影響を反映しているかもしれない（Besedovsky and Del Rey, 2001）。

　免疫機能の分析を考える場合，ラットにおいては多様な in vitro および in vivo の手続きが使えるが，処置がポジティブまたはネガティブな影響のどちらをもつかに関する究極的なテストとしては，抗原投与を受けた生体の生活状態に対してどのような影響をもつかを調べることが重要である。つまり，病気に対する脆弱性に変化があるだろうか？　ということである。これを調べるときは，ウイルスやバクテリアからの攻撃に対する脆弱性の変化や，疾患からの回復または創傷治癒の速さや，病的症状の進行や増悪などの観点から調べることができ，そのとき使うのはランダムに繁殖された動物でも，特定の脆弱性をもつ動物（例えば，Fisher 344系ラットとLewis系ラットの比較）でもよい。さらに，免疫系の特定の属性に対する処置の効果を調べることもでき，これには（一定量の血液中における）特定のタイプの免疫細胞の数を単純に数える方法がある。この方法では，起こったはずの機能的変化の特性はわからないが，ストレッサーなどの処置が免疫細胞の細胞輸送パターンを変えるかどうかを知るのは間違いなく重要なことである。それとは対照的に，機能的属性に関係するのは，二次免疫器官（例えば，脾臓）や循環中において特定の刺激作用（マイトゲン）に反応してT細胞およびB細胞が増殖する度合いや，抗原刺激に対する抗体反応や，適切な抗原投与を受けたときに特定の免疫細胞が発揮する殺傷能力（例えば，NK細胞の細胞傷害性）などである。

免疫系と脳の相互作用

　免疫系，内分泌系，自律神経系，およびCNSの間で，並行的および逐次的相互作用を伴う多方向的な情報伝達が行われていることが知られており，それにはいくつかの過程が含まれている可能性もある。例えば，活性化した免疫細胞からのサイトカインの放出はCNS活動に影響するかもしれないが，それは実際に脳実質に入り込むことによってではなく，求心性迷走神経線維（Dantzer, 2001）や脳室周辺および他の脳血管領域にある受容体（Nadeau and Rivest, 1999）を刺激することによって影響を与える。サイトカインはまた，有効な血液脳関門をもたない脳室周辺器官（Nadeau and Rivest, 1999）や，可飽和の担体輸送機構（Banks, 2001）を通して脳に侵入でき，最終的には体積拡散を通して遠くの部位に達する（Konsman et al., 2000）。最後につけ加えると，サイトカインは，大血管と毛細血管の細胞を非選択的に刺激することによって脳へのサイトカインの流入量を増やすこともできる（Rivest et al., 2000)。

サイトカインは，いったん脳内に入ると特定のサイトカイン受容体に結合できて(Cunningham and De Souza, 1993)，神経細胞の機能に影響する(Anisman and Merali, 1999)。これらのサイトカインが辺縁系(例えば，扁桃核中心)に影響する道筋はこれから究明しなければならないが，傍小脳脚核と傍脳室視床下部への影響はこの点に関して特に重要かもしれない(Buller and Day, 2002)。最終的には，サイトカインは神経内分泌と中枢神経伝達物質の過程に影響し，またその逆も起こる(Dunn, 1995; Anisman and Merali, 1999)ので，1つの系の機能障害は他の系に余波を及ぼしうることが予想できる。

末梢のサイトカインによるCNSへのシグナル伝達は脳内でのサイトカイン合成によって補完される。その場所は星状膠細胞と小膠細胞の中である可能性が最も高いが，神経組織内である可能性もある(Rivest and Laflamme, 1995)。実際，ラットにおいては，さまざまな物理的および化学的傷害(例えば，脳損傷，脳虚血，カイニン酸や6-ヒドロキシドーパミンによる損傷，発作)に反応して中枢性サイトカインの生物活性がかなり増加するが(Rothwell and Luheshi, 2000)，それは細菌性内毒素やウイルスを使った全身性または中枢性の抗原投与に対しても同様である(Nadeau and Rivest, 1999など)。さらに，ストレッサーは中枢性のサイトカイン発現やタンパク質レベルに影響しうる(Nguyen et al., 1998)。これらの多様な抗原投与は，リガンドと受容体の相互作用の調節に影響するかもしれないし，急性期反応に影響するかもしれず(Black, 2002; Nguyen et al., 2002)，それゆえ広範囲の神経疾患状態に影響することとなる(Nguyen et al., 2002)。しかし，いかなる条件の下でサイトカインが修復能力を発揮するかや，いつ神経損傷を助長するかについてはいまだに明らかではない。

神経障害をもたらすこととは別に，炎症性の免疫過程はうつのような心理的問題の一因となるかもしれない(Maes, 1999)。確かに，うつ病はノルエピネフリンやセロトニンの変動のような神経化学的な変化によって発症すると考えられており，ストレスのかかる出来事が誘発する副腎皮質刺激ホルモン放出ホルモン(corticotropin-releasing hormone: CRH)のような神経ペプチドの変動によっても同様に発症すると考えられている。興味深いことに，サイトカインを全身投与した場合には，視床下部-下垂体-副腎系(hypothalamus-pituitary-adrenal: HPA)の活動に影響するとともに，視床下部および視床下部外の神経伝達物質の変化を促進するが，それはストレッサーが誘発するものとよく似ている(Anisman and Merali, 1999, 2002)。これらの神経化学的変化が今度はうつ状態に特徴的な行動変化(例えば，快苦喪失の開始〈Anisman et al., 2002〉)を促すが，それは抗うつ薬投与により拮抗しうる(Merali et al., 2003)。基本的には，免疫系は調節ループの一部であり，それが神経化学的過程に対して効果を発揮するせいで気分障害や不安関連障害の症状をもたらす(Anisman and Merali, 2002)という見方がとられている。実際，ラットの場合と同様に，ヒトでもサイトカインによる免疫療法(例えば，ある種のがんやC型肝炎の治療におけるインターロイキン2やインターフェロンαの投与)を受けている場合に深刻な抑うつ症状が進行し，それは選択的セロトニン再取り込み阻害薬であるパロキセチンの投与によって弱めることができる(Musselman et al., 2001)。もっとも，サイトカイン自体は抑うつを生み出すのに不十分である可能性もあり，サイトカイン投与とがんやC型肝炎の患者が経験する苦痛との間の相互作用を反映しているだけかもしない。特に，持続的なストレッサーについては，処方計画に基づいて投与された際，免疫による攻撃の効果が非常に増大しうるほど，そういえる(Tannenbsum et al., 2002)。

ストレス，中枢過程，免疫学的変化

免疫の活性化がCNS機能に影響しうるのと同じように，ストレッサーが神経内分泌や自律神経系，CNSの過程に影響することを通して免疫活動に影響を及ぼしうるようである。このことは実験動物(例えば，マウス，ラット，サル)や畜産動物(ニワトリ，ブタ，ウシ)を含むさまざまな種でみられる。一般的には，急性のストレッサーが適応的な重要性をもついくつかの生体防御反応を引き起こすと考えられている。軽度の急性ストレッサーはHPA活動，視床下部および視床下部外での神経ペプチド変化，モノアミン(ノルエピネフリン，ドーパミン，セロトニン)の合成と利用を増加させる(Anisman and Merali, 1999; Anisman et al., 2002)。より慢性的なストレッサーの場合には，さらなる補償的な神経化学的変化が進行し，それは生体の良好な生活状態を維持する役割も果たしうる(Lopez et al., 1999)。しかし，ストレッサーが長引く場合には生物学的システムの消耗が過剰になり(アロスタティック過負荷)，使える資源が減少してしまって，病気に対する脆弱性が増大する(McEwen, 2000)。

嫌悪的な出来事に対する反応に個体差があることは昔から知られており，ストレッサーが引き起こす神経伝達物質と神経内分泌の変化に対して比較的脆弱なラットもいるようなので，アロスタティック負荷に対

する脆弱性も同様の仕方で変化するだろうと想像できる。さらに，サイトカイン投与と同様に，ストレッサーへの遭遇は神経機能の鋭敏化を引き起こして，それによってのちのストレッサー経験がより重大な神経化学的変化を誘発するかもしれない(Tilders and Schmidt, 1999)。また，出生日から数日以内に抗原投与を受けた仔ラットは，成体ラットと同様に，ストレッサーへの反応性が増大し(Shanks et al., 2000)，それはヒトにおいて生後初期の外傷的な出来事が同様の結果を助長するのに似ている(Heim and Nemeroff, 2001)。これらの生後初期の鋭敏化の影響は神経内分泌を変化させるだけでなく，成体になってからストレッサーを経験したときの免疫反応を高めることも明らかである(Shanks et al., 2000)。

ストレッサーが神経内分泌および中枢の神経伝達物質機能に影響するのと同様に，心因性と神経性の傷害はどちらもラットの免疫機能のさまざまな側面に影響する。それらには，脾臓のNK細胞活動の抑制，マイトゲンに刺激された細胞増殖，抗原刺激に続くプラーク形成細胞の反応，そしてマクロファージの活動などがある(Kusnecov et al., 2001)。観察される変化の種類はさまざまな要因に依存し，それらの要因としては，ストレッサーの重大性と履歴や，経験的・生体的・遺伝的・および個体発生的要因，そして検査される免疫パラメータや構成要素の種類(例えば，脾臓か血液か)などがある。さらに，免疫変化の多くはストレッサーに関連した組織の損傷とは無関係である。なぜならそれらを引き起こすのは心因性のストレッサー(例えば，ストレッサーに関係したにおいや，ストレッサーと連合した手がかりや，心理社会的ストレッサーなど)だからである(Kusnecov and Rabin, 1994; Kusnecov et al., 2001; Moynihan and Stevens, 2001)。

ストレッサーの重大性や慢性化の関数として起こるさまざまな免疫変化を区別するのは重要である。例えばラットにおいては，軽度のストレッサーが免疫力を増強しうる一方で，より長期化したストレッサーは逆の効果をもちうる。適応の観点からは，これは道理に適っているようである。生体の生活状態に対する明らかな脅威のようなストレスイベントは，細胞輸送や細胞増殖，細胞傷害性の増強を助長すべきである。しかし，ストレッサーが長引いてアロスタティック負荷が増大すると，利用可能な資源が減少して生体が免疫の混乱に対してより脆弱になるかもしれない(Dhabhar and McEwen, 1999)。例えば，急性のストレッサーによって遅延型過敏反応(delayed-type hyperactivity response: DTH)が強まるが，これはT細胞がもつ免疫力を in vivo で測る指標となっている(Dhabhar and McEwen, 1999; Dhabhar, 2000)。この測度をとるには，1回目の抗原感作と，それに続いて数日から数週間後に行う感作抗原投与が必要である。これは抗原を投与した身体部位(典型的には肉球か耳介)で，発赤と腫れが増すのが特徴の炎症反応を促す。感作化学物質であるDNFBの投与直前にラットが1回の拘束セッションを経験した場合，投与を受けたラットのDTH反応が増大するが，これはストレッサーの重大性を敏感に反映している(Dhabhar and McEwen, 1999; Dhabhar, 2000)。

これらの研究で強調すべきことは，前もって感作抗原に曝露されたラットにおけるDTH反応の誘発との関連で，ストレッサーの免疫増強効果を調べた点である。それゆえ，そこでの発見は急性ストレッサーがどのようにメモリーT細胞の応答に影響するかであって，ナイーブT細胞の応答にストレッサーがどのように影響するかではない。このことに関連して述べると，急性ストレッサーは肺にヒツジ赤血球を導入したあとのDTH反応を弱めるため(Blecha et al., 1982)，使う抗原の種類の違いか，または免疫系(真皮組織か上気道粘膜表面か)の違いが観察結果の性質に関係しているのかもしれない。さらに，ラットのDTH反応に対するストレッサーの効果(Flint and Tinkle, 2001)は，マウスでみられる効果(Wood et al., 1993)とは異なっているかもしれず，これはストレッサーの重大性を種間で等しくするのが困難であることを示唆している。

ストレッサーが誘発する免疫変化に対して，影響を与える要因を考えてみたい。Kusnecov et al.(2001)およびMoynihan and Stevens(2001)の指摘によれば，免疫機能に対する慢性的ストレッサーの効果には，調べられた免疫応答の種類が関係するかもしれない。T細胞マイトゲン，コンカナバリンA(concanavalin A: ConA)，またはフィトヘマグルチニン(phytohemagglutinin: PHA)に対するリンパ球増殖のような細胞媒介性免疫を in vitro で評価した場合，通常報告されているのは急性ストレッサーがラットの脾臓細胞増殖を抑制するということである。しかし，コレラ毒素に感作した脾臓細胞に対して起こる抗原特異的な増殖反応は同じストレッサーによって増強する可能性がある(Kusnecov and Rabin, 1993)。

上述のように，非特異的T細胞マイトゲンに対して起こる脾臓と血液のリンパ球増殖は，急性ストレッサーが原因となって減少する(Kusnecov and Rabin, 1994)。しかし，そのような結果はより長引くストレッサー(肢へのショック，拘束，隔離)を与えた場合にも一貫してみられるわけではない。短い期間の社会的隔離や水泳ストレスが血中および脾臓中のリンパ球増殖を抑制する一方で，ストレッサーへの曝露をより長引かせる場合にはこの効果が逆転する(Kusnecov et al., 2001)。しかし，不動化/拘束や電気ショックを用いた研究によると，慢性的ストレッサーを与えたあとでも急性ストレッサーがもつ免疫抑制効果は維持される (Lysle et al., 1987; Batuman et al., 1990)。これらの多岐にわたる結果を説明しようとすると，使われるストレッサーの性質や重大性が関係していることが明らかになるかもしれない。しかし，繰り返すが，この点に関しても重要な種差が存在する可能性がある。そのことは，マウスにおいては急性ストレッサーが脾臓 B 細胞や補助細胞の活動を増強することからもいえる (Lu et al., 1998; Shanks and Kusnecov, 1998)。

免疫機能に対するストレッサーの効果を調べた他の研究のうち，大多数は神経性のストレッサーを用いているが，心因性の外傷を用いたものもある。これらのストレッサーは異なる神経回路を活性化させ (Lopez et al., 2001; Anisman et al., 2002)，末梢過程に対して異なる効果をもつかもしれない。しかし，それでも両方のタイプのストレッサーがたいてい似たような効果を引き起こしたという事実は，観察結果をもたらしたのがストレッサーの心理的影響であったという考えと合致する。だが，心因性ストレッサーのすべてが似たような効果を発揮するわけではないことに注意しておくのは重要である。なぜなら，捕食者ストレスが活性化する神経回路は，他の心因性ストレッサーが関係するものと同じではない可能性があるからである。実は，ラット（およびヒト）に対する最も強力なストレッサーの1つは社会的混乱であり，その混乱は免疫機能と感染性疾患への易罹患率に著しく影響するかもしれない (Sheridan, 1998)。興味深いことに，社会的敗北を経験したラットが1週間後にリポ多糖体の投与を受けると，コルチコステロン反応が低下し，循環中のインターロイキン1濃度が上昇し，リポ多糖体に反応したことによる死亡率が増加する (Carborez et al., 2002)。同様に，1週間の社会的混乱によって糖質コルチコイドがもつ免疫抑制効果への耐性が起こるが (Stark et al., 2001)，この状態の結果としてリポ多糖体に反応したサイトカイン産生が過剰になり，最終的には死亡率が増加する (Quan et al., 2001)。このように，持続的なストレスは必ずしも環境の病原体に対する宿主防衛機構を抑制するわけではなく，実際には思いがけず深刻な合併症につながるような変化をもたらす可能性がある。

結 論

免疫系は自律的に機能する系であるというのが従来の理解であったが，神経ホルモンが免疫細胞を調節することを示した研究は，この理解が妥当でないことを示した。これをさらに支持することとして，リンパ器官に「組み込み型の」ノルアドレナリン作動性およびペプチド作動性の神経基盤が存在することもあげられる。神経内分泌系のホルモンとともに，免疫系に対するこれらの交感神経接続および副交感神経接続は環境ストレッサーに反応して神経の上流で起こる過程の影響を受けるので，どのようなストレッサーでも免疫系の機能的状態に伝達してそれを変化させうるようになっている。

ここまで論じてきたように，*in vitro* および *in vivo* での免疫機能パラメータの多くがストレッサーへの曝露によって変化しうるが，免疫上に現れる結果の種類は広範囲のストレッサー変数と生体の変数に依存しており，それについては完全な解明が待たれる。心因性や神経性のストレッサーに対する CNS 反応が免疫に影響を及ぼすのとは別に，免疫系での補償的変化が CNS 機能に重要な影響を及ぼしうることは注意を要する。我々が論じてきたように，サイトカインは免疫系の主な調節性の産生物で，多くのサイトカインがさまざまな動機づけ行動や認知行動に影響することは確立された事実である。それには脳における青斑核，扁桃核，海馬，視床下部を含む個別のストレス関連経路が関係している。急性ストレッサーは免疫応答を増強しうるが，これは主に良性の免疫刺激を用いて示されてきたことである。しかし，原則的には，ストレスを受けた生体では，感染因子に対する免疫応答が炎症性サイトカインの過剰産生を引き起こす可能性があり，ストレスを受けていない生体と比べると，このことが CNS に対して異なった影響を及ぼす。さらに，これが影響する CNS は，最初に免疫反応を変化させて CNS の病気に影響したかもしれない心因性ストレッサーへの適応にすでに関与しているのである。

謝　辞

本章を執筆するにあたって以下の援助を受けた。カナダ衛生研究所 (H. A.)，アメリカ公衆衛生局助成金 DA14186 (A. W. K.) と MH60706 (A. W. K.)，アメリカ国立環境衛生科学研究所によるラトガース大学・ニュージャージー医科歯科大学センター助成金 P30 ES05022 である。筆者らは Zul Merali と Shawn Hayley のコメントに感謝している。H. A.は，神経科学部門で Canada Research Chair のポストを有している。

Hymie Anisman, Alexander W. Kusnecov

第 V 部

発　達

第24章	胎仔期の行動	189
第25章	幼生期	195
第26章	青年期	203
第27章	母性行動	210
第28章	遊びと闘争	218
第29章	性	224
第30章	環　境	233

第24章

胎仔期の行動

　比較，生理，発達心理学の歴史において，ある種の行動が出生後すぐに発現するという実験的証明から，行動は，その行動による利益がなくても発達する，つまり，行動は「生得的」であることが結論づけられた。出生前の発達は，調節遺伝子によって誘導される細胞・組織レベルの相互作用を含んだ成熟のプロセスであると考えられていた。しかし，胎生期における複雑な行動機構，感覚応答，学習能力の証明により，胎生期の発達について新しい見方が現れた。これらの研究のほとんどが，胎生期の行動発達モデル動物を用いて進められているが，中でも特にラットの胎仔を用いた研究が多い（Robinson and Smotherman, 1992a, 1995; Smotherman and Robinson, 1997）。

　他の有胎盤哺乳動物と同様，ラットは母親への生理的依存時期を終えて生まれてくる。胎仔の生命は，母親の子宮とつながっている胎盤にサポートされているため，研究者は，行動研究のために胎仔へのアクセス手段を確立しなければならないという大きな問題に直面する。この問題は，妊娠ラットの脊髄を損傷させることよって克服された。この方法によって，全身麻酔で身体活動を抑制することなく，外科的処置による子宮と胎仔の露出が可能になった（Smotherman and Robinson, 1991）。母体の体温（37.5℃）に保たれた生理食塩水に浸すことで，個々の胎仔の観察や実験的なアクセスが可能となり（子宮内〈in utero〉），子宮の半透明壁を貫いて何らかの操作を行わなくても胎生ラットの観察を行うことができる。また，羊膜囊とともに（羊膜内〈in amnion〉），もしくは，胚膜を取り除いたあとに（子宮外〈ex utero〉），胎仔を子宮から生理食塩水のバスに移すことで，より鮮明な可視化やより直接的な実験アクセスが可能となる。これらの方法によって，胎仔の運動行動のビデオ記録，化学性・触覚性刺激の呈示，薬の投与，2時間にも及ぶ中枢神経系の外科的操作が可能となる。胎仔行動の発達変化は，胎仔が動き始める胎生16日から出産直前の胎生21〜22日までの間で異なる在胎日齢の胎仔を調べるという，横断的な実験デザインによって調べられている。以上のようなラット胎仔行動の研究方法の出現により，正常な環境にいると仮定される胎仔の研究成果から，胎仔の発達の知見を得ることが可能となった。

胎仔発達の生態学

　成体の行動は，動物と環境の持続的・可変的な相互作用を表している。動物の習性に詳しい研究者たちは，行動を完全に理解するには，環境との関連性を認識することが不可欠であると主張してきた。胎仔の行動研究に関しても，同じ考え方が採用されるべきであるとの主張はあるのだが（Smotherman and Robinson, 1988; Ronca et al., 1993），胎仔は真空環境にいるかのようにみなされることが多い。確かに，胎仔期の環境は，母体の外界に生じる動揺から守られている。しかし，胎内環境も頻繁かつ劇的に変化するものであり，胎仔はその中で，空間生命維持のために必要な物質を共有する母親や同胞と関わって発達する。

　胎内環境の鍵となる母体要素は子宮である。子宮は，胎盤付着部位を供給する血管の新生が盛んな子宮内膜と，弾力的に胎児を固定し，出産時以外に収縮による周期的な物理刺激を行う子宮筋によって構成される（Jenkin and Nathanielsz, 1994）。子宮内で胎仔は，大量の羊水を維持する胚膜（漿膜・羊膜）に包まれており，羊水に浸かっている。母体の腹部・子宮・漿膜・羊膜・羊水による同心性の覆いは，外界からの感覚性刺激（特に視覚刺激，また，程度は低いが聴覚刺激機械的・化学的刺激も）をブロックもしくは弱める一連のバリアを形成している。同時に，母体内では，何百もの化学混合物を含んだ羊水内で多くの化学刺激が（Wirtschafter and Williams, 1957），また，母親の子宮収縮・歩行・姿勢の変化・毛繕い[i]（grooming）・その他の動作による機械刺激が（Ronca et al., 1993）胎児に与えられる。さらに，子宮内の同胞間でも化学刺激や

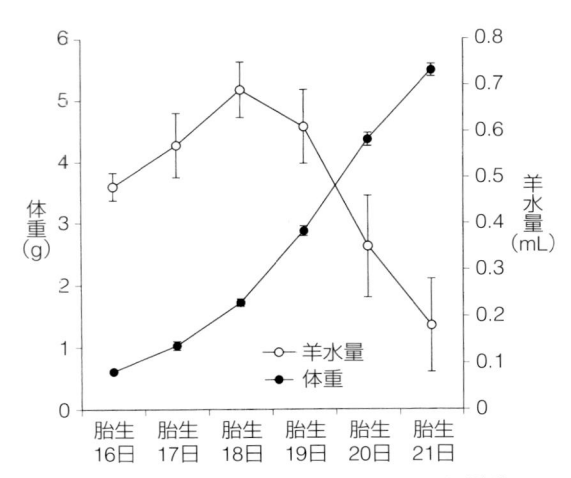

図24-1　妊娠期間の最後6日間におけるラット（胎生16～21日）の体重（左軸）と羊水量（右軸）の変化。ポイントは平均値，バーはSEMを表す。

機械刺激の供給があり，このことは胎仔の行動と発達に影響していると推測される。雄性胎仔により生成される男性ホルモンは同胞の雌性胎仔の行動や形態を子宮内で雄性化し（Meisel and Ward, 1981），1個体の胎仔の動きは隣にいる胎仔の活動量や活動パターンに影響を与える（Brumley and Robinson, 2002）。

　胎仔の成長は，子宮内の物理的環境と関連して劇的に変化するため，内部環境に起因する感覚刺激が及ぼす影響は，胎生時期により異なると推測される。例えば，ラット胎仔は1.4日おきに2倍の質量になるが，この劇的な成長の時期は，胎仔が動くためのフリースペースが減少する，つまり，羊水量がピークから減少していく時期と一致している（図24-1）。子宮内・羊膜内・子宮外における自発運動速度の違いが示しているように，胎児は物理的環境の違いに敏感である（Smotherman and Robinson, 1986）。これらの理由から，胎仔を含めた研究は，行動課題時における環境を慎重に選択・コントロールする必要がある。

胎生発達期における運動と感覚

　胎仔行動において最も目立った見地は，おそらく，すべての胎仔が出生前に自発的に動くという事実である。初期の研究者は，胎仔の運動は，蹴る，反射的に動く，攣縮する，というランダムかつ無目的な集合を含んでいるようであると認識した（Humburger, 1973）。胎仔の動作を特性化するための定量的方法と連続動作の詳細を分析するためのビデオ技術の応用により，胎仔の活動は組織化されていないという結論は見直しを余儀なくされた。ラット胎仔の動作は胎生16日で現れ始め，この頃は，前肢，頭，体幹の小振幅動作がみられる。その後数日にわたって動く量が著しく増加し，胎生18日頃から安定する（Smotherman and Robinson, 1986）。活動量が増加するだけでなく動きがさらに組織化され，周期性や同期性の形式をとる定量的パターン形成を示す。約1サイクル/分の活動の漸増・漸減期間を含めた周期的な運動活動は，胎仔・幼若期ラットを含めた多様な種における自発運動の特徴である（Smotherman et al., 1988）。胸中部の脊髄を切断したあとも，前肢と後肢の両方に周期性が現れ続けるため，これは中枢神経系の多数のソースから引き起こされていると思われる（Robinson and Smotherman, 1990）。

　同期性とは，2つもしくはそれ以上の身体部分のほぼ同時の動作を含む，一時的パターン形成の異なる形式である（Robinson and Smotherman, 1988）。肢間の同期性はすべての対肢間で現れ，妊娠期間が進むにつれ，その動作はさらに堅固に連成されるようになる（動きの間隔＜0.2秒）（Kleven et al., in press）。高度な肢間の同期は，胎生18日の前肢間で証明されており，その1日後（胎生19日）には後肢や肢帯間で顕著になる。周期性と同様に，肢間の同期性は中枢神経系の吻側を起源とする神経系の制御によるものではない。胎仔は脊髄頸部の切断後も肢活動の同期性を示し続けるのである（Robinson et al., 2000）。

　同時に，ラット胎仔では自発運動の組織化における著しい発達変化があり，また，触覚，化学，固有感覚性モダリティーなどの感覚刺激に対して応答することができる。胎生16日のラット胎仔は，皮膚の触覚刺激に対する単純な運動応答を示す。触覚刺激は，特定の力がある1点に加わった際に曲げを調整されるフォンフレイフィラメントを介して，調節された様式で呈示される。胎仔は，より幼い時期には刺激に対して単純な引込め反射を示すが，胎生20日までに，直接刺激部位に対して統合されたワイピング[ii]（wiping）もしくはスクラッチング[iii]（scratching）応答を示すようになる（Smotherman and Robinson, 1992）。一般的な触覚刺激は，皮膚の一部をやわらかい絵筆で軽擦することにより与えられる。このような刺激に対する胎仔の応答は，胎齢や刺激する位置で異なる。妊娠末期の胎仔をやさしく軽擦すると，身体と後肢の運動が促進されるが（Robinson and Smotherman, 1994），これには，

---

[i] ある個体が自身の体毛をなめたり引っ張ったりすることで毛並みを整えたり，ごみなどを取り除く行動。

[ii] ぬぐう行為。ふいてきれいにする。
[iii] 爪で引っかく。

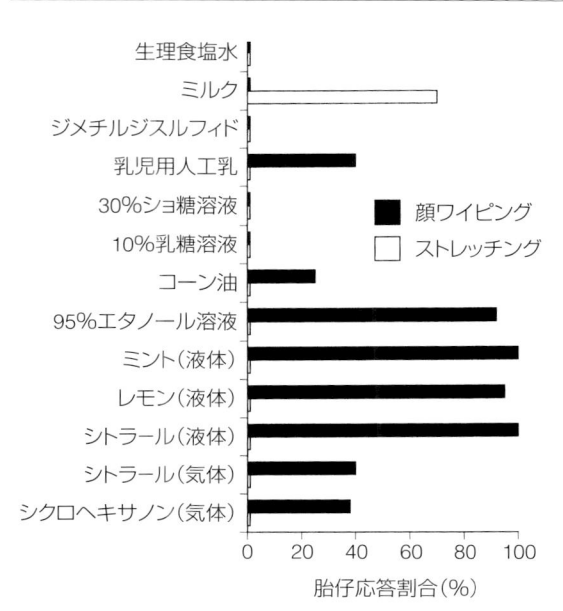

図24-2 各化学刺激（液体もしくは気体）の口腔内注入におけるラット胎児の顔ワイピング応答もしくは伸長応答の割合。

ステレオタイプの肢伸長応答が含まれている（Robinson and Smotherman, 1992a）。この応答は，肛門生殖器領域をブラシでなでた（これは，母親から新生仔への直接的なリッキング[iv]〈licking〉行動を模倣したものである）あとの，殿部の上昇と後肢の伸長で構成される（Moore and Chadwick-Dias, 1986）。

化学刺激に対する応答性は，少量（20 μL）の化学刺激性液体を胎児の口へ注入する方法により広く研究されている。液体は，カニューレの先端に取り付けられたフランジを舌の正中に固定した状態で，下あごを通って挿入されているカニューレを介して注入される（Smotherman and Robinson, 1991）。胎仔は，胎生18日には化学刺激性液体の注入に対して運動応答を示し，胎生20日までに組織化された活動パターンを発現する（図24-2）。レモン抽出エキスの口腔内注入，もしくは，その他の強いにおい成分を含む液体は，胎生20，21日のラット胎仔の顔ワイピング応答を確実に誘起する（Robinson and Smotherman, 1991a）。同様に，ミルクの注入は生後の哺乳行動の構成要素となる応答を誘発する（Robinson and Smotherman, 1992b）。このような複合化学刺激に対する胎仔の応答は，多様な化学受容性システムを介しているようである。スクロースやシトラール（人工レモン香料）のような，1つのモダリティーの中で優位に知覚される刺激は，胎生20日の胎仔の運動活動の変化を促進する。このことは，この時期までに味覚と嗅覚システムが機能していることを示している。さらに，嗅球を外科的に切除された胎仔は，レモンのような複合化学受容性刺激に対する応答が，消失はしないが，減少する。このことは，三叉神経システムを含めたその他の味感覚システムが胎仔の化学刺激応答の調節に重要な役割を果たしていることを示唆している（Smotherman and Robinson, 1992）。

胎仔の活動パターン

高度に連鎖，統合されているラット胎仔の行動形式は，一般的に**胎仔活動パターン**と呼ばれているが，適切な刺激を実験的に呈示することよって惹起される。胎仔活動パターンの中で目立っているのは，顔ワイピングである。顔ワイピングは，前肢を顔に置き，続いて顔面内で，通常は耳から鼻に向かって，肢を下方向に動かす行動を含んでいる（Robinson and Smotherman, 1991a）。成体ラットの毛繕いや嫌悪応答に似ているこの応答は（Richmond and Sachs, 1980），妊娠期間の最後2日（胎生20，21日）に，通常の化学刺激性液体を口腔内注入することで確実に惹起させることができる。胎生19日の胎仔は，羊膜嚢内でテストされれば顔ワイピング応答をみせるが，膜を剥奪されたあとは顔ワイピングをみせない（Robinson and Smotherman, 1991a）。したがって，胎生19日の胎仔では，肢と顔の接触が確立されるために必要な頭部の安定化に，さらなる生化学的サポートが必要であると推測される（図24-3 左）。

口周囲への点状の触覚性刺激でも，胎児の顔ワイピングを惹起させることができる。化学刺激や触覚刺激による顔ワイピングは，神経化学物質や刺激によって変化する胎仔感覚閾値を評価するバイオアッセイとして用いられている（Smotherman and Robinson, 1992）。例えば，オピオイド作動薬であるモルヒネなどのオピオイド薬剤の投与は，胎仔の感覚刺激に対する応答を減少させる。ミルクや羊水などの，生物学的関連性がある液体を胎仔の口に入れると，内因性オピオイド活性が惹起される。ミルクや羊水にさらした60秒後にレモンを口腔内に注入すると，胎仔ラットの顔ワイピング応答は減少するが，ナロキソンのようなオピオイド受容体拮抗薬による前処置を施されていると，ワイピングはもとどおりになる（Smotherman and Robinson, 1992; Korthank and Robinson, 1998）。

顔ワイピングはラット胎仔によって表現される組織化された活動パターンの集まりの1つである。これらの行動は，個体発生過程や胎仔期ラット行動の神経基

---

iv ひとなめすること。

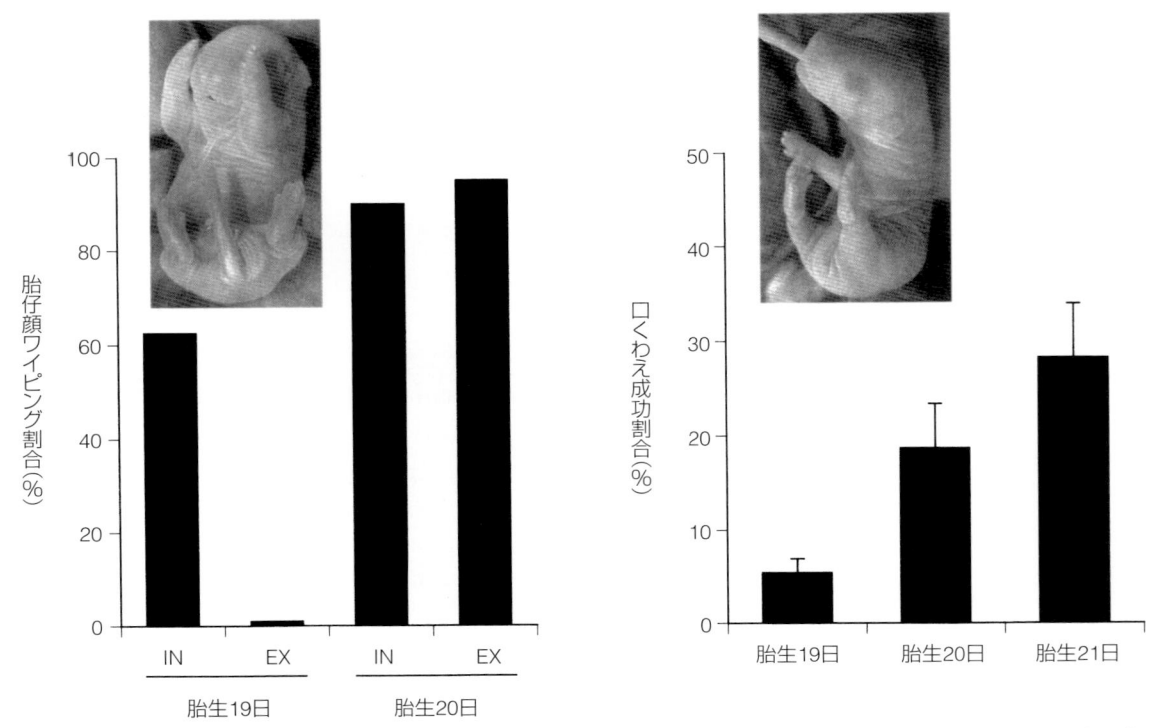

図24-3 （左）羊膜内（IN）もしくは子宮外（EX）におけるレモン味の知覚で，胎生19, 20日のラット胎児が顔ワイピングを示す割合。（右）胎生19〜21日のラット胎仔の人工乳首の口くわえによるマウシング応答の割合。

質の研究に有効であることが証明されている（Robinson and Smotherman, 1992a）。出生後の刺激パターンを模倣する実験操作によって，多くの活動パターンはその神経行動学的起源が胎仔にあることが明らかとなった。

●口くわえ応答（oral grasp responce）●

人工乳首を口の近くに呈示された胎仔は，外側頭の動き，口行動，活発な乳首掴み行動を起こす（Robinson et al., 1992）。新生仔は哺乳期の母親の乳首を機能的に吸引することが求められるが，その数日前に該当する胎生19〜21日に，乳首をくわえる能力が継続的に向上する（図24-3右）。人工乳首の口くわえは，胎仔や新生仔の口に液体を注入する代替方法をもたらし，胎仔ラットの古典的条件づけ実験での条件刺激として用いられている（後述）。

●ストレッチ応答●

哺乳中の新生仔ラットの口に母乳が入ると，すぐに，背屈，頭部の上昇，協調性の後肢伸長が現れる。脂肪，水，その他の組成が成体ラットの母乳に類似しているウシのライトクリームを，胎生20, 21日のラット胎仔の口腔内に注入することで，実験的にストレッチ応答（stretch response）を誘発することができる。新生仔の迅速なストレッチ応答とは対照的に胎仔のストレッチ応答は，ミルクの注入後，平均180秒の潜時で起こる（Robinson and Smotherman, 1992b）。

●口活動●

胎仔に化学刺激や口腔周囲への触覚刺激を与えると，その後，さまざまな形式の口活動（oral activity）が惹起される。これには，ミルクを口腔内に入れた際のマウシング[v]（mouthing）応答や，口腔周囲に人工乳首を呈示した際のマウシング，リッキング，サッキング[vi]（sucking），バイティング[vii]（biting）応答が含まれる（Robinson et al., 1992）。口活動は，胎仔がまだ羊膜嚢内で羊水に浸かっている期間の自発活動の間にも起こる。

---

v 口に入れる（くわえる）行為。
vi 吸う行為。
vii かみつく行為。

●交互の足踏み●

胎仔にさまざまな神経化学物質を投与すると，交互の足踏み（alternative stepping）行動が現れる。L-DOPA（L-beta-3,4-dihydroxyphenylalanine）により新生仔ラットにおける空中足踏み（van Hartesveldt et al., 1990）と類似した前肢の足踏みが誘発され（Robinson and Kleven, in press），セロトニン作動薬により後肢のステッピングが誘発される（Brumley et al., 2003）。これらの神経刺激性薬物は出生後の機能的歩行運動の神経基質に関与していると考えられている。

●臍帯圧迫に対する応答●

ラット胎仔は臍帯圧迫による急性低酸素に対して，ステレオタイプの行動や生理学的応答をみせる（Robinson and Smotherman, 1992a）。微小血管用クランプにより臍帯を閉塞すると，胎仔の自発活動ははじめ減少し，その後，一過性ではあるが著しく増加する。この際，心拍の減速が付随して起こる。新生仔ラットは，低酸素に対して同様の応答を示さないが，このことは，その応答が胎仔期特有の順応であることを示唆している。

●徐　脈●

心拍は，多くの動物モデルにおける感覚応答能の指標として用いられている生理学的尺度である。レモンのような新奇化学刺激物質を口腔内に注入したあとや，ミルクに対するストレッチ応答を起こす直前，また，臍帯圧迫で低酸素になっている間に，ラット胎仔は一時的に徐脈になる。ラット胎仔で刺激反応性の頻脈については報告がないが，生後5〜7日目で出現することがわかっている（Smotherman et al., 1991）。

固有受容性刺激と運動学習

種特有の活動パターンの発現は，ラット胎仔が皮膚，嗅覚，味覚の手がかりなどの外受容性刺激に敏感であることを示している。しかし，ラット胎仔における肢動作の知覚運動性動態を調べるために発展したパラダイムで証明されているように，胎仔は自身の動きによって起こる刺激に対しても応答する（Robinson and Kleven, in press）。この運動学習パラダイムはヒトの小児で行われた実験に類似しており（Thelen, 1994），この実験で，被験者は肢間にくびきをつながれて2本の肢の動きを制限されることで，肢間の協

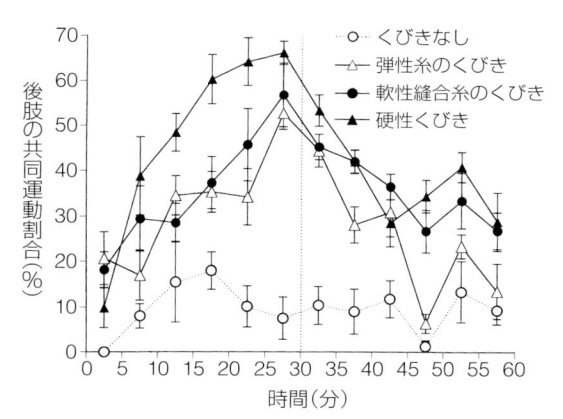

図24-4　胎生20日のラット胎仔におけるくびき運動学習中の後肢の共同動作割合。訓練期間中，後肢には弾性糸，軟性の縫合糸，シアノアクリル酸によって硬化された糸でつくられたくびきが取り付けられる。30分の訓練後，くびきは取り外される（破線の垂直線）。統制群はくびきを取り付けられるものの，訓練開始時に切られる。各ポイントは5分間の共同動作の平均割合を表す。バーはSEMを表す。

調運動の新たなパターンを習得する訓練を受ける。くびき運動学習を遂行するため，30分の訓練期間中，肢を物理的に接合させる糸により2本の肢はぴったり合わされる。訓練中，一方の肢の動きは，くびきでつながれているもう片方の肢の動きももたらす。このように，固有受容性のフィードバックは，能動的・受動的動作の両方によって生じる。2本の肢が同時に動作を起こし，空間的軌道が一致するときに，共同運動は起こる。結果的に，胎生20日のラット胎仔は，訓練期間中にくびきでつながれた肢間共同運動の顕著かつ漸進的な増加をみせる。このことは，ラット胎仔が，自発運動活性時における肢間協調運動のパターンを変えるために，（明らかな強化が存在しなくても）運動感覚性のフィードバックを用いることができることを示唆している（Robinson and Kleven, in press）。胎仔からくびきが取り除かれ，肢が物理的に一対でなくなったあとの15〜25分間は肢の共同運動を続ける。このような持続性から，くびきがただ単に反射運動を誘発しているわけではないと推測される。弾力性と，くびきがどの程度効果的に2本の肢を対にしているかが訓練期間中の共同運動数に影響する（図24-4）。このことは，運動関連フィードバック特性のわずかな変化でさえ，ラット胎仔の協調性運動行動の発現を変えることができることを示している。

曝露学習

多くの証拠により，胎仔が，胎仔期における感覚性の経験から自己の行動を修正できることが示されてい

る。例えば，ラット胎仔は頻回の感覚刺激の曝露に馴化[viii](habituation)することができる(Robinson and Smotherman, 1995)。胎生 20, 21 日の胎仔は，レモンの口腔内注入に応答して，はじめは運動活性の増加と徐脈を示すのだが，5〜10 回ほど注入するとその応答性は弱まる。新奇のミント溶液を注入して脱馴化[ix](dishabituation)すると，胎仔のレモンに対する応答がもとどおりになる。このことは，応答性の減衰が中枢性応答であり，受容器の順応や効果器の疲労といった末梢性応答ではないことを示している。

また，胎仔の曝露学習がその後の行動の足場を提供していることも示唆されている。子宮内で経験したなじみのある味物質と新奇の味物質の区別は，その数日後の胎仔の総合運動活性(Robinson and Somtherman, 1991b)や，胎仔期末期と新生仔期のマウシングやリッキング行動(Mickley et al., 2000)を評価することで行うことができる。羊水(Hepper, 1987)や母親の食餌(Hepper, 1988)に存在する手がかり刺激は，出生後に行われる味覚や嗅覚テストにおいてより好まれる。さらに，胎仔期における特別なにおい手がかり刺激の曝露は，それに続く，新生仔期のにおい曝露を用いた連合学習に影響を与える(Chotro et al., 1991)。母親の食餌の多くの成分が胎盤を通過して胎仔の循環器や羊水内に入るため，単純な曝露学習は胎仔発達期間中における食嗜好性の確立に重要な役割を果たしていると推測される(Robinson and Smotherman, 1991b)。

連合学習

連合学習も出生前に獲得，発現する。ラット胎仔における活動の古典的条件づけでは(Robinson and Smotherman, 1991b)，中性条件刺激(スクロース CS)と胎仔の行動を活性化する無条件刺激(レモン US)が組み合わされる。CS-US の組み合わせを 4 回行うと，胎生 20 日の胎仔は条件づけされた CS 刺激のみでも応答し，運動行動が増加する。また，ラット胎仔は生理学的応答も条件づけされる。例えば，ミルクを口腔内注入すると胎仔の感覚応答が減少するが，これは，内因性オピオイドシステムの活性化によるものである(Smotherman and Robinson, 1992)。人工乳首(CS)とミルク(US)をペアで提示したあとに乳首(CS)のみを再提示すると，条件づけされたオピオイド活性の増加によって胎仔の皮膚応答が減弱する(Robinson and Smotherman, 1995)。

胎仔における連合学習は，胎仔の行動と刺激に対する応答に対して永続的な影響を及ぼす。周産期学習の味覚-嗅覚嫌悪パラダイムでは，嫌悪無条件刺激(US)として塩化リチウムの腹腔内投与が用いられる(Robinson and Smotherman, 1991b)。胎生 17 日の胎仔の羊膜嚢にミントの臭気(中性 CS)を注入したあとに塩化リチウムを腹腔内投与すると，活動の抑性と身体を丸める即時作用を示す。この 2 日後にミント CS の再曝露を行うと，胎生 19 日の胎仔は条件づけされた運動応答を示すが，これは，胎生 17 日の胎仔における無条件反応に似ている。同様に，胎仔期にアップルジュースとともに塩化リチウムを投与された新生仔は，ジュースを塗った乳首から乳を飲むことや，母親の母乳を飲むためにアップルのにおいで満たされた短い走路を横切るのに長い潜時を示す可能性がある。したがって，曝露学習のように，連合学習は出生前のラット胎仔で現れ，出生後の行動発達にも影響を与える。

結論

ラット胎仔の *in vivo* 研究は，早期の神経行動学的発達の調査を可能にする単純な哺乳動物モデルシステムを与える。外科的に小さくされた標本や系統学的に単純な生物のような基礎的な神経科学研究で主に用いられるモデルシステムと異なり，ラット胎仔の研究は，成熟哺乳動物の行動機能を含めた連続的発達特有の性質を呈する新しい動物モデルを提供する。これまでの研究によって，行動の組織化，感覚応答性，学習のすべてが胎仔期のラットに発現していることが確認されている。したがって，ラット胎仔の研究は，行動神経科学や神経行動学的発達における基礎的な疑問を理解する単純なシステムであると同時に，成体ラットに対する既存の研究手法を補足するものとして位置づけられる。

謝 辞

筆者は国立小児保健・人間発達研究所(National Institute of Child Health and Human Development)の助成を受けた(HD 33862)。

Scott R. Robinson, Michele R. Brumley

[viii] 動物が曝露された刺激に慣れ，反応しなくなること。
[ix] 新しい刺激の呈示などにより，動物が刺激に対する反応を再び増加させること。

第25章

幼生期

　わずか22日の妊娠期間ののち生まれたばかりのドブネズミの仔は，当然ながら未成熟であるが，3〜4週間後の発達は急速，劇的なものである。新生仔期（0〜4日），幼少期（5〜10日），幼若期（11〜17日），離乳期（17〜28日，それ以降）の段階は明確であり，ダイナミックなものである。本章では仔ラットの発達，行動様式の分化の概要を示す。その後，「エソグラム」の1つとしてドブネズミの産後早期の行動，より自然な文脈における未成熟なラットを対象にした実験デザイン，解釈に利用可能な生後早期のラットに関する情報に重点をおいた感覚と運動の発達過程のいくつかを紹介する。

いくつかの発達のシークエンス

　幼いドブネズミの行動を記述した研究は多く存在する。Willard Smallによる毎日の日記のような観察は，実験の内容が豊富で，かつシンプルな記述に満ちている（Small, 1899）。Bolles and Woods（1964）による報告では，より客観的な観察を行っている。それは，実験用ケージの中で母ラットとその一腹の仔ラットを毎日のタイムサンプリングベースで行ったものであった。Altman and Sudarshan（1971）は網羅的な多数の運動テストの結果を報告し，生後間もないラットの発達を記述した。加えて，感覚と知覚の個体発生（Alberts, 1984），生理的な調整的発達（Adolph, 1971），行動の成熟とは異なる話題の発達的特徴に関する報告と分析がある。母ラットの行動と仔ラットの発達に関する統合的な研究もまた役に立つ（Rosenblatt, 1965など，本書第27章も参照）。

　これらの成果をもとに，ドブネズミの出生から生後3, 4週間，それ以降を隔てる急速かつ劇的な行動レベルの個体発生の顕著なシークエンスについて本項で述べる。

●外見の発達と連続的変化●

　飼育されている仔ラットの体重は，生まれてすぐは約7 gである（0日）。一度，母ラットによってきれいにされ，安定した呼吸を始めると，鮮やかで，体毛のない赤い身体へと発達する。毛のない仔ラットの皮膚は薄いため，腹壁を通して胃の中の母乳をみることができる。新生仔期には，目のわずかなふくらみと外耳（ひれ）を形成するための皮膚のひだがある。

　また，ミスタシアルパッド（mystacial pad）上に細かいヒゲが並んでいることが，精密検査から明らかにされている。呼吸は鼻を通して起こるため，鼻孔は開いている。乳歯は存在するが，切歯はまだ現れていない。肢と鉤爪は形成されているが，立っていること，掴むこと，歩き回ることはできない。

　生後の発達は急速である（10日目までに20 g, 15日目で30 g）。毎日，全体的なみた目に変化が起こる。骨格の発達，半重力的サポートと運動が維持されることによる筋肉の発達により，体重は継続的に増加する。皮下脂肪の増加には若干の個体差がある。およそ5日目から，体毛の発達の兆しがみられ，毛皮の色がみられるようになる。保護毛と下毛の両方が獲得されるのは少なくとも3週齢以降であるが，10日目までには毛皮で覆われる（Gerrish and Alberts, 1995）。さらに，外耳の耳翼がおよそ10日目で頭から分かれる。外耳道は12日目には開いており，眼瞼は15日目までに開く。

●感覚発達のシークエンス●

　生まれた瞬間から，すべてではないが，いくつかの感覚システムが機能している。新生仔期から機能する感覚システムは機能上，完全ではない（すなわち，各々の様式で，刺激への反応範囲をより大きく発達させ続け，刺激への感度を下位レベルに広げ，鋭敏さ，弁別能，認知能を向上させる）。したがって，機能の始まり

と以降の機能の発達とを識別することは重要である(Alberts, 1984)。

発達初期の感覚機能は不変のシークエンスを通して起こると考えられる。触覚，前庭，聴覚，視覚の機能発達がこの順番で始まり，おそらくこれはすべての脊椎動物において一般的である(Gottlieb, 1971; Alberts, 1984)。その他の様式にはこのようなシークエンスは存在しない。そして，生後のドブネズミの仔においてもまた触覚，前庭，化学感受性システムにおいて初歩的な機能が認められる。

触覚機能は身体の一部にしか存在しない。仔ラットは，フォンフレイ毛による口周囲，前肢，肛門生殖器周囲への刺激に反応する。触覚の感度の広がりには一般性があり，口先から尾へと広がる。ヒゲは「感覚毛」として機能している可能性がある。出生日において，感覚毛の一帯をなでた30分後に，刺激に対して同側三叉神経の中心で2-デオキシグルコースの取り込みの増加があることがわかっている(Wu and Gonzalez, 1997)。

また，新生仔の傾き刺激に対する**前庭**反応(角度加速)は，動作反応と反射性頻拍によって証明されている(Ronca and Alberts, 1994, 2000)。新生ラットは正確な反応を行う(年齢とともにより正確でしっかりしたものになる)。実際，ほとんどの前庭反射性は個体発生の進行にそって現れる(Altman and Sudarshan, 1974参照)。重力走性は幼生ラットの特徴的反応の1つと長く考えられていた(Crozier and Pincus, 1929など)。しかし，この行動については再考され(Krieder and Blumberg, 1999)，解釈し直されている(Alberts et al., in press)。

化学感受性もまた出生直後から機能しているが，大きな発達が認められる。ラットは鼻呼吸を行わなければならず，鼻でのサンプリング(例えば，におい嗅ぎ〈sniffing〉)の発達は重要である(Welker, 1964; Alberts and May, 1980a)。オルファクトメトリック法の1つを用いて仔ラットにおける化学受容性を調べた報告では，生後少なくとも17日目まで，自然なにおいと人工的なにおいへの感度が徐々に増加することが明らかになっている(Alberts and May, 1980b)。三叉神経，鋤鼻器，主要な化学感受性受容器(第I脳神経)は嗅覚情報を送り，これらは個体発生におけるタイムテーブルが存在する。刺激の経験とその強度は，これらの発達のタイミングを調整する構成要素である(Alberts, 1981; Brunjes, 1994)。

味覚機能は口への流体刺激の導入と行動反応の測定によって示される(Hall and Bryan, 1981など)。仔ラットにおける味覚機能の存在を支持する電気生理学的データも存在する(Hill, 1987など)。そして，感受性の幅と鋭敏さはさらに増加する。母乳を飲む(Pedersen and Blass, 1982)，食べ物を認識する(Galef and Sherry, 1973)など，母乳や羊水などの鍵刺激が嗅覚器官と味覚を通じて行動を制御することを調べた研究は，化学的感覚から複雑な情報を統合する仔ラットの能力を証明した。

温度感覚は，新生仔の冷却に対する熱発生反応を指標に調べる。温度感覚についての定量的報告はないが，1つの保育器から23℃の別の保育器に仔ラットが移動すると，非ふるえ熱産生が起こることが報告されている(Efimova, et al., 1992)。また，温度感覚は温度勾配における仔ラットの動きでも調べられる(Kleitman and Satinoff, 1982)。仔ラットの温度勾配に対する感受性は体域で空間的な温度差を認識する能力によって調べられる。また，体域間では感受性に差があり，胸腹部への伝導熱が，生まれたばかりのラットのオペラント条件づけ課題(operant task)にとって有力な強化子であるということは，おそらくこれに関係がある(Flory et al., 1997)。

耳が開く前から，仔ラットは**聴覚**刺激に反応することが可能である。しかし，感度が劇的に良くなるのは耳道が開き，乾燥する生後12日目頃である。聴覚感度は低周波への感度の発達が早く，高周波への感度の発達があとである(Brunjes and Alberts, 1981)。

仔ラットは眼瞼が開く前から**光**にも敏感であり，光源から離れたところへ移動する傾向がある(負の走性)。眼が開いたとき，仔ラットは動く配列への視動性眼振によって示されるように，少なくとも1°21′の視角の配置を理解することができる(Brunjes and Alberts, 1981)。奥行感覚もまた発達し，これは経験に依拠するものである(Tees, 1976)。

しかし，眼が開くことは**パターン認識**の始まりを示しているわけではない。例えば，ラットでは甲状腺機能亢進症は眼が開く時期を早める。しかし，眼が開いても，発達は同じようには進まない。つまり，開眼を視覚の発達指標として使うことはできないのである(Brunjes and Alberts, 1981)。

動きと体位の発達のシークエンス

呼吸運動は新生仔の行動レパートリーの中でも非常に重要なものである。通常の呼吸運動の開始と確立は生後1時間で起こる。安静時の呼吸速度は1日齢の仔ラットではおよそ1秒に2回の周期(cycles per second: cps)である。この基本的な呼吸速度は7～9日目まで

---

i 鼻部を用いて対象物(個体)のにおいを嗅ぐ行動。

に4cpsに増加する (Alberts and May, 1980a)。

また，仔ラットの呼吸は矢状面に沿った身体の収縮と拡張によって行われる。積極的に収縮するときはCの形になり，逆に，伸展は完全に仔ラットの背が脊柱前彎の形となる。出産後の最初の2時間以内の新生仔の伸びや広がりにより，生まれたばかりのラットはもがいているような様子を呈する。

1日目には胸腹を下にした姿勢が仔ラットの姿勢として認められる (Fraenkel and Gunn, 1940参照)。これは仔ラットを仰臥位にしたときに観察できる。仔ラットは積極的に回転し，自分の身体をもとに戻し，初期の姿勢を再びとる。Pellis et al. (1991) は，仔ラットが回転して戻る行動（仰臥位から腹臥位）の個体発生的な変化を明らかにしている。状態を立て直す方略には発達的シークエンスが存在する。それは姿勢シークエンスという観点で分析したものであり，触覚と前庭の刺激によって引き起こされる。それらの個体発生的シークエンスの詳細な報告は重要であり，別の場面で現れる認識可能な行動モジュールを我々に提供する。

生まれて間もない幼生期は，腹臥位になっているとき，肢をよく外側に広げている。左右に頭を動かすこともある。そのような探索行動は嗅覚，触覚，体温のサンプリングの様式である可能性がある。4～5日目までに，探索行動はさらに脊髄部分と前肢が動きに加わる。仔ラットは頻繁に頭を一方向に回転させたり，反対側の前肢を伸ばしたりする。実際には身体の部分的な回転の中で，押したり，探ったりする。後肢は月齢によって不活発な傾向があるため，仔ラットの「探索行動」は不完全な円状で起こる。

仔ラットは10日目辺りから四足類の姿勢をとり，這い歩きを始め（10～11日），その後歩き（12～13日目），走る（15日目）。移動に関係する肢と肢中運動の発達に関する運動学的記述がある (Bekoff and Trainer, 1979; Stehouwer and Van Hartesveldt, 2000など)。

顔や身体を洗っているシークエンス間の肢の動きの発達は明らかにされている (Richmond and Sachs, 1980)。仔ラットが後肢と尾でバランスのとれた型にはまった垂直姿勢をとっているとき，腹部の毛繕い[ii] (grooming) が起こることがある。この姿勢では前方へ傾くことができ，腹部表面の手入れをすることができる。それはさらに生殖器領域にも達する。自身での毛繕いは増加するが，これには性差があり，繁殖期に雄は肛門生殖器領域に多く自己刺激を行う (Moore and Rogers, 1984)。

歩行運動は，さまざまなスタビリメーター（重心計）

を用いて発達にそって調べられている。いくつかの異なる，よく統制された状況下で，隔離された仔ラットは1日目から遅くとも12日目にかけて徐々に活動レベルが増加する。そのとき，移動の失敗が劇的に減少し，それがより安定することによって，活動性が10倍ほど増加する (Campbell et al., 1969)。興味深いことに，一般的な行動の個体発生の測定を，麻酔をかけられた母ラットがいる状況で行ったとき，15日目の活動のピークがみられなかった。そのような状況のもとでは，活動に関する一般的な線形増加が5～30日目にかけてみられるのである (Randall and Campbell, 1976)。結果の異なるこの観察によって，発達指標がより自然な状況に基づいてつくられるとき，我々は発達中の仔ラットの「種特有な」ふるまいを再構成できることが示唆された。

ドブネズミの発達初期のエソグラム

外見，形態，感覚能力，運動能力，調整，行動レパートリーという点で成体ラットと比較したとき，新生仔ラットは驚くほど未熟で不完全な生き物である。しかし，成体と同じ表現型に関して「不完全」とみられるこのような特徴は，同時に新生仔の世界という文脈内で評価される場合「完全」であるとみることもできる。明確に表現すると，適応に役立っているとみることができるのである。

子宮や腹部の収縮により産道がしぼられ，押されて，ラットの胎仔は6時間ほどの分娩で生まれる (Ronca et al., 1993)。各々の新生仔は羊膜嚢に包まれている。羊水と胎盤を含む羊膜嚢は母ラットが口で取り除いて食べる。へその緒が切られたのち，新生仔ラットは生後行動を始める。興味深いことに生後の呼吸の個体発生は低酸素**生理的刺激によってではなく**，むしろ出生プロセスの**感覚刺激によって**促進されるのである。それは，特定の触覚や固有受容性，前庭，熱事象からなる (Ronca and Alberts, 1995a, 1995b)。周産期の感覚や知覚システムの状態は，どんなに未熟な場合であっても，モダリティーを通して十分に敏感であり，新生仔が適応的に新しい世界に応答できるように各々のモダリティーの中で十分に調整される (Alberts and Ronca, 1993)。

母ラットが出産を終え，胎盤を食べ，仔ラットをきれいにし終えたとき，仔ラットを集め，身体の下に並べる。接触行動のこのかたち，つまり雛を温めているようなこのかたちは，母ラットの身体から接触している仔ラットへの熱伝導を可能にする。こうした状況は

[ii] ある個体が自身の体毛をなめたり引っ張ったりすることで毛並みを整えたり，ごみなどを取り除く行動。

耐熱性のある巣によって増大され，仔ラットの体温はおよそ35度まで上昇する。

●吸　乳●

呼吸が仔ラットの生後最初の適応的な行動であるとすれば，吸乳はおそらくその次に起こる。吸乳が行われる3〜4週間を通して続くような，はじめの乳首への接触は嗅覚的制御下にある。嗅覚を消失した仔ラットは吸乳を行わない（Alberts, 1976参照）。吸乳を引き起こす母ラットの鍵刺激はTeicher and Blass (1976)によって立証されている（Hofer et al., 1976も参照）。母ラットの胸腹部を洗うことで仔ラットは離れて行き，洗浄後の蒸留物を乳首に塗ることで仔ラットの行動は再開される（Teicher and Blass, 1978）。それにもかかわらず，嗅覚性の鍵刺激，つまり吸乳を刺激する鍵刺激は仔ラットを乳首に引きつけるわけではない。むしろ，においは仔ラットの活動性を上昇させ，それ（伸びをしたり，探ったり，身体をよじったり，探索したり）が仔ラットを母ラットと乳首に接触させるのである。そして，口周囲への接触刺激によって引き起こされる口唇反射が乳首検出のきっかけとなるのである。

仔ラットは，吸乳を引き起こす特定のにおいを学習している。通常，羊水と唾液は強力な刺激となる（Teicher and Blass, 1978）。Pederson and Blass (1976)は，仔ラットの初期の乳首への接触がおよそ5日目以前では，胎生17日の羊水のにおいによって引き起こされることを示した。この経験依存的なメカニズムの基盤と，この学習が示す古典的条件づけの自然主義的な形態の適応範囲は重要な研究テーマであり，吸乳の開始や出現に関しては多くのことが明らかになっている（Blass and Teicher, 1980）。これらの発見から予想されることの1つは，羊水に対する仔ラットの通常の反応は，吸乳と同じように学習性であるということである。

母ラット主導型の養育期間の特徴的なシークエンスは，母ラットによる仔ラットへのにおい嗅ぎやリッキング[iii]（licking），前肢で動かすなど仔ラットの様子を確かめるときから始まる（Rosenblatt, 1965）。この刺激が仔ラットを活動的にする。仔ラットの伸びや探索行動は母ラットの脊柱後彎姿勢を引き起こし（Sterm, 1988），仔ラットを乳首に引きつける。一腹の仔ラットの吸乳行動は母ラットの12個すべての乳首から母乳を同時に出す一連の神経内分泌的事象を引き起こす。母乳を摂取したサインとして仔ラットは劇的な全身反応である「伸び反応」を示し，これは乳房内圧力と母乳減少の指標となる（Lincoln et al., 1973）。

母乳減少と伸び反応ののち，仔ラットは乳首を離し，身体をよじらせ，母ラットの胸腹部に落ち着く。母ラットにおける出来事はすべての仔ラットの行動を同時に引き起こす母子共通事象なので，母乳減少後，仔ラットは再び乳首につけるように群れを形成する。この母ラットの母乳減少のシークエンスと仔ラットの爆発的な行動は養育期間中6〜9分ごとに起こる。これは発達期に幅広い文脈でみられるが，最も頻繁で継続される時期は産後初期であり，18日目あたりから減少し始める（Cramer et al., 1990）。

仔ラットは0〜15日目まで，毎日ほとんどを母ラットの身体と限られた共同体の中で生活している。それ以降，母ラットは積極的に仔ラットを引き離そうとし始める。Leon et al. (1978)は，体温要因が母ラットと仔ラットとの長期にわたる接触を維持，制御することを示した。一方，Stern and Azzara (2000)はこの解釈に異を唱えた。その論点は，巣において母ラットと仔ラットが通常感じる熱要因を含んでいる。つまり，体温と代謝はいかなる条件下においても授乳と発達変化に依存し，これらが個体発生的調整において主要な役割を果たすということである。

およそ15日目までの仔ラットの母乳摂取の主な制限要因は，母ラットの母乳の生産可能性である（Friedman, 1975; Hall and Rosenblatt, 1977）。母乳摂取がやむとき，仔ラットの満足感はその制止には影響しない。母ラットとの自然な状況下で，初期において仔ラットは基本的にできる限りすべての母乳を摂取しようとする吸乳機械である。しかし，摂取を調整するメカニズムは，実験的状況では明らかにされていない（Hall and Wiliams, 1983）。

●ハドリング（群がって集まること）●

接触行動，すなわちハドリングは，ラットの行動レパートリーとして広く知られている。ハドリングは生後すぐに始まり，ほとんどの状況下で，成体期までずっと維持される。図25-1は，2つの年齢の仔ラットの典型的なハドリングを示している。このように基本的かつ永続的な行動はほかにほとんどない。母ラットは巣から離れる距離が長くなり，頻度が増える（Cramer et al., 1990）。それゆえ，ハドリングが仔ラットの目下の環境になる（Alberts and Cramer, 1988）。

仔ラットのハドリングについては多くのことがわかっている。ハドリングによってつくられる群を構成する個体数は非常に多い。そして個々の仔ラットは積極的にグループを形成し，維持しようとする。この行動を通して，集団行動が現れるのである（Alberts, 1978a; Schank and Alberts, 1997a, 1997b）。集団は周

---

iii ひとなめすること。

図25-1　5日齢と20日齢の仔ラットのハドリング。感覚運動機能の劇的な成長にもかかわらず，ハドリングは仔ラットの行動レパートリーで維持される特徴的な行動である。

囲の温度によって剥き出しの表面積を変化させる調整行動を示す。このようなハドリングによって，体温は維持され，代謝エネルギーは保全されるのである（Alberts, 1978b）。

　仔ラットのハドリング行動は複数の感覚で制御される（Alberts, 1978b）。それらは，年齢に関係した優位感覚が大きく影響する。例えば，5〜10日齢のラットでは，ハドリングを起こすのに熱刺激が嗅覚刺激よりも重要であり，一方で嗅覚刺激は15〜20日齢で優勢的になる（Alberts and Brunjes, 1978）。より最近の研究によると，7日齢の仔ラットは付近の仔ラットの活動状況に無反応であるが，10日齢までには同腹仔の動作や活動状況にハドリングが影響されることが示されている（Schank and Alberts, 1997b）。

　ハドリングによって引き起こされた皮膚の接触は，熱触覚刺激が強化子として用いられるにおいの連合学習の一形態である。吸乳と母乳の消化は行動の強化子として機能するが，ハドリングにおけるにおい選択の形成は吸乳，あるいは母乳の影響を受けず，明らかに熱触覚刺激によって誘発されている（Alberts and May, 1984）。また，異なる状況下では，触覚刺激（愛撫的態度）には強化特性がある可能性がある（Sullivan and Hall, 1988）。

●発声および反射様反応●

　幼生，幼若ラットは孤立したり，寒くなったとき，40〜50 kHzで啼鳴する。それは人間からすると「超音波」とされるが，成体ラットには容易に検出することができる。高周波の発声，つまり超音波発声（ultrasonic vocalization: USV）は母ラットの注意を引きつけ，探索行動を引き起こすことができる（Allin and Banks, 1972）。

　USV生成の制御因子について，2つのタイプが広く知られている。1つは体温調整のため（調整説），もう1つは孤立や苦痛といった内面状態を伝えるため（内面説）である。これらの見解は互いに相容れないことはないが，研究は分けられており，両立しないようにも思える。

　体温が低下することはUSVを発生させる強い刺激となることは疑いようがない。仔ラットに熱を与えることでUSVは減少する。幼生ラットのUSVに関する調整説は，冷却が呼吸変化を伴う反応を引き起こすという，仔ラットの恒常性混乱をその基盤と仮定している。仔ラットで変化した呼吸は，副産物として高周波範囲で喉頭音を出すことを可能にする（単に仔ラットの身体が小さいために起こる）。代謝熱発生増加に必要な酸素量も，USVの基盤として仮定されてきた。最近では，血液粘性を変える冷温状況下で心臓の血流を強化する腹部操作も，仔ラットで検討されている（第35章参照）。

　また，別の立場（内面説）では，社会行動，すなわち母ラットによる鍵刺激の除去を強調している（Hofer and Shair, 1978, 1987など）。孤立によるUSV反応を証明しようとした多くの研究は，小さく，体温調節能が脆弱な仔ラットの急速な体温低下によって失敗してきた。しかしこれで，仔ラットは小さく，容易に体温低下が起こり，行動的，生理的に敏感であることが明白になった（Blumberg et al., 1992）。そのため，温度以外の要因でUSVの発生を刺激することができるか，

あるいは増加させることができるかについて，それを明らかにする体系的で統合された研究の必要性が示唆された。

USVは母ラットを孤立した仔ラットに引きつけて，探索または運ばせる行動を引き出す役割を果たす。Brewster and Leon（1980）は，仔ラットの輸送反射の出現と個体発生的な消滅を示した。それによると，幼い仔ラットの背中の皮膚への刺激は尾の反射的なvetroflexionや相対的な静止，後肢を上げる動作を引き出す。このような反応は母ラットによる仔ラット運搬の効率をよくする。図25-2は彼らの調査結果を示している。これは輸送反射が発生的に弱まり，24日目以降（仔ラットが自立して移動し，おそらく母ラットによる搬送をもはや必要としない時期）には大きく減少することを示している。

他の「反射の消失」は，発達的に調整されたタイミングで強制的に起こるケースや，母性行動のサイクルに関連するケースが存在する。生後，一般的に仔ラットは自発的に排尿や排便をすることはできない。しかし，肛門生殖器への刺激に対する反応で，仔ラットは排尿反射を起こす。母ラットによるリッキングは排尿を仔ラットに引き起こす。この行動は仔ラットの目下の必要性を満たすだけでなく，母ラットと仔ラット間の相互関係を維持する。実際，母ラットの水分需要を満たしているのである（Friedman et al., 1981; Alberts and Gubernick, 1983）。授乳中のラットはナトリウムに対して強い欲求がある（Richter and Barelare, 1938; Alberts and Gubernick, 1983; Gubernick and Alberts, 1983）。仔ラットの低浸透圧尿を熱心に探し，消費する。仔ラットの腎臓が発達することで，溶質濃度は増加し，尿が高塩濃度になり，自然と排尿が発現する。すると母ラットはリッキングをしなくなる。

Moore and Chadwick-Diaz（1986）は，母仔間のリッキングを通した相互作用をサポートする反射や，発達に伴って消失する反射について述べている。母ラットは効率的に排尿反射を刺激するために仔ラットの肛門生殖器付近への接近を求める。仔ラットの肛門生殖器へは仔ラットが仰臥位のときが最も接近しやすい。しかし，我々も知っているとおり，正向反射は強力で，確かなものである。正向反射の劇的な抑制は仔ラットの胸腹部への接触刺激によって生み出される。これは，仰臥位の仔ラットの肛門生殖器に母ラットの鼻と肢が接触している間に与えられる種類の刺激である。正向反射の抑制は，個体発生的適合を示唆する適正なタイミングで，発達的に減弱する。

●離　乳●

離乳は独特の発達過程であり，幼い哺乳類で一般的にみられる。正式には，離乳とは母乳の摂取から固形食物や水の自立的摂取への移行を意味する。ドブネズミでは，離乳は生後14〜34日目くらいに自然に起こる。21日目頃に仔ラットを「引き離す」（すなわち，仔ラットを母ラットから切り離す）ことは一般的な実験室での習慣である。これは可能なことであるが，ここでは，我々はより段階的で自然に生じるプロセスの検討を行う。一般的に，離乳は母親あるいは親の資源に対する依存から自立することを意味する。

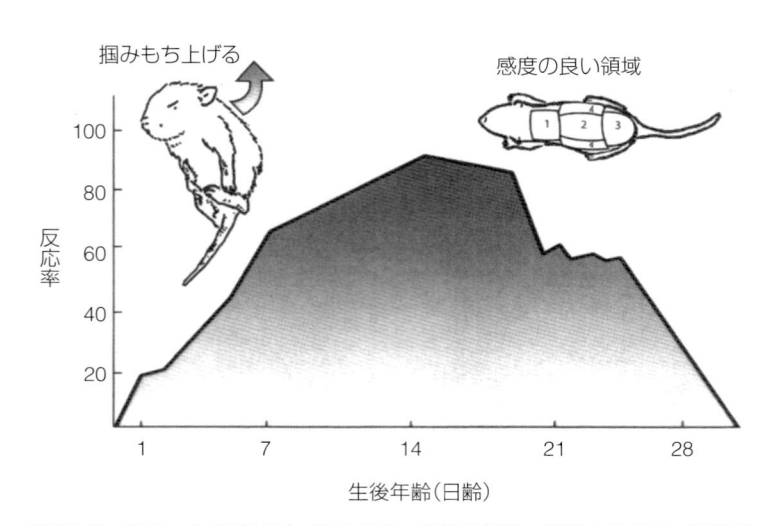

図25-2　仔ラットの肢は引っ込められ，身体のほうへ密着するので，輸送反射（左上）は母ラットが仔ラットを運ぶのを助ける。この反射は仔ラットが掴まれ，もち上げられる接触刺激で引き起こされる。背中の1や2（右上）は，反射を引き起こす最も感度が良い場所である。グラフは仔ラットの輸送反射の強さ（確率）を示している。体躯の増大に伴って現れ，自立するのに伴い減少する。

摂食行動のレベルにおいて，離乳は，同時であるがほとんど独立して進行する2つのプロセスから起こる。1つは母乳を飲むことの放棄，もう1つは自立的に食べること，飲むことの始まりである。Hall and Williams(1983)は多くのデータを総合し，吸乳と摂食が異なる刺激によって制御され，異なる神経回路によって成立する，分離可能な行動であると主張した。離乳期間の発達的シークエンスはこのような分析結果と矛盾することはないと考えられる。

母乳産生のピークは産後15日目周辺である。8匹の仔ラットはその頃1日60 mLの母乳を飲むことがある(Friedman et al., 1981)。授乳の時間は1日およそ10時間である(Cramer et al., 1990)。いくつかの仮説に反して，ラットの離乳は母乳産生の減少が原因ではない。母ラットは発達途上の仔ラットの栄養需要量と比較しても十分な母乳を産生することができる。15日齢では，仔ラットは母ラットから入手可能なすべての母乳を摂取する。しかし，20日齢の仔ラットではそのようなことは起こらない(Thiels et al., 1988)。吸乳の減少は母ラットとの行動レベルでの相互作用に起因する。母ラットの母性行動は巣と仔ラットから，より頻繁に，より長い離脱をつくるパターンとなる。そして，仔ラットは吸乳量が少なくなる。吸乳する機会が減ると，仔ラットは吸乳できなくなる(Thiels et al., 1988)。しかし，吸乳行動自体は維持されるので，母ラットへの仔ラットの吸乳反応は一見減少したようにみえる。さらに，離乳は餌場の選定や味覚の嗜好性の開始を導く。これにより，恒常的に制御される摂食行動も発達する。

摂食は固形餌をサンプリングすることから始まる。このような行動は仔ラットの環境の構成と特徴に依存しており，14～16日目に始まる。Galefらは，離乳して間もないラットによるサンプリングと常食の選択に寄与する鍵刺激と行動過程に関する優れた報告を提供した。生後2週の仔ラットはさまざまな化学的刺激をその環境で経験している。それには母乳の風味を含む，母ラットや同腹仔の尿，糞，唾液や呼吸，さらには脂肪や包皮腺の分泌物のにおいがある。したがって，幼いラットが巣から出るとき，鍵刺激となり，なじみがあると認識できる刺激は多く存在するのである。例えば，仔ラットは餌場の共用によって残された「残留鍵刺激」をすぐに発見する(Galef and Heiber, 1976)。

実験室の半自然環境で飼育され，野生に慣らされた仔ラットは16～19日目で，巣から生まれてはじめて外に出る(Galef and Clark, 1971)。仔ラットが外に出るとき，母ラットは概して巣の入口の外にいるが，実験的分析から，仔ラットは母ラットを探していないこ

とが明らかにされている。むしろ，仔ラットは視覚，聴覚，嗅覚のすべてあるいはそれらのどれかを刺激する鍵刺激に反応する(Leon and Moltz, 1972; Alberts and Leimbach, 1980; Galef, 1983)。巣から出る，餌場への接近を引き起こす鍵刺激は非常に一般的である。別の成体ラットとの関係において母ラットへの選好はなく(Galef and Clark, 1971)，単なる刺激の強さによって接近可能性が決定する(Gerrish and Alberts, 1995)。

成体ラットは餌場に集まる習性がある。仔ラットが同種に近寄るとき，成体が食事をしているエリアに接近する可能性は高い。固形餌摂取の始まりは，仔ラットを安全な場所に置くこと，成体が過去に食べたものであること，あるいは成体を餌に導く一般的な接近メカニズムの影響を受けるだろう。仔ラットは成体が食事をしている餌場や，何らかの鍵刺激が残っている場所に行った際に，仔ラットに授乳したラットがその餌を食べていたならば，母乳に含まれている風味を認識したり(Galef and Henderson, 1972)，そのような餌を摂取したりする。また，同種の呼吸に含まれる化学物質に基づいて，ラットの痕跡と餌のにおいとの関係を学習する(Galef et al., 1988)。仔ラットが巣から出る時期によって，仔ラットはどの物質が栄養内容を示す摂食後信号と関係しているかをすばやく認識できたり，学ぶことができる。さらに，仔ラットは摂取カロリー，電解質，水分を制御する基本的な恒常性機能を身につけている。そのような能力によって，仔ラットは生後わずか数週の発達だけで自身を維持することができるようになるのである。

仔ラットを用いた実験計画と解説

仔ラットを用いて実験を行うための方法に関する徹底した議論は，残念ながら本章の範囲外にある。本章で簡単に紹介した内容から，未熟なラットの特別な特徴と急速な発達上の変化には体系的データの探求と発達状況に対する洞察が必要であると推測できる。

包括的，近接的な文脈は，成体ラットよりも未熟なラットで実験を行ううえでの強力な要因となる。小さな変化によって結果に大きな違いがつくられる可能性がある。空気や表面の温度はきわめて重要であり，信頼性のある結果を得るためには慎重な統制とチェックを必要とする。行動的，生理的な影響と快適な温度は年齢によって変化する。そのため，行動の出現率や代謝率が同等と考えられる場合，妥当な年齢間比較には異なる温度による実験を必要とするかもしれない。暖かい気温で実験が行われるとき，新生ラットは独特な

行動能力を示す(Hall, 1979; Johanson and Hall, 1980)。

　嗅覚的要因もまた重要であると考えられる。なじみのあるにおいが存在する場面での実験では，学習や記憶に関連するパフォーマンスが向上する可能性がある。

　発達途中の仔ラットの行動レパートリーに関する知見は，有用で頑強な指標を精巧に作成するのに用いることができる。同様に，母性行動の構成要素とタイミングについての理解が，その剥奪の影響や報酬としての機能，そしてスケジュールの調整に非常に重要である可能性がある。仔ラットの生理的特徴から，年齢を通して，脱水や空腹，満腹を含む不自由さへの影響に対する慎重な測定が必要である。

　発達の生態的位置づけの変化に関連する発達上のシークエンスの知見(Alberts and Cramer, 1988)は，行動の誘発，報酬として有効かつ頑強な刺激の作製に利用できる。パフォーマンスの欠如が誤って結論づけられないために，仔ラットの発達段階で課題達成に必要とされる事柄を認識することは重要である。

　仔ラットを対象とした実験計画は詳細かつ多段階的ではあるが，これは仕方のないことである。仔ラットを囲む環境，種や年齢による典型的レパートリーを認識することで大体の解釈が可能になる。そうでない場合でも，論理立てて対処可能であり，その解釈に基づいて結果を予測し，実験を容易にすることができるのである。

Jeffrey R. Alberts

第26章

青年期

　実験用ラットの認知および運動行動の急速な発達は，ラットにとって生き残りのために欠かせないものである。ラットは生後約21日で離乳する。したがって，ラットは生後21日以内に，捕食者を回避するための能力や，食物を蓄えたり摂取したりする場所を確保する能力を身につけておかなければならず，さらには，なわばりをつくる準備も始めることになる。こうした急速な発達がみられることから，ラットは，行動の発達およびそれを仲介する脳構造の発達についての優れたモデルを呈示してくれる。次項では，運動能力，社会的遊び行動，性的成熟，感覚機能について述べる。続く項では，認知機能について述べる。そこでは，条件性味覚嫌悪課題において形成される単一刺激の連合の発達に関する議論，さらには空間記憶に必要となる複合刺激の連合についての議論をそれぞれ簡単に行う。最後に，脳構造の発達とその行動において想定される役割について議論する。

行動の外観

●歩行能力●

　生まれた初日(出生後1日目〈postnatal day 1; P1〉)の新生仔ラットは，きわめて動きが少ないが，のちの生活における食物の確保や貯食を可能にする行動を急速に発達させる。P8までに，ラットは這うことができるようになるが，後肢はまだ十分に使うことはできない。P12，P13までに，歩行に必要な，体を起こすことができるようになるが，まだすばやく動くことはできず，後肢が滑って転倒することも多い。後肢で立って行う重要な行為は，後肢の機能的成熟を前提としており，P18までは，開けた場所でもそれほど頻繁には現れない。後肢で立つ姿は，典型的には性的に興奮した成体のラットにおいて観察され，急性の探索的反応を表しており，これはよじ登る(climbing)ための準備行動を反映していると考えられる。P21までに，多くのラットは0.5 cm幅の通路を通り抜けたり，金網や梯子を上り下りしたり，ロープを上り下りしたりできるようになる(Altman and Sudarshan, 1975)。このように，ラットは，母親と離れるP21までに，成体ラットが有する能力にかなり近い，多くの歩行スキルを発達させる。

課　題

　ラットの全身を使った歩行運動を検査するために用いられる最も単純な課題の1つは，運動アリーナ(locomotor arena)と呼ばれる運動箱(locomotor box)を用いたものである。運動行動を調べるためのアリーナは，一般的に赤外線ビームの格子状ネットワークで覆われている。赤外線ビームがラットによって遮断されるたびに，行動生起数が記録される。これは，実験者が手動で行う場合もあれば，アリーナに備えつけられているコンピュータ・プログラムによって記録される場合もある。この課題は，嗜癖行動をモデル化するための行動薬理学研究において幅広く用いられてきた(Kalivas and Pierce, 1997, 総説参照)。そして，自動化されたコンピュータ・プログラムが，例えば，水平的および垂直的活動，運動の生起，総移動距離などといった，さまざまな運動行動の測定結果を得るために開発されている。

●食物の摂取と獲得●

食物の操作と摂取の姿勢

　ラットは成体になると，食物にリーチ(前肢を伸ばす)したり，食物を操作したり，摂取したりするための巧みな運動を行うことが可能になる。前肢で食物を操作するためには，両肢の協調が必要であり，これは課題を解決するために両方の前肢が2つの異なる課題を

図26-1 摂食時の成体ラット様の姿勢。ラットが食物を摂取する際，後肢が身体の支えとなり，前肢は自由に食物を操作できるようになっている。[Coles BLK and Whishaw IQ, 未公刊データより改変]

実行する能力である。最近，Brenda Coles と Ian Whishaw は食物摂取行動の発達に関する組織的研究を行った（Brenda Coles, 修士論文, 未公刊）。典型的な食物摂取の姿勢は，殿部で座り，後肢をやや開いて身体を支える土台として用いるという特徴がある。前肢は突き出た鼻の下方に置かれ，食物を掴んだり，操作したりするために用いられる（図26-1）。したがって，ラットが一般的な成体のやり方で食物を摂取できるようになるためには，前肢が十分に発達して，摂取する食物を操作できるようになっていなければならず，さらに後肢も十分に成熟して，自分の体重を支えることができるようになっている必要がある。およそP18頃になると，仔ラットは小さなフードペレットを摂取する際に殿部を地面につけるようになる。ただし，後肢は依然として地面近くで大きく開いており，広範な支持基底面として機能している。P21までに，食物摂取の姿勢は，雌雄で異なる形態をとるようになる。雄ラットはどのような大きさのペレットであっても成体と同じ姿勢のまま，補助なしで座ることができるが，雌ラットの場合，雄ラットと同じ目標を達成するために同腹子やその他の物体を利用しなければならない。P24までにこの雌雄二形性は消失し，雄ラットも雌ラットも成体と同じ姿勢で食物を摂取することができるようになる。

リーチング

ラットで発達するもう1つの巧みな運動行動は，食物へのリーチングである。リーチは，地面から前肢を上げ，肘を屈曲させることで成り立つ。これは，前肢を口に届くようにし，食物を指でしっかりと掴むためである。こうした運動は主に，上腕で遂行される。前肢で食物を掴むようにしつつ，指と指の間で食物の大きさを測り，指の先端で食物を掴んだり，操作したりする。そして，前肢を引き込むと同時に食物を約90度

回外させ，前肢から口へと運ぶ際に再び食物を90度回外させる（Wishaw and Tomie, 1989）。実験結果から，ラットはP19まで食物へのリーチを行わないことが示されているが，この時点ではリーチが成功することはない。これは，ラットが自身の身体を定位したり，回内運動を遂行したりすることができないという事実によるのだろう。リーチングの試みは，P21までに頻繁になる。P23までに，ラットは食物へのリーチングを成功させるためのさまざまな方略を用いるようになるが，正確なリーチングが発達するのはP26頃である。

リーチングについては，少なくとも2種類の方法で研究することができる。トレー・リーチング課題（tray-reaching test）では，ラットはトレーに置かれた少量の餌にリーチするよう訓練される。トレーはケージの約1 cm前方に置かれており，ケージの一方の側には，およそ0.5 cm離れたところに金属棒が備えつけられている。さらに複雑なリーチング課題は，**単一ペレット正確リーチング課題**（single-pellet precision reaching task）である。この課題では，ラットは幅の狭い隙間を通して，棚に置かれた1つのペレットにリーチしなければならない。これらの課題はいずれも，ラットの巧みな運動行動を検査するのに有効であることが証明されている。また，トレー・リーチング課題が単一ペレット正確リーチング課題よりも急速に学習が進むことから，正確で熟練したリーチングは，ラットにとってより複雑な運動行動であることが示唆されている。

同種からの食物の保護

実験用ラットの同種からの食物の保護については，2種類の行動が研究されてきた。**強奪**（robbing）と**回避**（dodging）である。強奪行動は，ラットが他のラットの身体に沿って後方から近づき，口か一方の前肢によるリーチによって掴もうとすることである。回避は，防衛のための方策であり，食物を盗み取ろうとする同種のラットから逃れるために，食事中のラットが前四分体を転回させ，後肢でステップする運動である（Wishaw and Tomie, 1989）。回避を成功させるには，盗み取ろうとするラットから離れるために，上半身を180度反対に回転させる必要がある。このとき，前肢と後肢の両方で，回転する方向と同方向にステップしなければならない。強奪行動は，P17からよくみられるようになり，ラットは同種から食物を盗み取ることに成功するようになる。このくらいの日齢で強奪が成功する理由の1つは，仔ラットが強奪者を回避することができないことにある。これは，後肢が強奪者を回避するのに十分なほどには成熟していないという事実

に起因すると考えられる．P19になると，ラットは強奪者を回避しようとし始めるが，それはうまくいかず，おおよそP25までは，回避が効果を発揮したり，回避行動が十分に成熟したりといったことはない（Coles BLK and Whishaw IQ，未発表データ）．

●社会的遊び行動●

ラットはさまざまな形態の遊び行動をとる．これは，最も一般的に報告されている闘争様の遊びの形態を伴っている．このplay fighting（闘争遊び）の頻度は，青年期の間にピークを迎え，その時期を過ぎると減少する．ラットにおいて，闘争遊びは襟首をめぐっての攻防であり，接触した際にはやさしく鼻をすりつけるようにする．幼年の間（P30頃に始まる），最もよく利用される防御の戦略は，襟首に接触された際に仰臥位の姿勢をとるために回転するというものだ．これによって，**ピンニング**（pinning）と呼ばれる，上にまたがる位置，あるいは下側の位置につくことになる．さまざまな遊び行動が異なる速度で発達し，成体になる頃（およそP60）には，特に雄においてplay fightingは過激になっていく．離乳後すぐに観察される最も頻繁にある遊び行動は，2匹のラットが互いに取っ組み合いをする**レスリング**（wrestling）である．他の行動でよく遊びの開始につながるのは，相手に飛びかかる**パウンシング**（pouncing）である．この行動を示すラットは必ず，相手のラットが反応するまで続ける．これは，一般的には，一連の遊びの中で他の行動へとつながっていく．後期青年期（P50頃）には，**ボクシング**（boxing）がみられるようになる．そこでは，2匹のラットが互いに向き合って立ち，前肢で相手を引っ掻くしぐさをみせる（Meaney and Stewart, 1981）．

●感覚機能●

ラットは，生まれたときは，両目，両耳が塞がっている．生後すぐから機能している感覚機能は，味覚，嗅覚，触覚のみである．これは，ラットが生後初日から味覚，嗅覚，触覚に関する連合を学習することができ，さらには生まれる前からそうした能力を有していることから知られている（Smotherman, 1982）．生まれてすぐのラットは，当然ながら自らの食物を蓄えることができず，食物と保護の点で母親に完全に依存している．耳介はおよそP8～P9まで開かず，目はP15～P16まで開かない．したがって，生後最初の3週間を通じて，徐々にすべての感覚機能によって，食物を自ら獲得し，蓄えることができるようになる．

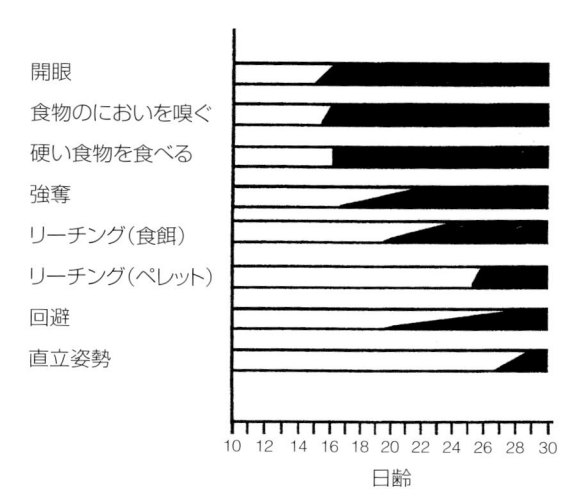

図26-2　各行動の発達時期．[Coles BLK and Whishaw IQ，修士論文，未公刊]

●交尾行動●

雄ラットにおいて，マウンティング[i]（mounting）の開始は，一般的にP41～P45にみられる．雄ラットが雌ラットにマウンティングする頻度は，P46～P50に増加し，P51～P55に減少する．マウンティングの開始は，肛門生殖器部のにおい嗅ぎ，追尾する行動と関連している．**ロードシス**[ii]（lordosis）は，雌ラットが雄ラットに，交尾が可能な状態であることを示す際の行動である．この行動は，雌ラットが背中を弓なりにして，耳をぴくぴくさせながら，肛門生殖器部をもち上げることとされている．ロードシスは雌ラットがP42の頃にみられ，P55にかけてその頻度が増していく．

結論として，食物を獲得し，蓄えるための行動の発達および発現は，数日のうちに前肢の成熟から後肢の成熟へとつながっていくように，体軸方向に沿って成熟するようである．各行動の発達の時期を図26-2に示す．中枢神経系と行動の発達の関連性については，本章の最後で述べる．

認　知

ラットの行動様式のうち最も重要かつ複雑なものの1つは，自然環境における食物備蓄と捕食者回避の能力である．この能力を発揮するためには，ラットは刺

---

i　雄ラットが雌ラットの尾部に乗りかかる行動．交尾の前にみられる．
ii　雌ラットの交尾姿勢．背中を丸め，耳をぴくぴく動かし，肛門生殖器部をもち上げる行動．

激間の連合を学習しなければならない。認知能力は生後3週間を通じて急速に発達し、多くの認知的連合を達成するために、離乳するまでに成体に準じるレベルで行動できるようにならなければならない。ラットにおける認知的能力が広範な研究領域にまたがっていることから、ここでは主に、(味覚)嫌悪刺激を回避する能力と、空間記憶と定義される目標地点を発見する能力の発達に焦点を当てる。嫌悪刺激の回避は、比較的単純な刺激の連合であるのに対し、空間記憶は、より複雑な刺激連合が要求される。本項では、初期の発達段階において生じる急速な忘却である、幼児期健忘現象の議論も含めて結論を述べる。

●条件性味覚嫌悪課題●

ヒトと同様に、実験用ラットで示されてきた固有の学習は、**条件性味覚嫌悪**(conditioned taste aversion: CTA)課題である。ラットが発達初期の段階で習得しなければならない基礎的な能力の1つは、毒性のある物質の摂取を回避する能力である。CTAパラダイムでは、ラットはある味(サッカリンやスクロースなど)を学習する。この味は、不健康状態をもたらす塩化リチウム(lithium chloride: LiCl)と一時的に対呈示される。ヒトと同じように、特有のタイプの学習と考えられるCTAは、成体ラットが1試行(味とLiCl注入との一度の対呈示)で特定の味への嫌悪を獲得する能力を示すことであり、この連合についての記憶は数週間持続する。

興味深いことに、ラットは子宮内にいるときから味覚嫌悪を獲得する能力を有していることが示されており(Smotherman, 1982)、P1には特定の味を回避する能力を有することが示されている(Schweitzer and Green, 1984)。この課題において成体ラットを訓練することは、比較的容易である。ラットがサッカリンやスクロースの溶液を好むという事実に基づき、これらの物質を飲み水の中に混ぜる。その後、ラットにこの溶液を呈示し、体積を測定できる特性の管で溶液吸収を検証する。甘く味つけされた水の呈示の直後に、ラットはLiCl(20 mg/kg)の腹腔内注入を受ける。翌日の保持テストにおいて、ラットは甘く味つけされた水の消費の劇的な減少を示すだろう。

離乳前のラットにおいて、CTAは遂行が少し困難である。生後約10日よりも前の、ごく初期の頃だと、仔ラットの頬から管を通して強制飼養が行われ、ラットの口に溶液の注入がなされる。溶液投与の他の方法として、ラットの口への直接投与がある。成体のときと同様、物質呈示の直後に、LiClの腹腔内注入を行う。したがって、CTAはごく初期の段階において獲得可能であり、実験用ラットで採用されている非常に単純な学習パラダイムといえる。

●幼児期健忘●

ラットは数多くのさまざまなタイプの複雑な連合を学習できるが、発達の早期において、これらの学習された連合は、急速に忘却されることが多い。これは**幼児期健忘**(infantile amnesia)と呼ばれている(Spear and Riccio, 1994)。幼児期健忘は、検証されているすべての晩熟性の哺乳類において生じる。

幼児期健忘に関しては、興味深い対立する見解がある。Smotherman(1982)は、秀逸な一連の研究から以下のことを明らかにした。まず、ラットは胎生19日目には不健康状態につながる味の回避を学習できる。そして、この連合はしっかりと記憶に定着し、生後2, 3週間後に実験を受けたラットは、嫌悪の学習を継続して示していた。一方、仔ラットがCTA連合を急速に忘却することを示す研究も行われてきている。P1, P10, P18においてCTAパラダイムで訓練されたラットは、わずか数日後に実験を受けた際に、この連合を急速に忘却していることが示された。しかし、もう少し成長したP20のラットは、条件刺激-非条件刺激を対呈示した25日後でも味覚嫌悪の保持を示した(Schweitzer and Green, 1982)。この研究が示唆することは、CTAを媒介する脳構造は生後18日目まで発達を続けるが、離乳の頃には成熟を迎えるということである。これは、ラットが発達のこの時点において自ら食物を探さなければならないことから、進化的にも理解できる。

研究上のこの対立する知見はどのように理解すればよいのだろうか。ラットは、生後よりも子宮内にいるときのほうが、連合の学習や記憶に優れているのだろうか。いずれの研究においても、実験者による注入を通じて味の呈示が行われている。そして、ラットが自ら水分を吸収することで検証が行われる。ラットは生まれる前からこの連合を学習することから、このような嫌悪の獲得は生得的である可能性が高い。しかし、それを記憶にとどめておくことは、より大きな課題である。この対立する見解の解決は、実験法から見出されるだろう。例えば、味が羊水を通じて注入されることもあれば、一方で、口から摂取されることもある。そのため、ラットは子宮内において特定の刺激を回避するための連合を学習することができるが、液体を吸収する行為とそれが不健康状態と関連していることとはずっとあとになるまで発達しない。このことは、CTAの基盤となる脳構造が離乳の頃まで発達しないが、回避を学習できるほかの生物学的に重要な刺激は、実際には、子宮内で獲得することを示唆している。

このことはまた，連合を学習し記憶に蓄えておく能力が刺激呈示の方法と連合させる刺激の種類に左右されることも示している。学習する連合とラットの日齢によっては，脳構造は，特定の種類の連合の記憶を介在するほどには発達していないのかもしれない。

●空間記憶●

ラットにおける空間位置の記憶は，貯食の位置やそうした資源の利用可能性を記憶しなければならないことから，きわめて重要な生存スキルである。実験対象となる若年ラットのスキルは主に2つある。1つは，「場所」誘導（"place" navigation）として知られている，隠された空間位置を特定するための遠方手がかりの利用である。もう1つは，「手がかり」誘導（"cue" navigation）であり，可視的な空間位置の特定のために，目にみえる手がかりを利用することである。明らかに，遠方の手がかりを利用して隠された場所を特定することのほうが，空間位置をみつけるために，単に目にみえる手がかりに近づいていくことよりも，はるかに難しい課題に思える。実際に，成体のラットは場所誘導よりも，手がかり誘導において，急激な学習曲線を描いており，手がかり課題（cue task）は，場所課題（place task）よりも単純であるといえよう。

非常に優れた空間記憶課題は，モリス水迷路課題（Morris water maze task: MWM）である。MWMは，その考案者 Richard G. M. Morris にちなんで名づけられた。彼はこの課題におけるラットの訓練に用いる方法論を記した，今や非常に影響力のある論文を出版している（1981）。この課題では，水を張ったプールの中の「隠された」あるいは「手がかりが与えられた」逃避台を特定するよう，ラットを訓練する。MWM のどちらの課題においても，水を粉末塗料か粉末ミルクで着色し，水面のおよそ1, 2 cm 下にある逃避台を特定するために，迷路装置外手がかりを利用しなければならないようにする。手がかり条件の際には，逃避台の上に木製のブロックを置き，その場所が遊泳しているラットから容易にみえるようにする。

この課題は，放射状迷路課題（radial maze task）などの他の空間課題と比べて優れている点がいくつかある。例えば，ラットに逃避台の位置を特定するよう動機づけするための食物制限が必要なく，訓練も1日以内に完了することがあげられる。研究者の中には，この課題のデメリットの1つとして，ラットが安全な場所をみつけるために，ラットにとって「自然な」環境（陸地）から離されてしまうことが指摘されている。ラットは水陸両生であり，P15〜P16の目が開いた初日からきわめて巧みに遊泳することができる，という

のがこの見解に対する反論である。もう1つのデメリットは，ラットが遊泳中に低体温になってしまうということである。これは特に，ラットが幼く，成体のように体温調節ができない場合に生じる。この問題は，一般的には，試行間にラットを乾かし，ラットの日齢に合わせた水温（若年ラットの場合は23〜25度，成体ラットの場合は19〜20度）に保つことで解消される（Brown and Whishaw, 2000）。

最後になるが，若年ラットに対しては適切な訓練方法を採用しなければならない。試行間間隔が1分やそれ以下のように非常に短い場合，若年ラットは疲労してしまい，認知的能力と必ずしも関係のない低いパフォーマンスを示してしまう。訓練技術のうち，効果的で比較的効率がよいと考えられているものは，P17に訓練を開始し，3日間続けて行うことである。4試行のうち2試行を1ブロックとして毎日行い，ブロックとブロックは2, 3時間，試行と試行は少なくとも5分，時間をおいて実施する。これによって，ラットは試行間でしっかりと休息をとることができ，訓練の最終日（P19）には，成体と同じような漸近線状の学習を示す（Kraemer and Randall, 1996）。最後の留意点として，プールの側（1 m 以内）にあるポスターや机，近くにいる実験者，その他視覚的手がかりを含む，装置外手がかりを適切に設定することが重要である。ラットはこれらの手がかりを使用して逃避台の位置を特定するため，適切な装置外手がかりを設定することで，ラットのパフォーマンスを向上させることができるだろう。

離乳前および離乳直後のラットにおける空間的能力については，多くの議論がなされている。Rudy et al.（1987）は，ラットが生後約20日の時点では，遠方手がかり誘導に頼ることが学習できないこと，そして，生後約23日まで，空間位置を特定するために，遠方手がかりを巧みに利用できないことを示した。しかし，いくつかの他の研究では，ラットがより早期に遠方手がかりに基づいて空間的な弁別を学習できることが報告されている。Brown and Whishaw（2001）は，近接と遠方の手がかり誘導は同時期に発達し，P19までに機能するようになるが，P18ではまだ未成熟であると報告した。このことは，場所誘導と手がかり誘導とに，類似したメカニズムが介在していることを示唆しており，これら2種類の誘導が異なる速度で発達するかもしれないという考えと相反している。

P19のラットは空間位置をみつけることができるが，その場所の記憶を保持する能力は，ずっとあとになるまで発達しないようである。実際に，P19〜P21に訓練を受けたラットは，訓練の3日後には，その場所について完全に忘れていた（Brown and Kraemer,

1997)。一方，成体ラットは空間記憶をテスト後3カ月も保持していた (Sutherland and Dyck, 1984)。したがって，空間位置を学習する能力は，たとえ離乳前であっても，早期に発達するが，空間位置を記憶する能力は成体になるまで発達しないといえる。

脳および脳機能の発達への示唆

　生後3週間を通じて，ラットの神経系は急速な発達を遂げる。驚いたことに，運動行動と脳における解剖学的変化の詳細とを関連づける試みは，ほとんどなされていない。一般的に，運動行動の発現は，大脳皮質の成熟の体軸方向の勾配に従っているようである。つまり，尾方に位置する後肢よりも，口や前肢の成熟のほうが先に脊髄結合を受けるのである。

●運動発達●

　ラットの運動皮質に関して，その脳領域は身体と対応している。つまり，運動皮質の前方部分に広く位置している前肢の領域，後方部分に位置している後肢の領域から構成されている。発達の体軸方向の勾配を考慮すると，前方に位置する前肢の領域が先に形成され，その結果として後肢よりも先に前肢が成熟する。皮質脊髄路は，運動皮質から脊髄への投射である。そして，巧みな肢運動にも寄与していると考えられている。皮質脊髄路の成長は，成長の神経発生法則と同じ経緯をたどる。皮質からの軸索は，前部（旧皮質）から後部（新皮質）へとつながっているのである。それゆえ，前肢における解剖学的結合は，後肢におけるそれよりも先に成熟する（図26-3参照）。この発達パターンは，前肢の使用が後肢よりも先に成熟するという，行動に関する研究結果とも一致している (Bayer and Altman, 1991)。

●条件性味覚嫌悪●

　CTAで示唆されている主要な脳構造は，傍小脳脚核 (parabrachial nucleus: PBN)，扁桃体，島皮質の3つである。これら3領域はすべて，味応答の調節において重要であることが知られている。PBNは脳幹に位置し，扁桃体には直接的に，島皮質には視床の腹内側核を経由して重要な投射を送っており，味覚において主要な役割を果たしていることが知られている。扁桃体は情動に関わっていることで知られる中枢的な脳構造であり，大脳辺縁系の一部で，側頭葉に位置している。扁桃体の特定の神経核を切除すると，嫌悪条件づけに

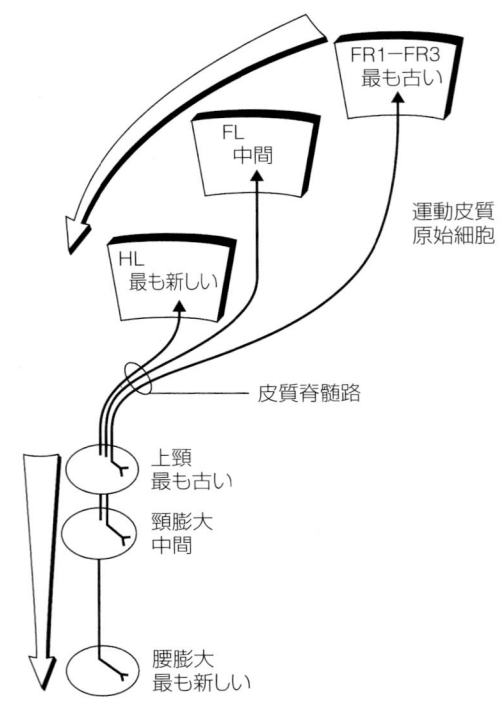

図26-3　第Ⅴ層皮質脊髄路投射ニューロンと脊髄の終末との解剖学的結合発達の構造図。[Bayer SA and Altman J, 1991. より改変]

おいて不全を呈することが示されており，このことは，この種の学習における扁桃体の重要性を意味している。島皮質は嗅脳溝を取り囲む大脳皮質の領域で，内臓に関わる皮質として言及されてきた。それは，島皮質が，視床から味や内臓に関する情報を受け取るためである。島皮質は，皮質内の他のいかなる感覚領域においてもみられない，一次感覚の収束を受け取ると仮定されてきた。PBN，扁桃体，島皮質の3つの脳領域は，条件性味覚嫌悪を獲得するために必要な，脳内の回路を形成していると考えられている (Bermudez-Rattoni, 1995)。これら3つの領域間の脳内の回路の発達をマッピングしたり，CTAと関連づけたりする試みはこれまで行われていない。しかし，扁桃体と内側前頭前皮質との結合はP19に発達し，このことは扁桃体と皮質との結合がこの日齢に成熟することを示唆している (Cunningham et al., 2003)。

●空間記憶●

　海馬は，認知，特に空間記憶を介在する重要な脳構造であることが示されてきた。固有海馬や海馬体のすべての領域が，空間記憶機能に関連していることはこれまでに示されてきたが，P18における苔状線維系の成熟が特に重要なようである。苔状線維は，歯状回門

の錐体細胞（CA4）および CA3 に投射する，歯状回顆粒細胞の軸索突起である。この苔状線維系はおおよそ P18 までに成熟するようである（Zimmer, 1978）。ラットが P19 までに成体に近い水準の空間的能力を発達させることを示した先行研究に基づいて考えると，歯状回 CA4 および CA3 領域における苔状線維連結のこの日齢の時点での成熟は，空間記憶能力を介在することにおいて，とりわけ重要であろう。

　まとめると，本章では，実験用ラットにおける認知的能力および運動能力の発達を記述した広範な研究に触れたにすぎない。離乳前あるいは離乳後間もないラットを訓練する際に，留意すべき重要な事柄がいくつかある。第 1 に，訓練方法があげられる。生後早い時期のラットは，その後たえず拡大していく行動レパートリーを有しているが，その能力を理解するためには，ラットを適切に訓練しなければならない。つまり，試行間間隔を長くとり，環境という観点において，特別な食料を提供するよう配慮する必要がある。別の重要な点は，ラットの認知的能力と運動能力が，複雑かつ急速に発達することに関連している。ある日の時点ではその能力を有していないラットが，次の日には成体ラットと同レベルの能力を有していることもある。能力と脳構造におけるこうした急速な発達を示すことから，発達途上のラットは，学習，記憶，運動能力の個体発生を研究するうえで，理想的だが複雑な研究対象となっている。最後に，若年ラットがストレスにさらされているということは，常に意識しておく必要がある。離乳前のラットを母ラットから引き離すことは，特にそれが長期に及ぶ場合，過度のストレスをもたらすかもしれない。若年ラットの能力を理解する試みは，非常に難解な課題であり，訓練環境や方法論のあらゆる側面を考慮しなければならない。

Russell W. Brown

第27章

母性行動

　養育行動や母性行動は，個体適応度を測るのに最適な指標である。個体適応度とは，次世代を健康に育てる個体の能力のことで，個体の遺伝子を残すことや，種を存続させることの両方に必要なものである。次世代を育てるための基本的な機能は，異なった種においても共通しているが，哺乳類種が示す母性行動の表出にはかなりの多様性がある。特に，晩成性の種と早成性のそれとの間には，明確な違いがある。げっ歯類のような晩成性の種では，仔は未成熟な状態で，しばしば多くのきょうだいと同時に生まれ，通常は離乳するまでのかなり長い期間を，定まった巣や住環境の中で過ごす（Weisner and Sheard, 1933; Fleming and Li, 2002）。対照的に，いくつかの早成性の種では，仔は出産後の数時間で，感覚能力や運動能力を十分に発達させる（Gonzalez-Mariscal and Poindron, 2003）。本章では，晩成性の種として知られ，研究も進んでいる実験用ラット，すなわちドブネズミ（*Rattus norvegicus*）の行動に焦点を当てる。

　実験用ラットは，母性行動を制御する，ホルモンの要因（Rosenblatt, 2002），感覚的要因（Stern, 1996），神経的要因（Numan and Sheehan, 1997），経験的要因（Li and Fleming, 2003），発達的要因（Fleming et al., 2002）を研究するための適切なモデルであることが証明されてきた。母性行動は，社会的行動のモデルとして用いられるような高度に組織化された行動であるため，乱用薬物（コカイン，Mattson et al., 2003）や抗精神病薬などの治療的物質（Li et al., in press），妊娠前後のストレスやアルコール，母親との離別，あるいは「濃密な接触」（Kuhn and Schanberg, 1998）などにさらされたときの影響を分析するのに有用である。また，親が仔をなめるリッキング[i]（licking）行動の頻度によって，仔のストレス応答にかかわる内分泌系の発達（Liu et al., 1997）や，脳の発達，認知的・情緒的・社会的行動（Hofer, 1994; Fleming et al., 2002）に変化が生じるように，母性行動それ自体が仔の神経的・行動的な発達に明らかな影響を与えることが，現在では知られている。

　本章では実験用ラットの母性行動について述べ，さらにそれを観察したり定量化したりするためのさまざまな方法を概説する。二親性のげっ歯類の中には，雄も養育行動を行う種があるが，これはドブネズミを含めたほとんどのげっ歯類にはあてはまらない。しかし，後述するように，ある実験的な状況下では，通常は母ラットにみられる行動の多くの部分を雄が行うこともある（Rosenblatt et al., 1996; Rosenblatt and Ceus, 1998）。本章ではまた，母性行動の実験に用いられる一般的および特殊な方法についても記述する。さらに，母性行動の表出に影響を与える環境的，状況的要因に関しても検討を行う。

母性行動の定義

　古くから行われてきた先行研究によれば（Weisner and Sheard, 1933），ラットの母性行動はかなり複雑な現象である。新しく母となったラットは，母性ホルモンの影響を受け，産道から仔が現れるや否や，仔に母性的に反応する（Rosenblatt and Lehrman, 1963）。ラットは通常，一度に8～16匹を産むが，その構成は雄と雌がおよそ同数になるようになっている。出産時，母親は羊膜嚢を除き，胎盤を食べ，仔をきれいにする（Hudson et al., 1999）。そして出産後30分以内に，すべての仔を巣に運んで行き，口や舌で仔をなめて，仔に覆いかぶさって授乳できるような姿勢をとる。一度も仔と接した経験のないラットでも，こうしたすばやい，母性的な反応をする（Fleming and Rosenblatt, 1974）。ラットは通常，出産後22～30日の間に離乳する。離乳までの間，仔は母親のもとにとどまったままでいるが，成長に伴って段々と自立していく。

---

[i] 仔のからだや外陰部をなめ，清潔にしたり排尿，排便を促したりする母性行動。

はじめは母親の口まわりのパン屑を食べるが、徐々に巣から離れた餌を食べに行くようになり、ボトルから水を飲むようになる。時間がたつと、仔が巣のまわりや母親と一緒にいる時間は減少し、母親も近づいてくる仔から離れ、しばしば活動的に動き回るようになる。

ホルモンに影響を受けた出産時の母性行動がいったんみられると、出産後の期間にも、仔との経験を通して、母性行動は継続される。この効果は、仔の側からの刺激によっても影響を受ける（Li and Fleming, 2003）。

出産後の10日間にラットが示す母性行動の中で、とりわけ重要なものについて、以下に述べる。

●レトリーバル●

レトリーバル（retrieval）とは、現在棲んでいる巣やこれから巣をつくる予定の場所に、母親が仔を運んで行くことである。出産後、巣のまわりに仔がばらばらといるようなときに、ほとんどいつも観察される。レトリーバルに関する実験からも明らかであるが、この行動はラットの母性への「動機づけ」を示すものと考えられている。母性的な反応の強いラットは、仔をすばやく、効率的に巣穴に運ぼうとするし、母性的ではないラットは仔を運ぼうとはしない。母ラットは自分や仔が巣にいる間は、頻繁に仔をもち上げ、巣の中で仔の身体の位置を変える。このような行動はレトリーバルとはみなされず、**仔のピックアップ**（pup pick-up）や**マウシング**（mouthing）などと呼ばれる。

●リッキング●

母親が仔をなめるリッキングは、生まれたばかりのラットにとって重要な刺激である。近年、母性行動の研究が盛んになるのと同様に（Fleming et al., 2002）、多くの研究で、リッキングが仔の情緒（Francis and Meaney, 1999）、認知（Liu et al., 2000; Lovic and Fleming, 2003）、生理機能（Kuhn and Schanberg, 1998）に及ぼす重大な効果が実証されてきた。リッキングには身体をなめるものと肛門生殖器をなめるものの2つがある。身体をなめるものは、母性行動のさまざまな場面（例えば、レトリーバル前、レトリーバル間、授乳中）で観察される。一方、肛門生殖器をなめるものは、仔が乳を飲んでいるときや仔が仰臥位になっているときにみられる傾向にある。仔は肛門生殖器をなめられている間、刺激に反応して後肢を伸展させる反射を示す。この型のリッキングは、仔が排尿・排便を覚えるために重要であるほか、雄の仔の性的な発達にも大切な役割を果たす（Moore, 1984）。リッキングを観察したり、リッキングの2つの型を区別したりするのは、はじめは難しいが、母性行動を2, 3時間ほど観察すると可能になる。

●授乳姿勢●

母ラットがうずくまる姿勢は、仔が母親の乳首に近づいて乳を飲めるようにし、仔の体温を調節し、環境から仔を保護することを目的としている。**うずくまり**（crouching）の定義は、それぞれの研究や実験室によって大きく異なっている。授乳姿勢には、うろうろすることとうずくまることの2つの型がある。母ラットは**うろうろすること**（hovering）で、巣の中の仔の何匹か、あるいはすべての上に覆いかぶさることができるが、自分の身体を休めることはできない。母親は活動的に仔をリッキングし、巣づくりの材料を運んで来て、自らの毛繕い[ii]（grooming）をし、うろうろして乳をやりながら仔を移動させる。母親が活動しているときでも、少なくとも何匹かは乳首に吸いついている（図27-1A）。一方、うずくまりは身体を休める姿勢で、通常は仔からの十分な刺激によって引き起こされる。母ラットは他の活動をやめて（肛門生殖器をなめるリッキングはときどき観察されるが）、四肢を伸展させて背中を丸める特徴的な姿勢をとる。うずくまりは時に、母親の脊柱のアーチの程度によって、低いうずくまり姿勢と高いうずくまり姿勢に分けられることがある（図27-1B, 27-1C）。3つ目の授乳姿勢として、側臥位の姿勢がみられるときもあるが、これは特に仔が若齢の場合にはほとんど観察されないものである。母ラットは横たわり、仔に乳首を差し出す。この姿勢は、生後10日目までの年長の仔と巣の中にいて、母性行動が長期間、撹乱されずにいるようなときに観察される（図27-1D参照）。

●巣づくりやほかの母性行動●

よく観察され、記録される母性行動にはほかに、巣づくり（母ラットは巣の近くまで巣づくりの材料を集めてくる）と仔のにおい嗅ぎ[iii]（sniffing）がある。巣づくりの程度の評価には、しばしば巣の格づけ基準が用いられる（①巣がない、②まあまあ〈巣の材料が1カ所に集められている〉、③わりと良い〈巣に低い壁があることが認められる〉、④良い〈巣の壁が明確で空洞を取り囲んでいる〉、⑤大変良い〈巣の壁が高く、仔の姿を覆い隠している〉）。同時に、母ラットが巣の中で過ご

---

ii ある個体が自身の体毛をなめたり引っ張ったりすることで毛並みを整えたり、ごみなどを取り除く行動。

iii 鼻部を用いて対象物（個体）のにおいを嗅ぐ行動。

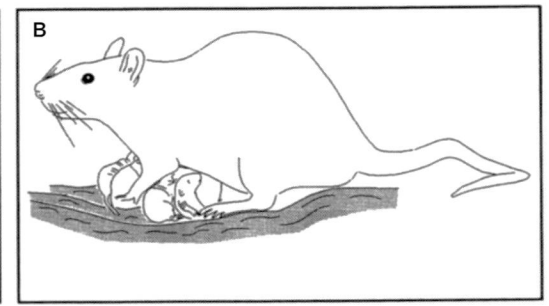

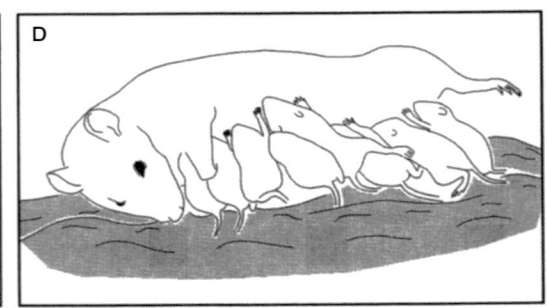

図27-1 さまざまな授乳姿勢。(**A**)うろうろすること(hovering)。母ラットは，マウシングや体勢の立て直し，リッキング，巣の修繕，自らの毛繕いなどの他の行動を行いながら，ほぼすべての仔の上に覆いかぶさる。(**B**)**低いうずくまり姿勢**(low crouch)。母ラットは巣に落ち着くとすぐ，うずくまり以外の行動を減少させる。仔が自分の腹部に届くよう，背中をわずかに曲げて四肢を伸展させる。(**C**)**高いうずくまり姿勢**(high crouch)。母ラットは仔が自分の腹部に届くよう，背中を高い位置で曲げて四肢を強く伸展させる。この姿勢をとっている間は通常，他の活動はしなくなる。(**D**)**側臥位**(supine)。母ラットは，仔を乳首に触らせたまま，横たわったり眠ったりする。この姿勢はより年長の仔に対して，また，巣を脅かされない時期が長く続いたあとに観察される。

す時間も記録される。

●母性実験中にみられる非母性行動●

母ラットは子育て中に，非母性的な行動もとる。母性行動の実験中にこれらの行動を記録することは，基本的な活動レベルや仔に反応していないときの母親の行動を評価するのに良い実践である。たいてい仔を運んだあと，母親はしばしば自分自身の毛繕いを行う。また，空気中のにおいを嗅いだり，寝床を掘ったりといった，無数の探索的行動も行う。さらに，状況に応じて，ケージの隅で食べたり，仔から離れて眠ったりする。

母性行動の観察条件と定量化

ラットの母性行動を評価するために，標準化された手続きが数多く発展してきた。それらは複数の実験室で使用される中で，主に観察期間に関していくらか違いがみられるようになっている。以下に，複数の実験室における研究から受け継がれた観察方法について述べる。

●実験用ケージと環境●

実験に使用するケージは，大きくて透明なプレキシガラス製のものがよい。ラットをケージに慣れさせて新奇な環境の効果を減少させるため，妊娠後期の間か，あるいは少なくとも観察を始める1日前には，ラットを実験用ケージに移動させなければならない。違う大きさのケージも使われるが，実験用ケージの典型的な大きさはおよそ45×40×20 cmである。行動を明確に観察するために，ケージが透明であることが重要である。また，母性行動にはケージの大きさや状態が大きな影響を及ぼすので，実験期間中は同じ型のケージを使い続けることが大切である。ケージの底には，約1.5 cmの深さのある木製の寝床を設置し，巣の材料(例えば，2枚のペーパータオルを2～3 cmの破片にちぎったもの)を与えなければならない。ケージのほかに，実験室の環境も統制すべきである。部屋の気温は約22℃，湿度は40～50％，12時間ごとの明暗サイクルを維持しなければならない。実験は通常，明るいときや，不活発なサイクルのときに行われる。観察は暗いときにも行うが，ラットはこのときにより活発に動く傾向にある。すべての実験で，仔は雄と雌が同数になるよう選択する。8匹を残すのが通例である

(雄，雌ともに4匹ずつ)。

●行動を記録する方法●

実験室環境の中で母性行動を定量化するには，2とおりの一般的な方法がある。1つは進行中の母性行動を周期的にサンプリングするもので，しばしば**スポットチェック**(spot check)と呼ばれる(例えば，1日のうち100時点について，母親の5秒間の行動を記録する)(Francis et al., 2002)。これは，巣を脅かさない条件ではいつも行われる。2つ目は，巣を脅かさない条件と脅かす条件のいずれかについて，連続的な観察期間(10～120分)を設けるものである。連続的な観察は何日かにわたって続けられ，時間の経過に伴った母性行動の変化を知るのに役立つ。どの方法を選択するかは，手もちの資源と制限条件に加えて，実験の性質と必要性に応じて決めるべきである。

紙と鉛筆の技法(1-0タイム・サンプリング)

縦軸に観察された時間をとり，横軸に観察された行動を示した表を作成する。これによって，すべての時点(通常は5秒)での行動が示される。ある時点においてみられた各行動をチェックすることで，最終的にそれぞれの列のチェック数を足すと，実験期間を通しての各行動の頻度が決定される。この記録法は手軽だが，正確さの点で行動記録器に劣る。

進行中の行動のイベント記録

進行中の行動のイベント記録は，実験期間の長さと記録された行動の数に応じてユーザーが自ら設定できる，行動記録プログラム(行動の評価方法と分類〈behavioral evaluation strategy and taxonomy: BEST〉プログラムなど)の入っているコンピュータを使用する。各行動は，キーボードのキーを押すことで記録される。また，母ラットがある行動をしたとき，ラットがその行動をしなくなるまで，あらかじめ決められたキーを押し続ける。これによって実験者は，実験期間中の各行動の頻度(キーが押された回数)と長さ(キーがどのくらい押され続けたか)を記録することができる。

●母性実験のプロトコル●

以下に紹介する母性実験のプロトコルは，唯一のものではないが，最も単純で典型的な方法である。プロトコルの選択は，実験の性質と必要性に基づくべきである。

非撹乱時における母性行動の継続的観察

自然な母性行動，つまり何の操作も加えない場面での母性行動を観察する際には，基本的には，撹乱をせずに母性実験を行う。この実験の間，母ラットや仔には一切操作が加えられず，実験者は1日のどの時点からでも，進行中の行動を記録しさえすれば，観察を開始できる。これらの実験は10分から数時間の範囲で行うことができる。ラットはある決まった1日に実験を受けることもあれば，連日，あるいは1日おきで数日間の実験を受けることもある。離乳の過程について関心があるなどの場合を除き，実験は通常，産後2週間くらいに行われる。

この実験プロトコルによって実験者は，実験的な操作が母性行動の自然なすがたに影響を与えるかどうかを判断することができる。すなわち，母ラットが仔とどのくらいの時間を過ごすのか，母ラットの行動パターンが，自然状況下で一切の操作をされていないラットがみせる母性行動と類似しているのかを検討できる。

レトリーバルを用いた母性実験

レトリーバルを用いた母性実験は，母と仔が実験開始の前に短期間，離されていることを除けば，撹乱されない母性実験と似ている。実験者は，巣に損傷を与えないまま，巣から仔を移動させる。仔は5分ほどの距離のところに移るが，その間，部屋の気温は維持されていなければならない。この短い別離ののち，仔は巣から対角線上の反対側の隅に置かれた実験用ケージに戻される。母性的な反応をみせるラットが，仔を巣に戻し始めると同時に，すばやく記録を開始しなければならない。

この実験はしばしば，1日を通した連続的なスポットチェックとの組み合わせによって遂行される。これらのスポットチェックは，レトリーバル実験ののち，およそ2時間の間隔を空けて行われる。レトリーバルがみられる頻度は，経産ラット，鋭敏化された未交尾のラット，若齢のラットの間で大きく異なることから，この実験で母性的な動機づけの程度を容易に評価することができる。未交尾のラットなど，あまり動機づけられていないラットは，レトリーバルをほとんど示さないし，母性ホルモンの影響下にある新しく出産したラットなど，より強く動機づけられたラットは，ケージの中のすべての仔を巣に運び込むといった行動をみせる。

母性記憶の実験

　母性ホルモンの影響は，産後の数日で弱まる。このとき，母性行動はそれまでの経験を通じて維持される。これを**母性記憶**(maternal memory)とか**母性経験効果**(maternal experience effect)と呼ぶ〈Li and Fleming, 2003〉。仔が離乳したあとの後期の母性行動の反応時間は，以前に母性的な関わりを経験したラットのほうが，経験していないラットよりも短くなる。

　母性記憶の実験は，産後期間あるいは初期の誘導期間の間に，ラットがどれほど仔との経験を「記憶しているか」を測定するという点を除けば，レトリーバルに関する実験の変種といってよい。他の記憶実験と同様，母性記憶の実験は，一般に次の2つの段階に分かれる。1つは経験/接触段階，もう1つが検証段階である。

　出産後，母ラットは母性行動を経験できないよう，仔と15分間隔で引き離される。数時間から1日程度の期間をおいて，母ラットは別のラットが産んだ仔に引き合わされる。このような場合，母ラットはこれらの仔に母性行動を示すと考えられる。母ラットは少なくとも1時間ほどで仔と離され，何日間か(例えば，10日)は仔と関連する刺激から遠ざけられる。この別離期間ののち，母ラットは再び，また別のラットから産まれた仔に新しく引き合わせられる。

　「母性記憶」が損なわれなかった母ラットは，1～2日以内なら母性行動を示すが，操作(例えば，側坐核のタンパク質合成を阻害するなどの損傷を与えるといったもの〈Li and Fleming, 2003〉)を加えられた母ラットは，母性行動を示さないと考えられる。また，十分な母性記憶をもたない母ラットに母性行動がみられるようになるまでには，未交尾のラットと同様に，長い時間がかかる。

母性的な動機づけと仔に関連した刺激への選好実験

　ラットの母性行動は組織化されたものだが，その制御メカニズムは非常に種類が多く，運動，動機づけ，経験，注意，あるいは，母性行動の表出に関連する他のすべての要因が互いに影響し合って決定されるものである(Mattson et al., 2003 など)。母性実験中の母性行動は，実際の母性的な反応性とパフォーマンス(例えば，母性行動の欲求に関する要因)を評価するには役立つが，母性行動を促進する個体のメカニズム(例えば，動機づけ)の評価には，必ずしも最適とはいえない。以下に述べる実験手続きは，仔が与える快刺激と，仔に関連する刺激を回避することを検討するために用いられる。

　条件性場所選好課題(conditioned place preference task)は，親にとって仔がいかに快刺激となるかを調べるもので，母性行動の動機づけを評価するために用いられる。ゆえに，前述した典型的な母性実験の間に，仔が快刺激であると感じていないにもかかわらず，母性行動に似た行動を示したラットを識別することができる(Morgan et al., 1999; Mattson et al., 2003)。実験は，壁のパターン(一方は黒の横縞，もう一方は黒の縦縞)と床の素材(一方は滑らか，もう一方は穴が開いている)が異なった2つの白いプレキシガラスの箱(22×40×30 cm)の中で行われる。実験には接触と検証の2段階がある。**接触段階**では，一方の箱が仔と関連していることに気づかせるために，ラットは，ランダムにどちらか一方の箱に仔と一緒に入れられる。ラットは，間に1日挟んだ計2日間を仔のいる箱で過ごし，また，間に1日挟んだ別の2日間を，仔のいないほうの箱で過ごす(Mattson et al., 2003)。

　検証段階では，ラットは仕切りを取り払った装置に入れられ，どちらの箱にも自由に行き来し，滞在することを許される。10分放置している間に，どちらの箱に入ってどれくらいの時間滞在したかを記録する。仔を快刺激として感じているラットは，仔と一緒に過ごした箱に，もう一方の箱より明らかに長い時間滞在する。例えば，2回以上の出産経験のあるラットや初産を経験したラットは，未交尾のラットと比べて，仔と関係する手がかりのある箱に，より長い間滞在することがわかっている。

　ラットがどのくらい母性的に「動機づけられているか」を探るための他の方法には，直接的に母性行動を調べる以外に，**選好**実験や**選択**実験を行うものがある。2つの刺激(仔の尿のにおいと発情期間中の雌の尿のにおい，あるいは，声を出している体温の低い仔と声を出していない体温の高い仔)をY字迷路の終点に同時に呈示したり，あるいは連続試行において1つの刺激を呈示し続け，5分間に各刺激にたどりつくまでにかかった相対的な時間をコンピュータで測定する(Fleming et al., 1989; Farrell and Alberts, 2002 も参照)。

未経産のラットにおける母性行動の実験

　未交尾の雌のラットは，はじめは仔におびえたり，仔を避けたりする。しかし連続して仔の刺激に接触させることで，授乳場面をみせなくても未交尾のラットから母性行動を誘発することができる。以下に，この誘発を導くための2つの方法について述べる。

鋭敏化

　未交尾の雌や雄は，妊娠や出産に伴うホルモンの分泌がなされていないので，他のラットの新生仔をはじめて提示されたとき，母性的な反応を示さない(Rosenblatt, 1967; Fleming and Luebke, 1981; Rosenblatt and Ceus, 1998)。しかし連続して5～10日ほど仔と接触するとついには母性的な反応をし始め(Rosenblatt, 1967)，それは新しく母となったラットの行動とまったく同じではないものの，徐々に母ラットにかなり似た行動のパターンを示す(Lonstein et al., 1999)。未交尾のラットが母性的になったことを裏づけるために，鋭敏化の手続きの間は，ある基準を満たすまで，ラットは仔と一緒に過ごすことになる。この基準とは，レトリーバル実験の間に2日間連続して仔を巣穴の近くに運んで行くことである。鋭敏化された未交尾のラットに対する母性実験は，前述したプロトコルと同様に行われる。未交尾のラットは仔に授乳できないため，乳を与えるために仔をたえず入れ替える必要がある(授乳できる状態を維持するため，生みの母親には6匹以上の仔と接触させ続けなければならない)。鋭敏化の手続きの間に起こりうる問題に共食いがある。未交尾のラットは仔を嫌悪するので，仔を殺してしまう場合がある。実験中にこのようなことが生じたら，実験を中断し，傷ついた仔を安楽死させ，残りの健康な仔を生みの母親のもとに戻さなければならない。2日間連続して共食いをした未交尾のラットは，実験から除くべきである。

ホルモンによる準備刺激

　未交尾のラットはまた，エストロゲンやプロゲステロンといった母性ホルモンを投与されることで母性的になる(Bridges, 1984)。これらのラットは卵巣を切除され，首の背部に2 mmのシリコンゴムでできたエストロゲンのカプセルを皮下移植される。この処置から3日後，同じ部位に，今度は30 mmのシリコンゴムでできたプロゲステロンのカプセルが皮下移植される。さらに10日後，プロゲステロンのカプセルは取り除かれ，エストロゲンのカプセルは残される。プロゲステロンのカプセルを除去した1日後，ラットは母性実験のために仔と接触させられる。未交尾のラットは授乳できないので，鋭敏化の手続きと同様，乳を与えるために，たえず仔を入れ替えなければならない。その母性行動は，鋭敏化された未交尾のラットよりも出産後のラットのものにきわめて似ているが，この手続きだけでは，プロラクチンやオキシトシン，コルチコステロンといった，授乳中や出産後の状態に変化する他のホルモンに関連する行動を生じさせることはできない。

異なった条件下にあるラットの，ホルモンへの相対的な感受性を評価するには，ホルモン投与計画を延長したり，短縮したりすればよいだろう(Bridges, 1984)。

若齢ラットにおける母性行動の実験

　若齢の雄と雌のラットは，離乳後ただちに，自発的な母性行動を示すようになるが(Rees and Fleming, 2001)，思春期の始まり頃にはこれは低下する。自然環境では，母ラットは通常，はじめの仔が離乳すると，次の仔を出産する(Gilbert et al., 1983)。そのため，若齢ラットは自身の離乳の前後に，次に生まれた仔に接触することになる。

　若齢ラットにおける母性実験は，未交尾のラットに対する鋭敏化の手続きに似ている。母性実験の間，若齢ラットを何日も仔に接触させ，そのときの行動を記録する。若齢ラットの母性行動は成体ラットよりも未熟で，仔を巣に運んで行くというよりは引きずっていくような傾向がみられる。

　身体の大きさの問題もあり，若齢ラットは背中を曲げて仔に覆いかぶさる姿勢をまだとることができず，そのかわりに仔の上にのしかかる傾向がある。成体の母ラットにみられるパターンとは逆に，若齢ラットはレトリーバルの前に母性行動の構成要素をすべて示す。若齢ラットの研究は，母性行動の発達を検討するという意味で大変興味深いものであるし，より一般的にとらえると，初期の社会的行動を知ることにもつながる。

●実験で生じる可能性のある問題●

　母性行動の実験に影響を及ぼす要因は，いくつか考えられる。交絡が起こるかもしれないので，実験群間で可能な限り，これらの要因を一定に保つ必要がある(あるいは統制すべきである)。

母ラットの仔からの離別

　早期に仔を母から離すことは，最もよく用いられる実験操作の1つである(Lehmann and Feldon, 2000)。どの型の離別も，仔の発達(Hofer, 1994)，および母ラットの仔に対する母性行動(Pryce et al., 2001)を変化させることはよく知られている。「初期操作(early handling)」と呼ばれる大変短い離別(15分以下)を経験すると，離別後の数回以上の時点で，母ラットは仔に対する関わりを増加させる。一方，より長い離別(1時間以上)の場合は，母性的な反応性は増加しない(Pryce et al., 2001)。薬物投与などを行う離別の別形

態は，行動解析において検討される離別の崩壊効果を，母性行動と同時に調べるものである。

ケージの大きさ

成体の雄や未交尾の雌，あるいはいずれかの性別の若齢の個体を用いて，母性行動を誘発する実験を行うときには，ケージの大きさがレトリーバル行動を示し始める速さに影響を及ぼす。非常に小さいケージの場合，ラットと仔は接近することを余儀なくされ，仔と距離をとることができる大きなケージに入れられるよりも，レトリーバルを示す時期が（数日にわたって）早まる。

概日リズム

他の行動と同様に，母性行動にも概日リズムがある。通常，母ラットは日中，あるいは明るいときにより多く仔に接触する（Leon et al., 1984）。

一度に養育する仔の数

母性行動の実験では必ず考慮しなければならないが，わりに制御しやすいのが，一度に養育する仔の数である。仔の数が多いほど，1匹当たりの，あるいは仔全員に対するリッキングが減少する（Fleming et al., 2002）。しかし，母ラットは仔の数が少ないときよりも多いときのほうが，より長い時間を仔に費やす（Deviterne et al., 1990）。研究間の結果を比較すると，仔の成長や発達に仔の数が変化を与えているため，仔の数は一定に保たれなければならない（Agnish and Keller, 1997）。

仔の年齢

母性行動は仔の年齢によっても変化する（Stern and MacKinnon, 1978）。生後1週間の仔は，より年長の仔に比べ，母性行動，特にレトリーバルを受けることが多い。これはおそらく，日齢を経るほどに，仔がより活動的かつ自主的になっていくからだろう。したがって，他のラットから生まれた仔を用いる場合には，より若齢の個体（生後1〜5日）を選ぶとよいだろう。

仔の性別の比率

仔の性別の比率もまた，考慮すべき問題である。実験前に，仔は雄と雌が同数になるように選別される。雄と雌が同数である場合，リッキングには性別による違いがみられる。雄の仔は雌よりも，母ラットから肛門生殖器をなめられることが多い（Moore, 1985）。こうした違いは，テストステロンや他のフェロモンの存在などを含む，多くの要因に基づいている（Moore, 1986）。

レトリーバル実験では，出産から1週間が経過したのち，母ラットは雌のラットよりも早く，雄のラットに対するレトリーバルを開始する（Deviterne and Desor, 1990）。

また，同性のきょうだいだけの中で育った雌のラットは，妊娠する頻度は少ないが，妊娠・出産すると，雄と雌が混ざったきょうだいの中で育ったラットよりも，多くの仔を産む（Sharpe, 1975）。性別を実験の重要な要因にする場合には，雌と雄の仔に違った色の目印をつけ，母ラットがそれぞれの性別や色の仔に向ける行動を追っていくと，仔の性別による母性行動の違いを容易に評価することができる。

系統の違い

母性行動はラットの系統の違いによっても異なってくる。例えば，Long-Evansラットの母親は，Fisher 344ラットの母親よりも，特に肛門生殖器周辺へのリッキングを多く示すが，仔の性別によるリッキングの頻度の違いは減少する（Moore et al., 1997）。Long-Evansラットの母親はまた，WisterラットやSprague-Dawleyラットの母親より，仔を1カ所に集め，仔の身体に密着し，頻繁に授乳姿勢をとる（MacIver and Jeffrey, 1967）。このような系統による母性行動の違いは，異なった系統のラットが生んだ仔に対しても示される（MacIver and Jeffrey, 1967）。さらに，異なった実験室間では，誘発手続きで，ラットが母性行動をみせ始める時期にも顕著な違いがみられる（Terkel and Rosenblatt, 1971）。こうした差異は，「情動性」や「新しいもの嫌い」といった特性が系統によって違っていることに関連しているのかもしれない（Fleming and Luebke, 1981）。したがって研究を比較するときは，系統による母性行動の違いを念頭におき，ラットの系統も考慮すべきである。

自分以外のラットの仔に対する反応

母ラットは，どんな仔でも与えられれば受け入れるが，自分の仔とそうではない仔を見分け，それぞれに異なった反応をすると考えられている。例えば，自分の仔とそうではない仔を同数ずつ与えたとき，母ラットが産んだのではないほうの仔は，生後30日での体重の増加が乏しく，餌を取り合って生命を維持する力

も弱い(Ackerman et al., 1977)。これは，仔ラットが母ラットから，母ラット自身の仔とは異なった扱いを受けていることを裏づけるものである。

母ラットの出産歴

初産(一度の出産経験)と経産(二度以上の出産経験)のラットでは，仔に対する反応が異なるため，母性行動は出産歴や出産回数にも影響を受ける(Wright et al., 1977)。GFAP(Featherstone et al., 2000)や内側視索前野におけるオピエート受容体(Bridges and Hammer, 1992)の増加に伴い，出産歴に応じて母ラットの神経回路も異なる。したがって，出産歴を比較することが目的ではない限り，出産歴の潜在的交絡を統制するため，すべてのラットは同じ生殖状態(未経産，初産，経産)にしておかなければならない。

結　論

母性行動は，注意深い観察とよく計画された手続きをもってすれば，容易に記録することができる。母性行動は多くの要因に影響を受け，複数のメカニズムに制御される複雑な行動なので，母性行動の実験を計画する際は，さまざまな要因を考慮しなければならない。ラットの行動が信頼性のある頑健なものであると主張するためには，実験室実験においても，行動制御や学習の表出，種固有の特徴的な文脈での強化の原理における，ホルモンや嗅覚手がかりの役割を詳細に記述する必要があるだろう。

謝　辞

本章のイラストを描いてくれたAlison Diazに感謝する。

Stephanie L. Rees, Vedran Lovic,
Alison S. Fleming

第28章

遊びと闘争

　闘争には一方の個体による攻撃と，もう一方の個体による防御という面がある。防御側の個体は，敵の攻撃をうまくかわすと今度は攻撃側となる。攻撃がうまくいくかどうかは，攻撃と防御の2つのスキルによって決まる(Geist, 1971)。ラットもこの一般的な原則の例外ではなく，攻撃性についての研究対象としてよく用いられてきた(Blanchard and Blanchard, 1994)。しかし，ラットの闘争には敵対的な闘争もあるし，遊びとしての闘争もあるため，概念的な難しさや記述上の難しさがある。2つの闘争は異なるものなのだろうか。また観察をしていて，ある闘争が一方の闘争からもう一方の闘争へと変化するような場合に，いったいどのようにどんな基準で特定すればよいのだろうか。
　serious fighting (攻撃行動) は成体期で，play fighting (闘争遊び) は幼若期で多くみられる(Pellis and Pellis, 1987)。これらの行動の基本的なパラメータを確立するために，まずは成体での serious fighting から話を始めることとしよう。そのあとで，成体での serious fighting と幼若期の play fighting とを比較する。そしてラットの serious fighting と play fighting は全く別の行動であることを示していく。play fighting は性行動に由来するもので，攻撃に由来するものではない。さらに，ラットは play fighting における性的な要素が変容していて，成体期になると play fighting を擬似的な攻撃のために使うようになることを示していく。play fighting と serious fighting の間の，些細ではあるが重要な違いを理解するためには，闘争の攻撃目標となる身体部位を知ることがまずは必要である。

serious fighting において攻撃目標となる身体部位

　攻撃を始めるとき，攻撃側は敵に対して優位に立とうとする。例えば相手を投げてバランスを崩させる，相手にぶつかったりかみついたりする(Geist, 1978)。角などの特殊化した部位を使って相手にぶつかったり，かみついたりという攻撃は相手の特定の身体部位に向けられることが多い。こうした特定の部位に対しての攻撃が長期間にわたってなされ続けると，その近辺の皮膚が肥厚する(相手の歯や角が入ってくるのを防ぐ)，あるいは骨が太くなる(相手からの衝撃をやわらげることができる)(Pellis, 1997)。ラットも相手の特定の身体部位にかみつく。
　serious fighting についての分析を進め，攻撃目標となる身体部位と，その部位を防御するために用いられる戦術を特定するためには，レジデント・イントルーダー(resident-intruder：居住者・侵入者)パラダイムが有効である。このパラダイムでは，レジデントである雄ラットのいる囲いの中に，みたことのない雄ラットを入れる。この状況では，レジデント・ラットは攻撃側に，イントルーダー・ラットは防御側になる(Blanchard and Blanchard, 1990; Kemble, 1993)。
　レジデント・イントルーダーパラダイムを使った研究から，レジデントは，イントルーダーの腰背部や脇腹に対してかみつき，イントルーダーは仕返しとしてレジデントの顔にかみつくということが示されてきた。この攻撃側と防御側のかみつきのパターンは，野生のラットでも飼育されているラットでもみられるパターンである(Blanchard and Blanchard, 1990)。さらに，自由飼育のラットでみられる傷跡のパターンは，レジデント・イントルーダーパラダイムで攻撃目標となる身体部位のパターンと一致している(Blanchard et al., 1985)。
　ラットの属すネズミ科(第1章参照)の，いくつかの種における攻撃動作を分析すると，顔面が攻撃と防御の両方の目標部位となっていることがわかる(Pellis, 1997)。防御側は，自分の腰や脇腹をかまれたことへの仕返しとして，あるいは攻撃側に近づかれまわりを塞がれたときに，攻撃側の顔面にかみつく(Pellis and Pellis, 1987; Blanchard and Blanchard, 1994)。つまり，防御としての顔面へのかみつき行動は，相手から

の攻撃に対して生じる。

　対照的に，攻撃側では顔面への攻撃を開始するのは攻撃者自身である(Pellis and Pellis, 1992)。2匹のラットが遭遇した場合，攻撃側はまず相手の腰や脇腹へのかみつきで攻撃を始めるのだが，顔面に攻撃をシフトさせるという可能性は，防御側にとって問題となる。同様に，防御側が報復的に相手の顔面にかみつく可能性は，攻撃側にとっても問題となる。

攻撃目標となる身体部位の位置が，攻撃と防御戦術に対して与える効果

　レジデントとイントルーダーの雄ラットが遭遇すると，典型的にはレジデントがまず相手に横向きで近づき，相手の殿部のほうへと動く。それに対して，イントルーダーは後肢で立ち，鼻毛を拡げ，相手のほうを向く。この位置からだと，レジデントがイントルーダーの背後へ動こうとすれば，イントルーダーはすぐにレジデントに対面することができる。

　攻撃側が相手の殿部にかみつくと，防御側から顔面にかみつかれて反撃されてしまう。そこで攻撃側は四肢で立ち，後肢で立っているイントルーダーの前で横向きになる。全く動きがないまま，この状態がしばらく続く。しかし，動きがないのはみかけ上のことであって，ビデオ記録を1フレームずつ分析すると，一方が少し動くとそれに対応して他方が少し動いていることがわかる(Blanchard and Blanchard, 1994)。この膠着状態を打開するために攻撃側は報復を受けるリスクを冒さなくてはならない。

　この膠着状態を打開するために攻撃側が用いる典型的な作戦は，横にいる位置を保ったままイントルーダーを押していくことである(図28-1)。こうすると攻撃側は自分の頭部を相手の届かないところに置いたまま，防御側の腹部に自分の腰を押しつけることができる。防御側はというと，攻撃側の頭部に斜めに突いていくことで，安定した姿勢を失うこととなり，攻撃側による反撃を受けやすい位置になってしまう。攻撃側はこの位置から，防御側の腰へかみつくことができる。うまくいかなくても，この攻撃戦術によって，防御側は自分の足場を失うこととなる。すると攻撃側は，自分の顔面をかまれる危険性は少ないままで，相手の腰や殿部をかむことができる。横位置からの攻撃という方法は，自分の頭部が反撃を受けないようにする防御の要素を組み込んだものとみることができる(Pellis, 1997)。

　防御側にとって，しっかりと立つことと攻撃側の最

図28-1　serious fightingにおける側面からの攻撃戦術。(A)攻撃側は通常，四肢で立ち，防御側の前方に自分の側面を向ける。(B)防御側が攻撃側の顔面を狙おうとすると，攻撃側は自分の腰背部で防御側の無防備な腹部を押す。(C)攻撃側が防御側のバランスを崩せるようなら，この機会を逃さずに防御側の無防備な腰背部を突いたりかんだりする。[Pellis and Pellis(1987)より改変]

後の攻撃を防いだらすぐに逃げることの間にはトレードオフがある。しっかりと立つことを選べば，攻撃側は頭部への攻撃をしかけてくるだろうし，逃げることを選べば最もかまれやすい身体部位(殿部)をさらしてしまうことになる。防御側のもう1つの戦術に，仰臥位になることがあるが，これにも同じことがいえる(Adams, 1980)。仰向けで寝てしまうことで，後肢で立つ戦術と同じように，背中を守ることができる。それに，鼻毛を拡げて攻撃側に向き合うことで，攻撃側が近づくのを防ぐことができる。しかし防御側にとって残念なことに，攻撃側は動機づけが高いため，さら

に背中，脇腹へと近づこうとするし，攻撃目標を顔面へとシフトさせてくる。仰臥位になることは，立って敵と向かい合うよりも，攻撃をブロックするのに良い位置とはいえない。ここで再び，防御側にとってのトレードオフが出てくる。仰臥位のままでいるのか，それとも仰臥位になって相手から殿部をかまれないようになった瞬間に逃げ出すのかのトレードオフである。

2つの戦術間のトレードオフには，いくつかの要因が影響する。防御側の特定の攻撃者に対する経験や，テスト環境の物理的な制約である(Pellis et al., 1989; Pellis and Pellis, 1992)。例えば，狭い環境ではラットは仰臥位の防御態勢をとることが多い(Boice and Adams, 1983)。密閉された状況では身体をひねって逃げるというオプションは危険だからであろう。

こうして考えてみると，攻撃と防御の戦術は特定の身体部位への接近を競い合うためのものだということがわかる。攻撃における動作は，攻撃目標となる身体部位と関連させて分析する必要がある(Pellis, 1997)。しかし，比較研究や実験研究の多くは「横方向からの」「後肢で立つ」「仰臥位になる」といった，事前に特定された戦術の生起頻度を数的に分析するものが多い(Alleva, 1993)。ここで問題となるのは，特定の戦術の頻度は，攻撃側，防御側あるいは両者の動作が原因となって変化するのだと考えられないことである(Cools, 1985)。

攻撃側と防御側のやりとりが，特定の身体部位への攻撃と防御に関連していることを明らかにする方法がある。1つは，舞踊術の表記テクニックを使って攻撃側と防御側の両者の身体部位の時空間パターンを同時にモニターすることである(Pellis, 1989; Foroud and Pellis, 2003)。

もう1つのアプローチは，攻撃側と防御側の衝突の瞬間を見定めることである。これは「ディシジョンポイント」と呼ばれるもので，一方の個体がまさにアクションを起こそうとしていて，もはや相手のその後の動きに影響を与えることはないような瞬間である(Pellis, 1989)。例えば，攻撃側が相手の背後から近づき，殿部をかむところを考えてみよう。攻撃側がかみつこうとして，跳躍したとする。防御側が自分の殿部を守るために何を選ぶのかは，攻撃側が今や宙に浮いていてその戦略は限定されているのだから，もはや攻撃側に影響されない。ディシジョンポイントでの標準的なネズミ科の防御戦略は，①跳躍する，あるいは逃げる，②回転して仰臥位になり攻撃側に向かい合う，③身体をひねって後肢で立つポジションをとり攻撃側に向かい合う，の3つである(Pellis et al., 1992)。

攻撃と防御戦術を評価するためのこれらのテクニックには，ラットが接近を競い合う身体部位を知ることが必要となる。攻撃目標となる身体部位を同定する最も単純な方法は，相手の傷の数を数えることである(Blanchard and Blanchard, 1990)。このような直接的アプローチは有用ではあるが，限界がある。争っている2個体とも戦いのスキルがあれば，一方による攻撃は，相手からのカウンターを受けることになるため，どちらの側も相手にかみつくことはできない(Geist, 1971)。また，防御側が攻撃をうまくかわせるような場合では，攻撃側は状況に応じて別の身体部位へかみつくことになる(Pellis and Pellis, 1988)。それゆえ傷跡は，攻撃と防御の戦術がせめぎ合う本当の目標部位を示さない(Pellis, 1997)。

舞踊術的な記述方法を使い，一方の個体が近づこうとし，もう一方はかわそうとする，まさにそのような身体部位を特定することによって，攻撃目標となる身体部位を決めることができる(Pellis, 1989)。攻撃目標だと判明した身体部位は，次に攻撃側の目標とする部位を直接的に評価するテクニックで実証することができる。例えば，レジデントのケージに，麻酔をかけたイントルーダーを入れ，かまれた身体部位を記録するようなやり方がある。イントルーダーが動くことができなければ，レジデントの目標選択はイントルーダーの動きに制約を受けなくなる(Blanchard et al., 1977; Pellis and Pellis, 1992など)。同じように，イントルーダーのモデル(麻酔をかけて特定の姿勢になるようにしたラットなど)をレジデントのケージに入れて調べることもできる(Kruk et al., 1979)。

どのようなテクニックを組み合わせようとも，闘争において目標となる身体部位を知ることは，戦術が攻撃や防御のためにどのようにして構造化されていくのかを分析する手助けとなる。攻撃目標と戦術の分析によって供されるフレームワークは，種差，性差，年齢差に関するメカニズムの説明や，表に現れる闘争行動に対する実験的効果を評価するための基礎となる(Pellis, 1997)。

play fighting において攻撃目標となる身体部位

ラットの play fighting の内容を，行動パターンを数えて記録すると，回転して仰臥位になる，後肢で立つ，相手に側面から向かい合う，かみつく，逃げるといった行動をとることがわかる(Poole and Fish, 1975)。つまり，play fighting の中身は serious fighting でみられる行動パターンと同じである(Grant and MacIntosh, 1966)。play fighting と serious fighting の行動パターンの相対頻度や確率的な関係から，2つの闘争タイプ

は異なる動機づけシステムから発生したものだと論ずる研究者もいる（Poole and Fish, 1975; Panksepp, 1981）。一方で，幼若ラットのplay fightingと成体ラットのserious fightingでみられる差は小さいことから，play fightingはserious fightingの未成熟なものと論ずる研究者もいる（Silverman, 1978; Taylor, 1980）。いずれにしろplay fightingもserious fightingもどちらも，種に特有の同じ攻撃行動のパターンを用いる競争的な相互作用を含んでいる。こうした行動の相対頻度や連続的な構造について記録していくと，結局「それでは両者はどれだけ違うのだろうか？」ということになっていく。

舞踊術の方法を使った記述的アプローチによれば，play fighting中，ラットは相手の首筋を狙って競い合っていることがわかる。相手の首筋に触れても，かむことはめったになく，攻撃側は自分の鼻を相手に押しつけるようにする（Pellis, 1988）。攻撃側の個体は，相手の首筋へ触れようとして攻撃戦術を用いるのである。防御側は自分の首筋に触れられないように，また相手の首筋に攻撃できるようにと防御戦術を用いる。そしてはじめに攻撃をしかけた側が今度は自分の首筋を守るようになる，というように続いていく（図28-2）。serious fightingにおける主な攻撃目標は，腰背部や脇腹であり，それより度合いが減って顔面となるのに対し，play fightingでの主な攻撃目標は首筋である。しかもそれは，かむのではなく鼻を接触させるための目標である。

それゆえラットの闘争における2つの型の違いは，かつていわれていたような量的な違いではなく，質的な違いということになる。実際，play fightingは時にserious fightingへとエスカレートすることがあるが，そうなると首筋へ鼻を押しつけることを争うのをやめ，相手の殿部にかみつくような攻撃へとシフトする（Takahashi and Lore, 1983; Pellis and Pellis, 1991）。play fightingとserious fightingとで姿勢が似ているのは，攻撃と防御に対して標準的な，種特有の戦術のセットがあることを反映しているためである。このセットは，同種間の攻撃や遊びのような関係だけでなく，性的な関係や捕食者と出くわしたときにも用いられる（Pellis, 1988）。

種に特有な姿勢や行動パターンを分析すると，play fightingでの姿勢や行動パターンは, serious fightingと比べて，攻撃目標が異なるために変容したものだということがわかる（Pellis and Pellis, 1987）。この知見は「play fightingは攻撃の未成熟なかたちなのではなく，明確に区別される行動システムである」という考え方を支持する。しかし，ラットでのこうした知見は，より広い種間の比較研究での知見と照らし合わせていく必要がある。哺乳類の多くの種や，いくつかの鳥類では，幼若期のplay fightingは成体のserious fightingにおける攻撃・防御と同じ目標を含むものであるという比較研究がある（Aldis, 1975）。なぜ，ラットはこの点において他の種と大きく違ってみえるのだろう？

ラットにおけるplay fightingの起源

ラットでは，相手の首筋に鼻を押しつける行動は，成体での性的な遭遇時にも生じる。相手は触られるのを避けようとしてさまざまな防御戦術を用いる（Pellis, 1988）。それゆえ次のような可能性も考えられる。play fightingがserious fightingの未成熟なかたちだという考え方をする研究者は，彼らが比較の対象として

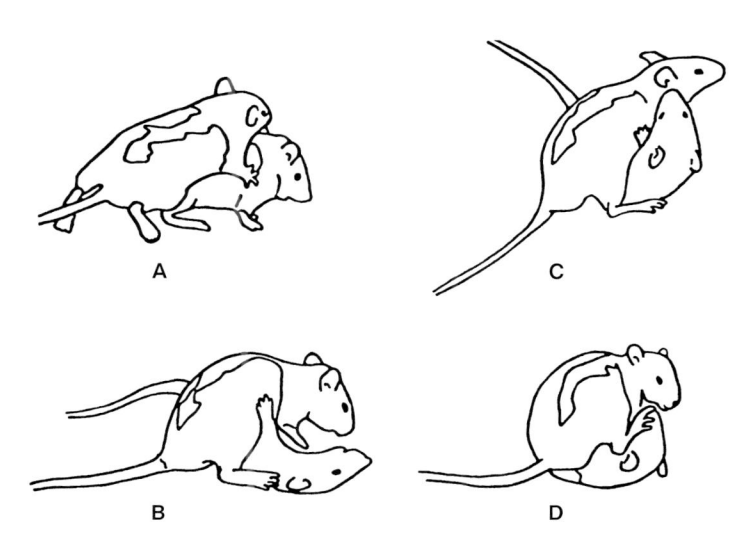

図28-2 （**A**）play fightingでは攻撃側は，相手の首筋を狙って飛びかかるような攻撃戦術を用いる。（**B**）防御側は相手から首筋に触れられないようにするために，回転して仰臥位になるような防御戦術を用いる。（**C**）防御側は，仰臥位の位置から今度は相手の首筋を狙っての攻撃を開始することができる。（**D**）するとはじめに攻撃した側は，相手からの攻撃をブロックするために防御戦術を用いることになる。[Pellis and Pellis（1987）より改変]

いた成体の行動システムが間違っていたというただ1つの点を除けば，正しかったのだ。つまり，ラットにおける play fighting は性行動の未成熟なものだったのである。実際ラットの遊び行動を，他のネズミ科のものと比較してみるとこの可能性が正しいことがわかる (Pellis, 1993)。ネズミ科では，play fighting において，互いの身体部位に対する接近を競うことはない。むしろ性的な遭遇場面の性交前段階で身体部位への接近を競い合う。play fighting や性行動で目標となる身体部位は，serious fighting における目標とはずいぶんと異なる。例えば，ジャンガリアンハムスターでは，serious fighting において相手の殿部や顔の側面へのかみつきがみられるが，求愛行動や play fighting では，鼻を押しつけるのは相手の口の前方である (Pellis and Pellis, 1989)。

先行研究の多くは，play fighting における行動パターンがどういった目標に対して向けられるのかに注目するのではなく，行動パターンのスコアリングに焦点を当ててきた。そのため，ラットや他のネズミ科のものにおける play fighting と性行動の関係に気づかなかった (Fagen, 1981; Hole and Einon, 1984)。さらに動物の遊びの研究者は，ある行動パターンが性的な文脈（マウンティングのようなもの）から派生したことが明らかな場合にのみ，遊びを性的なものとみなす傾向があった (Mitchell, 1979; Fagen, 1981)。ネズミ科の幼若期における play fighting では，マウンティングは成体における性行動の性交前の段階に似ているので (Pellis, 1993)，めったにない。行動の目標が共通していることに気づいてはじめて，両者が関係していることがわかったのである。

play fighting で用いられる戦術とその発達

ラットの play fighting は，そのスタートの段階（離乳前）から，首筋への接触を含んでいる (Pellis and Pellis, 1997)。首筋への接触に続いて，時に互いにマウントするようになるのは，幼若期の後半，ラットが春期発動期に近づく頃になってからである (Pellis and Pellis, 1990)。欲求に関する内容のものから完了行動的な内容へといたる，段階的な始まり方は幼若期の play fighting が性的な動機づけシステムの未成熟な段階にあるのだという可能性を支持するものである。さらに，比較研究のデータもこの仮説を支持している。

山地のネズミも，草原のネズミも，play fighting をしているときと性交前行動のときは，首筋への接近を競い合う (Pellis et al., 1989; Pierce et al., 1991)。性的遭遇の場面において，山地ネズミの雌は，相手からの首筋への接近をブロックするのに，草原ネズミの雌に比べて後肢で立ち上がる防御戦術を使うことが多い。一方，草原ネズミの雌は，首筋への接近を防ぐために，山地ネズミの雌に比べて転がって仰臥位になることが多い (Pierce et al., 1991)。これに対応して，幼若期の play fighting では，草原ネズミは山地ネズミに比べ仰臥位になる防御を多く使うし，山地ネズミは草原ネズミに比べて，後肢で立ち上がる防御を多く使う (Pellis et al., 1989)。つまり，これらのネズミ種での play fighting は，防御という点では，成体での性行動における種に特有なパターンに類似しているといえる (Pellis and Pellis, 1998)。しかし，ラットではそうではない。

成体の雌ラットが，性交前の遭遇時に雄による自分の鼻への接触を防御する反応として最もよく使うのは，飛び跳ねたり走ったり，あるいはすばやく身をかわして回避するというものだ。身体の軸を中心に回転すると，顔を雄からそむけることができるのだが，このやり方はほとんど使われない（10%未満）(Pellis and Iwaniuk, 2004)。対照的に，幼若期の play fighting では，回避が用いられるのは，防御のうちわずか20～30%で，60～80%の割合で身体の軸を中心にした回転をして，仰臥位やそれに近い姿勢になる方法が用いられる (Pellis and Pellis, 1990)。ラットでの play fighting は，成体での性行動の典型的パターンの反対をとる (Pellis and Pellis, 1998)。それゆえ，ネズミ科の他の種とは異なり，ラットでは play fighting は単に成体の性行動の未成熟なものではないものへと変容してきたと考えられる。幼若期のラットにおける play fighting が，新しい行動システムを表しているということは，次の2つの証拠からも支持される。

ラットは幼若期に play fighting を剥奪されると，情動的・認知的欠如となる。これは変容した play fighting の行動パターンをもたないネズミ科の他の種では生じない (Einon et al., 1978)。さらにラットは，他のネズミ科とは異なり，成体期でも性的状況でないときに play fighting を行う (Pellis, 1993, 2002)。成体ラットにおける play fighting のこの新しい機能は，性行動から派生したある種の play fighting のパターンが，擬似攻撃場面で使われうるということを示している。逆にこのことは，以前に研究者が見出したラットの play fighting と攻撃の関係が，架空のものではなかったということを示している (Silverman, 1978; Taylor, 1978)。

ラットにおける擬似的攻撃としてのplay fighting

ラットのplay fightingは鼻を首筋に接触させることを競い合うものと定義されるが，春期発動期を終えて成体期になっても，play fightingは行われる（Pellis and Pellis, 1990）。幼若期では，首筋に触れられたときには，身体の軸を中心に回転して仰臥位になるのが，よくみられる反応である。雌ラットでは，春期発動期を終えてplay fightingの回数が減ったあとでも，回転して仰臥位になる反応は防御反応としてよく使われる。しかし，雄ラットでは状況は異なる。

雄ラットでは，春期発動期になると回転の度合いは小さくなり，完全に仰臥位になるのではなく，後肢が地面に接した状態を保つようになる。途中まで回転した姿勢からだと，防御側の雄ラットは自分の脇腹を，攻撃側のラットに横から押し当てることができるようになる。あるいは後肢で立ち上がって，相手に正対することが可能となる。すべての雄ラットが防御方法の好みを変化させる。そして春期発動期ののち，今度はplay fightingの相手の属性に応じてというやり方へ，雄ラットは再び防御パターンを変化させる（Pellis and Pellis, 1992）。

雄ラットは雌ラットや下位の雄ラットからplay fightingの攻撃を受けると，たいてい途中までの回転戦術をとる。しかし，上位の雄ラットから攻撃されると下位のラットは完全に回転する戦術をとる。2匹の下位雄がいる場合，2匹は互いに攻撃をしかけるが，両方とも途中までの回転戦術をとる。しかし，もともとのレジデントである上位ラットを取り除いて，2匹のうちの一方が上位になったとすると，その2匹が互いに攻撃し合った場合，下位になったほうのラットは完全に回転して仰臥位になるようになる（Pellis and Pellis, 1990, 1991; Pellis et al., 1993）。

ラットにおけるこのplay fightingの変化についての分析と，ネズミ科の他の種では成体期になるとplay fightingを性行動の場面以外では使うことはない，といったことを併せて考えると，雄の成体ラットでのplay fightingは，社会的地位を評価しコントロールするために用いられるのだと考えられる（Pellis, 2002）。仲間同士では，下位の雄ラットが上位の雄に対して，より多くのplay fightingをしかける。下位のラットが上位のラットからplay fightingをしかけられると，幼若期でのやり方で応える。下位の雄ラットは，上位の雄ラットとの親和的な結びつきを維持するためにplay fightingを使用するようである。その一方で，下位の雄ラットが，上位の雄ラットの社会的な地位にチャレンジしようとして，より手荒くplay fightingを使うこともある。同様に，上位ラットも下位ラットも，ニュートラルな領域で出会う見知らぬ雄ラットの地位にチャレンジするためにplay fightingを用いることもある（Pellis and Pellis, 1991, 1992; Pellis et al., 1993; Smith et al., 1999）。

結論

play fightingとserious fightingは表面的には似ている。それは，両者とも相手の身体部位へ接近しようとする同じような戦術を用いているためである。ラットでは，serious fightingとplay fightingは2個体が競い合う身体部位が異なっていることから，2つのfightingは質的に異なっているといえる。play fightingでの目標部位は性行動から派生したものである。これらの知見から，serious fightingとplay fightingは，原因や機能がそれぞれ異なっていると考えられる。驚くべきことに，ネズミ科の他の種とは異なり，ラットではserious fightingとplay fightingは重なり合っている。ラットはplay fightingに対して，新しい制御メカニズムを進化させた。そしてplay fightingはもともとの起源から解放されて，性的目的ではない使い方が可能となった。その1つが，上位の社会的地位を求めての攻撃的競争である（Pellis, 2002; Pellis and Iwaniuk, 2004）。

面白いことに，ラットではplay fightingをしているときの内分泌反応に関する生理的なプロフィールが，serious aggressionのときのそれに似ている。そして両者の生理的な差異は，年齢が上がるにつれて鮮明ではなくなっていく（Hurst, et al., 1996）。新生仔のときにプロピオン酸テストステロン処置を行うと，play fightingが増加する。しかしplay fightingが変化しても，そのラットが上位の個体になるかどうかには影響しない。このことは，play fightingとserious fightingに対して別個の発達過程が制御していることを示している（Pellis et al., 1992）。それゆえ，play fightingとserious fightingについては，あるレベルの分析をすると両者は異なるものとなるし，別なレベルの分析をすると両者は類似のものとなる。ラットでは，play fightingとserious fightingの間に複雑な進化の関係があったと考えられる。2つの闘争の型は，異なる起源をもつものであろうが，2つの闘争を制御する神経行動学的なメカニズムもいく分か重なっているように，現在の両者の機能には重なる部分もある。

Sergio M. Pellis, Vivien C. Pellis

第29章

性

　動物が受け継ぐ遺伝子は，外生殖器や中枢神経系の性分化を引き起こすカスケードを作動させる。簡単にいえば，遺伝的な性は性腺の性を決定づけ，性腺の性は表現型の性を決定づける[*1]。ラットの胎生後期から生後早期(周産期)にかけて，成熟した精巣が産生するテストステロンは，神経の分化，成長，そして生存に関わる「形成作用」をもたらし，脳に雄性化をもたらす。テストステロンがない場合には，脳は雌性化される[*2](Breedlove et al., 2002)。

　成体になると，動物は自分自身の性腺ホルモン(雄ではテストステロン，雌ではエストラジオールとプロゲステロン)に対して，性行動を含む，性特有の行動の惹起というかたちで反応する。性分化された脳構造は，成体期の血中ホルモンレベルの「活性作用」を受けて，性的二型性を呈する交尾行動を引き起こす。例えば，新生児期に去勢した雄ラットは，限定された雄性的交尾行動を示し，成熟後にエストラジオールとプロゲステロンを投与するとロードシスを示す。さらに，発達期早期にテストステロンを投与した雌ラットは，雄特有の性的反応の増加を示し，雌特有の性的反応が減少する(Breedlove et al., 2002)。

　ラットの性行動を研究するためには，雌雄の繁殖システムの内分泌学を理解する必要がある。性腺によって産生されたホルモンは，繁殖行動を誘起するために，脳にフィードバックする。本章では，繁殖システムと性行動を媒介する神経システムの概要を解説する。最初に雌，次に雄における課題について取り上げる。

雌ラットの性行動

　雌ラットにおける性行動は，ホルモンと環境的状況との複雑な相互作用に依存している。雌ラットは，4つの基礎段階，すなわち発情間期Ⅰ(または発情後期)，発情間期Ⅱ(または発情期)，発情前期，発情期(雌ラットが性的に受容的になる時期)で構成された4～5日の発情周期を示す周期性の自然排卵動物である(図29-1)。これは，哺乳類の中でも最も速い卵巣周期の1つであり，排卵後すぐにサイクルが打ち切られることで可能となる。

●発情周期●

卵胞期

　卵巣周期は，卵巣内の卵母細胞から卵胞が発達することから始まる。卵胞期の間，視床下部は，下垂体前葉からの2つの主要な性腺刺激ホルモン，すなわち卵胞刺激ホルモン(follicle-stimulating hormone: FSH)と黄体形成ホルモン(luteinizing hormone: LH)の放出を刺激する性腺刺激ホルモン放出ホルモン(gonadotropin-releasing hormone: GnRH)をパルス状に分泌する。これらの性腺形成ホルモンは，卵胞顆粒膜細胞における卵胞の成長を刺激し，エストラジオール合成を促進する。この時期には，卵巣におけるステロイド産生の増加もみられ，エストラジオール分泌が徐々に増加する。ラットでは，この段階が2日間続く。1日目が**発情間期Ⅰ**または**発情後期**と呼ばれ，2日目が**発情間期Ⅱ**または単に**発情間期**と呼ばれる。

[*1] この概念は神経内分泌学において40年以上有力な学説である。しかし近年の証拠は，脳内に性差を形成するYまたはX染色体からの影響(動物が精巣をもつかどうかを決定づけるSry遺伝子と独立の機構)であるかもしれないと示唆している(Carruth LL, Reisert I, et al. 2002. Nature Neuroscience 5: 933-934: Xu J, Burgoyne P, et al. 2002. Human Molecular Genetics 11: 1409-1419)。

[*2] 完全な雌性化は発達期に低レベルのエストラジオール曝露が必要であるため，この過程は通常，さらに複雑なものとなる(Fitch RH and Denenberg VH. 1998. Behavioral and Brain Sciences 21: 311-352)。

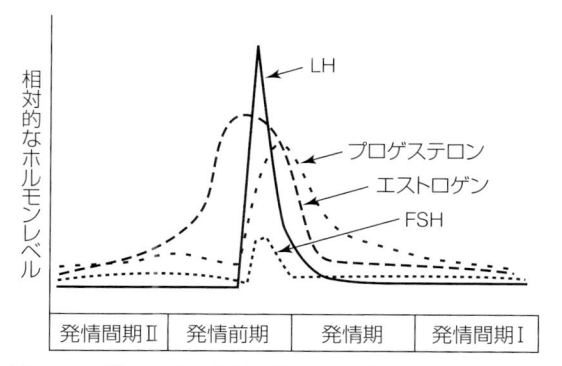

図 29-1 雌ラットの発情周期間の血漿中ホルモン濃度。LH：黄体形成ホルモン，FSH：卵胞刺激ホルモン。[McCarthy and Becker, 2002，より改変]

排卵期

排卵の直前，直後は動的な時期である。エストラジオールは，発情前およそ 6～12 時間の正午頃にピーク濃度 100～150 pg/mL に到達する。エストラジオールのピークは，視床下部からの GnRH サージと下垂体前葉からのプロラクチン放出を引き起こし，サージレベルに達するまでの LH と FSH 放出を誘発する。8～10 時間後，成熟した卵胞は卵を放出し，**黄体**に変化する。プロゲステロンもまた，発情前期の午後に，発情前数時間，エストラジオールサージ後 4～6 時間で増加する (Freeman, 1994)。

発情期とは性的受容期間と排卵日を指す。性的受容開始は，明暗サイクルの暗期開始直後に起こり，ほとんどのラットで排卵に数時間先立つ。発情前期の LH サージによって誘発される排卵は，消灯後 4～6 時間後に起こり，性的受容は 12～20 時間持続する (その雌が交尾するか否かによる)。ここで留意すべきは，行動的な性的受容が，エストラジオールが増加し始めた 36～48 時間後，プロゲステロンの増加の 4～6 時間後に起こるということである。「膣発情期」つまり行動的発情期でのエストラジオールのベースライン血清濃度は，およそ 3～12 pg/mL である (McCarthy et al., 2002)。

多くの哺乳類の雌においては，排卵のあとに**黄体期**と呼ばれるさらなる段階が続き，それは黄体から産生されたホルモンによって維持される。ラットでは，雌が性行動を行い，プロゲステロンの反射 (1 日 2 回のプロラクチンサージ) が起こった場合にのみ，黄体が機能的になる。プロラクチンのサージは，プロゲステロンの放出と，卵が受精した場合の着床を可能にする黄体維持を担う。黄体はおよそ 12 日間維持され，ラットが妊娠した場合には，胎盤がプロゲステロン分泌を担う。万一，不受精の交尾であった場合には，雌は「偽妊娠」を示し，黄体からのプロゲステロン分泌によって 12 日間の非発情期が引き起こされる (Smith et al., 1975; Gunnet et al., 1983)。

雄または実験者による膣頸部領域への刺激は，偽妊娠を誘発する。雌ラットがどの卵巣周期に属しているかを決定するために，調査者は膣上皮の細胞を採取しなければならないので，このことに言及した。この処置を力強くやりすぎると，偽妊娠する結果となるだろう。

膣洗浄による発情期の決定

発情期の段階は，光学顕微鏡下において，膣上皮細胞の形態学的変化を観察することで決定される (図 29-2, 図 29-3)。これはしばしば，スポイトと 0.9% 生理食塩水を用いて膣を洗い流すことによって行われる。スポイトの先端を少量 (1, 2 滴) の生理食塩水で満たし，雌ラットの膣内に挿入する。膣を食塩水で 2, 3 回，あるいは食塩水が濁るまで洗い，採取した液体をスライドの上にそっと置く。スポイトは蒸留水でよくすすぎ，次のラットをサンプリングする。同時に多数のラットからデータを得るために，約 4×8 cm のプレキシガラス上にシリコン接着剤を添付し，1×1 cm の境界をつくる。このプレートを使えば，一度に 32 匹のラットからサンプルを得ることができる。採取したサンプル (膣スメア) は，サンプルが湿っているうちに光学顕微鏡下において観察する (後述)。

膣スメアのためのラットの保ち方

サンプルを得るためにラットを保定する 2 つの方法がある。ラットの腹部からのアプローチが最も一般的である。雌をもち上げ，小指を使って後肢の 1 本を押さえながら，片方の手に腹をさらけ出した状態で保定する。実験者のもう片方の手は，膣内へスポイトを挿入するために使う (下方の指で尾を押さえてもよい。手を安定させるようにスポイトが保たれ，尾が振れない)。もう 1 つのアプローチは背側からのアプローチである。雌ラットは実験者に背を向けた状態で置かれ，尾の根もとを摑まれてわずかにもち上げられる。そしてスポイトを尾の下から膣に挿入される。

膣洗浄サンプル採取に関して最も重大なことは，動物が偽妊娠しないように，あまり強引にしないことである。ラットを扱った経験が少ない人には，背部からのアプローチのほうが簡単なように思える。しかし，この方法だとラットがかなり激しくもがく傾向にある。2 本の足を表面につけているため，やる気になればかなり強い力を得られるのである。また，スポイト

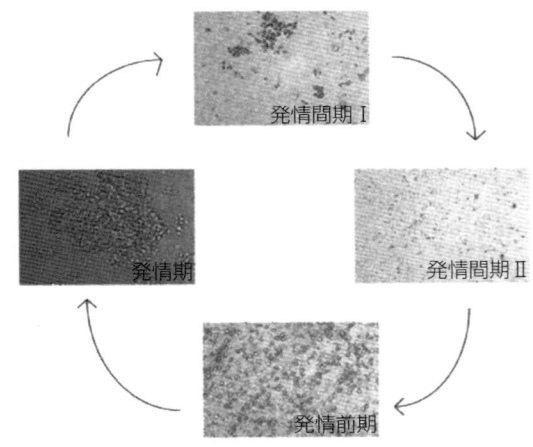

図 29-2　膣細胞は雌ラットの発情周期によって変化する。細胞形態の記述については表 29-1 参照。

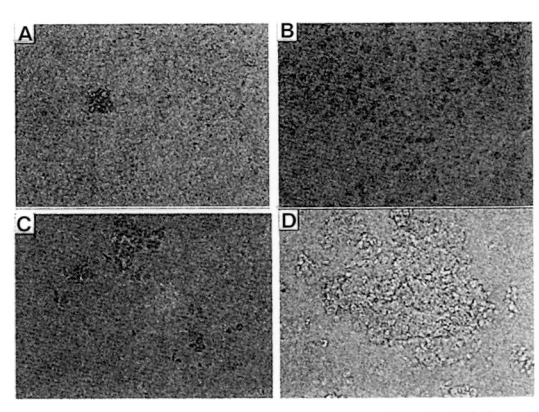

図 29-3　光学顕微鏡下における膣細胞診。生理食塩水での洗浄により評価されたもの。A：発情間期 I, B：発情間期 II, C：発情前期, D：発情期。細胞形態の記述については表 29-1 参照。

表 29-1　膣細胞形態における発情周期変化の記述

周期	膣スメアの細胞形態
発情間期 I（発情後期）	白血球細胞と呼ばれる，小さく，丸い細胞がみられる（時折，早期の発情後期に発情前期の有核大型細胞のような細胞がみられる。区別をつける唯一の方法は振り返ってみることである。次の日に白血球があれば後期で，なければ発情間期である）。
発情間期 II（発情期）	白血球細胞と呼ばれる，小さく，丸い細胞に加え，いくつかの大きく，核のない丸い細胞がみられる。
発情前期	発情前期は，大きくて，丸く，容易に核がみえる**有核上皮細胞**が増加することで特徴づけられる。それらの細胞は，個々でも集団でも現れ，角化扁平上皮細胞が点在する。白血球は膣スメアに存在しない。核をみるために，実験者は焦点を合わさなければならない。細胞はドーナツのようである。いくつかの細長い細胞もみえる。
発情期	大きく，不規則な形の細胞は，時たま凝集し，皮の中のトウモロコシに似ているため，角化細胞と呼ばれる。**角化扁平上皮細胞**は，大きく，不規則で，目にみえる核をもっておらず，顆粒状の細胞質を含む。それらの細胞は，個々でも非常に大きな集団でも現れる。有核上皮細胞と白血球は膣スメアに存在しない。
偽妊娠	通常，上記の細胞型すべての組み合わせがみえるか，または，膣スメアが不規則な形をした間期の細胞のようである。これは約 12 日間続く。

がどの程度挿入されているかみにくい。動物を扱う人間が未経験者であっても，腹部からのアプローチを用いてたいていは偽妊娠させずによりよくサンプルを獲得することに成功している。

スライドの読み方

　細胞染色の必要はない。青か緑のフィルターを用いた 10〜20 倍の対物レンズ下において，液体を観察する。細胞形態から発情周期のステージを読み取るのには，特定のラットでの練習と経験が必要である（表 29-1，図 29-2，図 29-3 参照）。周期の特定のステージにあるようにみえる細胞そのものは，その時刻（特に発情前期）とラットによって異なる。ラットがある周期の特定のステージにいるかどうかを推測するよりも，膣スメアに現れた細胞の種類を描写するほうが望ましい。通常，7〜8 日後に，雌の周期のステージと各ステージにおける細胞診を決定することが可能である。我々は，発情期の実験において雌ラットを用いる前に，少なくとも完全な 2 周期間のデータを集める。細胞診に基づき，ラットの周期のステージを確定するには，このような長い時間がかかるためである。さらに，発情期のデータ収集を始める際に，発情周期の同位相にいるラットを一緒にし，発情同期化現象の効果を利用する（Schank et al., 1992）。

●雌ラットの性行動●

　交尾行動は，消灯直後（12 時間明暗サイクル）の，発情前期の夕方から発情期の早朝にかけて始まる性的受容期間の雌ラットにおいて生じる。ラットの交尾は，雄雌間の 3 つの主たる相互作用で構成されている。これらは雄の行動によって定義され，**マウンティング**，**イントロミッション（挿入）**，**射精**からなる。これらの

イベントは，それぞれの特徴や性質に応じて，実験条件下で明確に区別される（後述）。雄は後部から雌にマウンティングし，前肢で雌に抱きつき雌の側腹部に触れる。雌の性的受容時には，雌はこのマウンティングにより**ロードシス**として知られる反射的な姿勢をとる。ロードシスのとき，雌は背中を弓状にし，尾を背屈させる。膣内への陰茎の挿入によりマウンティングが達成された場合，それは**イントロミッション**といわれる。一連の交尾は，雄が射精する前の，イントロミッションの繰り返しにより特徴づけられる。

ロードシスと前進性行動

ロードシスはしばしば，測定されたロードシス商（lordosis quotient: LQ）によって定量化される。ロードシス商は，雄がマウンティングしたときに雌がロードシスを示した回数の割合である。LQ は雌がロードシスを示した回数を，雄の全接触回数で割ることによって算出される（最大で100％）。LQ は，雌ラットの性的受容性を表す最も利用される指標である。研究者によっては，ロードシスの強度に質的評価を与えるが，LQ を使用するほうが一般的である。

LQ を決定するために，雌ラットの姿勢を注意深く観察する必要がある。ビデオ録画は，必要に応じて一定の流れを複数回，またはスローモーションで観察できる最も簡単な方法である。雌ラットがロードシスの姿勢をとるとき，背中を反らせ，頭をもち上げる。ロードシスは一時的な不動を伴い，不動は時としてマウンティング，イントロミッション，射精が終わったあとも持続する。ロードシスは，実験者が人差し指と親指で雌ラットの後半身の側面領域を軽く掴むことでも誘発させることができる。性的受容期間の雌は，100％近い LQ になる。しかし，研究者はしばしば，50％以上の LQ を操作的な性的受容として定義する。

ロードシスは反射的な性質があるが，雌は交尾の際に受け身の参加者というわけではない。雌ラットは，雄の性的行動を誘うため，雄への接近，presenting[i]，hopping[ii]，darting[iii]，ear wiggling[iv] などの一連の行動をする。それらの前進性あるいは誘惑的な行動は，雌の性的なイニシエーションやモチベーションの指標を示し，それらの行動の間に雌は雄を惹きつけると考えられている超音波発声（ultrasonic vocalization）を行う（Beach, 1976; White et al., 1993）。それらの行動の誘示は，交尾が起こる文脈によって決まるが，実験室の試験的状況下において観察される。特に，比較的小さいテストケージの中でつがいにすると，上記の行動がより早く起こる（Erskine, 1989）。

大きなグループ内でつがいになる自然環境下により近い，より複雑な活動領域では，雌は，接近，適応，雄からの逃走などの異なる一連の誘引行動を示す。それらの行動は，性質上，行動が生じるのに十分な物理的空間のある状況下で観察される。それらの行動を定量化するために，各行動（ear wiggling, hopping, darting）の生起は性的相互作用の視覚的な観察，ビデオ録画から記録される（Erskine, 1989）。

ペーシング行動

半自然状況下において，雌は連続的に誘引行動をとることができる。それらの環境下で雌は，交尾の割合を調整あるいは「一定に（pace）」する。イントロミッションの間隔は，妊娠に必要なプロゲステロンの状態をもたらす神経内分泌反射のトリガーとなる決定的因子であるため，雌ラットにとって重要である。雄と雌では交尾中のイントロミッション間の至適潜時が異なる。雄は一定間隔での，急速なイントロミッションを好み，きわめて早い射精を導く。一方で雌は，交尾中の膣頸部刺激の受容を最適化するためにイントロミッション間に長い間隔を求める（Erskine, 1989）。

野生では，雄と雌は両方とも群交配をすることにより好ましい交尾率を得ている。実験室環境下では，雌ラットが雄に近づくことも避けることもできる環境において交尾が起こる場合，雌は交尾率を調整することができる。我々の研究室では，雌ラットは不透明な障壁で2つの部屋に分けられた実験領域で調整する（図29-4）。雄は身体的にアリーナの広い部分につなぎとめられているので，障壁までは自由に移動できるが障壁を越えることはできない。一方，雌は部屋のどちら側にも好きなように入ることができる。しかし，注目すべきは，交尾行動のテストでつながれた雄を使う場合，実験データを集める前に，その雄が鎖につながれる訓練をすることの重要性である。しばしば，初めて鎖で拘束された雄は，発情した雌よりも鎖から逃れることにいっそう興味を示すのである。

調整された交尾行動の観察から，研究者たちは，その相互作用の2つの異なる側面を反映する2つの要素，①退去割合（性交刺激後に雌が雄から離れた回数/性交刺激の総計×100％）と②回帰潜時（性交刺激後に雌が雄を避ける時間）に焦点を当てるだろう。どちらの指標も性的刺激がより強固になるにつれて（マウンティング＜イントロミッション＜射精）増加する。そ

---

[i] 雌が殿部を雄に向ける行動。
[ii] 雄を誘惑するようにぴょんぴょん跳ねながら逃げ回る行動。
[iii] 雄から逃げるようにすばやく突進する行動。
[iv] 耳震。耳をふるわせる行動。

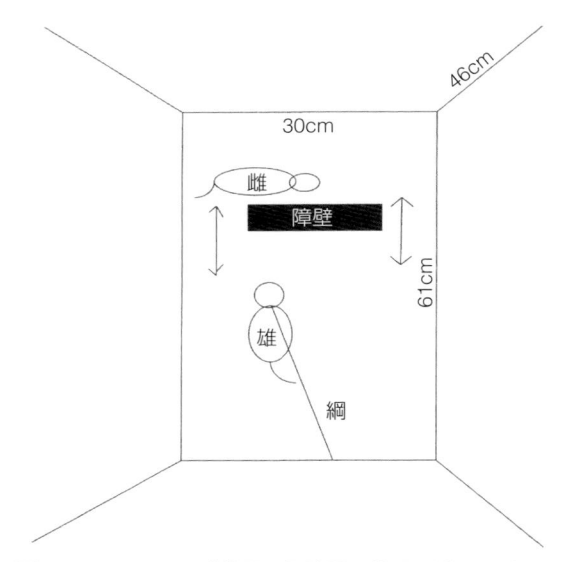

図29-4 ペーシング装置の概略図。装置は透明のプレキシガラスでつくられており、寸法は縦61 cm×横30 cm×高さ46 cmである。障壁は、壁から離して、部屋の縦のおよそ1/3の所に設置する。不透明なプレキシガラスでつくられており、寸法は横20 cm×縦1 cm×高さ25 cmである。雌ラットは自由に部屋の両側を行き来できるが、雄の移動は柔軟性のある綱とハーネスによって部屋の広い側に限られている。さらなる詳細はXiao and Becker(1997)参照。

れゆえ、ペーシングは、性的刺激を識別し、結果的に適切な運動性の行動的反応を行う雌の能力に依存していることがわかる。

ペーシングの2つの値は、行動的観察から決定される。**退去割合**は雌ラットがマウンティング、イントロミッション、射精を受け入れたあとに雄がいる側の部屋から退去した回数で算出される。図29-4 に示したような器具を使用する場合、退去は雌が雄ラットを避けるために不透明な障壁を完全に越えることにより決定される。例えば、マウンティング後の退去回数をマウンティングの回数（×100%）で割ることで、マウンティング後の退去の割合が得られる。性交刺激を受けて雌が雄側から退去したあと、雄側に渡る前に雌が雄から離れている秒数も測定した。雌が雄を避けている合計時間を性交刺激から逃れた合計回数で割るとマウンティング、イントロミッション、射精への**回帰潜時**が得られる。繰り返すが、雌ラットがペーシングをしているとき、退去割合と回帰潜時は性交刺激の強度とともにどちらも増加する。

●ペーシング行動の重要性●

上記のとおり、雌ラットは未成熟の黄体を維持する神経内分泌反射を惹起するために膣頸部刺激を必要と

する。とはいえ、単にこの事象のトリガーを引く最小量の膣頸部刺激の問題ではなく、むしろ、受け取られる膣頸部刺激のパターンが雌ラットにとって重要なのである。雌ラットは調整されていないイントロミッションを5回受けたときと比較して、交尾率が調整されたイントロミッションのときにはわずか5回で高い偽妊娠率を示す。この相違は受けるイントロミッションの回数が増加するにつれ減少するが、それでもなお、雌が調節するイントロミッション率は常に高い偽妊娠率を示す(Gilman et al., 1979)。さらに、雌ラットがイントロミッション率を調節するとき、調整されていない交尾を行ったラットに比べ行動的な発情が短くなる(Erskine et al., 1982)。これらの結果は、交尾率の調整は妊娠あるいは偽妊娠の誘発に必要ないが、雌は交尾率を能動的に制御している状況下において受け取る膣頸部刺激を最適化することができ、しかもそれをすることにより生理学的に意義のある結果をもたらすことを示唆している。

●受容性，前進性，性行動調節の神経基盤●

ラットにおける雌の性行動は卵巣ホルモンのエストラジオール、プロゲステロンの存在に左右される。雌における交尾行動は卵巣摘出によって妨げられ、エストラジオール、プロゲステロンが連続的に作用することで回復する。これらのホルモンは、特異的なタンパク質の誘導をもたらすゲノムプロセスを活性化する細胞内受容体への結合により、行動に必要な神経回路を活性化させる(Pfaff et al., 1994)。

性的受容性に対するエストラジオールとプロゲステロンの重要性は、卵巣ホルモンの内在的供給源を取り除くために卵巣摘出したラットを用いた実験で実証されている。ホルモンが供給されなければ、卵巣摘出された雌は受容性をもたず、雄ラットが交尾しようとする試みを拒むだろう。卵巣摘出された雌がエストラジオールのみで処置された場合、6～10日後に性的受容性を示すだろうが、その行動は正常とは違ってみえる。数週間にわたりプロゲステロン処置を行ってもプロゲステロンのみでは、性行動は決して誘発されない。

一方で、エストラジオールをプロゲステロン投与の48時間前に投与すると、発情周期の間に起こるような正常な性的受容性が生じる。これは、エストラジオールが視床下部内でプロゲステロン受容体の合成を誘発し、プロゲステロンに対して感受性をもつように脳に予備刺激を与えるためである。その後、プロゲステロンは性行動を誘発するためにそれらの受容体に作用する(McCarthy et al., 2002)。

視床下部は，雌の受容行動を惹起するために神経内分泌情報が統合される場所である。視床下部腹側内側核(ventromedial hypothalamus: VMH)と視床下部内側視索前野(medial preoptic area of the hypothalamus: MPOA)は，雌ラットにおける性行動の出現に極めて重要な2つの部位であると考えられている。交尾行動は，2つの構造体内で，即時型初期遺伝子である c-fos の，一貫性があり確実な増加を誘発する(Erskine, 1993; Pfaus et al., 1993; Coolen et al., 1996)。

　VMH は，雌ラットにおけるロードシスの発現に重要である。VMH の損傷は性的受容性を妨げる。VMH への電気刺激はホルモン処置の作用のようにロードシス反応を亢進する。直接エストラジオールを VMH に埋め込むと，プロゲステロンの全身性投与と連動して，卵巣摘出された雌ラットに性的受容を誘発し，性的反応を亢進する。VMH へのエストラジオールとプロゲステロンの経時的な埋め込みは雌ラットの性行動を誘引し，その性行動はエストラジオールとプロゲステロンの全身的投与によって観察された水準に相当する(Pfaff et al., 1994; McCarthy et al., 2002)。

　VMH へのエストラジオールアンタゴニストの埋め込みは，全身性に投与されたホルモンによって誘引される性的受容性を阻害し，VMH の機能を障害する。それにより性的受容性は阻害され，つながれた雄の傍で雌が過ごす合計時間も減少する。同様に，プロゲステロンの VMH への埋め込みは，雌ラットに hopping, darting, ear wiggling を生じさせる。しかし，VMH からさまざまな中脳部位への遠心性投射はロードシスの発現に特に重要であるように思えるが，それらの領域の損傷は，雌が示す交尾行動に関して一貫した影響はもたらさない(Erskine, 1989; Pfaff et al., 1994; McCarthy et al., 2002)。

　もし VMH がロードシス反応の亢進に関与しているとすれば，MPOA はこの投射を正常に抑制しているように思われる。MPOA の損傷は，高いロードシス率を導くために必要とされるホルモンプライミング機能としてのエストラジオール量を減少させる。対照的に，MPOA への電気刺激はロードシスを抑制する。この MPOA の役割は論争がないわけではないが，MPOA 損傷の異なる効果は試験条件の影響と考えられている(Erskine, 1989; Pfaff et al., 1994; McCarthy et al., 2002)。

　MPOA が前進性行動の発露に関与しているという証拠もある。MPOA の非特異的および軸索温存障害はどちらも前進性行動を減少させる(Whitney, 1986; Hoshina et al., 1994)。雌ラットが雄から逃げられる条件下で試験された場合，MPOA 損傷は雌が雄と過ごす時間を少なくし，受容するイントロミッションを少なくさせる。MPOA 損傷は，性的インタラクションのあとに雌が雄から離れる割合，ならびにこのインタラクション後に雄から離れている時間の増加にも関連がある。それらの行動への影響は，雌における LQ の明白な効果なしでも観察される(Yang et al., 2000)。MPOA は膣頸部刺激のコード化にも関わっていると推測される。また，MPOA の損傷はラットの偽妊娠も引き起こす。これらの研究を合わせると，ロードシスは VMH と MPOA 両方の制御下にあり，互いに反対に作用するということ，しかし一方で，前進性行動は両方と関連していることが示唆される(Gunnet et al., 1983; Haskins et al., 1983)。

　しかし，ペーシング行動の神経基盤はあまり注目を集めておらず，この行動の発露は交尾中に膣頸部刺激を受け取る雌ラットの能力次第である。膣頸部刺激は骨盤および外陰の神経を通じて伝えられ，それらの神経を切断すると，性的受容性や前進性には影響はないが(Rowe et al., 1993)，雌が交尾を調節する能力が障害される(Erskine, 1992)。膣頸部刺激は，MPOA，中脳網様体，分界条床核背側縫線部の，内側扁桃体における代謝活性や Fos 免疫反応の増加に関与している(Erskine, 1993; Pfaus et al., 1993; Rowe et al., 1993; Wersinger et al., 1993; Polston et al., 1995)。内側扁桃体は，神経内分泌的機能を介した膣頸部刺激の処理と視床下部中枢への情報伝達に重要であると考えられる(Polston et al., 2001a, 2001b)。

　ペーシング行動は，雌の性交刺激を受け取る能力に依存し，適切な運動性反応と時間的に連続した雄との接触に関わる。この運動感覚野の機能と刺激間に複雑な相互作用があると考え，ペーシング行動における線条体や側坐核(nucleus accumbens: NAcc)の役割が調査されている(Becker, 1999)。

　雌ラットにおいて，交尾率が調整されているときの細胞外ドーパミン濃度は，調整されていない交尾をしたときと比較して，線条体と NAcc の両方で上昇する(Mermelstein et al., 1995)。雌において，それは VMH へのエストラジオールとプロゲステロンの連続的な埋め込みに伴って性的受容性を誘発し，線条体におけるエストラジオールは退去割合を強化し，NAcc におけるエストラジオールは回帰潜時を増加させる(Xiao et al., 1997)。線条体の損傷は射精後の退去割合の値に影響を与える(Jenkins et al., 2001)。NAcc の損傷はマウンティングしようとする雄を雌が拒否する率を増加させるが，それらの雌が示す LQ に影響することはなく，場合によっては完全に雄を避ける(Rivas et al., 1990; Jenkins et al., 2001)。以前の性経験は雌ハムスターの NAcc におけるドーパミン濃度の強化された上昇をもたらす(Kohlert et al., 1999)。これらの研究は，線条体

とNAccが雌ラットの調整された交尾行動の神経解剖学的基盤として重要な役割を果たしていることを示唆する。

●雌ラットの性的モチベーション●

雌の性行動は，歴史的に受容性行動と前進性行動の対比という観点で考えられてきた。我々は，雌は交尾行動において受け身な参加者ではないということを強く主張している。しかし，研究者たちが雌の性的モチベーションに目を向け始めたのはごく最近のことである（性行動を行うために**前進性**という言葉が「雌のイニシアチブ」を意味するという事実にもかかわらず〈Beach, 1976〉）。この不一致はおそらく，大部分がホルモンのプライミングを受ける雌ラットがロードシスを示すのに雄からの刺激を必要とするという事実が原因である。そのため，しばしば雌ラットは，性的相互作用のイニシエーターというよりもホルモン状況や環境的状況の被害者とみなされる。

それでもなお，発情期の雌ラットは性的に有能な雄に接近するために配電網を横断する（Meyerson et al., 1973）。雌ラットは，発情期の雌のにおいよりも性的に活性化した雄のにおいに対して選好性を示し（Bakker et al., 1996），健康で性的に活性化した雄と一緒に過ごすのを好む（Pfeifle et al., 1983）。雌ラットは性的に活性化した雄に接近するためにオペラント反応すら示し，雌ラットが1匹でいた容器よりも性行為があった容器に条件性場所選好性を示す。また，調整されていない性行為よりも調整された性行為に対して条件性場所選好性を示す（French et al., 1972; Oldenburger et al., 1992; Matthews et al., 1997; Paredes et al., 1999; Jenkins et al., 2003）。しかし，伝統的な試験条件下では雌の前進性行動の完全な発露は観察されない。実際に，交尾中の受け身な参加者としての雌の見方は，雌の性行動の反映よりも試験文脈の影響を受けている。雌が交尾率を調整できる実験は，雌の性的行動とモチベーションについての新たな洞察を与えることは明らかだろう。

雄ラットの性行動

雌は行動的発情の間のみ性的受容性を示すが，雄は受容性のある雌と接触したときはいつでも交尾する。一般的に，雄は射精に達する前に8～10回のイントロミッションをし，雌の膣への精子プラグの沈着を伴う。交尾中に雄は超音波発声を呈する。2つの鳴き声があり，雄は①接触開始時に**mating call**，②射精直前に**preejaculatory call**を発する。ロードシスの間や野生において雌の不動性を促進するそれらの鳴き声は，雌を雄に引き寄せる役割を果たす（McClintock et al., 1982; White et al., 1990）。射精後には，しばらくの間雌を雄に近づかせない役割を果たすと考えられている**postejaculatory call**がある（Anisko et al., 1978）。これは重要なことである。なぜなら，射精後，雄は**postejaculatory refractory period**として知られる不活性の静止期間に入るためである。これは2～5分続き，それがすんだ時点で雄はしばしば雌との性行動を再開する。雄が性的に満たされるまでそのパターンを繰り返す（Bermant, 1967; Adler, 1969）。ちなみに，性的に満足した雄はしばしば，受容性のある新奇の雌を呈示されると，交尾行動を再開する。これはユーモアを交えて「クーリッジ効果」と呼ばれる現象である（Bermant et al., 1968）。

●雄の性行動の測定方法●

マウンティング，イントロミッション，射精を区別することは推測ゲームのようである。しかし，雌雄ラットの性的相互作用を近くで観察したあとには，研究者はすばやく，確実にそれぞれを区別できる。繰り返すが，性行動を記録するためにビデオ録画するのは良い方法である。雄が今しがた何をしたかを決定するための鍵は，マウンティングしていない間の雄の行動を観察することである。マウンティング後，たいてい雄ラットは静かに雌から降り，ただ雌から立ち去る。彼らはしばしば自身の毛繕い[v]（grooming）をし，再びすぐに雌にマウントする。一方，イントロミッションは少々派手である。イントロミッションののち，たいてい雄は雌から飛び跳ねて離れる。降りるすぐ前には激しい腰のスラストがあり，しばしば雄はスラスト間と降りる直前には前足を横に激しく揺らす。生殖器部位への毛繕いはイントロミッションのあとに起こり，そして時々勃起した陰茎がイントロミッションの直後に体腔の外側にみられる。初心者にとって，マウンティングとイントロミッションを識別することは雄ラットの性行動記録において最も難しい部分である。

射精は，多くの場合，早い段階で最も簡単に決定づけられる性的相互作用である。射精は複数回の明白な腰のスラストを伴う。すぐに降りるかわりに，通常，雄は射精に達したあとも雌を掴み続け，雌はしばしば雄を蹴り飛ばさなければならない。射精のあと，雄ラットにおいて著しい筋緊張の減少があるのだが，そ

---

[v] ある個体が自身の体毛をなめたり引っ張ったりすることで毛並みを整えたり，ごみなどを取り除く行動。

れはラットの性行動をはじめて観察する人々へ緊張の「融解」を与えるだろう。一般的に，射精は長時間の毛繕い期間のあとに続いて起こる。雄ラットはしばしば雌を避け，時に短い睡眠をとる。雄がこの「不応期」から回復すると，性行動を再び開始する。しかし，射精に先行するイントロミッションの回数は，交尾の継続時間が増加するにつれて劇的に減少する。

雄が行う相互作用の種類（マウンティング，イントロミッション，射精）に加えて，研究者は，最初のマウンティング，イントロミッション，射精までの潜時に関する情報を集めることが多い。情報として射精に先行するイントロミッションの回数が集められ，非接触の勃起は，性行動に携わるための雄のモチベーション指標としてしばしば用いられる。

●雄における性行動の神経基盤：モチベーション対能力●

雌の性行動に関与している同じ構造の多くが，雄における性行動に対しても重要である。例えば，MPOA は雄の性行動に重要である。MPOA を傷つけると，交尾行動を行う雄の能力を障害するが（Heimer et al., 1966, 1982），そのような障害は性的無感作のラットにおいて起こる可能性が高いという証拠がある（DeJonge et al., 1989）。

さらには，性行動を行う能力の神経解剖学的基盤は，性行動を行うモチベーションに関する基盤と分離できる。この分離は，Everitt et al. (1990) が実施した精巧な実験により実証された。この実験では，雄ラットは性的受容性のある雌のためにバーを押すように訓練される。しっかりとその行動が確立されたら，雄は MPOA か扁桃体外側基底核のどちらかに損傷を受け，オペラント容器の中に入れられる。MPOA を破壊された場合，雌が呈示されても，雄は雌に交尾することができない。一方，扁桃体に損傷を受けた雄は，雌のためにはバーを押さないが，雌を呈示すると交尾する。明らかに，雌との性行動に対する雄のモチベーションと，雌と性行動をする雄の能力は解離できる（Everitt, 1990）。

雌でそうであるように，MPOA は性行動において，より完了的役割を果たすように思われる。Elaine Hull の研究室における研究は，MPOA のドーパミン系が性行動の先行的側面にも関連することを示唆している（Hull et al., 1999）。MPOA に注入されたドーパミン作動薬は雄の性行動を促進し（Hull et al., 1986），雄の射精に達するまでのイントロミッションの回数を減少させる（Pehek et al., 1988）。ドーパミン拮抗薬処置は射精に先行するイントロミッションの回数も減少させ，交尾の開始を遅らせる（Pehek et al., 1988; Pfaus et al., 1989）。雄ラットにおける MPOA 欠損はパートナー選好性を変化させるのだが，これは性行動のモチベーションにおける MPOA の役割を確実に示唆している（Paredes et al., 1998）。

●雄ラットの性的モチベーション●

線条体と NAcc は雄の性行動にも関与している。雌ラットと同様に，NAcc は性行動に関わるモチベーションに関与している。Everitt 研究室の実験は，扁桃体外側基底核に傷害があり，雌に接近するためのバーを押すことをしない雄ラットが，NAcc 内にアンフェタミンを注入されたときにバーを再び押し始めることを示している。このことは，NAcc におけるドーパミン増加が，雌と同様，雄の性的モチベーションに重要であることを示唆している（Everitt, 1990）。雄ラットが網越しに受け入れ可能な雌を呈示されたとき，または交尾の最中に，NAcc における細胞外のドーパミン濃度は上昇する。しかし，線条体における細胞外ドーパミン濃度の上昇は交尾行動の間のみ観察され（Pfaus et al., 1990），新奇の雌が提示されたときの性行動の再開（例えば，クーリッジ効果）には，NAcc におけるドーパミン増加が関与する（Fiorino et al., 1997）。確かに，他の神経構造も雄ラットの性行動に関わっているのだが，MPOA，扁桃体，NAcc は，雄の性行動および性的モチベーションに興味をもつ研究者たちから多大な注目を集めている（性行動に関わるその他の神経構造や神経伝達物質の考察は，Bitran et al., 1987; Coolen et al., 1998; Hull et al., 1999; Pfaus, 1999 参照）。

性行動を行うための雄ラットのモチベーションの存在は疑う余地もない。性行動を行う雄ラットのモチベーショを実証するために多様な測定法が使用されてきた。雄は性的受容性のある雌に接近するためにオペラント行動を遂行し（Everitt, 1990），発情雌ラットのシグナル作用として非接触的勃起を示し（Liu et al., 1998 など），性行動を行ったことのある場所に対して条件性場所選好性を示す（Mehara et al., 1990 など）。研究者は雄ラットの性行動モチベーションの指標として，探索レベル（Mendelson et al., 1989）や性的接触の開始潜時（Fiorino et al., 1999）も使用しているが，相関分析や因子分析は，性行動の予測や開始が異なる概念的なメカニズムを反映している可能性を示唆する（Pfaus et al., 1990）。

結　論

　雌は交尾中に反射的な姿勢をとるため，雄ラットは性的接触を開始するだけでなく，交尾が起こる割合を制御すると研究者たちは推測していた (Bermant, 1967参照)。我々は，現在，雌が調整できる試験場での交尾を通じて，雄だけが積極的参加者ではないということを知っているが，雄の性行動やモチベーションでは長きにわたり挑戦してきたテーマがある。例えば，雌ラットは好ましい間隔報酬で生じる性行動のみ受けることが明らかとなっているが (Jenkins et al., 2003)，歴史的に雄ラットは射精に達するならば，どんな環境下においても性行動報酬を受けると考えられてきた。しかし，近年，Martinez and Paredes (2001) は，雄も雌のように好ましい割合で起こる性行動にのみ条件性場所選好性を示すことを実証した (Martinez et al., 2001)。それゆえ，雄がどんな環境下においても性行動を起こす意欲があるという考えは変更しなければならないかもしれない。さらなる研究と調査により，この問題を明らかにすべきである。

　我々は，雄と雌ラットは性行動の解剖学的基盤に関して多くの共通する特徴を有すると考えてきた。雄と雌の性行動におけるもう1つの共通する特徴は，性行動とモチベーションを調節する線条体とNAccの役割である。

William J. Jenkins, Jill B. Becker

第30章

環境

ラットにおける望ましい性質は，飼育下繁殖によって選択されてきた。こうした性質には，従順さ，好奇心，それにハンドリング[i] (handling) に対する反応時の低い恐怖と攻撃性も含まれる (Barnett, 1975)。遺伝子選択のおかげで，確かに実験用ラットは実験室によくなじむようになったかもしれない。しかし，**実験室条件**とは何かという問いに厳密な答えが果たしてあるだろうか。例えば，コロニー内の標準的な飼育法は，プレキシガラスのシューボックス型ケージでの単独飼育から群飼育までさまざまであろう。実験室によっては，さらに大きな違いがあることも考えられる。そこで，環境変数がどのようにラットの生理と行動に影響を及ぼし，実験データをも左右するかについて述べておこう。本章では，照明，湿度，空気循環，騒音，ケージの構造，飼料，社会的機会について概観するとともに，母親の影響，離乳年齢，動物管理，運動療養，エンリッチメントについても検討を加える。これらの要因が，脳重量，大脳血管形成，副腎サイズ，それに体重を変動させることがある。

住居について

ラットをとりまく環境については，マクロ環境とミクロ環境に区別することができる。**マクロ環境**とは，コロニー周辺の環境条件である。これには，照明，温度，湿度，空気循環，それに騒音が含まれる。**ミクロ環境**とは，ケージ内の環境条件である。ケージの素材，設計，大きさ，ふたと床敷きの種類，餌へのアクセス，それに社会的機会が，ミクロ環境に影響する要因としてあげられる。ケージの設計もまた，通気，照明，温度，収容動物が知覚する騒音の大きさに影響を及ぼす。例えば，つり下げ式のワイヤーケージでは，通気性がよく，動物と排泄物との接触も減るものの，動物がケージ内の環境を調整することができない。このタイプのケージでは，マクロ環境の条件が，より大きな影響を収容動物に及ぼすことになる。床敷きを入れたシューボックス型ケージでは，通気性はそれほどよくないが，動物がケージ内の環境を調整することができる。加えて，床敷きは，実験用ラットと野生ラットに共通する生得的な穴掘り行動[ii] (カナダ動物管理協会〈Canadian Council on Animal Care: CCAC〉, 1984) を可能にする。Krohn et al. (2003) は，遠隔測定法を用いて，鉄格子，プラスチック，または床敷きの3種類の床で生活したラットの心拍数，体温，血圧を測定した。鉄格子の床は血圧と心拍数を上昇させ，最も不適切であると判断された。床敷きは最も無難であった。Anzaldo et al. (1994) は，L字型のパーティションが置かれたケージ (high-perimeter 住居)，立体設計により床面積が広げられたケージ，それに標準ケージを設置して，いずれにもラットが棲めるようにした。最も選好されなかったのは立体設計のケージであり，最も選好されたのは high-perimeter ケージであった。ラットの "high-perimeter" ケージ飼いへの選好は，その走触性 (edge-using) の性向を反映したものであると考えられる。ケージ内の飼育密度が高まるにつれて，標準ケージ飼いとの比較における high-perimeter ケージ飼いへの選好は弱まった。この研究からは，ラットが広い床面積よりも社会的相互作用と安全性を選好すること，また，ケージ内の飼育密度が空間設計への選好を変化させる場合があることが示唆された。

●照 明●

飼育条件に影響を及ぼす光の3つの特性は，光度，光質（波長），そして光周期である (CCAC, 1993)。コ

---

[i] 動物に手を触れるなどの手段によって，その動物を実験者に慣れさせること。

[ii] 土を掘る生得的行動。巣穴形成のためのものと考えられている。

ロニー内の光度モニタリングは，動物管理に適した照明を確保するとともに，ラットの失明を防ぐうえで必要となる。ヒトにとって正常範囲の照明であっても，ラット，とりわけアルビノの個体にとっては，網膜損傷を引き起こす原因となる場合がある(Bellhorn, 1980)。Wasowicz et al. (2002)の研究によれば，Long-Evansラットなど有色素動物の網膜は，中程度の光源への長期的曝露により影響を受ける。光度は，光源近くのケージと床近くのケージとの間によっても差が生じる。飼育室によっては，垂直寸法において80倍もの光度差が生じることもある(Schofield and Brown, 2003)。飼育棚の最上段で飼育されている動物は，より下段で飼育されている動物と比べて失明を起こしやすい。眼の異常は，動物の視覚情報検出に基づいた実験を妨げる可能性がある。

光質がラットに及ぼす影響に関して行われた研究は少ない。Spalding et al. (1969)は，環境光の波長がマウスのホイールランニング[iii] (wheel running)に影響を及ぼし，また，その影響の強さがマウスの系統に依存することを示した。異なる種類の蛍光灯(フルスペクトラム光，クールホワイト光，ブラックライトなど)がマウスの臓器および体重に及ぼす影響を調べた研究によれば，蛍光灯の種類が臓器，体重の両方に影響を及ぼしたのは，雄においてのみであった(Saltarelli and Coppola, 1979)。CCAC(1993)は，動物飼育に用いる照明として，自然光になるべく近いものを推奨している。

照明は，網膜神経節細胞による光情報伝達を介して，概日リズムを環境時間と同期させている(Berson et al., 2002)。概日リズムは，動物の睡眠と覚醒のサイクルを制御しており，特に高齢動物において実験成績に影響を及ぼしやすい(Winocur and Hasher, 1999; Poulos and Borlongan, 2000)。ほとんどの動物飼育は，12時間の明暗サイクル下で行われている。暗期間に照明のスイッチを入れる，または24時間入れたままにしておくと，網膜神経節細胞の反応により概日リズムが調節される。ラットの繁殖サイクルは，概日リズムの影響を受けることがある。Hoffman(1973)の報告によれば，Sprague-Dawleyラットの性周期は，明暗サイクルが12時間の場合には4日間となり，16対8時間の場合には5日間かそれ以上に延長された。概日リズムは，ラットの生理に影響を及ぼしており，体温変化，コルチコステロン値，神経伝達物質受容体結合，薬物過敏性，実験処置による皮質梗塞のサイズ，それに運動活動は，概日リズムと関連があることが示され

ている(Ixart et al., 1977; Vinall et al., 2000; Benstaali et al., 2001; Rebuelto et al., 2002)。こうしたことから，実験データの変動を抑えるため，行動課題と外科的処置のスケジュールは一貫させておくとよい。

●温　度●

ラットは体毛で覆われているものの，環境温度変化の影響を受けやすい。ラットの飼育室の正常温度は20～24℃である。この温度範囲は，ラットの最適成長を可能にし，かつ，その行動選好に最も適しているとされる(Allmann-Iselin, 2000)。これ以外の温度では，活動性と代謝に変化が生じ，実験計画に影響が及ぶことがある。薬物に対する用量反応曲線は，環境温度に応じて変動することがある。温度が4℃変わることで，薬物毒性においては10倍の変化が生じうる(Clough, 1987)。環境温度の変化は，餌と水の摂取量にも影響を及ぼす。摂食行動が変われば，薬物の効果的な用量は変化しうる。

ケージ内の収容個体数は，ミクロ環境の温度に影響を及ぼす。体温は，動物管理者の変更，天候の荒れ，およびハンドリングの影響を受けることがある(Clough, 1987)。

●湿　度●

動物施設の相対湿度は，およそ50%が推奨されているが，40～70%であれば許容範囲内である(CCAC, 1993)。50%の相対湿度下では，浮遊微生物の発生が抑えられる。低湿度は，乾燥皮膚，巻き尾などといった健康上の問題の原因となることがあるが，高湿度は，ケージ内のアンモニア生成を増加させやすく(Clough, 1987)，呼吸困難の発生率を高める。

●通　気●

飼育室内の通気は，温度，湿度，そして空気の質に影響を及ぼす。また，ケージの設計と設置場所も，ミクロ環境の範囲内で空気循環に影響を及ぼす。1時間に15～20回の空気交換が可能な，気密性の高い換気装置が推奨される。ラットをふたのついたシューボックス型ケージで飼育する場合には，床敷きの汚れにより発生するアンモニアが毒性量に達しないようモニタリングを行う必要がある。環境内のアンモニア濃度の高さは，呼吸困難または呼吸器疾患と関連がある(Broderson et al., 1976)。ヒトのアンモニア検知閾(8ppm)は，疾病誘発濃度よりも上である(Schofield and Brown, 2003; CCAC, 1993)。また，床敷きは，芳

[iii] ラットやマウスをランニングホイールに入れた際にみられる自発的な走行行動。

香族発がん物質や農薬を含まないものが望ましい。どちらも，おがくずの床敷きによくみられる混入物質である(Clough, 1987)。

●騒　音●

音刺激が有害であるか否かは，音量，周波数，それに持続時間による。160デシベル(dB)の音は，ラット，ヒトのいずれの聴覚にも害を及ぼすだろう。飼育室の騒音は85 dBを超えないよう推奨されているが，ラットの聴覚損傷は，83 dBの騒音への断続的曝露後にも生じることが明らかになっている(CCAC, 1993)。ラットの可聴域は，系統にもよるが1,000～100,000 Hzである(Gamble, 1982)。したがって，ヒトの可聴域内の低周波音には反応を示さないが，可聴周波音の上限はヒトよりもはるかに高い。このことが，動物施設内の騒音モニタリングをより困難なものにしている。我々に検知できない音でさえ，ラットの血漿コルチコステロン値，免疫システム機能，繁殖適応度，それに体重を変化させかねない(Clough, 1987)。特定の不意な大音量は，ラットやマウスに驚愕反射または聴原発作を生じさせることがある。授乳期の母親は，こうした騒音にさらされた場合に，仔を食殺することがあると知られている。音刺激はまた，攻撃性を誘発したり，電気ショックへの耐性を変化させたりすることがある(Gamble, 1982)。

げっ歯類は，交配，攻撃行動，それに母性的養育の際に，超音波発声(ultrsonic vocalization)を介したコミュニケーションを行う(Harding and McGinnis, 2003; CCAC, 1984; Von Fritag et al., 2002; Smotherman et al., 1974)。過度な騒音は，こうしたコミュニケーションを妨害するおそれがある。

環境内の騒音は，げっ歯類の仔の聴覚発達に影響を及ぼすことがある。Chang and Merzenich(2003)によれば，持続的な中程度の騒音環境下で飼育されたラットは，聴覚皮質の成熟に遅れがみられた。こうしたラットを正常な聴覚環境に戻すことで，成熟の遅れは取り戻された。このように，仔ラットを持続的に音刺激にさらすと，正常な聴覚発達の速度を乱すことがあるため，動物施設を置く際には，機械騒音の発生源から十分に離れた場所を選ぶとよい。

飼　料

動物の栄養必要量は多くの要因の影響を受ける可能性がある。遺伝系統，性別，年齢，生理状態，それに環境は，ラットの栄養必要量に影響する。遺伝系統の異なるラットでは成長速度に違いがあるため，栄養の必要量も個別に定められている。ラットの雄は，雌と比べて成長が早く，体タンパク質の比率も高いことから，タンパク質の多い餌を必要とする。同様に，成長期，授乳期，そして術後のラットにも，成熟ラットが一定体重を維持するために必要とする分量よりも多くのタンパク質摂取が求められる。低温環境下のラットでは，一定体温を維持するために摂食量が増加するが，温暖環境下のラットでは，摂食量は減少し，栄養濃度の高い餌が必要となる。

●飼料の制限と最適化●

自由摂食がもたらす悪影響に関しては，非近交系，近交系，交雑系のいずれのラットにおいても実証ずみである(Keenan et al., 2000)。ラット飼料の品質規格は，離乳期ラットおよび授乳期の母ラットの栄養必要量を基準として定められており，タンパク質の含有率は18～23%となっている。成長期あるいは授乳期のラットがおよそ15%のタンパク質摂取を必要とするのに対して，維持期に入った成熟ラットは5～12%のタンパク質を必要とする(Keenan et al., 2000)。外科手術後のラットにも，回復を早めるため，より多くのタンパク質摂取が必要である。コロニー内のラットすべてに同一の飼料を与えるのがより簡便な方法であるために，多くの研究施設が，成熟ラットに対して過剰な栄養摂取をさせているのが現状である。餌への無制限なアクセスは「人為的」であり，健康にも悪影響を及ぼす。実験動物の中では，げっ歯類にのみ一般に自由摂食が行われているが，それ以外の動物種に対しては，科学的，獣医学的に適正な実施基準に則って給餌制限が行われている(Keenan et al., 2000)。

給餌制限はラットの健康にも良い影響を及ぼす。栄養価の高い餌を自由摂食させることは，短期的には肥満，糖尿病，腫瘍の原因となり，また，特に動物の年齢に応じて認知能力を低下させる傾向がある(Means et al., 1993)。糖質のタンパク質に対するフリーラジカル形成または糖化反応，あるいはその両方は，加齢効果と自由摂食との交互作用により生じている可能性がある。給餌制限に伴うタンパク質産生の増進は，神経可塑性を高めるだけでなく，代謝障害に対して抑制効果のある脳由来神経栄養因子を増加させることが知られている(Mattson et al., 2002; Mattson et al., 2003)。Anson et al.(2003)は，給餌制限中の動物に対する給餌パターンが，実験手続きのもたらす利益効果の大きさに影響を及ぼすことを示している。隔日給餌されたマウスは，給餌制限のないマウスと同じ量の餌を食べ，一定体重を維持したが，興奮毒性ストレスに対す

る脳のニューロンの抵抗力は向上した。ラットの大脳新皮質のニューロンにみられる樹状突起の数は加齢とともに減少するが，隔日給餌された24月齢時のラットには，自由摂食した6月齢時のラットと同数の樹状突起がみられた(Moroi-Fetters et al., 1989)。

Markowska and Savonenko(2002)は，給餌制限の有効性がラットの遺伝系統によって異なることを示した。例えば，給餌制限の結果，Fisher 344 ラットには有意な利益効果がみられなかったが，Fisher 344とBrown Norwayとの交配系には，認知および感覚運動に関する課題成績の向上がみられた。

環境コントロール

Joffe et al.(1973)は，バー押しによって動物自らが餌，照明，水の入手可能量をコントロールできる環境でラットを飼育した。これらのラットは，同一の餌と照明と水を入手可能であったが，標準的な環境で飼育されたラットと比べると，オープンフィールド課題(open field test)においてより探索的で，感情的に安定しており，積極性がみられた。この研究結果を踏まえると，動物は，環境をコントロールすることへの選好を有しており，こうした統制力を獲得することで，ストレスへの感情反応を緩和できると考えられる。

社会的機会

ラットは社会的動物であり，社会的相互作用の恩恵を受けている。成熟ラットにおいて社会的隔離は，副腎と甲状腺のサイズを含めた生理的変化はもとより，行動(例えば，アルコール摂取)と気質にも変化を生じさせるということが知られている(Baker et al., 1979)。Hurst et al.(1997)は，2個の連結したケージでの単独飼育あるいは3匹による群飼育が雄ラットに与える影響を検討した。両ケージを隔てる柵の種類によって，ケージ間の社会的接触の程度が調節された。単独飼育下に置かれたラットは，逃避あるいは社会的情報探索に関連する行動をより高い頻度で示した。単独飼育下の雄ラットは，群飼育下のラットと比べると，コルチコステロン濃度が低く，臓器病変も少なかったが，隣接したケージに収容されているラットとの接触がない場合，より高い攻撃性を示した。単独飼育は，社会的ストレスを低下させるかもしれないが，動物の社会的相互作用に対する動機づけを高める。Sharp et al.(2003)は，群飼育が通常実験手続きおよび管理作業の目撃時のストレス反応に及ぼす影響について検討した。それによると，群飼育は断尾，拘束，ケージ交換，断頭を目撃した際のストレス反応を低減させた。こうしたことから，群飼育は単独飼育よりも望ましい。ラットを単独飼育することが実験デザインの一環である場合には，その方法の正当性について，地域の動物実験委員会に説明を行い承認を得るとよい(CCAC, 1993)。ラットにおいて，短期間の社会的隔離(4～7日間)は，社会的行動を増加させることが示されており(Niesink and van Ree, 1982)，ラットにとって社会的相互作用は報酬効果をもつと示唆される。とはいえ，過密な環境はストレスを高め，攻撃性を亢進させるものである。

母親の影響

母性的養育における生得的個体差は，仔の認知発達に影響を及ぼすことがある。Meaneyとその研究グループは，arched-back nursing[iv]や仔へのリッキング[v](licking)，毛繕い[vi](grooming)を行う時間の長い母親の仔が，成熟期に高い空間学習能力を示すことを明らかにした(Liu et al., 2000)。このような動物には，高値のグルタミン酸受容体および海馬由来成長因子がみられる。Levine(1967)は，生後初期の仔を短時間間隔で巣から取り出すと，成熟期のストレス反応が低減することを実証した。こうした手続きを「ハンドリング」という。これまでに「ハンドリング」は，コルチコステロン基礎値を低下させ(Levine, 1967; Beane et al., 2002)，海馬および前頭皮質における糖質コルチコイド受容体の発現を調節することが知られている(Diorio et al., 1993; Bodnoff et al., 1995; Liu et al., 2000)。幼児期に「ハンドリング」を受けた母親の仔は，新奇刺激に対する反応時の血漿ステロイド値が低いことが示されている(Denenberg and Whimbey, 1963; Levine, 1967)。この研究結果は，母親との初期経験が仔のストレス反応に影響を及ぼしうることを示唆している。

我々の研究によれば，妊娠期間中，母親を複合飼育すると，周産期での皮質破壊後に通常みられる行動障害が緩和される。正常な仔も前頭葉を破壊した仔も，出生前に複合飼育の経験を与えていた結果，空間認知能力の向上を示した(Gibb et al., 2001)。これと同様の結果は，出生前の触覚刺激によってもみられる。妊娠

[iv] 背中を弓なりに曲げた姿勢での哺乳行動。その生起頻度には個体差がみられる。
[v] 仔のからだや外陰部をなめ，清潔にしたり排尿，排便を促したりする母性行動。
[vi] 自分または他の個体の体毛をなめたり引っ張ったりすることで毛並みを整えたり，清潔にする行動。

期間中の母親に対して1日に3回，15分ずつやわらかいブラシで「慰撫」を与えたところ，生後3日で前頭葉を破壊した仔の行動課題成績に顕著な向上がみられた。出生前の複合飼育も触覚刺激も，擬似手術後，および皮質破壊後の動物のニューロン形態を変化させた。このように，母ラットの経験は，その仔の行動と生理に影響を及ぼしうる。離乳前期のラットに対する社会的隔離（1日に3〜6時間，5日間にわたって行われた）は，仔と母ラット双方の行動に，活動性と母子相互作用頻度の増加による変化を生じさせる（Zimmerberg et al., 2003）。総合すると，これらの研究結果から，仔の行動に影響しうる母性的養育の生得的個体差はあるが，仔ラットの初期経験についてはできるだけ統制し，経験の違いの交絡を少なくしたほうが賢明といえる。

離乳年齢

離乳前期のラットは，母ラットの排泄物に含まれる母性フェロモンに反応しやすく，また，その際，食糞によって脳ミエリンの発達が促されることがある。ラットは27日齢まではこの母性フェロモンに反応するが，この日齢以降でも，脳ミエリンの不足したラットは同様の反応を示す（Schumacher and Moltz, 1985）。仔ラットの離乳が早すぎると，生理および行動に重大な影響が及ぶことが明らかになっている。胃病変感染率の上昇，および拘束ストレス反応の成熟遅滞は，22日齢で離乳した仔よりも，15日齢で離乳した仔において顕著であった（LaBarba and White, 1971; Ackerman et al., 1975; Milkovic et al., 1975）。

動物管理

実験では，多くの環境要因が統制されないまま交絡変数となりうる。例えば，コロニー内の音楽，強い臭気，管理条件の違い，動物輸送，それにケージ清掃の頻度である。

コロニー内の音楽を利用して音刺激源を統制することは，騒音の交絡を少なくするうえで有効であると考えられる。通常管理手続きに伴う音がその後のストレス反応強度に及ぼす影響は，無音環境に慣らされた動物の場合では，一定の音に慣らされた動物の場合と比べて大きなものになる。また，音楽は，ラットに一種のエンリッチメント経験を与えることがある。Rauscher, Robinson, and Jens（1998）によれば，胎児期および分娩後の60日間にモーツァルトの曲を聴かされたラットは，ホワイトノイズ，または無音環境に曝露されたラットと比べ，短時間で迷路課題を達成でき，エラー率も低かった。

ラットは非常に特化された嗅覚をもっている。我々の行動の多くが視覚に依存しているように，ラットはその鋭い嗅覚によって周囲の環境を把握している。フェロモンの臭気は，ラットが仲間の存在を識別するうえで役立っており，発達，生殖適応度，および周囲のラットの行動の一部に影響を及ぼすシグナルになることもある。強い清掃臭，アンモニア沈着，および実験室職員の香水使用はいずれも，ラットがにおい情報を利用する際の妨げとなりうる。

もう1つ重要な要因として考慮すべきは，実験者と動物管理職員の双方から動物に行われるハンドリングである。動物の健康管理士の中には，動物を取り出す際，ペットに対してするように何度も触る者もいれば，野生動物に触れるかのようにおそるおそる触る者もいる。ケージ清掃の際にも，ある者は動物に話しかけたり触ったりしながら作業するが，ある者は極力動物に触れないよう作業する。こうしたハンドリング方法の違いは，動物に大小さまざまのストレス反応を引き起こし，それによって，実験課題時のパフォーマンスにも影響を及ぼしうる。

飛行機，またはトラックによる輸送は，動物のコルチコステロン値および免疫機能に影響を及ぼす（CCAC, 1993）。そのため，最低でも2日間の調整期間を設け，心理状態の安定をはかることが望ましい。妊娠した雌に輸送ストレスを与えた場合，その仔の行動および神経構造は，妊娠中に輸送ストレスを受けなかった母親の仔とは大きく異なってくる（Stewart and Kolb, 1988）。

ケージ清掃の頻度は，離乳時点で使用可能なラットの適応度と個体数に影響を及ぼす。ケージ変更が週2回行われた同腹仔群では，週1回行われた群と比べ，健康に成長できた個体が多かった（Cisar and Jayson, 1967）。原因としては，ケージ変更が週1回の同腹仔群におけるアンモニア曝露量の増加，または週2回の群におけるハンドリング回数の増加が考えられるが，いずれにせよ，ケージ清掃の頻度は実験データに影響を及ぼす可能性がある。

運動

ラットは，その生得的傾向として，食物と繁殖機会を得るための環境探索を行う。回転輪へのアクセスは，実験動物に対して，ケージ内環境の制限を超えた探索手段を与える。運動は野生動物に通常みられる行

動ではないが，多くの証拠から，ラットの健康にとって有益であるといえる．運動は，中枢神経系における神経栄養素(Gomez-Pinilla et al., 2001)ならびに海馬と運動皮質におけるニューロン(van Praag et al., 1999; Galvez et al., 2002)の生成を促進することが示されており，また，運動が動物のストレス反応を低減させるというデータもある(Greenwood et al., 2002)．加えて，運動は，持続的な皮質損傷を負ったラットに対し，予防的とはいかないまでも治療的な効果をもつことが知られている(Gentile et al., 1987)．

エンリッチメント

1940年代にDonald Hebbは，実験用ラット群の飼育を自宅で行った．やがて成熟したそれらに迷路課題を実施したとき彼は，自宅のラットのエラー率が，標準的な実験室環境で飼育されたラットのそれと比較して低いことに気がついた．これは，環境エンリッチメントがラットの行動能力に影響を及ぼしうることについての最初の実証例であった．Rosenzweig et al. (1971)はこの知見を拡張して，「エンリッチされた」動物の脳にはより重量があり，加えて，皮質厚，アセチルコリンエステラーゼ活性，シナプス結合，それに樹状突起分枝の増大がみられることを示した．複合飼育されたラットにも同様に，グリア細胞密度および血管系の拡大を含めた脳変化が生じる(Black et al., 1987)．興味深いこととして，環境エンリッチメントは，飼育ラットよりもむしろ野生ラットの体重とオープンフィールド行動に大きな影響を及ぼす(Huck and Price, 1975)．家畜化に伴う遺伝子変化によって，実験用ラットは経験の影響を受けにくくなったと考えられる．

Greenough and Black(1992)は，環境による脳形態の変化は，2つの経路のいずれかで生じると主張した．脳における経験依存的変化と経験期待的変化である．経験期待的変化は，発達の過程で，視覚系のようなシステムへの適切な入力があってはじめて正常に生じる．この変化には，有用なシナプスの安定化，および余剰シナプスの除去が伴う．経験依存的変化は，経験により，生涯にわたって動物に生じうる変化である．ここでいう経験には，迷路学習や運動学習も含まれている．

我々は，複合飼育が大脳皮質における神経構造変化に及ぼす影響が，ラットの年齢および性別によって異なることを明らかにした(Kolb et al., 2003)．このような環境エンリッチメントを与えたとき，成熟期の動物はスパイン密度の上昇を示したが，離乳期の動物はスパイン密度の低下をみせた．また，すべての年齢の雄ラットが樹状突起の伸長を示したが，雌ラットは，すでに成熟していた個体のみ同様の伸びを示した．

エンリッチメントの経験は，複合飼育によってのみ得られるわけではない．感覚への刺激，それに行動課題も，エンリッチメントの一形態としてとらえられる．短時間の触覚あるいは嗅覚刺激を脳損傷後のラットに与えることで，その行動成績を向上させることができる(Gibb and Kolb, 2000; C. L. R. Gonzalez, 未発表資料)．この効果は，発達途中だけでなく成熟後にもみられる．実験参加によって動物が受けるさまざまな経験は，コロニー内では受けることのないものである．これらの経験は，被験体のその後の行動および神経構造を変容させる可能性を秘めている．Kolb et al.(2003)は実験により，モリス水迷路の場所学習課題を達成させること(学習条件)，逃避台のないプールで泳がせること(ヨーク条件：学習条件の動物が逃避台を発見するまでにかかったのと同じ時間だけ泳がせた)，または行動課題を行わないことで，スパイン密度および後頭葉皮質内の樹状突起分枝への相対的影響を検討した．課題を達成したラットが最大の樹状突起分枝およびスパイン密度を示したが，同じ時間だけプールで泳いだラットでも，課題なし群によるベースラインと比べて有意に高い測定値を示した．この結果は，単純に実験を受けさせるだけで，皮質回路を変化させるには十分であったことを意味する．

結論

エンリッチメントはさまざまなかたちをとりうる．ランニングホイールへのアクセス，ハンドリング，感覚刺激，群飼育，あるいは複合飼育(図30-1)がそれである．ラットの標準的住居に何らかのエンリッチメントを加えるべきであるかは，意見の分かれる点である．これを支持する側の間では，標準的住居は，脳が未熟で行動能力の乏しい「貧弱な」動物を生み出すと信じられている．しかし，標準的住居による最低限の刺激といえども，これまでに，行動病変の原因がそうしたラットの飼育条件にあるとされたことはほとんどない．確かに，環境刺激はより賢いラットを生み出すが，食料，住居または繁殖機会のための競争を必要としない動物の獲得する「知能」がもつ意味については，評価するのが難しい．標準的住居で飼育された実験用ラットを対照群としながら，環境が脳の発達と機能に及ぼす影響を検討することによって，この60年間に，多くの価値ある洞察がもたらされてきた．実験動物の最適な飼育条件について検討することは確かに重要であ

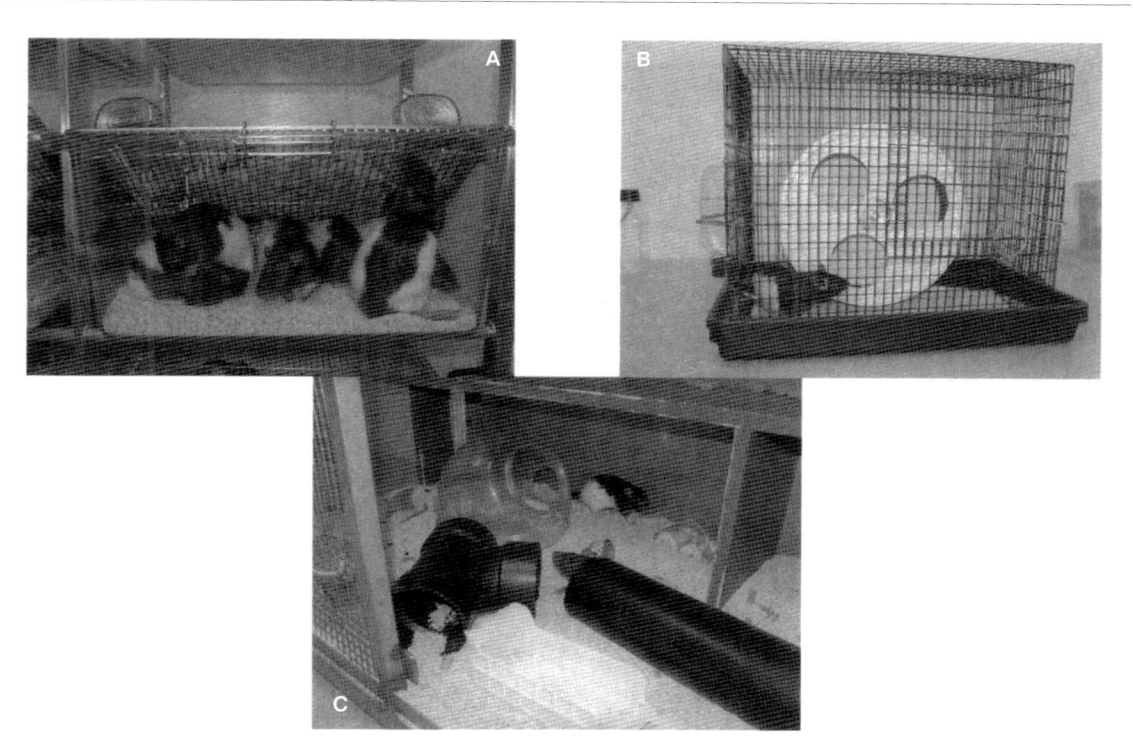

図30-1 実験用ラットのさまざまな飼育形態。**A**：群飼育，**B**：ランニングホイールへのアクセス，**C**：複合飼育。

るが，標準的な実験用ラット管理の中に，エンリッチメントのための装置または手続きを加えることで生じる影響についても留意しなければならない。環境条件のわずかな変化が，実験動物の行動と生理に対し，非常に大きな影響を与えることがある。

Robbin L. Gibb

第VI部

防御および社会的行動

第 31 章　捕食者に対する防御 243
第 32 章　闘争，防御，服従行動 250
第 33 章　防御的覆い隠し行動 257
第 34 章　社会的学習 264
第 35 章　啼　鳴 270

第31章

捕食者に対する防御

自然な行動

　ラットの防御行動の分類に関する重要な側面は、それらが「自然である」ということである。このことが意味するのは、第1に、それらが自然の中で、つまり実験室環境の外の現実世界で生起するということである。そのような現実世界の環境では、行動の自然な結果がその行動を制御する。ある行動はそれを行った動物にとって良い結果をもたらすが、また別の行動はささいな不都合から大惨事にいたるまで多様な災難をもたらす。ダーウィンの進化論に従うと、そのような行動が生起するときの条件は、行動の結果が成功であるかどうかに対して重要な影響をもち、特定の行動が適応的になるのは、成功しやすい状況で生起した場合だけである。このように「自然な行動」という概念が示唆するのは、環境からの（物理的、社会的）刺激および動物自身からの刺激と、特定の行動との間に強い関係があるということであり、これが第2の側面である。「自然である」ということが多くの生物学者や心理学者にとって意味する第3の側面は、そのような行動の形成と進化には、ある程度の遺伝的決定性が関係しているということである。つまり、特定の学習だけがそのような行動を形成するのではない。

ラットにおける防御：行動の種類

　野生および実験室のラット（*Rattus norvegicus*）のどちらに関しても、先行研究（Blanchard and Blanchard, 1969, 1989; Pinel and Treit, 1978; Blanchard RJ et al., 1980, 1989, 1990, 1991; Blanchard DC et al., 1981, 1991; Dielenberg et al., 1999, 2001; McGregor et al., 2002 など）が記述してきた防御行動の種類には以下のようなものがある。

逃走（flight）：脅威の源から（典型的には走って）離れるすばやい動き。

潜伏または避難（hiding or sheltering）：みつかりにくい場所や、脅威となるものが侵入できない場所に入ったり、とどまったりすること。

フリージング（freezing）：身動きしないこと。特有の姿勢を維持する場合には**うずくまり**（crouching）ともいう。

警告の鳴き声（alarm cry）：およそ 22 kHz の鳴き声で、身近な同種他個体が存在するときに、それらの個体が鳴き声に対して防御的に反応できるように発するもの。

防御的威嚇（defensive threat）：近づいてくる脅威に対面して、立ち上がったり直立したりする姿勢をとり、典型的には歯を剥き出して金切り声を出すこと。

防御的攻撃（defensive attack）：近づいてくる脅威に対して、しばしば飛びかかってから、かみつくこと。

危険評価行動（risk assessment）：脅威の源を調べる行動パターンで、これに含まれるのは**フリージング**の最中に遠くから脅威の源をじっとみる行動と、「伸展姿勢での注意（stretch attend）」や「伸展姿勢での接近（stretch approach）」と呼ばれる行動で、このときは脅威の源に向かって体を伸ばして身を低くした姿勢をとり、身動きしない期間を挟みながら短く急に動くこともある。脅威の源にさらに近づいたり、接触したりすることすらありうるが、その場合も典型的には身を低くして体を伸ばした姿勢である。

防御的覆い隠し（defensive burying）：個別的な脅威刺激を地表の物質や他の物質で覆うこと。これが防御反応に特有のものか、それとも不快な対象への一般的な反応なのかは定かではない。なぜなら、ラットは死んだ同種他個体や、受け入れがたい食物や、新奇なものも埋めるからである

(Wilkie et al., 1979; Blanchard RJ et al., 1989)。「覆い隠し」には危険評価行動の要素も含まれる。なぜなら，脅威かどうかの特徴があいまいな動物やその他の刺激に対して物を投げかけることにより，それらの刺激がもつ脅威としての可能性を明らかにするような反応が起こるかもしれないからである。

このリストは不完全で，まだこれから記述と分析が必要な新しい防御のカテゴリーがあるかもしれない。それに，特定の環境下では上記の行動の複雑なバリエーションや組み合わせが起こりうる。例えば，コロニーにおける劣位の雄が行う「トンネル防衛（tunnel guarding）」行動は，(**可視巣穴システム**〈visible burrow system〉のトンネル内への）潜伏と，その劣位個体が入っているトンネルに入ろうとした優位個体に対して行われる防御的威嚇および攻撃を組み合わせたようなものである。これらの行動から明らかにいえるのは，のちに詳しく説明するように，観察される行動の形式に対して状況の特徴が非常に強く影響するということである。つまり，トンネルがなければ，トンネル防衛行動も起こらない。

防御を誘発する刺激

●脅威刺激のタイプ●

防御行動は，動物の生命や体に対する脅威に反応して生起する。これらの脅威は4つのカテゴリーに分けられる。すなわち，①捕食者，②攻撃してくる同種他個体，③環境がもつ脅威としての特性（稲妻，火災，高所，水害），④資源に関して競合する同種以外の危険な相手，である。このリストからいくつかの重要なことが示唆される。第1に，防御行動を誘発するのは生命や四肢への積極的な危険であり，空腹のような受動的な脅威でもなければ，即座の危険をはらまない資源上の脅威や難題でもない。第2に，のちに示すように，生きているものからの脅威と無生物からの脅威の区別は，行われる防御行動のタイプにとっても，そしてそれらの防御を測定するための実験室モデルにとっても重要である。

脅威刺激のタイプに関するもう1つのポイントは，脅威刺激の中には明確かつ即座で，目立つ，具体的なものもあれば，あいまいなものもあるということである。ある種の音やにおいは，危険が近づいたり近くにあったりすることについての明瞭な手がかりとなるかもしれないが，危険の正確な場所や正体について，そして危険がまだ存在するのかどうかについてはほとんど情報をもたらさない。表31-1に示すように，これらの特徴は非常に異なるタイプの防御に関係している。脅威の場所を特定できることは，逃走のようなタイプの防御行動が有効であるために重要である。脅威の源がある場所とは無関係に走り回ってしまうと，脅威の存在から逃げられずに注目を浴びることになってしまうかもしれない。同様に，脅威が具体的な物であることは防御的攻撃が有効であるために必要である。音やにおいに対してかみついても，それらが知らせる脅威そのものは減らない。

表31-1 脅威の探知や特定の脅威に対する防御に関わる刺激，行動，結果，および情動

構成部分	脅威の探知	防御
刺激	動物の動き 捕食者のにおい 警告の鳴き声 同種他個体のにおい	捕食者 攻撃してくる同種他個体
行動	危険評価行動 伸展姿勢での注意 伸展姿勢での接近 潜伏-回避	逃走 フリージング 防御的威嚇および攻撃 潜伏-回避 同種他個体に対する防御 警告の啼鳴
結果	探知された危険 または 探知された安全性	逃避 探知されることの回避 脅威の放逐 自分自身の保護 体の一部の保護 同種他個体への警告（上記の各行動に対応）
情動	不安	恐怖

脅威のあいまいさと危険評価行動

あいまいな脅威に対する防御の主要なタイプは危険評価行動である。これは脅威となる刺激や状況を積極的に調べる行動であり，典型的には体を伸ばして身を低くした姿勢で行う。そうすることによって，脅威について調べている最中にみつかってしまう可能性をできるだけ小さくできるようである。そのように体を伸ばした姿勢は，獲物に忍び寄る動物がとる姿勢と非常によく似ている。後者の状況に関しても，他の動物に近づきながらその動物からみつからないようにする目的があると推測できる。しかも，伸展姿勢での接近をするときの動き方は，みつかる可能性をできるだけ小さくするようになっている。つまり，前に進む動きは短く，身動きしない期間を挟んでいるので，その間は脅威となるものからみつかりにくくなる。明らかなのは，危険評価行動が脅威に関連した情報の収集に関係していることである。Pinel et al. (1989) が行った非常に巧みな研究が示しているように，伸展姿勢での注目および接近の体勢をとってある刺激に近づく場合にはその刺激に対する防御性の学習が関係しているが，同じかそれ以上に近づいていても危険評価行動を伴っていない場合には学習が関係していない。

脅威があいまいだからといって，刺激そのものがあいまいであったり具体的な物ではなかったりするとは限らない。同種他個体の存在，もしくは捕食者の存在が明確である場合ですら，それらが攻撃してくる可能性はあいまいでありうる。そのような場合，脅かされている動物が最初にとる反応は危険評価行動かもしれない。優位なラットが劣位のラットに近づけないように拘束されている場合，劣位ラットは優位ラットに対して伸展姿勢での注目や接近を行い，おそらくそうすることで優位ラットが脅威となるかどうかの特徴を調べる（未発表の観察結果）。同様に，遠くにいて近づいてこない捕食者に対しては，逃走ではなく危険評価行動が誘発されるかもしれない。野生のラットに対して実験者が遠くから近づいた場合，ラットはまずその侵略者のほうを向いてフリージングを行い，ヒトが約3mの距離まで近づくと急に逃走に転じるが，おそらくそのときに脅威としての可能性が明らかになるのだろう（Blanchard DC et al., 1981）。

危険評価行動が適応的なのは，防御行動が時間とエネルギーの面で高コストだからである。脅威がないときに防御行動を示したり，防御行動を示し続けたりするのは無駄である。危険評価行動は，いつ防御的であるのをやめるかに関する意思決定過程の一部である。現実的な脅威が存在するときに防御的でないと不幸な結果につながりうるが，危険評価行動は危険が本物であると判定する助けになり，より特異的な防御を表出することにつながる。最後につけ加えると，特定の脅威や状況に対して間違った防御行動を示すのは，防御しないのと同じくらい危険でありうる。危険評価行動は，どの防御を表出するかを決める助けになる。このように，危険評価行動はすべての防御の認知的および意思決定的な側面にとってきわめて重要である。

防御の種類を制御する「促進的な」刺激の役割

前述のように，脅威に遭遇したときの社会的および物理的環境の特徴は試みる防御のタイプに影響しうる。出口ルートの存在は逃走を促進し（Blanchard RJ et al., 1989），操作可能な地表物質は防御的覆い隠しを促進し（Pinel and Treit, 1979），避難場所は潜伏やトンネル防衛を促進し（Dielenberg et al., 1999; Blanchard RJ et al., 2001b），避難場所と同種他個体の両方の存在は捕食者に対する警告の啼鳴を促進する（Blanchard RJ et al., 1991）。関連するサポート刺激が存在しなくても特定の防御と結びついた活動をするのは自由であるが，特定のサポート刺激がないとこれらの防御行動は起こりにくい。

脅威刺激に対するラットの反応性を調べる実験室研究のほとんどには，上述のような特徴が一切含まれていない。つまり，テスト場面からの出口も避難場所もなければ，同種他個体もおらず，特定の具体的な脅威刺激すらない。これらの省略によって，逃走，潜伏，防御的威嚇や攻撃，覆い隠し，警告の啼鳴などが非常に起こりにくくなり，それによってフリージングと危険評価行動が残ることとなる。それらのうち後者は測定されないのが普通なので，結局はフリージングだけが残る。部分的にはこのような状況のせいで，ラットの防御性を測るときにフリージングを第1の指標，もしくは唯一の指標として扱うことが広まっている。

防御の種類を制御するうえでの脅威の強度の役割

Fanselow らは，防御行動がどのように決まるかに関して他の説明を提案している。Fanselow and Lester (1988) は，脅威の強度または刺激の切迫性に基づいて防御行動を3つのセットに区別する考えをまとめた。3つのセットとはすなわち，①遭遇前の防御（代表的には通常活動の低下），②遭遇後の防御（フリージング），③襲撃寸前の防御（逃走，啼鳴，かみつき，ショックを

受けた場合に起こるような高活動性反応）であり，この強度/切迫性の要因が特定の状況でみられる防御の形式を決めるとしている（Fanselow, 1994）。

　脅威刺激の強度は確かに防御行動の大きさに影響する。ネコにこすりつけた布が大きい場合はそれが小さい場合よりも，ラットに大きな防御反応が誘発され，しかもネコのにおいだけが有効な刺激となるように布を容器に隠した場合でも同様である（L. Takahashi との私信）。Zangrossi and File（1992）の報告によると，ネコのにおいへの曝露によって高架式十字迷路課題（elevated plus maze）における不安様反応が1時間も続くが，それは1日中続くわけではない。その一方で，Adamec and Swallow（1993）の報告によると，ネコそのものに曝露したあとでは十字迷路課題において不安様反応がより長く続く。この違いは，ネコのにおいだけに比べるとネコそのもののほうが脅威の強度が大きいことを反映している可能性がある。しかし，環境刺激が特定の変化をすると，脅威刺激そのものは変化していない場合ですら，防御表出の種類がすばやくかつ劇的に変化することもまた明らかである。例えば，ドアを閉めて逃避経路を塞ぐとすぐに野生ラットは逃走をフリージングに変える（Blanchard DC et al., 1981）。この変化は脅威の強度の増大として解釈できるかもしれないが，刺激強度/切迫性の枠組みによれば強度の増大はフリージングを逃走に変えるのであって，その逆ではない。このようなことを考慮すると，防御行動を決定する要因は単なる強度の次元よりも複雑なものだと考えられる。そのような考えは，脅威刺激とその場の環境の両方がもつ「促進的な」特徴に応じて防御のパターンが変化することを示すデータとも合致する。

防御行動の結果

　防御の結果からそれらの行動が進化してきた仕組みがわかる。ラットは穴居性，夜行性で，しかもある程度は群居性である。**穴居性（穴の中に棲むこと）**という特徴は，ある種のトンネルが利用できる場合には特に，危険から走り去ったり潜伏したりすることの適応的な価値を高める。**夜行性**であるという特徴は視覚以外の感覚の利用を促進し，ラットの嗅覚は防御の文脈において特に有用である。**群居性**のげっ歯類動物は，特に警告の啼鳴をすることで知られており，ラットにおいてはそれが特に顕著である。

　行動の進化論的分析に関する興味深いこととして，ラットが嗅覚的な脅威刺激に対して示す高度な反応性がある。Blanchard DC et al.（2003b）によれば，嫌悪的なにおい物質は，そのにおいがどれだけ捕食者の存在を予告するかに依存して異なるパターンの防御行動を誘発しうる。ネコの毛や皮膚のにおいは（布でネコをこすったり，ネコが着けていた首輪を使ったりすることで得られるが）さまざまな防御を誘発し，それには回避，フリージング，危険評価行動がある。そのにおいに最初に遭遇したときの刺激や状況に対して，のちににおいのない状況で曝露されると，ラットはそれらの条件刺激に対して防御反応を示す（Blanchard RJ et al., 2001b; Dielenberg et al., 2001; McGregor et al., 2002など）。毛や皮膚のにおいを提供したのと同じネコの新鮮な糞を呈示した場合には，それに対して即座に起こる防御行動は毛や皮膚のにおいに対するものと実質的に同じである。しかし，糞のにおいが最初に関係した状況刺激や特定の刺激にラットが再び遭遇した場合には，条件づけられた防御性が起こらない。このことは，合成した糞/肛門腺のにおいもまたパブロフ型の防御条件づけにおいて有効な無条件刺激とはならないという発見とつじつまが合う（Blanchard DC et al., 2003b）。これらの相違点を解釈すると，毛や皮膚のにおいはすばやく消え去るので，消え去るのに時間がかかる糞やそのにおいに比べると，捕食者の存在を予告する有効性が著しく高いということを反映していると考えられる。つまり，においが防御条件づけにおける無条件刺激となるときの有効性は，それらのにおいが正確に危険を予告するかどうかを反映しているのかもしれない。

ラットの防御行動の実験室モデル

　防御に関係している可能性のある行動のある側面を測定する実験室課題は多く存在する。「不安モデル」，または「不安様行動」を測定する課題（Rodgers, 1997, 総説参照）のほとんどは，防御性のうちのある側面を調べるものであるが，それは抑うつを測定するためにつくられた課題の多くと同じである（Willner, 1991）。これらの課題は，薬物の前臨床試験においては，もともとそれを開発した目的を達するうえで適切であったりなかったりするだろうが，そこでの測定値がラットの示す自然な行動の範囲とどのように関係しているのかについては正確な分析をもたらさない。防御行動を誘発させて測定する試みは比較的最近のことである。それでも，初期の報告（Yerkes, 1913; Stone, 1932）は，ヒトによる接触やハンドリング[i]（handling）に対する野生および実験室のラットの反応を詳述しており，そ

---

[i] 動物に手を触れるなどの手段によって，その動物を実験者に慣れさせること。

れによると野生のラットはつまみ上げられた場合に逃げたりかみついたりするが，実験室のラットはそれより反応性が低い。Curti(1935)の報告によると，ネコへの曝露によって恐怖に関連する反応をラットに誘発することができる。しかし，彼女の結論ではネコのにおいがこれらの反応にとって十分な刺激になっていないことをみると，彼女が用いたテスト場面は感度のよくないものであったことがうかがえる。同種他個体からの攻撃に対するラットの防御行動については(捕食者に対する防御にはみられない特有の要素をいくつか含んでいるが)，Grantらが詳しく記述している(Grant and Chance, 1958; Grant, 1963; Grant and MacKintosh, 1963)。ネコやショック刺激に対するフリージングは過去に詳しく記述されているが(Curti, 1935; Blanchard and Blanchard, 1969; Fanselow, 1980など)，近づいてくる捕食者に対する一連の防御行動について概略を知ろうとした最初の明確な試みは，恐怖/防御テストバッテリーで野生のラットを用いたものである。

●恐怖/防御テストバッテリー●

恐怖/防御テストバッテリー(Fear/Defence Test Battery: F/DTB)は楕円形の走路で実施するもので，楕円の長軸に沿った中央には高い障壁があるが，障壁の端は走路の両側の壁には届いていない。これによって片側につき5，6mずつの終わりのない走路ができており，実験者に追いかけられた動物は，障壁の端を回り込んで際限なく次の直線部分に行くことができる。ドアを閉じて走路の片側の端を塞ぐとラットを閉じ込めることになり，実験者が5，4，3，2，1，0.5，0(接触)mのさまざまな距離に近づいたときのラットの反応を評価できる。また，つまみ上げられそうになったときの反応も測定できる(この手続きと研究結果に関しては，Blanchard DC, 1997, 総説参照)。

このテストにおいて，野生のラットの反応はきわめて一貫している。いくつかの研究では，走路が開いていて逃走が可能な場合は野生のラットのうち97％以上が近づいてくる実験者から逃げた。被験体が逃げ出したときの実験者と被験体の平均距離は約2.7mであった。ドアを閉めて逃走を妨害した場合，ラットはすぐにフリージングを行い，そのときたいていは立ち上がった姿勢で，しかも常に実験者のほうを向いていた。距離が5mから約2mまでの観察では約80％の場合にフリージングがみられたが，急な音(拍手や号砲ピストルの音)に対してはラットが驚愕反応を示し，その大きさは実験者が近づいているほど大きかった。このことが意味するのは，このフリージング反応は暴力的活動の準備にも関係しており，その大きさは接触が差し迫っているほど大きくなるということである。約1mの距離になると防御的威嚇の金切り声が急に起こり始め，そして約0.5mの距離では一部のラットが実験者に向かって飛び上がったり実験者を飛び越したりするが，接触した場合にはそれにかみつきが伴う。実験者が被験体をつまみ上げようとしたときには野生のラットの100％がかみついた。これらの関係は図31-1に図式化してある。

F/DTBにおける実験室ラットは，フリージング以外のすべての反応に関して野生ラットよりも弱い反応を示すが，この違いはシベリアのノボシビルスクで野生から捕まえた血統をもとにして「従順性」や「凶暴性」に基づいて35世代にわたって交配したラット同士の違いと正確に対応している(Blanchard DC et al., 1994)。この野生ラットと実験室ラットの違いは，飼い慣らされていく過程で防御的威嚇/攻撃や逃走などの積極的な防御反応を示さないように選択交配されてきたことを反映しているようである。同じような発見はヒトによるハンドリングに対する反応性に関しても知られており(Takahashi and Blanchard, 1982)，攻撃してくる同種他個体に対する反応性に関しても同様である。さらに，実験室環境で育った野生ラットの反応は，実験室ラットの反応よりも野生から捕まえたラットの反応におおむね似ており，このことは野生ラットと実験室ラットの違いが主に遺伝的なものであることを示唆している(Blanchard DC, 1997)。

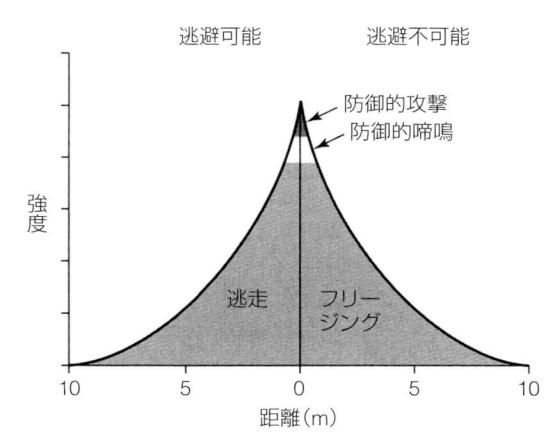

図31-1 逃避可能な状況および逃避不可能な状況において動物と脅威刺激の距離の関数として生起する防御行動(逃走，フリージング，防御的威嚇の啼鳴，および防御的攻撃)の強度の図式。F/DTBにおいて接近してくる実験者に対して野生のドブネズミが示す行動に基づく。

●不安/防御テストバッテリー●

　F/DTB は危険評価行動をうまく誘発できない。この場面ではヒトの実験者という非常に具体的な脅威刺激を使い，逃走，フリージング，防御的威嚇/攻撃などの特定の防御に主な焦点を当てている。それとは対照的に，不安/防御テストバッテリー(Anxiety/Defense Test Battery: A/DTB) は，危険評価行動を誘発して測定できるように工夫してあり，焦点を当てているのは伸展姿勢での注意や接近行動，そして脅威の存在に反応して通常活動が低下することなどである。このテストバッテリーの名前に使われている**不安**(anxiety)という言葉は，危険評価行動が一般的な不安障害に関連する特有の行動にきわめて近いこと(「警戒と精査」〈American Psychiatric Association, 1987〉)や，伝統的には不安に関係しているのは明確な危険の存在ではなく，脅威や危険の手がかりのあいまい性であるとみなされてきたことを反映している(Freud, 1930; Estes and Skinner, 1941)。危険評価行動の測定を可能にする多様なテストが開発されており，この指標に対するさまざまな薬物の効果を評価する目的でも使われている。本来の A/DTB をもとにしたテストで最もよく使われているのは，ネコのにおいに対する反応性テストで，刺激として生きているネコを使うテストも同時に行われる。

ネコのにおい，およびネコへの曝露テスト

　実験室環境でネコを保有するのは難しいため，ネコへの曝露よりもネコのにおいテストを使うほうが普通である。ネコのにおいテストは1mの走路で行うもので，ネコのにおい刺激(ネコに布をこすりつけることで取得)を一方の端に配置し，におい刺激の回避や危険評価行動を主な測定の指標とする。隠れるための箱を追加した場合には，(ネコの首輪からの)ネコのにおいが回避や危険評価行動だけでなく潜伏も誘発する。においへの10分間の曝露を1回行えば，24時間後にこの状況で十分に条件づけられた防御性を引き出せる(McGregor et al., 2002)。Newton Canteras(私信)はこのテストをさらに改良して，以前にネコに遭遇した状況で危険評価行動を強く長く誘発できるようにし，こうして延長した危険評価行動を使ってこの特定の行動に関係する神経システムを研究している。

情動を理解することとの関係

　防御行動のテストは，危険に対する情動反応を行動および神経系のレベルで理解することに関連している。行動的には，さまざまなタイプの脅威に対する生得的な無条件反応がテストによって明確になり，それらの反応は1回の短い曝露によって適切な刺激に条件づけることもできる(Blanchard RJ et al., 2001b; Blanchard DC et al., 2003b; Dielenberg et al., 2001; McGregor et al., 2002)。これらの反応の生得性はヒトにおいては研究されていないが，最近のシナリオ研究(Blanchard DC et al., 2001b)によると，脅威に対するヒトの反応性にはラットが示す防御のすべてとそれ以上のものが含まれており，保持しているそれらの防御行動はラットについて分析されているのとほとんど同じような状況で生起する。

　神経系の研究では，Canteras らが c-fos，神経線維連絡解析法，損傷テクニックを組み合わせて，ネコへの反応性に関係している可能性のある神経回路セットの概要を描いている(Canteras, 2002)。彼らは，ネコへの反応性にとって特定の視床下部構造が重要であると提案している。そのような領域の1つである腹側前乳頭核を損傷するとネコやネコのにおいに対する反応が劇的に低下するが(Canteras et al., 1997; Blanchard DC et al., 2003c)，肢へのショックに対する反応は低下しない(Blanchard DC et al., 2003c)。その腹側前乳頭核は，中脳水道周囲の灰白質に直接および間接的に投射しており，この領域を電気や興奮性のアミノ酸で刺激すると多くの防御行動を別々に誘発できる(Depaulis and Bandler, 1991)。つまり，多くの防御行動の基盤となっている回路要素が存在することは，それらの行動が別々の実体であって，単一の動機づけシステムに属する行動的に等価な要素ではないという考え方を裏づける根拠となっている。

　ラットの防御行動の研究から始まり，のちにマウスの同じような防御行動の研究も加わることで(F/F/DTB と A/F/DTB の両方の特徴をもつマウス防御テストバッテリー)，特定の防御反応が特定の不安障害に効果をもつ薬物に対してより高い，またはより低い反応性をもつというエビデンスが集まっている。危険評価行動と防御的威嚇/攻撃は，一般的な不安障害に効果をもつ薬物に対して選択的に反応する。その一方で，抗パニック薬は逃走を減らし，パニック促進薬は逃走を助長し，パニックに対して効果のない薬物は逃走に対しても効果がない(Blanchard DC et al., 2001A, 2003A)。これらの発見は，防御のシステム分析と組み合わさって，防御行動の脳基盤に関するより特定的な情報が得られる可能性を示している。そしてそのことは，精神的な病気に対する生理学的治療を計画するうえでの正確性と選択性が改善するかもしれないことを意味している。

防御行動は経験の影響を受けたり，経験によって変化したりもする。脅威刺激と連合したあるタイプの刺激に対してそれらの行動が強くすばやく条件づけられることが，多様な不安症候群の病因の一要素となっているかもしれない。フリージングを除くと，防御行動の条件づけについては研究が始まったばかりであるため，それらの現象が脅威に関係した学習の発達（「正常」であろうが「異常」であろうが）とどのように関係しているのか，およびそれらの現象を変化させるために経験に基づいた心理療法をどのように用いるのが最も良いかは不明である。捕食者刺激の全体および一部や他のタイプの条件刺激を用いた防御行動の条件づけに関する情報を得ることは，ヒトのさまざまな不安障害における行動的な相違点を理解したり，これらの病気に対して薬物療法だけでなく経験療法(experiential treatment)を用いる可能性を理解したりするうえで有用かもしれない。

D. Caroline Blanchard, Robert J. Blanchard

第32章

闘争，防御，服従行動

Handbook of Psychological Research on the Rat (Munn, 1950)では，「ラットの社会生活はきわめてわずかしかない」，「特に互いの行為に影響を受けない」と述べられている。しかし，こうした見解は今では改められている。およそ40年前，Barnett(1963)は *The Rat: A Study in Behavior* という古典において，野生ラット(ドブネズミ〈*Rattus norvegicus*〉)における社会的相互作用を簡潔に説明している。野生ラットは食物の供給や巣づくりの機会において，感染症や捕食される危険性が少ないならば，数百もの群れをなすコロニーを形成する。

そしてコロニーにおける生活もまた単純なものではない。社会的緊張状態が強まることでコロニーは定期的に崩壊する。通常は，1匹の成体雄ラットが少数の雌ラットおよび幼体ラットを支配し，彼らの採餌や巣づくりのための用地およびその周辺域を侵入者から防衛する。Barnettはこの防衛域を指して**なわばり**(territory)と定義した。なわばり外部の中立域で闘争が起こることは稀であり，回避が優先される。一般的なコロニーは複数のなわばりと中立域を含んだものである。野生に生息するラットは彼らのなわばりを巡回し，尿の付着により目印をつける(Eibl-Eibesfeldt, 1950; Telle, 1966)。支配的な雄が侵入者である他の雄を追い払うというケースがほとんどであるが，授乳中の雌も彼女らの巣を他の雄や雌から防衛する。さまざまな発達段階や生殖段階に応じて，ラットの凝集および散逸の傾向を確認することができる。ラットは群れをなし，1つの集団として一緒に睡眠をとる。また，とりわけなわばりの境界線が明確であるときは，侵入者(敗北者)を追い回し，脅威を与え，体当たりし，かみつくといった行為に従事し，それによって侵入者の逃走を促す。Barnett(1963)は，社会的および闘争的相互作用を野生ラットと実験室ラットで対比させ，後者の特徴として，「野生ラットが示すような力での同種他個体への攻撃は稀である」，そして「通常の行動様式をとること」に失敗していると記述している。

実験室ラットの小規模な飼育コロニーにおける顕著な社会的シグナル，攻撃行動，あるいは闘争状況中の姿勢に関するその後の分析では，闘争行動における実験室ラットと野生ラットの違いとは，ほとんどの場合，質的ではなく量的なものであることを示している(Grant and Mackintosh, 1963; Luciano and Lore, 1975; Zook and Adams, 1975; Blachard et al., 1977; Miczek, 1979; Boice, 1981; de Boer and Koolhaas, 2003)。野生ラットと同様に(Steiniger, 1950)，実験室ラットの飼育コロニー内においても，支配的(**アルファ**)ラットは，闘争におけるライバル(**ベータ**)雄や下位(**オメガ**)個体への勝利によって定義される。飼育コロニーが小規模の場合でも，食物や水の供給が1カ所から行われるならば，そうした支配的ラットの攻撃から下位成員の生存を守るために彼らを一定期間コロニーの外へ出さなければならない(Blanchard et al., 1985)。不安定な集団内で個体間の衝突が繰り返されると，野生ラットの場合(Calhoun, 1948)と同様に，実験室ラットにおいても，外的損傷，免疫系の機能不全，繁殖や採餌にかけるエネルギーの転移，概日リズムや生理的リズムの混乱，内分泌機能への長期的な負担とその結果としての生殖腺萎縮や副腎肥大といったリスクを増加させ，最終的にはラットの寿命を短縮させる(Fleshner et al., 1989; Stefanski, 2001)。驚くことでもないが，社会環境が不安定で，かつ長い期間下位個体であったラットおよび他の動物は，慢性的ストレスの病理学的研究においてヒトのモデル動物として使用されている(Koolhaas et al. による本書第22章参照)。闘争行動への間欠的な曝露とそれに伴う社会的ストレスは，イントルーダーラットへの鋭敏化や，薬物自己投与の増加へとつながる(Miczek and Mutschler, 1996; Covington and Miczek, 2001)。

それほど高頻度で生起しているわけではないが，闘争行動はコロニー内での生活の一部を構成する。闘争はとりわけ，コロニーの形成期に多くみられる。集団内での相互作用は，**支配性闘争行動**(dominance aggressive behavior）あるいは**集団内闘争行動**（within-group aggressive behavior）と呼ばれる。実験室におけるレジデントラットの闘争行動を引き起こす最も強い引き金は，野生ラットと同じく，未知の成体雄の侵入である。この相互作用は，**レジデント-イントルーダー攻撃性**（resident-intruder aggression）と呼ばれる。イントルーダーに向けられた攻撃性は，ある種の**なわばり防御的**であるといえる。なぜなら，その攻撃性は見知らぬ場所よりも，目印がつけられたなわばりの周辺領域で起こりやすいからである。また，当該の雄が雌と同居している場合のほうが（実際の衝突場面に雌個体が存在する必要はないものの）闘争行動の生起確率は上昇する（Barnett et al., 1968; Flannelly and Lore, 1977）。レジデント-イントルーダー間の衝突は互いに雄個体である場合か，それよりは低頻度であるものの互いに雌個体である場合に起こりやすい。レジデントが雌個体の場合の闘争行動は出産の直後に起こりやすく，この場合は相手が雄にかかわらず攻撃性をみせる（**母性的攻撃性**〈maternal aggression〉）。直前のポジティブ（勝利）またはネガティブ（敗北）な攻撃的経験は，それぞれその後の闘争または防衛/服従行動を促進させる。

挑発的信号

雄イントルーダーの攻撃によってレジデントの防衛反応が触発された場合，その後の闘争行動の強さと頻度はより高い水準のものとなるだろう。これは，侵入してきた外敵から発せられる嗅覚的，視覚的，聴覚的，そして触覚的な挑発的信号にさらされた結果であり，これらが闘争的興奮の増大を導くとされてきた（Potegal, 1992）。

通常，最初の接触は嗅覚的信号（フェロモン）を通してのものであり，これはラットの性別，年齢，生殖能力，そして最近の栄養摂取の履歴とそれに関連する出来事の情報をもたらす。レジデントとイントルーダーの両者は**におい嗅ぎ**（sniffing），すなわち彼らのヒゲをみえるように動かして嗅ぐ動作を行い，**危険評価行動**として首を伸ばす。レジデントとイントルーダーは，**鼻接触**（nasonasal contact〈Schnauzenkontrolle〉）により互いを調べ合う。この種の特別なにおい嗅ぎと**肛門生殖器接触**は，相手の嗅覚的特徴を識別することに役立つ。フェロモンによる相手の繁殖状態に関する情報伝達は，その後，イントルーダーとの相互作用を導く。イントルーダーが繁殖状態にある成体雄ならば躊躇なく攻撃されるが，未成熟の雄や離乳したばかりの個体に対する攻撃はそれほど起こらない。イントルー

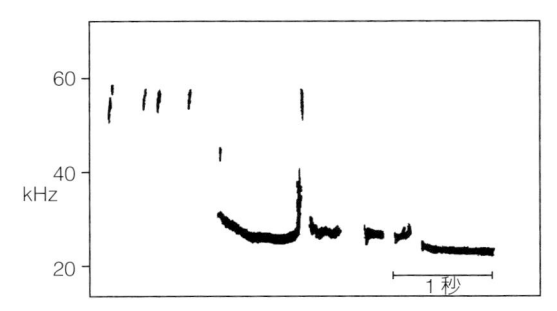

図32-1 レジデント-イントルーダー間の衝突が起こっている際の50〜60および20〜25 kHzの発声に関するソノグラム

ダーを調べるのに要する時間は，その個体がそれ以前に遭遇した他個体に関する社会的記憶の，量的な指標として用いることができる。

嗅覚的な個体識別が終わると，レジデントはイントルーダーの**下を這うように進み**，その後，動かなくなる。イントルーダーがレジデントの下を這うケースも時折みられる。この種の触覚的刺激作用はその後の衝突を防ぐかもしれない（ただし，触覚的接触は闘争行動を始動させるという証拠も存在する）。**相手の上を歩くこと**はもう1つの触覚的接触であり，これは時折，尿の排出も伴う。

かみつき攻撃をする直前に，レジデントラットは50 kHzの超音波発声（ultrasonic vocalization）を短いパルスで行う。これはおそらく高い興奮状態を反映している。このような攻撃直前の期間には，歯をカチカチと鳴らす行為が高頻度で起こる。イントルーダーからは異なる種類の超音波発声がなされる（ただしこれは，交戦時の後半部分においてより顕著である）。イントルーダーの発声はより長く，一本調子で，その大部分は20〜25 kHzの範囲に収まっている（図32-1）。

闘争バウトの開始

かみつき攻撃に先立ち，特にイントルーダーの頸部に対して**対他的毛繕い**[i]（allogrooming）が起こることが多い。これは**闘争的頸部毛繕い**（aggressive neck grooming）（図32-2）とも呼ばれる。スローモーション映像を用いた研究から，レジデントは頸部の皮膚のたるみを掴み，その間イントルーダーは身をかがめた姿勢で動きを止めることが観察されている。イントルーダーが突然動くことはレジデントによるかみつき行動の引き金となる。多くの場合，後肢により蹴る動作も

---

[i] ある個体が他個体の毛繕いをする行動。

図 32-2　攻撃的なレジデントによるイントルーダーへの対他的毛繕い（闘争的頸部毛繕い）

同時に行われる。闘争的頸部毛繕いがその後の攻撃へとつながる確率は，偶然よりは有意に高いものの，確実に起こるというわけではない。

　レジデントの攻撃を引き起こす最も強力な引き金は，イントルーダーによるすばやい移動である。この移動は**逃避**として行われるかもしれない。レジデントがコロニーを形成し，その一方で，イントルーダーが探索を行えるほどの広いスペースを実験者が用意したとしても，捕らわれた環境はイントルーダーの行動変化を制限する。ラットが本当に逃走することは稀であり，**身をかがめる**姿勢（図32-3）で受動的な対処方略が示される。イントルーダーは四肢のすべてを下部の足場に絡め，身をかがめる姿勢をとって全く動かない。時折頭部とヒゲがわずかに動く程度である。

　レジデントは**横向き威嚇**（sideways threat）（図32-3）を示す。これは**側面攻撃**（lateral attack）と呼ばれる場合もある。弓状の姿勢をとり，後肢を広げ，毛を逆立てるという明確な信号が伴う。レジデントの身体の向きは，イントルーダーに対して右側あるいは平行であり，イントルーダーに近い側の後肢で相手を蹴る行動も伴う。レジデントはイントルーダーに対して，横向き威嚇の姿勢を保ったまま接近と離反を繰り返す場合もある。これはアンビバレンスを反映した行動であろう。レジデントが横向き威嚇をより持続的に示す場合は，イントルーダーのまわりを1周するかもしれない。これに対してイントルーダーは，身をかがめる姿勢か，もしくは**防御的直立姿勢**（defensive upright posture）をとる。後者の姿勢はレジデントによる**闘争的直立姿勢**（aggressive upright posture）への反応としても示される。この闘争的直立姿勢では，ラットは後肢で立ち，半直立の姿勢を示す。多くの場合，レジデントとイントルーダーの両者はこの直立の姿勢で向き合い，前肢を縦に動かす（**相互直立姿勢**〈mutual upright

図 32-3　レジデントラット（右側）はイントルーダーラット（左側）に対して横向き威嚇の姿勢をとっている。イントルーダーラットは防御的直立姿勢をとっている。

図 32-4　相互直立姿勢

posture〉）（図32-4）。このような横向き威嚇もしくは直立威嚇の姿勢において，毛を逆立てることや歯をカチカチ鳴らすことは，強い交感神経系活動の明白な信号であり，高い興奮状態を示すものと解釈できるであろう。

　イントルーダーが立ち去った場合，レジデントはそのあとを**追跡**する。イントルーダーが前向きで捕らえられると，レジデントはにおい嗅ぎや頸部毛繕いを引き続き行う。衝突のきわめて初期か，もしくは衝突が終了した直後には，追跡が迅速になるという特徴がある。

闘争バウト

闘争を伴う衝突の**必要条件**は，**かみつき攻撃**(attack bite)の有無である(図32-5)。負傷パターンの分析から，かみつきは相手の頸部および背側部へと向かうことが示されている。皮膚に穴を開けるための顎の急速開閉がこれに含まれる。複数回のかみつきを短時間に連続的に行うことも可能である。強力なかみつきと相手の逃避行動が並行して起こるケースでは，裂傷がみられる場合もある。この種の傷は，レジデントの後肢による蹴り攻撃(このときも顎の急速開閉が起こっている)によるものである。

最も強烈な形態では，かみつき攻撃に先行して**飛びつき攻撃**(attack jump)がみられる。レジデントは逃避中のイントルーダーに飛びつく。飛びつき攻撃の間は，レジデントラットの足は地面から完全に離れ，その後イントルーダーの後部に着地する。これに対してイントルーダーは身をかわし，すぐに仰向け姿勢をとる。

闘争行為の一連の流れにおいて，横向き威嚇姿勢はかみつきに先行し，またかみつきのあとには**闘争姿勢**(aggressive posture)が続く。後者は「はりつけ(pinning)」や「上乗り(on top)」とも表現される(図32-6)。レジデントが闘争姿勢をとった場合，彼らはイントルーダーの上に覆いかぶさる。このときイントルーダーは服従的な仰向けの姿勢をとる。レジデントの闘争姿勢とイントルーダーの仰向け姿勢の角度は，直角もしくは平行である場合が多い。この姿勢が数秒間〜数分にわたって維持される。イントルーダーは仰向け姿勢をとることで，レジデントのかみつき攻撃の標的である頸部や背側部への接近を防ぐ。闘争姿勢を示している間は，レジデントラットは毛を逆立て，歯を鳴らし，前肢を硬直させ続ける。そしてたびたび，かみつき攻撃の標的になる背側頸部への接近を試みる。かみつきが成功したときには顎の開閉が繰り返される。

このときイントルーダーは完全に動きが止まる。

闘争バウトは，典型的には5〜10種類の行為および姿勢によって構成される。これは，レジデントは2〜4種類の行動要素で構成された複数の行動サイクルを繰り返していることを示唆している。行動要素としては，例えば，追跡，横向き威嚇，かみつき攻撃，そして闘争姿勢などがあげられる。闘争バウトとみなされるためには，これらの行為と姿勢が約6秒以内に連続的に生起しなくてはならない。1回のバウトの長さはきわめて変動的であるが，普通は30秒を超えることはない。

闘争バウトの終了

闘争バウトの終了は，一般にはイントルーダーの逃避によってもたらされる。しかし，逃げ場のない実験室環境下ではこれはあまり成功しない。そのため，より頻繁にみられるのが，イントルーダーが服従的な仰向け姿勢を保ち，これに対してレジデントが闘争姿勢を示すのをやめて立ち去ることである。なお，イントルーダーのこのときの姿勢はレジデントが去ったあとも数分間続くことがある。実験室環境下において，イントルーダーがほとんど動かずに仰向け姿勢や身をかがめる姿勢を持続させることは，レジデントからの攻撃やその闘争姿勢を止めるための最も基本的な行動要素である。また Michael Chance(1962)は，ある1つの直立姿勢を「感覚遮断」と命名している。これはイントルーダーラットがレジデントラットとは異なる方向を向くことであり，これに対するレジデントラットからの攻撃はほとんど起こらない。

闘争バウトの終了に関しては，その根本的な決定因がイントルーダーの受動的行動傾向の増加であるのか，あるいは闘争的レジデントからの闘争行動の減少であるのかはいまだ明確ではない。22 kHzの超音波発

図32-5 雄のレジデントラットのかみつき攻撃とイントルーダーラットの逃避反応

図32-6 レジデントラットはイントルーダーラットの上で攻撃姿勢を示している。イントルーダーラットは服従的な仰向け姿勢をとっている。

声を行って動かなくなったイントルーダーラットは，動いている場合よりも，レジデントラットからの攻撃を受けにくいという証拠はある。しかしその一方で，闘争バウトの長さや成分はその内因性の制御メカニズムによって予測されうるパラメータであることも事実である。

系列構造

敵に相対したときに示されるラットの行為と姿勢は，時間および系列という観点から組織的に記述される。1つの行為から次の行為への移行確率をラグ系列分析，クラスター分析，対数生存分析などを用いて分析することで，闘争行動の時間的・系列的構造が明らかになる（van der Poel et al., 1989; Miczek et al., 2002）。追跡が横向き威嚇へとつながる確率はチャンスレベルよりも2倍高い。そしてこの横向き威嚇がかみつき攻撃へとつながる確率もチャンスレベルより高い（Miczek et al., 1989, 1992）（図32-7）。

こうした高確率な行動系列は実験室ラットの系統に特異的である。また，これをテンプレートとして，逸脱的あるいは例外的な闘争行動を検出することもできる。行為や姿勢の操作的定義と同様に，行動の時間的，系列的パターンもそれぞれの系統で特異的であり，かつ量的分析を適用できる。

実験室環境下でのレジデント-イントルーダー課題

レジデントとイントルーダー間の社会的な対立状態における攻撃的および防御的闘争行動は，レジデント-イントルーダー課題（Olivier, 1977; Olivier et al., 1994; Miczek, 1979; Koolhaas et al., 1980など）を用いることで，実験室環境下でも引き起こすことができる。この課題では，雄・雌ラットがそれぞれ同系統のラットとペアで21日間ともに飼育される。通常使用される大きめのケージでは，食物と水の摂取が自由であり，またマーキングが可能な物体が置かれている。その後の手続きにおいて一貫した攻撃行動を得るため，雄もしくは雌ラットが残される。同居する成体および幼体がケージから取り除かれたのち，系統と性別が同じであり，また，多くの場合，体重がより軽くかつ他個体と争った履歴のないラットが，レジデントとイントルーダーの対立場面をつくり出すためにケージに入れられる。イントルーダーはレジデントに対する標準刺激であるため，その個体の年齢，大きさ，そして行動履歴といった特徴が細かく定義される。最初の遭遇におけるレジデントとイントルーダー間の対立は，①レジデントが10回のかみつき攻撃を相手に行う，②イントルーダーが仰向け姿勢を5秒間持続し，超音波発声を行う，③5分経過，のいずれかによって終了する。典型的には，イントルーダーは攻撃されたあと90秒以内に服従する。レジデントは，前述したようにその系統特有の闘争行動に従事する。それはイントルーダーの逃避行動や防御行動に対する追跡，威

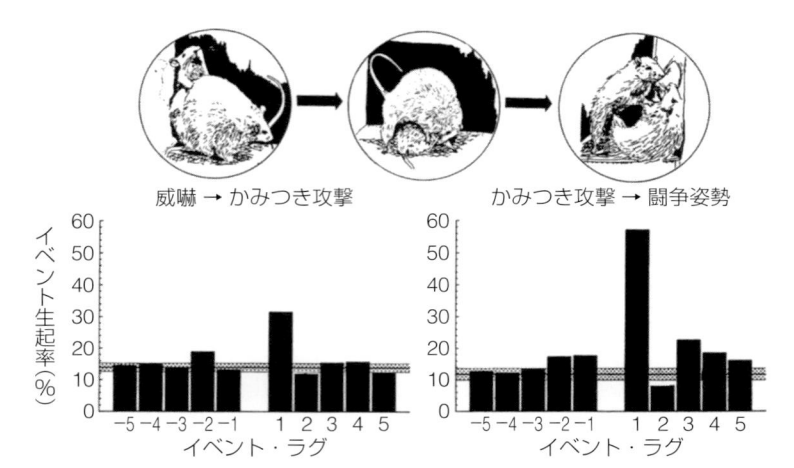

図32-7　横向き威嚇，かみつき攻撃，そして闘争姿勢のラグ系列分析。縦軸はそれぞれの行動に1つ，2つ，3つ，4つ，あるいは5つ先行する（ラグが＋）もしくは後続する（ラグが−）他の行動的要素の確率である。図中の横線の帯は，系列がランダムな場合に期待される確率である。[Miczek et al., 1992 より改変]

嚇，そして攻撃といったものである．これに加えて，レイントルーダーは，超音波苦痛発声を行う(Olivier, 1981; Thomas et al., 1983; van der Poel and Miczek, 1991)．遭遇を経験するにつれて，レジデントによるイントルーダーへの攻撃潜時はきわめて短くなる．このため，闘争行動の準備性の指標として，潜時はその情報価が少ない．イントルーダーと対面している間は，両個体が示す行動はすべて映像として記録され，コンピュータによる行動記録および解析システムを用いて細かく分析される．観察されたすべての行為および姿勢の頻度，持続時間，潜時，そして行動の時間的，系列的パターンが記録されることで，闘争行動の詳細かつ数量的な描写が得られる（行動目録や系列的構造）．

病的もしくは異常な様式でのレジデント-イントルーダー攻撃性の開発

　ヒトが示す攻撃性の性質や機能に関する我々の動物行動学的，薬理学的，そして神経生物学的知識のほとんどは，ラットやその他の動物を用いたレジデント-イントルーダー課題の結果に基づいたものである．しかし，そうした研究からもたらされたラットの攻撃性に関する豊富なデータや研究成果にもかかわらず，病的な，もしくは異常な様式でのヒトの攻撃性（例えば，衝動的暴力）を左右する社会的決定因や神経科学的要因はほとんど解明されていない．我々の知識が欠落している大きな理由の1つは，病的攻撃性に関し優良かつ適切な動物モデルが存在していないということである．理想的には，そうしたモデル動物は，その種に一般的にみられる行動パターンよりも過度に，あるいは異常なほど極端で有害な衝動的闘争行動を示すべきである(Miczek et al., 2002; de Boer and Koolhaas, 2003)．今日の実験室ラットは，近親交配の有無を含むほとんどすべてのケースにおいて，その攻撃性の強さや変動性が劇的に減少している．これは飼育過程での選択や繁殖の結果としてもたらされたものである(de Boer et al., 2003)．そうした穏やかで従順な実験動物種において，実験に適用可能な水準の攻撃性を得るべく，これまでさまざまな手続きが用いられてきた．それらは，社会的孤立状態の持続，社会的挑発の呈示，嫌悪刺激の適用，脳内電気刺激の呈示，薬物の投与，そして近年では特定の遺伝子欠損といったものである．このような実験操作により，それぞれの実験動物種において通常観察されるよりはいく分高い頻度での闘争行動が得られる．しかし，野生状態にあった彼らの祖先と比べると，その頻度はいまだ通常範囲にとどまった状態である．実際に，他個体に対する高レベル・高範囲の攻撃性は，実験室で繁殖されたラットに比べ，野生または半野生状態にあるラットでよくみられる(de Boer et al., 2003)．それゆえ，攻撃性の強さが増加することは，病的行動の一要素にすぎない．病的攻撃性に関して生産的で適用可能な動物モデルは，その種が通常示すようなものを超えた強さや有害さを伴った攻撃性をもたなければならない．すなわちそれは，抑制制御がもはや効かなくなり，社会的コミュニケーションの機能を喪失したような闘争行動である．

　攻撃的な相互作用において社会的コミュニケーションという側面が喪失するとは，①通常の探索的，威嚇的行為および姿勢の系列がみられなくなる，②イントルーダーが服従的な仰向け姿勢をとっているにもかかわらずかみつき攻撃が持続される，③実験者の介入がなければ，イントルーダーに深い傷を負わせ最終的に死にいたらしめる，④雄個体と雌個体を区別せず，また麻酔を受けている個体でさえも攻撃する，といったかたちで表出されるであろう．こうした行動異常をもつようなラットモデルの開発は，病的で暴力的な性質をもったヒトの攻撃性を研究するにあたり，その神経生物学的な知識を増大させるであろう．

神経生物学的研究への示唆

　闘争行動の仲介および調整機構を調べる神経生物学的研究がより生産的なものとなるためには，種に特有でかつ病的な様式をもった闘争行為や闘争姿勢を誘起させ，それを測定し，そのパターンを解析する適切な方法論が必要である．攻撃性の神経生物学的研究の多くは，イントルーダーラットに遭遇したレジデントラットを用いて行われている．ラットが用いられる第1の理由は，分子学的・細胞学的な装置の開発により，ラットの神経解剖学的，神経化学的，神経薬理学的基盤の解明が進んでいるからである．今後の方向性で見通しが明るいのは，セロトニン系，GABA系，グルタミン酸系，ドーパミン系，そしてさまざまな神経ペプチドレセプターのサブタイプならびにその遺伝子に注目し，薬物療法的な介入においてそれらの有効性を探ることである(Miczek et al., 2002)．闘争バウトの抑制，実行，終了，またそういった遭遇を予期している場面において，マイクロダイアリスを用いたアミノ酸活動のリアルタイム測定がラットで行われている(van Erp and Miczek, 2000; Ferrari et al., 2003)．この方法論は，セロトニン欠乏による個人の暴力傾向と，闘争行動そのものが引き金となるセロトニンの一過性の変化とを統合的に理解するという基本的な問題とも絡ん

でいる。暴力的エピソードによる神経結合の永続的な変化は，アミノ酸や神経ペプチドの急激な放出を促すかもしれない。そしてそれは受容体発現増加と減少を数日間にわたってもたらし，初期の遺伝子表現やニューロン形成において観察されるような何らかの細胞活動を誘発するであろう(Miczek et al., 2004)。

謝　辞

筆者らは，J. Thomas Sopko による優れた技術的支援に感謝する。この論文と我々の実験室で行われた研究は，U. S. Public Health Service による研究費 AA13983 と DA02632，および Alcoholic Beverage Medical Research Foundation(主任研究員 K. A. M.)の支援を受けた。

Klaus A. Miczek, Sietse F. De Boer

第33章

防御的覆い隠し行動

1970年，筆者らの1人が小発作てんかんの動物モデルの開発を試みていた(Pinel and Chorover, 1972)。この研究ではラットが使用されていた。ラットはプレキシガラスのケージに個別飼育され，それらは長い机の上に，壁に対して一列に並べられていた。あとでわかることだが，この並べ方と古めかしいデザインのケージが，条件性防御的覆い隠し行動(conditioned defensive burying)パラダイムの発見において重要な役割を担っていた。ケージのデザインは箱型であり，正面側の壁に取り付けられた蝶番のある小さなドアからのみ出入りが可能であった。

このケージを一列に並べたときのこと，ラットが示した行動の一貫性が印象的であった。ラットはケージへの馴化[i](habituation)期間において，ケージの床面に敷かれた寝床用の資材を使用して巣づくりを行ったのである。そしてその巣の位置は，入り口から可能な限り遠い所に位置していた。

小発作てんかん状態への誘導はその数日後に，クロラムブシル(chlorambucil)の腹腔投与によって行われた。それぞれのラットはケージから外に出され，クロラムブシルを投与され，その後ケージに戻された。小さな出入り口からラットを取り出す作業は困難なものであった。数時間後，ラットの健康状態には何ら問題がみられなかった一方で，ケージ内における巣づくり行動に変化が現れた。それは，一列に並べられたケージの間で明白であった。すべてのラットは資材の山をケージの背面側から正面側へ，すなわちケージの出入り口を覆い隠すように動かした。それはラットが，「投与をもたらす悪魔の手(evil injecting hand)」の接近を阻止しようとしているように思われた。

こうしたラットの防御的覆い隠し行動を記述した先行研究を調べると，嫌悪条件づけに関係したものが1本あるのみであった。そして残念ながら，この研究では行動的指標が用いられていなかった(Hudson, 1950)。これを受けて我々は，1970年代中盤，覆い隠し行動という新発見に動機づけられ，まずはその反応特性に注目し，次いでそれを神経科学的な利用へとつなげる研究プログラムに着手した。

防御的覆い隠し行動の実験パラダイムの開発

防御的覆い隠し行動を研究するために我々が開発したパラダイムは，以下の2点で準自然環境を模したものであった(Pinel and Treit, 1978)。1つは，課題環境の床面は粒子状の資材によって覆われているという点である(通常は寝床の材料であった)。そしてもう1つは，「脅威」刺激は必ず物体であり，ライトやトーン音といった微妙なものではないという点である。野生環境では，苦痛をもたらす刺激は危険な対象から生じる。また，その対象への空間的な接近が危険の出所に対する学習の難度を左右する重要な要素となる。

防御的覆い隠し行動の典型的な実験では，テストの日にラットに対して，それまで接したことのない，ワイヤーで覆われた合わせ釘を呈示する。我々はこれを**ショックプロッド**(shock prod)と呼ぶが，これがラットにとって見慣れた実験箱の壁に取り付けられるのである。ラットがこのショックプロッドに触れると1発の短い電気ショックが呈示され，ラットは反射的に前肢を引っ込める。わずかな静止期間ののち，ラットはショックプロッドに向けて前進し，その物体に対して床面の資材を押し出したり，ふりかけたりする。鼻先を押し出し，前肢のすばやい前後運動がこれに伴う(図33-1)。

我々が初期に行った一連の実験(Pinel and Treit, 1978)では，ショックプロッドに対して条件づけられた防御的覆い隠し行動は，それがたった1回の電気ショック呈示だったとしても，十分に長い期間維持されることが示された。実験群のラットはショックプ

---

i 動物が曝露された刺激に慣れ，反応しなくなること。

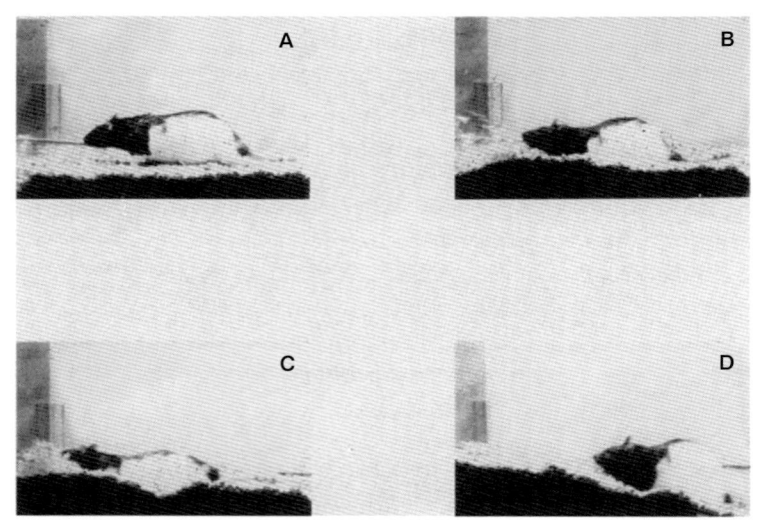

図33-1　ラットは壁面に取り付けられたショックプロッドを覆い隠している。ちょうど1回の短い電気ショックを受けた場合である。

ロッドからの電気ショックを一度だけ受け，その直後に実験箱からそれぞれ10秒間，5分間，5時間，3日間，そして20日間他所へと移された。そして再び前回と同様のショックプロッドが設置された実験箱へと戻された。この際プロッドは帯電していなかった。その結果，すべての時間間隔において，実験群のラットは，電気ショックを受けなかった統制群のラットに比べて，有意に高い頻度で覆い隠し行動を示した。ショックプロッド以外の方向へと資材を動かしたラットはわずかであった。防御反応がもともとは中性的であり，かつ実験環境において，嫌悪作用があった刺激へと向けられたとき，我々はこれを**条件性防御的覆い隠し行動**(conditioned defensive burying)と定義した(Pinel and Treit, 1978)。

また他の実験では，実験箱に同一のショックプロッドが2つ，対面となる壁面に取り付けられ，ラットはその一方から電気ショックを受けた。この場合，ほとんどの防御の覆い隠し行動が電気ショックのあった刺激へと向けられた。このように，同様の刺激が存在する中で，嫌悪作用があった刺激へ防御的覆い隠し行動が選択的に向けられるとき，我々はこれを**弁別性防御的覆い隠し行動**(discriminated defensive burying)と定義した(Pinel and Treit, 1983)。

無条件性防御的覆い隠し行動

一般的には，防御的覆い隠し行動は条件性反応として研究される。しかし，それは無条件性反応としても起こりうる。例えばある実験では，ショックプロッド，ポリエチレンチューブ，閃光電気，ネズミ捕りという，4種類の嫌悪刺激のうち1つが実験箱の壁面に取り付けられた。ラットが前肢でそれらに接触するとそれぞれ電気ショック，空気の吹きかけ，閃光，物理的な殴打があった。電気ショック条件および空気の吹きかけ条件の結果は予測どおりであり，統制群のラットはショックプロッドや空気口に対する覆い隠し行動をわずかしか，あるいは全く行わず，一方で実験群のラットのほとんどがそれらに対して覆い隠し行動を示した。しかしネズミ捕り条件と閃光電気の条件では，嫌悪刺激を呈示する以前の段階で，ラットはこれらの物体に対して覆い隠し行動を示した。また，それらの刺激に対する馴化が無条件性覆い隠し行動を減少させた(Pinel and Treit, 1983)。

無条件性覆い隠し行動に関する他の研究では，ラットは，同種他個体の腐敗しつつある死骸に対して寝床資材をかぶせた。しかしこうした行動は，麻酔を受けたラットや新鮮な死骸に対しては行われなかった(Pinel et al., 1981)。我々は，無条件性覆い隠しはプトレシンもしくはカダベリンというにおい物質によって誘発されているという仮説を立てた。この2種類の化学物質は細胞組織の腐敗と結びつくものである。実際に，これら2つのにおい物質を付着させた場合，ラットは麻酔下にある同種他個体や木製の合わせ釘に対しても覆い隠し行動を示した。さらには，鼻腔への亜鉛硫酸の注入により嗅覚を喪失したラットではこうした反応はみられなかった。

防御的覆い隠し行動に関する初期のいくつかの実験室実験は，次の2点を明確なものとした。実験箱内におけるラットは，特定の物体に対して覆い隠し行動を

とる傾向が備わっていることと，嫌悪作用をもたらす物体に対する覆い隠し行動が学習可能だということである。

防御的覆い隠し行動の特徴と一般性

防御的覆い隠し行動に関するその後の研究は，その一般性を確立した(Pinel and Treit, 1983)。例えば，覆い隠し行動はさまざまな寝床資材において観察されている。それらには，砂，おがくず，経木，トウモロコシの穂軸，木片も含まれる(Pinel and Treit, 1979)。木片を使用した実験の結果はとりわけ示唆に富む。というのも，木片が大きいために，ショックプロッドに対する特定の覆い隠し行動(例えば，前肢での浴びせかけ)が行えなかったのである。するとラットは，覆い隠し行動の代わりに，歯を用いて木片をもち上げ，それをショックプロッドの側に置くか，もしくは木片を投げつけるという行動を示した。また，ある条件では，木片の山がショックプロッドとは反対側の壁側に置かれていた。ラットはこの条件下では，まず，木片をもち上げるか，投げつけるか，または押し出すことでショックプロッドの側へと動かし，その後，木片を使用した覆い隠し行動を示した。経木やトウモロコシの穂軸といった，個々の形状が均一な資材の場合には，覆い隠し行動は常同的なものとなる。しかし，覆い隠し行動がそうした常同性に制約されているものではないことが明らかである。

条件性防御的覆い隠し行動はさまざまな課題において生起する。覆い隠し行動の時間的な長さは実験箱が大きくなるほど減少する。ただし，ラットがショックプロッドの側に滞在する必要がないほど大きな実験箱を用いたとしても，覆い隠し行動はなお生起する。

条件性防御的覆い隠し行動は，2つのコンパートメントで仕切られた場合でも生起する。ショックプロッドを含んだコンパートメントから逃避できる状況にラットを置いたとしてもそれは生起する(Pinel et al., 1980)。このような実験装置は，コンパートメント間の仕切りを開閉することで，ショックプロッドに対する能動的防御反応(例えば，覆い隠し)と受動的防御反応(例えば，空間的な逃避)を観察・操作できるので，きわめて有用である(Treit et al., 1986)。

覆い隠し行動：個体変数

●種●

覆い隠し行動はさまざまなげっ歯類で観察されてきた。しかし，ラット以外の種では組織的な研究はほとんど行われていない。一般的には次のような見解が得られている。ショックプロッドに対する覆い隠し行動の時間的な長さは，マウスやジリスに比べてラットのほうが長い。また，スナネズミやハムスターが覆い隠し行動を示すのは稀である。ある研究では，ショックプロッドに対する防御的覆い隠し行動をRichardsonジリス，ジュウサンセンジリス，Long-Evansラットの間で比較した。防御的覆い隠し行動は，3種すべてのげっ歯類において観察されたが，その反応トポグラフィーには相違があり，またその時間的な長さはラットに比べ2種のジリスで短かった(Heynen et al., 1989)。さまざまなげっ歯類を対象に条件性防御的覆い隠し行動を比較することは難しい。なぜなら，よく使われる実験パラダイムは，もともとはラットにおいてそれが頑健に観察されるよう開発されたものだからである。

●系　統●

ラットとマウスの両方において，条件性防御的覆い隠し行動を異なる系統で比較した研究がいくつかある。異なる系統のラットを用いたある研究(Treit et al., 1980)では，Fisherラット，Wistarラット，Long-Evansラットの順でショックプロッドに対する覆い隠し行動の頻度が高かった。別の研究(Pare et al., 1992)では，FisherラットとWistarラットは，Wistar-Kyotoラットよりも多くの覆い隠し行動を行うことが示された。

3種のマウスの系統間比較では，CF-1マウスはCD-1やBALB/cマウスよりも多くの覆い隠し行動を行うことが示された(Treit et al., 1980)。

●性別と年齢●

ラットでは，覆い隠し行動は両方の性で，また，広範囲な年齢にわたって観察される。雄ラットと未経産の雌ラットでは，覆い隠し行動の程度にそれほど違いはみられない。対照的に，覆い隠し行動への年齢の影響は相当に大きい。Treit et al.(1980)は，30日，60日，90日齢の雄ラットを比較し，60日齢のラットが覆い隠し行動へ従事する時間が有意に大きいことを示した。

野生環境における防御反応としての覆い隠し行動

　野生環境における防御的覆い隠し行動は，よく知られた少数のげっ歯類を除いてほとんど調べられていない。実際に，防御的覆い隠し行動に関する組織的な動物行動学的研究は，Owings and Coss (1977) によるジリスを対象としたもののみである。彼らは，ジリスはその捕食者であるヘビに対して砂をかけるという防御的覆い隠し行動によりそれを追い払うことを発見した。Owings と Cross はまた，ヘビの侵入を阻止するために巣穴に壁をつくる作業としてもこの覆い隠し行動が使われることを報告している。野生のドブネズミにおいてもこれと同様に，順位の低い個体が同種他個体の脅威にさらされた場合，巣穴への侵入を阻止するためにその入り口を埋めてしまうことが Calhoun (1962) により報告されている。また Johnston (1975) は，雄のゴールデンハムスターが準自然環境的な実験箱においてより高順位の雄に打ち負かされると，実験箱の入り口を経木で防いでしまうことを観察している。

条件性防御的覆い隠し行動の実験計画

●被験体●

　条件性防御的覆い隠し行動は，ほとんどのラットや多くのげっ歯類で容易に観察できるが，若年の成体ほどそれを示しやすい傾向がある (Treit et al., 1980)。また，幼若な仔をもつ雌ラットもとりわけ高い水準で覆い隠し行動を示す (Pinel et al., 1990)。

●飼育環境●

　寝床資材の上で飼育することが重要である。Pinel et al. (1989) は，粒子状の物体に触れる機会をもたせずにラットを飼育し，それらが成体となったときに防御的覆い隠し行動の実験パラダイムにさらした。その結果，ラットはショック源に対して覆い隠し行動を行おうとするものの，それは散発的であり，組織化されておらず，方向づけられたものではなかった。

●ハンドリングと馴化●

　多くの嫌悪条件づけパラダイムにおいて重要なことは，テスト環境そのものが覆い隠し行動を誘発する外乱要因とならないことである。それゆえ，条件性防御的覆い隠し行動の研究では，被験体は通常 3 日間のハンドリング[ii] (handling) と，4 日間の実験箱 (ショック源はこのとき取り付けられていない) への馴致訓練を受ける (Treit and Fundytus, 1988)。

●実験箱●

　どのような実験箱でもこと足りるが，ショック源付近への滞在を強制するような小さな実験箱では，覆い隠し行動は頑健に観察される。典型的な実験箱は，プレキシガラスでできた 40×30×40 cm の箱であり，床面に高さ 5 cm の寝床資材の層がある。しかし，より小さい実験箱を用いたほうがより多くの覆い隠し行動がみられる (Pinel et al., 1980)。

●ショック源●

　どのような嫌悪刺激でも問題はないが，最も一般的に使用されているのはショックプロド (2 本のワイヤーで巻かれた木製の合わせ釘) からの電気ショックである。ショックプロドは，寝床から約 2 cm 上の壁面に取り付けられる (図 33-1 参照)。ただし，複雑な刺激だと無条件性覆い隠し行動を誘発してしまうかもしれない。

●ショックパラメータ●

　形式的な条件性防御的覆い隠し行動の実験で用いられる電気ショックは瞬間的 (約 0.1 秒) なものである。これは引っ込め反射の潜時に基づいて決められている。動物種に応じて接触様式に相当なばらつきがあるため，電流の強さが一定であるショッカーを用いることが望ましい。また，電流の強さと動物の反応の両方を常に監視し，不適当な電気ショックを動物が受けることのないように，あらかじめ基準を設けておくべきである。電流の強さは注意深く決めなければならない。ラットの覆い隠し行動の時間的な長さは，0.5～10 mA の範囲で単調増加することが示されている (Treit and Pinel, 1983)。しかし，研究目的が覆い隠し行動をより多く生み出すということではなく，さまざまな介入が覆い隠し行動に及ぼす影響を調べるという場合もある。そういったケースでは，あまりにも頑健すぎる覆い隠し行動はその効果を見失わせてしまう (抗不安薬に関しては後述する)。ほとんどの条件性防御的覆

[ii] 動物に手を触れるなどの手段によって，その動物を実験者に慣れさせること。

い隠し行動の実験では，電気ショックの呈示は一度のみである。しかし，ショック源が実験期間中帯電し続けるケースも存在する。

●行動指標●

行動の精査を容易にするため，すべての実験セッションを録画することが望ましい。具体的な指標は以下のものを含んでいる。

- 覆い隠し行動の時間的な長さ（例えば，各ラットが寝床資材を課題対象に投げかけている総時間）
- 覆い隠し行動のバウト頻度
- 覆い隠し行動が起こるまでの潜時
- 慎重な接近行動系列の数
- 課題対象への接触数
- 嫌悪刺激に対する反応（例えば，電気ショックに対する反応は4点スケールで測定される〈Degroot and Treit, 2003〉）。
- フリージング[iii]（freezing）行動の時間的な長さ
- 課題セッション終了時のプロッドに対する寝床資材の高さ

●課題時間●

課題時間が長くなればなるほど，より多くの覆い隠し行動がみられるが，多くの研究では課題時間は10～15分である。

●装置の管理●

実験箱から動物を取り出したあと，寝床資材から排泄物を取り除き，資材の層を均一な高さへと戻さなければならない。また，ショックプロッドから，湿り，付着物，くずを取り除く。電気ショック回路もテスターを使って定期的にテストし，電気伝導率に変化がないことを確認すべきである。

神経科学的研究における防御的覆い隠し行動の利用

神経科学において，防御的覆い隠し行動の実験パラダイムが用いられてきた理由はさまざまである。しかし，その中で最も一般的なのは，抗不安薬のスクリーニングと恐怖や不安に対する中隔，扁桃体，海馬の役割を調べる研究である。以下ではこれら4種類の研究の流れを論じる。

●抗不安薬のスクリーニング●

いくつかの研究は，抗不安薬（例えば，ジアゼパム）がプロッド覆い隠し行動の用量依存的抑制をもたらすことを示してきた。相対薬効の点でも，ヒトの不安治療の臨床的効果とも一致する。これに関する総説としてTreit and Menard (1998) とTreit et al. (2003) がある。

薬物特異性に関するテストは，手続きの変化に敏感である (Treit and Menard, 1998)。例えば，電気ショックの強さが中程度の場合には，抗不安薬は覆い隠し行動を減少させるが，電気ショックが強すぎると薬物の効果はみられない。ベンゾジアゼピン系の抗不安薬による防御的覆い隠し行動の抑制は，活動性の全般的減少，連合学習の欠如，あるいは痛覚脱失などの副次的産物ではない。またそれは，ベンゾジアゼピン系レセプターの拮抗薬であるフルマゼニルといった薬物によって阻害できる (Treit et al., 2003)。これとは逆に，不安を増加させることがヒトで確かめられている薬物（例えば，ヨヒンビンなどの不安誘起物質）は，ショック源に対する覆い隠し行動の時間を増加させる。ラットの防御的覆い隠し行動に対する抗不安薬あるいは不安誘起物質の効果は，ショック源の覆い隠し行動が「不安」反応であるとする見解を支持する (Treit and Menard, 1998)。

抗不安薬のスクリーニングにおいてショックプロッドの覆い隠し行動を用いることの強みの1つは，いくつかの異なる「不安」反応を同一状況下で測定できることである。これは，他のスクリーニングでは発見することが難しいブスピロンといったセロトニン系の抗不安薬の検出に特に効果的である (Treit et al., 2003)。例えば，Treit and Fundytus (1988) は，クロルジアゼポキシドとブスピロンの効果を，ショック源が帯電し続けるという変更点を加えた覆い隠し行動課題において検討した。その結果，ブスピロンとクロルジアゼポキシドの両者とも，ショックプロッドの覆い隠し行動にかける時間を減少させ，また，プロッドに接触し電気ショックを受ける回数の増加をもたらした。覆い隠し行動とショック頻度への逆方向の効果は，抗不安薬効果に関して一貫した証拠を提供している。

●恐怖と不安の神経機構●

中　隔

中隔の切除ないしは薬理学的な機能抑制が，ショッ

[iii] すくみ（行動）。身体の動作が全身性に停止した状態，また，その行動。

クプロッド覆い隠し行動課題において抗不安効果をもたらすことが多くの研究で示されている（Menard and Treit, 1999; Treit and Menard, 2000, 総説参照）。簡単にいうと，電気的あるいは神経毒的な方法による中隔の損傷は，全般的活動性，ハンドリングへの反応，電気ショックへの反応，あるいはショック源の回避行動には影響しなかったが，帯電し続けるプロッドへの覆い隠し行動を減少させた。これと同様の効果は，ベンゾジアゼピン系の抗不安薬であるミダゾラム（Menard and Treit, 1999），GABA$_A$受容体作動薬であるムスシモール（Degroot and Treit, 2003），5-ヒドロキシトリプタミン$_{1A}$（セロトニン$_{1A}$）受容体の作動薬である（R）(＋)-8-ヒドロキシ-2-(ジ-n-プロピルアミノ)テトラリン，N-メチル-D-アスパルタート（N-methy-D-acpartate: NMDA）受容体の拮抗薬である D(−)-2-アミノ-5-ホスホノペンタン酸（AP-5）と非 NMDA 受容体拮抗薬（6-シアノ-7-ニトロキノキサリン）の両者（Menard and Treit, 1999, 2000）を中隔に注入した実験で示されている。

　これらの研究の多くは，中隔を抑制することによる抗不安薬効果を，高架式十字迷路課題（elevated plus maze）を用いた実験でも再現されている。この課題では，実験歴がないラットは高架式迷路で壁のないオープンアームを避け，壁のあるアームにとどまり続けた（Pellow et al., 1985）。次の3つの理由から，恐怖と不安の神経機構の研究では，十字迷路課題と防御的覆い隠し行動課題を一緒に用いることが重要である。第1に，不安を誘導する刺激が両課題で明確に異なっている点である（例えば，痛みを伴う電気ショックと高架のオープンアーム）。第2に，不安の減少が十字迷路では特定行為（例えば，オープンアームの探索）の**増加**によって示されるが，防御的覆い隠し行動課題では特定行為（例えば，ショックプロッドの覆い隠し行動）の**減少**によってそれが示される点である。それゆえ両課題において「不安」の減少がみられた場合，それを一般的な活動性，覚醒，痛覚，あるいは行動抑制などの変化によって説明することが難しくなる。第3に，どちらの課題も記憶に関わる要素を含んでいないという点である。この要因を含む課題では，薬物や損傷効果の解釈が複雑になる（Treit, 1985）。

扁桃体

　扁桃体は恐怖や不安に関係すると古くから考えられてきた（Davis, 1992; LeDoux, 1996 など）。中隔といった他の大脳辺縁系との比較において，扁桃体の不安への相対的寄与はどのようになっているのだろうか。この問いに答えるために Treit らは，防御的覆い隠し行動課題と高架式十字迷路課題の両方において，中隔損傷と扁桃体損傷の効果を比較した（Treit and Menard, 2000, 総説参照）。まず，中隔の損傷に関しては，先行研究と同様に，ショックプロッドの覆い隠し行動を減少させ，また，オープンアームの探索行動を増加させた。損傷は，全般的活動性，ハンドリングへの反応，電気ショックへの反応，そしてショックプロッドの回避には何ら影響を及ぼさなかった。興味深いことに，これに対して扁桃体の損傷は，覆い隠し行動や十字迷路課題における行動には影響しなかったが，ショックプロッドへの接触回数を劇的に増加させた。扁桃体損傷によるこのような選択的効果は，損傷パラメータをさまざまに変化させた場合や，損傷が全般的活動性や電気ショックへの反応に対して効果を示さなかった場合でも観察された。さらに，この扁桃体損傷の選択的効果は，反応抑制や受動的回避における全般的な欠損を反映しているわけではない。なぜなら，損傷ラットは，偽損傷ラットと同程度に十字迷路のオープンアームを回避したからである（Treit and Menard, 2000）（表33-1）。

　この扁桃体損傷の効果に対する1つの可能な解釈は，ラットが電気ショックとショック源の連合関係を学習できない，もしくは，それを記憶することができないというものである。しかしこの解釈は，扁桃体損傷ラットのプロッド覆い隠し行動が適切に方向づけられていて，偽損傷ラットと区別がつかないという点と矛盾する。これは他の研究室でも再現されている（Treit and Menard, 2000）。これに加えて，扁桃体の神経毒や可逆性テトロドトキシン損傷では，最初の電気ショック呈示から数日後に行われた保持課題においてもショックプロッドの回避能力は損なわれなかった（Lehmann et al., 2000, 2003）。

　まとめると，中隔および扁桃体損傷の効果は，これら2つの部位が異なる恐怖反応を独立に制御していることを示唆している。その後の研究もこの結論を支持している。中隔へのミダゾラムの注入は，十字迷路におけるオープンアームの探索を増加させ，ショックプロッド課題における防御的覆い隠し行動を減少させた。しかし扁桃体への注入ではこれらの効果はみられなかった。そしてこの注入では，ショックプロッドの回避行動を劇的に損なわせるという，中隔への注入ではみられなかった抗不安効果が示された。また，ベンゾジアゼピン系レセプター拮抗薬であるフルマゼニルの同時投与は，その他の活動に影響を及ぼさず，これらの特定の抗不安効果を阻害した。こうした結果は，扁桃体および中隔内のベンゾジアゼピン系レセプターシステムが特定の恐怖反応を分化的に仲介していることを示唆している（Treit and Menard, 2000）（表33-1）。

表33-1 薬理効果および損傷効果のまとめ(本文参照)

操作	場所	十字迷路における オープンアームの探索	ショックプロッド への接触	ショックプロッドの 覆い隠し行動
抗不安薬の投与(例えば,ミダゾラム)	系統的 (例えば,腹腔内投与)	増加	高い用量で増加	減少
不安誘起物質の投与(例えば,ヨヒンビン)	系統的 (例えば,腹腔内投与)	減少	効果なし	増加
損傷	中隔	増加	効果なし	減少
ミダゾラムの微小注入		増加	効果なし	減少
損傷	扁桃体	効果なし	増加	効果なし
ミダゾラムの微小注入		効果なし	増加	効果なし
フィゾスチグミン(20 μg)の微小注入	海馬	試験されていない	効果なし	減少
ムスシモール(10 ng)の微小注入	中隔	試験されていない	効果なし	減少
中隔へのムスシモール(2.5 ng)と海馬への フィゾスチグミン(5 μg)の混合,微小注入	中隔と海馬	試験されていない	効果なし	減少

海 馬

　解剖学的には,中隔は海馬と強い神経連絡をもつ(Risold and Swanson, 1997 など)。それらは全体として大脳辺縁系の大部分を構成している。機能的には,Gray(1982)の説によれば,中隔と海馬は協調的に活動することで恐怖と不安を制御している。この説は,伝統的な嫌悪学習パラダイムにおいて,中隔と海馬で損傷効果や抗不安薬の効果が対応している点から部分的に支持されている(Gray, 1982)。

　海馬のコリン作動性システムが不安の調整に特に重要であることを示す証拠がある。例えば,海馬へのコリン作動性拮抗薬の注入によるラットの恐怖反応の増大がさまざまな課題で観察されている(File et al., 1998 など)。こうした拮抗薬を用いた研究に基づく1つの推測は,例えば,アセチルコリンエステラーゼの抑制薬であるフィゾスチグミンがコリン作動性システムの上向き調整をもたらし,これが不安を低減するという過程である。また中隔と海馬の神経連絡を考えると,中隔の GABA 作動性システムが海馬のコリン作動性システムと互いに影響し合い不安を制御している可能性がある。

　これらの仮説を検証するため,Degroot and Treit (2003)は,防御的覆い隠し行動課題において,中隔の GABA 作動性システムと海馬のコリン作動性システムを刺激することによる独立および併用効果を調べた。彼らが発見したことは次のとおりである。①中隔への 10 ng のムスシモールの注入は,ショックプロッドの覆い隠し行動に有意な抑制をもたらした。ただし,少ない用量(2.5 および5.0 ng)ではそうした効果はみられなかった。②海馬への 20 μg のフィゾスチグミンの注入は,覆い隠し行動に有意な抑制をもたらした。ただし少ない用量(5 および 10 μg)ではそうした効果はみられなかった。③閾値以下の用量のフィゾスチグミン(5 μg)とムスシモール(2.5 ng)の同時投与は,覆い隠し行動に有意な抑制をもたらした。これらの結果は総じて Gray の説を支持しており,恐怖反応は海馬のコリン作動性システムと中隔の GABA 作動性システムの相乗的な活動により調整されていることを示唆している。

結 論

　防御的覆い隠し行動の実験パラダイムは,神経科学的研究において有益であることが証明されている。防御的覆い隠し行動は再現性が高く,よく管理されており,さまざまな嫌悪状況において明確に観察され,そして実験群-統制群間で大きな差がみられるという特徴がある。これに加えて,防御的覆い隠し行動は事前訓練を必要とせず,無条件反応と同じように研究することができ,1試行で条件づけられ,また条件づけられた反応形式は保持される。最後に,防御的覆い隠し行動は,特定の嫌悪刺激,課題環境,覆い隠し行動に用いられる資材,あるいはげっ歯類の種,系統,性別,年齢に関してなんの制約も存在しない。そして最も重要なのは,抗不安薬や不安誘起物質,脳損傷といった操作がこの課題下において予測どおりの結果を示すということである。

Dallas Treit, John J. P. Pinel

第34章

社会的学習

　野生の哺乳類や鳥類を系統的に観察することで，しばしば別の地域に生息している同種個体との行動上の差異が明らかになる。チンパンジーやオランウータンの行動におけるこのような地理的変異はとりわけよく記述されており（Whiten et al., 1999; van Schaik et al., 2003），また，有名な雑誌に掲載され注目を集めてきたため，広く知られている。大型類人猿に関する野外研究は近年にいたって劇的に増加してきた。しかしそれ以前は，Steiniger（1950, p.369）による以下のような主張は妥当なものであると思われていた。「ドブネズミは，特にその土地に適した習性を発達させる能力に長けている。その能力は，場合によっては類人猿も含め，詳細に調べられてきた他の哺乳類よりも優れているようにみえる」。

ドブネズミ

　ドブネズミ（ラット）はおそらく地球上において最も繁栄し，最も広域に分布しているヒト以外の哺乳類である。繁殖個体群は，北緯60度に位置するアラスカのノームから，南緯55度に位置するサウスジョージア島にいたるまで，広い地域でみられる。ノームの個体群は人間が出した生ごみを常食としている。一方，南ジョージア島の個体群は，牧草，甲虫，地上営巣性の鳥類を常食としている。

　この2つの例が示しているように，ドブネズミが享受できる多くの恩恵は，非常に広範囲の食物を常食できるということに加えて，大型類人猿のように，採餌をする能力があるということに由来している。ウエストバージニアのドブネズミは，サケの養殖場にいる幼魚を捕食するが，北海に位置するノルダーオーグ島に生息するドブネズミは，アヒルやスズメに忍び寄って仕留める。しかし，イタリアのポー川の土手に沿って生息しているドブネズミは，川底に生息している軟体動物めがけて飛び込み，それらを餌にしている。その一方で，日本に生息するドブネズミは，海岸に流れ着く死魚をあさる。このように，自然に生じる摂食行動の変異性は，種の社会的学習に関する多くの実験的研究の焦点となってきた。

プレビュー

　最初に，ラットの餌選択に及ぼす社会的影響について簡単に紹介する。それと同時に，野生の幼体ラットの餌選択が，成体ラットとの相互作用によって決定づけられている可能性を強く示唆する野外研究についても紹介する。次に，実験室において，幼体ラットの餌選択に十分な影響を及ぼすことが示されてきたいくつかの行動過程について簡単に紹介する。最後に，ラットの餌選択に及ぼす社会的影響の中で，学習と記憶の物理的基質に関する研究に役立つことがすでに証明されているものについて詳しく紹介する。

ドブネズミの野外観察

　応用生態学者のFritz Steinigerは，有害げっ歯類の駆除効率を高めることに専門的な関心を寄せていた。彼はドブネズミがはびこっている区域に，毒餌を入れた常設型のステーションを設置するという経済的な方法で駆除を試みた。そして，この方法でドブネズミの個体群を統制することが困難であることを初めて報告した（Steiniger, 1950）。Steinigerは，最初に常設型のベイトステーション[i]をコロニーの領域内へ導入したときには，ドブネズミは多量の毒餌を食べ，その結果，多くの個体が死ぬことを確認した。しかし，時間がたつと摂取される毒餌の量はごくわずかになり，駆除の

---

[i] 殺鼠剤や毒餌を設置するための特殊容器。容器にはドブネズミが出入りできる開口部があり，その内部には毒餌が置かれている。

対象となっていたコロニーは，すぐにベイトステーション導入以前の大きさに戻ってしまうことを発見したのである。

Steinigerは，常設型のベイトステーションによる駆除が失敗した理由を次のように報告している。コロニーで生まれ，毒餌に接触しても生き残った幼体ラットは，それを食べないことを学習した。また，それらのラットは，コロニーの成体ラットが避けている餌をほんのわずかでさえも食べようとしなかった。

実験室における研究

コロニーの成体ラットが摂食を回避する餌を，幼体ラットも同じように回避するという現象は強固である。そしてこの現象は，野生のラットをもとの生息地から実験用の囲い(enclosure)に移動させても容易に観察できる。我々は，南オンタリオ地方のゴミ捨て場で野生の成体ラット(ドブネズミ)を捕獲した。次にそれらを実験室へ移し，$2 m^2$の囲い内で5もしくは6個体の集団に振り分けた。各囲い内には，営巣箱と営巣用の材料が含まれており，自由摂水も可能であった。そして毎日3時間，味，におい，手触り，色が異なる2つの食物を各コロニーに与えた(Galef and Clark, 1971b)。

典型的な実験を始めるために，毎日ラットに食べさせる2つの餌のうち1つに，亜致死濃度の毒素を混入した。ラットはすぐに毒が混入された餌の摂食回避を学習し，その後数週間で同じ餌に毒物を混入させずに与えた場合でも，摂食を回避するようになった(Garcia et al., 1966)。

こうした訓練を毎日行ったのち，コロニー内にいる雌ラットが出産し，生まれたラットが離乳時期まで成長するのを待った。幼体ラットが離乳時期に近づいた頃から，摂食時間中のコロニー内の様子を有線テレビで観察し始めた。また，幼体ラットが固形状の餌を摂食し始めたときから，2つの餌の摂食頻度を記録した。なお，2つの餌のうち一方は，コロニー内の成体ラットが食べていた餌で，もう一方は成体ラットが摂食回避を学習した餌であった。

我々は，離乳したラットが例外なくコロニーの成体ラットが食べていた餌のみを食べ，成体ラットが回避していた餌は全く食べないということを発見した。また，幼体ラットを出生場所の囲いから取り出して個別飼育環境に置いたあとでさえも，2種類の同じ餌を与えると，彼らはコロニーの成体ラットが食べていた餌のみを食べ続けたのである(Galef and Clark, 1971b)(図34-1)。

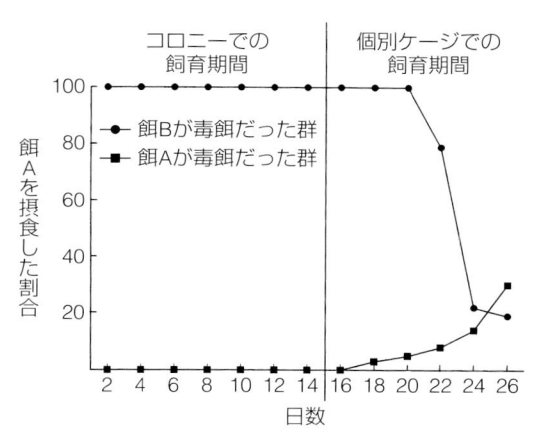

図34-1　離乳した仔ラットが餌Aを摂取した割合。横軸は仔ラットが固形状の餌を食べ始めてからの経過日数，縦軸は餌Aを摂取した相対頻度を表している。15日の地点で引かれている垂直線より左側は，出生したコロニー内にいる期間，垂直線よりも右側は，個別のケージに移された期間を表している。コロニー内では1日3時間，個別ケージでは1日9時間，餌Aと餌Bの選択を行わせた。[Galef and Clark(1971)より]

●現象の分析●

筆者らは，成体ラットによる餌選択が幼体ラットの餌選択に及ぼす影響を明らかにするために，過去30年間，多くの時間を費やした(Galef, 1977, 1988, 1996a, 1996b, 総説参照)。この年月を通じて，筆者の実験室での研究は，他の実験室での研究と同様の事実を発見してきた。それは，幼体ラットの餌選択にみられる差異が，同種の成体ラットとの社会的相互作用による影響を反映したものであるということであった。

出生前の影響

母親の子宮内にいるうちに，(母親の羊水へ風味のついた溶液を注射することで)特定の風味に曝露された胎仔ラットは，出生前にその溶液に曝露されることのなかった統制群のラットよりも，成長したときにその風味を含む溶液を多く摂取するようになる(Smotherman, 1982)。雌ラットに強いにおいがする餌を給餌するだけでも，生まれてきた子どもがその餌のにおいに対する選好を高めるのに十分な影響を与える(Hepper, 1988)。

授乳期の影響

母ラットが授乳期に食べた餌の風味は，母乳の風味にも影響する。そしてその母乳は，幼体ラットが離乳したあとの餌選好に影響を与える(Galef and Sherry,

1973など)。

離乳期の影響

　Galef and Clark(1971a)は，低速度撮影用のビデオを用いて，9匹の野生の幼体ラットがはじめて固形状の餌を摂食する瞬間を観察した。9匹すべての幼体ラットが同じ条件下ではじめて固形状の餌を食べた。それは各個体ともコロニー内の成体ラットが餌を食べ始めたのと同時であった。しかしその事実は，成体ラットの食事時間の分布を考えると，全く起こりそうもないものであった。また，各個体は，少し離れた別の餌場ではなく，成体ラットと同じ餌場で食べた。今度は条件が全く同じ2つの餌場を設け，そのうち1つの餌場に麻酔をかけたラットを置いた。これだけの実験操作で，幼体ラットにとってその餌場はラットが置かれていない餌場より，魅力的になるということが示された(Galef, 1981)。

　また，視覚剥奪されたラットと剥奪されていないラットが，離乳期に示す行動を比較した研究も行われている。この研究では，はじめて固形状の餌を食べる場所を選択する際に，視覚剥奪されていないラットは，成体ラットへ接近するために視覚的な手がかりを用いていることが明らかにされた。

成体ラットから餌を奪う行動の影響

　他の多くの幼若期の哺乳類種と同様に，幼体ラットは他個体が食べている特定の食物片に対して特別な興味をもつようになる。そして他個体が食べている同じ種類の餌ペレットを，口元や手元から盗み取ることがある。実際にある実験では，餌ペレットで覆われた床面を他個体のところまで歩いて行き，他個体が食べている餌を奪い取った。こうしてそれまで摂食したことのない餌を同種他個体から盗み取った幼体ラットは，床面にある餌ペレットしか食べたことがないラットと比較すると，その餌に強い選好を示すようになった(Galef et al., 2001)。

においによるマーキングと痕跡の影響

　摂食行動中，成体ラットは，食べている餌そのものと，その周辺に嗅覚手がかりを残す(Galef and Beck, 1985)。こうして残されたにおいは，まるで成体ラットが餌場に存在しているかのように機能し，その結果，幼体ラットはにおいがつけられた場所に対して選好を示す。さらに，成体ラットは摂食をやめて巣穴に戻るときにも，餌を探す幼体ラットを自分が摂食した餌場へ導くためのにおいの痕跡をつけるのである(Galef and Buckley, 1996)。

●冗長性が与える示唆●

　ラットの餌選択に対する社会的影響を支える行動過程の冗長性は，それ自体重要である。Karl von Frisch (1967)が研究したミツバチの場合と同様に，ラットにおいても，このような冗長性は社会的に獲得した情報が採餌効率を十分に増加させることを示唆している。実際に，必要な栄養素を含んだ餌を同定することが困難な環境に生息している経験のとぼしいラットにとっては，適切な餌の選択をすでに学習した同種他個体の存在が生死の分かれ目になりうる。このことは容易に実証できる。まず，多数の餌の中でタンパク質を豊富に含む食物が1種類しかない餌場に幼体ラットを単独で置く。すると，そのラットは，多数の餌の中からタンパク質を含む餌を的確に選択することを学習できないため，放っておくとそのまま死んでしまう可能性が高い。しかし，すでに餌選択を訓練した成体ラットと一緒に置かれた場合は，幼体ラットもその餌を選択することを速やかに学習したのである(Beck and Galef, 1989)。

●社会的学習について特筆すべき事柄●

　筆者らの分析では，幼体ラットの餌選択に対する社会的影響に関する多くの例で，成体ラットとの相互作用が，幼体ラットが特定の餌を選択するようになるための導入になっていることを示唆してきた。成体ラットは，自分が食べている餌と同じものを食べるよう教えたり，自分が滞在している餌場で摂食を始めさせたりすることで幼体ラットに偏好をもたせる。餌や餌場の位置が既知の場合と未知の場合で幼体ラットが示す反応の差異は，こうした成体ラットとの相互作用が及ぼす多くの影響に由来している(Galef, 1971b)。

　社会的親密さが餌選択に与えるこのような影響は，みたことがない餌の摂食を極端にためらう傾向をもった野生のドブネズミにおいて特に顕著である(Barnett, 1958)。野生ラットの極端な新しいもの嫌い(neophobia)は，幼体ラットにとって採餌行動のレパートリーが発達していくうえで重要な導入として機能している(Galef and Clark, 1971b)。

　しかし，ラットの餌選択に及ぼす社会的影響のすべてが，特定の餌を食べるようにさせるという単純な社会的偏好をもたらしているわけではない。次節で議論するケースのように，社会的に誘導された餌選好は，幼体ラットが社会的文脈で経験した餌に対する情動反

応を，直接変容させてしまう行動過程の結果として生じている部分もあるように思える（Galef et al., 1997）。

ラットの呼気における風味手がかり

　1980年代初頭，いくつかの研究室において，経験のとぼしい「観察個体（observer）」としてのラットが，直前に摂食を行った同種の「デモ個体（demonstrator）」と触れ合ったあとに，デモ個体が食べた餌に対する強い選好を示すことが明らかにされた（Galef and Wigmore, 1983; Strupp and Levitsky, 1984）。例えば，ある研究では，シナモン風味，あるいはココア風味の餌を食べた同種のデモ個体を短い間だけ観察個体と触れ合わせた。次に，観察個体にシナモン風味の餌とココア風味の餌の選択を行わせた。その結果，シナモン風味のデモ個体と触れ合った観察個体群は，シナモン風味の餌に，ココア風味のデモ個体と触れ合った観察個体群は，ココア風味の餌に対して選好を示した（図34-2）。

　直前に摂食したデモ個体に，たった一度だけ短期間曝露することの影響は，驚くほど強力で長続きする。ある研究では，まず観察個体に対して，毒素が注入された餌を完全に回避できるようになるまで訓練した。一方でデモ個体には，観察個体と同じ餌に毒素を混入せずに摂食させた。次に，観察個体とデモ個体を同じ場所に置いて触れ合わせた。その結果，多くの観察個体は，回避していた餌に対する嫌悪を完全に捨て去ったのである。同様に，粉末唐辛子（ラットにとっては生得的に嫌悪的な味である）の混じった餌を摂取したデモ個体と触れ合わせた場合，観察個体の多くはそれ以降何も混じっていない餌を選好した（Galef, 1986b）。デモ個体が観察個体の餌選択に及ぼすこのような効果は，デモ個体と観察個体が触れ合ってから少なくとも1カ月以上経過したあとでも観察することができる（Galef and Whiskin, 2003）。

●分　析●

　観察個体の餌選択に対する社会的影響を生み出す行動過程についてはかなり理解が進んできている。デモ個体から観察個体に伝わる嗅覚手がかりは，デモ個体が摂食した餌に対する観察個体の選好を上昇させる（Galef and Wigmore, 1983）。観察個体はデモ個体の口元でにおいを嗅ぐが，呼気を嗅ぐ行動はそれだけで，その後の餌選択に対する必要かつ十分な影響をもたらすのである（Galef and Stein, 1985）。

　デモ個体の消化管から漏れ出る餌に関連したにおい

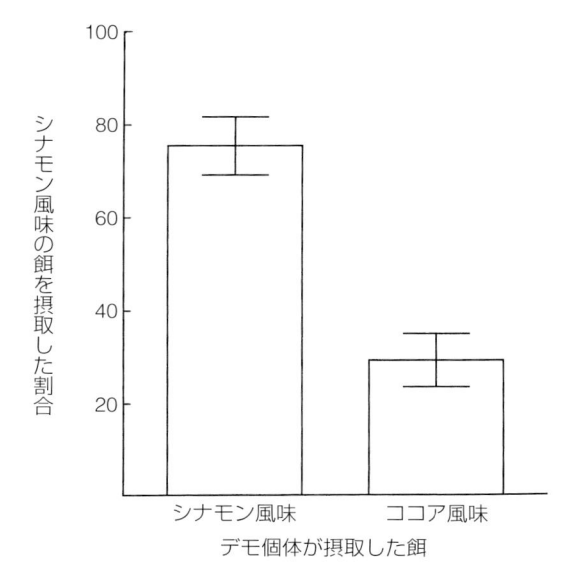

図34-2　観察個体がシナモン風味の餌を摂取した割合。観察個体は，シナモン風味またはココア風味の餌を食べたデモ個体と触れ合った。その後22時間にわたってシナモン風味の餌とココア風味の餌の選択場面に置かれた。エラーバーは標準誤差を表している。[Galef and Wingmore（1983）と同様の実験データより]

と，体毛や鼻毛に付着している餌くずのにおいは，観察個体にとってデモ個体が直前に食べた餌を同定することを可能にする。そして，このような経験をしたあと，観察個体は呼気に含まれていたにおいを放つ餌に対して選好を示すようになるのである（Galef and Stein, 1985）。

　ラットの呼気をサンプルとしたガスクロマトグラフィーによって，ラットの呼気には，二硫化炭素と硫化カルボニルという2つの硫黄化合物が含まれていることが示されてきた。麻酔を施された同種他個体の頭部，もしくは二硫化炭素の希薄溶液に浸した布に振りかけられた餌に曝露されたラットは，のちにその餌に対する選好を増加させる。それとは反対に，死んでいる同種他個体の頭部，生存している同種他個体の後部，あるいは蒸留水に浸した布の上に置かれた餌に対する曝露では，同じように選好を増加させることはない（Galef et al., 1988）（図34-3）。このように，餌のにおいと同時に二硫化炭素を経験することは，餌のにおいとラットの呼気を直接経験することと同じ効果をもっているのである。

●統　合●

　ラットの呼気と同じように，ヒトの呼気にも微量の二硫化炭素が含まれている。二硫化炭素と一緒に餌のにおいを経験することによって，その餌に対する選好

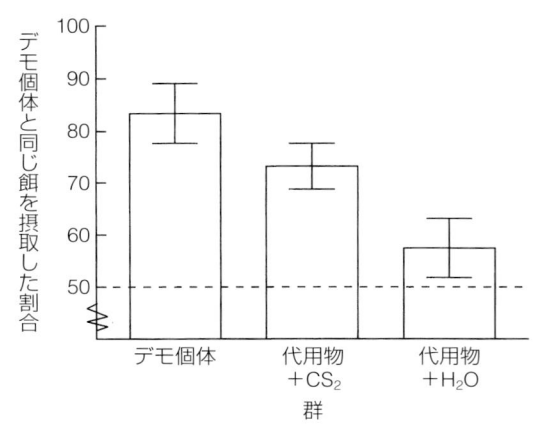

図34-3　デモ個体あるいは代用物に振りかけられていた餌を観察個体が摂取した割合。観察個体は麻酔をかけられたデモ個体，もしくはデモ個体の「代用」となる布のいずれかに接触した。各観察個体が接触したデモ個体には，シナモンあるいはココアの香りがする餌が振りかけられていた。代用物である布は，二硫化炭素（CS_2）の希薄溶液，もしくは同量の蒸留水（H_2O）に浸されていた。エラーバーは標準誤差を示している。［Galef et al.(1998)より］

が誘導されるという仮説から予期できるように，ヒトの「デモ者」が風味のある食物を食べてラットに息を吐きかけると，そのデモ者が食べた食物に対するラットの選好は著しく増加する（Galef, 2001）。

● 制　約 ●

驚くべきことに，観察個体は，病気にかかっていたり，気絶しているデモ個体と触れ合っても，デモ個体が食べた餌の回避を学習しない。反対に，病気の同種他個体が食べた餌に対して選好を増加させる（Galef et al., 1990）。

さらに，あるにおいと同種他個体を同時に経験させた場合にも，そのにおいに対する好ましさの程度は高くならない。また，餌選好に大きな影響を与える社会的文脈で，何らかのにおいに曝露したとしても，他の文脈におけるそのにおいに対する選好には影響しないのである。例えば，シナモンのにおいがする餌を食べた同種他個体と触れ合ったラットは，シナモンのにおいがする餌を選好する。しかし，シナモンのにおいがする巣の材料や営巣地に対する選好が高まることはない（Galef and Iliffe, 1994）。このような研究結果は，餌選好の社会的誘導は他の活動には影響せず，採餌行動のみを促進させるために発展してきた学習過程であることを示唆している。

● 拡　張 ●

興味深い見方をすれば，ラットは同種他個体が食べた餌に関連する情報を活用することができるといえる。例えば，三肢迷路の各選択肢に特徴的な味のついた3つの餌を用意して，観察個体に学習の機会を与えたあとに，3つのうちいずれかの餌を食べたデモ個体と短い時間触れ合わせた。その後，再び迷路で観察個体の行動を調べた。その結果，観察個体はデモ個体が食べた餌が置かれている選択肢にまっすぐに向かったのである（Galef and Wigmore, 1983）。この例から明らかなように，ラットは採餌効率を増加させるために，社会的文脈で獲得した現在利用可能な餌の情報に基づいて，餌分布の認知地図を統合することができるのである。

神経系機能に関する研究への応用

社会的に誘導，強化された餌選好は，ラット（あるいはマウス，アレチネズミ，ハムスター，ハタネズミ，コウモリなど）の学習性欲求行動を誘導するための，効率的で信頼性のある方法を提供する。こうした欲求行動は，他の学習性行動と同様に脳機能研究における従属変数として用いることができる。神経科学者たちは，学習と記憶の神経基質を操作することによる効果を研究するために，上述のような社会的に誘導された餌選好の変容を用いてきた（Burton et al., 2000; Winocur et al., 2001; より詳細は Galef, 2002 参照）。誰もが予想できることだが，神経系の直接的，遺伝的操作は，餌選好の社会的学習に影響するのである。

社会的に学習された餌選好を脳機能研究における従属変数として用いることにはいくつかの利点がある。①単一の試行で学習が生じること，②被験体を訓練するための技能はほとんど，もしくは全く必要ないこと，③被験体を訓練するために特別な機器は必要ないこと，④被験体に対する剥奪やストレスを与える必要がないこと，である。餌選好の社会的促進を誘導するための手続きは，単純な3つの段階で構成されている。第1段階では，デモ個体となるラットは，2つの異なるにおいがする餌のうち一方のみを与えられる。第2段階では，デモ個体は観察個体と一緒に置かれ，15分もしくはそれ以上の時間触れ合う。この期間中に，観察個体は一緒にいるデモ個体の呼気から餌のにおいを嗅ぐ機会を得ることになる。最後に，各観察個体は，最初の段階でデモ個体に与えられた異なるにおいがする2つの餌の間で選択を行う（Galef, 2002）（図34-4）。この第3段階では，観察個体は，必ずデモ個体

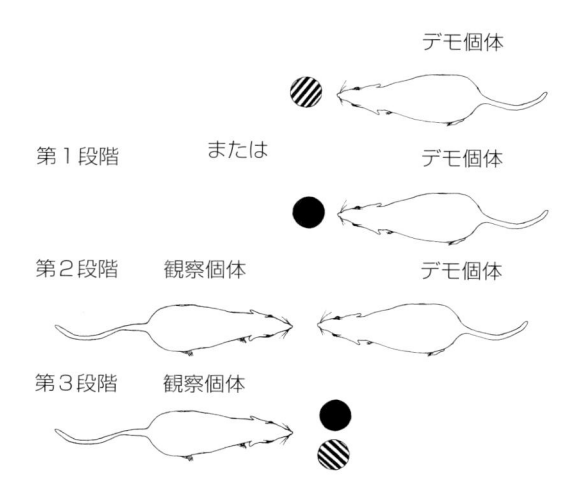

図34-4 餌選好に及ぼす社会的影響を検証する実験手続きの概略図。手続きは全部で3つの段階から構成されている。なお第1段階では、デモ個体は2つのにおいがする餌のうち、どちらか一方の餌のみを摂取した。[John Wiley & Sons, Inc. の許可により Galef(2002)のデータ転載]

体が食べた餌に対して選好を示すのである。

その効果は強固である。その強固性の証明には以下のような条件が用いられてきた。例えば、デモ個体と観察個体の組み合わせとして、雌か雄、幼体ラットか成体ラット、接触機会の有無、遺伝的な血縁関係の有無などを基準とした、さまざまなパターンが試されている (Galef et al., 1984)。また、デモ個体が摂取する食物がどのようなにおいであっても問題は生じなかった。また別の例では、デモ個体が餌を食べたときから観察個体と触れ合うまでに、数時間の遅延を入れることもある。個体同士が触れ合う場面では、両個体を鋼製金網の仕切りによって分離したり、触れ合う場所をデモ個体あるいは観察個体のホームケージ、または中立的なケージにするといった条件も検証されてきた。さらに、交流する時期と観察個体をテストする時期の間に、数週間の遅延が入る条件も検証されている。ここで列記したどのような条件が加えられたとしても、においのある物質を直前に消化したデモ個体が、その食物のにおいに全くなじみのない観察個体と数分間にわたって同じ場所に置かれたならば、その餌に対する観察個体の相対摂取量は有意に増加するのである。

Bennett G. Galef, Jr.

第35章

啼　鳴

　ラットはその生涯を通じて，さまざまな環境的文脈あるいは社会的文脈において啼鳴(vocalization)する。これらの文脈には，幼体ラットが巣から分離される場面や成体ラットの性行動が含まれている。ラットは体長が小さく，それゆえに発声器官も小さいことから，主に超音波周波数，すなわち人間の耳で検出可能な帯域を超えた周波数（＞20 kHz）で啼鳴している。本章では，ラットの啼鳴が生じる文脈，啼鳴のメカニズム，そしてその機能について概観する。また，不安やうつを研究するためのモデルとして啼鳴を利用することの可能性についても論じる。

周波数と時間特性

　ラットは，20～70 kHz の周波数帯域にわたる超音波発声[i] (ultrasonic vocalization)を自発する(表35-1)。生後発育の初期段階にある幼体ラットは，巣から分離されたときにおよそ 40 kHz の卓越周波数で啼鳴する。ラットは成長するにつれてその発声器官も大きくなるため，20日齢までに啼鳴の卓越周波数は 25 kHz まで徐々に減少する(Blumberg et al., 2000a)。圧縮された喉頭部のひだを通る呼気によって生み出される幼体ラットの啼鳴は，成体ラットが発する 22 kHz の啼鳴と同様に，比較的純音に近い(Roberts, 1975b, 1975c; Sanders et al., 2001)。22 kHz の啼鳴は，性行動や攻撃性(Sales, 1972a, 1972b)を含むさまざまな文脈と関連しており，**長いコール**と呼ばれてきた。その理由は，この啼鳴が呼気延長（＞1秒）中に生み出されるからである。対照的に，持続時間が相対的に短い（＜65ミリ秒）超音波発声は，**短いコール**と呼ばれてきた。この短いコールは成体ラットのみならず，離乳期ラット，幼体ラットも発しており，35～70 kHz の周波数をもつ。こうした高い周波数をもつさえずりのような啼鳴は，精力的な活動，高い覚醒水準，社会的接触を含む文脈と関連している。これまでいくつかの啼鳴は，何らかの活動に伴う生物力学的な副産物として生み出されている可能性が示唆されてきたが(Blumberg, 1992)，多くの場合は活動とは独立しているようである(Knutson et al., 2002)。啼鳴を生み出すメカニズムに関してはいまだにほとんどわかっていない。

　小動物は高周波数の音を生み出すが，同様にそれらを聞くこともできる。成体ラットの聴覚系は，10～50 kHz の帯域で最大感度を呈する(Crowley et al., 1965; Gourevitch and Hack, 1966; Brown, 1973)。離乳前のラットはおよそ 40 kHz で最大感度を呈し，1～70 kHz 帯域の聴覚刺激を検出して反応する(Crowley et al., 1965; Crowley and Hepp-Reymond, 1966)。

超音波発声と関連する環境的文脈

●幼体ラット●

　幼体ラットは，母ラットによるハンドリング（例えば，毛繕い[ii]〈grooming〉）の間や，強い触覚的刺激作用（例えば，尾が挟まれること）が生じた場合に，可聴周波数と超音波周波数からなる広帯域の啼鳴を発する。これに対して，超音波発声は巣からの分離によって引き起こされる(Noirot, 1972)。分離しても暖かい状態に保たれている幼体ラットは啼鳴しないことから，啼鳴を誘発する分離の主要な特徴は寒さであるといえる(Allin and Banks, 1971; Okon, 1971; Blumberg et al., 1992b)。さらに，幼体ラットが成熟して体温調節をうまくできるようになるにつれて，分離による超音波発

---

[i] （母子分離性）啼鳴反応。生後間もない仔と母を引き離すことにより誘発される反応であり，その音声は超音波領域に主成分をもつ。

[ii] ある個体が自身の体毛をなめたり引っ張ったりすることで毛並みを整えたり，ごみなどを取り除く行動。

表35-1 ラットの啼鳴における4つの主要なカテゴリー

周波数	年齢	啼鳴が生じる文脈や刺激の例
広帯域	幼若期から成熟期	尾をつまんだり足へショックを与えるといった痛覚刺激
25～45 kHz（ただし年齢と体長に依存する）	幼若期	巣からの分離，寒さ
22 kHz	成熟期	射精後，他個体との闘争に敗れたあと，足へのショックが終了したあと
35～70 kHz	幼若後期から成熟期	遊び中，交尾中，攻撃中などの覚醒時

声が減少していくことも知られている(Okon, 1971; Blumberg et al., 1992a)．

幼体ラットの超音波発声は生後2週までは増加し，その後は減少していく(Noirot, 1968; Sewell, 1970; Okon, 1971; Noirot, 1972)．超音波発声を惹起し，調節する要因は，発達段階で多様化し，より複雑になっていくように思われる．例えば，ある種の嗅覚刺激は，寒さに曝露された場合に生じる超音波発声を減衰させる役割を果たすようになる．具体的には，巣に関連したにおい(例えば，母ラット，きょうだいラット，ホームケージの寝床)は，効果的に分離誘導性の啼鳴を減少させる(Oswalt and Meier, 1975; Hofer and Shair, 1987)．これは見知らぬ雄の成体ラットに曝露されたときと同様の効果である(Takahashi, 1992)．

出生後第2週目に生じる超音波発声の複雑な制御の例証となる1つの現象が母体に対する啼鳴増強である(Hofer et al., 1998; Kraebel et al., 2002; Shair et al., 2003)．母体増強を研究するための典型的な実験は，仔ラットが母ラットから分離した直後の期間から開始する．次の段階では，再び母ラットとわずかな間だけ再会させる．最後に再び母ラットから分離させると，仔ラットの超音波発声は単純に分離されたときよりも増加するのである．これまでの研究では，実験環境の温度が母体増強の出現を調節する役割を果たしていることが明らかになっている．この結果は，さまざまな文脈で行われてきた幼体ラットの啼鳴に関する研究の結果と一致している(Kraebel et al., 2002; Shair et al., 2003)．

●成体ラット●

超音波発声は，集団飼育もしくは個別飼育されている実験用ラットと同様に，野生ラットのコロニーでも確認できる(Calhoun, 1962; Francis, 1977)．成体ラットの啼鳴は主に社会的相互作用と関連した文脈で生じるが，分離されたラットは，社会的相互作用がなくても自発的に啼鳴する．この種の啼鳴には概日リズムがあり，その啼鳴率は暗期の中頃にピークを迎える(Francis, 1977)．

高周波数の超音波「さえずり」は，主に高い覚醒水準を引き起こす社会的相互作用の最中に生じている．この超音波発声は，成体ラットが以前他個体の滞在していた場所に置かれたときに生じる．また，単に他個体と一緒に置かれたときにも生じることがある(Brudzynski and Pniak, 2002)．さらに，幼体ラットの場合は，遊びと関連していた社会状況において啼鳴し(Knutson et al., 1998)，成体ラットの場合は，社会的接触を行った空のケージに入れられたときにも啼鳴することが知られている(Bialy et al., 2000; Brudzynski and Pniak, 2002)．

超音波発声は生殖行動中にも生じる．雄雌ともに，主として生殖器調査，追尾，マウンティング中に50～70 kHzの啼鳴を自発する(Sales, 1972a, 1972b; Barfield et al., 1979; Thomas and Barfield, 1985)．雄ラットは射精後の不応期に，ほぼ確実に22 kHzの啼鳴を発する(Barfield et al., 1979)．

集団飼育されているラットの場合には，ネコなどの天敵にさらされたときに22 kHzの啼鳴を発する．多数のラットを収容できる人工的な巣穴を用いた実験では，巣穴からみえる位置にネコが入れられると22 kHzの啼鳴が生じた．また，ネコが取り除かれたあとも啼鳴が継続して生じることが示された(Blanchard et al., 1991)．しかし，それとは対照的に，ラット1個体のみをネコと遭遇させて啼鳴テストをした場合は，避難可能な巣穴の有無に関係なく，啼鳴は生じなかった(Blanchard et al., 1991)．

闘争場面もまた，超音波発声が確実に惹起される文脈である．2匹の雄ラットを対面させた場合，攻撃行動が生じる初期段階で両個体とも啼鳴する．このときの啼鳴は50～70 kHzである．しかし，闘争に敗れたラットが服従姿勢をとっている間に発する啼鳴は22 kHzである(Sewell, 1967; Sales, 1972b)．

解剖学的考察

ラットによる可聴帯域の啼鳴は，ヒトの有声音声と同様に喉頭部のひだの振動によって生み出されている(Roberts, 1975a)．それらは，三叉神経脊髄路核の刺激作用(Yajima et al., 1981)と同様に，Aδ線維とC線

表35-2 ラットの超音波発声に関する諸理論

理論	啼鳴の分類	例	引用
コミュニケーション理論	幼若期	母ラットが巣から分離した仔ラットを巣に戻す行動の誘発	Allin and Banks, 1972; Farrell and Alberts, 2002a
	50〜70 kHz	雌ラットの性行動の促進	Barfield et al., 1979
	22 kHz	敵対個体との決闘後のなだめ	Sales, 1972a
生理学的理論	幼若期	心肺機能との関連	Blumberg and Alberts, 1990; Blumberg and Sokoloff, 2001
	22 kHz	脳温度との関連	Blumberg and Moltz, 1987
動機づけ・情動理論	幼若期	不安/ディストレス	Shair et al., 2003; Winslow and Insel, 1991
	およそ50〜70 kHz	遊びや社会的接触の期待	Knutson et al., 1998; Brudzynski and Pniak, 2002
	22 kHz	薬物からの退薬	Vivian and Mizcek, 1993

維の刺激作用に誘発される(Ardid et al., 1993)。すなわち可聴帯域の啼鳴は、不快な刺激作用、あるいは痛覚的な刺激作用に対する反応として生み出されているのである。超音波発声も可聴帯域の啼鳴と同様に、喉頭を通過した呼気相で生じる。しかし、幼体ラットの40 kHzの啼鳴と成体ラットの22 kHzの啼鳴は、喉頭を収縮させ、振動を起こさないようにしたうえでの強制呼気が必要である。それはまるで笛と同じようなメカニズムによって生み出されており、ある種独特であるように思われる(Roberts, 1975b, 1975c)。その一方で50〜70 kHzの啼鳴は、音響的にはより複雑であるが、喉頭部のひだの振動によって生み出されるのに適した音である。

可聴帯域の啼鳴は、喉頭部の筋肉組織を麻痺させる目的で神経を切断すると徐々に弱くなり、実質的に超音波発声は消失する(Roberts, 1975b)。厳密にいえば、迷走神経の枝である下喉頭神経の半側切断もしくは両側切断によって、幼体ラットの超音波発声は消失する。加えて、同じく迷走神経の枝である上喉頭神経の切断によって、啼鳴率と同様に周波数と音圧も変容する(Wetzel et al., 1980)。

ラットやその他の種において、喉頭部を制御する神経回路には中脳水道周囲灰白質(periaqueductal gray: PAG)が含まれる。実際に、PAGの刺激作用はラット(Yajima et al., 1980)を含め、その他多くの動物(Zhang et al., 1994)において種に特有の啼鳴を惹起する。ラットの場合、視床の背側領域から投射されPAGの背内側部で終端する経路の刺激作用は、22 kHzの啼鳴を誘発する(Yajima et al., 1980)。PAGから延髄網様体の背内側部への投射もまた、多数の脳神経核(例えば、顔面神経、舌下神経、迷走神経)と同様に超音波発声に関わることが示されている(Yajima et al., 1981)。超音波発声に必要な下喉頭神経と上喉頭神経は、延髄疑核の背側部と腹側部のそれぞれから伸びている(Wetzel et al., 1980)。また、可聴帯域の啼鳴は、

PAGの腹内側と同様に多数の視床下部領域の刺激作用によって惹起されている(Yajima et al., 1980)。

超音波発声の機能的意義

ラットの超音波発声の機能的意義に関しては、多くの理論が存在している。最も初期の理論はコミュニケーション機能に焦点を当てていた。また、熱刺激が幼体ラットの超音波発声に与える効果についての広範囲にわたる研究は、超音波発声の生理学的理論へとつながった。最近では、啼鳴が生み出される情動的文脈に焦点を当てた動機づけ理論が現れている(表35-2)。

●コミュニケーション理論●

幼体ラットが巣から分離したときに啼鳴し、それを聞いた母ラットが分離したラットを巣に戻すという現象は、啼鳴が重要なコミュニケーションとしての役割を果たしていることを示唆している。今日、幼体ラットの啼鳴は一般に**ディストレスコール**[iii](distress call)、あるいは**セパレーションコール**と呼ばれている(Oswalt and Meier, 1975; Hofer et al., 1994)。さらに、巣から分離した幼体ラットが啼鳴しないということも、主に捕食者に自分の位置を知らせないようにするためのコミュニケーション機能とみなされてきたのである(Takahashi, 1992; Hofer et al., 1994)。

生殖行動中に雄ラットが発する50〜70 kHzの啼鳴もまた、飛び跳ねたり、すばやく動いたりといった、雌ラットの誘惑行動を増加させるためのコミュニケーション機能を果たしていると考えられてきた(Sales,

---

[iii] 他者に助けを求め発せられる救難信号。仔マウスはまだ自分で体温調節を行うことができないことから、母獣や同胞から単離されると、助けを求めるためにこのディストレスコールを発すると考えられる。

1972a; Barfield et al., 1979）。対照的に，射精後の 22 kHz の啼鳴は，性的動機づけが低減した雄ラットが，雌ラットとコミュニケーションするためであると仮定されてきた（Barfield et al., 1979）。射精後休止期間中に雌ラットが存在することで惹起される啼鳴の調節は，啼鳴のコミュニケーション機能を支持する証拠として解釈されてきた（Sachs and Bialy, 2000）。

さらに，成体ラットによる 22 kHz の啼鳴については，異なるコミュニケーション仮説が立てられてきた。例えば，他個体との闘争に敗れた雄ラットに関しては，啼鳴が勝利した雄ラットによるさらなる攻撃を防ぐための役割を果たしているという仮説がある（Sales, 1972b）。また，集団飼育環境下のラットがネコと遭遇した場面で行う啼鳴に関しては，捕食者の存在を同種他個体に警告するための役割をすると仮定されてきた（Blanchard et al., 1991）。すなわち，成体ラットの 22 kHz の啼鳴は，幼体ラットの啼鳴と同様に，**ディストレスコール**もしくは**アラームコール**とみなされてきたのである。

先に述べたように，確かに幼体ラットの啼鳴は，母ラットがその個体を巣へ戻す行動を誘発するし，生殖行動中の雄ラットの啼鳴は，雌ラットの行動を変容させる（Allin and Banks, 1972; Noirot, 1972; Sachs and Bialy, 2000; Farrell and Alberts, 2002a）。しかし，コミュニケーション上の効果について実証することは，コミュニケーション上の機能について実証することと等価ではない（Blumberg and Alberts, 1992, 1997）。加えて，コミュニケーション機能という枠組みに，簡単には適合しない証拠も存在している。例えば，同腹仔の存在による明らかな啼鳴の抑制効果は，群れの体温調節能力を上回るまで体温を低下させることで弱められる（Blumberg et al., 1992a; Sokoloff and Blumberg, 2001）。また，幼体ラットの嗅覚手がかりや聴覚手がかりを巧みに操作した研究は，啼鳴だけでは母ラットが幼体ラットを巣に戻す行動を惹起するのに不十分であることを実証している（Smotherman et al., 1974; Farrell and Alberts, 2002b）。別の例として，他個体と闘争する場面では，勝利したラットの攻撃行動は，敗北したラットの啼鳴によって必ずしも低減しない。同様に，敗北したラットのフリージング[iv]（freezing）や啼鳴も，勝利したラットの啼鳴によって低減しない（Takahashi et al., 1983）。まとめると，これらの例はラットの啼鳴におけるコミュニケーション上の意義を評価する際に，十分な注意が必要であることを強調しているといえる。

---

iv　すくみ（行動）。身体の動作が全身性に停止した状態，またその行動。

●生理学的理論●

多くの研究者が，巣から分離された幼体ラットの啼鳴を誘発する寒さへの曝露についての意義を評価してきた（Allin and Banks, 1971; Okon, 1971; Oswalt and Meier, 1975）。実際に，研究の主要な焦点が啼鳴を減衰させる薬物や，巣と関連した手がかりである場合でさえ，一定水準の寒さに曝露することは，この研究分野で用いられているほとんどの方法論的アプローチにおいて不可欠な要素となっている（Kraebel et al., 2002）。ここで問題になるのは，温度という要因が単に幼体ラットにとって巣から分離したことを知らせる手がかりとなっているだけなのか，あるいは生理学的作用の重要な変化を惹起する物理的な刺激になっているのかということである。

幼体ラットは内因性の熱産生を行うことができるが，体が小さいため，標準的な室温（つまり，22℃）にさらされると急速に熱を失ってしまう。しかし，褐色脂肪組織熱産生により上昇した体温を維持する十分な温度条件で観察する場合には，幼体ラットは啼鳴しない（Blumberg and Stolba, 1996）。重要な点は，褐色脂肪組織熱産生を増加，あるいは減少させる薬理的処置が，ラットの啼鳴率を減少させたり増加させたりするかということである（Blumberg et al., 1999; Farrell and Alberts, 2000）。

寒さへの曝露が心肺系に与える影響は，超音波発声の根本となる生理学的メカニズムについての仮説を導き出してきた（Blumberg and Alberts, 1990; Blumberg and Sokoloff, 2001）。たとえ寒さに曝露されている間でも，心拍数の低下を引き起こすほどの寒さにならない限り，ラットは啼鳴しない（Blumberg et al., 1999）。それに加えて，こうした温度では心肺機能を保つために血液粘性が有意に増加する。これらの事実から，幼体ラットの啼鳴は，心肺機能を維持するために働く生理作用による副産物であると仮定されてきたのである（Blumberg and Sokoloff, 2001）。

寒さへの曝露に加えて，α_2 受容体作動薬であるクロニジンの投与は，啼鳴反応を長い間維持し，強固にする。クロニジンの効果は非常に強く，幼体ラットが帰巣した場合でも，その啼鳴は減衰しない（Kehoe and Harris, 1989）。興味深いことに，クロニジンは強い徐脈も生み出す。このクロニジン誘導性の徐脈に対して β_1 受容体作動薬のプレナルテロールが投与された場合には，超音波発声が有意に減衰する（Blumberg et al., 2000b）。

成体ラットの啼鳴における生理学的な相関もまた報告されてきた。例えば，22 kHz の啼鳴は，プロスタグランジン E_2 の中枢投与によって惹起された熱が冷め

ていく段階で生じる．加えて，体温を低下させる薬物であるソリチル酸ナトリウムの事前投与によって，射精後の啼鳴は事実上消失する（Blumberg and Moltz, 1987）．しかし，温度と啼鳴の自発との関係における意義については，いまだ完全に明らかになっているわけではない．

●動機づけ・情動理論●

ラットの啼鳴は，しばしば情動の表出であると示唆されてきた．ある理論によれば，50～70 kHz の啼鳴は肯定的感情の指標であるが，22 kHz の啼鳴は否定的感情の指標とされている（Knutson et al., 2002）．幼体ラットの啼鳴をヒトにおける苦痛や不安のモデルとして用いることができるという見解は，ヒトの心因性疾患の治療目的で開発された薬物の有効性を検証するために，幼体ラットの啼鳴を利用することと足並みをそろえて発展してきたのである（Miczek et al., 1995）．

超音波発声を誘発する文脈や操作は，異なる種類の啼鳴を感情ごとに分類するための土台を提供してきた．前述したように，50～70 kHz の啼鳴は，性行動や遊びといった社会的接触の最中に生じる（Sales, 1972a; Barfield et al., 1979; Knutson et al., 1998）．脳電気刺激は強化機能をもつことで知られるが，これらもまた啼鳴を誘発するという結果が得られている（Burgdorf et al., 2000）．すなわち，この研究結果は，啼鳴が肯定的感情の指標であるという考え方と一致しているのである（Burgdorf et al., 2000; Knutson et al., 2002）．幼体ラットにおいては，ヒトが「くすぐる」ことで笑い声のような 50 kHz の甲高い鳴き声が惹起される（Panksepp and Burgdorf, 2000）．

このような 50～70 kHz の甲高い鳴き声とは対照的に，22 kHz の啼鳴は，熱（Blumberg and Moltz, 1987）や他個体との闘争（Sales, 1972b）といった生理的ストレッサーや心理的ストレッサーと関連している．嫌悪条件づけのパラダイム（すなわち，恐怖条件づけ：Lee et al., 2001）では，モルヒネ依存の退薬（Vivian and Miczek, 1991）もまた，これらの啼鳴を誘発する．こうした研究結果は，22 kHz の啼鳴が否定的感情の指標であるという考え方と一致している（Miczek et al., 1995; Knutson et al., 2002）．

しかし，こうした情動的な枠組みに簡単には適合しない研究結果も存在する．前述したように，例えば 50～70 kHz の啼鳴は，性対象となる個体や遊び対象となる個体がいる場合と同様に，闘争場面で生じることもある．この事実を受けて，闘争場面でラットが肯定的感情を経験したと仮定することができるだろうか．あるいは，22 kHz の啼鳴を自発している射精後のラットが，同種他個体との闘争に敗れた雄個体が経験したような，否定的感情を経験したという仮説を立てることができるだろうか．こうした矛盾は，ラットの啼鳴に関する統一的な感情理論を構築していくことの困難さを浮き彫りにしている．

心因性疾患を抱えたヒトのモデルとしての啼鳴ラット

ラットの啼鳴に関する機能的意義やメカニズムは，その多くがいまだに解明されていないが，啼鳴反応は，不安，苦痛，恐怖，薬物乱用を研究するための有効な方法であると広く信じられている．この理由としては，ラットの啼鳴を研究するための精神薬理学的アプローチが，非常に普及していることがあげられる．幼体ラットや成体ラットの啼鳴に対する向精神薬の影響については，これまで多くの知見が蓄積されてきた．こうした知見がヒトの精神疾患やその治療方法についての理解の促進につながっていくことが期待されているのである（Miczek et al., 1995）．

22 kHz の啼鳴は，嫌悪的事象や恐怖と関連した行動（例えば，フリージング）と関係している場合がある．そのため，22 kHz の啼鳴を生み出すラットは，ヒトにおけるうつや不安のモデル動物として用いることができると考えられてきた（Miczek et al., 1995; Schreiber et al., 1998）．同様に，母仔分離の実験パラダイムを用いることで，幼体ラットの超音波発声を分離不安のモデルとする可能性についても提唱されてきた（Winslow and Insel, 1991）．このような考え方は，いくつかの条件下で抗不安薬が超音波発声を減衰させることを示した薬理学的研究によって支持されている．例えば，選択的セロトニン再取り込み阻害薬（selective serotonin reuptake inhibitor: SSRI）やベンゾジアゼピンは，成体ラット，幼体ラットの双方において啼鳴を低減させることが示されてきた（Insel et al., 1986; Olivier et al., 1988; Schreiber et al., 1998）．オピオイドも尾に対する痛覚刺激によって生じる成体ラットの 22 kHz の啼鳴を低減させる（van der Poel et al., 1989）．また，抗不安薬もモルヒネ退薬中の超音波発声を減衰させることが知られている（Vivian and Miczek, 1991）．

啼鳴ラットは抗不安薬を検証するための有効なモデルとして提唱されてきた（Olivier et al., 1998）．しかしいくつかの研究は，それが絶対的なモデルではないということを示している．第1に，クロニジンという少なくとも1つの抗不安薬は，幼体ラットの超音波発声を増加させる（Kehoe and Harris, 1989; Blumberg et al., 1999)。第2に，ベンゾジアゼピンは，恐怖条件づけが成立したあと，条件刺激が呈示される前に生じる啼鳴を低減させる効果をもたない(van der Poel et al., 1989)。第3に，セロトニン作動系を介して作用する抗うつ薬だけは超音波発声を減衰させたが，ノルアドレナリン作動系を介して作用する他の抗うつ化合物では，そうした効果はみられなかった。この研究では，ノルアドレナリン系に作用する薬物の投与によって，超音波発声の増加が確認されたため，逆に不安を惹起していると結論づけられたのである。その他の化合物(例えば，アミトリプチリン)についても，そうした効果はみられなかった(Borsini et al., 2002)。こうした実験結果に関係なく，ラットの啼鳴にみられる多様性がヒトの臨床的障害の診断のために発展してきた概念的なカテゴリーにうまく適合しなかったとしても，それは驚くべきことではない(Blumberg and Sokoloff, 2001)。

実験室における超音波発声の測定

　超音波発声から可聴音への変換は，もともとはコウモリの反響定位を研究するために発明されたコウモリ探知機によって行われていた。こうした方法による変換は容易であるため，ラットの啼鳴という研究分野における成長産業を振興してきた。今日，世界中の多数の研究室で，ラットの啼鳴は基礎生理学，分離反応，精神薬理学の研究のために用いられている。このような関心が急増したことを反映して，現在では様々な特徴や機能を有する超音波感受用検知機を生産する企業が存在している。
　超音波発声の分析は，データ収集中か録音後に啼鳴の総数を手動で数えていくような簡単なものである。毎秒何回も生じうる幼体ラットの啼鳴を数える場合でも，訓練を受けた聞き手は一般的に高い評定者間信頼性を示す。別の方法としては，データ獲得システムの利用や，閾値を超えた群発数を計算するデジダル処理によって，啼鳴の自動的な記録も可能になっている。なお，いくつかの企業は現在，群発処理に特化してデザインされたシステムを提供している。より複雑な聴覚分析(周波数変調，ピーク周波数，振幅，個々のコールの持続時間など)では，研究者は利用可能な多くの分析プログラムを駆使して分析を行うことになるだろう。

結論

　超音波発声は，幼体ラットにおける分離誘導性の啼鳴から成体ラットにおける射精後の啼鳴にいたるまで，ラットの幅広い社会行動に付随して生じている。興味深いことに，この分野ではさまざまな理論や見解を統合するために本腰を入れた試みはこれまで行われていない。例えば，超音波発声に関するコミュニケーション理論や動機づけ理論は，主に特定の行動の機能(例えば，母ラットが分離した仔ラットを巣に戻す行動のシグナルや情動状態の指標)に焦点を当ててきた。対照的に，生理学的理論は主に行動の土台となるメカニズムに焦点を当ててきた(すなわち，反射的な心肺補償)。そのため，発達を通して生じる発声行動やさまざまな環境的文脈にわたって生じる発声行動についての我々の理解には，大きな乖離が存在している。
　巣から分離した幼体ラットによる40 kHzの啼鳴と成体ラットによる22 kHzの啼鳴は，類似した喉頭部のメカニズムによって生み出されているため，2つの啼鳴は相同であることを示している(Blumberg and Alberts, 1991; Blumberg et al., 2000a)。前述のように，これらの啼鳴は，類似した環境や刺激によって誘発されているわけでもなければ，薬理的に調整されているわけでもない。例えば，クロニジンは幼体ラットの超音波発声を惹起するが(Kehoe and Harris, 1989; Blumberg et al., 2000a)，成体ラットにおける22 kHzの条件性啼鳴を減衰させる(Molewijk et al., 1995)。対照的に，コリン作用薬は成体ラットにおける22 kHzの啼鳴を増加させるが(Brudzynski, 2001)，幼体ラットにおける40 kHzの啼鳴は増加させない(Kehoe et al., 2001)。こうした2つの発達的差異はそれだけで，啼鳴の起源やメカニズムに関する我々の理解が乖離していることを浮き彫りにしている。啼鳴の発達的変化に焦点を当てることは，その土台にあるメカニズムを解明するための有益なアプローチになるかもしれない。
　おそらく，さまざまな理論的見地の統合は，啼鳴にみられる多様性の原因や機能を記述し，説明することで発展していくだろう。その一方で，ヒトの心理的状況や精神疾患のためのモデルとしてこれらの啼鳴を用いることを促進する試みには，健全な懐疑心をもって臨むべきだろう。

Greta Sokoloff, Mark S. Blumberg

第VII部

認　知

第 36 章　物体認識 279
第 37 章　ナビゲーション 286
第 38 章　デッドレコニング 293
第 39 章　恐　怖 300
第 40 章　認知過程 307
第 41 章　誘因行動 316

第36章

物体認識

物体認識の手続き

物体認識記憶は，以前に遭遇した物体の親近性を弁別する能力である*。健常な記憶を有する人は，この能力を毎日何百回と活用しているだろう。だが，認識能力の障害はアルツハイマー病や脳卒中，慢性アルコール依存，脳炎，外傷性脳損傷などに端を発する多くの記憶障害で認められる。以前に遭遇したことがある物体とはじめてみた物体を弁別することは，健常な記憶機能にとって基本的な能力である。そのため，物体弁別の神経基盤を理解することは，脳がどのようにして種々の事象を記憶しているのかという全体像を理解するうえで必要と考えられる。このような知見は，ある種の記憶障害の診断および治療の良い手段となることが期待される。

　ラットもまた，以前に遭遇したことがある物体とそうでない物体を弁別する。ラットとヒトにおける物体認識記憶の処理がどの程度類似しているのかは完全に明らかにされていない。だが，ラットにおいて物体認識を評価するための標準化された課題，またこの能力に及ぼすさまざまな脳損傷の影響，薬物の影響は，ラットとヒトの処理が類似していることを示唆している。

　ラットの物体認識の評価には，遅延非見本合わせ（delayed nonmatching-to-sample: DNMS）と新奇物体選好（novel-object-preference: NOP）の2種の手続きが最もよく用いられる。遅延非見本合わせ課題では見本物体を短時間呈示したあとに遅延を設け，その後新奇物体とともに見本物体を再呈示する。新奇物体とはラットが当該のセッションにおいて遭遇していない物体であり，ラットは新奇物体を選択することで報酬を得る。的確な遂行をするためには，とりわけ見本物体を認識する必要がある。記憶負荷は，遅延時間を延長すること，あるいは各試行において記憶する物体の数を増加させることで制御する。セッション内で複数の試行を行う場合，見本物体と新奇物体はいずれも毎試行異なるものを用いる。この手続きを用いることにより，ラットは親近性のない物体を選択することで報酬を連続して得ることができる。ほとんどの遅延非見本合わせ手続きは，試行に疑似特異的（pseudo-trial-unique）な物体を用いている。つまり，特定の物体を同一セッション内で複数回用いることはないが，異なるセッションでは繰り返し用いる。ラットはまた，物体を用いた遅延見本合わせを学習するが，学習スピードは遅延**非**見本合わせのほうが速い。というのも，非見本合わせ反応は新奇物体を選択するという彼らの生得的な習性と合致するからである。

　新奇物体選好では，親近物体よりも新奇物体を探索するというラットの性質を利用している（Berlyne, 1950）。新奇物体選好の一般的な手続きは，Ennaceur and Delacour（1988）で述べられている手続きとほぼ同様である。この手続きでは，ラットをオープンフィールド内に入れ，2つの同じ物体を数分間探索させる。ラットを装置から取り出して遅延を挟んだのち，2つの物体を置いたフィールドに再度入れる。このとき，一方の物体は見本と同じ物体であり，他方は新奇物体である。通常のラットは，テストの間新奇物体の探索により多くの時間を費やす。このことは，彼らが見本物体を認識していることを意味する。ラットが新奇物体に対する選好を示す遅延時間は，一般的な手続きで24時間，改良手続きで数週間である（p. 284「逆行性物体認識」の項参照）。

●感覚システム●

　研究者はしばしば，ラットは既知性の**視覚的**特徴を弁別することで遅延非見本合わせ課題や新奇物体選好

＊ 本章では，三次元物体の親近性弁別を必要とする課題に関する行動を述べる。個々の物体と他の事象（報酬など）との関係性についての学習を要する課題は考慮していない。

課題を遂行するという暗黙の前提を想定している。しかし，両課題において，ラットは視覚，触覚，嗅覚を通じて見本物体を知覚することができる。ラットの行動をつぶさに観察しても，ある試行において用いている感覚情報の種類に関する手がかりを得ることはできない。ラットは探索中見本物体のにおいを嗅ぎ，そして接触するが，このことはラットが嗅覚や触覚を用いて物体の選択を行っていることを意味しない。しかし，遅延非見本合わせ課題を遂行しているラットが物体から数cm離れたところから常に正しい物体の方向に向かって接近している場合，ラットは視覚を用いているだろう。

遅延非見本合わせ（DNMS）

●課題のバリエーション●

図36-1は，物体を置いた特徴的なゴール箱を走路に取り付けたY字迷路の手続きを示している（Aggleton, 1985）。ラットを見本箱に20秒間閉じ込めたのち，「特徴のない」箱で遅延を与える。その後，物体を置いた特徴的な箱を取り付けた残りの2走路をラットに選択させる。一方の走路に置かれている物体は見本箱に置かれていたものと同じ物体であり，他方の走路に置かれている物体は新奇物体である。新奇物体を置いた箱を選択すると，ラットに報酬を与える。そして，これが次の試行の見本となるのである。

別の遅延非見本合わせ課題のプロトコルでは，見本試行と選択試行からなる離散手続きを用いている。あるプロトコル（図36-2A～D）では，実験者が開閉可能なドアによってスタート領域とゴール領域を区切った走路を用いている（Rothblat and Hayes, 1987）。ゴール領域には餌を入れる窪みが設けられており，その上に物体を置く。見本試行では，スタート領域に通じるドアを開けることによってラットは見本物体に接近する。ラットは物体を押し退けることで報酬を得る。ラットを装置から取り出してスタート領域に戻し，そこで遅延時間を設ける。遅延後には，見本物体と新奇物体を置いたゴール領域へ進入することができるようになる。見本試行を装置の一端に，そして選択試行を装置の他端に設けたプロトコルでは，実験者は試行間と試行内の両方においてラットに触れることがない（Kesner et al., 1993）（図36-2E～H）。図36-3に示すプロトコルでは，上記プロトコルで用いられている装置に中央のスタート領域を追加している。この装置には餌を入れる窪みが両端それぞれに設けられており，見本試行と選択試行は試行間でランダムに割り当てら

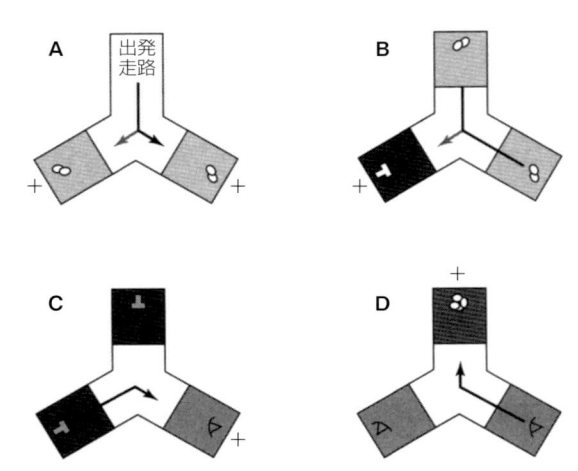

図36-1 Y字迷路を用いた遅延非見本合わせ課題。図中の＋は報酬走路を指す。(A)最初の試行ではラットを出発走路に入れ，その後2本の走路のうち一方を選択させる。走路の先端にはゴール箱が取り付けられており，その中には同一の物体が置かれている。(B～D)以降の試行では，1つ前の試行で用いた親近物体が置かれた走路と，当該セッション中でラットがみたことのない新奇物体が置かれた走路の間での選択を行う。[Aggleton, 1985.より]

れる（Mumby et al., 1990）。

遅延非見本合わせ課題の訓練を始める前に，ラットを装置に馴化させ，餌を入れた窪みの上に置かれた物体を押し退けるようにシェイピングをする必要がある。これは，2個の同じ物体を呈示し，一方の物体を選択することで報酬を得るという単純な物体弁別課題（Mumby et al., 1990）の訓練を行うことで可能である。ラットは物体弁別を速やかに学習する。おそらく，小さな物体を動かすことは採餌行動を行うラットにとって自然な行動だからであろう（Barnett, 1956）。遅延非見本合わせ課題の本訓練に先立ち，数秒の遅延時間を用いてラットが一定の基準を達成するまで獲得訓練を行う。このことにより，ラットが非見本合わせのルールを学習したことを確認する。その後，より長い遅延時間（数分）を用いて物体認識を検討する。獲得の指標は短時間の遅延訓練において基準を達成するまでに要した試行数もしくはエラー数であり，長い遅延時間での遂行は正選択を行った試行の割合で評価する。上記以外にも，各試行で用いられる物体の数が異なるY字迷路型遅延非見本合わせ課題（Steele and Rawlins, 1993）や，離散試行型の遅延非見本合わせ課題（Mumby et al., 1995）がある。

●実験者効果を最小限に抑える●

ラットにとって人間は，大きく，騒々しく，そしてにおいがする潜在的な捕食者であろう。遅延非見本合

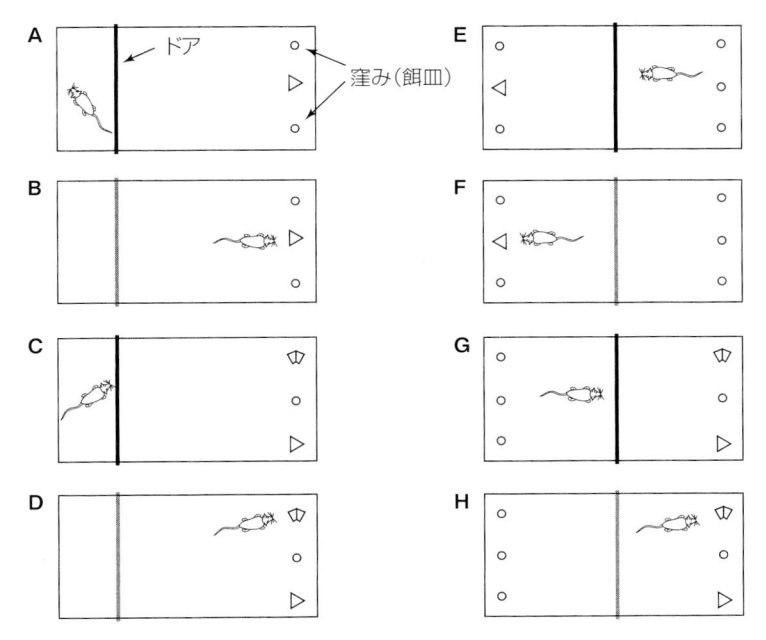

図36-2 （A〜D）Rothblat and Hayes(1987)と類似した遅延非見本合わせ課題の手続き。各セッションの見本試行と選択試行の間には，ラットを装置から取り出しスタート領域へ戻す。（E〜H）Kesner et al.(1993)による手続き。中央のドアは実験者によって開閉することが可能であり，遅延を設ける役目，またラットが見本領域と選択領域を行き来することを妨げる役目をもつ。後者の手続きでは，実験者は試行間また試行内でラットに触れることがない。

わせ課題において，実験者がラットに干渉することは避けられない。そのため，最初にラットを人間に慣れさせることが必要である。室内において最も興味のある物体として実験者を知覚しているラットは，課題よりも実験者に多くの注意を払うであろう。このことは，ラットを用いて実験をしたことがない人，そして動作や音に対してラットがどのように反応するのかを知らない人にとって遅延非見本合わせ課題の最も困難かつフラストレーションがたまる点である。

　正選択を促すような実験者の無意識な動作など，ラットの課題解決につながる不注意な手がかりをもたらしていないかについて，実験者は自分自身の行動を観察しなければならない。常に見本物体あるいは新奇物体のうち1個を交換しているとすれば，ラットは実験者のにおいが相対的に強い物体を弁別することで課題を解決するかもしれない（Mumby, Kornecook et al., 1995）。最も簡単な解決方法は，各試行において2セットの全く同じ物体を用いることである。一方のセットを見本試行に，そして他方のセットを選択試行に用いることにより，すべての物体が試行開始前に装置内へ入れられることになる。

●給餌制限●

　報酬性課題を用いる際，ラットに給餌制限を施すことが多い。一般的な給餌制限では，同月齢の自由摂食ラットと比較して80〜85％の体重を維持する。遅延非見本合わせ課題の訓練では，一般的な給餌制限は不必要であるばかりか，意図とは異なる結果をもたらすかもしれない。過活動や反応抑止は選択精度に影響を及ぼし，これらは給餌制限の程度が強くなると増加する。自由摂食に対して85％の体重になるような給餌制限は，基本的な課題手続きを学習する訓練初期に有効である。しかし，物体に接近してそれを押し退けることを学習したあとには，自由摂食に対して90〜100％の体重になるような給餌制限を施すと良い。

　遅延非見本合わせ課題における訓練成功の可否は，ラットが遅くも速くもないスピードで装置内を移動すること，また場所選好（例えば，常に左側の物体を選択する）を示さないことにかかっている。装置内を速く移動するラットの誤選択率は高く，また試行開始後に十分な時間をかけて物体探索を行わない。経験が不十分な実験者は，ラットが速く移動すること，そしてゴール領域に飛び込んで最初にみえた物体に接触するまでの時間を無駄にしないことを願うであろう。しか

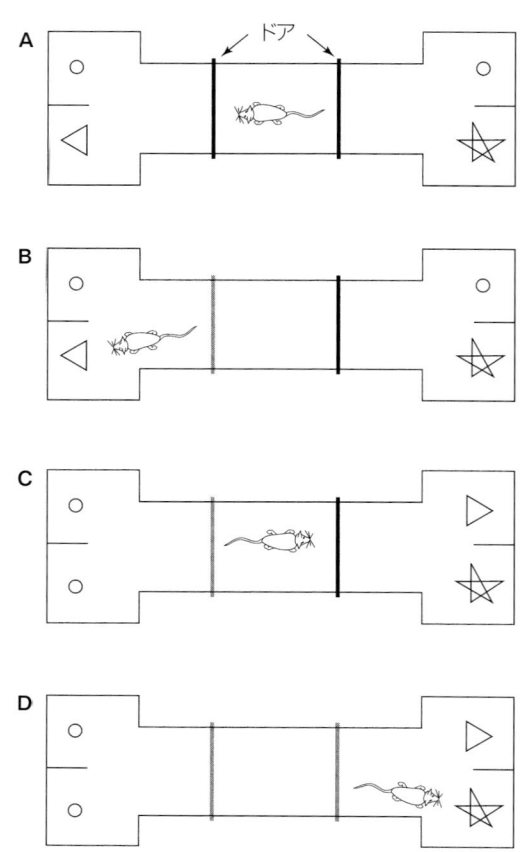

図36-3 Mumby et al.(1990)による遅延非見本合わせ手続き。(A)各試行を開始する前には，ラットを中心領域に閉じ込める。装置の両端には餌を入れる窪みがあり，これらの上には2個の物体が置かれている。(B)ドアを開けるとラットは物体に接近し，物体を押し退けて報酬を得る。(C)餌が入っていない他端の窪みの上に見本物体を置く。遅延時間中，右側のドアは閉じられている。(D)新奇物体を押し退けることにより，ラットは報酬を得る。その後ラットは中心領域に戻り，次の試行を開始する。この手続きでは，試行間また試行内の両方において実験者はラットに触れることがない。

し，このような行動は遅延非見本合わせ課題の獲得を有意に長引かせる。移動速度の速さと場所選好はしばしば同時に観察される。場所選好をなくすためには，せっかちなラットを減速させることが必要である。しかし，単純な物体弁別課題といった救済的な訓練などの追加指標も必要である。

移動速度の遅いラットは，試行間また遅延時間中簡単に注意をそらされる。これは忍耐強くない実験者にとってフラストレーションを感じる行動であり，ラットが課題に戻るよう不得策な即席のプロトコルを採用するかもしれない。最適な遂行には，それぞれのラットの状態に合わせて摂食量を個々に調整する必要がある。遅すぎるラットの給餌量は若干減らし，速すぎる

ラットの給餌量は若干増やすのである。目標はラットのペースを最適化し，そして一様にすることである。このことは，遅延非見本合わせ課題の訓練を成功させるうえですべてのラットに同量の餌を与えることよりも重要である。

● 遅延非見本合わせ課題における実験操作の解釈 ●

遅延非見本合わせ課題の遂行低下が物体認識記憶の障害によると結論づける前に，いくつかの可能性を検討しなければならない。ある種の実験操作は，過活動やストレス反応の変化，また反応抑止など，遅延非見本合わせ課題の遂行に干渉する非特異的な影響をもたらす。非特異的影響は脳損傷のような侵襲性の高い実験操作を行ったのち数日間持続するが，この影響は最終的には消失する。ラットが一時的な非特異的影響を克服する機会を与えられていなければ，物体認識記憶には影響がなくとも遅延非見本合わせ課題の遂行が障害されるかもしれない。1つの解決方法は，遅延非見本合わせ課題の前に物体弁別課題の訓練を行うことである。遅延非見本合わせ課題の遂行障害が認められる実験操作のあとであってもラットは物体弁別を比較的容易に学習し，物体弁別課題を行っている間に種々の非特異的影響を克服する。

非見本合わせのルールを学習したのち，ラットは各試行においてそのルールに適応すると考えられている。したがって，選択精度はその大部分が見本物体の認識に依存している。記憶テストにおける典型的な実験操作の影響は，遅延時間の延長に伴って障害の程度が大きくなる**遅延依存的な障害**である。短い遅延時間では実験操作が記憶処理に十分な負荷を与えないため，その場合には遂行が正常であるというのが通常の解釈である。しかし，遅延依存的な影響は記憶機能以外の理由で生じることがある。短い遅延時間で遂行が漸近に達したあとでも，長い遅延時間において良好な選択精度を達成するためにはある種のスキルが必要である。長い遅延時間での訓練を重ねることにより，ラットは物体の特徴に注意を向けること，遅延時間中に気を散らさないこと，性急な選択をしないこと，また見本試行と選択試行を区別することを学習する。これらのスキルが不十分な場合には，通常の物体認識能力を有する動物であっても選択精度は低くなる。

実験操作前に訓練を行うことで，遅延非見本合わせ課題の遂行における実験操作の影響を低減することができ(Mumby, 2001)，実験操作の影響が認められた際にその解釈を容易にすることができる。実験操作によってもたらされる遅延非見本合わせ課題の障害が前

訓練を行わない場合に限られる場合，実験操作が課題ルールの学習に影響を与えており，物体認識記憶には影響を与えていない可能性が考えられる。この理由を理解するためには，遅延非見本合わせ課題の訓練においてラットが何を学習するのかを心にとめておかなければならない。ラットは物体の認識能力を実験開始前の時点ですでに有しているため，物体を認識することを学習するのではない。訓練中にラットは報酬の随伴性（非見本合わせのルール）と，課題遂行に必要とされる種々のスキルを学習する。実験操作前に訓練を行うことは，すでに学習したスキルが実験操作によって影響を受けないことを保証するわけではない。しかし，実験操作を行ったあと数試行でラットが物体に接近してそれを押し退け，チャンスレベルよりも高い精度で遂行をするなら，ラットは非見本合わせのルールと一般的な課題手続きを覚えているといえるだろう。

新奇物体選好（NOP）

●基本的な課題手続き●

新奇物体選好課題は，ラットにおいて物体認識を検討する一般的な方法となりつつある。その理由として，給餌制限を必要としないこと，また訓練に必要な期間が短いことがあげられる。実験者は遅延非見本合わせ課題よりも非常に速く結果を得ることができるのである。新奇物体選好課題は，種々の新奇性に対するラットの反応を検討する多くの手続きの1つである。ロシアと西欧の心理学者たちが，古典的条件づけやオペラント条件づけを通じて連合がどのように学習されるのかを理解することに専念していた1950年代，Berlyneらは，ただ新しいというだけで環境に存在する特定の特徴に対して動物がどのように反応するのかについて興味を抱いていた。

影響力をもつ研究では，Berlyne（1950）が行ったラットに3つの同じ物体が含まれるオープンフィールドを探索させた。その結果，1つの物体を新奇物体と置換したとき，新奇物体に対するラットの探索行動が増加したのである。物体に対する親近性を有していなかったからなのか，あるいは3つの物体中1つが異なる物体だったからなのかが不明なため，探索行動が増加した原因を特定することはできない。しかし，この現象はラットが新奇性に反応する条件を検討する多くの研究に影響を与えた。この時代の研究は，Berlyne（1960）やFowler（1965）の総説にまとめられている。驚嘆や興味といった情動や動因状態に関して理論化が多く試みられているが，いずれの観点からでも物体認識記憶の処理を理解することはできない。しかし多くの研究では物体探索を興味の対象としており，物体探索に影響を与える要因が明らかになってきた。これらの要因のうちいくつかの知識は，新奇物体選好課題を用いた実験の立案と解釈に不可欠である。種々の探索行動，またこれらを誘発，測定する手法はBerlyne（1960）やFowler（1965），より近年ではHughes（1997）により分析され，まとめられている。

物体探索の標準的な操作的定義は存在しないが，多くの研究者は物体に対するラットの探索行動という基準を含めば十分だととらえているようである。例えば，このような行動には物体に対して頭を向ける行動，また物体から数cm以内に近づく行動が含まれる。Rennerらは，ラットにおける環境と物体探索の構造と機構について，有用な分析を提案している（Renner, 1987; Renner and Seltzer, 1991, 1994）。新奇物体選好課題を用いて物体認識を検討する際，物体に対するラットの接触を詳細に分析する必要はない。わかりやすい，そして一貫した操作的定義をもつことが肝要である。

テスト試行において各物体を探索した時間は，見本物体と新奇物体それぞれについての相対的な探索選好を算出するために用いる。例えば，**探索率**は総探索時間に占める新奇物体の探索時間の比率である｛新奇物体探索時間／（新奇物体探索時間＋親近物体探索時間）｝。

補助的な指標として，馴化試行で見本物体の探索に費やした時間，またテスト試行において新奇物体と見本物体の探索に費やした時間の差分などがある。ある研究者は主たる従属変数としてテスト試行における差分得点を用いているが，比例尺度や比率尺度には総物体探索における個体差を統制できるという利点がある。

●物体探索に影響を及ぼす付加的な要因●

ラットが新奇物体に対して接近行動と回避行動のいずれをとるかは，ラットがその物体に遭遇した環境の親近性に依存しているのだろうか。親近環境の場合，新奇物体は接近行動と探索行動を引き起こす。逆に新奇環境の場合，ラットは新奇物体に対して回避行動をとる（Besheer and Bevins, 2000; Montgomery, 1995; Sheldon, 1969）。したがって，新奇物体選好課題に先立って装置馴化を行う必要がある。多くの場合，装置馴化として10～15分のセッションを2～3回行う。そのあとに行う新奇物体選好課題では，環境刺激によってもたらされる反応は物体に対する反応を遮蔽するほど強力ではなくなる。

物体の複雑さは，誘発される探索行動に影響を及ぼす（Berlyne, 1955）。新奇物体選好課題を行う前には，

ベースラインにおいて各物体が誘発する活動性の程度を検討すべきである。つまり，極端に多い，あるいは極端に少ない探索行動をもたらす物体を除外するのである。事前に物体に関する検討を行うことで物体探索の精度が高まり，ひいては新奇物体選好課題において明瞭な結果を得ることができる。

テスト試行の時間は，新奇物体選好の検出に影響を及ぼす。選好はテスト試行が始まったあと1〜2分間で顕著にみられ，その後減少する傾向にある。おそらく，探索の過程で2つの物体が有する親近性が等価になるからだろう(Dix and Aggleton, 1999)。ラットの行動を分刻みで分析することによってテスト試行における選好の継時的変化が明らかになり，試行中において最も敏感なタイミングに焦点を当てることができる(Mumby et al., 2002)。ラットが弁別をしなくなった時間を含めることはデータにノイズを加えるだけであり，テスト試行の最初に生起した有意な選好を不明瞭なものにする。

●新奇物体選好課題における実験操作の解釈●

新奇物体選好課題は手続きが簡便であるにもかかわらず，実験操作の効果が生じた原因が物体認識の障害なのか，あるいは別の理由なのかを見極めることは容易でない。実験操作の効果がなく，そして見本物体の探索時間と比較して新奇物体のそれのほうが長い場合，物体認識能力は顕著に障害されていないと考えられる。しかし，選好が障害されており，かつ感覚器が障害されている可能性を除外できる場合，新奇物体の探索に失敗した潜在的な理由がいくつか考えられる。1つには，ラットが見本を認識していない可能性がある。また，新奇物体を探索する生得的な習性が遮蔽または障害されている可能性も考えられる。

2群の遂行を比較する前に理解しなければならない根本的な問題は，各群内において有意な選好を示す遂行が認められたかどうかである。1サンプルの t 検定を用いることにより，ある群の平均探索率がチャンスレベル(0.5)と比較して有意に高いかどうかを見極めることができる。なお，多くの研究における統制群の探索率は0.6〜0.7である。したがって，2群間の遂行を比較する際最初に行う検定は**名義尺度**に関する検定，つまり選好と非選好の比較である。その後2群間の平均値の比較を行うことになるが，この比較は単に選好の程度に関するものにすぎないことに留意しなければならない。あるラットにおける新奇物体の選好が，他のラットと比較してどの程度高い場合に認識能力が優れているのかを明らかにすることはできない。

逆行性物体認識

逆行性物体認識は，実験操作前にみたことがある物体の親近性を弁別する能力である。実験操作が脳損傷であった場合，実験群の術後回復期のあとに統制群が記憶を有意に保持している必要がある。遅延非見本合わせ課題，また典型的な新奇物体選好課題は不適当である。しかし，見本物体を繰り返し呈示することにより，数週間の遅延を挟んだあとであってもラットは新奇物体選好を示すことが報告されている(Mumby, Glenn, Nesbitt, and Kyriazis, 2002)。長時間の遅延を挟んだあとのテスト試行において物体探索を増加させるためには，テスト前にラットを再馴化すれば良い。

新しい新奇物体選好課題

実験パラダイムを構築する際，自然環境におけるラットの行動を考慮することの重要性が進化的な視点から強調されている(Timberlake, 1984)。新奇物体選好課題は生得的な探索傾向を利用しているが，従来の手続きでは特定の探索反応を強いているかもしれない。例えば自然環境を探索する場合，ラットは物体を探索しながらあちこちを移動する。彼らは一度探索した場所や物体へと戻るというより，新しい場所や物体へと移動する傾向を有している。2つの物体が置かれた標準的なオープンフィールドという閉鎖空間は，このような野生の探索行動と相容れない。

新奇物体選好の改良手続きでは，これらの制限を回避することに成功している(Mumby et al., submitted)。装置は円環状の走路であり，仕切り板によっていくつかのセクションに分割されている(図36-4)。仕切り板には，一方向性にのみ開くドアが設けられている。したがってラットは，新しいセクションに入ると，前のセクションへ戻ることはできない。すべてのドアが同じ方向へ開くようにすることで，ラットは一方向性に環状走路の探索を行う。各セクションには同一物体が2つ設置されており，これらの物体のペアはセクション間で異なる。ラットは新しいセクションに進入すると前のセクションより多くの時間を探索に費やし，同時に物体に対する親近性も獲得する。テストでは，各セクションに見本物体と新奇物体を置き，各物体に対するラットの探索を記録する。ラットは前のセクションへ戻ることができないため，新奇物体選好に関するいくつかの指標は各試行において評価を行う。セクション間で異なる実験操作を行うことができるため，異種の新奇性に対するラットの反応を同時に測定

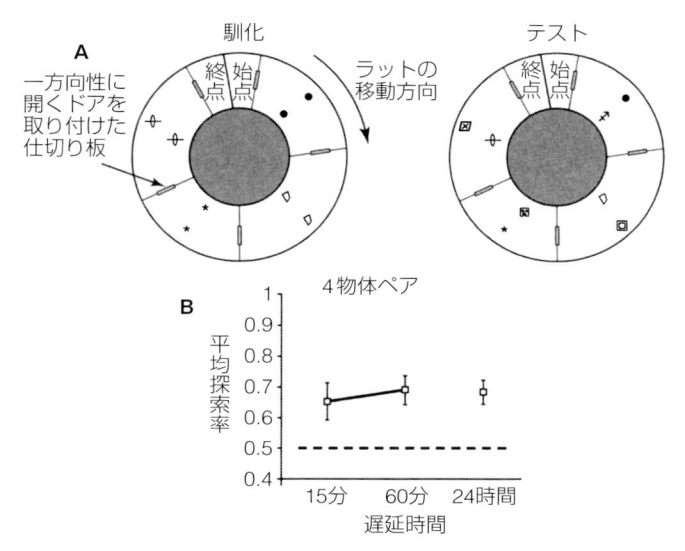

図36-4 (**A**)新奇物体選好を評価する環状走路。詳細は本文参照。(**B**)遅延時間15分および60分(*n*=12)または24時間(*n*=12)を用いた場合の4物体ペア探索の結果。探索率は，テストでの全物体探索に対する新奇物体探索の比率である。

可能である。

結論

　みかけ上の類似点が多いにもかかわらず，遅延非見本合わせ課題と新奇物体選好課題は異なる行動学的システム，また動機づけシステムを用いている。それゆえ，手続き上の落とし穴，解釈上の問題は両課題で異なる。しかし，両課題を用いた損傷実験の結果はこれまでのところほぼ一致しており，物体認識記憶には海馬が必要でないと示唆されている(Mumby, 2001)。嗅周皮質がより重要な役割を担っているようである。これらの結果は，嗅周皮質におけるシングルユニット応答の変化の結集，また視覚刺激の反復呈示に伴う *c-fos* 発現の結果と一致している(Aggleton and Brown, 1999)。物体認識記憶の神経基盤に関する研究は，他の脳領域や神経回路に焦点を当てつつある。しかし，いずれもが物体認識記憶に対して特定の役割を担っていると結論づけるのは性急である。

Dave G. Mumby

第37章

ナビゲーション

空間知覚

　自然界において，ラットの活動範囲はその潜在的な活動単位を表す**ホームレンジ**という領域に制限される（Bovet, 1998）。ホームレンジ内でラットにとって最も重要な場所となるのが，外敵や気象条件から身を守る役割を果たす**巣**である。しかし，ラットは食料や水を確保するために，また同種の動物を探すために巣を離れなければならず，その活動時間の大半を移動行動に費やしている。つまり，移動すべき場所を記憶し，巣とその場所との間を効率よく移動するため，適切なナビゲーションを選択できるかどうかによってラットの生存率は大きく左右されるのである。

　適切なナビゲーション方略の選択は，空間知覚によって決定される。言い換えれば，環境内で利用可能な手がかりの性質によって利用するナビゲーションを選択しているのである。空間内の手がかり，つまり情報は，大きく「他者中心的な情報」と「自己中心的な情報」の2種類に分類される。**他者中心的(allothetic)な情報**は，環境内にある視覚，嗅覚，聴覚情報が含まれる。**他者中心的な情報によるナビゲーション**では，「目的地までの経路を決定，維持するために」，環境内の情報を処理している（Gallistel, 1990）。一方，**自己中心的(idiothetic)情報**とは，動物自身の動きに基づくもので，前庭系，自己受容器性，体性感覚システムから得られる情報である。例えば，運動入力の遠心性コピーや，視覚フローのような自身の動きに付随する情報があげられる。自己中心的な情報は，**デッドレコニング(dead reckoning)**というナビゲーションを実行するのに利用される。デッドレコニングとは，一定の探索行動を行ったあとの自身の位置から，スタート位置を認識する能力である（第38章参照）。これまでの研究から，ラットは他者中心的な情報に基づくナビゲーションとデッドレコニングを相補的に利用すると考えられている。本章では，他者中心的な情報によるナビゲーションと，それを実験的に評価する方法について詳述する。また，多岐にわたる評価課題の中から，広く利用されており，かつ他者中心的な情報によるナビゲーションの基礎的理論を理解しうる課題を中心に，本章を展開する。

空間学習に関する理論

　空間学習を説明するために，これまでにさまざまな理論が構築されてきた。例えば，刺激-反応理論（S-R理論）では，環境からの外的刺激の呈示と，それに伴って生じるさまざまな運動反応を関連づけることで空間学習が成立すると考えられている。この仮説は，Tolman（1948）によって検証された。Tolmanは，ラットが餌のある場所に到達するのに必要な特定の動きに依存せず，その場所を学習すると主張した。さらに，課題の構成要素と空間位置を符号化することによって内的表象である認知地図を作成する，という主張によってこの能力を説明した。

　認知地図に関するTolmanの主張は，O'Keefe and Nadel（1978）によってさらに発展された。彼らは，空間学習とその神経基盤を説明しうる理論的枠組みを提案し，ラットが空間課題の解決に利用する2つの情報処理システム──タクソンシステムとローカルシステム──を明確に分類した。**タクソンシステム**は刺激と反応の連合学習に基づいており，ローカルシステムは認知地図に基づくものであると彼らは主張した。さらに，これらのシステムは異なる脳領域がそれぞれの機能をつかさどっており，少なくとも部分的には独立していることを報告した。

　O'Keefe and Nadel（1978）の主張した認知地図仮説とは対照的に，例えばSutherland and Rudy（1989）のように連合学習を主な対象とする研究者たちは，すべての空間学習は連合学習によって説明することができると主張した。彼らは，単一，もしくは複合的という

2種類の連合学習によって空間学習は成立し，そのどちらかによって機能する脳領域も異なると述べている。単一の連合学習とは，条件づけ理論における刺激と反応との連合である。一方で，複合的な連合学習では，空間全体の表象を構築するためにさまざまな刺激の表象を組み合わせる。さらに，各刺激と全体的な空間表象を連合させることで記憶を貯蔵する。この理論によれば，場所学習は後者の複合的な連合学習に基づくと考えられる。つまり，明確に位置が定まっている手がかり刺激の空間関係を包括的に符号化し，貯蔵することで場所学習が成立すると考えられる。

空間学習課題の解決方略

タクソンシステムとローカルシステムによって，ラットはさまざまな方略を利用することができる。具体的には，手がかりを利用したナビゲーション方略やガイダンス方略，タクソンシステムに基づくルート方略，ローカルシステムに基づく位置ナビゲーション方略である。それぞれの方略について，その詳細を紹介する。

●手がかりを利用したナビゲーション●

最も基本的なナビゲーション方略は，目的地を直接的に示す手がかりへ向かって移動する，もしくは離れるという動きである。このナビゲーションは，その中心から手がかりとなる刺激が放射状に配置され，かつ勾配を示す環境で利用される（Benhamou and Bovet, 1992）。この**勾配**という概念の中では，刺激の強度の変化を距離の関数として扱う。最もわかりやすい例として，その強度が中心からの距離とともに単調に変化する勾配があげられる。ラットは勾配に沿って進むことによって目的地（すなわち，勾配の中心）までたどり着く，もしくはその逆に，反対方向に進むことによってその場所を避けるというナビゲーションを実行する。このような勾配は，聴覚や嗅覚的手がかり，または明瞭な視覚的手がかりによって構成される。例えば，光を利用した視覚的手がかりの場合，放射状の中心にある光源が発する光の流れの方向が勾配の方向性そのものを表している。つまり，視覚的手がかりとの距離が縮まることで（その手がかりが大きくみえてくるにつれて），最も強度のある勾配の中心と現在地とを結んだ軸に沿ったナビゲーションを実行しているのである。また，明確な手がかりと関連しており，かつ目的地そのものが視認できない場所へも同様の方法でたどり着くことが可能である。このことから，勾配を示す明確な手がかりが，連合学習を通して獲得した最終的な目的地と結びつけられた中間の目的地として機能していると考えられる。

●ガイダンス●

目的地が直接認識できない，または，目的地と関連づけることができる手がかりがない場合，ラットは環境内の手がかりを利用してナビゲーションを実行しなければならない。その方略の1つとして，ラットは方向を示す手がかりに環境内の手がかりを利用する。目的地に到達するためにラットは特定の手がかりに注意を向け，自己を中心としてそれらの手がかりと空間関係を維持することによって，ガイダンスが成立すると考えられる（O'Keefe and Nadel, 1978）。また，目的地の位置を把握するため，ラットは空間を認識する必要がある。その目的地に到達するため，ラットは配置された手がかりのそれぞれの位置，もしくは手がかりの位置関係を利用していると考えられる。例えば，目的地からみた空間内の手がかりの位置関係を表す景色を記憶し，記憶した景色と自身の眼前の景色が一致するまで，自分の位置や動きを調整している可能性もあるだろう（Collett et al., 1986）。

●ルート学習●

前述した手がかりを用いたナビゲーションとガイダンスは，離れた目的地にたどり着くためにルート学習として統合されていると考えられる。**ルート学習**とは，例えば「岩にたどり着いたあと，左に曲がる」というような，特定の目印と特定の運動とをいくつも関連づけて記憶するという概念である。それぞれの目印は目的地までのマイルストーンとしてみなされ，それらを順番にたどることが目的地までの経路となる。ルート学習によって経路を自由に選択する柔軟性は失われるが，すばやいナビゲーションの実行が可能になる。目印の位置が変わるような環境の変化が起こると，適切なナビゲーションの実行は非常に困難になると考えられる。さらに，目印の順序が逆転した場合もそれまでの経路を再びたどることができなくなり，新たな順序を学習する必要が生じる。

●場所ナビゲーション●

場所ナビゲーションには，脳内で環境を地図にして表象する，いわゆる認知地図を作成し利用することが必要である。認知地図は，ラットの位置とは関係なく，環境内に配置された目印とその位置の幾何学的な関係

性を符号化している。認知地図を利用した方略によって、たとえそれまでに利用した経路でなくても、ラットは環境内のあらゆる位置から目的地にたどり着くことができる。つまり、ラットは、認知地図にその位置が書き込まれた特定の場所と比較して自分の現在地を推測し、目的地にたどり着くための最適なルートを計算しているのである。さらに、場所ナビゲーションを用いることによってさまざまな状況に柔軟な対応をすることができる。例えば、選択した経路が通れない、または目印がなくなっている場合、ラットは回り道や近道をすることでナビゲーション行動を環境の変化に適応させ、適切な経路を改めて計算し、選択することができるのである。

●手続き記憶、作業記憶、および参照記憶●

空間学習の獲得には、3種類の記憶が必要である。**手続き記憶**は、課題の実行方法（装置内の走路に進入する、報酬を得る、特定の場所に戻るなど）に関する記憶である。**作業記憶**は、例えば遅延場所合わせで目的地として設定された特定の場所を、その試行が終了するまでの短時間貯蔵しておくために必要である。試行が終了すれば保存した作業記憶は一度消去し、次の試行での新たな目的地を学習するために、新たな作業記憶を保存する。また、試行間で目的地の位置が一定であれば、その位置は長期的な**参照記憶**に符号化される。

行動評価課題

ラットの他者中心的な情報に基づくナビゲーションを評価するため、さまざまな行動評価課題が開発され、利用されている。この項では、そのいくつかを紹介する。以下に紹介する評価課題では、ラットが前述した1種類、もしくは複数の方略を利用して、その空間課題を解決していることに留意されたい。そこで、ラットが利用している方略を明らかにするため、「プローブ」テストを実施する。

● T字迷路課題 ●

効率よく食料を確保するため、げっ歯類はすでに訪れた場所（餌をすでに獲得したため、再度向かう理由がない）よりも、新規の場所に向かう傾向がある。T字迷路課題やY字迷路課題では、この習性を**交替行動**として評価する。これらの課題では、2種類の手続きで評価をすることが可能である。1つ目は自発的交替課

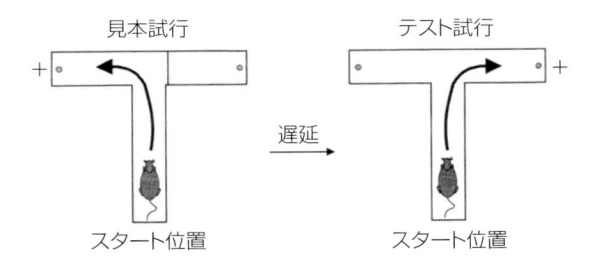

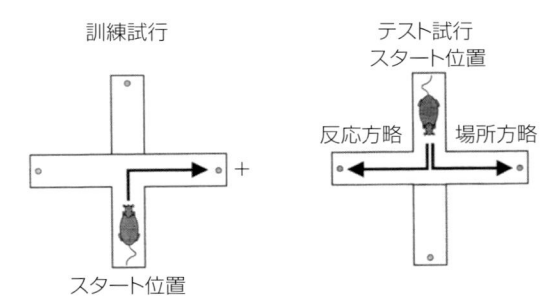

図37-1 （A）T字迷路を用いた遅延非見本合わせ課題。見本試行では、実験者が任意で報酬を置く走路（＋）を決めておく（もう一方の走路への進入はできない）。一定時間の遅延後、ラットは2本のうちいずれかの走路を選択し（テスト試行）、見本試行で選択しなかった走路へ進入すると、報酬を得ることができる。（B）十字迷路での反応方略と場所方略。訓練試行では、右の走路へ進入することで報酬を獲得できることを学習させる。テスト試行では、ラットのスタート位置を逆にし、左右どちらかの走路を選択させる。右の走路を選択すれば、刺激（右に曲がる）と反応（報酬が得られる）という連合学習に基づいた反応方略を用いていると考えられる。一方、左の走路を選択した場合は、認知地図に基づいた場所方略を用いていることが示唆される。

題であり、連続する試行の中で新規の走路を選択するというげっ歯類の生得的な性質を評価する。2つ目は遅延非見本合わせ課題であり、見本試行として実験者より呈示された走路とは異なる走路を選択した場合に報酬を獲得することができる（図37-1A）。ラットがどのような方略を用いてこれらの課題を解決しているかは、いまだ議論の余地がある。しかし、試行間で目的の走路が異なるため、自分の動きと目的地とを関連づけた単一の連合学習では課題を解決することは困難であると考えられる。つまり、装置外に設置された空間的な手がかりやラット自身の動きと関連した手がかりなど、さまざまな手がかりを用いてラットが課題を解決していることが示唆されている（Dudchenko, 2001）。また、先行する試行でどの走路に進入したかを記憶する必要があるため、これらの課題の実行には作業記憶が重要となる。さらに、遅延非見本合わせ課題は、見本試行と選択試行の間の遅延時間を操作することで、

作業記憶の負荷を大きくした手続きで実施することも可能である。

●十字迷路課題●

　目的の場所を目指したラットが反応方略，つまり特定の体の動きと場所との連合学習（タクソンシステム）に基づいた方略を用いているのか，もしくは場所方略（ローカルシステム）を用いているのかを明らかにするために十字迷路課題が考案され，これまで用いられてきた。十字迷路課題は2つのT字迷路装置をつなぎ合わせた形状であり，ラットは向かい合う2カ所のスタート位置のいずれかに置かれ，その先にある左右に分かれた2本の走路へ進入ができる。この装置の周囲には，手がかりとして多数の装置外刺激を配置しておく。訓練試行では，ラットはいずれかのスタート位置から出発し，報酬を得るために左右いずれかの走路に進入する。テスト試行では，訓練試行とは逆のスタート位置にラットを置く。訓練試行において報酬が右の走路に置かれており，かつテスト試行においてラットが右曲がりの反応をすることで走路へ進入した場合，ラットはS-R連合学習に基づいた反応方略を用いていることが示唆される。つまり，空間学習におけるS-R理論を支持する結果である。一方で，ラットが左の走路へ進入した場合，ラットは場所方略を用いていることが示唆され，認知地図仮説を支持する結果となる（図37-1B）。なお，ラットはいずれの方略も利用できる可能性が示唆されている（Packard and McGaugh, 1996）。

●放射状迷路課題●

　放射状迷路は空間学習行動を評価する装置として広く用いられており，これまでにさまざまな手続きで実施されてきた（Foreman and Ermakova, 1998）。迷路は，複数，ほとんどの場合は8本の高架式走路からなり，それらの走路はタイヤのスポークのように，中心のプラットフォームから放射状に配置されている。Olton and Samuelson（1976）によって考案された課題では，装置中央のプラットフォームに置かれた動物は装置内を自由に探索し，各走路の先端にある餌を獲得する。餌を獲得するための最適な方略は，すでに進入した走路に入ることなくすべての走路を選択することである。すべての餌を獲得すると，試行は終了する。ラットはこの課題を非常に効率よく実行するが，どのように数多くの装置外刺激を用いて各走路を区別し，その位置を覚えているのかについては完全には明らかになっていない。つまり，ラットが効率よく走路を選択するために認知地図を用いて各走路の位置を符号化しているのか，もしくはそれぞれの走路を独立した場所として認識しているのかについては，いまだ議論の余地がある。また，課題の解決には「餌が走路の先にある」という手続記憶と，「目の前にある走路はすでに進入した」という作業記憶が重要な役割を果たしている。例えば「左に曲がり続ければ，すべての餌を獲得できる」というように，自己中心的な反応によって課題を解決することも装置の構造上可能であるが，ラットがこの方略を自発的に用いることはほとんどない。この方略を排除する場合は，数本の走路にのみ餌を置く実験条件で実施する。さらに放射状迷路課題は，タクソンシステム（各走路に手がかりを設置することで，走路を特徴づける）とローカルシステム（装置外刺激によって，その他の走路を特徴づける）を利用できる走路を設定することで，ラットがどちらの方略を利用しているかを明らかにすることも可能である。

●場所選好課題●

　場所選好課題は，探索行動と目的地へ向かうためのナビゲーション能力を同時に評価する課題として考案された（Rossier et al., 2000）。高架式の円形フィールド上で，ラットは装置外に設置された手がかりに基づいてターゲットとなる場所の位置を学習する。ターゲット領域に進入すれば，フィールド上部に設置された給餌器より20 mgの餌が報酬として与えられる。餌はフィールド内にランダムに呈示されるので，ラットは報酬を得るために餌探索を実行する（探索行動）。同時に，ラットは目的地となる場所を学習する必要がある。この手続きでは，ローカルシステムに基づくラットのナビゲーション能力を評価するが，外部環境刺激をすべて排除した場合であれば，デッドレコニングの評価課題としても利用できるだろう。

●モリス水迷路課題●

　モリス水迷路課題は，ラットのナビゲーション能力を評価するために，複数の手続きで評価を実施できる課題である（Morris, 1981）。前述した課題とは異なり，課題遂行の動機づけに給餌制限や給水制限を必要としない。さらに，本課題ではラットが生得的に獲得している遊泳行動を利用する。以下に，その方法を簡潔に記載する。不透明な水で満たした円形のプールを用意する。そのプール内には水から逃れるための場所（逃避台）が設置されており，課題によってその逃避場所を水面下（ラットは視覚で認識できない），もしくは水面上（ラットは視覚で認識できる）に設定する。この装

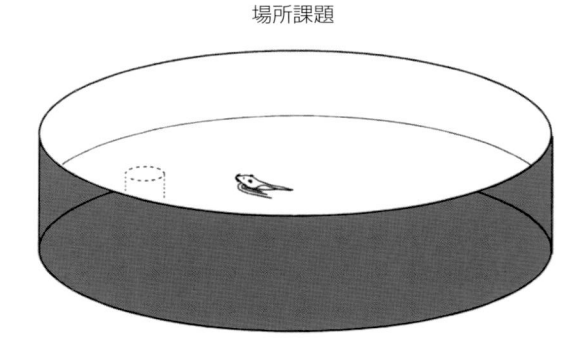

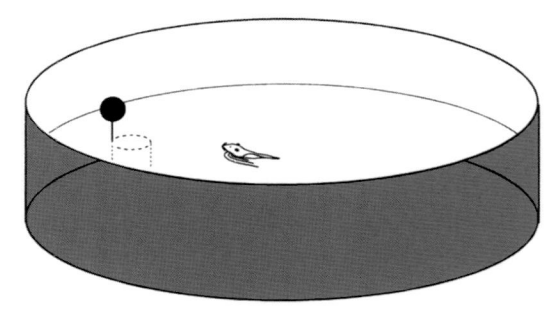

図37-2 モリス水迷路を用いた2種類の課題。場所課題では，装置周辺の手がかりの空間情報に基づき，不可視逃避台の位置を学習する。この方略はローカルシステムに基づいている。手がかり課題では，逃避台に直接設置された手がかりによってその位置が示されている。この方略は，タクソンシステムに基づいている。

置で場所課題を実施する場合は，逃避台に手がかりは設置せず，周囲の環境情報のみを利用することで不可視逃避台の位置を学習する。ラットが特定の景色を利用して課題を解決しないように，スタート地点は連続する試行間で異なる場所を用いる。ラットは，ローカルシステムを利用して認知地図を作成し，逃避台の位置を学習すると示唆される（図37-2）。

この課題の獲得には，手続き記憶と作業記憶が重要である。手続き記憶はラットが装置内で泳ぐ，逃避台にたどり着く，逃避台によじ登るといった手続きを学習するために，作業記憶は逃避台が特定の位置にあることを学習するために，それぞれ必要となる。課題の手続きを身につけたあとであれば，ラットは1回の試行で逃避台の位置を学習することも可能である。この課題の獲得に対して脳損傷が及ぼす影響を評価するうえで，これら2種類の記憶を明確に区別することは非常に重要である。例えば，手続き学習の獲得の障害に起因する学習成績の低下を，空間情報処理の障害として誤った評価をする可能性がある。(Whishaw et al., 1995)。水迷路を用いた見本合わせ課題では，ラットの空間的作業記憶を評価する。見本試行で，ラットは

新規の位置に設置された逃避台を学習する。任意の遅延時間のあとに実施するテスト試行で，その位置を記憶しているかを評価する。これらの試行を連続して行ったあと，新たな見本試行を実施する。

また，モリス水迷路課題は多様な手続きで実施することが可能であり，多岐にわたるナビゲーション行動の評価もできる。例えば，逃避台の表面が水面上にある，もしくは不可視逃避台に目印を設置することで，ラットは場所方略よりも手がかり方略を用いたナビゲーションを実行するようになる。さらに，逃避台にたどり着くまで装置の壁と一定の距離を保って泳ぐことで，前述のガイダンスを利用してこの課題を解決することもできる。正常なラットがこの方略を用いることはないが，脳損傷を施した動物では本来用いる方略の代償としてガイダンス方略を用いることがある。また，常に一定のスタート位置から実験を開始した場合でも，この方略を用いる可能性がある。つまり，スタート位置，時には逃避台の位置と顕著な装置外刺激とを関連づけた軸に沿って，ナビゲーションを実行していることが示唆される。

モリス水迷路課題に対して，ラットはさまざまなナビゲーション方略を駆使し，解決しようとする。実験者はこのことを意識し，ラットが有する柔軟な対応力に十分留意することで，ラットのナビゲーション能力を詳細に評価することが可能である。

●物体探索課題●

ラットが提示された環境を探索するためにナビゲーション能力が利用されることから，探索行動とナビゲーションは非常に密接に関連していると考えられる (Renner, 1990)。探索行動の主要な役割の1つとして，空間表象の形成に必要な情報を収集することがあげられる (O'Keefe and Nadel, 1978)。先行研究から，探索行動，特に物体への探索行動は，環境への親近性をはじめとしたさまざまな要因によって影響を受けることが示唆されている。また，Thinus-Blanc らは，探索行動の間に処理される空間情報の性質を評価するため，複数の物体への探索行動を利用した評価課題を考案した (Poucet et al., 1986; Thinus-Blanc et al., 1987)。この課題は，馴化[i] (habituation) 試行と，物体の配置を変更したテスト試行という2つの連続する試行から構成される。まず，物体の位置を一定にして繰り返し試行を実施することで，探索活動の馴化を行う。試行を繰り返すことで物体への親近性が増加し，物体に対する反応は減少する。この試行を通じてラットは環境の

---

[i] 動物が曝露された刺激に慣れ，反応しなくなること。

空間的特徴と物体の配置を記憶していると考えられ，馴化の成立が空間表象の成立を反映すると考えられる。馴化が成立すると，馴化段階で用いたものと同一の物体を異なる位置に置き，その環境をラットに提示する。この環境変化のもとで探索行動を実施することで，①ラットは新しい空間関係を符号化し，②馴化段階と現在の環境の違いを比較している，と考えられる。つまり，この探索行動を通じて空間表象を再構築し，新たな環境に適応しているのである。

空間の変化に対する探索行動は，その変化の度合いに依存すると考えられる（図37-3）。例えば，4つの物体のうち1つを大きく移動することで物体の相対的位置が変化し，ラットはすべての物体に対して再度探索行動を行う（図37-3B）。対照的に，それほど大きな移動でない場合は，特に移動した物体を対象として探索行動を行う（図37-3C）。2つの物体の位置を入れ替えた場合も（図37-3D），移動した2物体に対して集中的な探索行動を行う（Poucet et al., 1986）。一方で，配置の関係性は保ったまま物体間の距離を広げることで物体の相対的位置関係を変化させた場合（図37-3E），ラットは改めて探索行動を行わない（Thinus-Blanc et al., 1987）。これらの結果から，探索行動の間，ラットは提示された環境の情報のすべてではなく，一部の幾何学的特性を符号化していることが示唆される。

●どの評価課題を用いるか？●

本章で紹介した課題は，それぞれ異なる特徴を有している。その1つとして，課題への動機づけがあげられる。例えば，モリス水迷路課題では，水に対する嫌悪に動機づけられた逃避行動が評価指標となる。また，T字迷路課題や放射状迷路課題では，食欲が探索行動の動機となる。このように，動機づけは学習の成立に大きく影響する要因である。これらの課題とは異なり，自発的交替などの評価課題は動物の生得的かつ自発的な動機に依存する課題である。また，これらの課題はナビゲーション方略の選択の自由度という観点でも，異なる特徴を有している。例えば，水迷路や場所選好課題のような開かれた環境で実施する課題は，厳密に統制された環境下にある迷路課題と比較して，ナビゲーションの評価により適しているだろう。なぜなら，そのような環境内であれば，ラットは嗜好するナビゲーション方略を自由に選択することが可能であるからだ。さらに，ラットが利用する手がかりの性質についても，十分考慮する必要がある。ほぼすべての課題（水迷路課題，場所選好課題，放射状迷路課題，十字迷路課題など）では，実験装置の周囲にさまざまな手がかりが設置されており，課題を解決するためにラットはそれらの手がかりを利用する。そのような条件下では，ラットがどの手がかりをどのように利用し

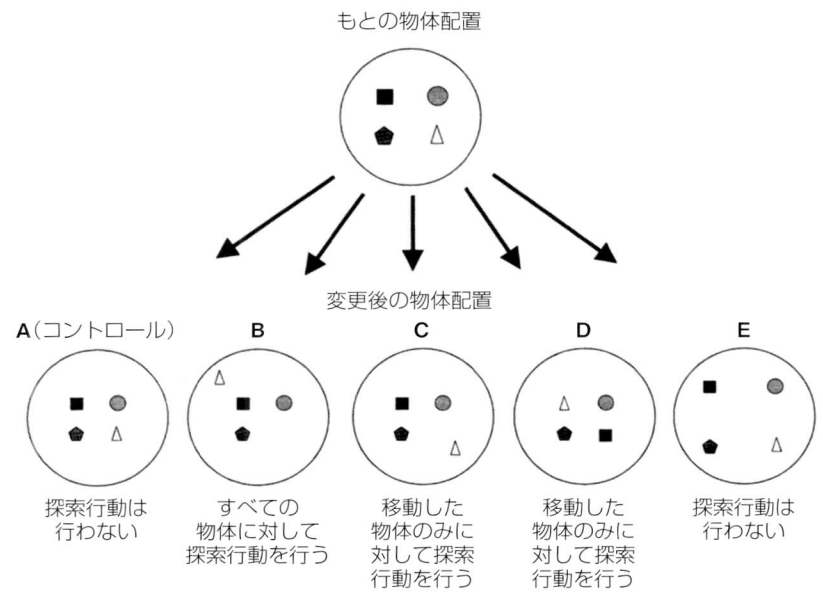

図37-3 物体探索課題の5種類の手続き（A〜E）における物体配置の模式図。物体の配置を変更した場合でも（B, C, D），ラットはその変化を認識することができる。つまり，物体の空間位置関係を符号化していることが示唆される。対照的に，位置関係を変えずに物体の配置間隔を広げた場合，ラットの探索行動は認められない。
[Poucet et al., 1986; Thinus-Blanc et al., 1987.より改変]

てナビゲーションをしているかを評価することは困難である。この問題を回避するための方法の1つとして、十分に統制された実験環境で評価を実施することがあげられる。例えば、カーテンで覆うことで実験装置を部屋から完全に隔離し、実験者が十分に操作できる数の手がかりのみを提示する。また、手がかりの性質について、装置内の手がかり（装置内でラットが探索可能な範囲にある物体）の情報処理過程と、装置外の手がかりの処理過程が異なる可能性があることにも、実験者は留意する必要があるだろう。

ナビゲーションに関与する脳領域

脳のいかなる領域における損傷でも、空間ナビゲーションの障害が惹起される。しかし、その責任部位はタクソンシステムとローカルシステムで異なることが先行研究で報告されている。つまり、タクソンシステムを利用したナビゲーションに関しては大脳基底核が、ローカルシステムでは海馬を含む側頭葉領域が、それぞれ重要な役割を果たすことが示唆されている（O'Keefe and Nadel, 1978）。例えば、水迷路課題において海馬損傷ラットを用いた研究では、海馬損傷は不可視逃避台を用いた場所課題の学習に障害を示すが、可視逃避台を用いた課題（Morris et al., 1982）や、手がかり課題の学習には影響を及ぼさないことが明らかにされている（Save and Poucet, 2000）。また、物体探索課題では、海馬損傷ラットは物体の位置の変化は学習できなかったが、新奇物体は認識できることも報告された（Save et al., 1992）。さらに、海馬は放射状迷路課題（Olton et al., 1979）やT字迷路課題（Dudchenko, 2001）の解決にも必要であることが見出されている。一方で、海馬を損傷されたラットであっても、訓練とテストを十分に経験すればさまざまな空間学習課題を解決できることも報告されている。つまり、嗅内皮質、嗅周皮質、嗅後部皮質、脳梁膨大後部皮質、頭頂皮質をはじめとする大脳皮質領域（Aggleton et al., 2000）や、視床前核、乳頭体、小脳といった皮質下領域が場所ナビゲーションに関与する可能性を示唆している。しかし、海馬に関与するこれらの脳領域が空間学習に果たす機能については、いまだ明確な結論が得られていない。対照的に、タクソンシステム（手がかり、ガイダンス、ルート方略）については、海馬ではなく、背側線条体やその周辺構造の機能に依存することが明らかとなっている（McDonald and White, 1994）。

結論

空間学習課題を実施する大きな目的の1つは、ラットがどのように「自然に」空間情報を処理しているのか、どの脳領域がそれらの責任部位か、ということを理解することである。言い換えれば、数ある評価課題は、ラットの空間認知能力を評価し、関与する神経機構を研究すべく、考案され、開発されてきた。実験に用いる装置と周囲の環境（手がかりの性質、環境のサイズ、動機づけの種類など）が、ラットがナビゲーション機能を発達させてきた自然界の環境とは異なることを、実験者は十分に理解しておく必要がある。さらに、実験動物が自然界に生息するラットとは異なるため、野生のラットが示す行動や空間認知に用いる方略と実験動物が用いるそれらとが必ずしも一致しない可能性があることも考慮すべきである。つまり、研究者は実験結果が生態学的妥当性を満たしているか、という点に注意を払わなければならない。一方で、探索行動や場所学習、ナビゲーション、空間記憶、自発的交替行動など、自然界の動物が示すさまざまな行動を、実験動物も同様に示すことも事実である。空間情報の処理過程が、実験用ラットと野生ラットで共通であると考えるのが合理的である（Gaulin and Fitzgerald, 1989など）。さらに、ラットが用いる空間情報処理とそれに寄与する神経機構が、ヒトを含む他の動物種と同じであると考えることも、また妥当であろう。

Etienne Save, Bruno Poucet

第38章

デッドレコニング

　時に餌を確保し，時に外敵から身を守るため，ラットは「他者中心的な情報に基づくナビゲーション」と「自己中心的な情報に基づくナビゲーション」という，少なくとも2種類のナビゲーション方略を用いている（Gallistel, 1990）。他者中心的な情報に基づくナビゲーションは，視覚，聴覚，嗅覚に関連した外部環境の手がかりを利用して行われる。一方，自己中心的な情報に基づくナビゲーションは，自己の動きに基づいた手がかり（固有受容器，前庭系情報，感覚情報の流れ，運動入力の遠心性コピー）を利用する。自己中心的な情報に基づくナビゲーションの1つとして，デッドレコニングがあげられる。デッドレコニングを利用することで起始点との位置関係から現在地を把握し，その場所まで戻ることが可能となる。本章では，ラットが生存するために必須であり，生得的かつ即時の情報処理であるデッドレコニングを話題の中心にすえて展開する。加えて，デッドレコニングを評価するための行動解析課題を紹介し，その理論的枠組みを詳述する。

餌もち帰り課題とデッドレコニング

　リフュージと呼ばれるラットにとっての隠れ家に食料をため込むラットの性質を利用して，自然界で認められるような空間認知行動を実験室内で再現する方法がこれまで考案されてきた（Whishaw et al., 1995）。餌もち帰り課題は，給餌制限を施したラットが広いアリーナ内にランダムに置かれた餌を探索する課題である。アリーナへは，隠れ家から進入する。我々は，外周に沿って8つの穴を開けた円形のテーブルを用いて，餌もち帰り課題を実施した（図38-1A）。それぞれの穴の下には溝があり，その溝を用いてラットの一時的な巣となる「地下室」を穴の下に設置する。地下室に置かれたラットは，テーブル上へ自由に飛び移り，探索行動を行うことができる。空腹状態のラットがテーブル上に置かれた餌をみつけ，かつその餌を食べるのに数秒以上かかる場合，ラットはその餌を地下室にもち帰るだろう。次の探索行動を開始する前に，ラットはもち帰った餌を地下室内で食べるのである。この手続きは，さまざまな実験条件で実施可能である（Wallace et al., 2002b）。本章では，実験条件の操作についての根拠と，その条件下でラットが示す行動について考察する。

　手続き的に最も簡単な課題は，上述した地下室の真上のフィールドに目印となる「地上の部屋」を設置し，スタート位置を視覚的に判別できるようにするものである（図38-1B）。この地上の部屋は地下室と接続しており，ラットがアリーナから地上の部屋，そこから地下の隠れ家の中へ移動できるように，側面に1カ所と，底面に1カ所の穴が開けられている。この条件下では，ラットはホームベースへたどり着くために，3つの異なる方略を用いると考えられる。これらの方略は，①目に見える地上の部屋を手がかりとして利用する**手がかり反応**，②周囲の環境に設置された手がかりのうち，地下室の位置を示すような空間関係をもった2つもしくはそれ以上の手がかりを利用する**場所反応**，③フィールド内での自分自身の動きから生じる情報を利用する**デッドレコニング**である。

　目印となる地上の部屋を用いた訓練では，フィールド内のラットの探索行動の移動速度は遅く，餌の位置まで回り道をしながら進む（図38-2）。また，ラットは頻繁に動きを止め，周囲を見渡し，立ち上がり行動をしながら，フィールド内の探索行動を続ける。餌を発見すると，ラットは出発点であるホームベースの方向へすばやく向き直り，最短距離で帰還する。また，この帰還中の移動は探索行動中よりも速い（Wallace et al., 2002b）。ホームベースへ最短距離で帰還するラットは，ホームベース上の視覚的手がかり，つまり地上の部屋を利用していると考えられる。加えて，後述する場所反応やデッドレコニングも，ホームベースまでのナビゲーションに寄与しているだろう。

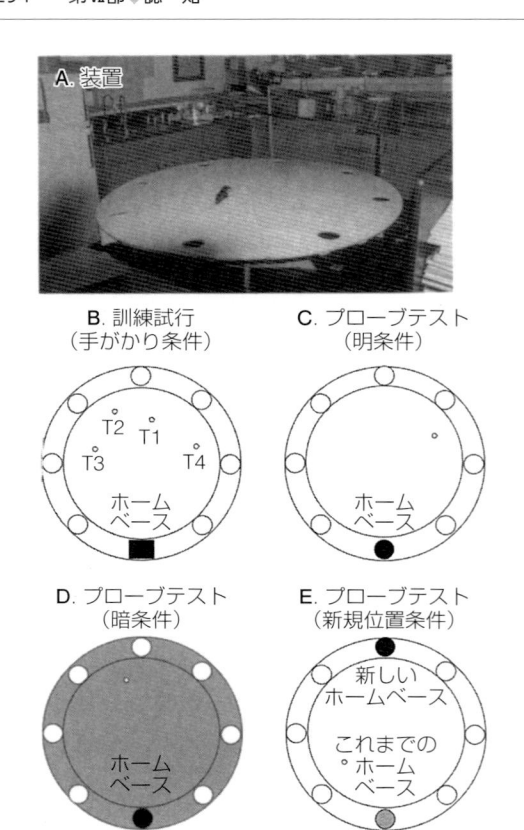

図38-1 (**A**)実験室の風景と課題に用いる円形フィールド。(**B**)訓練試行(視覚的手がかり)：円形フィールドおよび餌の呈示位置の一例。(**C**)明条件，および(**D**)暗条件でのプローブテスト：それぞれの実験条件に合わせて，照明条件を変更する。(**E**)プローブテスト(新規位置)：ラットは新規スタート場所からフィールド内に進入する。2つの同心円の内側に示した記号(白色の円)は，ラットが帰還中に立ち止まった場所を表す。

ホームベース上に視覚的手がかりが設置された条件しか経験していないラットが，周囲の環境にある「手がかり」を利用してホームベースへ帰還できるかを評価する。

●デッドレコニングに対するプローブテスト●

デッドレコニングに対するプローブテストでは，訓練試行および場所に対するプローブテストと同じ位置をホームベースに設定する。これまでの試行と異なるのは，装置内の照明をすべて消しておく点である(図38-1D)。この条件下では，赤外線センサーカメラを用いてフィールド内のラットの動きを記録する。装置内外の手がかりを用いることができないため，ラットが最短距離でスタート位置に戻るためには，フィールド内での自身の動きが唯一の手がかりとなる。このテストで認められる探索と帰還行動の軌跡には，訓練試行や場所に対するプローブ試行で観察された軌跡と同様の傾向がみられた(図38-2C)。つまり，探索中は蛇行し，ホームベースまで最短距離で帰還するという特徴を示した。加えて，これらの移動スピードは非常に遅くなるが，帰還中の移動スピードのほうが探索中のそれよりも速くなることがわかった。また，実験室内は暗闇であるため装置周囲の手がかりを利用できないことに加え，探索と帰還行動の軌跡が異なっているため嗅覚や聴覚に基づく他者中心的な情報も利用していないと考えられる。さらにナビゲーションに利用する手がかりを統制する手続きとして，「新規の位置に対する」プローブテストがあげられる。その詳細を次項に述べる。

●場所に対するプローブテスト●

訓練が成立したのち，場所に対するプローブテストを実施する。このテストでは，訓練試行と同じ場所をホームベースとするが，目印となる地上の部屋は取り外しておく(図38-1C)。つまり，ホームベースはフィールド上の他の7カ所の穴と識別できなくなるが，装置の周囲に配置された手がかりとの位置関係は訓練試行と変更しない。ラットは，目印のない「隠れた」ホームベースからフィールド上に出て，ランダムに置かれた餌を探索する。プローブテストでの探索行動は，その軌跡と移動スピードを指標として，訓練試行と比較する(図38-2B)。餌を発見すると，ラットはすばやくホームベースへ向き直り，帰還する。なお，ホームベースへ接近するときは加速し，ホームベースへ入る直前に減速する傾向が認められた(Wallace et al., 2002b)。このプローブテストでは，訓練試行で

●新規のホームベースに対するプローブテスト●

次に，新しいホームベースに対するプローブテストを紹介し，前述した2つのプローブテストと比較する。このテストでは，照明をつけた環境で，新規の位置に視覚的手がかりのないホームベースを設定する。例えば，図に示したように，訓練段階で設定した位置とは180度反対の位置にホームベースを設定する(図38-1E)。このテストでは，帰還の際に周囲の環境に設置された手がかりを用いるか，もしくは自己の動きに基づく手がかりを用いるかという葛藤がラットに生じると考えられる。周囲の手がかりを用いていれば，ラットはこれまでのホームベースの位置に戻ろうとするだろう。一方で，自己の動きに基づく手がかりを用いていれば，ラットは「新しい」ホームベースに戻ると

A. 訓練試行（手がかり条件）

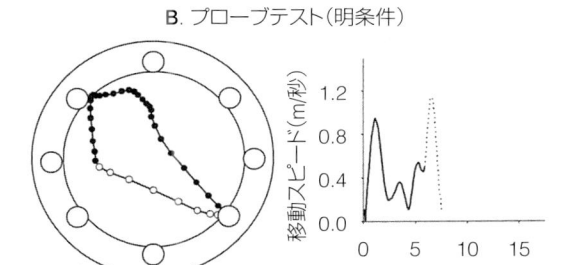

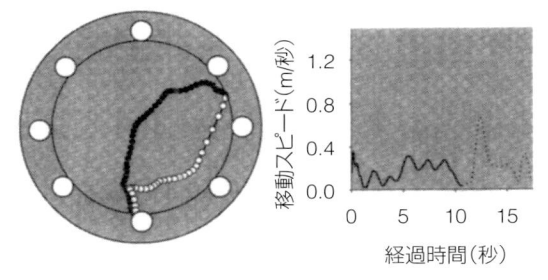

B. プローブテスト（明条件）

C. プローブテスト（暗条件）

図38-2 各試行でのラットの移動の軌跡のプロット図と移動スピードの変化の代表例を示す。黒色で示した点とそれをつなぐ線は探索中のラットの軌跡とスピードを，白色で示した点とそれをつなぐ線はホームベースへ帰還中のラットの軌跡とスピードを示している。

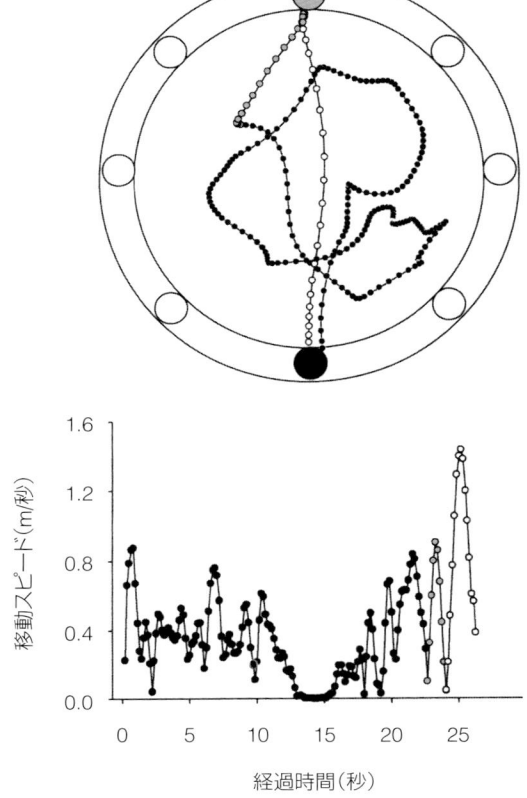

図38-3 黒色の点は探索中の行動を，灰色の点は餌をみつけてから最初に選択した穴に到達するまでの行動を，白色の点は最初の穴を選択したあとの帰還行動を示している。（上段）訓練段階でのスタート位置（灰色の円）と異なる新規の出発点（黒色の円）からフィールド内へ進入したあとの，ラットの探索行動の代表的な軌跡を示す。（下段）移動中のスピードの変化。

考えられる。

　新しいホームベースからフィールド内へ進入したラットは，これまでの試行と同様に，フィールド内に置かれた餌を探索する（図38-3）。餌を発見したのち，これまでのホームベースの方向へすばやく向き直り，最短距離で移動する。つまり，ラットはまず場所反応（第37章参照）を選択し，ホームベースへの帰還に利用していることが示唆される。しかし，たどり着いたホームベースが利用できないことが判明すると，新しい位置のホームベースへ向き直り，再び最短距離で帰還する。帰還時の移動スピードに加速と減速が対称的に認められるという特徴からも，ラットがデッドレコニングを用いていると考えられる。

　このような反応パターンから，ラットが餌を獲得する際に用いるナビゲーション方略に明確な序列があることが示唆される（Maaswinkel and Whishaw, 1999; Wallace et al., 2002b）。つまり，ラットはまず使用頻度の高い他者中心的な情報を利用することを選択する。ホームベースの位置を示すそれらの手がかりが利用できない場合，自己の動きに基づく自己中心的な情報を利用してナビゲーションを実行する。

　「新しい」ホームベースの位置を覚えるために自己中心的な情報を用いたナビゲーションに切り替えたことを確認する方法の1つとして，装置内の照明を消した環境で繰り返し試行を行うという手続きがあげられる。例えば，ラットが実験室内の嗅覚刺激をホームへの帰還の手がかりとして利用している場合，照明のある条件下で課題を実施したときに観察された反応と同様の反応を示すと考えられる。一方で，ラットが自己中心的な情報を利用している場合は，そのスタート位

置にかかわらず，最短距離でホームベースに戻るだろうと推測できる。このような手続きで実験を実施したところ，ラットは新しく設定したホームベースに最短距離で戻ることが明らかになった(Maaswinkel and Whishaw, 1999)。この結果から，暗条件下では，ラットが環境内の視覚以外の感覚に依存した手がかりは利用せず，デッドレコニングによるナビゲーションを行っていることが示唆される。

●デッドレコニングへ寄与する神経機構●

餌もち帰り課題でのデッドレコニングをつかさどる脳部位を明らかにするため，これまでに多くの研究が行われてきた。その脳部位の候補としてあげられている海馬を含む辺縁系が，デッドレコニングによるナビゲーションの際に自己中心的な情報処理を実行することが示唆されている。海馬を損傷するとデッドレコニングの障害が認められるが，その他のナビゲーション方略には障害を及ぼさないことも明らかになっている(Maaswinkel et al., 1999)。また，Whishawらは，餌もち帰り課題で後部帯状皮質の機能がデッドレコニングに寄与することを報告した(Whishaw et al., 2001b)。同様に，前庭系システムもデッドレコニングに基づくナビゲーションに寄与することが明らかになっている(Wallace et al., 2002b)。さらに，鼓膜内へのヒ酸投与による内耳機能障害は訓練段階もしくは場所に対するプローブテストに影響を及ぼさないが，デッドレコニングのプローブテストで障害が認められることも報告されている。これらの先行研究の結果から，前庭系システムと，海馬を含む辺縁系領域がデッドレコニングに重要な役割を果たしていることが示唆される。

探索行動

探索は，多くの動物で認められる特徴的な行動である(O'Keefe and Nadel, 1978)。ラットは探索行動を通じて得た環境の情報を，それらが再呈示されたときに利用していると考えられている(Whishaw and Brooks, 1999)。ラットは探索行動を実施するにあたって，2つの問題に直面する。1つ目は，探索行動で収集した情報が帰還するときには利用価値が低くなっている可能性があることである。例えば，探索行動でさまざまな手がかりを認識し，学習していたとしても，それらの手がかりがみえない，またはそれらとホームベースの位置関係が変わっていることもあるだろう。2つ目は，

回り道をして探索を行い，その後最短距離でホームベースへ戻ろうとするラットの習性に関わる問題である。ラットは，どのようにしてこの問題を解決しているのだろうか？　げっ歯類は，この問題を2つの異なる方略を用いて解決している。一方は探索で用いられる方略であり，他方は帰還で用いられる方略である。ラットは，これら2つの方略を関連づけて行動していることが示唆されている。探索中にラットは他者中心的手がかりに関する情報を収集し，帰還の際にデッドレコニングによるナビゲーションを実施していると考えられる。

我々は，実験室内でラットの探索行動に関する研究を行っている。実験で用いる装置は自然界でのラットの行動を模倣するよう，そしてさまざまな手続きで実施できるように考案した。例えば，前述したように，ホームベース上に目印となる地上の部屋を設置することで，視覚的手がかりによってホームベースを判別可能にする。ラットは，ホームベースからフィールド内へ進入し，探索行動を行う。また，ラットが接触性を示すことを考慮し，装置のまわりに壁は設置していない。実験動物にとって本来のホームベースは飼育ケージであるが，フィールド上を探索する，装置周辺の手がかりを認識する，ホームベースに帰還する，といった指標を統制して観察することが困難なため，上記のような装置を使用する。明瞭な刺激のない環境において，ラットは仮想のホームベースを設置し，そこでラットは振り返り，立ち上がり，毛繕い[i](grooming)を行う(Whishaw et al., 1983; Golani et al., 1993)。そして，探索中は何度も立ち止まりながら回り道をして，帰還中は速いスピードでフィールド内を移動する(Tchernichovski et al., 1998; Drai et al., 2000)。つまり，ホームベースとフィールドを設定することによって，自然界で認められるような探索と帰還によって構成されるラットの行動を再現するのである。

●探　索●

我々は，ラットのフィールド内の行動を**探索，立ち止まり，帰還**という3つの構成要素に分類している。ラットが示す典型的な行動パターンの詳細を，以下に記載する。まず，ラットはフィールド内を探索し，ホームベースの入り口付近まで帰還する。その後，ラットは回り道をしながら長時間の探索行動を行うようになる。これらの行動は，頭の向きと，探索の中断，および立ち止まりによって特徴づけることができる。

---

i ある個体が自身の体毛をなめたり引っ張ったりすることで毛並みを整えたり，ごみなどを取り除く行動。

比較的長い時間に及ぶ探索中も，定期的に最短距離でホームベースへ帰還する行動が認められる。つまり，探索と帰還という2つの要素が，探索行動を形成する重要な要素であることが示唆される (Whishaw and Brooks, 1999; Wallace et al., 2001c, 2002c)。

また，我々は探索と帰還を明確に区分するために，ラットが立ち止まる行動を指標にしている。探索をやめて立ち止まるという行動は，0.1 m/秒以下の移動スピードが2秒以上持続することと定義づけている。これら2つが明確に分類できることは，探索行動のデータからも支持される。例えば，フィールド内でのラットの立ち止まり行動を分析したところ，探索行動の間の立ち止まり回数は，フィールドの大きさにかかわらず上限があることが明らかになった (Golani et al., 1993)。さらに，前述したように，立ち止まる前後の移動スピードが質的に異なることもわかっている。なお，移動スピードについて，以下に詳述する。

探索は何度かの中断を挟みながら，0.2〜0.6 m/秒というゆっくりとした移動スピードで実行されている（図38-4）。また，探索経路はさまざまな軌跡を描き，探索ごとに変化する。さらに，直線運動と方向転換の間でのスピードの変化に代表されるように，探索中の移動スピードは特徴的なプロファイルを示すことも明らかになっている。つまり，ラットは探索中に環境内の情報をできるだけ多く集めようとしていることが示唆される。

●帰　還●

探索とは対照的に，ホームベースへの帰還は，現在地とホームベースを最短距離で結んだ経路を選択し，かつ速い移動速度で実行される。そのスピードは，0.2〜1.6 m/秒の間で変動する。ラットがホームベースへ帰還する間，その移動中に認められる加速と減速の変化が中間地点を境として対称的になることが確認された。なお，加速と減速が切り替わるタイミングは，それぞれの移動距離とは無関係であった（図38-4）。ラットに認められる帰還中の移動速度の変化と，視覚的手がかりとは無関係にヒトが日常生活の中で行う動きを評価した結果の間には，同様の傾向が認められる (Gordon et al., 1994)。そのような速度変化は自身の動きに基づいた手がかりによるナビゲーションを実行する際に認められるが，装置外部の手がかりに依存したナビゲーションではそのような変化は認められない。なお，探索中に得た情報に基づいて，環境内のあらゆる場所からホームベースへの帰還を開始することが可能である。この特徴から，ラットは，例えば嗅覚刺激のような自分の体に比較的近い距離にある手がかりを帰還行動には利用していないことが強く示唆される (odor trackingについてはWallace et al., 2002a参照)。

●暗条件での探索行動●

完全な暗条件下の新規環境内で認められるラットの自発的な探索行動についても，これまで研究されてきた。先行研究の結果から，暗闇の中での探索経路は，照明下で認められる探索での経路と同様の傾向を示すことが明らかとなった（図38-4，下段）。つまりラットは，探索中は回り道をしながら自分の位置を変化させている一方で，帰還ではホームベースに向かって直線的に最短距離で移動する。また，照明下で課題を実施した場合と比較して，暗闇の中での移動速度は探索，帰還ともに遅いが，ホームベースへ帰還する際の速度の変化は前述した照明下での傾向と一致している。この傾向は，自身の動きに基づいた手がかり，もしくはデッドレコニングに基づいたナビゲーションを用いてホームベースへ帰還していることとも一致している。

ラットが暗闇の中でデッドレコニングによるナビゲーションを行っていたことから，照明下でも帰還にデッドレコニングを利用していると考えられる。そこで我々は，この仮説を実験的に検証した。その実験手続きを以下に記載する。フィールドの端に設置した黒い箱の中にラットを入れる。このホームベースは，フィールドのあらゆる場所から確認することが可能で

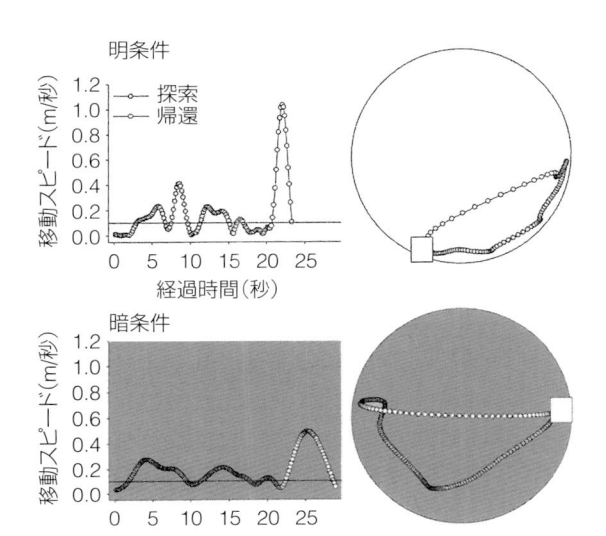

図38-4　明暗それぞれの条件下での代表的な探索行動の移動スピードの変化と軌跡。上段は明条件，下段は暗条件を示す。灰色の点は探索中のデータを，白色の点は帰還中のデータを示す。左図中に示した黒色の線は，立ち止まりとみなす基準のスピード (0.1 m/秒) を表す。

ある。明条件下でラットがホームベースへ帰還するために他者中心的な情報を利用していれば，視認可能なホームベースは目印として機能すると考えられる。そして，そのホームベースをフィールド内の目印として利用していれば，ラットがフィールド内を探索している間にその箱を取り外すことで，ラットはホームベースへ帰還できなくなると考えられる。実際の実験では，ラットは箱の中からフィールドへ出て，箱の表面を数回にわたって調べるような行動が認められた。この行動から，ラットが新奇物体としてその箱に興味を示していることが明らかになった。その後，数回フィールド内を短時間探索し，さらに長時間の探索を実施したのち，ホームベースへ帰還した。そして，ラットがフィールド内を長時間探索している間にその箱を取り外し，ホームベースの位置を示す視覚的手がかりを排除した場合でも，ラットはすばやく，かつ最短距離でホームベースがあった場所へ戻ることがわかった。さらに，ホームベースがあった場所の周辺でにおい嗅ぎ[ii] (sniffing) を行い，数回すばやく探索を行ったのち，再びその場所に戻った。この一連の行動から，ラットは見失ったホームベースを探そうとしていると考えられる。つまり，ホームベースがみえなくなっても，ラットは正確にその位置に帰還し，そこにホームベースが存在すると予測していることが示唆される。これらの結果から，明条件下での帰還行動はホームベースの視認性に依存しておらず，暗条件下での帰還行動と同様にデッドレコニングを利用していることが示唆される。

● **探索行動に関与する神経機構** ●

餌もち帰り課題において，海馬損傷ラットにデッドレコニングの障害が認められたことから，海馬が探索行動に果たす機能的役割を明らかにする研究が展開されてきた。Wallace et al. (2002c) は，海馬体の主要な求心性および遠心性の投射経路である海馬采脳弓経路を損傷したラットが示す探索行動を評価した。その結果，探索には顕著な差が認められなかったが，帰還経路の軌跡および移動速度に群間で違いが認められることが明らかになった。具体的に，海馬采脳弓損傷ラットではホームベースへ最短距離で帰還せず，回り道をしながら，ゆっくりと移動するという特徴が認められた。さらに，神経毒投与による選択的な海馬領域の損傷によっても，同様にデッドレコニングの障害が認められた (Wallace and Whishaw, 2003)。これらの結果から，自発的な探索行動に海馬が重要な役割を果たすこ

とが示唆される。また，海馬以外の脳領域も何らかの寄与を果たしていると推測される。

デッドレコニングの理論的枠組み

餌もち帰り課題で観察されるデッドレコニングと自発的な探索行動には，船舶航海術といくつかの類似点がある（図38-5）。デッドレコニングによるナビゲーションの正確性に重要な4つの構成要素を以下に示す。①ホームベース，②直線運動の距離と方向転換の比率，③任意の場所を通過した時間とその累計，④直線距離と角度の比率と時間的文脈とを統合する情報処理能力，である。これら4つの要素によって，ホームベースから現在地までの距離と角度の内的表象を形成し，正確なナビゲーションを実行する。それぞれの要素について，以下に詳述する。

● **ホームベース** ●

ホームベースは，ラットが餌を探索する際の起始点となる。つまり，ホームベースは周囲の環境の空間を把握するうえで非常に重要な場所となる。身を隠せるような場所が存在しない新規環境を提示されたラットは，任意の1カ所もしくは複数の場所を仮想のホーム

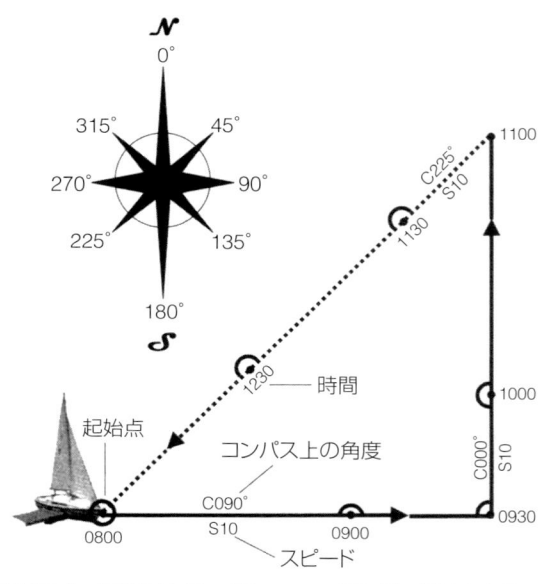

図38-5 航海でのデッドレコニングの例。船はなじみのある場所を起始点として，2回方向転換をしたのち，起始点に戻ってくる。8時に起始点を出発し，東の方向（90°）へ向かって，10ノットで進む。外部の刺激に頼ることなく起始点に戻るときに必要な情報を集めるため，船のスピード，方向，現在の時間を一定の間隔で記録する。

---

ii 鼻部を用いて対象物（個体）のにおいを嗅ぐ行動。

ベースとして設定する (Eilam and Golani, 1989)。その後，ラットが身を隠せるような場所をフィールド内に設置すると，その場所をホームベースとして認識し，利用する。さらに，その場所を取り外すと，それまでホームベースとして利用していた場所を再度利用するようになる (Whishaw et al., 2001a)。ホームベースは，ラットがすでに実行したデッドレコニングの情報をリセット，もしくは消去するための刺激として利用されている可能性がある。また，デッドレコニングに基づくナビゲーションは，誤反応が生じやすいことも報告されている (Maurer and Seguinot, 1995)。ホームベースへの帰還中に生じる誤反応を減少させる方法の1つとして，新たな探索行動を始める前に，すでに行ったデッドレコニングの情報を消去しておくことが考えられる。つまり，ラットが正確なナビゲーションを遂行するためにホームベースを設定することで，先行するデッドレコニングによる探索で得られた情報をリセットする機能を果たしている可能性が示唆される。

●速　度●

ラットが環境内を移動するときには，直線的な動きに関わる「線速度」と方向転換の際の「角速度」によって，移動速度に変化が生まれる。その変化に伴う情報処理は，前庭系システムが担っていると考えられている。Drai et al. (2000) は，ラットの探索行動中の移動速度の変化を評価し，ラットが3種類のスピードで移動している，言い換えれば，3段階の「変速ギア」を有していることを報告した。さらに我々は，そのギアの各段階がそれぞれ探索行動中の特定の構成要素と関連していることを見出した。例えば，探索中はセカンドギアで，ホームベースへ帰還する際はサードギアで，ラットは移動している。移動スピードを3段階に限定することで，帰還行動を評価する変数としての移動速度を計算することが容易になり，その結果，ホームベースからの距離のみで評価する際に生じていた誤反応も減少すると考えられる。

●時間的文脈●

自己の動きに伴う情報を獲得している間の時間的文脈も，デッドレコニングに重要な役割を果たしている。ラットは秒単位で時間間隔の違いを認識すると考えられており (Church and Gibbon, 1982)，探索行動中の時間知覚も正確であることが示唆される。しかし，空間ナビゲーションにおける時間知覚の役割はこれまでほとんど明らかにされていない。我々は，間隔時間のスカラー変数によって，ラットがホームベースからの距離と方向をどのように計算しているかを明らかにできると考えている。例えば，ラットが短い距離を評価する能力には，高い信頼性がある。一方で，その距離が長くなるにつれて，距離の評価に関する変動性も大きくなると考えられる。

●情報のオンライン処理●

デッドレコニングは，時間的文脈と，線速度と角速度の変化を結びつけてオンライン処理をする過程でもある。その処理によって生じた内的表象によって，現在地からホームベースまでの方向と距離に関する正確な情報を得ることが可能となる。さらに，帰還中の移動速度の変化は，装置外の手がかりを利用したナビゲーションより，内的表象によって実行されるナビゲーションを利用した行動でよく認められる。デッドレコニングの情報処理によって，継続的に，もしくはホームベースへ帰還する直前に，すでに構成された内的表象をアップデートしていると考えられる。もちろん，方向と距離を評価する際，誤反応を減らすためには継続的なアップデートのほうが望ましいだろう。しかし，現在までの研究報告では内的表象のアップデートについては証明されておらず，今後の研究が待たれる。

結　論

デッドレコニングに基づくナビゲーションは，ラットが空間を把握するために利用する最も生得的な行動パターンの表出である。ラットは，スタート地点に戻るために，自分の動きに基づくさまざまな情報を結びつけてオンライン処理をしている。本章で紹介した行動評価課題によって，デッドレコニングに関する基本的な考え方や，その構成要素が明らかになった。また，デッドレコニングに基づいたナビゲーションは豊富な実験パラダイムによって評価が可能であり，今後それらの評価系を用いて，デッドレコニングをつかさどる神経回路の詳細が明らかになることが期待される。さらに，デッドレコニングはその他の空間ナビゲーション方略を可能にする空間処理能力の基盤となっており，ラットの生活中に起こる空間認知に関連した出来事を時間的および空間的に表す指標としての役割も果たすだろう。

Douglas G. Wallace, Ian Q. Whishaw

第39章

恐　怖

　ここ30年間，防衛行動の概念化は大きく進展した。行動や動機づけを主眼としたアプローチは，防衛行動が動物の生態や進化的要請によって調整される機能的な機構をもつことを強調してきた(Bolles, 1970; Fanselow, 1994)。神経生理学，神経化学，神経解剖学の技術の進歩によって防衛行動を媒介する物質が明らかになり，防衛行動の行動上の側面とその神経機構が統合された(Fanselow, 1994; Fendt and Fanselow, 1999)。この統合により，複雑かつ機能的に意味のあるラットの行動を支える機構を十分に理解できるようになった。本章では，防衛行動を機能的な行動機構として紹介し，さまざまな防衛行動の神経基盤について述べ，最後に，防衛行動とその神経機構を統合するモデルを紹介する。

防衛行動の構造

　ラットの防衛行動の機構に関する最近の理論の大半は，Bolles(1970)の種特異的防衛反応(species-specific defensive reaction: SSDR)理論がもとになっている。SSDR理論は，ラットが自然の中での脅威(例えば，天敵)や人工的な脅威(例えば，有害刺激)に直面したときに，生得的に決定された防衛行動であるSSDRが限定的に生起することを主張している。どの行動が生起するか，それはなぜかといった点については理論間で相違がある。

　Bolles(1970)の元来の概念は，生起した行動はそれに先立つ経験に依存しており，以前に失敗したSSDRは成功したSSDRよりも生起しにくいというものである。しかし，オペラント条件づけにおける罰の随伴性を用いてSSDRの生起を減少させることはできない(Bolles, 1975)。オペラント条件づけの罰による学習は，ラットが適切な行動方略を学習するまで何度も捕食者と遭遇させる必要があり，こういった状況は自然場面では起こりえないからである(Fanselow et al., 1987)。

　2つ目の理論によると，SSDRは環境の特性に依存して出現する(Blanchard et al., 1976)。ラットはその状況が逃避可能ならば逃避を試み，逃避不可能ならばフリージング[i] (freezing)反応を示すだろう。次の実験がこの理論を証明している。装置に入れられた直後に電気ショックを与えられた動物はフリージング反応を示さない。しかし，装置に入れられてから3分後にショックを与えられると，おそらく逃げ場がないことを学習しているため，動物はフリージングを示すのである(Blanchard et al., 1976)。しかし，排便や条件性鎮痛といった行動が観察された場合には即時ショック欠損が生じており(Fanselow et al., 1994)，これによって恐怖条件づけが弱まり，フリージングが減少する。Fanselow and Lester(1988)は，環境内の刺激の影響を調べるため，異なる刺激を含むさまざまな文脈において条件性恐怖刺激を呈示した。その結果，どの文脈においても恐怖刺激によるフリージングが生じ，他のSSDRは生じなかった。

　これらの結果は，動物が経験している恐怖のレベルに応じてSSDRが決定されることを示唆している(Fanselow and Lester, 1988)。Fanselow and Lester (1988)およびFanselow(1994)は，防衛行動は知覚された脅威の連続体もしくは間近に迫った捕食の危険によって構築されることを示している(Blanchard et al., 1989)。捕食の危険性が低いと動物が知覚したとき，すなわち，恐怖が時間的または空間的に離れているときには，捕食リスクを減少させるための摂食行動パターンの再構築(Helmstetter and Fanselow, 1993)や，情報収集のための胴を伸ばした接近行動(Blanchard et al., 1989)といった危険遭遇前の防衛行動が生じる。捕食の危険が迫り，捕食者が検出されると，フリージングのような危険遭遇後の防衛行動に切り替わる。最終

---

[i] すくみ(行動)。身体の動作が全身性に停止した状態，またその行動。

	←	捕食の危険	→
防衛モード	遭遇前の防衛	遭遇後の防衛	反撃性防衛
自然場面での刺激	採餌場において以前遭遇した捕食者	近くに検出された捕食者	身体的接触，痛み
実験場面での刺激	非常に弱いショック，明るい場所	嫌悪強化子と連合した刺激	身体的接触，痛み
行動上の反応	摂食行動パターンの再構築，胴を伸ばして接近，警戒，驚愕増強	フリージング，条件性自律反応	暴発行動，防衛的闘争，発声，無条件性鎮痛

図39-1 防衛行動は，知覚された捕食の危険性の心理的次元にそってまとめることができる。外的な刺激の変化に応じて捕食の危険性が高まると，動物の行動は右方向に移行していく。したがって，知覚された脅威のレベルが異なるときには質的に異なる防衛行動が出現する。

的に，捕食者が現れて避けることができなくなると，ラットは防衛的な闘争または跳躍を伴う攻撃など，反撃の防衛行動を示す。捕食者やショックと対呈示される刺激のように捕食の危険性が高いことを予測する条件刺激(conditioned stimulus: CS)に対しては，ラットは反撃行動ではなく恐怖刺激との接触を避ける行動を示す。このように，捕食の危険性レベルに応じて出現する防衛行動を図39-1にまとめた。

捕食の危険性が低いときの行動：野外研究

ラットは捕食の危険性の高い動物であり，ほとんどの時間を何らかの脅威を知覚した状態で過ごしている。したがって，巣外におけるラットの行動のほとんどは，緊張状態でのリスク低減方略によって変化する。リスク低減方略は野外研究で記述されてきたものであり，新奇恐怖[ii] (neophobia)や臭跡[iii] (trail making)などに関するものである。

ラットのように捕食されやすい動物にとって，物理的環境の変化は好ましくないことのほうが多い。したがって，その環境の変化が好ましいものであると決定するまでは，すべて好ましくないものとして処理することが適切なリスク低減方略である。新奇なものを避けることは新奇恐怖と呼ばれており，Calhoun (1963)は自然環境における動物の活動記録の序文で次のように記述している。「ラットは用心深く近づき，飛び戻り，1歩2歩離れて回避する(Calhoun, 1963, p.85)」。

探索行動はラットが完全に新奇な環境に置かれたときに生じるものであるのに対して，防衛行動は「**なじみのある状況に変化**があったときに生じる」(Barnett, 1963, p.30, 太字は著者による)ものである。これらの違いは，危険遭遇前の防衛行動に関する実験室研究を行う場合に重要な事項である。

もう1つのリスク低減方略は，臭跡をつけ，それを使用することである。野生においても統制された条件下においても，ラットは特定の臭跡をつくり，これを餌場や逃避場の情報源にする(Calhoun, 1963)。臭跡をたどることで動物が可能な限り効率よく資源を見出すことができるため，捕食の危険性を下げることになる。これらの臭跡によって2つの目標地点を最短距離で移動できるが，天井や壁があると走触性[iv] (thigmotaxis)によって経路が歪められることもある(Calhoun, 1963)。例えば，Timberlake and Roche (1998)による臭跡追跡行動の実験室研究では，広い実験室の床に放射状迷路型に走路と餌皿を設置した。ラットはどの方向からも餌皿に向かうことができるにもかかわらず，その効率の良い方略をとらずに，迷路の走路に沿って移動したのである。

捕食の危険性が低いときの行動：実験室研究

低レベルの脅威が高まるとき，少なくとも2つの異なる反応がみられる。Fanselow et al. (1988)は，自給場面での採餌行動は低レベルの脅威に相当するとして，そこでの弱い電気ショック呈示が摂食パターンや

[ii] 新奇な物体や食べ物，またはその状況を避ける傾向を指す。
[iii] 餌場や探索した物体などに尿などをかけ，のちに探索の手がかりとするために自分のにおいをつける行動を指す。

[iv] 壁際に沿って移動する行動を指す。接触刺激が行動を誘発させる。

摂食量に与える効果を調べた。ラットの摂食行動のベースラインを取得したのち弱いショックをランダムに呈示すると，摂食頻度は減少したが，摂食量は増加した。これにより，行動を変化させなかったときに経験したであろうショックの50％を回避することができた。その後の研究で，ラットは尾に電気ショックを与えられる経験をすると摂食スピードが速くなること (Dess and Vanderweele, 1994)，より明るく開かれた環境において，餌をより速く食べるようになること (Whishaw et al., 1992) が報告された。重要なことは，このような摂食パターンの変化はショックが停止すると通常に戻るということである (Fanselow et al., 1988)。つまり，この行動の変化は知覚された捕食の危険性の増加と関連した一過性のものであることを示している。

中レベルの脅威または低レベルの捕食の危険性にさらされると防衛行動が強まることの2つ目の例は，光誘発性の驚愕反射である。驚愕反射は頭部および頸部のすばやい収縮反応であり，予測していなかった強い刺激のあとに起こる (Fendt and Fanselow, 1999)。恐怖や不安のレベルを高めることにより，驚愕反射の程度は強まる (Brown et al., 1951)。光誘発性の驚愕反射の実験では，暗い箱の中でホワイトノイズの爆音を複数回呈示し，これに対するラットの反応をテストする。その後，同じ箱の中で700フィートランバートの照明を点灯し，ホワイトノイズの爆音に対する反応をテストすると (Walker and Davis, 1997a)，驚愕の強度は照明点灯中に有意に高まったのである (Walker and Davis, 1997a, 1997b)。

捕食の危険性が高いときの行動：捕食者の手がかりによって誘発される反応

実際に捕食者を呈示して，条件性防衛反応を調べた研究はほとんどない。そこで我々は新奇な箱にラットを入れ，その直後，15秒後，120秒後に逃避不可能なネコを5分間呈示することで文脈恐怖が条件づけられるかどうかを調べた。その結果，15秒遅延群で40％，120秒遅延群で50％の堅固なフリージングが生じた（図39-2）。その後の文脈テストでは，フリージングは非常に少なかった（5〜10％）。このことは，ネコの呈示によって文脈恐怖をわずかしか条件づけできないことを示している。Adamec et al. (1998) は，ネコのにおいを呈示されたラットではのちにリスク評価行動が

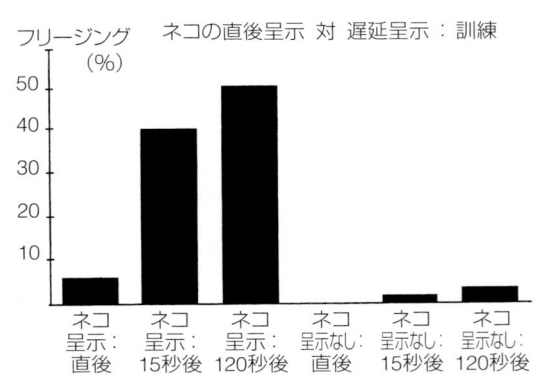

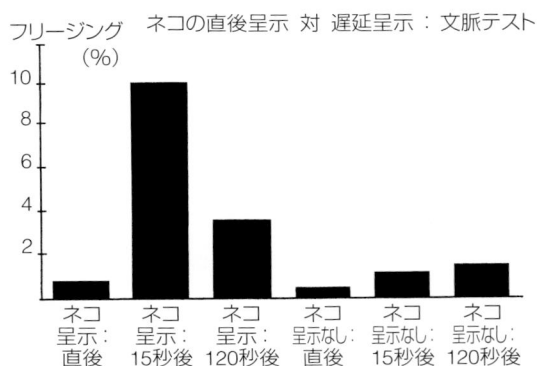

図39-2 上図は5分間のネコ呈示中のラットのフリージング率である。ラットを実験場面に入れた15秒または120秒後にネコを呈示すると，堅固なフリージングが生じた。下図は24時間後に実験場面に戻された5分間のフリージング率である。ネコ呈示中のフリージング率は高かったにもかかわらず，文脈に対するフリージング率は低かった。これは，文脈に対する条件性恐怖はほとんど生じないことを示している。

増加するのに対して，ネコを呈示されたラットではのちにリスク評価行動が減少することを見出した。Blanchard et al. (2001) は，個々の手がかりに対してネコのにおいを条件づけた場合に比べて，文脈に対してネコのにおいを条件づけた場合にはにおい嗅ぎ[v] (sniffing) を伴ううずくまりやフリージングなどの防衛行動が多く生じ，リスク評価行動は有意に少ないことを明らかにした。したがって，捕食者と対呈示された文脈に対する条件反応は行動の抑制とフリージングの増加をもたらし，捕食者と対呈示された手がかりに対する条件反応はリスク評価行動をもたらしたのである。

捕食者の手がかりに対する無条件反応の研究も行われてきた。これらの研究はネコのにおい (Blanchard et al., 1975)，捕食者の糞のにおい (Vernet-Maury et al., 1992)，または実験者のにおい (Blanchard et al., 1981) の呈示後の防衛反応について扱ってきたが，最も一般的な実験方法はネコを呈示することである (Blanchard and Blanchard, 1971)。

---

v 鼻部を用いて対象物（個体）のにおいを嗅ぐ行動。

これらの研究の中で最も自然場面に近いものとしては，みえる巣穴システム(visible burrow system: VBS)を用いた Blanchard and Blanchard(1989)による研究があげられる。VBS にネコを短時間置くと，ラットは巣穴に逃げ込み，そこで数時間とどまる。そのほかの行動として，ネコの呈示中と呈示後 30 分間，ラットは 22 kHz の超音波発声(ultrasonic vocalization)をした(Blanchard et al., 1991)。ラットはネコを呈示して 4～7 時間後に巣穴から出てきてリスク評価行動を示した。しかし，ネコの呈示後のラットの行動は，少なくとも 24 時間はネコ呈示前のベースラインに戻らなかった(Blanchard et al., 1989)。

捕食者を呈示する多くの研究では，ラットと捕食者を箱の中に入れ，ラットの行動を観察するという手続きを用いている(Blanchard and Blanchard, 1971)。これらの標準的な手続きでは，捕食者であるネコをラットが視覚，聴覚，嗅覚で知覚可能な状態に置くという短時間で強烈な刺激呈示を行う。ラットはその状況から逃避することができない。典型的な反応として，ラットは捕食者の呈示に対して**フリージング**をする。つまり，ラットは呼吸に必要な動きを除いてすべての身体の動きを停止させるのである(Bolles and Collier, 1976)。他の反応として，移動の抑制，探索行動の抑制，そして排便の増加が観察される(Satinder, 1976)。内分泌系抗有害受容器に及ぼすネコの呈示の効果を調べた研究は，ネコの呈示が内分泌オピオイドシステムによって仲介される鎮痛を引き起こすことを示した(Lester and Fanselow, 1985)。

捕食者に対する反応の刺激性制御の研究では，捕食者の動きと捕食者のにおいが重要な要素であるとしている。Blanchard et al.(1975)は，ネコの立てる音やにおい，死んだネコの視覚的呈示に対してはラットはフリージングを示さないが，ネコやイヌの動きに対してフリージングを示すこと，動物でなくとも無生物の板が不意にすばやく動くと，フリージングしたり接近が抑制されることを示した。これに対して Griffith(1920)は，暗闇でのネコの呈示はフリージングを引き起こしたが，ガラスの入れ物の中にネコを入れて呈示するとフリージングは生じないことを報告した。また，ネコのにおいをつけた布に包まれた木のブロックを VBS の中で呈示すると，強度は小さいものの，ネコを呈示した場合と同じ行動の変化を引き起こし(Blanchard et al., 1989)，箱の中のリスク評価行動や，におい嗅ぎ行動を伴ううずくまりやフリージングが出現した(Blanchard et al., 2001)。ラットはネコのにおい刺激とともに実験箱に閉じ込められるときにはリスク評価行動を示すが(Blanchard et al., 1991, 1993)，刺激から逃げることができる場合には逃避する(Dielenberg and McGregor, 1999)。ただし，逃避反応は刺激を繰り返し呈示することによって馴化[vi](habituation)を示す(Dielenberg and McGregor, 1999)。

嫌悪刺激を用いた研究の妥当性

ラットの防衛行動の研究の多くは捕食者に対する反応を検討せず，騒音，明るい光，電気ショックのような無条件性の嫌悪刺激を用いて防衛行動を生じさせてきた。実験室のラットを用いて野生のラットの行動を推測することと同様，捕食者ではなく電気ショックのような刺激を用いて防衛行動を引き起こすことには外的妥当性の問題があるだろう。この批判に対して Robert Bolles(Bolles, 1970, 1975; Bolles and Fanselow, 1980)は，ラットは既存の防衛行動を進化によって兼ね備え，「強烈で嫌悪的な刺激に対する限定的な反応レパートリーは狭義の SSDR である」(Bolles, 1970, p.34)と説明した。刺激が捕食者と嫌悪刺激のどちらであっても動物の反応は SSDR 機構によって支配されているため，嫌悪刺激を使用して防衛行動を研究することには外的妥当性があるといえる。これは，防衛行動に対する動物行動実験的アプローチの最近の有力な見解である。

捕食の危険性が高いときの行動：嫌悪刺激の予測に対する反応

嫌悪刺激と対呈示された手がかりや文脈に対して，多様な条件性防衛反応が生じる。例えば，フリージング(Bolles and Collier, 1976)，種々の形態のうずくまり(Blanchard and Blanchard, 1969)，超音波発声(Kaltwasser, 1991)，排便(Fanselow, 1986)などの行動や，血圧の上昇(LeDoux et al., 1983)，鎮痛(Fanselow and Baackes, 1982)，心拍の増加や低下(LeDoux et al., 1984)などの自律反応である。加えて，ショックと対呈示された手がかりは現在行っている行動を中断させ(Estes and Skinner, 1941)，無条件性の驚愕行動を増強させる(Brown et al., 1951)。

このような嫌悪刺激に対するさまざまな条件反応のうち，最も研究されているのがフリージングである。フリージングは捕食者の呈示に対する無条件反応として生じるが(Blanchard and Blanchard, 1969, 1971)，嫌悪刺激と対呈示される刺激に対する条件反応としても生じることに留意しておく必要がある。Fanselow

---

[vi] 動物が曝露された刺激に慣れ，反応しなくなること。

(1980)は，ラットにフットショックを与えた30秒後または24時間後に，訓練時の文脈と新奇な文脈でフリージングの程度を比較した。その結果，ラットはショック呈示からテストまでの間隔に関係なく，新奇文脈よりも訓練文脈でより長くフリージングした。このことは，フリージングがショックと連合した手がかりの呈示によって生じる条件反応であることを示している。加えて，ショック呈示の30秒後と24時間後においてフリージングの程度に差はなく，ショックそのものがフリージングを引き起こすのに必要でないことが示された。

フリージングが条件反応であるというさらなる証拠は，即時ショック欠損の研究から見出すことができる。動物は箱に入れられた直後にショックを与えられると，その箱に対して条件性のフリージング反応を起こすことはない。これに対して，箱に入れられて3分後にショックを与えられた動物はフリージングする（Blanchard et al., 1976）。この即時ショック欠損は，動物が単にショックを受けたことによってフリージングするのではなく，条件反応としてフリージングが生じるということを示している。即時ショック欠損に関するさらなる研究，また他の測度を用いた文脈条件性恐怖の研究（Fanselow et al., 1994）から，動物はショックを与えられる前に文脈の表象を形成する必要があり，それがショックに対する条件刺激となることを示している。つまり，文脈を先行呈示することによって動物は文脈の表象を形成することができ，即時ショック欠損が生じなくなるのである（Fanselow, 1990）。

捕食の危険性が高いときの行動：嫌悪刺激に対する反応

防衛行動を調べる実験で用いられる最も一般的な嫌悪刺激は電気ショックである。ショック呈示後からフリージング出現までの間，ラットは短時間の猛烈に高い活動性を示す（Myer, 1971）。Anisman and Waller（1973）は，暴発行動の持続時間はショックの強さと正の相関関係にあることを報告しており，Fanselow（1980, 1982）はこの反応をショック刺激に対する無条件反応とみなした。Fanselow（1982, p.453）はこの暴発行動を「反射的に肢を引っ込め，飛び跳ねて悲鳴をあげ……無条件に箱の中をすばやく動き回る」と記述している。

無条件性鎮痛は，フットショック後にもみられる。Liebeskindら（Lewis et al., 1980など）は，長時間の強いショック（30分間の断続的なショックまたは3分間持続する3 mAショック）は，テイルフリック課題（tail flick test）において，オピオイドおよび非オピオイド仲介の鎮痛を引き起こすことを報告した。より一般的に用いられている強度・持続時間で無条件性鎮痛の生起を調べた研究により，無条件性鎮痛はショックの強度に依存して生じることが明らかになった（Fanselow et al., 1994）。

防衛行動の神経基盤

●扁桃体●

防衛行動の神経基盤として，まず扁桃体について論じる。サルの側頭葉損傷の効果に関する初期の研究（Brown and Schaffer, 1888）は，扁桃体を含む内側側頭葉の損傷により防衛行動がかなり欠落することを報告した。より選択的な損傷を行った研究から，防衛行動の欠落が扁桃体の損傷によるものであることが明らかになった（Weiskrantz, 1956）。扁桃体の損傷によりネコに対する無条件性フリージング（Branchard and Blanchard, 1972）や無条件性鎮痛（Bellgowan and Helmstetter, 1996）に影響すること，そして無条件性の自律反応を低減すること（Iwata et al., 1986; Young and Leaton, 1996）が報告された。扁桃体の損傷はまた，ショックと条件づけられた文脈に対するフリージング反応（Blanchard and Blanchard, 1972）や，条件性バー押し抑制の獲得（Kellicutt and Schwartzbaum, 1963）にも影響する。

扁桃体内には，恐怖反応の調整と表出において異なる役割をもつ2つのサブシステムがある（Maren and Fanselow, 1996; Maren, 2001）。基底外側複合体と中心核である。基底外側複合体は外側核，基底外側核，基底内側核を含み，扁桃体への感覚入力を形成する。これらの構造の損傷は，感覚入力を阻害することで条件性防衛行動の獲得と表出を妨げる（LeDoux et al., 1990）。感覚情報処理の領域から基底外側複合体へいたる特定の経路を選択的に損傷すると，適切なモダリティからのCSに対する防衛行動の条件づけに影響する。例えば，聴覚野の損傷や基底外側複合体へいたる聴覚視床投射の損傷は，聴覚性CSに対する条件づけに影響する（Campeau and Davis, 1995a）。これに対し，嗅周皮質の損傷は視覚性のCSに対する条件づけに影響する（Campeau and Davis, 1995a）。

基底外側複合体はCS–US連合の形成に関係しているが，中心核は防衛行動の表出に関与している（Fanselow and Kim, 1994; Maren, 2001）。中心核の刺激は，条件性恐怖刺激の呈示によって生じるものと類似した自律反応を引き起こす（Kapp et al., 1982; Iwata et al., 1987)。中心核の損傷は恐怖条件づけの獲得と表出を妨げるが，これらの障害はCSとUSの連合形成を妨げることで生じるのではなく，防衛行動の遂行を低減することによって生じるようである(Fanselow and Kim, 1994)。

さらなる研究により，特定の自律反応と行動上の防衛反応の表出において中心核の出力部位が関与すると指摘されてきた。自律反応に関わる領域は分界条床核(bed nucleus of the stria terminalis: BNST)や視床下部の室傍核であり，これらは糖質コルチコイドの放出に関わっている。外側視床下部や迷走神経背側運動核(LeDoux et al., 1988; Kapp et al., 1991)は，心拍反応に関わる。そして，結合腕傍核は呼吸の増加に関わる。行動上の反応に関わる領域は後述する中脳水道周囲灰白質を含み，フリージング行動の表出(Liebman et al., 1970; Kim et al., 1993)や内分泌オピオイド仲介の鎮痛(Helmstetter and Landeira-Fernandez, 1990)に関わっている。また，下橋網様核は聴覚驚愕の恐怖増強を仲介している(Davis et al., 1982)。

●分界条床核●

BNSTは扁桃体基底外側核の主要な出力領域であり，視床下部−下垂体−副腎系と扁桃体をつないでいる(Alheid, 1995)。このような連絡があるにもかかわらず，防衛行動に対するBNSTと扁桃体中心核の損傷の効果は異なる。訓練前や訓練後のBNSTの損傷，またBNSTへのAMPA阻害薬NBQXの注入は恐怖増強性驚愕(Hitchcock and Davis, 1991; Walker and Davis, 1997b)またはショックプローブ棒の受動回避[vii](passive avoidance of a shock probe) (Treit et al., 1998)には影響しなかったが，扁桃体中心核に対する同様の処置は条件性恐怖の表出を低減した。これに対して，BNSTの損傷は光増強性驚愕の表出(Walker and Davis, 1997b)や副腎皮質刺激ホルモン放出ホルモン増強性驚愕(Lee and Davis, 1997)を低減したが，中心核ではそのようなことはなかった。より最近, Fendt et al. (2003)は，GABA促進剤であるムシモールをBNSTへ投与することによって，捕食者の糞のにおいに対する無条件性のフリージングが阻害されるが，扁桃体ではこのような効果がないこと報告した。この結果は，BNSTが選択的に無条件性の恐怖刺激への反応に関与

していることを示している。しかし，より最近の研究において，Walker et al. (2003)はBNSTが長時間呈示される嫌悪刺激に対する反応に関与すること，また不安仲介システムの一部であることを示唆しており，扁桃体仲介の恐怖システムとは異なると考えられている。

●中脳水道灰白質●

中脳水道灰白質(periaqueductal gray: PAG)の腹外側領域は防衛行動の表出に関与していると長らく考えられてきた(Liebman et al., 1970)。特に，尾側領域の損傷(LeDoux et al., 1988)はフリージングを減少させ(Kim et al., 1993)，オピオイド仲介の条件性鎮痛を抑制する(Helmstetter and Landeira-Fernandez, 1990)。これらの効果は，ショックやショックと対呈示された手がかりの呈示後，およびネコの呈示後に生じ，損傷が訓練前後のいずれに行われたとしても生じる(DeOca et al., 1998)。すなわち，腹外側PAGが捕食者に対するフリージング反応それ自体や嫌悪刺激の予測に関与しているといえる。

これに対して，PAGの背外側の損傷はネコ(DeOca et al., 1998)やショックと連合した刺激(Fanselow, 1991a)に対するフリージングには何ら効果をもたない。背外側PAGの電気刺激は，ショック後の暴発行動と類似している。この領域の化学的刺激も同じ効果をもち，防衛姿勢や同種個体からの逃避反応を誘発する(Bandler and Depaulis, 1988)。この領域の損傷は，ショック後の暴発行動を劇的に低減させる。これらの結果は腹外側PAGがフリージングに関与し，背外側PAGがショック後の暴発行動に関与しているという機能的分離を示している(Fanselow, 1991b)。

防衛行動の行動と神経機構の統合

防衛行動の行動機構と特定の行動を支える神経基盤が明らかになったことにより，これらを防衛行動機構の機能的モデルとして統合することができる(Fanselow, 1994; Fendt and Fanselow, 1999)。さまざまな研究者がこの機構の特定の脳部位に焦点を当てている。例えば，Maren (2001)は扁桃体の役割に特に注目しており，Walker et al. (2003)はBNSTの役割をレビューしている。典型的なモデルを図39-3に示した。

防衛行動の機構の多くの特徴は，図39-3から明らかである。これらの特徴のうち最も明白なものは，防衛行動における扁桃体の中心的な役割である。防衛行動における扁桃体の最近の概念は，条件反応と無条件反応の両方で感覚情報と防衛行動の出力をつなぐイン

[vii] この課題では，実験箱(幅40 cm，奥行30 cm，高さ40 cm)の壁面，床から2 cmのところに2 mA程度の電気ショックを発するプローブ棒(直径0.5 cm，長さ6 cm)を設置している。動物を実験箱内で自由探索させたときのプローブ棒への接触回数や，最初に電気ショックを経験してから次に接触するまでの時間を受動回避学習の測度とする。

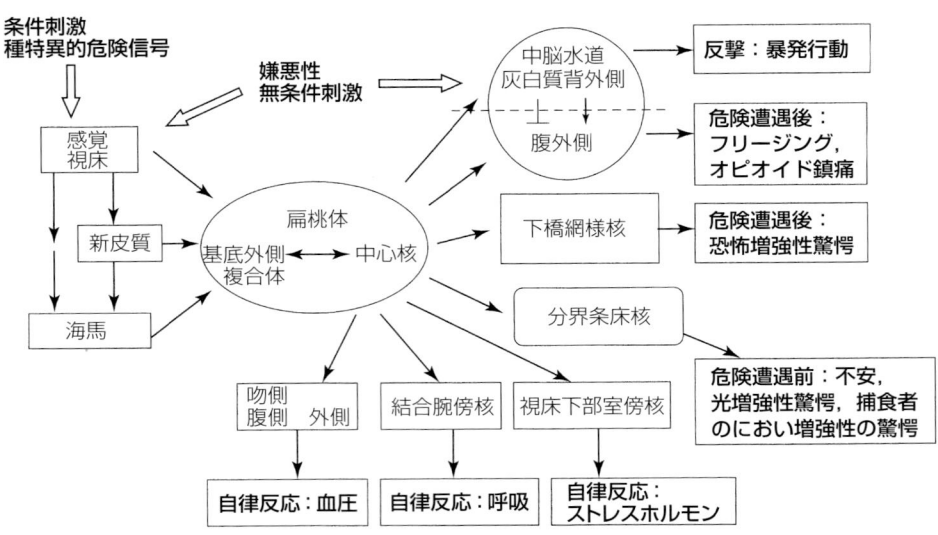

図39-3 感覚入力と行動出力(太字)は,脳構造の機能的ネットワークを介して連結している。この機構の中心には扁桃体が位置しており,これらのプロセスのインターフェイスとして働く。行動の機構を神経基盤上にマッピングすることにより,防衛行動に含まれるさまざまな機構の関係についての理解が深まる。

ターフェイスとして働くことを示唆している(Maren, 2001など)。そして,捕食の切迫性のレベルの違いに関連した行動的な出力は異なる脳構造によって影響されていることも明らかである。PAGにおいて反撃行動は背外側領域で担われており,危険遭遇後のフリージング行動は腹外側領域で担われていることも明らかである。このモデルは,BNSTによって担われている危険遭遇前の防衛行動と不安の関係にも焦点を当てている(Walker et al., 2003)。最後に,このモデルは防衛行動反応と徐脈のような自律反応の違いについても説明している。

衛行動の理解が飛躍的に進んだ。脳構造のネットワークに行動機構の機能的マッピングをすることは,実験的操作の効果を検証するための仮説を立案するときの貴重な枠組みとなるだろう。そして,これは,ヒトにおける防衛行動の障害の原因を物質的に究明するのに有用な情報を与えている(Walker et al., 2003)。このように脳と行動を統合することにより,機能的なシステムとしての防衛行動の研究がさらに進展し,行動システムの神経基盤を研究する際のモデルを提供することができるだろう。

Matthew R. Tinsley, Michael S. Fanselow

結 論

この30年間,行動レベルと神経レベルの両方で防

第40章

認知過程

この総説では，ラットの行動過程の認知的アプローチを紹介すること，そして，環境や自己の運動に関する表象の性質を明らかにした実験パラダイムを紹介することを目的とする。主に認知科学において重要なテーマである注意や記憶の処理過程について最新の研究を紹介する。ただし，それ以前に，ラットが今現在経験している刺激や運動だけを扱い研究するというアプローチがなぜ不十分であるか，すなわち認知研究を動機づけているものは何かを特定することが重要である。

認知過程とは何か？

ラットやヒト以外の動物種の認知を調べることは，しばしば議論や誤解を引き起こしてきた。その理由は，根底において認知過程の「認知」というものが，今起こっていない出来事や複数の出来事の関係性によって行動を制御するものであり，目前の刺激（immediate stimuli）によってもたらされるものではないからである。動物の行動が未来の結果についての知識を反映していること，また現在の状況についての推論や「創発的（emergent）」な関係性に対して感受性をもつことに我々は驚かされる。ここで**創発**とは，明示的に訓練されていない関係性に対する感受性である。このような行動は，ラットの神経システムが経験を通して複数の出来事の「表象」や複数の環境における関係性の表象をつくると伝統的に説明されている。そして，これらの表象に含まれる情報が適切な行動を導き出すのである。

ラットでの認知神経科学研究は，こういった表象がどのようにつくられるのか，それらは脳のどこにどのように貯蔵されるのか，そして現在進行中の行動にどのような影響をもつのかということを扱っている。

刺激−反応の考えは行動を十分に説明できていない

ラットにおいて認知を論じることがなぜ論争を引き起こすのか。その理由は，動物行動学者は，特にヒトと共通点があるような動物の行動について，複雑で推論的な説明をすることに非常に懐疑的であり，正しく行動を評価しようと歴史的に試みてきたためである。擬人的なアプローチをしているという疑念がもたれる理由が多くある。他方で，狭義の刺激−反応の考え方を容認することで，せっかくの興味深い神経生理学的な処理過程を見逃してしまうという例も多くある。この点において，概日リズム（circadian rhythm）研究と動物の認知研究は類似している。

動物の日常の活動がどのようにして1日のサイクルに組み込まれるかを理解しようとするとき，2つの対極的な見解がある。1つの考え方は，刺激−反応の考えと類似しており，環境内に存在し，リズムのある行動を支える変動的な手がかりを特定しようとするものである。もう1つの考えは，生物学的で化学的に複雑な内部時計である，内在性オシレーションシステムが動物の脳内にあり，日々の活動や休息サイクルを行動的，生理的にコントロールしているというものである。前者の考えは，行動の力動性に存在する機構を過小評価している。

これに対して，体内時計の考えは「時計遺伝子」を含む一連のメカニズムの理解をもたらした。階層的に重なるリズムは，神経システムや神経回路と相互作用しながら，内的に動いているリズムを環境手がかりと同期，同調させる。これは，精神病理学的な臨床的洞察ではない（Golombeck et al., 2003; Lowrey and Takahashi, 2000）。

我々が類推するところによると，刺激−反応の考え方は出来事の関係性の神経表象によってコントロールされる複雑な行動過程を過小評価している。単純な実

験によりこのことがわかる。周囲に大きな視覚手がかりが豊富にある広い部屋にT字迷路が設置されており，スタート走路は常に南側にある。空腹状態のラットは，東向きの走路の先端で餌をみつける。この報酬走路は白色で，もう一方（西向きの走路）は黒色である。数試行後，ラットは効率よくスタート走路を走り，右に曲がって，白い目標走路に入るようになる。このとき，刺激-反応理論の実験者ならば，ラットが白色の走路に接近することによって餌までたどり着いたのか，それとも，常に右に曲がることによって餌までたどり着いたのかを調べる「プローブ」テストをすることになるだろう。この白色手がかり説対右曲がり説のプローブテストでは，単純に白走路と黒走路を入れ替えればよい。この「対抗テスト」の結果，ラットは走路の色に関係なく右曲がりを続けた。したがって，単純な刺激-反応法則によりラットが選択を行っていることを発見して満足できるかもしれない。しかし，T字迷路を回転させ，スタート走路が北側となり，白色走路が西に向くようにして，もう1つのプローブテストを行ったところ，ラットは，スタート走路を南へと走り，右に曲がるはずの地点で左に曲がり，黒い走路に入ったのである。他のラットで同じプローブテストを何度繰り返し行っても，常に同じ結果が得られた。ラットが左に曲がって黒い走路へと進入したことから，それまでの試行で報酬を得ることができた特定の場所にやってきたことがわかる。

ここまでの実験で，ラットは白色走路でも右曲がりでもなく，部屋の中の場所を手がかりに走路を選択することが示された。この考えを明確に示すために，もう1つのプローブテストが必要である。これまでの実験では，プローブテストも含めてすべての試行において，ラットは部屋の中の同じ場所に向かっているだけではなく，同じ方向（東）に向かっているといえる。手がかりが位置なのか方向なのかを検証するために，西向き走路の先端が先ほどまで東向き走路の先端があった場所にくるように，かつ東向き走路がさらに東にくるようにT字迷路の位置をずらし，プローブテストを行う。ラットがこの試行において東向きの走路を選んだならば，それは，部屋の中の今まで一度も訪れていない場所であり，ラットが部屋の中で常に同じ位置を訪れるという説を却下できる。西向きの走路を選んだならば，ラットが同じ方向に曲がるという説を却下できる。

実際のところ，ラットを用いた実験では，選択に影響を与える複雑な要因を操作すれば，常に白色走路を選ぶラット，常に右に曲がるラット，または部屋の中の特定の位置に向かうラット，特定の方向に向かうラットなど，どのような結果でも得ることができる。

この点については，Skinner et al. (2003) によって報告された概念的に関連する一連の実験において示されている。

このように，刺激-反応の考えだけでは動物の行動を十分に説明することができない。刺激-反応の考えでは，装置や部屋の中の手がかりが一定であり，常に同じ報酬が与えられ，そしてラットの「右へ曲がる」という計測精度がどれほど向上したとしても，照明や方向，場所によって制御された「曲がる」という行動は「曲がる」以上の意味をもたないからである。

それが表象である

先の実験例で示したラットの認知的説明では，明るさ，曲がるか直進するか，方向，そして部屋の手がかりと場所に関する情報は，さまざまなタイプの表象を形成する。さらに，これらは異なる神経ネットワークにおいて同時に形成される。概日リズムは，光，温度，騒音，社会的活動性，食餌などの変動的な環境手がかりが内的なリズムと同期同調している。このような手がかり自体が概日リズムを生成しているのではない。概日リズムから類推すると，我々の実験でも同様に，さまざまな認知的表象が環境の手がかりに同調しているのである。ラットが環境を経験しているときにさまざまな表象システムが関わっていることを理解しない限り，複雑な行動に関する問題を解決することはできない。

ここで我々がいう環境内で利用可能な「報酬の表象」というものは，報酬をときどき吐き出してもう一度味わったり，再経験したりする報酬の内的なコピーが存在することを意味しているのではないということを記しておく必要がある。**報酬の表象**とは，神経ネットワークの活動パターンが報酬の項目に対応していて，ある報酬項目を含む環境において何が適応的な行動かについて妥当な結論や推測ができるように働くのである（「強化子の表象」p. 311 の項参照）。空間についての例がより具体的である。ラットが現在の位置から巣の方向や距離についての表象をもつとき，神経ネットワークを通して活動パターンを操作することは適応的な加速度プロファイルをもちながら直線的な経路で帰巣を導くことができることを意味している（第38章に示されたように，Gallistel, 1990 も参照）。ここでの表象は，心の目で描かれ，心的に測定された地図の地理的座標に正解の道筋がプロットされたデカルト地図を意味するのではない。

さまざまな認知過程は基本的な感覚や運動の処理過程と似ているが，重要な側面が異なっている。類似点

として，ラットの自然や社会的環境とのやりとりに重要な特定の活動に個々の認知サブシステムが特化していることがあげられる。また，その処理過程は特定の情報によってもたらされる。このことは非常に特化された抽象的な情報処理を可能にするが，制限も付加される。ラットがもっている認知システムは，すべての活動がすべてのタイプの情報によってもたらされるわけではない。認知の機能的構造は，高度に特化された情報処理ができるという強みがあり，そのことによって手がかりと運動との関係において柔軟な行動が可能になる。いわば認知的な盲点のようなものである。

表象は相互作用する

ラットが環境を経験するとき，複数の異なる表象が異なる神経ネットワークの中でつくられることは前に述べた。表象システムの相互作用については，まだ十分に研究されていない。ある環境の下で，異なる表象が相互作用，あるいは抑制し合いながら，互いに相乗的または相補的に支え合うことができると報告されている。相補的な相互作用の好例は，海馬における場所フィールドの表象と，後部海馬台や視床前部のネットワークにおける頭部方向の表象である。頭部方向システムが後部海馬台や視床前部の損傷によって破壊されても，海馬の場所フィールドは影響を受けない。しかし，同じ環境内のエピソード記憶の情報量や安定性が下がってしまう（Calton et al., 2003）。頭部方向の表象は視覚やその他の環境手がかりとの関係において，ラットがどこにいるのかという表象を形成，維持するのに役立つのである。

我々は，手がかりまたは活動の表象は，下流のシステムにおける表象の形成を支えると推測する。しかし，1つの表象を獲得することが別の表象システムでの学習を妨げるとき，この阻害は2つのシステムが単に拮抗しているために生じるのではない，という直感に反した研究結果がある。ちょうど良い例は，McDonald and White の研究である。彼らは，簡単な迷路走路を用いて餌報酬と特定の手がかりの関係をラットに学習させた。ラットが迷路や環境を探索する機会を得ると，この単純な学習の干渉が生じたのである。その干渉は探索中に海馬システムが環境表象を形成することにより生じ，手がかりに対する条件づけは扁桃体回路に依存していることが報告された（McDonald and White, 1995; White and McDonald, 1993, 2002）。

ラットにおいて，さまざまなシステムにおける表象間の相互作用や拮抗作用を示している良い例がある。同じシステム内に異なる表象があるときはどうだろうか？　複数のシステム間で，いかに表象が相互作用するのかについてはほとんど知られていない。そして，システム内の表象の相互作用についてもほとんど知らないといっておくのが無難である。文脈回避学習の研究はその最近の例である（Fenton et al., 1998）。ラットは周囲に明確な手がかりがある円形のテーブルの上に置かれる。ラットがテーブルの特定の位置に入ると，そこで弱い電気ショックを肢に受ける。ラットはその位置に入るのを避けることをすばやく学習する。この反射は，前述したT字迷路の例と同様，位置の特定が1種類以上の情報によってなされることを示している。例えば，その2つだけを考えてみると，その位置は部屋の周囲の入手可能な手がかりとの関係，または，テーブル上の入手可能な手がかり（自己運動情報によると考えられるもの）との関係によって表象される。海馬のニューロンの場所フィールド特性を調べた研究から，これらの情報の一方は海馬の表象の参照的枠組みをつくることがわかっている（Gothard et al., 1996）。この状況においてラットはどちらを使用するのだろうか？　答えは，「どちらも使用する」である。

Fenton et al.(1998)は，ゆっくりと持続的にテーブルを回すことによって両方の表象が同時に活性化することを示した。同じエピソードの中で，ラットはテーブルの枠組みとともに回転し，かつ部屋の枠組みの中で一定である位置を避けるだろう。さらに，この状況で海馬内のニューロンから記録をとると，いくつかのニューロンはテーブルの枠組みに対応した場所フィールドをもち，別のニューロンは部屋の枠組みに対応した場所フィールドをもっていた（Zinyuk et al., 2000）。環境についてのこれらの2つの枠組みは同時に活性するのか，あるいは海馬のネットワークがある表象から別の表象へとすばやく切り替わるのかを我々は知らない。これらの2つの枠組みが，ネットワークを介して交互に生じる可能性はある。しかし，ラットが環境の異なる特性に注意を向けるとき，これらの2つの表象が連続的に想起されるということも想像できる。後者の可能性は，注意が重要な処理過程であり，ラットは環境の異なる部分，つまり異なる表象に対して異なる情報処理資源を配分することを示唆している。

次に，ラットにおいて注意がどのように研究されてきたかについての話題に移る。

注　意

ここでは，ラットを対象としたさまざまな注意の側面に関する研究のうち，成功した一連の行動課題を紹介する。注意は多くの異なる処理過程を含んでいる

が，ここでは①ときどき起こる短い出来事に直面して警戒反応を維持すること，②選択的注意，の 2 つを取り上げる。

●注意の維持●

　Robbins らは，系列反応時間課題（serial reaction time task）を用いてラットの注意ネットワークを調べた（Muir et al., 1996）。この課題は 5 選択反応時間課題であり，ラットは短い（500 ミリ秒）視覚刺激に反応することが要求される。この視覚ターゲットは，壁にある 5 つの小さな穴のうちの 1 つに呈示される。5 つの穴はランダムな順序で均等に使用される。ラットは光がついた穴にすばやく口吻を入れる（5 秒以内）ことが求められ，これにより別の場所に設置された給餌装置に報酬である餌が与えられる。5 秒後には，次の試行が始まる。

　この課題は注意のいくつかの側面を計測できる。典型的な測度はノーズポーク[i]（nose-poke）の反応時間（光ターゲットがついてから反応するまでの時間），反応の正確さ（正しい穴をノーズポークすること），給餌装置への移動の反応時間，反応しなかった試行数である。注意との関係において，ラットは短時間呈示される視覚ターゲットを検出する警戒状態を持続させなければならない。ターゲットは予測できない系列で 5 つの場所のうちの 1 つに出てくるため，うまく遂行するためには，ラットは適切な空間レイアウトを積極的に見回すことが必要となる。ターゲット呈示前のノーズポーク（完成前の反応）や同じ穴への反復性ノーズポーク（固執性），また単に全体に動きが遅いといった別の行動効果を検出することもできる（Passetti et al., 2002）。

●選択的注意●

　5 選択反応時間課題において，ラットはターゲットの配置をスキャンし，継時的または同時にターゲット位置をサンプリングすることによって，複数の空間的位置に注意を配分することができ，この課題においてこれが潜在的に行われる。**内示的定位課題**（covert orienting task）においては，ラットは空間のある部分に選択的に注意を向け，その情報処理が選択的に高まる。この課題はこれを顕在的に行わせる。Posner（1980）は，選択的空間注意プロセスの下にあるメカニズムを測定する単純な実験パラダイムを考案した。この課題の手続きでは，できるだけ速く，かつ正確に短時間呈示された視覚ターゲットを検出することが被験体に求められる。そのターゲットは，頭の向きに対して左または右に同回数出現する。例えば，Stewart et al. (2001) による実験では，ラットが穴に口吻を入れると，赤外線が感知して試行が開始される。ターゲットが出現する直前に，手がかりが左または右に呈示される。基本的に，手がかりはターゲットの出現位置を示すが，ときどき，手がかりがターゲットの反対側に現れる。前者が一致試行で，後者が不一致試行である。また，先行する手がかりがない試行や左右両方に 2 つの手がかりが呈示される試行がある。ラットは視覚ターゲットを検出し，ノーズポーク穴からすばやく鼻を引っ込めることが要求される。

　片側への手がかりの呈示は，その位置への注意を引くと考えられる。そうであれば，反応時間（ターゲットが呈示されてから鼻を引っ込めるまでの時間）は手がかりが呈示されない場合や，左右両方に呈示されるときよりも速くなるだろう。さらに，注意はもう一方のターゲットからそらされているはずなので，不一致試行（手がかりとターゲットが逆になるとき）では反応時間が長くなるだろう。ラットを対象とした実験により，ラットは特定の位置に対して選択的に注意を向けるというメカニズムをもっているという見解が強く支持された。2 つの手がかりが現れる試行と比較して，一致試行の反応時間は短かったため，単に手がかりの呈示によってターゲットの出現に対する警戒が高まるためだという説明は却下された。

　ラットが空間内の特定の位置に対する注意を選択的に切り替えるメカニズムをもつなら，手がかりが空間のどこに現れるかとは関係なく，手がかり（または物体）や手がかりの種類によって注意を切り替えるメカニズムをもつだろうか。非空間的な選択的注意の研究に対するアプローチは，**注意セット**（attentional set）と呼ばれる認知現象で用いられている。例えば，色，形，サイズなど複数の要素の異なるさまざまな項目を被験体に呈示し，最初に刺激項目を色によって弁別することを要求する。学習後，新しい色の弁別への転移は比較的容易に生じるが，形やサイズに基づく弁別はより困難である。次の場面においても同じ基準で弁別させるならば**次元内シフト**（intradimensional shift），異なる次元で弁別させるなら**次元外シフト**（extradimensional shift）と呼ばれる。次元内シフトが次元外シフトよりも容易であるということは，被験体が注意セットをもつということを示している。1 つの次元での最初の訓練が，適切な知覚特性についての物体の選択的スキャニングを引き起こすと考えられる。適切な次元に対する選択的注意は，関係のない知覚特性の処理コストを下げることにつながる。

---

[i] オペラント箱の壁面に開けられた小さな穴に鼻を入れる反応。

Verity Brownらは，空間的位置とは関係なく，物体の知覚特性に対してラットが選択的に注意を配分することを示す**注意セットシフト課題**(attentional set-shifting task)を考案した。この課題では，においや，深さ，模様の異なる小さな入れ物の中を掘り，餌報酬を得ることをラットに学習させる。ラットは3つの次元を使用して容易に弁別することを学習し，次の弁別において知覚的次元が同じであれば，新たな弁別を容易に学習した。手がかりが前に関係のなかった次元へとシフトすると，新しい弁別学習は明らかに難しくなる。つまり，ラットでは次元内シフトと比較して次元外シフトのほうが難しく，このことは注意セットの特性を明確に示している。

注意の神経システム

SarterやRobbins，またその他の研究者は，新皮質に投射している前脳のコリンシステムが正確で持続的な注意に重要であることをラットにおいて示してきた。細胞外ユニット記録や*in vivo*の皮質におけるアセチルコリン放出の測定と同様，選択的免疫毒素であるIgG-192サポリンによる前脳コリン系細胞の選択的欠落がラットの持続的な注意遂行を妨げることから，コリン系が注意に関与することが示唆された(Dally et al., 2001; Everitt and Robbins, 1997; McGaughy and Sarter, 1998, 1999; Sarter and Bruno, 1997; Sarter et al., 2001)。ラットにおける空間の選択的注意の維持に同じコリン系が関与すると示唆されているが，これらの研究のほとんどはコリン薬の全身性投与を行っており，その作用部位の特定に限界がある(Phillips et al., 2000)。

ラットの内側前頭前野の損傷は，持続的注意課題に複雑な効果をもたらす(Passetti et al., 2002)が，この領域の神経回路が注意持続に重要なことは明らかである。霊長類での研究と同様，内側前頭前野の損傷はラットの注意セットのシフト能力を著しく障害する(Birrell and Brown, 2000)。

記 憶

ラットの認知過程に関する最も興味深い議論の1つは，どのような記憶表象によってラットが未来を予測したり，過去に戻ることができるかということである。

●ラットは未来を予測するのか？●

認知表象があれば，ラットは実際に特定の活動や出来事を経験しなくても，それらの出来事が将来もたらす結果を予想することができるだろう。ホームに戻るという空間ナビゲーションにおいて，ホームベースの表象は，ラットの向きや移動速度を変化させるのである。例えば，ラットはホームベースに近づいたことを予測した際に移動速度がゆっくりになる(Wallace and Whishaw, 第38章)。この記憶の特徴はどれくらい一般的か？ 予測された将来のイベントの性質についての表象をもつことを示すラットの行動はほかにもあるのだろうか？

●強化子の表象●

典型的なパブロフ型条件づけで，ラットはある出来事(A)を経験する。その後に，明確な出来事(US)，例えば餌が呈示される。これは行動上の反応(UR)を引き起こす。Aと餌の関係ができると，Aの呈示のみで条件反応(conditioned response: CR)，例えば給餌装置に接近するという行動が引き起こされるようになる。これは条件づけによって，AとCRの連合だけでなく，Aが特定の餌の表象を活性化するようになるというはっきりした例である。さらに，この餌表象に関する表象の操作は，Aに対する反応の仕方を変化させる。これは，条件づけ後に餌がAではなく身体的不快感と対呈示されるなら(強化子の低価値化)，Aがその後呈示された場合に条件反応が減少する(Holland and Straub, 1979)。この効果は，餌と対呈示された条件刺激に特異的に起こる。このように，価値の低いUSと一緒にAを経験していなくても，ラットは変容されたUSの表象とAを連合させ，Aを別物とみなすのである。

我々は，道具的学習においても同様のメカニズムを見出している。ラットが動作Xをするとあるにおい(F1)とともに報酬が与えられ，動作Yをすると別のにおい(F2)とともに報酬が与えられるという状況を用意する。伝統的には，この状況における報酬は2つの動作の生起確率を上げるよう機能すると考えられる。より最近の研究，特にBalleineらによる研究(Balleine and Dickinson, 1998a, 1998b)は，ラットの動作と2つの結果の表象間の結合が形成されることを示した。最初の訓練では，2つのにおいのうちの一方でラットに報酬を与え，満腹にさせる。その後，ラットを訓練環境に戻し，2つの動作の消去を測定するテストを行う。このテストでは，報酬を呈示しない。最初の訓練において満腹になることでF1の価値が下がっているなら

ば，動作Xの生起確率が選択的に減少する。F2の価値が下がっていたなら，動作Yの生起確率が選択的に減少する。このメカニズムを検討した多くの実験では，ラットは動作-結果の関係性の表象を形成し，結果の知覚的特性がこの表象に含まれ，結果と連合した動機づけの変化が動作の動機づけを変化させると結論づけている。

パブロフ型条件づけと道具的条件づけの両方において，ラットは結果に付随した価値の変容を経験すると，直接的な経験をしないでも，過去に連合を形成した手がかりや動作に新たな価値を自動的に移し替えていくのだろう。

●複合的/結合的表象●

ラットが遭遇する手がかりは，単独で生じたり他の手がかりとともに生じたりする。同時に呈示される複数の手がかりが，ある結果を予測する重要な関係をもつことがある。また，特定の手がかりが他の手がかりと関係なく結果を予測することも多い。餌の風味選好の社会的伝達（第34章参照）は，手がかり間の有意味な結びつきの例である（餌のにおいとラットの息の成分）。

ラットが用いている恣意的な手がかりの結びつきはしばしば存在しており，その良い例は文脈恐怖条件づけであろう。ラットは，明確に区別可能な手がかりのあとにショックを経験すると，その手がかりに対する恐怖を学習するだけでなく，文脈に存在するさまざまな手がかりに対して恐怖を学習する。文脈条件づけは，個別的手がかり条件づけとは異なっている（Rudy and O'Reilly, 1999）。例えば，ラットがはじめて経験する文脈に入ると同時に実験者がショックを与えると，文脈に対する恐怖が生じない。文脈恐怖を獲得するためには，文脈とショックの対呈示に先立って文脈を探索することが必要なのである（Fanselow, 1990, 2000）。ラットに，完全な文脈ではなく，その文脈に含まれる個々の特徴を同程度に探索させたあとに完全な文脈とショックを対呈示したとしても，その文脈では恐怖が生じない（Rudy and O'Reilly, 1999）。このことは，ショック呈示前の探索においてラットが文脈に含まれる要素により構成される単一の複合的表象もしくはそれらの結合的表象，つまり単一の参照的枠組みを形成していることを示す。原則としてラットは，文脈の個々の要素を使用してショックを予測することはできる。しかし，実際にはそうしないのである。

2つあるいは3つ以上の手がかりの関係性の表象をつくって弁別を行う実験手続きがある。最も単純な手続きは，**ネガティブパターニング弁別**（negative patterning discrimination）である。本課題では，手がかりAまたは手がかりBが報酬と連合しているが，AとBが同時に呈示されると，報酬は呈示されない（A＋，B＋，AB－）。ラットはどちらかの手がかりに対して反応し，これらが同時に呈示されると反応しないことを容易に学習する。すなわち，ラットは個々の手がかりの表象をもつだけではなく，2つの手がかりの複合的あるいは結合的な表象をもつと考えられる。いずれの表象も結果との連合を形成するが，ラットが個別の手がかりの表象しかもたないのであれば，ネガティブパターニングは解決され得ないだろう。

2つ目の例は，この点をさらに明確に示している。**横断的パターニング問題**（transverse patterning problem）であり，「ジャンケン」と同様のルールに基づいている。ラットは3つの手がかりA, B, Cを経験する。それらはいつもペアで提示される。AとBがペアならば，Aを選択すると報酬が与えられる。BとCのペアならばBで報酬が与えられ，CとAのペアならばCで報酬が与えられる。ラットが個々の手がかりの表象だけを形成するならば，この問題は解決できない。弁別する手がかりペアの同時生起または結合に関する表象を形成することによって課題を解決できるのである（Alvarado and Rudy, 1992）。

Eichenbaumらによって用いられた**推移的推論問題**（transitive inference problem）は（Dusek and Eichenbaum, 1997など参照），横断的パターニング課題と異なり，関係性，複合的，結合的な表象を必要としない。そのかわり，一連の単純な要素的表象によって解決される（Frank et al., 2003; Van Elzakker et al., 2003）。推移的「推論」問題は，A＋B－，B＋C－，C＋D－，D＋E－のような一連の弁別でラットを訓練するところから始まる。新たな組み合わせBDが呈示されたならば，Bを選択する。Eichenbaumらは，複雑に順序づけられた関係性の表象の形成により，そこから新たな組み合わせの相対的な価値が推測されると考えている。Rudy and O'Reilly（1999）は，この問題の解決にはそれぞれの手がかりの表象の連合強度は関与しないことを示した。

●階層的表象●

現実世界において，時間的に接近して生起する手がかりはいつも同時に生起するわけではない。それらが同時に出現するとき，前述したように，ラットは複合的または統合的にそれらの表象を形成する傾向がある。複合的表象は，要素的な手がかりの表象と同様に結果を予測するのに役立つ（Rudy and O'Reilly, 1999; Sutherland and Rudy, 1989）。これは，系列的に手がか

りが呈示される場合には生じないことが多い。Holland (1992)やその他の研究者(Miller and Oberling, 1998; Swartzentruber, 1995)は，特に手がかりが系列的に出現するとき，ラットがそれらの手がかりを階層的な方法で表象化することを示した。この形態の表象を調べる実験手続きは，**場面設定**(occasion-setting)と一般的に呼ばれる。

Hollandらが成功した場面設定パラダイムの研究は，特徴負弁別(feature-negative discrimination)である。手がかりAが呈示されると，ラットは強化子が与えられる。しかし，手がかりB(occasion-setter, 場面設定子)が手がかりAに先行して呈示されると，強化子は与えられない。したがって，A+；B→A−であり，Aの意味はBが先行するかどうかに依存する。ラットは，Bが先行するかどうかによってAに対して異なる反応をすることを容易に学習する。単にBが強化子に対して直接的に抑制しているだけであるということも考えられる。しかし，Bの表象が異なる行動規則に組み込まれていることが明らかになった。特定の結果を予測するかわりに，Bは2つまたは3つ以上の数の他の出来事の関係性を予測するのである。すなわち，他の手がかりの表象が予測するだろう結果をBの表象が予測するのである。特定の手がかりの予測は，このようにより高次の表象構造の内側に入れ子になって存在する。場面設定子は，ラットが経験しうる出来事の関係性を構築して働いているようである。興味深いことに，少なくとも場面設定機能のいくつかの側面は海馬システムの選択的損傷によって破壊される(Holland et al., 1999)。

●機能的等価性●

Honeyら(Coutureau et al., 2002)は，ラットが出来事の関係性について，より複雑で高次の表象をもっていることを示す興味深い行動の例を報告した。実験では，ラットは2つの手がかりXとYを呈示される。これは餌に対して予測的関係をもつ。半分の機会にはXが餌を予測し，Yは餌がないことを予測する(X+；Y−)。残りの半分の機会には，この関係が逆になる(X−；Y+)。

ラットは餌の存在を示す手がかりを学習すると，餌皿に接近し，小さなカバーを押し開ける。このような餌皿の推理は，学習による反応である。Honeyらは4つの異なる場面設定子を用いており，手がかりと餌の間の2つの関係性を操作する。場面設定子は決して一緒には呈示されない。2つの場面設定子AとBがX+；Y−を示し，CとDがX−；Y+を示す。したがって，4要素弁別問題(four component discrimination problem)は，A：X+, Y−；B：X+, Y−；C：Y+, X−；D：Y+, X−となる。

訓練後，ラットはAとCを呈示される。ラットはAのとき(Cではなく)，より多くの餌を与えられる。この追加訓練後のテストでBとDそれぞれに対する条件反応を測定すると，興味深いことに，DではなくBに対して反応が増加するのである。AとBの間，またこれらとCとDとの間には，知覚上の類似点はない。だが，それらは他の出来事との関係性において同じ結果を予測するという類似点をもつのである。このように，Bについて新たな訓練を経験しなくても，Aとの機能的等価により，Bに対する新たな行動が生まれるのである。Honeyらは，さらに2つの結果を示した。場面設定子が静的な文脈手がかりでもあっても，個別にオンオフする手がかりであっても，新たな行動がそれらの間で等価に転移する。場面設定子としてショックを用いた場合にも，等価な信号機能を通して同様の転移が生じた(Honey and Watt, 1999)。興味深いことに，この転移は選択的に嗅内皮質を損傷されたラットでは生じない(Coutureau et al., 2002)。

この例は，環境の中の複数の要素についてラットがもっている表象の性質を示している。ラットは出来事と結果の知覚と動機づけ，そしてそれらの予測的関係性について表象を形成しているだけではなく，ほかの出来事との予測的関係性についても表象を形成し，その信号機能が出来事の表象の一部になる。これによって，興味深い認知遂行が可能になり，機能的に関連した信号に対する行動的反応が出現するのである。

ラットは過去に戻ることはあるのか？

行動の伝統的な刺激-反応理論で予測されるよりも，ラットがさらに豊かな表象をもつということは明らかである。多くの例があるが，ラットが環境を経験することによってつくり上げた表象を未来の予測に使用するということ，すなわちその環境における結果と出来事の関係性について述べてきた。

このような認知的パラダイムをヒトにあてはめるとき，多くの重要な共通点があることは励みとなる。前脳コリン系の投射，前頭前野，前帯状皮質のシステムなど，ヒトにおける注意過程に重要であるとされている神経システムの多くが，ラットの処理過程と非常に似通っているか，または同じである可能性がある。記憶分野と同様に，脳損傷患者での研究や神経画像研究から，腹側前頭前皮質と扁桃体ネットワークが出来事とそれを予測する手がかりの情動的，動機づけ的価値

の表象形成に関与していることがわかった(Bechara et al., 1999)。

ラットにおいても，手がかり-強化子連合や強化子の再価値化についての行動上の効果に関わる表象過程に同じシステムが関与することが示されてきた(Balleine et al., 2003; Gallagher et al., 1999; Hatfield et al., 1998)。さらに，モリス水迷路課題(Morris water maze)や横断的パターニング問題のように海馬機能の損傷によって影響を受けるいくつかのラット用空間記憶課題や複合記憶課題と同様，ヒトでも海馬システムの障害によって影響を受ける(Astur et al., 2002; Reed and Squire, 1999; Rickard and Grafman, 1998)。そして神経画像研究において，課題遂行時にこのシステムが顕著に活性化することも報告された(Ekstrom et al., 2003; Hanlon et al., 2002)。このように，ラットで認知過程を明らかにするため役立ってきた行動パラダイムは，ヒトの認知障害に適用する研究において非常に価値あるものであるといえる。

エピソード記憶はどうだろうか？ ヒトの健忘症や多くの記憶障害や認知症の中心には，エピソード記憶の障害があると多くの人が考えている。したがって，エピソード記憶は非常に重要なトピックであるといえる。Tulving(1972)は，エピソード記憶の重要な特徴は，そのエピソードが生じたのが**いつ**なのか，その出来事の関係性は**何か**，そして，**どこで**そのエピソードが生じたのかということだと主張している。さらに，エピソードの記憶表象の再活性化はその関連する出来事の外で生じる。

Clayton et al.(2003)は，エピソード記憶能力を成り立たせる3つの基準を提案した。①内容，あるいは何が，どこで，いつ，②これら3つの要素を**統合した表象**。③オリジナルのエピソード後に集められた新たな情報により記憶表象を更新する**柔軟性**である。ヒトがそのような記憶をもっていることは疑いようがないが，ラットはどうだろうか。Tulvingをはじめとする研究者は懐疑的であるが，彼らはそのようなエピソード記憶の表象が存在しないことを証明できていない。さまざまな実験的試みを行ったあとにラットがエピソードをもっていないと結論づけるならば，合理的であるだろう(そもそも，ラットで証明できない理由があることを想定している)。エピソード記憶の基準のすべてを満たすパラダイムを使って，ラットでエピソード記憶を証明する野心的で賢明な試みがなされてこなかったと推測される。それを証明する方法は，出来事に関するラットの記憶が「何が」，「どこで」，「いつ」に関する統合された表象を含み，新たな関連する出来事を考慮して更新されることを示すことである。

そのような証明をする1つの方法が，アメリカカケス(Western scrub jay)を対象とした実験で考案されていた(Clayton et al., 2001)。Claytonは，アメリカカケスが自然において腐敗性の餌を隠すという性質を利用した。アメリカカケスが餌をどこに隠したかを覚えていることはよく知られている。彼らは気に入ったおいしい餌をそうでない餌よりもみつけ出すことから，貯蔵場所の好みから彼らが何を隠したかを覚えていることを明らかにできる。おいしいけれども腐敗性の餌の場合には，餌を回収できる機会との関係を変化させることにより，回収場所の嗜好性からアメリカカケスがその餌をいつ隠したかを記憶しているかどうかがわかる。Claytonは，鳥類においてエピソード様記憶の例を示すことができた(Griffiths and Clayton, 2001)。同様の試みは，ラットでは報告されていない。

ラットのイベント表象はどこでその出来事が起こったのかについての情報を含んでおり，強化子の価値割引実験(reinforce devaluation experiment)から，ラットがどのような結果が期待できるかを記憶していることは明らかである(Day et al., 2003 参照，どこで-何がの連合を含む新たな学習手続きを用いてこのことを見事に証明した)。その出来事の表象がいつ生じたかについての情報をもつかどうかは示されていない。

筆者はラットでエピソード記憶を実証する単純な方法として，Honeyの機能的等価性実験において，その機能が知覚的特性だけに依存するのではなく，いつ(時刻)それが生じるのかに依存するような場面設定子を伴う再価値化手続き(revaluation procedure)を提案する。各場面設定子は，例えば一方が朝，他方が夕方に呈示されるというように2つのタイムスタンプをもつ。手がかりとどこで何をすべきかを信号するタイムスタンプが結びついている環境を準備する。その後タイム1で手がかりAを再評価し，再評価した手がかりAと同時刻に，Aと同じ「何が-どこで」の関係を信号する別の手がかりに移行することを確認するテストを行う。ラットが，同じタイムスタンプと機能的な連合をもつ別の手がかりが呈示されたときに，その手がかりを直接経験していなくても，再評価されたAとみなして行動を「自動的に」変化させるならば，ラットがある種の時間経過を記憶していることを証明できる。これは，エピソード記憶の証明に一歩近づくものである。

ラットを用いる記憶研究者は，非言語的な基準を用いて真のエピソード記憶過程を証明するという，概念的，方法論的にこれまでと異なる困難な挑戦を始めたばかりである。

結　論

　ラットの認知研究の分野は，最近成果をあげてきた。今やバリエーションに富んださまざまな行動課題があり，これによってラットの注意のいくつかの要素や重要な出来事，また出来事間の関係性の表象の特性について，信頼性と妥当性を備えた測定が可能になった。我々は，ラットとヒトにおける注意や記憶表象を支える神経システムには共通点があることを確信している。同時に，これらの共通点がまだ十分には証明されていないこと，ラットとヒトの表象の決定的な差異とは何かを理解できていないことも理解している。ラットの心を調べるための行動学的なツールを開発し洗練させることは，我々自身の心を知ることにつながるので，ラットの認知の研究者であることは楽しいものである。

Robert J. Sutherland

第41章

誘因行動

誘因は，学習を通して獲得する動機のあらゆる源である。これは生得的ではないため，誘因行動はさまざまな種類の誘因学習過程によって実証的に制御される反応である。本章では，評価的条件づけと呼ばれる評価的誘因，パブロフ型条件づけと呼ばれるパブロフ型誘因，道具的条件づけと呼ばれる道具的誘因手続き(Balleine, 2001; Dickinson and Balleine, 2002; Dayan and Balleine, 2002 総説参照)を例として，ラットの誘因行動について述べる。本章で記述するように，これらの誘因プロセスはヒエラルキーを構成する。道具的誘因は部分的にパブロフ型誘因のプロセスを含み，パブロフ型誘因は部分的に評価的誘因のプロセスを含むからである。これらの誘因プロセスが構造的に完全に分離されるかどうかについては，実際のところまだ議論の余地がある。最後の項で，いくつかの最新の問題を論じる。

評価的誘因

パブロフ(Pavlov, 1927)以来，学習に関する講義で知覚的な事象あるいは刺激を条件性と無条件性に分けることは当たり前になった。しかしパブロフにとっては，この区別は単に最初の刺激呈示で誘発される行動の応答に基づくものでしかなかった。味覚や嗅覚，視覚，聴覚，触覚について，ある種の特徴を有する生理的外乱には，無条件反応を誘発するような即時性かつ非学習性の動機づけの効果があるかもしれない。しかし，生理的外乱を伴う事象を一度でも経験すると，その事象が有する知覚特性に動機づけ効果が成立する。そのため，パブロフにとっては「食物が有する視覚と嗅覚の効果は生まれつきの反射によるものではなく，動物個体の生存過程において取得された反射」(1927; p.23)であり，このプロセスを彼は「信号化(signalization)」と呼んだ。

対照的に，現代の学習理論はパブロフが述べた刺激間における基本的な分離を認めるものの，食物や水，ショックのような事象を「無条件刺激(unconditioned stimulus: US)」と記述することでその論拠をあいまいにしている。この記述では，US に対して条件づけられていないもの——刺激に対する最初の接触で誘発される反射的反応(unconditioned response, reflexive response: UR)——と，そうでないもの——事象の感覚・知覚的特徴と，カロリーや体液，痛みなどの検出によって活性化される生理学的基盤に基づく動機づけシステムの連合(第18～23章参照)——を同一視してしまう傾向がある。事象の表象とそれが誘発する反応の区別は，とらえにくいが重要である。この区別はラットの学習と動機づけに関する現在の説明において見過ごされてきたが，学習の基本形式にほかならない(De Houwer et al., 2001)。本章では，これを評価的誘因学習(図 41-1)と表記する。

全く異なる専門用語に隠されていたものの，ラットの評価的誘因に関する研究はこれまでに時折報告されている。P. T. Young(1949)の研究や，「外部化された，あるいは獲得した動機」と呼ばれるようになった1940, 50 年代の分析研究がその例である(Bolles, 1975)。例えば，Moll(1964)は，パブロフの信号化プロセスと一致した証拠を若齢ラットで報告している。給餌制限をはじめて経験したラットは，時間経過あるいは餌の呈示に応じて多くの餌を摂取することをすばやく学習したが，不足を補う量，あるいは生命維持に必要な量より明らかに少ない量しか餌を摂取しなかった。同様に，Changizi, McGehee, and Hall(2002)は，仔ラットに給餌制限およびその後の摂食経験が過去にない限り，給餌制限状態において採餌行動を示さなかったことを観察した。驚くべきことに，渇き状態にあるラットにとっての水でも同様の現象が起こることを Hall らが報告している(Hall et al., 2000; Changizi et al., 2002)。例えば，離乳前のラットや流動食を用いて離乳したラットでは細胞外の強い渇きへの誘導は摂水量に対して即時効果をもたず，渇きのないラットと比

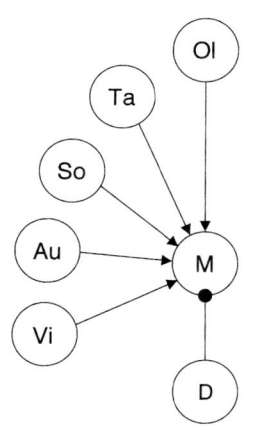

図41-1 評価的誘因学習を媒介する表象および動機づけプロセスのモデル。事象の感覚・知覚的な特徴(嗅覚〈Ol〉，味覚〈Ta〉，体性感覚〈So〉，聴覚〈Au〉，視覚〈Vi〉)による生物学的重要性の獲得は生理学的基盤に基づく動機づけシステム(M)との接続(→)の形成を含んでおり，これは末梢調節系(D，-●)に由来する内臓と体液の信号によって調節されることが示されている。

較しても摂水量に差がないことが観察された。しかし，渇き状態における摂水を一度経験したあとは，のちに誘導された渇き状態によって摂水量がただちに増加した。飢え状態や渇き状態のラットにとって生物学的に重要な餌や水のような事象の表象は，獲得するもののようである。

評価的誘因の獲得を評価するために使われる手続きは，条件性味覚選好(conditioned taste preference)や条件性味覚嫌悪(conditioned taste aversion)をもたらすために使われるそれと似ている。通常前者では，ラットを栄養分や水分，より具体的にはナトリウムやカルシウムといった，生存に必須な要素が欠乏した状態におく。その後，欠乏要素と刺激(通常は味覚刺激)を対にして味のついた溶液に入れて与えるか，あるいは胃，十二指腸，肝門，静脈へ直接投与する。欠乏要素と味覚を対呈示しなかったラットに比べて，対呈示を行った群の味覚に対する接触，消費する意欲が有意に増加したならば，評価的誘因学習が成立したとみなされる(Sclafani, 1999)。これらの処置はまた，ラットが必須要素と対呈示された味覚に接触したとき，食物摂取性の口腔顔面の定型的動作パターン(fixed action pattern: FAP)をみせる傾向を増加させる(Forestell and Lolordo, 2003)。ある必須要素，あるいはいくつかの必須要素の欠乏は，この種の条件性味覚選好を引き起こすのに必要であるようにみえる(Harris et al., 2000)。このことは，評価的条件づけが摂食や摂水を制御する調節プロセスに由来する内臓や体液の信号によって調整されることを示唆している(図41-1)(Sudakov, 1990)。実際，欠乏状態を選択的に操作した研究では，栄養素の量による味覚選好の獲得が給餌制限の程度に強く制御されることを報告している(Harris et al., 2000)。FAPの研究では，味覚刺激に対するこれらの反応が動機づけの状態によっても変化することを確認している。ショ糖溶液によって誘発される味覚反応性パターンは飢えで強化され(Berridge, 1991など)，生理食塩水によって誘発される味覚反応性パターンはナトリウム欲求で強化される(Berridge et al., 1984など)。

Garciaは，条件性味覚嫌悪も評価的誘因学習(Garciaが「ダーウィンの条件づけ」と呼んだもの)の例としてみるのが最適であると主張した(Garcia, 1989; Garcia et al., 1989)。この条件性味覚嫌悪の手続きでは，味覚(通常，甘味)と塩化リチウムのような催吐剤の投与を対呈示する。その後，口腔顔面FAPは受容から拒否に関連したパターンに移行し(Berridge, 2000)，この味覚を含む物質の摂取に対する反応は対呈示によって強く，そして永続的に変えられる。Garcia et al. (1989)は，この効果が味覚の求心性神経と脳幹自律神経中枢との連合形成を反映していると主張した。のちの研究で，条件性味覚嫌悪に関連する脳幹自律神経中枢は傍小脳脚核であると同定された(Reilly, 1999)。興味深いことに，傍小脳脚核は条件性味覚選好とも関連する(Sclafani et al., 2001)。その統合部位は嗅覚，視覚，聴覚，体性感覚の特徴が関与する評価的誘因学習とは異なり，感覚野，脳幹，視床下部核の求心性神経に加えて扁桃体が関与するようである(Holland et al., 2002)。

パブロフ型誘因

評価的条件づけとは対照的に，通常パブロフ型条件づけの説明では，刺激と内因性動機づけシステムの活動の間の連合よりも刺激表象間の連合の形成が強調される(Pearce and Bouton, 2001)。実際，感性予備条件づけ(sensory preconditioning)のようなパブロフ型連合プロセスがプログラムされた動機づけ操作なしに作動することは，全く可能である。しかし，通常，評価的誘因は，パブロフ型条件づけにおける刺激の対呈示で頻繁に使用される。このとき，一方の刺激は特定の動機づけ状態に関して比較的中性である条件刺激(conditioned stimulus: CS)である。他方の刺激は生物学的に有力な応答であるURを引き起こす事象であり，また生物学的に重要な事象として**表象される**USである。このため，パブロフ型のCSが誘因特性を得る可能性があることを多くの科学者が示唆したことは，驚くべきことではない(Dickinson and Balleine,

2002 総説参照)。

　パブロフ型誘因学習の最も洗練された説明の1つは，Konorski(1967)が発展させたものである。Konorskiの説明では，パブロフ型条件づけは**完了行動条件づけ**(consummatory conditioning)と**準備行動条件づけ**(preparatory conditioning)の2つの形態をとりうる。例えば，餌USを予期させる信号やCSが唾液分泌，リッキング[i](licking)，咀嚼を誘発するとき(DeBold et al., 1965)，あるいは，眼へのショックを予測させる信号が瞬目反応を誘発するとき(Schmajuk and Christianson, 1990)のように，特定のUSの感覚特性がCRに反映されるときに完了行動条件づけが起こる。ここからKonorskiは，完了行動条件づけがCS表象とUS表象の感覚・知覚的特徴間の連合形成を反映していること，またこの連合を通じてCSに関連づけられた表象の活性化が完了行動条件づけにおいてCRを誘発することを想定している。

　対照的に，準備行動条件づけはUSが有する固有の特性よりも，USが属する情動クラスの応答特性の獲得を反映している。これらの応答は，かなり一般的である。例えば，嫌悪性US(肢や眼へのショックなど)と対呈示されたCSは回避行動を誘発するのに対して，報酬性US(食物，水など)と対呈示されたCSはしばしば接近行動を誘発する。Konorskiは，準備条件づけにおけるCRはCSによる情動性プロセスの活性化によって誘発されること，そしてその情動性プロセスは，USの感覚的特徴の表象，あるいは純粋な準備行動条件づけを生み出す直接的な連合という2つの経路のいずれかを通ると提唱した。以上の理由から，準備行動条件づけと完了行動条件づけは分離されうる。Ginn et al.(1983)は，肢に対するショックと同時に呈示した0.5秒の音刺激は肢の屈曲CRを誘発したが，4秒より長い音はCRを誘発しなかったこと，また，いずれのCSでも心拍数CRを誘発したことを確認した。この説明において，パブロフ型誘因の獲得の基礎になると考えられる連合構造の1つを図41-2に示す(Dickinson and Dearing, 1979; Dickinson and Balleine, 2002 参照)。

　準備行動条件づけに関与している情動プロセスは，CSそのものに対する定位反応[ii](orienting response: OR)の遂行を促進するのと同様，USに基づく完了行動的CRの遂行を促進する可能性がある。Bombace et al.(1991)は，比較的長い聴覚性CSを後肢へのショックに対する信号，1秒の短い視覚性CSを眼への

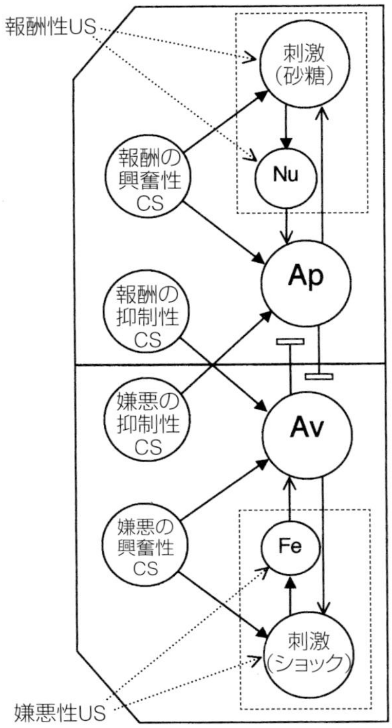

図41-2　パブロフ型誘因学習を媒介する表象および代表的な動機づけプロセスのKonorskiモデル(Dickinson and Dearing, 1979 に基づく；Dickinson and Balleine, 2002)。このモデルは，砂糖を用いた報酬性の条件づけと，ショックを用いた嫌悪性の条件づけを詳しく表している。評価的プロセスは破線の長方形に含まれる。→：獲得した接続，→：固定接続，AP：報酬，AV：嫌悪，Nu：栄養システム，Fe：恐怖システム。

ショックに対する刺激とするパラダイムを確立した。彼らは，聴覚刺激が呈示されている間，視覚CSが条件性瞬目反応(conditioned eye-blink response)をより大きな振幅で誘発したことを発見した。この発見は，USの感覚表象がCSに条件づけられる一般的な情動状態を活性化すること，またその情動状態によってUSの感覚表象が活性化される可能性があることを示唆している。さらに，CSへの定位反応――例えば，音に対するhead jerking[iii]や明かりに対する立ち上がり――は通常かなり早く馴化[iv](habituation)するが，CSとUSを対呈示するときに定位反応の発生率は増加する(Holland, 1980)。このことは，CSに条件づけられた情動状態がもたらす感覚特異的な反応を動機づけが支えることは，かなり一般的であることを示唆している。

　図41-2では，同じ情動クラスに属する異種のUS

---

[i]　ひとなめすること。
[ii]　外部刺激が呈示された際，その刺激の方向へ注意を向けるような行動を指す。
[iii]　頭部を小刻みに動かす行動を指す。日本語での定訳はないようである。
[iv]　動物が曝露された刺激に慣れ，反応しなくなること。

が共通の情動システムを活性化すると提案されている。この主張のさらなる証拠は，強化子間ブロッキング（transreinforcer blocking）研究に見出すことができる。**ブロッキング**とは，複合 CS と US を対呈示するとき，事前訓練された 1 つ目の CS が 2 つ目の CS の条件づけをしばしば減少させるという観察結果によるものであり（Kamin, 1969），事前訓練された 1 つ目の CS は追加された 2 つ目の CS に対する条件づけをブロックするといわれている。標準的なブロッキング手続きでは事前訓練と本訓練の間同じ US が使われる。だが，Bakal et al.(1974) は，フットショック US を用いて事前訓練された CS が聴覚性 US（大きな音）を伴う複合 CS の条件づけを妨害することを観察した。これは，US の感覚特性が大幅に異なっていても妨害が起こることを意味する。しかし，これらの共通点は嫌悪性であることから，通常強化子間ブロッキングは 2 つの US が共通の情動性プロセスを活性化する証拠とされる。強化子間ブロッキングはまた，報酬性情動プロセスの共通性に関する最良の証拠でもある。Ganesen and Pearce(1988) は，水 US と CS を用いて事前訓練を行ったあと，餌 US と追加の CS を用いて連合学習を行った。その結果，追加の CS を呈示している間の餌皿への条件づけされた接近は，水 US を用いた事前訓練によって減少することが判明した。つまり，水 US による事前訓練が餌と対呈示された追加 CS に対する条件づけを妨害することを示している。

●報酬性と嫌悪性の相互作用●

強化子間の促進とブロッキングは動機づけに関して共通点をもつ一方，両者には差異があることもまた明らかである。少なくとも，報酬性と嫌悪性のプロセスの間には区別が認められる。ある情動クラスの CS が他の情動クラスの CS によって制御される反応を抑制することが多く報告されている（Dickinson and Pearce, 1977）。この相互抑制関係は，事前に確立された嫌悪性 US の予期因子がのちに報酬性 US と対になる，あるいはその逆順となるような拮抗条件づけ（counterconditioning）実験で最も明確に示される。通常この処理は事前に条件づけされた CR の遂行を強化するより，むしろ強く減衰させる。この証拠は広く再検討されており，報酬性と嫌悪性の情動システムが互いを抑制するという見解が支持されている（Dickinson and Pearce, 1977; Dickinson and Dearing, 1979; Dickinson and Balleine, 2002）。

拮抗条件づけの効果に加えて，この相反する関係は条件性制止子（conditioned inhibitor）の性質についての直接的な説明も可能である。条件性制止子とは，予期された US の省略と対になった結果，興奮性 CS が誘発した CR を抑制する能力を得た刺激である。ある情動クラスの制止性 CS（inhibitory CS）が相反する情動クラスの興奮性 CS と共通する性質をもつことは長く知られていた（図 41-2）。つまり，予期されていた食物の省略と対呈示される CS は嫌悪性であり，ラットはその CS から逃避することを学習するだろう（Daly, 1974）。さらに，強化子間ブロッキング分析を用いた研究からは，相反する情動クラスに属する条件性興奮子と抑制子が共通の誘因プロセスに関与していることが明らかになった。例えば，餌 US の省略を予期させる CS は，ショック US による嫌悪性条件づけを妨げることがラットで報告されている（Dickinson and Dearing, 1979; Dickinson and Balleine, 2002 総説参照）。

●パブロフ型条件づけの動機づけ制御●

Ramachandran and Pearce(1987) は，食物あるいは水と対呈示された CS によって誘発されるマガジンアプローチ[v]（magazine approach）の漸近レベルが，当該事態とは無関係な動機づけ状態——食物強化子の場合は渇き，水強化子の場合は飢え——の存在によって減少することを観察した。当該事態と無関係な欠乏状態によって生み出される抑制は，本来動機づけとなるものである。なぜなら，消去テスト期間に無関係な欠乏状態を取り除くことによって，関連する欠乏状態単独で訓練されたラットで観察されるレベルまで遂行が回復したからである。Ramachandran and Pearce(1987) は，飢えと渇きの相互作用は Konorski のモデルにおける報酬性動機づけシステムのレベルでは起こらず，一次性動機づけ状態が特定の US 表象の活性化を調整するメカニズムを反映していると主張している。このことは，動機づけシステム間の相互作用と，一次性動機づけ状態によって調整されるメカニズム間の相互作用を明確に区別するという点で重要である。後者の相互作用では，これらのシステムを活性化させるため，飢えや渇きのような一次性動機づけ状態が関連刺激の能力を調整する役割を果たす。

このようなある種の動機づけの調整が要求されることはよく知られている。例えば，報酬性のパブロフ型条件づけにおける CR の遂行は欠乏状態に直接依存することがわかっている（DeBold et al., 1965）。同様に，この調整はある程度 US に依存していることは明らかである。つまり，水の表象を調整するのは水和作用で

---

[v] 音 CS と餌 US の連合学習により，音 CS が餌皿への接近行動を誘発するようになる現象，またそのような行動を指す。

あり，餌の表象を調整するのは栄養欲求である。したがって，Ramachandran and Pearce (1987) の結果をモデルに適用すると，飢えが栄養USと対呈示されたCSによる報酬性動機づけシステムの活性化を強化するだけでなく，渇きがこの強化に干渉することでUS表象の促進を減じるのである。つまり，通常は，図41-2が示すように，評価的誘因プロセスにおける動機づけの調整は，USの感覚表象を通して情動システムを活性化させるCSの能力を制御している。

しかし，一次性動機づけの変動がCRに影響を及ぼさない場合があるのは明らかである。図41-2のモデルでは，CRが完全に準備行動的であり，情動システムへ直接結合することで媒介される場合であろう。この種の顕著なケースは，空腹のラットの二次条件づけである。この条件づけは一次性CSの消去に抵抗があり (Rizley and Rescorla, 1972)，回転処置や満腹処置によるUSの無価値化に影響を受けない (Holland and Rescorla, 1975)。

道具的誘因

道具的条件づけにおいて，ラットは行動とその結果や成果の関係を符号化しており，行動の遂行と結果が得られる確率の随伴性にきわめて敏感であることを現在までの研究が示唆している (Balleine, 2001)。それにもかかわらず，行動-結果の連合だけでは，行動の遂行の決定に十分でないと長い間考えられてきた。「行動Rは結果Oをもたらす」のかたちをとる学習は，Rの遂行とRの遂行回避の両方に使われる。もちろん，この説明に欠けているのは，道具的遂行の制御において結果の誘因価が果たす役割への言及である。現在では，ある結果の情動的および動機づけの関連特性に対するラットの経験が結果の獲得に対する道具的行動の遂行を強く制御することが定説となっている (Dickinson and Balleine, 1994; Balleine, 2001 総説)。この主張は，主に道具的遂行における一次性動機づけの転移の影響を評価する研究から証拠立てられている。

道具的行動における最も著しい特性の1つに，それらの遂行が一次性動機づけの転移に対して**直接**反応するわけではないというものがある。これは，パブロフ型条件反射とは正反対である。このことは，空腹になるとレバーを押すことで餌を得，チェーンを引くことでショ糖溶液を得るように訓練されたラットが水分欠乏状態へと移行されたときに初めて観察された (Dickinson and Dawson, 1989)。この状況においてラットは，渇いたとき最初にショ糖溶液を飲むことができれば，ショ糖溶液で訓練された反応の遂行を増やしただ

けで，もとの訓練で獲得した行動を変えることはなかった。つまり，水分欠乏状態への移行は遂行に直接影響しなかったのである。また，その他の多くの訓練後の動機づけ転移において，同じパターンの結果がみられたことがのちの研究で報告されている。例えば，食物欠乏状態になったとき餌を得るためにレバーを押すように訓練されたラットでは，自由摂食状態に突然移行されてもレバー押しの遂行はただちに減少しなかった (Balleine, 1992)。また，自由摂食状態でレバー押しを訓練されたラットに対して給餌制限状態でレバー押しテスト行っても，ラットはレバー押しの遂行をただちに増加させるわけではない (Balleine, 1992; Balleine et al., 1994)。これらの状況はいずれもテスト時の動機づけ状態において特定の餌の消費の機会を与えられたあとにのみ，ラットは道具的遂行を変更することを示している。

一般的に，道具的遂行に影響を及ぼすには，一次性動機づけの転移と道具的な結果との完了関係が必要である。このことは，多くのさまざまな動機づけ状態において，また多くの低価値化 (devaluation) パラダイムで確認されてきた。例えば，飢えから渇きへの転移，飢えと満腹の間の転移に加えて，誘因学習は以下のような状況に関与していることがわかった。

①味覚嫌悪が誘発する低価値化効果 (Balleine and Dickinson, 1991, 1992)
②特定の満腹感が誘発する低価値化 (Balleine and Dickinson, 1998a)
③水の欠乏への訓練後転移 (Lopez et al., 1992)
④薬物状態が媒介する結果の価値の変化 (Balleine et al., 1994)
⑤体温調節 (Hendersen and Graham, 1979)，性行動 (Everitt and Stacey, 1987)，報酬 (Balleine, 2001 総説参照) の価値の変化

これらのすべてのケースにおいて，一次性動機づけ状態の転移後，転移が道具的遂行に影響を及ぼす前に，ラットは完了関係を通して道具的な結果の誘因価に対する転移の効果を学習するはずである。この学習の形態は，**道具的誘因学習**と呼ばれる。

パブロフ型CRと目標指向性道具的行動で一次性動機づけの転移の効果に対する感受性が異なる理由を考えることは興味深い。最近の文献研究では，通常道具的条件づけにおける行動に関連する結果の表象はCSによって直接活性化される動機的・情動的構造とは直接接続されておらず，パブロフ型CRと道具的条件づけの主な区別はこの点にあるかもしれないと論じられている (Balleine, 2001)。道具的条件づけにおける行動と関連する結果の表象は，動機的・情動的構造の活性化により誘発される情動フィードバックとの接続を

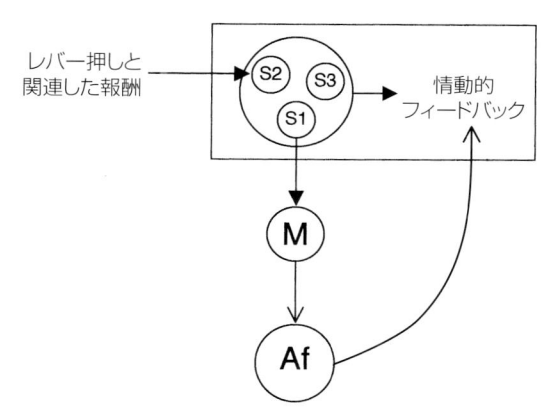

図41-3 道具的誘因学習のモデル。レバー押しのような行動に関連した報酬（または道具的結果）は，いくつかの特徴（S1，S2，S3）から構成されている。これらの特徴のうち最も明瞭性の高いものが動機づけシステム（M）との評価的接続に利用される。動機づけシステムは情動システム（Af）との固定接続を通して，情動的フィードバックを引き起こす。誘因学習は，結果のもつ多様な感覚・知覚的特徴と情動反応間の連合形成を反映する。→：獲得した接続，⇒：固定接続。

通して動機的・情動的構造と間接的に関連づけられる。この説明は，明瞭度の高い感覚特徴が動機的・情動的プロセスに接続しており，明瞭度の低い感覚特徴は接続していないとする結果表象の基本的なモデルに基づいている（図41-3）。分化隠蔽（differential overshadowing）の基本的な考え方によると，結果と近いCSがより明瞭度の高い特徴と関連し，結果から遠い行動はその他のより拡散した特徴と関係する，という仮定のみが必要である。そうすると，一般的な動機づけ状態では，結果と関連する拡散した要素が完了関係を通して再価値化されるまで，行動の遂行は動機づけ状態の転移から影響を受けないことになる（Balleine, 2001）。

したがって，この説明に基づくと，道具的誘因学習は道具的結果がもたらす感覚特徴と情動フィードバックとの間の連合に媒介される。この情動フィードバックは，評価的誘因およびパブロフ型条件反射誘因と関係する誘因的・情動的プロセスによって駆動されるものである。道具的誘因学習はこれらのプロセスに依存するものの，この情動反応と特有の連合関係を伴う。道具的結果がもたらす相対的な快の影響を確立することで，道具的誘因学習はラットおよび他の動物に対して，目標や誘因，特定の行動の結果の価値を符号化し，行動選択における重要な役割を果たす（Balleine and Dickinson, 1998b; Dickinson and Balleine, 2000）。

結論

本章で誘因行動を概観したように，評価的，パブロフ型，道具的誘因学習のプロセスは，記述的に，そしておそらく手続き的に容易に識別されうる。本章の範囲外の進化生物学の領域ではあるが，これらの学習プロセスは係留探索行動[vi]（anchoring exploratory behavior）や予測学習，行動選択などの適応行動を決定する要因の一般的解析を行うことによって，機能的にも識別されるかもしれない（さらなる議論は Balleine and Dickinson, 1998b; Dickinson and Balleine, 2000 参照）。しかし，これらの学習過程が異なるメカニズムで媒介されるかどうかについて，すなわちある行動が他の行動と分離制御されているかどうかについては定説がない。残念なことに，現在までのところこの問題に対する系統的研究はほとんどなく，行われてきた研究も常にラットに焦点を当てたものではない。

例えば，評価的誘因学習とパブロフ型誘因学習が異なったプロセスに媒介されていることを示す最も良い証拠は，ヒトの学習の研究である。被験者が事象間の随伴性に気がつかない状況では，有害な結果と対呈示されることによって知覚刺激（顔や風味など）の誘因価に変化が起こりうることが報告されている（De Houwer et al., 2001）。このような実験をラットで行うことは難しいが，それでも類似した効果を示唆する知見がいくつか報告されている。例えば，扁桃体基底外側核の損傷は，感性予備条件づけ，餌を利用したパブロフ型一次条件づけ（Holland et al., 2001; Blundell et al., 2003），条件抑制パラダイムにおけるショックUS（Killcross et al., 1997）に影響を及ぼさないが，条件性風味嫌悪，恐怖条件づけの側面（特にフリージング[vii]（freezing），条件性摂食反応（Holland et al., 2001）に強い影響を及ぼすことが報告されている。それとは対照的に，背側海馬の損傷は感性予備条件づけにおける刺激間の連合に影響する可能性があるが（Talk et al., 2002），条件性味覚選好，あるいは味覚嫌悪の手続きで生み出される評価的誘因には影響を及ぼさない（Reilly et al., 1993）。

さらに，Wyvell and Berridge（2000）は，ラットの側坐核へドーパミン作動薬を微量投与することによって報酬性のパブロフ型条件づけが強化されることを報告した。その強化は，食物摂取や，ショ糖キニーネ溶液

[vi] 最初に注目した特定の情報のバイアスに基づいた探索行動を指す。
[vii] すくみ（行動）。身体の動作が全身性に停止した状態，またはその行動。

の口内注入が誘発する拒絶性 FAP に影響することはなかった。逆に，ドーパミン拮抗薬は餌を用いた報酬性パブロフ型条件づけを減衰させるが（Berridge and Robinson, 1998），食物摂取性 FAP には影響を及ぼさない（Pecina et al., 1997）。つまり，ドーパミン作動薬とドーパミン拮抗薬は評価的誘因学習に影響を及ぼすというより，パブロフ型の誘因学習に対して作用するようである。実際，Berridge and Robinson はドーパミン系が CS の動機づけ特性を媒介すると一貫して主張しており，彼らはこれを「誘因の明瞭性」と呼んでいる（Berridge and Robinson, 1998; Robinson and Berridge, 1993）。

パブロフ型誘因学習と道具的誘因学習に関して，パブロフ型誘因は道具的遂行に対して選択的な興奮性作用を及ぼす可能性があることを多数の研究が示唆している。例えば，パブロフ型の興奮因子と道具的ベースラインを重ね合わせることが，道具的反応の遂行に影響することが示されている（Balleine, 1994）。この効果は，パブロフ型道具的転移と呼ばれる。道具的行動によって獲得した結果と対呈示された CS は，異なる結果と対呈示された CS よりも行動遂行に対して大きな興奮性効果をもつ（Colwill and Rescorla, 1988）ことが選択的転移効果の好例であろう。したがって，パブロフ型および道具的遂行における一次性動機づけ転移の効果の違いとは対照的に，パブロフ型条件づけと道具的条件づけには共通の誘因プロセスがあることをこれらの証拠は示唆しているようにみえる。

しかし，この主張に相反する証拠もある。例えば，多くの実験操作が道具的低価値化効果に影響することなく転移に影響する現象や，その逆の現象が発見された。第 1 に，ドーパミン拮抗薬であるピモジドまたは α-フルペンチキソールを末梢に投与すると，食物欠乏状態から非欠乏状態への転移によって生み出される道具的成果の低価値化に影響を及ぼすことなく，道具的遂行におけるパブロフ型 CS の興奮効果を減衰させることが観察された（Dickinson et al., 2000）。

第 2 に，Corbit and Balleine（2001）は，側坐核シェルの下位領域の細胞体損傷が道具的行動によって得られた結果と CS の対呈示が生み出す選択的転移効果を大幅に減少させるが，特定の満腹処置が誘発する道具的結果の選択的低価値化に対するラットの反応性に影響がないことを報告している。逆に，側坐核コアの下位領域の損傷は，シェル損傷によって障害される選択的転移効果に対しては影響をもたず，道具的結果の選択的低価値化に対するラットの反応性に大きな効果をもたらした。この研究は，パブロフ型および道具的誘因学習過程を媒介する神経プロセスの二重分離を示している。

Corbit and Balleine（2003）はまた，異なる種類の道具的連続行動を遂行する際，パブロフ型 CS と道具的誘因学習が分離可能な効果をもつことも報告している。給餌制限を施したラットに対し，最初のレバー（R1）を押したあとに 2 本目のレバー（R2）を押すと餌という結果（O）が得られるように訓練を行った（R1→R2→O）。その後，CS と餌（O）を対呈示するパブロフ型条件づけの訓練を行った。パブロフ型の道具的転移テストにおいて CS は遂行を向上させたが，それは餌という結果に近いレバー（R2）のみへの効果であった。その後ラットを自由摂食状態へ移行したあとに一連の再訓練を行い，2 つのレバー押し行動に関する消去テストを行った。テスト前に十分に満腹にされたラットの半数に対しては結果である餌を与えたが，残りの半数には餌を与えなかった。テストでは一連の動作の遂行が低下したが，重要なことにその低下は，自由摂食状態で餌に再曝露されたラットにおいて，そして餌から遠いほうのレバー（R1）において観察された。R2 に対する遂行は，道具的誘因学習の実験操作の影響を受けなかった。

これらの研究から，パブロフ型誘因と道具的誘因のプロセスが，解剖学的，神経化学的に異なったシステムによって媒介されるだけでなく，機能的にも独立していると結論づけるのは当然のことである。評価的誘因プロセスも同様である，と結論づけたい誘惑にかられるが，今のところ特にラットにおいて，同じ主張をするだけの系統的なデータはほとんどない。

謝　辞

本稿の執筆に際し，アメリカ国立衛生研究所の支援を受けた（#MH56446）。

Bernard W. Balleine

第VIII部

モデルとテスト

第42章　神経学的モデル　325
第43章　精神医学モデル　333
第44章　神経心理学テスト　342

第42章

神経学的モデル

　脳のあらゆる領域において，その**機能**は行動を生じさせることである。脳のある領域が**機能不全**に陥れば，行動が何らかのかたちで変わることになる。神経学における一般的な仮説は，薬理学的，行動的，外科的介入によって，少なくとも通常の機能の一部を回復させることができるというものである。例としてパーキンソン病を考えてみよう。パーキンソン病の患者は，振戦[i]（tremor）と無動[ii]（akinesia）という明確な2つの症状を伴う広範性の症状を示す。パーキンソン病の原因は，脳幹のドーパミン作動性細胞の死にある。これらの細胞の喪失は神経学的な機能においてカスケード効果をもっているため，大脳基底核や視床といった前脳領域が正しく機能せず，観察されるような行動上の症状をもたらす。疾患を治療する最も単純な方法は，L-DOPAのようなドーパミンの産生を増やす薬物を利用することであるが，今までのところ，この治療方法は機能を部分的にしか回復させることができない。したがって，例えば傷害を受けた脳へのドーパミン作動性の胚性細胞移植など，他の治療が必要である。有望な治療であると一度は考えられた移植にもまた限界があることが明らかになりつつあり，新しい治療の開発が求められている。

　しかし，神経疾患の治療の開発における主な問題は，医学におけるほとんどの新しい治療のように，まずヒト以外の被験体で開発しなければならないという点である。ところが，神経系は医科学に対して特有の問題を提起する。他の器官，例えば心臓や膵臓のように動物種の広い範囲で同じように機能する臓器と比べて，脳は種間で異なるためである。最も明らかな差は，脳の相対的なサイズである。ヒトの脳は最も近い親類であるチンパンジーと比べても体躯との相対的サイズで2倍大きく，最も一般的な実験動物であるラットのそれより15倍大きい。したがって，ヒト以外の脳がヒトの神経疾患の治療法を探索する際に十分役立つほどヒトの脳に似ているか，という点が神経科学における基本問題である。さらに，実験室の動物がヒトと同じ疾患に罹患するかどうかを考えると，問題はより複雑になる。加えて，実験の被験体として利用する際に特定の疾患に罹患した動物をどのように十分な数集めるか，という点が第2の問題である。

　これらの問題の解決策は，実はかなり単純である。第1の問題では，ラットのような種の脳はヒトよりかなり小さいが，基本的な組織はヒトの脳とそれほど変わらないことを示す多くの証拠がある（この論点に関する詳細な議論はKolb and Whishaw, 1983, 2003参照）。確かに，ラットはヒトほど複雑な認知生活を送らず，ましてや話すことなどない。だが，ラットには種間の差異を超えた一般化が十分に可能なほどヒトに類似した感覚および運動システムがある。さらに，ラットは認知，情動，注意プロセスを制御する神経学的なシステムを有しており，ヒトの神経システムと一般的な機構が著しく類似している。第2の問題では，ラットが疾患の症状を示すまで待つ必要はない。むしろ，疾患以外の健康状態を保ちつつ，異なる方法で神経疾患を誘発することができる。しかし，「人工的に誘発された」パーキンソン病のような疾患が，実際にヒトで観察される「真の（自然に生じる）」疾患の十分に良いモデルであるか，という問題は残る。これは，研究を行う際に各疾患の行動を注意深く分析することが要求される経験的問題である。もちろん，注意欠如多動症（attention deficit/hyperactivity disorder: ADHD）のような疾患は動物モデルに特別な問題をもたらすだろう。なぜなら，多動性症候群の子どもたちの最も顕著な問題は，学校におけるものだからである。もちろん，ラットは学校には行かない！　しかし後述するように，このような疾患における他の症状を効果的に調査できる可能性は残されている。

　本章の目的は，大脳半球に関連するヒトの神経疾患

---

[i] 筋肉の収縮と弛緩が繰り返された際にみられる急峻かつ微細なふるえ。
[ii] 運動の欠如または不足状態を指す。

のうち，最もよく発達したモデルのいくつかを分析することである．しかし，皮質機能に関連する神経疾患はかなり多いため，げっ歯類の大脳皮質がヒトの大脳皮質の組織のモデルとして有用かどうかをまず検証しなくてはならない．

ラットの皮質組織

異なる種の哺乳類間で行動を比較する際の大きな障害の1つは，各々の種は特定の環境ニッチで生き残るために特有の行動レパートリーをもっているということである．このため，種特有の行動的順応を反映して，新皮質組織がそれぞれの種特有にパターン化されているおそれがある．詳細な行動は多少異なるかもしれないが，この問題に取り組む方法は，哺乳類は多くの点で行動学上の特徴と能力を共有すると認識することである（Kolb and Whishaw, 1983 など）．例えば，すべての哺乳類は感覚刺激を検知，解釈し，この情報を過去の経験と関連づけて適切に行動するはずである．同様に，すべての哺乳類は多様な強化スケジュールの下で複雑な学習課題を学習できるようである．これらの行動の詳細と複雑さは種間で明らかに異なるが，一般的能力はすべての哺乳類に共通である．Warren and Kolb（1978）は，すべての哺乳類で実証可能な行動と行動の能力は**クラス共通**行動として指定できるかもしれないと提唱した．対照的に，種特有であり，特定のニッチで生き残るために選択されたと考えられる行動は**種特異的**行動と呼ぶことができる．この区別は大脳皮質の組織化と関わるので重要である．哺乳類がクラス共通行動を有しているからといって，哺乳類がクラス共通の問題に対して独自の解決法を進化させなかったということを証明するわけではないことには注意しなければならない．ただし，このことを支持する証拠はほとんどない．神経生理学的研究，解剖学的研究，損傷研究は，哺乳類の運動，体性感覚，視覚，聴覚の各皮質が局所解剖学的に類似していることを明らかにしている．その局所解剖学は，哺乳類の基礎能力においてクラス共通の神経基盤が存在することを意味する．

例えば，Kaas（1987）は，基本的な感覚情報の領域（例えば，領域V1, A1, S1），運動制御の領域（M1），感覚と運動の統合を行う前頭領域が哺乳類のすべての種で類似していると主張した．我々は，Kaasのアイデアを拡張して，これらの領域がクラス共通機能を有していると提案する．もちろん，クラス共通行動には種間で大きな違いがある．無彩色，広い視野，低精度の視覚のネコやラットに比べて，サル（とヒト）は色覚と高精度の視覚を有している．にもかかわらず，研究対象となった哺乳類のすべてで，視覚皮質の除去が物体認識を大幅に障害することを示している．同様に，ラットとネコはヒゲに大きな体性感覚表象を有するが，サルとヒトにはそのような表象はない．しかし，触覚に対する表皮関連受容体を表現する体性感覚皮質の機能はすべての種に存在する．第15章で述べたように，拇指対向性のようにいくつかの点は明らかに異なるものの，ラットと霊長類は運動系の一般的組織が著しく類似していることを発見した．したがって，詳細な認知機能が種特異的に変化する可能性はあっても，感覚システムと運動システムの基本動作はクラス共通の機能といえる．

しかし，大脳皮質のいわゆる連合機能はどうだろうか？　後頭頂部，前側頭部，前頭前野のシステムはラットと霊長類で対応しているのだろうか？　Pandya and Yeterian（1985）は，進化の過程における感覚表象の増加と対応して，感覚情報と運動の出力を統合する連合領域の数とサイズが増加する点に注目した．各連合領域の複雑さは基本的な感覚表象の特性に依存して種間で異なるだろうが，哺乳類の種間にわたって同等の連合領域が存在するに違いない．それぞれ簡単に考察してみよう．

ごく一般的にいえば，後頭頂部の領域には空間ナビゲーションに必要な体性感覚情報と，特に視覚および触覚情報を利用する機能がある．したがって，霊長類の後頭頂部のほとんどの機能は，空間におけるナビゲーションと同様，対象物を掴んだり操作したりする肢運動の視覚・触覚誘導に向けられている．第15章で述べたように，ラットの熟達した肢運動の誘導のほとんどは嗅覚の制御下にあるため，後頭頂部の連合領域がラットの肢運動の誘導に主要な役割を果たしていないことは驚くことではない．しかし，損傷研究と電気生理学的研究両方の結果から，後頭頂部に損傷のあるラットは，霊長類と同様に空間ナビゲーションの障害を示すことが明らかになっている（Kolb et al., 1994）．

ヒトの側頭連合領域の主な機能は，複雑な視覚・聴覚情報の認知，特に顔や物体，単語，音楽などのように意味のあるパターンの認知である．ラットの側頭連合領域は霊長類のそれよりはるかに単純な組織であるが，これらの領域が視覚入力（例えば，物体）や聴覚入力（例えば，種に典型的な発声）の複雑なパターン認知に関与していることは今のところほぼ確実である（Dean, 1990; Kolb et al., 1994）．

最後に，霊長類でいく分ミステリアスな「実行機能」を制御するとされている前頭前野は，ラットでも対応した組織となっている．最近の研究では，ラットと霊長類が解剖学的組織と行動機能の両方において著しく

類似していることが示された(Uylings et al., 2003)。例えば、ラットと霊長類の両方の前頭皮質には少なくとも2つの主な下部区分があり(背側部、内側部と眼窩部)、それぞれの区分はさらに多くの下位領域に分割されうる。また、この2つの領域が傷害されると、広範囲にわたる類似した症状がラットとサルの両方に現れる(Uylings et al., 2003 総説参照)。

つまり、かなり単純ではあるものの、ラットの脳の皮質組織は霊長類のそれとよく類似している。この対応は、皮質の機能不全を伴う行動障害の効果を調査する際の出発点となる。

神経疾患のモデル

すべての神経疾患に関する議論はもちろん、代表的な一部の神経疾患についての詳細な議論でさえも、この短い章で扱うことはできない。そのため、ここでは最も一般的な神経疾患を選び、これについて一般的な議論を行う(これらのモデルのより詳細な議論はBoulton, Baker and Butterworth, eds., 1992参照)。精神疾患ではなく神経疾患を研究する利点の1つは、神経疾患が単に神経学的な原因によると推定されるためであり、特定の経験的な要因に関係なく疾患を誘発するはずだからである(前掲書、Szechtman and Eilam、第42章参照)。しかし、精神疾患と同様に問題となるのは、多くの神経疾患が認知機能の障害によって特徴づけられるという点である。Szechtman and Eilam(第42章)が詳述したように、行動解析は疾患の性質とその症状を改善するための治療法を予測するために重要である。本章でこれから述べるように、神経疾患の部位に応じた適切な行動の解析があるだろう。そのため、ここでは、神経学的なモデル自体の性質やさまざまなモデルの行動解析に焦点を当てることはしない。

基本的に、広く成人の脳でみられる疾患と、発生に伴って起こる疾患を区別することは可能である。これらの疾患はモデルを発展させるためのさまざまな課題となるものであり、また個別に検討されるべきものである。

●成人脳の疾患モデル●

脳卒中

ヒトの虚血性脳卒中は、その原因、場所、症状において多様である。ラットの脳卒中モデルの主な利点は損傷の再現性が制御できることであり、その再現性は脳卒中の行動学的後遺症と治療に関する系統的研究を可能にする。脳血流の詳細は、ラットの系統によって大きく異なる。したがって、他の研究と比較できるように、系統を選択する際には注意が必要である(Ginsberg and Busto, 1989)。いくつかの系統は、系統内でもかなりの多様性を示す。例えば、Sprague-Dawleyラットの脳血流には少なくとも6つのパターンがあり、このことは、脳卒中には無視できない個体差があることを意味する。

脳卒中モデルには、局所的虚血モデルと全体的虚血モデルという2つの一般的分類がある(表42-1)(Seta et al., 1992)。虚血性脳卒中の研究には一般的に用いられないものの、我々はLong-Evansラットが特に局所的脳卒中の行動研究に良いモデルであることを発見した。2つのモデルでは損傷のパターンが大きく異なるので、行動解析の特性はモデル間で異なる。中大脳動脈(middle cerebral artery: MCA)結紮や軟膜剥離を伴

表42-1 ラットの脳卒中モデル

モデル	前処置
局所的虚血モデル	
・塞栓症モデル	凝血塊の断片あるいは高分子微粒子を中大脳動脈へ注入。
・光化学血栓溶解モデル	ローズベンガルなどの化学物質の全身性投与。頭蓋の一部へのレーザー照射によって、光化学反応が誘発され、血小板と赤血球が凝集する。
・エンドセリン-1	エンドセリン-1の局所注入。血管の部分的な分解によって細胞死を起こす。
・中大脳動脈結紮	中大脳動脈の全体あるいは一部に対する熱凝固法による非可逆的閉塞。スネア結紮糸[iii]による中大脳動脈の可逆的閉塞。
・軟膜剥離	限局的部位からの軟膜と血管の剥離。
全体的虚血モデル	
・両側頸動脈結紮	
2血管結紮	総頸動脈を閉塞、血圧を50 mmHgまで低下させる。
4血管結紮	椎骨動脈を焼灼、頸動脈をスネアによって一時的に結紮。
・Levine低酸素虚血	45分間低酸素環境に曝露した24時間後、片側の頸動脈を結紮。

[iii] ポリープなどを取り除く際に用いられる金属線の輪を指す。

う局所モデルは，運動皮質と異なる範囲で線条体に作用する．MCAモデルの利点は，運動の回復と補償を評価する優れたテクニックが存在するということである（第15章参照）．逆に，MCAモデルの欠点の1つは，広い損傷部位が極端な運動の喪失を生み出すかもしれないという点である．この極端な運動の喪失は，より全体的な測定を除けば，評価が非常に難しい．

これらの虚血モデルは，神経保護因子の研究において広く利用されてきた．利点は，海馬の細胞死があることであり，この細胞死が認知的行動の研究を可能にする点である（第39章参照）．欠点は，傷害部位が多様であるため，時に多くの被験体を必要とする点である．

脳損傷

脳卒中に加えて，腫瘍除去，血管手術，薬物難治性のてんかん手術など，ヒトは外傷性損傷もしくは外科的に誘発された脳損傷を受けることがある．一般的に，ラットの脳損傷は，吸引，選択的神経毒の注入，または脳挫傷による頭部外傷によってつくられる．前2者の方法は局所的な損傷をもたらす一方，脳挫傷モデルはより拡散した損傷をもたらす．両タイプの損傷による動物の行動，特に局所的損傷の動物の行動は，損傷した個々の皮質領域の機能に対して敏感な行動課題を利用して評価する（第5～17，39，43章参照）．一般的に，頭部外傷の研究では認知症に用いられるテストに類似したテストを利用して認知機能の評価を行う（第39章参照）．

歴史的には，吸引モデルが最も広く利用されてきた．吸引モデルは組織を観察することができ，また定位座標の利用によって一貫した損傷ができるという利点があるものの，除去する組織を露出させるため開頭しなくてはならないことが最大の欠点である．第2の欠点は，組織が脳から除去されるため，自然な頭部外傷のように組織がゆっくり死ぬわけではないという点である．死んだ組織が脳内にあるかないかによって，損傷に対する神経解剖学的反応あるいは神経化学的反応に差がある．このことは，脳損傷の治療を検討する研究では重要なことかもしれない．興奮毒性モデルに必要なことは，毒素注入用のカニューレに適合した小さな穴をドリルで開けることだけである．しかし，運動皮質の全損傷のように大きな損傷の場合には多くの穴ができるはずであり，傷害の程度にかなりのばらつきが生じるかもしれない．興奮毒性傷害の利点の1つは損傷が灰白質に限定されることであり，損傷の拡散効果を低減できることである．しかし，ヒトでは白質を損傷しない傷害は典型的ではないので，これは機能回復の研究には欠点となるかもしれない．

頭部外傷の脳挫傷モデルは，脳を露出させるため開頭する必要がある．プランジャーが特定の力で脳を叩き，細胞死と白質の剪断および分断を引き起こす．傷害の程度はさまざまであるが，ヒトの内傷性頭部損傷を模倣する．

パーキンソン病

パーキンソン病はその病因および神経病変において複雑で多様であるが，一貫した共通の特徴は黒質のドーパミンニューロンの喪失であり，この喪失がさまざまな運動障害をもたらす．かつては，霊長類の動物モデルだけがパーキンソン病の研究に役立つと思われていたが，基礎研究から臨床応用へ展開する際，ある種が他の種よりヒトの病態をよく予測できることを示唆するようなコンセンサスや証拠はない（Schallert and Tillerson, 2002）．パーキンソン病の最も一般的なラットモデルは，神経毒性のある6-ヒドロキシドーパミン[iv]（6-hydroxydopamin）を内側前脳束か吻側線条体へ片側性に注入することでつくられる．このような手順は通常，高速液体クロマトグラフィーのような神経化学的分析で測定されるドーパミン枯渇をある範囲で生じさせる．この変動は行動障害と相関している可能性がある．例えば，Tillerson et al.（1998）は，線条体内ドーパミン枯渇レベルと前肢運動障害レベルの間に0.92の相関を見出した．神経毒の注入は，通常片側性に行う．その理由として，広範囲な両側性注入に伴うドーパミン枯渇のある動物は摂食ができなくなること，また片側性に障害を与えることにより，身体運動遂行の比較が両側間でできることがあげられる．

運動障害の程度を反映させるための行動測定は，当初，ドーパミン作動薬による行動の非対称性に基づくものであった．しかし，これらの非対称性は運動障害の程度を予測せず，最良の測度でもないかもしれない．現在では，薬物を必要としないさまざまなテストが考案されている．例えば，熟達した前肢伸ばし行動（Miklyaeva and Whishaw, 1996），垂直探索時の前肢非対称性（Schallert and Lindner, 1990），触覚の消失（Schallert et al., 1982）のほか，多くのシンプルな運動反射が Schallert and Tillerson（2002）によって記述されている．

ハンチントン病

ハンチントン病（Hungtington disease）は遺伝性，進

[iv] 神経毒の1つで，ノルアドレナリン神経やドーパミン神経を特異的に破壊する．

行性の神経変性疾患であり，奇怪で制御不能な運動と姿勢で特徴づけられる．解剖学的に，ハンチントン病は大脳半球の全体的な萎縮と線条体の広範囲な細胞死を伴う．線条体の細胞死は，線条体の一次出力ニューロンである中型有棘ニューロンの喪失に限定される．当初はこの細胞死が行動異常の主な原因であると思われていたが，疾患に伴う神経変性が大脳半球，脳幹，小脳とかなり広範囲にわたることが明らかになりつつある（Emerich and Sanberg, 1992）．

ハンチントン病のげっ歯類モデルでは線条体の病変に注目してきたが，ヒトのハンチントン病の障害はより広範な病変を伴うことを念頭におく必要があるだろう．モデルとしては，線条体の神経伝達物質アンバランスに基づく運動異常モデルと，神経毒損傷モデルの2つの一般的なタイプが開発されてきた．前者の神経化学的モデルは，線条体内の細胞死そのものより，線条体におけるドーパミン作動性，GABA作動性，コリン作動性システムのバランスに対する線条体内細胞死の効果のほうが大きいという仮定に基づいている．ここから，多様なドーパミン作動薬，GABA拮抗薬，コリン拮抗薬を線条体に注入する実験が行われており，各々の薬物で運動障害のパターンが生み出されている．これらのモデルの利点は，準備が簡単である点，そして運動異常がハンチントン病のそれと類似している点である．しかし，大きな欠点は，効果が長期にわたらないということであり，そのようなモデルが臨床に関係した治療の発展にどのようにして役立つかを理解することは難しい．

神経毒モデルでは，線条体内ニューロンを損傷するために選択的な有毒合成物（カイニン酸，キノリン酸）を利用する．両毒素は，ハンチントン病を思わせるような病理学的，行動的効果を生み出す．このラットモデルから，ハンチントン病の基本的な障害はグルタミン酸作動性伝達機能障害であり，その結果としてこの疾患特有の漸進性細胞死をもたらすという仮説が導き出された（Emerich and Sanberg, 1992）．しかし，この病気は遺伝性であるため，これらのラット研究は遺伝子異常に関する情報を提供することができない（ただし，次ページ「ウイルスベクター媒介性神経変性」の項参照）．これらのラットモデルは，臨床治療を試みるための現実的な技術を提供するといえる．

アルツハイマー型認知症

ヒトの認知症には多くの型があるが，最も一般的であり，最も集中的に研究されているのはアルツハイマー病（Alzheimer disease）である．ほとんどの認知症と同じく，アルツハイマー病は死後の脳の病理学検査だけで確実に診断できる神経変性疾患である．アルツハイマー病の病変はかなり広範囲にわたり，前脳基底部のコリン作動性大細胞の脱落，縫線核および青斑核からの脳幹モノアミン作動性投射ニューロンの喪失，そして扁桃体や海馬，大脳皮質における老人斑を伴う．前脳基底部から皮質と海馬に投射するコリン作動性ニューロンの変性は，アルツハイマー病に伴う認知障害の一部の原因であると信じられている．そのため，動物モデルはコリン作動性の喪失に集中する傾向があった．アルツハイマー病の病変はかなり広範囲にわたるが，ハンチントン病モデルのように，アルツハイマー病モデルでは疾患の一側面であるコリン作動性に注目してきた．

アルツハイマー病の最も一般的な3つのモデルは，①加齢ラット，②前脳基底部の損傷ラット，③薬理学的物質を投与したラット，である．加齢に関連するモデルは，障害の程度は少ないもののアルツハイマー病の認知障害の多くが通常の加齢でも起こるという観察に基づいている．一般的な知的機能の漸進的低下とともに，長年にわたって徐々に進行する軽度の記憶障害がある．ラットでは，前脳基底部で加齢に伴う細胞喪失がみられ，認知課題における行動障害と相関している．しかし驚くべきことに，コリン作動性活動の皮質マーカーには年齢依存的な喪失がない．このことは，加齢ラットモデルの有用性を制限することになるかもしれない．さらに，ラットの加齢研究の大部分は，遺伝的に均一な系統であるFisher 344 ラットを利用する．Fisher 344 ラットの老齢期における健康状態はLong-Evansのような他系統のラットよりも優れているが，この系統の空間記憶能力がどの程度代表的といえるのかといった疑問は残されている．

若齢動物ではアルツハイマー病でみられる生化学変化は進行しないが，前脳基底部を個別に損傷することによってそのような変化を実験的にもたらすことができる．通常，研究ではカイニン酸，イボテン酸，キノリン酸など，グルタミン系の神経毒が使われる．これらはすべて，注入部位の範囲内で，わずかに異なるニューロン集団に影響を及ぼす強力な毒素である．中程度で一貫した記憶障害をラットで引き起こし，皮質と海馬においてアセチルコリンに対するマーカーの枯渇を生じさせる．難点の1つは，この記憶障害が時間経過に従って，あるいは処置後の入念なトレーニングによって回復する傾向があることである（Bartus et al., 1985）．このことは，ベースラインとなる遂行が時間とともにシフトすることを意味しており，治療薬の研究をより困難にしている．

最後に，ムスカリン性拮抗薬がアルツハイマー病に類似した認知障害をヒトとラットの両方で引き起こす

可能性があるという理屈から，行動遂行を障害する抗コリン薬[v] (anticholinergic agent) が利用されることがある (Whishaw, 1985 参照)．抗コリン薬によるモデルは，認知機能増強の候補薬物の効果を検討するうえである程度の成功を収めてきた．しかし，アルツハイマー病は進行性かつかなり広範囲にわたる一方，抗コリン薬の効果は一時的なものであり，脳のコリン作動系特異的にしか作用しないという問題が残る．

ウイルスベクター媒介性神経変性

タンパク質の処理不全は，主要な神経変性疾患の中心的な特徴である．タンパク質の産生は遺伝子によって規定されている．このため，神経変性疾患が単一の細胞のタンパク質における突然変異に起因する可能性がある，という最近の発見は特に驚くことではない．遺伝子の突然変異は，病原遺伝子を運ぶ遺伝子組換え動物の作出を通してラットで誘発することができる．しかしこのモデルには，変異遺伝子が全脳に影響を及ぼし，その動物は成体期のみならず生涯を通じて遺伝子異常をもつことになるという欠点がある．組換えウイルスベクター技術の進歩によって，新しいげっ歯類のモデルが開発されてきた．この技術では，あるタイプの細胞に対して特定の親和性のあるウイルスを，脳 (例えば，黒質) の特定の領域に注入することが可能である．いったん細胞内に入ったウイルスは，異常な遺伝子の発現を誘発する (Kirik and Bjorklund, 2003)．このベクターシステムの技術はまだ初期段階であるが，ハンチントン病のモデルでは線条体ニューロンに変異ヒト・ハンチントン・タンパク質を発現させ，パーキンソン病のモデルでは黒質ドーパミンニューロンに変異ヒトα-シヌクレインタンパク質を発現させることに使われて成功している (de Almeida et al., 2002; Kirik et al., 2002)．ウイルスベクターの媒介による遺伝子転写は，アルツハイマー病の病理学に関わる最有力候補であるアミロイド前駆体タンパク質のような病原性タンパク質を生成するのに役立つことが期待されている．現在まで解剖学的な研究が中心であったため，ウイルスベクターを感染させた動物の行動変化はほとんど報告されていない．

発作性疾患

最も一般的な神経疾患の1つは，発作の発生である．急性の発作には外傷性頭部損傷や脳炎，慢性の発作にはてんかんのような疾患がある．動物モデルを開発する主な理由は，発作をもたらす分子機序を理解することであり，また抗痙攣薬の候補をスクリーニングするためである．

大部分の発作は，神経系に対する何らかの刺激に起因する．例えば，脳損傷は異常な放電などの原因となる．しかし，電気ショックや化学的アンバランスが原因の場合には急性発作の可能性がある．ラットの発作モデルは，脳内の刺激の発達に基づくモデルと化学的に誘発された刺激に基づくモデルの2タイプが一般的に用いられている．

発作の最も一般的な局所モデルは，**発火** (kindling) として知られている．発火とは，小さな小枝を燃やすことが最終的に大きな炎をもたらすように，電流または薬物による脳の痙攣性刺激の繰り返しにより，徐々に強度が増加する発作をもたらす様子を記述するためにGoddard が提案した比喩である．発火は過去25年間重点的に研究されてきており，その結果，膨大な量の文献資料が集まった (Corcoran and Moshe, 1998; Teskey, 2001 など)．発火モデルの利点の1つは，電気生理学的あるいは行動学的方法を用いて発作の進行を客観的に計測できる点であり，この利点のおかげで発作性疾患の進行における多くの異なる時点で抗鎮痙性薬物を投与することが可能である．

その他の発作誘発の主な方法は，ペニシリン，ストリキニーネ，テタヌストキシン，アルミニウム，ビククリンを含む種類の異なる薬，あるいは，それらの複合物を全身または局所に注入することである (McCandless and FineSmith, 1992 総説参照)．これらのモデルの利点は，誘発が容易であり，誘発された発作性疾患に信頼性がある点である．逆に，ヒトでは化学的に誘発される発作は稀であり，おそらく発作の基礎メカニズムがモデル間で全く異なることが欠点である．

薬物嗜癖

多くの人々が，ニコチン，コカイン，ヘロインのような覚醒剤を使用する．これらはすべて行動に影響を及ぼすことから，精神活性作用があるといわれている．精神活性薬の長期間にわたる濫用の結果はよく知られているが，これらの薬が神経系をどのようにして慢性的に変えるのかについてはほとんど知られていない．ラットの脳で実験的に実証された薬物性変化は**薬物性行動感作**として知られており，しばしば単に**行動感作**と呼ばれる (Robinson and Berridge, 2003)．行動感作とは，一定用量の薬物の定期的投与のあとに起こる薬物性行動作用の漸進性増加である．行動感作はほ

---

v アセチルコリンがアセチルコリン受容体に結合するのを阻害する薬物．アセチルコリン受容体はムスカリン受容体とニコチン受容体に区別される．

とんどの精神活性薬で起こり，特にアンフェタミンのような精神運動性の覚醒剤で強い。例えば，ラットに少量のアンフェタミンを与えると，活動が少し増加するだろう。続いて同じ量のアンフェタミンを与えると，活動の増加は次第に大きくなり，行動感作を示す。この薬物性の行動変化は，数週間あるいは数カ月の間持続する。薬物を以前と同じ量で与えれば，行動感作が持続するということである。ある意味，脳は薬物の効果に関するいくらかの記憶を保持しているといえる。そのため，薬物中毒は学習の病理学的プロセスとみなされるようになりつつある(Berke and Hyman, 2000; Nestler, 2001)。

異なる課題の学習と関連した変化のように(Kolb and Whishaw, 1999)，行動感作は，前頭前野と線条体における樹状突起と棘突起の形態の変化(Robinson and Kolb, 1998)，線条体における生理学的変化(Gerdeman et al., 2003)，最初期遺伝子と神経栄養因子の産生の変化(Flores and Stewart, 2001)と関連している。脳の組織と機能におけるこの多様な変化は，ヒトの麻薬中毒者の病理学的行動の多くの根拠となると信じられており，形態異常と認知的行動の変化を関連づけようとする試みにかなりの関心が集まっている。

●発達障害のモデル●

発達障害のモデルとしてラットを利用する主な利点の1つは，ラットが実験室の霊長類または肉食動物より発生学的に若い段階で生まれるため，他の種では通常出生前に行う操作を，ラットでは出生後に多く遂行できるという点である。ラットの妊娠期間はおよそ22日である。脳神経の形成は胎生期11日目に始まり，出生とともに終わる(詳細は Bayer and Altman, 1990 参照)。細胞移動は生後第1週を通して続くが，その週からシナプス形成が始まり，生後25日目まで高頻度で続く。したがって，出生後も発達中のラットでは，ヒト発達の妊娠第三期に対応する時期にいろいろな実験操作(例えば，損傷，行動学的処置，薬理学的処置)を行うことができる。妊娠第三期はヒトの発達で非常に敏感な時期であるため，発達上のラットモデルにおいてさまざまな脳操作の効果を検討することや，その改善のための処置を検討することが可能である。出生前と出生後の幼体ラットにおけるアルコールと他の薬物の効果に関する多くの文献があるが，ここでは損傷とストレスという2つの操作について考察する。

周産期脳損傷

周産期のラットの脳は，個別の皮質領域の吸引除去，興奮毒性損傷，低酸素，虚血を含むさまざまな操作をすることで阻害できる。一般的に，これらのさまざまな操作は一貫した結果をもたらす。新生仔ラットの生後1週目の損傷は成体での類似損傷よりも深刻な機能障害をもたらす一方，生後2週目の損傷は成体での類似損傷に比べて，機能障害はそれほどひどくない(Kolb et al., 2001総説参照)。これらの時期は，それぞれヒトの発達の妊娠第三期と生後最初の数カ月に大まかに一致する。特に言語野が損傷を受ける場合，出生後1年以内に脳損傷を受けた子どもたちがより良い結果を示す一方で，早産児の虚血を含む妊娠第三期の損傷はヒトの脳の発達に特に有害であることが知られている(Kolb and Whishaw, 2003)。

生後1週目と生後2週目における発達中のラットの脳損傷の著しく異なる行動の結果は，明確に異なる解剖学的反応とも相関している。例えば，生後2週目の損傷は神経新生，グリア新生，樹状突起の肥大を誘発するが，生後1週目の損傷は神経新生とグリア新生に対する効果はほとんどなく，樹状突起の萎縮をもたらす(Kolb et al., 2001)。加えて，我々は最近，生後1週目と2週目という2つの時点における損傷が，タンパク質発現に対して異なる効果を生み出すことを発見した。この効果は，成人期にいくつかのケースでみられる変化である。1つの例は神経栄養因子である塩基性線維芽細胞増殖因子(basic fibroblast growth factor: bFGF)の発現である。bFGFの発現は生後第2週で損傷したあとに著しく増加するが，生後第1週の損傷後では増加しない。つまり，発達過程におけるヒトの脳損傷の効果を理解するために，周産期のラットの皮質損傷に関する多くの研究が優れたモデルとなる。しかし，より重要なことは，特に生後初期の損傷ののち，機能的補償を刺激するさまざまな治療の効果を理解するのに，ラットモデルが特に役立つことを示したことである(Kolb et al., 2001)。生後数日間に脳損傷を受けたラットが，触覚刺激，栄養補助食品，複合飼育，bFGFなどのさまざまな処置から重要な機能的恩恵を得ることを示している。

周産期の経験

多くの研究では，発達過程のラットが出生後の操作に特に敏感であることを示している。その例としてあげられるのは，乳児期のハンドリング[vi](handling)と母ラットからの分離である。大部分の研究におけるハンドリングは，生後最初の2週間，1日あたりおよそ

[vi] 動物に手を触れるなどの手段によって，その動物を実験者に慣れさせること。

15分間の母ラットからの分離を含む(Levine, 1961; Caldji et al., 2000)。この処置は，仔ラットに対するリッキング[vii]（licking）や毛繕い[viii]（grooming）といった母性行動を強化し，それが神経系におけるストレス関連システムのフィードバック調節を変えるようである。これらの変化は長期間持続し，成体期の認知機能とストレス反応性に恩恵をもたらす。対照的に，より長時間（通常1日あたり3〜4時間）の母ラットからの分離は視床下部下垂体応答の過敏反応など，ストレスに対する過敏反応性をもつ動物を生み出す(Liu et al., 1997)。最後に，乳児期の触覚刺激や幼若期の複合飼育といった他の周産期の経験が，皮質組織の長期持続変化をもたらすことも知られている(Kolb et al., 2003)。

以上のことから，これらの研究は周産期の経験が子どもたちの行動発達に対する慢性的影響を示すモデルになるだろう。例えば，ハンドリングと母ラットからの分離の研究は，さまざまな発達上の行動状態（例えば，ADHD）に対する洞察や，そのような行動病理の治療方法を調査するためのモデルになることが期待される。

注意欠如多動症（ADHD）

最近の多くの総説で，ADHDの行動的，認知的特性が記述されている(Barkley, 1997)。現在，ADHDは前頭葉−線条体の異常から生じること，またこれはおそらく右半球に局在していると考えられている(Heilman et al., 1991)。前頭前野と大脳基底核に投射しているドーパミン作動系の異常は，前頭葉−線条体異常の大半の原因だと考えられている。ADHDに対する最も一般的な処置は，ドーパミン再取り込みを阻害するメチルフェニデート（リタリン）の投与である。特定の作業記憶，注意機能を含む前頭前野機能の障害と，ドーパミン作動性異常の相関は重要である。ドーパミン作動性異常の原因を特定することはこれまで困難であったが，遺伝，早産，出生前のストレス，低酸素/虚血などの素因が提案されている(Sullivan and Brake, 2003)。

ADHDは臨床的な処置が簡単にできるかどうかが不明であり，結果として動物モデルの開発にかなりの関心が集まった。研究を推進する1つの方法は，作業記憶や認知機能を検討する多様な課題におけるラットの遂行のばらつきを利用することであった。メチルフェニデートをラットに処置した多くの研究では，注意過程テストで成績の悪いラットの遂行が実際に向上することを示している。Kyoto SHRという系統のラットは特に良いモデルになると提案されている。理由は，前頭前野のドーパミン作動性神経支配に異常があることが知られており，これが活動亢進のような行動異常と相関しているためである。行動異常は，メチルフェニデートのようなドーパミン作動薬によって改善する可能性がある(Sullivan and Brake, 2003)。

ADHDの他のモデルでは，周産期の低酸素症による前頭前野発達の操作に焦点を当てている(Brake et al., 1997)。興味深いことに，この処置は前頭前野異常が右半球に一側化される結果をもたらす(Brake et al., 2000)。このことはヒトでも観察される。低酸素症は，ドーパミン作動性異常をもたらす唯一の操作ではない。生後の母子間の社会環境の操作は，ラットの実験においてもドーパミン系の異常を示した(Sullivan and Gratton, 2003)。

現在のところ，前頭前野−線条体回路のドーパミン作動性神経支配に異常があり，活動亢進，乏しい作業記憶，注意欠損を含む行動異常と相関するいくつかのラットモデルが存在する。

結論

広範囲にわたるヒトの神経疾患の模倣として，ラットで脳機能障害をつくり出すことは可能である。我々に大変よく似た脳をもつチンパンジーのような動物で神経疾患の研究を行うことが理想であるが，これは倫理的，経済的理由から非現実的である。ラットの小さな脳と複雑ではない認知過程は取り組む行動課題の性質に対する制限となるが，理にかなった選択肢である。しかし，動物の倫理学的問題は考慮されるべきである。あらゆる動物において，神経疾患の誘発は，動物の管理に特別な配慮が求められることを意味し，このことに疑問の余地はない。苦痛を受けるかもしれないモデルとして利用される動物には，特別な配慮が与えられなければならない。神経疾患のヒトは，短気，恐れ，不安，痛みをしばしば経験する。ラットモデルがヒトの疾患をうまく模倣するならば，これらの症状の一部がラットでも現れることが期待されるだろう。Olfert (1992)が強調したように，動物福祉に悪影響を及ぼし，研究にとって科学的に必要のない痛みや苦痛，機能障害は，実験者のコストまたは便宜に関係なく，軽減されるか最小化されるべきである。パーキンソン病やハンチントン病のような障害をもつヒトの経験から，これらの条件のモデルラットが耐えているかもしれない苦痛を理解できるだろう。

Bryan Kolb

[vii] ひとなめすること。
[viii] ある個体が自身の体毛をなめたり引っ張ったりすることで毛並みを整えたり，ごみなどを取り除く行動。

第43章

精神医学モデル

　医学研究の進展には常に動物モデルが不可欠だったが，精神医学が動物モデルを受け入れるようになったのは最近であり，いまだ啓発的でしかないのが現状である。かつて受け入れがたいものとみなされていた動物モデルが現在許容されていることは，今日の精神医学における精神疾患のとらえ方，また動物を用いた精神病理学研究の実用性や限界を示す基礎研究の成果といった大きな変遷を反映している。本章ではまず，精神疾患に対する生物学的精神医学の観点の台頭と関連した論争について議論し，多くの基礎科学の知識で成り立つ行動神経科学と臨床精神医学を同列に扱うことの有用性を提案する。そして行動神経科学の実験手法を詳述し，この方法論が精神医学にとって興味の対象である精神疾患のメカニズムを解明するうえでまさに必要とされるものであることを示す。続いて，テスト，方法，理論の区別について熟考することによって，いくつかの疑問を解決するよう試みる。そして最後に，強迫性障害に代表される精神医学疾患のラットモデルを調べることによって，議論すべきいくつかの原則を解説する。

精神疾患

　精神医学において動物モデルに求められるものを理解するためには，精神医学の問題や実践を正しく理解しておかなければならない。精神医学は，精神疾患の診断，治療，予防を担う医学的な専門分野である。しかし，このような単純かつ単刀直入な教科書的定義は，精神医学が本来もつ複雑性を覆い隠している。触診可能で可視的な病理学などの医学的専門分野とは異なり，精神医学の範囲は物理的な実体ではなく，無形の精神活動である。そのため，精神医学のまさに核心には主観的な体験やヒトの正常性に関する理論があり，その理論が精神疾患に対する精神医学の骨組みとなっている。よって，精神疾患を構成する考えがヒトの本質についての最も深い理解に精通していることは必然的といえる。時代の潮流の中で精神医学が誕生したことを思えば，精神医学の本質をかいまみることができるだろう。Berrios and Marková (2002) は，以下のように述べている。

> 科学を基盤として社会をつくろうとする19世紀の動向の副産物として生まれた精神医学は，狂気に対する標準的な見解を構成し，制定する役目を担っていた。(中略)医薬や産業革命以降の経済活動の庇護のもと精神医学者たちは精神疾患を顕在化し，それに必要な専門的かつ組織化された実験手法を発見していった。(p.3)

　当然のことながら，精神疾患を説明する精神医学の構造も時代を追うごとに多様化し，精神医学は一般的な哲学や社会の規範，また当時の技術革新に同調していった。しかし，臨床現場で精神医学が思いどおりの患者管理を達成していく一方で，教育現場では精神疾患の治療や予防に関して成果を上げることはなかった。前掲の引用からもわかるように，精神疾患に対する適切な概念はいまだ存在していない。それでもなお，我々は精神疾患をうまく説明する臨床科学が生物学的精神医学の見地から現れるのか，はたまた非生物学的精神医学の見地から現れるのか，その可能性を対比している。

精神医学に関する生物学的視点

　精神疾患として統合失調症を例にあげると，この疾患に関して2つの対極的な立場が存在する。これは，精神医学の中で確立した概念的アプローチや態度をよく理解できる二分法である。一方は統合失調症は疾患ではないという立場であり，この立場では統合失調症をヒトに起こる外因的要因，つまり「社会的要因や政

治的事象」により特徴づける（Laing, 1967）。他方は，統合失調症が明確な病態生理学的原因により引き起こされる他の疾患と類似しており，適切な医療介入によって治癒できるとする立場である。

　本書の読者は，統合失調症は疾患であると疑わないだろう。またそのような立場をとる長い歴史とともに，統合失調症の病因が最終的に特定されるまで，その立場はこの先も続いていくことが予想されるだろう。しかし精神医学が登場する以前，哲学者は精神疾患のわずかな可能性も否定していた。「なぜなら心（精神）は神の化身であり，よってそれは分裂するものでも発病するものでもない」（Berrios and Marková, 2002, p.4）。近年，Szasz（1961）やLaing（1967）といった精神医学者は，統合失調症はヒトの疾患ではなく社会構造の疾患であり，したがって個人に対しては外因性であるという立場を主張している。

　この立場とは対照的に，統合失調症の精神活動や行動的な特徴は，正常な脳の生態が物理的な損傷を受けることによってもたらされる脳機能の疾患にほかならないという立場も存在する。本書の読者は後者の立場に共感するであろうが，それは前述のものとはまさに対極的な立場である。この純粋に「医学的」な見解は統合失調症におけるすべての症状，すべての病因を生物学にのみ求めており，非生物学的要素が有意に寄与する余地はないように思える。しかし皮肉にも，この対極的な医学的立場，つまり統合失調症のような精神疾患に対する生物学的要素の役割を完全に支持する科学者や精神衛生の専門家は多くない。

　統合失調症の病因，発症，治療に内在する環境的かつ経験的な要因を医学的見地から説明するのは不十分である。そして，その立場を支持しない唯一の理由はそのような生物学的要素とそぐわない事柄が多いからではない。多くの科学者にとってこの対立が深遠な哲学的問題であることは疑う余地もなく，彼らは統合失調症に対する生物学的説明が心理的レベルでの解釈に必ずしも有効ではない，また関係しないという思いを抱いている。そしてこのことを，彼らは生物学的還元主義の仮定から論じている。つまり，心理的事象が生物学的要素に「還元」されるように，行動神経科学や生物学的精神医学などにみられる今日の科学的成果は，精神生活や疾患のより根幹的な説明に還元されるという考え方である。それゆえ，正常または異常な行動を非生物学的な言語で説明することは現段階では仮説にとどまっているが，将来は適切な生物学的根拠に置き換えられるであろうという考えにいたる。それはまさにTeitelbaum and Pellis（1992）が指摘するように，科学者は直接的ではない方法で行動の生物学的根拠を説明するのに時間を費やしているといえよう。

　実際，生物学的還元主義は行動学や精神病理学を説明するうえでの心理学や精神医学に内在する科学哲学であるが，これは科学分野全体にまたがる還元主義のより一般的な哲学の一例にすぎない。**還元主義**の入門書である"The Oxford Companion to Philosophy"（http://www.amazon.com/The-Oxford-Companion-Philosophy-Edition/dp/0199264791）の冒頭で「哲学用語の中で最も使用されるが最も誤用される言葉の1つ」と述べられているように，還元主義は残念ながら頻繁に誤解される。

　Clark（1980）は，**還元主義**という用語に関係した誤認，特に生物学的言語を使った心理学的現象（つまり，脳）に関する問題を概観している。その中で彼が発展させた主たる命題は，還元主義は単なる合理的方法論であり，手続きと実証という客観的ルールに則ってある科学分野の**理論**を別の科学分野の**理論**に位置づけるというものである。したがって，行動や精神生活レベルでの現象における**生物学的還元主義**は，行動や精神生活の心理学的理論の構成要素と，神経科学（Clarkは生理学という古い言葉を使っているが，現在の神経科学にあたる）と呼ばれる別分野での概念的な枠組みに用いられている存在との間の関連性（位置づけ）を探求する科学者たちの方法論といえる。さらにClark（1980）によると，心理学的理論は環境刺激と行動の間にみられる関係を説明するためのものであり，「観察される入力と出力との関係を生み出す機構にはどのようなものが必要か？　これらの関係を明らかにする全体的な機構が存在するとして，部分的な機構が遂行すべき働きとは何か？」（Clark, 1980, p.72）という一般的な2つの質問に対する解答で構成されることが多い。

　この中で「働き」に注目すると，入力に対して各要素が機能するという最初の働きと，各要素からの出力が別の要素やシステム全体に機能するというその後の働きに分かれ，心理学的理論とは最初にあげた各要素の**機能**を同定することである。言い換えれば，心理学的理論は**どの**部分が機能を担っているかを特定することはできるが，**どのように**生理学的事象が生体に起こったのか，つまりその機能が神経系においてどのように作用したのかを特定することはできない。心理学から神経科学への還元は本質的に機能の局在性を確認することであり，機能的かつ構造的な試みが賞賛されているとClarkは述べている。なお機能の局在性とは，心理学的に特定された機能がどこで作用しているかといった神経的（構造的）配列を決定することと同義である。

　心理学的・生理学的概念は，神経系で機能する統合モデルで互いに関係しているはずである。心理

学的に説明する際に引用されるさまざまな仮説上の状態やプロセスは，還元の段階では棄却できない。そのかわり，その状態やプロセスは生理学的に同定される。この心理学的な表現の前提は，生理学的知見の増加に伴い矛盾が低減されていく。むしろその知見によって，神経の状態がどのように心理的状態に影響したのかという可能性を説明することができるのである。(Clark, 1980, p.184)

本項の最後に，生物学的精神医学が非生物学的な枠組みよりも精神疾患の臨床科学にいっそうの成功をもたらすであろうという我々の当初の提言について，その理由を考えてみよう。

まずは，生物学的精神医学の視点が最初に述べた極端な医学的見地とは異なり，精神疾患が脳機能障害によってもたらされると主張するにとどめておきたい。生物学的還元主義という言葉で言い換えれば，正常な精神機能は神経の特定の配置によって実現される。したがって，精神疾患や機能不全は必須神経要素の欠落もしくは神経間の情報交換の停止に相当するに違いない。ではどのようにして神経障害が起こるのか，また修復されるのかという疑問はいまだ解決されておらず，生物学的精神医学はその解答の本質さえ予見できていない。

このように，生物学的精神医学の概念的な枠組みは，神経部分が心理的要因や物理的外傷，また遺伝的欠陥によって障害される可能性，また逆に心理的・物理的要因によって神経部分が修復されるという可能性を認めている。生物学的精神医学がいえることはおおむね，非生物学・生物学的変数の役割は適切な段階で議論しなければならないということである。よって我々が提案するように，生物学的精神医学の視点が精神疾患の臨床科学にいっそうの成功をもたらすはずである。なぜなら，生物学的精神医学は前述の両極端な立場のどちらをとるかという選択よりもずっと包括的であり，精神疾患の病因，発現，治療に内在する心理的要因も想定しているからである。さらに，脳機能不全による精神疾患を特定することによって，精神疾患を理解するためには正常な心理機能に内在する神経機構の理解が不可欠であることがわかる。こういった基礎知識の探求が，これから述べる行動神経科学の範疇となる。

精神医学から行動神経科学へ：精神機能に関する神経構造

ほとんどの精神疾患において，その発病のメカニズムはいまだにわかっていない。そのため，精神科医たちは主に行動データからなる徴候をもとに精神疾患に診断を下す。行動データとは，①自身の主観的経験や行動に関する患者からの報告，②患者の行動的，身体的な発現に関する外部観察記録，に相当する。一連の行動データから得られた特定のプロフィールをもとに精神疾患が分類されるように，精神科医は得られた行動学的知見と既知の疾患の行動パターンを照合しながら，ある精神疾患に対して診断を下す。この診断プロセスは実際には大変複雑な一方で，今もなお精神医学データの主要な情報は行動観察からもたらされている。この点は大変重要で，たとえ生物学的精神医学が精神疾患の発症の原因を脳機能障害と認めていても，精神疾患の分類は脳病理学的所見ではなく行動をもとにしている。これが，精神医学に関連する疾患が脳病理学の診断でいまだに特定できないゆえんである。後述するように，脳機能障害は臨床分野ではなく，行動神経科学のような基礎科学分野から実証される傾向にある。

行動神経科学は，正常な心理機能を特定の神経配置に位置づけることを試みる分野である。この役割が要求を二重に複雑にしている。つまり，局在化される実体は心理的機能に固有な構成要素であるが，他方ではその位置づけが神経系組織に固有な構成要素と一致しなければならない。よってこの分野では，行動学的手法と神経科学的手法，両方の見解を必要とする。行動学的な評価と脳機能の理解の両方を必要とする点は，原則的には生物学的精神医学と同じである。しかし，経験科学としての生物学的精神医学が精神生活と脳機能との**相関**のみを調べるのに対し，脳組織の操作手法を包含する行動神経科学は神経機構の不全と異常な精神的経験や行動との因果関係を示すことができる(行動神経科学の手法に関する議論は Teitelbaum and Pellis, 1992; Teitelbaum and Stricker, 1994 参照)。言い換えれば，機能局在を追求する傍ら，行動神経科学は同時に2つの疑問を呈している。1つは，正常な心理的機能が有する神経構造とは何なのか？ という疑問であり，もう1つは特定の神経細胞の乱れが引き起こす異常行動の性質は何なのか？ という疑問である。どのような脳機能障害がどのタイプの精神疾患を引き起こすのかを特定するための基礎科学的な手法や知識を必要とするという点で，行動神経科学は生物学的精神医学と類似している。

方法・テスト・モデル・理論に関して

　精神疾患の行動学的症状に起因する大脳病理学を実験的に証明するためには，特定の神経機能障害が特定の精神医学疾患に対して機構的に働く証拠を示す必要がある。このような実験は倫理上，動物対象でしか実現し得ない。よって，たいていの研究室では一般的にラットやマウスを用いる。もちろんげっ歯類とヒトの間には明白な相異点が多いが，ヒトに起こる現象を理解するために動物実験を行うことは，このような研究の実施や解釈に関連する問題を提起してくれる。しかし，個体の精神生活に焦点を当てる精神医学的な現象を探るうえで，この問題は特に厄介である。例えば，ラットという全く異なる動物の正常・異常な精神生活をどのように学び，ヒトと関連づければよいのか。その答えは，精神医学疾患の動物モデルを利用することによって一定のかたちを与えられると予想される。

　精神病理学における動物モデルは比較的最近の科学的事実であり，その利用に関する論理的根拠はいまだに議論が続いている。にもかかわらず，影響力のある解説がいくつか出版されてきた（McKinney and Bunney, 1969; Willner, 1984; Willner et al., 1992; Geyer and Markou, 1995）。McKinney（1988）は，著書"Models of Mental Disorders: A New Comparative Psychiatry"の中で，精神医学における動物モデルの歴史を概観し，初期のモデルにみられるいくつかの落とし穴について言及している。第1に，ヒトの疾患を小規模に複製したモデルが存在しないため，初期の従事者にとって，包括的な精神医学疾患の動物モデルをみつけることは概念的に理にかなっていない。McKinneyは，むしろ「ヒトの症候群の特定の側面に絞って研究できる，具体的な実験システムの発展に尽力すべきだ」（p.143）と述べている。第2に，一連の動物行動実験から臨床的結論への尚早な飛躍など，動物モデルを一般化しすぎる傾向が過去にあったことをあげている。一般化するうえでは，種間比較に関する問題以外にも，動物実験が疾患全体ではなく，当該の疾患の一側面だけをモデル化しているにすぎないという事実を考慮しなければならない。第3に，初期の研究は動物の行動に関する量的分析よりもその解説を重視している点をあげている。さらに，このような研究は動物の行動や進化，社会構造の多様性を十分に考慮していなかった。その結果，ヒトとの比較において，ヒトの行動や精神疾患が当然有する複雑性を歪んで解釈する傾向にあった。最後に，診断基準が変化し続けているため，動物でモデル化すべき対象を決定するのが困難な状況をもたらしている。統合失調症のような精神疾患をモデル化することがこれまで特に問題視されてきたように，今後も問題視され続けるであろう。

　現在では適切と考えられている実験室での精神病理学的モデル形成についての論理的根拠は，Abramson and Seligman（1977）によって提案された。心理学モデルのあり方という，より一般化された枠組み（Chapanis, 1961）を踏まえ，Abramson and Seligman（1977）は「統制された条件下でもたらされる自然発症性の精神疾患に類似した現象の産物であり，その終着点は疾患を理解することである」（p.1）として**モデル化**を定義している。さらに彼らは，「病因と治療に関する仮説を再現するため，特定の症状や症状の集合体を縮図として意図的につくり出す条件」（p.1）を築き，精神病理学研究に落とし込もうとする行為をモデル化と考えている。また「認められた仮説はその実験室を飛び出し，さらなる検証を受けることになるだろう」（p.1）と記述している。このことから，彼らは2つの異なるタイプの理論的枠組みを想定している。1つは，標準的な試験は，精神疾患をもつ被験者と正常な行動をとれる被験者，つまり統制群の遂行を比較可能な統制された条件下で行うという考え方である。その目的は，精神疾患を決定づける先天的な仮説を検証することであり，選定したテストを用いて，研究者が仮定した心理機能の一側面が疾患によって障害されることを測定する。例えば，統合失調症における情報処理の障害に関する仮説を検証するためには，驚愕反応に対するプレパルス・インヒビション（Geyer et al., 1999）のような感覚運動性ゲーティングに関するテストを施行し，疾患のある被験者とない被験者の行動を比較する。このように適切なテストを用いれば，統合失調症の別の仮説も同様の方法で検証することができるだろう。

　もう1つの理論的枠組みは，実験室におけるモデル化のための手法に関連するため，最初の理論的枠組みよりも潜在的にずっと強力である。Abramson and Seligman（1977, p.3）は，以下のように述べている。

> この方法を用いれば，精神病理学が学問として実験室にもたらされるだけでなく，実験室におけるモデル化と再現が可能となる。2群を観察，比較しながらモデルを学ぶ利点は，その異常が実験室内でつくられているため，発症原因を特定することができる点である。そのモデルが自然発症性の精神病理学的疾患の正確な複製となっていることはめったにないため，そのモデルは問題となっている現象を模倣する程度，あるいは興味深い実験を提案する程度には有効である。

彼らは，理想的なモデルは病因，症状，予防，治療という点で実世界の疾患と**類似性**を有することであり，どのような精神病理学的実験室モデルがよいのかを評価するため，以下の4つの指標を提案している（Abramson and Seligman, 1997, p.3）。

1. その実験室内現象の実験解析は，予防や治療と同様，病因に関してもその本質的な特徴をとらえるうえで十分に詳細か。
2. モデルと自然発症性の精神病理間における症状の類似性に説得力があるか。
3. 生理機能，病因，治療，予防にみられる類似性がどこまで及ぶのか。
4. その実験室モデルは自然発症性の精神病理の全事例をとらえているのか，それとも部分的な事例をとらえているにすぎないのか。その実験室内にみられる現象は特定の精神病理モデルなのか。またはすべての精神病理の一般的な特徴をモデル化しているのか。

上記の第2および第3の指標が意味するところは自明であるのに対し，モデルの「本質的な特徴」に関わる第1の指標は，モデルにおいて疾患を引き起こす手続きと，実際にヒトの疾患を引き起こす機序（予防や治療に関する手続きも同様）の関連性を確立するよう言及している。例えばうつ病モデル（Seligman, 1972; Miller and Seligman, 1973）において，その誘導手法は電気ショックを与えることである。だが，うつ病誘導手法の本質的な特徴はショック自体ではなく，逃避不能かつ制御不能な状況の産物であり，彼らはヒトにおけるうつ病の誘導因子との共通点を見出している。第4の指標に関しては，そのモデルが疾患の一般的な反応ではなく，特定の疾患またはそのサブタイプに固有の反応を規定する必要があると言及している。

Abramson and Seligman（1977）が概観したように，精神疾患の動物モデルは自然発症性の精神病理**理論**を象徴しており，それは科学的理論で立証される日常的な慣習を対象にしていることが重要であると述べている。しかし，「動物モデル」という専門用語，特に精神薬理学の文献にみられるものは，理論の本質（つまり，すべての場面において実世界での疾患の真のメカニズムを探ろうとすること）とは関係のない動物用製剤[i]を用いた研究でしばしば用いられる。むしろ精神疾患の「動物モデル」も，製剤に関連した用語としてしばしば用いられる。「行動テスト」という言葉によく表現されているように，製剤は特定の精神病理の存在に対して直接的または間接的な反応を示す。例えば，アポモルヒネにより誘発される嘔吐は抗精神病薬に対する反応である。実際，これは抗精神病性行動を伴う可能性のある薬剤を特定するために行われた最初の「動物モデル」の1つであった（Janssen et al., 1966）。そしてその病状は，ドーパミン受容体の興奮による過活動という「行動解析」としてより適切に分類することができる（Szechtman et al., 1988）。したがって，ドーパミン系の過活動と関連する精神病理の間接的な反応をみる実験として分類することができる。つまり，このような「行動解析」は冒頭で述べた1つ目の理論的枠組みで用いられる心理学的，神経生物学的機能の「標準的なテスト」に準ずるものであり，表層的な病理学の動物用製剤（モデル）を構成するものではない。

強迫症の動物モデルへの展開

本項では，強迫症（obsessive-compulsive disorder: OCD）の動物モデルを例にとり，Abramson and Seligman（1977）が提唱する指標を参考にしながらその特徴を評価し，精神疾患の動物モデルの発展に関する手法と原理に注目する。動物モデルとヒトでのOCDにおける症状と治療の**類似性**を主張するにあたり，あるラットモデルが最も適しているように思われる（前述のAbramson and Seligman, 1977の第2，第3指標）。よって第1指標を参考にしながら，このラットモデルについて議論を進める。

OCDモデル（Szechtman et al., 1998）は，D2/D3ドーパミン作動薬であるキンピロールを慢性投与したラットで発見された。4つの小さな物体（箱）が置かれたオープンフィールド内において，ラットに対してキンピロールの連続投与を行う（0.5 mg/kgを週2回で計10回）。そして最終投与の際，同期間生理食塩水を慢性投与したラットの行動とキンピロール投与ラットの行動を比較，評価する。行動解析の結果，キンピロール投与ラットには強迫神経性の確認行為がみられ，これはOCD患者にみられるものと同じ症状であると，彼らは主張する。さらに彼らは，この類似性を示すため，2つの論拠について言及している。

1つ目の論拠は，ラットとヒトにみられる強迫神経性確認行為の構造比較に基づいている。OCDにみられる精神異常の特徴は，おおむね容易に観察可能な行動パターンに現れると推測されてきた。しかし残念なことに，動物行動学ではヒトのOCDに特有な行動パターンを利用することはできない。そのため彼らは，強迫神経性確認行為にみられる時間的，空間的構造の類似性を推測するしか手立てがなかった。そういった理由から，OCDの症状を特定するため，精神科医が質

---

[i] 主に実験動物に対して使用することを目的とした薬品を指す。

問し，患者から得られる応答を分類したり，精神医学の文献を頼りに臨床的な衝動強迫の本質的な特徴をとらえようと試みたりする方法がとられた(Reed, 1985)。以上の研究から，衝動強迫にみられる以下の顕著な特徴が明らかになった。①強迫行為への没頭とその行為をやめることに対する嫌気や抵抗，②強迫行為にみられる「儀式様」の性質，③OCDの衝動で行う儀式と，環境刺激や文脈との密接な結びつき，である。これによると，強迫神経性確認行為は以下の3項目を反映することが示唆される。すなわち，①自分の興味への没頭と，大げさにいえばそれを手放すことへのためらい，②儀式様の行動パターン，③環境文脈における強迫神経性確認行為，である。その結果，彼らは強迫神経性確認行為の時間的，空間的構造を特定する以下の5つの行動指標を提案している(Szechtman et al., 1988, p.1477)。

1．患者の行動範囲内に，他の場所・対象よりも過剰に訪れる場所・対象が1つまたは2つ存在する。
2．そういった好きな場所・対象に戻る時間が，他の場所・対象のそれよりも過度に短い。
3．好きな場所・対象を訪れる間に立ち寄る場所がほとんどない。
4．他の場所・対象とは違い，好きな場所・対象で行う行為に一連の特徴がある。
5．その場所・対象のまわりの環境特性が変化した際，その行為も変化する。

キンピロールの投与を続けたラットは，強迫神経性確認行為の5つの指標がすべてあてはまった。図43-1にみられるように，ラットの行動にはオープンフィールド内の特定の場所・物体(本拠地)に対する没頭と離れることへの忌避が現れており，第1，第2，第3の指標から推し量られる。さらに，好きな場所・物体で行うラットの行動には儀式様の性質が認められた(表43-1)。また，物体を新しい場所へ移動した場合，そのほかの行動の変化と同様に，ラットの強迫神経性確認行為も新しい場所で行うようになった(Szechtman et al., 1998)。

キンピロール性の強迫神経性確認行為とOCD確認行為との間にみられる類似性を示す2つ目の論拠には，ラットモデルとヒトの病態における行動の動機づけの原則を比較する必要がある。ヒトの場合，強迫神経性確認行為は安心，安全について動機づけされたようなもので，いわば健康かつ安全でありたいという正常な確認行為の形態であるとみることができる(Reed, 1985)。ラットモデルの確認行為の特徴も，同様の動機づけの原則に立脚している。特に，ラットが通常行

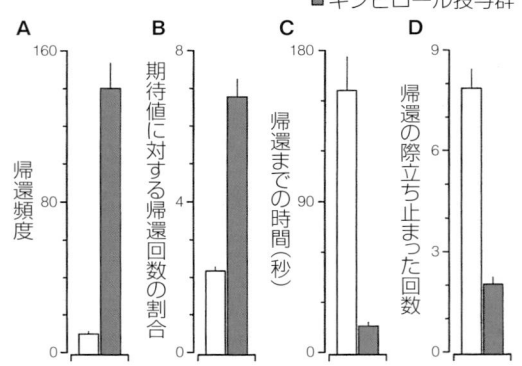

図43-1 規定の行動指標に則して特定した強迫神経性確認行為の発生。10回目のオープンフィールドテストにおいて，各ラットの合計滞在時間が最も長かった場所を本拠地として行動測定を行う。一般的に，その場所はオープンフィールドの中で最も頻繁に訪れた場所である。オープンフィールドは壁のない160×160 cmの空間で，25の区画(場所)に分割されている。自発運動は，この25の区画ごとに測定を行った。キンピロール投与ラット(灰色)は生理食塩水投与ラット(白色)と比較して，(A)本拠地により多く帰還し，(B)期待値よりも高い割合で本拠地へ帰還し，(C)より迅速に本拠地へ帰還し，(D)本拠地に帰還するまでの間，オープンフィールド内における他の場所にほとんど立ち寄らなかった。以上の結果から，キンピロール投与ラットは第1，第2，第3の強迫神経性確認行為判断指標を満たしている。値は，平均値と標準誤差である。キンピロール投与ラットと生理食塩水投与ラットの差は，すべての測度において有意であった。[Szechtman et al., 2001より改変]

う確認行為("risk assessment"; Blanchard, 1997)とキンピロール投与ラットの行動は，ともに似たような刺激，つまりは本拠地に指向している(Eilam and Golani, 1989)。よって，キンピロール性の強迫神経性確認行為に安全や安心ともっともらしく関係した刺激がつきものである点で，正常なラットの確認行為の延長線上に位置する行為であり，ひいてはヒトの確認行為と類似しているということができる。

OCDの患者と同様，キンピロール投与ラットは強迫神経性確認行為を一時的にやめることがある(Szechtman et al., 2001)。このさらなる発見は，ラットモデルとヒトにおけるOCD症状の類似性を強調している。Abramson and Seligman(1977)があげた第3指標の「治療」の類似性は，ヒトOCD治療に使われるクロミプラミンがキンピロール性の強迫神経性確認行為に部分的な減退効果を有する点に示されている(Szechtman et al., 1998)。このように，キンピロールモデルとヒトのOCD精神病理にみられる症状にはいくつかの強い類似性がある。ヒトOCDの時間的，空間的構造とラットのそれが同じであることを直接的に

表43-1 広いオープンフィールドに入れたラットの2分間行動記録（10回目のキンピロール投与40分経過後）

エピソード	本拠地（箱が置かれた角）			周辺		箱が置かれた中心	
1	A_3 V_u T_4 V_u V_d	Rc_6	S Trot$_6$	A_2 Ra_1 Trot$_1$		A_5 Rc_3	Trot$_3$
2	A_3 V_u T_4 V_d	Rc_6	S Trot$_6$	A_2 Ra_0 Trot$_0$		A_4 Rc_3	Trot$_3$
3	A_3 V_u T_4 V_d Rc_6 S Rc_2 T_2	Rc_6	S Trot$_6$	A_2 Ra_0 Trot$_0$		A_4 T_2 Rc_3	Trot$_3$
4	A_3 V_u T_2 Rc_5 S Ra_4 V_d T_2	Rc_6	S Trot$_6$	A_2 Ra_0 Trot$_0$		A_4 Rc_3	Trot$_3$
5	A_3 V_u T_2 Ra_2 Rc_6 V_u Rc_3 V_u T_0 Rc_4 V_d Ra_2 V_u T_2	Rc_6	S Trot$_6$	A_2 Ra_1 Trot$_1$		A_5 V_u T_0 Rc_3	Trot$_3$
6	A_3 V_u T_2 Ra_2 Rc_6 V_u	Rc_7	Trot$_7$			A_3 Rc_7 V_u Ra_6 V_u T_0 Rc_2	
7	A_3 V_u T_2 Ra_4 Ra_2 V_u T_2	Rc_7	Trot$_7$			A_3 V_u T_0 Ra_3	
8	A_3 V_u T_0 V_d V_u	Rc_7	S Trot$_7$			A_3 Rc_1 V_u T_0 Ra_6 T_4 V_u V_u T_4 Rc_3	Trot$_3$
9	A_3 V_u T_0 Rc_5 Ra_3 V_d V_u V_d	Rc_6	S Trot$_6$	A_2 Ra_2			Trot$_2$
10	A_2 V_u T_0 V_u T_4 V_d Rc_4 V_d	Rc_6	S Trot$_6$	A_2 Ra_1 Trot$_1$		A_5 V_u T_4 Rc_3	Trot$_3$
11	A_3 V_u T_2	Rc_6	S Trot$_6$	A_2 Rc_2 Trot$_2$			
12	A_3 V_u T_2	Rc_6	S Trot$_6$	A_2 Ra_1 Trot$_1$		A_5 V_u T_4 Rc_3	Trot$_3$

A：到着（下つき数字は到着の方向，1～8＝45度で区切った8つの方向），V：前四分体の垂直運動（u：上方向，d：下方向），T：設定した箱との接触（4：4足で上に登る，2：前足でもたれる，0：鼻先が触れるだけ），Rc：時計方向の回転（旋回）（1～8＝45度で区切った8つの方向），Ra：反時計方向の回転（旋回）（1～8＝45度で区切った8つの方向），S：箱から降りること，Trot：早足による走行（方向，1～8＝45度で区切った8つの方向）

注：この記録は，本拠地から12回連続で移動した際のラットの一連の行動である。本拠地は対象（小さい箱）を入れたオープンフィールドの角であった。この対象付近で，ラットは，到着する（A_3），垂直運動を行う（V_u），箱に触れる（T）という一連の典型的な行為を行う。この場所での一連の行動は，方向6か7に時計回りで回転する（Rc_6またはRc_7），箱から降りる（S），向いている方向に早足で走る，という行為で毎回終わる。移動回1～5，また移動回9～12では，ラットが縁で停止し，そこで反時計回りの回転（Ra）を行った（移動回11は例外的に時計回りに回転した）。そして箱のある角に走り，箱のまわりを回って，しばしば垂直運動（V_u）と箱への接触（T）を行った。そして早足で本拠地に戻り，そこで別の移動が始まった。移動回6～8では，ラットは縁では止まらずに，本拠地から中心に向けて走り出した。そこでいつもの儀式を行い，本拠地に戻った。このように各移動回にはある程度の柔軟性はみられるものの，このラットの行動は，高度に構造化された連続的な儀式となっている。

示すことができれば，この類似性はより強くなるはずである。我々が行っている「行動学」研究から得られた，あるOCD患者の強迫神経性儀式の解析結果を示す（表43-2）。この結果から明らかなように，儀式的な確認行為ではなく鼻をかむ，ふくという行為の違いはあるものの，その儀式の構造はキンピロール投与ラットの強迫神経性確認行為の形態と酷似している（表43-1参照）。

キンピロールモデルの「本質的な特徴」を言及する第1指標（Abramson and Seligman, 1977）に関連して，現在でも解かれていない1つの問題がある。キンピロールはドーパミン作動薬であり，このモデルにおけるOCD症状の「病因」の重要な側面がドーパミン受容体の慢性的な活性化であることは明白である。しかし，薬物による作用だけが強迫神経性確認行為を引き起こしているのか，またドーパミン系を過活動させる特異な環境条件でその薬物が使用されたことが原因なのかを検討しなければならない。前者の場合，キンピロールが唯一の薬物性OCDのモデルかどうかも検討する必要がある。同様に，広いオープンフィールドでラットが薬物投与を経験したという事実がどの程度重要なのか，またその事実が強迫神経性確認行為の誘発に関してどのような意味をもつのか，なども調べる必要がある。キンピロールに対する運動反応を調べた別の研

究によると（Szechtman et al., 1993; Einat and Szechtman, 1993; Einat et al., 1996; Szumlinski et al., 1997），環境的文脈はキンピロールによる運動性鋭敏化の程度に大きく作用し，ラットのホームケージでキンピロール投与した場合には，誘発される鋭敏化が最小になることを明らかにした（Szechtman et al., 1993; Szumlinski et al., 1997）。つまり，ラットにキンピロールの慢性投与を行った環境の違いが強迫神経性確認行為への発展の有無に関して重要な役割を担っていることが示唆された。OCDにみられる儀式様の確認行為への発展には，安全や安心を意識させる事象へラットの注意を向けさせる環境が関わっていることは間違いないが，このことは正式に研究で示す必要がある。

キンピロールモデルがすべての症例を説明しているのか，それともOCDのサブタイプの説明にとどまっているのか（Abramson and Seligman, 1977の第4指標）という問いに対しては，モデル化したOCDのサブタイプに関する説明でしかないという答えになるだろう。この見解は，一部のOCD患者ではキンピロール性強迫神経性確認行為に対するクロミプラミンの効果が持続しないという観察に基づいている（Szechtman et al., 1998）。このようにOCD患者の集団はさまざまであり，キンピロールモデルはその中でもクロミプラミンの効果に反応しにくいサブタイプを表しているの

表43-2 OCD患者の連続した4回の儀式的行為(鼻をかむ,ふく)

回数	行為	ティッシュをとる行為					鼻(もしくは口)を かむ,ふく			使ったティッシュの扱い			
1	Blow	H	C	Pr	F	Ra	Pl	W₁×4	S	Rc		Pu	
	Wipe	H	C	Pr	F	Rc Ra	Pl	W₂	S		Fo		
							Pl	W₃×4	S	Ra Rc	F		
							Pl	W₄×4	S	Rc		Pu	シャツや手を洗う
2	Blow	H	C	Pr	F	Ra	Pl	W₁×4	S	Rc F Ra	F	Pu	シャツや手を洗う
	Wipe	H	C	Pr	F	Rc Ra	Pl	W₂×2	S		Fo		
							Pl	W₃×4	S	Rc Rc	F		
							Pl	W₄×4	S	Rc		Pu	シャツや手を洗う
3	Blow	記録ミス											
	Wipe	H	C	Pr	F	Ra Rc	Pl	W₂×4	S				
								W₃×4	S	Ra Rc	F		
								W₄×4	S		F	Pu	シャツや手を洗う
4	Blow	H	C	Pr	F	Ra	Pl	W₁	S	Ra Rc	F	Pu	
	Wipe	H	C	Pr	F	Ra Rc	Pl	W₂×2	S		Fo		
							Pl	W₃×4	S	Rc Rc	F		
							Pl	W₄×2	S		F	Pu	シャツや手を洗う

Blow(かむ):ティッシュペーパーを手にとり,鼻をかみ,そのティッシュを捨てる行為(各回数の最初の行に表記),Wipe(ふく):ティッシュを手にとり,鼻や唇の上,鼻の下をふき,そのティッシュを捨てる行為(各回数の2行目以降に表記).H:ティッシュのロールを左手で水平に掴む,C:ロールを回すと2枚のティッシュが垂れ下がり,親指とその他4本の指に挟んで切り取る(この行為は高い集中の表れであり,その行為の一挙手一投足に視線が注がれる),Pr:左手でそのティッシュロールをドレッサーに戻す,F:手にしたテッシュを垂直にもち,それを地面と垂直になる方向に沿って折り,その後2本の指を使って上部から下部へすばやく折りたたむ,Fo:折りたたんだティッシュをひっくり返す,R:そのティッシュを90度時計方向(Rc),反時計方向(Ra)に回す,Pl:ふくためにそのティッシュを身体の一部につける(そのティッシュは鼻や口を覆い,最初は1本の指で保持されるが,その後4本の指で両サイドが支えられる),W₁:深く息を吸ったあと強く鼻をかむ(空気が強く吹き出されるので,中央の指から両端の指へ空気がパイプを伝わるように動き,ティッシュに2つの穴が形成される),W₂:口を開けて頭を右に動かしながら唇の上をふき,口を閉じて頭を左に動かしながら唇の下をふく,W₃:頭を上下させながら鼻をふく,W₄:目を閉じて頭を上下させながら鼻の下をふく,S:数分間集中してティッシュを凝視する,Pu:左手で使ったティッシュを前回使ったティッシュの上に置く,×2,×4:2回または4回繰り返す.
注:被験者宅で1時間ビデオを回し,その間撮られた4回の儀式(鼻をかむ,ふく)の記録である.各儀式はおよそ4分間続く.各回の儀式にはある程度の柔軟性はみられるものの,表43-1のキンピロール投与後のラットにみられるように,その行為は高度に構造化され,連続的である.

であろう。しかし,このことは研究すべきモデルのわずかな別側面にすぎない。このモデルにおいて研究すべき重要な側面は,キンピロールモデルにみられる確認行為の神経生理学がヒトの精神疾患とどのように関係しているか,ということである。ヒト精神病理学における神経生理学的知識が比較的未発展なことから,ヒトのOCDを調べるうえでの仮説を立てるためにラットモデルが用いられるということは大変もっともらしい。動物モデルは疾患メカニズムを調べる骨格を提供するのに有用なだけでなく,臨床の現場で検証すべき新しい仮説を一般化できる点で有用である。

結論

つい最近まで,ヒト精神疾患に対する動物モデルの有用性に関して懐疑的な見方があった。しかし現在は,動物モデルがさまざまな精神疾患を模擬するよう発展してきたためにお膳立てが整い,局面は大きく開けてきた。こういった大きな状況の変化によって,精神生活の機能不全が正常な脳の機能障害で具体化されるという視点が受け入れられてきたことを大きく反映しており,その変化は生物学的精神医学という発展中の分野にも包含されている。動物モデルを認める動きは,こういった意味では当然の結果ともいえる。なぜなら動物モデルは,正常または異常な精神生活のメカニズムを解明するための骨格を提供するだけでなく,生物学的生命の連続性の中で人類の進化のルーツを認識することができるからである。もちろん精神病理学における動物モデルの発展は,どの段階においても厳然と評価されなければならないという複雑な問題を課せられている。しかし逆にいえば,遺伝と経験を厳密に制御し,そしてその疾患を継続的に観察する機会があれば,動物モデルの有用性に関して議論の余地はない(Abramson and Seligman, 1977)。モデルの発展における行動学的神経科学者の挑戦は,正常または異常な精神機能の発現をとらえるテストの構築や測定手法の確立に心理学の知識や行動解析の技術を適用することである。OCDのラットモデルで解説したように,行動の時間的,空間的構造を記録することに注力する動物行動学的なアプローチは,精神生活のうってつけの入り口である。つまり,ヒトやラットと同様,種間の行動様式の比較を行う際の即戦力となるのである。さらに,利用可能な神経科学的手法を用いて神経系を有

意義に操作し，どのような脳の乱れが心理機能の疾患，ひいては精神疾患を引き起こすのかを特定することが行動神経科学のもう1つの挑戦であり，最初にあげた挑戦と同様に大変課題が多い。

謝　辞

本研究は，Ontario Mental Health Foundation, Canadian Institutes of Health Research，そして Israel Science Foundation の協力を得た。Henry Szechtman（筆者）は，Ontario Mental Health Foundation の上級研究員である。

Henry Szechtman, David Eilam

第44章 神経心理学テスト

これまで43章にわたってラットの行動を広い範囲にわたってみてきた。ここでは，ラットの行動を記述するうえでの出発点として推奨される，単純でありながら包括的なテストバッテリーについて紹介しなければならないだろう。性や摂食のようなテーマを扱った特定の章は，それらの行動にみられる変化を観察するという意味で明らかにその出発点となりうるが，行動課題には該当しない場合が多い。例えば，遺伝子操作や，時には大腸がん治療薬の影響を調べる場合，その出発点となる解析対象は広範囲なテストバッテリーであり，その結果は次の課題でみるべきより明確な指標を示してくれる。動物の行動レパートリーやそのエソグラムは，生得的かつ学習性のすべての行動を統合したものである。よってこのような行動評価は，ヒトの運動行動評価のために発展してきた神経学的実験と，ヒトの心理機能評価のために発展してきた神経心理学的評価の原理的な融合といえる。このような評価手法は，ラットに適用されてきている。

ラットの神経心理学的実験は，全身の健康状態や感覚運動反応性を記述することから始まり，姿勢，不動性，自発運動，巧緻運動，種特異的行動，学習の調査へと続いていく（表44-1）。必ずしもすべての行動学的な分類を評価する必要はなく，すべての課題を施行する必要もない。つまり指針となるのは「あなたは何を知りたいですか？」という質問に対する答えに当たる。例えば，脊髄機能を調べるのに視力は関係しそうにない。しかし，自分が知りたいことを常に確信できているわけではないので，健常な機能と障害された機能を記述する複数の診断指針を使う必要がある。本章では，行動評価の7種類の主要なカテゴリーを概説し，各カテゴリーの行動に対する個々の課題を論じる。本章は7つの項で，各行動カテゴリーを評価するうえで有効な行動課題を選りすぐって概説する。代表的な参考文献は各課題に付しているが，より詳細な参考文献一覧が必要な際は特定の章に向かわれるのがよいだろう。課題についての記述は，その装置や詳細な手続き

表44-1 行動カテゴリーと神経心理学的評価手法

カテゴリー	検出課題
外観と反応性	一般的健康状態の検討
	定位課題
感覚または感覚運動行動	ホルマリン課題
	ホットプレート・コールドプレート課題
	フォンフレイのフィラメント課題
	スティッキードット課題
	肢を使った非対称（円筒）課題
姿勢と不動性	姿勢
	立ち直り反応
自発運動	遊泳
	歩行と走行
	概日活動
	BBBスケール
巧緻運動	餌の取り扱い
	トレイ到達課題
	餌到達課題
	はしご歩行課題
種特異的行動	毛繕い
	食物貯蔵
	探索
	遊戯行動
	性行動
学習	モリス水迷路課題
	放射状迷路課題
	バーンズ広場迷路課題
	高架式十字迷路課題
	文脈条件づけ課題
	回避行動
	自発的交替課題
	強制的交替課題

を紹介するというよりは，課題手続きの概要を説明することを目的としている。装置に関する情報が必要な場合は，参考文献を当たるとよいだろう。

はじめに断っておくが，神経心理学課題には紋切り型の手法やテストバッテリーは存在しない。現存する課題も常に改新されており，実験にあった要望や目的，また神経損傷で受けた障害のタイプや重症度に応

表44-2　外観と反応性に関する検査

外観	体躯の形状，眼，感覚毛，肢，毛，尾，色の検査
ケージ内観察	床敷，巣，食物貯蔵，排泄など，動物用ケージを観察
ハンドリング	動物をケージから取り出し，動作や姿勢，発声などハンドリングに対する反応性を検討する。また，唇をめくり上げて歯（特に門歯）を調べるほか，指，爪，生殖器，直腸を調べる
身体計測	動物の体重を計測し，身体部位（頭部，胴体，四肢，尾部など）を採寸する。直腸または耳介挿入型体温計で深部体温を調べる

じて改変されている（Whishaw et al., 1983, 1999）。これらの課題は，ラットの行動に対する見解や神経基盤の成長に合わせてさらなる改良も行われる。また個々の課題や評価指標も，特定の実験手続きに合わせて変化させる必要がある。そうすることによって，慢性的な結果や長期にわたる実験操作の結果を最も的確に予想できるパラメータを得ることができるのである。さらに，最適な行動評価を行うため，テストバッテリーの中から行動の特定の側面を記述する指標を多く用いる場合もある。つまり，詳細かつ広範な動物の機能的特徴をとらえるため，異なる課題を組み合わせて用いるのである。

　適切な課題の選択に加え，その課題の解析方法によって個々の測定の精度が決定される。パラメータとは最終的な評価項目のことであり，特定の事象の生起確率を定量化するものである。また，運動学的測定によって得られた方向や速度，角度からその運動を再現することができる。運動の記述的分析には形式的な表現が含まれており，その運動に含まれる体節や体節間の関係も記述する。これらの解析方法については，各課題の手続きの項で述べる。大切なことは，これらの異なる指標は必ずしも相関関係にないということである。例えば，あるラットがある課題を正しく遂行したとしても，最終的な評価項目やその他の解析では低い評価を得ることもある。逆もまたしかりである。よって，単一の測度がその機能をとらえることは稀である。おおざっぱにいえば，最初のスクリーニングにおいて，評価項目の計測と平行して観測記述を行うことが望ましい。テストバッテリーの手続きでは複数の比較を行う必要があるため，課題間で偶然異なる結果が得られることは考えられる。したがって，同一機能を計測する複数の課題を行ったあと，障害を受けた機能を特定する方法が望ましい。

　行動評価のうえで問題となるのは，そのテストが根気を必要とする場合，または多くの時間を要する場合，その浪費がテストバッテリーの実用性を損なわせるということである。したがって，ここでは比較的単純できわめて短期間で行うことができる課題を紹介する。さらに，膨大なテストバッテリーは比較的短時間で行わなければならないため，これらの課題を一斉に

行うことが多い。そのため，自動解析システムを開発することに強い関心が集まっている。例えば，フォトセルを備えた自動オープンフィールド課題（automated open field test）では，10分間の全体的活動性，馴化[i]（habituation），立ち上がり，走触性傾向，回転の偏向といった指標を計測することができる。こういった課題は，運動の異常や障害による左右差などを如実に検出する。またラットは，一般的に明るいときよりも暗いときに活動が活発になるため，明条件と暗条件の両方でオープンフィールド課題を行うことによってラットの視覚感受性を検出することができる。また，ビデオを用いた自動モニタリングシステムでは，1匹の動物のみならず複数の動物における探索行動の構造を明らかにすることができるため，社会的行動を検討することもできる。

　最後に，繰り返しになるが，これから紹介する課題は一般的なものを集めており，行動学的表現型の評価に便利なツールである。ここまでの章では，特定の行動機能に対するより詳細かつ専門的な計測を紹介しているので，そちらも参考にしていただきたい。

外観と反応性

　動物の一般的な外観や反応性を単純に調べることで，多くを知ることができる（表44-2）。この観察は，ホームケージ内や動物を新しい環境に移す際，さらにその動物をハンドリング[ii]（handling）する際に行われる。外観や反応性の解析により，次に行う計測としてどのような種類が適しているかといった重要な手がかりを得ることができる。例えば，長く伸びた爪は爪を整えるために必要な細かい口の動きがとりづらいことを示しており，また涙ぐんだ眼はハーダー成分[iii]の蓄積，ひいては毛繕い[iv]（grooming）の障害を示している（Whishaw et al., 1983）。身体的な異常性の度合いは，

---

[i] 動物が曝露された刺激に慣れ，反応しなくなること。
[ii] 動物に手を触れるなどの手段によって，その動物を実験者に慣れさせること。
[iii] 眼球の後部に位置するハーダー腺から分泌するポルフィリン成分を指す。

表44-3　感覚と感覚運動行動の調査

ホームケージ	聴覚，嗅覚，体性感覚，味覚，前庭，視覚刺激に対する反応．ホームケージは動物がよくみえるようにしておく．プローブで動物を触ったり，物体や餌を呈示したりできるよう，ケージの壁や床に穴を設ける．動物は呈示された物体に対して大いに興味を示し，いわば「獲物」のように物体を扱う．ケージをわずかに開けることで物体への反応性が減衰することは，ラットが環境変化を知覚していることを示している
オープンスペース	聴覚，嗅覚，体性感覚，味覚，前庭，視覚刺激に対する反応．ホームケージの場合と同じ課題を行う．一般的に，ホームケージから出された動物は探索に興味を示すので，ホームケージで興味を示していた物体に注意を払わなくなる

小さな定規を用いて爪の長さなどを測定することで定量化する．また，ラットの空間行動における系統差を調べる場合は，雄の Dark Agouti ラット（近交系有色ラット）が Long-Evans ラットよりも小さく，成長が遅れがちで，いく分デリケートな頭部と長い鼻を有していることに注目する．こういった外観は，同系交配の過程で Dark Agouti ラットが雌性化されたことを示している（Harker and Whishaw, 2002）．雌性化に伴い，Dark Agouti ラットの空間行動は Long-Evans ラットよりも劣る．このように，外観を観察することによって，機能に関連した仮説を導き出すことができる．次に，この Dark Agouti ラットに男性ホルモンであるテストステロンを投与すれば，一般的な形態や行動が雄の Long-Evans ラットのように変化するかどうかを判定する実験も導き出すことができるだろう．

外観計測を標準化する1つの手段として，外観の特徴や行動のチェックリストを作成しておくと便利である．ここでは，外観や反応性を評価する5段階のシークエンスを紹介する．

1. ホームケージにいる動物を観察する．テスト動物と同じケージ，もしくは傍らに実験用動物を置いておくと，直接比較することができて便利である．動物が清潔であるか，つまり毛繕いをしているかどうかを判定するため，動物の毛，眼，肢を観察する．
2. ホームケージにおいて反応性をみる単純な課題を行う．物体をケージに入れ，新しい刺激に対する反応性を観察する．また，ホームケージ内で感覚運動系テストバッテリーを十分に施行しておく（次項参照）．
3. 動物をホームケージから取り出し，新しい環境で観察する．実験対象と比較するため，くびき式統制法[v]（yoked-control）を施した動物を基準として用いると便利である．安全な環境と新しい環境では，動物の行動は全く異なる．
4. 新しい環境で単純な課題を行う（次項参照）．例えば，動物を選定し，筋緊張を評価し，その立ち直り反応を調べ，尾を軸として宙づりにすることで重力に対する定位を観察し，実験者に対する反応を検討する．
5. 具体的な形態学的計測を行う．体重を計測し，眼，耳，感覚毛，頭部形状，体躯形状，尾部形状を調べる．身体的特徴を直接計測する際には，小さなプラスチック製の定規を用いると便利である．

感覚および感覚運動行動

感覚課題の目的は，体性感覚，視覚，嗅覚機能を含む全般的な感覚機能の状態を評価することである．こういった計測には，ホームケージとオープンスペースの両方で行われる迅速な評価が含まれる．その手順を表44-3にあげ，具体的な課題はあとに概説する．これらの課題は，本書の該当する章でより詳細に述べている．大切なことは，1日に数回，統制動物と対象動物を単純に調べるという何気ない観察が，のちにより形式的な課題へと洗練されていくということである．ホームケージでは巧緻行動を多数観察することができる．例えば，細い紙切れを毎日与えれば，特に雌ラットで営巣行動がみられる．また，ヒマワリの種を与えれば餌の取り扱い方を調べることができ，ゴムべらの上においしい餌を置いておけば，舌使いを調べることができる．つまり，ホームケージ内の行動を調査することによって，認知や運動状況に関する手がかりを得ることができる．例えば，餌を上手にかみ砕いて食べているのか，それとも過剰な餌の破片や断片が散らばっているのかがわかると，後者は摂食に関する運動障害を推測することができる．同様に，排泄，摂食，睡眠場所の区分けができていると，正常な空間行動を有していると推測することができる．より形式的な課題はホームケージ外で行われ，例えば以下のものがあげられる．①フォンフレイのフィラメント課題による体性感覚と痛覚のテスト，②ホルマリン課題，③ホットプレートやコールドプレート課題による温度感覚テ

[iv] ある個体が自身の体毛をなめたり引っ張ったりすることで毛並みを整えたり，ごみなどを取り除く行動．
[v] 実験操作を除き，同一の刺激，操作を施した統制動物を用いる手続きを指す．連動統制法とも訳される．

スト，④スティッキードット課題による体性感覚の検出や巧緻運動のテスト，⑤円筒課題による置き直し反応のテスト，である。

●フォンフレイのフィラメント課題●

ラットにとって触覚は不可欠な感覚であり，夜行性の彼らにとっては本質的なものである。ラットは感覚毛を含む体に備わる触覚受容器，四肢に備わる特別な受容器，また体に備わる多くの長い「洞毛」を用いる。これらを総動員して得た触覚受容器からの情報により，周辺環境を鋭敏に知ることができる。触覚刺激に対する反応は，さまざまな物体を使って皮膚を機械的に刺激することで評価できる。例えば，屈曲に要する力を調節した単繊維である**フォンフレイのフィラメント**によって，感覚閾値を評価することができる。

実験用げっ歯類におけるフォンフレイのフィラメント課題（von Frey hair test）では，触覚や痛覚の敏感さを調べるだけではなく，感覚機能の障害や非適応的な可塑性を評価するのに用いられる。課題を行う前，まず動物をテスト環境に慣れさせる。都合のよい環境は，動物の体のすべての場所に触れることができるワイヤーメッシュケージや高架台である。これらの環境では，動物が静止した状態で皮膚の特定の箇所を検査することができる。フォンフレイのフィラメントは発揮される力が5〜約178 g/mm^2の範囲に調整されており，フィラメントが曲がった時点が各フィラメントの閾値となるよう調整されている。その触覚刺激から退くか，あるいは刺激のほうへ向かうかという動物の反応を記録する。さまざまな採点システムが開発されており，動物の反応を分類化している（Marshall et al., 1971など参照）。

フォンフレイのフィラメントの使い方は2とおりある。1つは，異なる力を必要とするフィラメントを皮膚の特定の場所に当てていき，その体の部分において反応が認められる閾値を評価する方法である。もう1つは，1本のフィラメントを体のいたる所に当てていき，触覚反応に対する体の部分の地形的な地図（皮節）を描いていく方法である。この方法は，脊髄損傷の重症度やレベルを決定するのに有効である（Takahashi et al., 1995）。フォンフレイのフィラメント課題は脊髄損傷やパーキンソン病，また発作のモデルラットに対して用いられ，脊髄，脊柱上機能の両方に対して反応性がよい。

●ホルマリン課題●

機械的，熱的，化学的刺激に対する無痛覚（痛覚知覚の減少）や痛覚過敏（痛覚知覚の増加）を評価するため，いくつかの標準的な痛覚課題が開発されてきた。例えば，化学誘発性の痛覚であれば，一般的にホルマリンが用いられてきた（Dubuisson and Dennis, 1977）。ホルマリン課題（folmalin pain test）では，3〜5％のホルマリン溶液を後肢背側面から皮下に投与する。投与後60分間，一定間隔でその動物の行動を観察する。投与した動物の反応には，初期状態，後期状態の2種類がある。各時間間隔における肢のたじろぎ反応[vi]（flinch）やリッキング[vii]（licking）は簡単に定量化できる。

室温，ストレス，処置の数など，ホルマリン反応を変化させる混合要因は数多く存在する。ストレス反応は動物の系統によって異なるため，動物群間で行う比較の妥当性には制限が伴う（Ramos et al., 2002）。特筆すべきは，反復性のホルマリン曝露は別の行動操作や後続の課題に影響を及ぼすかもしれないということである（Sorg et al., 2001）。

●ホットプレート・コールドプレート課題●

ホットプレートあるいはコールドプレート課題（hot and cold temperature test）は，感覚知覚の喪失と可塑性誘発で起こる痛覚閾値の変化の両方を評価することができる。温度覚と痛覚は，前外側系システムとして知られている脊髄視床路，脊髄網様体路，脊髄中脳路を通じて主に仲介される。これらの経路は脊髄レベルでX字に交差し，脊髄の後柱から反対側の視床，また大脳皮質の体性感覚野へと上昇する。ホットプレート・コールドプレート課題では，温度感覚または退避行動を誘発する範囲の温度が使われる。重量のある銅製のプレートが適当であり，表面下に均等に敷き詰められた加熱コイルあるいは冷却コイルによって，プレート全体を一定温度に保つことができる。

1つは，45〜55度に調整された加熱プレート，もしくは4度に調節された冷却プレートの上に動物を置く方法である。もう1つは，特定の温度（例えば，連続的に温度が上昇または下降する）のプレート上に動物を置き，動物の反応がみられた「閾値」を決定する方法である。反応とは，刺激方向への振り向き，反射的な退避的屈曲，肢のリッキング，一般的な回避・攻撃行動などである。これらの反応は一時的で，刺激呈示中にしか起こらない。熱からの回避行動（振り向き，肢を上げたりリッキングしたりする行為，退避）がどの程度

[vi] フリンチ反応。驚き，恐れ，痛みなどによって，動物が体を縮み上がらせること。ビクッとすること。

[vii] ひとなめすること。

遅れるか，また一定時間間隔で反応がいくつ観察できるかを記録することもできるが，対象動物が損傷することを避けるため，動物の反応があったら即座にホットプレート・コールドプレート課題を終えるべきである。

市販されている熱課題の中には，体の特定の部分（例えば，足底や尾部）に赤外線ビームを選択的に照射する方法などもある。徐々に温度を上げることによって，熱に対する感覚閾値を計測することができる（Almasi et al., 2003）。

ホットプレート・コールドプレート課題で退避行動を計測することによって，薬物の効果や物質乱用による鎮痛効果をスクリーニングすることができる。さらにこの課題は，脊髄損傷や上脊髄性損傷の重症度を評価するテストバッテリーの一部として組み込まれている。局所的な組織損傷や薬物処置を受けたあとに構造的再配列が起これば，痛覚に対する閾値や興奮性も変わり，当初の（上記処置を受ける前の）退避行動の潜時が変化する。つまりホットプレート・コールドプレート課題を行うことによって，可塑的な機能不全や神経原性疼痛へと発展する異常処理を検出することができる（Woolf et al., 1992 など）。

●スティッキードット課題●

正常ラットの前肢に粘着性のシールを貼ると，そのラットはシールに気づき，それを歯で剝離しようとする。その行動反応に対する潜時と非対称性は体性感覚機能の評価に用いられる（Schallert and Whishaw, 1984）。例えば，体性感覚の非対称性を調べる場合には，両前肢の手首部分に粘着性の刺激（一般的には直径約 12 mm の円形粘着性シールを用いる）を貼付する。その後動物をホームケージに戻し，観察を行う。ケージに戻されるとすぐに動物はその刺激に触れ，歯を使って各シールを前脚から剝離する。1つのシールが剝離したら，刺激に触れ，さらに剝離するまでの潜時，剝離する順番（左右でどちらが早いか）を試行ごとに記録する（Schallert et al., 2000）。シールに触れ，それを剝離する順序は当該の動物が示すバイアスを反映している。前肢に影響を及ぼす片側性損傷の場合は，まず正常なほうの前肢（つまり疾患の及んでいない肢）のシールから剝離を始める。その後疾患のある前肢のほうを向き，より長い時間をかけてシールを剝離する。多くの試行でその動物が体性感覚の非対称性を示せば，その非対称性の重症度をあとの課題で評価する（Schallert et al., 2000）。例えば，疾患のある前肢のシールサイズを段階的に大きくし，疾患のない前肢のシールサイズを同ステップで小さくする。疾患のない前肢のシールよりも疾患のある前肢のシールが気にな

れば，その動物は疾患のある前肢のシールから剝離を始める。この手法を用いた研究から，初期バイアスを覆すのに必要なシールの比率は，大脳疾患の重症度と関係していることが明らかになっている（Barth et al., 1990）。

スティッキードット課題（sticky dot test）は，体性感覚野や外側視床下部，また錐体路の切断や線条体の損傷などの皮質下構造物の片側性損傷による感覚器障害を反映することが示されてきた（Schallert et al., 2000）。損傷研究における重大な問題は，体性感覚野の損傷は運動障害をも引き起こすということである。運動障害ではシールを剝離する際に口や前肢を上手に扱えないため，より長い反応潜時を示してしまう。この問題は，剝離潜時に加えて，シールとの接触潜時を記録することで解決できるだろう。なぜならシールと接触するだけであれば，シールを剝離するスキルが必要ないからである。

●肢体を使った非対称（円筒）課題●

ラットは，水平面，垂直面の両方を探索する（Gharbawie et al., 2004）。垂直面を探索する場合，上体をもち上げることで体躯を支える。壁に寄りかかる場合は，片側もしくは両側の前肢を用いる。正常なラットであれば上体を支えるのに両側の前肢を均等に使うのが一般的であるが，片側性損傷のラットの場合は健常側の前肢を用いるというバイアスが生じる（Schallert et al., 2000）。

円筒課題（cylinder test）では，円筒の底からビデオ撮影できるように円筒型の装置を透明の床の上に置くか，またはすべての方向から動物の行動が観察できるように円筒背面のテーブル上に鏡を置く。前肢に関して主要な3つのカテゴリー（もち上げ，壁伝いの移動，着壁）で解析する。また前肢の使い方は，左右それぞれの前肢を独立して使用しているか，もしくは両方の前肢を同時に使用しているかなどを記録する。標準的な測定では，全接触に対する左または右前肢を使った割合を計算する（Schallert et al., 2000）。例えば肢体に影響する片側性損傷の場合，損傷のある前肢の使用頻度が減少する。この課題に対する評定者間信頼性は高いと報告されている（Schallert et al., 2000）。しかし，補償方略の発展により固有の運動障害が低減されるため，それを回復として誤解釈をする可能性がある。

姿勢と不動性

動物は，起きている時間の大半を体の一部または体

表44-4　姿勢と不動性に関する実験手法

不動と姿勢を保った運動	一般的に動物は動き回る際，ある姿勢をとっている．その姿勢は動物が立ち上がり，後肢を使ってその体勢を維持している際も保たれている．強硬症の動物では，運動障害を受けても姿勢は保たれる．そのため，姿勢と運動を分離することができる
不動と姿勢を保たない運動	動物は肢を動かしながらある姿勢をとることがある．肢が停止したとき，動物は姿勢を保てなくなる．体勢を崩しながらも警戒をする状況は，**脱力発作**と呼ばれる
運動と体の一部の不動	体の一部の不動と運動は，以下のように検討する．まず肢をぎこちない体勢にする，もしくは，肢を瓶の栓のような物体の上に置く．そして，その体勢から動き始めるまでの時間を計測する
拘束性の不動	筋緊張型不動，または催眠状態とも呼ばれる拘束性の不動は，動物を仰向けにするなど，ぎこちない体勢にすることによって検討する．一般的には，その姿勢をとり続ける時間を計測する．筋緊張が保たれている場合でも筋緊張が喪失している場合でも，動物はぎこちない体勢をとり続ける．筋緊張型不動の場合，通常動物は覚醒している
立ち直り反応	ラットは，支えたり，立ち直ったり，肢を置いたり，飛び跳ねたりすることで，四足歩行の姿勢を維持している．例えば動物を横向き，もしくは仰向けに置いたり，仰向けもしくはうつぶせの姿勢のまま落としたりすれば，四足歩行の姿勢に戻ろうとする調整が働く．こういった立ち直り反応は，触覚性，固有受容器性，前庭系，視覚性の反射によって成立している
環境性の不動	摂食による疲労も不動を促進する．動物は体温を発散するため sprawling[viii] を行い，その結果，筋緊張を伴わない不動を促進する．また，気温が下がると体躯をふるわせることで体温を上げる姿勢をとり，その結果，筋緊張のある不動を促進する

[viii] 手足を伸ばして寝そべる行動を指す．日本語での定訳はない

全体を静止させて過ごしている．しかし，不動の体勢は常に同じではなく，ある体勢は疾患としてとらえることができる．また，不動状態から動き始める動作により，姿勢もしくは体勢維持に関する異常を検出することができる．姿勢，不動性に関する総合的な測定のいくつかを表44-4にまとめた．ここでは，1つの課題である立ち直り反応について述べる．

●立ち直り反応●

姿勢の制御は，すべての運動において必要不可欠である．姿勢の調節は，体の重心位置に依存している．二足動物に比べると，ラットが立っているときや歩いているときに働く姿勢維持のための力学や制御機構は比較的単純である．アンバランスな位置に置かれたり，受動的に肢体をずらされたりした場合，ラットは体の重心に応じて，四足動物特有のうつぶせ姿勢を維持しようと試みる．

動物にとっての立ち直り反応の重要性や能力は，感覚運動統合の能力を反映している．固有受容器性，前庭系，触覚性，視覚性の感覚入力が障害を受けると，動物は体全体あるいは体の一部の位置を保つことができなくなる．また，適切な筋肉組織の回復不全により四肢や体のずれに対する反応が困難になる．

立ち直り反応の課題はさまざまなものがあり，それぞれが感覚運動統合の特定の側面をとらえている．最も一般的に用いられる課題は，横向きもしくは仰向けの状態から四足歩行の姿勢にすばやく戻る特性(stationary placing response)を利用している．正常な動物は，まず頭や首を背屈させながら頭の位置を調節する．そして上体，下半身の順で立ち直る．また，1 m未満の高さからクッションに向けて上下逆さまに落とす課題では，動物はすばやく立ち直り，着地時に四肢が着くよう姿勢を調節する(accelerator placing response, Pellis and Pellis, 1994)．この立ち直り反応は，主に前庭と視覚の手がかりに依存している．立ち直り反応の感覚面または運動面を評価するためには，肢体や軸性筋組織を使用しているか，立ち直りは完全か，うつぶせの姿勢に戻るまでどのくらい時間がかかるかなどを定量する．

立ち直り反応は研究室で簡単に行え，かつ前訓練が必要ないので，神経毒性学や薬理学の標準的なテストバッテリーにしばしば組み込まれる．また，空中での立ち直り反応は発達過程の特定の時点で起こると判明している(Hard and Larsson, 1975)ため，前庭機能の成熟の指針としても信頼できる．さらに立ち直り反応は運動制御機構の処理についての洞察をもたらす．例えば，ドーパミン作動系損傷動物がうつぶせの姿勢に戻る過程で呈する異常はよく知られている(Martens et al., 1996)．立ち直り反応は一瞬のため，ハイスピードビデオ撮影が必要になるが，感覚・運動機能を調べる際に信頼できる測度である．

自発運動

自発運動の解析としては，ラットが行う歩行，走行，跳躍，旋回，遊泳の観察があげられる(表44-5)．大脳に対するあらゆる操作は，その効果が微小であることが多く，ビデオのスローモーションを使った解析を

表44-5　自発運動課題

一般的な計測手法	ビデオ撮影，運動センサー，回転かご，オープンフィールドテスト
運動の始点	運動は吻側から始まり，尾側へと続いていく．小さな運動は大きな運動に先行する．また，左右運動は前後運動に先行し，前後運動は上下運動に先行する（ウォームアップ効果）
旋回やよじ登り	運動要素は，ケージや走路，トンネルなどに動物を置いて観察する
歩行や遊泳	げっ歯類には，独特の歩行・遊泳パターンがある．ラットやマウスは四肢のうち対角に位置する2肢を一対として用いることで歩行する．つまり，片方の前肢が反対側の後肢を導く．泳ぐときは後肢を使い，前肢は顎の真下に置いて遊泳方向を決定する
探索行動	げっ歯類は，探索行動の中心地として本拠地を選択する．本拠地では，帰還して毛繕いを行ったり，そこからの距離を伸ばしながら探索行動を行ったりする．本拠地を起点とする際の移動速度は遅く，休憩を多くとりながら，また立ち上がりながら探索を行う．一方，帰還する際の移動は，往路の移動に比べてすばやい
概日活動	多くのげっ歯類は夜行性であり，明暗サイクルのうち暗期でより活動的になる．活動のピークは，一般的に暗期の始めと終わりに訪れる

必要とするが，少なくとも，いずれかの行動に実質的な影響を与える．自発運動は，フォトセルや回転かご，自動ビデオトラッキングシステムを用いて計測し，時には地面反力も測定する．最終的には，すべての関節や四肢の動きを記述する運動表記システム（movement notation system）を用いて，正確な記述データを得る．例えば，Eshkol and Wachmann（1958）によって発明されたクラシックバレエ用運動表記システムは，のちにGolani（1976）によって動物の動きに適用された．さらに，遊泳や概日リズムに関しては標準的な課題が存在し，脊髄損傷の検査に広く使われるBBBスケール（次ページ参照）などの混合課題も存在する．

●遊泳課題●

遊泳課題は，ラットが半水性の動物で遊泳に長けていることを利用して行われる．ラットは泳ぐ場合，後肢だけを推進力として用いる．前肢は顎の真下に固定し，時に傾けて舵をとる．遊泳能力は実験操作ではめったに消失しないものの，遊泳パフォーマンスは発達や老化過程，ある種の脳損傷，また薬物投与によって変化する．こういった操作の多くは，前肢の脱抑制を引き起こし，動物は前肢でリズミカルに漕ぎ始める．このような泳法の変化は，大脳皮質，視床下部後部，小脳の損傷後にみられる（Kolb and Whishaw, 1983; Whishaw et al., 1983）．

遊泳課題では，水深30 cmほどの四角い透明のプールを用いる．そして，そのプールの端には視認できる逃避台が備えつけられている．逃避台の反対側からプールに入水させると，ラットはすぐに逃避台に向かって泳ぐことを学習する（Stoltz et al., 1999）．課題を行う前に訓練セッションを数回行っておけば，動物はこの手続きに慣れる．四肢の使い方を解析するため，動物の遊泳パフォーマンスをプールの側面からビデオ撮影する．撮影したテープはフレームごとに解析し，左右の前肢のストローク数を数える．片側性損傷であれば，健常側は損傷側のコントロールとして機能する．両側性損傷，加齢，薬物投与実験の場合は両側に異常をきたすので，統制群の動物もしくは実験操作前のセッションの結果と比較する必要があるだろう．

●概日活動●

昼夜の光量の周期的な変化は，哺乳類に生まれつき備わった同調因子（Zeitgeber）と関係している．この照明サイクルは，睡眠，覚醒状態といった行動サイクルに加え，体温，ホルモン変化といった身体的，生化学的プロセスなど，さまざまな身体機能を制御している．我々に備わる体内時計は，こういったプロセスの時間軸の構成を助け，環境の周期的な変化を予測することで生命活動を最適化している（Holzberg and Albrecht, 2003）．

一般的に概日活動課題は，明暗サイクルにおけるホームケージでの一般的な活動を記録する．ただし，常時明条件，常時暗条件で同様の記録を行う場合もある．正常なラットは照明点灯の有無にかかわらず，夜間になると活動的になる．概日活動課題では，タイマーで照明を制御した別室が必要となる．一般的に動物の24時間活動量は，ホームケージの壁または天井に設置したフォトビームの遮断回数あるいはケージに備えつけた回転かごの回転数として記録する．遮断回数と回転かごの回転数は，活動変化を解析するコンピュータシステムで集計される．さらに，フォトビームを用いることによって自発運動と常同運動を区別する．つまり，複数のフォトビームの連続的な遮断はある状態から別の状態に移ろうとする自発運動を反映し，特定のフォトビームの連続的な遮断は毛繕いや回転行動などの常同運動を反映する．

げっ歯類の概日サイクルでは，一般的に消灯時に活動が活発になり，暗期中は活動が持続する．そして，

点灯直前に再び活動が活発になる。明期中は一般的に不活性状態である。また，新しい環境に置かれた動物は探索行動を行うため，最初の1時間の活動が活発になる。これらの活動を詳細に解析すると，照明サイクルや給餌スケジュールなどの実験条件や，ストレス，加齢，薬物投与，脳機能障害などの生理的条件によって動物の活動性が異なることがわかる(Weinert, 2000)。さらに，コンピュータ化されたシステムを使うことによって，さまざまな操作や脳機能障害後に生じるすべての活動変化を記録することが容易となった。

● BBB自発運動評定スケール ●

Basso, Beattie, and Bresnahan(1995, 1996a)によって開発されたBBB評定システムは，脊髄損傷のラットモデルの麻痺の程度を評定する際に用いる。このBBBスケールは，脊髄機能の統合評価に広く用いられている測度である。脊髄機能の統合は，四肢間の協調性，四肢の筋肉と動いている肢の位置の交互活動，姿勢などを反映している。そのため脊髄損傷は動きに影響を与えるだけでなく，昇降を伴う困難な状況での歩行を阻害する。

21項目からなる現在のBBBスケールは，Tarlov(1954)が開発した5分類スコア評定を参考にしており，その後固有の自発運動の障害を検出できるよう改良されてきた。BBBスケールは，肢の運動の度合い，胴体や腹部の位置，脚部の配置や足取り位置，胴体の安定性や尾部の位置を評価する(表44-6)。このスケールの21の項目を評価することで，胴体の安定性，体重支持，足取りを結論づけることができるため，脊髄損傷の前臨床研究という目的に合致する。

動物は新しい環境の中で自発的に探索行動を行うので，通常はテスト動物に事前訓練やその他の動機づけを必要としない。しかし，課題を行ううえでの注意点がいくつかある。例えば，課題セッションを繰り返し頻繁に行うと，動物がテスト環境に馴化し，探索行動が減少することがある。また麻痺を有する動物は，地表の質感に応じて足取りパターンを変えることがある。おそらく，これは四肢の反射的な運動によるもの

だと思われる。

BBBスケールは高度に標準化された評定システムであり，多くのラットを用いた研究において脊髄損傷が検証されている(Basso et al., 1996a)。さらにBBBスケールの結果は，他の運動課題の結果とも強く相関する(Metz et al., 2000)。そしてそういった行動異常は，脊髄組織の損傷と直接的に関連しているのである(Basso et al., 1996b)。BBBスケールは，現在ではマウスモデルにも適応されており(Ma et al., 2001)，多目的手法として適応範囲が広がっている。

巧緻運動

巧緻運動とは，不規則な運動パターンを必要とする自発運動や回転運動，複雑な動きの組み合わせからなる運動，もしくは，重力に反して体を動かす運動を指す。こういった運動を支える神経メカニズムは，自発運動を支えるものとはある程度異なる可能性がある。そのため巧緻運動を評価することによって，自発運動の研究で得られるものとはある種異なる神経機能の知見が得られるはずである。巧緻運動を観察するいちばん単純な方法は，ヒマワリの種のような特別な餌を実験室で与え，動物の摂食を観察することである。ヒマワリの種は殻から取り出し，その内容物を食べる。つまり食べるためには，それを取り上げ，準備をしなければならない。この行動に伴う動きを客観的に評価するのは大変難しい。そこで多くの研究者は，より形式的な課題を選ぶのである(表44-7)。形式的な課題では同じ運動が繰り返されるので，運動のエンドポイント(評価項目)の計測や運動の質的な計測によってその課題遂行を評定できるという利点がある。トレイ到達課題や餌到達課題，はしご歩行課題は，前肢機能を評価する課題の例である。各課題では，前肢を伸ばす，対象に照準を定める，対象を捕獲するために力を加えるといった特有の前肢能力を評価することができる(Whishaw et al., 1986; Montoya et al., 1991; Ballermann et al., 2001)。また，はしご歩行課題では前肢同様，後肢機能も評価することができる。

表44-6　BBBスケールにおける評価項目と歩行の特徴

四肢の運動	胴体位置	腹部	肢の配置	足取り	筋肉協調	指の隙間	肢の位置	胴体安定性	尾部
なし	外側もしくは内側	引きずる	引きずるもしくは支持	背側もしくは底側	なし	なし	初期接触	なしもしくはあり	上
わずか		平行			ときどき頻繁	ときどき頻繁			
過剰		高い			常時	常時	もち上げ		下

表44-7 巧緻運動と課題手続き

四肢運動	棒押し，細長い隙間から餌に接触・獲得する行動，餌や物体・営巣素材の自発的な取り扱い，毛繕いや社会行動にみられる肢の運動など．げっ歯類は目特異的または種特異的な肢運動をみせる
よじ登り・跳躍運動	スクリーン・ロープ・はしごなどに登る運動や，ある場所から別の場所に跳び移る行動など
口腔運動	餌を口から吐き出す，あるいは餌を手にとったあとに摂食するなど，餌の受け入れと拒否を行う口や舌の運動，また毛繕い・仔の清掃・営巣・歯や爪の手入れに用いる口腔運動など

●トレイ到達課題●

トレイ到達課題(tray-reaching task)は前肢の使用をみる簡単なテストである(Whishaw et al., 1986)．この課題で用いる箱の3側面は壁で構成されており，残る前面の壁には，ラットが前肢を伸ばせば間を通るほどの間隔で細い金属製の棒が垂直に立てられている．前面の外側には，壁間の幅に相当する大きさのトレイが設置されている．そのトレイにはトリの餌や小さなフードペレットが敷き詰められており，動物は箱の中のどの角度，位置からでも棒と棒の隙間から前肢を伸ばすことで餌を獲得することができる．箱内の床は網状になっており，その隙間から餌を落とすと，床から餌を再び取り出すことはできない．

訓練の際には，動物を軽度の給餌制限状態に置く必要がある．餌を取り替えたり，実験中に動物に触れたりすることがないため，訓練は比較的簡単である．訓練セッションは30分間続くが，課題セッションはわずか5分間である．その5分間での遂行をビデオで撮影する．動物は実験装置と同じ環境で飼育していることが望ましい．肢の使用や到達の遂行を解析するには，主に2つの方法がある．まず1つ目は，動物に左右いずれかの前肢を使わせ，よく使われる肢について評価する方法である．片側性損傷を評価するのであれば，損傷側の肢に対する健常側の肢の使用頻度割合を計算することで，非対称的な前肢使用の程度がわかる．2つ目は，一方の肢の指付近を布テープで巻いて固定することで使用を制限したうえで，残る一方の肢での餌獲得率を集中的に計測する方法である(Whishaw and Miklyaeva, 1996)．

課題のエンドポイントを明確にするため，**到達**は前肢を棒の間から挿入する行動，**到達成功**は餌を得て摂取のため口に取り込む行動として定義する．そして遂行はヒット確率，つまり到達数に対する到達成功数の割合で表現する．この課題中の巧緻性前肢運動は，運動皮質損傷(Kolb et al., 1997)や皮質脊髄路切断(Whishaw and Metz, 2002)によって慢性的な障害を受けることが示されている．

●餌到達課題●

正常な運動制御や身体支持のための調整について精度よく計測できるのは，餌到達課題(pellet reaching task)である(Whishaw et al., 1991)．この課題は成功記録を計測するだけでなく，行動を撮影で記録し，標準化された評定方式に準じて得点化を行う．棚上に用意された餌の前にスリットが設けられており，動物はその餌を得るためスリットの隙間から前肢を伸ばす．この実験装置に慣れ，餌に到達する動きをうまく成功させるためには，1～2週間の訓練が必要である．撮影した遂行を観察し，単一の課題セッションから多種多様な計測が可能である．例えば，到達成功に関するエンドポイントの計測や，肢および身体の記述型運動解析などである(Whishaw et al., 1991)．課題中の動きの流れやその遂行は比較的固定されるので，文脈に合わせて動きの要素を変更するという能力は限定される．脳に損傷を負った動物の成功確率はベースラインに戻るものの，到達運動の質的解析によって，運動方略が恒久的に変化しているかどうかを明らかにすることができる．

餌到達課題で得られる運動制御機構に関する膨大な情報に加え，動物モデルにおいて本課題の妥当性が証明されている．例えば，ラットとヒトとの比較において，両種の到達運動は一致している(Whishaw et al., 1992)．さらに，ヒト神経変性疾患のげっ歯類モデルと実際のヒトの患者では，その到達行動の異常性が類似している(Whishaw et al., 2002)．自発運動や遊泳，毛繕いといった協調的な運動に割かれる脳機能のわずかな障害でさえも，到達運動のパフォーマンスは劣ってしまう．運動皮質，遠心性の運動皮質脊髄路，大脳基底核，赤核など，運動制御機構の個別損傷は到達運動の明確な障害をもたらす(Whishaw et al., 1986; Mets and Whishaw, 2002a)．

●はしご歩行課題●

最近の研究から，ラットは歩行困難な場面で歩き方を調整する際，後肢の巧緻運動を活用することが明らかになっている．この運動を観察するうえで，単純かつ精度の良い課題は，はしご歩行課題(rung walking

表44-8　肢の位置を評価するための7つのカテゴリー

カテゴリー	脚位置のタイプ	特徴
0	完全な踏み外し	横木を踏み外したあと深く落下する
1	重度のスリップ	横木を踏み外したあと深く落下する，あるいはわずかに落下する
2	軽度のスリップ	横木上で脚を滑らせてわずかに落下する
3	かけ間違い	横木をかけ間違える
4	条件つき正解	ある横木に肢をかけようとして別の横木に肢をかける，または同じ横木に二度肢をかける
5	手首もしくは指	指(指先)もしくは足首(かかと)で横木に肢をかける
6	正解	肢底で横木に脚をかけ，全体重を支える

task)である(Mets and Whishaw, 2002b)。はしご歩行課題では，横木を自由に調節できる水平なはしごのようなものを用いる。横木の間隔を一定に配置することによって，動物はその横木の位置を予測し，特定の連続した歩行パターンを学習することができる。一方，横木を不特定間隔に配置すると，動物は特定の歩行パターンを学習できなくなる。よってこの歩行パターンを変えながら，課題セッションを繰り返していく。

この水平なはしごをホームケージにかけることによって，動物は歩行を容易に学習する。その様子をビデオ撮影で記録し，エンドポイント計測や質的運動解析を行う。エンドポイント計測には，横木に肢をかける際に失敗した回数(歩数に対する踏み外しの回数)も含まれる。この踏み外し回数は傷害を受けていない側の肢で多くみられるため，補償調整と考えられる。この踏み外し計測では，評定システムを用いることで踏み外しの種類を補足することができる。例えば，踏み外しの程度を区別したり，横木における肢の位置を記述したりするのがその評定手法である(表44-8)。また，筋運動を電気生理的な手法で記録する技術などで行動解析を補足することがある(Merkler et al., 2000)。

このはしご歩行課題は，成体または新生期における運動系損傷後の慢性運動障害，または加齢やストレスなどの生理的な変化を如実に反映する(Mets et al., 2001)。

種特異的行動

脳の主要な機能の1つに，動物がわずかな学習とそれに伴う失敗により環境に適応していく行動機序があげられる。主に生得的であり，比較的定型的であり，そして種に特有な数多くの行動は，**種特異的行動**と呼ばれる。表44-9にラットの種特異的行動の要覧とその内容を示す。また以下に，行動学的表現型の一般的な解析に用いる種特異的行動の課題についていくつかの例を述べる。

●食物貯蔵●

餌を求めて本拠地を離れる際，ラットは常に捕食の危機に瀕している。そのリスクを最小化する方法は，小さな餌はすぐに食べ，大きな餌(消費するのに時間がかかる餌)は安全な場所に運び，あとで消費することである。一般的に安全な場所とは巣であり，研究室飼育の場合はホームケージである。避難所に戻るより餌を消費するほうに時間がかかる場合は，餌を運ぶことにより探索行動を少なくするのが彼らのルールである。ラットが安全地帯に餌を運ぶのは食べるためだけでなく，満腹時に餌を貯蔵するためでもある。この行動は餌に対する誘因価を意味している。

この食物貯蔵行動は，その動物が安全地帯をもっており，かつ餌を貯蔵するだけのオープンエリアがあれば，いかなる装置でも調べることができる。例えば，仕切りで区切られた2部屋のうち一方の部屋に照明が当てられている装置，または走路に取り付けた本拠地で簡単な課題を行う装置などが考えられる。また，餌をみつけるため迷路パズルを解いたり，空間問題を学習したりする課題を用いて，食物貯蔵を調べることもある。

食物貯蔵に関与する神経基盤はまだ十分にわかっていないが，貯蔵に伴う個々の行動は障害を受けていなくとも，前頭葉の皮質除去によって貯蔵行動が障害を受ける(Kolb, 1974)。食物貯蔵行動は，中脳辺縁系ドーパミンの枯渇によって障害される(Stam et al., 1989)。この結果から，前頭葉皮質へのドーパミンの投射がこの行動を構成するうえで中心的な役割を果たしていると考えられる。さらに，海馬損傷を含む辺縁系損傷を受けたラットは，外部刺激がない限り，餌運搬行動を中断する(Whishaw, 1993)。そのほか食物貯蔵行動にみられる障害は，空間ナビゲーションや課題解決方略にみられる障害と関係する。つまり，食物貯蔵課題は，自然な行動の感覚的・認知的側面を反映する多目的な課題である。

表44-9 種特異的行動とその評価

毛繕い	毛繕い行動は種特有で、クリーニングや体温調節などの目的で行われる。前肢のクリーニングから始まり、顔、体躯、後肢、尾部のクリーニングへと続いていく
採餌または貯蔵	餌をもち運ぶ行動は種特有で、備蓄のため避難先に運んだり、テリトリーにばらまいたり、貯蔵庫にためたりする。餌の大きさや摂食にかかる時間、地形の複雑さ、捕食動物の有無が餌のもち運び行動に影響を与える。餌を口にくわえて運んだり、頬にため込む行動は、異種の動物でもみられる。げっ歯類は、餌の確保に苦労を伴う。同種動物に餌を奪われて逃げられたりしないよう、餌を守る必要がある
摂食	門歯を使って餌を固定してかみ、奥歯を使って咀嚼し、舌を使ってそれを扱い飲み込む
探索・新奇恐怖	種によって、新しいテリトリーまたは対象に対する反応は異なる。対象となる物体を視覚や嗅覚で探索し、回避するか地中に埋める。テリトリーを探索する場合は、その空間をゆっくり探索し、出発点へすばやく戻る。その後、その空間は本拠地、なじみのあるテリトリー、外部に区分けされる
採餌や餌の選択	餌に関する好みは、餌の大きさ、摂食に必要な時間、栄養価、味、親近性に左右される。集団生活を送る動物にとっては、コロニーが餌に関する情報源となっている。同種動物の鼻先を嗅いだり、なめたりすることによって、摂食可能な餌を同定している
睡眠	げっ歯類は、休息、仮眠、安眠、レム睡眠などさまざまな睡眠を行う。多くのげっ歯類は夜行性なので、太陽が昇って沈むまでの日中における主な行動は睡眠である。したがって、野生環境における夜行性動物のサイクルは季節によって大きく異なる
営巣	巣づくりをする動物、トンネルを掘る動物、小さなコロニーのために巣をつくる動物、大きなコロニーのために巣をつくる動物など、種によってさまざまである。営巣素材となる物体を運び、手を加えて、さらに細断して巣材とする
母性行動	研究用げっ歯類は多くの仔を産むが、生まれたときにはまだ未成熟である。仔ラットは生まれてから2〜3週間は母ラットに養育され、その後独立する
社会行動	コロニーや家族をもつげっ歯類は、テリトリー防御、社会的ヒエラルキー、家族形態、挨拶行動などさまざまな社会的関係性をもっている。孤立したげっ歯類は、社会様式が単純である。雄や雌にみられる防御・攻撃行動は、社会行動とは区別される
性行動	雌雄それぞれの性行動は独特である。雄はテリトリーの防御または侵略行動をみせ、求愛や時には集団性行動を行うことがある。性行動は、雄が雌を追跡してのしかかり、挿入して射精するという一連の行動を何回も長い時間かけて行う。雌にのしかかったあと生殖器の手入れが始まり、挿入したあと不動のまま高い声で鳴く。雌は雄に近づき、注意を引きつける。その後静止して耳を小刻みに揺らし、雄からののしかかり行動があれば、すばやく身をかわすか、その行動を手助けする
遊戯行動	多くのげっ歯類は、幼若期にさまざまな遊戯行動を頻繁に行う。典型的な遊戯行動は、鼻から首にかけての部位を攻撃したり、首を守るために防御したりする行動である

●探 索●

ホームケージから離れてなじみのない環境に置かれると、ラットは構造的な探索行動を示す(Eilam and Golani, 1989)。ラットは最初に置かれた場所、または安全が確保できる場所で本拠地を形成する。そして、その周辺の探索行動を始め、休息・立ち上がり・毛繕いのため本拠地に帰る。探索行動初期は、上体や頭部を伸ばして本拠地周辺を調べる。そして本拠地を離れ、より遠いエリアの探索行動が始まる。一般的にはオープンフィールドの壁伝いに、あるいは周辺領域を回り、しばしば本拠地にすばやく、直線的に帰還する。帰還する際の移動は、往路の移動に比べて通常短い。本拠地を起点とする移動は全範囲を探索するまで少しずつ長くなり、探索する中で新しい本拠地を選ぶこともある。

探索行動の構造を評定するには多くの時間と労力を要するが、コンピュータを用いたプログラムが発展してきている。さらに5〜10分の測定をすることで、移動または停止回数、立ち上がりの回数、毛繕いの頻度、移動時間、スピードや移動軌跡をはじめとする運動学的な計測データなど、多くのデータを得ることができる。訓練や馴化を必要としない点でこれらの行動を導き出しやすく、そして信頼性が高いため、テストバッテリーに用いられる。また探索行動課題は、薬物の影響、脳損傷、また生理的変化を調べるのに有効である。通常の神経学的なテストバッテリーは、オープンフィールドにおける不安の評価も含まれる。オープンフィールドの周辺探索時間に対する中心部探索時間、新しい本拠地へと移動するまでの時間、フィールド内の新しい景観への馴化などが不安行動に相当する。

●遊戯行動●

遊戯行動は幼若期にみられる最もよく知られた社会的相互作用であるが、ラットの場合、発達の各過程や成熟期にもみられる。遊戯行動とは、儀式化された一連の動きのことである。げっ歯類にみられる個々の遊戯行動は、攻撃、捕食、性行為といった行動の一部である場合が多い。遊戯にみられる一連の複合的な動き

は個々の動きに細分化でき，それぞれが特定の遊戯の特徴を示す。例えば，遊戯的闘争には，繰り返し相手の首筋を自分の鼻先で攻撃しようとし，相手はそれを避けようとする特徴がある。遊戯的闘争は最も報告されている社会的遊戯で，成熟期まで続いていくため，ラットの社会的相互作用を調べるには適している。

幼若期または成熟期にみられる遊戯行動の動きによって，さまざまな行動解析が可能となる。例えば，防衛戦略は発達の過程で変化していくが，遊戯的闘争にみられる一連の個々の行動は，遊びをしかける側，受ける側で比較的一定である。一般的な遊戯的闘争の主要な分類は，追跡，すばやい身のかわし，格闘，転倒であるが，これらの行動はすべてラットの遊戯的闘争にもみられる。これら個々の動きを識別することは容易である。そのため，遊戯的闘争を行う個体間の関係，また個々の動き同士の相互作用について，詳細な記述解析法を用いて解析を行う(Pellis and Pellis, 1983)。

遊戯行動は認知的な要素を有しており，同種の社会的および情動的な情報を収集するのに役立つと考えられている。この考えに則れば，遊戯行動にみられる複雑な動きは，神経学的な状況によって中断もしくは喪失させることができる(Pellis et al., 1993)。さらに，遊戯行動は社会的接触の開始，または反応に関する能力を調べることにも活用することができる(Daenen et al., 2002)。つまり，遊戯行動解析は社会的相互作用に必要な運動機能または認知機能を検討するうえで貴重な測度であるといえる。

学習

心理学者は，この100年間ラットの学習について調査し，論文などで使用されるまさに数百もの学習課題を編み出してきた(表44-10)。どの学習課題を選ぶかは何を調べたいかという疑問の性質によるが，中には動物の認知状態に関する膨大な情報を得ることができる単純な課題も存在する。学習課題は少なくとも4つの視点で行動を洞察している。①課題が求める処理を動物が習得できるか，②課題を遂行，学習する過程で，動物はどのような神経システムを利用しているのか，③学習は正常か，④学習行動の構造はどうなっているのか，ということである。薬理学的操作による効果や遺伝的影響を調べる研究者は主に最初の3つの疑問に興味があるだろう。同様に，学習について学んでいる学生は4つ目の疑問に興味を抱きがちである。

●モリス水迷路課題●

動物の手続き記憶や作業記憶と同様に，場所学習能力を検討する最も有名な課題の1つがモリス水迷路課題(Morris water maze task)である(Morris et al., 1982)。この課題は，半水生のラットに対して特に有効である。この課題ではさまざまな手法が開発されたが，以下ではこの課題のすべての種類にあてはまる基本的な手続きについて言及する。まずこの課題は，逃避台が隠された丸形プールに動物を入れ，訓練，またはテストセッションを行うことから始まる。ラットにとっての課題の目標は，逃避台をみつけ，たどり着き，水から逃れることである。脱脂粉乳の粉末を入れるこ

表44-10 学習と学習行動の計測方法

古典的条件づけ	無条件刺激と条件刺激を対呈示し，条件刺激に対する無条件反応の強さを計測する。おおむねどのような刺激セット，実験環境，実験処置，行動でもこの手法を用いることができる
道具的条件づけ	動物を走行，跳躍，あるいは座らせた状態でレバー押しをさせたり，パズルになった掛け金を外させたりすることで報酬を得る
回避学習	電気ショックのような有害な刺激と連合が形成された好みの場所や物体を避けるような受動的反応を観察する。または，有害な刺激から遠のく，もしくは刺激を埋めるなどの能動的反応を観察する。
物体探索	物体を1つもしくは2つ以上用意し，見本合わせ，もしくは非見本合わせを行うことでさまざまな感覚様式の視点から物体の認識能力をとらえる。課題は形式化されており，動物の探索行動にみられる道具的反応から物体の認識を推測する
空間学習	水を用いない課題(dry maze)と，水を用いる課題の両方が用いられる。空間課題は，自身の動きとは比較的独立した**他者中心的な手がかり**と，前庭または固有受容性システム，運動入力からの再帰性感覚入力，自身の動きから生成される感覚フローなどの**自己中心的な手がかり**によって解決される。動物は，ある場所に近づくか，離れるか，2つの行動が求められる。**手がかり課題**は，検出可能な手がかりに対して反応することが求められる。**場所課題**は，多くの手がかりの関連性を利用して動くことが求められる。**見本合わせ課題**は，見本試行に基づく反応を学習することが求められる
記憶	記憶とは，試行間で反応と手がかりが不変な**手続き記憶**を含む。課題では，片方または両方の学習を検討する。記憶は，物体，情動，空間に分類されるのが一般的で，各分類はさらに感覚記憶と運動記憶に分けることができる

とで，水を白濁させている。そのため，動物は水面下1cmに沈む逃避台を視認することはできない。試行を繰り返すことによって，動物はプールを取り巻く遠位の手がかりを用い，見えない逃避台に直線的に泳ぐことを覚え，逃避台をみつける時間が短縮する。逃避台をみつけるまでの時間（避難潜時），移動距離（遊泳距離），逃避台に照準を絞る正確さを，試行を繰り返す中で測定する。

この課題は手順の単純さとは裏腹に，その遂行を決定する過程は複雑である。この課題は，ナビゲーション方略の形成，空間学習，記憶，視覚行動の遂行など，さまざまな行動過程を必要とする (Cain and Saucier, 1996; D'Hooge and De Deyn, 2001)。例えば，以下の手順で空間行動のさまざまな側面を評価する。

1. **手続き学習**：手続き学習は，動物が水から逃れるのに必要なスキルを獲得できるかどうかという評価を含む。水はぬるく，逃避台は水面下1cmの定位置に隠されている。プール外周の東西南北に位置する箇所をスタート地点として用い，ラットは逃避台をみつけるか，60秒経過するまで泳ぎ続ける。後者の場合，ラットをプールから取り出す。1日に2回の試行をトータルで5日間行う。市販のトラッキングシステムを使い，避難潜時，遊泳距離，頭部方向などを測定する。
2. **場所合わせ学習**：動物が課題の手続き学習を獲得したのち，場所合わせ課題を行ってその動物の空間学習能力をテストする。逃避台の位置を毎日新しい場所に移動する訓練を5～7日間行う。この訓練では，動物は同じ位置の逃避台に対して毎日2回の試行を行うことになる。1つは見本遊泳であり，新しい位置にある逃避台を目指して泳ぐ。もう1つは場所合わせ遊泳であり，動物が見本遊泳で新しい位置を覚えたかどうかを検討する。ラットの場合，1回の見本遊泳で新しい場所を学習し，すぐに熟達していく。一般的に，動物はwin-stay行動を示し以前の場所へ逃避台を探しに行くため，見本遊泳には時間がかかる。しかし，この見本遊泳で新しい場所を学習するため，場所合わせ遊泳にかかる時間は短くなる。
3. **手がかり学習**：もし動物が手続き学習を獲得できなければ，手がかりを用いることで逃避台を可視化する試行を行う。この手がかり課題の手続きでは，動物の視力，遊泳，逃避能力を検討する。

水温，装置の大きさ，1日の遊泳試行回数など，基本的な実験手続きにはさまざまなバリエーションがある。この課題の最大のメリットは動物を動機づけるた

めに何かを剥奪する必要がないことであり，そのため実験を円滑に進めることができる。その結果，水迷路の獲得，保持，逆転などのナビゲーション方略が多くの脳部位や神経系と関わっており，これらが水迷路での遂行から得られる特定のパラメータに影響することが多くの研究によって確認されている。空間学習は海馬CA1，CA3領域の統合と，海馬采脳弓を経由した側坐核や縫線核への海馬連絡が関係している (Whishaw, 1987)。したがって，海馬投射の障害が新しい逃避台位置や遠位の手がかりを獲得しにくくしたり，以前に学習した情報を更新できなくしたりする。水迷路課題の遂行に影響を与えるその他の脳部位としては，前頭葉皮質，線条体，小脳，さまざまな神経化学，神経修飾物質システムなどがあげられる (McNamara and Skelton, 1993; D'Hooge and De Deyn, 2001総説参照)。ただこの課題に関係する多数の部位は，結果を解釈するうえで注意が必要であるといっておこう。つまり，動物がその課題遂行に障害を受けることには多数の要因があり，実際にはそのうちの1つだけが学習もしくは記憶そのものに障害を与えている。

最後に，ヒトを対象としたバーチャル水迷路課題も発明され，動物実験で得られた基礎的な知見を再現できていることをつけ加えておこう (Hamilton et al., 2002)。このように，水迷路が動物実験に融通の利く課題であるだけでなく，その方法論はヒトの空間行動にも直接応用することができる。

●放射状迷路課題●

放射状迷路課題 (radial maze task) は，1つもしくは複数の位置にある餌の場所を学習させることでげっ歯類の空間ナビゲーション方略を解析するものである。この放射状迷路は，いくつかの走路の中心にプラットホームがある (Olton et al., 1979)。最もよくみられるのは，8角形の中央プラットホームの周囲に8本の走路を等間隔に配置したものである。各走路への進入は，試行ごとに開閉するギロチンドアで制御されている。この迷路は一般的に，壁に掲げたポスターやカウンター，食器棚など明瞭度の高い視覚的手がかりのある部屋に設置する。部屋の中での走路の位置は固定することも変化させることもあり，照明や色などを走路に施すことで手がかりをつけることもある。餌は，1つまたは複数の走路の先端部に設置された窪みの中に置く。実験を始める前には動物に給餌制限を施し，この課題で用いる餌強化子に馴化しなければならない。動物が行う課題は，数回の試行を通じて餌の位置を学習することである。餌が複数の走路にある場合，動物はそれらの餌を回収するため連続的な反応方略を学習

しなければならない。また走路への進入を制御するドアを利用し、新しい試行を始める前の一定時間ドアを閉めておくことによって、学習した方略の保持をテストすることもできる。

この課題では、手続き記憶や保持に関わる特定の側面に着目した標準的な訓練や実験手続きが多数存在する(Jarrard, 1983)。放射状迷路において最もよく用いられるテスト方略は、すべての走路に餌を置いた状態で馴化を行う手法である。試行を繰り返す中で、動物はすべての餌を集めるため走路に入るという方略を学習する。そして数日後、4つの走路にのみ餌を置く訓練段階が始まる。中央プラットフォームに置かれた動物は、ある一定時間内に4つすべての餌強化子を獲得しなければならない。繰り返し行うセッションでは常に同じ走路に餌が置かれており、各走路への進入回数が記録される。この手続きを用いることによって、餌のある各走路に一度だけ訪れるという作業記憶を調べることができる。一方で、一度も餌を置かれたことのない走路には訪れないという参照記憶も調べることができる。

この放射状迷路課題は、投薬や脳損傷によって阻害されるであろう手続き記憶形成能力を評価するために用いられてきた。モリス水迷路課題と同様、放射状迷路課題も多くの脳部位の損傷を如実に反映する。これら2つの課題の違いは、前者は以前逃避した場所に戻るというwin-stay行動を評価しているのに対し、後者は特定試行内において一度獲得した報酬が再配置されないため、新しい場所を探索するというwin-shift行動を評価しているという点である。

●バーンズ広場迷路課題●

バーンズ広場迷路課題(Barnes maze task)はモリス水迷路課題と本質的には同じ迷路課題であるが、水を用いない点で異なる。この課題では、動物は避難場所を求めてオープンエリアから逃避する。この課題は木製またはステンレス製の丸形テーブルを用いる。そしてこのテーブルの外周に沿って等間隔で8個の穴が配置されたものがオリジナルの研究で用いられた装置である(Barnes, 1979)。避難場所として、動物のホームケージと類似したケージを8個のうちの1つの穴の直下に設置する。この避難場所の位置を固定しておくことが、この課題にみられる共通の手続きである。このテーブルの中心に放たれたラットが避難場所をみつけるまでの潜時と正確さが従属変数である。避難場所として機能しうる8つの穴はテーブル上からはどれも同じにみえるため、周囲の部屋の手がかりからその位置を学習することによって、避難場所のある穴にすばやく到達することができる。

バーンズ広場迷路課題は、探索行動を評価できるように改良が加えられてきた。空腹のラットが避難場所に入れられると、ラットはすぐに餌を求めてテーブル上で探索行動を始める。テーブルの表面全体の探索が完了するまで、往路の移動時間は長くなっていく。このタイプのテストでは、探索行動の構造を検討することができる(Whishaw et al., 2001)。大きなフードペレットをテーブルのあちこちに、または決まった場所に置くと、ラットは餌を探し、回収し、そして摂食するために避難場所にもち帰る。この行動には、部屋の中に配置された遠位の手がかりの相対的な位置や、自己運動手がかりをもとに本拠地の位置を記憶することが求められる。興味深いことに、ラットはこういった手がかりだけを頼りに経路統合を行うのではなく、嗅覚情報を追跡していることがわかっている(Whishaw and Gorny, 1999)。この研究の中で、Whishaw & Gorny(1999)は、新奇なにおいをつけた糸を利用している。ラットはこのにおいの跡を追跡し、テーブル上の餌報酬の位置を示す糸を追跡するよう訓練される。また、ラットは餌や避難場所の位置を知るために、自身と同種動物のにおいを追跡することもできる。

この課題のデータを記録するため、テーブル中央部の天井にカメラを取り付け、動物の行動をビデオ撮影する。ビデオテープ解析の際には、テーブルを探索する動物の経路が追跡できる自動トラッキングシステムが便利であろう。

●高架式十字迷路課題●

新しい環境に置かれたりホームケージ内で攪乱されたりしたラットは、不安を表す情動的反応を示す。**不安**とは、脅威に関連した内部情動状態を指す。動物実験で確立された不安の計測は、恐怖や危惧といった情動状態を反映する行動の観察に基づいている。例えば、新しい環境を探索する場合、明るく照らされたオープンスペースを避ける傾向や、壁伝いに動く嗜好などが計測される。

高架式十字迷路課題(elevated plus maze task)は、ラットが新しい環境に置かれた際に壁で囲まれた場所にとどまることを好む習性を利用している。この高架式十字迷路は、床から高い位置に設置する。その中心には小さな空間があり、同じ長さの4本の走路が十字型に配置されている。これらのうち向かい合った2本の走路は壁で囲まれており、残る2本の走路は壁がなく開けている。ラットをこの課題環境に置くと、壁のない走路よりも壁のある走路でより多くの時間を探索に費やす。そのため、2種の走路それぞれにおける滞

在時間，または2種の走路それぞれに入った回数などが動物の遂行を検討する典型的な指標となる(Pellow et al., 1985)。

この高架式十字迷路課題は，投薬の効果を調べる手法としてよく用いられる。例えば，抗不安薬を用いれば壁のない走路に入る回数が増え，そこでの滞在時間が長くなることが予想される(Pellow and File, 1986)。一方，不安惹起薬を投与すれば逆の効果，つまり壁のない走路に入る回数が減り，壁に囲まれた空間に滞在する動物の嗜好を促進することになる。同様の結果が，このような情動的反応の制御をつかさどる遺伝子の欠損によっても引き起こされる。このように，高架式十字迷路は薬理学研究だけでなく，遺伝子操作マウスモデルの情動行動を調べるツールとして広く用いられている(Belzung and Griebel, 2001)。

高架式十字迷路に置かれた動物の行動は，さまざまな要因の影響を受ける。まず，その実験操作が動物を覚醒させているのか，あるいはストレス性の不安を誘発しているのかの区別がつきづらく，データの解釈が困難である。さらに，実験装置自体も動物の反応に影響を与える。例えば，装置の規模，床からの高さ，壁のない走路の形などで，壁のない走路を探索する際の恐怖が変化する。興味深いことに，壁のない走路がリム(縁端部についた低い出っ張り)によって囲まれている場合，繰り返しテスト行うことによる行動変化はリムのない壁なし走路でのそれと異なる(Fernandez and File, 1996)。しかし，一般的には，高架式十字迷路において実際に測定しているものは，オープンスペースに対する恐怖と高さに対する恐怖という2つの異なるタイプの不安であると結論づけられている。

●文脈条件づけ課題●

ラットが他の対象に比べてある対象を好むという嗜好，新しいものを探索するという傾向，また脅威や害となる対象からの回避といった特徴が**文脈的条件づけ**または**文脈条件づけ**課題(contextual or context conditioning task)の基礎をなしている(Otto and Giardino, 2001)。ここでいう**文脈**は実験に用いられる課題状況を表し，**条件づけ**は，当該状況における先行経験がラットの選択や嗜好に影響を与えるという事実を表している。実験者のもっぱらの興味はラットの選択行動であるが，多くの場合，ラットが反応する文脈手がかりを特定したり，調べたりするのは困難である。にもかかわらず，この課題におけるラットの行動は実に構造的であり，判断を左右する有力な手がかりが必ず存在する。しかし，このように構造的で有力な手がかりを実験者の「嗜好」で組み込むことは稀である。文脈条件づけ課題のメリットは，簡単に行うことができ，動物の前訓練をほとんど必要とせず，選択や嗜好のエンドポイント評定を簡単に収集できる点である。多くの課題では，ラットが新しい対象を探索する強い傾向，またいくつかの採餌場があったときには連続した試行で異なる選択を行う傾向がもとになっている。これまで設計されてきた多くの文脈条件づけ課題として，自発的交替課題，強制的交替課題，条件性場所選好課題などがよく用いられる。

自発的交替課題

自発的交替課題(spontaneous alternation test)は主にT字迷路，またはY字迷路で行われる。最初の試行で迷路のスタート走路に動物を置き，その動物がいずれかの選択走路に完全に入るまで，迷路内を自由に移動させる。そして数分から1日後，前試行と同じ出発点に動物を置き二度目の試行を行う。動物が前試行で入らなかった走路を選んだら，交替反応を行ったとして得点化を行う。原則的に，行う試行数に制限はない。迅速に検査を行いたければ，2回の試行で十分である。中には，部屋内の手がかりを可視化して，動物がその部屋の手がかりを頼りに選択を行うことを想定した課題もある。また，部屋内の手がかりが利用できないように走路を覆い，その走路についたラット自身のにおいなどを局所手がかりにすることで，または前庭，固有受容器を駆使して前回どのように動いたかという記憶を自己運動手がかりにすることで動物が選択を行うと想定した課題もある。

強制的交替課題

強制的交替課題(forced alternation test)は自発的交替課題を変化させたものであり，最初の試行において2走路のうち一方の走路を閉鎖し，他方の走路を強制的に選択させる。続いて行う2回目の試行では，両方の走路を開放する。動物が前回閉鎖していた走路を選択すれば，交替反応を行ったとして得点化を行う。

報酬つき交替課題

報酬つき交替課題(rewarded alternation task)では，給餌もしくは給水制限下の動物を用い，選択肢のうち1つを選択することで報酬が得られるようになっている。あるいは，走路に入ることによって電気ショックを受けるという負の強化子を用いることもできる。報酬を使用する利点は，多くの試行を行うことができ，実験スケジュールと選択間の遅延時間を制御しやすい

点である。報酬つき自発的交替課題では，報酬を両方の走路に配置し，連続した試行における自発的交替の回数を数える。また，報酬つき強制的交替課題では，2つの走路のうち一方を閉鎖して強制的な選択を行わせたのち(強制選択試行)，その走路を開放して動物に2つの走路を選択させる試行を行う(選択試行)。その際，強制的に選択させた走路には報酬を置かないことで交替行動の生起確率を向上させることができる。また，両方の走路に報酬を置く手法も用いられている。

条件性場所選好課題

動物は心地よい，または不快に感じた対象や行為に遭遇した場合，その場所に条件づけられることがある(Jodogne et al., 1994)。先行経験の結果，動物は強化された場所を探索したり，逆に回避したりする。条件性場所選好課題(conditioned place preference task)では2つの小部屋に分かれた実験箱を使い，それぞれの小部屋で滞在した時間を計測する。動物はその小部屋から周囲の部屋の手がかりを観察することが可能であり，また小部屋を局所手がかり(視覚手がかり，嗅覚手がかり，床敷きの素材)により区別することもある。まず動物は1つの小部屋を経験し(条件づけ試行)，その後，どちらの小部屋に入り，滞在するかという選択の機会が与えられる(場所選択試行)。従属変数は小部屋の選択回数，また選択した小部屋での滞在時間である。

条件性場所選好の条件づけでよく用いられる手法は，薬剤を用いた報酬性条件づけである。ある薬剤を投与した動物を一方の小部屋に置く，または動物が一方の小部屋にいる間に薬剤を投与する。その後の試行で，ラットに小部屋を選択させる。ラットが以前に薬剤投与を受けた小部屋を選べば，その薬剤が正の報酬価をもつと結論づけることができる。逆に，別の小部屋を選べば，薬剤が負の報酬価をもつと結論づけることができる。

ショック性回避課題

条件性場所選好課題の類いで広く用いられるのが，ショック性回避課題(shock-induced avoidance test)，別名「受動的回避」課題である。場所選好課題と同様に2つの小部屋からなる実験箱を用いるが，小部屋で使う報酬の特徴はさまざまである。例えば，実験箱の床を金属製のグリッドで構成し，動物にフットショックを与える手法がある。一方の小部屋は内装が黒く低照度であるのに対し，他方の小部屋は白色に塗られ，照明が当てられる。この実験装置で1，2回馴化を行うと，ラットはおおむね暗い小部屋にすぐ移動し，そこにとどまる。続いて行われるテストでは，動物が好まない明るい小部屋に動物を置き，動物が好む暗い小部屋に移動した際にフットショックを与える。その後，この装置から動物を取り出す。その後の回避テストでは動物が好まない小部屋に再び動物を入れ，動物が好む小部屋に移動するまでの潜時を計測する。

この反応は，古典的条件づけ実験によく用いられる。能動的回避課題では，有害な刺激，つまりフットショックを回避するため，動物が1つの小部屋から別の小部屋に行くことができるようになっている。その際，光や音のような中性刺激(条件刺激)を電気ショック(無条件刺激)の前に呈示する。まず動物は電気ショックから回避することを学習し，最終的には先行する中性刺激と有害刺激が関連づけられていることを学習する。この条件づけが確立すれば，条件刺激を呈示することで無条件刺激の到来前に回避反応が起こる。従属変数は，条件づけ試行回数と反応潜時である。

結論

本章では，特定の実験操作を施したラットの行動表現型を記述する際に用いられる一般的なテストバッテリーについて述べてきた。すべての行動について詳述することは不可能で，まだ全く検討されていない行動も多く存在する。そのため，ここでは例をあげるのみとして，関連する文献は引用しなかった。本章の冒頭で述べたように，一般的なテストバッテリーは，別の章で述べられているより詳細な解析を伴うのが通例である。重要なことは，脳機能の状態はおおむね注意深い行動解析によって推測されるということである。脳機能を理解するためには，分子生物学的，化学的，解剖学的，心理学的分析が不可欠であるものの，最終的に脳が生み出すものは行動である。脳がどのように行動を制御しているかを理解するまでは，真の意味で脳機能を理解したことにならないといえるであろう。

Gerlinde A. Metz, Bryan Kolb, Ian Q. Whishaw

文 献

序文

Barnett SA (1963) The rat: a study in behavior. Chicago and London: The university of Chicago Press.

Munn NL (1950) Handbook of psychological research on the rat: an introduction to animal psychology. Boston: The Riverside Press Cambridge.

第1章

Adkins RM, Gelke EL, Rowe D, Honeycutt RL (2001) Molecular phylogeny and divergence time estimates for major rodent groups: evidence from multiple genes. Molecular Biology and Evolution 18:777–791.

Alroy J (1999) The fossil record of North American mammals: evidence for a Paleocene evolutionary radiation. Systematic Biology 48:107–118.

Archibald JD, Averianov AO, Ekdale EG (2001) Late Cretaceous relatives of rabbits, rodents, and other extant eutherian mammals. Nature 414:62–65.

Barnett SA, Fox IA, Hocking WE (1982) Some social postures of five species of *Rattus*. Australian Journal of Zoology 30:581–601.

Baverstock PR, Adams M, Watts CHS (1986) Biochemical differentiation among karyotypic forms of Australian *Rattus*. Genetica 71:11–22.

Begg RJ and Nelson JE (1977) The agonistic behaviour of *Rattus villosissimus*. Australian Journal of Zoology 25:291–327.

Beeman C (2002) An analysis of skilled forelimb movements in the Bush Rat (*Rattus fuscipes*). Unpublished honours thesis, Monash University, Clayton.

Bronham L, Phillips MJ, Penny D (1999) Growing up with dinosaurs: molecular dates and the mammalian radiation. Trends in Ecology and Evolution 14:113–118.

Butler AB and Hodos W (1996) Comparative vertebrate neuroanatomy: evolution and adaptation. New York: Wiley-Liss.

Carleton MD (1984) Introduction to rodents. In: Order and families of recent mammals of the world (Anderson S and Jones JK Jr, eds.), pp. 255–265. New York: John Wiley & Sons.

Carleton MD and Musser GG (1984) Muroid rodents. In: Order and families of recent mammals of the world (Anderson S and Jones JK Jr, eds.), pp. 289–380. New York: John Wiley & Sons.

Chan KL (1977) Enzyme polymorphism in Malayan rats of the subgenus *Rattus*. Biochemical Systematics and Ecology 5:161–168.

Chan KL, Dhaliwal SS, Yong HS (1979) Protein variation and systematics of three subgenera of Malayan rats (Rodentia: Muridae, genus *Rattus* Fischer). Comparative Biochemistry and Physiology B 64:329–337.

Chevret P, Denys C, Jaeger J-J, Michaux J, Catzeflis FM (1993) Molecular evidence that the spiny mouse (*Acomys*) is more closely related to gerbils (Gerbillinae) than to true mice (Murinae). Proceedings of the National Academy of Sciences U.S.A. 90:3433–3436.

D'Erchia AM, Gissi C, Pesole G, Saccone C, Arnason U (1996) The guinea-pig is not a rodent. Nature 381:597–600.

Dubois J-YF, Catzeflis FM, Beintema JJ (1999) The phylogenetic position of "Acomyinae" (Rodentia, Mammalia) as sister group of Murinae + Gerbillinae clade: evidence from the nuclear ribonuclease gene. Molecular Phylogenetics and Evolution 13:181–192.

Dubois J-YF, Jekel PA, Mulder PPMFA, Bussink AP, Catzeflis FM, Carsana A, Beintema JJ (2002) Pancreatic-type ribonuclease 1 gene duplications in rat species. Journal of Molecular Evolution 55:522–533.

Eizirik E, Murphy WJ, O'Brien SJ (2001) Molecular dating and biogeography of the early placental mammal radiation. Journal of Heredity 92:212–219.

Felsenstein J (1985) Phylogenies and the comparative method. The American Naturalist 126:1–25.

Flynn LJ, Jacbos LL, Lindsay EH (1985) Problems in muroid phylogeny: relationship to other rodents and origin of major groups. In: Evolutionary relationships among rodents: a multidisciplinary analysis (Luckett WP and Hartenberger J-L, eds.), pp. 589–618. New York: Plenum Press.

Foote M, Hunter JP, Janis CM, Sepkoski JJ Jr (1999) Evo-

lutionary and preservational constraints on origins of biologic groups: divergence times of eutherian mammals. Science 283:1310–1314.
Graur D, Hide WA, Li W-H (1991) Is the guinea-pig a rodent? Nature 351:649–652.
Hand S (1984) Australia's oldest rodents: master mariners from Malaysia. In: Vertebrate zoogeography and evolution in Australasia (Archer M and Clayton G, eds.), pp. 905–912. Sydney, NSW: Hesperian Press.
Hartenberger J-L (1998) Description de la radiation des Rodentia (Mammalia) du Paléocène supérieur au Miocène; incidences phylogénétiques. Comptes Rendus de l'Academie Sciences, Paris, Sciences de la Terre et des Planètes 326:439–444.
Hartenberger J-L (1996) Les débuts de la radiation adaptative des Rodentia (Mammalia). Comptes Rendus de l'Academie Sciences, Paris, Sciences de la Terre et des Planètes 323:631–637.
Harvey PH and Pagel MD (1991) The comparative method in evolutionary biology. Oxford: Oxford University Press.
Hedges SB, Parker PH, Sibley CG, Kumar S (1996) Continental breakup and the ordinal classification of birds and mammals. Nature 381:226–229.
Huchon D, Catzeflis FM, Douzery EJP (2000) Variance of molecular datings, evolution of rodents and the phylogenetic affinities between Ctenodactylidae and Hystricognathi. Proceedings of the Royal Society of London, Series B 267:393–402.
Huchon D, Madsen O, Sibbald MJJB, Ament K, Stanhope MJ, Catzeflis F, de Jong WW, Douzery EJP (2002) Rodent phylogeny and a timescale for the evolution of Glires: evidence from an extensive taxon sampling using three nuclear genes. Molecular Biology and Evolution 19:1053–1065.
International Union for Conservation of Nature and Natural Resources (2002) 2002 IUCN red list of threatened species. Available at: http://www.iucn.org. Acessed June 5, 2003.
Iwaniuk AN, Nelson JE, Pellis SM (2001) Do big-brained animals play more? comparative analyses of play and relative brain size in mammals. Journal of Comparative Psychology 115:29–41.
Jacobs LL (1977) A new genus of murid rodent from the Miocene of Pakistan and comments on the origin of the Muridae. Paleobios 25:1–11.
Jaeger J-J, Tong H, Buffetaut E (1986) The age of *Mus-Rattus* divergence: paleontological data compared with the molecular clock. Comptes Rendus de l'Academie Science, Paris, Sciences de la Terre et des Planètes 302:917–922.
Kumar S and Hedges SB (1998) A molecular timescale for vertebrate evolution. Nature 392:917–920.
Lavocat R and Parent J-P (1985) Phylogenetic analysis of middle ear features in fossil and living rodents. In: Evolutionary relationships among rodents: a multidisciplinary analysis (Luckett WP and Hartenberger J-L, eds.), pp. 333–354. New York: Plenum Press.
Lee PC (ed.) (1999) Comparative primate socioecology. Cambridge: Cambridge University Press.
Leung LKP, Singleton GR, Sudarmaji R (1999) Ecologically-based population management for the rice-field rat in Indonesia. In: Ecologically-based management of rodent pests (Singleton GR, Hinds LA, Leirs H, Zhang Z, eds.), pp. 305–318. Canberra: Australian Centre for International Agricultural Research.
Luckett WP and Hartenberger J-L (1993) Monophyly or polyphyly of the order Rodentia: possible conflict between morphological and molecular interpretations. Journal of Mammalian Evolution 1:127–147.
Luckett WP and Hartenberger J-L (1985) Evolutionary relationships among rodents: comments and conclusions. In: Evolutionary relationships among rodents: a multidisciplinary analysis (Luckett WP and Hartenberger J-L, eds.), pp. 685–712. New York: Plenum Press.
Madsen P, Scally M, Douady CJ, Kao DJ, DeBry RW, Adkins R, Amrine H, Stanhope MJ, de Jong WW, Springer MS (2001) Parallel adaptive radiations in two major clades of placental mammals. Nature 409:610–614.
Martin Y, Gerlach G, Schlotterer C, Meyer A (2000) Molecular phylogeny of European muroid rodents based on complete cytochrome *b* sequences. Molecular Phylogenetics and Evolution 16:37–47.
Martins EP (ed.) (1996) Phylogenies and the comparative method in animal behavior. Oxford: Oxford University Press.
Mathews F (2004) *Rattus norvegicus*. Mammalian Species, in press.
Menkhorst PW (1995) Mammals of Victoria: distribution, ecology and conservation. Melbourne: Oxford University Press.
Michaux J, Reyes A, Catzeflis F (2001) Evolutionary history of the most speciose mammals: molecular phylogeny of muroid rodents. Molecular Biology and Evolution 18:2017–2031.
Murphy WJ, Eizirik E, Johnson WE, Zhang YP, Ryder OA, O'Brien SJ (2001a) Molecular phylogenetics and the origins of placental mammals. Nature 409:614–618.
Murphy WJ, Eizirik E, O'Brien SJ, Madsen O, Scally M, Douady CJ, Teeling E, Ryder OA, Stanhop MJ, de Jong WW, Springer MS (2001b) Resolution of the early placental mammal radiation using Bayesian phylogenetics. Science 294:2348–2351.
Musser GG and Carleton MD (1993) Family Muridae. In: Mammal species of the world: a taxonomic and geographic reference, 2nd edition (Wilson DE and Reader DM, eds.), pp. 501–756. Washington, DC:

Smithsonian Institution Press.

Musser GG and Holden ME (1991) Sulawesi rodents (Muridae, Murinae): morphological and geographical boundaries of species in the *Rattus hoffmanni* group and a new species from Pulau Peleng, Malay Archipelago. Bulletin of the American Museum of Natural History 206:322–413.

Novacek MJ (1992) Fossils, topologies, missing data, and the higher level phylogeny of eutherian mammals. Systematic Biology 41:58–73.

Nowak RM (1999) Walker's mammals of the world, 6th edition. Baltimore: Johns Hopkins University Press.

Pasteur N, Worms J, Tohari M, Iskandar D (1982) Genetic differentiation in Indonesian and French rats of the subgenus *Rattus*. Biochemical Systematics and Ecology 10:191–196.

Pellis SM and Iwaniuk AN (2004) Evolving a playful brain: a levels of control approach. International Journal of Comparative Psychology, in press.

Pellis SM and Iwaniuk AN (1999) The roles of phylogeny and sociality in the evolution of social play in muroid rodents. Animal Behaviour 58:361–373.

Robinson M, Catzeflis F, Briolay J, Mouchiroud D (1997) Molecular phylogeny of rodents, with special emphasis on murids: evidence from the nuclear gene LCAT. Molecular Phylogenetics and Evolution 8:423–434.

Shoshani J and McKenna MC (1998) Higher taxonomic relationships among extant mammals based on morphology, with selected comparisons of results from molecular data. Molecular Phylogenetics and Evolution 9:572–584.

Strahan R (1998) Mammals of Australia. Sydney, NSW: Reed Books/New Holland Press.

Suzkui H, Tsuchiya K, Takezaki N (2000) A molecular phylogenetic framework for the Ryukyu endemic rodents *Tokudaia osimensis* and *Diplothrix legata*. Molecular Phylogenetics and Evolution 15:15–24.

Tong H and Jaeger J-J (1993) Muroid rodents from the Middle Miocene Fort Ternan locality (Kenya) and their contribution to the phylogeny of muroids. Paleontographica Abteilung A 229:51–73.

Verneau O, Catzeflis F, Furano AV (1997) Determination of the evolutionary relationships in *Rattus* senso lato (Rodentia: Muridae) using L1 (LINE-1) amplification events. Journal of Molecular Evolution 45:424–436.

Watts CHS and Aplin HJ (1981) Rodents of Australia. Sydney, NSW: Angus & Robertson Press.

Watts CHS and Baverstock PR (1995) Evolution in the Murinae (Rodentia) assessed by microcomplement fixation of albumin. Australian Journal of Zoology 43:105–118.

第 2 章

Barnett SA (1975) The rat: a study in behavior, 2nd edition. Chicago: University of Chicago Press.

Barnett SA (2001) The story of rats. Sydney: Allen & Unwin.

Galef BG (1996) Social enhancement of food preferences. In: Social learning in animals (CM Heyes and BG Galef, eds.) pp. 49–64. San Diego: Academic Press.

Holst D v (1998) The concept of stress and its relevance for animal behavior. Advances in the Study of Behavior 27:1–131.

Singleton GR (ed.) (1999) Ecologically-based management of rodent pests. Canberra: ACIAR.

第 3 章

Atela P, Gole C, Hotton S (2002) A dynamical system for plant pattern formation: a rigorous analysis. Journal of Nonlinear Science 12:641–676.

Baldwin JE and Krebs H (1981) The evolution of metabolic cycles. Nature 291:381–382.

Barbato JC, Koch LG, Darvish A, Cicila GT, Metting PJ, Britton SL (1998) Spectrum of aerobic endurance running performance in eleven inbred strains of rats. Journal of Applied Physiology 85:530–536.

Biesiadecki BJ, Brand PH, Koch LG, Metting PJ, Britton SL (1998) Phenotypic variation in sensorimotor performance among eleven inbred rat strains. American Journal of Physiology 276:R1383–R1389.

Britton SL (2003) Is there an answer? IUBMB Life 55:429–430.

Britton SL and Koch LG (2001) Animal genetic models for complex traits of physical capacity. Exercise and Sport Sciences Reviews 29:7–14.

Crabbe JC, Wahlsten D, Dudek BD (1999) Genetics of mouse behavior: interactions with laboratory environment. Science 284:1670–1672.

Crow JF (1986) Basic concepts in population, quantitative and evolutionary genetics. New York: W.H. Freeman & Company.

Crow JF and Kimura M (1970) An introduction to population genetics theory. New York: Harper and Row.

DesMarias DJ (2000) When did photosynthesis emerge on earth? Science 289:1703–1705.

Falconer DS and Mackay TFC (1996a) Introduction to quantitative genetics, 4th edition. Essex, England: Addison Wesley Longman, Ltd.

Falconer DS and Mackay TFC (1996b) Heritability. In: Introduction to quantitative genetics, pp. 160–183. Essex, England: Addison Wesley Longman Limited.

Fisher RA (1930) The genetical theory of natural selection. Oxford, England: Clarendon Press.

Hansen C and Spuhler K (1984) Development of the National Institutes of Health genetically heterogeneous rat stock. Alcoholism, Clinical and Experimental Research 8:477–479.

Hartl DL and Clark AG (1988) Principles of population genetics, 2nd edition. Sunderland, MA: Sinauer Associates, Inc.

Hedrick PW (2000) Quantitative traits and evolution. In: Genetics of populations, pp. 445–500. Sudbury, MA: Jones and Bartlett Publishers.

Hegmann JP and Possidente B (1981) Estimating genetic correlations from inbred strains. Behavior Genetics 11:103–114.

Jacob HJ and Kwitek AE (2002) Rat genetics: attaching physiology and pharmacology to the genome. Review. Nature Review Genetics 3:33–42.

Knudsen K, Dahl LK, Thompson K, Iwai J, Leith G (1970) Effects of chronic salt ingestion: inheritance of hypertension in the rat. Journal of Experimental Medicine 132:976–1000.

Koch LG and Britton SL (2001) Artificial selection for intrinsic aerobic endurance running capacity in rats. Physiological Genomics 5:45–52.

Koch LG and Britton SL (2003) Genetic component of sensorimotor capacity in rats. Physiological Genomics 13:241–247.

Lopez-Candales A (2001) Metabolic syndrome X: a comprehensive review of the pathophysiology and recommended therapy (review). Journal of Medicine 32:283–300.

Mootha VK, Lindgren CM, Eriksson KF, Subramanian A, Sihag S, Lehar J, Puigserver P, Carlsson E, Ridderstrale M, Laurila E, Houstis N, Daly MJ, Patterson N, Mesirov JP, Golub TR, Tamayo P, Spiegelman B, Lander ES, Hirschhorn JN, Altshuler D, Groop LC (2003) PGC-1alpha-responsive genes involved in oxidative phosphorylation are coordinately downregulated in human diabetes. Nature Genetics 34:267–273.

Mott R, Talbot CJ, Turri MG, Collins AC, Flint J (2000) A method for fine mapping quantitative trait loci in outbred animal stocks. Proceedings of the National Academy of Sciences of the United States of America 97:12649–12654.

Myers J, Prakash M, Froelicher V, Do D, Partington S, Atwood JE (2002) Exercise capacity and mortality among men referred for exercise testing. New England Journal of Medicine 346:793–801.

Nicholas FW (1987) Veterinary genetics. New York: Oxford University Press.

Silver LM (1995) Mouse genetics: concepts and applications. New York: Oxford University.

Sokal RR and Rohlf FJ (1981) Biometry: the principles and practice of statistics in biological research, 2nd edition. San Francisco: W.H. Freeman and Company.

Tieu K, Ischiropoulos H, Przedborski S (2003) Nitric oxide and reactive oxygen species in Parkinson's disease. IUBMB Life 55:329–335.

Wright S (1921) Systems of mating. Genetics 6:111–178.

Yamori Y, Ooshima A, Okamoto K (1972) Genetic factors involved in spontaneous hypertension in rats: an analysis of F_2 segregation generation. Japanese Circulation Journal 36:561–568.

Young IS and Woodside JV (2001) Antioxidants in health and disease. Journal of Clinical Pathology 54:176–186.

第4章

American Psychiatric Association (1994) Diagnostic and statistical manual of mental disorders, 4th edition. Washington, DC: American Psychiatric Association.

Antelman SM and Szechtman H (1975) Tail pinch induces eating in sated rats which appears to depend on nigrostriatal dopamine. Science 189:731–733.

Bachus SE and Valenstein ES (1979) Individual behavioral responses to hypothalamic stimulation persist despite destruction of tissue surrounding the electrode tip. Physiology and Behavior 23:421–426.

Cox VC and Valenstein ES (1969) Distribution of hypothalamic sites yielding stimulus-bound behavior. Brain Behavior and Evolution 2:359–376.

Creese I and Iversen SD (1975) The pharmacological and anatomical substrates of the amphetamine response in the rat. Brain Research 83:419–436.

Dantzer R, Terlouw C, Tazi A, Koolhaas JM, Bohus B, Koob GF, Le Moal M (1988) The propensity for schedule-induced polydipsia is related to differences in conditioned avoidance behaviour and in defense reactions in a defeat test. Physiology and Behavior 43:269–273.

De Wit H, Uhlenthuth EH, Johanson CE (1986) Individual differences in the reinforcing and subjective effects of amphetamine and diazepam. Drug and Alcohol Dependence 16:314–360.

Everitt BJ, Diskinson A, Robbins TW (2001) The neuropsychological basis of addictive behavior. Brain Research Brain Research Reviews 36:129–138.

Falk JL (1961) Production of polydipsia in normal rats by an intermittent food schedule. Science 133:195–196.

Falk JL (1966) The motivational properties of schedule-induced polydipsia. Journal of the Experimental Analysis of Behavior 9:19–25.

Falk JL (1969) Conditions producing psychogenic polydipsia in animals. Annals of the New York Academy of Science 157:569–593.

Falk JL (1971) The nature and determinants of adjunctive behavior. Physiology and Behavior 6:577–588.

Fibiger, HC, Phillips AG, (1986) Reward, motivation and cognition: psychobiology of meso-telencephalic dopamine systems. In: Handbook of physiology: higher neural functions (Bloom FE and Plum F, eds.), pp. 647–675. Washington, DC: American Physiological Society.

Koob GF and Bloom FE (1988) Cellular and molecular basis of drug dependence. Science 242:715–723.

Mittleman G and Valenstein ES (1981) Strain differences in eating and drinking evoked by electrical stimulation of the hypothalamus. Physiology and Behavior 26:371–378.

Mittleman G and Valenstein ES (1984) Ingestive behavior evoked by hypothalamic stimulation and schedule-induced polydipsia are related. Science 224:415–417.

Mittleman G, Castaneda E, Robinson TE, Valenstein ES (1986) The propensity for non-regulatory ingestive behavior is related to differences in dopamine systems: behavioral and biochemical evidence. Behavioral Neuroscience 100:213–220.

Mittleman G and Valenstein ES (1985) Individual differences in non-regulatory ingestive behavior and catecholamine systems. Brain Research 348:112–117.

O'Brien CP, Ehrman, RN, Terns JN (1986) Classical conditioning in human opioid dependence. In: Behavioral analysis of drug dependence (Goldeberg SR and Stolerman IP, eds.), pp. 329–338. London: Academic Press.

Piazza PV, Mittleman G, Deminiere JM, Le Moal M, Simon H (1993) Relationship between schedule-induced polydipsia and amphetamine self-administration: individual differences and the role of experience. Behavioural Brain Research 55:185–194.

Piazza PV, Demeniere JM, Le Moal M, Simon H (1989) Factors that predict individual vulnerability to amphetamine self-administration. Science 245:1511–1513.

Robbins TW and Koob GF (1980) Selective disruption of displacement behavior by lesions of the mesolimbic dopamine system. Nature (London) 285:409–412.

Roper TJ (1981) What is meant by the term "schedule-induced" and how general is schedule induction? Animal Learning and Behavior 9:433–440.

Sabeti J, Gerhardt GA, Zahniser NR (2003) Individual differences in cocaine-induced locomotor sensitization in low and high cocaine locomotor-responding rats are associated with differential inhibition of dopamine clearance in nucleus accumbens. Journal of Pharmacology and Experimental Therapeutics 305:180–190.

Schuster CR and Thompson T (1969) Self-administration and behavioral dependence on drugs. Annual Review of Pharmacology 9:483–502.

Segal DS and Kuczenski R (1987) Individual differences in responsiveness to single and repeated amphetamine administration: behavioral characteristics and neurochemical correlates. Journal of Pharmacology and Experimental Therapeutics 242:917–926.

Substance Abuse and Mental Health Services Administration (2003) Results from the 2002 National Survey on Drug Use: National Findings. Rockville, MD: Office of Applied Studies, NHSDA Series H-22, DHHS publication No. SMA 03-3836.

Tinbergen N (1952) "Derived" activities: their causation, biological significance, origin, and emancipation during evolution. Quarterly Review of Biology 27:1–32.

Valenstein ES (1969) Behavior elicited by hypothalamic stimulation: a prepotency hypothesis. Brain Behavior and Evolution 2:295–316.

Valenstein ES (1975) Brain stimulation and behavior control. In: Nebraska Symposium on Motivation (Cole JK, Sonderegger TB, eds.), pp. 251–292. Lincoln: University of Nebraska Press.

Valenstein ES, Cox VC, Kakolewski JW (1970) A reexamination of the role of the hypothalamus in motivation. Psychological Review 77:16–31.

Wallace M and Singer G (1976) Schedule induced behavior: a review of its generality, determinants and pharmacological data. Pharmacology Biochemistry and Behavior 5:483–490.

Wallace M, Singer G, Finlay J, Gibson S (1983) The effects of 6-OHDA lesions of the nucleus accumbens septum on schedule-induced drinking, wheel running and corticosterone levels in the rat. Pharmacology Biochemistry and Behavior 18:129–136.

Weeks JR (1962) Experimental morphine addiction: method for automatic intravenous injections in unrestrained rats. Science 138:143–144.

Wetherington CL (1982) Is adjunctive behavior a third class of behavior? Neuroscience and Biobehavioral Reviews 6:329–350.

Wise RA (1971) Individual differences in the effects of hypothalamic stimulation: the role of stimulation locus. Physiology and Behavior 6:569–572.

第5章

Abadi R, Dickinson CM, Pascal E, Papas E (1990) Retinal image quality in albinos. A review. Ophthalmic Paediatrics and Genetics 11:171–176.

Abel PL and Olavarria JF (1996) The callosal pattern in striate cortex is more patchy in monocularly enucleated albino than pigmented rats. Neuroscience Letters 204:169–172.

Bowden WF, Douglas RM, Prusky GT (2002) Horizontal bias in rat visual acuity. Program No. 260.18. Abstract Viewer/Itinerary Planner. Washington, DC: Society for Neuroscience. Online.

Braddick OJ (1980) Low-level and high-level processes

in apparent motion. Philosophical Transactions of the Royal Society of London. Series B Biological Sciences 290:137–151.

Birch D and Jacobs GH (1977) Effects of constant illumination on vision in the albino rat. Physiology and Behavior 19:255–259.

Birch D and Jacobs GH (1979) Spatial contrast sensitivity in albino and pigmented rats. Vision Research 19:933–937.

Dean P (1978) Visual acuity in hooded rats: effects of superior collicular or posterior neocortical lesions. Brain Research 156:17–31.

Fagiolini M, Pizzorusso T, Berardi N, Domenici L, Maffei L (1994) Functional postnatal development of the rat primary visual cortex and the role of visual experience: dark rearing and monocular deprivation. Vision Research 34:709–720.

Fifkova E (1968) Changes in the visual cortex of rats after unilateral deprivation. Nature 220:379–381.

Girman SV, Sauve Y, Lund RD (1999) Receptive field properties of single neurons in rat. primary visual cortex. Journal of Neurophysiology 82:301–311.

Harker KT and Whishaw IQ (2002) Impaired spatial performance in rats with retrosplenial lesions: importance of the spatial problem and the rat strain in identifying lesion effects in a swimming pool. Journal of Neuroscience 22:1155–1164.

Hughes A (1977) The refractive state of the rat eye. Vision Research 17:927–939.

Jacobs GH, Fenwick JA, Williams GA (2001) Cone-based vision of rats for ultraviolet and visible lights. Journal of Experimental Biology 204(Pt 14):2439–2446.

Jeffery G (1997) The albino retina: an abnormality that provides insight into normal retinal development. Trends in Neurosciences 20:165–169.

Jeffery G (1998) The retinal pigment epithelium as a developmental regulator of the neural retina. Eye 12:499–503.

Keller J, Strasburger H, Cerutti DT, Sabel BA (2000) Assessing spatial vision-automated measurement of the contrast-sensitivity function in the hooded rat. Journal of Neuroscience Methods 97:103–110.

Lashley KS (1930) The mechanism of vision: I. A method for rapid analysis of pattern vision in the rat. Journal of General Psychology 37:453–460.

LaVail MM (1976) Survival of some photoreceptors in albino rats following long-term exposure to continuous light. Investigative Ophthalmology and Visual Science 15:64–70.

Lindner MD, Plone MA, Schallert T, Emerich DF (1997) Blind rats are not profoundly impaired in the reference memory Morris water maze and cannot be clearly discriminated from rats with cognitive deficits in the cued platform task. Cognitive Brain Research 5:329–333.

Lund RD, Lund JS, Wise RP (1974) The organization of the retinal projections to the dorsal lateral geniculate nucleus in pigmented and albino rats. Journal of Comparative Neurology 58:383–403.

Morris RG, Garrud P, Rawlins JN, O'Keefe J (1982) Place navigation impaired in rats with hippocampal lesions. Nature 297:681–683.

Murphy KM and Mitchell DE (1987) Reduced visual acuity in both eyes of monocularly deprived kittens following a short or long period of reverse occlusion. Journal of Neurosciences 7:1526–1536.

Neve AR, Prusky GT, Douglas RM (2002) Perception of motion coherence in rats. Program No. 353.17. Abstract Viewer/Itinerary Planner. Washington, DC: Society for Neuroscience, 2002. Online.

O'Steen WK, Spencer RL, Bare DJ, McEwen BS (1995) Analysis of severe photoreceptor loss and Morris water maze performance in aged rats. Behavioral Brain Research 68:151–158.

Prusky GT, West PWR, Douglas RM (2000a) Behavioral assessment of visual acuity in mice and rats. Vision Research 40:2201–2209.

Prusky GT, West PWR, Douglas RM (2000b) Experience-dependent plasticity of visual acuity in rats. European Journal of Neuroscience 12:3781–3786.

Prusky GT, West PWR, Douglas RM (2000c) Reduced visual acuity impairs place but not cued learning in the Morris water task. Behavioral Brain Research 116:135–140.

Rice DS, Goldowitz D, Williams RW, Hamre K, Johnso PT, Tan SS, Reese BE (1999) Extrinsic modulation of retinal ganglion cell projections: analysis of the albino mutation in pigmented mosaic mice. Developmental Biology 21:41–56.

Seymoure P and Juraska JM (1997) Vernier and grating acuity in adult hooded rats: the influence of sex. Behavioral Neuroscience 111:792–800.

Szel A and Rohlich P (1992) Two cone types of rat retina detected by antivisual pigment antibodies. Experimental Eye Research 55:47–52.

Whishaw IQ and Tomie JA (1989) Olfaction directs skilled forelimb reaching in the rat. Behavioral Brain Research 32:11–21.

Wiesel TN and Hubel DH (1970) The period of susceptibility to the physiological effects of unilateral eye closure in kittens. Journal of Physiology (London) 206:419–436.

第6章

Aboitiz F (2001) The origin of isocortical development. Trends in Neurosciences 24:202–203.

Baddeley A (1992) Human memory: theory and practice. Boston: Allyn and Bacon.

Bower JM and Woolston DC (1983) Congruence of spatial organization of tactile projections to granule cell and Purkinje cell layers of cerebellar hemispheres of the albino rat: vertical organization of cerebellar cortex. Journal of Neurophysiology 49:745–766.

Brecht M and Sakmann B (2002) Dynamic representation of whisker deflection by synaptic potentials in spiny stellate and pyramidal cells in the barrels and septa of layer 4 rat somatosensory cortex. Journal of Physiology 543(pt 1):49–70.

Brown LL, Feldman SM, Smith DM, Cavanaugh JR, Ackermann RF, and Graybiel AM (2002) Differential metabolic activity in the striosome and matrix compartments of the rat striatum during natural behaviors. Journal of Neuroscience 22:305–314.

Chapin JK and Lin C-S (1984) Mapping the body representation in the SI cortex of anesthetized and awake rats. Journal of Comparative Neurology 229:199–213.

D'Avella A, Saltiel P, and Bizzi E (2003) Combinations of muscle synergies in the construction of a natural motor behavior. Nature Neuroscience 6:300–308.

Graziano MS, Taylor CS, Moore T, and Cooke DF (2002) The cortical control of movement revisited. Neuron 36:349–362.

Guillery RW and Sherman SM (2002) Thalamic relay functions and their role in corticocortical communication: generalizations from the visual system. Neuron 33:163–175.

Hermer-Vazquez L, Hermer-Vazquez R, Moxon KA, Kuo K-S, Viau V, Zhan Y, and Chapin JK (2003) Distinct temporal activity patterns in the rat M1 and magnocellular red nucleus during skilled versus unskilled movement. Behavioural Brain Research, in press.

Hermer-Vazquez L, Hermer-Vazquez R, and Chapin JK (2003) Olfactomotor coupling prior to skilled, olfactory-driven reaching. PNAS, under review.

Iwaniuk AN and Whishaw IQ (2000) On the origin of skilled forelimb movements. Trends in Neuroscience 23:372–376.

Johnson BN, Mainland JD, and Sobel N (2003) Rapid olfactory processing implicates subcortical control of an olfactomotor system. Journal of Neurophysiology 90:1084–1094.

Johnson KO (2001) The roles and functions of cutaneous mechanoreceptors. Current Opinion in Neurobiology 11:455–461.

Jones EG (2001) The thalamic matrix and thalamocortical synchrony. Trends in Neuroscience 24:595–601.

Kandel ER, Schwartz JH, and Jessell TM (eds.) (2000) Principles of neural science, 4th edition. New York: McGraw-Hill, Health Professions Division.

Kleim JA, Barbay S, Cooper NR, Hogg TM, Reidel CN, Remple MS, Nudo RJ (2002) Motor learning-dependent synaptogenesis is localized to functionally reorganized motor cortex. Neurobiology of Learning and Memory 77:63–77.

Krubitzer L (1995) The organization of neocortex in mammals: are species differences really so different? Trends in Neuroscience 18:408–417.

Krupa DJ, Ghazanfar AA, Nicolelis MA (1999) Immediate thalamic sensory plasticity depends on corticothalamic feedback. Proceedings of the National Academy of Sciences 96:8200–8205.

Lee AK and Wilson MA (2002) Memory of sequential experience in the hippocampus during slow wave sleep. Neuron 36:1183–1194.

Llinás RR (2001) I of the vortex: from neurons to self. Cambridge, MA: MIT Press.

McFarland NR and Haber SN (2002) Thalamic relay nuclei of the basal ganglia form both reciprocal and nonreciprocal cortical connections, linking multiple frontal cortical areas. Journal of Neuroscience 22: 8117–8132.

Metz GA and Whishaw IQ (1996) Skilled reaching an action pattern: stability in rat (Rattus norvegicus) grasping movements as a function of changing food pellet size. Behavioural Brain Research 116:111–122.

Paxinos G (ed.) (1995) The rat nervous system. San Diego: Academic Press.

Poe GR, Nitz DA, McNaughton BL, Barnes CA (2000) Experience-dependent phase-reversal of hippocampal neuron firing during REM sleep. Brain Research 855:176–180.

Rioult-Pedotti MS, Friedman D, Donoghue JP (2000) Learning-induced LTP in neocortex. Science 290: 533–536.

Shin HC and Chapin JK (1990) Mapping the effects of motor cortex stimulation on somatosensory relay neurons in the rat thalamus: direct responses and afferent modulation. Brain Research Bulletin 24:257–265.

Strick L (2002) Stimulating research on motor cortex. Nature Neuroscience 5:714–715.

Vallbo AB and Johansson RS (1984) Properties of cutaneous mechanoreceptors in the human hand related to touch sensation. Human Neurobiology 3:3–14.

Whishaw IQ and Pellis S (1990) The structure of skilled forelimb reaching in the rat: a proximally driven movement with a single distal rotatory component. Behavioural Brain Research 41:49–59.

第 7 章

Bateson P (1991) Assessment of pain in animals. Animal Behavior 42:827–839.

Beecher HK (1957) The measurement of pain: prototype for the quantitative study of subjective responses. Pharmacological Reviews 9:59–209.

Bennet GJ (2001) Animal models of pain. In: Methods in pain research (Kruger L, ed.), pp. 67–91. Boca Raton: CRC Press.

Bennett GJ and Xie YK (1988) A peripheral mononeuropathy in rat that produces disorders of pain sen-

sation like those seen in man. Pain 33:87–107.
Berge OG (2002) Reliability and validity in animal pain modeling. In: Pain and brain (Tjølsen A and Berge OG, eds.), pp. 77–89. Bergen: University of Bergen.
Berkley KJ, Wood E, Scofield SL, Little M (1995) Behavioral responses to uterine or vaginal distension in the rat. Pain 61:121–131.
Borszcz GS (1995a) Increases in vocalisation and motor reflex thresholds are influenced by the site of morphine microinjection: comparisons following administration into the periaqueductal gray, ventral medulla, and spinal subarachnoid space. Behavioral Neuroscience 109:502–522.
Borszcz GS (1995b) Pavlovian conditional vocalizations of the rat: a model system for analyzing the fear of pain. Behavioral Neuroscience 109:648–662.
Butler SH (1989) Animal models and the assessment of chronic pain: critique of the arthritic rat model. In: Issues in pain measurement, advances in pain research and therapy, vol 12 (Chapman CR and Loeser JD, eds.), pp. 473–479. New York: Raven Press.
Carroll MN and Lim RK (1960) Observations of the neuropharmacology of morphine-like analgesia. Archives Internationales de Pharmacodynamie et de Thérapie 125:383–403.
Charpentier J (1968) Methods for evaluating analgesics in laboratory animals. In: Pain: proceedings of the International Symposium on Pain organised by the Laboratory of Psychophysiology (Soulairac A, Cahn J, Charpentier J, eds.), pp. 171–200. New York: Academic Press.
Cuomo V, Cagiano R, De Salvia MA, Mazzoccoli M, Persichella M, Renna G (1992) Ultrasonic vocalisation as an indicator of emotional state during active avoidance learning in rats. Life Sciences 50:1049–1055.
D'Amour FE and Smith DL (1941) A method for determining loss of pain sensation. Journal of Pharmacology and Experimental Therapeutics 72:74–79.
Dong WK (1989) Is autotomy a valid measure of chronic pain? In: Issues in pain measurement, advances in pain research and therapy, vol 12 (Chapman CR and Loeser JD, eds.), pp. 463–472. New York: Raven Press.
Dubuisson D and Dennis SG (1977) The formalin test: a quantitative study of the analgesic effects of morphine, meperidine and brain stem stimulation in rats and cats. Pain 4:161–174.
Espejo EF and Mir D (1993) Structure of the rat's behaviour in the hot plate test. Behavioural Brain Research 56:171–176.
Green AF, Young PA, Godfrey EI (1951) A comparison of heat and pressure analgesiometric methods in rats. British Journal of Pharmacology 6:572–585.
Hansson P (2003) Difficulties in stratifying neuropathic pain by mechanisms. European Journal of Pain 7:353–357.
Hammond DL (1989) Inference of pain and its modulation from simple behaviors. In: Issues in pain measurement, advances in pain research and therapy, vol 12 (Chapman CR and Loeser JD, eds.), pp. 69–91. New York: Raven Press.
Handwerker HO and Brune K (1987) Deutschsprachige Klassiker der Schmerzforshung [Classical German contributions to pain research]. Hassfurt: Tagblatt-Druckerei KG.
Haney M and Miczek KA (1994) Ultrasounds emitted by female rats during agonistic interactions: effects of morphine and naltrexone. Psychopharmacology (Berlin) 114:441–448.
Hardy JD, Wolff HG, Goodell H (1952) Pain sensation and reaction. Baltimore: Williams & Wilkins.
Hargreaves K, Dubner R, Brown F, Flores C, Joris J (1988) A new and sensitive method for measuring thermal nociception in cutaneous hyperalgesia. Pain 32:77–88.
Hayashi H (1980) A problem in electrical stimulation of incisor tooth pulp in rats. Exp Neurology 67:438–441.
Jiffry MT (1981) Afferent innervation of the rat incisor pulp. Experimental Neurology 73:209–218.
Jourdan D, Ardid D, Chapuy E, Eschalier A, Le Bars D (1995) Audible and ultrasonic vocalisation elicited by single electrical nociceptive stimuli to the tail in the rat. Pain 63:237–249.
Kauppila T (1998) Correlation between autotomy-behavior and current theories of neuropathic pain. Neuroscience and Biobehavioral Reviews 23:111–129.
Kim SH and Chung JM (1992) An experimental model for peripheral neuropathy produced by segmental spinal nerve ligation in the rat. Pain 50:355–363.
Kontinen VK and Meert TF (2003) Predictive validity of neuropathic pain models in pharmacological studies with a behavioral outcome in the rat: a sytematic review. In: Proceedings of the 10th World Congress on Pain, Progress in Pain Research and Management, vol 24 (Dostrovsky JO and Carr DB, eds.), pp. 489–498. Seattle: IASP Press.
Lai YY and Chan SHH (1982) Shortened pain response time following repeated algesiometric test in rats. Physiology and Behavior 28:1111–1113.
Le Bars D, Gozariu M, Cadden SW (2001) Animal models of nociception. Pharmacological Reviews 53:597–652.
Levine JD, Feldmesser M, Tecott L, Gordon NC,, Izdebski K (1984) Pain induced vocalization in the rat and its modification by pharmacological agents. Brain Research 296:121–127.
Lineberry CG (1981) Laboratory animals in pain research. In: Methods in animal experimentation, vol 6, pp. 237–311. New York: Academic Press.

McMahon SB and Abel C (1987) A model for the study of visceral pain states: chronic inflammation of the chronic decerebrate rat urinary bladder by irritant chemicals. Pain 28:109–127.

Miampamba M, Chery-Croze S, Gorry F, Berger F, Chayvialle JA (1994) Inflammation of the colonic wall induced by formalin as a model of acute visceral pain. Pain 57:327–334.

Möller KA, Johansson B, Berge OG (1998) Assessing mechanical allodynia in the rat paw with a new electronic algometer. Journal of Neuroscience Methods 84:41–47.

Myslinski N and Matthews B (1987) Intrapulpal nerve stimulation in the rat. Journal of Neuroscience Methods 22:73–78.

Ness TJ and Gebhart GF (1988) Colorectal distension as a noxious visceral stimulus. Physiologic and pharmacologic characterization of pseudoaffective reflexes in the rat. Brain Research 450:153–169.

Pandita RK, Persson K, Andersson KE (1997) Capsaicin-induced bladder overactivity and nociceptive behaviour in conscious rats: Involvement of spinal nitric oxide. Journal of the Autonomic Nervous System 67:184–191.

Rajaona J, Dallel R, Woda A (1986) Is electrical stimulation of the rat incisor an appropriate experimental nociceptive stimulation? Experimental Neurology 93:291–299.

Ramabadran K and Bansinath M (1986) A critical analysis of the experimental evaluation of nociceptive reactions in animals. Pharmaceutical Research 3:263–270.

Randall LO and Selitto JJ (1957) A method for measurement of analgesic activity on inflamed tissue. Archives Internationales de Pharmacodynamie et de Thérapie 111:409–419.

Roberts WW and Mooney RD (1974) Brain areas controlling thermoregulatory grooming, prone extension, locomotion, and tail vasodilation in rats. Journal of Comparative Physiology and Psychology 86:470–480.

Sales GD and Pye D (1974) Ultrasonic communication by animals. London: Chapman and Hall.

Sandkühler J, Treier AC, Liu XG, Ohnimus M (1996) The massive expression of c-fos protein in spinal dorsal horn neurons is not followed by long-term changes in spinal nociception. Neuroscience 73:657–666.

Schomburg ED (1997) Restrictions on the interpretation of spinal reflex modulation in pain and analgesia research. Pain Forum 6:101–109.

Seltzer Z (1995) The relevance of animal neuropathy models for chronic pain in humans. Seminars in Neurosciences 7:211–219.

Seltzer Z, Dubner R, Shir Y (1990) A novel behavioral model of neuropathic pain disorders produced in rats by partial sciatic nerve injury. Pain 43:205–218.

Sherrington CS (1906) The integrative action of the nervous system. New York: C. Scribner's Sons.

Sumino R (1971) Central pathways involved in the jaw opening reflex in the cat. In: Oral-facial sensory and motor mechanisms (Dubner R and Kawamura Y, eds.). New York: Appleton-Century-Croft.

Tjølsen A and Hole K (1997) Animal models of analgesia. In: Pharmacology of pain (Dickenson AH and Besson JM, eds.), pp. 1–20. Berlin: Springer-Verlag.

Tonoue T, Iwasawa H, Naito H (1987) Diazepam and endorphine independently inhibit ultrasonic distress calls in rats. European Journal of Pharmacology 142:133–136.

Vassel A, Pajot J, Aigouy L, Rajaona J, Woda A. (1986) Effects, in the rat, of various stressing procedures on the jaw-opening reflex induced by tooth-pulp stimulation. Archives of Oral Biology 31:159–163.

Vierck CJ and Cooper BY (1984) Guideline for assessing pain reactions and pain modulation in laboratory animal subjects. In: Advances in pain research and therapy, vol 6 (Kruger L and Liebeskind JC, eds.), pp. 305–322. New York: Raven Press.

Watkins LR (1989) Algesiometry in laboratory and man: current concepts and future directions. In: Issues in pain measurement, advances in pain research and therapy, vol 12 (Chapman CR and Loeser JD, eds.), pp. 249–265. New York: Raven Press.

Wesselmann U, Czakanski PP, Affaitati G, Giamberardino MA (1998) Uterine inflammation as a noxious visceral stimulus: behavioral characterization in the rat. Neuroscience Letters 246:73–76.

Woolfe G and MacDonald Al (1944) The evaluation of the analgesic action of pethidine hydrochloride (Demerol). Journal of Pharmacology and Experimental Therapeutics 80:300–307.

Zimmermann M (1986) Behavioural investigations of pain in animals. In: Assessing pain in farm animals (Duncan IJH and Molony Y, eds.), pp. 16–29. Brussels: Office for Official Publications of the European Communities.

第8章

Berg RW and Kleinfeld D (2003) Rhythmic whisking by rat: retraction as well as protraction of the vibrissae is under active muscular control. Journal of Neurophysiology 89:104–117.

Bermejo R and Zeigler HP (2000) "Real-time" monitoring of vibrissa contacts during rodent whisking. Somatosensory and Motor Research 17:373–377.

Bermejo R, Houben D, Zeigler HP (1998) Optoelectronic monitoring of individual whisker movements in rats. Journal of Neuroscience Methods 83:89–96.

Bermejo R, Vyas A, Zeigler HP (2002) Topography of rodent whisking—I. Two-dimensional monitoring

of whisker movements. Somatosensory and Motor Research 19:341–346.
Brecht M, Preilowski B, Merzenich MM (1997) Functional architecture of the mystacial vibrissae. Behavioral Brain Research 84:81–97.
Broughton SD (1823) On the use of whiskers in feline and other animals. London Medical and Physical Journal 49:397–398.
Carvell GE and Simons DJ (1990) Biometric analyses of vibrissal tactile discrimination in the rat. Journal of Neuroscience 10:2638–2648.
Carvell GE, Simons DJ, Lichtenstein SH, Bryant P (1991) Electromyographic activity of mystacial pad musculature during whisking behavior in the rat. Somatosensory and Motor Research 8:159–164.
Dörfl J (1982) The musculature of the mystacial vibrissae of the white mouse. Journal of Anatomy 135:147–154.
Dörfl J (1985) The innervation of the mystacial region of the white mouse. Journal of Anatomy 142:173–184.
Fanselow EE and Nicolelis MA (1999) Behavioral modulation of tactile responses in the rat somatosensory system. Journal of Neuroscience 19:7603–7616.
Fox K (2002) Anatomical pathways and molecular mechanisms for plasticity in the barrel cortex. Neuroscience 111:799–814.
Guic-Robles E, Valdivieso C, Guajardo G (1989) Rats can learn a roughness discrimination using only their vibrissal system. Behavioral Brain Research 31:285–289.
Gustafson JW and Felbain-Keramidas SL (1977) Behavioral and neural approaches to the function of the mystacial vibrissae. Psychological Bulletin 84:477–488.
Harris JA and Diamond ME (2000) Ipsilateral and contralateral transfer of tactile learning. Neuroreport 11:263–266.
Harris JA, Petersen RS, Diamond ME (1999) Distribution of tactile learning and its neural basis. Proceedings of the National Academy of Science, USA 96:7587–7591.
Hartmann MJ, Johnson NJ, Blythe Towel R, Assad C (2003) Mechanical characteristics of rat vibrissae: resonant frequencies and damping in isolated whiskers and in the awake behaving animal. Journal of Neuroscience 23:6510–6519.
Hutson KA and Masterton RB (1986) The sensory contribution of a single vibrissa's cortical barrel. Journal of Neurophysiology 56:1196–1223.
Ibrahim L and Wright EA (1975) The growth of rats and mice vibrissae under normal and some abnormal conditions. Journal of Embryology and Experimental Morphology 33:831–844.
Jenkinson EW and Glickstein M (2000) Whiskers, barrels, and cortical efferent pathways in gap crossing by rats. Journal of Neurophysiology 84:1781–1789.
Jones EG and Diamond IT (eds.) (1995) The barrel cortex of rodents. New York: Plenum Press.
Krupa DJ, Matell MS, Brisben AJ, Oliveira LM, Nicolelis MA (2001) Behavioral properties of the trigeminal somatosensory system in rats performing whisker-dependent tactile discriminations. Journal of Neuroscience 21:5752–5763.
Land PW and Akhtar ND (1999) Experience-dependent alteration of synaptic zinc in rat somatosensory barrel cortex. Somatosensory and Motor Research 16:139–150.
Lashley K (1950) Personal communication. In: Handbook of psychological research on the rat (Munn NL, ed.). New York: Houghton-Mifflin.
Neimark MA, Andermann ML, Hopfield JJ, Moore CI (2003) Vibrissa resonance as a transductino mechanism for tactile encoding. Journal of Neuroscience 23:6499–6509.
Nicolelis MA, De Oliveira LM, Lin RC, Chapin JK (1996) Active tactile exploration influences the functional maturation of the somatosensory system. Journal of Neurophysiology 75:2192–2196.
Oliver RF (1966) Histological studies of whisker regeneration in the hooded rat. Journal of Embryology and Experimental Morphology 16:231–244.
Pocock RI (1914) On the facial vibrissae in the mammalia. Proceedings of the Zoological Society of London 889–912.
Prigg T, Goldreich D, Carvell GE, Simons DJ (2002) Texture discrimination and unit recordings in the rat whisker/barrel system. Physiology and Behavior 77:671–675.
Richardson F (1909) A study of sensory control in the rat. Psychology Reviews Monograph Supplement 12:1–124.
Sachdev RN, Sato T, Ebner FF (2002) Divergent movement of adjacent whiskers. Journal of Neurophysiology 87:1440–1448.
Semba K and Komisaruk BR (1984) Neural substrates of two different rhythmical vibrissal movements in the rat. Neuroscience 12:761–774.
Semba K and Egger MD (1986) The facial "motor" nerve of the rat: control of vibrissal movement and examination of motor and sensory components. Journal of Comparative Neurology 247:144–158.
Simons DJ (1983) Multi-whisker stimulation and its effects on vibrissa units in rat SmI barrel cortex. Brain Research 276:178–182.
Simons DJ (1985) Temporal and spatial integration in the rat SI vibrissa cortex. Journal of Neurophysiology 54:615–635.
Sokolov VE and Kulikov VF (1987) The structure and function of the vibrissal apparaus in some rodents. Mammalia 51:125–138.
Vincent SB (1912) The functions of the vibrissae in the be-

havior of the white rat. Behavior Monographs 1:7–81.
Vincent SB (1913) The tactile hair of the white rat. Journal of Comparative Neurology 23:1–36.
Welker WI (1964) Analysis of sniffing of the albino rat. Behaviour 12:223–244.
Zucker E and Welker WI (1969) Coding of somatic sensory input by vibrissae neurons in the rat's trigeminal ganglion. Brain Research 12:138–156.

第9章

Abate P, Varlinskaya EI, Cheslock SJ, Spear NE, Molina JC (2002) Neonatal activation of alcohol-related prenatal memories: impact on the first suckling response. Alcohol Clinical and Experimental Research 26:1512–1522.

Alberts JR, Galef BG Jr (1971) Acute anosmia in the rat: a behavioral test of a peripherally-induced olfactory deficit. Physiology and Behavior 6:619–621.

Amiri L, Dark T, Noce KM, Kirstein CL (1998) Odor preferences in neonatal and weanling rats. Developmental Psychobiology 33:157–162.

Apfelbach R, Russ D, Slotnick B (1991) Olfactory development and sensitivity to odors in rats. Chemical Senses 16:209–218.

Beauchamp GK, Yamazaki K. (2003) Chemical signalling in mice. Biochemistry Society Tranactions 31(Pt 1): 147–151.

Bennett MH (1968) The role of the anterior commissure in olfaction. Physiology and Behavior 3:507–515.

Berger-Sweeney J, Libbey M, Arters J, Junagadhwalla M, Hohmann CF (1998) Neonatal monoaminergic depletion in mice (Mus musculus) improves performance of a novel odor discrimination task. Behavioral Neuroscience 112:1318–1326.

Bhutta AT, Rovnaghi C, Simpson PM, Gossett JM, Scalzo FM, Anand KJ (2001) Interactions of inflammatory pain and morphine in infant rats: long-term behavioral effects. Physiology and Behavior 73:51–58.

Bodyak N and Slotnick B (2000) Performance of mice in an automated olfactometer: odor detection, discrimination and odor memory. Chemical Senses 24:637–645.

Bowers JM and Alexander BK (1967) Mice: individual recognition by olfactory cues. Science 158:1208–1210.

Boyse EA, Beauchamp GK, Bard J, Yamazaki K (1991) Behavior and the major histocompatibility complex of the mouse. In: Psychoneuroimmunology (Ader R and Felten D, eds.), pp. 831–846. San Diego: Academic Press.

Brennan PA, Schellinck HM, De La Riva C, Kendrick KM, and Keverne KB (1998) Changes in neurotransmitter release in the main olfactory bulb following an olfactory conditioning procedure in mice. Neuroscience 87:583.

Brennan PA, Schellinck HM, Keverne EB (1999) Patterns of expression of the immediate-early gene egr-1 in the accessory olfactory bulb of female mice exposed to pheromonal constituents of male urine. Neuroscience 90:1463–1470.

Brown RE (1979) Mammalian social odors: a critical review. Advances in the Study of Behavior 10:10–162.

Brown RE (1988) Individual odors of rats are discriminable independently of changes in gonadal hormone levels. Physiology and Behavior 43:359–363.

Brown RE and Mcdonald DW (1985) Social odours in mammals. Oxford: Oxford University Press.

Brown RE and Willner JA (1983) Establishing an "affective scale" for odor preferences of infant rats. Behavioral and Neural Biology 38:251–256.

Buck LB (1996) Information coding in the vertebrate olfactory system. Annual Review of Neuroscience 19:517–544.

Cometto-Muniz JE, Cain WS, Abraham MH, Gola JM (2002) Psychometric functions for the olfactory and trigeminal detectability of butyl acetate and toluene. Journal of Applied Toxicology 22:25–30.

Costanzo RM (1985) Neural regeneration and functional reconnection following olfactory nerve transection in hamster. Brain Research 361:258–266.

Darling FMC and Slotnick BM (1994) Odor-cued taste avoidance: A simple and efficient method for assessing olfaction in rats. Physiology and Behavior 55:817–822.

Dhong HJ, Chung SK, Doty RL (1999) Estrogen protects against 3-methylindole-induced olfactory loss. Brain Research 824:312–315.

Dravnieks A (1972) Odor measurement. Environmental Letters 3:81–100.

Dravnieks A (1975) Instrumental aspects of olfactometry. In: Methods in olfactory research (Moulton DG, Turk A, Johnston JW, eds.). New York: Academic Press.

Dusek JA and Eichenbaum HB (1997) The hippocampus and memory for orderly stimulus relations. Proceedings of the National Academy of Science 94:7109–7114.

Fairless DS and Schellinck HM (2001) Assessing the effects of 192-saporin lesions on rat olfactory learning and long term olfactory memory using a modified odour preference task. Canadian Conference on Brain and Behavioural Science, Laval University, Quebec City.

Fleming AS, Gavarth K, Sarker J (1992) Effects of transections to the vomeronasal nerves or to the main olfactory bulbs on the initiation and long-term retention of maternal behavior in primiparous rats. Behavioural and Neural Biology 57:177–188.

Forestell CA, Schellinck HM, Drumont S, Lolordo VM (2001) Effect of food restriction on acquisition and expression of a conditioned odor discrimination in mice. Physiology and Behavior 72:559–566.

Forestell CA, Schellinck HM, Lolordo VM, Brown RE, Wilkinson M (1999) Olfactory conditioning and immediate early gene expression in mice. Chemical Senses 24:618.

Fortin NJ, Agster KL, Eichenbaum HB (2002) Critical role of the hippocampus in memory for sequences of events. Nature Neuroscience 5:458–462.

Galef BG Jr and Buckley LL (1996) Use of foraging trails by Norway rats. Animal Behaviour 51:765–771.

Genter MB, Owens DM, Carlone HB, Crofton KM (1996) Characterization of olfactory deficits in the rat following administration of 2,6-dichlorobenzonitrile (dichlobenil), 3,3′-iminodipropionitrile, or methimazole. Fundamentals of Applied Toxicology 29:71–77.

Harlow H (1949) The formation of learning sets. Psychological Review 56:51–65.

Hendricks KR, Knott JN, Lee ME, Gooden MD, Evers SM, Westrum LE (1994) Recovery of olfactory behavior. I. Recovery after a complete olfactory bulb lesion correlates with patterns of olfactory nerve penetration. Brain Research 648:121–133.

Hepper PG (1990) Feotal olfaction. In: Chemical Signals in Vertebrates (Macdonald DW, Muller-Schwarze D, Natynczuk SE, eds.), pp. 282–286. Oxford: Oxford University Press.

Hudson R (1993) Olfactory imprinting. Current Opinions in Neurobiology 3:548–552.

Hurst JL, Payne CE, Nevison CM, Marie AD, Humphries RE, Robertson DH, Cavaggioni A, Beynon RJ (2001) Individual recognition in mice mediated by major urinary proteins. Nature 414:631–634.

Johanson IB and Teicher MH (1980) Classical conditioning of an odor preference in three-day old rats. Behavioral and Neural Biology 29:132.

Johnson BA and Leon M (1996) Spatial distribution of [14C]2-deoxyglucose uptake in the glomerular layer of the rat olfactory bulb following early odor preference learning. The Journal of Comparative Neurology 376:557–566.

Kavaliers M and Ossenkopp KP (2001) Corticosterone rapidly reduces male odor preferences in female mice. Neuroreport 12:2999–3002.

Laing DL, Panhuber H, Slotnick B (1989) Odor masking in the rat. Physiology and Behavior 45:689–694.

Laska M, Distel H, Hudson R (1997) Trigeminal perception of odorant quality in congenitally anosmic subjects. Chemical Senses 22:447–456.

Leinders-Zufall T, Lane AP, Puche AC, Ma W, Novotny MV, Shipley MT, Zufall F (2000) Ultrasensitive pheromone detection by mammalian vomeronasal neurons. Nature 405:792–796.

Lu XM and Slotnick BM (1998) Olfaction in rats with extensive lesions of the olfactory bulbs: implications for odor coding. Neuroscience 84:849–866.

Lu XM, Slotnick BM, Silberberg AM (1993) Odor matching and odor memory in the rat. Physiology and Behavior 53:795–804.

Mihalick SM, Langlois JC, Krienke JD, Dube WV (2000) An olfactory discrimination procedure for mice. Journal of the Experimental Analysis of Behavior 73:305–318.

Mombaerts P, Wang F, Dulac C, Chai SK, Nemes A, Mendelsohn M, Edmondson J, Axel R (1996) Visualizing an olfactory sensory map. Cell 87:675–686.

Moulton DG (1967) Olfaction in mammals. American Zoologist 7:421–429.

Moulton DG and Marshall DA (1976) The performance of dogs in detecting alpha-ionone in the vapor phase. Journal of Comparative Physiology 110:287–306.

Nevison CM, Armstrong S, Beynon RJ, Humphries RE, Hurst JL (2003) The ownership signature in mouse scent marks is involatile. Proceedings of the Royal Society of London Series B Biological Sciences 270:1957–1963.

Nielsen GD, Bakbo JC, Holst E (1984) Sensory irritation and pulmonary irritation by airborne allyl acetate, allyl alcohol, and allyl ether compared to acrolein. Acta Pharmacologica Toxicology (Copenhagen) 54:292–298.

Nigrosh B, Slotnick BM, Nevin JA (1975) Reversal learning and olfactory stimulus control in rats. Journal of Comparative and Physiological Psychology 80:285–294.

Otto T and Eichenbaum H (1992) Complementary roles of the orbital prefrontal cortex and the perirhinal-entorhinal cortices in an odor-guided delayed-nonmatching-to-sample task. Behavioral Neuroscience 106:762–775.

Pedersen PE and Blass EM (1982) Prenatal and postnatal determinants of the first suckling episode in albino rats. Developmental Psychobiology 15:349–355.

Reid IC and Morris RGM (1992) Smells are no surer: rapid improvement in olfactory discrimination is not due to the acquisition of a learning set. Proceedings of the Royal Society of London Series B Biological Sciences 247:137–143.

Rouquier S, Blancher A, Giorgi D (2000) The olfactory receptor gene repertoire in primates and mouse: evidence for reduction of the functional fraction in primates. Proceedings of the National Academy of Sciences 97:2870–2874.

Rudy JW and Cheatle MD (1979) Ontogeny of associative learning: acquisition of odor aversions by neonatal rats. In: Ontogeny of learning and memory (Spear NE and Campbell BA, eds.). New Jersey: Hillsdale.

Rudy JW and Cheatle MD (1983) Odor-aversion learning by rats following LiCl exposure: ontogenetic influences. Developmental Psychobiology 16:13–22.

Sakellaris PC (1972) Olfactory thresholds in normal and adrenalectomized rats. Physiology and Behavior 9:495–501.

Schaefer ML, Yamazaki K, Osada K, Restrepo D, Beauchamp GK (2002) Olfactory fingerprints for major histocompatibility complex-determined body odors, II: relationship among odor maps, genetics, odor composition, and behavior. Journal of Neuroscience 22:9513–9521.

Schaper M (1993) Development of a database for sensory irritants and its use in establishing occupational exposure limits. American Industrial Hygiene Association Journal 54:488–544.

Schellinck HM and Brown RE (1999) Searching for the source of urinary odours of individuality in rodents. In: Advances in Chemical Signals in Vertebrates (Johnson RE, Muller-Schwarze D, Sorenson PW, eds). 267. New York: Kluwer Academic/Plenum Publishers.

Schellinck HM, Forestell CA, Dill P, Lolordo VM, Brown RE (2001a) The development of a simple associative olfactory test of learning and memory. In: Chemical Signals in Vertebrates 9 (Marchlewskw Koj A, Lepri JJ, Müller-Schwarze D, ed.). New York: Kluwer Academic Publishers.

Schellinck HM, Forestell C, Lolordo V (2001b) A simple and reliable test of olfactory learning and memory in mice. Chemical Senses, 26:663–672.

Schellinck HM, Rooney E, Brown RE (1995) Odors of individuality of germfree mice are not discriminated by rats in a habituation-dishabituation procedure. Physiology and Behavior 57:1005–1008.

Schellinck HM, Slotnick BM, Brown RE (1997) Odors of individuality originating from the major histocompatibility complex are masked by diet cues in the urine of rats. Animal Learning and Behavior 25:193–199.

Setzer AK and Slotnick BM (1998) Disruption of axonal transport from olfactory epithelium by 3-methylindole. Physiology and Behavior 65:479–487.

Silver WL (1992) Neural and pharmacological basis for nasal irritation. Annuals of the New York Academy of Science 641:152–163.

Silver WL, Mason JR, Adams MA, Smeraski CA (1986) Nasal trigeminal chemoreception: responses to n-aliphatic alcohols. Brain Research 376:221–229.

Singer AG, Beauchamp GK, Yamazaki K (1997) Volatile signals of the major histocompatibility complex in male mouse urine. Proceedings of the National Academy of Science 94:2210–2214.

Slotnick BM (2001) Animal cognition and the rat olfactory system. Trends in Cognitive Sciences 5:216–222.

Slotnick BM (1984) Olfactory stimulus control in the rat. Chemical Senses 9:157–165.

Slotnick BM and Bisulco S (2003) Detection and discrimination of carvone enantiomers in rats with olfactory bulb lesions. Neuroscience 121:451–457.

Slotnick BM and Bodyak N (2002) Odor discrimination and odor quality perception in rats with disruptions of connections between the olfactory epithelium and the olfactory bulb. Journal of Neuroscience 22:4205–4216.

Slotnick BM, Glover P, Bodyak N (2000a) Does intranasal application of zinc sulfate produce anosmia in the rat? Behavioral Neuroscience 114:814–829.

Slotnick BM and Gutman L (1977) Evaluation of intranasal zinc sulfate treatment on olfactory discrimination in rats. Journal of Comparative and Physiological Psychology 91:942–950.

Slotnick BM, Hanford S, Hodos W (2000b) Can rats acquire an olfactory learning set? Journal of Experimental Psychology: Animal Behavior Processes 26:399–415.

Slotnick BM and Katz H (1974) Olfactory learning-set formation in rats. Science 185:796–798.

Slotnick BM, Kufera A, Silberberg AM (1991) Olfactory learning and odor memory in the rat. Physiology and Behavior 50:555–561.

Slotnick BM and Nigrosh BJ (1974) Olfactory stimulus control evaluated in a small animal olfactometer. Perceptual and Motor Skills 39:583–597.

Slotnick BM and Ptak J (1977) Olfactory intensity difference thresholds in rats and humans. Physiology and Behavior 19:795–802.

Slotnick BM and Schellinck H (2002) Methods in olfactory research with rodents. In: Frontiers and methods in chemosenses (Simon SA and Nicolelis M, eds.), pp. 21–61. New York: CRC Press.

Slotnick BM and Schoonover FW (1984) Olfactory thresholds in normal and unilaterally bulbectomized rats. Chemical Senses 9:325–340.

Slotnick BM and Schoonover FW (1992) Olfactory pathways and the sense of smell. Neuroscience and Biobehavioral Reviews 16:453–472.

Slotnick BM and Schoonover FW (1993) Olfactory sensitivity of rats with transection of the lateral olfactory tract. Brain Research 616:132–137.

Slotnick BM, Westbrook F, Darling FMC (1997) What the rat's nose tells the rat's mouth: long delay aversion conditioning with aqueous odors and potentiation of taste by odors. Animal Learning and Behavior 25:357–369.

Smith FJ, Charnock DJ, Westbrook RF (1983) Odor-aversion learning in neonate rat pups: the role of duration of exposure to an odor. Behavioral and Neural Biology 37:284–301.

Smotherman WP (1982) Odor aversion learning by the rat fetus. Physiology and Behavior 29:769–771.

Southall PF and Long CJ (1969) Odor cues in a maze discrimination. Psychonomic Science 16:126–127.

Staubli U, Fraser D, Kessler M, Lynch G (1986) Studies on retrograde and anterograde amnesia of olfactory memory after denervation of the hippocampus by entorhinal cortex lesions. Behavioral and Neural Biology 46:432–444.

Steigerwald ES and Miller MW (1997) Performance by adult rats in sensory-mediated radial arm maze tasks is not impaired and may be transiently enhanced by chronic exposure to ethanol. Alcohol Clinical and Experimental Research 21:1553–1559.

Stevens DA (1975) Laboratory methods for obtaining olfactory discrimination in rodents. In: Methods in olfactory research (Moulton DG, Turk A, Johnston AW Jr, eds.). New York: Academic Press.

Sullivan RM, McGaugh JL, Leon M (1991) Norepinephrine-induced plasticity and one-trial olfactory learning in neonatal rats. Developmental Brain Research 60:219–228.

Sullivan R and Wilson DA (1991) Neural correlates of conditioned odor avoidance in infant rats. Behavioral Neuroscience 105:307–312.

Sullivan RM, Wilson DA, Lemon C, Gerhardt GA (1994) Bilateral 6-OHDA lesions of the locus coeruleus impair associative olfactory learning in newborn rats. Brain Research 643:306–309.

Sundberg H, Doving K, Novikov S, Ursin H (1982) A method for studying responses and habituation to odors in rats. Behavioural and Neural Biology 34:113–119.

Tucker D (1963) Physical variables in the olfactory stimulation process. Journal of General Physiology 46:453–489.

Van Elzakker M, O'Reilly RC, Rudy JW (2003) Transitivity, flexibility, conjunctive representations and the hippocampus. I. An empirical analysis. Hippocampus 13:292.

Wallace DG, Gorny B, Whishaw IQ (2002) Rats can track odors, other rats, and themselves: implications for the study of spatial behavior. Behavioural Brain Research 131:185–192.

Williams J and Slotnick BM (1970) A multiple-choice airstream design for olfactory discrimination training of small animals. Behavioral Research Methods and Instrumentation 2:195–197.

Wilson DA and Sullivan RM (1994) Neurobiology of associative learning in the neonate: early olfactory learning. Behavioral and Neural Biology 61:1.

Wysocki CJ, Kruczek M, Wysocki LM, Lepri JJ (1991) Activation of reproduction in nulliparous and primiparous voles is blocked by vomeronasal organ removal. Biology of Reproduction 45:611–616.

Xu F, Greer CA, Shepherd GM (2000) Odor maps in the olfactory bulb. Journal of Comparative Neurology 422:489–495.

Xu W and Slotnick BM (1999) Olfaction and peripheral olfactory connections in methimazole-treated rats. Behavioural Brain Research 102:41–50.

Yamazaki K, Yamaguchi M, Baranoski L, Bard J, Boyse EA, Thomas L (1979) Recognition among mice: evidence from the use of a Y-maze differentially scented by congenic mice of different histocompatibility types. The Journal of Experimental Medicine 150:755–760.

Yee KK and Costanzo RM (1995) Restoration of olfactory mediated behavior after olfactory bulb deafferentation. Physiology and Behavior 58:959–968.

Youngentob SL, Markert LM, Hill TW, Matyas EP, Mozell MM (1991) Odorant identification in rats: an update. Physiology and Behavior 49:1293–1296.

Youngentob SL, Markert LM, Mozell MM, Hornung DE (1990) A method for establishing a five odorant identification confusion matrix task in rats. Physiology and Behavior 47:1053–1059.

Youngentob SL, Schwob JE, Sheehe PR, Youngentob LM (1997) Odorant threshold following methyl bromide-induced lesions of the olfactory epithelium. Physiology and Behavior 62:1241–1252.

Zagreda L, Goodman J, Druin DP, McDonald D, Diamond A (1999) Cognitive deficits in a genetic mouse model of the most common biochemical cause of human mental retardation. Journal of Neuroscience 19:6175–6182.

Zufall F and Munger SD (2001) From odor and pheromone transduction to the organization of the sense of smell. Trends in Neuroscience 24:191–193.

第 10 章

Berkley MA, Stebbins WC (1990) Comparative perception: basic mechanisms. New York: John Wiley & Sons.

Berridge KC (1996) Food reward: brain substrates of wanting and liking. Neuroscience and Biobehavioral Reviews 20:1–25.

Blough D and Blough P (1977) Animal psychophysics. In: Handbook of operant behavior (Honig WK and Straddon JER, eds.), pp. 514–539. Englewood Cliffs, NJ: Prentice-Hall, Inc.

Breslin PA, Spector AC, Grill HJ (1992) A quantitative comparison of taste reactivity behaviors to sucrose before and after lithium chloride pairings: a unidimensional account of palatability. Behavioral Neuroscience 106:820–836.

Brosvic GM and Slotnick BM (1986) Absolute and intensity-difference taste thresholds in the rat: evaluation of an automated multi-channel gustometer. Physiology and Behavior 38:711–717.

Chen Z and Travers JB (2003) Inactivation of amino acid receptors in medullary reticular formation modulates and suppresses ingestion and rejection responses in the awake rat. American Journal of Physiology: Regulatory, Integrative and Comparative Physiology 285:R68–R83.

Davis JD (1973) The effectiveness of some sugars in stimulating licking behavior in the rat. Physiology and Behavior 11:39–45.

Davis JD and Levine MW (1977) A model for the control of ingestion. Psychological Review 84:379–412.

Eylam S and Spector AC (2002) The effect of amiloride on operantly conditioned performance in an NaCl taste detection task and NaCl preference in C57BL/6J mice. Behavioral Neuroscience 116:149–159.

Flynn FW and Grill HJ (1988) Intraoral intake and taste reactivity responses elicited by sucrose and sodium chloride in chronic decerebrate rats. Behavioral Neuroscience 102:934–941.

Formaker BK, MacKinnon BI, Hettinger TP, Frank ME (1997) Opponent effects of quinine and sucrose on single fiber taste responses of the chorda tympani nerve. Brain Research 772:239–242.

Frank ME, Formaker BK, Hettinger TP (2003) Taste responses to mixtures: analytic processing of quality. Behavioral Neuroscience 117:228–235.

Fregly MJ and Rowland NE (1992) Comparison of preference thresholds for NaCl solution in rats of the Sprague-Dawley and Long-Evans strains. Physiology and Behavior 51:915–918.

Geary N and Smith GP (1985) Pimozide decreases the positive reinforcing effect of sham fed sucrose in the rat. Pharmacology, Biochemistry and Behavior 22:787–790.

Geran LC, Garcea M, Spector AC (2002) Transecting the gustatory branches of the facial nerve impairs NH_4Cl vs. KCl discrimination in rats. American Journal of Physiology: Regulatory, Integrative and Comparative Physiology 283:R739–R747.

Geran LC and Spector AC (2000) Sodium taste detectability in rats is independent of anion size: the psychophysical characteristics of the transcellular sodium taste transduction pathway. Behavioral Neuroscience 114:1229–1238.

Gilbertson TA, Roper SD, Kinnamon SC (1993) Proton currents through amiloride-sensitive Na+ channels in isolated hamster taste cells: enhancement by vasopressin and cAMP. Neuron 10:931–942.

Giza BK and Scott TR (1987) Intravenous insulin infusions in rats decrease gustatory-evoked responses to sugars. American Journal of Physiology: Regulatory, Integrative and Comparative Physiology 252:R994–R1002.

Giza BK, Scott TR, Antonucci RF (1990) Effect of cholecystokinin on taste responsiveness in rats. American Journal of Physiology: Regulatory, Integrative and Comparative Physiology 258:R1371–R1379.

Glendinning JI, Gresack J, Spector AC (2002) A high-throughput screening procedure for identifying mice with aberrant taste and oromotor function. Chemical Senses 27:461–474.

Grill HJ and Berridge KC (1985) Taste reactivity as a measure of the neural control of palatability. In: Progress in psychobiology and physiological psychology, vol. 11 (Epstein, AN and Sprague J, eds.), pp. 1–61. New York: Academic Press.

Grill HJ and Norgren R (1978a) The taste reactivity test. I. Mimetic responses to gustatory stimuli in neurologically normal rats. Brain Research 143:263–279.

Grill HJ and Norgren R (1978b) The taste reactivity test. II. Mimetic responses to gustatory stimuli in chronic thalamic and chronic decerebrate rats. Brain Research 143:281–297.

Grill HJ, Spector AC, Schwartz GJ, Kaplan JM, Flynn FW (1987) Evaluating taste effects on ingestive behavior. In: Techniques in the behavioral and neural sciences, vol 1: feeding and drinking (Toates F and Rowland N, eds.), pp. 151–188. Amsterdam: Elsevier.

Hall WG (1979) The ontogeny of feeding in rats: I. ingestive and behavioral responses to oral infusions. Journal of Comparative and Physiological Psychology 93:977–1000.

Herness MS (1992) Aldosterone increases the amiloride-sensitivity of the rat gustatory neural response to NaCl. Comparative Biochemistry and Physiology [A] 103:269–273.

Kaplan JM and Grill HJ (1989) Swallowing during ongoing fluid ingestion in the rat. Brain Research 499:63–80.

Kopka SL and Spector AC (2001) Functional recovery of taste sensitivity to sodium chloride depends on regeneration of the chorda tympani nerve after transection in the rat. Behavioral Neuroscience 115:1073–1085.

Laing DG, Link C, Jinks AL, Hutchinson I (2002) The limited capacity of humans to identify the components of taste mixtures and taste-odour mixtures. Perception 31:617–635.

Lawless HT (1979) Evidence for neural inhibition in bittersweet taste mixtures. Journal of Comparative and Physiological Psychology 93:538–547.

Li XD, Staszewski L, Xu H, Durick K, Zoller M, Adler E (2002) Human receptors for sweet and umami taste. Proceedings of the National Academy of Sciences of the United States of America 99:4692–4696.

Lin WH, Finger TE, Rossier BC, Kinnamon SC (1999) Epithelial Na+ channel subunits in rat taste cells: localization and regulation by aldosterone. Journal of Comparative Neurology 405:406–420.

Markison S, Gietzen DW, Spector AC (2000) Essential amino acid deficiency enhances long-term intake but not short-term licking of the required nutrient. Journal of Nutrition 129:1604–1612.

Mook DG (1963) Oral and postingestional determinants of the intake of various solutions in rats with

esophageal fistulas. Journal of Comparative and Physiological Psychology 56:645–659.
Nachman M (1962) Taste preferences for sodium salts in adrenalectomized rats. Journal of Comparative and Physiological Psychology 55:1124–1129.
Nachman M (1963) Learned aversion to the taste of lithium chloride and generalization to other salts. Journal of Comparative and Physiological Psychology 56:343–349.
Nakamura K and Norgren R (1995) Sodium-deficient diet reduces gustatory activity in the nucleus of the solitary tract of behaving rats. American Journal of Physiology: Regulatory, Integrative and Comparative Physiology 269:R647–R661.
Norgren R (1995) Gustatory system. In: The rat nervous system (Paxinos G, ed.), pp. 751–771. Sydney: Academic Press.
Nowlis GH, Frank ME, Pfaffmann C (1980) Specificity of acquired aversions to taste qualities in hamsters and rat. Journal of Comparative and Physiological Psychology 94:932–942.
O'Keefe GB, Schumm J, Smith JC (1994) Loss of sensitivity to low concentrations of NaCl following bilateral chorda tympani nerve sections in rats. Chemical Senses 19:169–184.
Parker LA (1995) Rewarding drugs produce taste avoidance, but not taste aversion. Neuroscience and Biobehavioral Reviews 19:143–151.
Pfaffmann C, Young PT, Dethier VG, Richter CP, Stellar E (1954) The preparation of solutions for research in chemoreception and food acceptance. Journal of Comparative and Physiological Psychology 47:93–96.
Pritchard TC (1991) The primate gustatory system. In: Smell and taste in health and disease (Getchell TV, Doty RL, Bartoshuk LM, and Snow JB Jr., eds.), pp. 109–125. New York: Raven Press.
Rabe EF and Corbit JD (1973) Postingestional control of sodium chloride solution drinking in the rat. Journal of Comparative and Physiological Psychology 84:268–274.
Reilly S, Norgren R, Pritchard TC (1994) A new gustometer for testing taste discrimination in the monkey. Physiology and Behavior 55:401–406.
Rhinehart-Doty JA, Schumm J, Smith JC, Smith GP (1994) A non-taste cue of sucrose in short-term taste tests in rats. Chemical Senses 19:425–431.
Riley AL and Tuck DL (1985) Conditioned food aversions: a bibliography. Annals of the New York Academy of Sciences 443:381–437.
Rowland NE, Robertson K, Green DJ (2003) Effect of repeated administration of dexfenfluramine on feeding and brain Fos in mice. Physiology and Behavior 78:295–301.
Schifferstein HNJ (2003) Human perception of taste mixtures. In: Handbook of olfaction and gustation (Doty RL, ed.), pp. 805–822. New York: Marcel Dekker.
Smith DV and Theodore RM (1984) Conditioned taste aversions: generalization to taste mixtures. Physiology and Behavior 32:983–989.
Smith JC, Davis JD, O'Keefe GB (1992) Lack of an order effect in brief contact taste tests with closely spaced test trials. Physiology and Behavior 52:1107–1111.
Spector AC (2000) Linking gustatory neurobiology to behavior in vertebrates. Neuroscience and Biobehavioral Reviews 24:391–416.
Spector AC (2003) Psychophysical evaluation of taste function in non-human mammals. In: Handbook of olfaction and gustation (Doty RL, ed.), pp. 861–879. New York: Marcel Dekker.
Spector AC, Andrews-Labenski J, Letterio FC (1990) A new gustometer for psychophysical taste testing in the rat. Physiology and Behavior 47:795–803.
Spector AC, Breslin P, Grill HJ (1988) Taste reactivity as a dependent measure of the rapid formation of conditioned taste aversion: a tool for the neural analysis of taste-visceral associations. Behavioral Neuroscience 102:942–952.
Spector AC and Grill HJ (1988) Differences in the taste quality of maltose and sucrose in rats: issues involving the generalization of conditioned taste aversions. Chemical Senses 13:95–113.
Spector AC, Guagliardo NA, St. John SJ (1996) Amiloride disrupts NaCl versus KCl discrimination performance: implications for salt taste coding in rats. Journal of Neuroscience 16:8115–8122.
Spector AC and Kopka SL (2002) Rats fail to discriminate quinine from denatonium: implications for the neural coding of bitter-tasting compounds. Journal of Neuroscience 22:1937–1941.
St. John SJ, Markison S, Guagliardo N, Hackenberg TD, Spector AC (1997) Chorda tympani transection and selective desalivation differentially disrupt two-lever salt discrimination performance in rats. Behavioral Neuroscience 111:450–459.
St. John SJ and Spector AC (1998) Behavioral discrimination between quinine and KCl is dependent on input from the seventh cranial nerve: implications for the functional roles of the gustatory nerves in rats. Journal of Neuroscience 18:4353–4362.
Tamura R and Norgren R (1997) Repeated sodium depletion affects gustatory neural responses in the nucleus of the solitary tract of rats. American Journal of Physiology: Regulatory, Integrative and Comparative Physiology 273:R1381–R1391.
Tapper DN and Halpern BP (1968) Taste stimuli: a behavioral categorization. Science 161:708–710.
Thaw AK and Smith JC (1992) Conditioned suppression as a method of detecting taste thresholds in the rat. Chemical Senses 17:211–223.
Tordoff MG and Bachmanov AA (2003) Mouse taste preference tests: why only two bottles? Chemical

Senses 28:315–324.

Travers SP and Smith DV (1984) Responsiveness of neurons in the hamster parabrachial nuclei to taste mixtures. Journal of General Physiology 84:221–250.

Vogt MB and Smith DV (1993) Responses of single hamster parabrachial neurons to binary taste mixtures: mutual suppression between sucrose and QHCl. Journal of Neurophysiology 69:658–668.

Yamamoto T, Matsuo R, Kiyomitsu Y, Kitamura R (1988) Taste effects of "umami" substances in hamsters as studied by electrophysiological and conditioned taste aversion techniques. Brain Research 451:147–162.

Young PT and Trafton CL (1964) Activity contour maps as related to preference in four gustatory stimulus areas of the rat. Journal of Comparative and Physiological Psychology 58:68–75.

第11章

Berridge KC (1990) Comparative fine structure of action: rules of form and sequence in the grooming patterns of six rodent species. Behaviour 113:21–56.

Chen Y-C, Pellis SM, Sirkin DW, Potegal M, Teitelbaum P (1986) Bandage backfall: labyrinthine and non-labyrinthine components. Physiology and Behavior 37:805–814.

Cordover AJ, Pellis SM, Teitelbaum P (1993) Haloperidol exaggerates proprioceptive-tactile support reflexes and diminishes vestibular dominance over them. Behavioural Brain Research 56:197–201.

Cremieux J, Veraart C, Wanet MC (1984) Development of the air righting reflex in cats visually deprived since birth. Experimental Brain Research 54:564–566.

Crozier WJ and Pincus G (1926) The geotropic conduct of young rats. Journal of Genetic Physiology 10:257–269.

De Ryck M and Teitelbaum P (1983) Morphine versus haloperidol catalepsy in the rat: an electromyographic analysis of postural support mechanisms. Experimental Neurology 79:54–76.

De Ryck M, Schallert T, Teitelbaum P (1980) Morphine versus haloperidol catalepsy in the rat: a behavioral analysis of postural mechanisms. Brain Research 201:143–172.

Eilam D and Smotherman WP (1998) How the neonatal rat gets to the nipple: common motor modules and their involvement in the expression of early motor behavior. Developmental Psychobiology 32:57–66.

Field EF, Whishaw IQ, Pellis SM (2000) Sex differences in catalepsy: evidence for hormone-dependent postural mechanisms in haloperidol-treated rats. Behavioural Brain Research 109:207–212.

Gambaryan PP (1974) How animals run. New York: Wiley.

Magnus R (1924) Körperstellung. Berlin: Springer.

Magnus R (1926) On the co-operation and interference of reflexes from other sense organs with those of the labyrinths. Laryngoscope 36:701–712.

Martin JP (1967) The basal ganglia and posture. London: Pitman Medical Publishing.

Martens DJ, Whishaw IQ, Miklyaeva EI, Pellis SM (1996) Spatio-temporal impairments in limb and body movements during righting in an hemiparkinsonian rat analogue: relevance to axial apraxia humans. Brain Research 733:253–262.

Miklyaeva EI, Martens DJ, Whishaw IQ (1995) Impairments and compensatory adjustments in spontaneous movement after unilateral dopamine-depletion in rats. Brain Research 681:23–40.

Monnier M (1970) Functions of the nervous system: volume II, motor and sensorimotor functions. Amsterdam: Elsevier.

Morrissey TK, Pellis SM, Pellis VC, Teitelbaum P (1989) Seemingly paradoxical jumping in cataleptic haloperidol-treated rats is triggered by postural instability. Behavioural Brain Research 35:195–207.

Pellis SM (1996) Righting and the modular organization of motor programs. In: Measuring movement and locomotion: from invertebrates to humans (Ossenkopp K-P, Kavaliers M, Sanberg P, eds.), pp. 116–133. Austin, TX: R.G. Landes Company.

Pellis SM (1997) Targets and tactics: the analysis of moment-to-moment decision making in animal combat. Aggressive Behavior 23:107–129.

Pellis SM and Pellis VC (1987) Play-fighting differs from serious fighting in both targets of attack and tactics of fighting in the laboratory rat *Rattus norvegicus*. Aggressive Behavior 13:227–242.

Pellis SM and Pellis VC (1994) The development of righting when falling from a bipedal standing posture: evidence for the disassociation of dynamic and static righting reflexes in rats. Physiology and Behavior 56:659–663.

Pellis SM and Pellis VC (1997) The prejuvenile onset of play fighting in laboratory rats (*Rattus norvegicus*). Developmental Psychobiology 31:193–205.

Pellis SM, Chen Y-C, Teitelbaum P (1985) Fractionation of the cataleptic bracing response in rats. Physiology and Behavior 34:815–823.

Pellis SM, Pellis VC, Teitelbaum P (1987) 'Axial apraxia' in labyrinthectomized lateral hypothalamic-damaged rats. Neuroscience Letters 82:217–220.

Pellis SM, Pellis VC, Teitelbaum P (1991a) Air righting without the cervical righting reflex in adult rats. Behavioural Brain Research 45:185–188.

Pellis SM, Pellis VC, Teitelbaum P (1991b) Labyrinthine and other supraspinal inhibitory controls over head-and-body ventroflexion. Behavioural Brain Research 46:99–102.

Pellis SM, Pellis VC, Whishaw IQ (1996) Visual modulation of air righting involves calculation of time-to-impact, but does not require the detection of the looming stimulus of the approaching ground. Behavioural Brain Research 74:207–211.

Pellis SM, Whishaw IQ, Pellis VC (1991c) Visual modulation of the vestibularly-triggered air-righting in rats involves the superior colliculus. Behavioural Brain Research 46:151–156.

Pellis SM, de la Cruz F, Pellis VC, Teitelbaum P (1986) Morphine subtracts subcomponents of haloperidol-isolated postural support reflexes to reveal gradients of their recovery. Behavioural Neuroscience 100:631–646.

Pellis SM, Pellis VC, Morrissey TK, Teitelbaum P (1989a) Visual modulation of vestibularly triggered air-righting in the rat. Behavioural Brain Research 35:23–26.

Pellis SM, Pellis VC, O'Brien DP, de la Cruz F, Teitelbaum P (1987) Pharmacological subtraction of the sensory controls over grasping in rats. Physiology and Behavior 39:127–133.

Pellis SM, Pellis VC, Chen Y-C, Barzci S, Teitelbaum P (1989b) Recovery from axial apraxia in the lateral hypothalamic labyrinthectomized rat reveals three elements of contact righting: cephalocaudal dominance, axial rotation, and distal limb action. Behavioural Brain Research 35:241–251.

Pellis VC, Pellis SM, Teitelbaum P (1991) A descriptive analysis of the postnatal development of contact-righting in rats (*Rattus norvegicus*). Developmental Psychobiology 24:237–263.

Schallert T, De Ryck M, Whishaw IQ, Ramirez VD, Teitelbaum P (1979) Excessive bracing reactions and their control by atropine and L-DOPA in an animal analog of Parkinsonism. Experimental Neurology 64:33–43.

Schonfelder J (1984) The development of air-righting reflex in postnatal growing rabbits. Behavioural Brain Research 11:213–221.

Teitelbaum P, Szechtman H, Sirkin DW, Golani I (1982) Dimensions of movement, movement subsystems and local reflexes in the dopaminergic systems underlying exploratory locomotion. In: Behavioral models and the analysis of drug action (Spiegelstein MY and Levy A, ed.), pp. 357–385. Amsterdam: Elsevier.

Teitelbaum P and Pellis SM (1992) Towards a synthetic physiological psychology. Psychological Science 3:4–20.

Troiani D, Petrosini L, Passani F (1981) Trigeminal contribution to the head righting reflex. Physiology and Behavior 27:157–160.

Wallace DG, Hines DJ, Pellis SM, Whishaw IQ (2002) Vestibular information is required for dead reckoning in the rat. Journal of Neuroscience 22:10009–10017.

Warkentin J and Carmichael L (1939) A study of the development of the air-righting reflex in cats and rabbits. Journal of Genetic Psychology 55:67–80.

Whishaw IQ, Gorny B, Tran-Nguyen LTL, Castaneda E, Miklyaeva EI, Pellis SM (1994) Making two movements at once: impairments of movement, posture, and their integration underlie the adult skilled reaching deficit of neonatally dopamine-depleted rats. Behavioral Brain Research 61:65–77.

第 12 章

Barth TM, Jones TA, Schallert T (1990) Functional subdivisions of the rat somatic sensorimotor cortex. Behavioural Brain Research 39:73–95.

Felt BT, Schallert T, Shao J, Liu Y, Li X, Barks JD (2002) Early appearance of functional deficits after neonatal excitotoxic and hypoxic-ischemic injury: Fragile recovery after development and role of the NMDA receptor. Developmental Neuroscience 24:418–425.

Fleming SM, Delville Y, Schallert T (2003) An intermittent, controlled-rate, slow progressive degeneration model of Parkinson's disease suitable for evaluating neuroprotective therapies: Effects of methylphenidate. Behavioural Brain Research, in press.

Fleming SM, Woodlee MT, Schallert T (2002) Chronic hindlimb and forelimb deficits differ between rat models of Parkinson's disease and stroke: A motion picture poster. 2002 Abstract viewer, program No. 885.4. Orlando, FL: Society for Neuroscience Conference.

Gharbawie OA, Whishaw PA, Whishaw IQ (2003) The topography of three-dimensional exploration: A new quantification of vertical and horizontal exploration, postural support, and exploratory bouts in the cylinder test. Behavioural Brain Research, in press.

Greenough WT, Fass B, DeVoogd T (1976) The influence of experience on recovery following brain damage in rodents: Hypotheses based on developmental research. In: Environments as therapy for brain dysfunction (Walsh RN and Greenough WT, eds.), pp. 10–50. New York: Plenum Press.

Jones TA, Bury SD, Adkins-Muir DL, Luke LM, Allred RP, Sakata JT (2003) Importance of behavioral manipulations and measures in rat models of brain damage and brain repair. ILAR Journal 44:144–152.

Kolb B and Tomie JA (1988) Recovery from early cortical damage in rats. IV: Effects of hemidecortication at 1, 5, or 10 days of age on cerebral anatomy and behavior. Behavioural Brain Research 28:259–274.

Lindner MD, Gribkoff VK, Donlan NA, Jones TA (2003) Long-lasting functional disabilities in middle-aged rats with small cerebral infarcts. Journal of Neuroscience 23:10913–10922.

Marshall JF (1982) Sensorimotor disturbances in the aging rodent. Journal of Gerontology 37:548–554.

Schallert T, De Ryck, M, Whishaw IQ, Ramirez VD, Teitelbaum P (1979) Excessive bracing reactions and their control by atropine and L-dopa in an animal analog of parkinsonism. Experimental Neurology 64:33–43.

Schallert T, Fleming SM, Leasure JL, Tillerson JL, Bland ST (2000) CNS plasticity and assessment of forelimb sensorimotor outcome in unilateral rat models of stroke, cortical ablation, parkinsonism, and spinal cord injury. Neuropharmacology 39:777–787.

Schallert T, Norton D, Jones TA (1992) A clinically relevant unilateral rat model of parkinsonian akinesia. Journal of Neural Transplantation and Plasticity (currently Neural Plasticity) 3, 332–333.

Schallert T and Tillerson JL (2000) Intervention strategies for degeneration of dopamine neurons in parkinsonism: Optimizing behavioral assessment of outcome. In: CNS diseases: Innovate models of CNS diseases from molecule to therapy (Emerich DF, Dean RLI, Sanberg PR, eds.), pp. 131–151. Totowa, NJ: Humana Press.

Schallert T, Upchurch M, Lobaugh N, Farrar SB, Spirduso WW, Gilliam P, Vaughn D, Wilcox RE (1982) Tactile extinction: Distinguishing between sensorimotor and motor asymmetries in rats with unilateral nigrostriatal damage. Pharmacology, Biochemistry, and Behavior 16:455–462.

Schallert T, Upchurch M, Wilcox RE, Vaughn DM (1983) Posture-independent sensorimotor analysis of inter-hemispheric receptor asymmetries in neostriatum. Pharmacology, Biochemistry, and Behavior 18:753–759.

Schallert T and Whishaw IQ (1984) Bilateral cutaneous stimulation of the somatosensory system in hemidecorticate rats. Behavioral Neuroscience 98:518–540.

Schallert T and Woodlee MT (2003) Brain-dependent movements and cerebral-spinal connections: Key targets of cellular and behavioral enrichment in CNS injury models. Journal of Rehabilitation Research and Development 40(1S):9–18.

Schallert T, Woodlee MT, Fleming SM (2002) Disentangling multiple types of recovery from brain injury. In: Pharmacology of cerebral ischemia (Krieglstein J and Klumpp S, eds.), pp. 201–216. Stuttgart: Medpharm Scientific Publishers.

Schallert T, Woodlee MT, Fleming SM (2003) Experimental focal ischemic injury: Behavior-brain interactions and issues of animal handling and housing. ILAR Journal 44:130–143.

Stoltz S, Humm JL, Schallert T (1999) Cortical injury impairs contralateral forelimb immobility during swimming: A simple test for loss of inhibitory motor control. Behavioural Brain Research 106:127–132.

Tillerson JL, Cohen AD, Caudle WM, Zigmond MJ, Schallert T, Miller GW (2002) Forced nonuse in unilateral parkinsonian rats exacerbates injury. Journal of Neuroscience 22:6790–6799.

Tillerson JL, Cohen AD, Philhower J, Miller GW, Zigmond MJ, Schallert T (2001) Forced limb-use effects on the behavioral and neurochemical effects of 6-hydroxydopamine. Journal of Neuroscience 21:4427–4435.

Whishaw IQ, Schallert T, Kolb B (1981) An analysis of feeding and sensorimotor abilities of rats after decortication. Journal of Comparative and Physiological Psychology (currently Behavioral Neuroscience) 95:85–103.

Wolgin DL and Kehoe P (1983) Cortical KCl reinstates forelimb placing following damage to the internal capsule. Physiology and Behavior 31:197–202.

Woodlee MT, Choi SH, Zhao X, Aronowski J, Grotta JC, Chang J, Hong JJ, Lin T, Redwine GG, Schallert T (2003) Distinctive behavioral profiles and stages of recovery in animal models of stroke and Parkinson's disease. 2003 Abstract viewer, program No. 947.5. New Orleans, LA: Society for Neuroscience Conference.

第13章

Aldridge JW and Berridge KC (1998) Coding of serial order by neostriatal neurons: A "natural action" approach to movement sequence. Journal of Neuroscience 18:2777–2787.

Aldridge JW, Berridge KC, Herman M, Zimmer L (1993) Neuronal coding of serial order: Syntax of grooming in the neostriatum. Psychological Science 4:391–395.

Alheid GF and Heimer L (1988) New perspectives in basal forebrain organization of special relevance for neuropsychiatric disorders: The striatopallidal, amygdaloid, and corticopetal components of substantia innominata. Neuroscience 27:1–40.

Beiser DG and Houk JC (1998) Model of cortical-basal ganglionic processing: Encoding the serial order of sensory events. Journal of Neurophysiology 79:3168–3188.

Berns GS and Sejnowski TJ (1998) A computational model of how the basal ganglia produce sequences. Journal of Cognitive Neuroscience 10:108–121.

Berridge KC (1989a) Progressive degradation of serial grooming chains by descending decerebration. Behavioural Brain Research 33:241–253.

Berridge KC (1989b) Substantia nigra 6-OHDA lesions mimic striatopallidal disruption of syntactic grooming chains—A neural systems analysis of sequence control. Psychobiology 17:377–385.

Berridge KC (1990) Comparative fine structure of action:

Rules of form and sequence in the grooming patterns of six rodent species. Behaviour 113:21–56.

Berridge KC and Aldridge JW (2000a) Super-stereotypy. I: Enhancement of a complex movement sequence by systemic dopamine D1 agonists. Synapse 37:194–204.

Berridge KC and Aldridge JW (2000b) Super-stereotypy. II: Enhancement of a complex movement sequence by intraventricular dopamine D1 agonists. Synapse 37:205–215.

Berridge KC and Fentress JC (1987a) Deafferentation does not disrupt natural rules of action syntax. Behavioural Brain Research 23:69–76.

Berridge KC and Fentress JC (1987b) Disruption of natural grooming chains after striatopallidal lesions. Psychobiology 15:336–342.

Berridge KC, Fentress JC, Parr H (1987) Natural syntax rules control action sequence of rats. Behavioural Brain Research 23:59–68.

Berridge KC and Whishaw IQ (1992) Cortex, striatum, and cerebellum: control of serial order in a grooming sequence. Experimental Brain Research 90:275–290.

Bolles RC (1960) Grooming behavior in the rat. Journal of Comparative and Physiological Psychology 53:306–310.

Colonnese MT, Stallman EL, Berridge KC (1996) Ontogeny of action syntax in altricial and precocial rodents: Grooming sequences by rat and guinea pig pups. Behaviour 113:1165–1195.

Cromwell HC and Berridge KC (1996) Implementation of action sequences by a neostriatal site: A lesion mapping study of grooming syntax. Journal of Neuroscience 16:3444–3458.

Deniau JM, Menetrey A, Charpier S (1996) The lamellar organization of the rat substantia nigra pars reticulata: Segregated patterns of striatal afferents and relationship to the topography of corticostriatal projections. Neuroscience 73:761–781.

Dunn AJ (1988) Studies on the neurochemical mechanisms and significance of ACTH-induced grooming. Annals of the New York Academy of Sciences 525:150–168.

Dunn AJ and Berridge CW (1990) Physiological and behavioral responses to corticotropin-releasing factor administration: Is CRF a mediator of anxiety or stress responses? Brain Research—Brain Research Reviews 15:71–100.

Kermadi I and Joseph JP (1995) Activity in the caudate nucleus of monkey during spatial sequencing. Journal of Neurophysiology 74:911–933.

Lashley KS (1951) The problem of serial order in behavior. In: Cerebral mechanisms in behavior (Jeffress LA, ed.), pp. 112–146. New York: Wiley.

Lieberman P (2000) Human Language and Our Reptilian Brain: The Subcortical Bases of Speech, Syntax, and Thought. Harvard University Press, Cambridge.

Matsumoto N, Hanakawa T, Maki S, Graybiel AM, Kimura M (1999) Nigrostriatal dopamine system in learning to perform sequential motor tasks in a predictive manner. Journal of Neurophysiology 82:978–998.

Meyer-Luehmann M, Thompson JF, Berridge KC, Aldridge JW (2002) Substantia nigra pars reticulata neurons code initiation of a serial pattern: Implications for natural action sequences and sequential disorders. European Journal of Neuroscience 16:1599–1608.

Molloy AG and Waddington JL (1987) Assessment of grooming and other behavioural responses to the D-1 dopamine receptor agonist SK & F 38393 and its R- and S-enantiomers in the intact adult rat. Psychopharmacology (Berl) 92:164–168.

Mushiake H and Strick PL (1995) Pallidal neuron activity during sequential arm movements. Journal of Neurophysiology 74:2754–2758.

Nauta WJH and Domesick VB (1984) Afferent and efferent relationships of the basal ganglia. In: Functions of the basal ganglia. Ciba Foundation Symposium 107, pp. 3–29. London: Pitman.

Rapoport JL (1989) The boy who couldn't stop washing. New York: Penquin Books.

Richmond G and Sachs BD (1978) Grooming in Norway rats: The development and adult expression of a complex motor pattern. Behaviour 75:82–96.

Spruijt BM, Cools AR, Ellenbroek BA, Gispen WH (1986) Dopaminergic modulation of ACTH-induced grooming. European Journal of Pharmacology 120:249–256.

Spruijt BM, VanHooff JARA, Gispen WH (1992) Ethology and neurobiology of grooming behavior. Physiological Reviews 72:825–852.

Starr BS and Starr MS (1986) Differential effects of dopamine D1 and D2 agonists and antagonists on velocity of movement, rearing and grooming in the mouse. Implications for the roles of D1 and D2 receptors. Neuropharmacology 25:455–463.

第14章

Adams OR (1987) Natural and artificial gaits. In: Adam's lameness in horses (Stashak TS, ed.), pp. 834–839. Philadelphia: Lea & Febiger.

Atsuta Y, Garcia-Rill E, Skinner RD (1990) Characteristics of electrically induced locomotion in rat in vitro brain stem-spinal cord preparation. Journal of Neurophysiology 64:727–735.

Atsuta Y, Garcia-Rill E, Skinner RD (1991) Control of locomotion in vitro: I. Deafferentation. Somatosensory Motor Research 8:45–53.

Ballion B, Morin D, Viala D (2001) Forelimb locomotor generators and quadrupedal locomotion in the neonatal rat. European Journal of Neuroscience 14:1727–1738.

Basmajian JV and De Luca CJ (1985) EMG signal amplitude and force. In: Muscles alive: Their functions revealed by electromyography, pp. 187–200. Baltimore: Williams and Wilkins.

Basso DM, Beattie MS, Bresnahan JC (1995) A sensitive and reliable locomotor rating scale for open field testing in rats. Journal of Neurotrauma 12:1–21.

Belanger M, Drew T, Rossignol S (1988) Spinal locomotion: A comparison of the kinematics and the electromyographic activity in the same animal before and after spinalization. Acta Biologica Hungarica 39:151–154.

Biewener AA (1983) Locomotory stresses in the limb bones of two small mammals: The ground squirrel and chipmunk. Journal of Experimental Biology 103:131–154.

Biewener AA (1989) Scaling body support in mammals: Limb posture and muscle mechanics. Science 245: 45–48.

Biewener AA (1990) Biomechanics of mammalian terrestrial locomotion. Science 250:1097–1103.

Biewener AA and Blickhan R (1988) Kangaroo rat locomotion: Design for elastic energy storage or acceleration? Journal of Experimental Biology 140:243–255.

Biewener AA, Blickhan R, Perry AK, Heglund NC, Taylor CR (1988) Muscle forces during locomotion in kangaroo rats: Force platform and tendon buckle measurements compared. Journal of Experimental Biology 137:191–205.

Biewener AA and Taylor CR (1986) Bone strain: A determinant of gait and speed? Journal of Experimental Biology 123:383–400.

Cavagna GA, Heglund NC, Taylor CR (1977) Mechanical work in terrestrial locomotion: Two basic mechanisms for minimizing energy expenditure. American Journal of Physiology 233:R243–R261.

Cazalets JR, Borde M, Clarac F (1995) Localization and organization of the central pattern generator for hindlimb locomotion in newborn rat. Journal of Neuroscience 15:4943–4951.

Cheng H, Almstrom S, Gimenez LL, Chang R, Ove OS, Hoffer B, Olson L (1997) Gait analysis of adult paraplegic rats after spinal cord repair. Experimental Neurology 148:544–557.

Cohen AH and Gans C (1975) Muscle activity in rat locomotion: Movement analysis and electromyography of the flexors and extensors of the elbow. Journal of Morphology 146:177–196.

Cowley KC and Schmidt BJ (1997) Regional distribution of the locomotor pattern-generating network in the neonatal rat spinal cord. Journal of Neurophysiology 77:247–259.

de Leon R, Hodgson JA, Roy RR, Edgerton VR (1994) Extensor- and flexor-like modulation within motor pools of the rat hindlimb during treadmill locomotion and swimming. Brain Research 654:241–250.

Drew T and Rossignol S (1985) Forelimb responses to cutaneous nerve stimulation during locomotion in intact cats. Brain Research 329:323–328.

Drew T and Rossignol S (1987) A kinematic and electromyographic study of cutaneous reflexes evoked from the forelimb of unrestrained walking cats. Journal of Neurophysiology 57:1160–1184.

Duysens J and Pearson KG (1976) The role of cutaneous afferents from the distal hindlimb in the regulation of the step cycle of thalamic cats. Experimental Brain Research 24:245–255.

Fehlings MG and Tator CH (1995) The relationships among the severity of spinal cord injury, residual neurological function, axon counts, and counts of retrogradely labeled neurons after experimental spinal cord injury. Experimental Neurology 132: 220–228.

Fischer MS, Schilling N, Schmidt M, Haarhaus D, Witte H (2002) Basic limb kinematics of small therian mammals. Journal of Experimental Biology 205: 1315–1338.

Forssberg H (1979) Stumbling corrective reaction: A phase-dependent compensatory reaction during locomotion. Journal of Neurophysiology 42:936–953.

Gillis GB and Biewener AA (2001) Hindlimb muscle function in relation to speed and gait: In vivo patterns of strain and activation in a hip and knee extensor of the rat (Rattus norvegicus). Journal of Experimental Biology 204:2717–2731.

Gillis GB and Biewener AA (2002) Effects of surface grade on proximal hindlimb muscle strain and activation during rat locomotion. Journal of Applied Physiology 93:1731–1743.

Goldberger ME, Bregman BS, Vierck-CJ J, Brown M (1990) Criteria for assessing recovery of function after spinal cord injury: Behavioral methods. Experimental Neurology 107:113–117.

Gorassini M, Bennett DJ, Kiehn O, Eken T, Hultborn H (1999) Activation patterns of hindlimb motor units in the awake rat and their relation to motoneuron intrinsic properties. Journal of Neurophysiology 82:709–717.

Gorassini M, Eken T, Bennett DJ, Kiehn O, Hultborn H (2000) Activity of hindlimb motor units during locomotion in the conscious rat. Journal of Neurophysiology 83:2002–2011.

Gramsbergen A, IJkema-Paassen J, Meek MF (2000) Sciatic nerve transection in the adult rat: Abnormal EMG patterns during locomotion by aberrant innervation of hindleg muscles. Experimental Neurology 161:183–193.

Grillner S (1975) Locomotion in vertebrates: Central mechanisms and reflex interaction. Physiology Review 55:247–304.

Grillner S (1981) Control of locomotion in bipeds, tetrapods and fish. In: Handbook of physiology, section I: The nervous system (Brooks VB, ed.), pp. 1179–1236. Bethesda: American Physiological Society.

Grillner S and Wallen P (1985) Central pattern generators for locomotion, with special reference to vertebrates. Annual Review of Neuroscience 8:233–261.

Grillner S and Zangger P (1979) On the central generation of locomotion in the low spinal cat. Experimental Brain Research 34:241–261.

Guertin P, Angel MJ, Perreault MC, McCrea DA (1995) Ankle extensor group I afferents excite extensors throughout the hindlimb during fictive locomotion in the cat. Journal of Physiology 487(Pt 1):197–209.

Heglund NC, Cavagna GA, Taylor CR (1982) Energetics and mechanics of terrestrial locomotion. III. Energy changes of the centre of mass as a function of speed and body size in birds and mammals. Journal of Experimental Biology 97:41–56.

Hiebert GW and Pearson KG (1999) Contribution of sensory feedback to the generation of extensor activity during walking in the decerebrate cat. Journal of Neurophysiology 81:758–770.

Jordan LM (1998) Initiation of locomotion in mammals. Annals of the New York Academy of Science 860:83–93.

Kaegi S, Schwab ME, Dietz V, Fouad K (2002) Electromyographic activity associated with spontaneous functional recovery after spinal cord injury in rats. European Journal of Neuroscience 16:249–258.

Kiehn O and Kjaerulff O (1998) Distribution of central pattern generators for rhythmic motor outputs in the spinal cord of limbed vertebrates. Annals of the New York Academy of Science 860:110–129.

Kunkel BE and Bregman BS (1990) Spinal cord transplants enhance the recovery of locomotor function after spinal cord injury at birth. Experimental Brain Research 81:25–34.

Kunkel BE, Dai HN, Bregman BS (1993) Methods to assess the development and recovery of locomotor function after spinal cord injury in rats. Experimental Neurology 119:153–164.

Loeb GE and Gans C (1986) Electromyography for experimentalists. Chicago: University of Chicago Press.

Loy DN, Magnuson DS, Zhang YP, Onifer SM, Mills MD, Cao QL, Darnall JB, Fajardo LC, Burke DA, Whittemore SR (2002) Functional redundancy of ventral spinal locomotor pathways. Journal of Neuroscience 22:315–323.

Metz GA, Dietz V, Schwab ME, van de Meent MH (1998) The effects of unilateral pyramidal tract section on hindlimb motor performance in the rat. Behavioural Brain Research 96:37–46.

Metz GA, Merkler D, Dietz V, Schwab ME, Fouad K (2000) Efficient testing of motor function in spinal cord injured rats. Brain Research 883:165–177.

Metz GA and Whishaw IQ (2002) Cortical and subcortical lesions impair skilled walking in the ladder rung walking test: A new task to evaluate fore- and hindlimb stepping, placing, and co-ordination. Journal of Neuroscience Methods 115:169–179.

Muir GD and Webb AA (2000) Mini-review: Assessment of behavioural recovery following spinal cord injury in rats. European Journal of Neuroscience 12:3079–3086.

Muir GD and Whishaw IQ (1999a) Complete locomotor recovery following corticospinal tract lesions: Measurement of ground reaction forces during overground locomotion in rats. Behavioural Brain Research 103:45–53.

Muir GD and Whishaw IQ (1999b) Ground reaction forces in locomoting hemi-parkinsonian rats: A definitive test for impairments and compensations. Experimental Brain Research 126:307–314.

Muir GD and Whishaw IQ (2000) Red nucleus lesions impair overground locomotion in rats: A kinetic analysis European Journal of Neuroscience 12:1113–1122.

Pearson KG and Collins DF (1993) Reversal of the influence of group Ib afferents from plantaris on activity in medial gastrocnemius muscle during locomotor activity. Journal of Neurophysiology 70:1009–1017.

Pearson KG, Misiaszek JE, Fouad K (1998) Enhancement and resetting of locomotor activity by muscle afferents. Annals of the New York Academy of Science 860:203–215.

Ramon-Cueto A, Cordero MI, Santos-Benito FF, Avila J (2000) Functional recovery of paraplegic rats and motor axon regeneration in their spinal cords by olfactory ensheathing glia. Neuron 25:425–435.

Roy RR, Hutchison DL, Peirotti DJ, Hodgson JA, Edgerton VR (1991) EMG patterns of rat ankle extensors and flexors during treadmill locomotion and swimming. Journal of Applied Physiology 70:2522–2529.

Schucht P, Raineteau O, Schwab ME, Fouad K (2002) Anatomical correlates of locomotor recovery following dorsal and ventral lesions of the rat spinal cord. Experimental Neurology 176:143–153.

Schumann NP, Biedermann FH, Kleine BU, Stegeman DF, Roeleveld K, Hackert R, Scholle HC (2002) Multi-channel EMG of the M. triceps brachii in rats during treadmill locomotion. Clinical Neurophysiology 113:1142–1151.

Thallmair M, Metz GA, Z'Graggen WJ, Raineteau O, Kartje GL, Schwab ME (1998) Neurite growth inhibitors restrict plasticity and functional recovery following corticospinal tract lesions. Nature and Neuroscience 1:124–131.

van den Bogert AJ, van Weeren PR, Schamhardt HC (1990) Correction for skin displacement errors in movement analysis of the horse. Journal of Biomechanics 23:97–101.

Webb AA and Muir GD (2002) Compensatory locomotor adjustments of rats with cervical or thoracic spinal cord hemisections. Journal of Neurotrauma 19:239–256.

Webb AA, Gowribai K, Muir GD (2003a) Fischer (F-344) rats have different morphology, sensorimotor and locomotor abilities compared to Lewis, Long-Evans, Sprague-Dawley and Wistar rats. Behavioural Brain Research 144:143–156.

Webb AA and Muir GD (2003b) Unilateral dorsal column and rubrospinal tract injuries affect overground locomotion in the unrestrained rat. European Journal of Neuroscience 18:412–422.

Whishaw IQ and Metz GA (2002) Absence of impairments or recovery mediated by the uncrossed pyramidal tract in the rat versus enduring deficits produced by the crossed pyramidal tract. Behavioural Brain Research 134:323–336.

第15章

Ballermann M, Metz GA, McKenna JE, Klassen F, Whishaw IQ (2001) The pasta matrix reaching task: A simple test for measuring skilled reaching distance, direction, and dexterity in rats. Journal of Neuroscience Methods 30:39–45.

Eshkol N and Wachmann A (1958) Movement notation. London: Weidenfeld and Nicholson.

Green EC (1963) Anatomy of the rat. New York: Hafner Publishing.

Hyland BJ and Reynolds JN (1993) Pattern of activity in muscles of shoulder and elbow during forelimb reaching in the rat. Human Movement Science 12:51–70.

Ivanco TL, Pellis SM, Whishaw IQ (1996) Skilled forelimb movements in prey catching and in reaching by rats (Rattus norvegicus) and opossums (Monodelphis domestica): Relations to anatomical differences in motor systems. Behavioural Brain Research 79:163–181.

Kleim JA, Barbay S, Cooper NR, Hogg TM, Reidel CN, Remple MS, Nudo RJ (2002) Motor learning-dependent synaptogenesis is localized to functionally reorganized motor cortex. Neurobiology of Learning and Memory 77:63–77.

McKenna JE and Whishaw IQ (1999) Complete compensation in skilled reaching success with associated impairments in limb synergies, after dorsal column lesion in the rat. Journal of Neuroscience 19:1885–1894.

McKenna JE, Prusky GT, Whishaw IQ (2000). Cervical motoneuron topography reflects the proximodistal organization of muscles and movements of the rat forelimb: A retrograde carbocyanine dye analysis. Journal of Comparative Neurology 419:286–296.

Metz GA, Dietz V, Schwab ME, van de Meent H (1998). The effects of unilateral pyramidal tract section on hind limb motor performance in the rat. Behavioural Brain Research 96:37–46.

Metz GA and Whishaw IQ (2000) Skilled reaching an action pattern: Stability in rat (Rattus norvegicus) grasping movements as a function of changing food pellet size. Behavioural Brain Research 116:111–122.

Miklyaeva EI, Woodward NC, Nikiforov EG, Tompkins GJ, Klassen F, Ioffe ME, Whishaw IQ (1997) The ground reaction forces of postural adjustments during skilled reaching in unilateral dopamine-depleted hemiparkinson rats. Behavioural Brain Research 88:143–152.

Muir GD and Whishaw IQ (1999) Complete locomotor recovery following corticospinal tract lesions: Measurement of ground reaction forces during overground locomotion in rats. Behavioural Brain Research 103:45–53.

Nikkhah G, Rosenthal C, Hedrich HJ, Samii M (1988) Differences in acquisition and full performance in skilled forelimb use as measured by the 'staircase test' in five rat strains. Behavioural Brain Research 92:85–95.

Peterson GM (1932–1937 Mechanisms of handedness in the rat. Comparative Psychological Monographs 9:21–43.

Pisa M and Cyr J (1990) Regionally selective roles of the rat's striatum in modality-specific discrimination learning and forelimb reaching. Behavioural Brain Research 37:281–292.

Remple MS, Bruneau RM, VandenBerg PM, Goertzen C, Kleim JA (2001) Sensitivity of cortical movement representations to motor experience: Evidence that skill learning but not strength training induces cortical reorganization. Behavioural Brain Research 123:133–141.

VandenBerg PM, Hogg TM, Kleim JA, Whishaw IQ (2002) Long-Evans rats have a larger cortical topographic representation of movement than Fischer-344 rats: A microstimulation study of motor cortex in naive and skilled reaching-trained rats. Brain Research Bulletin 59:197–203.

Whishaw IQ (1992) Lateralization and reaching skill related: Results and implications from a large sample of Long-Evans rats. Behavioural Brain Research 52:45–48.

Whishaw IQ (2000) Loss of the innate cortical engram for action patterns used in skilled reaching and the development of behavioural compensation following motor cortex lesions in the rat. Neuropharmacology 39:788–805.

Whishaw IQ (2003) Did a change in sensory control skilled movements stimulate the evolution of the primate frontal cortex. Behavioural Brain Research 146:31–41.

Whishaw IQ and Coles BL (1996) Varieties of paw and digit movement during spontaneous food handling in rats: Postures, bimanual coordination, preferences, and the effect of forelimb cortex lesions. Behavioural Brain Research 77:135–148.

Whishaw IQ, Dringenberg HC, Pellis SM (1992) Spontaneous forelimb grasping in free feeding by rats: Motor cortex aids limb and digit positioning. Behavioural Brain Research 48:113–125.

Whishaw IQ and Gorny B (1994) Arpeggio and fractionated digit movements used in prehension by rats. Behavioural Brain Research 60:15–24.

Whishaw IQ and Gorny B (1996) Does the red nucleus provide the tonic support against which fractionated movements occur? A study on forepaw movements used in skilled reaching by the rat. Behavioural Brain Research 74:79–90.

Whishaw IQ, Gorny B, Sarna J (1998) Paw and limb use in skilled and spontaneous reaching after pyramidal tract, red nucleus and combined lesions in the rat: Behavioral and anatomical dissociations. Behavioural Brain Research 93:167–183.

Whishaw IQ, Gorny B, Foroud A, Jeffrey A. Kleim JA (2003) Long-Evans and Sprague-Dawley rats have similar skilled reaching success and topographic limb representations in motor cortex but use different movements as assessed by EWMN and Laban movement analysis. Behavioural Brain Research 145:221–232.

Whishaw IQ and Metz GA (2002) Absence of impairments or recovery mediated by the uncrossed pyramidal tract in the rat versus enduring deficits produced by the crossed pyramidal tract. Behavioural Brain Research 134:323–336.

Whishaw IQ and Miklyaeva EI (1996) A rat's reach should exceed its grasp: Analysis of independent limb and digit use in the laboratory rat. In: Measuring movement and locomotion: From invertebrates to humans (Ossenkopp K-P, Kavaliers M, Sandberg RP, eds.), pp. 130–146. New York: RG Landes Co.

Whishaw IQ, O'Connor RB, Dunnett SB (1986). The contributions of motor cortex, nigrostriatal dopamine and caudate-putamen to skilled forelimb use in the rat. Brain 109:805–843.

Whishaw IQ and Pellis SM (1990) The structure of skilled forelimb reaching in the rat: Proximally driven movement with a single distal rotatory component. Behavioral Brain Research 41:49–59.

Whishaw IQ, Pellis SM, Gorny B, Kolb B, Tetzlaff W (1993) Proximal and distal impairments in rat forelimb use in reaching follow unilateral pyramidal tract lesions. Behavioural Brain Research 56:59–67.

Whishaw IQ, Pellis SM, Gorny BP, Pellis VC (1991) The impairments in reaching and the movements of compensation in rats with motor cortex lesions: An endpoint, videorecording, and movement notation analysis. Behavioural Brain Research 42:77–91.

Whishaw IQ, Pellis SM, Pellis VC (1992) A behavioral study of the contributions of cells and fibers of passage in the red nucleus of the rat to postural righting, skilled movements, and learning. Behavioural Brain Research 52:29–44.

Wise SP and Donoghue JP (1986) Motor cortex of rodents. In: Jones EJ, Peters A, eds. Sensory-motor areas and aspects of cortical connectivity: Cerebral Cortex, Vol 5. New York: Plenum, pp 243–265.

第16章

Adani N, Kirtati N, Golani I (1991) The description of rat drug-induced behavior—kinematics versus response categories. Neuroscience and Biobehavioral Reviews 15:455–460.

Benjamini Y, Kafkafi N, Sakov A, Elmer G, Golani I (submitted) Genotype-environment interactions in mouse behavior: A way out of the problem.

Chevalier G and Deniau JM (1990) Disinhibition as a basic process in the expression of striatal functions. Trends in Neuroscience 13:277–280.

Cleveland WS (1977) Robust locally weighted regression and smoothing scatterplots. Journal of American Statistical Association 74:829–836.

Cools AR, Ellenbroek BA, Gingras MA, Engbersen A, Heeren D (1997) Differences in vulnerability and susceptibility to dexamphetamine in Nijmegen high and low responders to novelty: A dose-effect analysis of spatio-temporal programming of behavior. Psychopharmacology 132:181–187.

Drai D, Benjamini Y, Golani I (2000) Statistical discrimination of natural modes of motion in rat exploratory behavior. Journal of Neuroscience Methods 96:119–131.

Drai D and Golani I (2001) SEE: A tool for the visualization and analysis of rodent exploratory behavior. Neuroscience and Biobehavioral Reviews 25:409–426.

Eilam D and Golani I (1989) Home base behavior of rats (Rattus norvegicus) exploring a novel environment. Behavioural Brain Research 34:199–211.

Eilam D and Golani I (1988) The ontogeny of exploratory-behavior in the house rat (Rattus rattus) the mobility gradient. Developmental Psychobiology 21:679–710.

Eilam D and Golani I (1990) Home base behavior in amphetamine-treated tame wild rats (Rattus norvegicus). Behavioural Brain Research 36:161–170.

Eilam D and Golani I (1994) Amphetamine-induced stereotypy in rats: its morphogenesis in locale space from normal exploration. In: Ethology and psychopharmacology. (Cooper SJ and Hendrie CA, eds.). New York: John Wiley & Sons.

Eilam D, Golani I, Szechtman H (1989) D-2-agonist quinpirole induces perseveration of routes and hyperactivity but no perseveration of movements. Brain Research 490:255–267.

Eilam D (2003) Open-field behavior withstands changes in arena size. Behavioural Brain Research 142:53–62.

Eilam D, Dank M, Maurer R (2003) Voles scale locomotion to the size of the open-field by adjusting the distance between stops: A possible link to path integration. Behavioural Brain Research 141:73–81.

Eilam D and Szechtman H (1997) A plausible rat model of obsessive-compulsive disorder: Compulsive checking behavior is induced in rats chronically injected with quinpirole. Neuroscience letters 48:S16–S16.

Eshkol N and Wachmann A (1958) Movement Notation. London: Weidenfield & Nicholson.

Eshkol N (1990) Angles and Angels. Tel-Aviv: The Movement Notation Society.

Everitt BS (1981) Finite mixture distributions. London: Chapman and Hall.

Gingras MA and Cools AR (1997) Different behavioral effects of daily or intermittent dexamphetamine administration in Nijmegen high and low responders. Psychopharmacology 132:188–194.

Golani I (1992) A mobility gradient in the organization of vertebrate movement: The perception of movement through symbolic language. Behavioral and Brain Sciences 15:249–308.

Golani I, Benjamini Y, Eilam D (1993) Stopping behavior: Constraints on exploration in rats (*Rattus norvegicus*). Behavioural Brain Research 53:21–33.

Golani I, Bronchti G, Moualem D, Teitelbaum P (1981) "Warm-up" along dimensions of movement in the ontogeny of exploration in rats and other infant mammals. Proceedings of the National Academy of Sciences USA 78:7226–7229.

Golani I, Kafkafi N, Drai D (1999) Phenotyping stereotypic behaviour: Collective variables, range of variation and predictability. Applied Animal Behavior Science 65:191–220.

Hen I, Sakov A, Kafkafi N, Golani I, Benjamini Y (2004) The dynamics of spatial behavior: How can robust smoothing techniques help? Journal of Neuroscience Methods 133:161–172.

Hoffmann G (1978) Experimentelle und theoretische analyse eines adaptiven Orientierungsverhaltens: die 'optimale' Suche der Wustenassel Hemilepistus reaumuri, Audouin und Savigny (Crustacea, Isopoda, Oniscoidea) nach ihrer Hohle. PhD thesis, Regensburg

Hoffmann G (1983) The random elements in the systematic search behavior of the desert isopod Hemilepistus reaumuri. Behavioral Ecology and Sociobiology 13:81–92.

Kafkafi N and Golani I (1998) A traveling wave of lateral movement coordinates both turning and forward walking in the ferret. Biological Cybernetics 78:441–453.

Kafkafi N, Levi-Havusha S, Golani I, Benjamini Y (1996) A stereotyped motor pattern as a stable equilibrium in a dynamical system. Biological Cybernetics 74:487–495.

Kafkafi N, Lipkind D, Benjamini Y, Mayo CL, Elmer GI, Golani I (2003a) SEE locomotor behavior test discriminates C57BL/6J and DBA/2J mouse inbred strains across laboratories and protocol conditions. Behavioral Neuroscience 117:464–477.

Kafkafi N, Mayo C, Drai D, Golani I, Elmer G (2001) Natural segmentation of the locomotor behavior of drug-induced rats in a photobeam cage. Journal of Neuroscience Methods 109:111–121.

Kafkafi N, Pagis M, Lipkind D, Mayo CL, Bemjamini Y, Golani I, Elmer GI (2003b) Darting behavior: A quantitative movement pattern designed for discrimination and replicability in mouse locomotor behavior. Behavioural Brain Research 142:193–205.

Lipkind D, Sakov A, Kafkafi N, Elmer GI, Benjamini Y, Golani I (in press) New replicable anxiety-related measures of wall versus center behavior of mice in the open field. Journal of Applied Physiology.

Lorenz KZ (1937) Uber die Bildung des Instinktbegriffes. Naturwissenschaften 25:289–331.

McNaughton BL, Barnes CA, Gerrard JL, Gothard K, Jung MW, Knierim JJ, Kudrimoti H, Qin Y, Skaggs WE, Suster M, Weaver KL (1996) Deciphering the hippocampal polyglot: The hippocampus as a path integration system. Journal of Experimental Biology 199:173–185.

Sinnamon HM, Karvosky ME, Ilch CP (1999) Locomotion and head scanning initiated by hypothalamic stimulation are inversely related. Behavioural Brain Research 99:219–229.

Szechtiman H, Ornstein K, Teitelbaum P, Golani I (1985) The morphogenesis of stereotyped behavior induced by the dopamine receptor agonist apomorphine in the laboratory rat. Neuroscience 14:783–798.

Tchernichovski O, Benjamini Y, Golani I (1996) Constraints and the emergence of free exploratory behavior in rat ontogeny. Behaviour 133:519–539.

Tchernichovski O, Benjamini Y, Golani I (1998) The dynamics of long-term exploration in the rat—Part I. A phase-plane analysis of the relationship between location and velocity. Biological Cybernetics 78: 423–432.

Tchernichovski O and Benjamini Y (1998) The dynamics of long-term exploration in the rat—Part II. An analytical model of the kinematic structure of rat exploratory behavior. Biological Cybernetics 78:433–440.

Tchernichovski O and Golani I (1995) A phase plane representation of rat exploratory behavior. Journal of Neuroscience Methods 62:21–27.

Tukey JW (1977) Exploratory data analysis. Boston: Addison-Wesley.

Wehner R (2003) Desert ant navigation: How miniature brains solve complex tasks. Journal of Comparative Physiology A 189:579–588.

Whishaw IQ, Cassel JC, Majchrzak M, et al. (1994) Short-stops in rats with fimbria fornix lesions—Evidence for change in the mobility gradient. Hippocampus 4:577–582.

Whishaw IQ, Hines DJ, Wallace DG (2001) Dead reckoning (path integration) requires the hippocampal formation: Evidence from spontaneous exploration and spatial learning tasks in light (allothetic) and dark (idiothetic) tests. Behavioural Brain Research 127:49–69.

第17章

Andrade MM, Tome MF, Santiago ES, Lucia Santos A, de Andrade TG (2003) Longitudinal study of daily variation of rats' behavior in the elevated plus-maze. Physiology and Behavior 78:125–133.

Ball J (1937) A test for measuring sexual excitability in the female rat. Comparative Psychology Monographs 14:1–37.

Beach FA and Levinson G (1949) Diurnal variation in the mating behavior of male rats. Proceedings of the Society for Experimental Biology and Medicine 72:78–80.

Bellinger LL and Mendel VE (1975) Effect of deprivation and time of refeeding on food intake. Physiology and Behavior 14:43–46.

Boulos Z and Logothetis DE (1990) Rats anticipate and discriminate between two daily feeding times. Physiology and Behavior 48:523–529.

Davies JA, Navaratnam V, Redfern PH (1973) A 24-hour rhythm in passive-avoidance behaviour in rats. Psychopharmacologia 32:211–214.

Devan BD, Goad EH, Petri HL, Antoniadis EA, Hong NS, Ko CH, Leblanc L, Lebovic SS, Lo Q, Ralph MR, McDonald RJ (2001) Circadian phase-shifted rats show normal acquisition but impaired long-term retention of place information in the water task. Neurobiology of Learning and Memory 75:51–62.

Dewsbury D (1968) Copulatory behavior of rats—Variations within the dark phase of the diurnal cycle. Communications in Behavioral Biology 1:373–377.

Eastman C and Rechtschaffen A (1983) Circadian temperature and wake rhythms of rats exposed to prolonged continuous illumination. Physiology and Behavior 31:417–427.

Fekete M, van Ree JM, Niesink RJ, de Wied D (1985) Disrupting circadian rhythms in rats induces retrograde amnesia. Physiology and Behavior 34:883–887.

Ghiselli WB and Patton RA (1976) Diurnal variation in performance of free-operant avoidance behavior of rats. Psychology Reports 38:83–90.

Glendinning JI and Smith JC (1994) Consistency of meal patterns in laboratory rats. Physiology and Behavior 56:7–16.

Harlan RE, Shivers BD, Moss RL, Shryne JE, Gorski RA (1980) Sexual performance as a function of time of day in male and female rats. Biology Reproduction 23:64–71.

Hoffmann JC (1968) Effect of photoperiod on estrous cycle length in the rat. Endocrinology 83:1355–1357.

Holloway FA and Wansley RA (1973a) Multiple retention deficits at periodic intervals after active and passive avoidance learning. Behavioral Biology 9:1–14.

Holloway FA and Wansley RA (1973b) Multiphasic retention deficits at periodic intervals after passive-avoidance learning. Science 180:208–210.

Johnson RF and Johnson AK (1991) Drinking after osmotic challenge depends on circadian phase in rats with free-running rhythms. American Journal of Physiology 261:R334–R338.

Jones N and King SM (2001) Influence of circadian phase and test illumination on pre-clinical models of anxiety. Physiology and Behavior 72:99–106.

Kihlstrom JE (1966) Diurnal variation in the spontaneous ejaculations of the male albino rat. Nature 209:513–514.

Lehman MN, Silver R, Gladstone WR, Kahn RM, Gibson M, Bittman EL (1987) Circadian rhythmicity restored by neural transplant. Immunocytochemical characterization of the graft and its integration with the host brain. Journal of Neuroscience 7:1626–1638.

Lincoln DW and Porter DG (1976) Timing of the photoperiod and the hour of birth in rats. Nature 260:780–781.

Matthews JH, Marte E, Halberg F (1964) A circadian susceptibility-resistance cycle to fluothane in male B1 mice. Canadian Anaesthetists' Society Journal 11:280–290.

Mayer AD and Rosenblatt JS (1997) A method for regulating the duration of pregnancy and the time of parturition in Sprague-Dawley rats (Charles River CD strain). Developmental Psychobiology 32:131–136.

Meerlo P, Sgoifo A, Turek FW (2002) The effects of social defeat and other stressors on the expression of circadian rhythms. Stress 5:15–22.

Mistlberger RE (1990) Circadian pitfalls in experimental paradigms employing food restriction. Psychobiology 18:23–29.

Mistlberger RE (1991) Effects of daily schedules of forced activity on free-running rhythms in the rat. Journal of Biological Rhythms 6:71–80.

Mistlberger RE (1994) Circadian food-anticipatory activity: Formal models and physiological mechanisms. Neuroscience and Biobehavioral Reviews 18:171–195.

Mistlberger RE and Rusak B (2000) Circadian rhythms in mammals: Formal properties and environmental influences. In: Principles and practice of sleep medicine, 3rd Edition (Kryger MH, Roth T, Dement WC, eds.), pp. 321–333. Philadelphia: WB Saunders.

Mistlberger RE and Skene DJ (2004) Social influences on circadian rhythms in man and animal. Biological Reviews, in press.

Mistlberger RE, de Groot MH, Bossert JM, Marchant EG (1996) Discrimination of circadian phase in intact and suprachiasmatic nuclei-ablated rats. Brain Research 739:12–18.

Mistlberger RE, Antle MC, Glass JD, Miller JD (2000) Behavioral and serotonergic regulation of circadian rhythms. Biological Rhythm Research 31:240–283.

Mistlberger RE, Bergmann BM, Waldenar W, Rechtschaffen A. (1983) Recovery sleep following sleep deprivation in intact and suprachiasmatic nuclei-lesioned rats. Sleep 6:217–233.

Moore RY and Eichler VB (1972) Loss of a circadian adrenal corticosterone rhythm following suprachiasmatic lesions in the rat. Brain Research 42:201–206.

Moore-Ede MC, Sulzman FM, Fuller CA (1982) The clocks that time us: Physiology of the circadian timing system. Cambridge, Mass: Harvard University Press.

Munson ES, Martucci RW, Smith RE (1970) Circadian variations in anesthetic requirement and toxicity in rats. Anesthesiology 32:507–514.

Nagano M, Adachi A, Nakahama K, Nakamura T, Tamada M, Meyer-Bernstein E, Sehgal A, Shigeyoshi Y. (2003) An abrupt shift in the day/night cycle causes desynchrony in the mammalian circadian center. Journal of Neuroscience 23:6141–6151.

Novakova V, Sterc J, Knez R (1983) The active avoidance reaction of laboratory rats: Differences between experiments carried out in the phase of motor activity and inactivity. Physiologica Bohemoslovaca 32:38–44.

Refinetti R (1993) Laboratory instrumentation and computing: Comparison of six methods for the determination of the period of circadian rhythms. Physiology and Behavior 54:869–875.

Refinetti R and Menaker M (1992) The circadian rhythm of body temperature. Physiology and Behavior 51:613–637.

Reijmers LG, Leus IE, Burbach JP, Spruijt BM, van_Ree JM (2001) Social memory in the rat: Circadian variation and effect of circadian rhythm disruption. Physiology and Behavior 72:305–309.

Reppert SM and Weaver DR (2001) Molecular analysis of mammalian circadian rhythms. Annual Review of Physiology 63:647–676.

Reppert SM, Henshaw D, Schwartz WJ, Weaver DR (1987) The circadian-gated timing of birth in rats: Disruption by maternal SCN lesions or by removal of the fetal brain. Brain Research 403:398–402.

Richter CP (1922) A behavioristic study of the activity of the rat. Comparative Psychology Monographs 1:1–55.

Richter CP (1967) Sleep and activity: Their relation to the 24-hour clock. Research Publications—Association for Research in Nervous and Mental Disease 45:8–29.

Rosenwasser AM, Boulos Z, Terman M (1981) Circadian organization of food intake and meal patterns in the rat. Physiology and Behavior 27:33–39.

Schibler U and Sassone-Corsi P (2002) A web of circadian pacemakers. Cell 111:919–922.

Slonaker JR (1908) Description of an apparatus for recording the activity of small mammals. The Anatomical Record 2:116–122.

Stefanick ML (1983) The circadian patterns of spontaneous seminal emission, sexual activity and penile reflexes in the rat. Physiology and Behavior 31:737–743.

Stephan FK and Zucker I (1972) Circadian rhythms in drinking behavior and locomotor activity of rats are eliminated by hypothalamic lesions. Proceedings of the National Academy of Science U S A 69:1583–1586.

Tapp WN and Holloway FA (1981) Phase shifting circadian rhythms produces retrograde amnesia. Science 211:1056–1058.

Thorpe CM, Bates ME, Wilkie DM (2003) Rats have trouble associating all three parts of the time-place-event memory code. Behavioral Processes 63:95–110.

Wansley RA and Holloway FA (1975) Multiple retention deficits following one-trial appetitive training. Behavioral Biology 14:135–149.

Welsh DK, Logothetis DE, Meister M, Reppert SM (1995) Individual neurons dissociated from rat suprachiasmatic nucleus express independently phased circadian firing rhythms. Neuron 14:697–706.

Winocur G and Hasher L (1999) Aging and time-of-day effects on cognition in rats. Behavioral Neuroscience 113:991–997.

Wollnik F (1991) Strain differences in the pattern and intensity of wheel running activity in laboratory rats. Experientia 47:593–598.

Yamada N, Shimoda K, Takahashi K, Takahashi S (1986) Change in period of free-running rhythms determined by two different tools in blinded rats. Physiology and Behavior 36:357–362.

Yamazaki S, Numano R, Abe M, Hida A, Takahashi R, Ueda M, Block GD, Sakaki Y, Menaker M, Tei H (2000) Resetting central and peripheral circadian oscillators in transgenic rats. Science 288:682–685.

第18章

Antin J, Gibbs J, Holt J, Young RC, Smith GP (1975) Cholecystokinin elicits the complete behavioral sequence of satiety in rats. Journal of Comparative and Physiological Psychology 89:784–790.

Barnett S (1963) A study in behaviour. London: Methuen.

Berridge KC (2000) Measuring hedonic impact in animals and infants: microstructure of affective taste reactivity patterns. Neuroscience and Biobehavioral Reviews 24:173–198.

Blackburn JR, Phillips AG, Fibiger HC (1987) Dopamine and preparatory behavior: I. Effects of pimozide. Behavioral Neuroscience 101:352–360.

Bolles R (1960) Grooming behaviour in the rat. Journal of Comparative and Physiological Psychology 53:306–310.

Booth DA (1972) Conditioned satiety in the rat. Journal of Comparative and Physiological Psychology 81:457–471.

Cabanac M and Johnson KG (1983) Analysis of a conflict between palatability and cold exposure in rats. Physiology and Behavior 31:249–253.

Castonguay TW, Kaiser LL, Stern JS (1986) Meal pattern analysis: Artifacts, assumptions and implications. Brain Research Bulletin 17:439–443.

Clarke SN and Ossenkopp KP (1998) Taste reactivity responses in rats: Influence of sex and the estrous cycle. American Journal of Physiology 274:R718–R724.

Clifton P (1987) Analysis of feeding and drinking patterns. In: Feeding and drinking (Toates F and Rowland N, eds.). Oxford: Elsevier.

Clifton PG (1994) The neuropharmacology of meal patterning. In: Ethology and psychopharmacology (Cooper SJ and Hendrie CA, eds.). Chichester: Wiley.

Clifton PG (2000) Meal patterning in rodents: psychopharmacological and neuroanatomical studies. Neuroscience and Biobehavioral Reviews 24:213–222.

Clifton PG, Popplewell DA, Burton MJ (1984) Feeding rate and meal patterns in the laboratory rat. Physiology and Behavior 32:369–374.

Clifton PG, Burton MJ, Sharp C (1987) Rapid loss of stimulus-specific satiety after consumption of a second food. Appetite 9:149–156.

Clifton PG, Barnfield AM, Philcox L (1989) A behavioural profile of fluoxetine-induced anorexia. Psychopharmacology (Berlin) 97:89–95.

Clifton PG, Rusk IN, Cooper SJ (1991) Effects of dopamine D1 and dopamine D2 antagonists on the free feeding and drinking patterns of rats. Behavioral Neuroscience 105:272–281.

Collier G (1987) Operant methodologies for studying feeding and drinking. In: Feeding and drinking (Toates F and Rowland N, eds.). Oxford: Elsevier.

Collier G, Hirsch E, Hamlin PH (1972) The ecological determinants of reinforcement in the rat. Physiology and Behavior 9:705–716.

Cousins MS, Wei W, Salamone JD (1994) Pharmacological characterization of performance on a concurrent lever pressing/feeding choice procedure: Effects of dopamine antagonist, cholinomimetic, sedative and stimulant drugs. Psychopharmacology (Berlin) 116:529–537.

Craig W (1918) Appetites and aversions as constituents of instincts. Biological Bulletin of Woods Hole 34:91–107.

Davis J (1998) A model for the control of ingestion—20 Years on. Progress in Psychobiology and Physiological Psychology 17:127–173.

Davis JD and Smith GP (1992) Analysis of the microstructure of the rhythmic tongue movements of rats ingesting maltose and sucrose solutions. Behavioral Neuroscience 106:217–228.

Everitt BJ (1990) Sexual motivation: A neural and behavioural analysis of the mechanisms underlying appetitive and copulatory responses of male rats. Neuroscience and Biobehavioral Reviews 14:217–232.

Everitt BJ, Morris KA, O'Brien A, Robbins TW (1991) The basolateral amygdala-ventral striatal system and conditioned place preference: Further evidence of limbic-striatal interactions underlying reward-related processes. Neuroscience 42:1–18.

Galef BG Jr (1991) A contrarian view of the wisdom of the body as it relates to dietary self-selection. Psychological Reviews 98:218–223.

Galef BG Jr, Whiskin EE, Bielavska E (1997) Interaction with demonstrator rats changes observer rats' affective responses to flavors. Journal of Comparative Psychology 111:393–398.

Gallagher M, Graham PW, Holland PC (1990) The amygdala central nucleus and appetitive Pavlovian conditioning: Lesions impair one class of conditioned behavior. Journal of Neuroscience 10:1906–1911.

Gallo PV and Weinberg J (1981) Corticosterone rhythmicity in the rat: interactive effects of dietary restriction and schedule of feeding. Journal of Nutrition 111:208–218.

Geary N, Trace D, Smith GP (1995) Estradiol interacts with gastric or postgastric food stimuli to decrease sucrose ingestion in ovariectomized rats. Physiology and Behavior 57:155–158.

Halford JC, Wanninayake SC, Blundell JE (1998) Behavioral satiety sequence (BSS) for the diagnosis of drug action on food intake. Pharmacology, Biochemistry, and Behavior 61:159–168.

Hansen S and Ferreira A (1986) Food intake, aggression, and fear behavior in the mother rat: Control by neural systems concerned with milk ejection and maternal behavior. Behavioral Neuroscience 100:64–70.

Heisler LK, Kanarek RB, Homoleski B (1999) Reduction

of fat and protein intakes but not carbohydrate intake following acute and chronic fluoxetine in female rats. Pharmacology, Biochemistry, and Behavior 63:377–385.

Kissileff HR (1970) Free feeding in normal and "recovered lateral" rats monitored by a pellet-detecting eatometer. Physiology and Behavior 5:163–173.

Koolhaas J (1999) The laboratory rat. In: The care and management of laboratory animals (Poole T, ed.), pp. 313–330. London: Blackwell.

Kraly FS (1983) Histamine plays a part in induction of drinking by food intake. Nature 302:65–66.

Lawton CL and Blundell JE (1992) The effect of d-fenfluramine on intake of carbohydrate supplements is influenced by the hydration of the test diets. Behavioural Pharmacology 3:517–523.

Le Magnen J and Tallon S (1966) La periodicite spontanee de la prise d'aliments *ad-libitum* du rat blanc. Journal of Physiology (Paris) 58:323–349.

Lee MD and Clifton PG (1992) Partial reversal of fluoxetine anorexia by the 5-HT antagonist metergoline. Psychopharmacology (Berlin) 107:359–364.

Lester NP and Slater PJB (1986) Minimising errors in splitting behaviour into bouts. Behaviour 79:153–161.

Leung PM and Horwitz BA (1976) Free-feeding patterns of rats in response to changes in environmental temperature. American Journal of Physiology 231:1220–1224.

Linden A (1989) Role of cholecystokinin in feeding and lactation. Acta Physiologica Scandinavica Supplementum 585:i–vii, 1–49.

Lucas GA, Timberlake W, Gawley DJ (1989) Learning and meal-associated drinking: meal-related deficits produce adjustments in postprandial drinking. Physiology and Behavior 46:361–367.

McFarland K and Ettenberg A (1998) Haloperidol does not affect motivational processes in an operant runway model of food-seeking behavior. Behavioral Neuroscience 112:630–635.

Nakajima S and Baker JD (1989) Effects of D2 dopamine receptor blockade with raclopride on intracranial self-stimulation and food-reinforced operant behaviour. Psychopharmacology (Berlin) 98:330–333.

Pecina S, Berridge KC, Parker LA (1997) Pimozide does not shift palatability: Separation of anhedonia from sensorimotor suppression by taste reactivity. Pharmacology, Biochemistry, and Behavior 58:801–811.

Perks SM and Clifton PG (1997) Reinforcer revaluation and conditioned place preference. Physiology and Behavior 61:1–5.

Petersen S (1976) The temporal pattern of feeding over the oestrous cycle of the mouse. Animal Behaviour 24:939–955.

Petrovich GD, Setlow B, Holland PC, Gallagher M (2002) Amygdalo-hypothalamic circuit allows learned cues to override satiety and promote eating. Journal of Neuroscience 22:8748–8753.

Shor-Posner G, Grinker JA, Marinescu C, Brown O, Leibowitz SF (1986) Hypothalamic serotonin in the control of meal patterns and macronutrient selection. Brain Research Bulletin 17:663–671.

Sibly R, Nott HMR, Fletcher DJ (1990) Splitting behaviour into bouts. Animal Behaviour 39:63–69.

Simansky KJ and Vaidya AH (1990) Behavioral mechanisms for the anorectic action of the serotonin (5-HT) uptake inhibitor sertraline in rats: Comparison with directly acting 5-HT agonists. Brain Research Bulletin 25:953–960.

Smith BK, York DA, Bray GA (1998) Chronic d-fenfluramine treatment reduces fat intake independent of macronutrient preference. Pharmacology, Biochemistry, and Behavior 60:105–114.

Spector AC, Klumpp PA, Kaplan JM (1998) Analytical issues in the evaluation of food deprivation and sucrose concentration effects on the microstructure of licking behavior in the rat. Behavioral Neuroscience 112:678–694.

Thibault L and Booth DA (1999) Macronutrient-specific dietary selection in rodents and its neural bases. Neuroscience and Biobehavioral Reviews 23:457–528.

Thiels E, Alberts JR, Cramer CP (1990) Weaning in rats: II. Pup behavior patterns. Developmental Psychobiology 23:495–510.

Thornton-Jones Z, Neill JC, Reynolds GP (2002) The atypical antipsychotic olanzapine enhances ingestive behaviour in the rat: A preliminary study. Journal of Psychopharmacology (Oxford, England) 16:35–37.

Timberlake W, Gawley DJ, Lucas GA (1988) Time horizons in rats: The effect of operant control of access to future food. Journal of the Experimental Analysis of Behavior 50:405–417.

Treit D, Spetch ML, Deutsch JA (1983) Variety in the flavor of food enhances eating in the rat: A controlled demonstration. Physiology and Behavior 30:207–211.

Weingarten HP (1984) Meal initiation controlled by learned cues: Basic behavioral properties. Appetite 5:147–158.

Weiss GF, Rogacki N, Fueg A, Buchen D, Leibowitz SF (1990) Impact of hypothalamic d-norfenfluramine and peripheral d-fenfluramine injection on macronutrient intake in the rat. Brain Research Bulletin 25:849–859.

Yeates MP, Tolkamp BJ, Allcroft DJ, Kyriazakis I (2001) The use of mixed distribution models to determine bout criteria for analysis of animal behaviour. Journal of Theoretical Biology 213:413–425.

第19章

Fitzsimons JT (1963) The effects of slow infusions of hypertonic solutions on drinking and drinking thresholds in rats. Journal of Physiology 167:344–354.

Fitzsimons JT (1979) The physiology of thirst and sodium appetite. Monographs of the Physiological Society #35, Cambridge University Press.

Fitzsimons JT (1998) Angiotensin, thirst, and sodium appetite. Physiology Review 78:583–686.

Fregly MJ and Rowland NE (1985) Role of renin-angiotensin-aldosterone system in NaCl appetite of rats. American Journal of Physiology Regulatory, Integrative, and Comparative Physiology 248:R1–R11.

Marwine A and Collier G (1979). The rat at the waterhole. Journal of Comparative Physiology and Psychology 93:391–402.

Morita H, Yamashita Y, Nishida Y, Tokuda M, Hatase O, Hosomi H (1997). Fos induction in rat brain neurons after stimulation of the hepatoportal Na-sensitive mechanism. American Journal of Physiology Regulatory, Integrative, and Comparative Physiology 272:R913–R923.

Quartermain D, Miller NE, Wolf G (1967) Role of experience in relationship between sodium deficiency and rate of bar pressing for salt. Journal of Comparative Physiology and Psychology 63:417–420.

Rowland NE (1990) On the waterfront: Predictive and reactive regulatory descriptions of thirst and sodium appetite. Physiology and Behavior 48:899–903.

Rowland NE (2002) Thirst and sodium appetite. In: Stevens' handbook of experimental psychology, 3rd edition, vol. 3: Learning, motivation and emotion (Pashler H and Gallistel CR, eds.), pp. 669–707. New York: Wiley.

Rowland NE and Colbert CL (2003). Sodium appetite induced in rats by chronic administration of a thiazide diuretic. Physiology and Behavior 79:613–619.

Stricker EM (1968) Some physiological and motivational properties of the hypovolemic stimulus for thirst. Physiology and Behavior 3:379–385.

Stricker EM (1969) Osmoregulation and volume regulation in rats: Inhibition of hypovolemic thirst by water. American Journal of Physiology 217:98–105.

Stricker EM, Gannon KS, Smith JC (1992) Salt appetite induced by DOCA treatment or adrenalectomy in rats: Analysis of ingestive behavior. Physiology and Behavior 52:793–802.

Stricker EM, Hoffmann ML, Riccardi CJ, Smith JC (2003) Increased water intake by rats maintained on high NaCl diet: Analysis of ingestive behavior. Physiology and Behavior 79:621–631.

Watts AG (2000) Understanding the neural control of ingestive behaviors: Helping to separate cause from effect with dehydration-associated anorexia. Hormones and Behavior 37:261–283.

第20章

Barnett SA and Spencer MM (1951) Feeding, social behaviour and interspecific competition in wild rats. Behavior 3:229–242.

Bindra D (1978) How adaptive behaviour is produced: a perceptual-motivational alternative to response reinforcement. Behavioural Brain Sciences 1:41–91.

Chitty D (1954) The control of rats and mice, Vols 1 and 2: Rats. Oxford: Clarendon Press.

Dringenberg HC, Wightman M, Beninger RJ. (2000) The effects of amphetamine and raclopride on food transport: Possible relation to defensive behavior in rats. Behavioral Pharmacology 11:447–454.

Dringenberg HC, Kornelsen RA, Pacelli R, Petersen K, Vanderwolf CH (1998) Effects of amygdaloid lesions, hippocampal lesions, and buspirone on black-white exploration and food carrying in rats. Behavioural Brain Research 96:161–172.

Field EF and Pellis SM (1998) Sex differences in the organization of behavior patterns: Endpoint measures do not tell the whole story. In: (Ellis L and Ebertz L, eds.). West Point, Conn: Praeger.

Field EF, Whishaw IQ, Pellis SM (1996) A kinematic analysis of evasive dodging movements used during food protection in the rat (Rattus norvegicus): Evidence for sex differences in movement. Journal of Comparative Psychology 119:298–306.

Field EF, Whishaw IQ, Pellis SM (1997a) Organization of sex-typical patterns of defense during food protection in the rat: The role of the opponent's sex. Aggressive Behavior 23:197–214.

Field EF, Whishaw IQ, Pellis SM (1997b) A kinematic analysis of sex-typical movement patterns used during evasive dodging to protect a food item: The role of testicular hormones. Behavioral Neuroscience 111:808–815.

Galef BG Jr (1983) Utilization by Norway rats (R. norvegicus) of multiple messages concerning distant foods. Journal of Comparative Psychology 97:364–371.

Galef BG Jr and Wigmore SW (1983) Transfer of information concerning distant foods: A laboratory investigation of the "information-center" hypothesis. Animal Behaviour 31:748–758.

Lore RK and Klannelly K (1978) Habit selection and burrow construction by wild *Rattus norvegicus* in a landfill. Journal of Comparative and Physiological Psychology 92:888–896.

Marx MH (1950) Stimulus-response analysis of hoarding

habit in the rat. Psychological Review 57:80–94.

McNamara RK and Whishaw IQ (1990) Blockade of hoarding in rats by diazepam: an analysis of the anxiety and object value hypotheses of hoarding. Psychopharmacology 101:214–221.

Munn ML (1933) Handbook of psychological research on the rat. Boston: Houghton Mifflin.

Pellis SM and Pellis VC (1987) Play-fighting differs from serious attack in both target of attack and tactics of fighting in the laboratory rat Rattus norvegicus. Aggressive Behavior 13:227–242.

Posadas-Andrews A and Roper TJ (1983) Social transmission of food preferences in adult rats. Animal behavior 31:265–271.

Ross S, Smith WI, Wossner BL (1955) Hoarding: An analysis of experiments and trends. Journal of General Psychology 52:307–326.

Takahashi LK and Lore RK (1980) Foraging and food hoarding of wild *Rattus norvegicus* in an urban environment. Behavioral and Neural Biology 29:527–531.

Whishaw IQ (1988) Food wrenching and dodging: Use of action patterns for the analysis of sensorimotor and social behavior in the rat. Journal of Neuroscience Methods 24:169–178.

Whishaw IQ (1990) Time estimates contribute to food handling decisions by rats: Implications for neural control of hoarding. Psychobiology 18:460–466.

Whishaw IQ (1991) The defensive strategies of foraging rats: A review and synthesis. The Psychological Record 41:185–205.

Whishaw IQ (1993) Activation, travel distance, and environmental change influence food carrying in rats with hippocampal, medial thalamic and septal lesions: Implications for studies on hoarding and theories of hippocampal function. Hippocampus 3:373–385.

Whishaw IQ and Oddie SD (1989) Qualitative and quantitative analyses of hoarding in medial frontal cortex rats using a new behavioral paradigm. Behavioural Brain Research 33:255–256.

Whishaw, IQ, Oddie SD, McNamara RK, Harris TL, Perry BS (1990) Psychophysical methods for the study of sensory-motor behavior using a food-carrying (hoarding) task in rodents. Journal of Neuroscience Methods 32:123–133.

Whishaw IQ, Dringenberg HC, Comery TA (1992) Rats (Rattus norvegicus) modulate eating speed and vigilance to optimize food consumption: Effects of cover, circadian rhythm, food deprivation, and individual differences. Journal of Comparative Psychology 4:411–419.

Whishaw IQ and Gorny BP (1991) Postprandial scanning by the rat (Rattus norvegicus): The importance of eating time and an application of "warm-up" movements. Journal of Comparative Psychology 10:39–44.

Whishaw IQ and Gorny BP (1994) Food wrenching and dodging: Eating time estimates influence dodge probability and amplitude, Aggressive Behavior 20:35–47.

Whishaw IQ and Kornelsen RA (1993) Two types of motivation revealed by ibotenic acid nucleus accumbens lesions: Dissociation of food carrying and hoarding and the role of primary and incentive motivation. Behavioural Brain Research 55:283–295.

Whishaw IQ and Kolb B (1985) the mating movements of male decorticate rats: Evidence for subcortically generated movements by the male but regulation of approaches by the female. Behavioural Brain Research 17:171–191.

Whishaw IQ and Tome J (1987) Food wresting and dodging: Strategies used by rats (Rattus norvegicus) for obtaining and protecting food from conspecifics. Journal of Comparative Psychology 101:110–123.

Whishaw IQ and Tomie J (1988) Food wrenching and dodging: A neuroethological tests of cortical and dopaminergic contributions to sensorimotor behavior in the rat, Behavioral Neuroscience 102:110–123.

Whishaw IQ and Tomie J (1989) Food-pellet size modifies the hoarding behavior of foraging rats. Psychobiology 17:83–101.

Whishaw IQ and Whishaw GE (1996) Conspecific aggression influences food carrying: Studies on a wild population of Rattus norvegicus. Aggressive Behavior 22:47–66.

Wolfe JB (1939) An exploratory study of food-storing in rats. Journal of Comparative Psychology 28:97–108.

第 21 章

Alberts JR (1978) Huddling by rat pups: Group behavioral mechanisms of temperature regulation and energy consumption. Journal of Comparative and Physiological Psychology 92:231–235.

Andersen P and Moser EI (1995) Brain temperature and hippocampal function. Hippocampus 95:491–498.

Arokina NK, Potekhina IL, Volkova MF (2002) Development of deep hypothermia in rats with limited motor activity. Rossiiskii Fiziologicheskii Zhurnal Imeni I.M. Sechenova/Rossiiskaia Akademiia Nauk 88:1477–1484.

Buchanan JB, Peloso E, Satinoff E (2003) Thermoregulatory and metabolic changes during fever in young and old rats. American Journal of Physiology (Regulatory and Integrative Comparative Physiology) 285:R1165–R1169.

Buzzell GR (1996) The Harderian gland: Perspectives. Microscope Research Techniques 34:2–5.

Collins S, Cao W, Daniel KW, Dixon TM, Medvedev AV, Onuma H, Surwit R (2001) Adrenoceptors, uncoupling proteins, and energy expenditure. Experimental Biology and Medicine 226:982–990.

Conklin P and Heggeness FW (1971) Maturation of temperature homeostasis in the rat. American Journal of Physiology 220:333–336.

Corbett D and Thornhill J (2002) Temperature modulation (hypothermic and hyperthermic conditions) and its influence on histological and behavioral outcomes following cerebral ischemia. Brain Pathology 10:145–152.

Dantzer R (2001) Cytokine-induced sickness behavior: Mechanisms and implications. Annals of the New York Academy of Sciences 933:222–234.

DeBow S and Colbourne F (2003) Brain temperature measurement and regulation in awake and freely moving rodents. Methods 2:167–171.

Eikelboom R and Stewart, J (1982) Conditioning of drug-induced physiological responses. Psychological Reviews 89:507–528.

Florez-Duquet M, Peloso E, Satinoff E (2001) Fever and behavioral thermoregulation in young and old rats. American Journal of Physiology (Regulatory and Integrative Comparative Physiology) 280:R1457–R1461.

Gordon CJ, Puckett E, Padnos B (2002) Rat tail skin temperature monitored noninvasively by radiotelemetry: Characterization by examination of vasomotor responses to thermomodulatory agents. Journal of Pharmacological and Toxicological Methods 47:107–114.

Harrod S, Metzger M, Stempowski N, Riccio D (2002) Cold tolerance: Behavioral differences following single or multiple cold exposures. Physiology and Behavior 76:27–39.

Horwitz J, Heller A, Hoffmann PC (1982) The effect of development of thermoregulatory function on the biochemical assessment of the ontogeny of neonatal dopaminergic neuronal activity. Brain Research 235:245–252.

Kittrell EM and Satinoff E (1988) Diurnal rhythms of body temperature, drinking and activity over reproductive cycles. Physiology and Behavior 42:477–484.

Kleitman N and Satinoff E (1981) Thermoregulatory behavior in rat pups from birth to weaning. Physiology and Behavior 29:537–541.

Kortner G, Schildhauer K, Petrova O, Schmidt I. (1993) Rapid changes in metabolic cold defense and GDP binding to brown adipose tissue mitochondria of rat pups. American Journal of Physiology (Regulatory and Integrative Comparative Physiology) 264:R1017–R1023.

Lin MT (1999) Pathogenesis of an experimental heatstroke model. Clinical Experimental and Pharmacological Physiology 26:826–837.

Nuesslein-Hildesheim B and Schmidt I (1994) Is the circadian core temperature rhythm of juvenile rats due to a periodic blockade of thermoregulatory thermogenesis? Pflugers Archives 427450–4.

Owens NC, Oootsuka Y, Kanosue K, McAllen RM (2002) Thermoregulatory control of sympathetic fibres supplying the rat's tail. Journal of Physiology (London) 543:849–858.

Peloso E, Wachulec M, Satinoff E (2002) Stress-induced hyperthermia depends on both time of day and light condition. Journal of Biological Rhythms 17:164–170.

Poole S and Stephenson JD (1977) Body temperature regulation and thermoneutrality in rats. Quarterly Journal of Experimental and Cognitive Medical Sciences 62:143–149.

Ranels HJ and Griffin JD (2003) The effects of prostaglandin E2 on the firing rate activity of thermosensitive and temperature insensitive neurons in the ventromedial preoptic area of the rat hypothalamus. Brain Research 64:42–50.

Ranson SW (1935) The anatomy of the nervous system from the standpoint of development and function. Philadelphia: W.B. Saunders Co.

Roberts WW, Mooney RD, Martin JR (1974) Thermoregulatory behaviors of laboratory rodents. Journal of Comparative and Physiological Psychology 86:693–699.

Romanovsky AA, Ivanov AI, Shimansky YP (2002) Ambient temperature for experiments in rats: A new method for determining the zone of thermal neutrality. Journal of Applied Physiology 92:1–21.

Satinoff E (1972) Salicylate: Action on normal body temperature in rats. Science 176:532–533.

Satinoff E (1978) Neural organization and evolution of thermal regulation in mammals. Science 201:16–22.

Satinoff E (1979) Drugs and thermoregulatory behavior. In: Body temperature, drug effects and therapeutic implications (Lomax P and Schonbaum E, eds.), pp. 151–181. New York: Marcel Dekker.

Satinoff E (1983) A reevaluation of the concept of the homeostatic organizatin of temperature regulation. In: Handbood of behavioral neurobiology (Satinoff E and Teitelbaum P, eds.), pp. 443–467. New York: Plenum Press.

Satinoff E (1991) Developmental aspects of behavioral and reflexive thermoregulation. In: Developmental psychobiology: New methods and changing concepts. (Shair HN, Barr GA, Hofer MA, eds.), pp. 169–188. New York: Oxford.

Satinoff E and Hendersen R (1977) Thermoregulatory behavior. In Handbook of operant behavior (Honig WK and Staddon JER, eds.), pp. 153–173. Englewood Cliffs, Colo.: Prentice-Hall.

Satinoff E and Prosser RA (1988) Suprachiasmatic nuclear lesions eliminate circadian rhythms of drinking and activity, but not of body temperature, in

male rats. Journal of Biological Rhythms 3:1–22.
Schallert T, Whishaw IQ, DeRyck, Teitelbaum P (1978). The postures of catecholamine-depletion catalepsy: Their possible adaptive value in thermoregulation. Physiology and Behavior 21:817–820.
Stone EA, Bonnet KA, Hofer MA (1976) Survival and development of maternally deprived rats: Role of body temperature. Psychosomatic Medicine 38:242–249.
Szymusiak R and Satinoff E (1981) Maximal oxygen consumption defines a narrower thermoneutral zone than does minimal metabolic rate. Physiology and Behavior 26:689–690.
Thiessen GM (1989) The possible interaction of Harderian material and saliva for thermoregulation in the Mongolian gerbil, Meriones unguiculatus. Perception Motor Skills 68:3–10.
Whishaw IQ and Vanderwolf CH (1971) Hippocampal EEG and behavior: Effects of variation in body temperature and relation of EEG to vibrissae movement, swimming and shivering. Physiology and Behavior 6:391–397.
Williams CL (1987) Estradiol benzoate facilitates lordosis and ear wiggling of 4- to 6-day-old rats. Behavioral Neuroscience 101:718–723.
Wood SC and Gonzales R (1996) Hypothermia in hypoxic animals: Mechanisms, mediators, and functional significance. Comparative Biochemistry and Physiology B Biochemistry and Molecular Biology 113:37–43.

第22章

Abel EL (1994a) A further analysis of physiological changes in rats in the forced swim test. Physiology and Behavior 56:795–800.
Abel EL (1994b) Behavioral and physiological effects of different water depths in the forced swim test. Physiology and Behavior 56:411–414.
Abel EL (1994c) Physical activity does not account for the physiological response to forced swim testing. Physiology and Behavior 56:677–681.
Barnett SA (1987) The rat: A study in behavior. Chicago: University of Chicago Press.
Berton O, Durand M, Aguerre S, Mormede P, Chaouloff F (1999) Behavioral, neuroendocrine and serotonergic consequences of single social defeat and repeated fluoxetine pretreatment in the Lewis rat strain. Neuroscience 92:327–341.
Blanchard DC, Markham C, Yang M, Hubbard D, Madarang E, Blanchard RJ (2003) Failure to produce conditioning with low-dose trimethylthiazoline or cat feces as unconditioned stimuli. Behavioral Neuroscience 117:360–368.
Blanchard DC, Spencer RL, Weiss SM, Blanchard RJ, McEwen B, Sakai RR (1995) Visible burrow system as a model of chronic social stress: Behavioral and neuroendocrine correlates. Psychoneuroendocrinology 20:117–134.
Calhoun JB (1962) The ecology and sociology of the Norway rat. Washington, D.C.: Governement Printing Office.
De Boer SF and Koolhaas JM (2003) Defensive burying in rodents: Ethology, neurobiology and psychopharmacology. European Journal of Pharmacology 463:145–161.
De Boer SF, van der Gugten J, Slangen JL (1991) Behavioral and hormonal indices of anxiolytic and anxiogenic drug action in the shock-prod defensive burying paradigm. In: Animal models in psychopharmacolgy, pp. 81–96. Basel: Birkhauser Verlag.
Dellu F, Piazza PV, Mayo W, Le Moal M, Simon H (1996) Novelty-seeking in rats—biobehavioral characteristics and possible relationship with the sensation-seeking trait in man. Neuropsychobiology 34:136–145.
Dielenberg RA and McGregor IS (2001) Defensive behavior in rats towards predatory odors: A review. Neuroscience and Biobehavioral Reviews 25:597–609.
Ely DL (1981) Hypertension, social rank, and aortic arteriosclerosis in CBA/J mice. Physiology and Behavior 26:655–661.
Fokkema DS, Koolhaas JM, van der Gugten J (1995) Individual characteristics of behavior, blood pressure, and adrenal hormones in colony rats. Physiology and Behavior 57:857–862.
Friedman MJ and Schnurr PP (1995) The relationship between trauma, post-traumatic stress disorder, and physical health. In: Neurobiological and clinical consequences of stress: From normal adaptation to PTSD (Friedman MJ, Charney DS, Deutch AY, eds.), pp. 507–524. Philadelphia: Lippincott-Raven Publishers.
Fuchs E, Jöhren O, Flügge G (1993) Psychosocial conflict in the tree shrew: Effects on sympathoadrenal activity and blood pressure. Psychoneuroendocrinology 18:557–565.
Henry JP, Liu YY, Nadra WE, Qian CG, Mormede P, Lemaire V, Ely D, Hendley ED (1993) Psychosocial stress can induce chronic hypertension in normotensive strains of rats. Hypertension 21:714–723.
Henry JP and Stephens-Larson P (1985) Specific effects of stress on disease processes. In: Animal stress (Moberg GP, ed.), pp. 161–173. Bethesda: American Physiological Society.
Keller SE, Weiss JM, Schleifer SJ, Miller NE, Stein M (1981) Suppression of immunity by stress: Effect of a graded series of stressors on lymphocyte proliferation. Science 213:1397–1400.
Koolhaas JM, De Boer SF, De Ruiter AJ, Meerlo P, Sgoifo A (1997a) Social stress in rats and mice. Acta Phys-

iologica Scandinavica 161:69–72.

Koolhaas JM and Bohus B (1989) Social control in relation to neuroendocrine and immunological responses. In: Stress, personal control and health (Steptoe A and Appels A, eds.), pp. 295–304. Brussels: John Wiley & Sons Ltd.

Koolhaas JM, Korte SM, De Boer SF, Van Der Vegt BJ, Van Reenen CG, Hopster H, De Jong IC, Ruis MA, Blokhuis HJ (1999) Coping styles in animals: Current status in behavior and stress-physiology. Neuroscience and Biobehavioral Reviews 23:925–935.

Koolhaas JM, Meerlo P, Boer SFd, Strubbe JH, Bohus B (1997b) The temporal dynamics of the stress response. Neuroscience and Biobehavioral Reviews 21:775–782.

Layton B and Krikorian R (2002) Memory mechanisms in posttraumatic stress disorder. Journal of Neuropsychiatry and Clinical Neuroscience 14:254–261.

Lemaire V and Mormede P (1995) Telemetered recording of blood pressure and heart rate in different strains of rats during chronic social stress. Physiology and Behavior 58:1181–1188.

Lockwood JA and Turney T (1981) Social dominance and stress induced hypertension: Strain differences in inbred mice. Physiology and Behavior 26:547–549.

Manuck SB, Kaplan JR, Clarkson TB (1983) Behaviorally induced heart rate reactivity and atherosclerosis in cynomolgous monkeys. Psychosomatic Medicine 45:95–108.

McEwen BS (2002) The neurobiology and neuroendocrinology of stress. Implications for post-traumatic stress disorder from a basic science perspective. The Psychiatric Clinics North America 25:469–494, ix.

McGregor IS, Schrama L, Ambermoon P, Dielenberg RA (2002) Not all 'predator odours' are equal: Cat odour but not 2,4,5 trimethylthiazoline (TMT; fox odour) elicits specific defensive behaviours in rats. Behavioural Brain Research 129:1–16.

Miczek KA, Thompson ML, Tornatzky W (1990) Short and long term physiological and neurochemical adaptations to social conflict. In: NATO ASI Series D: Behavioural and social sciences (Puglisi-Allegra S and Oliverio A, eds.), pp. 15–30. Dordrecht: Kluwer.

Porsolt RD, Le Pichon M, Jalfre M (1977) Depression: A new animal model sensitive to antidepressant treatment. Nature 266:730–732.

Ruis MA, te Brake JH, Buwalda B, De Boer SF, Meerlo P, Korte SM, Blokhuis HJ, Koolhaas JM (1999) Housing familiar male wildtype rats together reduces the long-term adverse behavioural and physiological effects of social defeat. Psychoneuroendocrinology 24:285–300.

Rupp H (1999) Excess catecholamine syndrome. Pathophysiology and therapy. Annals of the New York Academy of Science 881:430–444.

Seres J, Stancikova M, Svik K, Krsova D, Jurcovicova J (2002) Effects of chronic food restriction stress and chronic psychological stress on the development of adjuvant arthritis in male Long Evans rats. Annals of the New York Academy of Science 966:315–319.

Sgoifo A, Koolhaas J, De Boer S, Musso E, Stilli D, Buwalda B, Meerlo P (1999a) Social stress, autonomic neural activation, and cardiac activity in rats. Neuroscience and Biobehavioral Reviews 23:915–923.

Sgoifo A, Koolhaas JM, Musso E, De Boer SF (1999b) Different sympathovagal modulation of heart rate during social and nonsocial stress episodes in wild-type rats. Physiology and Behavior 67:733–738.

Spencer RL, Miller AH, Moday H, McEwen BS, Blanchard RJ, Blanchard DC, Sakai RR (1996) Chronic social stress produces reductions in available splenic type II corticosteroid receptor binding and plasma corticosteroid binding globulin levels. Psychoneuroendocrinology 21:95–109.

Stefanski V, Knopf G, Schulz S (2001) Long-term colony housing in Long Evans rats: Immunological, hormonal, and behavioral consequences. Journal of Neuroimmunology 114:122–130.

Steimer T and Driscoll P (2003) Divergent stress responses and coping styles in psychogenetically selected Roman high-(RHA) and low-(RLA) avoidance rats: Behavioural, neuroendocrine and developmental aspects. Stress 6:87–100.

Treit D (1985) Animal models for the study of anti-anxiety agents: A review. Neuroscience and Biobehavioral Reviews 9:203–222.

Treit D, Pinel JPJ, Fibiger HC (1981) Conditioned defensive burying: A new paradigm for the study of anxiolytic agents. Pharmacology, Biochemistry, and Behavior 15:619–626.

Tsuda A, Yoshishige I, Tanaka M (1988) Behavioral field analysis in two strains of rats in a conditioned defensive burying paradigm. Animal Learning Behavior 16:354–358.

Veenema AH, Meijer OC, de Kloet ER, Koolhaas JM (2003) Genetic selection for coping style predicts stressor susceptibility. Journal of Neuroendocrinology 15:256–267.

Weiss JM (1972) Influence of psychological variables on stress-induced pathology. In: Physiology, emotion and psychosomatic illness. CIBA Foundation Symposium (Porter R and Knight J, eds.). Amsterdam: Elsevier.

Weiss JM, Sundar SK, Becker KJ, Cierpal MA (1989) Behavioral and neural influences on cellular immune responses: Effects of stress and interleukin-1. Journal of Clinical Psychiatry 50:43–55.

Yehuda R, McFarlane AC, Shalev AY (1998) Predicting the development of posttraumatic stress disorder from the acute response to a traumatic event. Biological Psychiatry 44:1305–1313.

第 23 章

Abbas AK, Lichtman AH, Pober JS (2000) Cellular and molecular immunology, 4th ed. Philadelphia: WB Saunders Company.

Anisman H, Kokkinidis L, Merali Z (2002) Further evidence for the depressive effects of cytokines: Anhedonia and neurochemical changes. Behavior and Immunity 16:544–556.

Anisman H and Merali Z (2002) Cytokines, stress, and depressive illness. Brain, Behavior and Immunity 16:513–524.

Anisman H and Merali Z (1999) Anhedonic and anxiogenic effects of cytokine exposure. Advances in Experimental and Medica Biology 461:199–233.

Banks WA (2001) Cytokines, CVSs, and the blood-brain-barrier. In: Psychoneuroimmunology, 3rd ed. (Ader R, Felten DL, Cohen N, eds.), pp. 483–498. New York: Academic Press.

Batuman OA, Sajewski D, Ottenweller JE, Pitman DL, Natelson BH (1990) Effects of repeated stress on T cell numbers and function in rats. Behavior and Immunity 4:105–117.

Besedovsky HO and Del Rey A (2001) Cytokines as mediators of central and peripheral immune-neuroendocrine interactions. In Psychoneuroimmunology, 3rd ed. (Ader R, Felten DL, Cohen N, eds.), pp. 483–498. New York: Academic Press.

Black PH (2002) Stress and the inflammatory response: A review of neurogenic inflammation. Behavior and Immunity 16:622–653.

Blecha F, Barry RA, Kelley KW (1982) Stress-induced alterations in delayed-type hypersensitivity to SRBC and contact sensitivity to DNFB in mice. Proceedings of the Society of Experimental and Biological Medicine 169:239–246.

Buller KM and Day TA (2002) Systemic administration of interleukin-1beta activates select populations of central amygdala afferents. Journal of Comparative Neurology 452:288–296.

Carborez SG, Gasparotto OC, Buwalda B. Bohus B (2002) Long-term consequences of social stress on corticosterone and IL-1beta levels in endotoxin-challenged rats. Physiology and Behavior 76:99–105.

Cunningham ET and De Souza EB (1993) Interleukin 1 receptors in the brain and endocrine tissues. Immunology Today 14:171–176.

Dantzer R (2001) Cytokine-induced sickness behavior: Mechanisms and implications. Annals of the New York Academy of Science 933:222–234.

de Groot J, Ruis MA, Scholten JW, Koolhaas JM, Boersma WJ (2001) Long-term effects of social stress on antiviral immunity in pigs. Physiology and Behavior 73:145–158.

Dhabhar FS (2000) Acute stress enhances while chronic stress suppresses skin immunity. The role of stress hormones and leukocyte trafficking. Annals of the New York Academy of Science 917:876–893

Dhabhar FS and McEwen BS (1999) Enhancing versus suppressive effects of stress hormones on skin immune function. Proceedings of the National Academy of Sciences 96:1059–1064.

Fassbender K, Schneider S, Bertsch T, Schlueter D, Fatar M, Ragoschke A, Kuhl S, Kischka U, Hennerici M (2001) Temporal profile of release of interleukin-1β in neurotrauma. Neuroscience Letters 284:135–138.

Flint MS and Tinkle SS (2001) C57BL/6 mice are resistant to acute restraint modulation of cutaneous hypersensitivity. Toxicological Science 62:250–256.

Heim C and Nemeroff CB (2001) The role of childhood trauma in the neurobiology of mood and anxiety disorders: Preclinical and clinical studies. Biological Psychiatry 49:1023–1039.

Herman JP and Cullinan WE (1997) Neurocircuitry of stress: Central control of hypothalamo-pituitary-adrenocortical axis. Trends in Neuroscience 20:78–84.

Janeway C and Travers P (2001) Immunobiology, 5th ed. New York: Garland Publishing.

Konsman JP, Parnet P, Dantzer R (2002) Cytokine-induced sickness behaviour: mechanisms and implications. Trends in Neuroscience 25:154–159.

Kusnecov AW and Rabin BS (1994) Stressor-induced alterations of immune function: mechanisms and issues. International Archives of Allergy and Immunology 105:107–121.

Kusnecov AW and Rabin BS (1993) Inescapable footshock exposure differentially alters antigen- and mitogen-stimulated spleen cell proliferation in rats. Journal of Neuroimmunology 44:33–42.

Kusnecov AW, Sved A, Rabin B (2001) Immunologic effects of acute versus chronic stress in animals. In: Psychoneuroimmunology, 3rd ed. (Ader R, Felten DL, Cohen N, eds.), pp. 265–278. New York: Academic Press.

Lopez JF, Akil H, Watson SJ (1999) Neural circuits mediating stress. Biological Psychiatry 146:461–471.

Lu ZW, Song C, Ravindran AV, Merali Z, Anisman H (1998) Influence of a psychogenic and a neurogenic stressor on several indices of immune functioning in different strains of mice. Brain, Behavior and Immunity 12:7–22.

Lysle DT, Lyte M, Fowler H, Rabin BS (1987) Shock-induced modulation of lymphocyte reactivity: Suppression, habituation, and recovery. Life Science 41:1805–1814.

Maes M (1999) Major depression and activation of the inflammatory response system. Advances in Experimental and Medical Biology 461:25–45.

McEwen BS (2000) Allostasis and allostatic load: Implications for neuropsychopharmacology. Neuropsychopharmacology 22:108–124.

Merali Z, Brennan K, Brau P, Anisman H (2003) Dissociating anorexia and anhedonia elicited by interleukin-1β: Antidepressant and gender effects on responding for "free chow" and "earned" sucrose intake. Psychopharmacology 165:413–418.

Moynihan JA and Stevens SY (2001) Mechanisms of stress-induced modulation of immunity in animals. In: Psychoneuroimmunology, 3rd ed. (Ader R, Felten DL, Cohen N, eds.), pp. 227–249. New York: Academic Press.

Musselman DL, Lawson DH, Gumnick JF, Manatunga A, Penna S, Goodkin R, Greiner K, Nemeroff C, Miller AH (2001) Paroxetine for the prevention of the depression and neurotoxicity induced by high dose interferon alpha. The New England Journal of Medicine 344:961–966.

Nadeau S and Rivest S (1999) Regulation of the gene encoding tumor necrosis factor alpha (TNF-alpha) in the rat brain and pituitary in response in different models of systemic immune challenge. Journal of Neuropathology and Experimental Neurology 58:61–77.

Nguyen MD, Julien J-P, Rivest S (2002) Innate immunity: The missing link in neuroprotection and neurodegeneration. Nature Reviews 3:216–227.

Nguyen KT, Deak T, Owens SM, Kohno T, Fleshner M, Watkins LR, Maier S (1998) Exposure to acute stress induces brain interleukin-1β protein in the rat. Journal of Neuroscience 19:2799–2805.

Quan N, Avitsur R, Stark JL, He L, Shah M, Caligiuri M, Padgett DA, Marucha PT, Sheridan JF (2001) Social stress increases the susceptibility to endotoxic shock. Journal of Neuroimmunology 115:36–45.

Rivest S and Laflamme N (1995) Neuronal activity and neuropeptide gene transcription in the brains of immune-challenged rats. Journal of Neuroendocrinology 7:501–525.

Rivest S, Lacroix S, Vallieres L, Nadeau S, Zhang J, Laflamme N (2000) How the blood talks to the brain parenchyma and the paraventricular nucleus of the hypothalamus during systemic inflammatory and infectious stimuli. Proceedings of the Society for Experimental Biology and Medicine 223:22–38.

Rothwell NJ and Luheshi G (2000) Interleukin 1 in the brain: biology, pathology and therapeutic target. Trends in Neuroscience 23:618–625.

Shanks N and Kusnecov AW (1998) Differential immune reactivity to stress in BALB/cByJ and C57BL/6J mice: In vivo dependence on macrophages. Physiology and Behavior 65:95–103.

Shanks N, Windle RJ, Perks PA, Harbuz MS, Jessop DS, Ingram CD, Lightman SL (2000) Early-life exposure to endotoxin alters hypothalamic-pituitary-adrenal function and predisposition to inflammation. Proceedings of the National Academy of Sciences 97:5645–5650.

Sheridan JF (1998) Norman Cousins Memorial Lecture 1997. Stress-induced modulation of anti-viral immunity. Brain Behavior and Immunity 12:1–6.

Song C, Merali Z, Anisman H (1999) Variations of nucleus accumbens dopamine and serotonin following systemic interleukin-1, interleukin-2 or interleukin-6 treatment. Neuroscience 88:823–836.

Stark JL, Avitsur R, Hunzeker J, Padgett DA Sheridan JF (2002) Interleukin-6 and the development of social disruption-induced glucocorticoids resistance. Journal of Neuroimmunology 124:9–15.

Tannenbaum B, Tannebaum G, Anisman H (2002) Neurochemical and behavioral alterations elicited by a chronic intermittent stressor regimen: Implications for allostatic load. Brain Research 953:82–92.

Thomson A (1998) The cytokine handbook, 3rd ed. San Diego: Academic Press.

Tilders FJH and Schmidt ED (1999) Cross-sensitization between immune and non-immune stressors. A role in the etiology of depression? Advances in Experimental Medicine and Biology 461:179–197.

Wood PG, Karol MH, Kusnecov AW, Rabin BS (1993) Enhancement of antigen-specific humoral and cell-mediated immunity by electric footshock stress in rats. Brain Behavior and Immunity 7:121–134.

第24章

Brumley MR, Fleenor RA, Simmons LL, Robinson SR (2003) Serotonin agonists alter motor activity and promote hindlimb stepping in the intact and midthoracic transected E20 rat fetus (abstract). Developmental Psychobiology 43:249.

Brumley MR and Robinson SR (2002) Responsiveness of rat fetuses to sibling motor activity: Communication in utero? (abstract). Developmental Psychobiology 41:73.

Chotro MG, Cordoba NE, Molina JC (1991) Acute prenatal experience with alcohol in the amniotic fluid: Interactions with aversive and appetitive alcohol orosensory learning in the rat pup. Developmental Psychobiology 24:431–451.

Hamburger V (1973) Anatomical and physiological basis of embryonic motility in birds and mammals. In: Behavioral embryology (Gottlieb G, ed.), pp. 51–76. New York: Academic Press.

Hepper PG (1987) The amniotic fluid: An important priming role in kin recognition. Animal Behaviour 35:1343–1346.

Hepper PG (1988) Adaptive fetal learning: prenatal exposure to garlic affects postnatal preferences. Animal Behaviour 36:935–936.

Jenkin G and Nathanielsz PW (1994) Myometrial activity during pregnancy and parturition. In: Textbook of fetal physiology (Thorburn GD and Harding R, eds.), pp. 405–414. Oxford: Oxford University Press.

Kleven GA, Lane MS, Robinson SR (in press) Development of interlimb movement synchrony in the rat fetus. Behavioral Neuroscience.

Korthank AJ and Robinson SR (1998) Effects of amniotic fluid on opioid activity and fetal responses to chemosensory stimuli. Developmental Psychobiology 33:235–248.

Meisel RL and Ward IL (1981) Fetal female rats are masculinized by male littermates located caudally in the uterus. Science 220:437–438.

Mickley GA, Remmers-Roeber DR, Crouse C, Walker C, Dengler C (2000) Detection of novelty by perinatal rats. Physiology and Behavior 70:217–225.

Moore CL and Chadwick-Dias AM (1986) Behavioral responses of infant rats to maternal licking: Variations with age and sex. Developmental Psychobiology 19:427–438.

Richmond G and Sachs BD (1980) Grooming in norway rats: the development and adult expression of a complex motor pattern. Behaviour 75:82–96.

Robertson SS and Smotherman WP (1990) The neural control of cyclic activity in the fetal rat. Physiology and Behavior 47:121–126.

Robinson SR and Kleven GA (in press) Learning to move before birth. In: Prenatal development of postnatal functions (Hopkins B and Johnson S, eds.). Westport, CT: Greenwood Publishing Group.

Robinson SR and Smotherman WP (1988) Chance and chunks in the ontogeny of fetal behavior. In: Behavior of the Fetus (Smotherman WP and Robinson SR, eds.), pp. 95–115. Caldwell, NJ: Telford Press.

Robinson SR and Smotherman WP (1991a) The amniotic sac as scaffolding: Prenatal ontogeny of an action pattern. Developmental Psychobiology 24:463–485.

Robinson SR and Smotherman WP (1991b) Fetal learning: Implications for the development of kin recognition. In: Kin recognition (Hepper PG, ed.), pp. 308–334. Cambridge: Cambridge University Press.

Robinson SR and Smotherman WP (1992a) Fundamental motor patterns of the mammalian fetus. Journal of Neurobiology 23:1574–1600.

Robinson SR and Smotherman WP (1992b) Organization of the stretch response to milk in the rat fetus. Developmental Psychobiology 25:33–49.

Robinson SR and Smotherman WP (1994) Behavioral effects of milk in the rat fetus. Behavioral Neuroscience 108:1139–1149.

Robinson SR and Smotherman WP (1995) Habituation and classical conditioning in the rat fetus: Opioid involvements. In: Fetal development: A psychobiological perspective (Lecanuet JP, Krasnegor NA, Fifer WP, Smotherman WP, eds.), pp. 295–314. New York: Lawrence Erlbaum & Associates.

Robinson SR, Blumberg MS, Lane MS, Kreber L (2000) Spontaneous motor activity in fetal and infant rats is organized into discrete multilimb bouts. Behavioral Neuroscience 114:328–336.

Robinson SR, Hoeltzel TCM, Cooke KM, Umphress SM, Murrish DE, Smotherman WP (1992) Oral capture and grasping of an artificial nipple by rat fetuses. Developmental Psychobiology 25:543–555.

Ronca AE, Lamkin CA, Alberts JR (1993) Maternal contributions to sensory experience in the fetal and newborn rat (*Rattus norvegicus*). Journal of Comparative Psychology 107:61–74.

Smotherman WP and Robinson SR (1986) Environmental determinants of behaviour in the rat fetus. Animal Behaviour 34:1859–1873.

Smotherman WP and Robinson SR (1988a) The uterus as environment: The ecology of fetal experience. In: Handbook of behavioral neurobiology, vol 9, Developmental psychobiology and behavioral ecology (Blass EM, ed.), pp. 149–196). New York: Plenum Press.

Smotherman WP and Robinson SR (1991) Accessibility of the rat fetus for psychobiological investigation. In: Developmental psychobiology: New methods and changing concepts (Shair HN, Hofer MA, Barr G, eds.), pp. 148–164. New York: Oxford University Press.

Smotherman WP and Robinson SR (1992) Prenatal experience with milk: Fetal behavior and endogenous opioid systems. Neuroscience and Biobehavioral Reviews 16:351–364.

Smotherman WP and Robinson SR (1997) Prenatal ontogeny of sensory responsiveness and learning. In: Comparative psychology: A handbook (Greenberg G and Haraway MM, eds.), pp. 586–601. New York: Garland Press.

Smotherman WP, Robinson SR, Hepper PG, Ronca AE, Alberts JR (1991) Heart rate response of the rat fetus and neonate to a chemosensory stimulus. Physiology and Behavior 50:47–52.

Smotherman WP, Robinson SR, Robertson SS (1988) Cyclic motor activity in the fetal rat (*Rattus norvegicus*). Journal of Comparative Psychology 102:78–82.

Thelen E (1994) Three-month-old infants can learn task-specific patterns of interlimb coordination. Psychological Science 5:280–285.

van Hartesveldt C, Sickles AE, Porter JD, Stehouwer DJ (1990) L-DOPA-induced air-stepping in developing rats. Developmental Brain Research 58:251–255.

Wirtschafter ZT and Williams DW (1957) The dynamics of protein changes in the amniotic fluid of normal and abnormal rat embryos. American Journal of Obstetrics and Gynecology 74:1022–1028.

Ronca AE and Alberts JR (1995) Maternal contributions to fetal experience and the transition from prenatal to postnatal life. In: Fetal behavior: A psychobiological perspective (Lecanuet J-P, Krasnegor N, Smotherman WP, eds.), pp. 331–351. Hillsdale, NJ: Lawrence Erlbaum Associates.

Ronca AE, Lamkin CA, Alberts JR (1993) Maternal contributions to sensory experience in the fetal and newborn rat. Journal of Comparative Psychology 107:61–74.

Rosenblatt JS (1965) The basis of synchrony in the behavioral interaction between the mother and her offspring in the laboratory rat. In: Determinants of infant behavior, Vol 3 (Foss BM, ed.), pp. 3–44. London: Methuen & Co Ltd.

Schank J and Alberts J (1997) Self-organized huddles of rat pups modeled by simple rules of individual behavior. Journal of Theoretical Biology 189:11–25.

Schank JC and Alberts JR (1997) Aggregation and the emergence of social behavior in rat pups modeled by simple rules of individual behavior. In: International Conference on Complex Systems (Bar-Yam Y, ed.), pp. 1–8. Nashua, NH: New England Complex Systems Institute.

Small WS (1899) Notes on the psychic development of the young white rat. American Journal of Psychology 11:80–100.

Stehouwer DJ and Van Hartesveldt C (2000) Kinematic analyses of air-stepping in normal and decerebrate preweanling rats. Developmental Psychobiology 36:1–8.

Stern JM (1988) A revised view of the multisensory control of maternal behaviour in rats: Critical role of tactile inputs. In: Ethoexperimental analysis of behaviour (Blanchard RJ, Brain PF, Blanchard DC, Parmigiani S, eds.). Il Ciocco: Martinus Nijhoff.

Stern JM and Azzara AV (2000) Thermal control of mother-young contact revisited: Hyperthermic rats nurse normally. Physiology and Behavior 77:11–18.

Stone EA, Bonnet KA, Hofer MA (1976) Survival and development of maternally deprived rats: Role of body temperature. Psychosomatic Medicine 38:242–249.

Sullivan RM and Hall WG (1988) Reinforcers in infancy: Classical conditioning using stroking or intraoral infusions of milk as USC. Developmental Psychobiology 21:215–224.

Tees R (1976) Perceptual development in mammals. In: Studies on the development of behavior and the nervous system, Vol 3 (Gottlieb G, ed.), pp. 282–326. New York: Academic Press.

Teicher MH and Blass EM (1976) Suckling in newborn rats: Eliminated by nipple lavage, reinstated by pup saliva. Science 193:422–425.

Thiels E, Cramer CP, Alberts JR (1988) Behavioral interactions rather than milk availability determine decline in milk intake of weanling rats. Physiology and Behavior 42:507–515.

Welker WI (1964) Analysis of sniffing of the albino rat. Behaviour 22:223–244.

Wu CC and Gonzalez MF (1997) Functional development of the vibrissae somatosensory system of the rat: (14c)2-Deoxyglucose metabolic mapping study. Journal of Comparative Neurology 384:323–336.

第 26 章

Altman J and Sudarshan K (1975) Postnatal development of locomotion in the laboratory rat. Animal Behavior 23:8096–8920.

Bayer SA and Altman J (1991) Neocortical development. New York: Raven Press.

Bermudez-Rattioni F (1995) The role of the insular cortex in the acquisition and long lasting memory for aversively motivated behavior. In: Plasticity in the central nervous system (McGaugh JL, Bemudez-Rattoni F, Prado-Alcala RA, eds.). Mahwah, NJ: Erlbaum.

Brown RW and Kraemer PJ (1997) Ontogenetic differences in retention of spatial learning tested with the Morris water maze. Developmental Psychobiology 30:329–341.

Brown RW and Whishaw IQ (2000) Similarities in the development of place and cue navigation by rats in a swimming pool. Developmental Psychobiology 37:238–245.

Coles BLK and Whishaw IQ (1996) Neural changes in forelimb cortex and behavioural development. Unpublished master's thesis, Lethbridge, Alberta, Canada: University of Lethbridge.

Cunningham MG, Bhattacharya S, Benes FM (2002) Amygdalo-cortical sprouting continues into early adulthood: Implications for the development of normal and abnormal function during adolescence. Journal of Comparative Neurology 453:116–130.

Kraemer PJ and Randall CK (1995) Spatial learning in preweanling rats trained in a Morris water maze. Psychobiology 23:144–152.

Pierce RC and Kalivas PW (1997) A circuitry model of the expression of behavioral sensitization to amphetamine-like psychostimulants. Brain Research Brain Research Reviews 25:192–216.

Rudy JW, Stadler-Morris S, Albert P (1987) Ontogeny of spatial navigation behaviors in the rat: Dissociation of "proximal"- and "distal"-cue-based behaviors. Behavioural Neuroscience 101:62–73.

Schweitzer L and Green L (1982) Acquisition and extended retention of a conditioned taste aversion in preweanling rats. Journal of Comparative and Physiological Psychology 96:791–806.

Smotherman WP (1982) Odor aversion learning by the

Smotherman WP (1982) Odor aversion learning by the rat fetus. Physiology and Behavior 29:769–771.

Spear NE and Riccio DC (1994) Memory: Phenomena and principles. Needham Heights, Mass.: Allyn & Bacon.

Whishaw IQ and Tomie J-A (1989) Food-pellet size modifies the hoarding behavior of foraging rats. Psychobiology 17:93–101.

Zimmer J (1978) Development of the hippocampus and fascia dentata: Morphological and histochemical aspects. Maturation of the Nerv Sys, Progress in Brain Research, Vol. 48. MA Corner, Ed. Elsevier/North Holland Press: Amsterdam.

第 27 章

Ackerman SH, Hofer MA, Weiner H (1977) Some effects of a split litter cross foster design applied to 15 day old rat pups. Physiology and Behavior 19:433–436.

Agnish ND and Keller KA (1997) The rationale for culling of rodent litters. Fundamental and Applied Toxicology 38:2–6.

Bridges RS (1984) A quantitative analysis of the roles of dosage, sequence, and duration of estradiol and progesterone exposure in the regulation of maternal behavior in the rat. Endocrinology 114:930–940.

Bridges RS and Hammer RP Jr (1992) Parity-associated alterations of medial preoptic opiate receptors in female rats. Brain Research 578:269–274.

Ceger P and Kuhn CM (1998) Responses to maternal separation: Mechanisms and mediators. International Journal of Developmental Neuroscience 16:261–270.

Deviterne D and Desor D (1990) Selective pup retrieving by mother rats: Sex and early development characteristics as discrimination factors. Developmental Psychobiology 23:361–368.

Deviterne D, Desor D, Krafft B (1990) Maternal behavior variations and adaptations, and pup development within litters of various sizes in Wistar rats. Developmental Psychobiology 23:349–360.

Farrell WJ and Alberts JR (2002) Maternal responsiveness to infant Norway rat (Rattus norvegicus) ultrasonic vocalizations during the maternal behavior cycle and after steroid and experiential induction regimens. Journal of Comparative Psychology 116:286–296.

Featherstone RE, Fleming AS, Ivy GO (2000) Platicity in the maternal circuit: Effects of experience and partum condition on brain astrocyte number in female rats. Behavioral Neuroscience 114:158–172.

Fleming AS, Kraemer GW, Gonzalez A, Lovic V, Rees S, Melo A (2002) Mothering begets mothering: The transmission of behavior and its neurobiology across generations. Pharmacology, Biochemistry, and Behavior 73:61–75.

Fleming AS and Li M (2002) Psychobiology of maternal behavior and its early determinants in nonhuman mammals. In Handbook of parenting: Biology and ecology, Vol 2 (Borenstein MH, ed.). Mahwah, NJ: Lawrence Erlbaum Associates.

Fleming AS and Luebke C (1981) Timidity prevents the virgin female rat from being a good-mother: Emotionality differences between nulliparous and parturient females. Physiology and Behavior 27:863–868.

Fleming AS and Rosenblatt JS (1974) Maternal behavior in the virgin and lactating rat. Journal of Comparative and Physiological Psychology 86:957–972.

Francis DD and Meaney MJ (1999) Maternal care and the development of stress responses. Current Opinion in Neurobiology 9:128–134.

Francis DD, Young LJ, Meaney MJ, Insel TR (2002) Naturally occurring differences in maternal care are associated with the expression of oxytocin and vasopressin (V1a) receptors: Gender differences. J Neuroendocrinol 14:349–353.

Gilbert AN, Burgoon DA, Sullivan KA, Adler NT (1983) Mother-weanling interactions in Norway rats in the presence of a successive litter produced by postpartum mating. Physiology and Behavior 30:267–271.

Gonzalez-Mariscal G and Poindron P (2002) Parental care in mammals: immediate internal and sensory factors of control. In: Hormones, brain and behavior, Vol. 1 (Eds, Pfaff DW, Arnold AP, Etgen AM, Fahrbach SE, Rubin RT). Elsevier Science: San Diego.

Hofer MA (1994) Early relationships as regulators of infant physiology and behavior. Acta Pediatrica 397:S9–S18.

Hudson R, Cruz Y, Lucio A, Ninomiya J, Martinez-Gomez M (1999) Temporal and behavioral patterning of parturition in rabbits and rats. Physiology and Behavior 66:599–604.

Lehmann J and Feldon J (2000) Long-term biobehavioral effects of maternal separation in the rat: Consistent or confusing? Reviews in Neuroscience 11:383–408.

Leon M, Adels L, Coopersmith R, Woodside B (1984) Diurnal cycle of mother-young contact in Norway rats. Physiology and Behavior 32:999–1003.

Li M and Fleming AS (2003) Differential involvement of nucleus accumbens shell and core subregions in maternal memory in postpartum female rats. Behavioral Neuroscience 117:426–445.

Liu D, Diorio J, Day JC, Francis DD, Meaney MJ (2000) Maternal care, hippocampal synaptogenesis and cognitive development in rats. Nature Neuroscience 3:799–806.

Liu D, Diorio J, Tannenbaum B, Caldji C, Francis D, Freedman A, Sharma S, Pearson D, Plotsky PM, Meaney MJ (1997) Maternal care, hippocampal glu-

cocorticoids receptors, and hypothalamic-pituitary-adrenal responses to stress. Science 277:1659–1662.
Lonstein JS, Wagner CK, De Vries GJ (1999) Comparison of the "nursing" and other parental behaviors of nulliparous and lactating female rats. Hormones and Behavior 36:242–251.
Lovic V and Fleming AS (2004) Artificially reared female rats show reduced prepulse inhibition and deficits in the attentional set-shifting task—reversal of effects with maternal-like licking stimulation. Behavioural Brain Research, 148(1–2):209–219.
Mattson BJ, Williams SE, Rosenblatt JS, Morrell JL (2003) Preferences for cocaine- or pup-associated chambers differentiates otherwise behaviorally identical postpartum maternal rats. Psychopharmacology (Berlin) 167:1–8.
McIver AH and Jeffrey WE (1967) Strain differences in maternal behavior in rats. Behaviour 28:210–216.
Morgan HD, Watchus JA, Milgram MW, Fleming AS (1999) The long lasting effects of electrical simulation of the medial preoptic area and medial amygdala on maternal behavior in female rats. Behavioral Brain Research 99:61–73.
Moore CL (1984) Maternal contributions to the development of masculine sexual behavior in laboratory rats. Developmental Psychobiology 17:347–356.
Moore CL (1985) Sex differences in urinary odors produced by young laboratory rats (Rattus norvegicus). Journal of Comparative Psychology 99:336–341.
Moore CL (1986) A hormonal basis for sex differences in the self-grooming of rats. Hormones and Behavior 20:155–165.
Moore CL, Wong L, Daum MC, Leclair OU (1997) Mother-infant interactions in two strains of rats: Implications for dissociating mechanism and function of a maternal pattern. Developmental Psychobiology 30:301–312.
Numan M and Sheehan TP (1997) Neuroanatomical circuitry of mammalian maternal behavior. Annals of New York Academy of Sciences 807:101–125.
Pryce CR, Bettschen D, Feldon J (2001) Comparison of the effects of early handling and early deprivation on maternal care in the rat. Developmental Psychobiology 38:239–251.
Rees SL and Fleming AS (2001) How early maternal separation and juvenile experience with pups affect maternal behavior and emotionality in adult postpartum rats. Animal Learning and Behavior 29:221–233.
Rosenblatt JS (1967) Nonhormonal basis of maternal behavior in the rat. Science 156:1512–1514.
Rosenblatt JS (2002) Hormonal basis of parenting in mammals. In: Handbook of parenting, Vol 2 (Bornenstein MH, ed.). Mahwah, NJ: Lawrence Erlbaum Associates.
Rosenblatt JS and Ceus K (1998) Estrogen implants in the medial preoptic area stimulate maternal behavior in male rats. Hormones and Behavior 33:23–30.
Rosenblatt JS, Hazelwood S, Poole J (1996) Maternal behavior in male rats: Effects of medial preoptic area lesions and presence of maternal aggression. Hormones and Behavior 30:201–215.
Rosenblatt JS and Lehrman DS (1963) Maternal behavior in the laboratory rat. In: Maternal behavior in mammals (Rheingold HL, ed.). New York: Wiley.
Sharpe RM (1975) The influence of the sex of litter-mates on subsequent maternal behavior in Rattus norvegicus. Animal Behavior 23:551–559.
Smotherman WP, Wiener SG, Mendoza SP, Levine S (1976) Pituitary-adrenal responsiveness of rat mothers to noxious stimuli and stimuli produced by pups. CIBA Foundation Symposium 45:5–25.
Stern JM (1996) Somatosensation and maternal care in Norway rats. Advances in the Study of Behavior 25:243–293.
Stern JM and MacKinnon DA (1978) Sensory regulation of maternal behavior in rats: Effects of pup age. Developmental Psychobiology 11:579–586.
Trekel J and Rosenblatt JS (1971) Aspects of nonhormonal maternal behavior in the rat. Hormones and Behavior 2:161–171.
Wiesner BP and Sheard NM (1933) Maternal behavior in the rat. Edinburgh: Oliver.

第 28 章

Adams DB (1980) Motivational systems of agonistic behavior in muroid rodents: A comparative review and neural model. Aggressive Behavior 6:295–346.
Aldis O (1975) Play fighting. New York: Academic Press.
Alleva E (1993) Assessment of aggressive behavior in rodents. In: Methods in neurosciences. Paradigms for the study of behavior, Vol 14 (Conn PM, ed.), pp. 111–137. New York: Academic Press.
Blanchard DC and Blanchard RJ (1990) The colony model of aggression and defense. In: Contemporary issues in comparative psychology (Dewsbury DA, ed.), pp. 410–430. Sunderland, Mass.: Sinauer Associates, Inc.
Blanchard RJ and Blanchard DC (1994) Environmental targets and sensorimotor systems in aggression and defence. In: Ethology and psychopharmacology (Cooper SJ and Hendrie CA, eds.), pp. 133–157. New York: John Wiley & Sons.
Blanchard RJ, Blanchard DC, Pank L, Fellows D (1985) Conspecific wounding in free ranging *Rattus norvegicus*. The Psychological Record 35:329–335.
Blanchard RJ, Blanchard DC, Takahashi T, Kelly MJ (1977) Attack and defensive behaviour in the albino rat. Animal Behaviour 5:622–634.

Boice R and Adams N (1983). Degrees of captivity and aggressive behavior in domestic Norway rats. Bulletin of the Psychonomic Society 21:149–152.

Cools AR (1985) Brain and behavior: hierarchy of feedback systems and control of input. In: Perspectives in ethology. Mechanisms, Vol 6 (Bateson PPG and Klopfer PH, eds.), pp. 109–168. New York: Plenum Press.

Einon DF, Morgan MJ, Kibbler CC (1978) Brief periods of socialization and later behavior in the rat. Developmental Psychobiology 11:213–225.

Fagen R (1981) Animal play behavior. New York: Oxford University Press.

Foroud A and Pellis SM (2003) The development of "roughness" in the play fighting of rats: A Laban movement analysis perspective. Developmental Psychobiology 42:35–43.

Geist V (1971) Mountain sheep. Chicago: University of Chicago Press.

Geist V (1978) On weapons, combat and ecology. In: Advances in the study of communication and affect, Vol 4 (Krames LP, Pliner P, Aloway T, eds.), pp. 1–30. New York: Plenum Press.

Grant EC and MacIntosh JM (1966) A comparison of some of the social postures of some common laboratory rodents. Behaviour 21:246–259.

Hole GT and Einon DF (1984) Play in rodents. In: Play in animals and man (Smith PK, ed.), pp. 95–117. Oxford: Basil Blackwell.

Hurst JL, Barnard CJ, Hare R, Wheeldon EB, West CD (1996) Housing and welfare in laboratory rats: Time-budgeting and pathophysiology in single sex groups. Animal Behaviour 52:335–360.

Kemble ED (1993) Resident-intruder paradigms for the study of rodent aggression. In: Methods in neurosciences. Paradigms for the study of behavior, Vol 14 (Conn PM, ed.), pp. 138–150. New York: Academic Press.

Kruk MR, van der Poel AM, de Vos-Frerichs TP (1979) The induction of aggressive behavior by electrical stimulation in the hypothalamus of male rats. Behaviour 70:292–322.

Mitchell G (1979) Behavioral sex differences in nonhuman primates. New York: Van Nostrand Reinhold Co.

Panksepp J (1981) The ontogeny of play in rats. Developmental Psychobiology 14:327–332.

Pellis SM (1988) Agonistic versus amicable targets of attack and defense: Consequences for the origin, function and descriptive classification of play-fighting. Aggressive Behavior 14:85–104.

Pellis SM (1989) Fighting: The problem of selecting appropriate behavior patterns. In: Ethoexperimental approaches to the study of behavior (Blanchard RJ, Brain PF, Blanchard DC, Parmigiani S, eds.), pp. 361–374. Dordrecht, the Netherlands: Kluwer Academic Publishers.

Pellis SM (1993) Sex and the evolution of play fighting: A review and model based on the behavior of muroid rodents. Play Theory and Research 1:55–75.

Pellis SM (1997) Targets and tactics: The analysis of moment-to-moment decision making in animal combat. Aggressive Behavior 23:107–129.

Pellis SM (2002) Keeping in touch: Play fighting and social knowledge. In: The cognitive animal: empirical and theoretical perspectives on animal cognition (Bekoff M, Allen C, Burghardt GM, eds.), pp. 421–427. Cambridge, Mass.: MIT Press.

Pellis SM and Iwaniuk AN (2004) Evolving a playful brain: A levels of control approach. International Journal of Comparative Psychology 17:90–116.

Pellis SM and Pellis VC (1987) Play fighting differs from serious fighting in both the target of attack and tactics of fighting in the laboratory rat *Rattus norvegicus*. Aggressive Behavior 13:227–242.

Pellis SM and Pellis VC (1988) Play-fighting in the Syrian golden hamster *Mesocricetus auratus* Waterhouse and its relationship to serious fighting during post-weaning development. Developmental Psychobiology 21:323–337.

Pellis SM and Pellis VC (1989) Targets of attack and defense in the play fighting by the Djungarian hamster *Phodopus campbelli*: Links to fighting and sex. Aggressive Behavior 15:217–234.

Pellis SM and Pellis VC (1990) Differential rates of attack, defense and counterattack during the developmental decrease in play fighting by male and female rats. Developmental Psychobiology 23:215–231.

Pellis SM and Pellis VC (1991) Role reversal changes during the ontogeny of play fighting in male rats: Attack versus defense. Aggressive Behavior 17:179–189.

Pellis SM and Pellis VC (1992) Juvenilized play fighting in subordinate male rats. Aggressive Behavior 18:449–457.

Pellis SM and Pellis VC (1997) The pre-juvenile onset of play fighting in rats (*Rattus norvegicus*). Developmental Psychobiology 31:193–205.

Pellis SM and Pellis VC (1998) The play fighting of rats in comparative perspective: A schema for neurobehavioral analyses. Neuroscience and Biobehavioral Reviews 23:87–101.

Pellis SM, Pellis VC, Dewsbury DA (1989) Different levels of complexity in the play fighting by muroid rodents appear to result from different levels of intensity of attack and defense. Aggressive Behavior 15:297–310.

Pellis SM, Pellis VC, Kolb B (1992) Neonatal testosterone augmentation increases juvenile play fighting but does not influence the adult dominance relationships of male rats. Aggressive Behavior 18:437–447.

Pellis SM, Pellis VC, McKenna MM (1993) Some subordinates are more equal than others: Play fighting amongst adult subordinate male rats. Aggressive Behavior 19:385–393.

Pellis SM, Pellis VC, Pierce JD Jr, Dewsbury DA (1992) Disentangling the contribution of the attacker from that of the defender in the differences in the intraspecific fighting of two species of voles. Aggressive Behavior 18:425–435.

Pierce JD Jr, Pellis VC, Dewsbury DA, Pellis SM (1991) Targets and tactics of agonistic and precopulatory behavior in montane and prairie voles: Their relationship to juvenile play fighting. Aggressive Behavior 17:337–349.

Poole TB and Fish J (1975) An investigation of playful behaviour in *Rattus norvegicus* and *Mus musculus* (Mammalia). Journal of the Zoological Society, London 175:61–71.

Silverman P (1978) Animal behaviour in the laboratory. New York: Pica Press.

Smith LK, Fantella S-L, Pellis SM (1999) Playful defensive responses in adult male rats depend on the status of the unfamiliar opponent. Aggressive Behavior 25:141–152.

Takahashi LK and Lore RK (1983) Play fighting and the development of agonistic behavior in male and female rats. Aggressive Behavior 9:217–227.

Taylor GT (1980) Fighting in juvenile rats and the ontogeny of agonistic behavior. Journal of Comparative and Physiological Psychology 94:953–961.

第 29 章

Adler NT (1969) Effects of the male's copulatory behavior on successful pregnancy of the female rat. Journal of Comparative Physiology and Psychology 69:613–622.

Anisko JJ, Suer SF, et al (1978) Relation between 22-kHz ultrasonic signals and sociosexual behavior in rats. Journal of Comparative Physiology and Psychology 92:821–829.

Bakker J, Van Ophemert J, et al (1996) Sexual differentiation of odor and partner preference in the rat. Physiology and Behavior 60:489–494.

Barnett SA (1975) Reproductive behavior. In: The rat: A study in behavior, p. 138. Chicago: The University of Chicago Press.

Beach FA (1976) Sexual attractivity, proceptivity, and receptivity in female mammals. Hormones and Behavior 7:105–138.

Becker JB (1999) Gender differences in and influences of reproductive hormones on dopaminergic function in striatum and nucleus accumbens. Pharmacology, Biochemistry, and Behavior 64:803–812.

Bermant G (1967) Copulation in rats. Psychology Today. 1:52–60.

Bermant G, Lott D, et al (1968) Temporal characteristics of the Coolidge effect in male rat copulatory behavior. Journal of Comparative and Physiological Psychology 65:447–452.

Bitran D and Hull EM (1987) Pharmacological analysis of male rat sexual behavior. Neuroscience and Biobehavior Reviews 11:365–389.

Breedlove SM and Hampson E (2002) Sexual differentiation of the brain and behavior. In: Behavioral endocrinology (Becker JB, Breedlove SM, Crews D, McCarthy MM, eds.), pp. 75–115. Cambridge, Mass.: MIT Press.

Carruth LL, Reisert I, et al (2002) Sex chromosome genes directly affect brain sexual differentiation. Nature Neuroscience 5:933–934.

Coolen LM, Peters HJ, et al (1998) Anatomical interrelationships of the medial preoptic area and other brain regions activated following male sexual behavior: A combined for and tract-tracing study. Journal of Comparative Neurology 397:421–435.

Coolen LM, Peters HJPW, et al (1996) Fos immunoreactivity in the rat brain following consummatory elements of sexual behavior: A sex comparison. Brain Research 738:67–82.

DeJonge FH, Louwerse AL, et al (1989) Lesions of the SDN-POA inhibit sexual behavior of male Wistar rats. Brain Research Bulletin 23:483–492.

Erskine MS (1989) Solicitation behavior in the estrous female rat: A review. Hormones and Behavior 23:473–502.

Erskine MS (1992) Pelvic and pudendal nerves influence the display of paced mating behavior in response to estrogen and progesterone in the female rat. Behavioral Neuroscience 106:690–697.

Erskine MS (1993) Mating-induced increases in FOS protein in preoptic area and medial amygdala of cycling female rats. Brain Research Bulletin 32:447–451.

Erskine MS and Baum MJ (1982) Effects of paced coital stimulation on termination of estrus and brain indoleamine levels in female rats. Pharmacology, Biochemistry, and Behavior 17:857–861.

Everitt BJ (1990) Sexual motivation: A neural and behavioural analysis of the mechanisms underlying appetitive and copulatory responses of male rats. Neuroscience and Biobehavioral Reviews 14:217–232.

Fiorino DF, Coury A, et al (1997) Dynamic changes in the nucleus accumbens dopamine efflux during the coolidge effect in male rats. Journal of Neuroscience 17:4849–4855.

Fiorino DF and Phillips AG (1999) Facilitation of sexual behavior and enhanced dopamine efflux in the nucleus accumbens of male rats after D-amphetamine-induced behavioral sensitization. Journal of Neuroscience 19:456–463.

Fitch RH and Denenberg VH (1998) A role for ovarian hormones in sexual differentiation of the brain. Behavioral and Brain Sciences 21:311.

Freeman ME (1994) The neuroendocrine control of the ovarian cycle of the rat. In: The physiology of reproduction, 2nd ed (Knobil E and Neill JD, eds.). New York: Raven Press, Ltd.

French D, Fitzpatrick D, et al (1972) Operant investigations of mating preference in female rats. Journal of Comparative Physiology and Psychology 81:226–232.

Gilman DP, Mercer LF, et al (1979) Influence of female copulatory behavior on the induction of pseudopregnancy in the female rat. Physiology and Behavior 22:675–678.

Gunnet JW and Freeman ME (1983) The mating-induced release of prolactin: A unique neuroendocrine response. Endocrinology Reviews 4:44–61.

Hansen S, Kohler C, et al (1982) Effects of ibotenic acid-induced neuronal degeneration in the medial preoptic area and the lateral hypothalamic area on sexual behavior in the male rat. Brain Research 239:213–232.

Haskins JT and Moss RL (1983) Action of estrogen and mechanical vaginocervical stimulation on the membrane excitability of hypothalamic and midbrain neurons. Brain Research Bulletin 10:489–496.

Heimer L and Larsson K (1966) Impairment of mating behavior in male rats folooving lesions in the preoptic-anterior hypothalamic continuum. Brain Research 3:248–263.

Hoshina Y, Takeo U, et al (1994) Axon-spring lesion of the preoptic area enhances receptivity and diminishes proceptivity among components of female rat sexual behavior. Behavioural Brain Research 61:197–204.

Hull EM, Bitran D, et al (1986) Dopaminergic control of male sex behavior in rats: Effects of an intracerebrally-infused agonist. Brain Research 370:73–81.

Hull EM, Lorrain DS, et al (1999) Hormone-neurotransmitter interactions in the control of sexual behavior. Behavioural Brain Research 105:105–116.

Jenkins WJ and Becker JB (2001) Role of the striatum and nucleus accumbens in paced copulatory behavior in the female rat. Behavioural Brain Research 121:119–128.

Jenkins WJ and Becker JB (2003) Females devlop conditioned place preference for sex at their preferred interval. Hormones and Behavior 43:503–507.

Kohlert JG and Meisel RL (1999) Sexual experience sensitizes mating-related nucleus accumbens dopamine responses of female Syrian hamsters. Behavioural Brain Research 99:45–52.

Liu Y, Sachs BD, et al (1998) Sexual behavior in male rats after radiofrequency or dopamine-depleting lesions in the nucleus accumbens. Pharmacology, Biochemistry, and Behavior 60:585–592.

Martinez I and Paredes RG (2001) Only self-paced mating is rewarding in rats of both sexes. Hormones and Behavior 40:510–517.

Matthews TJ, Grigore M, et al (1997) Sexual reinforcement in the female rat. Journal of Experimental Analysis of Behavior 68:399–410.

McCarthy MM and Becker JB (2002) Neuroendocrinology of sexual behavior in the female. In: Behavioral endocrinology (Becker JB, Breedlove SM, Crews D, McCarthy MM, eds.), pp. 117–151. Cambridge, Mass.: MIT Press/Bradford Books.

McClintock MK, Anisko JJ, et al (1982) Group mating among Norway rats. II. The social dynamics of copulation: Competition, cooperation, and mate choice. Animal Behavior 30:410–425.

Mehara BJ and Baum MJ (1990) Nalozone disrupts the expression but not the acquisition by male rats of a conditioned place preference response for an oestrous female. Psychopharmacology 101:118–125.

Mendelson SD and Pfaus JG (1989) Level searching: A new assay of sexual motivation in the male rat. Physiology and Behavior 45:337–341.

Mermelstein PG and Becker JB (1995) Increased extracellular dopamine in the nucleus accumbens and striatum of the female rat during paced copulatory behavior. Behavioral Neuroscience 109:354–365.

Meyerson BJ and Lindstrom L (1973) Sexual motivation of in the female rat. Acta Physiologica Scandinavica (Supplement) 389:1–80.

Oldenburger WP, Everitt BJ, et al (1992) Conditioned place preference induced by sexual interaction in female rats. Hormones and Behavior 26:214–228.

Paredes RG, Tzschentke T, et al (1998) Lesions of the medial preoptic area anterior hypothalamus (MPOA/AH) modify partner preference in male rats. Brain Research 813:1–8.

Paredes RG and Vazquez B (1999) What do female rats like about sex? Paced mating. Behavioural Brain Research 105:117–127.

Pehek EA, Warner RK, et al (1988) Microinjection of cis-flupenthixol, a dopamine antagonist, into the medial preoptic area impairs sexual behavior of male rats. Brain Research 443:70–76.

Pfaff DW, Schwartz-Giblin S, et al (1994) Cellular and molecular mechanisms of female reproductive behaviors. In: The physiology of reproduction, 2nd ed (E Knobil and JD Neill, eds.), pp. 107–220. New York: Raven Press.

Pfaus JG (1999) Neurobiology of sexual behavior. Current Opinions in Neurobiology 9:751–758.

Pfaus JG, Damsma G, et al (1990) Sexual behavior enhances central dopamine transmission in the male rat. Brain Research 530:345–348.

Pfaus JG, Kleopoulos SP, et al (1993) Sexual stimulation activates c-fos within estrogen concentrating regions of the female rat forebrain. Brain Research 624:253–267.

Pfaus JG, Mendelson SD, et al (1990) A correlational and

factor analysis of anticipatory and consummatory measures of sexual behavior in the male rat. Psychoneuroendocrinology 15:329–340.

Pfaus JG and Phillips AG (1989) Differential effects of dopamine receptor antagonists on the sexual behavior of male rats. Psychopharmacology 98:363–368.

Pfeifle JK and Edwards DA (1983) Midbrain lesions eliminate sexual receptivity but spare sexual motivation in female rats. Physiology and Behavior 31:385–389.

Polston EK and Erskine MS (1995) Patterns of induction of the immediate-early genes c-fos and egr-1 in the female rat brain following differential amounts of mating stimulation. Neuroendocrinology 62:370–384.

Polston EK and Erskine MS (2001a) Excitotoxic lesions of the medial amygdala differentially disrupt prolactin secretory responses in cycling and mated female rats. Journal of Neuroendocrinology 13:13–21.

Polston EK, Heitz M, et al (2001b) NMDA-mediated activation of the medial amygdala initiates a downstream neuroendocrine memory responsible for pseudopregnancy in the female rat. Journal of Neuroscience 21:4104–4110.

Rivas FJ and Mir D (1990) Effects of nucleus accumbens lesion on female rat sexual receptivity and proceptivity in a partner preference paradigm. Behavioural Brain Research 41:239–249.

Rivas FJ and Mir D (1991) Accumbens lesion in female rats increases mount rejection without modifying lordosis. Revista Espanola de Fisiologia 47:1–6.

Rowe DW and Erskine MS (1993) c-Fos proto-oncogene activity induced by mating in the preoptic area, hypothalamus and amygdala in the female rat: Role of afferent input via the pelvic nerve. Brain Research 621:25–34.

Schank JC and McClintock MK (1992) A coupled-oscillator model of ovarian-cycle synchrony among female rats. Journal of Theoretical Biology 157:317–362.

Smith MS, Freeman ME, et al (1975) The control of progesterone secretion during the estrous cycle and early pseudopregnancy in the rat: Prolactin, gonatropin and steroid levels associated with rescue of the corpus luteum of pseudopregnancy. Endocrinology 96:219–226.

Wersinger SR, Baum MJ, et al (1993) Mating-induced FOS-like immunoreactivity in the rat forebrain: A sex comparison and a dimorphic effect of pelvic nerve transection. Journal of Neuroendocrinology 5:557–568.

White NR, Cagiano R, et al (1990) Changes in mating vocalizations over the ejaculatory series in rats (Rattus norvegicus). Journal of Comparative Psychology 104:255–262.

White NR, Gonzales RN, et al (1993) Do vocalizations of the male rat elicit calling from the female? Behavior and Neural Biology 59:76–78.

Whitney JF (1986) Effect of medial preoptic lesions on sexual behavior of female rats is determined by test situation. Behavioral Neuroscience 100:230–235.

Xiao L and Becker JB (1997) Hormonal activation of the striatum and the nucleus accumbens modulates paced mating behavior in the female rat. Hormones and Behavior 32:114–124.

Xu J, Burgoyne P, et al (2002) Sex differences in sex chromosome gene expression in mouse brain. Human Molecular Genetics 11:1409–1419.

Yang LY and Clemens LG (2000) MPOA lesions affect female pacing of copulation in rats. Behavioral Neuroscience 114:1191–1202.

第 30 章

Ackerman SH, Hofer MA, Weiner H (1975) Age at maternal separation and gastric erosion susceptibility in the rat. Psychosomatic Medicine 37:180–184.

Allmann-Iselin I (2000) Husbandry. In: The Laboratory Rat (Krinke GJ, ed.), pp. 45–72. London: Academic Press.

Anson RM, Guo Z, De Cabo R, Iyun T, Rios M, Hagepanos A, Ingram DK, Lane MA, Mattson MP (2003) Intermittent fasting dissociates beneficial effects of dietary restriction on glucose metabolism and neuronal resistance to injury from calorie intake. Proceedings of the National Academy of Science U S A 100:6216–6220.

Anzaldo AJ, Harrison PC, Maghirang R-G, Gonyou HW (1994) Increasing welfare of laboratory rats with the help of spatially enhanced cages. Animal Welfare Information Center Newsletter 5(3):1–2.

Baker HJ, Lindsey JR, Wiesbroth SH (1979) The laboratory rat. London: Academic Press.

Barnett SA (1975) The rat: A study in behavior. Chicago: The University of Chicago Press.

Beane ML, Cole MA, Spencer RL, Rudy JW (2002) Neonatal handling enhances contextual fear conditioning and alters corticosterone stress responses in young rats. Hormones and Behavior 41:33–40.

Bellhorn RW (1980) Lighting in the animal environment. Laboratory Animal Science 20:440–450.

Benstaali C, Mailloux A, Bogdan A, Auzeby A, Touitou Y (2001) Circadian rhythms of body temperature and motor activity in rodents their relationships with the light-dark cycle. Life Sciences 68:2645–2656.

Berson DM, Dunn FA, Takao M (2002) Phototransduction by retinal ganglion cells that set the circadian clock. Science 295:1070–1073.

Black JE, Sirevaag AM, Greenough WT (1987) Complex experience promotes capilliary formation in young rat visual cortex. Neuroscience Letters 83:351–355.

Bodnoff SR, Humphreys AG, Lehman JC, Diamond

DM, Rose GM, Meaney MJ (1995) Enduring effects of chronic corticosterone treatment on spatial learning, synaptic plasticity, and hippocampal neuropathology in young and mid-aged rats. Journal of Neuroscience 15:61–69.

Broderson JR, Lindsey JR, Crawford JE (1976) The role of environmental ammonia in respiratory mycoplamosis of rats. American Journal of Pathology 85:115–130.

Canadian Council on Animal Care (1984) CCAC guide. Ottawa: CCAC.

Canadian Council on Animal Care (1993) CCAC guide. Ottawa: CCAC.

Chang EF and Merzenich MM (2003) Environmental noise retards auditory cortical development. Science 300:498–502.

Cisar CF and Jayson G (1967) Effects of frequency of cage cleaning on rat litters prior to weaning. Laboratory Animal Care 17:215–218.

Clough C (1987) Quality in laboratory animals. In: Laboratory animals: An introduction for new experimenters (Tuffery AA, ed.), pp. 79–97. Chichester: Wiley-Interscience.

Denenberg VH and Whimbey AE (1963) Behavior of adult rats ils modified by the experiences their mothers had as infants. Science 142:1192–1193.

Diorio D, Viau V, Meaney MJ (1993) The role of the medial prefrontal cortex (cingulate gyrus) in the regulation of hypothalamic-pituitary-adrenal responses to stress. Journal of Neuroscience 13:3839–3847.

Galvez R, Soskin PN, Cho JH, Grossman AW, Greee (2002) Voluntary exercise increases the number of new neurons in the adult rat motor cortex in a time dependent fashion. In: Society for Neuroscience, program No. 662.610. Orlando, FL: Society for Neuroscience.

Gamble MR (1982) Sound and its significance for laboratory animals. Biological Reviews 57:395–421.

Gentile AM, Beheshti Z, Held JM (1987) Enrichment versus exercise effects on motor impairments following cortical removals in rats. Behavioral and Neural Biology 47:321–332.

Gibb R and Kolb B (2000) Comparison of the effects of pre- and postnatal tactile stimulation on functional recovery following early frontal cortex lesions. Society for Neurosciences Abstracts. 26 Program number 366.9.

Gibb R, Gonzalez CLR, Kolb B (2001) Prenatal enrichment leads to improved functionaol recovery following perinatal frontal cortex injury: Effects of maternal complex housing. In: Society for Neurosciences. Abstracts. Vol 27 Program number 476.4.

Gomez-Pinilla F, Ying Z, Opazo P, Roy RR, Edgerton VR (2001) Differential regulation by exercise of BDNF and NT-3 in rat spinal cord and skeletal muscle. European Journal of Neuroscience 13:1078–1084.

Greenough WT and Black JE (1992) Induction of brain structure by experience. Substrates for cognitive development. In: Minnesota Symposium on Child Development (Nelson CA, ed.), pp. 155–200. Hillsdale: Lawrence Erlbaum.

Greenwood BN, Hinde JL, Nickerson M, Thompson K, Fleshner M (2002) Freewheel running changes the brain's response to acute, uncontrollable stress. Society for Neurosciences Abstracts. Vol. 28 Program number 843.10.

Harding SM and McGinnis MY (2003) Effects of testosterone in the VMN on copulation, partner preference, and vocalizations in male rats. Hormones and Behavior 43:327–335.

Hoffman JC (1973) The influence of photoperiods on reproductive functions in female mammals. In: Endocrinology. II. Handbook of Physiology. Section 7, pp. 57–77. Washington, D.C.: American Psychological Society.

Huck UW and Price EO (1975) Differential effects of environmental enrichment of the open-field behavior of wild and domestic Norway rats. Journal of Comparative Physiology and Psychology 89:892–898.

Hurst JL, Barnard CJ, Nevison CM, West CD (1997) Housing and welfare in laboratory rats: Welfare implications of isolation and social contact among caged males. Animal Welfare 6:329–347.

Ixart G, Szafarczyk A, Belugou JL, Assenmacher I (1977) Temporal relationships between the diurnal rhythm of hypothalamic corticotrophin releasing factor, pituitary corticotrophin and plasma corticosterone in the rat. Journal of Endocrinology 72:113–120.

Joffe JM, Rawson RA, Muclik JA (1973) Control of their environment reduces emotionality in rats. Science 180:1383–1384.

Keenan KP, Ballam GC, Haught DG, Laroque P (2000) Nutrition. In: The laboratory rat (Krinke GJ, ed.), pp. 57–75. London: Academic Press.

Kolb B, Gibb R, Gorny G (2003) Experience-dependent changes in dendritic arbor and spine density in neocortex vary with age and sex. Neurobiology of Learning and Memory 79:1–10.

Krohn TC, Hansen AK, Dragsted N (2003) Telemetry as a method for measuring the impact of housing conditions on rats' welfare. Animal Welfare 12:53–62.

LaBarba RC and White JL (1971) Litter size variations and emotional reactivity in BALB/c mice. Journal of Comparative and Physiological Psychology 75:254–257.

Levine S (1967) Maternal and environmental influences on the adrenocortical response to stress in weanling rats. Science 156:258–260.

Liu D, Caldji C, Sharma S, Plotsky PM, Meaney MJ (2000) Influence of neonatal rearing conditions on stress-induced adrenocorticotropin responses and norepinepherine release in the hypothalamic paraventricular nucleus. Journal of Neuroendocrinology 12:5–12.

Markowska AL and Savonenko A (2002) Retardation of cognitive aging by life-long diet restriction: Implication for genetic variance. Neurobiology of Aging 23:75–86.

Mattson MP, Duan W, Guo Z (2003) Meal size and frequency affect neuronal plasticity and vulnerability to disease: Cellular and molecular mechanisms. Journal of Neurochemistry 84:417–431.

Mattson MP, Duan W, Chan SL, Cheng A, Haughey N, Gary DS, Guo Z, Lee J, Furukawa K (2002) Neuroprotective and neurorestorative signal transduction mechanisms in brain aging: modification by genes, diet and behavior. Neurobiology and Aging 23:695–705.

Means LW, Higgins JL, Fernandez TJ (1993) Mid-life onset of dietary restriction extends life and prolongs cognitive functioning. Physiology and Behavior 54:503–508.

Milkovic K, Paunovic JA, Joffe JM (1975) Effects of pre- and postnatal litter size on development and behavior of rat offspring. Developmental Psychobiology 9:365–375.

Moroi-Fetters SE, Mervis RF, London ED, Ingram DK (1989) Dietary restriction suppresses age-related changes in dendritic spines. Neurobiology and Aging 10:317–322.

Niesink RJ and van Ree JM (1982) Short-term isolation increases social interactions of male rats: A parametric analysis. Physiology and Behavior 29:819–825.

Poulos S and Borlongan C (2000) Artificial lighting conditions and melatonin alter motor performance in adult rats. Neuroscience Letters 280:33–36.

Rauscher FH, Robinson D, Jens JJ (1998) Improved maze learning through early music exposure in rats. Neurological Research 20:427–432.

Rebuelto M, Ambros L, Montoya L, Bonafine R (2002) Treatment-time-dependent difference of ketamine pharmacological response and toxicity in rats. Chronobiology International 19:937–945.

Rosenzweig MR (1971) Effects of environment on development of brain and behavior. In: The biopsychology of development (Tobach E and Shaw E, eds.), pp. 303–342. New York: Academic Press.

Saltarelli CG and Coppola CP (1979) Influence of visible light on organ weights of mice. Laboratory Animal Science 29:319–322.

Schofield JC and Brown MJ (2003) Animal care and use: A nonexperimental variable. In: Essentials for animal research: A primer for research personnel (Bennett B, Brown M, and Schofield J, eds) Second Edition. [Book available online]. Retrieved February 10, 2004 from the World Wide Web: http://www.nal.usda.gov/awic/pubs/noawicpubs/essentia-htm.

Schumacher SK and Moltz H (1985) Prolonged responsiveness to the maternal pheromone in the postweanling rat. Physiology and Behavior 34:471–473.

Sharp J, Zammit T, Azar T, Lawson D (2003) Stress-like responses to common procedures in male rats housed alone or with other rats. Contemporary Topics In Laboratory Animal Science 41:8–14.

Smotherman WP, Bell RW, Starzec J, Elias J, Zachman TA (1974) Maternal responses to infant vocalizations and olfactory cues in rats and mice. Behavior and Biology 12:55–66.

Spalding JF, Archuleta RF, Holland LM (1969) Influence of the visible colour spectrum on activity in mice. Laboratory Animal Care 19:50–54.

Stewart J and Kolb B (1988) The effects of neonatal gonadectomy and prenatal stress on cortical thickness and asymmetry in rats. Behavioral and Neural Biology 49:344–360.

van Praag H, Kempermann G, Gage FH (1999) Running increases cell proliferation and neurogenesis in the adult mouse dentate gyrus. Nature Neuroscience 2:266–270.

Vinall PE, Kramer MS, Heinel LA, Rosenwasser RH (2000) Temporal changes in sensitivity of rats to cerebral ischemic insult. Journal of Neurosurgery 93:82–89.

Von Fritag JC, Schot M, van den Bos R, Spruijt BM (2002) Individual housing during the play period results in changed responses to and consequences of a psychosocial stress situation in rats. Developmental Psychobiology 41:58–69.

Wasowicz M, Morice C, Ferrari P, Callebert J, Versaux-Botteri C (2002) Long-term effects of light damage on the retina of albino and pigmented rats. Investigations in Ophthalmology and Visual Science 43:813–820.

Winocur G and Hasher L (1999) Aging and time-of-day effects on cognition in rats. Behavioural Neuroscience 113:991–997.

Zimmerberg B, Rosenthal AJ, Stark AC (2003) Neonatal social isolation alters both maternal and pup behaviours in rats. Developmental Psychobiology 42:52–63.

第 31 章

Adamec RE and Shallow T (1993) Lasting effects on rodent. Anxiety of a single exposure to a cat. Physiology and Behavior 54:101–109.

American Psychiatric Association (1987) DSM-IIIR: Diagnostic and statistical manual of mental disorders, 3rd edition (revised). Washington, D.C.: The Association.

Blanchard DC (1997) Stimulus and environmental control of defensive behaviors. In: The functional behaviorism of Robert C. Bolles: Learning, motivation and cognition. (Bouton M and Fanselow M, eds.), pp. 283–305. Washington, D.C.: American Psychological Association.

Blanchard DC, Blanchard RJ, Rodgers RJ (1991) Risk assessment and animal models of anxiety. In: Animal models in psychopharmacology (Olivier B, Mos J, Slangen JL, eds.), pp. 117–134. Basel: Birkhauser Verlag AG.

Blanchard DC, Griebel G, Blanchard RJ (2001a) Mouse defensive behaviors: Pharmacological and behavioral assays for anxiety and panic. Neuroscience and Biobehavioral Reviews 25:205–218.

Blanchard DC, Griebel G, Blanchard RJ (2003a) The mouse defense test battery: Pharmacological and behavioral assays for anxiety and panic. European Journal of Psychology 463:97–116.

Blanchard DC, Hynd AL, Minke KA, Blanchard RJ (2001b) Human defensive behaviors to threat scenarios show parallels to fear- and anxiety-related defense patterns of nonhuman mammals. Neuroscience and Biobehavioral Reviews 25:761–770.

Blanchard DC, Lee EMC, Williams G, Blanchard RJ (1981) Taming of Rattus norvegicus by lesions of the mesencephalic central gray. Physiological Psychology 9:157–163.

Blanchard DC, Li C-I, Hubbard D, Markham C, Yang M, Takahashi LK, Blanchard RJ (2003c) Dorsal premammillary nucleus differentially modulates defensive behaviors induced by different threat stimuli. Neuroscience Letters 345:145–148.

Blanchard DC, Markham C, Yang M, Hubbard D, Madarang E, Blanchard RJ (2003b) Failure to produce conditioning with low-dose TMT, or, cat feces, as unconditioned stimuli. Behavioral Neuroscience 117:360–368.

Blanchard DC, Popova NK, Plyusnina IZ, Velichko IV, Campbell D, Blanchard RJ, Nikulina J, Nikulina EM (1994) Defensive behaviors of "wild-type" and "domesticated" wild rats in a fear/defense test battery. Aggressive Behavior 20:387–398.

Blanchard DC, Rodgers RJ, Hori K, Hendrie CA, Blanchard RJ (1989) Attenuation of defensive threat and attack in wild rats (Rattus rattus) by benzodiazepines. Psychopharmacology 97:392–401.

Blanchard RJ and Blanchard DC (1969) Crouching as an index of fear. Journal of Comparative Physiological Psychology 67:370–375.

Blanchard RJ and Blanchard DC (1989) Anti-predator defensive behaviors in a visible burrow system. Journal of Comparative Psychology 103:70–82.

Blanchard RJ, Blanchard DC, Agullana R, Weiss SM (1991) Twenty-two kHz alarm cries to presentation of a predator, by laboratory rats living in visible burrow systems. Physiology and Behavior 50:967–972.

Blanchard RJ, Blanchard DC, Hori K (1989) Ethoexperimental approaches to the study of defensive behavior. In: Ethoexperimental approaches to the study of behavior (Blanchard RJ, Brain PF, Blanchard DC, Parmigiani S, eds.), pp. 114–136. Dordrecht: Kluwer Academic Publishers.

Blanchard RJ, Blanchard DC, Weiss SM, Mayer S (1990) Effects of ethanol and diazepam on reactivity to predatory odors. Pharmacology Biochemistry and Behavior 35:775–780.

Blanchard RJ, Dulloog L, Markham C, Nishimura O, Compton JN, Jun A, Han C, Blanchard DC (2001a) Sexual and aggressive interactions in a visible burrow system with provisioned burrows. Physiology and Behavior 72:245–254.

Blanchard RJ, Kleinschmidt CF, Fukunaga-Stinson C, Blanchard DC (1980) Defensive attack behavior in male and female rats. Animal Learning and Behavior 8:177–183.

Blanchard RJ, Yang M, Li C-I, Garvacio A, Blanchard DC (2001b) Cue and context conditioning of defensive behaviors to cat odor stimuli. Neuroscience and Biobehavioral Reviews 26:587–595.

Canteras NS (2002) The medial hypothalamic defensive system: Hodological organization and functional implications. Pharmacology Biochemistry and Behavior 71:481–491.

Canteras NS, Chiavegatto S, Valle LE, Swanson LW (1997) Severe reduction of rat defensive behavior to a predator by discrete hypothalamic chemical lesions. Brain Research Bulletin 44:297–305.

Curti MW (1935) Native responses of white rats in the presence of cats. Psychological Monographs 46:76–98.

Depaulis A and Bandler R (1991) The midbrain periaqueductal grey matter: Functional, anatomical and immunohistochemical organization. NATO ASI Series A Vol 213. New York: Plenum.

Dielenberg RA, Arnold JC, McGregor IS (1999) Low-dose midazolam attenuates predatory odor avoidance in rats. Pharmacology Biochemistry and Behavior 62:197–201.

Dielenberg RA, Carrive P, McGregor IS (2001) The cardiovascular and behavioral response to cat odor in rats: Unconditioned and conditioned effects. Brain Research 897:228–237.

Estes WK, Skinner BF (1941) Some quantitative properties of anxiety. Journal of Experimental Psychology 29:390–400.

Freud S (1930) Inhibitions, symptoms, and anxiety. London: Hogarth Press.

Grant EC (1963) An analysis of the social behaviour of the male laboratory rat. Behaviour 21:260–281.

Grant EC and Chance MRA (1958) Rank order in caged rats. Animal Behavior 6:183–194.

Grant EC and MacKintosh JH (1963) A comparison of the social postures of some common laboratory rodents. Behaviour 21:246–259.

Fanselow MS (1980) Conditioned and unconditional components of post-shock freezing. Pavlovian Journal of Biological Science 15:177–182.

Fanselow MS (1994) Neural organization of the defensive behavior system responsible for fear. Psychonomic Bulletin and Review 1:429–438.

Fanselow MS and Lester LS (1988) A functional behavioristic approach to aversively motivated behavior: Predatory imminence as a determinant of the topography of defensive behavior. In: Evolution and learning (Bolles RC and Beecher MD, eds.), pp. 185–211. Hillsdale, NJ: Erlbaum.

Griebel G, Blanchard DC, Jung A, Blanchard RJ (1995) A model of a antipredator defense in Swiss-Webster mice: Effects of benzodiazepine receptor ligands with different intrinsic activities. Behavioural Pharmacology 6:732–745.

McGregor IS, Schrama L, Ambermoon P, Dielenberg RA (2002) Not all 'predator odours' are equal: Cat odour but not 2,4,5 trimethylthiazoline (TMT; fox odour) elicits specific defensive behaviours in rats. Behavioral Brain Research 129:1–16.

Pinel JPJ, Mana M, Ward J'AA (1989) Stretched-approach sequences directed at a localized shock source by Rattus norvegicus. Journal of Comparative Psychology 103:140–148.

Pinel JPJ and Treit D (1978) Burying as a defensive response in rats. Journal of Comparative and Physiological Psychology 92:708–712.

Pinel JPJ and Treit D (1979) Conditioned defensive burying in rats: Availability of burying materials. Animal Learning and Behavior 7:392–396.

Rodgers RJ (1997) Animal models of 'anxiety': Where next? Behavioral Pharmacology 8:477–496.

Stone CP (1932) Wildness and savageness in rats of different strains. In: Studies in the dynamics of behavior (Lashley KS, ed.), pp. 3–55. Chicago: University of Chicago Press.

Takahashi LK and Blanchard RJ (1982) Attack and defense in laboratory and wild Norway and black rats. Behavioral Processes 7:49–62.

Wilkie DM, MacLennan AJ, Pinel JP (1979) Rat defensive behavior: Burying noxious food. Journal of the Experimental Analysis of Behavior 31:299–306.

Willner P (1991) Behavioural models in psychopharmacology: Theoretical, industrial and clinical perspectives. Cambridge: Cambridge University Press.

Yerkes RM (1913) The heredity of savageness and wildness in rats. Journal of Animal Behavior 3:286–296.

Zangrossi H and File SE (1992) Behavioral consequences in animal tests of anxiety and exploration of exposure to cat odor. Brain Research Bulletin 29:381–388.

第 32 章

Barnett SA (1963) The rat. A study in behavior. Chicago: Aldine.

Barnett SA, Evans CS, Stoddart RC (1968) Influence of females on conflict among wild rats. Journal of Zoology 154:391–396.

Blanchard RJ, Blanchard DC, Flannelly KJ (1985) Social stress, mortality and aggression in colonies and burrowing habitats. Behavioural Processes 11:209–213.

Blanchard RJ, Blanchard DC, Takahashi T, Kelley MJ (1977) Attack and defensive behaviour in the albino rat. Animal Behaviour 25:622–634.

Boice R (1981) Behavioral comparability of wild and domesticated rats. Behavioral Genetics 11:545–553.

Calhoun JB (1948) Mortality and movement of brown rats (Rattus norvegicus) in artificially supersaturated populations. Journal of Wildlife Management 12:167–172.

Chance MRA (1962) An interpretation of some agonistic postures: The role of "cut-off" acts and postures. Symposium of the Zoological Society of London 8:71–89.

Covington HE III and Miczek KA (2001) Repeated social-defeat stress, cocaine or morphine: effects on behavioral sensitization and intravenous cocaine self-administration "binges." Psychopharmacology 158:388–398.

de Boer SF, van der Vegt BJ, Koolhaas JM (2003) Individual variation in aggression of feral rodent strains: A standard for the genetics of aggression and violence. Behavior Genetics 33:481–497.

Eibl-Eibesfeldt I (1950) Beiträge zur Biologie der Haus- und der Ährenmaus nebst einigen Beobachtungen an anderen Nagern. Zeitschrift für Tierpsychologie 7:558–587.

Ferrari PF, van Erp AMM, Tornatzky W, Miczek KA (2003) Accumbal dopamine and serotonin in anticipation of the next aggressive episode in rats. European Journal of Neuroscience 17:371–378.

Flannelly K and Lore R (1977) Observations of the subterranean activity of domesticated and wild rats (Rattus norvegicus): A descriptive study. Psychological Record 2:315–329.

Fleshner M, Laudenslager ML, Simons L, Maier SF (1989) Reduced serum antibodies associated with social defeat in rats. Physiology and Behavior 45:1183–1187.

Grant EC and Mackintosh JH (1963) A comparison of the social postures of some common laboratory rodents. Behaviour 21:246–295.

Koolhaas JM, Schuurman T, Wiepkema PR (1980) The organization of intraspecific agonistic behaviour in the rat. Progress in Neurobiology 15:247–268.

Luciano D and Lore R (1975) Aggression and social experience in domesticated rats. Journal of Comparative and Physiological Psychology 88:917–923.

Miczek KA (1979) A new test for aggression in rats without aversive stimulation: Differential effects of d-amphetamine and cocaine. Psychopharmacology 60:253–259.

Miczek KA, Covington HE III, Nikulina EM, Hammer RP Jr (2004) Aggression and defeat: persistent effects on cocaine self-administration and gene expression in peptidergic and aminergic mesocorticolimbic circuits. Neuroscience and Biobehavioral Review 27:787–802.

Miczek KA, Fish EW, De Bold JF, de Almeida RMM (2002) Social and neural determinants of aggressive behavior: Pharmacotherapeutic targets at serotonin, dopamine and γ-aminobutyric acid systems. Psychopharmacology 163:434–458.

Miczek KA, Haney M, Tidey J, Vatne T, Weerts E, DeBold JF (1989) Temporal and sequential patterns of agonistic behavior: Effects of alcohol, anxiolytics and psychomotor stimulants. Psychopharmacology 97:149–151.

Miczek KA and Mutschler NH (1996) Activational effects of social stress on IV cocaine self-administration in rats. Psychopharmacology 128:256–264.

Miczek KA, Weerts EM, Tornatzky W, DeBold JF, Vatne TM (1992) Alcohol and "bursts" of aggressive behavior: Ethological analysis of individual differences in rats. Psychopharmacology 107:551–563.

Munn NL (1950) Handbook of psychological research on the rat. An introduction to animal psychology. Boston: Houghton Mifflin.

Olivier B (1977) The ventromedial hypothalamus and aggressive behaviour in rats. Aggressive Behavior 3:47–56.

Olivier B (1981) Selective anti-aggressive properties of DU 27725: Ethological analyses of intermale and territorial aggression in the male rat. Pharmacology, Biochemistry and Behavior 14–S1:61–77.

Olivier B, Molewijk E, van Oorschot R, van der Poel G, Zethof T, van der Heyden J, Mos J (1994) New animal models of anxiety. European Neuropsychopharmacology 4:93–102.

Potegal M (1992) Time course of aggressive arousal in female hamsters and male rats. Behavioral and Neural Biology 58:120–124.

Stefanski V (2001) Social stress in laboratory rats: Behavior, immune function, and tumor metastasis. Physiology and Behavior 73:385–391.

Steiniger F (1950) Beitrag zur Soziologie und sonstigen Biologie der Wanderratte. Zeitschrift für Tierpsychologie 7:356–379.

Telle HJ (1966) Beitrag zur Kenntnis der Verhaltensweise von Ratten, vergleichend dargestellt bei Rattus norvegicus und Rattus rattus. Zeitschrift für angewandte Zoologie 53:129–196.

Thomas DA, Takahashi LK, Barfield RJ (1983) Analysis of ultrasonic vocalizations emitted by intruders during aggressive encounters among rats (Rattus norvegicus). Journal of Comparative Biology 97:201–206.

van der Poel AM and Miczek KA (1991) Long ultrasonic calls in male rats following mating, defeat and aversive stimulation: Frequency modulation and bout structure. Behaviour 119:127–142.

van der Poel AM, Noach EJK, Miczek KA (1989) Temporal patterning of ultrasonic distress calls in the adult rat: Effects of morphine and benzodiazepines. Psychopharmacology 97:147–148.

van Erp AMM and Miczek KA (2000) Aggressive behavior, increased accumbal dopamine and decreased cortical serotonin in rats. Journal of Neuroscience 20:9320–9325.

Zook JM and Adams DB (1975) Competitive fighting in the rat. Journal of Comparative and Physiological Psychology 88:418–423.

第33章

Calhoun J (1962) The ecology and sociology of the Norway rat. Bethesda: U.S. Department of Health, Education and Welfare.

Davis M (1992) The role of the amygdala in fear and anxiety. Annual Review of Neuroscience 15:353–375.

Degroot A and Treit D (2003) Septal GABAergic and hippocampal cholinergic systems interact in the modulation of anxiety. Neuroscience 117:493–501.

File SE, Gonzalez LE, Andrews N (1998) Endogenous acetylcholine in the dorsal hippocampus reduces anxiety through actions on nicotinic and muscarinic receptors. Behavioral Neuroscience 112:352–359.

Gray JA (1982) The neuropsychology of anxiety: An enquiry into the function of the septo-hippocampal system. Oxford: Oxford University Press.

Heynen AJ, Sainsbury RS, Montoya CP (1989) Cross-species responses in the defensive burying paradigm: A comparison between Long-Evans rats (Rattus norvegicus), Richardson's ground squirrels (Spermophilus richardsonii), and Thirteen-Lined ground squirrels (Catellus tridecemlineatus). Journal of Comparative Psychology 103:184–190.

Hudson BB (1950) One-trial learning in the domestic rat. Genetic Psychology Monographs 41:99–145.

Johnston RE (1975) Scent marking by male golden hamsters (Mesocricetus auratus), III: Behavior in a seminatural environment. Z Tierpsychol 37:213–221.

LeDoux J (1996) Emotional networks and motor control: A fearful view. In: Progress in brain research (Holstege G, Bandler R, Saper CB, eds.), pp. 437–446. Amsterdam: Elsevier Press.

Lehmann H, Treit D, Parent MB (2000) Amygdala le-

sions do not impair shock-probe avoidance retention performance. Behavioral Neuroscience 114: 107–116.
Lehmann H, Treit D, Parent MB (2003) Spared anterograde memory for shock-probe fear conditioning after inactivation of the amygdala. Learning and Memory 10:261–269.
Menard J and Treit D (1999) Effects of centrally administered anxiolytic compounds in animal models of anxiety. Neuroscience and Biobehavioral Reviews 23:591–613.
Menard J and Treit D (2000) Intra-septal infusions of excitatory amino acid receptor antagonists have different effects in two animal models of anxiety. Behavioural Pharmacology 11:99–108.
Owings DH and Coss RG (1977) Snake mobbing by California ground squirrels: Adaptive variation and ontogeny. Behavior 62:50–69.
Pare WP (1992) The performance of WKY rats on three tests of emotional behavior. Physiology and Behavior 51:1051–1056.
Pellow S, Chopin P, File SE, Briley M (1985) Validation of open: Closed arm entries in an elevated plus-maze as a measure of anxiety in the rat. Journal of Neuroscience Methods 14:149–167.
Pinel JPJ and Chorover SL (1972) Inhibition of arousal of epilepsy induced by chlorambucil in rats. Nature 236:232–234.
Pinel JPJ and Treit D (1978) Burying as a defensive response in rats. Journal of Comparative and Physiological Psychology 92:708–712.
Pinel JPJ and Treit D (1979) Conditioned defensive burying in rats: Availability of burying materials. Animal Learning and Behavior 7:392–396.
Pinel JPJ and Treit D (1983) The conditioned defensive burying paradigm and behavioral neuroscience. In: Behavioral approaches to brain research (Robinson T, ed.), pp. 212–234. New York: Oxford University Press.
Pinel JPJ, Gorzalka BB, Ladak F (1981) Cadaverine and putrescine initiate the burial of dead conspecifics by rats. Physiology and Behavior 27:819–824.
Pinel JPJ, Petrovic DM, Jones CH (1990) Defensive burying, nest relocation, and pup transport in lactating female rats. The Quarterly Journal of Experimental Psychology 42B:401–411.
Pinel JPJ, Symons LA, Christensen BK, Tees RC (1989) Development of defensive burying in Rattus norvegicus: Experience and defensive responses. Journal of Comparative Psychology 103:359–365.
Pinel JPJ, Treit D, Ladak F, Maclennan AJ (1980) Conditioned defensive burying in rats free to escape. Animal Learning and Behavior 8:477–451.
Resold PY and Swanson LW (1997) Connections of the rat lateral septal complex. Brain Research Reviews 24:115–195.
Treit D (1985) Animal models for the study of anti-anxiety agents: A review. Neuroscience and Biobehavioral Reviews 9:203–222.
Treit D and Fundytus M (1988) A comparison of buspirone and chlordiazepoxide in the shock-probe/burying test for anxiolytics. Pharmacology Biochemistry and Behavior 30:1071–1075.
Treit D and Menard J (1998). Animal models of anxiety and depression. In: Neuromethods. Vol 32, In vivo neuromethods (Boulton A, Baker G, Bateson A, eds.), pp. 89–148. Totowa, NJ: Humana Press.
Treit D and Menard J (2000) The septum and anxiety. In: The behavioral neuroscience of the septal region (Numan R, ed.), pp. 210–223. New York: Springer-Verlag Inc.
Treit D, Degroot A, Shah A (2003) Animal models of anxiety and anxiolytic drug action. In: Handbook of depression and anxiety, 2nd edition (Kasper S, den Boer JA, Sitsen JMA, eds.), pp. 681–702. New York: Marcel Dekker.
Treit D, Lolordo VM, Armstrong DE (1986) The effects of diazepam on "fear" reactions in rats are modulated by environmental constraints on the rat's defensive repertoire. Pharmacology Biochemistry and Behavior 25:561–565.
Treit D, Terlecki LJ, Pinel JPJ (1980) Conditioned defensive burying in rodents: Organismic variables. Bulletin of the Psychonomic Society 16:451–454.

第 34 章

Barnett SA (1958) Experiments on "neophobia" in wild and laboratory rats. British Journal of Psychology 49:195–201.
Beck M and Galef BG Jr (1989) Social influences on the selection of protein-sufficient diet by Norway rats. Journal of Comparative Psychology 103:132–139.
Burton s, Murphy D, Qureshi U, Suton P, O'Keefe J (2000) Combined lesions of hippocampus and subiculum do not produce deficits in nonspatial sociallearning. Journal of Neuroscience 20:5468–5475.
Galef BG Jr (1977) Mechanisms for the social transmission of food preferences from adult to weanling rats. In: Learning mechanisms in food selection (Barker LM, Best M, Domjan M, eds.), pp. 123–150. Waco, TX: Baylor University Press.
Galef BG Jr (1981) The development of olfactory control of feeding site selection in rat pups. Journal of Comparative and Physiological Psychology 95:615–622.
Galef BG Jr (1986) Social interaction modifies learned aversions, sodium appetite, and both palatability and handling-time induced dietary preference in rats (Rattus norvegicus). Journal of Comparative Psy-

chology 100:432–439.

Galef BG Jr (1988) Communication of information concerning distant diets in a social, central-place foraging species (Rattus norvegicus). In: Social learning: psychological and biological perspectives (Zentall TR and Galef BG Jr, eds.) pp. 119–140. Hillsdale, NJ: Erlbaum.

Galef BG Jr (1992) The question of animal culture. Human Nature 3:157–178.

Galef BG Jr (1996a) Social enhancement of food preferences in Norway rats. In: Social learning and imitation: the roots of culture (Heyes CM and Galef BG Jr, eds.) pp. 49–64. New York: Academic Press.

Galef BG Jr (1996b) Social influences on food preferences and feeding behaviors of vertebrates. In: Why we eat what we eat (Capaldi E, ed.) pp. 207–232. Washington, D.C.: American Psychological Association.

Galef BG Jr (2001) Analyses of social learning processes affecting animals' choices of foods and mates. Mexican Journal of Behavior Analysis 27:145–164.

Galef BG Jr and Whiskin EE (2003) Socially transmitted food preferences can be used to study long-term memory in rats. Learning and Behavior 31:160–164.

Galef BG Jr and Allen C (1995) A new model system for studying animal traditions. Animal Behaviour 50:705–717.

Galef BG Jr and Beck M (1985) Aversive and attractive marking of toxic and safe foods by Norway rats. Behavioral and Neural Biology 43:298–310.

Galef BG Jr and Buckley LL (1996) Use of foraging trails by Norway rats. Animal Behaviour 51:765–771.

Galef BG Jr and Clark MM (1971a) Parent-offspring interactions determine time and place of first ingestion of solid food by wild rat pups. Psychonomic Science 25:15–16.

Galef BG Jr and Clark MM (1971b) Social factors in the poison avoidance and feeding behavior of wild and domesticated rat pups. Journal of Comparative and Physiological Psychology 25:341–357.

Galef BG Jr and Iliffe CP (1994) Social enhancement of odor preference in rats: is there something special about odors associated with foods? Journal of Comparative Psychology 108:266–273.

Galef BG Jr (2002) Social learning of food preferences in rodents: rapid appetitive learning. Current Protocols in Neuroscience. 8.5D1–8.5D8.

Galef BG Jr, Kennett DJ, Wigmore SW (1984) Transfer of information concerning distant foods in rats: a robust phenomenon. Animal Learning and Behavior 12:292–296.

Galef BG Jr, Marczinski CA, Murray KA, Whiskin EE (2001) Studies of food stealing by young Norway rats. Journal of Comparative Psychology 115: 16–21.

Galef BG Jr, Mason JR, Pretti G, Bean, NJ (1988) Carbon disulfide: a semiochemical mediating socially-induced diet choice in rats. Physiology and Behaviour 42:119–124.

Galef BG Jr, McQuoid LM, Whiskin EE (1990) Further evidence that Norway rats do not socially transmit learned aversions to toxic baits. Animal Learning and Behavior 18:199–205.

Galef BG Jr and Sherry DF (1973) Mother's milk: a medium for transmission of information about mother's diet. Journal of Comparative and Physiological Psychology 83:374–378.

Galef BG Jr and Stein M (1985) Demonstrator influence on observer diet preference: analyses of critical social interactions and olfactory signals. Animal Learning and Behavior 13:131–138.

Galef BG Jr, Whiskin EE, Bielavska E (1997) Interaction with demonstrator rats changes their observers' affective responses to flavors. Journal of Comparative Psychology 111:393–398.

Galef BG Jr and Wigmore SW (1983) Transfer of information concerning distant foods: a laboratory investigation of the information-centre" hypothesis. Animal Behaviour 31:748–758.

Garcia J, Ervin FR, Koelling RA (1966) Learning with prolonged delay of reinforcement. Psychonomic Science 5:121–122.

Hepper PG (1988) Adaptive fetal learning: prenatal exposure to garlic affects postnatal preference. Animal Behaviour 36:935–936.

Smotherman WP (1982) Odor aversion learning by the rat fetus. Physiology and Behavior 29:769–771.

Steiniger von F (1950) Beitrage zur Soziologie und sonstigen Biologie der Wanderratte. Zeitschrift fur Tierpsychologie 7:356–379.

Strupp BJ and Levitsky DA (1984) Social transmission of food preferences in adult hooded rats (Rattus norvegicus). Journal of Comparative Psychology 98:257–266.

Van Schaik CP, Ancrenaz M, Borgen G, Galdikas B, Singleton I, Suzuki A, Utami SS, Merill M (2003) Orangutan cultures and the evolution of material culture implications. Science 299:102–105.

Von Frisch K (1967) The dance language and orientation of bees. Cambridge, Mass.: Belknap Press.

Whiten A, Goodall J, McGrew WC, Nishida T, Reynolds V, Sugiyama Y, Tutin CEG, Wrangham RW, Boesch C (1999) Culture in chimpanzees. Nature 399:682–685.

Winocur G, McDonald RM, Moscovitch M (2001). Anterograde and retrograde amnesia in rats with large hippocampal lesions. Hippocampus 11:18–26.

第 35 章

Allin JT and Banks EM (1971) Effects of temperature on ultrasound production by infant albino rats. Developmental Psychobiology 4:149–156.

Allin JT and Banks EM (1972) Functional aspects of ultrasound production by infant albino rats *(Rattus norvegicus)*. Animal Behaviour 20:175–185.

Ardid D, Jourdan D, Eschalier A, Arabia C, Bars DL (1993) Vocalization elicited by activation of Aδ- and C-fibres in the rat. Neuroreport 5:105–108.

Barfield RJ, Auerbach P, Geyer LA, McIntosh TK (1979) Ultrasonic vocalizations in rat sexual behavior. American Zoologist 19:469–480.

Bialy M, Rydz M, Kaczmarek L (2000) Precontact 50-kHz vocalizations in male rats during acquisition of sexual experience. Behavioral Neuroscience 114:983–990.

Blanchard RJ, Blanchard DC, Agullana R, Weiss SM (1991) Twenty-two kHz alarm cries to presentation of a predator, by laboratory rats living in a visible burrow system. Physiology and Behavior 50:967–972.

Blumberg MS (1992) Rodent ultrasonic short calls: locomotion, biomechanics, and communication. Journal of Comparative Psychology 106:360–365.

Blumberg MS, Alberts JR (1990) Ultrasonic vocalizations by rat pups in the cold: an acoustic by-product of laryngeal braking? Behavioral Neuroscience 104:808–817.

Blumberg MS and Alberts JR (1991) On the significance of similarities between ultrasonic vocalizations of infant and adult rats. Neuroscience and Biobehavioral Reviews 50:95–99.

Blumberg MS and Alberts JR (1992) Functions and effects in animal communication: reactions to Guilford & Dawkins. Animal Behaviour 44:382–383.

Blumberg MS and Alberts JR (1997) Incidental emissions, fortuitous effects, and the origins of communication. In: Perspectives in ethology (Thompson NS, ed.), pp. 225–249. New York: Plenum Press.

Blumberg MS, Efimova IV, Alberts JR (1992a) Ultrasonic vocalizations by rats pups: the primary importance of ambient temperature and the thermal significance of contact comfort. Developmental Psychobiology 25:229–250.

Blumberg MS, Efimova IV, Alberts JR (1992b) Thermogenesis during ultrasonic vocalization by rat pups isolated in a warm environment: a thermographic analysis. Developmental Psychobiology 25:497–510.

Blumberg MS, Kreber LA, Sokoloff G, Kent KJ (2000b) Cardiovascular mediation of clonidine-induced ultrasound production in infant rats. Behavioral Neuroscience 114:602–608.

Blumberg MS and Moltz H (1987) Hypothalamic temperature and the 22 kHz vocalization of the male rat. Physiology and Behavior 40:637–640.

Blumberg MS, Sokoloff G, Kent KJ (1999) Cardiovascular concomitants of ultrasound production during cold exposure in infant rats. Behavioral Neuroscience 113:1274–1282.

Blumberg MS, Sokoloff G, Kent KJ (2000a) A developmental analysis of clonidine's effects on cardiac rate and ultrasound production in infant rats. Developmental Psychobiology 36:186–193.

Blumberg MS and Sokoloff G (2001) Do infant rats cry? Psychological Review 108:83–95.

Blumberg MS and Stolba MA (1996) Thermogenesis, myoclonic twitching, and ultrasonic vocalization in neonatal rats during moderate and extreme cold exposure. Behavioral Neuroscience 110:305–314.

Borsini F, Podhorna J, Marazziti D (2002) Do animal models of anxiety predict anxiolytic-like effects of antidepressants? Psychopharmacology 163:121–141.

Brown AM (1973) High frequency peaks in the cochlear microphonic response of rodents. Journal of Comparative Physiology 83:377–392.

Brudzynski SM (2001) Pharmacological and behavioral characteristics fo 22 kHz alarm calls in rats. Neuroscience and Biobehavioral Reviews 25:611–617.

Brudzynski SM and Pniak A (2002) Social contacts and production of 50-kHz short ultrasonic calls in adult rats. Journal of Comparative Psychology 116:73–82.

Burgdorf J, Knutson B, Panksepp J (2000) Anticipation of rewading electrical brain stimulation evokes ultrasonic vocalizations in rats. Behavioral Neuroscience 114:320–327.

Calhoun JB (1962) The ecology and sociology of the Norway rat. Bethesda: U.S. Department of Health, Education, and Welfare.

Crowley DE, Hepp-Reymond M-C (1966) Development of cochlear function in the ear of the infant rat. Journal of Comparative and Physiological Psychology 63:427–432.

Crowley DE, Hepp-Raymond M-C, Tabonite D, Palin J (1965) Cochlear potentials in the albino rat. Journal of Auditory Research 5:307–316.

Farrell WJ and Alberts JR (2000) Ultrasonic vocalizations by rat pups after adrenergic manipulations of brown fat metabolism. Behavioral Neuroscience 114:805–813.

Farrell WJ and Alberts JR (2002a) Maternal responsiveness to infant Norway rat *(Rattus norvegicus)* ultrasonic vocalizations during the maternal behavior cycle and after steroid and experiential induction regimens. Journal of Comparative Psychology 116:286–296.

Farrell WJ and Alberts JR (2002b) Stimulus control of maternal responsiveness to Norway rat *(Rattus norvegicus)* pup ultrasonic vocalizations. Journal of Comparative Psychology 116:297–307.

Francis RL (1977) 22-kHz calls by isolated rats. Nature 265:236–238.

Gourevitch G and Hack M (1966) Audibility in the rat. Journal of Comparative and Physiological Psychology 62:289–291.

Hofer MA and Shair HN (1987) Isolation distress in 2-week-old rats: influence of home cage, social companions, and prior experience with littermates. Developmental Psychobiology 20:465–476.

Hofer MA, Brunelli SA, Shair HN (1994) Potentiation of isolation-induced vocalization by brief exposure of rat pups to maternal cues. Developmental Psychobiology 26:81–95.

Hofer MA, Masmela JR, Brunelli SA, Shair HN (1998) The ontogeny of maternal potentiation of the infant rats' isolation call. Developmental Psychobiology 33:189–201.

Insel TR, Hill JL, Mayor RB (1986) Rat pup ultrasonic isolation calls: possible mediation by the benzodiazepine receptor complex. Pharmacology Biochemistry and Behavior 24:1263–1267.

Kehoe P and Harris JC (1989) Ontogeny of noradrenergic effects of ultrasonic vocalizations in rat pups. Behavioral Neuroscience 103:1099–1107.

Kehoe P, Callahan M, Daigle A, Malinson K, Brudzynski S (2001) The effect of cholinergic stimulation on rat pup ultrasonic vocalizations. Developmental Psychobiology 38:92–100.

Knutson B, Burgdorf J, Panksepp J (1998) Anticipation of play elicits high-frequency ultrasonic vocalizations in young rats. Journal of Comparative Psychology 1:65–73.

Knutson B, Burgdorf J, Panksepp J (2002) Ultrasonic vocalizations as indices of affective states in rats. Psychological Bulletin 128:961–977.

Kraebel KS, Brasser SM, Campbell JO, Spear LP, Spear NE (2002) Developmental differences in temporal patterns and potentiation of isolation-induced ultrasonic vocalizations: influence of temperature variables. Developmental Psychobiology 40:147–159.

Lee HJ, Choi J-S, Brown TH, Kim JJ (2001) Amygdalar NMDA receptors are critical for the expression of multiple conditioned fear responses. Journal of Neuroscience 21:4116–4124.

Miczek KA, Weerts EM, Vivian JA, Barros HM (1995) Aggression, anxiety and vocalizations in animals: $GABA_A$ and 5-HT anxiolytics. Psychopharmacology 121:38–56.

Molewijk HE, van der Poel AM, Mos J, van der Heyden JAM, Olivier B (1995) Conditioned ultrasonic distress vocalizations in adult male rats as a behavioural paradigm for screening anti-panic drugs. Psychopharmacology 117:32–40.

Noirot E (1968) Ultrasounds in young rodents. II. Changes with age in albino rats. Animal Behaviour 16:129–134.

Noirot E (1972) Ultrasounds and maternal behavior in small rodents. Developmental Psychobiology 5:371–387.

Okon EE (1971) The temperature relations of vocalization in infant Golden hamsters and Wistar rats. Journal of Zoology London 164:227–237.

Olivier B, Molewijk HE, van der Heyden JAM, van Oorschot R, Ronken E, Mos J, Miczek KA (1998) Ultrasonic vocalizations in rat pups: effects of serotonergic ligands. Neuroscience and Biobehavioral Review 23:215–227.

Oswalt GL and Meier GW (1975) Olfactory, thermal, and tactual influences on infantile ultrasonic vocalization in rats. Developmental Psychobiology 8:129–135.

Panksepp J and Burgdorf J (2000) 50-kHz chirping (laughter?) in response to conditioned and unconditioned tickle-induced reward in rats: effects of social housing and genetic variables. Behavioural Brain Research 115:25–38.

Roberts LH (1975a) The functional anatomy of the rodent larynx in relation to audible and ultrasonic cry production. Zoological Journal of the Linnaean Society 56:255–264.

Roberts LH (1975b) Evidence for the laryngeal source of ultrasonic and audible cries of rodents. Journal of Zoology, London 175:243–257.

Roberts LH (1975c) The rodent ultrasound production mechanism. Ultrasonics 13:83–85.

Sachs BD and Bialy M (2000) Female presence during postejaculatory interval facilitates penile erection and 22-kHz vocalization in male rats. Behavioral Neuroscience 114:1203–1208.

Sales GD (1972a) Ultrasound and mating behaviour in rodents with some observations on other behavioural situations. Journal of Zoology, London 168:149–164.

Sales GD (1972b) Ultrasound and aggressive behaviour in rats and other small mammals. Animal behaviour 20:88–100.

Sanders I, Weisz DJ, Yang BY, Fung K, Amirali A (2001) The mechanism of ultrasonic vocalization in the rat. In: Society for Neuroscience. San Diego, CA. November 10–15, 2001.

Schreiber R, Melon C, Vry JD (1998) The role of 5-HT receptor subtypes in the anxiolytic effects of elective serotonin ruptake inhibitors in the rat ultrasonic vocalization test. Psychopharmacology 135:383–391.

Sewell GD (1967) Ultrasound in adult rodents. Nature 215:512.

Sewell GD (1970) Ultrasonic signals from rodents. Ultrasonics 8:26–30.

Shair HN, Brunelli SA, Masmela JR, Boone E, Hofer MA (2003) Social, thermal, and temporal influences on isolation-induced and maternally potentiated ultrasonic vocalizations of rat pups. Developmental Psychobiology 42:206–222.

Smotherman WP, Bell RW, Starzec J, Elias J, Zachman TA (1974) Maternal responses to infant vocalizations and olfactory cues in rats and mice. Behavioural Biology 12:55–66.

Sokoloff G and Blumberg MS (2001) Competition and cooperation among huddling infant rats. Developmental Psychobiology 39:1–9.

Takahashi LK (1992) Developmental expression of defensive responses during exposure to conspecific adults in preweanling rats (*Rattus norvegicus*). Journal of Comparative Psychology 106:66–77.

Takahashi LK, Thomas DA, Barfield RJ (1983) Analysis of ultrasonic vocalizations emitted by residents during aggressive encounters among rats (*Rattus norvegicus*). Journal of Comparative and Physiological Psychology 97:207–212.

Thomas DA and Barfield RJ (1985) Ultrasonic vocalization of the female rat (Rattus norvegicus) during mating. Animal Behavior 33:720–725.

van der Poel AM, Noach EJK, Miczek KA (1989) Temporal patterning pf ultrasonic distress calls in the adult rat: effects of morphine and benzodiazepines. Psychopharmacology 97:147–148.

Vivian JA and Miczek KA (1991) Ultrasounds during morphine withdrawal. Pyshcopharmacology 104:187–193.

Wetzel DM, Kelley DB, Campbell BA (1980) Central control of ultrasonic vocalizations in neonatal rats: I. Brain stem motor nuclei. Journal of Comparative and Physiological Psychology 94:596–605.

Winslow JT and Insel TR (1991) Endogenous opioids: Do they modulate the rat pup's response to social isolation. Behavioral Neuroscience 105:253–263.

Yajima Y, Hayashi Y, Yoshii N (1980) The midbrain gray substance as a highly sensitive neural structure for the production of ultrasonic vocalizations in the rat. Brain Research 198:446–452.

Yajima Y, Hayashi Y, Yoshii N (1981) Identification of ultrasonic vocalization substrates determined by electrical stimulation applied to the medulla oblongata in the rat. Brain Research 229:353–362.

Zhang SP, Davis PJ, Bandler R, Carrive P (1994) Brain stem integration of vocalization: role of the midbrain periaqueductal gray. Journal of Neurophysiology 72:1337–1356.

第36章

Aggleton JP (1985) One-trial object recognition by rats. Quarterly Journal of Experimental Psychology 37B:279–294.

Aggleton JP and Brown MW (1999) Episodic memory, amnesia, and the hippocampal-anterior thalamic axis. Behavioral Brain Science 22:425–444.

Barnett SA (1956) Behavior components in the feeding of wild and laboratory rats. Behaviour 9:24–43.

Besheer J and Bevins RA (2000) The role of environmental familiarization in novel-object preference. Behavioural Processes 50:19–29.

Berlyne DE (1950) Novelty and curiosity as determinants of exploratory behaviour. British Journal of Psychology 41:68–80.

Berlyne DE (1960) Conflict, arousal, and curiosity (Harlow HF, ed.). New York: McGraw-Hill.

Berlyne DE (1955) The arousal and satiation of perceptual curiosity in the rat. Journal of Comparative and Physiological Psychology 48:238–246.

Dix SL and Aggleton JP (1999) Extending the spontaneous preference test of recognition: evidence of object-location and object-context recognition. Behavioural Brain Research 99:191–200.

Ennaceur A and Delacour J (1988) A new one-trial test for neurobiological studies of memory in rats: I. behavioural data. Behavioural Brain Research 31:47–59.

Fowler H (1965) Curiosity and exploratory behavior. New York: Macmillan.

Hughes RN (1997) Intrinsic exploration in animals: motives and measurement. Behavioural Processes 41:213–226.

Kesner RP, Bolland BL, Dakis M (1993) Memory for spatial locations, motor responses, and objects: triple dissociation among the hippocampus, caudate nucleus, and extrastriate visual cortex. Experimental Brain Research 93:462–470.

Montgomery KC (1955) The relation between fear induced by novel stimulation and exploratory behavior. Journal of Comparative and Physiological Psychology 48:254–260.

Mumby DG (0000) Reducing constraints on exploratory behavior enhances novel-object preference in rats. (submitted to *Learning and Memory*).

Mumby DG (2001) Perspectives on object-recognition memory following hippocampal damage: lessons from studies in rats. Behavioural Brain Research 127:159–181.

Mumby DG, Kornecook TJ, Wood ER, Pinel JPJ (1995) The role of experimenter-odor cues in the performance of object-memory tasks by rats. Animal Learning and Behavior 23:447–453.

Mumby DG, Gaskin S, Glenn MJ, Schramek TE, Lehmann H (2002) Hippocampal damage and exploratory preferences in rats: memory for objects, places, and contexts. Learning and Memory 9:49–57.

Mumby DG, Pinel JPJ, Kornecook TJ, Shen MJ, Redila VA (1995) Memory deficits following lesions of hippocampus or amygdala in rats: assessment by an object-memory test battery. Psychobiology 23:26–36.

Mumby DG, Pinel JPJ, Wood ER (1990) Nonrecurring-items delayed nonmatching-to-sample in rats: a new

paradigm for testing nonspatial working memory. Psychobiology 18:321–326.
Mumby DG, Glenn MJ, Nesbitt C, Kyriazis DA (2002) Dissociation in retrograde memory for object discriminations and object recognition in rats with perirhinal cortex damage. Behavioural Brain Research 132:215–226.
Renner MJ (1987) Experience-dependent changes in exploratory behavior in the adult rat (Rattus norvegicus): overall activity level and interactions with objects. Journal of Comparative Psychology 101:94–100.
Renner MJ and Seltzer CP (1991) Molar characteristics of exploratory and investigatory behavior in the rat (Rattus norvegicus). Journal of Comparative Psychology 105:326–339.
Renner MJ and Seltzer CP (1994) Sequential structure in behavioral components of object investigation by Long-Evans rats. Journal of Comparative Psychology 108:335–343.
Rothblat LA and Hayes LL (1987) Short-term object recognition memory in the rat: nonmatching with trial-unique stimuli. Behavioral Neuroscience 101: 587–590.
Sheldon AB (1969) Preference for familiar versus novel stimuli as a function of the familiarity of the environment. Journal of Comparative and Physiological Psychology 67:516–521.
Steele K and Rawlins JNP (1993) The effects of hippocampectomy on performance by rats of a running recognition task using long lists of non-spatial items. Brain Research 54:1–10.
Timberlake W (1984) An ecological approach to learning. Learning and Motivation 15:321–333.

第 37 章

Aggleton JP, Vann SD, Oswald CJP, Good M (2000) Identifying cortical inputs to the rat hippocampus that subserve allocentric spatial processes: a simple problem with a complex answer. Hippocampus 10:466–474.
Benhamou S and Bovet P (1992) Distinguishing between elementary orientation mechanisms by means of path analysis. Animal Behaviour 43:371–377.
Bovet J (1998) Long-distance travels and homing: dispersal, migrations, excursions. In: Handbook of spatial research paradigms and methodologies, Volume 2: Clinical and Comparative studies (Foreman N and Gillett R, eds.), pp. 239–269. Hove, U.K.: Psychology Press.
Collett TS, Cartwright BA, Smith BA (1986) Landmark learning and visuo-spatial memories in gerbils. Journal of Comparative Physiology A 158:835–851.
Dudchenko PA (2001) How do animals actually solve the T maze? Behavioral Neuroscience 115:850–860.
Foreman N and Ermakova I (1998) The radial arm maze: twenty years on. In: Handbook of spatial research paradigms and methodologies, Volume 2: Clinical and Comparative studies (Foreman N and Gillett R, eds.), pp. 87–143. Hove, U.K.: Psychology Press.
Gallistel CR (1990) The organization of learning. Cambridge, MA: The MIT Press.
Gaulin SJC and Fitzgerald RW (1989) Sexual selection for spatial-learning ability. Animal Behaviour 37:322–331.
McDonald RJ and White NM (1994) Parallel information processing in the water maze: evidence for independent memory systems involving dorsal striatum and hippocampus. Behavioral and Neural Biology 61:260–270.
Morris RGM (1981) Spatial localization does not require the presence of local cues. Learning and Motivation 12:239–260.
Morris RGM, Garrud P, Rawlins JNP, O'Keefe J (1982) Place navigation impaired in rats with hippocampal lesions. Nature 297:681–683.
O'Keefe J and Nadel L (1978) The hippocampus as a cognitive map. Oxford: Clarendon Press.
Olton DS and Samuelson RJ (1976) Remembrance of places passed: spatial memory in rats. Journal of Experimental Psychology: Animal Behavior Processes 2:97–116.
Olton DS, Becker JT, Handelmann GE (1979) Hippocampus, space and memory. Behavioral and Brain Sciences 2:313–365.
Packard MG and McGaugh JL (1996). Inactivation of hippocampus or caudate nucleus with Lidocaine differentially affects expression of place and response learning. Neurobiology of Learning and Memory 65:65–72.
Poucet B, Chapuis N, Durup M, Thinus-Blanc C (1986) A study of exploratory behavior as an index of spatial knowledge in hamsters. Animal Learning and Behavior 14:93–100.
Renner MJ (1990) Neglected aspects of exploratory and investigatory behavior. Psychobiology 18:16–22.
Rossier J, Kaminsky Y, Schenk F, and Bures J (2000) The place preference task: a new tool for studying the relation between and place cell activity in rats. Behavioral Neuroscience 114:273–284.
Save E and Poucet B (2000) Involvement of the hippocampus and associative parietal cortex in the use of proximal and distal landmarks for navigation. Behavioural Brain Research 109:195–206.
Sutherland RJ and Rudy JW (1989) Configural association theory: the role of the hippocampa formation in learning, memory, and amnesia. Psychobiology 17:129–144.
Thinus-Blanc C, Bouzouba L, Chaix K, Chapuis N, Durup M, Poucet B (1987) A study of spatial parameters encoded during exploration in hamsters. Journal of Experimental Psychology: Animal Behavior

Processes 13:418–427.
Tolman EC (1948) Cognitive maps in rats and men. Psychological bulletin 55:189–208.
Whishaw IQ, Cassel JC, Jarrard LE (1995) Rats with fimbria-fornix lesions display a place response in a swimming pool: a dissociation between getting there and knowing where. Journal of Neuroscience 15:5779–5788.

第 38 章

Church RM and Gibbon J (1982) Temporal generalization. Journal of Experimental Psychology. Animal Behavior Processes 8:165–186.

Eilam D and Golani I (1989) Home base behaviour of rats (Rattus norvegicus) exploring a novel environment. Behavioural Brain Research 34:199–211.

Drai D, Benjamini Y, Golani I (2000) Statistical discrimination of natural modes of motion in rat exploratory behaviour. Journal of Neuroscience Methods 96:119–131.

Gallistel CR (1990) The organisation of learning. Cambridge, MA: The MIT Press.

Golani I, Benjamini Y, Eilam D (1993) Stopping behaviour: constraints on exploration in rats (Rattus norvegicus). Behavioural Brain Research 53:21–33.

Gordon J, Ghilardi MF, Cooper SE, Ghez C (1994) Accuracy of planar reaching movements. II. Systematic extent errors resulting from inertial anisotropy. Experimental Brain Research 99:112–130.

Maaswinkel H, Jarrard LE, Whishaw IQ (1999) Hippocampectomized rats are impaired in homing by path integration. Hippocampus 9:553–561.

Maaswinkel H and Whishaw IQ (1999) Homing with locale, taxon, and dead reckoning strategies by foraging rats: sensory hierarchy in spatial navigation. Behavioural Brain Research 99:143–152.

Maurer R and Seguinot V (1995) What is modeling for? A critical review of the models of path integration. Journal of Theoretical Biology 175:457–475.

Techernichovski O, Benjamini Y, Golani I (1998) The dynamics of long-term exploration in the rat. Part I. A phase-plane analysis of the relationship between location and velocity. Biological Cybernetics 78:423–432.

Wallace DG, Gorny B, Whishaw IQ (2002) Rats can track odors, other rats, and themselves: implications for the study of spatial behaviour. Behavioural Brain Research 131:185–192.

Wallace DG, Hines DJ, Pellis SM, Whishaw IQ (2002) Vestibular information is required for dead reckoning in the rat. Journal of Neuroscience 22:10009–10017.

Wallace DG, Hines DJ, Whishaw IQ (2002) Quantification of a single exploratory trip reveals hippocampal formation mediated dead reckoning. Journal of Neuroscience Methods 113:131–145.

Wallace DG and Whishaw IQ (2003) NMDA lesions of the Ammon's horn and the dentate gyrus disrupt the direct and temporally paced homing displayed by rats exploring a novel environment: Evidence for the role of the hippocampus in dead reckoning. European Journal of Neuroscience 18:513–523.

Whishaw IQ and Brooks BL (1999) Calibrating space: exploration is important for allothetic and idiothetic navigation. Hippocampus 9:659–667.

Whishaw IQ, Coles BL, Bellerive CH (1995) Food carrying: a new method for naturalistic studies of spontaneous and forced alternation. Journal of Neuroscience Methods 61:139–143.

Whishaw IQ, Hines DJ, Wallace DG (2001) Dead reckoning (path integration) requires the hippocampal formation: evidence from spontaneous exploration and spatial learning tasks in light (allothetic) and dark (idiothetic) tests. Behavioural Brain Research 127:49–69.

Whishaw IQ, Maaswinkel H, Gonzalez CLR, Kolb B (2001) Deficits in allothetic and idiothetic spatial behavior in rats with posterior cingulate cortex lesions. Behavioural Brain Research 118:67–76.

Whishaw IQ, Kolb B, Sutherland RJ (1983) The analysis of behaviour in the laboratory rat. In: Robinson TE, editor. Behavioural approaches to brain research, pp. 141–211. Oxford University Press: New York.

Whishaw IQ and Tomie JA (1997) Piloting and dead reckoning dissociated by fimbria-fornix lesions in a rat food carrying task. Behavioural Brain Research 89:87–97.

第 39 章

Adamec R, Kent P, Anisman H, Shallow T, Merali Z (1998) Neural plasticity, neuropeptides and anxiety in animals—implications for understanding and treating affective disorder following traumatic stress in humans. Neuroscience and Biobehavioral Reviews 23:301–318.

Alheid GF, de Olmos JS, Beltramino CA (1995) Amygdala and extended amygdala. In: The rat nervous system, 2 ed. (Paxinos G, ed.), pp. 495–578. San Diego: Academic Press.

Anisman H and Waller TG (1973) Effects of inescapable shock on subsequent avoidance performance: role of response repertoire changes. Behavioral Biology 9:331–355.

Bandler R and Depaulis A (1988) Elicitation of intraspecific defence reactions in the rat from midbrain periaqueductal grey by microinjection of kainic acid, without neurotoxic effects. Neuroscience Letters 88:291–296.

Barnett SA (xxxx) A study in behaviour. London, UK: Methuen and Co.

Bellgowan PS and Helmstetter FJ (1996) Neural systems for the expression of hypoalgesia during nonassociative fear. Behavioral Neuroscience 110:727–736.

Blanchard DC, Williams G, Lee EM, Blanchard RJ (1981) Taming of wild Rattus norvegicus by lesions of the mesencephalic central gray. Physiological Psychology 9:157–163.

Blanchard RJ and Blanchard DC (1969) Crouching as an index of fear. Journal of Comparative and Physiological Psychology 67(3):370–375.

Blanchard RJ and Blanchard DC (1971) Defensive reactions in the albino rat. Learning and Motivation: 351–362.

Blanchard RJ and Blanchard DC (1972) Effects of hippocampal lesions on the rat's reaction to a cat. Journal of Comparative and Physiological Psychology 78(1):77–82.

Blanchard RJ and Blanchard DC (1989) Antipredator defensive behaviors in a visible burrow system. Journal of Comparative Psychology 103:70–82.

Blanchard RJ, Blanchard DC, Agullana R, Weiss SM (1991) Twenty-two kHz alarm cries to presentation of a predator, by laboratory rats living in visible burrow systems. Physiology and Behavior 50:967–972.

Blanchard RJ, Blanchard DC, Hori K (1989) Ethoexperimental approaches to the study of defensive behavior. In: Ethoexperimental approaches to the study of behavior. (Blanchard RJEB and F Paul, eds.), pp. 114–136. New York: Kluwer Academic/Plenum Publishers.

Blanchard RJ, Flannelly KJ, Blanchard DC (1986) Defensive behaviors of laboratory and wild Rattus norvegicus. Journal of Comparative Psychology 100:101–107.

Blanchard RJ, Fukunaga KK, Blanchard DC (1976) Environmental control of defensive reactions to footshock. Bulletin of the Psychonomic Society 8:129–130.

Blanchard RJ, Mast M, Blanchard DC (1975) Stimulus control of defensive reactions in the albino rat. Journal of Comparative Physiological Psychology 88:81–8.

Blanchard RJ, Yang M, Li CI, Gervacio A, Blanchard DC (2001) Cue and context conditioning of defensive behaviors to cat odor stimuli. Neuroscience and Biobehavioral Reviews Special Issue: Defensive Behavior and the Biology of Emotion 25:587–595.

Blanchard RJ, Yudko EB, Rodgers RJ, Blanchard DC (1993) Defense system psychopharmacology: an ethological approach to the pharmacology of fear and anxiety. Behavioural Brain Research 58:155–165.

Bolles RC (1970) Species-specific defense reactions and avoidance learning. Psychological Review 77(1):32–48.

Bolles RC and Collier AC (1976) The effect of predictive cues on freezing in rats. Animal Learning and Behavior 4:6–8.

Bolles RC, Uhl CN, Wolfe M, Chase PB (1975) Stimulus learning versus response learning in a discriminated punishment situation. Learning and Motivation 6:439–447.

Brown JS, Kalish HI, Farber IE (1951) Conditioned fear as revealed by magnitude of startle response to an auditory stimulus. Journal of Experimental Psychology 41:317–327.

Brown S and Schafer A (1888) An investigation into the functions of the occipetal and temporal lobes of the monkey's brain. Philosophical Transactions of the Royal Society of London Series B 179:303–327.

Calhoun JB (1963) The ecology and sociology of the Norway rat. US Dept of Health, Education and Welfare (PHS Monograph 1008). Bethesda, MD.

Campeau S and Davis M (1995) Involvement of the central nucleus and basolateral complex of the amygdala in fear conditioning measured with fear-potentiated startle in rats trained concurrently with auditory and visual conditioned stimuli. Journal of Neuroscience 15:2301–2311.

Davis M, Gendelman DS, Tischler MD, Gendelman PM (1982) A primary acoustic startle circuit: lesion and stimulation studies. Journal of Neuroscience 2:791–805.

De Oca BM, DeCola JP, Maren S, Fanselow MS (1998) Distinct regions of the periaqueductal gray are involved in the acquisition and expression of defensive responses. Journal of Neuroscience 18:3426–3432.

Dess NK and Vanderweele DA (1994) Lithium chloride and inescapable, unsignaled tail shock differentially affect meal patterns of rats. Physiology and Behavior 56:203–207.

Dielenberg RA and McGregor IS (1999) Habituation of the hiding response to cat odor in rats (Rattus norvegicus). Journal of Comparative Psychology 113:376–387.

Estes WK and Skinner BF (1941) Some quantitative properties of anxiety. Journal of Experimental Psychology 29:390–400.

Fanselow MS (1980) Conditioned and unconditional components of post-shock freezing. The Pavlovian Journal of Biological Science 15:177–182.

Fanselow MS (1982) The postshock activity burst. Animal Learning and Behavior 10:448–454.

Fanselow MS (1990) Factors governing one-trial contextual conditioning. Animal Learning and Behavior 18:264–270.

Fanselow MS (1991a) Analgesia as a response to aversive Pavlovian conditional stimuli: cognitive and emotional mediators. In: MR Denny (Ed.) Fear, avoidance, and phobias: a fundamental analysis. Hillsdale, NJ: Lawrence Erlbaum Associates, pp. 61–86.

Fanselow MS (1991b) The midbrain periaqueductal gray as a coordinator of action in response to fear and anxiety. In: The midbrain periacqueductal gray matter: Functional, anatomical and neuroschemical organization (Depaulis A and Bandler R, eds.). New York: Plenum Press.

Fanselow MS (1994) Neural organization of the defensive behavior system responsible for fear. Psychonomic Bulletin and Review 1:429–438.

Fanselow MS and Baackes M (1982) Conditioned fear-induced opiate analgesia on the formalin test: Evidence for two aversive motivational systems. Learning and Motivation 13:200–221.

Fanselow MS and Kim JJ (1994) Acquisition of contextual Pavlovian fear conditioning is blocked by application of an NMDA receptor antagonist D,L-2-amino-5-phosphonovaleric acid to the basolateral amygdala. Behavioural Neuroscience 108:210–212.

Fanselow MS and Kim JJ (1994) Acquisition of contextual Pavlovian fear conditioning is blocked by application of an NMDA receptor antagonist D,L-2-amino-5-phosphonovaleric acid to the basolateral amygdala. Behavioral Neuroscience 108: 210–212.

Fanselow MS, Landeira-Fernandez J, DeCola JP, Kim JJ (1994). The immediate-shock deficit and postshock analgesia: Implications for the relationship between the analgesic CR and UR. Animal Learning and Behavior 22:72–76.

Fanselow MS and Lester LS (1988) A functional behavioristic approach to aversively motivated behavior: Predatory imminence as a determinant of the topography of defensive behavior. In: RC Bolles and MD Beecher (Eds) Evolution and learning. Hillsdale, NJ: Lawrence Erlbaum Associates, pp. 185–212.

Fanselow MS, Lester LS, and Helmstetter FJ (1988) Changes in feeding and foraging patterns as an antipredator defensive strategy: a laboratory simulation using aversive stimulation in a closed economy. Journal of Experimental and Analytical Behavior 50:361–374.

Fanselow MS, Sigmundi RA, and Williams JL (1987) Response selection and the hierarchical organization of species-specific defense reactions: The relationship between freezing, flight, and defensive burying. Psychological Record 37:381–386.

Fendt M, Endres T, Apfelbach R (2003) Temporary inactivation of the bed nucleus of the stria terminalis but not of the amygdala blocks freezing induced by trimethylthiazoline, a component of fox feces. Journal of Neuroscience 23:23–28.

Fendt M and Fanselow MS (1999) The neuroanatomical and neurochemical basis of conditioned fear. Neuroscience and Biobehavioral Reviews 23:743–760.

Griffith C (1920) The behavior of white rats in the presence of cats. Psychobiology 2:19–28.

Helmstetter FJ and Fanselow MS (1993) Aversively motivated changes in meal patterns of rats in a closed economy: The effects of shock density. Animal Learning and Behavior 21:168–175.

Helmstetter FJ and Landeira-Fernandez J (1990) Conditional hypoalgesia is attenuated by naltrexone applied to the periaqueductal gray. Brain Research 537:88–92.

Hitchcock JM and Davis M (1991) Efferent pathway of the amygdala involved in conditioned fear as measured with the fear-potentiated startle paradigm. Behavioral Neuroscience 105:826–842.

Iwata J, Chida K, LeDoux JE (1987) Cardiovascular responses elicited by stimulation of neurons in the central amygdaloid nucleus in awake but not anesthetized rats resemble conditioned emotional responses. Brain Research 418:183–188.

Iwata J, LeDoux JE, Meeley MP, Arneric S, Reis DJ (1986) Intrinsic neurons in the amygdaloid field projected to by the medial geniculate body mediate emotional responses conditioned to acoustic stimuli. Brain Research 383:195–214.

Kaltwasser MT (1991) Acoustic startle induced ultrasonic vocalization in the rat: a novel animal model of anxiety? Behavioural Brain Research 43:133–137.

Kapp BS, Gallagher M, Underwood MD, McNall CL, Whitehorn D (1982) Cardiovascular responses elicited by electrical stimulation of the amygdala central nucleus in the rabbit. Brain Research 234:251–262.

Kapp BS, Markgraf CG, Wilson A, Pascoe JP, Supple WF (1991) Contributions of the amygdala and anatomically-related structures to the acquisition and expression of aversively conditioned responses. In: L Dachowski and CF Flaherty (Eds) Current topics in animal learning: Brain, emotion and cognition. Hillsdale, NJ: Lawrence Erlbaum Associates, pp. 311–346.

Kellicutt MH and Schwartzbaum JS (1963) Formation of a conditioned emotional response (CER) following lesions of the amygdaloid complex in rats. Psychological Reports 12(2):351–358.

Kim JJ, Rison RA, Fanselow MS (1993) Effects of amygdala, hippocampus, and periaqueductal gray lesions on short- and long-term contextual fear. Behavioral Neuroscience 107:1093–1098.

LeDoux JE, Cicchetti P, Xagoraris A, Romanski LM (1990) The lateral amygdaloid nucleus: sensory interface of the amygdala in fear conditioning. Journal of Neuroscience 10:1062–1069.

LeDoux JE, Iwata J, Cicchetti P, Reis DJ (1988) Different projections of the central amygdaloid nucleus mediate autonomic and behavioral correlates of conditioned fear. Journal of Neuroscience 8:2517–2529.

LeDoux JE, Sakaguchi A, Reis DJ (1983) Alpha-methyl-DOPA dissociates hypertension, cardiovascular reactivity and emotional behavior in spontaneously hypertensive rats. Brain Research 259:69–76.

Lee Y and Davis M (1997) Role of the hippocampus, the bed nucleus of the stria terminalis, and the amygdala in the excitatory effect of corticotropin-releasing hormone on the acoustic startle reflex. Journal of Neuroscience 17:6434–6446.

Lester LS and Fanselow MS (1985) Exposure to a cat produces opioid analgesia in rats. Behavioral Neuroscience 99:756–759.

Lewis JW, Cannon JT, Liebeskind JC (1980) Opioid and nonopioid mechanisms of stress analgesia. Science 208:623–625.

Liebman JM, Mayer DJ, Liebeskind JC (1970) Mesencephalic central gray lesions and fear-motivated behavior in rats. Brain Research 23:353–370.

Maren S (2001) Neurobiology of Pavlovian fear conditioning. Annual Review of Neuroscience 24:897–931.

Maren S and Fanselow MS (1996) The amygdala and fear conditioning: has the nut been cracked? Neuron 16:237–240.

Myer JS (1971) Some effects of non-contingent aversive stimulation. In: Aversive conditioning and learning (Bursh FR, ed.). New York: Academic Press.

Roche JP and Timberlake W (1998) The influence of artificial paths and landmarks on the foraging behavior of Norway rats (Rattus norvegicus). Animal Learning and Behavior 26:76–84.

Treit D, Aujla H, Menard J (1998) Does the bed nucleus of the stria terminalis mediate fear behaviors? Behavioural Neuroscience 112:379–386.

Vernet-Maury E, Constant B, Chanel J (1992) Repellent effects of trimethylthiazoline in the wild rat (Rattus norvegicus Berkenout). In: Chemical signals in vertebrates (Doty R and Muller-Schwarze D, eds.), pp. 305–310. New York: Plenum Press.

Walker DL and Davis M (1997) Anxiogenic effects of high illumination levels assessed with the acoustic startle response in rats. Biological Psychiatry 42:461–471.

Walker DL and Davis M (1997) Double dissociation between the involvement of the bed nucleus of the stria terminalis and the central nucleus of the amygdala in startle increases produced by conditioned versus unconditioned fear. Journal of Neuroscience 17:9375–9383.

Walker DL, Toufexis DJ, Davis M (2003) Role of the bed nucleus of the stria terminalis versus the amygdala in fear, stress, and anxiety. European Journal of Pharmacology 463:199–216.

Weiskrantz L (1956) Behavioral changes associated with ablation of the amygdaloid complex in monkeys. Journal of Comparative and Physiological Psychology 29:381–391.

Whishaw IQ, Dringenberg HC, Comery TA (1992) Rats (Rattus norvegicus) modulate eating speed and vigilance to optimize food consumption: Effects of cover, circadian rhythm, food deprivation, and individual differences. Journal of Comparative Psychology 106:411–419.

Young BJ and Leaton RN (1996) Amygdala central nucleus lesions attenuate acoustic startle stimulus-evoked heart rate changes in rats. Behavioural Neuroscience 110:228–237.

第 40 章

Alvarado MC and Rudy JW (1992) Some properties of configural learning—An investigation of the transverse-patterning problem. Journal of Experimental Psychology Animal Behavior Processes 18:145–153.

Astur RS, Taylor LB, Mamelak AN, Philpott L, Sutherland RJ (2002) Humans with hippocampus damage display severe spatial memory impairments in a virtual Morris water task. Behavioural Brain Research 132:77–84.

Balleine BW and Dickinson A (1998a) The role of incentive learning in instrumental outcome revaluation by sensory-specific satiety. Animal Learning and Behavior 26:46–59.

Balleine BW and Dickinson A (1998b) Goal-directed instrumental action: contingency and incentive learning and their cortical substrates. Neuropharmacology 37:407–419.

Balleine BW, Killcross AS, Dickinson A (2003) The effect of lesions of the basolateral amygdala on instrumental conditioning. Journal of Neuroscience 23:666–675.

Bechara A, Damasio H, Damasio AR, Lee GP (1999) Different contributions of the human amygdala and ventromedial prefrontal cortex to decision-making. Journal of Neuroscience 19:5473–5481.

Birrell JM and Brown VJ (2000) Medial frontal cortex mediates perceptual attentional set shifting in the rat. Journal of Neuroscience 20:4320–4324.

Calton JL, Stackman RW, Goodridge JP, Archey WB, Dudchenko PA, Taube JS (2003) Hippocampal palce cell instability after lesions of the head direction cell network. Journal of Neuroscience 23:9719–9731.

Clayton NS, Bussey TJ, Dickinson A (2003) Can animals recall the past and plan for the future? Nature Reviews Neuroscience 4:685–691.

Clayton NS, Yu KS, Dickinson A (2001) Scrub jays (aphelocoma coerulescens) form integrated memories of the multiple features of caching episodes. Journal of Experimental Psychology Animal Behavior Processes 27:17–29.

Coutureau E, Killcross AS, Good M, Marshall VJ, Ward-Robinson J, Honey RC (2002) Acquired equivalence and distinctiveness of cues: II. Neural manipulations and their implications. Journal of Experimental Psychology Animal Behavior Processes 28:388–396.

Dalley JW, McGaughy J, O'Connell MT, Cardinal RN, Levita L, Robbins TW (2001) Distinct changes in cortical acetylcholine and noradrenaline efflux during contingent and noncontingent performance of a visual attentional task. Journal of Neuroscience 21:4908–4914.

Day M, Langston R, Morris RGM (2003) Glutamate-receptor-mediated encoding and retrieval of paired-associate learning. Nature 424:205–209.

Ekstrom AD, Kahana MJ, Caplan JB, Fields TA, Isham EA, Newman EL, Fried I (2003) Cellular networks underlying human spatial navigation. Nature 425: 184–187.

Everitt BJ and Robbins TW (1997) Central cholinergic systems and cognition. Annual Review of Psychology 48:649–684.

Fanselow MS (1990) Factors governing one-trial contextual conditioning. Animal Learning and Behavior 18:264–270.

Fanselow MS (2000) Contextual fear gestalt memories, and the hippocampus. Behavioural Brain Research 110:73–81.

Fenton AA, Wesierska M, Kaminsky Y, Bures J (1998) Both here and there: Simultaneous expression of autonomous spatial memories in rats. Proceedings of the National Academy of Sciences U S A 95:11493–11498.

Frank MJ, Rudy JW, O'Reilly RC (2003) Transitivity, flexibility, conjunctive representations and the hippocampus. II. An computational analysis. Hippocampus 13:299–312.

Gallagher M, McMahan RW, Schoenbaum G (1999) Orbitofrontal cortex and representation of incentive value in associative learning. Journal of Neuroscience 19:6610–6614.

Gallistel CR (1990) The organisation of learning. Cambridge, MA: The MIT Press, 1990.

Golombek DA, Ferreyra GA, Agostino PV, Murad AD, Rubio MF, Pizzio GA, Katz ME, Marpegan L, Bekinschtein TA (2000) From light to genes: Moving the hands of the circadian clock. Frontiers in Bioscience 8:S285–S293.

Gothard KM, Skaggs WE, Moore KM, McNaughton BL (1996) Binding of hippocampal CA1 neural activity to multiple reference frames in a landmark-based navigation task. Journal of Neuroscience 16:823–835.

Griffiths DP and Clayton NS (2001) Testing episodic memory in animals. Physiology and Behavior 73: 755–762.

Hanlon FM, Weisend MP, Huang MX, Astur RS, Moses SN, Lee RR (2002) Neural activation during performance of transverse patterning using magnetoencephalography. Journal of Cognitive Neuroscience Suppl S:163–163.

Hatfield T, Han J-S, Conley M, Gallagher M, Holland P (1996) Neurotoxic lesion of the basolateral, but not central, amygdala interfere with Pavlovian second-order conditioning and reinforcer-devaluation effects. Journal of Neuroscience 16:5256–5265.

Holland PC (1992) Occasion setting in Pavlovian conditioning. In: Medin D, editor. The psychology of learning and motivation. Vol. 28. San Diego: Academic Press; p. 69–125.

Holland PC and Straub JJ (1979) Differential effects of two ways of devaluing the unconditioned stimulus after Pavlovian appetitive conditioning. Journal of Experimental Psychology Animal Behavior Processes 5:65–78.

Honey RC and Watt A (1999) Acquired relational equivalence between contexts and features. Journal of Experimental Psychology Animal Behavior Processes 25:324–333.

Lowrey PL and Takahashi JS (2000) Genetics of the mammalian circadian system: Photic entrainment, circadian pacemaker mechanisms, and posttranslational regulation. Annual Review of Genetics 34:533–562.

McDonald RJ and White NM (1995) Information acquired by the hippocampus interferes with acquisition of amygdala-based conditioned cue preference (CCP) in the rat. Hippocampus 5:189–197.

McGaughy J and Sarter M (1998) Sustained attention performance in rats with intracortical infusions of 192 IgG-saporin-induced cortical cholinergic deafferentation: effects of physostigmine and FG 7142. Behavioral Neuroscience 112:1519–1525.

Miller RR and Oberling P (1998) Analogies between occasion setting and pavlovian conditioning. In: Schmajuk NA, Holland PC, editors. Occasion setting: Associative learning and cognition in animals. Washington, DC: American Psychological Association; p. 3–35.

Muir JL, Everitt BJ, Robbins TW (1996) The cerebral cortex of the rat and visual attentional function: dissociable effects of mediofrontal, cingulate, anterior, dorsolateral and parietal cortex lesions on a five choice serial reaction time task. Cerebral Cortex 6:470–481.

Passetti F, Chudasama Y, Robbins TW (2002) The frontal cortex of the rat and visual attentional performance: Dissociable functions of distinct medial prefrontal subregions. Cerebral Cortex 12:1254–1268.

Phillips JM, McAlonan K, Robb WGK, Brown VJ (2000) Cholinergic neurotransmission influences covert orientation of visuospatial attention in the rat. Psychopharmacology 150:112–116.

Posner MI (1980) Orienting of attention. Quarterly Journal of Experimental Psychology 32:3–25.

Reed JM and Squire LR (1999) Impaired transverse patterning in human amnesia is a special case of impaired memory for two-choice discrimination tasks. Behavioral Neuroscience 113:3–9.

Rickard TC and Grafman J (1998) Losing their configural mind: Amnesic patients fail on transverse patterning. Journal of Cognitive Neuroscience, 10:509–524.

Rudy JW and O'Reilly RC (1999) Contextual fear conditioning, conjunctive representations, pattern completion, and the hippocampus. Behavioral Neuroscience 113:67–880.

Sarter M and Bruno JP (1997) Cognitive functions of cortical acetylcholine: toward a unifying hypothesis. Brain Research Reviews 23:28–46.

Sarter M, Givens B, Bruno JP (2001) The cognitive neuroscience of sustained attention: where top-down meets bottom-up. Brain Research Reviews 35:146–160.

Skinner DM, Etchegary CM, Ekert-Maret EC, Baker CJ, Harley CW, Evans JH, Martin GM (2003) An analysis of response, direction, and place learning in an open field and T maze. Journal of Experimental Psychology Animal Behavior Processes 29:3–13.

Stewart C, Burke S, Marrocco R (2001) Cholinergic modulation of covert attention in the rat. Psychopharmacology 155:210–218.

Sutherland RJ and Rudy JW (1989) Configural association theory: The role of the hippocampal formation in learning, memory, and amnesia. Psychobiology 17:129–144.

Swartzentruber D (1995) Modulatory mechanisms in Pavlovian conditioning. Animal Learning and Behavior 23:123–143.

Tulving E (1972) Episodic and semantic memory. In: Tulving E, Donaldson W, editors, Organization of memory New York: Academic Press, p. 381–403.

Van Elzakker M, O'Reilly RC, Rudy JW (2003) Transitivity, flexibility, conjunctive representations and the hippocampus. I. An empirical analysis. Hippocampus 13:292–298.

White NM and McDonald RJ (1993) Acquisition of a spatial conditioned place preference is impaired by amygdala lesions and improved by fornix lesions. Behavioural Brain Research 55:269–281.

White NM and McDonald RJ (2002) Multiple parallel memory systems in the brain of the rat. Neurobiology of Learning and Memory 77:125–184.

Zinyuk L, Kubik S, Kaminsky Y, Fenton AA, Bures J (2000) Understanding hippocampal activity by using purposeful behavior: Place navigation induces place cell discharge in both task-relevant and task-irrelevant spatial reference frames. Proceedings of the National Academy of Sciences USA 97:3771–3776.

第41章

Bakal CW, Johnson RD, Rescorla RA (1974) The effect of change in US quality on the blocking effect. Pavlovian Journal of Biological Sciences 9:97–103.

Balleine B (1992) Instrumental performance following a shift in primary motivation depends upon incentive learning. Journal of Experimental Psychology: Animal Behavior Processes 18:236–250.

Balleine B (1994) Asymmetrical interactions between thirst and hunger in Pavlovian-instrumental transfer. Quarterly Journal of Experimental Psychology 47B:211–231.

Balleine BW (2001) Incentive processes in instrumental conditioning. In: Handbook of contemporary learning theories (Mowrer R and Klein S, eds.), pp. 307–366. Hillsdale, NJ: Erlbaum.

Balleine B, Ball J, Dickinson A (1994) Benzodiazepine-induced outcome revaluation and the motivational control of instrumental action in rats. Behavioral Neuroscience 108:573–589.

Balleine B and Dickinson A (1991) Instrumental performance following reinforcer devaluation depends upon incentive learning. Quarterly Journal of Experimental Psychology 43B:279–296.

Balleine B and Dickinson A (1992) Signalling and incentive processes in instrumental reinforcer devaluation. Quarterly Journal of Experimental Psychology 45B:285–301.

Balleine B and Dickinson A (1998a) The role of incentive learning in instrumental outcome revaluation by sensory-specific satiety. Animal Learning and Behavior 26:46–59.

Balleine BW and Dickinson A (1998b) Consciousness: the interface between affect and cognition. In: Consciousness and human identity (Cornwell J, ed.), pp. 57–85. Oxford: Oxford University Press.

Berridge, KC (1991) Modulation of taste affect by hunger, caloric satiety, and sensory-specific satiety in the rat. Appetite 16:103–120.

Berridge KC (2000) Reward learning: Reinforcement, incentives, and expectations. In: The psychology of learning and motivation (Medin DL, ed.), Vol. 40, pp. 223–278. New York: Academic Press.

Berridge KC, Flynn FW, Schulkin J, Grill HJ (1984) Sodium depletion enhances salt palatability in rats. Behavioral Neuroscience 98:652–660.

Berridge KC and Robinson TE (1998) What is the role of dopamine in reward: hedonic impact, reward learning, or incentive salience? Brain Research Reviews 28:309–369.

Blundell P, Hall G, Killcross S (2003) Preserved sensitivity to outcome value after lesions of the basolateral amygdala. Journal of Neuroscience 23:7702–7709.

Bolles RC (1975) Theory of motivation. New York: Harper & Row.

Bombace JC, Brandon SE, Wagner AR (1991) Modulation of a conditioned eyeblink response by a putative emotive stimulus conditioned with a hindleg shock. Journal of Experimental Psychology: Animal Behavior Processes 17:323–333.

Changizi MA, McGehee RM, Hall WG (2002) Evidence that appetitive responses for dehydration and food-deprivation are learned. Physiology and Behavior 75:295–304.

Colwill RM and Rescorla RA (1988) Associations between the discriminative stimulus and the reinforcer in instrumental learning. Journal of Experimental Psychology: Animal Behavior Processes 14:155–164.

Corbit L, Muir J, Balleine BW (2001) The role of the nucleus accumbens in instrumental conditioning: evidence for a functional dissociation between accumbens core and shell. Journal of Neuroscience 21:3251–3260.

Corbit LH and Balleine BW (2003) Pavlovian and instrumental incentive processes have dissociable effects on components of a heterogeneous instrumental chain. Journal of Experimental Psychology: Animal Behavior Processes 29:99–106.

Daly HB (1974) Reinforcing properties of escape from frustration aroused in various learning situations. In: The psychology of learning and motivation (Bower GH, ed.), Vol. 8, pp. 187–231. New York: Academic Press.

Dayan P and Balleine BW (2002) Reward, motivation and reinforcement learning. Neuron 36:285–298.

DeBold RC, Miller NE, Jensen DD (1965) Effect of strength of drive determined by a new technique for appetitive classical conditioning of rats. Journal of Comparative and Physiological Psychology 59:102–108.

De Houwer J, Thomas S, Baeyens F (2001) Association learning of likes and dislikes: A review of 25 years of research on human evaluative conditioning. Psychological Bulletin 127:853–869.

Dickinson A and Balleine BW (2002) The role of learning in the operation of motivational systems. In: Learning, motivation & emotion, Volume 3 of Steven's handbook of experimental psychology, 3rd ed. (Gallistel CR, ed.), pp. 497–533. New York: John Wiley & Sons.

Dickinson A and Balleine BW (2000) Causal cognition and goal-directed action. In: The evolution of cognition (Heyes C and Huber L, eds.), pp. 185–204. Cambridge, MA: MIT Press.

Dickinson A and Dawson GR (1989) Incentive learning and the motivational control of instrumental performance. Quarterly Journal of Experimental Psychology 41B:99–112.

Dickinson A and Dearing MF (1979) Appetitive-aversive interactions and inhibitory processes. In: Mechanism of learning and motivation (Dickinson A and Boakes RA, eds.), pp. 203–231. Hillsdale, NJ: Lawrence Erlbaum Associates.

Dickinson A and Pearce JM (1977) Inhibitory interactions between appetitive and aversive stimuli. Psychological Bulletin 84:690–711.

Dickinson A, Smith J, Mirenowicz J (2000) Dissociation of Pavlovian and instrumental incentive learning under dopamine antagonists. Behavioral Neuroscience 114:468–483.

Everitt BJ and Stacey P (1987) Studies of instrumental behavior with sexual reinforcement in male rats (*Rattus novegicus*): II. Effects of preoptic area lesions, castration, and testosterone. Journal of Comparative Psychology 101:407–419.

Forestell CA and Lolordo VM (2003) Palatability shifts in taste and flavour preference conditioning. Quarterly Journal of experimental Psychology 56B:140–160.

Ganesen R and Pearce JM (1988) Effects of changing the unconditioned stimulus on appetitive blocking. Journal of Experimental Psychology: Animal Behavior Processes 14:280–291.

Garcia J (1989) Food for Tolman: Cognition and cathexis in concert. In: Aversion, avoidance, and anxiety: Perspectives on aversively motivated behavior (Archer T and Nilsson L-G, eds.), pp. 45–85. Hillsdale, NJ: Lawrence Erlbaum Associates.

Garcia J, Brett L, Rusiniak KW (1989) Limits of Darwinian conditioning. In: Contemporary learning theories: Instrumental conditioning theory and the impact of biological constraints on learning (Klein SB and Mowrer RR, eds.), pp. 181–203. Hillsdale, NJ: Lawrence Erlbaum Associates.

Ginn SR, Valentine JD, Powell DA (1983) Concomitant Pavlovian conditioning of heart rate and leg flexion responses in the rat. Pavlov Journal of Biological Science 18:154–160.

Hall WG, Arnold HM, Myers KP (2000) The acquisition of an appetite. Psychological Science 11:101–105.

Harris JA, Gorissen MC, Bailey GK, Westbrook RF (2000) Motivational state regulates the content of learned flavor preferences. Journal of Experimental Psychology: Animal Behavior Processes 26:15–30.

Hendersen RW and Graham J (1979) Avoidance of heat by rats: Effects of thermal context on the rapidity of extinction. Learning and Motivation 10:351–363.

Holland PC (1980) CS-US interval as a determinant of

the form of Pavlovian appetitive conditioned responses. Journal of Experimental Psychology: Animal Behavior Processes 6:155–174.

Holland PC and Rescorla RA (1975) The effect of two-ways of devaluing the unconditioned stimulus after first- and second-order appetitive conditioning. Journal of Experimental Psychology: Animal Behavior Processes 1:355–363.

Holland PC, Hatfield T, Gallagher M (2001) Rats with basolateral amygdala lesions show normal increases in conditioned stimulus processing but reduced conditioned potentiation of eating. Behavioral Neuroscience 115:945–950.

Holland PC, Petrovich GD, Gallagher M (2002) The effects of amygdala lesions on conditioned stimulus-potentiated eating in rats. Physiology & Behavior 76:117–129.

Kamin LJ (1969) Selective association and conditioning. In: Fundamental issues in associative learning (Mackintosh NJ and Honig WK, eds.), pp. 42–64. Halifax: Dalhousie University Press.

Killcross S, Robbins TW, Everitt BJ (1997) Different types of fear-conditioned behaviour mediated by separate nuclei within amygdala. Nature 388:377–380.

Konorski J (1967) Integrative activity of the brain: An interdisciplinary approach. Chicago: University of Chicago Press.

Lopez M, Balleine B, Dickinson A (1992) Incentive learning and the motivational control of instrumental performance by thirst. Animal Learning and Behavior 20:322–328.

Moll RP (1964) Drive and maturation effects in the development of consummatory behavior. Psychological Reports 15:295–302.

Pavlov IP (1927) Conditioned reflexes. Oxford University Press.

Pearce JM and Bouton ME (2001) Theories of associative learning in animals. Annual Review of Psychology 52:111–139.

Pecina S, Berridge KC, Parker LA (1997) Pimozide does not shift palatability: separation of anhedonia from sensorimotor effects. Pharmacology, Biochemistry and Behavior 58:801–811.

Ramachandran R and Pearce JM (1987) Pavlovian analysis of interactions between hunger and thirst. Journal of Experimental Psychology: Animal Behavior Processes 13:182–192.

Reilly S (1999) The parabrachial nucleus and conditioned taste aversion. Brain Research Bulletin 48:239–254.

Reilly S, Harley C, Revusky S (1993) Ibotenate lesions of the hippocampus enhance latent inhibition in conditioned taste aversion and increase resistance to extinction in conditioned taste preference. Behavioral Neuroscience 107:996–1004.

Rizley RC and Rescorla RA (1972) Associations in second-order conditioning and sensory preconditioning. Journal of Comparative and Physiological Psychology 81:1–11.

Schmajuk NA and Christiansen BA (1990) Eyeblink conditioning in rats. Physiology & Behavior 48(5):755–758.

Sclafani A (1999) Macronutrient-conditioned flavor preferences. In: Neural control of macronutrient selection (Bertoud H-R and Seeley RJ, eds.), pp. 93–106. Boca Raton, FL: CRC Press.

Sclafani A, Azzara AV, Touzani K, Grigson PS, Norgren R (2001) Parabrachial nucleus lesions block taste and attenuate flavor preference and aversion conditioning in rats. Behavioral Neuroscience 115:920–933.

Sudakov KV (1990) Oligopeptides in the organization of feeding motivation: a systemic approach. Biomedical Science 1:354–358.

Talk AC, Gandhi CC, Matzel LD (2002) Hippocampal function during behaviorally silent associative learning: dissociation of memory storage and expression. Hippocampus 12:648–656.

Wyvell CL and Berridge KC (2000) Intra-accumbens amphetamine increases the conditioned incentive salience of sucrose reward: Enhancement of reward "wanting" without enhanced liking or response reinforcement. Journal of Neuroscience 20:8122–8130.

Young PT (1949) Food seeking drive, affective process and learning. Psychological Review 56:98–121.

第42章

de Almeida LP, et al (2002) Lentiviral-mediated delivery of mutant huntingtin in the striatum of rats induces a selective neuropathology modulated by polyglutamine repeat size, huntingtin expression levels, and protein length. Journal of Neuroscience 20:219–229.

Barkley RA (1997) Behavioral inhibition, sustained attention, and executive functions: constructing a unifying theory of ADHD. Psychological Bulletin 121:65–94.

Bartus RT, Flicker C, Dean RL, Pontecorvo M, Figuerdo JC, Fisher SK (1985) Selective memory loss following nucleus basalis lesions: long term behavioral recovery despite persistent cholinergic deficiencies. Pharmacology, Biochemistry, and Behavior 23:125–135.

Berke JD and Hyman SE (2000) Addiction, dopamine, and the molecular mechanisms of memory. Neuron 25:515–532.

Boulton AA, Baker GF, Butterworth RF (eds.) (1992) Animal models of neurological disease. Totowa, NJ: Human Press.

Brake WG, Noel MB, Boksa P, Gratton A (1997) Influence of perinatal factors on the nucleus accumbens dopamine response to repeated stress during adulthood: an electrochemical study in the rat. Neuroscience 77:1067–1076.

Brake WG, Sullivan RM, Gratton A (2000) Perinatal distress leads to lateralized medial prefrontal cortical dopamine hypofunction in adult rats. Journal of Neuroscience 20:5538–5543.

Caldji C, Diorio J, Meany MJ (2000) Variations in maternal care in infancy regulate the development of stress reactivity. Biological Psychiatry 48:1164–1174.

Corcoran ME and Moshe SL (1998) Kindling 5. New York: Plenum Press.

Dean P (1990) Sensory cortex: Visual perceptual factors. In: The cerebral cortex of the rat (Kolb B and Tees RC, eds.), pp. 275–308. Cambridge, MA: MIT Press.

Emerich DF and Sanberg PR (1992) Animal models of Huntington's disease. In: Animal models of neurological disease (Boulton AA, Baker GB, Butterworth RF, eds.), pp. 65–134. Totowa, NJ: Human Press.

Gerdeman GL, Partridge JG, Lupica CR, Lovinger DM (2003) It could be habit forming: drugs of abuse and striatal synaptic plasticity. Trends in Neuroscience 26:184–192.

Ginsberg MD and Busto R (1989) Rodent models of cerebral ischemia. Stroke 20:1627–1642.

Heilman KM, Voeller KK, Nadeau SE (1991) A possible pathophysiologic substrate of attention deficit hyperactivity disorder. Journal of Child Neurology 6(suppl):S76–S81.

Kaas JH (1987) The organization of neocortex in mammals: Implications for theories of brain function. Annual Review of Psychology 38:129–151.

Kirik D and Bjorklund A (2003) Modeling CNS neurodegeneration by overexpression of disease-causing proteins using viral vectors. Trends in Neurosciences 26:386–392.

Kirik D, et al (2002) Parkinson-like degeneration induced by targeted overexpression of alpha-synuclein in the nigrostriatal system. Journal of Neuroscience 22:2780–2791.

Kolb B, Gibb R, Gonzalez C (2001) Cortical injury and neuroplasticity during brain development. In: Toward a theory of neuroplasticity (Shaw CA and McEachern JC, eds.), pp. 223–243. New York: Elsevier.

Kolb B, Gibb R, Gorny G (2003) Experience-dependent changes in dendritic arbor and spine density in neocortex vary with age and sex. Neurobiology of Learning and Memory 79:1–10.

Kolb B, Buhrmann K, MacDonald R, Sutherland RJ (1994) Dissociation of the medial prefrontal, posterior parietal, and posterior temporal cortex for spatial navigation and recognition memory in the rat. Cerebral Cortex 4:15–34.

Kolb B and Whishaw IQ (1983) Generalizing in neuropsychology: problems and principles underlying cross-species comparisons. In: Behavioral contributions to brain research (Robinson TE, ed.). New York: Oxford University Press.

Kolb B and Whishaw IQ (2003) Fundamentals of human neuropsychology, 5th ed. New York: Worth.

Levine S (1961) Infantile stimulation and adaptation to stress. Research Publication of the Association of Nervous and Mental Disorders 43:280–291.

Liu D, Diorio J, Tannenbaum B, Caldji C, Francis D, Freedman A, et al (1997) Maternal care, hippocampal glucocorticoid receptors, and hypothalamic-pituitary-adrenal responses to stress. Science 277:1659–1662.

McCandless DW and FineSmith RB (1992) Chemically induced models of seizures. In: Animal models of neurological disease, II (Boulton AA, Baker GB, Butterworth RF, eds.), pp. 133–151. Totowa, NJ: Human Press.

Miklyaeva EI and Whishaw IQ (1996) Hemiparkinson analogue rats display active support in good limbs versus passive support in bad limbs on a skilled reaching task of variable height. Behavioral Neuroscience 110:117–125.

Nestler EJ (2001) Molecular basis of long-term plasticity underlying addiction. Nature Neuroscience Reviews 2:119–128.

Olfert ED (1992) Ethics of animal models of neurological diseases. In: Animal models of neurological disease, I (Boulton AA, Baker GB, Butterworth RF, eds.), pp. 1–29. Totowa, NJ: Human Press.

Pandya D and Yeterian EH (1985) Architecture and connections of cortical association areas. In: Cerebral cortex, 4: Association and auditory cortices (Peters A and Jones EG, eds.), pp. 3–61. New York: Plenum.

Robinson TE and Berridge KC (2003) Addiction. Annual Review of Psychology 54:25–53.

Robinson TE and Kolb B (1999) Alterations in the morphology of dendrites and dendritic spines in the nucleus accumbens and prefrontal cortex following repeated treatment with amphetamine or cocaine. European Journal of Neuroscience 11:1598–1604.

Schallert T and Lindner MD (1990) Rescuing neurons from trans-synaptic degeneration after brain damage: helpful, harmful or neutral in recovery of function? Canadian Journal of Psychology 44:276–292.

Schallert T and Tillerson JL (2002) Intervention strategies for degeneration of dopamine neurons in parkinsonism. In: Central nervous system diseases (Emerich DF, Dean RL, Sanberg PR, eds.), pp. 131–151. Totowa, NJ: Human Press.

Schallert T, Upchurch M, Lobaugh N, Farrar SB, Spiruso WW, Gilliam P, Vaughn D, Wilcox RE (1982) Tactile extinction: distinguishing between sensorimotor and motor asymmetries in rats with unilateral nigrostrial damage. Pharmacology, Biochemistry, and

Behavior 18:753–759.
Seta KA, Crumrine RC, Whittingham TS, Lust WD, McCandless DW (1992) Experimental models of human stroke. In: Animal models of neurological disease, II (Boulton AA, Baker GB, Butterworth RF, eds.), pp. 1–50. Totowa, NJ: Human Press.
Sullivan RM and Brake WG (2003) What the rodent prefrontal cortex can teach us about attention-deficit/hyperactivity disorder: The critical role of early developmental events on prefrontal function. Behavioural Brain Research 146:43–55.
Sullivan RM and Gratton A (2003) Behavioral and neuroendocrine correlates of hemispheric asymmetries in benzodiazepine receptor binding induced by postnatal handling in the rat. Brain and Cognition 51:218–220.
Teskey GC (2001) Using kindling to model the neuroplastic changes associated with learning and memory, neuropsychiatric disorders, and epilepsy. In: Toward a theory of neuroplasticity (Shaw CA and McEachern JC, eds.), pp. 347–358. Philadelphia: Taylor & Francis.
Uylings HBM, Groenewegen HJ, Kolb B (2003) Do rats have a prefrontal cortex? Behavioural Brain Research 146:3–17.
Warren JM and Kolb B (1978) Generalizations in neuropsychology. In: Brain damage, behavior and the concept of recovery of function (Finger S, ed.). New York: Plenum Press.
Whishaw IQ (1985) Cholinergic receptor blockade in the rat impairs locale but not taxon strategies for place navigation in a swimming pool. Behavioral Neuroscience 99:979–1005.
Wenk GL (1992) Animal models of Alzheimer's disease. In: Animal models of neurological disease, I (Boulton AA, Baker GB, Butterworth RF, eds.), pp. 29–63. Totowa, NJ: Human Press.

第 43 章

Berrios GE and Marková IS (2002) Conceptual issues. In: Biological psychiatry (D'haenen HAH, Boer JA, Willner P, eds.), pp. 3–24. Chichester: Wiley.
Blanchard DC (1997) Stimulus and environmental control of defensive behaviors. In: The functional behaviorism of Robert C. Bolles: Learning, motivation and cognition (Bouton M and Fanselow MS, eds.), pp. 283–305. Washington, DC: American Psychological Association.
Chapanis A (1961) Men, machines, and models. American Psychologist 16:113–131.
Clark A (1980) Psychological models and neural mechanisms: An examination of reductionism in psychology. Oxford: Clarendon Press.
Eilam D and Golani I (1989) Home base behavior of rats (Rattus norvegicus) exploring a novel environment. Behavioural Brain Research 34:199–211.
Einat H, Einat D, Allan M, Talangbayan H, Tsafnat T, Szechtman H (1996) Associational and nonassociational mechanisms in locomotor sensitization to the dopamine agonist quinpirole. Psychopharmacology 127:95–101.
Einat H and Szechtman H (1993) Environmental modulation of both locomotor response and locomotor sensitization to the dopamine agonist quinpirole. Behavioural Pharmacology 4:399–403.
Geyer MA, Braff DL, Swerdlow NR (1999) Startle-response measures of information processing in animals: Relevance to schizophrenia. In: Animal models of human emotion and cognition (Haug M and Whalen RE, eds.), pp. 103–142. Washington, DC: American Psychological Association.
Geyer MA and Markou A (1995) Animal models of psychiatric disorders. In: Psychopharmacology: The fourth generation of progress (Bloom FE and Kupfer DJ, eds.), pp. 787–798. New York: Raven Press.
Janssen PA, Niemegeers CJ, Schellekens KH (1966) Is it possible to predict the clinical effects of neuroleptic drugs (major tranquillizers) from animal data? Arzneimittel-Forschung 16:339–346.
Laing RD (1967) The politics of experience. Harmondsworth: Penguin.
McKinney WT Jr and Bunney WE Jr (1969) Animal model of depression. I. Review of evidence: Implications for research. Archives of General Psychiatry 21:240–248.
McKinney WT (1988) Models of mental disorders: A new comparative psychiatry. New York: Plenum Medical Book Co.
Miller WR and Seligman ME (1973) Depression and the perception of reinforcement. Journal of Abnormal Psychology 82:62–73.
Reed GF (1985) Obsessional experience and compulsive behaviour: A cognitive-structural approach. Orlando, FL: Academic Press, Inc.
Seligman ME (1972) Learned helplessness. Annual Review of Medicine 23:407–412.
Szasz TS (1961) The myth of mental illness: Foundations of a theory of personal conduct. New York: Hoeber-Harper.
Szechtman H, Eckert MJ, Tse WS, Boersma JT, Bonura CA, McClelland JZ, Culver KE, Eilam D (2001) Compulsive checking behavior of quinpirole-sensitized rats as an animal model of obsessive-compulsive disorder (OCD): Form and control. BMC Neuroscience 2:4.
Szechtman H, Eilam D, Ornstein K, Teitelbaum P, Golani I (1988) A different look at measurement and

interpretation of drug-induced behavior. Psychobiology 16:164–173.

Szechtman H, Sulis W, Eilam D (1998) Quinpirole induces compulsive checking behavior in rats: A potential animal model of obsessive-compulsive disorder (OCD). Behavioral Neuroscience 112:1475–1485.

Szechtman H, Talangbayan H, Eilam D (1993) Environmental and behavioral components of sensitization induced by the dopamine agonist quinpirole. Behavioural Pharmacology 4:405–410.

Szumlinski KK, Allan M, Talangbayan H, Tracey A, Szechtman H (1997) Locomotor sensitization to quinpirole: Environment-modulated increase in efficacy and context-dependent increase in potency. Psychopharmacology 134:193–200.

Teitelbaum P and Pellis SM (1992) Toward a synthetic physiological psychology. Psychological Science 3:4–20.

Teitelbaum P and Stricker EM (1994) Compound complementarities in the study of motivated behavior. Psychological Review 101:312–317.

Willner P (1984) The validity of animal models of depression. Psychopharmacology 83:1–16.

Willner P, Muscat R, Papp M (1992) Chronic mild stress-induced anhedonia: A realistic animal model of depression. Neuroscience and Biobehavioral Reviews 16:525–534.

第44章

Almasi R, Petho G, Bolskei K, Szolcsanyi J (2003) Effect of resiniferatoxin on the noxious heat threshold temperature in the rat: a novel heat allodynia model sensitive to analgesics. British Journal of Pharmacology 139:49–58.

Ballermann M, Metz GA, McKenna JE, Klassen F, Whishaw IQ (2001) The pasta matrix reaching task: a simple test for measuring skilled reaching distance, direction, and dexterity in rats. Journal of Neuroscience Methods 106:39–45.

Barnes CA (1979) Memory deficits associated with senescence: a neurophysiological and behavioral study in the rat. Journal of Comparative and Physiological Psychology 93:74–104.

Barth TM, Jones TA, Schallert T (1990) Functional subdivisions of the rat somatic sensorimotor cortex. Behavioural Brain Research 39:73–95.

Basso DM, Beattie MS, Bresnahan JC (1995) A sensitive and reliable locomotor rating scale for open field testing in rats. Journal of Neurotrauma 12:1–21.

Basso DM, Beattie MS, Bresnahan DK, Anderson DK, Faden AI, Gruner JA, Holford TR, Hsu CY, Noble LJ, Nockels R, Perot PL, Salzman SK, Young W (1996a) MASCIS evaluation of open field locomotor scores: effects of experience and teamwork on reliability. Journal of Neurotrauma 13: 343–359.

Basso DM, Beattie MS, Bresnahan JC (1996b) Graded histological and locomotor outcomes after spinal cord contusion using the NYU weight-drop device versus transection. Experimental Neurology 139:244–256.

Belzung C and Griebel G (2001) Measuring normal and pathological anxiety-like behaviour in mice: a review. Behavioural Brain Research 125:141–149.

Daenen EW, Wolterink G, Gerrits MA, Van Ree JM (2002) The effects of neonatal lesions in the amygdala or ventral hippocampus on social behaviour later in life. Behavioral Brain Research 136: 571–582.

D'Hooge R and De Deyn PP (2001) Applications of the Morris water maze in the study of learning and memory. Brain Research and Brain Research Reviews 36:60–90.

Dubuisson D and Dennis SG (1977) The formalin test: a quantitative study of the analgesic effects of morphine, meperidine, and brain stem stimulation in rats and cats. Pain 4:161–174.

Eilam D and Golani I (1989) Home base behaviour of rats (Rattus norvegicus) exploring a novel environment. Behavioural Brain Research 34:199–211.

Eskhol N and Wachmann A (1958) Movement notation. London: Weidenfeld and Nicolson.

Fernandez C and File SE (1996) The influence of open arm ledges and maze experience in the elevated plusmaze. Pharmacology Biochemistry and Behavior 54:31–40.

Gharbawie O, Whishaw PA, Whishaw IQ (2004) The topography of three-dimensional exploration: a new quantification of vertical and horizontal exploration, postural support, and exploratory bouts in the cylinder test. Behavioural Brain Research, 151:125–35.

Golani I (1976) Homeostatic motor processes in mammalian interactions: a choreography of display. In Perspectives in ethology, Vol II (Bateson PPG and Klopfer PH, eds.). New York: Plenum Press.

Hamilton DA, Driscoll I, Sutherland RJ (2002) Human place learning in a virtual Morris water task: some important constraints on the flexibility of place navigation. Behavioural Brain Research 129:159–170.

Hard E and Larsson K (1975) Development of air righting in rats. Brain Behavior and Evolution 11:53–59.

Harker TK and Whishaw IQ (2002) Place and matching-to-place spatial learning affected by rat inbreeding (Dark-Agouti, Fischer 344) and albinism (Wistar, Sprague-Dawley) but not domestication (wild rat vs. Long-Evans, Fischer-Norway). Behavioural Brain Research 134:467–477.

Holzberg D and Albrecht U (2003) The circadian clock: a manager of biochemical processes within the organism. Journal of Neuroendocrinology 15:339–

343.

Jarrard LE (1983) Selective hippocampal lesions and behavior: effects of kainic acid lesions on performance of place and cue tasks. Behavioral Neuroscience 97:873–889.

Jodogne C, Marinelli M, Le Moal M, Piazza PV (1994) Animals predisposed to develop amphetamine self-administration show higher susceptibility to develop contextual conditioning of both amphetamine-induced hyperlocomotion and sensitization. Brain Research 657:236–244.

Kolb B (1974) Prefrontal lesions alter eating and hoarding behavior in rats. Physiology and Behavior 12:507–511.

Kolb B, Cote S, Ribeiro-da-Silva A, Cuello AC (1997) Nerve growth factor treatment prevents dendritic atrophy and promotes recovery of function after cortical injury. Neuroscience 76:1139–1151.

Kolb B and Whishaw IQ (1983) Dissociation of the contributions of the prefrontal, motor and parietal cortex to the control of movement in the rat. Canadian Journal of Psychology 37:211–232.

Ma M, Basso DM, Walters P, Stokes BT, Jakeman LB (2001) Behavioral and histological outcomes following graded spinal cord contusion injury in the C57Bl/6 mouse. Experimental Neurology 169:239–254.

Marshall JF, Turner BH, Teitelbaum P (1971) Sensory neglect produced by lateral hypothalamic damage. Science 221:389–391.

Martens DJ, Whishaw IQ, Miklyaeva EI, Pellis SM (1996) Spatio-temporal impairments in limb and body movements during righting in an hemiparkinsonian rat analogue: relevance to axial apraxia in humans. Brain Research 733:253–262.

McNamara RK and Skelton RW (1993) The neuropharmacological and neurochemical basis of place learning in the Morris water maze. Brain Research Reviews 18:33–49.

Merkler D, Metz GA, Raineteau O, Dietz V, Schwab ME, Fouad K (2001) Locomotor recovery in spinal cord-injured rats treated with an antibody neutralizing the myelin-associated neurite growth inhibitor Nogo-A. Journal of Neuroscience 21:3665–3673.

Metz GA and Whishaw IQ (2002a) Drug-induced rotation intensity in unilateral dopamine-depleted rats is not correlated with end point or qualitative measures of forelimb or hindlimb motor performance. Neuroscience 111:325–336.

Metz GA and Whishaw IQ (2002b) Cortical and subcortical lesions impair skilled walking in the variably spaced ladder rung walking task. Journal of Neuroscience Methods 115:169–179.

Metz GA, Dietz V, Schwab ME, van de Meent H (1998) The effects of unilateral pyramidal tract section on hindlimb motor performance in the rat. Behavioural Brain Research 96:37–46.

Metz GAS, Merkler D, Dietz V, Schwab ME, Fouad K (2000) Efficient testing of motor function in spinal cord injured rats. Brain Research 883:165–177.

Metz GA, Schwab ME, Welzl H (2001) The effects of acute and chronic stress on motor and sensory performance in male Lewis rats. Physiology and Behavior 72:29–35.

Montoya CP, Campbell-Hope LJ, Pemberton KD, Dunnett SB (1991) The "staircase test": a measure of independent forelimb reaching and grasping abilities in rats. Journal of Neuroscience Methods 36:219–228.

Morris RGM, Garrud P, Rawlins JN, O'Keefe J (1982) Place navigation impaired in rats with hippocampal lesions. Nature 297:681–683.

Olton DS, Becker JT, Handlemann GE (1979) Hippocampus, space and memory. Behavioral and Brain Sciences 2:313–365.

Otto T and Giardino ND (2001) Pavlovian conditioning of emotional responses to olfactory and contextual stimuli: a potential model for the development and expression of chemical intolerance. Annals of the New York Academy of Science 933:291–309.

Pellis SM and Pellis VC (1983) Locomotor-rotational movements in the ontogeny and play of the laboratory rat Rattus norvegicus. Developmental Psychobiology 16:269–286.

Pellis SM and Pellis VC (1994) Development of righting when falling from a bipedal standing posture: evidence for the dissociation of dynamic and static righting reflexes in rats. Physiology and Behavior 56:659–663.

Pellis SM, Castaneda E, McKenna MM, Tran-Nguyen LT, Whishaw IQ (1993) The role of the striatum in organizing sequences of play fighting in neonatally dopamine-depleted rats. Neuroscience Letters 158:13–15.

Pellow S and File SE (1986) Anxiolytic and anxiogenic drug effects on exploratory activity in an elevated plus-maze: a novel test of anxiety in the rat. Pharmacology Biochemistry and Behavior 24:525–529.

Pellow S, Chopin P, File SE, Briley M (1985) Validation of open:closed arm entries in an elevated plus-maze as a measure of anxiety in the rat. Journal of Neuroscience Methods 14:149–167.

Ramos A, Kangerski AL, Basso PF, Da Silva Santos JE, Assreuy J, Vendruscolo LF, Takahashi RN (2002) Evaluation of Lewis and SHR rat strains as a genetic model for the study of anxiety and pain. Behavioural Brain Research 129:113–123.

Schallert T and Whishaw IQ (1984) Bilateral cutaneous stimulation of the somatosensory system in hemidecorticate rats. Behavioural Neuroscience 98:518–540.

Schallert T, Fleming SM, Leasure JL, Tillerson JL, Bland ST (2000) CNS plasticity and assessment of forelimb sensorimotor outcome in unilateral rat models of stroke, cortical ablation, parkinsonism and spinal cord injury. Neuropharmacology 39:777–787.

Sorg BA, Tschirgi ML, Swindell S, Chen L, Fang J (2001) Repeated formaldehyde effects in an animal model for multiple chemical sensitivity. Annals of the New York Academy of Science 933:57–67.

Stam CJ, de Bruin JP, van Haelst AM, van der Gugten J, Kalsbeek A (1989) Influence of the mesocortical dopaminergic system on activity, food hoarding, social-agonistic behavior, and spatial delayed alternation in male rats. Behavioral Neuroscience 103:24–35.

Stoltz S, Humm JL, Schallert T (1999) Cortical injury impairs contralateral forelimb immobility during swimming: a simple test for loss of inhibitory motor control. Behavioural Brain Research 106:127–132.

Takahashi Y, Takahashi K, Moriya H (1995) Mapping of dermatomes of the lower extremities based on an animal model. Journal of Neurosurgery 82:1030–1034.

Tarlov IM (1954) Spinal cord compression studies. III. Time limits for recovery after gradual compression in dogs. Archives of Neurology and Psychiatry 71:588–597.

Weinert D (2000) Age-dependent changes of the circadian system. Chronobiology International 17:261–283.

Whishaw IQ (1987) Hippocampal, granule cell and CA3-4 lesions impair formation of a place learning-set in the rat and induce reflex epilepsy. Behavioural Brain Research 24:59–72.

Whishaw IQ (1993) Activation, travel distance, and environmental change influence food carrying in rats with hippocampal, medial thalamic and septal lesions: implications for studies on hoarding and theories of hippocampal function. Hippocampus 3:373–385.

Whishaw IQ and Gorny B (1999) Path integration absent in scent-tracking fimbria-fornix rats: evidence for hippocampal involvement in "sense of direction" and "sense of distance" using self-movement cues. Journal of Neuroscience 19:4662–4673.

Whishaw IQ, Haun F, Kolb B (1999) Analysis of behavior in laboratory rodents. In: Modern techniques in neuroscience research (Widhorst U, ed.). Heidelberg: Springer.

Whishaw IQ, Hines DJ, Wallace DG (2001) Dead reckoning (path integration) requires the hippocampal formation: evidence from spontaneous exploration and spatial learning tasks in light (allothetic) and dark (idiothetic) tests. Behavioural Brain Research 127:49–69.

Whishaw IQ, Kolb B, Sutherland RJ (1983) A neuropsychological study of behavior of the rat. In: Behavioral contributions to brain research (Robinson TE, ed.). New York: Oxford University Press.

Whishaw IQ and Metz GA (2002) Absence of impairments or recovery mediated by the uncrossed pyramidal tract in the rat versus enduring deficits produced by the crossed pyramidal tract. Behavioural Brain Research 134:323–336.

Whishaw IQ, Miklyaeva EI (1996) A rat's reach should exceed its grasp: analysis of independent limb and digit use in the laboratory rat. In: Measuring movement and locomotion: From invertebrates to humans (Ossenkopp KP, Kavaliers M, Sanberg PR, ed.), pp. 135–169. Austin, TX: RG Landes.

Whishaw IQ, O'Connor RB, Dunnett SB (1986) The contributions of motor cortex, nigrostriatal dopamine and caudate-putamen to skilled forelimb use in the rat. Brain 109:805–843.

Whishaw IQ, Pellis SM, Gorny BP (1992) Skilled reaching in rats and humans: evidence for parallel development or homology. Behavioural Brain Research 47:59–70.

Whishaw IQ, Pellis SM, Gorny BP, Pellis VC (1991) The impairments in reaching and the movements of compensation in rats with motor cortex lesions: an endpoint, videorecording, and movement notation analysis. Behavioural Brain Research 42:77–91.

Whishaw IQ, Suchowersky O, Davis L, Sarna J, Metz GA, Pellis SM (2002) Impairment of pronation, supination, and body co-ordination in reach-to-grasp tasks in human Parkinson's disease (PD) reveals homology to deficits in animal models. Behavioural Brain Research 133:165–176.

Woolf CJ, Shortland P, Coggeshall RE (1992) Peripheral nerve injury triggers central sprouting of myelinated afferents. Nature 355:75–78.

索 引

和文索引

あ
アクトグラム　135
遊び　218
新しい物嫌い　15
新しい物好き　15
穴掘り行動　233
アミロライド　81
アラームコール　273
アリーナ占拠率　129
アルツハイマー病　329
アルドステロン　155
アルビノラット　45, 46
アルファ　250
アルペジオ運動　122
アロスタティック過負荷　184
アロディニア　56
アンギオテンシンⅡ　154, 157
アンフェタミン　33

い
胃潰瘍　175
威嚇姿勢（TP）　18
閾値測定　43
異常感覚　56
痛み　56
一瓶課題　159
遺伝子座　23
遺伝的決定度　25
遺伝率　25
移動セグメント　126
飲水（行動）　138, 153
イントロミッション　226, 227, 230

う
ウィスキング　66, 67
ウイルスベクター媒介性神経変性　330
ウォームアップ　132
うずくまり　211, 303
うつ　184
うつ病モデル　337
うろうろすること　211
上乗り　253
運動アリーナ　203
運動学習　193
運動学測定法　117
運動機能　98
運動システムの損傷モデル　99
運動性鋭敏化　339
運動能勾配　133
運動箱　203

運動発達　208
運搬行動　166

え
営巣　352
鋭敏化　215
餌選択　264
餌到達課題　350
餌の扱い方　120
餌の運搬（行動）　164, 166
餌のサイズ　163
餌もち帰り課題　293
エストラジオール　147, 225, 228
エストロゲン　170, 215
エソグラム　197
エピソード記憶　314
塩化リチウム　82
炎症性疼痛　56
円筒試験（課題）　100, 105, 346
エンドポイント　127, 131, 349
エントレインメント　135
塩分嗜好　153
エンリッチメント　237, 238

お
黄体期　225
横断的パターニング問題　312
覆い隠し（行動）　244, 259
置き直し　97
雄ラットの性行動　230
音刺激　235
オピオイド　274
オープンスペース　344
オープンフィールド課題　138, 236
オペラント課題　41
オペラント条件づけ　84
オペラント法　173
オメガ　250
オランザピン　149
オルファクトメーター　74
温度　234
温度感覚　196
温熱中間帯　169

か
回帰潜時　228
概日オシレーター　135
概日活動　348
概日サイクル　348
概日リズム　135, 169, 234

階層的表象　312
解像度　43
外側膝状体（LGN）　52
ガイダンス　287
階段箱課題　123
回転相　112
回転輪走行　234
海馬　263, 285, 292, 296, 298, 309
解発子　21
回避（行動）　162, 163, 204, 283
顔ワイピング　191
化学感受性　196
学習　139, 353
核心温　171
覚醒　142
確認行為　337
隠れ場所探し　14
駆足　115
囲い　265
下行性　52
可視巣穴システム（VBS）　179, 244
可視逃避台課題　46
家畜化　17
褐色脂肪　171
カフェテリア実験　151
かみつき攻撃　253
カルビンジン　51
感覚運動性ゲーティング　336
感覚運動統合　347
感覚課題　344
感覚機能　98
感覚接触モデル　180
感覚発達　195
感覚毛　64
感覚毛システム　64
感覚モダリティ　51
環境　233
環境エンリッチメント　97
還元主義　334
環状走路　284
完全フロイントアジュバント　57
桿体細胞　42
完了行動条件づけ　318
完了段階　149
完了反応　32
関連痛モデル　62
関連変動　20

き
記憶　139, 311

記憶負荷　279
帰還(行動)　294, 296, 297
利き腕　121
危険評価行動　243〜245, 251
儀式様　338
擬似的攻撃　223
記述的分析　343
偽情動的反応　57
擬人主義　17
拮抗条件づけ　319
キツネ　178
機能的等価性　313
逆説睡眠(PS)　137
逆行性物体認識　284
求愛行動　222
嗅覚　120
嗅覚受容器　71
嗅覚神経　70
嗅覚精神物理学　76
嗅覚手がかり　266
嗅球　70, 120
給餌制限　235, 281
嗅周皮質　285
嗅上皮　70
急性社会ストレス　177
急性ストレス　176
急性ストレスモデル　177
吸乳　198
脅威刺激　244
驚愕反射　302
強化子間ブロッキング　319
強化スケジュール　33
狭義の遺伝率　25
強硬症　92
強制水泳　179
強制的交替課題　356
強度差弁別閾値　76
強迫行為　338
強迫症(OCD)　337
強迫神経性確認行為　337
恐怖　261, 300, 352
恐怖/防御テストバッテリー(F/DTB)　247
共分離分析　28
虚血性脳卒中　327
近交係数　24
筋電記録　118

く

空間学習　46, 286
空間記憶　207, 208
空間視知覚　42
口活動　192
口くわえ応答　192
クマネズミ属　3, 8, 22
クラス共通行動　326
クラスター分析　254
クーリッジ効果　230
グリレス大目　4
クロニジン　273, 274
クロミプラミン　338
群居性　246

け

経験依存的変化　238

経験期待的変化　238
警告の鳴き声　243
形質　25
系統的循環育種デザイン　27
系統の違い　216
係留探索行動　321
系列反応時間課題　310
ケージ　233
血縁淘汰　27
穴居性　246
毛繕い　18, 106, 123, 168, 236, 332, 343, 352
毛繕い順序の機能的構造　106
毛繕いの定型連鎖　111
結合的表象　312
げっ歯類　3
嫌悪刺激　303
嫌悪反応　81
幻肢痛　56
検証段階　214

こ

抗うつ薬　179
恒温動物　168
高架式十字迷路課題　138, 246, 262, 355
広義の遺伝率　25
口腔運動　81
口腔内カニューレ　82
攻撃(行動)　18, 218
攻撃性　21
攻撃と防御の戦術　220
攻撃目標となる身体部位　218, 219
抗原提示細胞(APC)　181
交互の足踏み　193
後肢機能試験　103
光質　233
光周期　233
恒常性維持　153
抗体　182
交替行動　288
強奪　204
巧緻運動　119, 123, 349
好適区画　127
行動学的手法　335
行動感作　330
行動記録プログラム(行動の評価方法と分類, BEST)　213
行動神経科学　333, 335
行動的体温調節　168
行動的満腹連鎖　151
行動データ　335
高度嗅覚性哺乳類　70
交尾行動　205, 226
抗不安薬　261, 274
抗不安薬効果　262
肛門生殖器接触　251
呼吸運動　196
孤束核　79
個体差　32
個体発生　195, 197
個体発生的シークエンス　197
固定的動作パターン　21
固定比率1(FR 1)スケジュール　36
古典的条件づけ　84, 353

コード　109
仔のピックアップ　211
コーピング方略　176
固有受容感覚　94
固有受容性刺激　193
コルチコステロン　148
コールドプレート課題　345
コロニー　14, 233, 250, 265
混雑度　21

さ

再価値化手続き　314
採掘　73
採掘課題　73
採餌(行動)　161, 301, 352
臍帯圧迫　193
最適採餌理論　161, 165, 166
サイトカイン　20, 181
細胞外脱水　154, 156
細胞傷害性T細胞　182
細胞内脱水　153, 156
さえずり　271
作業記憶　288, 290
サッキング　192
サーミスタ　172
サーモスタット　170
三叉神経　84, 94
三叉神経受容器　77
三叉神経性の立ち直り　94
参照記憶　288, 355
サンプリング　15, 108

し

シェイピング　280
視覚　96
視覚機能　41
視覚的水迷路課題　41, 42
視覚の可塑性　47
時間見本法　151
子宮　189
刺激競合課題　75
刺激性制御　303
刺激般化勾配　76
次元外シフト　310
次元内シフト　310
視交叉上核(SCN)　139, 142
嗜好性　147
自己中心的な情報　286, 293
事後的コーピング　176
視床　50
視床下部　142, 229
視床下部-下垂体-副腎系(HPA)　184
視床下部内側視索前野(MPOA)　229
視床下部腹側内側核(VMH)　229
姿勢　91, 346
姿勢支持　91
自切　57
自然淘汰　26
実験室条件　233
実験者効果　280
実験用ケージ　212
湿度　234
自動オープンフィールド課題　343
支配性闘争行動　250
自発運動　347

430　索引

自発的交替課題　356
社会行動　352
社会的遊び行動　205
社会的安定性　179
社会的学習　264
社会的隔離　236
社会的再認課題　72
社会的支援　180
社会的シグナル　21
社会的ストレス　20, 179
社会的相互関係　17
社会的地位　175
社会的鎮静　18
社会的敗北　142, 186
弱視モデル　47
射精　226
遮断　133
ジャンプ　92
住居　233
周産期脳損傷　331
臭質　76
十字迷路　15
十字迷路課題　289
臭跡　301
自由摂食　235
従属行動　33
集団内闘争行動　251
臭度測定　74
周辺熱中性　168
襲歩　115
重量容量パーセント濃度　80
出産歴　217
出生前の影響　265
受動的回避学習課題　139
受動的防御反応　259
種特異的行動　326, 351
種特異的防衛反応(SSDR)　300
授乳期の影響　265
授乳姿勢　211
主要区画　127
主要組織適合遺伝子複合体(MHC)　70
主要尿中タンパク質　71
馴化　71, 303, 318
巡回行動　130
馴化課題　71
馴化-脱馴化課題　72
馴化-弁別課題　72
循環血液量減少　154
準備行動条件づけ　318
上丘除脳ラット　82
条件刺激(CS)　317
条件性嫌悪課題　41
条件性瞬目反応　318
条件性制止子　319
条件性鎮痛　305
条件性におい嫌悪(COA)　74
条件性場所選好(課題)　149, 214, 357
条件性防御の覆い隠し行動　257, 258, 260
条件性満腹感　151
条件性味覚嫌悪　208, 317
条件性味覚嫌悪(CTA)課題　206
条件性味覚嫌悪パラダイム　74, 84
条件性味覚選好　317
条件反応(CR)　311

上行性　52
冗長性　266
情動　248
常同性の毛繕い　106
漿膜　189
照明　233
勝利　177
初期操作　215
食事　16, 148
食物選好　16
食物貯蔵　351
触覚　94, 120
触覚機能　196
触覚性立ち直り　94
触覚パッド　65
触覚毛　64
ショック性回避課題　357
ショックプロッド　257
除脳動物　57
徐波睡眠(SWS)　137
鋤鼻器　77
徐脈　193
自律反応　304
飼料　235
飼料の選択　151
視力　41
人為選抜　26
侵害受容器　56
侵害受容痛　56
新奇恐怖　15, 152, 301
新奇性　178
新奇物体選好(NOP)　279, 283
親近性　279
神経因性疼痛　56
神経科学的手法　335
神経活動パターン　110
神経疾患　325, 327
神経障害　335
神経心理学テスト　342
神経毒モデル　329
進行セグメント　126
振戦　325
心臓血管疾患　175
伸展姿勢での接近　243
伸展姿勢での注意　243
浸透圧受容体　154
浸透圧調整物質　153

す

推移的推論問題　312
錐体細胞　42
随伴性　283
睡眠　137, 352
スクラッチング　190
スケジュール誘導性多飲症(SIP)　33
巣づくり　211
スティッキードット課題　346
ストライド　112
ストラドラー　65
ストレス　142, 175
ストレスの病理　175
ストレスモデル　177
ストレッサー　181
ストレッチ応答　192
スナネズミ　174

スーパー常同性　111
スポットチェック　213
スムージング　125

せ

制御可能性　175
制御への脅威　176
性交前段階　222
性行動　352
性差　163
静止　91
生殖行動　138
精神医学モデル　333
精神疾患　333
『精神障害の診断と統計の手引き』(DSM)　35
性的受容性　229
性的モチベーション　231
生物学的還元主義　334
赤核巨大細胞部(mRN)　53
脊髄機能の統合評価　349
脊髄神経切断モデル　57
脊髄損傷モデル　123
接近行動　283
摂取試験　80
摂取反応　81
摂食(行動)　138, 141, 147, 161, 201, 352
摂食時間　161, 165
接触段階　214
摂水制限　157
絶対検出閾値　76
セットポイント　169
セパレーションコール　272
セロトニン作動系　275
選好実験　214
前肢置き直し課題(試験)　67, 102
前肢伸展餌取得課題　51
前肢の構造　119
前肢非対称性(円筒)試験　99
線条体　109
前進性　230
前進性行動　227, 229
選択実験　214
選択的セロトニン再取り込み阻害薬(SSRI)　274
前庭機能　95
前庭反応　196
選抜系統　26
選抜交配　27
潜伏または避難　243

そ

騒音　235
相加的遺伝分散　25
相互直立姿勢　252
走触性　233
挿入　226
創発　307
総リッキング率　84
即時ショック　304
足底引き上げ課題　59
速度　112
速歩　114
側面攻撃　252

ソリチル酸ナトリウム 274

た
体温調節 138, 168, 171
退去割合 228
胎仔活動パターン 191
胎仔期 189
胎仔発達 189
苔状線維系 209
体水分正常状態 153
対数生存分析 254
体性感覚 49
体性感覚-運動課題 55
対他的毛繕い 251
大脳基底核 109, 292
タイム・サンプリング 213
滞留エピソード 126, 127
タクソンシステム 286
他者中心的な情報 286, 293
多重点分節運動分析 131
立ち止まり 296
立ち止まり回数 128
立ち直り 93
立ち直り反応 347
脱馴化 71
単一ペレット正確リーチング課題 204
探索(行動) 71, 125, 279, 290, 296, 352
探索率 283
短時間味覚試験 82
単純連合学習課題 73
段つき台課題 104

ち
遅延依存的な障害 282
遅延型過敏反応(DTH) 185
遅延交替反応課題 139
遅延時間 279
遅延非見本合わせ(DNMS)(課題) 279, 280, 288
知覚不全 56
膣スメア 225
膣洗浄 225
チャンスレベル 284
注意 309
注意欠如多動症(ADHD) 325, 332
注意セット 310
注意セットシフト課題 311
中隔 261
中心点採食者 17
中枢神経系損傷モデル 102
中脳水道灰白質 305
中脳水道周囲灰白質(PAG) 272
中脳辺縁系ドーパミンの枯渇 351
中脳辺縁系ドーパミンシステム 33
超音波 271
超音波発声(USV) 62, 199, 227, 230, 270, 303
聴覚刺激 196
長期増強電位(LTP) 51
調節温度 171
挑発的信号 251
貯蔵 352

つ
ツァイトゲーバー 140

追跡 252
痛覚閾値 345
痛覚過敏 56
通気 234

て
定位 97
定位反応(OR) 318
低温ストレス 173
低価値化 320
定型的毛繕い 108, 109
定型的動作パターン(FAP) 21, 317
低酸素 170
ディストレスコール 272, 273
低ナトリウム血症 156
啼鳴 57, 270
啼鳴増強 271
テイルフリック課題 59
手がかり学習 354
手がかり課題 207
手がかり反応 293
手がかり誘導 207
テストバッテリー 342
手続き学習 354
手続き記憶 288, 290
デッドレコニング 286, 293, 294
テリトリー 19
てんかん 330
電気刺激 60
電気ショック 260

と
同期性検出 43
道具的条件づけ 353
道具的誘因 316, 320
道具的誘因学習 320
同系交配 24
同系交配種 23, 24
統合失調症 333
盗餌 162
盗餌回避 162
同種からの食物の保護 204
逃走 243
闘争 218, 250
闘争遊び 205, 218
闘争姿勢 253
闘争的頸部毛繕い 251
闘争的直立姿勢 252
闘争バウト 251, 253
到達運動 121
同調因子 348
動的な立ち直り 94
逃避 252
逃避台 348
動物モデル 30, 333
頭部配向運動 67
洞毛 64
動力測定法 117
毒餌 264
特徴負弁別 313
ドーパミン作動性神経メカニズム 111
ドーパミン代謝回転 33
飛びつき攻撃 253
ドブネズミ 3, 9, 14, 22, 264
トランスミッター 173

トレイ到達課題 350
トレー・リーチング課題 204
トンネル防衛 244

な
内示的定位課題 310
内側膝状体(MGN) 52
長いコール 270
長い遅延のあとの学習 17
ナチュラルキラー(NK)細胞 182
ナトリウムに対する嗜好性 159
ナトリウム不足 159
ナトリウム欲求 159
ナビゲーション 286
並歩 113
なわばり 19, 250
なわばり行動 177
なわばり防御的 251

に
におい 71, 266
におい嗅ぎ 51, 72, 211, 251, 302
におい感覚作業課題 74
におい手がかり味覚嫌悪 74
においマスキング 76
ニカ所方式 97
二重カテーテル法 156
二重分離 322
二色型色覚 42
日内サイクル 148
二におい弁別課題 75
二瓶(選択)課題 72, 81, 159
二部試験 98
ニューロン 109
認知 307
認知過程 307
認知地図 286

ね
ネオテラマイシン 20
ネオフィリア 15
ネオフォビア 15
ネガティブパターニング弁別 312
ネコ 178
ネコのにおいテスト 248
ネズミ亜科 6
ネズミ上科 6
ネズミ目 3
熱ストレス 173
熱損失センター 170
熱発生センター 170

の
脳温 172
脳機能障害 335
脳梗塞モデル 123, 327
脳卒中 327
脳卒中モデル 104
脳損傷 328
能動的回避(学習)課題 139, 357
能動的の防御反応 259
ノーズポーク 35, 310
ノルアドレナリン作動系 275
ノルウェーラット 14
ノンレム睡眠(NREM) 137

は

把握運動　119
背外側線条体　109
配偶子　23
バイティング　192
敗北　177
排卵期　225
パウンシング　205
パーキンソン病　325, 328
パーキンソン病モデル　103, 123
曝露学習　193
はしご歩行課題　350
場所合わせ学習　354
場所課題　207
場所選好　281
場所選好課題　289
場所ナビゲーション　287
場所反応　293
場所フィールド　309
場所方略　289
場所誘導　207
バソプレシン　155
ハーダー液　174
ハーダー成分　343
ハーダー腺　174
パターン認識　196
発火　330
発情期　225
発情周期　224
発達障害　331
発熱　170
ハドリング　198, 199
鼻接触　251
パニック　248
パブロフ型条件づけパラダイム　149
パブロフ型誘因　316, 317
場面設定　313
場面設定子　313
パラメータ　343
はりつけ　253
パルブアルブミン　51
バレル　64
バレレット　64
バレロイド　64
ハロセン　140
ハロペリドール　91, 92, 149
反射的反応(UR)　316
バーンズ広場迷路課題　355
ハンチントン病　328
ハンドリング　27, 172, 236, 246, 260, 331, 343
反応方略　289

ひ

ヒゲ　64
ヒゲ-感覚皮質経路　67
ヒゲ誘発性前肢置き直し試験　102
ヒゲ攣縮行動　66
皮質視床フィードバックニューロン　52
皮質損傷モデル　103
ヒット確率　350
皮膚温　171
非ふるえ熱産生　173
非母性行動　212

ピモジド　149
評価的誘因　316
表象　307, 309
表象システム　308
ピンニング　205

ふ

不安　248, 261
不安/防御テストバッテリー(A/DTB)　248
不安モデル　246
風味手がかり　267
フェロモン　19
フェンフルラミン　151
フォンフレイのフィラメント　60
フォンフレイのフィラメント課題　345
不可視逃避台　41
不活化　91
副嗅覚系　77
複合脱水症　154
複合的表象　312
副尺視力課題　43
服従　253
服従行動　250
物体探索　283
物体認識　279
物体認識記憶　279
物体弁別課題　280
物理的疼痛　56
不動性　346
踏み外し回数　351
不明死(DUO)　20
浮遊行動　179
ブラウンラット　14
フリージング　178, 243, 261, 273, 300, 321
ふるえ　173
フルオキセチン　150, 151
プレナルテロール　273
プレパルス・インヒビション　336
プロゲステロン　170, 215, 225, 228
プロスタグランジン　170
プロスタグランジンE_2　273
フロセミド　156, 159
ブロッキング　319
プローブ　172
プローブテスト　308
分界条床核　305
分化隠蔽　321
踏ん張り　92
文脈恐怖　302
文脈条件づけ課題　356
分離　270

へ

平滑化　125
ペーシング行動　227, 228
ベータ　250
ヘテロ接合　23
ヘマトクリット比　155
ヘルパーT細胞　182
変異　25
変異体　23
辺縁系損傷　351
変温動物　168

変旋光　79
ベンゾジアゼピン　274
扁桃体　262, 304
ペントバルビタール　140
弁別刺激　84
弁別性防御的覆い隠し行動　258

ほ

防衛行動　300
防御　250
防御の威嚇　243
防御の覆い隠し(行動)　178, 243, 257
防御的攻撃　243
防御的直立姿勢　252
放射状迷路課題　140, 207, 289, 354
報酬つき交替課題　356
報酬の表象　308
暴発行動　304
膨満試験　60
ボクシング　205
歩行　112
歩行課題　118
歩行関連領域　116
歩行サイクル　112
歩行測定　117
歩行能力　203
歩行評点スケール　117
捕食　300
捕食者　178, 243, 301
捕食者ストレス　186
母性記憶　214
母性経験効果　214
母性行動　210, 352
母性的攻撃性　251
母性的養育　236
母体増強　271
ホットプレート課題　59, 345
ホームケージ　344
ホームベース　127, 165, 298
ホモ接合　23
ホルマリン課題(試験)　61, 345
ホルモン　164, 170, 210, 215

ま

マイクロダイアリス　255
マイトゲン　183
マウシング　192, 211
マウンティング　205, 226, 230
マガジンアプローチ　319
マーキング　19, 266
マクロ感覚毛　65
マクロ環境　233
マスキング　140
末梢神経損傷モデル　103
守られた領域　19
慢性絞扼性障害モデル　57
慢性従属　180
慢性ストレス　176
慢性ストレスモデル　179
慢性疼痛モデル　57
満腹感比率　149

み

味覚　79
味覚機能　196

味覚計　84
味覚帯　79
味覚反応性　81
ミクロ感覚毛　65
ミクロ環境　233
未経産のラット　214
短いコール　270
水電解質均衡　154
水電解質ホメオスタシス　153

む
ムシモール　50
無臭覚症　77
無条件刺激（US）　316
無条件性鎮痛　304
無条件性防御的覆い隠し行動　258
無条件選好課題　72
無動　325
群れの密集度　21

め
明暗（LD）サイクル　135, 348
雌ラットの性行動　224, 226
メモリーT細胞　185
免疫グロブリン（Ig）　182
免疫系　181
メンデル形質　25

も
網膜　42
網膜変性動物　47
モデル化　336
モリス水迷路（課題）（MWM）　46, 140, 207, 238, 289, 353
モル濃度　80
モルヒネ　91, 140

や
薬物　330
薬物性行動感作　330
薬物への反応性　140
薬物乱用　37
夜行性　246

ゆ
誘因　316
遊泳課題　348
遊戯行動　352
遊戯的闘争　353
有痛性感覚脱失　56
有力決定因子表現型　28

よ
養育行動　210
幼児期健忘　206
羊水　189
幼生期　195
羊膜　189
容量性渇き　154
抑制性回避学習課題　139
横向き威嚇　252
よじ登り　203
予測可能性　175
欲求段階　149

ら
ラグ系列分析　254
ラクロプリド　150
卵胞期　224

り
離散手続き　280
リスク低減方略　301

リスク評価行動　302
リーチング　204
リーチング課題　52
立位相　112
リッキング　82, 157, 191, 198, 211, 236, 332
リッキング間隔　84
離乳　200, 237
離乳期の影響　266
リヒター・チューブ　158
両側性触知刺激試験　98
量的形質　25
リリーサー　21

る
ルート学習　287

れ
レジデント-イントルーダー課題　254, 255
レジデント-イントルーダー攻撃性　251
レジデント・イントルーダーパラダイム　177, 218
レスリング　205
レトリーバル　211, 213
レニン　154
レム睡眠（REM）　137
連合学習　194
連鎖的毛繕い　111

ろ
ロードシス　205, 227

わ
ワイピング　190

欧文索引

A
A/DTB（Anxiety/Defense Test Battery）　248
absolute detection threshold　76
accessory olfactory system　77
active avoidance task　139
additive genetic variance　25
ADHD（attention deficit/hyperactivity disorder）　325, 332
aggressive neck grooming　251
aggressive posture　253
aggressive upright posture　252
akinesia　325
alarm cry　243
allodynia　56
allogrooming　251
Alzheimer disease　329
ambient thermoneutrality　168
anchoring exploratory behavior　321
anosmia　77
antibody　182
antigen-presenting cell（APC）　181
anxiety　248
Anxiety/Defense Test Battery（A/DTB）　248
APC（antigen-presenting cell）　181
appetitive phase　149
arched-back nursing　236
artificial selection　26
attack bite　253
attack jump　253
attention deficit/hyperactivity disorder（ADHD）　325, 332
attentional set　310
attentional set-shifting task　311
automated open field test　343
autotomy　57

B
Barnes maze task　355
barrel　64
barrelette　64
barreloid　64
BBB（自発運動評定）スケール　117, 349
behavioral evaluation strategy and taxonomy（BEST）　213
BEST（behavioral evaluation strategy and taxonomy）　213

biting　192
boxing　205
Brown-Norway ラット　46
B リンパ球　181

C
CD4 陽性細胞　182
CD8 陽性細胞　182
central place forager　17
chatter　62
climbing　203
COA（conditioned odor aversion）　74
cold temperature test　345
conditioned aversion task　41
conditioned defensive burying　258
conditioned eye-blink response　318
conditioned inhibitor　319
conditioned odor aversion（COA）　74
conditioned place preference（task）　149, 214, 357
conditioned response（CR）　311
conditioned stimulus（CS）　317
conditioned taste aversion　317
conditioned taste aversion paradigm　84

conditioned taste aversion (CTA) 課題　206
conditioned taste preference　317
consummatory conditioning　318
consummatory phase　149
consummatory response　32
context conditioning task　356
contextual conditioning task　356
correlated variation　20
counterconditioning　319
covert orienting task　310
CR (conditioned response)　311
crouching　211
crowding　21
CS (conditioned stimulus)　317
CTA (conditioned taste aversion) 課題　206
cue navigation　207
cue task　207
cylinder test　346

D

darting　227
dead reckoning　286
death of unknown origin (DUO)　20
defended region　19
defensive attack　243
defensive burying　178, 243
defensive threat　243
defensive upright posture　252
degree of genetic determination　25
delayed alternation task　139
delayed nonmatching-to-sample (DNMS)　279, 280, 288
delayed-type hyperactivity response (DTH)　185
devaluation　320
Diagnostic and Statistical Manual of Mental Disorders (DSM)　35
differential overshadowing　321
digging　73
digging task　73
discriminated defensive burying　258
dishabituation　71
distress call　272
DNMS (delayed nonmatching-to-sample)　279, 280, 288
dodging　204
dominance aggressive behavior　250
dopamine turnover　33
DSM (Diagnostic and Statistical Manual of Mental Disorders)　35
DTH (delayed-type hyperactivity response)　185
DUO (death of unknown origin)　20

E

ear wiggling　227
early handling　215
edge-using　233
elevated plus maze (task)　138, 246, 262, 355
enclosure　265
euhydration　153
extradimensional shift　310

F

F/DTB (Fear/Defence Test Battery)　247
FAP (fixed action pattern)　21, 317
Fear/Defence Test Battery (F/DTB)　247
feature-negative discrimination　313
Fisher 344 系ラット　183
Fisher-Norway ラット　45, 46
Fisher ラット　259
fixed action pattern (FAP)　21, 317
flight　243
fluoxetine　150
folmalin pain test　345
forced alternation test　356
forelimb placing task　67
FR 1 スケジュール　36
freezing　178, 243, 261, 273, 300, 321

G

gamete　23
gap-crossing 課題　68
genetic loci　23
grooming　18, 106, 123, 168, 236, 332, 343

H

habituation　71, 303, 318
habituation-discrimination test　72
habituation test　71
haloperidol　149
handling　27, 172, 246, 260, 331, 343
Hardy-Weinberg equilibrium　24
Hardy-Weinberg 平衡　24
Hardy-Weinberg 法則　23
hiding or sheltering　243
homeostatic　153
hopping　227
hot plate test　59
hot temperature test　345
hovering　211
HPA (hypothalamus-pituitary-adrenal)　184
Hungtington disease　328
hydromineral homeostasis　153
hyperalgesia　56
hyponatremia　156
hypothalamus-pituitary-adrenal (HPA)　184
hypovolemia　154

I

Ig (immunoglobulin)　182
immunoglobulin (Ig)　182
inbred strain　23
infantile amnesia　206
inhibitory avoidance task　139
intradimensional shift　310
investigatory behavior　71

K

kindling　330

L

lateral attack　252
lateral geniculate nucleus (LGN)　52
lateral walk　114
LD (light-dark) サイクル　135, 348
leading limb　115
Lewis 系ラット　183
LGN (lateral geniculate nucleus)　52
licking　82, 157, 191, 198, 236, 332
light-dark (LD) サイクル　135, 348
likely determinant phenotype　28
limb-use asymmetry (cylinder) test　99
locomotor arena　203
locomotor box　203
Long-Evans ラット　46, 100, 259
long-term potentiation (LTP)　51
lordosis　205
LTP (long-term potentiation)　51

M

macrosmatic 哺乳類　70
macrovibrissae　65
magazine approach　319
magnocellular red nucleus (mRN)　53
major histocompatibility complex (MHC)　70
matching-to-sample 課題　76
maternal aggression　251
maternal experience effect　214
maternal memory　214
mating call　230
medial geniculate nucleus (MGN)　52
medial preoptic area of the hypothalamus (MPOA)　229
Meriones unguiculatus　174
mesolimbic dopamine system　33
MGN (medial geniculate nucleus)　52
MHC (major histocompatibility complex)　70
microvibrissae　65
Morris water maze task (MWM)　46, 140, 207, 238, 289, 353
mounting　205
mouthing　192, 211
MPOA (medial preoptic area of the hypothalamus)　229
mRN (magnocellular red nucleus)　53
muscimol　50
mutual upright posture　252
MWM (Morris water maze task)　46, 140, 207, 238, 289, 353

N

nasonasal contact　251
natural killer (NK) 細胞　182
natural selection　26
negative patterning discrimination　312
neophilia　15
neophobia　15, 301
neoterramycin　20
NK (natural killer) 細胞　182
non-matching-to-sample 課題　76
non-REM (NREM)　137
NOP (novel-object-preference)　279, 283
nose-poke　310
novel-object-preference (NOP)　279,

283
NREM (non-REM)　137

O

obsessive–compulsive disorder (OCD)　337
occasion–setter　313
occasion–setting　313
OCD (obsessive–compulsive disorder)　337
odor–cued taste avoidance　74
odor quality　76
odor sensory task　74
olanzapine　149
olfactometer　74
olfactometry　74
on top　253
onditioned defensive burying　257
one bottle test　159
open field test　138, 236
operant conditioning procedure　84
operant task　41
optimal foraging theory　161
OR (orienting response)　318
oral grasp responce　192
orienting response (OR)　318
osmolyte　153
osmoreceptor　154

P

PAG (periaqueductal gray)　272
paradoxical sleep (PS)　137
passive avoidance task　139
paw withdrawal test　59
peep　62
pellet reaching task　350
periaqueductal gray (PAG)　272
pimozide　149
pinning　205, 253
place navigation　207
place task　207
play fighting　205, 218, 220〜223
postejaculatory call　230
postejaculatory refractory period　230
pouncing　205
preejaculatory call　230
preparatory conditioning　318
presenting　227
PS (paradoxical sleep)　137
pup pick–up　211

R

raclopride　150
radial maze task　207, 354
rapid eye movement (REM)　137
Rattus　8, 22
Rattus norvegicus　3, 14
reflexive response　316
REM (rapid eye movement)　137
resident–intruder aggression　251
retrieval　211
revaluation procedure　314
rewarded alternation task　356
risk assessment　243

robbing　204
rung walking task　350

S

schedule–induced polydipsia (SIP)　33
Schnauzenkontrolle　251
SCN (suprachiasmatric nucleus)　139, 142
scratching　190
SD (Sprague–Dawley) ラット　100
selected line　26
selective breeding　27
selective serotonin reuptake inhibitor (SSRI)　274
serial reaction time task　310
serious fighting　218
shock–induced avoidance test　357
shock prod　257
sideways threat　252
simple associative learning test　73
single–pellet precision reaching task　204
SIP (schedule–induced polydipsia)　33
skilled movement　119
skilled reach–to–grasp–food task　51
slow–wave sleep (SWS)　137
sniffing　51, 72, 211, 251, 302
SNpr　110
SNpr ニューロン　110
social recognition task　72
species–specific defensive reaction (SSDR)　300
spontaneous alternation test　356
spot check　213
Sprague–Dawley (SD) ラット　100
SSDR (species–specific defensive reaction)　300
SSRI (selective serotonin reuptake inhibitor)　274
staircase task　123
sticky dot test　346
stimulus competition test　75
stimulus generalization gradient　76
stretch approach　243
stretch attend　243
sucking　192
suprachiasmatric nucleus (SCN)　139, 142
SWS (slow–wave sleep)　137
systematic rotational breeding design　27

T

T–cell receptor (TCR)　182
T–maze task　150
tail flick test　59
Tarlov スケール　117
TCR (T–cell receptor)　182
territory　250
thermoneutral zone　169
threat posture (TP)　18
time–sampling procedure　151
TP (threat posture)　18
trail making　301

trailing limb　115
trait　25
transitive inference problem　312
transreinforcer blocking　319
transverse patterning problem　312
tray–reaching task (test)　204, 350
tremor　325
trigeminal receptor　77
tunnel guarding　244
two bottle (choice) test　72, 81, 159
two–odor discrimination task　75
two–part method　97
T 細胞受容体 (TCR)　182
T 字迷路課題　150, 288, 308
T リンパ球　181

U

ultrasonic vocalization (USV)　62, 199, 227, 230, 270, 303
unconditioned preference task　72
unconditioned response (UR)　316
unconditioned stimulus (US)　316
UR (unconditioned response)　316
US (unconditioned stimulus)　316
USV (ultrasonic vocalization)　62, 199, 227, 230, 270, 303

V

variant　23
variation　25
vasopressin　155
VBS (visible burrow system)　179, 244
ventromedial hypothalamus (VMH)　229
Vernier acuity task　43
visible burrow system (VBS)　179, 244
visual–platform task　46
visual water task　41
VMH (ventromedial hypothalamus)　229
vocalization　270
volumetric thirst　154
vomeronasal organ　77
von Frey hair test　345

W

wheel running　234
whisking　51
win–stay/lose–shift 反応方略　75
wiping　190
Wistar–Kyoto ラット　259
Wistar ラット　259
within–family selection　27
within–group aggressive behavior　251
wrestling　205

Y

Y–maze task　41
Y 字迷路課題　41, 280, 288

Z

Zeitgeber　348

● 監訳者 ●

高瀬堅吉（たかせ・けんきち）
自治医科大学 医学部心理学研究室　教授

柳井修一（やない・しゅういち）
東京都健康長寿医療センター研究所 老化脳神経科学研究チーム　研究員

山口哲生（やまぐち・てつお）
東邦大学 医学部心理学研究室　助教

ラットの行動解析ハンドブック

2015 年 10 月 1 日　初版第 1 刷発行
編　者　Ian Q. Whishaw　Bryan Kolb
監訳者　高瀬堅吉　柳井修一　山口哲生
発行人　西村正徳
発行所　西村書店
東京出版編集部　〒102-0071 東京都千代田区富士見 2-4-6
　　　　　　　Tel.03-3239-7671　Fax.03-3239-7622
　　　　　　　www.nishimurashoten.co.jp
印　刷　三報社印刷株式会社
製　本　株式会社難波製本

本書の内容を無断で複写・複製・転載すると，著作権および出版権の侵害
となることがありますので，ご注意下さい。　ISBN978-4-89013-456-4